LEHRBÜCHER UND MONOGRAPHIEN

AUS DEM GEBIETE DER

EXAKTEN WISSENSCHAFTEN

16

MINERALOGISCH-GEOTECHNISCHE REIHE

BAND III

GESTEINE UND MINERALLAGERSTÄTTEN

ERSTER BAND

ALLGEMEINE LEHRE VON DEN GESTEINEN UND MINERALLAGERSTÄTTEN

VON

PAUL NIGGLI

PROFESSOR AN DER EIDG. TECHN. HOCHSCHULE
UND AN DER UNIVERSITÄT ZÜRICH

UNTER BESONDERER MITARBEIT FÜR TEIL IV VON

ERNST NIGGLI

'PROFESSOR AN DER UNIVERSITÄT LEIDEN

VERLAG BIRKHÄUSER BASEL

1948

Druck von E. Birkhäuser & Cie. AG., Basel
ISBN-13: 978-3-0348-7172-3   e-ISBN-13: 978-3-0348-7171-6
DOI: 10.1007/ 978-3-0348-7171-6

VORWORT

Band I des Werkes «Gesteine und Minerallagerstätten» behandelt die allgemeinen Grundlagen der Gesteins- und Minerallagerstättenkunde, ohne auf die in Praktika zu erlernenden Bestimmungsmethoden einzugehen. Verschiedene Hilfsdisziplinen müssen zur Urteils- und Begriffsbildung herangezogen und in einer den besonderen Problemen entsprechenden Form dargestellt werden. Die hiebei zu treffende Auswahl und die Entscheidung, was besser den speziellen Teilen vorbehalten bleibe, bildeten die schwierigste Aufgabe des Unternehmens, gibt es doch für diesen ersten Band kaum ein Vorbild. In der Mehrzahl ähnlicher Werke wird sehr frühzeitig nach Sedimenten, magmatischen Gesteinen und metamorphen Gesteinen gegliedert; die Darstellung der allgemeinen Grundprinzipien beansprucht nur einen geringen Raum. Da sich nach der Meinung des Verfassers diese frühzeitige Aufsplitterung und getrennte Begriffsentwicklung, neben einem oft anzutreffenden Mangel an Vorkenntnissen in den Hilfswissenschaften, ungünstig ausgewirkt hat, mußte ein neuer Darstellungsversuch unternommen werden. In ihm hatten auch die meist wenig berücksichtigten geophysikalischen Grundlagen Platz zu finden, was dem Verfasser dank der Mitarbeit seines Sohnes, Prof. ERNST NIGGLI (Leiden), der fast alle Abschnitte von Teil IV entwarf oder ausarbeitete, möglich war.

Ein von den Behörden der Eidgenössischen Technischen Hochschule bewilligter Beitrag gestattete, alle Figuren neu zu entwerfen. E. DAL VESCO und W. EPPRECHT haben sich mit großem Geschick dieser Aufgabe angenommen. Beim Lesen der Korrekturen fand ich die wertvolle Unterstützung von Prof. C. BURRI, Prof. E. BRANDENBERGER, Prof. R. L. PARKER, P.-D. Dr. F. DE QUERVAIN, E. DAL VESCO und Frl. J. MARQUARD. Der Verlag ist hinsichtlich Ausstattung und Druck den geäußerten Wünschen bereitwillig entgegengekommen.

Band II, «Die exogenen Gesteine und Minerallagerstätten», liegt im Manuskript druckfertig vor; der in Arbeit befindliche Band III umfaßt «Die endogenen Gesteine und Minerallagerstätten».

Zürich, im Dezember 1947.   P. NIGGLI.

7

INHALTSVERZEICHNIS

C. *Die Vorbereitung der Kristallisationsvorgänge*

EINLEITUNG

Die Lehre von den Minerallagerstätten, welche die Gesteinskunde in sich schließt, ist einer der reizvollsten Teile der Naturwissenschaften. Ihr Inhalt erschöpft sich nicht in Fragestellungen, wie sie Physik und Chemie eigen sind. Ein Ausschnitt des komplexen Naturgeschehens muß, ohne Preisgabe der phänomenologischen Komponenten, naturwissenschaftlich interpretiert werden. Ein So-und-nicht-anders-Sein ist gegeben, ein Tatbestand liegt vor, der nicht durch Experimente beliebig erweitert oder vereinfacht werden kann. Ihn gilt es zu beschreiben, zu sichten und dem menschlichen Verständnis zu erschließen, wobei der Laboratoriumsversuch nur über die Wirkungsweise gewisser, bei der Deutung in Betracht zu ziehender Faktoren Aufschluß zu geben vermag.

Der Aufbau der uns zugänglichen Erdrinde ist Objekt der Untersuchung, so etwa wie es für die Staatenkunde die Gliederung der menschlichen Gesellschaft in Staaten ist. Allein hier wie dort verlangt das Verständnisziel eine Rückführung des gegenwärtigen Zustandes auf frühere Zustände. Die Lehre von den Minerallagerstätten ist und bleibt deshalb eine *historische Wissenschaft*, so sehr man sich auch bemüht, die allgemeinen Gesetzmäßigkeiten aufzusuchen, die zu verschiedenen Zeiten der Erdgeschichte in analoger Weise wirksam geworden sind (*Aktualitätsprinzip*). Diese Feststellung umreißt die ganze Problematik der Wissenschaft, die nach der üblichen Terminologie zu den «beschreibenden» gezählt wird. Aus den Produkten gewisser Vorgänge soll auf diese Vorgänge rückgeschlossen werden, jedoch nicht wie in der Geologie, um die Erdgeschichte in chronologischer Folge zur Darstellung zu bringen, sondern um den besonderen Charakter und die Vergesellschaftung der Minerallagerstätten zu beleuchten, Beziehungen herzustellen, die uns sonst entgehen würden.

Geschichtsschreibung mit dieser Zielsetzung kann nie unpersönlich sein, so sehr der Wissenschafter sich bemühen wird, objektiv zu bleiben. Sie führt auch nie zu einer endgültigen Fassung. Wichtige Fakten können noch unbekannt sein oder übersehen werden, ungerechtfertigte Verallgemeinerungen treten als Folge der besonderen Umstände und der Arbeitsbedingungen der Forscher auf. Es verwundert daher nicht, daß gerade die Gesteins- und Minerallagerstättenkunde Beispiele wissenschaftlicher Auseinandersetzungen liefert, die wie der Streit zwischen Plutonisten und Neptunisten, zwischen Lateralsekretionisten und Aszendisten, zwischen Magmatikern und Migmatikern immer von neuem aufleben und kein Ende finden. Doch läßt die unaufhaltsam fortschreitende Forschung derartige Diskussionen nie zu sterilen Glaubenskämpfen werden.

Ihrem ganzen Wesen nach muß schließlich eine Wissenschaft wie die Gesteins- und Minerallagerstättenkunde in *Klassifikationsversuchen* ihre Bewährung finden. Hier aber hat man es mit besonders zähe festgehaltenen Begriffen zu tun, die sich schon deshalb, weil sie in kartographische Darstellungen und in Tabellenwerke eingehen, hartnäckiger behaupten als Theorien. Es ist weit leichter, eine Darstellung der zu Minerallagerstätten führenden Prozesse als eine Gesteins- und Minerallagerstättenkunde zu verfassen, in der versucht wird, als Fazit des jeweiligen Wissens den Gesteinsarten selbst ihren richtigen Platz anzuweisen. Schwierigkeiten aber entbinden nicht von dem Versuch, sie bewältigen zu wollen, sei es auch nur deshalb, um sich Rechenschaft über das Können zu geben. So soll auch in dieser Darstellung nach einem allgemeinen Teil der systematische nicht vernachlässigt werden.

I

DIE STOFFLICHE GRUNDLAGE

A. Grundzüge der Geochemie

a) *Die Haupterscheinungen*

α. **Gesteine und Minerallagerstätten.** Das Studium der unserer Beobachtung zugänglichen festen Erdkruste (äußerer Teil der Lithosphäre) hat zur Gesteins- und Minerallagerstättenkunde geführt. Der feste Zustand, der diesen Erdteil charakterisiert, ist zur Hauptsache ein *kristalliner*, obgleich Festkörper, die selbst bei Benützung der feinsten heute zur Verfügung stehenden Mittel (Röntgen- und Elektronenstrahlen) noch keinen geregelten Aufbau erkennen lassen (sogenannte *amorphe* Festkörper), nicht völlig fehlen. Außerdem sind in der Lithosphäre (im äußersten Teil vorwiegend in Spalten, Kapillaren und Poren) flüssige und gasförmige Phasen eingeschlossen, und die Wechselwirkung von Lithosphäre mit Hydrosphäre und Atmosphäre darf von der Gesteins- und Minerallagerstättenkunde nicht außer acht gelassen werden.

Als Ganzes ist die Lithosphäre ein *Vielphasensystem*, das heißt, sie ist *heterogen*, aus Teilräumen verschiedener Zusammensetzung und Orientierung aufgebaut. Teilräume von oft sehr kleinen Abmessungen, die in sich gleichartigen und gleichorientierten geregelten atomaren Aufbau besitzen, werden als *Mineralien* bezeichnet. Phänomenologisch sind das die *homogen* erscheinenden Baueinheiten der Erdkruste, zu denen man die amorph-festen, die flüssigen und gasförmigen Phasen hinzuzurechnen hat. Wie Pflanzen und Tiere werden die Mineralien zu *Mineralarten* zusammengefaßt. Während in sich eine Mineralart ziemlich variabel sein kann, gibt es nur wenige Tausende bekannte verschiedene Mineralarten, von denen wiederum nur einige Dutzende größeren Anteil am Gesamtaufbau der äußersten Erdkruste besitzen. Jeder kristallinen Mineralart (allgemein auch als *natürliche Kristallart* bezeichnet) liegt ein bestimmtes Aufbauprinzip atomarer Teilchen, eine *Struktur*, zugrunde, die als *Kristallverbindungstypus* bezeichnet werden kann. Zur gleichen Mineralart werden nur Kristallverbindungen zusammengefaßt, die im weiteren Sinne *isotyp* (vom gleichen Bautypus) und im engeren Sinne miteinander durch kontinuierliche Übergänge verbunden sind.

Da die Einzelindividuen der Mineralarten oft sehr klein, häufig mikroskopisch klein sind und selten nach Dezimetern oder gar Metern messende Dimensionen besitzen, bedeutet die relativ kleine Anzahl von Mineralarten, *daß eine beschränkte Zahl von Verbindungstypen in riesigen Individuenzahlen auftritt.* Bedenkt man, daß künstlich eine um das Vielfache größere Zahl verschiedener Kristallverbindungen darstellbar ist und daß zudem die Variationsbreite der Kristallarten in den Mineralien nicht voll zur Geltung kommt, so ergibt sich die *Herrschaft eines Selektionsprinzips in der Natur*, das wenigen Mineralarten eine außerordentliche Vorzugsstellung einräumt.

Aus den Größenverhältnissen der Mineralindividuen geht aber auch hervor, daß jedes größere Erdrindenstück aus verschiedenen Mineralindividuen aufgebaut ist, also ein *Mineralaggregat*, eine *Mineralvergesellschaftung* oder eine *Mineralassoziation* darstellt. Die Erfahrung zeigt nun, daß die verschiedenen Mineralien nicht in allen denkbaren Kombinationen und Mengenverhältnissen *natürliche* Mineralaggregate bilden. Auswahlprinzipien scheinen auch hier wirksam zu sein, ja einige der Kombinationen sind besonders herrschend und erfüllen große Teilräume der Lithosphäre. Sie treten an verschiedenen Orten auf und entstammen verschiedenen Bildungszeiten. Derartig ausgezeichnete Mineralaggregate werden *Gesteine* (rocks, rocce, roches, gesteenten, bergarter) genannt. Durch sie wird der Bau der Erdrinde in allen wesentlichen Zügen charakterisiert. Bezeichnet man das Vorkommen von Mineralaggregaten allgemein als *Minerallagerstätten*, so sind die Gesteine somit die hauptsächlichsten, verbreitetsten und ausgedehntesten Minerallagerstätten. In ihnen finden sich eingeschaltet *akzessorische Minerallagerstätten* von geringerer Ausdehnung (den Gesteinen gegenüber auch etwa kurzweg Minerallagerstätten, zum Beispiel Erzlagerstätten usw., genannt). Da sie sich indessen gleichfalls in analoger Ausbildungsweise an verschiedenen Orten wiederholen (so Welttypen bildend), kann ihr spezieller Charakter kein Zufallsprodukt sein. Das alles führt dazu, den Mineralarten eine höhere Einheit, die der *Gesteinsarten* und der *Lagerstättentypen*, gegenüberzustellen. Von beiden zusammen handeln die *Gesteinskunde* (Petrographie oder Petrologie) und die *Lehre von den Minerallagerstätten.*

Obgleich wir in diesem Band versuchen, losgelöst von der Systematik, die allgemeinen Grundlagen, Kennzeichen und Gesetze der Gesteins- und Minerallagerstättenbildung zu vermitteln, müssen wir an Einzelbeispielen exemplifizieren. Es wird hiebei als bekannt vorausgesetzt, daß es *Böden, Sedimente, Eruptivgesteine oder magmatische Gesteine und metamorphe Gesteine* gibt. Die ersteren entstehen in der Grenzzone der Lithosphäre gegen Atmosphäre und Hydrosphäre. Verwitterung und transportierende Agenzien ermöglichen hier eine Umlagerung und eine Neubildung von Gesteinen, darunter von Konglomeraten, Brekzien, Sandsteinen, Tonen, Kalksteinen und Dolomiten, Kieselgesteinen, Salzgesteinen und organogenen Bildungen. Die Eruptivgesteine oder magmatischen Gesteine sind durch Erstarrung schmelzflüssiger Massen (Magmen) entstanden. Es bilden sich auf diese Weise viele Silikatgesteine, unter denen Granite, Granodiorite, Basalte die bekanntesten sind. Sowohl Eruptivgesteine wie Sedimente können nicht nur oberflächlich verwittern, sondern auch im Erdinnern umgewandelt oder metamorphisiert werden. Dadurch entstehen die metamorphen Gesteine, die manchmal als Gneise, Glimmerschiefer, Phyllite und in diesen befindliche Einlagerungen manchmal als sogenannte Hornfelse vorliegen. Die geologischen Großvorgänge der Sedimentbildung, magmatischen Erstarrung und Gesteinsmetamorphose führen weiterhin zu vielen nicht gesteinsmäßigen, also akzessorischen Minerallagerstätten, die man den entsprechenden Abfolgen zuordnen kann. Über die Prinzipien einer genetischen Klassifikation aller Bildungen handelt der letzte Abschnitt.

Wollen wir die besonderen Verhältnisse der Mineral- und Lagerstättenverteilung verstehen, so müssen wir zunächst fragen, ob nicht bereits in dem Auftreten der *chemischen Grundstoffe*, das heißt der die Mineralien aufbauenden *chemischen Elemente*, eine der Ursachen der erkennbaren Auswahlprinzipien zu finden ist. Es handelt sich hiebei um Fragen, die allgemein unter Titeln wie «*Chemie der Erde*» oder «*Geochemie*» behandelt werden. Allerdings interessiert uns hier im wesentlichen nur die Chemie der äußeren, dem Menschen direkt zugänglichen, festen Erdschale, in erster Linie der *äußersten Lithosphäre* und der mit ihr in Wechselwirkung tretenden *Hydrosphäre* und *Atmosphäre*.

β. **Gesteinschemismus.** Da die Erdrinde im Großen und im Kleinen (in der Mineralführung und der Wechsellagerung der Gesteine) heterogen ist, da wir (abgesehen von künstlichen Bohrlöchern und von den der Rohstofförderung dienenden Schächten) unmittelbar nur relativ oberflächlich aufgeschlossene Erdrindenteile untersuchen können, bereitet es Schwierigkeiten, eine *mittlere* chemische Zusammensetzung der Lithosphäre zu errechnen. Allein geologische Vorgänge, wie Gebirgsbildung, Hebungen, Senkungen und damit verbundener Abtrag, haben das Relief der Erdoberfläche geschaffen, das an dem einen Ort Gesteine und Minerallagerstätten «zu Tage anstehen» läßt, von denen wir vermuten müssen, daß sie andernorts in ähnlicher Ausbildung in mehreren Kilometern Tiefe gleichfalls vorkommen. So dürfen wir an Hand vergleichender Untersuchungen mit einiger Gewißheit vermuten, daß wir im großen und ganzen über den Aufbau der äußersten 10 bis 20 km der Erdkruste genügend orientiert sind, um über deren chemische Zusammensetzung etwas Stichhaltiges aussagen zu können.

Im Laufe der Zeiten sind viele Tausende von Gesteinsanalysen ausgeführt worden. Diese haben nun nicht eine beliebige Variation ergeben, sondern eindeutig erwiesen, *daß unter den chemischen Elementen nur wenige und immer die gleichen* als wesentliche Komponenten an der Zusammensetzung beteiligt sind (BISCHOFF, ROTH, CLARKE, WASHINGTON, DALY, FERSMANN, SEDERHOLM, V. M. GOLDSCHMIDT, VERNADSKY, NIGGLI und andere). Das erleichtert naturgemäß die Mittelwertsbildung und verkleinert die Fehler. Über den Gehalt an seltenen Elementen haben spektroskopische Untersuchungen verschiedener Art an Gesteins- und Mineralpulvern (I. und W. NODDACK, HEVESY, HADDING, V. M. GOLDSCHMIDT und andere) vielfach neue Daten vermittelt.

Generell folgt zunächst aus derartigen Untersuchungen, daß in den typischen Gesteinen neben O und H atomprozentisch nur folgende Elemente *im Mittel* zu mehr als 1% beteiligt sind: Si, Al, Na, Fe, Ca, Mg, K. Sie sind aber nicht nur im Mittel die verbreitetsten Elemente, sondern überhaupt die normalerweise für irgendwelche Gesteinszusammensetzung maßgebenden; lediglich C, S, Cl, P (eventuell N, B, F) können in häufigeren Gesteinstypen daneben noch eine mengenmäßig ähnliche Rolle spielen. Es kommen *im Mittel* auf 100 Atome in der äußeren Erdrinde etwas mehr als 60 O, 20–21 Si, 6–6,5 Al, 2,8–2,5 Na und (wohl als Mindestwert) ebensoviel H, ferner jeweilen 1,9–1,4 Ca,

Fe, Mg und K. Alle übrigen 83 Elemente erreichen im Durchschnitt den Grenzwert von 1 Atomprozent nicht, und nur einzelne von ihnen, wie die bereits genannten Elemente C, S, Cl, P, N, sowie etwa noch Ti, Mn, Li, B, F, Cr, können lokal in gewissen normalen Gesteinen den Grenzwert 1 von Hundert überschreiten. Erst in akzessorischen, mengengemäß zurücktretenden, nicht mehr gesteinsmäßigen Minerallagerstätten finden sich auch die selteneren Elemente in erhöhter Konzentration vor.

Das wichtigste, in Verbindungen ausgesprochen elektronegativ sich verhaltende Element der Gesteine ist somit *Sauerstoff;* ihm gegenüber treten bereits S, Cl und F außerordentlich stark zurück. Das wichtigste Anionenradikale bildende Element ist *Silizium;* im weiten Abstand folgen C, S, P, N, B. Daher läßt sich bereits aussagen, daß *Silikate* und *Oxyde* als gesteinsbildende Mineralien, generell gesprochen, weit wichtiger sein werden als Karbonate, Sulfate, Chloride, Sulfide, Phosphate, Fluoride, Nitrate, Borate, die ihnen in der Bedeutung nachfolgen. Unter diesen im weiteren Sinne heteropolar gebauten Verbindungen werden für die Gesteinszusammensetzungen «*Salze*» von Al, Na, Ca, Fe, Mg, K von ausschlaggebender Bedeutung sein.

Die Gesteinschemie hat infolgedessen relativ wenige chemische Hauptkomponenten zu berücksichtigen, wie das ja auch für die Biochemie gilt. Beiderorts bedeutet dies natürlich nicht, daß relativ seltene Elemente oder gar sogenannte *Spurenelemente* ohne Bedeutung sind.

Keine neuen chemischen Elemente kommen zu den genannten hinzu, wenn wir in Rücksicht auf die Wechselwirkungen die maßgebende Zusammensetzung von *Hydrosphäre* (Hauptelemente weit vorwiegend H und O, dann Na, Cl und untergeordnet Mg, Ca, K, S, Br, C) und *Atmosphäre* (Hauptelemente N, O, dann bereits sehr untergeordnet H, C, ferner Ar und die übrigen Edelgase) mit in Rechnung stellen.

Die überragende Bedeutung, die dem Sauerstoff in der äußeren Lithosphäre zukommt, hat zur Folge, *daß in der Mehrzahl der Fälle in den verschiedenen Kristallverbindungstypen der Gesteine die Elemente* Si, Al, Fe, Mg, Ca, Na, K, *aber auch* C, P, N, Ti, Mn, Li, B, Cr, *öfters auch* S *in einer ersten Sphäre, von Sauerstoffteilchen umgeben und an diese gebunden sind.* In mengengemäß untergeordneten Fällen übernehmen S, Cl, F die Rolle des Sauerstoffes. In formaler Hinsicht kann man sich somit den Großteil der gesteinsbildenden Mineralien in oxydische Komponenten zerlegt denken, beispielsweise den Kaliumfeldspat in K_2O, Al_2O_3 und SiO_2, die im Äquivalentverhältnis 1 K_2O : 1 Al_2O_3 : 6 SiO_2 zu der Kristallverbindung Kaliumfeldspat zusammengetreten sind. Mit anderen Worten: in sehr vielen Gesteinen ist soviel Sauerstoff vorhanden, als die elektropositiv sich verhaltenden Elemente den Wertigkeiten entsprechend zu binden vermögen. (Es handelt sich um Sauerstoff«salze».) Aus diesem Grunde werden die Ergebnisse von Gesteinsanalysen meistens in Oxydform dargestellt. Es resultiert innerhalb der Fehlergrenzen die Summe 100 ohne spezielle Bestimmung des Sauerstoffgehaltes. Die analytisch-chemischen Methoden führen unmittelbar zu den gewichtsprozentischen Anteilen dieser oxydischen Komponenten. Sind Cl, F oder S in Sulfidform in nur untergeordneten Mengen vorhanden, so wird der gewichtsprozentische Anteil von Cl, F oder S bestimmt und die ihm äquivalente Gewichtsmenge O von der Summe abgezogen.

Folgendes ist das Beispiel einer für gewöhnliche Zwecke durchaus genügenden bzw. als approximativ vollständig zu bezeichnenden Gesteinsanalyse:

	Gewichts- prozente
SiO_2	62,25
TiO_2	0,94
Al_2O_3	15,15
Fe_2O_3	0,96
FeO	4,49
MnO	0,07
MgO	3,92
CaO	4,47
BaO	0,06
Na_2O	3,30
K_2O	3,50
P_2O_5	0,16
CO_2	0,06
S	0,04
$H_2O < 105^0$	0,05
$H_2O > 105^0$	0,57
	99,99
abzüglich O entsprechend dem S-Gehalt	0,02
	99,97

Es sollten, besonders bei Analysen von Silikatgesteinen, *immer* bestimmt werden: SiO_2, Al_2O_3, Fe_2O_3, FeO, MgO, CaO, Na_2O, K_2O, TiO_2, P_2O_5, H_2O; sind Karbonate oder Sulfate vorhanden, natürlich auch CO_2 und SO_3, nötigenfalls F, Cl, S, C, N_2O_5. Erwünscht ist die Trennung der Manganoxyde von den Eisenoxyden. BaO und SrO, seltener NiO, CuO, ZnO, sind sehr oft in wägbaren Mengen vorhanden. In nicht allzu spärlichen Fällen muß auch auf Cr_2O_3 oder ZrO_2, Oxyde seltener Erden, Li_2O, B_2O_3, eventuell Rb_2O, Cs_2O geprüft werden. Im übrigen richtet sich naturgemäß der Analysengang immer nach dem Untersuchungsmaterial, das bereits vor der Analyse auf den Mineralbestand hin zu untersuchen ist. Die Bestimmung des H_2O erfolgt normalerweise in mindestens zwei Stufen: in Feuchtigkeit, die beim Trocknen auf 105 bis 110° abgegeben wird ($H_2O -$ oder $H_2O < 105^0$ bzw. 110°), und in dem erst bei höheren Temperaturen frei werdenden H_2O-Gehalt ($H_2O +$ oder $H_2O > 105^0$). Die Trennung des Eisens in die zwei hauptsächlichsten Wertigkeitsstufen ist, wenn immer möglich, durchzuführen. Es kann jedoch Fälle geben (zum Beispiel bei Anwesenheit von C oder viel TiO_2 bzw. von schwer aufschließbaren Mineralien), bei denen diese Bestimmung zu sehr unsicheren Resultaten führen würde; dann ist es besser, auf die Trennung zu verzichten und alles Eisen als FeO oder Fe_2O_3 in Rechnung zu stellen. Ja es kann sich unter Umständen während der Behandlung des Materials (Zerkleinern, Erhitzen, innere Reaktionen) der Oxydationsgrad des Eisens ändern, so daß der im Analysenresultat zur Geltung kommenden Aufspaltung der Eisenoxyde, weil vom Analysengang abhängig, keine wesentliche Bedeutung zukommt.

Im soeben erwähnten Beispiel handelt es sich um die *Normaldarstellung* einer Gesteinsanalyse in Gewichtsprozenten. Es ist indessen auch möglich, *die chemischen Elemente* selbst zu *Einheiten* zu wählen und den gewichtsprozentischen Anteil jedes einzelnen Elementes an der Gesamtzusammensetzung anzugeben. Multipliziert man die Gewichtsprozentzahlen mit 10 000, so erhält man Gramm pro Tonne. Nachstehendes Beispiel entspricht ungefähr der mittleren Zusammensetzung der Eruptivgesteine der äußeren Lithosphäre in bezug auf Elemente, die zu mehr als $^1/_{100}\% = 100$ g pro Tonne darin vorkommen.

O	46,60% =	466,000 kg pro Tonne	= 466 kg
Si	27,70% =	277,000 kg pro Tonne	
Al	8,13% =	81,300 kg pro Tonne	
Fe	5,00% =	50,000 kg pro Tonne	
Ca	3,63% =	36,300 kg pro Tonne	
Na	2,83% =	28,300 kg pro Tonne	
Mg	2,09% =	20,900 kg pro Tonne	
K	2,59% =	25,900 kg pro Tonne	
Ti	0,44% =	4,400 kg pro Tonne	
H	0,13% =	1,300 kg pro Tonne	
Mn	0,10% =	1,000 kg pro Tonne	
P	0,08% =	0,800 kg pro Tonne	
S	0,05% =	0,520 kg pro Tonne	
Cl	0,05% =	0,500 kg pro Tonne	
C	0,03% =	0,320 kg pro Tonne	
Rb	0,03% =	0,300 kg pro Tonne	
F	0,03% =	0,300 kg pro Tonne	
Ba	0,02% =	0,250 kg pro Tonne	
Zr	0,02% =	0,220 kg pro Tonne	
Cr	0,02% =	0,200 kg pro Tonne	
Sr	0,01% =	0,150 kg pro Tonne	
V	0,01% =	0,150 kg pro Tonne	
Ni	0,01% =	0,100 kg pro Tonne	
Cu	0,01% =	0,100 kg pro Tonne	= 100 g
	99,61%		

In manchen Gebieten der Erde ist der oberflächennahe Felsuntergrund etwas kieselsäurereicher. So ist für Finnland berechnet worden (nach SEDERHOLM):

O	47,8% =	478,000 kg pro Tonne
Si	31,7% =	317,000 kg pro Tonne
Al	7,8% =	78,000 kg pro Tonne
Fe	3,3% =	33,000 kg pro Tonne
K	3,0% =	30,000 kg pro Tonne
Ca	2,4% =	24,000 kg pro Tonne
Na	2,3% =	23,000 kg pro Tonne
Mg	1,0% =	10,000 kg pro Tonne

In Gebieten mit junger Sedimentbildung können unter den Oberflächengesteinen Karbonatgesteine von Ca und Mg und Tone bis Sandsteine überwiegen.

Zur Behandlung von Fragen der Mineralchemie ist es zweckmäßig, die Gesteinszusammensetzungen in *Äquivalentzahlen* der daran beteiligten Oxyde bzw. Elemente auszudrücken. Man erhält diese nach Division der gewichtsprozentischen Werte durch die zugehörigen Molekular- bzw. Atomgewichtszahlen (*Formelgewichte*). Die zur Vereinfachung der Schreibweise mit 1000 multipliziert gedachten Größen stehen zueinander im Verhältnis der Beteiligung der Oxydäquivalente oder der Zahl der Atome am Aufbau des analysierten Erdrindenteils. Jetzt hat es einen Sinn, verwandte Komponenten rein additiv miteinander zu vereinigen, da sie auf gleiche Bezugsgrößen (Zahl der Oxydgruppen bzw. Zahl der Atome) gebracht sind. Dadurch wird zugleich eine übersichtlichere Darstellung ermöglicht. Bei Gesteinsanalysen in oxydischer Schreibweise werden normalerweise vereinigt: unter sich die Alkalioxyde Na_2O und K_2O (eventuell, sofern bestimmt, mit Li_2O, Rb_2O, Cs_2O); unter sich CaO (mit, sofern bestimmt, BaO, SrO); unter sich FeO mit MnO und MgO (und, soweit bestimmt, NiO, CoO), dabei wird alles Fe als FeO in Rechnung gestellt, alle Mn-Oxyde als MnO, da die Bestimmungen des Oxydationsgrades, generell gesprochen, mit zuviel Fehlerquellen behaftet sind. Ga_2O_3, Sc_2O_3, die man mit Al_2O_3 vereinigen könnte, sind selten bestimmt worden; indessen werden hie und da V_2O_3 oder Cr_2O_3 angegeben, die dann zu Al_2O_3 gezählt werden. Die Gesamtsumme aller dieser Oxyde wird, um eine Vergleichsbasis zu erhalten, auf 100 gebracht (das heißt durch die Summe der erhaltenen Verhältniszahlen dividiert und mit 100 multipliziert). Darauf bezogen bedeuten nun:

al = Al_2O_3 (+ eventuell V_2O_3, Cr_2O_3, meist nur Al_2O_3),

fm = $FeO + MgO + MnO$ (+ eventuell NiO, CoO usw.),

c = CaO (+ eventuell, meist jedoch nur ganz nebensächlich, SrO, BaO),

alk = $Na_2O + K_2O$ (+ eventuell, meist jedoch nur ganz nebensächlich, Li_2O, Rb_2O, Cs_2O),

$\Sigma (al + fm + c + alk) = 100$.

Da neben Oxyden die Hauptverbindungen in den Gesteinen Silikate, Phosphate, Karbonate, Sulfate, Titanate, Chloride, Fluoride, Sulfide (wasserfrei oder wasserhaltig) sind, so werden die Äquivalentzahlen von SiO_2, P_2O_5, CO_2, SO_3, TiO_2, Cl_2, F_2, S, H_2O, bezogen auf die Vergleichsbasis $al + fm + c + alk = 100$, als si, p, co_2, so_3, ti, cl_2, f_2, s, h bezeichnet und den al-, fm-, c-, alk-Werten gegenübergestellt.

Bei Silikatgesteinen kann man sich für eine erste Charakterisierung meist mit der Angabe von si, al, fm, c, alk, ti, p begnügen. Indessen ist es erwünscht, das Äquivalentverhältnis von K_2O zur Summe der Alkalien und das Äquivalentverhältnis MgO zur Summe der femischen Oxyde auszurechnen. Das erstere wird mit k, das letztere mit mg bezeichnet.

$$k = \frac{K_2O}{\Sigma \text{ Alkalioxyde}} = \frac{K}{Na + K} \, ; \quad mg = \frac{MgO}{\Sigma \text{ femische Oxyde}} = \frac{Mg}{Fe + Mn + Mg} \, .$$

Zur Berechnung der Äquivalentzahlen benützt man eigens hiefür geschaffene Tabellen. Überschlagsmäßig genügt es, durch die aufgerundeten Formelgewichte der Oxyde zu dividieren. So erhält man als Beispiel:

Granodiorit, Placer Co., Kalifornien, USA.

Gewichtsprozente	Abge-rundete Formel-gewichte	Tausendfache Äquivalentzahlen	Berechnung der «Basen»oxyde
SiO_2 65,54 :	60 =	1092	
Al_2O_3 16,52 :	102 =	162	162 $al = (100 \cdot 162) : 453 = 36$
Fe_2O_3 1,40 :	160 =	9 als FeO 18 ⎫	
FeO 2,49 :	72 =	35	
MnO 0,06 :	71 =	1	117 $fm = (100 \cdot 117) : 453 = 26$
MgO 2,52 :	40 =	63	
CaO 4,88 :	56 =	87	87 $c = (100 \cdot 87) : 453 = 19$
Na_2O 4,09 :	62 =	66	87 $alk = (100 \cdot 87) : 453 = 19$
K_2O 1,95 :	94 =	21	
TiO_2 0,39 :	80 =	5	453 100
P_2O_5 0,18 :	142 =	1	
$H_2O > 105^0$ 0,59			$k = \dfrac{21}{87} = 0,24$
$H_2O < 105^0$ 0,12		$si = \dfrac{1092 \cdot 100}{453} = 241$	
100,73		$ti = \dfrac{5 \cdot 100}{453} = 1,1$	$mg = \dfrac{63}{117} = 0,54$
		$p = \dfrac{100 \cdot 100}{453} = 0,2$	

Die Kennzeichnung eines Gesteins durch diese in der Fachliteratur *Niggli-Werte* genannten Zahlen, beispielsweise:

	si	al	fm	c	alk	k	mg	ti	p
Granodiorit (Placer Co.)	241	36	26	19	19	0,24	0,54	1,1	0,2

gestattet schon mancherlei Aussagen. Im gegebenen Falle stehen 100 basischen Oxyden 241 SiO_2 gegenüber, wobei man sich überlegen kann, daß:

Verbindungen (Mg, Fe) $O : SiO_2 = 2 : 1$ (Olivine) halb soviel *si* wie *fm* verlangen,

Verbindungen (Mg, Fe, Ca) $O : SiO_2 = 1 : 1$ (Augite zum Beispiel) gleichviel *si* wie *fm + c*,

Verbindungen $CaO : Al_2O_3 : SiO_2 = 1 : 1 : 2$ (Calciumfeldspat) zweimal soviel *si* wie in die Verbindung eingehendes *c* oder eingehendes *al*,

Verbindungen $(Na,K)_2O : Al_2O_3 : SiO_2 = 1 : 1 : 6$ (Alkalifeldspäte) sechsmal so viel wie in diese Verbindungen eingehendes *alk* oder eingehendes *al* verlangen, usw.

Es ist im berechneten Beispiel $c = alk$, das heißt, es stehen gleichviel Äquivalente CaO wie $Na_2O + K_2O$ zur Verfügung, oder die Zahl der Ca-Atome ist halb so groß wie die von Na + K. Denkt man sich Na_2O, K_2O und CaO im Verhältnis 1:1 an Al_2O_3 gebunden, so würde im gegebenen Fall $c' = 2$ übrigbleiben, denn $alk + c = al + 2$. Die Differenz $al - (c + alk)$ ist somit hier negativ, es ist mehr *c* vorhanden, als zur Ergänzung des *alk*-Wertes auf den *al*-Wert notwendig ist. Dieses überschüssige *c* wird *c'*-Anteil genannt. Ist die Differenz $al - (c + alk)$ positiv, so bedeutet dies, daß zu wenig $CaO + Na_2O + K_2O$ vorhanden sind, um mit Al_2O_3 im Verhältnis 1:1 in Verbindungen einzugehen. Man bezeichnet dann die (positive) Differenz $al - (c + alk)$ als *Tonerdeüberschuß* mit t. Den Wert $al - alk$ für sich allein bezeichnet man als T, sofern der Wert positiv ist, und als alk', wenn der Wert negativ ist. $k = 0,24$ sagt aus, daß 24% der Alkaliatome K, somit 76% Na sind. Es ist im gegebenen Beispiel somit Natriumvormacht vorhanden. $mg = 0,54$ bedeutet, daß von 100 Atomen Fe + Mn + Mg 54 Atome Mg sind, der Rest Fe + Mn. Fe und Mg, die femischen Hauptelemente, sind somit in ähnlichen Anzahlen vorhanden. Das Verhältnis der Si- zu den Ti-Atomen ist im gegebenen Falle = 241:1,1, und auf 241 Si-Atome kommen 0,4 $(2 \cdot 0,2)$ P-Atome.

Im analysierten Granodiorit von Placer Co. kommen, abgesehen von Wasserstoff, auf $X = si + 100 + al + alk + ti + 2p$ elektropositiv sich verhaltende Atome folgende Einzelatomzahlen:

	Si	Al	Fe + Mn	Mg	Ca	Na	K	Ti	P
Zahl der Atome allgemein . . .	si	$2\,al$	$fm\,(1-mg)$	$fm \cdot mg$	c	$2\,alk \cdot (1-k)$	$2\,alk \cdot k$	ti	$2\,p$
Zahl der Atome im obengenannten Beispiel . .	241	72	12	14	19	29	9	1,1	0,4

Letztere Zahlen beziehen sich also auf die Summe $241 + 72 + 12 + 14 + 19 + 29 + 9 + 1,1 + 0,4 = 397,5 = 241 + 100 + 36 + 19 + 1,1 + 0,4$ oder wie oben $= si + 100 + al + alk + ti + 2\,p$.

Vier Werte, wie al, fm, c, alk, deren Summe 100 ergibt, kann man in einem sogenannten *Konzentrationstetraeder* in ihrer gegenseitigen Beziehung zueinander zur Darstellung bringen. Das Prinzip (siehe auch Kapitel III) ist folgendes: Die Variation von *zwei* Komponenten (*binäres System*), deren Summe 100 ist, wird durch die Punkte einer Strecke veranschaulicht, deren einer Endpunkt 100% der einen Komponente A, deren anderer Endpunkt 100% der anderen Komponente B entspricht (Figur 1a).

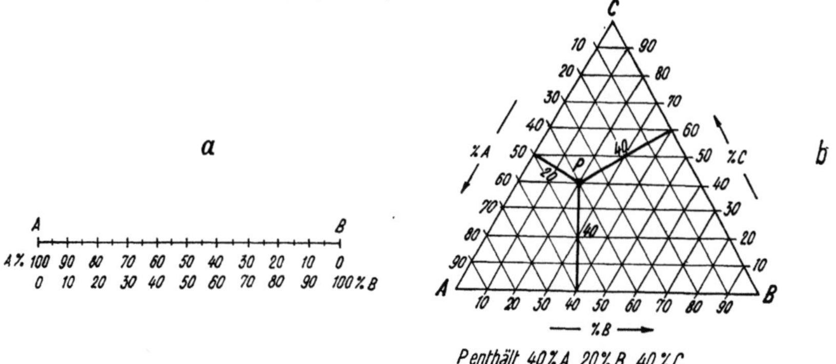

Fig. 1

Graphische Darstellung der chemischen Variabilität in einem binären (a) und einem ternären (b) System.

Bei *drei* Komponenten (*ternäres System*) wählt man hierzu ein gleichseitiges
Dreieck. Sind *A, B, C* die drei Komponenten, so stellen die Eckpunkte die
Zusammensetzungen der drei reinen Komponenten dar. Jede Dreiecksseite gibt
die vollständige Variabilität von 0 bis 100% in einem binären System an. Jeder
Punkt im Innern des Dreiecks entspricht einer und nur einer ternären Zusammensetzung. Zieht man von 1% zu 1% oder 10% zu 10% die Parallelen
zu den Dreiecksseiten, so lassen sich die Prozentgehalte an den drei Komponenten für irgendeinen Punkt sofort ablesen. Jede Parallele zur Seite *A B* entspricht einem gleichen Prozentgehalt von *C*. Er wird für die Seite *A B* selbst
gleich Null, für die zu einem Punkt zusammengeschrumpfte Gerade durch *C*
aber = 100. Parallelen zu *A C* verbinden in analoger Weise Punkte mit gleichem
B-Gehalt, Parallelen zu *BC* Punkte mit gleichem *A*-Gehalt (Figur 1 *b*). Die
Längen der von einem Punkt *P* auf die Dreiecksseiten errichteten Höhenlinien
veranschaulichen die Prozentgehalte derjenigen Komponenten, die zu den
Eckpunkten gehören, welche den Dreiecksseiten gegenüberliegen.

al, fm, c, alk sind Prozentzahlen von *vier* Komponenten (*quaternäres System*).
An Stelle des Konzentrationsdreieckes tritt das Konzentrationstetraeder
(Figur 2) mit den vier Ecken als Komponenten. Jede äußere Tetraederfläche
stellt die Variabilität eines der vier ternären Systeme dar. Im Innern des
Tetraeders sind jedem Punkt bestimmte Prozentzahlen von allen vier Komponenten beigeordnet. Die einer Tetraederfläche parallelen Flächen sind die
geometrischen Örter gleichen Gehaltes an der Komponente der gegenüberliegenden Ecke. Denkt man sich derartige Flächen von 1% zu 1% oder 10%
zu 10% konstruiert, so läßt sich die Zusammensetzung für jeden Punkt im
Innern des Tetraeders angeben.

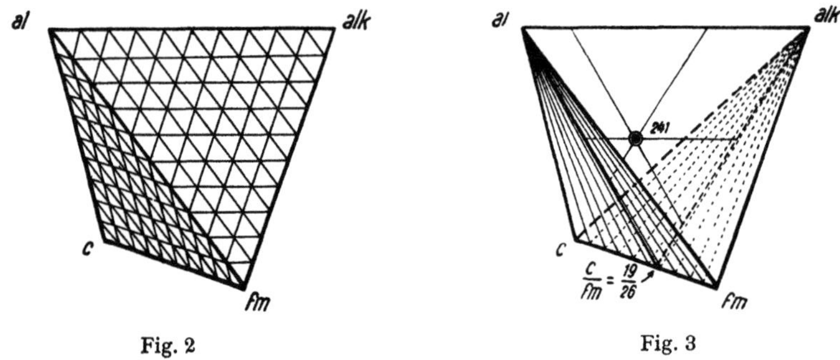

Fig. 2   Fig. 3

Fig. 2. Das einem quaternären System (*al, fm, c, alk*) zugeordnete Konzentrationstetraeder.
Fig. 3. *al–fm–c–alk*-Tetraeder mit Schnittebenen für konstantes *c/fm*. Eingezeichnet ist der
Projektionspunkt des berechneten Granodiorites.

Statt der gleichseitigen Dreiecke kann man auch beliebige Dreiecke verwenden und durch Parallelen zu den Seitenlinien kalibrieren, zum Beispiel auch
rechtwinklige Dreiecke. Im letzteren Fall wählt man zur Eintragung diejenigen
Werte, die auf den Schenkeln des rechten Winkels abgetragen werden. Ebenso ist
das «Konzentrationstetraeder» rechtwinklig wählbar (zum Beispiel 3 Dreiecke
rechtwinklig gleichschenklig, das vierte Dreieck gleichseitig).

Dem das Verhältnis $al : fm : c : alk$ darstellenden Punkt im Konzentrationstetraeder schreibt man oft die si-Zahl oder (und) eventuell die co_2-, so_3-Zahlen zu. Da dieses Tetraeder zum Vergleich verschiedener Gesteinsanalysen sehr wichtig ist, werden zur Darstellung in der Zeichenebene Projektionsverfahren oder Zerlegungen des Raumes in Schnittebenen angewendet. So kann man sich zum Beispiel das Tetraeder $al—fm—c—alk$ durch Schnitte mit gemeinsamer Kante $alk \rightarrow al$ nach dem Verhältnis c/fm zerlegt denken. Perspektivisch ist in Figur 3 die Eintragung des Punktes für den obenerwähnten Granodiorit ($si = 241$) auf diese Weise im Raume vorgenommen worden. Benutzt man nur die Schnittebenen $c/fm = 9/1, 8/2, 7/3, 6/4, 5/5, 4/6, 3/7, 2/8, 1/9$, indem man dazwischengelegene Punkte auf die benachbart liegende Schnittebene projiziert, so lassen sich in diesen auseinanderklappbaren Schnittebenen die Verhältnisse genügend genau darstellen. Da $al + fm + c + alk = 100$ ist, ergeben auch bei

$+ T$ die Werte $(al - alk) + fm + c + 2\,alk$, also $T + fm + c + 2\,alk$, bei

$- T = alk'$ die Werte $(alk - al) + fm + c + 2\,al$, also $alk' + fm + c + 2\,al$

jeweilen die Summe 100. Die Verhältnisse der vier Werte lassen sich somit gleichfalls in Konzentrationstetraedern darstellen. Man verwendet meist dazu zwei aneinanderschließende rechtwinklig-deformierte Tetraeder mit fm, c, $2\,alk$ bzw. $2\,al$ als gemeinsamer Grundfläche und T bzw. alk' als vertikalen Kanten (Figur 4).

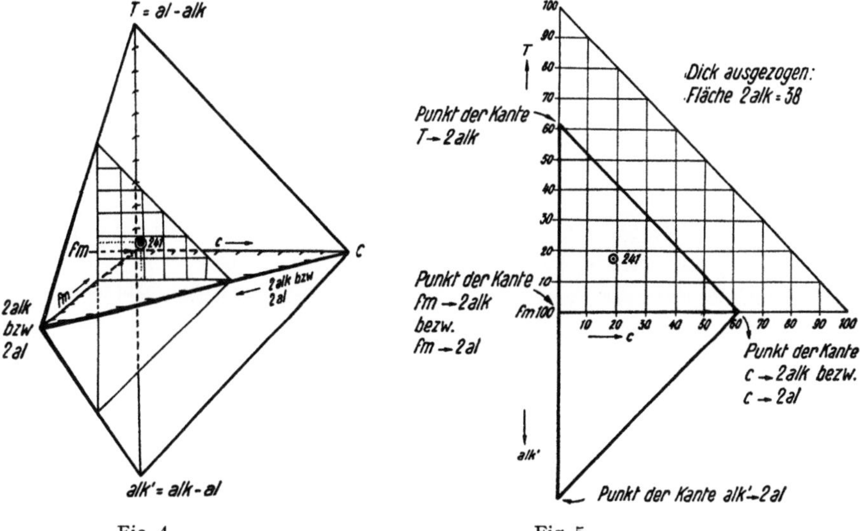

Fig. 4   Fig. 5

Fig. 4. Zwei aneinanderschließende rechtwinklig-deformierte Tetraeder mit fm, c, $2\,alk$ bzw. $2\,al$ als gemeinsame Grundfläche und T bzw. alk' als Vertikalkanten. Eingezeichnet ist die Schnittebene $2\,alk = 38$ mit dem Projektionspunkt des Granodiorites.

Fig. 5. Schnittebene $2\,alk = 38$ der gleichen Darstellung mit der genauen Lage des Projektionspunktes des Granodiorites.

Parallel der Fläche $T—c—fm—alk'$ lassen sich für bestimmte Werte $2\,alk$ bzw. $2\,al$ Schnittebenen legen. Auf einer solchen Schnittebene für $2\,alk = 38$ ist in Figur 4 der Punkt des Granodiorites $si = 241$ eingetragen. In Figur 5 ist diese Schnittebene $2\,alk = 38$ für sich herausgezeichnet (mit genauer Angabe der Werte des besprochenen Granodiorites). Es ist $T = al - alk = 17$ und $c = 19$.

Indem man (wie zum Beispiel in Figur 6) durch das Doppeltetraeder eine Serie
solcher Schnittebenen legt und die einer Schnittebene eng benachbarten Punkte
in der Ebene selbst darstellt, erhält man oft eine zu Übersichtszwecken genügend
genaue Darstellung des Gesamtraumes.

Dem *Chemismus* nach unterscheidet man nun folgende Hauptabteilungen
und Gruppen von Gesteinen:

A. *Silikatgesteine bzw. zur Silikatbildung befähigte Gesteine*

Neben Basenoxyden ist *si* relativ reichlich vorhanden, so daß Silikate eine
Hauptrolle spielen oder aus SiO_2 und Salzen (zum Beispiel Karbonaten) entstehen könnten.

I. Alkali-Alumosilikatgesteine mit relativ hohem *al* und *alk* (so daß sich
normalerweise reichlich alkalihaltige Alumosilikate bilden), jedoch ohne wesentlichen Tonerdeüberschuß *t*. Meist $alk + c > al$, seltener schon $alk > al$.

II. Alkali-Alumosilikatgesteine mit gegenüber I. zurücktretendem alk, aber
immer noch ohne wesentlichen Tonerdeüberschuß.

III. Alkali-Kalk-Alumosilikatgesteine. Bei noch reichlich *al* und nicht un-
wesentlichem *alk* beginnt *c* stärker hervorzutreten. Ein Teil dieses *c* kann sich,
da $al > alk$ ist, unter gewissen Bedingungen mit *al* binden.

IV. Kalk-Alumosilikatgesteine. alk tritt, bei noch relativ hohem *al*, gegenüber *c* zurück, so daß unter gewissen Bedingungen typische Calcium-Alumosilikate entstehen können.

In I bis IV sind Alkali- und (oder) Calcium-Alumosilikate als mögliche
Verbindungstypen wichtiger oder ebenso wichtig wie gewöhnliche Silikate von
fm oder *c*.

V. Femische Silikatgesteine. Bei relativ niedrigem *alk* und *al* ist *fm* von großer Bedeutung und wichtiger als *c*. Femische Silikatgesteine.

VI. Femische (α) oder Ca-reiche (β) alkalische Silikatgesteine. Reich an *fm*
oder *c* bei relativ niedrigem *al*, aber höherem *alk* als bei V. Alkalische *c-fm*-
Gesteine.

VII. Alumosilikatgesteine. al ist relativ hoch bei erheblichem *t*, das heißt
$al \gg alk + c$, wobei *c* meist zurücktritt (α), während *fm* bis zu hohen Werten
ansteigen kann. Bei etwas höherem *c* wird die Untergruppe der *c*-reicheren
Alumosilikatgesteine gebildet (VII β).

VIII. Kalksilikatgesteine. $c \geqq fm$. Beide Werte spielen neben *si* (und oft
auch co_2) die Hauptrolle, während *al* und *alk* relativ niedrig sind.

B. *Karbonatgesteine*

IX. Karbonatgesteine. Karbonate, besonders von Ca, Ca und Mg, seltener
Mg oder Fe (eventuell Mn) sind Hauptbestandteile. *si* tritt gegenüber co_2
stark zurück.

C. *Oxydische und hydroxydische Gesteine*

X. SiO$_2$-Gesteine mit sehr hoher si-Zahl.

XI. Femoxydische Gesteine, vorwiegend aus Oxyden bzw. Hydroxyden von
Fe, Mn, eventuell Mg bestehend.

XII. Alumo- und Fe-Mn-*Alumooxydische bis hydroxydische Gesteine.* Vorwiegend *al* neben *fm* bei stark zurücktretendem *si* (Oxyde bis Hydroxyde).

XIII. Eis- und Schneegesteine. Vorwiegend H_2O in fester Form.

D. *Nichtsilikatische Salzgesteine*

XIV. Phosphorreiche Gesteine (mit reichlich *p*), fast ausschließlich Apatitmineralien, seltener NH_4-Phosphate.

XV. Halite und Verwandte. Vorwiegend Steinsalz und andere Salze von Na, K, Mg, eventuell Ca, mit Halogenen als Anionen neben Sulfaten. Hieher auch die seltenen Nitrat- und Boratgesteine.

XVI. Sulfatgesteine. Besonders Sulfate von Ca, seltener Mg, Na, K usw.

XVII. Gesteine mit reichlich sulfophilen Elementen (siehe Seite 40) und S, eventuell As, Sb. Als eigentliche Gesteine selten, meist nur als akzessorische Lagerstätten bekannt.

E. *Kohlenstoffreiche Gesteine*

XVIII. Kohlengesteine und *Bitumengesteine* mit C und (oder) Kohlenwasserstoffen.

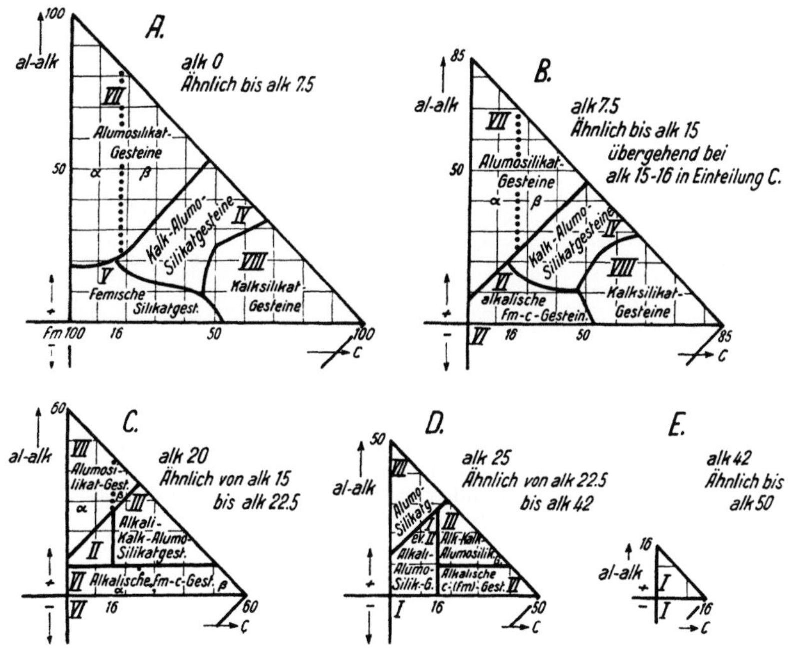

Fig. 6

Die Felder der Gruppen der Silikatgesteine in Schnitten durch ein Doppeltetraeder vom Typus der Figur 4.

Da vorläufig lediglich ein Überblick beabsichtigt ist, genügt die kurze Charakterisierung naturgemäß noch nicht zur Abgrenzung. Zwischen verschiedenen Gruppen treten übrigens kontinuierliche Übergänge auf, so daß Grenzziehungen immer nur aus Zweckmäßigkeitsgründen an bestimmten Stellen vorgenommen werden können. Figur 6 stellt Schnitte durch das Doppeltetraeder der Figur 4 dar, parallel den Tetraederflächen $T-c-fm-alk'$. In diesen Schnitten sind für *Silikatgesteine* (Gruppe A, also *si* wesentlich) zweckmäßige Grenzlinien zwischen den Gruppen I bis VIII eingezeichnet. Da im allgemeinen

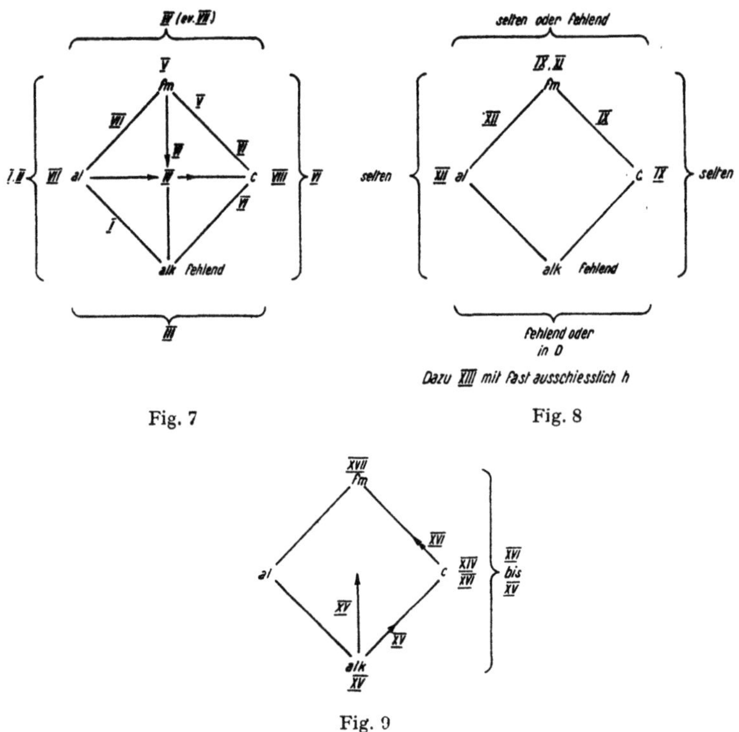

Fig. 7   Fig. 8

Fig. 9

Schemata zur Hauptcharakteristik der Gruppen.

Fig. 7. Schematische Kennzeichnung der wichtigen chemischen Charakteristika der Silikatgesteine (Abteilung A).

Fig. 8. Schematische Kennzeichnung wichtiger chemischer Charakteristika der Karbonat- und Oxydhydroxydgesteine (Abteilungen B und C).

Fig. 9. Schematische Kennzeichnung wichtiger chemischer Charakteristika der Salzgesteine (Abteilung D).

nur wenige Silikatgesteine in das Teiltetraeder $fm-c-2\,al-alk'$ fallen (und dann relativ benachbart zur Fläche $fm-c-2\,alk$), sind die Schnitte durch das untere Tetraeder nur angedeutet. Wichtige approximative Merkwerte sind $c \gtrless 16$, $al-alk \gtrless 10$ oder 12 und $t = al-alk-c \gtrless 5$ bis 12. Aus der Darstellung ist ersichtlich, daß bei der Charakterisierung der einzelnen Gesteinsgruppen die Erwähnung gewisser Oxydgruppenwerte als wesentliche Bestandteile nicht deren absolute Vorherrschaft angibt, sondern nur ihre systematische Bedeutung hervorheben soll.

Rein qualitativ vermögen auch die schematischen Figuren 7 bis 9 zu illustrieren, wie die Variationsmöglichkeit der Hauptkomponenten der äußeren Lithosphäre in der Systematik zur Geltung kommt. In diesen Schemata werden die Nummern der Gruppen, in denen eine der vier Komponenten *al, fm, c, alk* klassifikatorisch besonders wichtig ist, an die Ecken eines durch diese gebildeten Quadrates geschrieben. Ist die Kombination zweier Größen von wesentlicher Bedeutung, so wird die Gruppennummer der Verbindungslinie beigeschrieben. Dreierkombinationen lassen sich den geschweiften Klammern, die je drei Komponenten umfassen, beischreiben.

Ist daraus einerseits die ungleichmäßige Ausdehnung, die den einzelnen Gruppen verliehen wurde, ersichtlich, so sind andererseits bereits gewisse erste natürliche Auswahlprinzipien erkennbar. In der Hauptabteilung A (Silikatgesteine) (Figur 7) spielt *alk* eine Sonderrolle, da es einigermaßen «reine» Alkalisilikatgesteine nicht gibt. In Abteilung B sind eigentliche Karbonatgesteine mit *c* oder *fm* oder beiden verknüpft, während in Abteilung C *alk* und *c* als wesentliche Komponenten fehlen und neben *si* und *h* nur *al* und *fm* zu oxydisch-hydroxydischen Gesteinen Veranlassung geben (Figur 8). In der Abteilung D (Figur 9) fällt *al* und (abgesehen von XVII) ein Teil des *fm* (besonders Fe, Mn) innerhalb der Gesteinswelt fast völlig aus.

Einfache Überlegungen führen zur Ansicht, daß dieses selektive Verhalten auf die Stabilität, Bildungs- und Umbildungsfähigkeit sowie auf die sogenannten Affinitätsverhältnisse der Atomarten in den entsprechenden Kristallverbindungen rückführbar ist.

b) *Die Akzessorien*

α. **Die selteneren Elemente der Lithosphäre.** Bei dem Versuch der Berechnung einer mittleren Zusammensetzung der äußeren Lithosphäre geht man von den Gesteinsanalysen aus, wobei nur sehr approximativ die vermutlichen Mengenverhältnisse der verschiedenen Gesteinsarten berücksichtigt werden können. Recht umfangreiche Analysenzusammenstellungen sind über die sogenannten Eruptivgesteine oder magmatischen Gesteine bekannt, von denen man annimmt, daß sie die Zusammensetzung der Lithosphäre am charakteristischsten widerspiegeln, weil andere Gesteine, wie die Sedimente, im wesentlichen aus ihnen, allerdings unter Reaktion mit Atmosphäre und Hydrosphäre, entstanden sind.

Zunächst gilt es, sich ein Bild zu machen, inwiefern überhaupt die Berücksichtigung von Atmosphäre und Hydrosphäre imstande wäre, die Daten für eine mittlere Zusammensetzung der «äußeren Erdhüllen» mit einer Dichte von rund 2,78 zu beeinflussen.

Am besten geschieht dies unter Benützung einer Darstellungsweise, die V. M. GOLDSCHMIDT eingeführt hat. Denken wir uns die Lithosphäre ausgeglichen, wobei eine mittlere Meereshöhe von 256 m erreicht würde, so lasten auf jedem Quadratzentimeter 1,002 bis 1,003 kg Atmosphäre, die sich etwa wie folgt auf die darin vorkommenden wichtigsten Elemente verteilen:

Stickstoff	755,1 g	Sauerstoff	230,1 g
Wasserstoff ±	3,2 g	Kohlendioxyd	0,4 g
	Edelgase 13,3 g		

Gewichtsmäßig würden 1,003 kg pro Quadratzentimeter hinzukommen; das
würde der Schichtdicke von ungefähr 360 cm einer Masse von der Dichte 2,78
(analog derjenigen der äußersten Lithosphäre) entsprechen.

Denkt man sich in analoger Weise gleichmäßig die Hydrosphäre über die aus-
geglichene Lithosphäre verteilt, so würden auf jedem Quadratzentimeter Erdoberfläche auflagern:

$$
\begin{array}{rl}
278,1 \text{ kg} & \text{Meerwasser} \\
0,1 \text{ kg} & \text{Süßwasser} \\
4,5 \text{ kg} & \text{Kontinentaleis} \\
\hline
282,7 \text{ kg} &
\end{array}
$$

In der Hauptsache handelt es sich um H_2O, doch sind im Meerwasser etwa
$3,5-3,7\%$ Salze gelöst, im Süßwasser bedeutend weniger. Nur Na und Cl erlangen gewichtsprozentisch Werte über 1. Auf das spezifische Gewicht 1,033
bezogen, würde dies einer Schichtdicke von rund 2,74 km entsprechen, also dem
Gewicht nach nahezu einem Kilometer «Lithosphäre» des spezifischen Gewichtes 2,78.

Die mittlere Zusammensetzung der Sedimente ist, abgesehen davon, daß
H_2O, CO_2 (infolge Reaktion mit Hydrosphäre und Atmosphäre) etwas reichlicher
und Na und Cl (infolge Rückbleibens im Meer) etwas spärlicher vertreten sind,
derjenigen der Eruptivgesteine recht ähnlich. Wesentlich wird somit durch die
Beteiligung der Sedimente und deren Umwandlungsprodukte der Chemismus
nicht verschoben.

Nehmen wir an, daß die aus Gesteinsanalysen erschlossene mittlere Zusammensetzung der Lithosphäre mindestens für eine Außenschale von etwa
20 km Tiefe Gültigkeit habe, so verhält sich unter Hinzurechnung von Atmosphäre und Hydrosphäre (für den Chemismus der äußeren Erdhüllen als
Ganzes) mengengemäß die als bekannt vorausgesetzte Lithosphäre (20 km
Hülle) zu Hydrosphäre + Atmosphäre wie rund 20:1. Die Korrekturen (hauptsächlich H, O, C, Cl, N, Edelgase im Sinne einer Zunahme betreffend) werden
um so geringer, je mächtiger wir die Schichtdicke annehmen dürfen, für die das
Mittel der oberflächlich anstehenden Eruptivgesteine charakteristisch bleibt.
Manches spricht dafür, daß in noch größerer Tiefe *si-*, *alk-* und etwas *al-*ärmere
und *fm-*, eventuell vorerst auch *c-*reichere Gesteine folgen. Das *Sial* oder *Sal*
(abgekürzt von *si-al*) würde nach dieser Anschauung durch ein *Salsima* (sima
abgekürzt aus *si* und *ma* = mafisch = femisch) und schließlich durch ein *Sima*
ersetzt werden unter Zunahme des spezifischen Gewichtes. Der erste Wechsel
würde sich in Tiefen abspielen, die in bezug auf den Erdradius noch als klein zu
bezeichnen sind. Über die chemische Zusammensetzung von Erdkern und Erd-
kernmantel mit Zwischenschicht sind nur Vermutungen möglich. Teils stützen
sie sich auf Vergleiche mit Solar- und Stellarmaterie, teils auf eine vermutete
Entstehungsgeschichte der Erde (mit Entmischungserscheinungen im flüssigen
Zustand) unter Heranziehung der Meteoritzusammensetzungen als Vergleichs-
material fremder (allerdings vermutlich kleinerer) Weltkörper.

Auf alle Fälle ist unsere unmittelbare Kenntnis auf die äußerste feste Erd-
haut mit Hydrosphäre und Atmosphäre beschränkt. Was wir hier an Atomhäufigkeiten bestimmen können, umfaßt lediglich einen kleinen Ausschnitt der
Erdmaterie, einen Ausschnitt allerdings, der unsere einzige Rohstoffquelle ist.

Und hiefür genügt es, unter Berücksichtigung der oben erwähnten Korrekturen die Daten zu betrachten, die uns das Studium der bestuntersuchten Gesteine, der Eruptivgesteine und ihrer Umwandlungsprodukte, liefert.

Tabelle 1

Atomprozente der Elemente (ohne Edelgase)
(Eruptivgesteine der äußeren Lithosphäre)

O	60,5	⎫ Größenordnung:
Si	20,45	⎭ Hunderttausende pro 1 Million Atome
Al	6,24	
H	2,82?	
Na	2,54	Größenordnung:
Ca	1,875	Zehntausende pro 1 Million Atome
Fe	1,87	
Mg	1,79	
K	1,40	
Ti	0,188	Größenordnung: Tausende pro 1 Million Atome
C	0,055	
P	0,053	
Mn	0,037	
S	0,033	Größenordnung:
F	0,031	Hunderte pro 1 Million Atome
Cl	0,029	
Li	0,019	
Cr	0,008	
Rb	0,007	
V	0,006	
Zr	0,0053	
Ba	0,0037	
Sr	0,0035	Größenordnung:
Ni	0,0036	Zehn pro 1 Million Atome
Cu	0,0033	
Co	0,0014	
Be	0,0014	
Zn	0,0013	

Die übrigen Elemente < 0,001 %, das heißt Größenordnung Einer bis unter $^{1}/_{10000}$ Atome pro 1 Million Atome.

Bevor eine zielbewußte, gründliche spektroskopische Erforschung der Mineralien und Gesteine einsetzte, hatten VOGT, WASHINGTON und CLARKE in ausgezeichneter Weise versucht, *die Mengen seltener Elemente abzuschätzen* und *Mittelwerte für die äußeren Erdhüllen* zu bilden. So konnte 1928 begonnen werden, Atomhäufigkeiten zu berechnen und diese mit den Gesetzen des Atombaues in Beziehung zu bringen. Indem wir die Darstellung von dazumal mit einer die mittlere Eruptivgesteinszusammensetzung betreffenden vergleichen,

32   Die stoffliche Grundlage

die zehn Jahre später V. M. GOLDSCHMIDT gab, erkennen wir am besten, inwieweit in dieser Zeitspanne die spektroskopische Erforschung das Bild zu ändern vermochte. Wir lassen hiebei die Edelgase und kurzlebigen radioaktiven Elemente weg, da Schätzungen für sie noch ziemlich unsicher sind. Beide Elementengruppen sind sicherlich in der äußeren Lithosphäre in sehr geringen Mengen vorhanden. Auf die Summe der übrigen Atomarten bezogen, geben wir in den Tabellen die Zahl der Atome einer Art auf eine Million Atome an (das heißt Atomprozentzahlen multipliziert mit 10000), begnügen uns jedoch mit der Feststellung der in Frage kommenden Zehnerpotenz. Nur für die Elemente, welche in Eruptivgesteinen zu mehr als 10 pro 1 Million vorkommen, werden außerdem in Tabelle 1 in prozentischer Schreibweise speziell Zahlenwerte mitgeteilt.

Tabelle 2

Das periodische System der Elemente (mit den Atomgewichten) nach den Ordnungszahlen geordnet. Die quadratisch umrandeten Elemente sind die häufigsten in den entsprechenden Horizontalreihen. Eine gestrichelte Linie verbindet diese Elemente. Über die Zweiteilung durch die kräftige auf- und absteigende Linie siehe Seite 40.

Periodisches System der Elemente

VIII	I (H 1.01)	II	III	IV	V	VI	VII	He 4.00	
	Li 6.94	Be 9.02	B 10.82	C 12.01	N 14.01	O 16.00	F 19.00	Ne 20.18	a
	Na 23.00	Mg 24.32	Al 26.97	Si 28.06	P 30.98	S 32.06	Cl 35.46	A 39.94	b
	K 39.10	Ca 40.08	Sc 45.10	Ti 47.90	V 50.85	Cr 52.01	Mn 54.93		c
Fe 55.84 Co 58.94 Ni 58.69	Cu 63.57	Zn 65.38	Ga 69.72	Ge 72.60	As 74.97	Se 78.96	Br 79.92	Kr 83.7	d
	Rb 85.48	Sr 87.63	Y 88.92	Zr 91.22	Nb 92.91	Mo 95.95	Ma –		e
Ru 101.7 Rh 102.91 Pd 106.7	Ag 107.88	Cd 112.41	In 114.76	Sn 118.70	Sb 121.76	Te 127.61	J 126.92	X 131.3	f
	Cs 132.81	Ba 137.36	La 138.92	Ce 140.13 selt. Erd.					g
			Hf 178.6	Ta 180.88	W 183.92	Re 186.31			h
Os 190.2 Ir 193.1 Pt 195.23	Au 197.2	Hg 200.61	Tl 204.39	Pb 207.21	Bi 209.00	Po –	85 –	Rn 222.	i
	87	Ra 226.05	Ac –	Th 232.12	Pa 231	U 238.07			k

Elemente, von denen bereits 1928 vorausgesagt wurde, daß ihre Mengen vermutlich zu niedrig bestimmt seien, sind in der Reproduktion der älteren und überholten Tabelle (Nr. 3) mit einem nach links gerichteten Pfeil versehen. Elemente, die von V. M. GOLDSCHMIDT bei der Mittelbildung für die Eruptivgesteine nicht berücksichtigt wurden, sind mit wahrscheinlichen Werten angesetzt und ihre Symbolisierung umrandet. Wesentliche Verschiebungen, die bei einer Umrechnung der Werte dieser letzteren Tabelle auf die äußeren Erdhüllen als Ganzes (unter Einschluß von Atmosphäre und Hydrosphäre, wie das für die ältere Tabelle gilt) auftreten müßten, sind in der zugehörigen Darstellung mit Verschiebungspfeil gekennzeichnet. Jedem chemischen Element ist die Ordnungs-

Tabelle 3

Alte Schätzung. Atome pro 1 Million Atome
Äußere Erdhülle (ohne Edelgase und einige weitere seltenere Elemente) (1928 NIGGLI)

Größen-ordnung	Pro 1 Million Atome												
	100 000 Atome	10 000 Atome	1000 Atome	100 Atome	10 Atome	1 Atom	0,1 Atom	0,01 Atom	0,001 Atom	0,0001 Atom	0,00001 Atom	0,000001 Atom	0,0000001 Atom
a	O H		C →	N→F Li	B Be								
b	Si	Al Na Mg		Cl→P S									
c		Ca K	Ti	Mn Cr	V		← Sc						
d		Fe			Ni Cu Zn	Co Br → As			← Se	← Ga		← Ge	
e					Zr Sr Y	Rb Mo			← Nb				
f							Sn	Sb Cd	J Ag In		Te		Rh Pd ← Ru
g					Ba	Ce Seltene Erden z. T.	La Seltene Erden z. T.	Cs					
h						W Hf			← Ta				
i							← Pb		Bi Hg		Au ← Tl	Pt	Os Tr
k					Th U								

Tabelle 4   *Atomhäufigkeiten. Neue Schätzung (nur Eruptivgesteine). Vorwiegend nach V. M. GOLDSCHMIDT 1938 (Berücksichtigung spektroskopischer Untersuchungen verschiedener Forscher). Den Symbolen sind die Ordnungszahlen beigeschrieben.*

	Pro 1 Million Atome									
	Hauptgesteinsbildner 100000 Atome	10000 Atome	1000 Atome	100 Atome	10 Atome	1 Atom	0,1 Atom	0,01 Atom	0,001 Atom	≦ 0,0001 Atom
a	O/8	← H/1	←	C [N] F Li 6 7 9 3	Be 4	← B 5				
b	Si/14	Al Na Mg 13 11 12		← P S ← Cl 15 16 17						
c		Ca K 20 19	Ti 22	Mn 25	← Cr V 24 23	Sc 21				
d		Fe/26			Ni Cu Co Zn 28 29 27 30	[Br] Ga Ge→As 35 31 32 33		Se 34		
e					Rb Zr Sr 37 40 38	Y Nb→Mo→ 39 41 42				
f						Sn/50	Sb/51	Cd J Ag In 48 53 47 49	Pd [Ru] 46 44	[Te] Rh 52 45
g					Ba/56	Ce Nd La Cs 58 60 57 55	Pr Seltene Erden 59	Seltene Erden		
h						W/74	[Ta] Hf 73 72			
i						Pb/82		Hg Tl Bi 80 81 83		Au Pt Re [Os] Ir 79 78 75 76 77
k						Th/90	U 92			

Tabelle 5   *Gramm pro Tonne (Eruptivgesteine der äußeren Lithosphäre ohne Berücksichtigung von H,
Edelgasen und einigen seltenen Elementen). Nach V. M. GOLDSCHMIDT.*

	Kilogramm bzw. Gramm pro Tonne								
	x00 kg	x0 kg	$x$kg	x00 g	x0 g	x g	0,x g	0,0x g	0,00x g
a	O			C F	Li	Be B			
b	Si	Al Na Mg		P S Cl					
c		Ca K	Ti Mn	Cr V		Sc			
d		Fe		Cu Ni	Zn Co Ga	Ge As		Se	
e				Rb Zr Sr	Y Nb Mo				
f					Sn	Sb	Cd Ag J In	Pd	Rh Te
g				Ba	Ce Nd La	Cs Seltene Erden z. T.	Seltene Erden z. T.		
h					W Ta	Hf			
i					Pb		Hg Tl Bi		Au Pt Re Ir
k					Th	U			

zahl beigeschrieben. In den Tabellen 3 bis 5 sind die Beziehungen zum periodischen System der Elemente durch eine Aufteilung der Perioden in die Horizontalreihen a, b, c, d, e, f, g, h, i, k verdeutlicht, wobei die Triadenelemente zur darauffolgenden Kolonne gerechnet wurden. Tabelle 2 stellt, nach Ordnungszahlen geordnet, in analoger Weise das periodische System der Elemente (mit Atomgewichten) dar, wobei das verbreitetste Element einer Horizontalreihe umrandet ist. (Diese Elemente sind durch eine gestrichelt gezeichnete Linie miteinander verbunden.) Schließlich sind, im wesentlichen gleichfalls unter Benützung der von V. M. GOLDSCHMIDT gegebenen letzten Zahlenwerte, in Tabelle 5 die mittleren Gewichtsmengen der Elemente als Gramm pro Tonne Eruptivgesteine der äußeren Lithosphäre vermerkt.

β. **Geochemische Gesetzmäßigkeiten.** Folgende Hauptresultate der allgemein geochemischen Untersuchungen sind für Gesteins- und Lagerstättenkunde von grundlegender Bedeutung:

1. *Die Mengen* der in den äußeren Erdhüllen zur Verfügung stehenden Atomarten *sind grundverschieden*. Sie können für das eine chemische Element das milliardenfache derjenigen Menge betragen, die einem anderen chemischen Element zukommt. Unterschiede von dieser Größenordnung sind sogar noch innerhalb der Gruppe der «seltenen Elemente» bemerkbar.

2. Alle Hauptelemente der äußeren Erdhüllen besitzen *kleine Ordnungszahlen*, gehören zu den ersten 28 Gliedern des periodischen Systems der Elemente. Aber auch innerhalb dieser Elementenserie treten bereits Atomarten geringer Verbreitung, somit große Unterschiede in der Häufigkeit, auf.

Beim Vergleich der älteren und der neuen, verbesserten Schätzung ist zunächst ersichtlich, daß spektroskopische Untersuchungen für die selteneren Elemente eine im Durchschnitt etwas größere Verbreitung erwiesen haben. Aber auch so sind (ohne Berücksichtigung der kurzlebigen radioaktiven Elemente) noch Häufigkeitsunterschiede von 10^{10} vorhanden. In ihrer Menge unterschätzt wurden besonders gewisse Elemente, wie zum Beispiel Sc, Ga, Ge, Rb, Cs, Nb, Ta, Tl. Die ersten fünf bilden selten selbständige Mineralarten, sind jedoch nach den spektroskopischen Untersuchungen in kleinen Mengen in verschiedenen Mineralien relativ weit verbreitet.

Bestätigt wurde die *Niggli-Sondersche Regel* von der Periodizität der Atomhäufigkeiten in den äußeren Erdhüllen. Schon der Vergleich der Tabelle 3 oder 4 mit Tabelle 2 zeigt, daß innerhalb der Horizontalreihen die Anordnung nach der Häufigkeit eine etwas andere ist als die nach der Ordnungszahl. Es tritt zunächst eine Periodizität mit Häufigkeitsmaxima nach der Differenz der Ordnungszahlen von 6 oder von Vielfachen von 6 auf (Figur 10 a).

```
                                  Rb Zr Sr Y
     O      Si     Ca     Fe     ‾‾‾‾‾‾‾‾        Sn      Ba      W
                                    37–40
     8      14     20     26          38          50      56     74
      ‾‾‾‾‾  ‾‾‾‾‾  ‾‾‾‾‾  ‾‾‾‾‾‾‾‾‾   ‾‾‾‾‾‾‾‾‾‾   ‾‾‾‾‾   ‾‾‾‾‾
        6      6      6       12          12          6      18
                                          ‾‾‾‾‾‾‾‾‾‾‾
                                              18
```

Am Schlusse wird die Differenz 8 maßgebend:
```
                                              W      Pb      Th
                                              74     82      90
                                               ‾‾‾‾‾‾  ‾‾‾‾‾‾
                                                  8       8
```

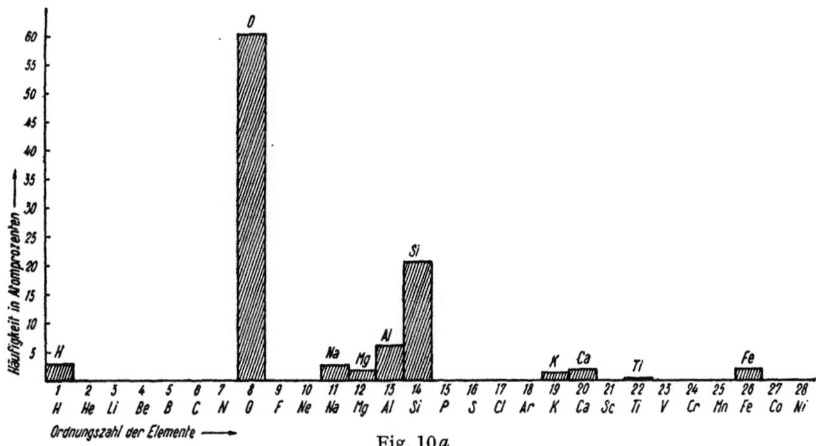

Fig. 10 a

Die Häufigkeit der Hauptatomarten der ersten 28 Glieder des periodischen Systems, soweit im gegebenen Maßstab eine Darstellung möglich ist.

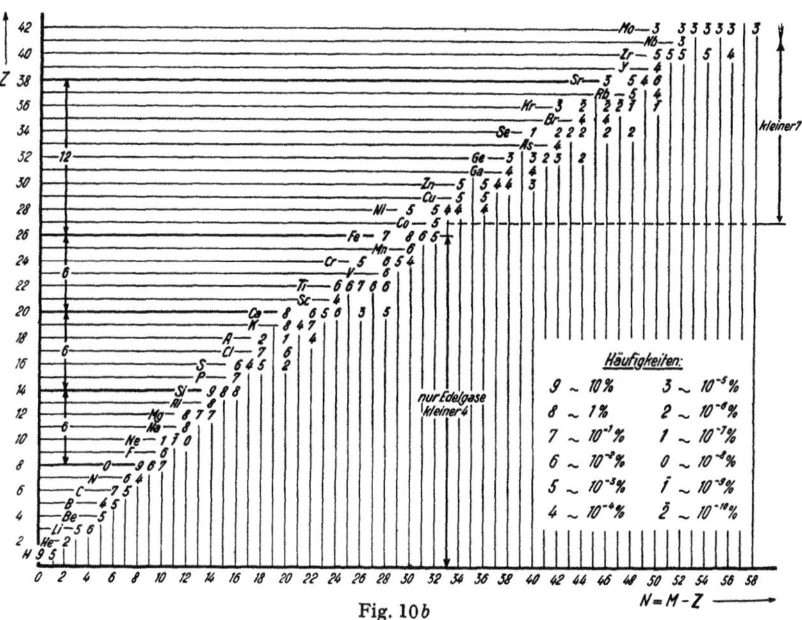

Fig. 10 b

Wichtige Isotope der Elemente mit niedriger Ordnungszahl und deren Häufigkeiten in der äußeren Lithosphäre, wobei Z die Ordnungszahl und $N = M - Z$ die Zahl der Neutronen der Atomkerne bedeutet.

Es gehört nicht zu unserer Aufgabe, diese Gesetzmäßigkeiten (unter Berücksichtigung des Atombaues) weiter zu verfolgen und die Frage zu behandeln, ob sich bereits in der Atomverteilung dieses äußersten Teiles der Erde Verteilungsgesetze universellerer Art bemerkbar machen. Ebensowenig soll auf den Umstand näher eingegangen werden, daß im allgemeinen die Häufigkeitsmaxima auf gerade Ordnungszahlen (Vertikalkolonnen VI, IV, II, VIII, II (IV, II, VI, IV der Tabelle 2) fallen und besonders innerhalb der seltenen Erden eine deutliche

Bevorzugung der geraden Ordnungszahlen ersichtlich ist (letzteres nach V. M. GOLDSCHMIDT).

In Figur 10b soll lediglich für die Elemente der niedrigen Ordnungszahlen noch eine die *Isotopen* berücksichtigende Darstellung der Atomkernverteilung in der äußeren Erdkruste erfolgen. Es werden einander gegenübergestellt die Ordnungszahlen Z, das heißt die Zahl der Protonen und zugleich Zahl der positiven Ladungseinheiten der Atomkerne, und die Neutronenzahlen (N) der Atomkerne, das heißt Atomgewichte (M) minus Protonenzahlen ($N = M - Z$). Isotope Elemente haben gleiches Z, aber verschiedenes M (und damit auch verschiedenes N), liegen somit auf Horizontalen. Die einzelnen Häufigkeiten sind durch runde Zahlen (in Zehnerpotenzen) angegeben, so daß die Maxima und die erwähnten Sechserperioden deutlich hervortreten.

Für den Petrographen und Lagerstättenkundler ist von allen diesen Tatsachen am wichtigsten, daß ihm im Mittel in den für den Menschen zugänglichen Erdteilen die chemischen Elemente in ganz verschiedenen Mengen zur Verfügung stehen. Da zudem eine Mindestkonzentration vorhanden sein muß, damit in wirtschaftlicher Weise ein chemischer Stoff ausbeutbar wird, ergibt sich das Problem, nach Lagerstätten zu suchen, in denen ein Element in überdurchschnittlicher Konzentration auftritt. Der praktischen Lagerstättenlehre fällt daher die Aufgabe zu, über Vorkommen und Bildungsweise solcher Speziallagerstätten Auskunft zu erteilen. Wird beispielsweise zu gewissen Zeiten eine gewisse Menge Gramm pro Tonne für die wirtschaftliche Metallgewinnung als notwendig angesehen, so muß nach Erzlagerstätten Umschau gehalten werden, in denen das Metall gegenüber dem Durchschnitt bis zu diesem Wert angereichert ist, wobei naturgemäß die Abbauwürdigkeit erst noch durch besondere Umstände (Fragen der Trennung, der gleichzeitigen Gewinnung verschiedener Stoffe, der Installations- und Abtransportmöglichkeiten, der Arbeitsbedingungen usw.) beeinflußt wird.

	Fe	Al	Cr	Ni	Zn
Werden zur Metallgewinnung verlangt pro Tonne . so muß auf den betreffenden Erzlagerstätten das Element dem Durchschnitt gegenüber angereichert sein	300 bis 400 kg 6–8fach	350 kg 4fach	300 kg 1500fach	10–20 kg 100- bis 200fach	50 kg um 1000fach
	Cu	Pb	Sn	Ag	Au
Werden zur Metallgewinnung verlangt pro Tonne . so muß auf den betreffenden Erzlagerstätten das Element dem Durchschnitt gegenüber angereichert sein	10–20 kg 100- bis 200fach	20–50 kg 1000- bis 3000fach	2–10 kg um 500fach	500 g 5000fach	5–10 g 1000- bis 2000fach

B. Grundzüge der Kristallchemie

a) *Die natürlichen Atomverbände im allgemeinen*

α. Das Verhalten der chemischen Elemente (Atomarten) in den Mineralien. Eine nähere Untersuchung der Lithosphäre oder überhaupt der Erdhüllen zeigt uns, daß auf bestimmten Lagerstätten gewisse Elementenkombinationen andern gegenüber bevorzugt sind, sei es, daß bereits in den Einzelkristallverbindungen derartige Regeln des Zusammenvorkommens von Atomarten bemerkbar sind, sei es, daß Mineralarten bestimmter Zusammensetzung besonders gerne miteinander vergesellschaftet auftreten. Es handelt sich um außerordentlich komplexe Erscheinungen, die von verschiedenen Gesichtspunkten aus beleuchtet werden müssen, wobei man sich immer vor einer ungerechtfertigten Vermengung der Standpunkte hüten muß.

Tabelle 6

Elementenaufteilung

Siderophile Elemente (Eisenmeteorite, vielleicht Erdkern)	*Chalkophile Elemente* (In fraglichem Oxyd-Sulfid-Mantel)	*Lithophile Elemente* (Charakteristisch für die äußere Lithosphäre)	*Atmophile Elemente* (In Entgasungsprodukten und Atmosphäre)	*Biophile Elemente* (In lebenden Organismen)
Fe Ni Co P (As) C (N?) Pt Ir Os? (Pd) Ru Rh Mo (W)	((O)) S Se Te Fe (Ni) (Co) Mn? Cu Zn Cd Pb (Sn?) Ge (Mo?) As Sb Bi Ag Au Hg Pd (Ru?) (Pt) Ga In Tl	O (S) (P) (H) Si Ti Zr Hf Th F Cl Br J (C) B Al (Ga) Sc Y La Ce Pr Nd Sm Eu Gd Tb Dy Ho Er Tm Yb Cp Li Na K Rb Cs Be Mg Ca Sr Ba (Fe) V Cr Mn ((Ni)) ((Co)) Nb Ta W U Sn	H N C (Cl) J He Ne A Kr X	C H O P S Cl J (N) (Ca Mg K Na) (V Mn Fe Cu) In Kohle auch (Be) (B) (Ge) (As) (Ni) (Co) (Ma)

endogeosphär nach Niggli   exogeosphär nach Niggli

WASHINGTON hat Elemente, die vorwiegend auf den nicht gesteinsmäßig auftretenden Erzlagerstätten angereichert sind, als *metallogene* von jenen unterschieden, die ihr Hauptvorkommen in den Gesteinen oder in den damit sehr enge verwandten Minerallagerstätten selbst haben (*petrogene*). Die Vorstellung vom schalenartigen Aufbau der Erde weist (nach einer der üblichen Hypothesen) der Hauptverbreitung metallogener Elemente (zusammen mit S) einen tieferen Platz an (Sulfid- bis Oxydmantel) als den petrogenen Atomarten[1]. Versucht man überhaupt ihrem Hauptvorkommen nach die verschiedenen chemischen Elemente auf diese teils beobachtbaren, teils vermuteten Erdsphären aufzuteilen, so kann man zu nachstehender, von V. M. GOLDSCHMIDT stammenden Gliederung gelangen.

Einzelne Elemente sind hierbei als «*Durchläufer*» in verschiedenen Gruppen aufgeführt. Da, wo ihnen, relativ genommen, eine geringere Bedeutung zukommt, wurden sie in einfache oder gar doppelte Klammern gefaßt. Fragliche Zuordnungen sind als solche gekennzeichnet. Wie die Bezeichnungsweise («phil») zum Ausdruck bringt, handelt es sich lediglich um die Feststellung einer gewissen Vorliebe der betreffenden chemischen Stoffe für die in Frage stehenden, teils hypothetischen Großeinheiten. So sind die chalkophilen Elemente naturgemäß gleichfalls nur in der äußeren Lithosphäre zugänglich, in der sie indessen nicht in den Haupteinheiten, den Gesteinen, sondern vorzugsweise in akzessorischen Erzlagerstätten sulfidischen Charakters angereichert sind. Chalkophil entspricht somit im wesentlichen dem Begriff metallogen von WASHINGTON. *Siderophil* und *chalkophil* lassen sich im Sinne dieses Vorschlages zu *endogeosphär* zusammenfassen, während *lithophile, atmophile* und *biophile* typische *exogeosphäre* Elemente sind. Es ist nun schon sehr frühzeitig erkannt worden, daß im großen und ganzen die exogeosphären Elemente im periodischen System der Elemente eine andere Stellung als die endogeosphären einnehmen. Letztere gehören im wesentlichen den «kondensierter» gebauten Atomtypen an, das heißt sie folgen (nach steigender Ordnungszahl geordnet) jeweilen unmittelbar auf die Triadenelemente und umfassen diese selbst noch. Die exogeosphären Elemente sind zur Hauptsache die Elemente, welche durch eine Elektronenabgabe (oder eventuell Aufnahme von 1 bis 2 Elektronen) den Edelgastypus des Atombaues anstreben. Die Edelgase selbst können ihnen zugerechnet werden. In Tabelle 2, Seite 32, sind von den großen Perioden an (von der durch die seltenen Erden erzeugten Komplexität abgesehen) nur noch die durch Abgabe von 1 bis 6 oder Aufnahme von 1 Elektronen dem Edelgastypus verpflichteten Elemente (oberhalb der kräftigen Zickzacklinie) exogeosphär, diejenigen unterhalb dieser Linie vorwiegend endogeosphär. Man erkennt beim Vergleich der Tabelle 2 mit Tabelle 6 die Analogie im Großen, aber auch einzelne Ausnahmen. Von den Elementen der ersten zwei Perioden sind beispielsweise S, P, C, N, O, ja auch C exo- bis endogeosphär, doch ist O wichtig für die erste, S für die zweite Gruppe.

Wollen wir nur dem Beobachtbaren Rechnung tragen, so können wir innerhalb der Lithosphäre *oxyphile* von *sulfophilen* Elementen unterscheiden mit folgender Definition: Die oxyphilen Elemente befinden sich in der Lithosphäre vorwiegend in Sauerstoffsalzen, Oxyden und Hydroxyden, die sulfophilen Elemente, abgesehen von der Reaktionszone mit der Atmosphäre (der Oxydationszone), in Sulfiden und Sulfosalzen (wobei S durch As, Sb oder Se, Te ersetzbar ist), eventuell auch im Metall- oder Legierungszustand. Wir erhalten dann die der Tabelle 7 entsprechende schematische Gruppierung:

---

[1] Nach der gleichen Hypothese würde der Erdkern eine analoge Zusammensetzung haben wie die Eisenmeteorite (*Nife* = aus Ni-Fe gebildete Bezeichnung).

Tabelle 7

Die oxy- und sulfophilen Elemente der Lithosphäre

Oxyphile Elemente		Durchläufer (wechselndes Verhalten)	Sulfophile Elemente	
1a O, OH, F	H **1b**	**1**		
2a B Be Si	C N **2b**	**2b** S | Ge **2a**		**2a** As Sb Bi | **2b** Se Te
——— Al ———	——— P ———			
3a Li Mg Sc Ti	**3b** Nb Ta Cr	**3** V Mn Fe Ga	**3a** Co Ni Ru Rh Pd Os Ir Pt | **3b** Cu Zn Ag Cd In Au Hg	
4a Na Ca Y La Zr Ce Hf	W **4b**	**4a** Mo | **4b** Sn	**4** Tl Pb	
Seltene Erden				
5 K Sr Ba | Th U				
6a Rb Cs	Cl Br J **6b**			
Mit: O		O, S	S	

Die Ähnlichkeit mit der Einteilung in lithophile und chalkophile Elemente
ist ohne weiteres ersichtlich. In der Tabelle wird durch die Gliederung der Elemente in Untergruppen (1, 1a usw.) auf noch zu besprechende weitere verwandt-
schaftliche Beziehungen aufmerksam gemacht.

Eine für unsere Zwecke übersichtliche Gruppierung der chemischen Elemente ist ferner die folgende:

Hauptelemente der Lithosphäre: O, Si, Al, H, Na, Ca, Fe, Mg, K, dazu (besonders aus Atmosphäre und Biosphäre) N und C (11 Elemente). Vorzugsweise
in Silikaten, Oxyden, untergeordnet in Karbonaten, Sulfaten, Phosphaten,
Nitraten auftretend.

Verbreitete Nebenelemente der Litho- bis Hydrosphäre: Ti, Mn, P, S, Cl.
Sehr weit verbreitet, jedoch im Durchschnitt in geringen Mengen vorhanden,
hiebei zum Teil andere Elemente ersetzend (Mn oft zu Al, Ca, Fe gehörig, Ti oft
zu Mg, Fe, Al, selten zu Si gehörig).

Spezialelemente gesteinsmäßiger Mineralaggregate, oft Sondermineralien bildend, jedoch nur lokal in etwas größeren Mengen vorkommend.

Leichtelemente: Li, Be, B, F.

Seltene Erdmetalle und verwandte Elemente: Y, Ce, La, seltene Erden im
     allgemeinen, Zr, Th, U, Hf.

In Titanaten, Niobaten, Tantalaten als «Säurebildner»: Nb, Ta.

Übergangselemente zu Erzlagerstätten: Mo, W, Sn (eventuell Bi), Cr, V.

Spezialelemente vorwiegend sulfophilen Charakters oder gediegen (metallisch) auftretend.

Triadenelemente: Ni-, Co-, Pt-Metalle (neben dem Hauptelement Fe).

Weitere Edelmetalle: Au, Ag, zusammen auch mit Se und Te auftretend.

In Sulfiden und Sulfosalzen (besonders auch mit Fe): Cu.

Vorwiegend in Sulfiden, daneben in Ag-Sulfosalzen: Zn, Pb, Hg.

Sprödmetalle (gediegen, in Sonderverbindungen und Sulfosalzen): As, Sb, eventuell Bi.

Schon einzelne dieser Spezialelemente ersetzen in kleinen Mengen häufiger auftretende Elemente in den verbreiteten Kristallverbindungen und können dann auch der nächsten Gruppe zugeordnet werden.

Eigentlich getarnte Elemente. Für diese ist besonders typisch, daß sie nur sehr untergeordnet Verbindungen bilden, in denen sie die Hauptrolle spielen, daß sie indessen stellvertretend (*diadoch*) in kleinen Mengen wichtigere Elemente in verbreiteten Mineralien ersetzen (*Tarnung, Camouflage*) und so ihrer Menge nach oft unterschätzt wurden.

Rb, Cs, eventuell Tl (zu K, eventuell Ca gehörig).

Sr, Ba (zu Ca, eventuell K gehörig).

Sc (teils Mg, Fe, Al, teils Nb, Ta, eventuell W ersetzend).

Ga (vorwiegend zu Al gehörig).

In (vielleicht vorwiegend zu Fe, Mn und Sn gehörig).

Ge (vorwiegend zu Si gehörig).

Hf (vorwiegend zu Zr gehörig).

Re (vorwiegend zu Mo gehörig).

Seltenere Palladiumplatinmetalle (zu Pt gehörig) (ebenso gehören oft Ni, Co zu Fe).

Cd (zu Zn gehörig).

Se, eventuell Te (zu S gehörig).

Auch diese, allerdings sehr summarische Charakterisierung ist lagerstättenkundlich von Bedeutung. Sie läßt ohne weiteres verstehen, warum sich Elemente mit ähnlichem Durchschnittsgehalt in bezug auf die Gewinnungsmöglichkeiten oft ganz verschieden verhalten. Im allgemeinen werden infolge ihrer sehr dispersen Verteilungsart die getarnten Elemente am schwierigsten zu gewinnen sein.

Die eigentliche *Elementenparagenese* (*Paragenese* = genetisch bedingtes Zusammenvorkommen) *in den Verbindungen* wird durch *kristallchemische Gesetzmäßigkeiten* bedingt. Es muß in dieser Hinsicht auf die Lehrbücher der Kristallchemie verwiesen werden, so daß wir uns mit einigen knappen, keine Einzelheiten berücksichtigenden Angaben zu begnügen haben.

In einer normaltypischen Kristallverbindung (einem einfachen Idealkristall) läßt sich statisch die Atomverteilung durch eine relativ starr gedachte *Teilchenanordnung* beschreiben. Dabei muß auf *engere Verbandsverhältnisse, Raumbeanspruchungsverhältnisse der Teilchen* und das *Verteilungsschema* Rücksicht genommen werden.

Es ist ja überhaupt so, daß sich Mineralogie und Petrographie mit dem *Aufbau* der Erdrinde befassen, daß sie also im wahren Sinne des Wortes *morphologische Wissenschaften* sind. Die analytische Chemie ist für sie lediglich ein Hilfsmittel zur Feststellung der in Frage kommenden chemischen Elemente. Probleme der Stereochemie, das heißt der Lagebeziehungen der atomaren Teilchen in bestandfähigen Verbindungen, treten beim Studium der anorganischen Natur als erstes in Erscheinung, wobei sich herausstellt, daß die Kristall- und Mineralienkunde zum großen Teil nur zu einem besonderen Kapitel der stereochemischen Forschung wird (siehe des Verfassers «Grundlagen der Stereochemie» im gleichen Verlag). Weiterhin gilt es, die individuellen Baueinheiten, mit denen uns die Stereochemie bekannt macht, in ihrem Zusammenvorkommen zu verstehen, das heißt nach übergeordneten natürlichen Verbandsverhältnissen Ausschau zu halten, um so stufenweise die Baugesetze der Erdhülle zu ergründen.

β. **Die Bildung von Radikalen und Molekülen.** Bereits im gasförmigen und flüssigen Zustand führen die zwischen verschiedenen atomaren Teilchen vorhandenen Bindungskräfte zu bestimmten Konfigurationen, die als *Radikale* bezeichnet werden, wenn ihnen als Ganzes noch eine Unabgesättigtheit oder (als Ionen) eine elektrische Ladung zukommt. Sie heißen *Moleküle*, wenn keine Hauptbindungskräfte mehr von ihnen ausgehen, sie also in sich abgesättigte Gebilde darstellen wie N_2, O_2, CO_2 der Luft. In der Gesamtheit werden Atomverbände endlicher Größe *«molekulare Konfigurationen»* genannt; in diesem Begriff sind somit die Radikale bestimmter endlicher Teilchenzahl inbegriffen. Es läßt sich die Teilchenanordnung durch eine starr gedachte Punktverteilung approximieren, selbst wenn in Wirklichkeit Schwingungen oder gar Rotationen die Teilchenlage veränderlich gestalten.

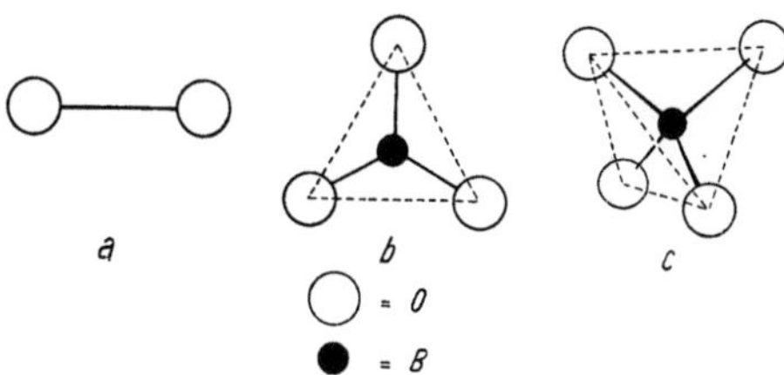

Fig. 11

Bau einfacher Radikale: *a* Typus B_2 oder O_2 (Hantel); *b* Typus BO_3 (gleichseitiges Dreieck); *c* Typus BO_4 (Tetraeder).

Unter den mineralogisch wichtigeren, bereits in Lösungen vorkommenden, jedoch auch in Kristallen oft noch erkennbaren engeren Verbänden solcher Art müssen vorerst erwähnt werden diejenigen

vom Typus O_2 oder B_2 (Fig. 11*a*) S_2^{--}, SAs^{--}, SSb^{--}

vom Typus BO_3 (Fig. 11*b*) CO_3^{--}, NO_3^{-}, BO_3^{---}

vom Typus BO_4 (Fig. 11*c*) SO_4^{--}, CrO_4^{--}, PO_4^{---}, AsO_4^{---}

VO_4^{---}, SiO_4^{----}

manchmal noch ähnlich MoO_4^{--}, WO_4^{--}

} Radikale mit elektronegativer Überschußladung «Anionenradikale»

Einzelne dieser Radikale, besonders diejenigen mit erheblicher Überschußladung, beginnen sich bereits in der Lösung oder bei der Bildung heteropolarer Kristalle zu höheren Verbänden, unter Kondensation zu vielkernigen Anionenradikalen, zu polymerisieren. Ein Beispiel ist folgendes:

a) $(SiO_4)^{4-}$ mit vier Überschußladungen pro ein SiO_4-Radikal (siehe Figur 11c) wird zu:

b) $(Si_2O_7)^{6-}$ (Figur 12a), ebenso zum Beispiel PO_4 zu $(P_2O_7)^{4-}$,

c) $(Si_3O_9)^{6-}$ (Figur 12)b oder $(Si_4O_{12})^{8-}$ (Figur 12c) oder $(Si_6O_{18})^{12-}$ (siehe Figur 12d), allgemein ringförmig zu $(SiO_3)_n^{2n-}$ mit n variabel.

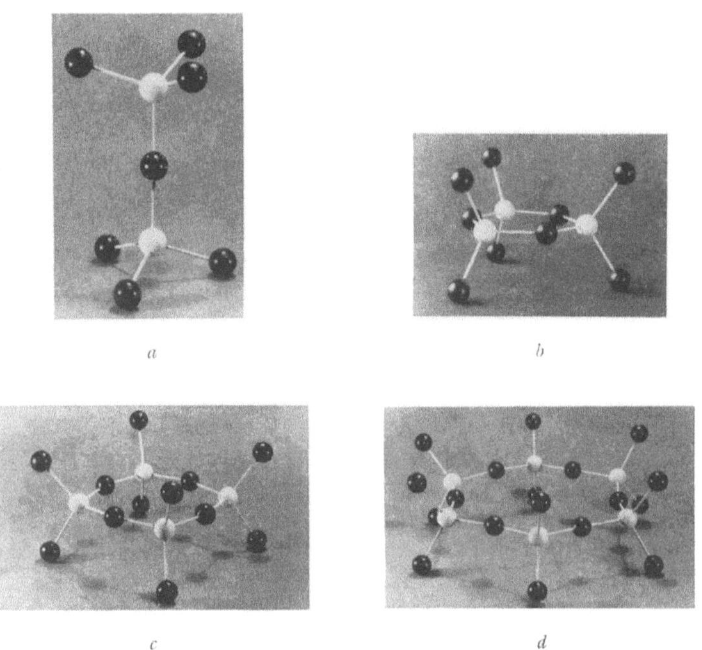

Fig. 12

Darstellung der Polymerisation von SiO_4-Tetraedern. Weiße Kugeln = Si, schwarze Kugeln = O. a Polymerisation von zwei SiO_4-Tetraedern mit einem gemeinsamen O zu Si_2O_7; b von drei SiO_4-Tetraedern mit drei gemeinsamen O zu Si_3O_9; c von vier SiO_4-Tetraedern mit vier gemeinsamen O zu Si_4O_{12} und d von sechs SiO_4-Tetraedern mit sechs gemeinsamen O zu Si_6O_{18}.

Denken wir uns die Ringe zu einer Kette aufgebrochen, so wird diese, endlos gedacht (Figur 13a = Kettenbruchstück), das gleiche Verhältnis Si:O = 1:3 besitzen; sie kann als $(SiO_3)_\infty$ oder $(Si_2O_6)_\infty$ charakterisiert werden. Bei der Kette und den im folgenden zu betrachtenden SiO_4-Verbänden handelt es sich jedoch bereits nicht mehr um molekulare Konfigurationen. In jedem Bruchstück endlicher Größe (zum Beispiel dem in Figur 13a dargestellten Teil einer Kette) besitzen die randständigen Atome noch nicht das vollständige Bindungsschema, sind somit an sich zu weiterer Polymerisation fähig, so daß man berechtigt ist zu

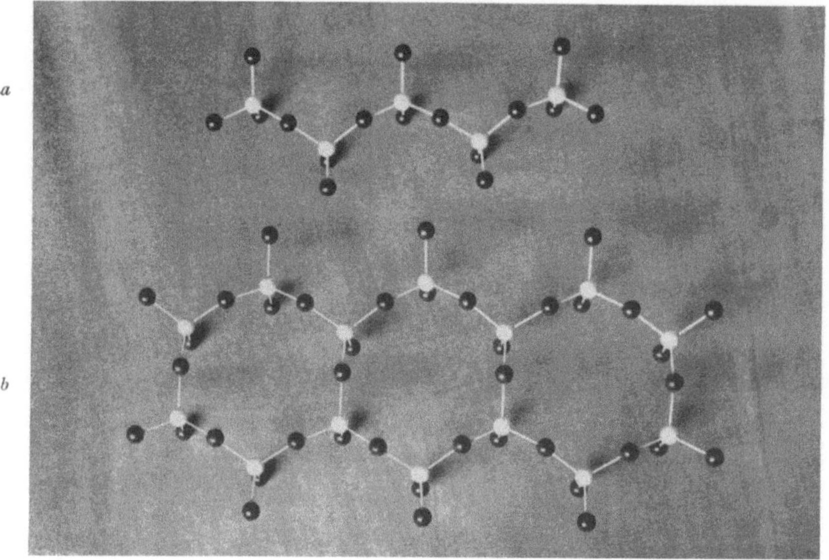

Fig. 13

a Bruchstück einer Kette $(Si_2O_6)\infty$; *b* Bruchstück eines Bandes $(Si_4O_{11})\infty$, entstanden durch Polymerisation der SiO_4-Tetraeder. Schwarze Kugeln = O, weiße Kugeln = Si.

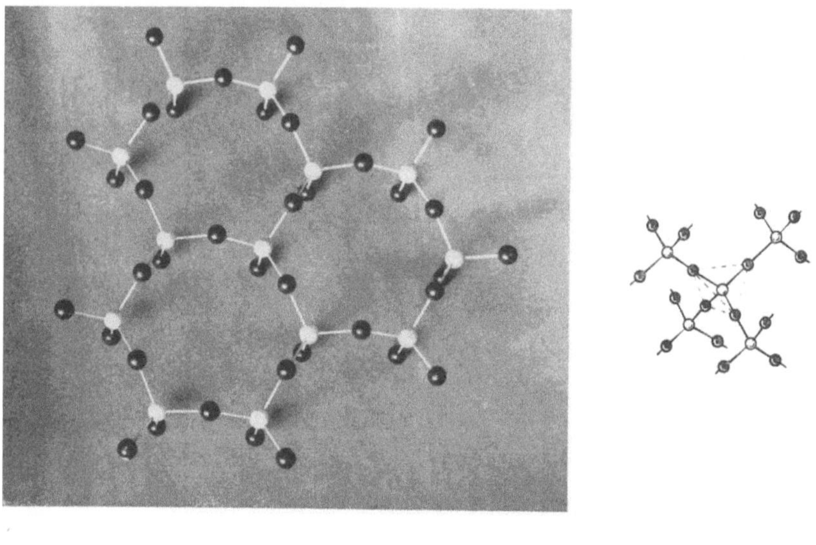

Fig. 14

a Bruchstück einer Schicht $(Si_2O_5)\infty$. Schwarze Kugeln = O, weiße Kugeln = Si; *b* Bruchstück einer räumlich gitterhaften Anordnung von SiO_4-Tetraedern, wobei jedes O an zwei Si gebunden ist.

sagen: das Bauprinzip sei dem Unendlichen verpflichtet. Das Verhältnis Si : O
= 1 : 3 resultiert, streng genommen, erst, wenn wir uns die Kette unendlich lang
denken. Konfigurationen dieser Art werden aus später zu erwähnenden Gründen
bereits *kristalline Konfigurationen* genannt, im Gegensatz zu den Radikalen endlicher Größe wie SiO_4, Si_2O_7, den $(SiO_3)_n$-Ringen usw., also den sogenannten
Inselradikalen von molekularer Konfiguration.

Zu «Kristallanionen» werden auch die folgenden Kondensationspolymere der
SiO_4-Baugruppe: $(Si_2O_5)_\infty$ (Figur 14a). Es sind Ketten zu einer ins Unendliche
reichenden Schicht miteinander verbunden. Ein Zwischenstadium von $(Si_2O_6)_\infty$
zu $(Si_2O_5)_\infty$ ist beispielsweise das ins Unendliche reichende Band der Figur 13b
mit dem Verhältnis Si : O = 4 : 11 $(Si_4O_{11})_\infty$. Zum Verhältnis Si : O = 1 : 2 beziehungsweise 2:4, das heißt zu dem im Oxyd vorliegenden Verhältnis SiO_2,
würde schließlich ein räumlich (gitterhaft, gerüstartig) ins Unendliche reichender
SiO_4-Zusammenhang führen, bei dem jedes O-Atom zwei Si-Atome verbindet
(Ausschnitt gezeichnet in Figur 14b).

Im einfachen SiO_4-Radikal (Figur 11c) ist jedes O nur zu einem Si gehörig
oder, wie wir sagen, an Si einfach gebunden. Wir können das genauer schreiben
$\left(SiO_{\frac{4}{1}}\right)$. In Figur 12a sind von den vier an ein Si gebundenen O drei O einfach,
eines doppelt (an zwei Si) gebunden; das letztere zählt pro 1 Si nur zur Hälfte.
Man kann daher statt Si_2O_7 auch schreiben $\left[SiO_{\left(\frac{3}{1}+\frac{1}{2}\right)}\right]_2$. Durch Zusammenzählen erhält man natürlich $\left[SiO_{\frac{7}{2}}\right]_2$ oder Si_2O_7, das heißt das richtige stöchiometrische Verhältnis. Rein mnemotechnisch kann man sich ferner merken, daß
in Si_2O_7 das Si zu einem Viertel an O gebunden ist wie im Oxyd, zu drei Viertel
wie im Radikal SiO_4. Daraus ergibt sich die stöchiometrisch gleichfalls korrekte
Schreibweise zu $\left(SiO_{\frac{4}{2}}\right)_1 \left(SiO_{\frac{4}{1}}\right)_3$ (das heißt also $Si_4O_{14} = 2\,Si_2O_7$). In analoger
Weise ist das Si—O-Bindungsverhältnis in Figur 12b, c, d durch $SiO_{\left(\frac{2}{1}+\frac{2}{2}\right)}$
richtig charakterisiert, zum Beispiel:

Dreierring	Viererring	Sechserring	Kette
$\left[SiO_{\left(\frac{2}{1}+\frac{2}{2}\right)}\right]_3$	$\left[SiO_{\left(\frac{2}{1}+\frac{2}{2}\right)}\right]_4$	$\left[SiO_{\left(\frac{2}{1}+\frac{2}{2}\right)}\right]_6$	$\left[SiO_{\left(\frac{2}{1}+\frac{2}{2}\right)}\right]_\infty$

Rein stöchiometrisch wird das Verhältnis von Si:O richtig, wenn wir formulieren: $\left(SiO_{\frac{4}{2}}\right) \left(SiO_{\frac{4}{1}}\right)$ oder abgekürzt $\left(SiO_{\frac{4}{2}}\right) (SiO_4)$.

In der Schicht Figur 14a gilt für die Bindungsverhältnisse $SiO_{\left(\frac{1}{1}+\frac{3}{2}\right)}$, das
heißt, es sind von den vier ein Si umgebenden O drei doppelt, eines einfach gebunden. Als Schicht erhalten wir $\left[SiO_{\left(\frac{1}{1}+\frac{3}{2}\right)}\right]_\infty$. Rein stöchiometrisch ist auch
richtig $\left(SiO_{\frac{4}{2}}\right)_3 \left(SiO_{\frac{4}{1}}\right) =$ abgekürzt $\left(SiO_{\frac{4}{2}}\right)_3 (SiO_4)$.

Im Band Figur 13b ist die Hälfte der Si wie in der Kette, die andere Hälfte wie in
der Schicht gebunden; somit ergibt sich die Formel zu $\left[\left(SiO_{\left(\frac{2}{1}+\frac{2}{2}\right)}\right)\left(SiO_{\left(\frac{1}{1}+\frac{3}{2}\right)}\right)\right]_\infty$
oder ausmultipliziert und ganzzahlig gemacht zu $[Si_4O_{11}]_\infty$ beziehungsweise rein
stöchiometrisch zu $\left(SiO_{\frac{4}{2}}\right)_5 \left(SiO_{\frac{4}{1}}\right)_3$ entsprechend $Si_8O_{22} = 2\,Si_4O_{11}$.

Im gitterhaften Oxydverband (Figur 14 b) ist jedes O an zwei Si gebunden, das ergibt $\left[SiO_{\frac{4}{2}}\right]_\infty$, stöchiometrisch also SiO_2.

Die Reihe

$$SiO_4 \rightarrow \left(SiO_{\frac{4}{2}}\right)(SiO_4)_3 \rightarrow \left(SiO_{\frac{4}{2}}\right)(SiO_4) \rightarrow \left(SiO_{\frac{4}{2}}\right)_5 (SiO_4)_3 \rightarrow \left(SiO_{\frac{4}{2}}\right)_3 (SiO_4) \rightarrow SiO_{\frac{4}{2}}$$

Verhältnis $SiO_2 : SiO_4 =$

| 0:1 | 1:3 | 1:1 | 5:3 | 3:1 | 1:0 |

nennt man von links nach rechts eine *Silifizierungsreihe*, von rechts nach links eine *Entsilifizierungsreihe*. Je mehr Bindungen vom Charakter der oxydischen Bindung vorhanden sind, um so höher *silifiziert* ist die Kieselsäure. Von Verbänden, die unter steter Wiederholung des Grundmotives der Bindung ketten-, band-, schichtförmig oder gitterhaft dreidimensional ins «Unendliche» reichen sollten, sagt man, wie bereits Seite 46 erwähnt: sie besitzen *kristallinen Charakter*. Es gehört nämlich, wie im nachfolgenden Abschnitt dargetan wird, zum Wesen einer Kristallverbindung, nicht einen in sich abgeschlossenen endlichen Teilchenhaufen zu bilden, sondern eine an sich unbegrenzte Wiederholung der Baumotive zu verlangen.

b) *Die kristallisierten Mineralien als Kristallverbindungen*

α. **Der kristalline Zustand.** Kristalle und damit auch kristallisierte Mineralien entsprechen Verbindungen, in denen durch fortgesetzt wirkende Kräfte gleichartige oder ungleichartige Teilchen im Mittel so einander zugeordnet werden, daß ein natürlicher endlicher Abschluß des hiebei zur Geltung kommenden Bauschemas oder Bauprinzipes nicht erreichbar ist. Der einfachste Fall ist die Kristallisation eines chemischen Elementes, wie etwa die Bildung der Metalle. Unter bestimmten physikalisch-chemischen Bedingungen ordnen sich unter «Abgabe» einzelner Elektronen Goldatome beispielsweise so an, daß nach dem in Figur 15 rechts für ein Teilchen gezeichneten Schema jedes Goldatom in gleichen Abständen von 12 andern Goldatomen umgeben ist. Da dieses Einordnungsbestreben für jedes neu hinzukommende Goldatom gilt, findet die Anlagerung, so lange Goldatome zur Verfügung stehen, kein Ende. Kann sich der Aufbauprozeß aus Materialmangel nicht mehr fortsetzen, so bleiben unabgesättigte Oberflächen zurück, denen jederzeit die Fähigkeit zukommt, bei erneut möglich gewordener Stoffzufuhr weiterzuwachsen. Die Bildung der Verbindung wird zum *Wachstumsprozeß*, der an sich fortdauern sollte, bis das Konfigurationssystem unendlich groß geworden ist. Die nach bestimmter Zeit erreichte Größe ist eine «zufällige», sie entspricht einem bestimmten Stadium des Aufbauprozesses, und die begrenzenden Flächen bleiben unabgesättigte Grenzflächen, die lediglich die Gestalt des Wachstumskörpers charakterisieren. Sie stehen in einfachen Lagen zu dem Anordnungsschema, sind somit strukturbedingt. Da die Atomabstände von der Größenordnung $n/100\,000\,000$ cm $= n \cdot 10^{-8}$ cm $= n$ Ångströmeinheiten sind (abgekürzt Å), enthält ein Goldkristall von 1 mm³ Größe bereits um 10^{21} Atome. Die Wiederholung des Bauprinzipes des Nachbarschaftsbildes eines Au-Atoms ergibt die Periodizität, die als Raumgitter beschreibbar ist (*Raumgitterstruktur der Kristalle*). So kann man sagen, daß im Goldkristall die Au-Teilchen in den Ecken und Flächenmitten gleich großer, lückenlos aneinanderschließender Würfel bestimmter Kantenlänge (in diesem Falle von der Kantenlänge von 4,1 Å) liegen (Figur 15). Treten Na⁺- und Cl⁻-Ionen zum Steinsalzkristall zusammen, so bindet nach dem Schema der Figur 16 jedes Na an sich 6 Cl-Ionen, die jedoch, da ein Na⁺ nur *ein* Cl⁻

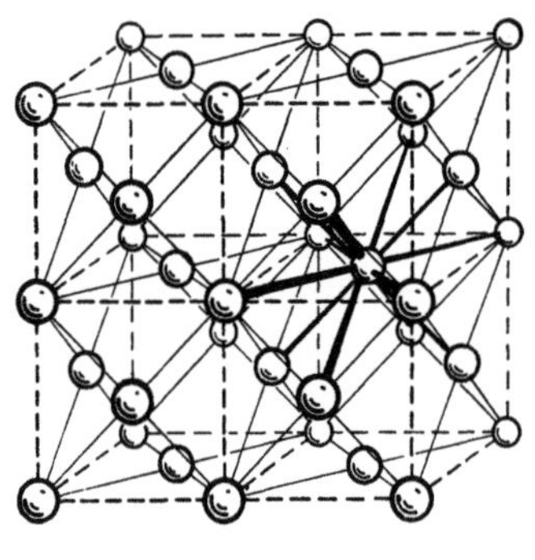

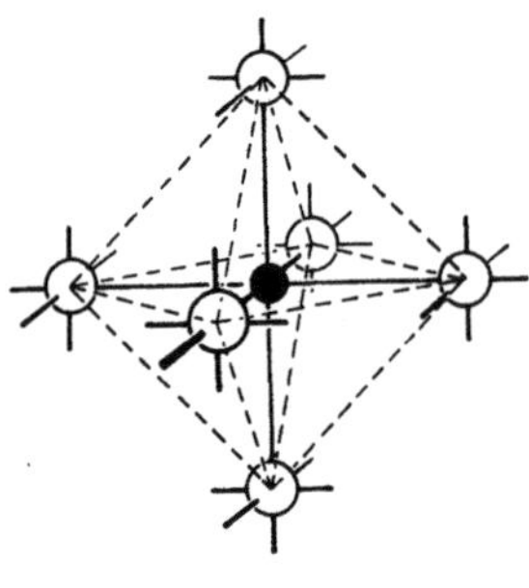

Fig. 15   Fig. 16

Fig. 15. Jedes Goldatom bindet im gleichen Abstand und in bestimmten Richtungen zwölf Goldatome, so wie das für ein Teilchen in der Mitte rechts der Figur dargestellt ist. Die Fortsetzung dieses Prozesses führt zu einer gitterartigen Anordnung der Goldatome. Sie müssen, damit jedes Atom gleich wie jedes andere umgeben ist, in den Ecken und Flächenmitten lückenlos aneinanderschließender, gleichgroßer Würfel liegen.

Fig. 16. Jedes Na-Ion gruppiert in 6 gleichen Abständen 6 Cl-Ionen um sich. Diese bilden die Ecken eines Oktaeders um das Na-Ion. Da sie nur zu einem Sechstel abgesättigt sind, reißen sie weitere Na-Ionen an sich, die sich wieder so einordnen, daß jedes Na⁺ nach dem gleichen Schema der Fig. 16 von Cl-Ionen umgeben ist.

voll zu binden vermag, nur zu einem Sechstel gebunden sind, daher neue Na an sich reißen, die sich wieder mit 6 Cl umgeben (Figur 17b), so daß auch dieser Verbindungstypus fortwachsen muß und zum Kristall wird. Wiederum bilden die Na unter sich und die Cl unter sich *Gitter* (Figur 17a), und ganz allgemein gilt, daß eine dreidimensionale gitterhafte Struktur zum Kennzeichen derartiger Kristalle wird. Die «Baumotive» müssen sich aus der Strukturanlage heraus ständig wiederholen. So wird verständlich, daß die Ketten- und Bandstrukturen (Figur 13) der Seite 45 erwähnten Kieselsäurekonfigurationen als *eindimensionale kristalline* Konfigurationen, die Schichten der Figur 14a als *zweidimensionale* und die gerüstartigen Konfigurationen der Figur 17b als bereits *gitterhafte dreidimensionale* kristalline Konfigurationen bezeichnet werden dürfen.

Die zu Kristallen führenden Bindekräfte können sein:

a) *Van-der-Waalssche Kräfte*, die zwischen Molekülen bei tieferen Temperaturen so wirksam werden, daß eine haltbare Anordnung entsteht. Es bilden sich *Molekülkristalle*, die in der organischen Chemie von besonderer Be-

deutung sind. Unter den Mineralien ist einzig *Eis* ein sehr wichtiger Molekülkristall. Die Anordnung der H_2O-Moleküle in gewöhnlichem Eis wird in einem
Ausschnitt durch Figur 18 wiedergegeben.

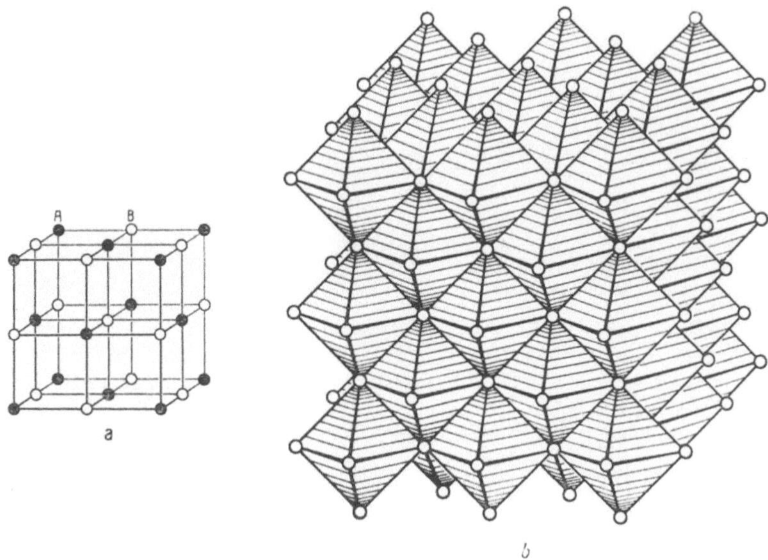

Fig. 17

Steinsalzstruktur in zwei Formen dargestellt: in *a* ist die Punktanordnung, in *b*, soweit zeichnerisch
möglich, die Anordnung der Koordinationsoktaeder der *B* um *A* dargestellt. Sechs Oktaeder
berühren sich in jeder Ecke, so daß $NaCl\frac{6}{6}$ entsteht. Über Koordinationspolyeder siehe Seite 53 ff.

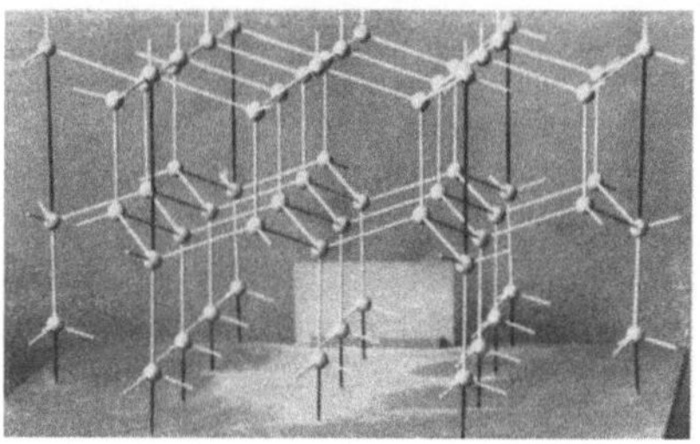

Fig. 18

Molekülkristall: Struktur von gewöhnlichem Eis. Es sind die Schwerpunkte der H_2O-Moleküle
durch Kugeln gekennzeichnet.

b) *Metallische Bindungskräfte* zwischen Metallatomen, die einzelne Elektronen abgegeben haben, so daß mit den zwischengelagerten, mehr oder weniger
frei beweglichen Elektronen ein charakteristischer Verband der Metallatome
resultiert. Ein Beispiel war die Goldstruktur (Figur 15).

c) *Homöopolare Bindungskräfte* zwischen mehr oder weniger gleichartigen Teilchen, die, wie man sagt, gemeinsame Elektronen haben und dadurch eine Verbindung eingehen. So sind die Kohlenstoffatome im Graphit nach dem Schema der Figur 19, im Diamant nach dem Schema der Figur 20 angeordnet.

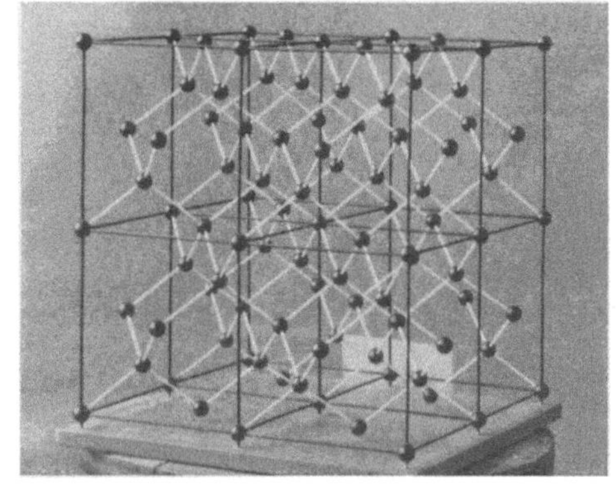

Fig. 19
Struktur des Graphites.
Schwarze Kugeln = C.

Fig. 20
Struktur des Diamantes.
Schwarze Kugeln = C.

d) *Heteropolare Bindungskräfte*. Positiv geladene Teilchen oder Radikale (Kationen) ordnen nach bestimmtem Schema um sich negative Teilchen oder Radikale (Anionen). Es entsteht als Kristall ein *Salz*. Dazu gehören im weitesten Sinne des Begriffes die Mehrzahl der natürlichen Kristallverbindungen: die Silikate, Karbonate, Sulfate, Phosphate, Nitrate, Fluoride, Chloride und auch die Oxyde und Hydroxyde. Die Steinsalzstruktur (Figur 17) stellt ein einfaches Beispiel dar.

Die verschiedenen Bindungsarten können in einer Kristallverbindung untereinander kombiniert auftreten, zum Beispiel können homöopolar bis heteropolar gebundene Schichten durch van-der-Waalssche Kräfte aneinander haften und einen dreidimensionalen Kristall ergeben, oder es werden in Hohlräumen von Salzkristallen Moleküle durch van-der-Waalssche Kräfte festgehalten usw.

Es gibt ferner alle Übergänge zwischen den verschiedenen Bindungsarten. So kann eine und dieselbe Bindung schwach metallischen neben homöopolarem Charakter aufweisen («gemeinsame» neben lockeren Elektronen). Man kann auch die verschiedenen Bindungen auf verschiedenes gegenseitiges Polarisationsvermögen der atomaren Teilchen zurückführen, so daß die Einzelfälle gewissermaßen nur zu Grenzfällen werden. Engere Bindungen bilden in Kristallen Inselradikale, Ketten oder Schichten, die mit geringerer oder andersgearteter Bindungskraft zum dreidimensionalen Kristall zusammengehalten werden.

Man findet in derartig komplexen Kristallstrukturen *Unterverbände*, die bereits im Strukturmodell (das die Atomschwerpunkte als Kugeln, die wichtigen Bindungen durch Stäbe veranschaulicht) deutlich sichtbar werden. Ein einfachstes Beispiel ist der Calcitkristall (Figur 21), der CO_3-Radikale erkennen läßt, die inselartig hervortreten. Ein andersgeartetes Beispiel ist der Graphitkristall, in welchem die C in Schichten stark gebunden sind, während von Schicht zu Schicht nur schwächere Bindungskräfte wirken, was in den größeren Atomabständen (siehe Figur 19) seinen Ausdruck findet. So entsteht eine nicht unerhebliche Mannigfaltigkeit der Kristallstrukturen mit ganz verschiedenen Eigenschaften der resultierenden Kristallgebäude.

Aber auch hier sind wieder Selektionsprinzipien wirksam. Bei gegebenem Atombestand ist die denkbare Mannigfaltigkeit der Kristallstrukturen, das heißt derjenigen Anordnungen, die raumgitterartiges Aufbauprinzip erkennen lassen, sehr groß, in ihrer Variationsfähigkeit praktisch unbeschränkt. In Wirklichkeit aber lassen sich die Strukturen der Mineralien auf relativ wenige

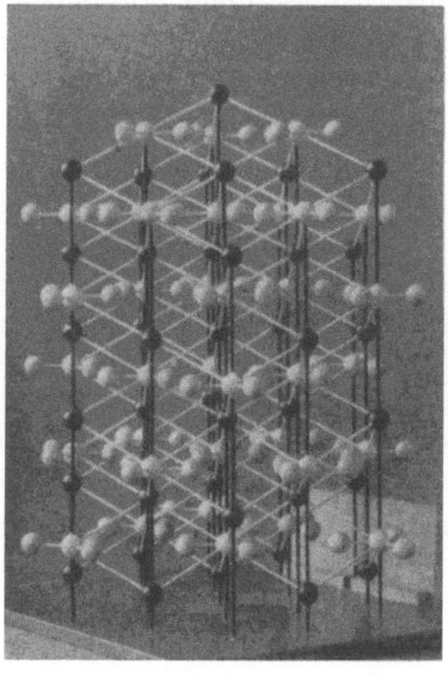

Fig. 21

Struktur des Calcites mit inselartig hervortretenden CO_3-Radikalen (weiße Kugeln). Schwarze Kugeln = Ca.

Strukturtypen zurückführen, die in sehr ähnlicher Form bei verschiedener chemischer Zusammensetzung auftreten und sich dadurch als energetisch begünstigte Baupläne zu erkennen geben. Mineralien mit grundsätzlich gleichem Bauplan nennt man *isotyp*, dem gleichen Typus zugeordnet.

Eine bestimmte Kristallstruktur beschreiben, heißt angeben, wie sich die gegenseitige Lage der Teilchen im Raume gestaltet. Es ist das eine stereo-

chemische Aufgabe (Stereochemie oder Raumchemie). *Die Kristallstruktur-
lehre wird zur Kristallstereochemie.* Dabei ist es zweckmäßig, bestimmte Verfahren einzuschlagen, die gerade dann, wenn auf Einzelheiten nicht eingegangen
werden kann, doch eine erste Kennzeichnung des Aufbaues ermöglichen.

β. **Grundzüge der Darstellung und Beschreibung einer Kristallstruktur. Die Koordinationszahlen.** Als Koordinationszahl erster Sphäre
(für uns im folgenden kurzweg die Koordinationszahl kz) bezeichnet man die
Zahl der Teilchen, die in ähnlichem *kürzestem* Abstand unmittelbar an ein zur
Zentralstelle gewähltes Teilchen gebunden sind. So sind in den Radikalen CO_3,
NO_3, BO_3 der Figur 11 *b* drei und nur *drei* O an ein C oder N oder B gebunden;
die kz von C bzw. N bzw. B ist Sauerstoff gegenüber 3. Die drei Radikale sind
selbst zueinander isotyp. In SO_4, PO_4, SiO_4 (Figur 11 *c*) usw. ist die kz von S
bzw. P bzw. S dem Sauerstoff gegenüber *vier*. Diese kz 4 von Si gegenüber O
ist auch in allen vielkernigen Anionen der Figuren 12–14 wiederzuerkennen.

Die Übertragung der von WERNER aufgestellten Lehre von den Koordinationszahlen auf die Kristallverbindungen erfolgte vor dreißig Jahren durch
PFEIFFER und NIGGLI und ist heute zu einer der wichtigsten Charakteristiken
der Kristallstruktur geworden.

Im Schema des Steinsalzkristalles (Figur 17 *a*) finden wir die Koordinationszahl *sechs*, im Schema des Goldkristalles (Figur 15) die Zahl *zwölf*. Für die
Sauerstoffsalze (mit Oxyden, Hydroxyden usw.) ist vor allem die kz der elektropositiv sich verhaltenden Teilchen gegenüber O wichtig, da diese Teilchen
normalerweise in erster Sphäre von O bzw. OH (eventuell H_2O) umgeben, das
heißt an Sauerstoff gebunden sind. In Sulfiden, Sulfosalzen (Arseniden, Tel-
luriden, Seleniden usw.), Metallen und legierungsartigen Verbindungen sind
die kz von Metallatomen unter sich und (wenn vorhanden) gegenüber S,
(eventuell As, Sb, Bi, Se, Te) wichtig, in Halogensalzen die der Metallatome
gegenüber F, Cl, Br, J. Eine Atomart kann gegenüber einer andern, je nach
dem Strukturtypus, verschiedene kz betätigen, doch herrschen bestimmte kz
meist vor. So besitzt beispielsweise in Silikaten Si Sauerstoff gegenüber praktisch immer die kz 4, anderseits kann B (Bor) gegenüber O die kz 3 oder 4
mit der Anordnung nach Figur 11 *b* oder Figur 11 *c* besitzen.

γ. **Das Koordinationsschema und die Koordinationspolyeder.** Bei
nicht zu hoher kz und einerlei Teilchen in der ersten Sphäre gehört im allgemeinen zu einer bestimmten kz auch ein weit bevorzugtes *Anordnungsschema*
der Teilchen. So ist in den mineralogisch wichtigen Verbindungen die kz 3 fast
stets mit dem durch Figur 11 *b* dargestellten *Baumotiv* verbunden, das heißt,
die um das Zentralatom befindlichen, unter sich gleichartigen Teilchen liegen
in den Ecken eines völlig oder nahezu gleichseitigen Dreieckes mit dem Schwerpunkt als Zentralstelle. Das Atom der Zentralstelle ist ein B^{III}-Element. Die
kz 4 hat, wie bei SO_4, PO_4, SiO_4, als wichtigstes Baumotiv das *Tetraeder*, das
heißt, die vier Teilchen liegen in den Ecken eines völlig oder nahezu regelmäßigen Tetraeders mit der Zentralstelle im Schwerpunkt (Figur 11 *c*). Die
Zentralstelle ist ein B^{IV}-Element. Die sehr häufige kz 6 (siehe auch Figur 16)
zeigt in weit bevorzugter Weise die 6 Teilchen in den Ecken eines regelmäßigen

oder nahezu regelmäßigen *Oktaeders*, das dem Zentralatom (B^{VI}) umschrieben ist (Figur 22a, b). Bei kz > 6 ist die Anordnung oft eine etwas unregelmäßige; bei kz 8 noch relativ häufig derart, daß die 8 Teilchen die Ecken eines Würfels um die Zentralstelle bilden (Figur 22c), bei 12 (siehe auch Figur 15) öfters so, daß die Teilchen in den Ecken einer Würfel-Oktaeder-Kombination liegen. Man spricht bei kz > 6 von *A*-Elementen. Tetraeder, Oktaeder, Würfel als Koordinationsfiguren werden *Koordinationspolyeder* (kpo) genannt.

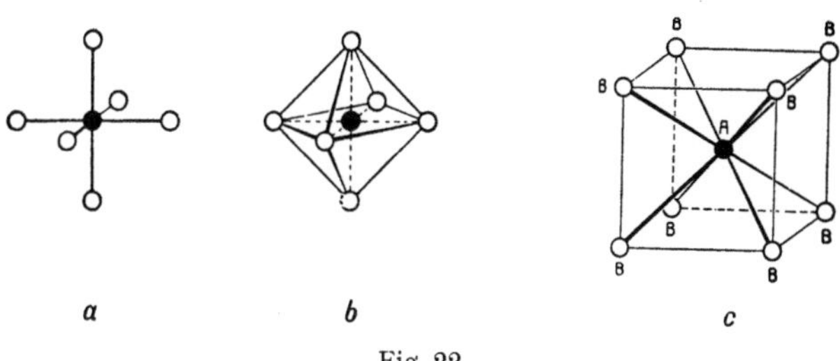

a   *b*   *c*

Fig. 22

Koordinationsschemata und Koordinationspolyeder.

a kz = 6; *b* kpo = Oktaeder; *c* kz = 8 und kpo = Würfel.

Unter Berücksichtigung dieser Darstellungen können die Seiten 44–47 erwähnten und dargestellten Si–O-Zusammenhänge als *Tetraederverbände* bezeichnet werden. Doppelt gebundene O entsprechen Ecken, an denen sich zwei Sauerstofftetraeder um verschiedene Si berühren. Ist eine Kristallstruktur durch Tetraederverbände allein oder durch Oktaederverbände allein charakterisiert, so heißt sie *monomikt*. Sind sowohl Koordinationstetraeder als auch -oktaeder am Aufbau beteiligt, spricht man von *polymikten* Strukturen. Al ist ein Element, das in wichtigen Mineralien O gegenüber entweder die kz 4 oder 6 (oder beide) besitzen kann. Im ersteren Fall ist es tetraedrisch von O umgeben, im zweiten Fall bilden die O um Al ein Oktaeder als Koordinationspolyeder.

Im übrigen läßt sich über das koordinative Verhalten mineralogisch wichtiger Elemente Sauerstoff gegenüber etwa folgendes aussagen. In der Tabelle 7, Seite 41, besitzen unter den oxyphilen Elementen (O-Gruppe) die Elemente 3a und 3b sowie unter den Durchläufern die Elemente 3 vorwiegend die kz 6 gegenüber Sauerstoff. Für die sulfophilen Elemente 3a und 3b ist die kz 6 gleichfalls häufig, doch kann auch (wie bei Al unter den oxyphilen) 4 nicht selten sein. Die oxyphilen Elemente 4a besitzen die kz 6 bis > 6, die Elemente 5 und 6 fast stets > 6.

Der Typus einer Kristallstruktur läßt sich nun modellartig so veranschaulichen, daß man die von einem Teilchen zu den unmittelbar daran gebundenen Teilchen führenden Bindungsrichtungen in Stabform darstellt, die Atomschwerpunkte durch Kugeln ersetzt, von denen diese Stäbe ausstrahlen. Teilchen, die das gleiche Elementensymbol besitzen, werden durch gleichfarbige Kugeln versinnbildlicht. Es genügt, jeweilen einen kleinen, jedoch vielfach (meist 100millionenfach) vergrößerten Rauminhalt darzustellen, der bereits

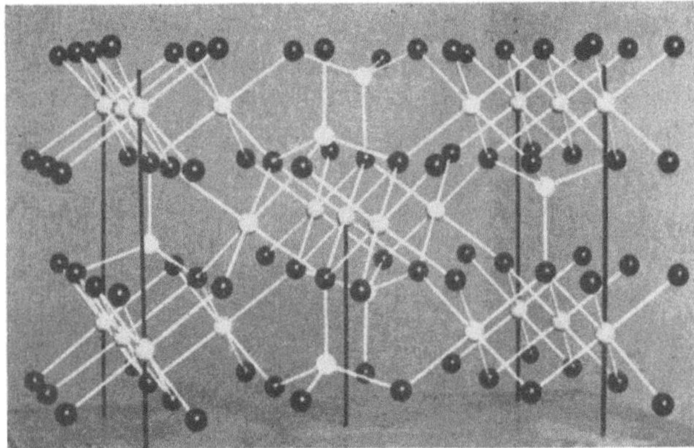

Fig. 23

Struktur der Olivine. Weiße Kugeln = Si oder Mg und Fe; schwarze Kugeln = O. Man erkennt
die Tetraeder- (um Si) und die Oktaederverbände (um Mg oder Fe) mit den durch weiße Stäbe
gekennzeichneten Bindungsrichtungen, die von den Zentralatomen zu den Koordinationsstellen
ausstrahlen. Die SiO_4-Tetraeder berühren sich gegenseitig nicht.

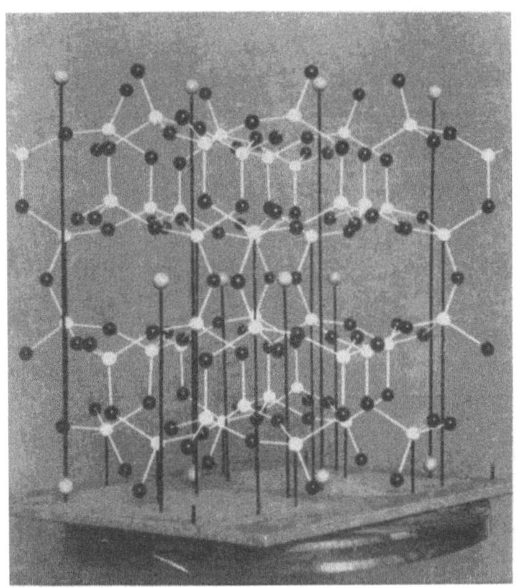

Fig. 24

Struktur der Feldspäte. Gitterhafte Verknüpfung der $(Si, Al)O_4$-Tetraeder. Si und Al = weiße
Kugeln; O = schwarze Kugeln. Größere grauweiße Kugeln = eingelagerte Kationen wie K oder
Na oder Ca.

die Periodizität erkennen läßt, so daß ersichtlich ist, wie sich in analoger Fort-
führung der Gesamtaufbau gestalten würde. Im allgemeinen werden nur Bindungen engster Art, in Silikatstrukturen etwa die der kz 4 und 6, durch diese
Verbindungsstäbe kenntlich gemacht. Teilchen, die lockerer gebunden sind,

Fig. 25   Fig. 26

Fig. 25. Rutilstruktur durch Koordinationsoktaeder dargestellt. Im Zentrum der Oktaeder Ti, an den Ecken O. An jeder Ecke stoßen drei Oktaeder zusammen, also $TiO_{\frac{6}{3}} = TiO_2$. Die Oktaeder sind zudem auf Geraden angeordnet.

Fig. 26. Brookitstruktur gleichfalls durch Oktaeder dargestellt; sie befinden sich jedoch nicht mehr auf Geraden wie in der vorangehenden Rutilstruktur, sondern auf Zickzacklinien.

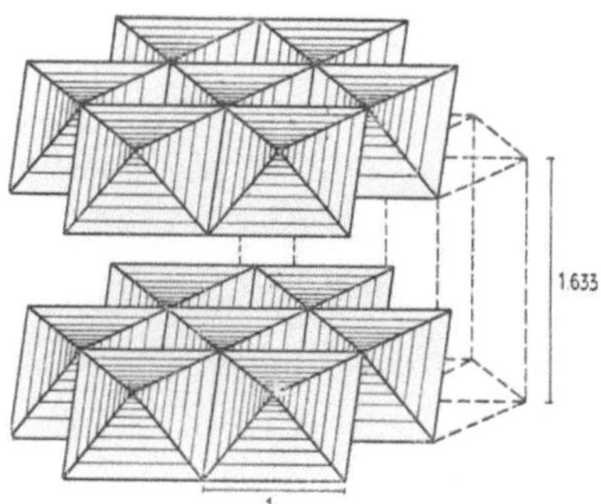

Fig. 27

Aus Schichten bestehende Oktaederstruktur in manchen Hydroxyden, zum Beispiel in $Mg(OH)_2$ auftretend. Im Zentrum der Oktaeder Mg, an den Ecken (OH). An jeder Ecke berühren sich drei Oktaeder, so daß $Mg(OH)_{\frac{6}{3}} = Mg(OH)_2$ resultiert.

bzw. in die Tetraeder-Oktaeder-Verbände zwischengelagert erscheinen, werden zumeist frei schwebend (an Hilfsstäben montiert) dargestellt (siehe Figur 23 und 24). Man kann aber auch die Koordinationspolyeder (zum Beispiel Tetraeder, Oktaeder) als Körper darstellen und so aneinanderfügen, wie sie in der Struktur gelagert sind. Dann ersieht man sehr schön, ob Koordinationspolyeder gleicher Art voneinander isoliert sind oder Ecken oder Kanten oder Flächen gemeinsam haben (Figuren 25–28). Auch gemischte Darstellung mit Kennzeichnung einzelner Radikale in Polyederform anderer Teilchen als Kugeln ist manchmal zweckmäßig (siehe zum Beispiel die Apatitstruktur der Figur 29).

δ. **Die Raumbeanspruchung der Teilchen.** Das koordinative Verhalten der Elemente steht oft in Beziehung zur «Raumbeanspruchung» der Teilchen; im allgemeinen tritt mit zunehmendem Bindungsabstand dem Sauerstoff gegenüber auch eine größere kz auf. So ist der Bindungsabstand (Kernabstand bei unmittelbarer Bindung) von C gegenüber O etwa 1,2 Å (kz 3), von Si gegen O etwa 1,55–1,7 Å (kz 4), bei den Elementen mit der kz 6 liegt er um 2 Å und bei

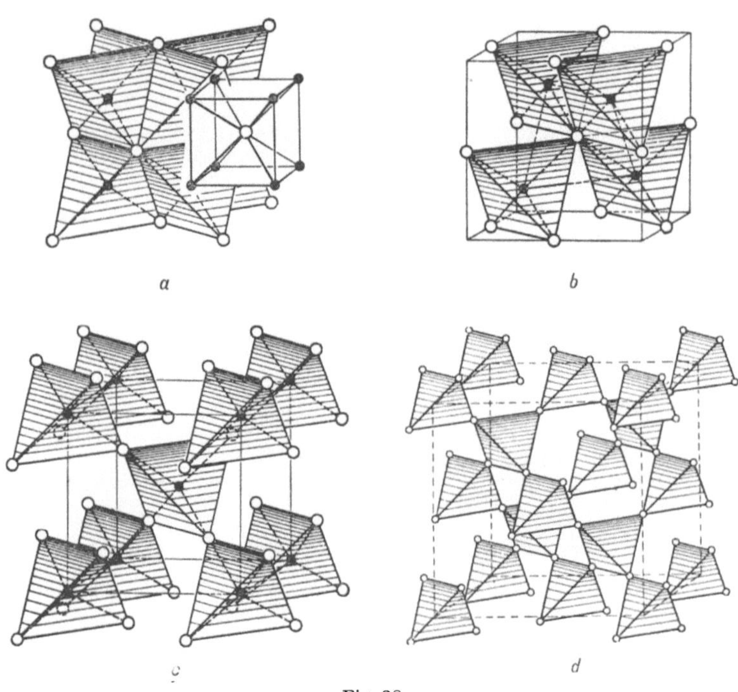

a
b
c
d

Fig. 28

Verschiedene räumliche Anordnung von Koordinationstetraedern. In *a* berühren sich 8 Tetraeder in einer Ecke (maximale Zahl) – das Koordinationsschema der *A* um *B* ist gleichfalls dargestellt – (Antifluorittypus); in *b* berühren sich 4 Tetraeder (Zinkblendetypus); in *c* und *d* nur noch 2 Tetraeder (*c* = Anticuprittypus und *d* = Cristobalittypus).

Elementen mit kz $\gtrsim$ 6 erheblich über 2 Å. Man kann das so ausdrücken: Zentralatome mit größerem Abstand gegenüber an sie unmittelbar gebundenem O beanspruchen mehr Raum, sie besitzen eine größere Wirkungssphäre (GOLD-SCHMIDT, MAGNUS, NIGGLI).

ε. **Der Begriff der Kristallart bzw. Mineralart und die Variation im chemischen Sinne.** Es scheint zunächst, als ob ein bestimmter Kristall-strukturtypus etwas Starres sei und keinerlei Anpassung zulasse. Das ent-spricht indessen nicht den Tatsachen. Ohne daß sich der Bauplan in prinzi-pieller Weise ändert, ist innerhalb gewisser Bereiche eine Variabilität zulässig, die kontinuierlich vor sich gehen kann, so daß chemisch und physikalisch ver-schiedene Fälle ein zusammengehöriges Ganzes ergeben. Alle derartigen Zustände vereinigt man zu einer *Kristallart* bzw., sofern es sich um natürlich vorkommende Kristalle handelt, zu einer *Mineralart*. Es ist durchaus möglich, einzelnen Varianten oder Variationsbereichen Sondernamen zu geben, aber die Gesamtheit erhält außerdem, soweit möglich, eine Artbezeichnung. Viele der üblichen Mineralbegriffe, wie Augite, Hornblenden, Feldspäte, sind Sammelbezeichnungen für in sich mannigfach Variables, und es ist für den Petrographen ebenso wichtig, die Variationsbreite innerhalb einer gegebenen Struktur zu kennen, wie zu wissen, wann eine Mineralart durch eine andere ersetzt wird. Die offensichtlichste und bereits analytisch-chemisch bestimmbare Variabilität betrifft den *Chemismus*.

Fig. 29

Apatitstruktur, durch Kugeln und Koordinationspolyeder dargestellt. Tetraeder = PO_4-Radikale; schwarze Kugeln = Ca; weiße Kugeln = F, OH, Cl.

Bildet sich ein bestimmter Kristallverbindungstypus, eine Kristallart von gegebener Struktur, so ist ihre spezielle chemische Zusammensetzung im allgemeinen von der Zusammensetzung der Ausgangsphase (zum Beispiel Schmelzlösung, wässerige Lösung, Dampf usw.), aus der sie sich bildet, abhängig. Die Anpassungsfähigkeit kann eine sehr geringe sein, dann scheidet sich die betreffende Kristallart praktisch unabhängig von der Ausgangszusammensetzung mit fast gleichbleibendem Chemismus aus. So ist beispielsweise Quarz im wesentlichen immer SiO_2 mit höchst untergeordneten Verunreinigungen, das heißt nur sehr untergeordnetem Ersatz des Si durch andere Elemente, usw. Es kann jedoch bei gleichbleibendem Bautypus die spezielle Zusammensetzung stark variieren, ja selbst sich während der Kristallisation mit der Änderung der physikalischen Bedingungen und der chemischen Zusammensetzung der Ausgangsphase verändern. Das gilt für einen Großteil der Mineralien. Die wich-

tigsten in der Lehre von den Mineralien erkannten Anpassungsmöglichkeiten
der Strukturen an geänderte chemische Bedingungen sind die folgenden:

1. *Einfache Substitutionsmischkristalle.* Es handelt sich um den vollständigen
oder teilweisen Ersatz von Teilchen *durch valenzchemisch gleichwertige Teilchen*
analoger Raumbeanspruchung und analogem koordinativem Verhalten
(*Substitutionsmischkristalle*). Einen einfachsten Fall stellt Figur 30 dar. Die
durch helle und dunkle Kugeln dargestellten Punkte liegen so zueinander wie
die Goldatome in der Goldstruktur, stellen jedoch in α-Messing teils Cu-, teils
Zn-Atomschwerpunkte dar.

Fig. 30

α-Messingstruktur (auch silberhaltige Goldkristalle). Lage der Atome wie im Goldstrukturtypus:
kz = 12. Weiße Kugeln = Cu, schwarze Kugeln = Zn im Messing; oder weiße Kugeln = Au,
schwarze Kugeln = Ag in silberhaltigen Goldkristallen. Flächenzentrierte Würfel des Goldstrukturtypus.

Mit anderen Worten: *Es können sich in einem bestimmten Kristallstrukturtypus oft Teilchen von gleichem koordinativem Verhalten und ähnlicher Raumbeanspruchung gegenseitig ersetzen, sie sind zueinander diadoch* (stellvertretend).
Dieser Ersatz kann bei bestimmten Bildungsbedingungen in beliebigem oder
nur in einem beschränkten Verhältnis möglich sein. Er kann auch variieren,
beispielsweise bei höherer Temperatur ein weitgehenderer sein als bei niedrigerer Temperatur. Dann tritt beim Abkühlen ein teilweiser oder vollständiger
Austritt der nicht mehr zur Stellvertretung der Hauptatomarten befähigten
Teilchen auf, unter Bildung einer zweiten, neuen Kristallart. Man spricht von
Entmischungserscheinungen im weiteren Sinne. So vermag oft in bei hoher Temperatur gebildeten Silikaten etwas Ti andere Elemente, die Sauerstoff gegenüber die kz 6 besitzen (zum Beispiel Mg, Fe, Al), zu ersetzen, entmischt sich
aber nicht selten als TiO_2 bei niedriger Temperatur. Es entstehen dann Ausscheidungen von Rutilnadeln im ursprünglich homogenen Mineral. Ebenso
wird in gewissen Silikaten, in denen Al Sauerstoff gegenüber die kz 4 besitzt,
bei hoher Temperatur in kleinen Mengen dazu diadoch eingebautes Fe beim
Abkühlen als Hämatit, Fe_2O_3, ausgeschieden. Oder es können sich, wie bei-

spielsweise in gewissen Feldspäten, bei höherer Temperatur Na und K gegenseitig in weitem Umfange ersetzen, bei tieferen Temperaturen nur in beschränkter Menge, so daß einheitliche Alkalifeldspäte in kaliumreiche und natriumreiche Partien zerfallen bzw. sich entmischen.

Besitzen analoge Verbindungen der zueinander diadochen Elemente (zum Beispiel der Kaliumfeldspat und der Natriumfeldspat) ähnliche Struktur (sind sie selbst isotyp zueinander), so spricht man beim Ersatz der einen Teilchen durch andere auch kurzweg von einer *Mischkristallbildung* und nennt die Ausgangsverbindungen zueinander im engern Sinne *isomorph*. Es entstehen dann bei der Kristallisation aus komplexen Schmelzen, wässerigen Lösungen oder Dämpfen an Stelle der Einzelverbindungen *Mischkristalle*. In den stöchiometrischen Übersichtsformeln werden die in wechselnden Verhältnissen sich ersetzenden Atomarten, durch Komma getrennt, in Klammern gefaßt. Nur in ihrer Gesamtheit stehen sie zu anderen Teilchen in einfachen Proportionen. So würde beispielsweise

$$[SiO_4(Mg, Fe)_2]$$

bedeuten, daß auf n Si und $4n$ O noch $2n$ Teilchen kommen, die in beliebiger Weise auf Mg und Fe verteilt sein können (wobei also Mg das Fe und Fe das Mg ersetzen kann). Die Mischkristallbildung findet in diesem Beispiel zwischen $[SiO_4]Mg_2$ (= Forsterit) und $[SiO_4]Fe_2$ (= Fayalit) statt. Es lassen sich jedoch nicht immer alle Einzelverbindungen in dem für die «Mischkristalle» charakteristischen Strukturtypus darstellen, denn an sich ist das Problem der Mischkristallbildung nur ein Teilproblem der genannten größeren Aufgabe, die chemische Variationsbreite einer Kristall- bzw. Mineralart zu eruieren.

Für gesteinsbildende Mineralien sind von besonderer Bedeutung: Ersatz des Mg^{++} durch Fe^{++}, eventuell durch Mn^{++} und wenigstens teilweise durch Ca^{++}. Deshalb werden bei der Berechnung der Gesteinsanalysen FeO, MnO, MgO zu *fm* vereinigt. Auch Zn, Co, Ni, Cu können zu Mg, Fe diadoch sein. Meist nur teilweisen oder nur bei hoher Temperatur voll wirksamen Ersatz findet man zwischen Na^+ und K^+, während Rb^+, Cs^+, K^+ einander oft in beliebigem Verhältnis ersetzen können. Doch sind Rb und Cs wenig verbreitete Elemente, so daß sie sehr selten größere Bedeutung erlangen. Wie bereits erwähnt, treten sie in sehr kleinen Mengen in Kaliumverbindungen getarnt auf, wie denn überhaupt die Tarnung valenzchemisch analoger Elemente zu diesen einfachen Substitutionen gehört. Weitverbreitet ist unter anderem der Ersatz des $(OH)^-$ durch das gleichwertige F^-.

2. Gekoppelter Atomersatz. Es können sich aber auch *valenzchemisch ungleichwertige Elemente* ähnlicher Raumbeanspruchung und gleichen koordinativen Verhaltens gegenseitig ersetzen. Dann muß jedoch bei sonst völlig gleichbleibender Gitterstruktur ein valenzchemischer Ausgleich stattfinden, das heißt, es muß die Substitution von anderen Substitutionen begleitet sein, die das Valenzgleichgewicht wiederherstellen.

Man spricht von einem *gekoppelten Atomersatz*. Wird beispielsweise ein elektropositiv zweiwertiges Element wie Mg^{++} durch ein dreiwertiges Element wie Al^{+++} im Kristallgebäude ersetzt, so muß die überschüssige +-Valenz irgendwo wieder eingespart werden. Das kann dadurch geschehen, daß ein dreiwertiges Element wie Al^{+++} gleichzeitig an Stelle eines vierwertigen Elementes wie Si^{++++} tritt. Man hat dann den gekoppelten Atomersatz

$$Mg \qquad Si \quad \text{wird ersetzt durch} \quad Al \qquad Al$$
$$\text{zwei- + vierwertig} \qquad\qquad \text{drei- + dreiwertig}$$

Durch die gekoppelte Substitution ist die Summe der Wertigkeiten konstant geblieben.

In den Silikaten sind besonders folgende gekoppelte Atomsubstitutionen wichtig:

$$\begin{array}{lll}
\text{Summe der Wertigkeiten 6:} & \text{AlAl ersetzt} & \text{SiMg oder SiFe} \\
\text{Wertigkeiten:} \quad 3 + 3 = & 4 + 2 = & 4 + 2 \\
\text{Summe der Wertigkeiten 5:} & \text{AlCa ersetzt} & \text{SiNa oder TiNa} \\
\text{Wertigkeiten:} \quad 3 + 2 = & 4 + 1 = & 4 + 1 \\
\text{Summe der Wertigkeiten 4:} & \text{MgCa ersetzt} & \text{AlNa oder FeNa} \\
\text{Wertigkeiten:} \quad 2 + 2 = & 3 + 1 = & 3 + 1
\end{array}$$

Es kann aber auch durch den Ersatz von O durch (OH) oder F eine negative Wertigkeit eingespart werden, so daß gleichzeitig ein höherwertig elektropositives Element durch ein niederwertiges ersetzbar wird, beispielsweise

$$Al(OH) \quad \text{ersetzt} \quad SiO$$
$$3 - 1 \quad = \quad 4 - 2$$

In mannigfacher Weise kombinieren sich nun verschiedene gekoppelte Atomsubstitutionen mit einem Ersatz valenzchemisch gleichwertiger Elemente, so daß gewisse Mineralarten, wie die Pyroxene (Augite), Amphibole (Hornblenden) oder Glimmer, in ihrer Zusammensetzung sehr variabel werden.

Ein einfachstes Beispiel einer praktisch vollkommenen Mischkristallbildung durch gekoppelten Atomersatz bieten die Calcium-Natrium-Feldspäte, die Plagioklase, mit dem Ersatz CaAl durch NaSi. Die Zwischenglieder zwischen:

$$[(SiO_2)_2(AlO_2)_2]\,Ca \qquad \text{und} \qquad [(SiO_2)_2 SiO_2 AlO_2]\,Na$$
$$\text{Calciumfeldspat, Anorthit} \qquad\qquad \text{Natriumfeldspat, Albit}$$

sind als sogenannte *Plagioklase* die verbreitetsten Mineralien der äußeren Lithosphäre.

3. *Leerstellenbildung.* Doch es kann ein Kristallbauplan unter Umständen noch weit anpassungsfähiger sein. Störungen des Valenzgleichgewichtes werden zum Beispiel einerseits durch sogenannte *Leerstellenbildung* oder anderseits durch *Einlagerungen* kompensiert. Das erstere bedeutet, daß, bezogen auf die Idealstruktur, gewisse «Gitterplätze» unbesetzt bleiben. So kann beispielsweise Magnetit, $Fe''Fe_2'''O_4$ in der Oxydationszone zu $Fe_2'''O_3$ (Maghemit) oxydiert werden, ohne daß die Strukturanlage verlorengeht. Im Magnetit kommen auf 12 O- total 9 Fe-Atome, davon ist ein Drittel zweiwertig; in Fe_2O_3 kommen auf 12 O-Atome 8 Fe-Atome, die jetzt alle dreiwertig sind. Bleibt wie im Maghemit die Strukturanlage gleich, so muß auf 12 O-Atome 1 Fe-Atom ausfallen:

$$\underset{9}{\underline{Fe_3'' Fe_6'''O_{12}}} \;\rightarrow\; Fe_8'''O_{12}\,.$$

In einem Neuntel der Plätze, die im Magnetit von Fe besetzt sind, findet sich im Maghemit kein Teilchen, der Platz ist «leer» gelassen. Ohne Zerstörung der gesamten Kristallstruktur kann so aus Magnetit das Fe_2O_3 des Maghemites entstehen, das in der Struktur von dem Fe_2O_3 des Hämatites abweicht.

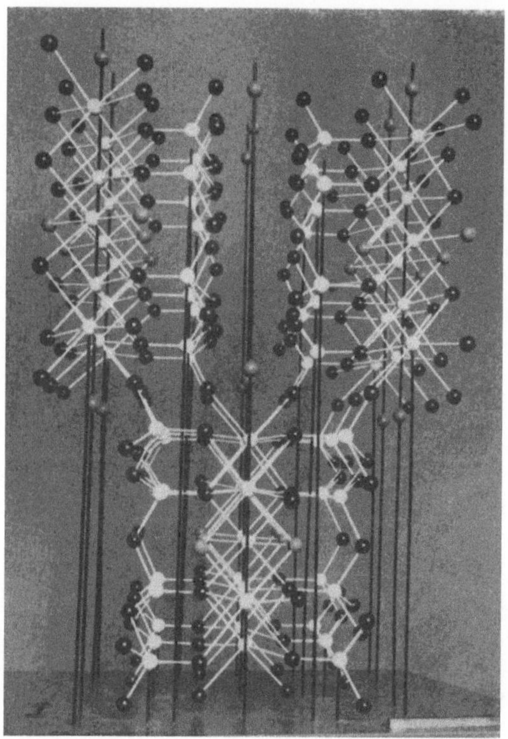

Fig. 31

Hornblendestruktur. Schwarze Kugeln = O; graue Kugeln = OH; weiße Kugeln in Viererkoordination = Si, Al, in Sechserkoordination = Al, Mg, Fe, Ti. Auftreten von Schichtlücken, in denen weitere Einlagerungen von Kationen, wie Ca und Na, neben den bereits in der Normalstruktur vorhandenen (zum Beispiel graue Kugeln nicht mit weißen Stäben verbunden) möglich sind. Die SiO_4-Tetraeder sind derart angeordnet, daß sie Bänder bilden, indem die Hälfte der SiO_4-Tetraeder zwei doppelt gebundene O und die andere Hälfte drei doppelt gebundene O besitzt.

Selbstverständlich verlangen derartige Reaktionen im festen Zustand, daß sich in der Gitterstruktur ein Platzwechsel zwischen den Atomen (bei der Leerstellenbildung verbunden mit Austritt aus dem Gitterverband) abspielen kann. Solche *Platzwechselreaktionen* spielen bei der Veränderung der Zusammensetzung von Mischkristallen und bei den Entmischungen (Platztausch) eine große Rolle und sind überhaupt für die chemischen Vorgänge innerhalb der Erdrinde von wesentlicher Bedeutung. Man darf hiebei von einer *innerkristallinen Metasomatose* sprechen, da Metasomatose allgemein den schrittweisen Ersatz eines Körpers durch einen andern in Form einer Art Verdrängung bedeutet.

Das Gegenstück zur Leerstellenbildung ist die *Einlagerung*. In den Kristall-strukturen wird der Raum nur teilweise von den Massenteilchen erfüllt. Je nach der Architektur des Bauplanes sind unter Umständen in einer Struktur größere Hohlräume, Leerschichten, Hohlkanäle usw. enthalten, ohne daß es zur Erzielung des Gesamtzusammenhanges notwendig ist, daß sich darin Massen-teilchen einlagern. Diese «Strukturporen» gestatten bei Störungen des Valenz-gleichgewichtes weitere Teilcheneinlagerungen. Dadurch wird das stöchiome-trische Verhältnis der diadochen Gruppen zueinander veränderlich und die so-genannte stöchiometrische Summenformel variabel. Ein Beispiel werden wir bei den Amphibolen (Hornblenden) kennenlernen (Figur 31). Zum Substitutions-kommt der *Einlagerungsmischkristall* hinzu.

4. *Einlagerungen und Austausch. Einlagerungen* erfolgen jedoch nicht immer zum offensichtlichen Ausgleich des Valenzgleichgewichtes. Es können auch (mehr im Sinne einer innerkristallinen Adsorption in innerstrukturellen Hohl-räumen oder in Zwischenschichten) an sich abgesättigte Teilchen, wie H_2O-Moleküle usw., festgehalten werden. Sie sind dann öfters, wie übrigens auch die wenig stark gebundenen Kationen relativ großer Raumbeanspruchung, ohne Zerstörung des Kristallgebäudes als Ganzes austauschbar, die ersteren sogar teil-weise oder ganz eliminierbar. Es treten mit dem Milieu, dem Medium, in das der Kristall eingebettet ist, *Austauschreaktionen* auf. So ist beispielsweise in ge-wissen weitmaschigen Silikatstrukturen, den Zeolithen, der eingelagerte H_2O-Gehalt vom Dampfdruck abhängig, wobei zudem in diesen Silikaten auch die Kationen umtauschbar werden (*Basenaustausch*). Aber auch folgendes ist mög-lich. Zunächst mehr adsorptiv gebundene, in einem eigentlichen Kristallgitter-träger eingelagerte Teilchen beginnen, sich unter anderen Bedingungen in be-stimmter Weise einzuordnen, das heißt sich einzuregeln, und nun am Gesamt-gitteraufbau teilzunehmen. Es ist dann (gewissermaßen über eine Adsorptions-verbindung als Zwischenglied) aus dem einen Kristallstrukturtypus ein neuer, nahe verwandter entstanden, wie ja auch die unter 3. erwähnten Erscheinungen *verschiedene* Kristallstrukturen genetisch miteinander verbinden.

Innerhalb der festen Erdkruste sind derartige *Anpassungsreaktionen, Bil-dungen von neuen Kristallarten aus alten*, unter teilweiser Wahrung des bereits vor-liegenden Bauprinzipes, nicht allzu selten. Die neugebildete Kristallart zeigt dann gegenüber Relikten der alten eine *gesetzmäßige Orientierung*. Diese kann jedoch auch bei gleichzeitiger Ausfällung durch Kraftfeldbeeinflussung, also beim Wachs-tum, zustande kommen, ohne daß die eine Art sich aus der andern entwickelt hat. Bei gleichartigen Individuen führt dies zur *Zwillings*bildung. Ein anderer, wieder genetischer, jedoch umfassenderer Begriff ist derjenige der *Pseudomorphosen*. Hiebei ist, *ohne Zerstörung der äußeren Form*, ein Kristall metasomatisch durch Neuprodukte ersetzt worden. Die erhalten gebliebene Form zeigt uns, welcher Natur der Ausgangskörper (Edukt) war, der Inhalt gibt über das Produkt der Reaktion Auskunft. Es kann sein, daß die Neuprodukte in bestimmter Weise orien-tiert in der Pseudomorphose auftreten, es ist dies jedoch nicht notwendig und bei fehlender struktureller Verwandtschaft zwischen Edukt und Produkt auch nicht zu erwarten. So ist der metallisch glänzende, speisgelbe Pyrit oft unter Erhaltung der äußeren Kristallform in roten oder braunen Hämatit oder Limonit umgewandelt.

5. *Massensubstitution.* Das für eine Kristallstruktur, einen bestimmten Bautypus Maßgebende braucht nicht die Gesamtheit der zur Verbindung gehörigen Teilchen zu umfassen. Das zeigten ja schon die Möglichkeiten der Leerstellenbildungen und der Einlagerungen. In den natürlichen Silikaten stellt zum Beispiel sehr häufig ein Zusammenhang von Koordinationstetraedern oder Koordinationstetraedern mit Koordinationsoktaedern das eigentliche Grundgerüst, den *Gitterträger,* dar. Teilchen anderer Koordinationsverhältnisse sind

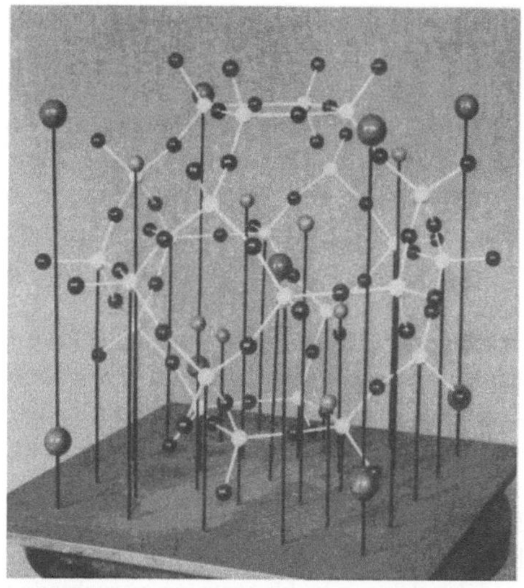

Fig. 32

Sodalithstruktur. Gittergerüst aus $(Si, Al)O_4$-Tetraedern mit Einlagerung von Radikalen wie CO_3, SO_4, Cl usw. Weiße Kugeln = Si, Al; schwarze Kugeln = O; kleine graue Kugeln = Na; große graue Kugeln = Cl, CO_3, SO_4 usw. (die entsprechenden Kugelarten nur auf schwarzen Stäben montiert). Die $(Si, Al)O_4$-Tetraeder sind miteinander gitterhaft verbunden unter Teilbildung von Vierer- und Sechserringen.

viel leichter ersetz- und austauschbar, selbst wenn sie zur Erzielung des Valenzgleichgewichtes absolut notwendig sind. Es kann dann sogar sein, daß sie durch Teilchen oder Radikale substituierbar sind, die im eigentlichen Gitterverband gar nicht diadoch zueinander wären. So kann zur Absättigung einer elektropositiven Überschußladung in gewissen Silikaten (zum Beispiel Skapolithen, Sodalith-Hauyn-Mineralien) CO_3-Ion eingelagert sein, das durch SO_4 oder gar durch Cl usw. ersetzbar ist (Figur 32). Diese einander ersetzenden Radikale nehmen am eigentlichen Gittergerüste nicht Anteil, sind, wie etwa H_2O, in den Zeolithen nur eingelagert, erfüllen jedoch zugleich die Funktion einer Valenzabsättigung. Man spricht in solchen Fällen nicht mehr von einer gewöhnlich isomorphen Vertretung, sondern von einer *Massendiadochie.* Er tritt nicht nur bei Silikaten auf, sondern auch bei anderen Mineralien, beispielsweise den Phosphaten der Apatitgruppe.

Schon diese knapp gehaltenen und unvollständigen Ausführungen aus dem Gebiet der Kristallchemie lassen erkennen, daß die Mineralien an sich reaktionsfähige Gebilde sind und mit andern Mineralien in mannigfacher Beziehung stehen können. Die Gesteins- und Minerallagerstättenkunde hat aber gerade diese Verhältnisse abzuklären, da sie ein Verständnis der Mineralverteilung in der Erde erleichtern. Einerseits ist somit im chemischen Sinne eine Mineralart bis zu einem gewissen Grad *anpassungsfähig*, das heißt, es bildet sich selbst bei veränderten Bedingungen noch die analoge Struktur aus, indem neue Teilchen andere ersetzen, zusätzliche Teilchen eingelagert werden oder indem Ausfallserscheinungen auftreten, ohne daß hiebei die Gesamtanlage der Struktur zerstört wird. Es genügt in solchen Fällen beispielsweise nicht, zu sagen, es tritt eine Hornblende auf; man muß wissen, wie diese Hornblende beschaffen ist, ob sie eisenreich ist, Alkalien enthält, ob Si teilweise durch Al ersetzt ist, usw. Anderseits ist die mit der Struktur verträgliche chemische Variabilität doch nur eine *beschränkte*. Ändern sich die Verhältnisse stark, so entstehen neue Mineralarten mit neuen, vielleicht grundsätzlich verschiedenen, vielleicht aber auch mit verwandten Bauplänen, jedoch ohne kontinuierlichen Übergang von der einen Mineralart zur andern.

ζ. **Das Verhalten der Kristall- oder Mineralarten gegenüber physikalischen Bedingungsänderungen.** Die soeben erwähnten Erscheinungen machen sich auch in physikalischem Sinne geltend. Es ist möglich, daß bei gewissem chemischem Bestand und unter bestimmten Bedingungen der Bauplan einer Mineralart eine höhere Symmetrie hat als unter anderen Voraussetzungen, ohne daß sich in prinzipieller Weise etwas ändert. So gibt es Augite von orthorhombischer und solche von monokliner Symmetrie (Orthaugite, Klinoaugite). Man spricht dann von Unterarten verschiedener Symmetrie der gleichen Art oder Artgruppe[1]. Nun muß man bedenken, daß jede Änderung der Temperatur oder des Druckes die Abstandsverhältnisse der Teilchen beeinflußt. Aber diese innere Deformation der Struktur als Funktion von Temperatur und Druck erfolgt im allgemeinen bei gleichbleibendem Chemismus so, daß die Gesamtstrukturanlage und ihre Symmetrie, also die «Art», innerhalb eines Temperatur–Druck-Intervalles erhalten bleiben. Die Kristallart besitzt einen gewissen *Existenz- und Bildungsbereich* und paßt sich innerhalb desselben den veränderten physikalischen Verhältnissen durch Dilatation oder Kontraktion und durch gegenseitige Teilchenverschiebung an. Dabei kann es allerdings geschehen, daß auch derartige Änderungen mit Symmetrieerhöhungen bzw. Symmetrieerniedrigungen verbunden sind, die bei bestimmten Temperaturen und Drucken effektiv werden. Erhitzt man zum Beispiel Quarz, so erlangt er bei gewöhnlichem Druck bei 575⁰ eine höhere Symmetrie, ohne daß sich die Struktur grundsätzlich ändert und ohne daß äußerlich der Kristall zerfällt. Auch in diesem Falle spricht man von höher- und niedrigsymmetrischen *Unter-*

---

[1] Den Begriff *Artgruppe* braucht man für sehr nahe verwandte Strukturen, die unter natürlichen Bedingungen nebeneinander auftreten, ohne mit Sicherheit durch alle Zwischenglieder miteinander verbunden zu sein (zum Beispiel die Feldspäte, die normalerweise in Alkalifeldspäte und Plagioklase getrennt sind).

arten, zum Beispiel von Niedertemperaturquarz und Hochtemperaturquarz. Stellt sich bei Temperatur- oder Druckänderungen jedoch ein wirklich neuer Kristallbauplan gleicher Zusammensetzung ein, so entsteht eine *neue* Kristallart. Es ist das die Erscheinung der später zu besprechenden *Polymorphie*.

Tiefergreifend ist beim Erhitzen oder Abkühlen oder bei Druckveränderung der *Zerfall einer Kristallart* in Kristallarten *anderer Zusammensetzung* oder die Bildung neuer Kristallarten aus verschiedenen Ursprungsarten. Die Kristallarten sind also, wie ja auch die Prozesse des Verdampfens, des Auflösens und des Schmelzens zeigen, tatsächlich nur innerhalb gewisser Bereiche existenzfähig. Jede Lehre von den Mineralverbänden muß diese Existenzbereiche abzugrenzen suchen. Von den bei Umwandlungen und Reaktionen auftretenden Gesetzmäßigkeiten handelt die physikalische Chemie (siehe Abschnitt III). An dieser Stelle sei nur noch auf einige andere merkwürdige Eigenschaften mancher Kristallarten aufmerksam gemacht.

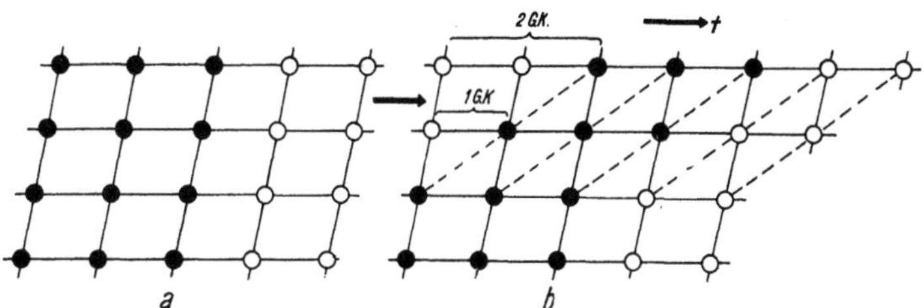

Fig. 33

Schema der plastischen Gitterverformung durch einfache mechanische Translation. Ausschnitt aus der Netzebene einer Gitterstruktur. Die schwarz ausgefüllten Kreise stellen Schwerpunkte von Massenteilchen dar. Durch einen von links nach rechts gerichteten Schub können sich zum Beispiel die Teilchen der obern zwei Gittergeraden um eine bzw. zwei Gitterkonstanten verschieben. Dadurch wird die äußere Form des Schwarzpunktbereiches verändert, aber die Lage der Teilchen zueinander ist nach Beendigung der Translation prinzipiell die gleiche wie vorher. Die Teilchen haben neue, jedoch zur Struktur gehörige Plätze eingenommen, denn dazu gehören auch alle durch leere Kreise markierten Punkte. Denken wir uns senkrecht zur Zeichenebene Netzebenen durch die Punktreihen, so sind Netzebenen übereinandergeglitten in der Translationsrichtung *t*, die zugleich Gittergerade ist, und um Strecken, die ein Ein- oder Vielfaches der Punktabstände *GK* auf diesen Gittergeraden sind.

Das Bestreben, einen Strukturplan trotz mechanischen Einflüssen beizubehalten, kommt wie folgt zur Geltung. Wird ein Kristall einseitigen Spannungen (Zug, einseitigem Druck = Stress usw.) ausgesetzt, so verändert sich die Struktur zunächst ohne zu zerbrechen. Innerhalb eines gewissen Bereiches dieser physikalischen Störungen verhält sich der Kristall im allgemeinen *elastisch*. Das heißt, die Struktur erleidet eine Deformation, die beim Aufhören der mechanischen Ursachen wieder verschwindet. Diese Veränderung ist an sich ein *reversibler Vorgang*. Zumeist ist jedoch die Elastizitätsgrenze rasch erreicht. An sie kann sich jedoch (bei verschiedenen Kristallarten in verschiedenem Maße) ein *Plastizitätsbereich* anschließen. Es tritt eine *irreversible Verformung* auf mit dem Ziel, die Struktur zu rekonstruieren, also mit dem Bestreben, die Kristallart ihrem Aufbauprinzip nach zu erhalten oder im Verlauf der Deformation wieder zu rekonstruieren. Das wird ermöglicht durch Parallelverschiebungen von Netzebenen oder Netzebenenpaketen in Richtung von Gittergeraden um Beträge, die Vielfache der Perioden dieser Gittergeraden sind (siehe Figur 33). Man nennt das eine *mechanische Translation*. Die äußere Gestalt wird verändert, ein Kristall kann zum Beispiel parallel diesen Netzebenen ausgewalzt werden, aber der Atomverband als Ganzes weist an sich nach Vollzug der Translation die gleiche Gitterstruktur auf wie vorher, die Netzebenen und die Abstände der Netzebenen voneinander haben keine Veränderung erlitten. Auch dann, wenn die Gleitung ganzer Schichtpakete so erfolgt, daß

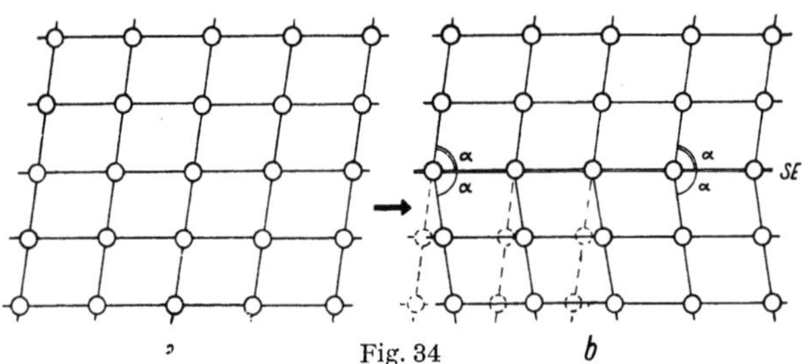

Fig. 34

Plastische Kristallverformung und Zwillingsbildung. Hier haben im untern Teil der Figur *a* durch Schub von links nach rechts gleichfalls Translationen eingesetzt (es entsteht *b*), jedoch nicht um Normalabstände der Teilchen, sondern um Größen, die zur Folge haben, daß der untere Teil in Spiegel- oder Drehstellung zum obern steht. Es ist an der Grenze beider Bereiche (oben und unten) Inhomogenität entstanden, beide Bereiche besitzen jedoch gleiche Struktur wie vorher, sie stehen zueinander in der gesetzmäßigen Verwachsung eines Zwillings.

nach der Gleitung der deformierte Teil in Zwillingsstellung (spiegelbildlich oder verdreht) zum undeformierten steht (*Druckzwillingsbildung*) (Figur 34), ist die Struktur nicht zerstört bzw. wieder rekonstruiert worden. Dieses bei verschiedenen Mineralien (wie Gold- oder Eiskristallen und Calcit) sehr ausgesprochene *plastische Verhalten* zeigt, daß hier der Kristall die mechanische Beanspruchung in ganz bestimmte, von der Struktur vorgezeichnete Bahnen lenkt, eine Deformation erzwingt, die den artcharakteristischen Aufbau möglichst wenig stört. Allerdings werden hiebei an den Gleitflächen oder da, wo verschiedene Gleitflächen aneinanderstoßen, gerne Fehlordnungen oder Verbiegungen auftreten, somit Spannungen zurückbleiben. Auch wird es bei komplexen Strukturen Schwierigkeiten bereiten, alle Teilgitter durch den gleichen Vorgang in wieder ausgezeichnete Lagen überzuführen, es entstehen gleichfalls Fehlordnungsstellen. Von diesen geht bei Temperaturerhöhung (Erhöhung der Teilchenbeweglichkeit) sehr bald ein Gesundungsprozeß, eine *Rekristallisation* aus mit dem Ziel, die unter den betreffenden Bedingungen bestandfähige Struktur wieder voll herzustellen. So kann man bei tiefen Temperaturen Kristallaggregate rein plastisch verformen (*Kaltbearbeitung*) und dann bei höherer Temperatur (Tempern, Anlassen, *Warmbearbeitung*) die (trotz den bereits bei tieferer Temperatur vorhanden gewesenen Anpassungserscheinungen) unvermeidlich gewordenen Spannungszentren durch Erholung und Rekristallisation beseitigen.

Die Eigenschaft der Kristalle, gemäß der besonderen Struktur auf mechanische Eingriffe individuell zu reagieren, kommt auch in allen *Festigkeitseigenschaften* zur Geltung. Das Verhalten ist von der Richtung abhängig (*Anisotropie*). So brechen oder spalten die verschiedenen Mineralarten nach Ebenen, die strukturell vorgezeichnet sind, indem in ihnen stärkerer Zusammenhang und senkrecht dazu relativ geringe Kohäsion besteht. Es bilden sich *charakteristische Spaltbarkeiten* aus, beispielsweise bei Schichtstrukturen parallel den Schichtebenen, bei Kettenstrukturen parallel den Kettenrichtungen, usw. Auch die *Härte* (Widerstand gegen einen mechanischen Eingriff, wie Ritzen, Schleifen oder Bohren) verhält sich richtungsverschieden und ist außerdem der Größe dieses Widerstandes nach (der Größe der Härte nach) von der Gesamtstruktur abhängig. Als einfaches Bestimmungsmittel dient die mittlere Ritzhärte, die qualitativ durch eine zehngliedrige Skala, die *Mohssche Härteskala*, festgelegt wird (Härte 1–10 mit Zwischengliedern wie $2\frac{1}{2}$ = Härte zwischen 2 und 3), wobei jede höhere Nummer größere Härte, größeren Widerstand dem Ritzen gegenüber bedeutet.

Schließlich ist noch folgendes zu beachten. Die natürlichen Mineralien sind kaum je so ideal gebaut, wie wir dies versuchen in Strukturmodellen darzustellen. Der Wachstumsprozeß ist ein so langandauernder komplexer Vorgang, daß oft während der Kristallbildung Fehlbaustellen entstehen, Gitterplätze willkürlich unbesetzt bleiben oder sich statt eines einheitlichen Kristalles ein Haufwerk etwas verdrehter Gitterblöcke (sogenannte *Mosaikkristalle*) ausbildet (Figur 35). Es treten sowohl submikroskopische wie mikro- und makroskopische Fehlordnungen auf.

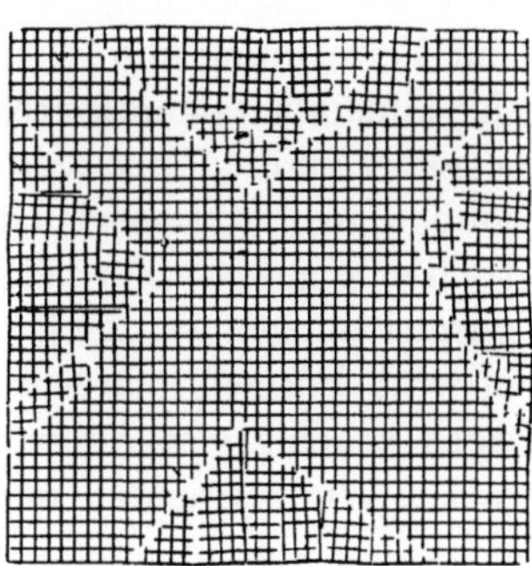

Fig. 35
Schema eines Mosaikkristalls mit gegeneinander verdrehten Strukturbereichen.

Fremdkörper können eingeschlossen werden oder sich später durch Entmischung ausscheiden. Den auf diese Weise «pathologisch veränderten» Bau nennt man den Bau der *Realkristalle* im Gegensatz zum Bau der *Idealkristalle*. *Alle Störungen im Realkristall werden leicht zu bevorzugten Reaktionsstellen bei Änderung der Bedingungen, sie setzen die Festigkeit herab und vergrößern die Reaktionsfähigkeit.*

C. Die wichtigsten Mineralien in einfachster Schreibweise

a) *Vorbemerkungen*

α. Allgemeines über Darstellung einfacher, idealisierter Mineralzusammensetzungen. Zu einer ersten Charakterisierung der chemischen Verhältnisse der verschiedenen Mineralarten begnügt man sich mit der Angabe einer idealisierten Zusammensetzung oder mit der Kennzeichnung einer der Mineralart zugeordneten Idealverbindung, aus der mit Hilfe der soeben erwähnten Erscheinungen ein wesentlicher Teil der chemischen Variationsbreite ableitbar ist. In manchen Fällen genügt dieses Verfahren zur Behandlung der *Hauptprobleme* der Gesteinskunde und Minerallagerstättenlehre, in anderen Fällen ist die zusätzliche Variationsfähigkeit unbedingt mit zu berücksichtigen. Auch die zwischen verschiedenen Verbindungstypen bestehenden Beziehungen chemischer Art, die mindestens zum Teil in chemischen Reaktionen oder Umsetzungen ihre Verwirklichung finden, werden zunächst mit Hilfe solcher vereinfachter Idealzusammensetzungen formuliert. Die Einzelzusammensetzungen sind hiebei nach den Prinzipien der Chemie durch ein Formelbild wiederzugeben. Es soll, soweit dies möglich ist, gewisse für die Reaktionsfähigkeit besonders wichtige Züge erkennen lassen, wird aber gerade dadurch oft ziemlich umständlich. Aus diesem Grunde bedeutet es trotz einer anfänglichen gedächtnismäßigen Mehrbelastung eine wesentliche Vereinfachung, wenn wenigstens die häufigst zu verwendenden Verbindungstypen durch kurze *Symbole*, die man auch in die Beziehungs- oder Reaktionsgleichungen einsetzen kann, gekennzeichnet werden. Sie stellen zur Vermeidung unnützen Ballastes Abkürzungen der die Verbindungstypen oder Mineralien charakterisierenden Namen dar, so daß man sich ohne viel Mühe sofort an die ihnen zukommende Bedeutung erinnern kann. Damit diese Symbole in Reaktionsgleichungen Verwendung finden können, müssen sie zugleich eine gewisse Formelgröße wiedergeben, denn die Koeffizienten der Reaktionsgleichungen werden ja andere, wenn die Formel des einen Gliedes vervielfacht wird. Formelgröße bzw. Formelgewicht können jedoch für Kristallverbindungen beliebig gewählt werden, da keine endliche Einheit in sich abgeschlossen ist. Wir betrachten nun konventionell bei den Oxyden, Hydroxyden und Silikaten als einander äquivalente Formeln diejenigen, welche die gleiche Zahl elektropositiver Elemente, wie Li, Be, B, Al, Si, Mg, Fe, Ca, Mn, Na, K, Ti usw. besitzen, ohne Berücksichtigung der Zahl der an der Verbindung teilnehmenden O, OH, F, H. Eine *Symboleinheit* soll diejenige Formelgröße besitzen, in der die Summe dieser elektropositiven Elemente 1 ist. Wird zum Beispiel $\left[\left(SiO_{\frac{4}{2}}\right)_3 AlO_{\frac{4}{2}}\right]Na$ als ideale Formel des Albites bezeichnet, so bedeutet 1 Ab = ein Fünftel dieser Formel, mit anderen Worten: $\left[\left(SiO_{\frac{4}{2}}\right)_3 AlO_{\frac{4}{2}}\right]Na = 5\,Ab$. Schreibt man die gleiche Verbindung in anderer Form, etwa als 6 $SiO_2 \cdot Al_2O_3 \cdot Na_2O$, so würde das einer Verdoppelung der erstgenannten Formel entsprechen; es sind jetzt vorhanden $6\,Si + 2\,Al + 2\,Na$ $= 10$ elektropositive Atome, und es ist logischerweise $6\,SiO_2 \cdot Al_2O_3 \cdot Na_2O$ $= 2\,[(SiO_2)_3\,AlO_2]\,Na = 10\,Ab$. In Analogie würde die dem Nephelin zugrunde liegende Verbindung $[(SiO_2)\,(AlO_2)]\,Na$, das heißt $\tfrac{1}{2}\,(2\,SiO_2 \cdot Al_2O_3 \cdot Na_2O) = 3\,Ne$ sein und wird $1\,SiO_2$ zu $1\,Q$ (Quarz) abgekürzt. Die Gleichung

$$\left[\left(SiO_{\tfrac{4}{2}}\right)\left(AlO_{\tfrac{4}{2}}\right)\right]Na + 2\,SiO_2 = \left[\left(SiO_{\tfrac{4}{2}}\right)_3\left(AlO_{\tfrac{4}{2}}\right)\right]Na$$

kann dann formelgemäß richtig abgekürzt werden zu

$$3\,Ne \qquad\quad + 2\,Q \;\; = 5\,Ab.$$

Da die verbreiteten Elemente der Lithosphäre voneinander nicht sehr verschiedenes Atomgewicht besitzen, werden im allgemeinen die auf eine Formeleinheit bezogenen Formelgewichte (*Formeläquivalentgewichte*) der wichtigen Silikatverbindungen einander sehr ähnlich. Würden sie einander vollkommen gleich sein, so würden die Koeffizienten der Gleichungen zugleich gewichtsmäßig die zu einem Umsatz benötigten Mengenverhältnisse wiedergeben. So aber kommen sie wenigstens diesen Zahlen überschlagsmäßig nahe. Manchmal stimmen sie noch besser mit dem Volumenverhältnis überein, so daß man sich ohne große Umrechnungen einigermaßen ein Bild über die zu einem Umsatz notwendigen Gewichts- oder Volumenmengen machen kann. Das ist ein weiterer Vorteil dieser Symbolik. Man wird daher auch in Silikaten vorhandenes C oder N (relativ kleines Atomgewicht) bei der Summation der für die Formelgröße bestimmenden Elemente nicht mitzählen, während P, S, Se, As, Br, J usw. berücksichtigt werden. Verschieden kann man es mit Cl halten; üblicherweise wird es gleich wie H, F, O, OH, C, N außer Betracht gelassen. Naturgemäß ist das eine rein konventionelle Festsetzung, der man auch beipflichtet, wenn in ähnlicher Weise wie Silikate die Karbonate, Sulfate, Sulfide, Sulfosalze symbolisiert werden. Dann gilt jedoch im allgemeinen die Beziehung zu den Gewichtsmengen nicht mehr, da an diesen Verbindungen Elemente sehr verschiedenen Atomgewichtes beteiligt sind.

Es würde also Calcit so symbolisiert, daß $1\,Cc = 1\,CaCO_3$ ist, Anhydrit jedoch so, daß $1\,CaSO_4$ zu $2\,A$ wird, und Pyrit so, daß $1\,FeS_2 = 3\,Pr$ ist. Geht die eine Seite einer Umsatzgleichung aus der andern durch Hinzufügen von H_2O, OH, CO_2, F oder O hervor, so werden, wo sie selbständig auftreten, die nicht in einem Formelsymbol enthaltenen, bei der Bestimmung der Formelgröße unberücksichtigt bleibenden Bestandteile mit ihren chemischen Symbolen (in runden Klammern eingeschlossen) mit angeführt, beispielsweise, wenn $\tfrac{1}{2}\{CaO \cdot SiO_2\}$ mit Wo bezeichnet wird,

$$SiO_2 + CaCO_3 = CaO \cdot SiO_2 + CO_2$$
$$1\,Q + 1\,Cc \;\;\; = 2\,Wo\,(+\,CO_2)$$

oder $\quad 4\,SiO_2 \cdot Al_2O_3 \cdot Na_2O + 2\,H_2O = 4\,SiO_2 \cdot Al_2O_3 \cdot Na_2O \cdot 2\,H_2O.$
$\qquad\quad\; 8\,Jd \qquad\qquad\qquad (+\,2\,H_2O) = 8\,Anc$
$\qquad\quad\; $(Jadeit)$\qquad\qquad\qquad\qquad\qquad\;$(Analcim)

Die Kurzsymbole werden als Äquivalentgrößen immer mit großen Anfangsbuchstaben und kursiv geschrieben. Sie bedeuten nur die durch sie definierte
chemische Formeleinheit. Tritt daher eine Verbindung in verschiedenen Kristallstrukturen, das heißt in verschiedenen *Modifikationen* auf, ist sie also
polymorph, so erhält sie unabhängig von der speziellen Struktur immer das
gleiche Symbol, das die Abkürzung des Namens *einer* der Modifikationen ist.
So kann $CaCO_3$ als Calcit oder als Aragonit kristallisieren, 1 *Cc* kann 1 $CaCO_3$
der einen oder anderen Modifikation bedeuten. $Al_2O_3 \cdot SiO_2$ tritt in drei verschiedenen Modifikationen als Sillimanit, Andalusit oder Disthen auf, es ist
3 *Sil* = $Al_2O_3 \cdot SiO_2$ irgendeine dieser drei Kristallarten. Will man in den
Gleichungen präzisieren, um welche Kristallverbindung es sich im gegebenen
Falle handelt, so schreibt man das hinzu, zum Beispiel

$$1\,Q + 1\,Cc \text{ (als Calcit)} = 2\,Wo\,(+\,CO_2).$$

Zunächst bezieht sich die Symbolisierung, wie erwähnt, nur auf einfachste
Idealzusammensetzungen der Mineralarten. Indessen kann man auch kom-
plexere Zusammensetzungen, sei es durch die Anfangsbuchstaben einer allgemeinen Mineralartbezeichnung, sei es durch diejenigen einer Varietät sym-
bolisieren, muß dann nur die Symbolbedeutung definieren. So nennt man, wie
schon Seite 60 erwähnt, Mischkristalle von Albit und Anorthit Plagioklase.
Die Formeleinheit eines beliebigen Mischkristalles dieser Reihe kann man
nötigenfalls allgemein als *Plag* bezeichnen.

β. **Die chemische Formulierung der Silikate.** Die *Schreibweise* der
Formeln selbst, insbesondere der schon recht komplexen, aber so wichtigen
Silikate, kann ganz verschieden gestaltet werden. Das wirkliche stereochemische
Verhalten wird ja erst durch die räumliche Kristallstruktur wiedergegeben, und
es gibt keine Methode, dieses Verhalten adäquat in eine lesbare «Formel» zu
projizieren. Manchmal ist die Auflösung der Formeln in ihre analytisch-
chemisch bestimmbaren Oxyde vorteilhaft, zum Beispiel Kaliumfeldspat
= $K_2O \cdot Al_2O_3 \cdot 6\,SiO_2$. Zumeist jedoch möchten wir bei den Silikaten wenig-
stens in großen Zügen das koordinative Verhalten der Elemente aus den
Formeln ablesen. Bereits sind folgende Bezeichnungen gebraucht worden
(Seite 52):

Elektropositive Elemente, die in erster Sphäre von vier O umgeben sind (zum
    Beispiel Si und zum Teil Al), nennen wir B^{IV}-Elemente;
Elektropositive Elemente, die in erster Sphäre von sechs O umgeben sind (zum
    Beispiel Mg, Fe, Ti, zum Teil Al), heißen B^{VI}-Elemente;
Elektropositive Elemente, deren kz gegenüber O ≥ 6 ist, die sich oft in etwas
    großen Hohlräumen zwischen den Tetraedern und Oktaedern einlagern,
    werden A genannt.

O, das an B^{IV} gebunden ist, wird nun diesen B^{IV} unmittelbar beigeschrieben.
O, OH, F, das nur an B^{VI} oder A gebunden ist, wird gesondert in zweiter Zeile
angegeben. Andere Anionen, die eingelagert sind, sowie eingelagertes H_2O

folgen als X am Schluß der Formel. Die allgemeinste Formel eines Silikates wird somit zu:

$$\left[\begin{matrix} B_m^{IV}O_n \\ (O, OH, F)_p \end{matrix} \ \middle| \ B_q^{VI} \right] A_r X_s.$$

Das bedeutet: innerhalb [ ] liegen die an B^{IV} gebundenen O (es sind die n O) und die zum mindesten teilweise an B^{VI} gebundenen (O, OH, F). B^{VI} ist von B^{IV}, O und (O, OH, F) durch Vertikalstrich abgetrennt. A sind die eingelagerten größeren Kationen, zum Beispiel Ca, K, eventuell Na. X sind entsprechende Anionen wie Cl, CO_3, SO_4 oder Moleküle wie H_2O.

Naturgemäß brauchen nicht alle Atomarten vorhanden zu sein. Ein Silikat $[B_m O_{4m} | B_q^{VI}]$ ist zum Beispiel ein gewöhnliches Orthosilikat ohne eingelagertes A oder zusätzliches (OH, F) und ohne X.

Ein Silikat $\left[\begin{matrix} B_m^{IV}O_{4m} \\ (O, OH, F)_p \end{matrix} \ \middle| \ B_q^{VI} \right]$ ist ein analoges Oxy- oder Fluor- oder Hydroxyorthosilikat.

Ein Silikat $[B_m^{IV}O_{2m}] A_r$ ist ein gewöhnliches Alumosilikat mit monomiktem Tetraederverband (B^{IV} teils Si, teils Al) und eingelagerten Kationen K, Ca, Na usw.

Die Formelgröße ist bei dieser Schreibweise an sich bedeutungslos. Oft bezieht man zu Vergleichszwecken verschiedene Zusammensetzungen auf die gleiche Zahl der an B^{IV} und B^{VI} gebundenen O, OH, F, zum Beispiel 48 oder 96. An und für sich gibt schon das Verhältnis $m:n$, das von 1:4 bis 1:2 variieren kann, über den Tetraederverband (siehe Seite 53) Auskunft. Indessen kann es erwünscht sein, entsprechend den Darlegungen von Seite 55 die Verbandsverhältnisse zu präzisieren, damit sofort ersichtlich ist, wie viele O doppelt, wie viele einfach gebunden sind. So bedeutet $\left[\left(\mathrm{SiO}_{\frac{4}{2}}\right)_3 \left(\mathrm{SiO}_{\frac{4}{1}}\right)\right]$, daß auf drei doppelt gebundene O ein einfach gebundenes[1] kommt, wie in der Seite 45 dargestellten Schichtstruktur. $\left[\left(\mathrm{SiO}_{\frac{4}{2}}\right)_3 \left(\mathrm{AlO}_{\frac{4}{2}}\right)\right]$ bedeutet eine sogenannte gerüst- oder gitterartige Alumokieselsäure; an jeder Ecke eines $B^{IV}O_4$-Tetraeders stoßen zwei Tetraeder aneinander wie bei Quarz, Cristobalit oder Tridymit, da jedoch ein Viertel des B^{IV} nicht Si, sondern Al ist, ist der Tetraederverband nicht elektroneutral, sondern ein Kristallanion, in das zur Absättigung Kationen eingelagert werden müssen. Es sind soviel negative Überschußladungen vorhanden als Al-Zentralteilchen Si-Teilchen ersetzen.

Selbstverständlich schreiben wir die Formeln einfacher Salze, wie Karbonate, Sulfate, wie üblich nicht oxydisch, sondern mit den Anionen und Kationen, somit beispielsweise CO_3Ca oder $CaCO_3$.

Wir wollen die allerwichtigsten Verbindungstypen und die ihnen zugehörigen Mineralarten, deren Kenntnis für irgendeine wissenschaftliche Behandlung der Gesteins- oder Lagerstättenlehre unerläßlich ist, übersichtlich zusammenstellen. Andere Kristallverbindungen werden nur gelegentlich zu erwähnen sein.

---

[1] Statt $\mathrm{SiO}_{\frac{4}{1}}$ wird zur typographischen Vereinfachung im folgenden nur SiO_4 geschrieben.

b) SiO_2 *und Silikate mit monomikten Tetraederstrukturen*

α. Quarz und Verwandte. $SiO_2 = \left[SiO_{\frac{4}{2}}\right] = Q$ (Äquivalentgewicht für 1 $SiO_2 = 1\,Q = 60{,}1$). Drei Hauptmodifikationen, davon ist weitaus die verbreitetste *Quarz* (Niedertemperaturquarz trigonal-rhomboedrisch, enantiomorph). Härte 7, Dichte 2,65, keine gute Spaltbarkeit, muscheliger Bruch. Bei 574⁰ (1 Atm Druck) reversible Umwandlung ohne Strukturzerfall, jedoch mit Volumvermehrung, in hexagonalen Hochtemperaturquarz. Oberhalb 870⁰ ist Hochtemperaturquarz instabil, stabil werden nun zwischen 870⁰ und 1470⁰ *Tridymit* (hexagonal), von 1470⁰ bis zum Schmelzpunkt (1710⁰) *Cristobalit*. Tridymit und Cristobalit zerfallen beim Abkühlen, sofern die Umwandlung in Quarz unterbleibt, in Aggregate von niedriger Symmetrie (Niedertemperaturtridymit und Niedertemperaturcristobalit). Struktur von Quarz siehe Figur 36, von Cristobalit siehe Figur 28 *d*, Seite 56.

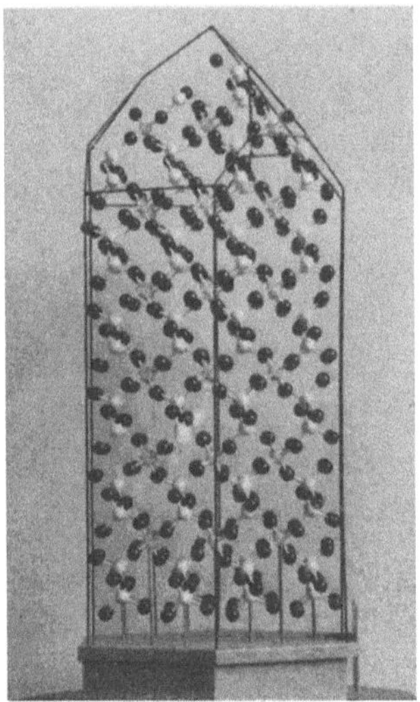

Fig. 36

Struktur von Quarz $\left(SiO_{\frac{4}{2}}\right)$. Weiße Kugeln = Si, schwarze Kugeln = O.

An jeder SiO_4-Tetraederecke berühren sich zwei Tetraeder, so daß $SiO_{\frac{4}{2}} = SiO_2$ entsteht und die Tetraeder selbst sind längs Schraubenachsen angeordnet.

β. Feldspäte. Die *Feldspäte* sind die häufigst auftretenden Mineralien der äußeren Erdkruste. Es sind *Alumosilikate* mit ähnlich gitterhaftem Tetraedergerüst wie die SiO_2-Modifikationen, jedoch teilweisem Ersatz des Si durch Al. Allgemeine Formel $\left[B^{IV}O_{\frac{4}{2}}\right]_n A_m$. In B^{IV} ist das Verhältnis Si:Al = 3:1, wenn $A = $ K oder Na ist und 1:1, wenn A als Ca (eventuell Ba, Sr) auftritt. Auf 1 Al

sind zur Kompensation der negativen Ladung der gitterhaften Alumokieselsäure 1 Na, bzw. auf 2 Al 1 Ca notwendig (Strukturbild siehe Figur 24, Seite 54).

Einfache Grundverbindungen:

1. *Plagioklase*. Dazu gehören als Endglieder einer Mischkristallreihe folgende zwei Verbindungen:

$$\left.\begin{array}{l} \textit{Natriumfeldspat, Albit} \quad \left[\left(SiO_{\frac{4}{2}}\right)_3 \left(AlO_{\frac{4}{2}}\right)\right]Na \\[2ex] \textit{Calciumfeldspat, Anorthit} \quad \left[\left(SiO_{\frac{4}{2}}\right)_2 \left(AlO_{\frac{4}{2}}\right)_2\right]Ca \end{array}\right\} \text{triklin}$$

1 Ab = ein Fünftel obiger Formel mit Äquivalentgewicht 52,43,
1 An = ein Fünftel obiger Formel mit Äquivalentgewicht 55,63.

Durch gekoppelten Atomersatz SiNa = AlCa entsteht die wichtige Misch-
kristallserie der sogenannten *Plagioklase*, mit nachstehender Bezeichnung, bezogen auf 100 *Plag*:

$$\text{Plagioklase}\ (1\ \textit{Plag} = \text{Einheit, be-}\ \text{zogen auf}\ \Sigma\ \text{Si, Al, Na,}\ \text{Ca} = 1) \left\{\begin{array}{ll} 100\ Ab\ \text{bis}\ 90\ Ab,\ 10\ An: & \text{«Albite»} \\ 90\ Ab,\ 10\ An\ \text{bis}\ 70\ Ab,\ 30\ An: & \text{«Oligoklase»} \\ 70\ Ab,\ 30\ An\ \text{bis}\ 50\ Ab,\ 50\ An: & \text{«Andesine»} \\ 50\ Ab,\ 50\ An\ \text{bis}\ 30\ Ab,\ 70\ An: & \text{«Labradore»} \\ & \text{«Labradorite»} \\ 30\ Ab,\ 70\ An\ \text{bis}\ 10\ Ab,\ 90\ An: & \text{«Bytownite»} \\ 10\ Ab,\ 90\ An\ \text{bis}\ 100\ An: & \text{«Anorthite»} \end{array}\right.$$

Ca-Natriumfeldspäte
Na-Calciumfeldspäte

Manche Plagioklase, besonders Oligoklase bis Andesine, enthalten etwas
K an Stelle von Na, oft bis 10 «Kaliumfeldspat» auf 100 *Plag*, seltener mehr
(zum Beispiel Kalium-Oligoklase).

2. *Alkalifeldspäte* (*Alkf*), teils monoklin, teils triklin. In der Hauptsache
Natrium-Kaliumfeldspäte mit 1 Or = ein Fünftel $\left[\left(SiO_{\frac{4}{2}}\right)_3 AlO_{\frac{4}{2}}\right]$K neben Ab
(Äquivalentgewicht 1 Or = 55,65).

Der Albit gehört somit als Endglied sowohl zur Plagioklasreihe wie zu den
Alkalifeldspäten.

$$\begin{array}{ll} 100\ Or\ \text{bis}\ 90\ Or,\ 10\ Ab & = \text{Kaliumfeldspäte,} \\ 90\ Or,\ 10\ Ab\ \text{bis}\ 50\ Or,\ 50\ Ab & = \text{Na-Kaliumfeldspäte,} \\ 50\ Or,\ 50\ Ab\ \text{bis}\ 10\ Or,\ 90\ Ab & = \text{K-Natriumfeldspäte,} \\ 10\ Or,\ 90\ Ab\ \text{bis}\ 100\ Ab & = \text{Natriumfeldspäte (Albit).} \end{array}$$

Meist nur geringe Beimischung der An-Verbindung. Jedoch enthalten sogenannte *Rhombenfeldspäte* (oft rhomboider Querschnitt) 14–26% An neben
ähnlichen Mengen Or und 58–67% Ab, stellen also Übergänge zum Kalium-
oligoklas dar. In der Alkalifeldspatgruppe treten häufig bei niedrigen Temperaturen Entmischungen auf (sogenannte *Perthite*, erste Entmischungsstadien
Kryptoperthite). Die Formeln beziehen sich gewöhnlich auf die Gesamtindivi-
duen mit ihren Na-reichen Entmischungsanteilen. Doch gibt es neben Entmischungen auch metasomatische Verdrängungen, sogenannte *Albitisierungen*
(hie und da schachbrettartig, Schachbrettalbite). Bezeichnungen:

Monokliner Kaliumfeldspat: *Orthoklas* (mit besonderem Habitus in Klüften: auch *Adular* genannt).

Monokline Na-Kaliumfeldspäte: *Orthoklas* (mit tafeligem Habitus und Glasglanz = *Sanidin*). Entmischte hiehergehörige Feldspäte: Orthoklasperthite, Sanidinperthite.

Monokline oder auch nur optisch pseudomonokline K-Natriumfeldspäte: *Anorthoklase*, Na-*Sanidine*, eventuell Na-*Orthoklase*.

Trikline Kalium- bis Na-Kaliumfeldspäte = *Mikrokline* bis Na-*Mikrokline*, öfters gitterhaft verzwillingt und als *Mikroklinperthite* oft entmischt. Kaliumreiche Feldspäte können Mischkristalle mit dem Bariumfeldspat *Celsian* bilden. Derartige Mischkristalle werden *Hyalophane* genannt. Die gelbe, fleisch- bis ziegelrote Färbung mancher Alkalifeldspäte (und auch Oligoklase) beruht auf Einlagerung von Hämatitschüppchen, die meist als Entmischungsprodukte (Fe hat ursprünglich etwas Al ersetzt) gebildet wurden.

Die Feldspäte zeigen Spaltbarkeit nach zwei genau (monoklin) oder nahezu genau (triklin pseudomonoklin) aufeinander senkrecht stehenden Pinakoiden. Verzwillingungen sind häufig: bei Plagioklasen und Mikroklinen oft polysynthetisch, bei Orthoklasen meist einfacher.

Härte um 6, spezifisches Gewicht (rein)

$$Ab = 2,61 \ (2,62)$$
$$Or. = 2,56$$
$$An = 2,77 \ (2,76)$$
$$Ce \ (\text{Celsian}) = 3,38$$

Bei Plagioklasen sind Zonarstrukturen häufig, auch Umwachsungen von Alkalifeldspäten durch Oligoklas oder von Kaliumfeldspat durch Natriumfeldspat sind nicht selten.

γ. **Feldspatoide (Foide)**, *auch Feldspatvertreter genannt*. In den Alkalifeldspäten ist, mit geringen Schwankungen, Si : Al = 3 : 1, im Calciumfeldspat 1 : 1. Nun können bei Mangel an SiO_2 sogenannte Feldspatoide entstehen, das heißt Alkalialumosilikate mit dem Verhältnis Si : Al zwischen 2 : 1 und 1 : 1. Es sind folgende Verbindungstypen besonders wichtig:

1. *Nephelin*, im wesentlichen $\left[SiO_{\frac{4}{2}} \cdot AlO_{\frac{4}{2}} \right] Na$ mit Ersatz des Na durch K.

Kristallisiert hexagonal, ohne gute Spaltbarkeit, leicht zersetzbar.

$\frac{1}{3} \left[SiO_{\frac{4}{2}} \cdot AlO_{\frac{4}{2}} \right] Na = Ne$ mit Äquivalentgewicht 47,36, *Natriumnephelin*.

$\frac{1}{3} \left[SiO_{\frac{4}{2}} \cdot AlO_{\frac{4}{2}} \right] K = Kp$ als *Kaliophilit* und *Kalsilit* bekannt, Äquivalentgewicht 52,71.

Die normalen Nepheline der Gesteine (auch *Elaeolithe* genannt) sind kaliumhaltig und oft etwas SiO_2-reicher. Man bezeichnet mit *Neph** etwa Zusammensetzungen wie $\frac{1}{70,8} [Si_{25,2}Al_{22,8}O_{96}]Na_{18}K_{4,8}$. Durch Ersatz des Na_2 durch Ca (*An*-Verbindung) entstehen *calciumführende Nepheline* bis *Calciumnepheline*. Kaliumreiche Nepheline sind wenig beständig. Das spezifische Gewicht der Nepheline liegt meist zwischen 2,65 und 2,56.

2. *Leucit*, im wesentlichen $\left[\left(\mathrm{SiO}_{\frac{4}{2}}\right)_2 \mathrm{AlO}_{\frac{4}{2}}\right] \mathrm{K}$. Ein Viertel dieser Formel $= Lc$ mit Äquivalentgewicht 54,55; spezifisches Gewicht $= 2{,}48$. Leucit kristallisiert kubisch, wandelt sich jedoch beim Abkühlen bei etwa 650^0 oft in ein Aggregat niedrigsymmetrischer Kristalle um. Normalerweise ist kaum mehr als ein Zehntel des K durch Na ersetzt, doch gibt es sogenannte *Pseudoleucite* (Aggregate von Kaliumfeldspat und Nephelin in Leucitform), bei denen 30–70% des K durch Na vertreten sein können. Der Ca-Gehalt ist nie erheblich.

3. Hingegen kann der an sich bereits zu den Zeolithen gehörige *Analcim* in Gesteinen relativ häufig sein. Er ist im wesentlichen:

$$\left[\left(\mathrm{SiO}_{\frac{4}{2}}\right)_2\left(\mathrm{AlO}_{\frac{4}{2}}\right)\right] \mathrm{Na} \cdot 2\,\mathrm{H_2O}.$$

Ein Viertel dieser Formel $= 1$ *Anc* mit Äquivalentgewicht 55,025. Auch Analcim kristallisiert wie Leucit kubisch ohne gute Spaltbarkeit, mit der Härte $5\frac{1}{2}$ und dem spezifischen Gewicht 2,2–2,3. Er ist oft etwas rötlich gefärbt (eingelagerte Hämatitblättchen).

δ. **Feldspatoide mit eingelagerten Anionen (doppelsalzartige Verbindungen).** Die kubische Serie umfaßt die *Sodalith-Nosean-Hauynreihe* der allgemeinen Formel:

$[\mathrm{Si_{24}Al_{24}O_{96}}]\,\mathrm{Na_{20-32}Ca_{10-0}}\,(\mathrm{SO_4},\ \mathrm{Cl_2},\ \mathrm{CO_3},\ \mathrm{S},\ \mathrm{H_2O})_{4-8}$ mit den Hauptverbindungstypen:

$$3\left[\left(\mathrm{SiO}_{\frac{4}{2}}\right)_2\left(\mathrm{AlO}_{\frac{4}{2}}\right)_2\right]\mathrm{Na_2} \cdot 2\,\mathrm{NaCl}, \text{ \textit{Sodalith}, } {}^1\!/_{20} \text{ der Formel} = 1 \text{ \textit{Sod} mit Äquivalentgewicht 48,4,}$$

$$3\left[\left(\mathrm{SiO}_{\frac{4}{2}}\right)_2\left(\mathrm{AlO}_{\frac{4}{2}}\right)_2\right]\mathrm{Na_2} \cdot \mathrm{Na_2SO_4}, \text{ \textit{Nosean}, } {}^1\!/_{21} \text{ der Formel} = 1 \text{ \textit{Nos} mit Äquivalentgewicht 47,3,}$$

$$3\left[\left(\mathrm{SiO}_{\frac{4}{2}}\right)_2\left(\mathrm{AlO}_{\frac{4}{2}}\right)_2\right]\mathrm{Na_2} \cdot 2\,\mathrm{CaSO_4}, \text{ \textit{Hauyn}, } {}^1\!/_{22} \text{ der Formel} = 1 \text{ \textit{Hau}, mit Äquivalentgewicht 51,1.}$$

Die Härte der Mineralien ist 5–6, Spaltbarkeit nach dem Rhombendodekaeder ist vorhanden. Spezifische Gewichte meist 2,27–2,49. Strukturbild siehe Figur 32, Seite 63.

Die Ultramarine sind analoge Doppelsalze mit Na-Polysulfiden statt Sulfaten. Der *Lasurit* (Lapis Lazuli) enthält beispielsweise:

$$3\left[\left(\mathrm{SiO}_{\frac{4}{2}}\right)_2\left(\mathrm{AlO}_{\frac{4}{2}}\right)_2\right]\mathrm{Na_2} \cdot \mathrm{Na_2S_3} = 23 \text{ \textit{Ul}. Spezifisches Gewicht 2,38–2,45.}$$

Aus der hexagonalen Serie ist besonders der *Cancrinit* bekannt, idealisiert:

$$3\left[\left(\mathrm{SiO}_{\frac{4}{2}}\right)_2\left(\mathrm{AlO}_{\frac{4}{2}}\right)_2\right]\mathrm{Na_2} \cdot 2\,\mathrm{CaCO_3} \text{ mit } {}^1\!/_{20} \text{ der Formel} = 1 \text{ \textit{Canc}, Äquivalentgewicht 52,6.}$$

Es gibt auch Sulfatcancrinite und Cancrinite mit $\mathrm{Na_2CO_3}$ usw. *Davyn* und *Mikrosommit* gehören im weiteren Sinne zur Cancrinitgruppe. Spezifisches Gewicht des äußerlich nephelinähnlichen Cancrinites $= 2{,}4$–$2{,}6$.

ε. **Feldspatähnliche Alumosilikate mit eingelagerten Anionen (doppelsalzartige Verbindungen).** Die sogenannten tetragonal kristallisierenden

Skapolithe sind als «Doppelsalze» von Plagioklasen mit $NaCl$, $CaCO_3$, $CaSO_4$, Na_2SO_4 usw. beschreibbar. Grundverbindungen:

Marialithe

Chlormarialith: $3\left[\left(SiO_{\frac{4}{2}}\right)_3 \cdot AlO_{\frac{4}{2}}\right] Na \cdot NaCl$, $^1/_{16}$ davon $= Ma_1$, Äquivalentgewicht 52,8,

Karbonatmarialith: $3\left[\left(SiO_{\frac{4}{2}}\right)_3 \cdot AlO_{\frac{4}{2}}\right] Na \cdot \frac{1}{2} Na_2CO_3$, $^1/_{16}$ davon $= Ma_3$, Äquivalentgewicht 50,9,

Sulfatmarialith: $3\left[\left(SiO_{\frac{4}{2}}\right)_3 \cdot AlO_{\frac{4}{2}}\right] Na \cdot \frac{1}{2} Na_2SO_4$, $^1/_{16,5}$ davon $= Ma_2$, Äquivalentgewicht 52,5.

Mejonite

Karbonatmejonit: $3\left[\left(SiO_{\frac{4}{2}}\right)_2 \left(AlO_{\frac{4}{2}}\right)_2\right] Ca \cdot CaCO_3$, $^1/_{16}$ davon $= Me_1$, Äquivalentgewicht 58,4,

Sulfatmejonit: $3\left[\left(SiO_{\frac{4}{2}}\right)_2 \left(AlO_{\frac{4}{2}}\right)_2\right] Ca \cdot CaSO_4$, $^1/_{17}$ davon $= Me_2$, Äquivalentgewicht 57,1,

Chloridmejonit: $3\left[\left(SiO_{\frac{4}{2}}\right)_2 \left(AlO_{\frac{4}{2}}\right)_2\right] Ca \cdot CaCl_2$, $^1/_{16}$ davon $= Me_3$, Äquivalentgewicht 59,1.

Die gewöhnlichen Skapolithe sind Mischkristalle von Mejoniten und Marialithen (mittlere Glieder werden *Mizzonite* genannt). Die meist stengeligen Kristalle mit prismatischer Spaltbarkeit besitzen spezifische Gewichte von 2,5–2,8.

ζ. **Zeolithe.** Bereits bei den Alumosilikaten mit eingelagerten Anionen ist das gitterhafte Alumosilikatgerüst relativ weitmaschig. In einer andern Gruppe von Alumosilikaten, besonders von solchen des Na und des Ca, gestattet diese Weitmaschigkeit die Einlagerung von H_2O in Abhängigkeit vom Dampfdruck des H_2O als sogenanntes Kristallwasser. H_2O bildet um Na und K oft Wasserhüllen und sowohl die Alkaliionen wie H_2O sind ohne Gitterzerfall austauschbar (Basenaustausch, Entwässerung und Wiederbewässerung). Beim Erhitzen schäumen (sieden) die Mineralien unter Wasserabgabe auf, deshalb der Name Zeolith (Siedestein).

Die Zahl der Mineralarten ist sehr groß; beispielhaft seien hier nur erwähnt (unter Angabe des «normalen» H_2O-Gehaltes und einfachsten Chemismus):

Isometrische oder Würfelzeolithe:

Analcim   (siehe Seite 75).

Chabasit $\left[\left(SiO_{\frac{4}{2}}\right)_4 \left(AlO_{\frac{4}{2}}\right)_2\right] (Ca, Na_2) \cdot 6\,H_2O$.
Durch Verzwillingung isometrisch.

Phillipsit $\left[\left(SiO_{\frac{4}{2}}\right)_4 \left(AlO_{\frac{4}{2}}\right)_2\right] Ca \cdot 5\,H_2O$.

Harmotom $\left[\left(SiO_{\frac{4}{2}}\right)_3 \left(AlO_{\frac{4}{2}}\right)\right]_2 Ba \cdot 6\,H_2O$.

Blätterzeolithe, mit guter pinakoidaler Spaltbarkeit:

Heulandit $\left[\left(SiO_{\frac{4}{2}}\right)_3 \left(AlO_{\frac{4}{2}}\right)\right]_2 Ca \cdot 5\,H_2O$.

Desmin $\left[\left(\mathrm{SiO}_{\frac{4}{2}}\right)_3\left(\mathrm{AlO}_{\frac{4}{2}}\right)_2\right]\mathrm{Ca}\cdot 6\,\mathrm{H_2O}.$

Faserzeolithe mit stengelig-faseriger Entwicklung:

Natrolith $\left[\left(\mathrm{SiO}_{\frac{4}{2}}\right)_3\left(\mathrm{AlO}_{\frac{4}{2}}\right)_2\right]\mathrm{Na_2}\cdot 2\,\mathrm{H_2O}$

Skolezit $\left[\left(\mathrm{SiO}_{\frac{4}{2}}\right)_3\left(\mathrm{AlO}_{\frac{4}{2}}\right)_2\right]\mathrm{Ca}\cdot 3\,\mathrm{H_2O}$ dazwischen Mesolith.

Thomsonit $\left[\left(\mathrm{SiO}_{\frac{4}{2}}\right)_5\left(\mathrm{AlO}_{\frac{4}{2}}\right)_5\right]\mathrm{NaCa_2}\cdot 6\,\mathrm{H_2O}$

Der Ca-Zeolith *Laumontit* kann schon bei Zimmertemperatur in trockener Luft Wasser abgeben.

Oft wird auch der *Prehnit* (unbekannter Struktur) mit Si:Al:O:OH:Ca = 3:2:10:2:2 mit den Zeolithen vereinigt.

Die Härte der Zeolithe ist meist $5\frac{1}{2}$ und darunter (bis 3), die spezifischen Gewichte liegen unter 2,5, oft um 2–2,3 (häufig um 2,2).

η. **Schichtartige Tetraederstrukturen mit verbindenden Ca-Ionen.** Hieher gehören die kieselsäurearmen, tetragonal isometrisch bis dicktafelig kristallisierenden *Melilithe* (*Mel*) der allgemeinen Formulierung

$$\left[\left\{\mathrm{SiO}_{\left(\frac{3}{2}+\frac{1}{1}\right)}\right\}\left\{(\mathrm{Si,\,Al})\mathrm{O}_{\left(\frac{3}{2}+\frac{1}{1}\right)}\right\}\left\{(\mathrm{Al,\,Fe,\,Mg})\mathrm{O}_{\frac{4}{2}}\right\}\right]\mathrm{Ca(Ca,\,Na,\,K)}.$$

Einfache Grenzverbindungstypen sind:

Gehlenit mit *Ge* $= {}^1/_5$ $[\mathrm{SiAlAlO_7}]\mathrm{Ca_2}$ mit Äquivalentgewicht 54,8,
Na-*Gehlenit* mit Na-*Ge* $= {}^1/_5$ $[\mathrm{SiSiAlO_7}]\mathrm{CaNa}$ mit Äquivalentgewicht 51,6,
Åkermanit mit *Ak* $= {}^1/_5$ $[\mathrm{SiSiMgO_7}]\mathrm{Ca_2}$ mit Äquivalentgewicht 54,5.

Es treten in der Melilithgruppe neben Al auch Mg und Zn als B^{IV} (Viererkoordinationszentren gegenüber O) auf. Die gewöhnlichen, leicht zersetzbaren Melilithe besitzen bei Härte 5–$5\frac{1}{2}$ spezifische Gewichte um 2,9–3. Be als B^{IV} findet man in den Silikaten *Melinophan*, *Leukophan* und *Gadolinit*. Bor vermutlich als B^{IV} in *Datolith* und *Homilith*; reine B^{IV}O-Silikate sind noch die folgenden:

ϑ. **Monomikte Be- und Zn-Silikate mit Tetraederstrukturen ohne andere Kationen:**

Phenakit stöchiometrisch $\mathrm{Be_2SiO_4}$,
Willemit stöchiometrisch $\mathrm{Zn_2SiO_4}$,
Hemimorphit stöchiometrisch $\mathrm{Zn_4Si_2O_7(OH)_2}\cdot\mathrm{H_2O}$ (auch Kieselzinkerz, Galmei, Calamin genannt).

Es berühren sich hier im Mittel an einer O-Ecke drei Tetraeder, zwei mit Be oder Zn als Koordinationszentren, eines mit Si.

c) *Schichtsilikate*

Charakteristisches Bauelement ist die Seite 45 erwähnte $\mathrm{Si_2O_5}$-Schicht oder, da unter Umständen Si teilweise durch Al ersetzt sein kann, die $B_2^{\mathrm{IV}}\mathrm{O_5}$-Schicht mit 3 doppelt gebundenen O und einem einfach gebundenen O pro ein B^{IV}, also $\left[B^{IV}O_{\left(\frac{3}{2}+\frac{1}{1}\right)}\right]_{\infty}$ oder $\left(B^{IV}O_{\frac{4}{2}}\right)_3\left(B^{IV}O_{\frac{4}{1}}\right)_1$. Wir nennen diese Schicht, bei der normalerweise alle nur einfach gebundenen O auf der gleichen Seite der B^{IV} liegen, die Tetraederschicht t. In den meisten Fällen ist die t-Schicht mit einer Oktaederschicht (o) vom Charakter $\left[(Mg, Fe)(O, OH)_{\frac{6}{3}}\right]$ oder $\left[(Al, Fe)(O, OH)_{\frac{6}{2}}\right]$, allgemein $\left[B^{VI}(O, OH)_{\frac{6}{2-3}}\right]$, verknüpft, derart, daß zwei Drittel der Sauerstoffteilchen einer Schichtseite der o-Schicht (also ein Drittel der gesamten an B^{VI} gebundenen O, OH) mit den nur einfach an B^{IV} gebundenen O identisch werden, während der Rest als OH nur an B^{VI} gebunden ist. Zwei derartig miteinander verbundene to-Schichten (*Doppelschicht*, Figur 37 a) ergeben somit:

B^{IV} : O (an B^{IV} gebunden) : OH (nur an B^{VI} gebunden) : B^{VI}
2   :5   :4   :3 oder 2.

Eine *Tripelschicht tot* (Figur 37 b) entsteht, wenn mit beiden Seiten der o-Schicht t-Schichten verbunden sind, dann wird für *tot*:

B^{IV} : O (an B^{IV} gebunden) : OH (nur an B^{VI} gebunden): B^{VI}
4   : 10   : 2   : 3 oder 2.

Ist B^{IV} nur Si, so sind die Tetraederschichten nach außen hin (da, wo lauter doppelt gebundene O auftreten) abgesättigt. Nur van-der-Waalssche Kräfte sind zwischen den Schichtpaketen wirksam. Ist jedoch B^{IV} teilweise Al, so besitzen auch die Lagen der doppelt gebundenen O freie, nach außen strahlende Valenzen, die zusätzliche Kationenabsättigung durch zwischengelagerte K^+ oder Ca^{++} oder Na^+ verlangen. Andererseits können sich zwischen *tot*-Schichten reine hydroxydische o-Schichten zwischenlagern, oder es treten komplexe Aufeinanderfolgen verschiedener Schichten bzw. Schichtverbände auf. Außerdem kann sich eine zwischenlamellare Adsorption bemerkbar machen mit einer den Adsorptionsverbindungen zukommenden Austausch- und Quellfähigkeit. Dadurch kommt die große Mannigfaltigkeit der Schichtsilikate zustande, wobei ausgezeichnete pinakoidale Spaltbarkeit parallel deren Schichten und blätteriger Habitus gemeinsame Merkmale bleiben.

α. **Glimmertypus.** Zwischen *tot*-Tripelschichten mit teilweisem Ersatz des Si durch Al sind Ionen vom Typus A, meist K-Ionen, eingelagert.

1. *Muskowite* (feinschuppig *Sericit* genannt, farblos bis grünlich). Spezifisches Gewicht meist 2,8–2,9. Härte 2–3. Monoklin pseudohexagonal, mit sehr vollkommener Basisspaltbarkeit.

Grundverbindung $\left[\begin{matrix}Si_3AlO_{10}\\(OH)_2\end{matrix}\middle| Al_2\right]K$ bzw. $\left[\left(SiO_{\frac{4}{2}}\right)_2\left(AlO_{\frac{4}{2}}\right)\begin{matrix}SiO_4\\(OH)_2\end{matrix}\middle| Al_2\right]K$.

Ein Siebentel dieser Formel $= Ms$ mit Äquivalentgewicht 56,9.

Häufige chemische Variation, bezogen auf $\left[\begin{matrix}Si_{12}Al_4O_{40}\\(OH)_8\end{matrix}\middle| Al_8\right]K_4 = 28\,Ms$ als Grundformel, zum Beispiel:

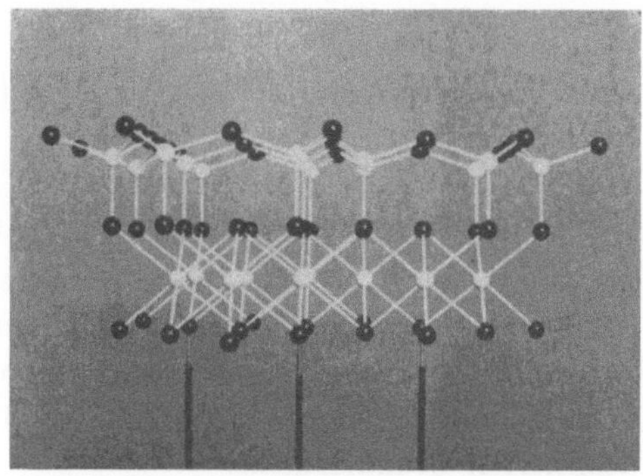

Fig. 37 *a*

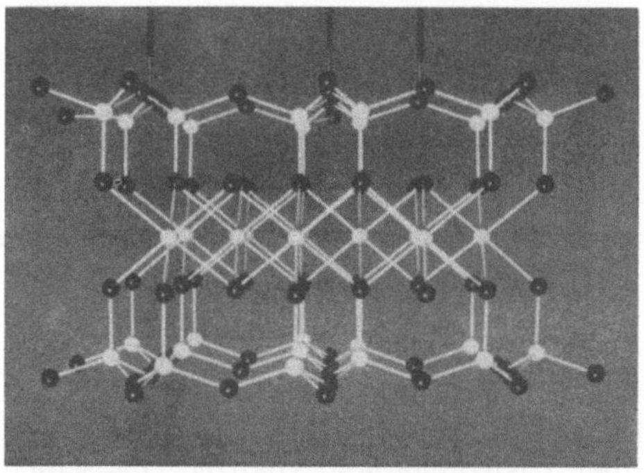

Fig. 37 *b*

a Doppelschicht (*to*-Schichten) aus Tetraeder- (oben) und Oktaederschicht (unten). Schwarze Kugeln = O, OH, weiße Kugeln = B^{IV} und B^{VI}; *b* Tripelschicht (*tot*-Schichten), in der zwei Tetraederschichten (oben und unten) durch eine Oktaederschicht (in der Mitte) verbunden sind. Bedeutung der Kugeln wie in *a*.

$$\begin{bmatrix} Si_{12-14}Al_{4-2}O_{40} & Al_{6-8}Fe'''_{0-1}Ti_{0-0,5} \\ (OH, F, O)_8 & (Fe'', Mg, Mn)_{0-2} \end{bmatrix} K_{4-3}Na_{0-1}.$$

Relativ Si-reiche Glieder werden *Phengite* genannt, Natriumglimmer = *Paragonite*, wasserreiche Glimmer = *Hydroglimmer*. Cr enthält der *Fuchsit*, V der *Roscoelith*.

2. *Biotite* (Mg-reich und eisenarm = *Phlogopit*, Fe-reich = *Lepidomelan*). Spezifisches Gewicht 2,75–2,85. Blondgelb, grünschwarz, braunschwarz bis tiefschwarz gefärbt, sonst wie Muskowit.

$$\text{Grundverbindung} \begin{bmatrix} Si_3AlO_{10} & (Mg, Fe)_3 \\ (OH)_2 & \end{bmatrix} K$$

$$\text{bzw.} \begin{bmatrix} \left(SiO_{\frac{4}{2}}\right)_2 \left(AlO_{\frac{4}{2}}\right) \dfrac{SiO_4}{(OH)_2} & (Mg, Fe)_3 \end{bmatrix} K.$$

Ein Achtel dieser Formel $= Bi$ mit Äquivalentgewicht 52,15 (Mg-Bi) bzw. 63,97 (Fe-Bi).

Häufige chemische Variation bezogen auf $\left[\begin{array}{c} Si_{12}Al_4O_{40} \\ (OH, F, O)_8 \end{array} \middle| (Mg, Fe)_{12} \right] K_4 =$

$32\ Bi$ innerhalb $\left[\begin{array}{c|c} Si_{10-12}Al_{4-6}Fe'''_{0-1}O_{40} & Al_{0-2,5}Fe'''_{0-2,5}Ti_{0-2,5} \\ (OH, F, O)_8 & (Mg, Fe'', Mn)_{7-12}Mn_{0-2,5} \end{array}\right] K_{2,5-4}Na_{0-1,7}\ .$

Wie in Muskowiten können auch Cs, Rb, Li die normalen Alkalimetalle vertreten. Sehr Mn-reich sind die *Manganophylle*. Das Ti wird bei niedriger Temperatur oft als Rutilnadeln in Verzwillingung (Sagenitgewebe) entmischt.

3. *Lithiumglimmer*. Mannigfaltige farblose bis rötliche Li-Glimmer, beispielhaft mit folgenden idealisierten Grundformeln:

Zinnwaldit $\left[\begin{array}{c} Si_3AlO_{10} \\ F_2 \end{array} \middle| AlFeLi \right] K = 8\ Zwd$ (1 Zwd Äquivalentgewicht $= 55,6$).

Lepidolith $\left[\begin{array}{c} Si_3AlO_{10} \\ (OH, F)_2 \end{array} \middle| \begin{array}{c} Al_{1,5} \\ Li_{1,5} \end{array} \right] K = 8\ Lep$ (1 Lep Äquivalentgewicht $= 49,7$).

Spezifische Gewichte meist 2,8–3,15.

Selten scheint der Calciumglimmer *Margarit* mit Ca als Anion A zu sein. Die generelle Formel der Glimmer, vierfach geschrieben, ist somit:

$$\left[\begin{array}{c} (Si, Al)_{16}\,O_{40} \\ (OH, F, O)_8 \end{array} \middle| B^{VI}_{8-12} \right] A_4\ .$$

β. **Talk-, Pyrophyllittypus.** Ebenfalls monoklin pseudohexagonal, blätterig und ausgezeichnet basispinakoidal spaltbar. *tot*-Schichten in sich abgesättigt (kein Al als B^{IV}).

1. *Pyrophyllit* $\left[\begin{array}{c} Si_4O_{10} \\ (OH)_2 \end{array} \middle| Al_2 \right] = \left[\begin{array}{c} \left(SiO_{\frac{4}{2}}\right)_3 SiO_4 \\ (OH)_2 \end{array} \middle| Al_2 \right] = 6\ Pph.$

Ähnlich gebaut sind offenbar die *Montmorillonite*, die zwischen den *tot*-Schichten Adsorptionsschichten aufweisen und (Quellbarkeit) Wasser einlagern können. Sie sind oft Fe'''- und Mg- oder Ca-haltig und werden dann auch *Nontronit* (Fe''') und *Beidellit* bzw. Ca- oder Mg-*Beidellit* genannt. Übergänge zu Glimmern (mit K oder Na) heißen *Illite*, hiebei ist meist ein kleiner Teil des Si durch Al ersetzt.

2. *Talk* (dichte Ausbildung $=$ *Steatit* oder *Speckstein*), sehr weich (Härte 1), in größern Blättern meist grünlich gefärbt (etwas Fe). Im wesentlichen:

$$\left[\begin{array}{c} Si_4O_{10} \\ (OH)_2 \end{array} \middle| Mg_3 \right] = \left[\begin{array}{c} \left(SiO_{\frac{4}{2}}\right)_3 SiO_4 \\ (OH)_2 \end{array} \middle| Mg_3 \right] = 7\ Tc$$ (mit 1 Tc Äquivalentgewicht 54,2). Spezifisches Gewicht $= 2,7$–$2,8$.

γ. **Kaolinittypus.** Meist nur feinschuppig, erdige Massen bildend. Spezifisches Gewicht $= 2,58$ bis $2,7$. *to*-Schichten.

Kaolinit: Grundformel $\left[\begin{matrix} Si_4O_{10} \\ (OH)_8 \end{matrix}\;\middle|\; Al_4\right]$ bzw. $\left[\left(SiO_{\frac{4}{2}}\right)_3 SiO_4 (OH)_8 \;\middle|\; Al_4\right]$.

Ein Achtel der Formel $= 1$ *Kaol* mit Äquivalentgewicht 63,0.

Dickit und *Nakrit* sind Varietäten des Kaolinites, und auch der sogenannte entwässerte *Halloysit* gehört in die gleiche Gruppe.

Wasserreicher sind *Endellit* und gemengte Hydrogele von Al und Si.

δ. **Chlorite.** Meist grünlich gefärbt. Monoklin pseudohexagonal. Härte 1–2. Nicht so elastisch wie Glimmer. Spezifisches Gewicht 2,6–2,95. Oft *to*-Schichten. Ein Teil der Chlorite ist als Mischkristalle folgender Grundverbindungen darstellbar:

Antigorit (Blätterserpentin) $\frac{1}{10}\left[\left(SiO_{\frac{4}{2}}\right)_3 SiO_4 (OH)_8 \;\middle|\; Mg_6\right] = 1$ *Ant* $= 1$ *Serp*, Äquivalentgewicht 55,4.

Fe-*Antigorit* $\frac{1}{10}\left[\left(SiO_{\frac{4}{2}}\right)_3 SiO_4 (OH)_8 \;\middle|\; Fe_6\right] = 1$ Fe-*Ant*, Äquivalentgewicht 74,3.

Amesit $\frac{1}{10}\left[\left(SiO_{\frac{4}{2}}\right)_1 \left(AlO_{\frac{4}{2}}\right)_2 SiO_4 (OH)_8 \;\middle|\; \begin{matrix} Al_2 \\ Mg_4 \end{matrix}\right] = 1$ *At*, Äquivalentgewicht 55,7.

Fe-*Amesit* $\frac{1}{10}\left[\left(SiO_{\frac{4}{2}}\right)\left(AlO_{\frac{4}{2}}\right)_2 SiO_4 (OH)_8 \;\middle|\; \begin{matrix} Al_2 \\ Fe_4 \end{matrix}\right] = 1$ Fe-*At*, Äquivalentgewicht 68,3.

Oft etwas Al durch Fe''' ersetzt.

$$Si : Al = 12,6 : 6,8 \text{ bis } 13,1 : 5,8 = \textit{Pennine},$$
$$Si : Al = 12 : 8 \text{ bis } 11,5 : 9 \quad = \textit{Klinochlore},$$
$$\text{noch Al-reicher:} \qquad \textit{Prochlorite}.$$

Typische Eisenchlorite sind unter anderem: *Chamosit, Thuringit, Stilpnomelan.*

Die allgemeine Formel der gewöhnlichen Chlorite ist somit in der Hauptsache: $\left[\begin{matrix} (Si, Al)_4O_{10} \\ (OH)_8 \end{matrix}\;\middle|\; (Mg, Fe, Al)_6\right]$ oder zum Vergleich mit Augiten und Hornblenden vierfach geschrieben: $\left[\begin{matrix} (Si, Al)_{16}O_{40} \\ (OH)_{32} \end{matrix}\;\middle|\; (Mg, Fe, Al)_{24}\right]$

Es können indessen auch in Chloriten etwas Alkalien auftreten und oft ist die normale Schichtfolge gestört.

ε. **Serpentin** (Härte 3–4).

$\left[\left(SiO_{\frac{4}{2}}\right)_3 SiO_4 (OH)_8 \;\middle|\; Mg_6\right]$ mit meist geringem Ersatz des Mg durch Fe tritt nicht nur als *Blätterserpentin* (*Antigorit*), sondern auch als *Faserserpentin* (*Chrysotil*) und in dichten Massen auf. (Serpentin im allgemeinen 1 *Ant* = 1 *Serp*.)

ζ. **Sprödglimmer** (Spezifisches Gewicht 3,3–3,6, Härte 6–7).

Wichtigstes Glied = *Chloritoid*: $\left[\left(SiO_{\frac{4}{2}}\right)\left(AlO_{\frac{4}{2}}\right)_2 SiO_4 (OH)_4 \,\Big|\, \begin{matrix} Al_2 \\ Fe_2 \end{matrix}\right]$ mit Ersatz des

Fe durch Mg. *Chloritoid* wird auch *Ottrelith* genannt.
Ein Achtel dieser Formel = 1 *Ottr*, mit Mg = 1 Mg-*Ottr*.
Etwas weniger hart sind CaMg-*Sprödglimmer*.

η. **Glaukonit,** erdig bis feinschuppiges grünes Mineral wechselnder Zusammensetzung. KFeAl-Schichtsilikat, verwandt mit *Grünerde* und *Greenalit*.

ϑ. **Apophyllit.** Ein tetragonales, F-, OH-haltiges K-Schichtsilikat ist der oft mit Zeolithen auftretende *Apophyllit*.

d) *Bandsilikate: Hornblenden oder Amphibole*

Tetraederbänder (siehe Figur 13 *b*, Seite 45) der generellen Zusammensetzung $Si_8 O_{22} = 2\,Si_4 O_{11} = \left(SiO_{\frac{4}{2}}\right)_5 \left(SiO_{\frac{4}{1}}\right)_3$ (mit teilweisem Ersatz des Si durch Al) sind mit Oktaederbändern zu Tripelbändern *tot* (Figur 38) vereinigt, parallel der *c*-Achse orthorhombischer oder monokliner Kristalle (siehe Strukturbild Figur 31, Seite 61). Stengelige bis faserige Entwicklung (Hornblende-

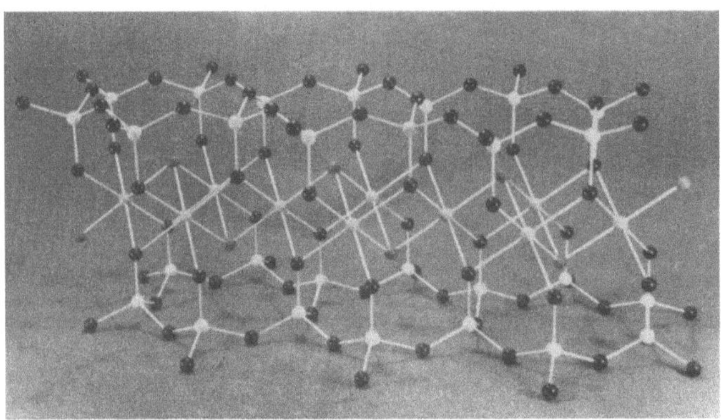

Fig. 38

tot-Tripelband der Hornblendestruktur. Tetraederbänder (oben und unten) sind mit einem Oktaederband (Mitte) verbunden. Schwarze Kugeln = O; graue Kugeln = OH; weiße Kugeln in Viererkoordination = Si, Al, in Sechserkoordination = Al, Mg, Fe, Ti.

asbest) parallel der Bandrichtung ist häufig. Spaltbarkeit gut nach Prisma von etwa 124°. Härte $4\frac{1}{2}$–6. Spezifisches Gewicht 2,9–3,6. Sehr variable Zusammensetzung. Die Formeln gibt man zweckmäßig so an, daß die Summe O + OH + F = 48 ist.

Generalformel $\left[\begin{matrix}(Si, Al)_{16} O_{44} \\ (OH, O, F)_4\end{matrix}\right](Mg, Fe, Mn, Al, Ti)_{10-14}\right]\,(Ca, Na, K)_{0-6}$.

Hauptvarietäten:

α. **Strahlsteine:**

Anthophyllit, $^{1}/_{30}$ $\left[\begin{array}{c|c}Si_{16}O_{44} \\ (OH, F)_4\end{array}\ (Mg, Fe)_{14}\right]$ = *Anth* (mit nur Mg Äquivalentgewicht = 52,05). Anthophyllit ist orthorhombisch, *Cummingtonite* (Mg-reich) und *Grünerite* (Fe-reich) sind monoklin. Monoklin sind auch alle übrigen Hornblenden (abgesehen von Al-haltigem *Gedrit*).

Grammatit, $^{1}/_{30}$ $\left[\begin{array}{c}Si_{16}O_{44} \\ (OH)_4\end{array}\ Mg_{10}\right] Ca_4$ = *Gram* (mit Äquivalentgewicht = 54,15).
(farblos)

Gewöhnlicher Strahlstein (Aktinolith) (grün) $^{1}/_{30}$ $\left[\begin{array}{c|c}Si_{16}O_{44} \\ (OH)_4\end{array}\ (Mg, Fe)_{10}\right] Ca_4$ = *Akt* (meist mit Äquivalentgewicht = 55–56).

Bereits etwas Al-haltig sind *Uralit* und *Smaragdit* (grüngefärbt). *Nephrit* und *Hornblendeasbest* sind feinfaserige Ausbildungen.

β. **Alkaliamphibole, Alkalihornblenden,** *Glaukophan* (bis Crossit) im wesentlichen:

$$\left[\begin{array}{c|c}Si_{16}O_{44} & Al_4 \\ (OH)_4 & (Mg, Fe)_6\end{array}\right] Na_4 \quad ^{1}/_{30} \text{ davon} = Glph, \text{ oft blauschwarz.}$$

Verbreitete Alkalihornblenden sind *Riebeckit* und *Arfvedsonit,* zum Beispiel:

$$30\ Rb\ I = \left[\begin{array}{c|c}Si_{16}O_{44} & Fe_4''' \\ (OH)_4 & Fe_6\end{array}\right] Na_4 \quad \text{Äquivalentgewicht} = 62,$$

$$30\ Rb\ II\ \left[\begin{array}{c|c}Si_{16}O_{44} & Fe_2''' \\ (OH)_4 & Fe_8\end{array}\right] Na_6 \quad \text{Äquivalentgewicht} = 59,6.$$

Katophorite, Barkevikite, Hastingsite sind Alkalihornblenden mit teilweisem Ersatz des Si durch Al (*Kat, Bark, Hast*).

γ. **Gemeine grüne und basaltische braune Hornblenden,** makroskopisch wie die Alkalihornblenden meist tiefschwarz bis dunkelgrünschwarz gefärbt. Häufige Variationsbreite:

$$\left[\begin{array}{c|c}Si_{12-14,2}Al_{4-1,8}O_{44} & (Fe''', Ti, Al)_{1,4-3,4} \\ (O, F, OH)_{3-4} & (Fe, Mg, Mn)_{7,8-9}\end{array}\right] Ca_4 (Na, K)_{0,4-1,4}.$$

Auf Σ Si, Al, Fe, Ti, Mg, Mn, Ca, Na, K = 1 bezogen = 1 *Ho.*

Barkevikite und *Kaersutite* sind alkalienreich, *Pargasit* besonders Al-reich. Der gekoppelte Atomersatz SiMg→AlAl ist neben andern Diadochien wirksam.

e) *Kettensilikate (Augite bzw. Pyroxene) und Ringsilikate*

mit $\left[SiO_{\left(\frac{2}{2}+\frac{2}{1}\right)}\right] = \left[SiO_{\frac{4}{2}} \cdot SiO_4\right]$ stöchiometrisch Si_2O_6 = SiO_3 (siehe Figur 13*a*, Seite 45) als Grundelement meist Tetraederketten mit Oktaederkette zu *tot-*

Tripelketten (Figur 39) vereinigt: *Augite* oder *Pyroxene*, orthorhombisch (Orthaugite, Orthopyroxene) oder monoklin (Klinoaugite, Klinopyroxene). Sie sind im allgemeinen nicht so stengelig und faserig wie die Hornblenden und besitzen eine Prismenspaltbarkeit mit Prismenwinkel um 90°. Härte meist um 5–6. Spezifische Gewichte variabel. Gekoppelter und gewöhnlicher Atomersatz führen zu variabeln Mischkristallen.

Fig. 39

tot-Tripelkette der Augitstruktur. Zwei Tetraederketten (oben und unten) mit einer Oktaederkette (Mitte) verbunden. Schwarze Kugeln = O, weiße Kugeln in Viererkoordination = Si, in Sechser-koordination = Mg, Fe.

Wichtige Varietäten sind:

α. **Kalkarme Mg-Fe-Augite** (orthorhombisch, monoklin). Spezifische Gewichte 3,2–3,9.

$$1 \left[SiO_4 \cdot SiO_{4 \atop 2} \middle| (Mg, Fe)_2 \right]$$ als Orthaugite = *Enstatit*-(Mg)-*Hypersthen*-(Fe)-Reihe, als Klinoaugite = Klino-*Enstatit-Hypersthen*-Reihe.

$$\tfrac{1}{4} \left[SiO_4 \cdot SiO_{4 \atop 2} \middle| Mg_2 \right] = 1 \, En$$ mit Äquivalentgewicht 50,2,

$$\tfrac{1}{4} \left[SiO_4 \cdot SiO_{4 \atop 2} \middle| Fe_2 \right] = 1 \, Hy$$ mit Äquivalentgewicht 65,9.

Nur die Hälfte der Mg oder Fe liegt genau in Sauerstoffoktaedern.
Die normalen Hypersthene enthalten neben Fe noch reichlich Mg.
Bronzite besitzen infolge Erzblättcheneinlagerung metallischen Schimmer. In den *Pigeoniten* und *Pigeonitaugiten* (*Pig*) kann bis ein Drittel des B^{VI} (= Mg, Fe) durch A (= Ca) ersetzt sein.

β. **Kalkreiche, Al-arme Augite** (monoklin). Spezifische Gewichte meist 3,2–3,5.

Diopsid: $\quad \tfrac{1}{4} \left[SiO_4 \cdot SiO_{4 \atop 2} \middle| Mg \right] Ca = 1 \, Di$ mit Äquivalentgewicht 54,1,

Hedenbergit: $\tfrac{1}{4} \left[SiO_4 \cdot SiO_{4 \atop 2} \middle| Fe \right] Ca = 1 \, Hed$ mit Äquivalentgewicht 62,0.

Dazwischen Mischkristalle oft mit etwas Ersatz des Si durch Al.

Diallag besitzt blätterige Absonderung nach vorderem Pinakoid (infolge Einlagerung). Mn-haltige Augite sind *Schefferit, Jeffersonit* usw.

γ. **Alkaliarme, kieselsäurearme und Al-reiche Augite** (monoklin). Spezifische Gewichte meist 3,3–3,5.

Sogenannte *basaltische Augite* und (teilweiser Ersatz des Mg durch Ti) *Titanaugite*. Beispiele aus der nicht unerheblichen Variation mit allen Übergängen zu den anderen Gruppen der Augite (in vervielfachter, zusammengezogener Schreibweise):

$$32\ \textit{Bs-Aug}\ = [Si_{14}Al_2O_{48} \mid Al_{0,5}Fe_1^{'''}Ti_{0,5}Fe_1^{''}Mg_6]\ Ca_{6,5}Na_{0,5}\,,$$

$$32\ \textit{Bs-Ti-Aug} = [Si_{13,5}Al_{2,5}O_{48} \mid Fe_1^{'''}Ti_1Fe_{1,5}^{''}Mg_5]\ Ca_7Na_{0,5}\,.$$

Der Ersatz des Si durch Al wird durch folgende Idealverbindung verständlich:

aus

$$\tfrac{1}{4}\left[SiO_{\frac{4}{2}} \cdot SiO_4 \mid Mg\right] Ca = 1\ Di = {}^{1}/_{32}\ [Si_{16}O_{48} \mid Mg_8]\ Ca_8$$

leitet sich durch gekoppelten Atomersatz theoretisch ab

$$\tfrac{1}{4}\left[AlO_{\frac{4}{2}} \cdot SiO_4 \mid Al\right] Ca = 1\ Ts = {}^{1}/_{32}\ [Si_8Al_8O_{48} \mid Al_8]\ Ca_8\,.$$

Ts = Tschermaksche Verbindung.

δ. **Alkaliaugite** (monoklin). Spezifische Gewichte 3,1–3,6. Zu den bei den andern Pyroxenen vorhandenen Substitutionen kommt noch, als nun wesentlich werdend, hinzu der gekoppelte Atomersatz: MgCa ersetzt durch AlNa oder Fe$'''$Na bzw. MgMg ersetzt durch AlLi. Wichtige Beispiele:

Omphacit: Mischkristalle mit einer idealisierten mittleren Zusammensetzung
$${}^{1}/_8\left[\left(SiO_{\frac{4}{2}} \cdot SiO_4\right)_2 \mid AlMg\right] CaNa = 1\ Omph,\ \text{oft grasgrün. Fe-reicher} = Chloromelanite.$$

Jadeit: $\quad\tfrac{1}{4}\left[SiO_{\frac{4}{2}} \cdot SiO_4 \mid Al\right] Na = 1\ Jd$ mit Äquivalentgewicht = 50,52.

Aegirin und *Akmit:* $\tfrac{1}{4}\left[SiO_{\frac{4}{2}} \cdot SiO_4 \mid Fe'''\right] Na = 1\ Ac$ mit Äquivalentgewicht

= 57,74. Übergänge zu Diopsid-Hedenbergit = *Aegirinaugit, Akmit-hedenbergite* usw.

Spodumen: $\quad\tfrac{1}{4}\left[SiO_{\frac{4}{2}} \cdot SiO_4 \mid AlLi\right] = 1\ Spod$ mit Äquivalentgewicht = 46,51.

Zum Vergleich mit der Formel der Hornblenden ergibt sich als Generalformel der Augite, auf 48 O bezogen:

$$[(Si, Al)_{16}O_{48} \mid B_{8-16}^{VI}]\ A_{0-8} = 32\ Aug.$$

ε. **Augitähnliche Silikate ohne Kettenstruktur, oft mit Ringen.** Das Radikal $\left(SiO_{\frac{2}{2}+\frac{2}{1}}\right)_n$ ist nicht ketten-, sondern ringförmig (siehe zum Beispiel die Figuren 12 *b, c, d*, Seite 44). Wichtigster Vertreter *Wollastonit:* $\tfrac{1}{4}\left[SiO_{\frac{4}{2}} \cdot SiO_4\right] Ca_2$

= 1 *Wo* (mit Äquivalentgewicht 58,1). Spezifisches Gewicht 2,8–3. Härte 4–5.

Das entsprechende Mn-Silikat ist der *Rhodonit*; CaMnFe-Silikate werden *Pyroxmangite* genannt. Fluorhaltige CaNaZr-Silikate sind Wöhlerit, Rosenbuschit usw. *Dioptas* ist $[SiO_4H_2 | Cu]$.

f) *Orthosilikate.* SiO_4-*Tetraeder nicht unter sich zusammenhängend*

α. **Normale Orthosilikate.** 1. *Olivine*, orthorhombisch, mittelgute Spaltbarkeit nach Pinakoiden, körnig, grün, olivengrün bis (Fe-reich) braunschwarz (Strukturbild siehe Figur 23, Seite 54). Härte 6–7. Spezifisches Gewicht meist 3,2–4,3. Hauptvariation zwischen

Forsterit: $\frac{1}{3}$ $[SiO_4 | Mg_2] = 1$ *Fo* (Äquivalentgewicht 46,9)
Fayalit: $\frac{1}{3}$ $[SiO_4 | Fe_2] = 1$ *Fa* (Äquivalentgewicht 67,9)

> Forsterite,
> Chrysolithe,
> Hyalosiderite,
> Hortonolithe,
> Fe-Hortonolithe,
> Fayalite.

Seltener:

Monticellit: $\frac{1}{3}$ $[SiO_4 | Mg]$ Ca = 1 *Mont* (Äquivalentgewicht 52,6).
Tephroit: $\frac{1}{3}$ $[SiO_4 | Mn_2] = 1$ *Tephr* (Äquivalentgewicht 67,3).

Zum Vergleich mit den Hornblendeformeln vervielfachen wir die Formel und erhalten:
gewöhnlichen Olivin $[(SiO_4)_{12} | (Mg, Fe)_{24}]$, das heißt, auf 48 O kommen jetzt nur 12 Si, dafür 24 B^{VI}. Bei den nachfolgend zu besprechenden Granaten gilt im wesentlichen, auf 48 O bezogen:

$$[(SiO_4)_{12} | (Al, Fe)_8(Mg, Fe, Mn)_{12}] \text{ oder } [(SiO_4)_{12} | (Al, Fe)_8] Ca_{12}.$$

Ähnlich wie Olivine (*Ol*) kristallisieren auch *Chrysoberyll* Al_2O_4Be sowie Li- und Na-, Mn-, Fe-Phosphate (Triphylin, Lithiophilit, Natrophilit usw.).
 2. *Granate.* Kubische *Granat*gruppe, Härte $6\frac{1}{2}$–$7\frac{1}{2}$, schlechte Spaltbarkeit nach Rhombendodekaeder. Spezifisches Gewicht meist 3,5–4,3.

Mischkristalle $[(SiO_4)_3 | B_2^{VI} B_3^{VI}]$ bis $[(SiO_4)_3 B_2^{VI}] A_3$
mit B^{VI}, dreiwertig = Al, Fe''', Mn''', Cr,
mit B^{VI}, zweiwertig = Fe'', Mg, Mn'', zum Teil bereits mit von 6 abweichender kz, mit A = vorwiegend Ca. Siehe Figur 40 als Beispiel der Kristallstruktur.

Einfache Grundverbindungen (entsprechende Mineralnamen werden auch bereits bei Vorherrschaft eines dieser Verbindungstypen angewandt):

Almandin: $\frac{1}{8}$ $[(SiO_4)_3 | Al_2Fe_3] = 1$ *Alm* mit Äquivalentgewicht 62,2,
Pyrop: $\frac{1}{8}$ $[(SiO_4)_3 | Al_2Mg_3] = 1$ *Pyp* mit Äquivalentgewicht 50,4,
Spessartin: $\frac{1}{8}$ $[(SiO_4)_3 | Al_2Mn_3] = 1$ *Spe* mit Äquivalentgewicht 61,9,
Grossular: $\frac{1}{8}$ $[(SiO_4)_3 | Al_2] Ca_3 = 1$ *Gro* mit Äquivalentgewicht 56,3,
Melanit (Andradit): $\frac{1}{8}$ $[(SiO_4)_3Fe_2] Ca_3 = 1$ *Andr* mit Äquivalentgewicht 63,5.

Selten Chromgranat (Uwarowit).
Ähnliche Strukturen haben Verbindungen, in denen Si durch As oder P ersetzt ist.

3. *Zirkon* (tetragonal). Härte 7–7$\frac{1}{2}$. Spezifisches Gewicht 4,2–4,7. $[SiO_4]$ Zr, $\frac{1}{2}$ dieser Formel $= 1\,Z$ mit Äquivalentgewicht 91,64.

Als Verbindungstypen, die für sich als Mineralien nicht auftreten, jedoch bei Analysenberechnungen etwa gebildet werden, seien noch erwähnt:

$$^1/_3\,Na_2SiO_3 = 1\,Ns \text{ mit Äquivalentgewicht } 40,7,$$
$$^1/_3\,K_2SiO_3 \;= 1\,Ks \text{ mit Äquivalentgewicht } 51,4,$$
$$^1/_3\,Fe_2'''SiO_5 = 1\,Fs \text{ mit Äquivalentgewicht } 73,2.$$

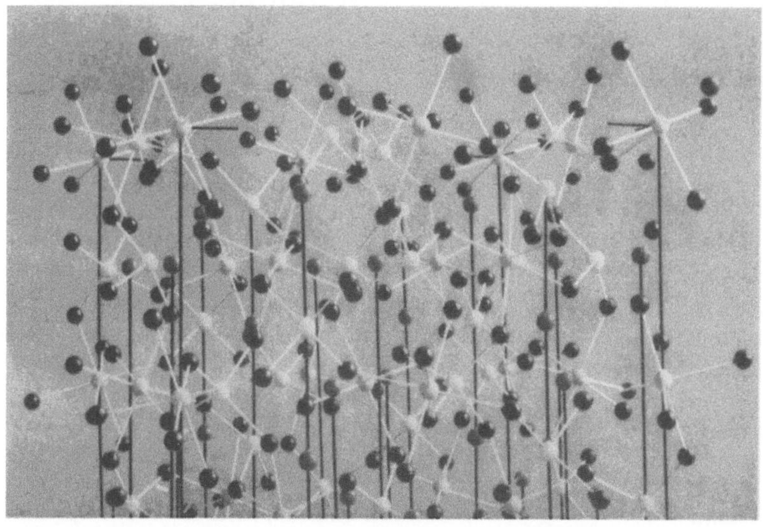

Fig. 40

Granatstruktur. SiO_4-Tetraeder, nicht zusammenhängend. Schwarze Kugeln $= O$; weiße Kugeln in Viererkoordination $= Si$, in Sechserkoordination $= Al, Fe''', Mn'''', Cr, Fe'', Mg, Mn''$; graue Kugeln in Achterkoordination auf schwarzen Stäbchen $= Ca$.

β. **Hydroxy-, F- und Oxy-Orthosilikate.** Neben den Gruppen SiO_4 stehen den Kationen nicht direkt an Si gebundenes O, OH, F gegenüber. Dazu gehören:

1. *Humit*mineralien $\left[\begin{matrix}(SiO_4)_n\\(OH)_m\end{matrix}\,\middle|\,Mg_{\left(2n+\frac{m}{2}\right)}\right]$ orthorhombisch und monoklin. Mit *Chondrodit* und *Titanklinohumit*.

2. *Titanit* (Sphen) $\left[\begin{matrix}SiO_4\\O\end{matrix}\,\middle|\,Ti\right]$ Ca, monoklin, Härte 5–6. Spezifisches Gewicht 3,4–3,6.

Ein Drittel obiger Formel $= 1\,Tit$ mit Äquivalentgewicht 65,2.

3. *Topas* $\left[\begin{matrix}SiO_4\\(F, OH)_2\end{matrix}\,\middle|\,Al_2\right]$ orthorhombisch, Härte bis 8. Spezifisches Gewicht 3,4–3,6.

4. *Disthen* $\left[\begin{array}{c|c}SiO_4\\O\end{array}\middle|Al_2\right]$ triklin, Härte 4,5–6,5. Spezifisches Gewicht 3,6.

Ein Drittel obiger Formel = 1 *Sil* mit Äquivalentgewicht 54,0.

5. *Staurolith*, orthorhombisch, oft Penetrationszwillinge, Härte 7–$7\frac{1}{2}$. Spezifisches Gewicht 3,4–3,8.

$$\frac{1}{7}\left[\begin{array}{c}(SiO_4)_2\\O_2(OH)_2\end{array}\middle|\begin{array}{c}Al_4\\Fe\end{array}\right] = 1 \; \textit{Staur} \text{ mit Äquivalentgewicht } 56,5.$$

Staurolithformel auch: $\left[\begin{array}{c}(SiO_4)_8\\O_{14}(OH)_2\end{array}\middle|\begin{array}{c}Al_{18}\\Fe_4\end{array}\right].$

6. *Lievrit*, orthorhombisch, vielleicht $\left[\begin{array}{c}(SiO_4)_8\\(OH)_4\end{array}\middle|\begin{array}{c}Fe_4'''\\Fe_8''\end{array}\right]Ca_4.$

g) *Silikate verschiedener Strukturtypen*

α. **Al-reiche Silikate.** Gleiche Zusammensetzung wie *Disthen* haben *Andalusit* und *Sillimanit*. In Andalusit steht die Hälfte von Al dem Sauerstoff gegenüber in Fünferkoordination, im Sillimanit in Viererkoordination. In beiden Fällen, besonders ausgesprochen im Sillimanit (Faserkiesel), treten kettenartige Unterverbände auf.

1. *Andalusit* = $\left[\begin{array}{c|c|c}SiO_4\\O\end{array}\middle|Al\middle|Al\right]$ orthorhombisch, Härte 7–$7\frac{1}{2}$. Spezifisches Gewicht 3,1–3,2.

2. *Sillimanit* = $\left[\begin{array}{cc|c}SiO_{\frac{4}{2}} & AlO_{\frac{4}{2}}\\ & O^{\frac{2}{2}}\end{array}\middle|Al\right]$ orthorhombisch, Härte 6–7. Spezifisches Gewicht 3,24. Etwas Al-reicher ist der *Mullit*. Ein Drittel der Formel = 1 *Sil* mit Äquivalentgewicht 54,0.

3. *Cordierit.* Im *Cordierit* sind Si und Al dem Sauerstoff gegenüber in Viererkoordination. Im wesentlichen ist *Cordierit*: $[Si_5Al_4O_{18}\,|\,(Mg, Fe)_2]$. Ein Elftel der Formel = (Mg)-*Cord* mit Äquivalentgewicht 53,2 bzw. Fe-*Cord* mit Äquivalentgewicht 58,9. Oft ist Cordierit etwas Si-reicher. Cordierit kristallisiert orthorhombisch, pseudohexagonal, frisch mit der Härte 7–$7\frac{1}{2}$ und dem spezifischen Gewicht 2,6–2,75. Sehr häufig zersetzt.

4. *Beryll.* Analog struiert, jedoch hexagonal kristallisierend (Härte $7\frac{1}{2}$–8, spezifisches Gewicht 2,6–2,8), ist der *Beryll* $[Si_6Be_3O_{18}\,|\,Al_2]$ zu erwähnen.

β. **Ca-reiche Silikate.** 1. *Vesuvian.* Nahe verwandt mit Granat, jedoch neben SiO_4- noch Si_2O_7-Gruppen und (OH) enthaltend, ist der tetragonale *Vesuvian* von der Generalformel

$$\left[\begin{array}{c}(SiO_4)_{10}\\(Si_2O_7)_4\\(O, OH, F)_8\end{array}\middle|B^{VI}_{12-13}\right]A_{20-19}.$$

Es ist $B^{VI} = $ Al, Mg, Fe und meistens mindestens zu zwei Dritteln Al. A ist fast ausschließlich Ca.

$$\frac{1}{50}\begin{bmatrix}(SiO_4)_{10} \\ (Si_2O_7)_4 \\ (OH, F)_8\end{bmatrix}\begin{vmatrix}Al_8 \\ Mg_4\end{vmatrix}Ca_{20} = 1\ Ves \text{ mit Äquivalentgewicht } 57,1.$$

Vesuvian kristallisiert tetragonal (Härte $6\frac{1}{2}$, spezifisches Gewicht 3,3–3,45).

2. *Zoisit-Epidot-Gruppe.* Es handelt sich um weitverbreitete Mineralien. Nur ein Teil des Zoisites kristallisiert orthorhombisch, die übrigen Glieder sind monoklin.

Zoisit ist im wesentlichen:

$$\begin{bmatrix}Si_3Al_2O_{12} \\ (OH)\end{bmatrix}Al\,\Big]Ca_2 \text{ mit } \frac{1}{8} \text{ dieser Formel} = 1\ Zo = 57,41 \text{ Äquivalentgewicht.}$$

Klinozoisit-Epidot:

$$\begin{bmatrix}Si_3Al_2O_{12} \\ (OH)\end{bmatrix}(Al, Fe)\Big]Ca_2 \text{ mit bis } \tfrac{1}{8} \text{Pistazit} = \frac{1}{8}\begin{bmatrix}Si_3Al_2O_{12} \\ (OH)\end{bmatrix}Fe'''\Big]Ca_2 = 1\ Ep\ (l)$$

mit 60,39 als Äquivalentgewicht.

Mn-haltige Zoisite heißen *Thulite*, Mn-haltige Epidote *Piemontite*. Härte der stengeligen, pinakoidal gut spaltbaren Mineralien 6–7, spezifisches Gewicht meist 3,3–3,5. Seltene Erden enthält der *Orthit* oder *Cerepidot*.

γ. **Borsilikate.** Die verbreitetsten Borsilikate sind *Turmalin* und *Axinit*.

1. *Turmalin* (trigonal hemimorph kristallisierend, Härte 7–$7\frac{1}{2}$, spezifisches Gewicht meist 3–3,25), im wesentlichen

$$\begin{bmatrix}Si_6B_3O_{27} \\ (O, OH, F)_{3+x}\end{bmatrix}(Al, Fe, Mg, Li, Mn, Ti)_9\Big](Na, Ca, K)_{1-2}.$$

In der Farbe sehr variabel. Der gemeine Turmalin oder Schörl ist pechschwarz.

2. *Axinit* (triklin). Härte $6\frac{1}{2}$–7. Spezifisches Gewicht 3,25–3,3. Axinit ist ein Boralumosilikat von Ca und Mg, Fe, Mn. Weit weniger häufig als Turmalin.

h) *Phosphate, Wolframate, Sulfate*

α. **Phosphate.** Das Anion dieser Salze besitzt wie SiO_4 tetraedrischen Bau. Die einzig verbreiteten Phosphate gehören der Apatitgruppe an (Strukturbild siehe Figur 29, Seite 57).

1. *Apatite*, hexagonal paramorph kristallisierend, Härte 5. Spezifisches Gewicht oft $\sim 3,2$.

$$\begin{bmatrix}(PO_4)_3 \\ (F, Cl, OH)\end{bmatrix}Ca_5.$$

Man unterscheidet Hydroxyl-, Fluor-, Chlorapatite, daneben auch Karbonatapatite usw. Oft berechnet man aus den Gesteinsanalysen nur

$Cp = {}^1/_5\ [(PO_4)_2]\,Ca_3$. Äquivalentgewicht $= 62{,}06$. Zur Apatitgruppe gehört unter anderem auch der *Pyromorphit* $\begin{bmatrix} (PO_4)_3 \\ Cl \end{bmatrix} Pb_5$. *Vanadinit* ist ein entsprechendes Vanadat.

2. *Monazit*, idealisiert $[(PO_4)]\,Ce$ und *Xenotim* $[(PO_4)]\,Y$ sind Phosphate seltener Erden.

3. *Amblygonit* ist $\begin{bmatrix} (PO_4) & Al \\ (F, OH) & Li \end{bmatrix}$.

4. *Wasserhaltige Phosphate und Arsenate.* Unter den wasserhaltigen Phosphaten sind Al-Phosphate, wie *Lazulith* und *Wavellit*, zu nennen. Aus Arseniden entstehen durch Oxydation wasserhaltige *Arsenate* wie *Kobaltblüte* (Erythrin) und *Nickelblüte* (Annabergit). U enthalten die *Uranglimmer* und der V-haltige *Carnotit.*

     β. **Wolframate.** Die zwei wichtigsten Wolframate (isotyp mit Molybdaten) sind:

1. *Wolframit* $[(WO_4)\,(Fe, Mn)]$, monoklin, Härte $5\text{–}5\tfrac{1}{2}$, spezifisches Gewicht $7{,}09\text{–}7{,}5$, und

2. *Scheelit* $[(WO_4)]\,Ca$, tetragonal paramorph, Härte $4\tfrac{1}{2}\text{–}5$, spezifisches Gewicht um 6.

     γ. **Sulfate.** Über einige Sulfate gibt nachstehende Tabelle Auskunft.

Name	Zusammensetzung	Kristallisation	Härte	spez. Gewicht
Anhydrit	$[SO_4]\,Ca = 2\,A$	orthorhombisch, pinakoidale Spaltbarkeiten		

Gips
   Blätter-,
   Fasergips
   (dicht $=$
			$3\text{–}4$	$2{,}9\text{–}3$

Alabaster)	$[SO_4]\,Ca \cdot 2\,H_2O$	monokline, eine ausgezeichnete pinakoidale Spaltbarkeit	$1\tfrac{1}{2}\text{–}2$	$2{,}3\text{–}2{,}4$
Baryt	$[SO_4]\,Ba$	orthorhombisch prismatische und pinakoidale Spaltbarkeiten	$3\text{–}3\tfrac{1}{2}$	$4{,}3\text{–}4{,}7$
Coelestin	$[SO_4]\,Sr$		$3\text{–}3\tfrac{1}{2}$	$3{,}9\text{–}4$
Anglesit	$[SO_4]\,Pb$		um 3	$6{,}3$
Chalkanthit (Kupfervitriol)	$[SO_4\,|\,Cu] \cdot 5\,H_2O$	triklin	$2\tfrac{1}{2}$	$2{,}1\text{–}2{,}3$
Glaubersalz	$[SO_4]\,Na_2 \cdot 10\,H_2O$	monoklin	$1\tfrac{1}{2}\text{–}2$	$1{,}48$
Kieserit	$[SO_4\,|\,Mg]\,H_2O$	monoklin	$3\tfrac{1}{2}$	$2{,}57$
Polyhalit	$[(SO_4)_4\,|\,Mg]\,K_2Ca_2$ $\cdot\,2\,H_2O$	triklin	$3\text{–}3\tfrac{1}{2}$	$2{,}78$

i) *Karbonate, Nitrate, Borate*

Das Zentralatom der Anionen besitzt O gegenüber die Koordinationszahl 3.

α. Karbonate und Nitrate.

Name	Zusammensetzung	Kristallisation	Härte	spez. Gewicht
Calcit (Kalkspat)	$[CO_3 \mid Ca] = 1\ Cc$	trigonal-rhomboedrisch mit vollkommener rhomboedrischer Spaltbarkeit Struktur siehe Figur 21, Seite 51	3	2,6–2,8
Siderit (Eisenspat)	$[CO_3 \mid Fe]$			3,7–3,9
Magnesit	$[CO_3 \mid Mg]$		$3\frac{1}{2}$–$4\frac{1}{2}$	um 3
Rhodochrosit	$[CO_3 \mid Mn]$			3,3–3,6
Smithsonit	$[CO_3 \mid Zn]$		5–$5\frac{1}{2}$	4,3–4,5
Dolomit	$[(CO_3)_2 \mid Mg]\ Ca$			2,8–2,9
Karbonatmischkristalle			$3\frac{1}{2}$–4	
	Breunerite (Mg, Fe) Ankerite (Ca, Mg, Fe, Mn)			2,9–3,1
Chilesalpeter	$[NO_3]\ Na$		$1\frac{1}{2}$–2	2,2–2,3
Strontianit	$[CO_3]\ Sr$	orthorhombisch mit prismatischer Spaltbarkeit Struktur s. Figur 41	$3\frac{1}{2}$	3,7
Cerussit	$[CO_3]\ Pb$		3–$3\frac{1}{2}$	6,4–6,6
Aragonit	$[CO_3]\ Ca$		$3\frac{1}{2}$–4	2,95
Malachit	$\begin{bmatrix} CO_3 \\ (OH)_2 \end{bmatrix} Cu_2$	monoklin	$3\frac{1}{2}$–4	3,9–4,1
Azurit	$\begin{bmatrix} (CO_3)_2 \\ (OH)_2 \end{bmatrix} Cu_3$			3,7–3,9
Soda	$[CO_3]\ Na_2 \cdot 10\ H_2O$ ohne Wasser $CO_3Na_2 = 2\ Nc$	monoklin	1–$1\frac{1}{2}$	1,4–1,5

β. **Borate.** Die Mehrzahl der *Borate* ist komplexer zusammengesetzt, da das Boratanion zur Polymerisation neigt. Mineralogisch am wichtigsten sind: $[B_4O_9]Na_6 \cdot 10\ H_2O = Borax$ (Härte 2–$2\frac{1}{2}$, spezifisches Gewicht 1,7, monoklin); $[B_7O_{13} \mid Mg_3]Cl = Boracit$ (kubisch, pseudokubisch, Härte 7, spezifisches Gewicht 2,9). Auch Ca-Borate treten auf (zum Beispiel *Colemanit* und *Ulexit*).

k) *Oxyde, Hydroxyde, spinellartige Verbindungen*

α. **Oxyde.** Die SiO_2-Mineralien sind bereits Seite 72 genannt worden. *Opal* ist das Kieselsäurehydroxyd, *Chalcedon* die dichte Ausbildung (*Hornsteine* usw.). Nachstehende tetragonale Dioxyde sind vom Typus $\left[RO_{\frac{6}{3}} \right]$, das heißt monomikte Oktaederstrukturen:

Rutil TiO_2,　　Härte 6–$6\frac{1}{2}$, spezifisches Gewicht 4,2–4,3. (Strukturbild siehe Figur 25, Seite 55, und Figur 42*a*.) 1 *Ru* = TiO_2 mit Äquivalentgewicht 79,9. Polymorph zu Rutil sind Anatas (Figur 42 *b*) und Brookit (Figur 26, Seite 55). Ähnliche Struktur wie Rutil oder Brookit haben Niobate und Tantalate, zum Beispiel der tantalreichere *Tapiolit* und der niobreichere *Mossit* (Nb, Ta)$_2$O$_2$Fe oder *Tantalit* und *Columbit* der analogen Formeln. Anders struierte Niobate und Tantalate *Fergusonit*, *Samarskit*, *Pyrochlor* usw. enthalten auch seltene Erden.

Kassiterit SnO$_2$, Härte 6–7, spezifisches Gewicht 6,8–7,1.

Polianit MnO$_2$, Härte 6, oft scheinbar niedriger, spezifisches Gewicht um 5.

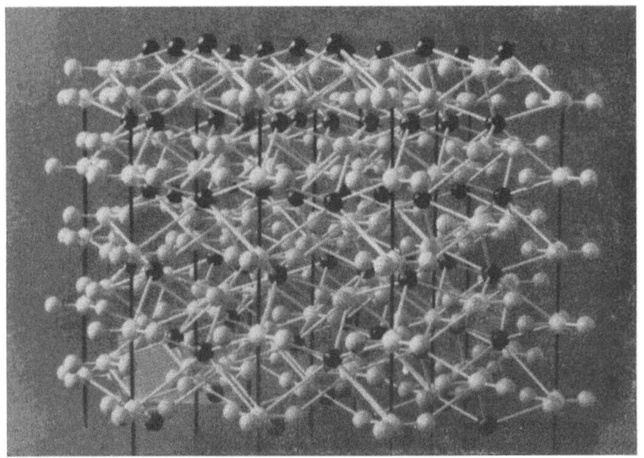

Fig. 41
Aragonitstruktur. Weiße Kugeln = CO$_3$-Radikale; schwarze Kugeln = Ca.

Trigonal-rhomboedrisch vom Typus $\left[RO_{\frac{6}{4}}\right]$ kristallisieren:

Korund Al$_2$O$_3$, Härte 9, spezifisches Gewicht 3,9–4,1. Al$_2$O$_3$ = 2 *C* mit Äquivalentgewicht 51,0.

Hämatit Fe$_2$O$_3$, Härte $5\frac{1}{2}$–$6\frac{1}{2}$, spezifisches Gewicht 5,2–5,3. Fe$_2$O$_3$ = 2 *Hm* mit Äquivalentgewicht 79,8.
Ausbildungsweisen des Hämatites sind: Roteisen, in dichter Form; roter Glaskopf = stalaktitisch; Eisenocker.

Ilmenit (Fe, Ti)$_2$O$_3$ bis FeTiO$_3$ (= 2 *Ilm*), Härte 5–6, spezifisches Gewicht 4,5–5, mit Äquivalentgewicht 75,9.

β. **Spinellartige Oxyde.** Eine polymikte Tetraeder-Oktaeder-Struktur kommt den Mineralien der kubischen Spinellgruppe zu mit mannigfacher Mischkristallbildung. Haupttypen:

Magnetit Fe″Fe$_2$‴O$_4$ = 3 *Mt* mit Äquivalentgewicht 77,2, Härte $5\frac{1}{2}$, spezifisches Gewicht 5,2.

Spinell (idealisiert) $MgAl_2O_4 = 3\,Sp$ mit Äquivalentgewicht 47,4, Härte 8, spezifisches Gewicht 3,6.

Herzynit (idealisiert) $FeAl_2O_4 = 3\,Hz$ mit Äquivalentgewicht 57,9, Härte $7\frac{1}{2}$–8, spezifisches Gewicht bis 4,35.

Chromit (idealisiert) $FeCr_2O_4 = 3\,Cm$ mit Äquivalentgewicht 74,6, Härte 5–$5\frac{1}{2}$, spezifisches Gewicht 4,5 bis 5,1.

Fig. 42 *a*

Fig. 42 *b*

a Rutilstruktur; *b* Anatasstruktur. Weiße Kugeln = Ti; schwarze Kugeln = O.
In der Rutilstruktur erkennt man deutlich die Ti-Atome, welche in der Sechserkoordinationszahl (in den Ecken von Oktaedern) von O umgeben sind. Jedes O ist zugleich an drei Ti-Atome gebunden, so daß die Struktur der Fig. 25 entsteht. In der Anatasstruktur sind die O-Oktaeder etwas deformiert. Jedes O gehört gleich wie in der Rutilstruktur zu drei Ti-Atomen, so daß das gleiche stöchiometrische Verhältnis TiO_2 entsteht.

Es gibt auch Zn- und Mn-Spinelle. Nur tetragonal pseudokubisch kristallisiert: *Hausmannit* $MnMn_2O_4$, Härte 5–$5\frac{1}{2}$, spezifisches Gewicht 4,86.

Uranpecherz oder *Pechblende* ist im wesentlichen UO_2. *Thorianit* ist $(Th, U)O_2$.

Andere Manganoxyde sind neben Polianit und Manganit der *Pyrolusit* und (OH-haltig) *Wad, schwarzer Glaskopf*, während der *Braunit* ein Manganoxyd-Mangansilikat ist. *Perowskit* ist $CaTiO_3$.

γ. **Hydroxyde und Oxyhydroxyde** von Fe, Mn und Al bzw. B sind:

$Fe(OH)_3$, oft gelartig mit unbestimmter Zusammensetzung = *Limonit, Brauneisenstein, gelber Ocker, brauner Glaskopf.*

$α$-$FeO(OH)$ = *Goethit*, blätterig bis nadelig, Härte 5, spezifisches Gewicht 3,8–4,4.

$γ$-$Al(OH)_3$ = *Hydrargillit* (blätterig), Härte $2\frac{1}{2}$–3, spezifisches Gewicht 2,3–2,4. Hydrargillit wird auch *Gibbsit* genannt.

$β$-$AlO(OH)$ = *Diaspor* (blätterig), Härte 6–7, spezifisches Gewicht 3,3–3,5; auch in einer $β$-Form als *Böhmit* bekannt.

$MnO(OH)$ = *Manganit*, stengelig, Härte $3\frac{1}{2}$–4, spezifisches Gewicht 4,2–4,4.

$B(OH)_3$ = *Sassolin*, blätterig, Härte 1, spezifisches Gewicht 1,48.

Fig. 43

Fluoritstruktur. Schwarze Kugeln = Ca; weiße Kugeln = F. Die Ca-Atome bilden flächenzentrierte Würfel und die F-Atome liegen in den Viertelkörperdiagonalen der Würfel selbst, so daß jedes Ca von 8 F und jedes F von 4 Ca umgeben ist. Das stöchiometrische Verhältnis ist auf diese Weise

$$CaF_{\frac{8}{4}} = CaF_2.$$

δ. **Eis und Monoxyde.** Eis ist H_2O (Strukturbild siehe Figur 18, Seite 49). *Zinkit* (Rotzinkerz) = ZnO und *Cuprit* = Cu_2O.

1) *Halogensalze*

α. **Einfache Salze.** Am wichtigsten sind die kubischen Mineralien:

Steinsalz NaCl = *Hl*, kubisch, Würfelspaltbarkeit, Härte 2, spezifisches Gewicht 2,16.

Sylvin KCl, kubisch, Würfelspaltbarkeit, Härte 2, spezifisches Gewicht 1,99.

Das Strukturbild für Steinsalz und Sylvin ist aus Figur 17, Seite 49, ersichtlich. AgCl heißt *Kerargyrit*. Als vulkanisches Sublimationsprodukt tritt *Salmiak* $(NH_4)Cl$ auf.

Fluorit $CaF_2 = 1$ *Fr*, kubisch, Oktaederspaltbarkeit, Härte 4, spezifisches Gewicht 3–3,3. Strukturbild siehe Figur 43.

β. **Halogenosalze.** Komplexer in der Zusammensetzung ist der orthorhombisch kristallisierende

Carnallit $\left[\mathrm{KCl}_{\frac{6}{2}} \middle| \mathrm{Mg(H_2O)_6}\right]$ orthorhombisch, Härte 1–2, spezifisches Gewicht 1,6.

Kryolith ist ein NaAl-Fluorid, *Kainit* eine Verbindung $KCl \cdot MgSO_4 \cdot 3 H_2O$. *Atakamit* ist $CuCl_2 \cdot 3 Cu(OH)_2$, ein basisches Cu-Chlorid.

Fig. 44

Pyritstruktur. Schwarze Kugeln = Fe; weiße Kugeln = S; graue Kugeln = keine Teilchen, nur Schwerpunkte der S_2-Hanteln. Die Fe-Atome und die Schwerpunkte der S_2-Hanteln haben die gleiche Lage wie Na und Cl in der Steinsalzstruktur. Die Achsen der Hanteln sind abwechslungsweise einer der vier Würfeldiagonalen parallel gerichtet.

m) *Sulfide, Sulfosalze usw.*

α. **Einfache Verbindungen.** Kubisch (paramorph bis tetartoedrisch, Strukturbild siehe Figur 44) kristallisieren:

Pyrit $FeS_2 = 3$ *Pr*, Härte 6–6$\frac{1}{2}$, spezifisches Gewicht 4,95–5,1, speisgelb.

Smaltin, Speiskobalt (Co)
Chloanthit (Ni)
Skutterudit (As-reich)
$\left.\vphantom{\begin{matrix}a\\b\\c\end{matrix}}\right\}$ (Co, Ni, Fe) As_{2-3}, Härte 5$\frac{1}{2}$–6, spezifisches Gewicht 6,4–6,9, meist zinnweiß.

Glanzkobalt (Kobaltin) CoAsS, Härte 5–6, spezifisches Gewicht 6–6,4, rötlich silberweiß.

Markasit ist eine zweite Modifikation von FeS_2 mit analoger Struktur wie Arsenkies. *Bravoit* ist $(Fe, Ni)S_2$, *Hauerit* MnS_2 und *Sperrylith* $PtAs_2$.

Nachstehende Mineralien kristallisieren orthorhombisch pseudohexagonal, ungefähr nach dem Rotnickelkiestypus der Figur 45, treten indessen meist in derben Massen auf:

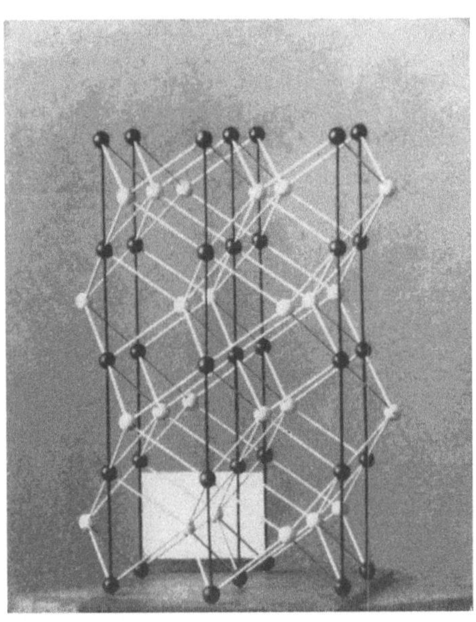

Fig. 45

Rotnickelkiesstruktur. Schwarze Kugeln = Ni; weiße Kugeln = As. Jedes Ni-Atom ist von 6 As-Atomen umgeben (in den Ecken eines Oktaeders), und jedes As-Atom gehört seinerseits zu 6 Ni-Atomen, so daß $NiAs\frac{6}{6}$ = NiAs entsteht.

Magnetkies (Pyrrhotin) FeS, jedoch meist mit Fe-Mangel. Bei hohen Bildungstemperaturen kann Fe durch nicht unerhebliche Mengen Ni ersetzt werden. Bei niedrigeren Temperaturen erfolgt Entmischung als NiS (*Pentlandit*). Magnetkies ist bronzegelb mit brauner Anlauffarbe, Härte $3\frac{1}{2}$–$4\frac{1}{2}$, spezifisches Gewicht 4,5–4,6. Ähnlich kristallisieren:

Rotnickelkies (Nickelin) NiAs und *Breithauptit* NiSb mit ihren Zwischengliedern.

Das wichtigste Arsenerz ist:

Arsenkies (Mispickel) FeAsS. Orthorhombisch wie Markasit, zinnweiß bis stahlgrau, Härte $5\frac{1}{2}$–6, spezifisches Gewicht 5,9–6,2.

Ein wichtiges Kupfererz ist:

Kupferglanz (Chalkosin), Cu_2S mit variabelm S-Gehalt, kubisch, pseudokubisch und pseudohexagonal kristallisierend, schwärzlich bleigrau, Härte 2–3, spezifisches Gewicht 5,5–5,8.

Wichtigstes Quecksilbererz ist:

Zinnober HgS, zinnoberrot, meist derb, Härte $2-2\frac{1}{2}$, spezifisches Gewicht
8,0–8,2.

Wichtigstes Blei- und oft auch Silbererz ist:

Bleiglanz PbS, kubisch (gleiche Struktur wie Steinsalz), würfelige Spaltbarkeit, bleigrau, Härte $2\frac{1}{4}$, spezifisches Gewicht 7,45–7,65, oft silberhaltig, zum Teil mit entmischten Silbererzen, wie Silberglanz Ag_2S
und Silbersulfosalzen. S kann durch Se und Te ersetzt werden. Auch
von Ag und Au sind Telluride und Selenide bekannt, zum Beispiel
Calaverit, Sylvanit, Nagyagit.

Fig. 46a
Zinkblendestruktur
Fig. 46b
Wurtzitstruktur

In beiden Darstellungen sind die schwarzen Kugeln = Zn und die weißen Kugeln = S. In der
Zinkblendestruktur bilden die Zn-Atome flächenzentrierte Würfel, gleichfalls die S-Atome, welche
jedoch um eine Viertelkörperdiagonale in der Richtung dieser Diagonalen dem ersten Gitter
gegenüber verschoben sind. Eine Atomart bildet einen Tetraederverband, in deren Zentren die
Atome der anderen Art liegen, so daß das stöchiometrische Verhältnis $ZnS\frac{4}{4} = ZnS$ besteht. In der
Wurtzitstruktur sind die Tetraeder, welche zum Beispiel die S-Atome um die Zn-Atome bilden,
leicht deformiert, die Bindungsrichtung parallel der Trigyre ist mit den drei andern ungleichwertig.

Wichtigstes Zinkerz ist ZnS, das als

Zinkblende (Zn, Fe, Mn) S, kubisch hemimorph kristallisiert (Strukturbild
siehe Figur 46*a*). Rhombendodekaedrisch spaltbar, verschieden tief
gefärbt, Halbmetall- bis Diamantglanz, Härte 3–4, spezifisches
Gewicht um 4,

und als

Wurtzit, hexagonal hemimorph kristallisiert (Strukturbild siehe Figur 46*b*),
Härte 3–4, spezifisches Gewicht 4. Zn kann auch durch etwas Cd
ersetzt werden (Cd-Erz).

Der graphitähnliche *Molybdänglanz* (Molybdänit) ist MoS_2, während als V-Erz der *Patronit* VS_4 genannt werden muß.

Schließlich seien als orthorhombisch Antimon- und Wismuterze erwähnt:

Antimonit (Grauspießglanz) Sb_2S_3, Härte 2, spezifisches Gewicht 4,5–4,7, bleigrau ins Stahlgraue bis Zinnweiße.

Bismutin (Wismutglanz) Bi_2S_3, Härte 2, spezifisches Gewicht 6,8–7,2, bleigrau ins Stahlgraue bis Zinnweiße.

β. **Sulfosalze.** Ähnlich wie Zinkblende kristallisieren die metallisch-fahl-glänzenden

Fahlerze der komplexen Zusammensetzung $(Cu, Ag, Hg, Zn, Pb, Fe)_3(As, Sb, Bi)_1S_{3-4}$, Härte $3\frac{1}{2}$–4, spezifisches Gewicht 4,4–5,4.

Von anderen Silbersulfosalzen seien beispielhaft erwähnt:

Rotgiltigerze Ag_3AsS_3 = Proustit, Ag_3SbS_3 = Pyrargyrit, rötlich, trigonal-rhomboedrisch, Härte 2–3, spezifische Gewichte 5,5–5,9.

Stephanit Ag_5SbS_4, orthorhombisch, Härte 2–$2\frac{1}{2}$, spezifisches Gewicht 6,2–6,3.

Polybasit $(AgCu)_{16}Sb_2S_{11}$, monoklin, Härte 2–$2\frac{1}{2}$, spezifisches Gewicht 6,0–6,3.

Zinnkies ist im wesentlichen Cu_2FeSnS_4, Härte $3\frac{1}{2}$–4, spezifisches Gewicht 4,3–4,5.

Von Kupfererzen seien genannt:

Kupferkies, Chalkopyrit, ungefähr $CuFeS_2$, tetragonal, meist derb, messinggelb, Härte $3\frac{1}{2}$–4, spezifisches Gewicht 4,1–4,3.

Bornit (Buntkupfer), ungefähr Cu_5FeS_4, kubisch, meist derb, tombakbraun bis hellkupferrot, Härte 3–$3\frac{1}{2}$, spezifisches Gewicht 4,9–5,3.

Enargit, ungefähr Cu_3AsS_4, orthorhombisch, Härte 3–$3\frac{1}{2}$, spezifisches Gewicht 4,3–4,5.

Cubanit ist $CuFe_2S_3$.

n) *Chemische Elemente als Kristallverbindungen*

α. Nichtmetalle:

C   als *Diamant* (kubisch, Härte 10, spezifisches Gewicht 3,52).
als *Graphit* (hexagonal, Härte 1, spezifisches Gewicht 2,1–2,3). Strukturbilder siehe Figuren 19, 20, Seite 50.

S   als orthorhombischer (selten monokliner) *Schwefel*, Härte $1\frac{1}{2}$–2, spezifisches Gewicht 2–2,1.

β. Metalle:

Au *Gediegen Gold*, Mischkristalle mit Ag bildend (*Elektrum*). Gediegen Gold Härte $2\frac{1}{2}$–3, spezifisches Gewicht 19,3.

Ag *Gediegen Silber*, Härte $2\frac{1}{2}$–3, spezifisches Gewicht 9,6–12.

Pt usw., *gediegene Platinmetalle*, kubisch und hexagonal, Härte $4\frac{1}{2}$–7, spezifische Gewichte 14–23, oft mit Fe legiert.

Cu *Gediegen Kupfer*, kubisch, Härte $2\frac{1}{2}$–3, spezifisches Gewicht 8,5–9.

Die wichtigsten Strukturen der Metalle sind durch die Strukturmodelle der Figur 47*a, b, c* dargestellt.

Auch die Sprödmetalle *Arsen, Antimon, Wismut* treten gediegen auf.

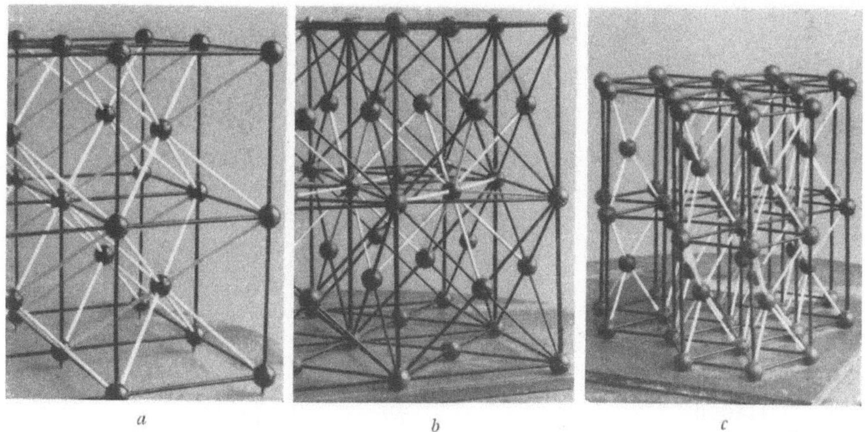

Fig. 47

Hauptstrukturen der Metalle. *a* Wolframtypus mit kz 8: die Teilchen bilden innenzentrierte Würfel; *b* Gold- oder Kupfertypus mit kz 12: die Atome bilden flächenzentrierte Würfel; *c* Magnesiumtypus mit kz 6 + 6: die Teilchen liegen im Zentrum und in den Ecken trigonaler Prismen.

Zum Abschluß dieses Abschnittes sind in Tabelle 8 die im Text erwähnten und präzisierten Abkürzungen der Formeleinheiten wichtiger Verbindungstypen gesteinsbildender Mineralien alphabetisch zusammengestellt unter Angabe des vollen Namens.

o) Tabelle 8

Wichtige Verbindungssymbole entsprechend Formeleinheiten

A	Anhydrit		*Bark*	Barkevikit
Ab	Albit		*Bi*	Biotit
Ac	Akmit (Aegirin)		*Bs-Aug*	Basaltischer Augit
Ak	Åkermanit			
Alkf	Alkalifeldspäte		*C*	Corund
Alm	Almandin		*Cal*	Ca-Aluminat
An	Anorthit		*Canc*	Cancrinit
Anc	Analcim		*Cc*	Calcit
Andr	Andradit (Melanit)		*Chl*	Chlorit
Anth	Anthophyllit		*Cm*	Chromit
Ant	Serpentin = Antigorit		*Cord*	Cordierit
At	Amesit		*Cp*	Apatit
Aug	Augit		*Cs*	Ca-Silikat (theor.)

Di	Diopsid
En	Enstatit
Ep	Epidot
Fa	Fayalit
Fe-*Ant*	Fe-Antigorit
Fe-*At*	Fe-Amesit
Fo	Forsterit
Fr	Fluorit
Fs	Fe-Silikat (theor.)
Ge	Gehlenit
Glph	Glaukophan
Gr	Granat
Gram	Grammatit
Gro	Grossular
Hast	Hastingsit
Hau	Hauyn
Hed (He)	Hedenbergit
Hl	Steinsalz (Halit)
Hm	Hämatit
Ho	Hornblende
Hy	Hypersthen
Hz	Herzynit
Ilm	Ilmenit
Jd	Jadeit
Kaol	Kaolinit
Kat	Katophorit
Kp	Kaliophiolit
Ks	K-Silikat (theor.)
Lc	Leucit
Lep	Lepidolith
Ma$_{1,2,3}$	Chlor-, Karbonat-, Sulfat-marialith
Me$_{1,2,3}$	Karbonat-, Sulfat-, Chlor-mejonit
Mel	Melilith
Mont	Monticellit
Ms	Muskowit
Mt	Magnetit
Na-*Ge*	Na-Gehlenit
Nc	Soda, wasserfrei
Ne	Na-Nephelin
Neph *	normaler Nephelin
Nos	Nosean
Ns	Na-Silikat (theor.)
Ol	Olivin
Omph	Omphacit
Or	Orthoklas
Ottr	Ottrelith (Chloritoid)
Ps	Periklas
Pig	Pigeonit
Plag	Plagioklas
Pph	Pyrophyllit
Pr	Pyrit
Pyp	Pyrop
Q	Quarz
Rb	Riebeckit
Ru	Rutil
Sc	Sericit
Serp	Serpentin = *Ant*
Sil	Sillimanit, Andalusit, Disthen
Sod	Sodalith
Sp	Spinell
Spe	Spessartin
Spod	Spodumen
Staur	Staurolith
Tc	Talk
Tephr	Tephrit
Th	Thenardit
Tit	Titanit
Ts	Tschermaksche Verbindungen (theor.)
Ul	Ultramarine
Ves	Vesuvian
W	Wasser
Wo	Wollastonit
Z	Zirkon
Zo	Zoisit
Zwd	Zinnwaldit

II

DAS GEFÜGE

A. Der Mineralverband

a) *Allgemeines*

α. **Das Aggregat und sein Gefüge.** Die Gesteine und akzessorischen Minerallagerstätten treten mit wenigen Ausnahmen (zum Beispiel rein glasige Gesteine) als *Mineralaggregate* auf, das heißt, sie setzen sich aus verschiedenen, gegeneinander abgegrenzten Festkörperindividuen zusammen. Die einzelnen Mineralindividuen (kleinste *Gefügebestandteile*) können praktisch alle der gleichen (monomineralisches Aggregat, Figur 48 a) oder verschiedenen (polymineralisches Aggregat, Figur 48 b) Mineralarten angehören. Ein Mineral-

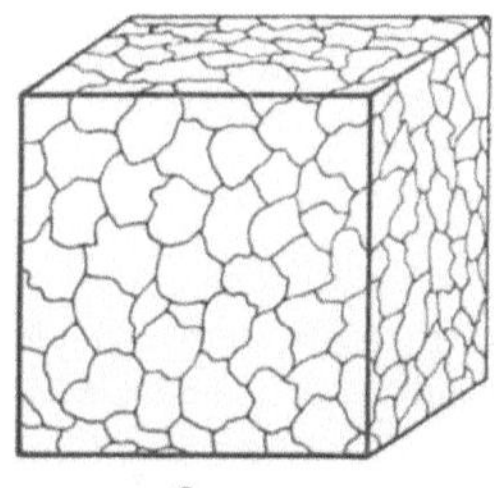
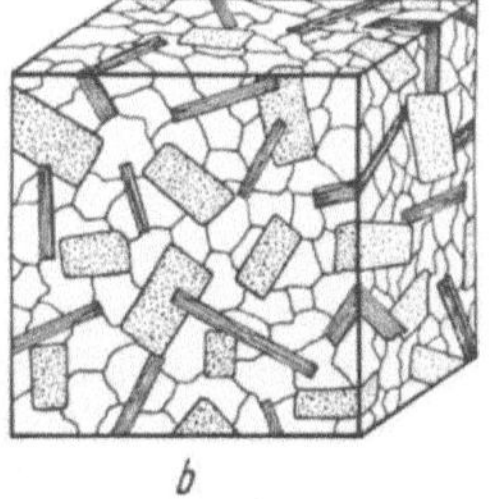

Fig. 48

Aggregate. *a* monomineralisches Aggregat; *b* polymineralisches Aggregat.

aggregat selbst wird jedoch durch die Angabe der an seinem Aufbau beteiligten Mineralarten nur ungenügend charakterisiert, ebenso wichtig sind die *Verbandsverhältnisse* zwischen den Gefügebestandteilen. Gleichwie die chemische Analyse einer Kristallverbindung ohne Kenntnis der Anordnung der Atome in der Kristallstruktur keinerlei Präzisierung der Eigenschaften der Kristallart zuläßt, vermag auch die Kenntnis des Mineralbestandes eines Gesteins ohne eingehende Berücksichtigung der Gefügeverhältnisse nicht zu befriedigen. *Untersuchungen über das Gefüge* gehören zu den wesentlichen und grundlegenden Aufgaben einer Gesteins- und Minerallagerstättenlehre. Nun gibt es aber viele künstliche Werk- und Baustoffe, die genau so wie die Gesteine heterogen sind und zur Hauptsache Kristallaggregate darstellen. Auch bei derartigen Materialien spielt die Art des Gefüges eine große Rolle, ja man darf behaupten, daß ein Großteil der Fortschritte der technischen Werkstoffkunde erst möglich wurde, als man den primitiven Standpunkt verließ, diese Körper als quasihomogene oder gar quasi-isotrope zu betrachten. Es sei in dieser Beziehung an die Metallkunde erinnert, ferner an die Erforschung der Zemente, der Keramikwaren usw. So wird die Gefügekunde polykristalliner Körper für die Gesteins- und Minerallagerstättenkunde zur allgemein propädeutischen Disziplin. Sie nimmt gewissermaßen die Stellung der Kristallographie innerhalb der Mineralogie ein.

Die Mineralogie hat sich als erste Disziplin eingehend mit den Kristallen befaßt und im Laufe der Zeiten eine allgemeine Kristallographie geschaffen, die nicht nur für die Mineralienkunde, sondern für die gesamte Lehre von den Kristallen zur Grundlage wurde. In gleicher Weise ist die Gesteinslehre und Lagerstättenkunde dazu berufen, eine allgemeine *Gefügekunde* heterogener anorganischer Festkörper zu entwickeln, die, obschon ausgehend vom natürlichen Kristallaggregat, in ihrer Terminologie so zu gestalten ist, daß sie auch von anderen Disziplinen übernommen werden kann. Noch gibt es leider eine im genannten Sinne als allgemein zu bezeichnende Gefügekunde nicht, und erst in den letzten Jahrzehnten ist von einzelnen Forschern (zum Beispiel von B. SANDER) das Bedürfnis nach einem Ausbau in dieser Richtung empfunden worden. Anderseits liegt ein ungeheures Beobachtungsmaterial vor, wobei in der Tat hinsichtlich der Untersuchungsmethoden die Gesteins- oder Erzlagerstättenkunde die Führung übernommen hat. Indem wir nach den Gründen forschen, die einer Ausgestaltung der Ansätze zu einer allgemeinen Gefügekunde hinderlich waren, werden wir mit den Schwierigkeiten vertraut, die sich dieser Disziplin entgegenstellen.

1. Die Mineralaggregate sind wohl Einheiten höherer Ordnung, sonst würden sie sich nicht in natürlicher Weise zu Gesteins- oder Felsarten und zu Welttypen von Minerallagerstätten zusammenfassen lassen; aber sie sind in einem weit geringeren Maße Ganzheiten als die Kristallarten. Das Verhältnis ist ein durchaus ähnliches wie zwischen Pflanzenarten und natürlichen Pflanzenvergesellschaftungen. Dementsprechend sind Abgrenzungen schwieriger durchzuführen, die kennzeichnenden Begriffe müssen weniger scharf und rein statistisch gefaßt werden, damit sie sich der Variation anpassen können. Eine Einigung auf bestimmte Bezeichnungen läßt sich oft kaum erzielen. In manchen Fällen glaubt man, nichts besseres tun zu können, als die Gefüge durch Bilder zu veranschaulichen, ohne den Versuch zu unternehmen, das Wesentliche des Tatbestandes begrifflich zu erfassen. Nun kann kein Zweifel bestehen, daß diese bildlichen Wiedergaben und zeichnerischen Veranschaulichungen genau so wie in der Kristallographie unentbehrlich sind. Aber man darf sich damit ebensowenig begnügen wie in der Kristallehre; gleich wie dort muß man versuchen, das Wesentliche herauszuschälen.

2. In der Mehrzahl der Fälle gestatten erst mikroskopische, manchmal sogar erst übermikroskopische oder röntgenographische Untersuchungen, die Gefügebestandteile und ihre gegenseitigen Beziehungen zueinander zu erkennen. In den letzten Jahrzehnten haben sich diese Untersuchungsmethoden soweit entwickelt, daß sie für beliebige Materialien anwendbar wurden. Verständlich war, daß man hoffte, mit Hilfe der neuen Untersuchungsarten unmittelbar etwas über die genetischen Bedingungen aussagen zu können. Ohne volle Berücksichtigung der auch hier vorhandenen Vieldeutigkeit wurden Gefügebilder einseitig genetisch interpretiert. Zum Teil fand dies bereits in der Namengebung seinen

Ausdruck, aber selbst da, wo diese an sich rein beschreibender Natur war, verband sich bald mit dem Begriff eine bestimmte Interpretation in bezug auf die Entstehung. Nach Erkenntnis der Vieldeutigkeit war dies der allgemeinen Anwendbarkeit hinderlich oder führte zu einer Vielzahl analoger Bezeichnungsweisen.

3. Ungefähr gleichzeitig mit der Einführung des Mikroskopes hatte sich die Gliederung der Minerallagerstätten und Gesteine in drei Hauptklassen (magmatische, sedimentäre, metamorphe) allgemeine Geltung verschafft. Für jede dieser drei Klassen entwickelte sich die Gefügekunde selbständig, fast völlig ohne Rücksichtnahme auf die anderen. Auch dadurch erhielten in beschreibender Hinsicht sehr ähnliche Gefüge verschiedene Namen. Ja, in neuerer Zeit spielen in den Diskussionen Scheinprobleme eine nicht unwesentliche Rolle, die entstanden sind, weil gewisse Strukturbegriffe in einer der Gesteinsklassen nähere Präzisierung und Deutung erfuhren und die nun fälschlicherweise als *nur* damit behaftet angesehen werden.

Es muß daher versucht werden, soweit das in einem Grundriß durchführbar ist, Hauptbegriffe der Gefügekunde möglichst allgemein zu fassen. Teilweise kann dies nur so geschehen, daß der Anwendungsbereich für bestimmte Bezeichnungen wieder jene Erweiterung erfährt, die ihm *vor* der zu weitgehenden Spezialisierung zukam.

β. **Die Abgrenzung der Einheiten.** Mineralaggregate sind *Kollektivgegenstände*, aufgebaut aus Einzelindividuen. Natürliche Abgrenzungen solcher Kollektivgegenstände sind vorhanden. Sie werden in der feldgeologischen Darstellung (Karten oder Grundrisse, Profile oder Aufrisse, Blockdiagramme) als *Lagerstätten-* bzw. *Gesteinsgrenzen* eingezeichnet. Allein die Grenzlinien können sich verwischen, eine Mineralvergesellschaftung kann sukzessive in eine andere übergehen. Greift man dann zwei kleine Räume in einer gewissen Entfernung voneinander heraus, so ist man geneigt, sie als verschiedene Einheiten zu bezeichnen; der mehr oder weniger kontinuierliche Übergang ist jedoch einer wohlbegründeten Abgrenzung hinderlich. Übereinstimmendes Verhalten zweier Teile eines Kollektivgegenstandes kann auch nie im absoluten, sondern nur im statistischen Sinne vorhanden sein. Ja es wird die Frage sinnvoll, ob unter Umständen nicht für gewisse Zwecke die Toleranzgrenzen für «gleichartiges» Verhalten weiter gezogen werden müssen, als es an und für sich eine strenge Anwendung der mathematischen Statistik und Wahrscheinlichkeitsrechnung erlaubt.

Der Mineraloge und Petrograph ist zudem oft gezwungen, sei es aus darstellungstechnischen oder praktischen Gründen oder (und) weil tatsächlich noch anderem gegenüber ein weit innigerer Zusammenhang besteht, deutlich Verschiedenartiges zu einer höheren Einheit zu vereinigen. Sein Kollektivgegenstand zerfällt in solchen Fällen in *Untereinheiten*, das Gefüge ist komplex, man muß im statistischen Sinne sowohl das Ganze wie seine Teile behandeln.

Zunächst sind die natürlichen, die Erdrinde aufbauenden Lagerstättenkörper (inklusive die Gesteine) in bezug auf ihre gegenseitige Abgrenzung, die *Lagerstättenform,* die *geologischen Verbandsverhältnisse* (geologische Lagerung) zu studieren. Es handelt sich in gewissem Sinne um eine *Gefügekunde der Litho-*

sphäre selbst, für welche die Minerallagerstätten die Einheiten sind. Der innere Aufbau eines Lagerstättenkörpers gibt weiterhin Veranlassung, zwischen einem *Groß-, Klein-* und *Mikrogefüge* zu unterscheiden, das heißt die Gliederung im Großen und im Kleinen zu betrachten, und dies nicht nur soweit makroskopische Feststellungen durchführbar sind. Die grobphänomenologischen Methoden sind durch Untersuchungen mit mikroskopischen oder übermikroskopischen Verfahren zu ergänzen.

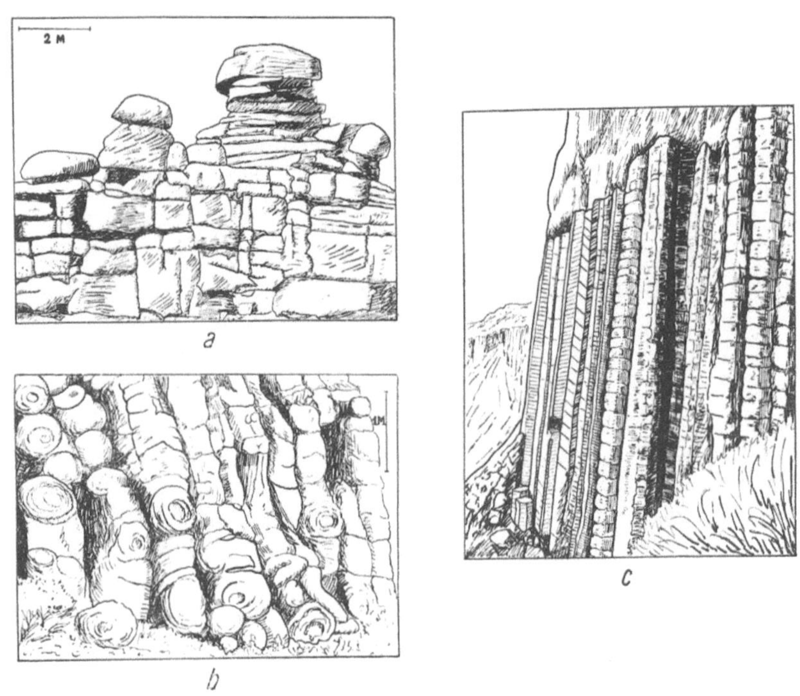

Fig. 49

Absonderungen. *a* Plattig-bankige und quaderförmige Absonderung von Granit, Riesengebirge (nach KAISER); *b* kugelige Absonderung von Basalt, Böhmen, Schloßberg von Aussig (nach KAISER); *c* Säulige Absonderung von Basalt, Giants Causeway, Nordirland (nach ROHLEDER).

γ. **Die Großgliederung, Absonderung und Teilbarkeit der Gesteinskörper und Minerallagerstätten.** Selbst ein Mineralaggregat, von dem wir sagen dürfen, es besitze recht einheitliches Gefüge, ist als Naturkörper gegliedert. Es sind zum Beispiel bankige, schichtförmige, parallelepipedische, säulige, kugelige oder unregelmäßig netzartige *Absonderungen* bemerkbar (Figur 49 *a, b, c*). Sie sind, da das Großaggregat nach ihnen zerfällt, maßgebend für das Abbauverfahren und für Form und Größe der gewinnbaren Bruchstücke, die in sich von solchen Absonderungen frei sind. Manchmal wird überhaupt die besondere *Teilbarkeit* des Aggregates erst beim Abbau oder bei einsetzender Verwitterung bemerkbar; am frischen, zusammenhängenden Fels bleibt sie dem Auge verborgen.

Die Ursachen dieser Gliederung sind sehr mannigfaltiger Natur. Ein in relativ massigen Gesteinen weitverbreitetes und regional charakteristisches Phänomen ist oft eine ziemlich flachliegende *Grob-* bis *Dünnbankung*. Manchmal zeigen Erosionseinschnitte, daß es sich um Auslösung von Spannungen bei der Entlastung handelt (zum Beispiel Talklüftung). Oft stehen die Erscheinungen mit den später zu erwähnenden texturellen Verhältnissen (Schieferung, Schichtung, gerichtete Textur) im engen Zusammenhang, manchmal handelt es sich um eine sogenannte *Klüftung*, die auf eine allgemeine Feldanisotropie während oder nach der Gesteinsbildung zurückzuführen ist (Kontraktionsrisse, Schwindungsrisse, tektonische Klüfte usw.). Man unterscheidet dann zum Beispiel Längs-, Lager- und Querklüfte, daneben geschlossene und offene Klüfte, unverheilte oder durch spätere Kristallausscheidung verheilte, sichtbare und unsichtbare Risse bis Klüfte.

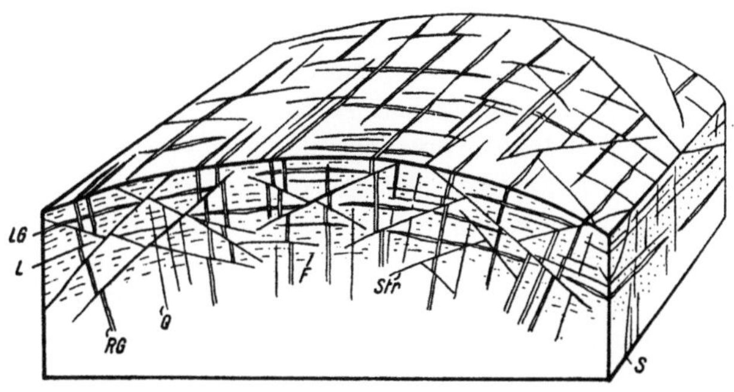

Fig. 50

Granitgewölbe mit Parallelgefüge (*F*), flachen Lagerklüften (*L*), steilen Längs- (*S*) und Querklüften (*Q*) sowie radialen Gängen (*RG*) und diagonalen Streckflächen (*Str*). *LG* = Lagergänge (nach Cloos).

Ein Studium der verschiedenen Kluftsysteme, verbunden mit einer Untersuchung der Gefügeanisotropie im Kleinen und Großen, kann wertvolle Angaben ergeben über Spannungs- und Bewegungsvorgänge, die in Erdrindenstücken geherrscht haben. Die Lage der Teilbarkeitsflächen müssen daher genau eingemessen und mit Bezugsrichtungen im Gefüge selbst sowie mit geologisch-tektonischen Leitlinien verglichen werden (Cloos und andere). Insbesondere gilt dies für die sogenannten Kluftsysteme (Figur 50).

Über die technische Bedeutung dieser internen Großgliederung der Gesteinskörper vergleiche man die im gleichen Verlag erscheinende «Technische Gesteinskunde» von F. DE QUERVAIN und A. VON MOOS.

b) *Das Gestein oder die Minerallagerstätte als Ganzes*

α. **Lagerstättenform und geologische Verbandsverhältnisse.** Der geologische Aufbau der Lithosphäre ist von so außerordentlicher Variabili-

tät, daß eine rein beschreibende, übersichtliche Klassifikation der Verbandsverhältnisse im großen praktisch unmöglich wird. Die ursprünglichen Formen
und Grenzverhältnisse der Lagerstättenkörper sind recht häufig durch tektonische Vorgänge und den oberflächlichen Abtrag völlig umgestaltet. Es ist
die Aufgabe der *Geologie*, für derartige Erscheinungen und ihre Deutung Verständnis zu wecken. An dieser Stelle müssen daher nur einige Grundbegriffe
erwähnt werden, die ohne jegliche genetische Interpretation Anwendung finden

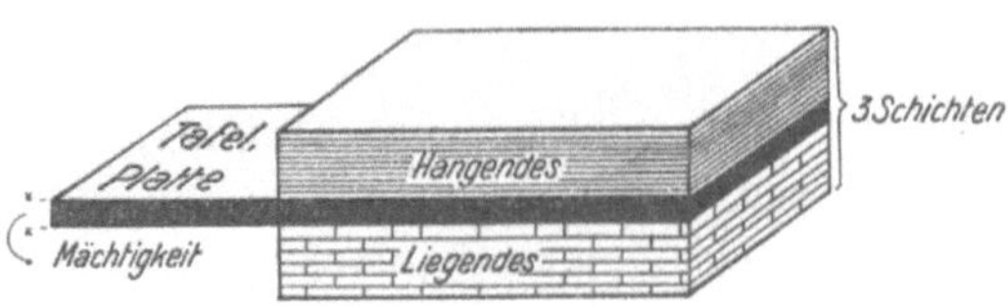

Fig. 51

Schematische Darstellung der Lagerungsverhältnisse dreier Schichten, Tafeln oder Platten.

sollten. Die Gesteins- und Minerallagerstättenkörper sind oft *platten-* bis *tafel-
artig*, das heißt von relativ großer Ausdehnung in zwei Richtungen und weit
geringerer in einer dazu senkrecht stehenden Richtung. Die Plattendicke wird
als *Mächtigkeit* bezeichnet, das Darüberliegende das *Hangende* (das Dach), das
Darunterliegende das *Liegende* (die *Sohle*) genannt (Figur 51). Sind diese tafel-
bis plattenförmig gestalteten Räume in mehr oder weniger paralleler Lagerung
der Gesamtstruktur des Erdrindenteiles eingegliedert, so werden sie *Schichten*
oder *Lager* genannt, bei geringerer Ausdehnung als die Begleitgesteine *Bänke*
oder *Flöze*. Die seitlichen Grenzverhältnisse (Figur 52) können von verschie-

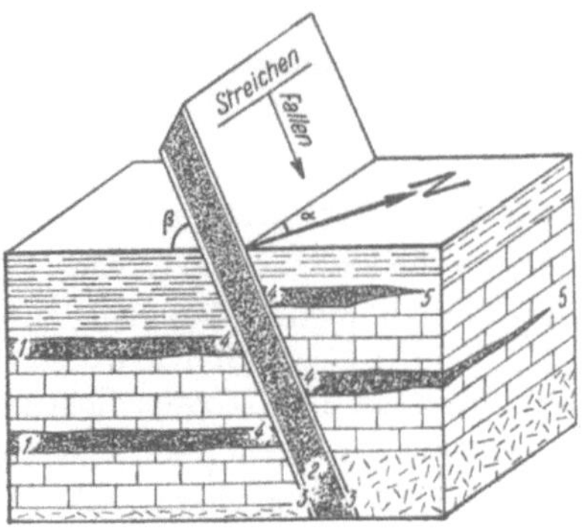

Fig. 52

Lagerungsbeziehungen und Form von Fremdkörpern (schwarz punktiert) in einem Schichtkomplex.
Konkordanz bei Lager (*1*). Diskordanz bei Quergang (*2*) mit Salbändern (*3*). Die Lagergänge werden
in diesem Beispiel vom Quergang in *4* durchbrochen. Sie keilen an den Stellen *5* aus. Ein wenig
mächtig, allseitig auskeilendes Lager wird Flöz genannt. Die Lage des Querganges wird durch das
Streichen α (= Winkel zwischen der Schnittlinie des Ganges mit der Horizontalebene und der
Süd–Nord-Richtung) und das Fallen β (= Winkel zwischen der Gangplatte und der Horizontalebene) gekennzeichnet. Die Bildung des Querganges steht hier mit einer vertikalen Verschiebung
oder Verwerfung der Schichtpakete in Zusammenhang.

dener Art sein. Plötzliches Aufhören mit voller Mächtigkeit wird als *Absetzen* oder *Abstoßen* bezeichnet, langsames Abnehmen der Mächtigkeit als *Auskeilen* oder *Ausspitzen*. Platten- oder tafelförmige Gesteins- und Minerallagerstätten-körper, die quer oder schief zu den Hauptstrukturlinien des betreffenden Erd-rindenteils verlaufen, werden normale *Gänge* oder *Quergänge* genannt. Auch Gänge keilen aus, können sich «*zerschlagen*», *aufspalten* oder in ein *Adernetz* «*zertrümern*». Innerhalb eines bestimmten Gebietes bilden die Gänge oft ein wohlgeordnetes *Gangsystem* oder sie sind in Schwärmen (*Gangschwärme*) ange-ordnet oder durchdringen einander in einem *Gangnetz*. Die Randteile der Gänge werden als *Salbänder* oder bei besonderem Verhalten als *Bestege* bezeichnet.

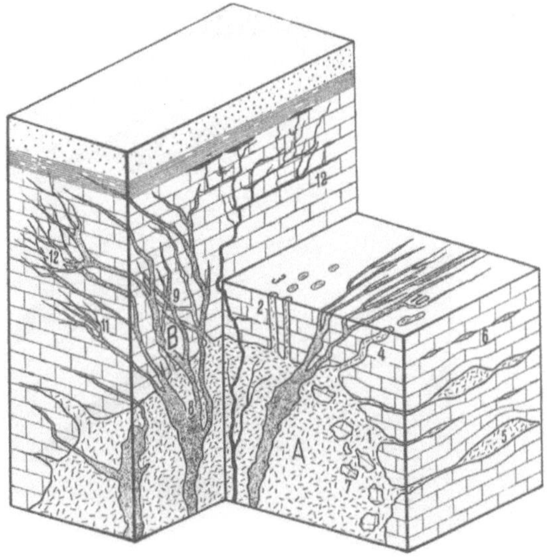

Fig. 53

Stock oder Massiv (*A*) mit Gangsystem (*B*). Übersicht einiger Begriffe: *1* Apophysen, *2* Schlot-röhre, *3* Schlotquerschnitte, *4* Schlauch, *5* Linsen, *6* Knauer, *7* Schollen, *8* Aufspalten der Gänge, *9* Gangnetz, *10* Gangsystem, *11* Zertrümern eines Ganges, *12* Adernetz (zum Teil nach Cloos).

Bei einigermaßen ebenflächigen Grenzflächen gestattet die plattenförmige Ge-stalt der Schichten und Gänge eine Lagerungsbestimmung durch Feststellen des *Streichens* und *Fallens* (Figur 52) der Hauptausdehnungsflächen. Die Lagerung der Quergänge wird dem Schichtverband gegenüber *durchgreifend* genannt. Gesteinskörper von mehr unregelmäßiger Gestalt ohne Überwiegen von zwei der drei Raumdimensionen erhalten oft die Bezeichnung *Stöcke*, bei sehr großer Ausdehnung spricht man auch von *Massiven*. Man kann versuchen, die erkennbare Form durch Vergleich mit bekannten einfachen geometrischen Körpern (Kalotten, Kegeln, Trichtern usw.) zu approximieren oder die Gestalt der oberen Grenzflächen (des *Daches*) zu kennzeichnen (kuppel- oder dom-förmig usw.). In Spezialfällen kann die Gestalt *röhren-*, *schlot-*, *schlauch-* oder *zylinderförmig* sein, oft aber sind die Grenzflächen unregelmäßig mit *Verzweigungen, Adern* oder *Apophysen* in die Nebenbestandsmassen. Im Übergang zu bankartigen Bildungen (Figur 53) relativ geringer Hauptausdehnung entstehen bei relativ einfacher Grenzflächenbeschaffenheit *linsenartige* Bildungen (*Linsen*), die bei kleinem Ausmaß in *Schmitzen, Knollen* oder *Knauern* übergehen. Unregelmäßiger gestaltete derartige *Einlagerungen* in Großkörpern werden oft auch *Schollen* genannt (Figur 53).

Verschiedene Ausbildungen eines Gesteins- oder Minerallagerstättenkörpers, die kontinuierlich ineinander übergehen oder trotz der Unterschiede als unzweifelhaft einander zugehörig angesehen werden, ordnet man als verschiedene *Fazies* einem Oberbegriff unter. Die *Berührungs-* oder *Kontaktflächen* verschiedener Gesteinskörper zeigen einen einfachen, unregelmäßigen oder stark verzahnten, ineinandergreifenden Verlauf. Bei relativ einfachem Verhalten

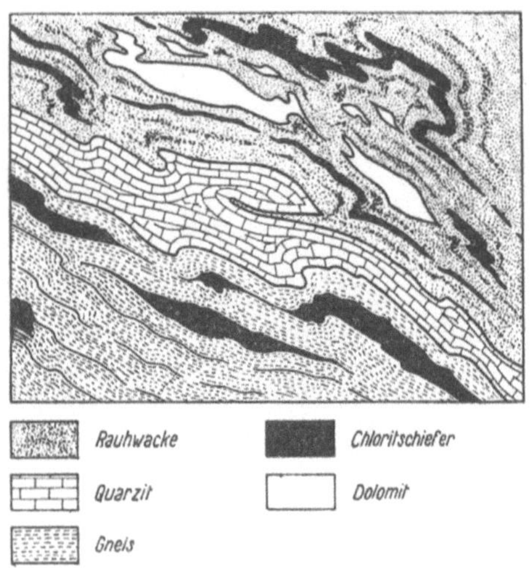

Fig. 54
Komplizierte Verbandsverhältnisse, durch Faltung entstanden (nach GANSSER).

spricht man bei Parallelstellung der Hauptgefügeelemente von *Konkordanz*, jedoch von *Diskordanz*, wenn die Gefügeelemente schief oder senkrecht aneinanderstoßen. Beispielhaft zeigt Figur 54 bei ursprünglich einfachen lagen- bis flözartigen Verbandsverhältnissen, wie Faltung komplizierte Grenzverhältnisse schaffen kann.

β. **Einheitlichkeit des Gefüges.** Nicht alle im geologischen Sinne als *ein* Gesteins- bzw. Minerallagerstättenkörper zu bezeichnenden Raumteile sind in sich von einheitlichem Gefüge (*monoschematisch*). Es kann geradezu das Charakteristikum einer feldgeologisch unbedingt als Einheit anzusprechenden Masse sein, daß sie aus bereits *makroskopisch* erkennbaren, verschiedenen Gefügeelementen besteht, die, miteinander verbunden, den eigentlichen Gesteins-

oder Lagerstättentypus ergeben (*makro-polyschematisch*). Es handelt sich um sogenannte *grobgemengte* Gesteins- und Minerallagerstätten. Wir nennen alle derartigen Bildungen *Chorismite* oder *chorismatische* Gesteins- bzw. Minerallagerstätten. Nach der Form und Umgrenzung der verschiedengearteten Gefügeelemente werden besonders unterschieden:

Phlebite (Figur 55a, b). Eine Gefügemasse bildet in der andern Adern, die oft linsenartig anschwellen, sich verästeln oder scheinbar faltenartig eine Masse durchsetzen bzw. ein ganzes Adernetz aufbauen. Übergänge zu Stromatiten sind nicht selten.

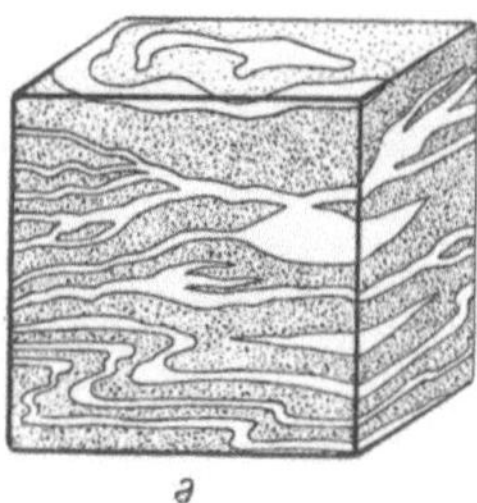

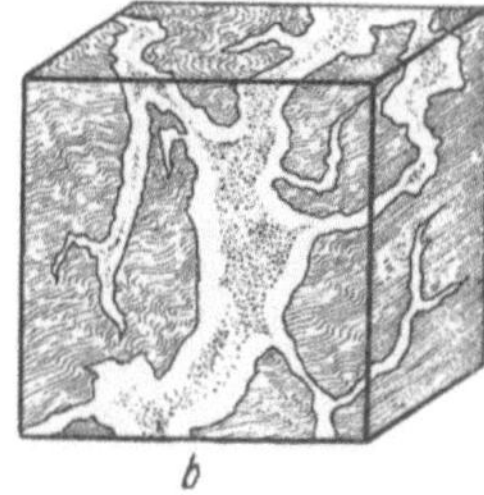

Fig. 55

Phlebite. *a* eine helle Gefügemasse schwillt zu Linsen an und ist faltenartig gebogen; *b* ein helles Adernetz durchdringt die dunklere Gefügemasse.

Ophthalmite = grob-linsenförmige, augenförmige, geröllartige oder knollige bis knauerartige Bestandsmassen in einer Grundmasse (Figur 56a und 56b). Die linsige (lentikulare) Ausbildung wird *flaserig* genannt, wenn sich die Hauptmasse strähnig um die Linsen schmiegt. *Flatschig* bedeutet flachscheibenförmige Linsen, *spindellinsig* spindelförmige bis zylinderartige Aggregate in einer Hauptmasse.

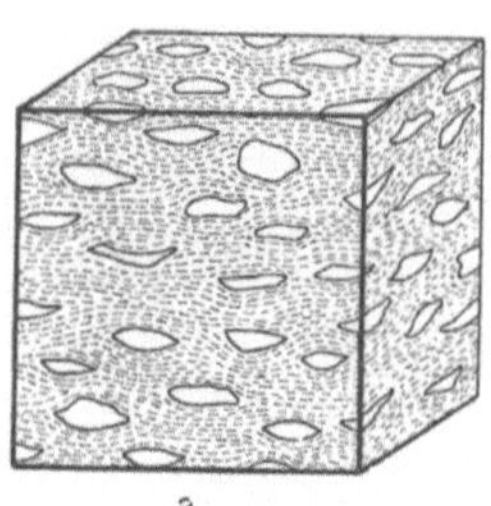

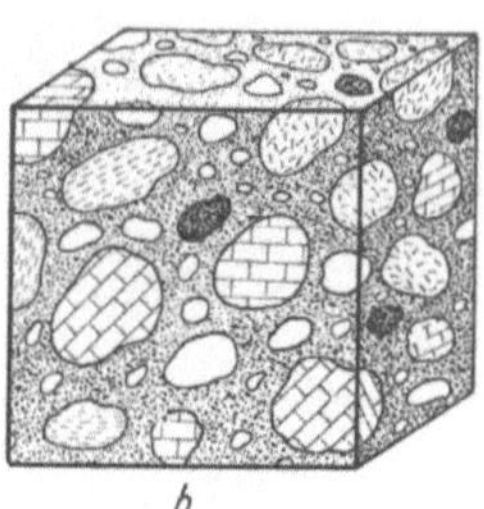

Fig. 56

Ophthalmite. *a* augenartige und *b* geröllartige Bestandmassen in einer Grundmasse.

Stromatite. Die Gefügeeinheiten wechseln lagen-, schicht- oder bandartig miteinander ab, es ist jedoch der lagige Wechsel ein so inniger, daß nicht die einzelne Schicht, sondern die Gesamtheit mehrerer Lagen zur feldgeologischen Einheit zu wählen ist (Figur 57).

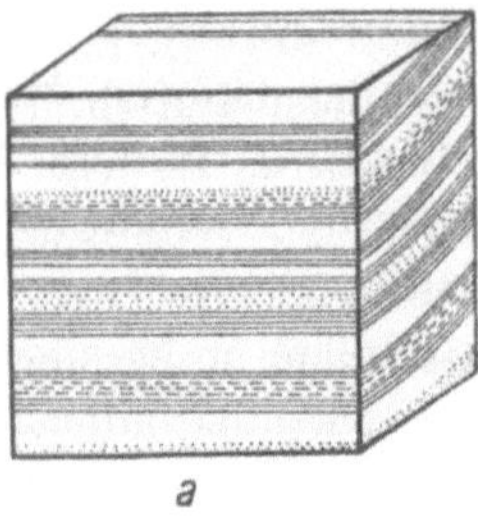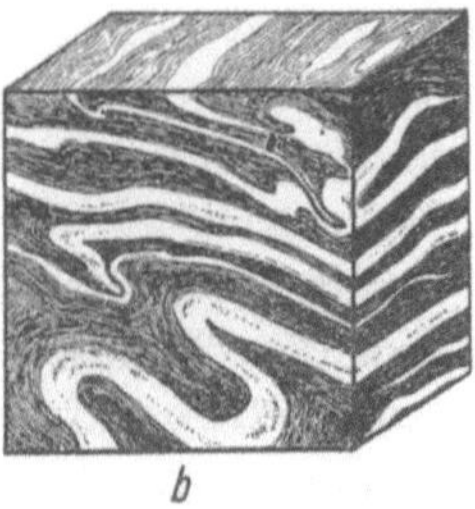

Fig. 57

Stromatite: Lagenartige Abwechslung der Gefügeeinheiten in *a* einfacher, *b* faltenartiger Lagerung.

Merismite. Die verschiedenen Gefügeeinheiten durchdringen sich unregelmäßig, der Chorismit ist aus verschieden geformten Teilstücken aufgebaut (Figur 58).

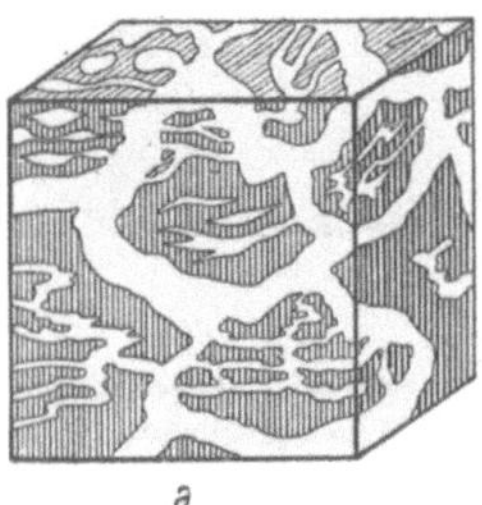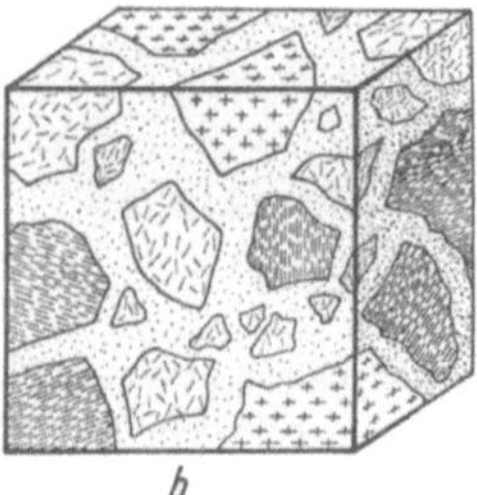

Fig. 58

Merismite. Die einzelnen Bestandmassen durchdringen sich unregelmäßig, *a* in nur zwei, *b* in mehreren Gefügemassen.

Miarolithite. In einer Hauptbestandsmasse finden sich drusenartige Bildungen mit meist noch erkennbaren Hohlraumresten (Figur 59).

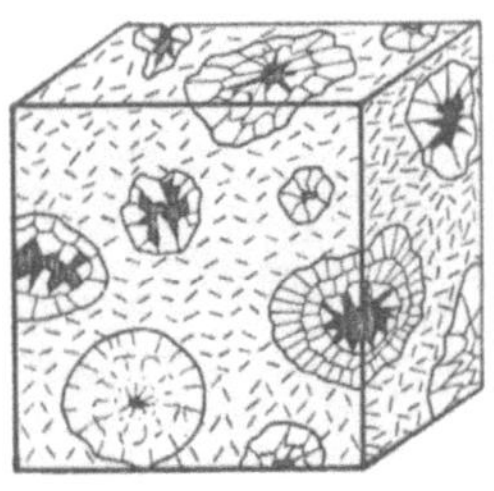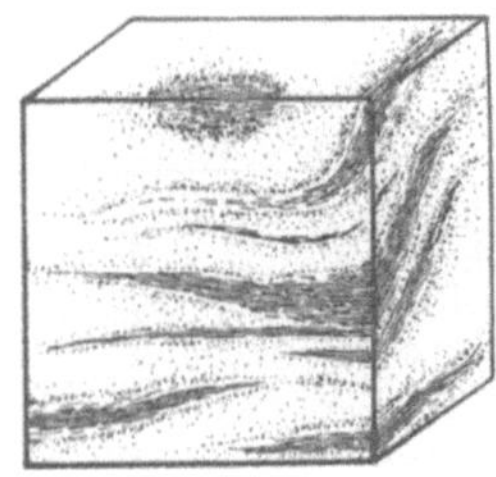

Fig. 59   Fig. 60

Fig. 59. Miarolithit. Drusenartige Ausfüllungen mit zurückbleibenden Hohlräumen (schwarz).
Fig. 60. Nebulit (nebulitischer Stromatit). Die einzelnen Gefügemassen gehen ohne scharfe Grenzen ineinander über.

Sehr häufig grenzen die verschiedenen Bestandsmassen relativ scharf gegeneinander ab; es gibt indessen Fälle, bei denen sich bei deutlicher Inhomogenität des Gesamtkomplexes die verschiedenen Aufbauelemente nur noch in diffus umgrenzter, oft wolkenartig verwischter Durchdringung erkennen lassen. Das sind dann *nebulitische Chorismite* (nebulitische Phlebite, Ophthalmite, Stromatite [Figur 60], Merismite usw.). Sie gehen in die gewissermaßen nur noch undeutlich (schlierenartig) inhomogenen *Nebulite* über. Chorismatische Bildungen sind relativ weit verbreitet und von ganz verschiedener Entstehung. Wir kennen sie unter den Sedimenten (zum Beispiel Brekzien, Konglomerate, Knauersedimente), den Eruptivgesteinen (zum Beispiel als Stromatite, Merismite usw.) und den metamorphen Gesteinen (zum Beispiel Dislokationsbrekzien mit Aderverkittung, Ein- und Umschmelzgesteine, Injektionsgesteine, metamorphe chorismatische Sedimente usw.).

Auch bei phänomenologisch relativ einheitlich durchstruierten Gesteinen lassen sich im Kleingefüge (zum Beispiel mikroskopisch) nicht selten deutlich verschiedenartige Gefügemassen unterscheiden. In diesem Falle kann von *Mikrochorismiten* gesprochen werden, doch soll zweckmäßigerweise dieser Begriff nur Anwendung finden, wenn das unterschiedliche Verhalten nicht nur einzelne Mineralien betrifft, sondern wirkliche, als Gefügeeinheiten voneinander abtrennbare Mineralbestände bzw. Gefügekörneraggregate (siehe Seite 144) umfaßt.

c) *Der Gefügeaufbau aus Einzelbauelementen*

α. Zahl der Mineralien und Anwendung der Theorie der Statistik auf Probleme der Petrologie. Um einen Kollektivgegenstand näher zu charakterisieren, müssen wir seine Zusammensetzung aus Individualeinheiten, seinen Aufbau, kennen. Mit anderen Worten: wir müssen eine *Statistik* durchführen, die Auskunft über die Beteiligung der voneinander zu unterscheidenden «Gefügekörner» an der Gesamtheit gibt. Hiezu dienen die *Häufigkeitszahlen* (relative Häufigkeit), die als sogenannte intensive Maßzahlen unbenannt sind. Man bezieht sie normalerweise auf eine Gesamtzahl 100 oder 1000 der Individuen, fragt somit bei einem vollkristallinen Aggregat, wie viele von 100 bzw. 1000 Kristallkörnern zu der Mineralart A, wie viele zu der Mineralart B, zu C usw. gehören. Ist s die Gesamtzahl der untersuchten Gefügekörner, a die Zahl der zu A gehörigen, b der zu B gehörigen, so sind

$$\text{in Bruchteilen} \quad \frac{a}{s}, \quad \frac{b}{s}, \quad \frac{c}{s}$$

$$\text{in Prozenten} \quad \frac{a}{s}\cdot 100, \quad \frac{b}{s}\cdot 100, \quad \frac{c}{s}\cdot 100\ldots$$

$$\text{in Promille} \quad \frac{a}{s}\cdot 1000, \quad \frac{b}{s}\cdot 1000, \quad \frac{c}{s}\cdot 1000\ldots$$

die gesuchten Häufigkeitswerte $p_A, p_B, p_C \ldots$. Nach vollständiger Untersuchung muß $a + b + c + \cdots + n = s$ geben bzw. $p_A + p_B + p_C + \cdots + p_N = 1$ oder 100 oder 1000. Hat man unter Benutzung großer s-Zahlen in verschiedenen Volumelementen oder Schnittlagen eines Gesteins- oder Lagerstättenkörpers die p-Werte bestimmt, so läßt sich mit Hilfe der *Lehre von der mathematischen Wahrscheinlichkeit* beurteilen, ob die Untersuchungen mit einer vorgegebenen relativen Häufigkeit als mathematischer Wahrscheinlichkeit vereinbar sind.

Dann ist es beispielsweise auch möglich, festzustellen, ob in bestimmter Richtung Änderungen zu beobachten sind, die einen gesetzmäßigen Wechsel im Aufbau erkennen lassen.

Die Bedeutung der *Theorie der Statistik* und der *Wahrscheinlichkeitsrechnung* bei der Untersuchung von natürlichen Kollektivgegenständen kann unter- und überschätzt werden. Eine zweckmäßige und einwandfreie Darstellung der Beobachtungsergebnisse bildet die Grundlage. Wir werden im Verlaufe der weitern Erörterungen verschiedene Veranschaulichungsarten kennenlernen, doch sollen sie stets dem Gegenstand bestmöglich angepaßt werden, das heißt, es sind schematische Gleichbehandlungen für an sich ganz Verschiedenartiges zu vermeiden. Hier wollen wir nur zwei wichtige Fälle von Mittelwertsbildungen betrachten.

Handelt es sich um die Feststellung, in wie vielen von n Fällen eine Eigenschaft auftritt oder ein Ereignis eintritt, so ist die (auf Bruchteile bezogene) *relative Häufigkeit* oder *statistische Wahrscheinlichkeit* p die wichtigste *intensive* Maßzahl. Beispiele einer Charakterisierung von Mineralassoziationen durch intensive Maßzahlen sind: Prozentgehalt ($100\,p$) der Körner einer bestimmten Mineralart in einem körnigen Mineralaggregat; Prozentgehalt an Gewicht einer bestimmten Korngrößenklasse in einem Korngemisch verschiedenen Kalibers der Einzelkörner; Häufigkeit p, in der in einer Gesamtheit von Kristallen der gleichen Art eine bestimmte Kristallform oder eine bestimmte Formenkombination auftritt; Häufigkeit des Auftretens eines bestimmten Zwillingsgesetzes in einer Gesamtheit von Kristallen der gleichen Art.

Handelt es sich um das Studium *quantitativ* verschiedener Eigenschaften der gleichen Qualität, so wird man, wenn immer möglich, *extensive* Maßzahlen (a_i-Werte) gewinnen. Sind die veränderlichen Merkmale (zum Beispiel Durchmesser) nach Maß und Zahl des Auftretens bestimmbar, so muß man zuerst ein mittleres Maß bestimmen, einen *Zentralwert* oder *dichtesten Wert* der Verteilung oder ein *arithmetisches Mittel* (m). Das arithmetische Mittel erhält man durch Zergliederung der Gesamtzahl N der Einzelgegenstände in $n_1, n_2, n_3, \ldots, n_n$, denen die Maßwerte (Größen oder Mittelgrößen von Intervallen) $a_1, a_2, a_3 \ldots$ zugeordnet werden können. Es ist $\sum_{i=1}^{n} n_i = N$ und das *arithmetische Mittel* $m = \dfrac{1}{N} \sum_{i=1}^{n} a_i n_i$.

Hat man in verschiedenen, jedoch analogen Kollektivgegenständen oder in verschiedenen Teilgesamtheiten einer Gesamtheit für das gleiche Phänomen verschiedene Werte p_i oder verschiedene Werte m_i bestimmt, *so steht zunächst fest, daß meßbare Unterschiede vorhanden sind.* Es gilt nun, diese Unterschiede mathematisch zu fassen. Das geschieht durch die Differenzbildung der p_i-Werte unter sich oder der m_i-Werte unter sich. Sind nur zwei Beobachtungsserien vorhanden, so läßt sich dies einfach gestalten, indem man $p_1 - p_2$ bzw. $m_1 - m_2$ berechnet. $100\,(p_1 - p_2)$ gibt zugleich den Unterschied in Prozenten der Gesamtheit an. Man kann auch durch die Gleichung $m_1 : (m_1 - m_2) = 100 : x$ den Unterschied $m_1 - m_2$ in Prozenten von m_1 ausdrücken. Sind mehrere, zum Beispiel z Beobachtungsserien vorhanden, so wäre es willkürlich, ein p_i oder m_i als Basis der Differenzbildung auszuzeichnen. Man berechnet dann vorerst ein mittleres $p = P$ oder ein mittleres $m = M$ und erhält, wenn jedem p_i-Wert oder jedem m_i-Wert das gleiche Gewicht beigemessen werden darf:

$$P \text{ (mittlere Häufigkeit)} = \frac{1}{z} \sum_{i=1}^{z} p_i \text{ oder } M \text{ (mittleres Maß)} = \frac{1}{z} \sum_{i=1}^{z} m_i.$$

Ein mittleres P von z Teilgesamtheiten mit den Häufigkeiten $p_i = \dfrac{a_i}{n_i}$ kann somit berechnet werden zu:

$$P = \frac{1}{z}\left(\frac{a_1}{n_1} + \frac{a_2}{n_2} + \cdots + \frac{a_z}{n_z}\right).$$

Sind die n_i-Werte voneinander ziemlich verschieden, so wird man von vornherein geneigt sein, einem p_i-Wert mit großem n_i höheres Gewicht beizulegen als einem p_i-Wert mit kleinem n_i, und man kann dann versuchsweise $P = \dfrac{a_1 + a_2 + a_3 + \cdots + a_z}{N}$ setzen, das heißt, alle Serien zu einem Großversuch zusammengefaßt denken, mit $N = \Sigma\,n_i$. Hat man P oder M bestimmt, so berechnet man für die z Einzelserien die verschiedenen Differenzen $p_i - P = \lambda_i$ oder $m_i - M = \lambda_i$ und erhält die *durchschnittliche Abweichung* $\delta = \dfrac{1}{z}\sum_{i=1}^{z}\lambda_i$

($z = N$, wenn alle $n_i = 1$ sind, wenn zum Beispiel bei extensiven Maßzahlen jede Messung von jeder andern verschieden ist oder als Einzelmessung eingesetzt wird). Neben der durchschnittlichen Abweichung notiert man die maximale positive und maximale negative Abweichung von P bzw. M. Da sich in der durchschnittlichen Abweichung $+$- und $-$-Abweichungen kompensieren können, wird die *Streuung* der Werte besser durch die sogenannte *mittlere quadratische empirische Abweichung* nach der Formel $\mu^2 = \dfrac{1}{z-1}\sum_{i=1}^{z}\lambda_i^2$ bestimmt. Man dividiert durch $z - 1$ und nicht durch z, weil dadurch bei kleinem z einfachere Beziehungen zu später zu erwähnenden theoretischen Größen erkennbar sind. Es ist $\mu^2 = \dfrac{\Sigma\lambda_i^2}{z-1}$.

Als χ^2 bezeichnet man den Wert $\dfrac{\Sigma\lambda^2}{P}$ oder im Einzelfall $\dfrac{\lambda^2}{P}$, eine Art *Dispersionsindex*. Oft benutzt man auch die Größe $\dfrac{\mu}{\sqrt{z}} = \sigma = $ *Standardabweichung des Mittels*. Vergleicht man verschiedene in Einzelserien zerfallende analoge Kollektivgegenstände miteinander, so werden verschiedene μ-Werte μ_1, $\mu_2\ldots$ erhalten, und der Vergleich der μ-Werte zeigt, wo die Streuungen größer oder kleiner sind. Zwei Beispiele mögen die Berechnung derartiger empirischer statistischer Hilfsgrößen erläutern.

NIGGLI hat 1914 (bei einer ersten Anwendung der Statistik auf mineralogische Probleme) bei 20^0 C und unter gleichmäßigen Außenbedingungen gesättigte K_2SO_4-Lösungen auf Objektträgern verdampfen lassen, um das Ausmaß der Zwillingsbildungen zu studieren, und dabei festgestellt, daß unter den genannten Versuchsbedingungen jeweilen nur ein sehr kleiner Prozentsatz der Kristalle verzwillingt ist (siehe Tabelle: Zwillingsbildungen gesättigter K_2SO_4-Lösungen).

Es ist $\mu^2 = \dfrac{10^{-8}\cdot 27528}{4} = 10^{-8}\cdot 6882$. Somit $\mu = 10^{-4}\cdot 83 = 0{,}0083$. Da P sehr klein ist, in Prozenten 1,54, ist das eine große mittlere Abweichung. Man sieht sofort, daß Versuch Nr. 2 dafür verantwortlich ist und daß bei einer so kleinen Zahl der Einzelkörper und bei der offenbar geringen Neigung zu Zwillingsbildungen diese Versuchszahl 49 ungenügend ist. Man kann jedoch Versuch 1, 2 und 4 zu einem neuen Gesamtversuch 1* zusammenfassen (siehe Tabelle: Geringere Streuung durch Zusammenfassung).

Die mittlere Abweichung ist jetzt, bei ähnlichem n_i, ungefähr halb so groß geworden, also die Streuung geringer.

Zwillingsbildungen gesättigter K_2SO_4-Lösungen

Versuchs-nummer	Zahl der Kristall-körper	Davon ver-zwillingt	$p_i = \dfrac{a_1}{n_1}$	$\lambda = p_i - P$	$\lambda^2\, 10^{-8}$
1	149	2	0,0134	− 0,0020	400
2	49	0	0,0000	− 0,0154	23 716
3	526	10	0,0190	+ 0,0036	1 296
4	186	2	0,0108	− 0,0046	2 116
5	325	5	0,0154	± 0,0000	0 000
Gesamt-zahl	1235	19	$P = 0{,}0154$		$\Sigma \lambda^2 = 27\,528$

$p_i =$ Häufigkeit der Zwillingsbildung; $P =$ berechnet aus $\dfrac{19}{1235}$.

Geringere Streuung durch Zusammenfassung

Versuchs-nummer	Zahl der Kristallkörper	Davon verzwillingt	p_i	λ	$\lambda^2\, 10^{-8}$
1*	384	4	0,0104	− 0,0050	2500
3	526	10	0,0190	+ 0,0036	1296
5	325	5	0,0154	0,0000	0000
	1235	19			$\Sigma \lambda^2$ 3796

$$\mu^2 = \frac{10^{-8} \cdot 3796}{2} = 10^{-8} \cdot 1898. \qquad \mu = 10^{-4} \cdot 43 = 0{,}0043.$$

Mittelwerte der Korngrößen von Strandsandproben

Versuchsnummer	Mittlerer Durchmesser in mm	λ	$\lambda^2\, 10^{-6}$
1	0,260	− 0,001	1
2	0,262	+ 0,001	1
3	0,262	+ 0,001	1
4	0,259	− 0,002	4
5	0,260	+ 0,001	1
6	0,266	+ 0,005	25
7	0,260	− 0,001	1
8	0,261	0,000	0
	$M = 0{,}261$		$\Sigma \lambda^2 = 34$

$$\mu^2 = \frac{10^{-6} \cdot 34}{7} = 10^{-6} \cdot 4{,}86. \qquad \mu = 10^{-3} \cdot 2{,}2 = 0{,}0022.$$

KRUMBEIN (1934) hat für 8 ungefähr gleich große Strandsandproben der Waverly Beach des Lake Michigan die Mittelwerte der Korngrößen bestimmt (siehe Tabelle: Mittelwerte der Korngrößen von Strandsandproben). Die mittlere Streuung ist sehr gering. Sie beträgt nur ca. 0,8 % von M.

Sind nun verschiedene P- oder M-Werte ähnlicher Gesamtheiten bestimmt worden, so möchte der Beobachter wissen, wie er die Unterschiede zu bewerten hat. Scheinen sie von wesentlicher oder mehr zufälliger Art? Im ersteren Fall ist nach den Ursachen der Unterschiede zu forschen, im zweiten Fall handelt es sich um Werte, wie sie an sich bei gleichen Ursachen oder Grundwahrscheinlichkeiten in verschiedenen Stichproben auftreten können. Niemals bedeutet letzteres, daß gleiche Verhältnisse vorausgesetzt werden *müssen*, aber es spricht vorläufig nichts gegen diese Annahme.

Nun lehrt die Wahrscheinlichkeitsrechnung folgendes: Ist die theoretische Wahrscheinlichkeit für das Eintreten eines Ereignisses a durch P gegeben, so ist der mittlere Fehler (die theoretische mittlere quadratische Abweichung) für eine Teilgesamtheit von n Individuen gegeben durch $\mu_{th} = \sqrt{\dfrac{P\,(1-P)}{n}}$. Zunächst sieht man daraus, daß μ_{th} umgekehrt proportional $\sqrt{n}$ ist und daß es bei P-Werten um 0,5 größer ist als bei P-Werten, die nahe bei 0 oder 1 liegen (weil dann $P[1-P]$ relativ klein wird).

Als maßgebende Verteilung der verschiedenen empirisch bestimmbaren p_i-Werte kann man Verteilungen annehmen nach einem Binomialgesetz oder einem Exponentialgesetz oder nach besonderen Grenzfällen dieser Gesetze, die selbst für bestimmte Werte sich wenig, für andere stärker voneinander unterscheiden. Diese Gesetze lassen sich mathematisch formulieren in der Weise, daß zu einem bestimmten Wert y eine Wahrscheinlichkeit Y in Prozenten gehört. Eine häufig benutzte «*Normalverteilung*» ergibt einen funktionellen Zusammenhang, der aus folgenden Wertepaaren hervorgeht:

y	Y	$100-Y$
2,576	1	99
2,326	2	98
2	ca. 5	ca. 95
1,645	10	90
1,282	20	80
1	ca. 32	ca. 68
0,6745	50	50
0,51	61	39
0,31	76	24
0,20	84	16
0,10	92	8

Sie ist jedoch nicht die einzige; das Exponentialgesetz weicht zum Beispiel bei großen und kleinen y-Zahlen nicht unwesentlich davon ab. Für kleine Wahrscheinlichkeiten benützt man die sogenannten *Poisson-Kurven*.

Nimmt man dieses Verteilungsgesetz als richtig an, so folgt, daß die Wahrscheinlichkeit dafür, daß empirisch bestimmte p-Werte bei einer gegebenen theoretischen Wahrscheinlichkeit (oder Häufigkeit) P zwischen den Grenzen $P \pm y\, \mu_{th}$ liegt, gegeben ist durch das zu y gehörige $100-Y$. Das heißt: in nur

$$Y \text{ von 100 Fällen sollte } p \text{ einen Wert außerhalb } P \pm y\, \mu_{th} = P \pm y\, \sqrt{\frac{P(1-P)}{n}}$$

haben. Ist $y = 1$, somit das Intervall gegeben durch $P \pm \mu_{th}$, so sollten nach der obigen Tabelle in etwa 68 von 100 Proben, das heißt zu rund zwei Dritteln, die p-Werte in dieses Intervall fallen. Ist $y = 0{,}6745$, so sollten ungefähr gleich viele p-Werte in und außerhalb der Grenze $P = 0{,}675\, \mu_{th}$ fallen. Man nennt letzteres *die wahrscheinlichen Grenzen der Abweichung*. Ist $y = 2$, das heißt das Intervall durch $P \pm 2\, \mu_{th}$ gegeben, so sollten 95 % der p-Werte in dieses Intervall fallen, und ist dies der Fall, so kann mit einer Wahrscheinlichkeit von 95 % $= 0{,}95$ vermutet werden, die verschiedenen Proben seien Stichproben einer Gesamtheit gleicher Grundwahrscheinlichkeit P.

Nun sind jedoch sofort gewisse Vorbehalte anzubringen. Einigermaßen richtig sind diese Aussagen nur bei großen n-Werten. Auch ist das Intervall der Ab-

$$\text{weichungen um so kleiner, je größer der Ausdruck } h = \sqrt{\frac{n}{P(1-P)}} \text{ ist. Man be-}$$

$$\text{zeichnet diese Größe oder die Größe multipliziert mit } \frac{1}{\sqrt{2}} \text{ daher auch als } \textit{Präzision}$$

einer Versuchsserie. Kommt die beobachtete Wahrscheinlichkeit durch Überlagerung verschiedener Wahrscheinlichkeiten als eine Art Mittelwertsbildung zustande, so ist selbstverständlich, daß verschiedene Kombinationen solcher Wahrscheinlichkeiten ähnliche Mittelwerte geben können, die einfachen Aussagen somit ihre Bedeutung vollständig verlieren. Manchmal ist notwendig, sich zunächst ein Bild zu machen, wie groß die Individuenzahl sein muß, damit erwartet werden darf, die beobachteten p-Werte würden ein bestimmtes Intervall mit einer bestimmten Wahrscheinlichkeit $1 - Y$ nicht überschreiten.

Es sollen beispielsweise mit der Wahrscheinlichkeit 99 von 100 die p-Werte innerhalb des Intervalles $P \pm 0{,}01$ liegen (Abweichungen von 1 % des Totals nach oben und unten sind zugelassen). Dann ist $0{,}01 = y\, \mu$, wobei aus der Tabelle

$$\text{der } (y, Y)\text{-Werte folgt, daß } y = 2{,}576 \text{ ist. Es muß somit } \mu = \frac{0{,}01}{2{,}576} = \sqrt{\frac{P(1-P)}{n}}$$

$$\text{sein. Daraus ergibt sich } n = \frac{P(1-P)}{\left(\dfrac{0{,}01}{2{,}576}\right)^2}; \text{ für } \pm\,0{,}01 \text{ erhält man allgemein}$$

$$n = \frac{y^2\, P(1-P)}{(0{,}01)^2}.$$

Es sei beispielsweise die Wahrscheinlichkeit des Auftretens von Flächen der sogenannten s-Form an Quarzkristallen $= \tfrac{1}{2}$. Wie groß sollte die Zahl n der zu untersuchenden Quarzkristalle sein, damit der gefundene Wert p in Prozenten mit 95 % Wahrscheinlichkeit zwischen 48 % und 52 % liegt, also zwischen $P \pm 0{,}02$?

$$0{,}02 = 2\, \mu = 2\, \sqrt{\frac{\tfrac{1}{2}\cdot\tfrac{1}{2}}{n}} \qquad n = \frac{4 \cdot \tfrac{1}{4}}{(0{,}02)^2} = \frac{1}{0{,}0004} = 2500.$$

Diese Zahl zeigt wohl am besten, was für große Gesamtheiten zur genaueren Bestimmung einer apriorischen Wahrscheinlichkeit notwendig sind, sofern solche Wahrscheinlichkeiten überhaupt in Frage kommen. Nun kennt man (im Gegensatz zu manchen biologischen Versuchen) in der Mineralogie und Petrographie in den meisten Fällen diese theoretischen Wahrscheinlichkeiten nicht, ja man weiß nicht einmal, ob die Variation der gefundenen Werte im Sinne der Wahrscheinlichkeitslehre als zufällig betrachtet werden darf. Hat man mit relativ großen n von Einzelwerten operiert, so bleibt nichts übrig, als die am Gesamtmaterial gefundenen Werte angenähert als die theoretisch richtigen anzusehen, das heißt, die empirische Häufigkeit probeweise zur theoretischen zu wählen. So könnte man vermuten, daß in den Seite 113 erwähnten Experimenten P für die Zwillingsbildung $= \dfrac{19}{1235} = 0,0154$ ist. μ_{th} berechnet sich dann für die Gesamtheit zu

$$\mu_{th} = \sqrt{\frac{0,0154 \cdot 0,9846}{1235}} = \sqrt{\frac{1\,516\,284 \cdot 10^{-8}}{1235}} = \sqrt{1228 \cdot 10^{-8}} = 35 \cdot 10^{-4} = 0,0035.$$

Da die drei Versuchsproben 1*, 3, 5 mit 384, 526, 325 Kristallen durchgeführt wurden, also durchschnittlich mit $\dfrac{1235}{3} = 412$ Kristallen, ergibt sich μ_{th} für $n = 412$ zu $0,0035 \cdot \sqrt{3} = 0,0061$.

Das gibt nun eine Handhabe, μ_{th} mit dem Seite 113 bestimmten empirischen μ zu vergleichen. Es kann dies auf verschiedene Weise geschehen. Man nennt $\dfrac{\mu}{\mu_{th}} = Q$ den *Divergenzkoeffizienten* und kann folgende Aussagen machen. Wird $Q \sim 1$ gefunden (*normale Dispersion*), so ist die Annahme, die empirisch bestimmte mittlere relative Häufigkeit sei die Grundwahrscheinlichkeit für alle berücksichtigten Teilgesamten, vertretbar. Ist Q erheblich größer als 1 (*übernormale Dispersion*), so bedeutet dies: die beobachtbare Streuung ist so groß, daß sie kaum durch das Gesetz des blinden Zufalls zustande kommen konnte. Chancengleichheit, Konstanz der Wahrscheinlichkeit oder Unabhängigkeit der Versuche voneinander waren nicht erfüllt. Ist Q wesentlich kleiner als 1, so ist die Dispersion (*unternormal*) kleiner, als dies nach den Wahrscheinlichkeitsregeln erwartet werden durfte. Es ist die Tendenz zu einer strengeren gesetzmäßigen Beziehung vorhanden, und es gelingt vielleicht experimentell oder durch fortgesetzte Beobachtung, denjenigen Teil, der noch ein «zufälliges» Element vertritt, abzusondern, um zu einem Gesetz im engeren Sinne zu gelangen.

In unserem Fall ist $Q = \dfrac{43}{61}$, das heißt $= 0,7$, also nahezu $= 1$. Die Annahme, die Beobachtungen seien mit einer für alle chancengleichen Proben gültigen Grundwahrscheinlichkeit für die Zwillingsbildung von $P = 0,0154$ verträglich, ist somit nach dieser ersten Orientierung zum mindesten nicht abwegig. Die Bedingung $Q \sim 1$ ist hiefür notwendig, aber nicht unbedingt ausreichend. Geht man primär von der Annahme des Vorhandenseins einer solchen Grundwahrscheinlichkeit P aus und hat für n um 412 bestimmt: $\mu_{th} = 0,0061$, so kann man auch sagen: es sollten, um diese Annahme einigermaßen mit der Wahrscheinlichkeit Y zu rechtfertigen, die bestimmten p-Werte zu $(100 - Y)\,\%$ im Intervall $P \pm y\,\mu_{th}$ liegen, also im gegebenen Fall zu mindestens rund zwei Dritteln im Intervall $0,0154 \pm 0,0061$, das heißt zwischen $0,0215$ und $0,0093$. In diesem Intervall liegen jedoch alle p-Werte der Serien 1*, 3, 5 und 4/5 der kleinzahligen Serie 1, 2, 3, 4, 5. Im letztern Falle sind allerdings die Beobachtungszahlen in den einzelnen Serien sehr ungleich. Man sollte dann eigentlich die oben angenäherte

Gleichheitsformel durch eine andere ersetzen, zum Beispiel wiederum nur sehr angenähert:

$$\sqrt{\frac{\Sigma\, n_i\,(1+n_i/n)\,\lambda_i^2}{z}} = \sqrt{P\,(P-1)}\,.$$

Doch wird man sich bei kleinen Teilgesamtheiten überhaupt zu fragen haben, ob derartige Berechnungen sinnvoll sind, da ja in allen Fällen relativ große n verlangt werden und bereits die Abhängigkeitsbeziehung y zu Y bei kleiner Zahl der Stichproben nur eine angenäherte Gültigkeit besitzt. Im letzteren Fall können zu einer ersten Urteilsbewertung neue Werte, sogenannte t-Werte, bestimmt werden, die in Abhängigkeit von den n_i-Zahlen verschiedene Wahrscheinlichkeitsgrößen ergeben. Oft braucht man jedoch die Rechnungen lediglich dazu, um von zwei oder mehreren Grundversuchen festzustellen, ob sie überhaupt mit einiger Wahrscheinlichkeit als Teile gleicher Grundwahrscheinlichkeit angesehen werden dürfen, oder um festzustellen, wie groß die Individuenzahl sein müßte, um die Fehler in gewissen Grenzen zu halten.

So ergaben nach Niggli Zählungen an drei Gruppen von Granatkristallen der Kombinationen $\langle 110\rangle\,\langle 211\rangle$ in Drusen eines Granat-Diopsid-Felsens von Maigels (Gotthard) folgende Wahrscheinlichkeiten p_i des Nichtauftretens von $\langle 211\rangle$:

Versuchs-nummer	Anzahl	p_i	λ	$\lambda^2\,10^{-6}$
1	450	0,027	$-\ 0,043$	1 849
2	526	0,025	$-\ 0,045$	2 025
3	381	0,160	$+\ 0,090$	8 100
	$\Sigma\ 1357$	$P = 0{,}070$		$\Sigma\,\lambda^2\ 11\,974\cdot10^{-6}$

Mittelwert P, bezogen auf gleiche mittlere Versuchszahl 452, wäre 0,07.

Man ersieht bereits aus den p_i-Werten, daß die Gemeinschaft 3 offenbar eine ganz andere Grundwahrscheinlichkeit besitzt als 1 und 2. In den Proben 3 und nur in diesen spielte Quarz als Begleitmineral eine größere Rolle, so daß vermutet werden darf, aus Lösungen, die gleichzeitig Quarz ausscheiden, werde die Form $\langle 211\rangle$ seltener gebildet, oder mit anderen Worten: derartige Lösungen begünstigen das Auftreten von $\langle 110\rangle$, dem Rhombendodekaeder, als einfacher Wachstumsform. Nur zur Bestätigung kann man Rechnungen wie die folgenden durchführen.

Betrachtet man alle drei Versuche als Teile einer Gesamtheit mit der mittleren Wahrscheinlichkeit für das Nichtauftreten von $\langle 211\rangle = 0{,}07$, so wäre

$$\mu_{th} = \sqrt{\frac{0{,}07\cdot0{,}93}{452}} = \sqrt{\frac{10^{-4}\cdot651}{452}} = 0{,}012\,.$$

μ (beobachtet) ergibt sich zu
$$\sqrt{\frac{\Sigma\,\lambda^2}{z-1}} = \sqrt{\frac{10^{-6}\cdot11974}{2}} = 0{,}077\,.$$

$$Q = \sqrt{\frac{\Sigma\,\lambda^2\cdot452}{2\cdot0{,}07\cdot0{,}93}} \quad \text{oder gleich}\quad \frac{0{,}077}{0{,}012} = 6{,}4\,.$$

Die Dispersion ist also, wie erwartet, stark übernormal. Man kann auch aus den zwei ersten Versuchen (mittlere Zahl $= 488$ Versuche) mit mittlerem $P = 0{,}026$

μ_{th} berechnen zu $\mu_{th} = \sqrt{\dfrac{0{,}026 \cdot 0{,}974}{488}} = \sqrt{\dfrac{10^{-6} \cdot 25324}{488}} = 0{,}072$. Die wahrscheinliche Grenze mit der Chance 1:1 ist somit für $p = P \pm 0{,}6745 \cdot 0{,}0072 = 0{,}026 \pm 0{,}005$. p müßte zwischen 0,021 und 0,031 liegen, für Versuch 3 ist jedoch $p = 0{,}16$, also etwa 21 μ_{th}. Die Wahrscheinlichkeit Y dafür, daß die Gesamtheit 3 zur gleichen Grundwahrscheinlichkeit gehört wie die der Versuche 1 und 2, ist daher außerordentlich gering, da ja bereits für 2,576 μ nur noch eine Wahrscheinlichkeit von 1 % besteht. Allerdings haben, da die n-Zahlen und die Wahrscheinlichkeit P an sich klein sind, diese Aussagen auch nur approximativen Wert, so daß eigentlich die große Diskrepanz von p_1 und p_2 gegenüber p_3 zur Beurteilung genügt.

CHAYES hat durch Messungen an 11 Dünnschliffen eines Granites folgende mittlere Volumprozentzahlen bestimmt:

Quarz 29,62, Feldspat 61,02, Glimmer 7,75, Epidot 1,61.

Diese Zahlen können als Häufigkeitszahlen multipliziert mit 100 angesehen werden, sofern die Zusammensetzung von Schliff zu Schliff an sich gleich blieb. Es ergaben sich folgende Streuungswerte:

	Quarz	Feldspat	Glimmer	Epidot
μ^2	11,66	19,89	3,02	0,50
μ	3,42	4,45	1,74	0,71
$\sigma = \dfrac{\mu}{\sqrt{11}}$	1,03	1,34	0,52	0,21

Er berechnete daraus, wie groß die Zahl n der Schliffe sein muß, damit mit einer Wahrscheinlichkeit Y die Werte σ um nicht mehr als 1 % des Totals (= 100) vom bestimmten Wert abweichen. Es muß $y\,\sigma = 1$ sein. Da $\sigma = \dfrac{\mu}{\sqrt{n}}$ ist, erhält man

$$y\,\frac{\mu}{\sqrt{n}} = 1 \quad \text{oder} \quad n = y^2\,\mu^2.$$

Für 68 % Wahrscheinlichkeit wird $y = 1$, somit $n = \mu^2$; für 95 % Wahrscheinlichkeit wird $y = 2$, somit $n = 4\,\mu^2$. Somit ergibt sich auf- oder abgerundet mit 68 % bzw. 95 % Wahrscheinlichkeit:

Notwendige Schliffzahl für	bei 68 %	bei 95 %
Quarz	12	47
Feldspat	20	79
Glimmer	3	12

Untersucht man variable Größen, die nicht alle beliebigen Werte, sondern nur eine Serie (zum Beispiel ganzzahlige) von Werten annehmen können, wie das ja bei Häufigkeiten, die auf das Vorhandensein oder Nichtvorhandensein von

Eigenschaften oder das Auftreten oder Nichtauftreten von Ereignissen an sich der Fall ist, so kann man aus theoretisch bekannten oder durch Mittelwertsbildung approximativ berechneten Wahrscheinlichkeiten Normalverteilungstabellen berechnen. Daraus ersieht man, in wie vielen Fällen von Beobachtungsgruppen die Anzahlen a_1, a_2, a_3, ... auftreten sollten, und damit lassen sich einzeln die Beobachtungsergebnisse vergleichen. Ist in einem Feld i der Verteilung die Abweichung vom berechneten Wert π_i durch λ_i gegeben, so ist $\dfrac{\lambda_i^2}{\pi_i} = \chi^2$ und $\dfrac{\Sigma \lambda_i^2}{\pi_i}$ ein Dispersionsindex, der relativ klein sein sollte. Auch für χ^2 bestehen in Abhängigkeit von der Versuchsserienzahl (bzw. der nach Berücksichtigung der bei der Berechnung verfügten Bedingungen und der übrigbleibenden Freiheitsgrade) Tabellen, die angeben, welchen Wert der Dispersionsindex nicht überschreiten darf, damit mit einiger Wahrscheinlichkeit die beobachtete Verteilung als mit der berechneten in Einklang befindlich anzunehmen ist. Darüber sowie über weitere Berechnungsgrößen (sogenannte Momente), die auch die Asymmetrie der Abweichungen berücksichtigen (zum Beispiel Funktionen der dritten Potenz von λ), ferner über Korrekturen hinsichtlich der Gruppierungsmöglichkeiten der Beobachtungen usw., müssen die Werke über statistische Methoden und Wahrscheinlichkeitsrechnung zu Rate gezogen werden. Man sollte zudem im Einzelfall verschiedene Prüfverfahren anwenden, da oft das eine etwas andere Resultate ergibt als ein zweites.

Ein wichtiges Problem ist auch das, zu bestimmen, ob zwischen verschiedenen, durch Häufigkeiten charakterisierten Eigenschaften an ein und derselben Gesamtheit *Korrelationen* bestehen. Grundsätzlich gilt hiefür folgendes. Ist die Wahrscheinlichkeit für eine Eigenschaft $= P_1$, für eine andere $= P_2$, so sollte die Wahrscheinlichkeit dafür, daß an einem Individuum sowohl Eigenschaft 1 wie 2 auftritt, gleich sein dem Produkt beider Wahrscheinlichkeiten, sofern beide Eigenschaften voneinander völlig unabhängig (unkorreliert) sind. Findet man wesentlich andere Wahrscheinlichkeiten für das Auftreten beider Eigenschaften, so können irgendwelche Korrelationen bestehen, und man kann wiederum Theorie und Empirie miteinander vergleichen, das heißt *Korrelationskoeffizienten* usw. berechnen. Auch darüber gibt es standardisierte Prüfverfahren, auf die hier nicht eingegangen werden kann.

Ähnlich wie Häufigkeitszahlen lassen sich Mittelwerte und Streuungen extensiver Größen berechnen, das heißt, man kann nachprüfen, ob Abweichungen von einem mittleren Maßwert dem normalen Verteilungsgesetz oder Binomial- bzw. Exponentialgesetz einigermaßen entsprechen. Man setzt gewissermaßen einen Mittelwert als gegeben voraus und betrachtet es als durch den mathematischen Zufall bedingt, ob dieser Mittelwert präzis eintritt oder nur nahezu erreicht wird. Kennt man den theoretischen Mittelwert nicht, so kann man ihn vermutungsweise als Durchschnittswert einsetzen, was großes n voraussetzt. Dann läßt sich die Verteilung der Abweichungen λ oder χ^2 mit einer nach dem Zufall zu erwartenden vergleichen. Nehmen wir zum Beispiel an, in einer Gesamtheit von $N = 28\,509$ Individuen sei ein mittlerer Maßwert M für ein Individuum 166,6 mm mit einer Streuung des a_i von 154 bis 195 mm und starker Anhäufung der Werte zwischen 160 und 172 mm. Aus $\dfrac{1}{N} \displaystyle\sum_{i=1}^{n} a_i\, n_i$ und Vergleich mit M berechnet man die Abweichungen und einen μ-Wert derart, daß innerhalb $M \pm \mu$ etwas mehr als zwei

Drittel aller Abweichungen fallen. Es sei zum Beispiel $\mu = 5,5$ mm und $\sigma = \dfrac{5,5}{\sqrt{28509}} = 0,0327$.

Hat man in einer zum Beispiel kleineren anderen Gesamtheit von 6687 Individuen $M_1 = 161,9$ mm, $\mu_1 = 4,4$ mm, $\sigma_1 = 0,0534$ mm, so kann man fragen, ob nach den normalen Verteilungsgesetzen für die beiden Gesamtheiten gleiche Grundbedingungen anzunehmen sind. Der Unterschied $M - M_1$ sollte in diesem Falle normal verteilt sein mit einer Streuung σ_d, die sich berechnet aus $\sigma_d^2 = \sigma^2 + \sigma_1^2$. Das heißt $\sigma_d = \sqrt{\sigma^2 + \sigma_1^2}$. Im angeführten Fall ergibt dies $\sqrt{(0,0327)^2 + (0,0534)^2} = 0,0626$. Es ist das der mittlere Fehler für die Differenz der Durchschnitte M und M_1. Diese Differenz ist $166,6 - 161,9 = 4,5$ mm, also das 72fache davon. Es muß somit als sehr unwahrscheinlich angesehen werden, daß die beiden Gesamtheiten als Teile einer durch gleiche mittlere Maßzahl bestimmten Grundgesamtheit angesehen werden dürfen. Ja man kann die dazugehörige Wahrscheinlichkeit Y aus $y = \dfrac{M - M_1}{\sigma_d} = 72$ bestimmen. Die Wahrscheinlichkeit ist verschwindend klein, da sie bereits für $y = 2,576$ nur noch 1 % beträgt. Allgemein kann der Unterschied zweier Durchschnitte $M_1 - M_2$, deren interne mittlere Streuungen μ_1, μ_2 innerhalb ihrer Gesamtheiten N_1, N_2 bestimmt sind, wie folgt geprüft werden. Man berechnet σ_1 und σ_2 aus $\dfrac{\mu_1}{N_1}$ und $\dfrac{\mu_2}{N_2}$ sowie σ_d aus $\sqrt{\sigma_1^2 + \sigma_d^2}$ und erhält aus $y = \dfrac{M_1 + M_2}{\sigma_d}$ die zugehörige Wahrscheinlichkeit $100 - Y$ in Prozenten dafür, daß die Abweichung als nicht zufällig, sondern als gesichert gelten darf. Auch hier müssen bei kleinen N die Funktionen $y \rightarrow Y$ anders in Rechnung gestellt werden, da erst von etwa $N = 100$ an Y ungefähr durch das y der Tabelle auf Seite 115 angenähert richtig gegeben wird; bei kleinerem N gehört zu einem gleichen Y ein größeres y, und man benutzt die Seite 118 erwähnten t-Werte mit ihren Tabellen.

Will man in einer Versuchsserie nachprüfen, ob die Annahme eines konstanten Mittelwertes wahrscheinlich ist, so beurteilt man die Abweichungen nach den üblichen Regeln. So sollte in dem Seite 114 erwähnten Beispiel mit $\mu = 0,0022$ und $M = 0,261$ die Abweichungen zu 95 % innerhalb der Grenzen $0,261 \pm 2 \cdot 0,0022$, also zwischen 0,2654 und 0,2566 liegen. Da von 8 Werten nur einer knapp über 0,2654 (nämlich auf 0,266) fällt, ist dies praktisch erfüllt. Wird eine 65 %ige Wahrscheinlichkeit verlangt, so müßten etwa zwei Drittel der m_i zwischen $0,261 \pm 0,0022 = 0,263$ und 0,259 liegen, es sind sogar jedoch sieben Achtel der m_i-Werte.

Diese Beispiele mögen zur Verdeutlichung der Anwendung der Lehre von der mathematischen Statistik und Wahrscheinlichkeitsrechnung genügen. Rezepte, die man automatisch anwendet, dürfen nicht gegeben werden, es muß stets die Gesamtlehre mit ihren Einschränkungen in bezug auf die Anwendungen berücksichtigt werden. Die große Schwierigkeit in der Anwendung besteht darin, daß mit großen Individuenzahlen gerechnet werden sollte, daß sich aber anderseits bei einer Ausdehnung auf mächtigere Gesamtheiten die Erwartung, es mit Chancen zu tun zu haben, die innerhalb des von der Gesamtheit erfüllten Raumes überall gleich waren, stark verringert. In neuerer Zeit haben (vorwiegend für biologische Probleme) STUDENT und FISHER die Testmethoden näher ausgearbeitet und zusammengestellt, die auch bei kleineren Versuchszahlen Aussagen ermöglichen, und von denen vielleicht einige in der Gesteins- und Minerallagerstättenlehre Anwendung finden können.

In einem Mineralaggregat sind die Einzelkristallkörner in Gestalt und
Größe oft sehr ungleich. Für eine erste Orientierung ist die *Zahl der Einzelkörner* einer Mineralart weniger wichtig *als der mengen- oder volumprozentische
Anteil* der Mineralart als Ganzes. Man geht daher oft so vor, daß man zunächst
diese Größen bestimmt und die Korngröße (in Form extensiver benannter Maßzahlen) in zweiter Linie untersucht. Die Grundfragen lauten dann:

1. Wie viele *artverschiedene* Mineralien nehmen am Mineralaggregat teil?
2. In welchen *Mengen-* oder *Volumanteilen* sind sie im Mittel zugegen?

Die Beantwortung der ersten Frage hat mit einer prinzipiellen Schwierigkeit zu rechnen. Der Begriff Mineralart ist (siehe Seite 56) nicht einfach zu fassen. Ohne im einzelnen auf das Problem der Artabgrenzung einzugehen (siehe
auch Seite 64), kann man sich für die Bestandesaufnahme eines Mineral-
aggregats dahin einigen, daß als lokal artverschieden diejenigen Mineralien bezeichnet werden, die im Aggregat nicht im chemischen und kristallographischen
Sinne durch Übergänge miteinander verbunden sind. Oft unterscheidet man
auch zwischen *primärem* und *sekundärem* Mineralbestand, wenn es sich herausstellt, daß gewisse Mineralien spätere Neubildungen sind, die so erfolgten, daß
der alte (primäre) Mineralbestand nicht völlig ersetzt oder unkenntlich gemacht
wurde. Man betrachtet dann zunächst die älteren Primärmineralien für sich.

Bei sehr vielen, besonders bei den nichtchorismatischen Gesteinen, macht
man die Beobachtung, daß die Zahl der in diesem Sinne artverschiedenen Mineralien, die in wesentlichem Maße an ein und demselben Aggregat teilhaben,
relativ klein ist. *Und zwar gilt im allgemeinen, daß gerade jene Gesteinskomplexe,
die in analoger Ausbildung große Teilräume erfüllen, aus sehr wenigen, verschiedenen Mineralien bestehen*, während auf akzessorischen Minerallagerstätten die
Artenzahl oft eine größere ist. Es ist selbstverständlich, daß dadurch die Gesteinskunde an Übersichtlichkeit gewinnt. Man kann für diese, gegenüber der
denkbaren Mannigfaltigkeit vorhandene Selektion nach einer generellen Erklärung suchen. Sie ergibt sich aus physikalisch-chemischen Erwägungen
(siehe drittes Kapitel).

Sind die verschiedenen Mineralarten einer natürlichen Mineralvergesellschaftung bestimmt und kennt man deren Einzelzusammensetzung (angenähert
oder genau), so läßt sich zunächst rein tabellarisch die Aufteilung des Bauschalchemismus auf die einzelnen Phasen behandeln.

Man kann dies mit einer Darstellung der Mengenverhältnisse verbinden.
Ein von WEED untersuchtes Gestein (Granodiorit bis Quarzmonzonit von
Walkerville Station, Butte, Montana) diene uns als Beispiel. Beobachtete Mineralien sind Plagioklas, Orthoklas, Quarz, Biotit, Hornblende, Pyroxen, Magnetit, Pyrit, etwas Apatit, Ilmenit. Wir ordnen die Mineralien nach ihrer gewichtsprozentischen Beteiligung am Gesteinsaufbau, schreiben links die Gesteinsanalyse in Gewichtsprozenten und vermerken in jeder zu einem Mineral gehörigen Vertikalkolonne die an der Mineralzusammensetzung im wesentlichen
beteiligten Komponenten. Dabei genügt folgende Kennzeichnung. Oxyde, die zu
mehr als 20% gewichtsprozentisch an der Mineralzusammensetzung beteiligt sind,
erhalten drei Kreuze, solche mit 10–20% Beteiligung zwei, zwischen 1–10% ein

Kreuz, bei einer Beteiligung $< 1\%$ einen Punkt (in der Analyse ist S als SO_3 bestimmt, tritt jedoch im Gestein als S in Pyrit auf und ist als S in Rechnung zu stellen). Der Vergleich der Mineralzusammensetzungen mit den gewichtsprozentischen Anteilen der Mineralien am Gesteinsaufbau zeigt, wie sich der Chemismus des Systems (Gesteinschemismus) qualitativ auf die einzelnen Phasen verteilt (Tabelle 9). Naturgemäß kann man die Zusammensetzung auch in Äquivalentprozenten oder Molekularwerten ausdrücken und graphische Darstellungen zu Hilfe nehmen. So lauten für das genannte Beispiel die *Niggli-Werte* für die fünf Hauptmineralien entsprechend der Tabelle 10.

Tabelle 9

Granodiorit bis Quarzmonzonit, Butte, Montana, Mineralbestand und Chemismus

Gesteinschemismus	Plagioklas ca. 40%	Orthoklas ca. 20%	Quarz ca. 20%	Biotit ca. 9%	Hornblende 6%	Augit 3%	Magnetit 1%	Ilmenit wenig. als 1%	Apatit wenig. als 1%	Pyrit weniger als 1%
SiO_2 63,88	xxx	xxx	xxx	xxx	xxx	xxx				
Al_2O_3 15,84	xxx	xx		xx	x	.				
Fe_2O_3 2,11				x	x	x	xxx	xxx		
FeO 2,59				xx	xx	x	xx			xxx als Fe
MgO 2,13				xx	xx	xx				
CaO 3,97	x				xx	xxx			xxx	
Na_2O 2,81	x	x		.	.	.				
K_2O 4,23		xx		x	.	.				
H_2O^+ 0,66				x	x					
H_2O^- 0,22				x	.				?ev.F	
TiO_2 0,65				x	x	.	?	xxx		
P_2O_5 0,21									xxx	
MnO 0,07				.	.					
SrO 0,02	?				.?	.				
BaO 0,09		.		.						
S bzw. SO_3 0,34										xxx als S

Tabelle 10

Niggli-Werte der Hauptmineralien und des Gesteins von Butte, Montana

	si	*al*	*fm*	*c*	*alk*	*k*	*mg*	*c/fm*
Quarz	∞	—	—	—	—	—	—	—
Orthoklas	300	50	—	—	50	hoch	—	—
$Ab_{59,4}An_{40,6}$	184,6	50	—	29	21	klein	—	∞
Feldspatgemisch . . .	212	50	—	22	28	0,43	—	∞
Biotit	75	17	70,5	0	12,5	0,99	0,54	0
Hornblende	77	19,5	50	22,5	8	0,3	0,15	0,45
Gestein	246	36	27	16,5	20,5	0,5	0,46	0,61

Da die übrigen Mineralien nur in kleinen Mengen auftreten, muß die Gesteins-zusammensetzung im *al-fm-c-alk*-Tetraeder innerhalb des Vierflächners mit Orthoklas-Plagioklas-Biotit-Hornblende-Zusammensetzungen als Eckpunkten zu liegen kommen oder nahezu in das Dreieck mit Biotit-Hornblende-Feldspat-gemisch-Zusammensetzung als Eckpunkten (Figur 61 *a*). Man kann auch, wie in Figur 61 *b*, einzeln je zwei der vier Molekularwerte einander gegenüberstellen, die Werte für Feldspatgemisch, Biotit, Hornblende und das Gestein eintragen und findet dann in allen vier Projektionen den darstellenden Punkt für das Ge-stein (*G*), in den Dreiecken bestimmt durch Feldspatgemisch (*F*), Biotit (*B*) und Hornblende (*H*). Die eigentliche Berechnung des Mineralbestandes aus der Gesteinsanalyse soll in späteren Abschnitten der speziellen Gesteinskunde be-handelt werden.

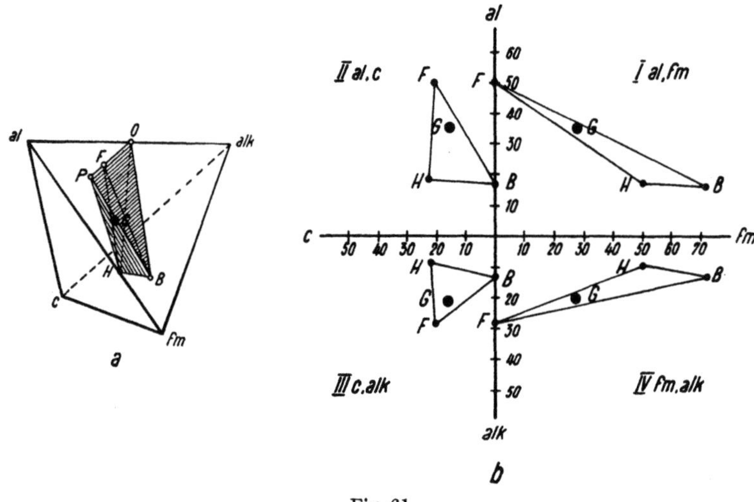

Fig. 61

a Graphische Darstellung des Chemismus des Granodiorites im *al-fm-c-alk*-Tetraeder. Der Projek-tionspunkt *G* fällt innerhalb des Vierflächners mit Orthoklas (*O*), Plagioklas (*P*), Biotit (*B*), Hornblende (*H*) als Eckpunkten; *b* Der Chemismus des gleichen Granodiorites in einzelnen *al-fm-*, *fm-alk-*, *alk-c-*, *c-al*-Diagrammen dargestellt. Die Projektionspunkte *G* des Gesteines fallen immer in die Feldspatgemisch- (*F*), Biotit- (*B*), Hornblende(*H*)dreiecke.

β. **Quantitativer Mineralbestand.** *Die eigentliche Bestandesaufnahme des Gefüges* erfolgt bei unmittelbarer Beobachtung in Form von *Volum-* oder *Ge-wichtsprozenten.* Volumprozente resultieren bei Vermessungen unter Benützung von Anschliff- oder Schnittflächen. Sie müssen sehr sorgfältig und unter Be-rücksichtigung einer allfälligen Anisotropie der räumlichen Verteilung durch-geführt werden. Gewichtsprozente lassen sich direkt gewinnen, sofern eine Trennung der Mineralien im Gesteinspulver möglich ist und die verschiedenen Fraktionen der Trennung direkt gewogen werden können. Kennt man die spe-zifischen Gewichte der Gefügebestandteile, so lassen sich Gewichts- in Volum-prozente (und umgekehrt) überführen, wobei das Gestein frei von Hohlräumen bzw. Poren gedacht wird, das heißt die Volumanteile sich nur auf die Summe der Festkörper beziehen.

Allen ziffernmäßigen Bestimmungen der Gefügeeigenschaften, auch den analytisch-chemischen Untersuchungen, sollte eine Bestimmung der Größe des *Elementarkörpers* oder Grundkörpers vorausgehen, das heißt desjenigen Raumteiles, der bereits die Ableitung annähernd gültiger Durchschnittswerte für die Gesamtheit gestattet. Als Elementarkörper (zum Beispiel in Würfelform) bzw. Elementarfläche werden somit jene Größen bezeichnet, die (innerhalb eines Strukturbereiches von gleichmäßigem Verhalten) Mineralbestand und andere Gefügeeigenschaften mit einem vorgegebenen, relativ kleinen Fehler zu bestimmen gestatten (GRENGG, MADER, SCHMÖLZER).

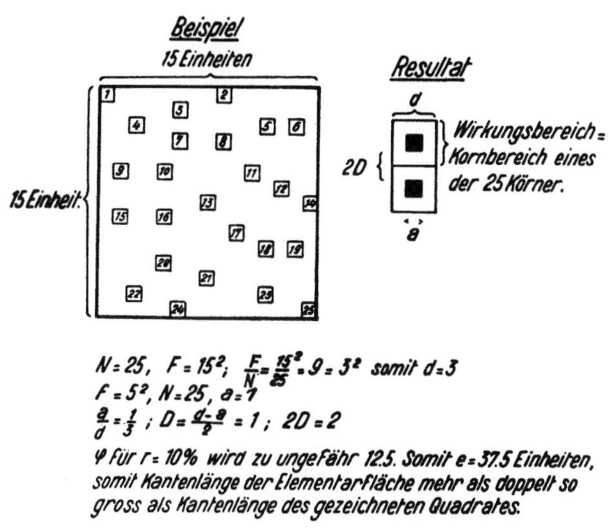

$$N = 25, \quad F = 15^2; \quad \frac{F}{N} = \frac{15^2}{25} \cdot 9 = 3^2 \text{ somit } d = 3$$
$$F = 5^2, \ N = 25, \ a = 1$$
$$\frac{a}{d} = \frac{1}{3}; \ D = \frac{d-a}{2} = 1; \ 2D = 2$$

Ψ für $r = 10\%$ wird zu ungefähr 12.5. Somit $e = 37.5$ Einheiten, somit Kantenlänge der Elementarfläche mehr als doppelt so gross als Kantenlänge des gezeichneten Quadrates.

Fig. 62

Kornbereich, mittlere Korngröße und Elementarfläche.

Bei allen statistischen Arbeiten sollen mindestens diese Größen der Untersuchung unterworfen werden. Für praktische Zwecke genügt es oft, die Elementarflächen auf drei aufeinander senkrecht stehenden Richtungen durch Auflegen quadratischer bzw. rechteckiger Schablonen zu bestimmen, deren Ausschnitte zum Beispiel 1, 2, 4, 6, 9, 16, 25 … cm² Flächeninhalt besitzen. Jene Ausschnittsgrößen ergeben dann die minimalen Flächeninhalte der Elementarflächen und dadurch die Größe der Elementarkörper, bei welcher das Gestein bei Verschiebung der Schablonen praktisch gleiche Mineralverteilung und gleiches Gefügebild erkennen läßt. Korngröße, Körnerzahl und Verteilungsmodus der für die Gesteinscharakterisierung wichtigen Bestandteile bedingen die Abmessungen des für ein Vorkommen typischen Probe- bzw. Untersuchungskörpers.

Rechnerisch (Figur 62) kann man unter anderem so vorgehen, daß man auf einer Fläche in verschiedenen Richtungen, die miteinander 60⁰ oder 45⁰ einschließen, die Gefügekörner zählt. Der in der geringsten Kornzahl auftretende gesteinscharakteristische Gemengteil muß hiebei im Durchschnitt in noch mindestens 10 Körnern getroffen werden. Man kann dann bei richtungslosem, ziemlich gleichkörnigem Gefüge das Mittel der hiefür notwendigen Längen zur Seite des quadratischen Probeausschnittes wählen. Ist in diesem Probeausschnitt N die gesamte Kornzahl, F der Inhalt der Ausschnittfläche, so ergibt $\frac{F}{N} = d^2$ den mittleren Kornbereich eines N-fach auftretenden Gefügekornes und d zugleich den mittleren Abstand zweier benachbarter Kornmittelpunkte. Ist durch Ausmessen eine Flächensumme f bestimmt worden, die der gleichen Kornart innerhalb F zukommt, so ist $\frac{f}{N} = a^2$ die mittlere Eigenfläche eines Kornes, mit a als Seite, sofern das Korn quadratisch dargestellt wird. Rein schematisch kann man dann $D = \frac{d-a}{2}$ als halbe mittlere Entfernung (Grenzabstand) zweier Kornausschnitte bezeichnen. Für ein dermaßen idealisiertes Korngemisch mit quadratischen Körnern in einem Quadratnetz läßt sich für beliebigen relativen Fehler die Seitenlänge des notwendigen Elementarquadrates berechnen. In gewisser Hinsicht geben derartige Berechnungen wenigstens andeutungsweise auch Auskunft über die Abmessungsgrößen bei unregelmäßiger Korngestalt. Zunächst wird e, die Kantenlänge des Elementarquadrates, mit der Größe d des Kornbereiches anwachsen müssen. Es ist aber auch, bei gleichem höchstzulässigem relativem Fehler, e eine Funktion von $\frac{a^2}{d^2}$, dem Verhältnis von Kornquerschnitt zu Wirkungsbereichquerschnitt. Diese Funktion φ läßt sich für verschiedene relative Fehler r ausrechnen. φ ist so gewählt, daß das Produkt $d \cdot \varphi$ die Kantenlänge e ergibt, die ohne Überschreitung des erlaubten Fehlers r nötig ist. Der relative Fehler r der Korninhaltsbestimmung auf einer Ebene ist gegeben durch:

$$r = \frac{\text{wahrer Inhalt} - \text{geschätzter Inhalt}}{\text{wahrer Inhalt}} \cdot 100$$

MADER und GRENGG haben für den quadratischen Idealfall folgende Tabelle 11 der φ-Funktionen berechnet.

Tabelle 11

r in %	$\frac{a}{d}$ nach Messungen									
	0,1	0,2	0,3	0,4	0,5	0,6	0,7	0,8	0,9	
2 %	88,5	78,8	68,9	59,1	49,2	39,4	29,5	19,7	9,8	φ-Werte, die, multipliziert mit d, die Kantenlänge e des Elementarquadrates ergeben.
4 %	43,7	38,8	34,0	29,1	24,3	19,4	14,6	9,7	4,9	
6 %	28,7	25,5	22,3	19,1	15,9	12,8	9,6	6,4	3,2	
8 %	21,2	18,8	16,4	14,1	11,8	9,4	7,1	4,7	2,4	
10 %	16,7	14,8	13,0	11,1	9,2	7,4	5,6	3,7	1,9	
20 %	7,5	6,7	5,8	5,0	4,2	3,3	2,5	1,2	0,8	

Bei im übrigen analoger, auf den Raum übertragener Bezeichnung ergibt sich für den würfelförmigen Elementarkörper bei würfeligem Korn und würfelgitterartiger Anordnung eine Funktion φ', die bei vorgegebenem Höchstfehler, mit d multipliziert, die Kantenlänge des Elementarwürfels ergibt.

Tabelle 12

r in %	$\frac{a}{d}$ nach Messungen									
	0,1	0,2	0,3	0,4	0,5	0,6	0,7	0,8	0,9	
2%	133,2	118,4	103,5	88,8	74,0	59,2	44,4	29,6	14,8	$= \varphi'$
4%	65,6	58,4	51,1	43,8	36,5	29,2	21,9	14,6	7,3	$\varphi' \cdot d = e'$
6%	43,2	38,4	33,6	28,8	24,0	19,2	14,4	9,6	4,8	= Würfel-
8%	31,9	28,4	24,8	21,3	17,8	14,2	10,6	7,2	3,6	kantenlänge
10%	25,2	22,4	19,6	16,8	14,0	11,2	8,4	5,6	2,8	
20%	11,5	10,3	8,9	7,7	6,4	5,1	3,8	2,7	1,3	

Ist zum Beispiel $a = 6$ mm, $d = 12$ mm, $\frac{a}{d} = 0,5$, so ist für einen höchstzulässigen relativen Fehler von 6% in der Ebene $\varphi = 15,9$, somit $e = 12 \cdot 15,9$ mm $= 190,8$ mm. e' (Kante des Elementarwürfels bei gleichem zulässigem Fehler für die Volumbestimmung) ergibt sich aus $12 \cdot \varphi = 12 \cdot 24$ zu 288 mm. Die so errechneten Elementareinheiten besitzen im allgemeinen weit größere Abmessungen als die Probekörper, von denen man *gefühlsmäßig* glauben würde, daß sie bereits in jeder Beziehung Durchschnittswerte ergeben (Figur 62).

Auch wenn statistisch ungeregelte Kornanordnung und Korngestalt die Berechnungsgrundlagen ändern, bleibt bestehen, *daß die einigermaßen zuverlässige ziffernmäßige Erfassung von Gefügeeigenschaften nur an einem dem Gefüge angepaßten, nicht zu knapp dimensionierten Versuchskörper oder einer Versuchsplatte möglich ist.*

Unzweifelhaft wird auch die Dünnschliffausmessung nach der Delesse-Rosiwal-Methode zur Gewinnung von *Volumprozenten* in ihrer Genauigkeit oft überschätzt. *Dünnschliffe von Gesteinen*, das heißt Schnitte von wenigen Hundertsteln Millimeter Dicke, stellt man her, um mit dem Polarisationsmikroskop auf Grund optischer Eigenschaften die nicht opaken Mineralien bestimmen zu können. Die normale Dünnschliffgröße umfaßt nur wenige Quadratzentimeter. Größere Dünnschliffplatten sind schwierig herzustellen und für das Mikroskopieren unhandlich, manchmal jedoch zur Charakterisierung unerläßlich. Bei opaken Substanzen werden polierte *Anschliffflächen* unter dem Mikroskop untersucht. Ganz abgesehen davon, daß (besonders bei gerichteten Texturen und bei nichtisometrischer Korngestalt) die Summe der Flächeninhalte eines Gesteinsgemengteiles in *einer* Schliffläche dem Volumen keineswegs proportional zu sein braucht[1], stützt man sich nicht selten auf zu klein dimensionierte Schliffe und auf eine zu geringe Zahl von Linienabschnitten. Die Messung geschieht mit einem Okularmikrometer und Kreuzschlittentisch oder bequemer mit einem modernen Integrationstisch (zum Beispiel demjenigen von LEITZ). Längs parallelen Geraden, deren Abstand nach der Korngröße gewählt werden kann, mißt man die Summe der auf die einzelnen Gesteinsbestandteile entfallenden Linienabschnitte im Verhältnis zur Gesamtlänge aller Meßlinien und setzt das resultierende Verhältnis näherungsweise dem Verhältnis zwischen Flächen- bzw. Volumanteil zur Elementarfläche

---

[1] Siehe über Korngrößenbestimmung in Dünnschliffen auch Seite 172.

bzw. Volumen gleich. Selbst bei gleichmäßiger Verteilung und Korngröße muß die Gesamtlänge der Meßlinien mindestens das Hundertfache des größten Korndurchmessers sein. Auch sollten die Richtungen der Meßlinien in Gruppen von Parallelscharen wechseln. Heute sind besonders Spezialverfahren nach WENTWORTH und HURLBUT in Gebrauch, doch wird die Gesamtmethode meist als Methode nach ROSIWAL bezeichnet.

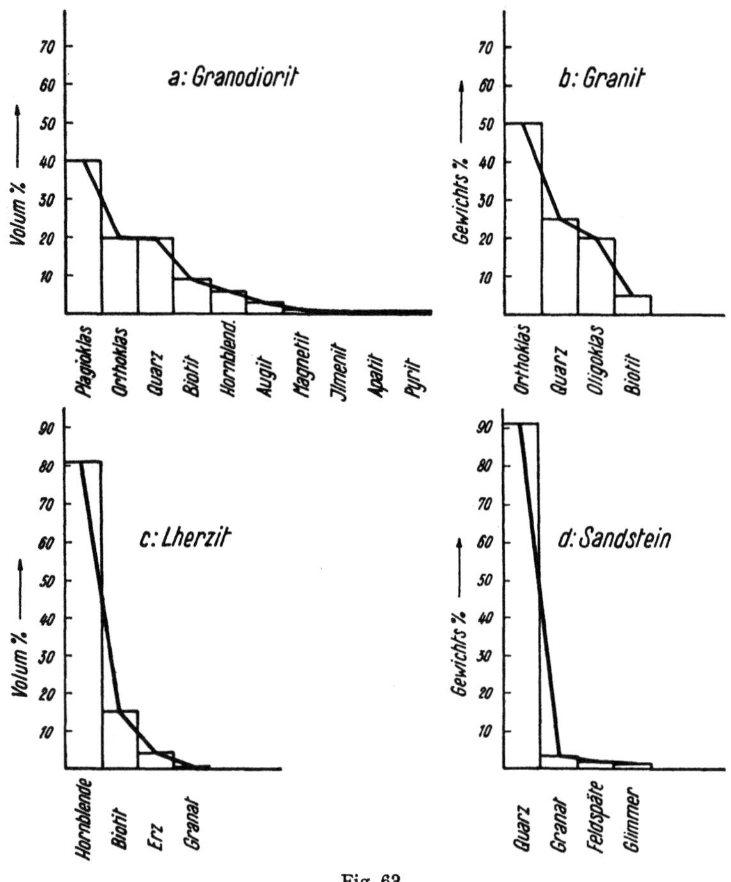

Fig. 63

Graphische Darstellungen der Volum- oder Gewichtsprozente der Gemengteile gesteinsmäßiger Mineralaggregate. *a, b* polymineralisch; *c, d* anchimonomineralisch.

Zur graphischen Darstellung der Gewichts- oder Volumprozente der Gemengteile eines Aggregates errichtet man über gleichgroßen Abszissenabschnitten Rechtecke für jeden Gemengteil mit der Höhe proportional den Prozentanteilen. Läßt man auf der Abszisse die verschiedenen Gemengteile in der Reihenfolge ihrer Häufigkeit folgen, so erhält man Diagramme, die sofort erkennen lassen, ob ein Mineral vorherrscht oder mehrere Mineralien vorwiegen, ob man es also mit einem *anchimonomineralischen* oder deutlich *polymineralischen* Aggregat zu tun hat. Verbindet man die Endpunkte der Säulenmittellinien miteinander, so entstehen charakteristische Kurven. Figuren 63 *a, b* entsprechen Schaubildern normal polymineralischer, Figuren 63 *c, d* solchen anchimonomineralischer Gesteine. Umwandlungs- und Entmischungsprodukte bestimmter Mineralarten oder Zonengliederungen lassen sich hiebei als Unterteile in dem Rechteck der «Muttermineralien» angeben. Gleiches gilt für Mineralien, die nur lokal einen anderen Gemengteil ersetzen. Liegen sowohl Gesteinsanalyse wie optische oder chemisch-analytische Bestimmungen der Mineralien vor, so muß versucht werden, die Vermessungsbefunde miteinander in Beziehung zu setzen. Meist ergeben sich dadurch besonders interessante Problemstellungen, die indessen bereits derart mit den besonderen Entstehungsbedingungen der Lagerstätten im Zusammenhang stehen, daß es zweckmäßig ist, erst in speziellen Teilen darauf zurückzukommen.

Aber auf eines muß von Anbeginn an aufmerksam gemacht werden. Die oben erwähnte Bestandesaufnahme erfolgt am herausgegriffenen Elementarkörper, oft nur an einem aus dem Gesamtverband losgelösten Handstück oder gar an wenige Quadratzentimeter messenden Dünnschliffen. Jedes Gestein und jede Minerallagerstätte sind jedoch als *geologische Körper* größerer Ausdehnung zu behandeln, die, selbst wenn sie die Anforderungen des gleichmäßigen Aufbaues weitgehend erfüllen, naturnotwendig in sich Variationen zeigen. Die Untersuchung muß sich über den gesamten Körper erstrecken und auch räumlich getrennte, genetisch jedoch zusammengehörige Bestandsmassen umfassen. Dadurch wird sie in einem übergeordneten Sinne nochmals zu einer statistischen. Selbst bei einem uns völlig gleichmäßig struiert erscheinenden Gestein, wie gewissen Graniten, ist es zur Kennzeichnung absolut notwendig, verschiedene Handstücke zu untersuchen und viele Gesteinsdünnschliffe zu vermessen.

So ergaben nach der Rosiwal-Methode vier Dünnschliffe *einer* Tatragranitprobe bei Vermessung von nur je 300 Körnern folgende Resultate in Volumprozenten:

	Dünnschliff I	Dünnschliff II	Dünnschliff III	Dünnschliff IV	Mittel
Quarz . . .	34,1	25,4	26,9	32,5	29,5
Orthoklas .	8,1	7,1	1,3	4,7	5,5
Plagioklas .	34,1	25,4	26,9	32,5	56
Biotit . . .	8,9	6,8	7,1	7,6	7,5
Muskowit .	0,4	1,9	3,1	0,9	1,5

JOHANNSEN hat ein noch instruktiveres Beispiel mitgeteilt. Er ließ durch vier verschiedene Studenten ein und denselben Schliff aus dem Granodiorit von Butte, Montana, nach der Rosiwal-Methode vermessen und erhielt vier verschiedene Daten (Seite 130 oben), wobei indessen die Meßlängen unternormal waren.

Diese Vermessungen waren nicht streng wissenschaftlich fundiert, es wurde im Verhältnis zur Korngröße eine zu kleine Meßlänge benutzt; das Beispiel wird nur deshalb erwähnt, weil auch heute noch analoge Fälle häufig vorkommen.

| | 1 | 2 | 3 | 4 | Mittel | größte Abweichung vom Mittel | | Relativer Fehler |
						−	+	
Quarz . . .	14,80	17,24	18,07	17,24	16,84	2,04	1,23	ca. 12 %
Orthoklas .	34,52	26,01	27,80	22,54	27,72	5,18	6,80	ca. 20 %
Plagioklas .	34,52	45,50	38,67	42,46	40,29	5,77	5,21	ca. 15 %
Biotit . . .	7,97	5,30	9,67	9,84	8,19	2,89	1,65	> 25 %
Hornblende + Augit . .	7,67	4,48	4,61	7,76	6,13	1,65	1,63	um 25 %
Magnetit . .	0,44	0,48	0,55	0,16	0,41	0,25	0,14	> 50 %
Pyrit und andere Akzess.	0,07	0,95	0,58	—	0,40	—	—	—

Vier verschiedene Teile (I—IV) des gleichen Schliffes wurden ferner mit einer sinnreichen Einrichtung direkt planimetrisch ausgemessen, wobei folgende Mittelzahlen aus je zwei Messungen erhalten wurden:

	I	II	III	IV	Mittel planimetrisch	Mittel der Rosiwal-Methode
Quarz	22,45	17,75	18,0	14,95	18,4	16,84
Orthoklas	20,05	30,60	31,65	31,85	28,5	27,72
Plagioklas	47,0	36,30	34,0	42,25	39,9	40,29
Biotit	4,95	8,05	9,05	7,80	7,4	8,19
Hornblende+Augit	5,1	5,95	6,95	2,8	5,2	6,13
Magnetit	0,1	1,1	—	0,35	0,4	0,41
Pyrit usw.	0,35	0,25	0,35	—	0,2	0,40

Man erkennt, daß offenbar Quarz, Feldspäte und Biotit ungleichmäßig verteilt sind; nur so werden die an und für sich großen Abweichungen der Einzelmessungen verständlich. Zu berücksichtigen ist auch, daß es leider bei manchen Vermessungen schwierig ist, die Körner einwandfrei zu diagnostizieren, da beim Vermessen nicht zur konoskopischen Betrachtung übergegangen werden kann. Dann entstehen natürlich Fehler, die vermieden werden können, wenn vor der Vermessung eine einwandfreie Identifizierung aller Körner erfolgt ist. Man muß daher wirklich sehr vorsichtig vorgehen. Larsen und Miller konnten feststellen, daß bei mittlerem Korn und sehr sorgfältigem Arbeiten eine Dünnschliffvermessung auf etwa 1 % genaue Daten für diesen Schliff geben kann, sofern längs mindestens 15 Geraden im ungefähren Abstand von 1 mm die Vermessungen vorgenommen werden. Die Meßrichtungen müssen senkrecht zu einer allfälligen Fluidal- oder Schichtrichtung sein. Nach Turnau müssen bei gleichmäßiger Verteilung mindestens 300 Körner vermessen werden. Im Endresultat sollten die Angaben der zu mehr als 1 % vertretenen Gemengteile nur auf Prozente genau erfolgen. Larsen und Miller erhielten unter Benutzung verschiedener, zu kleiner Dünnschliffe probeweise nachstehende Daten in Gewichtsprozenten und vergleichen sie mit einer Bestimmung des Mineralbestandes mittels Trennung der

Einzelmineralien nach dem spezifischen Gewicht (unter Benutzung schwerer Flüssigkeiten).

Pyroxenit, Iron Hill, Colorado. Korngröße ~1 mm, erst im Dünnschliff variabel erscheinend.

Dünnschliffe	1	2	3	4	Mittel unter Berücksichtigung der Schliffgröße	Bestimmungsversuch durch Mineraltrennung in Pulver
Dünnschliffgröße in mm²	320	200	300	250	total 1070	
Pyroxen	50%	83%	59%	86%	67%	76%
Apatit	13	3	12	1	7	1
Eisenerz + Perowskit	37	14	29	18	26	23

Shonkinit, Iron Hill, Colorado. Feldspatkristalle bis zu 40 mm Durchmesser, mit Pyroxenschlieren.

Dünnschliffe	1	2	3	Mittel unter Berücksichtigung der Schliffgröße	Bestimmungsversuch durch Mineraltrennung in Pulver
Dünnschliffgröße in mm²	360	420	360	1140	
Orthoklas und Nephelin . . .	28%	22%	28%	26%	29%
Pyroxen	56	65	59	60	61
Apatit	10	4	8	7	5
Titanit	6	8	4	6	5
Calcit	—	1	1	1	1

Zu analogen Resultaten kamen JOHANNSEN und GROUT. Ist die Korngröße gegenüber der Schliffgröße zu groß, erhält man naturgemäß keine guten Mittelwerte; ist sie zu klein, so entstehen die Identifikationsschwierigkeiten. Daraus geht deutlich hervor, daß ein der Elementarfläche entsprechender Dünnschliff an sich ziemlich genau vermessen werden kann, daß aber ein einzelner Dünnschliff kaum je für ein Gesamtgestein, selbst vom gleichen engeren Fundort, völlig charakteristisch ist. Die Zahl der notwendigen Dünnschliffe zur Gewinnung guter Mittelwerte hängt im übrigen natürlich von der Variation an sich und der Korngröße ab (siehe zum Beispiel Seite 119). Besonders zu berücksichtigen ist dies bei dem Versuch, die chemisch-analytischen Daten mit Messungen an Dünnschliffen zu parallelisieren, denn selbstverständlich ändert sich auch die Bauschalzusammensetzung mit dem Mineralbestand, und zwar selbst dann, wenn uns phänotypisch der Gesteinskörper noch recht einheitlich erscheint. Dabei ist bereits vorausgesetzt, daß zur chemischen Analyse genügend Material, sei es von einem oder mehreren Handstücken, pulverisiert und gemischt wurde (entsprechend dem Volumen des Elementarkörpers). Auch setzen wir die aus Lehrbüchern der Gesteinsanalyse (zum Beispiel JAKOB) zu ersehenden Genauigkeitsgrade und Fehlerquellen der Analyse als bekannt voraus. Folgende Beispiele nach GROUT für einheitlich erscheinende Gesteinsmassen veranschaulichen noch relativ kleine Variationen.

Tabelle 13

	Vermilion-Granit (Handstücke in 30 m Entfernung)		Pickerel-River-Diorit (engeres Fundortsgebiet)		
	1	2	1 beliebiges Handstück	2 Mischprobe	3 Ausgesuchtes typisches Handst.
SiO_2 ...	71,73	72,06	56,18	55,20	55,13
Al_2O_3 ...	14,76	16,00	23,26	23,13	23,76
Fe_2O_3 ...	0,58	0,46	0,81	1,09	0,57
FeO ...	1,35	0,72	2,27	2,69	2,46
MgO ...	0,62	0,97	1,59	3,13	2,54
CaO ...	1,18	0,86	8,55	9,47	9,00
Na_2O ...	3,58	4,56	4,61	3,42	3,59
K_2O ...	4,63	3,54	1,59	1,18	1,37
$H_2O +$ ...	0,64	0,39	0,56	0,36	0,69
$H_2O -$ ...	0,20	0,05	0,01	0,04	0,06
CO_2	n. b.	0,10	—	0,09	0,13
TiO_2 ...	0,53	0,12	0,27	0,21	0,27
ZrO_2 ...	0,06	0,03	—	—	—
P_2O_5 ...	0,14	0,09	0,20	0,18	0,32
FeS_2 bzw. S	0,06	0,09	—	0,15	—
Cr_2O_3 ...	0,02	0,02	—	—	—
MnO ...	0,03	0,06	0,05	Spur	—
BaO ...	0,14	0,12	0,05	0,06	—
Cl	—	—	0,02	—	—
	100,25	100,24	100,02	100,40	99,89
Spez. Gew.	2,615	2,637			
Fünf andere Alkalienbestimmungen des Vermilion-Granites ergaben Werte wie:					
Na_2O	3,90	3,73	3,77	3,01	3,79
K_2O	4,72	5,36	5,06	5,70	4,83

Oft ist innerhalb eines noch als gleichartig zu bezeichnenden Gesteins- oder Minerallagerstättenkörpers sowohl in chemischer als auch in mineralogischer Hinsicht die Variation eine relativ große. Dann hat die genaue statistische Untersuchung festzustellen, ob in bestimmten Richtungen die Variation einigermaßen gesetzmäßig verläuft. Andererseits können deutlich strukturell oder texturell unterscheidbare Teile eines Großgesteinskomplexes chemisch und mineralogisch enge miteinander verwandt sein. Um eventuell vorhandene *Korrelationen* zwischen den Mengenverhältnissen der verschiedenen Mineralien zu finden, soll die Variation graphisch dargestellt werden, sei es in Form von Kurven oder in Säulendiagrammen, wie das in der Figur 64 für sechs Proben des Butte-Granodiorites (nach Untersuchungen von JOHANNSEN und STE-

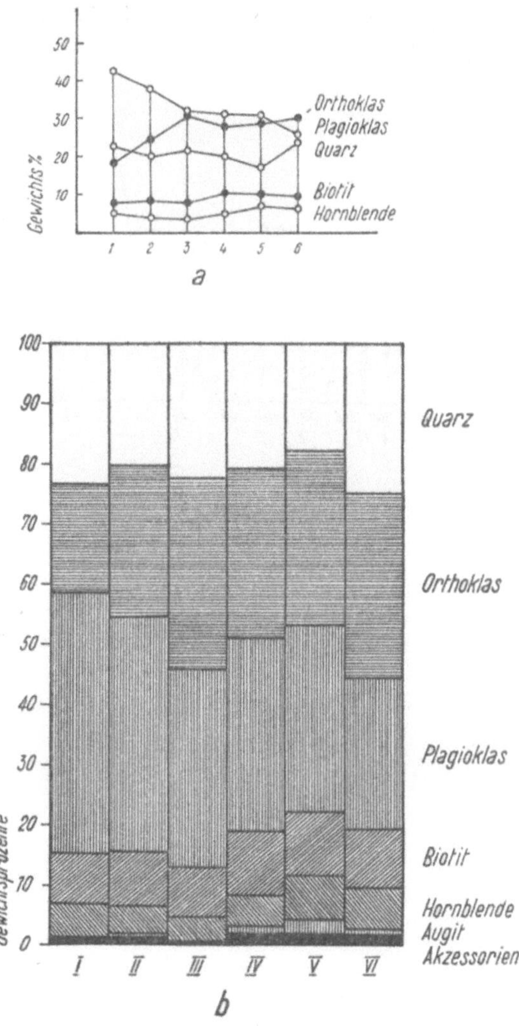

Fig. 64

Graphische Darstellung der gewichtsprozentischen Mineralzusammensetzung verschiedener Teile eines Gesteinskörpers (Granodiorit von Butte, Montana). *a* kurvenmäßige Darstellung; *b* in «Säulen».

PHENSON) geschehen ist (Gewichtsprozente der beteiligten Mineralien). Ändern sich die Mengenverhältnisse verschiedener Mineralien im gleichen Sinne, so spricht man von *sympathischem* Verhalten oder Verlauf; ändern sie sich im entgegengesetzten Sinne, von *antipathischem* Verhalten oder Verlauf. In der

Figur 64 sind keine durchgehenden sympathischen oder antipathischen Korrelationen erkennbar, indessen verhalten sich bei stärkeren Verschiebungen (links und rechts der Figur 64 *a*) offenbar Orthoklas und Plagioklas *antipathisch,* was in Figur 64 *b* auch dadurch zum Ausdruck kommt, daß die Oberkante für Biotit ähnlichen Treppenbau aufweist wie die Unterkante von Quarz. (Die Summe der Feldspäte variiert nur von 56—64%.)

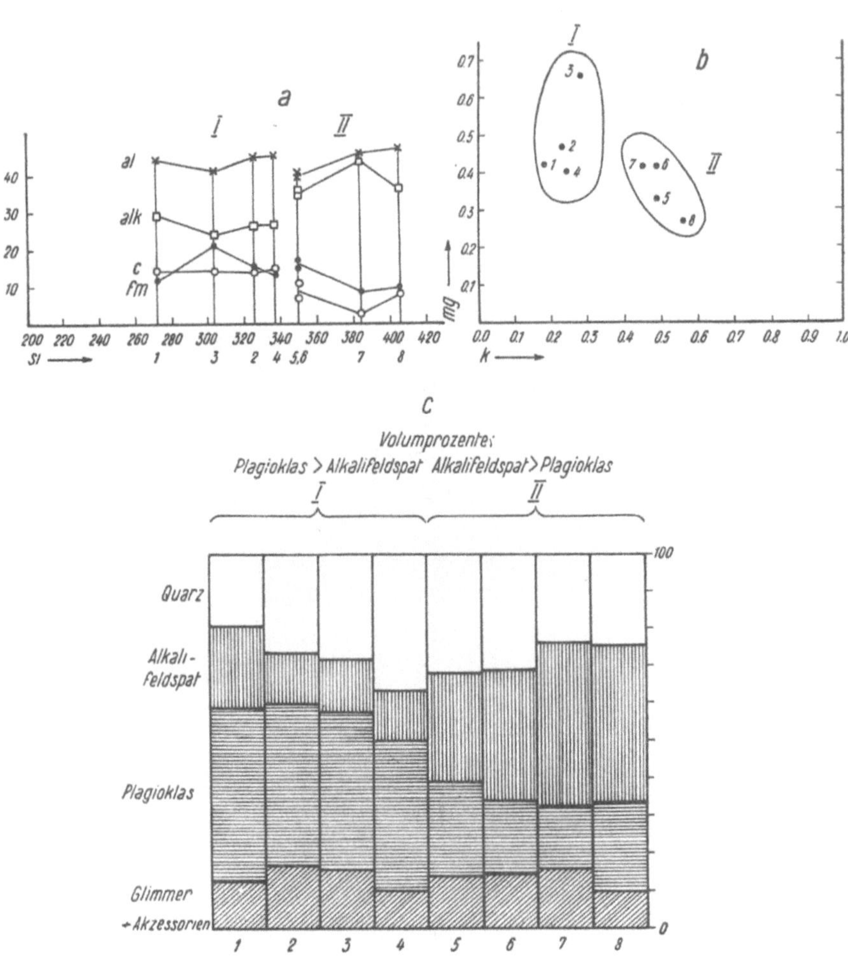

Fig. 65

Graphische Darstellungen der Variation der Leventinagneismasse. *a* Variation des Chemismus; *b* mg-*k*-Diagramm; *c* Variation des Volumanteils der Mineralien.

Zur Erläuterung der Beziehungen zwischen Mineralbestand und Chemismus sei das Beispiel eines auf über 37 km im Tal des Ticino (Schweiz) aufgeschlossenen Gneiskomplexes (Leventinagneis) betrachtet. Es handelt sich um texturell und strukturell recht variable, jedoch eine geologische Einheit bildende Zweiglimmergneise (Tabelle 14). Die acht Analysen der Tabelle 14 lassen in SiO_2 keine größere Variabilität erkennen. Bereits in bezug auf das gewichtsprozentische Verhältnis $Na_2O:K_2O$ zerfallen sie jedoch in zwei Gruppen: Gruppe I mit Natronvormacht, Gruppe II mit Kalivormacht.

In einem Diagramm (Figur 65 a), in welchem *si* den Werten *al*, *alk*, *fm*, *c* gegenübergestellt wird, ist deutlich ersichtlich, daß die Differenz *al — alk* in Gruppe I größer ist als in Gruppe II, die an sich höheres *alk* (dafür niedrigeres *fm* und *c*) besitzt. In I verhält sich die Variation von *al* gegenüber *si* sympathisch zu der von *alk* gegenüber *si* und antipathisch zu der von *fm* gegenüber *si*.

In einem *k-mg*-Diagramm (Figur 65 b) tritt die Zweiteilung des Komplexes in chemischer Hinsicht gut hervor. Die durch Ausmessen von Dünnschliffen erhaltenen Volumprozente der Hauptmineralien: Glimmer (Biotit + Muskowit), Plagioklas (meist Oligoklas), kalireicher Alkalifeldspat und Quarz lassen die Korrelation der chemischen mit den mineralogischen Verhältnissen erkennen. In Gruppe I (besonders enge verwandt sind 2, 3, 4) herrscht Plagioklas über Alkalifeldspat vor, in Gruppe II (enger miteinander verwandt 5, 6, 7) Alkalifeldspat über Plagioklas (Figur 65 c). (Siehe Tabelle 14.)

Es können aber auch lokal Mineralien durch andere völlig ersetzt werden oder neue, bzw. als Ganzes nur seltene Mineralien lokal stärker auftreten, ohne daß dadurch dem Gesteinskörper ein neuer Name zu verleihen ist. Ohne auf Einzelheiten einzugehen, sei auf folgendes hingewiesen. Bei den Untersuchungen von Gesteins- oder Lagerstättenkörpern bzw. von geologisch-genetisch aufs engste verwandten Kollektiveinheiten muß zwischen der *Verbreitungsweise* der Mineralien und der *Art des Auftretens* unterschieden werden. Das erste kann man die *Extensität des Vorkommens* nennen, das zweite die *Intensität*. Für beide Fälle verwendet man eine fünfgliedrige Skala, wobei die Abtrennung der Glieder sich den Gesamtverhältnissen etwas anzupassen hat. Hinsichtlich der Verbreitungsweise (*Extensität*) unterscheidet man:

1. gemeine Mineralien, die in allen oder fast allen untersuchten Teileinheiten auftreten;

2. verbreitete Mineralien, die in einem erheblichen Prozentsatz der untersuchten Teileinheiten vorhanden sind;

3. zerstreut oder hie und da auftretende Mineralien, noch relativ häufig anzutreffen;

4. relativ spärlich vorhandene Mineralien;

5. nur als Seltenheit sich vorfindende Mineralien.

Davon ist die *Intensität* des Auftretens zu unterscheiden. Sie gibt Auskunft, ob da, wo ein Mineral auftritt, es in relativ großen oder kleinen Mengen vorhanden ist. Man unterscheidet (im Einzelfall möglichst quantitativ zu gestalten):

1. in großen Mengen, Intensität sehr groß;

2. in Mengen, Intensität groß;

3. in deutlichen Mengen, Intensität deutlich;

4. in geringen (spärlichen) Mengen, Intensität klein;

5. in sehr geringen Mengen (vereinzelt), Intensität sehr klein.

Das Gefüge

Tabelle 14

Zweiglimmergneise (Leventina, Tessin, Schweiz) nach CASASOPRA

	Ia	Ib			IIa			IIb
	1	2	3	4	5	6	7	8
SiO_2	66,04	70,10	68,40	70,56	70,45	70,53	72,06	72,82
TiO_2	0,38	0,45	0,58	0,35	0,38	0,54	0,25	0,36
Al_2O_3 . . .	18,40	16,27	15,67	16,10	13,70	13,90	14,50	14,30
Fe_2O_3 . . .	0,33	1,13	2,03	0,52	1,22	0,69	0,00	0,76
FeO . . .	1,66	1,47	2,19	1,57	1,65	1,51	1,10	0,81
MnO . . .	0,02	0,02	0,06	0,02	0,02	0,02	0,01	0,02
MgO . . .	0,80	0,76	0,89	0,76	0,77	0,88	0,45	0,30
CaO . . .	3,25	2,80	2,93	2,82	1,32	1,96	0,50	1,31
Na_2O . . .	6,11	4,84	4,07	4,47	3,77	3,65	4,52	2,95
K_2O . . .	2,03	1,64	2,41	2,07	5,58	5,22	5,70	5,65
$H_2O +$ . . .	0,85	0,43	0,50	0,45	1,02	1,06	0,79	0,38
$H_2O -$ . . .	0,00	0,02	0,00	0,03	0,00	—	0,00	0,07
P_2O_5	0,23	0,08	0,07	0,14	0,24	0,13	0,15	0,08
Σ	100,10	100,01	99,80	99,76	100,12	100,09	100,03	99,81
si	272	326	303	337	350	350	383	406
al	44,5	44,5	41	45,5	40	40,5	45,5	46,5
fm	11,5	15	21	13,5	17	15	8,5	9,5
c	14,5	14	14	14,5	7	10,5	2,5	8
alk	29,5	26,5	24	26,5	36	34	43,5	36
k	0,18	0,23	0,28	0,24	0,49	0,49	0,45	0,56
mg	0,42	0,47	0,28	0,40	0,33	0,42	0,42	0,27
Quarz . . .	19,2	26,5	27,1	36,0	31,8	30,5	23,4	24,0
Plagioklas .	45,3	43,7	42,0	40,0	25,9	20,1	17,0	25,4
Alkalifeldspat	21,8	13,5	15,0	14,0	28,4	35,3	43,5	40,7
Glimmer . .	13,0	16,0	15,8	9,95	13,4	13,3	16,0	9,7
Akzessorien .	0,7	0,3	0,1	0,05	0,5	0,8	0,1	0,2

Legende zu Tabelle 14

1. Noch ziemlich massiger Zweiglimmergneis, Claro.
2. Zweiglimmergneis, Biasca.
3. Zweiglimmergneis, Osogna.
4. Ziemlich schiefriger Zweiglimmergneis, Cresciano.
5. Porphyrischer, relativ massiger Zweiglimmergneis, Osoglio, Piottino.
6. Porphyrischer, relativ massiger Zweiglimmergneis, Bodio.
7. Schiefriger Zweiglimmergneis, Preonzo.
8. Lentikularer Zweiglimmergneis, Biasca.

In 1 und 8 ist die Summe der Feldspäte wesentlich größer (etwa Zweidrittel des Mineralvolumens) als in den übrigen Gesteinen, in denen sie zwischen 54 und 60,5% liegt. Die Variation betrifft jedoch durchwegs die gleichen Hauptmineralarten.

Unabhängig von beiden Skalen ist, ob die Mineralien bereits makroskopisch oder erst mikroskopisch erkennbar sind. SCHNEIDERHÖHN hat in graphischen Darstellungen für die Nummern 1 die dem Mineral zukommende Fläche ganz

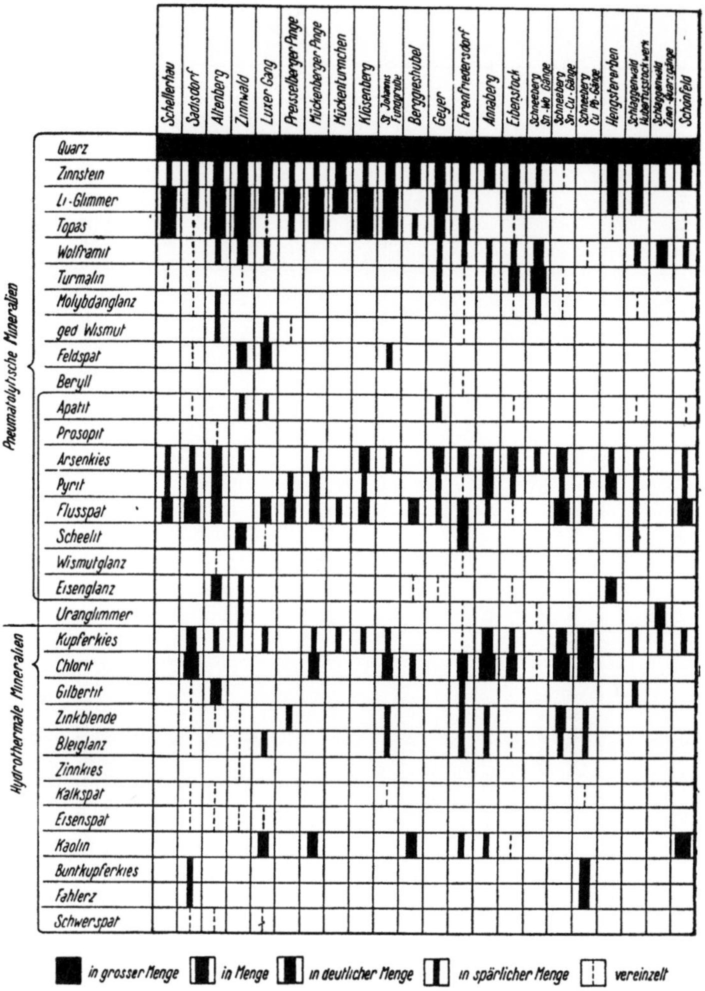

Fig. 66

Intensitätstafel der Mineralien auf den Zinnerzlagerstätten des Erzgebirges (nach CISSARZ).

ausgefüllt, für die Nummern 2 zu $^6/_{10}$, die Nummern 3 zu $^4/_{10}$, die Nummern 4 zu $^2/_{10}$, während die Nummern 5 nur eine Gerade ergeben. Als Beispiel diene die Intensitätstafel der genetisch enge verwandten *Zinnerzlagerstätten* des Erzgebirges nach CISSARZ (Figur 66). Aus ihr läßt sich für die gleiche Einheit die Extensitätstabelle ableiten, da gemeine Mineralien auf nahezu allen Fundorten gefunden werden müssen, seltene nur auf sehr wenigen. So ist für die betrach-

Tabelle 15 *Extensitätstabelle der Mineralvergesellschaftungen von Eisenerz-Manganerz-Flözen in Kalkstein am Gonzen (Schweiz)*

Extensitätsgrad	Eisenerzflöze		Manganerzflöze		Nebengestein: Kalkstein	
	Erzmasse	Klüfte	Erzmasse	Klüfte	Gesteinsmasse	Klüfte
1. Gemein, in allen Proben	Hämatit, Quarz Calcit, Fe-haltig	Calcit	Rhodochrosit (etwas Fe- u. Ca-haltig)	Calcit Rhodochrosit	Calcit	Calcit
2. Verbreitet, in den meisten Proben	Magnetit Pyrit Kupferkies	Pyrit, Kupferkies, Quarz Grüner Stilpnomelan Ripidolith-Chlorit Calcit, Mg-haltig	Hausmannit Psilomelan Baryt Calcit, Mn-haltig			
3. Zerstreut, hie und da vorhanden	Grüner Stilpnomelan	Siderit	Manganosit Chlorit, isotrop	Pyrit Pyrochroit Wiserit, Fluorit Quarz Ripidolith-Chlorit Chlorit, isotrop		Ripidolith-Chlorit Pyrit, Quarz Braungrüner Stilpnomelan Kupferkies Calcit, Mg-haltig
4. Selten		Zinkblende Fluorit, Hämatit Magnetit			Quarz Ankerit	Albit
5. Sehr selten	Glaukonit		Quarz	Aragonit Quarz		Zinkblende Hämatit

Tabelle 16   *Intensitätstabelle der Mineralvergesellschaftung von Eisenerz-Manganerz-Flözen in Kalkstein am Gonzen (Schweiz)*

Intensitätsgrad	Eisenerzflöze		Manganerzflöze		Nebengestein: Kalkstein	
	Erzmasse	Klüfte	Erzmasse	Klüfte	Gesteinsmasse	Klüfte n. d. Erzmasse
1. In großer Menge	Hämatit Magnetit Calcit, Fe-haltig	Calcit Calcit, Mg-haltig Pyrit, Quarz Grüner Stilpnomelan Ripidolith-Chlorit	Hausmannit Rhodochrosit (etwas Fe- u. Ca-haltig)	Rhodochrosit Calcit	Calcit	Calcit
2. In Menge	Quarz		Calcit, etwas Mn-haltig Psilomelan	Isotroper Chlorit		
3. In deutlichen Mengen	Pyrit Stilpnomelan (grün)	Siderit	Isotroper Chlorit Manganosit Baryt	Baryt Fluorit Pyrochroit Psilomelan		Quarz Ripidolith-Chlorit Braungrüner Stilpnomelan Calcit, Mg-haltig Pyrit
4. In spärlichen Mengen		Kupferkies Fluorit Magnetit Hämatit		Kupferkies Pyrit Wiserit	Quarz Ankerit	
5. In sehr geringen Mengen	Kupferkies Glaukonit	Zinkblende	Quarz	Hämatit Aragonit Quarz		Albit Zinkblende Hämatit

tete Einheit Quarz sowohl ein gemeines wie ein in großen Mengen auftretendes Mineral, Flußspat ein gemeiner, meist in deutlichen Quantitäten auftretender Bestandteil, während Calcit relativ spärlich und in sehr geringen Mengen an den Minerallagerstätten teilnimmt. Bei der Anordnung der Mineralien der Figur 66 wurde auf die Bildungsbedingungen Rücksicht genommen, in andern Fällen kann man nach dem Chemismus oder irgendwelchen anderen für die Lagerstätten wichtigen Variabeln ordnen.

Eine tabellarische Zusammenstellung nach EPPRECHT (Tabelle 15, 16) zeigt, wie wichtig es für die wissenschaftliche Problemstellung ist, ein gegebenes Beobachtungsmaterial nach den genannten Gesichtspunkten zu ordnen. In mesozoischen Kalksteinen des Gonzen (Schweiz) liegen konkordante Eisen-Manganerz-Flöze. Die Tabellen 15 und 16 zeigen, daß die oxydischen Erze des Fe und Mn in gut voneinander getrennten Lagen auftreten. Quarz ist nur wichtiges Begleitmineral der Eisenerze, während Karbonate sowohl in Eisen- wie Manganerzen vorkommen. Das Nebengestein ist ein sehr «reiner» Kalkstein. Die Kluftmineralparagenesen der Eisenerz- und Manganerzflöze zeigen unter sich eine größere Verwandtschaft, behalten jedoch innerhalb der verschiedenen Einheiten ihren typischen Charakter bei. Die Extensitätsfolgen sind von den Intensitätsfolgen nicht stark verschieden. Die in Einzelproben mengenmäßig wichtigen Mineralien sind also auch die verbreitetsten. Immerhin sind einige deutliche Verschiebungen vorhanden. So gibt es offenbar magnetitfreie Eisenerzvarietäten; Kupferkies tritt immer nur in geringen Mengen auf, ist jedoch in noch vielen Proben beobachtbar usw.

Zusammen mit Karten und Profilen, aus denen beispielsweise hervorgeht, daß die Manganerzflöze gut abgegrenzte Teilflöze in den seitlich in Kalk übergehenden Eisenerzlagern bilden (Figur 67), vermögen die Tabellen 15 und 16 eine erste Grundlage zu vermitteln, die gestattet, Vergleiche zu ziehen und, vereint mit strukturell-texturellen Befunden, die Frage nach der Genesis dieser Lagerstätten abzuklären.

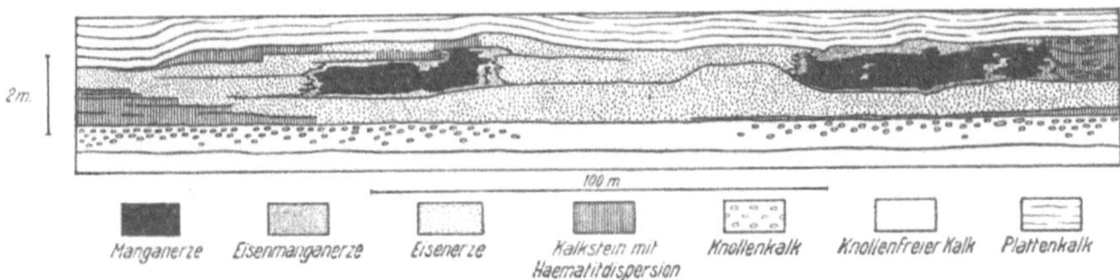

Fig. 67

Schematisches Profil durch eine Eisen-Manganerz-Lagerstätte am Gonzen (Schweiz), nach EPPRECHT.

Es ist selbstverständlich möglich, analoge statistische Untersuchungen über Verbreitung (*Persistenz*) und Mengenverhältnisse (*Häufigkeit*) auf Welttypen bestimmter Gesteins- oder Lagerstättenarten oder auf zusammengehörige Assoziationen solcher auszudehnen. Gemeine Mineralien, selbst wenn sie in nicht großen Mengen auftreten, jedoch eine gewisse Eigenart besitzen, werden oft auch *Leitmineralien* genannt. Etwas komplexer ist folgende häufig verwendete Gliederung der Mineralien eines Gesteins oder einer Minerallagerstätte:

Hauptgemengteile, gemeine oder verbreitete, im Typus zum mindesten in deutlichen Quantitäten auftretende Mineralien. Sie lassen sich unterscheiden in *typomorphe* Hauptgemengteile, die definitionsgemäß vorhanden sein müssen und *begleitende*, ferner in *vorherrschende* und *mitbestimmende*.

Normale Nebengemengteile, gemeine oder verbreitete, jedoch in geringen oder sehr geringen Mengen auftretende Mineralien.

Atypische Nebengemengteile. Verbreitungsweise 3–5, Intensität 4–5.

Übergemengteile. Hie und da auftretende bis seltene Mineralien, die jedoch da, wo sie vorhanden sind, mindestens in deutlichen Quantitäten in Erscheinung treten.

Alle Untersuchungen und Begriffsbestimmungen, die wir bis jetzt erwähnt haben, wobei, dem Charakter des Buches entsprechend, mancherlei unerörtert bleiben mußte, dienen lediglich zu einer *ersten Bestandesaufnahme* mit den *Mineralarten als Einheiten*. Die Komplexheit im Aufbau der Mineralarten ist bereits Seite 56–65 erörtert worden, und es ist selbstverständlich, daß es grundsätzlich nicht genügt, nur von Plagioklasen, Alkalifeldspäten, Hornblenden, Biotiten, Augiten, Granaten usw. zu sprechen, sondern daß die optische und analytisch-chemische Untersuchung mit herangezogen werden muß, um die Individuen der Arten genau zu kennzeichnen und die ihnen innewohnende Variabilität zu beschreiben.

B. Strukturelle Beziehungen zwischen den Gefügekörnern

a) *Kristallinität und Korngröße*

Der unserer Betrachtung unterworfene Kollektivgegenstand ist jedoch nicht nur ein Agglomerat von Kristallindividuen, es interessieren ebensosehr die Größenverhältnisse der Individuen und die Verbandsverhältnisse. Zudem können als Festkörper Massen in Frage kommen, die nicht als kristallin anzusprechen sind. Das führt zu neuen, das Gefüge kennzeichnenden Begriffen, die nun, soweit sie sich mehr oder weniger generell fassen lassen, zusammengestellt werden sollen (siehe auch Seite 111 ff).

α. **Grad der Kristallinität.** Die Baumotive der Kristallstrukturen finden sich im allgemeinen bereits in einem Raumteil verwirklicht, der $\frac{1}{10^{20}}$ mm³, das heißt weit weniger als 1 Trillionstel eines Kubikmillimeters mißt. Ob einem Volumteil kristalliner Aufbau zukommt, kann sich daher bei bereits sehr kleinen Abmessungen dieses Anteiles entscheiden lassen. Allein die Erkennungsmerkmale und die Bestimmungsmethoden sind von der Korngröße abhängig. Auf Grund der Körnergestalt oder den Glanz- und Spaltbarkeitsverhältnissen (spätiges Aussehen) ist es oft schon möglich, makroskopisch oder unter Zuhilfenahme einer Lupe den kristallinen Charakter der Gefügekörner festzustellen, das Gefüge ist dann teilweise oder ganz *makrokristallin*. Gestattet erst das

Polarisationsmikroskop, auf Grund der optischen Erscheinungen den Kristallaufbau der einzelnen Bestandteile nachzuweisen, so verwenden wir die Bezeichnung *mikrokristallin* (meist Korngröße < 0,1 mm). *Mesokristallin* wird oft
für Korngröße von 0,1 bis 0,5 mm gebraucht. Ist eine eigentliche Individualisierung von Kristallkörnern auch mittels des Mikroskopes nicht mehr möglich
(Korngröße meist < 0,01 mm), läßt sich indessen auf Grund gewisser Erscheinungen bzw. ultramikroskopisch, übermikroskopisch oder röntgenographisch
kristalliner Aufbau noch nachweisen, so ist *kryptokristallin* die richtige Bezeichnung. *Amorph* darf, streng genommen, ein Bestandteil nur dann genannt
werden, wenn alle genannten Nachweismethoden eines kristallinen Verhaltens
versagen. Nun ist es aber besonders für die vorläufige Bezeichnung im Feld erwünscht, für jene Bestandsmassen, die makroskopisch nicht mehr individualisierbar erscheinen, einen zusammenfassenden Ausdruck zu haben, gleichgültig
ob sie bei genauer Untersuchung mikrokristalline, kryptokristalline oder (und)
amorphe Anteile besitzen. Wir bezeichnen sie als *dicht* oder *aphanitisch* im
Gegensatz zu den makroskopisch erkennbaren Kristallen oder den *Phanerokristallen.*

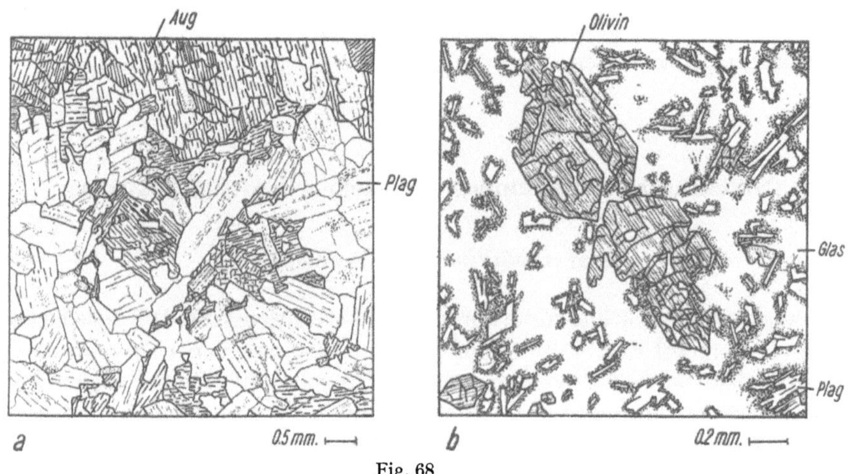

Fig. 68

Beispiele für den Grad der Kristallinität nach Dünnschliffen. *a* Holokristalline Struktur, Norit,
Klippfontein (Südafrika); *b* hemikristalline Struktur mit viel Glas und kleinen Mineralkörnchen
um die größeren Kristalle. Olivin-Plagioklasbasalt, Sirgwitz, Vogelsberg (Hessen).

Eine erste grobe Kennzeichnung des Gesamtaggregates nach dem Grad der
Kristallinität führt zu folgenden Begriffen für den «Festbestand»:

I. Genaue Bezeichnungsweise

Holokristallin: praktisch ist für die Gesamtmasse kristalliner Aufbau nachweisbar (Figur 68 *a*).

Hemikristallin: teils aus kristallinen, teils aus amorphen Festkörpern bestehend
    (Figur 68 *b*).

Holoamorph: Festkörper ohne wesentlich nachweisbaren Kristallaufbau.

II. Feldbezeichnung bzw. Makrodiagnose

Holophanerokristallin: praktisch ein als solches erkennbares Kristallhaufwerk. *Phaneride.*

Hemiphanerokristallin: es treten makroskopisch neben Kristallen dichte Bestandsmassen auf. *Kristallaphanide.*

Dicht: Kristallaufbau ist makroskopisch nicht erkennbar. *Aphanide.*

Es ist selbstverständlich, daß man im Einzelfall weitere Präzisierungen vornehmen muß. Bei amorphen Materialien ist deren genauere Natur (Glas, Gel, organische Restbestände) und deren Beschaffenheit (glasartig oder hyalin, hornfelsartig, gelartig, wabig, flockig, erdig und krümelig, bituminös) anzugeben. Im übrigen wird der amorphe Stoff wie ein Mineral behandelt und für sich oder dann zusammen mit den kryptokristallinen Anteilen mengenmäßig bestimmt. Cross, Iddings, Pirsson und Washington haben beispielsweise bei Variation von Kristallin zu Hyalin folgende Bezeichnungen vorgeschlagen:

Holokristallin: ganz kristallin

$$\text{Dohyalin:} \quad \frac{\text{Kristalle}}{\text{Glas}} < \frac{3}{5} > \frac{1}{7}$$

$$\text{Perkristallin:} \quad \frac{\text{Kristalle}}{\text{Glas}} > \frac{7}{1}$$

$$\text{Perhyalin:} \quad \frac{\text{Kristalle}}{\text{Glas}} < \frac{1}{7}$$

$$\text{Dokristallin:} \quad \frac{\text{Kristalle}}{\text{Glas}} < \frac{7}{1} > \frac{5}{3}$$

Holohyalin: ganz glasig.

β. **Allgemeines über die Korngrößen und Strukturbereiche.** Bei kryptokristallinen Bildungen ist im allgemeinen das Einzelkristallkorn nicht mehr faßbar, doch kann bei lockerer Beschaffenheit des Aggregates durch Aufschlämmen in Suspensionen eine Trennung in Kornanteile verschiedener Größe erfolgen. Diese Manipulation liefert indessen nur zum Teil *Primärteilchen,* zum andern Teil noch Aggregate (sogenannte *Sekundärteilchen*). Die Zerteilungsmöglichkeit ist außerdem weitgehend von dem verwendeten Suspensionsmittel (Dispersionsmittel) und der Behandlungsweise abhängig. Gleiches gilt für amorph-erdige Bestandsmassen. Da indessen immerhin auf diese Weise eine Art oberer Grenzwert der Primärteilchengröße ableitbar ist und bei erdiger Beschaffenheit der Zerteilungsgrad (*Dispersität*) durchwegs von großer Bedeutung ist, müssen (trotz des etwas unbestimmten Charakters) diese Bestimmungen durchgeführt werden. Manchmal ist es übrigens noch möglich, übermikroskopisch, röntgenographisch oder elektronenoptisch etwas über die wirkliche Korngröße der Primärteilchen auszusagen. Kryptokristalline oder amorphe, hornfels-, glaskopf- bis opalgelartige oder gar hyaline Massen von völlig festem Zusammenhalt hingegen sind gesteins- und lagerstättenkundlich als *Gefügeeinheiten* in Rechnung zu stellen. Im übrigen wird man die Größe der einzelnen Kristallindividuen des Aggregates zu bestimmen haben, muß jedoch zweierlei beachten:

1. Viele kristalline Mineralkörner sind in sich inhomogen. Sie besitzen Einschlüsse, sind teilweise entmischt, zonenartig von etwas verschiedenem Chemismus oder verzwillingt usw. Auch können sie unter Erhaltung der Kornform, die einem früher vorhandenen Mineral zukam, teilweise oder völlig in ein mikro-

bis kryptokristallines Aggregat (Figur 69) umgewandelt sein (sogenannte *Pseudomorphosen* siehe auch Seite 62). Bei deutlicher Abgrenzung solcher komplexer Sammelindividuen gegenüber anderen Körnern müssen diese Sammelindividuen als die in erster Linie *maßgebenden Gefügekörner des Aggregates* bezeichnet werden. Der ihnen zukommende heterogene Aufbau ist gewissermaßen erst in einer zweiten Stufe der Gefügeuntersuchung zu berücksichtigen.

2. Es können Körner der gleichen Art oder verschiedener Arten einen deutlichen engeren Verband mit besonderer Verbandsfestigkeit bilden. Ein diesbezüglicher Fall liegt zum Beispiel vor, wenn eigentliche Gesteinsbruchstücke zusammen mit einem Zwischenmittel eine neue Gesteinseinheit aufbauen. In solchen polyschematischen, chorismatischen Gesteinen wird in erster Stufe das *Gesteinsbruchstück* mit seiner großen Verbandsfestigkeit zum *Gefügekorn* für das neue Gestein, für welches es neben den Mineralien des Zwischenmittels Aufbauelement ist. Seine ihm zukommende innere Struktur und eventuell bestimmbare Körnigkeit wird wiederum zur gewissermaßen sekundären Gefügekorneigenschaft.

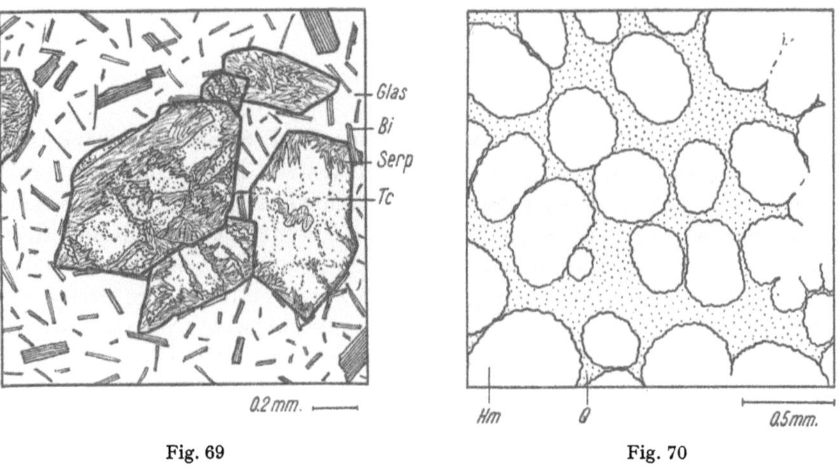

Fig. 69   Fig. 70

Fig. 69. Pseudomorphosen im Dünnschliff. Talk-Serpentin-Aggregat pseudomorph nach Olivin. In Minette vom Odenwald. Die großen Kristalle waren ursprünglich Olivin und sind nun zum großen Teil in Serpentin und Talk umgewandelt. *Bi* = Biotit, *Serp* = Serpentin, *Tc* = Talk.
Die Grundmasse (ohne Signatur) erscheint infolge Zersetzung nahezu isotrop, so daß in der Figur die Bezeichnung «Glas» verwendet wurde.

Fig. 70. Mikroophthalmitische Struktur im Schliffbild. Aus kryptokristallinem Hämatit bestehende Knollen sind in einer Quarzgrundmasse eingebettet. Aus Eisenerzen des Gonzen (Schweiz). *Q* = Quarz, *Hm* = Hämatit.

Sofern sich in Chorismiten ein Strukturteil als Haupt- oder als Grundmasse, ein anderer Teil als Neben- oder Zweitmasse (zum Beispiel Adern, Knollen, Bänder, Linsen, Schollen usw.) erkennen läßt, wird ersterer *Kyriosom*, letzterer *Akyrosom* genannt. Besteht die Grundmasse aus älterem Material, in welchem sich der Akyrosombestand nachträglich gebildet hat, so wird die Grundmasse auch *Palaesom*, das jüngere *Neosom* genannt.

Manche Gesteine erweisen sich als *Mikrochorismite*, das heißt sie enthalten in fleckiger, brekzienartiger, lagig-schichtiger, knolliger, durchaderter usw. Form deutlich verschiedene Strukturbereiche, die einzeln untersucht werden müssen. Schwierig abzugrenzen sind derartige nicht zu grobe makro- bis mikrochorismatische Gesteine gegenüber monoschematischen, wenn das Akyrosom in sich fein mikro- bis kryptokristallin (dicht) und relativ gut umgrenzt ist. Es tritt dann trotz seines Aggregatcharakters gleichsam wie ein normales, einheitlich beschreibbares Gefügekorn in Erscheinung. Das gilt zum Beispiel für viele meso- bis mikroophthalmitischen Gesteine, die aus dichten bis mikrokristallinen rundlichen *onokoidischen* oder *ooidischen*, eventuell *ovoidischen* (knolligen bis rundlichen erbsenkornartigen) Körperchen mit viel oder wenig Zwischenmasse aufgebaut sind. Onkoidische oder oolithische Textur (rogensteinartige bis pisolithische Bildungen siehe Seite 216) ist ein Begriff, der sich auf diese Bildungen als Ganzes bezieht.

Es kommen für derartige Kleinophthalmite sehr verschiedene Entstehungsweisen in Frage, zum Beispiel im Bereich der Sedimente neben zentrisch ausstrahlender Kristallisation, Entstehung aus gelartigen Ausflockungen, Ansammlungen von Rollstücken dichter Gesteinsbruchstücke usw. (Pseudooolithe).

Oft bereits größere Dimensionen besitzen bei der Diagenese (oder später) entstandene *Konkretionen*. *Geoden* und *Gallen* als festere Bestandsmassen ursprünglich schlammiger Herkunft verleihen einem Sediment gleichfalls ophthalmitischen Charakter. KUMM hat kugelige, kugelähnliche, ellipsoidische bis knollige Mineralaggregate in Hauptgesteinen unter dem Namen *Sphärite* zusammenfassen wollen; doch sollte diese Bezeichnung für sehr kugelähnliche Gebilde reserviert bleiben, so daß man präzisierend sphäritisch-ophthalmitische Gesteine unterscheiden könnte. Die radialstrahlige und zugleich konzentrisch-schalige Innentextur ist für den Begriff Sphärite nicht notwendig und muß, wie bei manchen Ooiden und vielen kugeligen Kristallisationsaggregaten von Eruptivgesteinen (zum Beispiel auch den sogenannten *Chondren*) besonders hinzugefügt werden. So wenig wie knollig, knauerig, ophthalmitisch sagt der Begriff sphäritisch bereits etwas über die Genesis aus. Erst spezielle Bezeichnungen dürfen mit bestimmten Vorstellungen über die Entstehungsweise verbunden werden. Dazu sollten oolithisch, organosphäritisch, geodisch, konkretionär, chondritisch, variolithisch, diagenetisch-knauerig usw. gehören.

Figur 70 zeigt nicht einen normalen Oolith, sondern die mikro ophthalmitische Struktur eines Eisenerzes, wobei kryptokristalline Hämatitknollen in einer Quarzgrundmasse eingebettet sind.

In manchen in der Biosphäre entstandenen Gesteinen finden sich ferner Gefügebestandteile, die noch deutlich von Organismen erzeugte Strukturen besitzen oder derartige orientierte Texturen abbilden (*organogene Strukturbereiche*). Es werden dann die Mikro- oder Makrofossilien als übergeordnete Gefügekörner bezeichnet und zugleich als besondere Strukturbereiche. Häufig sind durch Umkristallisationen die ursprünglichen Anordnungen bereits weitgehend verwischt, so daß nur aus einer fleckigen, oft lediglich die Korngröße betreffenden Strukturvariation auf den früher vorhandenen Anteil derartiger Komponenten geschlossen werden kann. Da eine nachträgliche Zerstörung organischer Struktur in Sedimenten offenbar große Verbreitung hat, kommt genetisch einer Klassifikation in *holo-*, *per-*, *do-organogene* und *do-*, *per-*, *holo-anorganogene*

Sedimentstrukturen keine große Bedeutung zu. Zur näheren Beschreibung des Zustandes eines bestimmten Gesteins, das Mikro- oder Makrofossilien enthält, ist sie indessen brauchbar.

Daraus ergibt sich, daß jeder *Gefügekornanalyse* (*granulometrische Analyse*) eines Gesteins oder einer Minerallagerstätte eine kritische Untersuchung vorauszugehen hat, die Auskunft gibt, was im gegebenen Falle primär als *wesentliches Gefügekorn* zu bezeichnen ist. Am übersichtlichsten gestaltet sich im weiteren die Analyse der zwei Grenzfälle: holokristallin monoschematische *Felsgesteine* (verbandsfeste Gesteine) und vollkommene *Lockergesteine*. Im Felsgestein erfolgt die Korngrößenbestimmung im Anschliff oder Dünnschliff, im Lockergestein durch Korntrennung und Auswertung der so gebildeten Fraktionen.

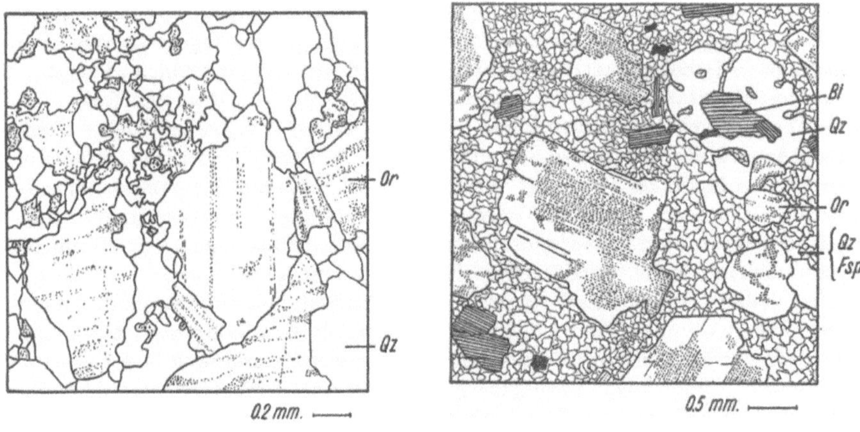

Fig. 71   Fig. 72

Fig. 71. Wechsel- oder mittelgleichkörniges Gefüge. Dünnschliffbild eines aus Quarz (*Qz*) und Orthoklas (*Or*) bestehenden Gesteins. Aplit vom St. Gotthard. Großkörner oft randlich umgeben von Kleinkorngewebe, oft als eine Art Zwischenkorn.

Fig. 72. Porphyrkörniges Gefüge. Einsprenglinge oder Großkörner: Biotit (*Bi*), Quarz (*Qz*) und Orthoklas (*Or*). Die Kleinkörner bilden eine eigentliche Grundmasse: Quarz und Feldspat (*Fsp*). Granitporphyr, Gangmitte, Odenwald.

γ. Die Korngrößenuntersuchungen in holokristallinem Felsgestein, bzw. im kristallinen Anteil hemikristalliner Felsgesteine. Die Korngröße ist beim Felsgestein nicht von der gleichen ausschlaggebenden Bedeutung wie im Lockergestein, sie kann nur ungefähr durch Vermessung von Kornquerschnitten bzw. Korndurchmessern bestimmt werden, wobei bei tafeligen oder stengeligen Kristallen mindestens zwei mittlere Durchmesser angegeben werden müssen. Sowohl die Bestimmung mittlerer Durchmesser wie die der Verteilung und der Korngröße sind statistische Aufgaben, die indessen nur in seltenen Fällen den Zeitaufwand einer vollständigen Untersuchung rechtfertigen. Meist begnügt man sich mit generellen Angaben. Gesteine und Minerallagerstätten, bei denen alle *Hauptgemengteile* eine ähnliche Korngröße besitzen, heißen *gleichkörnig* (zum Beispiel Figur 48 *a, b*, Seite 101); variiert die Korngröße innerhalb des Untersuchungskörpers relativ stark (linear meist mehr als 1:10), ohne daß im Kleingefüge deutlich Großkristalle in einem bedeutend kleinkörnigeren Grundgefüge erkennbar sind, so spricht man von *wechselkörnigem* oder *mittelgleichkörnigem* Gefüge (Figur 71). Ausgesprochen *ungleichkörnig* wird die Struktur genannt, wenn größere Kristalle «einsprenglingsartig» (*Einsprenglinge*) in einer feinkörnigen *Grundmasse* auftreten oder sonstwie die Korngröße über einen sehr großen Bereich schwankt. Häufig sind dann lineare Korngrößenunterschiede ($>1:10, 1:100, 1:1000$, ja, unter Umständen über $1:100000$) bemerkbar. Der typische Fall: große Einsprenglinge in feinkörniger bis kryptokristalliner Grundmasse, mit deutlichem Hiatus zwischen den Korngrößen dieser Gefügeelemente erster Ordnung, wird auch *porphyrkörnig* (Figur 72) genannt (oder *porphyrisch* bei dichter bis echt amorpher Grundmasse). Die Einsprenglinge heißen *Porphyrkristalle* (Dinokristalle, Phaenokristalle). Es sind getrennt deren Dimensionsverhältnisse und getrennt diejenigen der Körner der Grundmasse anzugeben. Wechselkörnige Strukturen mit Anklängen an porphyrkörnig, jedoch mit Übergängen von den Großkristallen zu den Kleinkristallen, heißen *serial-porphyrkörnig* oder *serial-porphyrisch* (synonym dazu *porphyrartig*), die Korngrößenverteilung (gesondert für jede Kristallart) ist in solchen Fällen statistisch festzulegen. Oft spricht man bei wechselkörnigen oder ungleichkörnigen Strukturen auch kurzweg von *Großkörnern* und von *Kleinkörnern* oder *Kleinkorngewebe*. Umgeben Kleinkörner die Großkörner, so werden letztere auch als *Zwischenkorn* bezeichnet.

Bei gleichkörnigen Gesteinen lassen sich die Hauptgemengteile zunächst zusammenfassend behandeln. Einen mittleren repräsentativen Korndurchmesser δ erhält man bei Vermessungen nach der *Rosiwal-Methode*, durch Division der Summe der vermessenen Korndurchschnitte durch die Zahl der Körner (siehe Seite 127). Doch ist es auch hier zweckmäßig, die Meßresultate getrennt für die verschiedenen, in ihrer Gestalt ja zumeist unterschiedlichen Hauptmineralien zu behandeln. Rosiwal und Mader haben aus dem mittleren Korndurchmesser das sogenannte «*Kornkaliber*» K zu bestimmen versucht. Darunter wird der Durchmesser auf gleiche Größe gemittelter kugeliger Idealkörner eines Gesteins verstanden. Nach Rosiwal gilt $K = 2,47 \cdot \delta$, nach Mader $K = 1,62 \cdot \delta$. Der Unterschied ergibt sich aus verschiedenen Mittelungsverfahren, von denen infolge der unregelmäßigen Korngestalt keines streng gültig ist, so daß approximativ $K = 2\,\delta$ gesetzt werden kann. (Über die Beziehung von Korngröße zu gemessenen Durchmessern von Kornquerschnitten siehe Seite 172.)

Einfacher sind die Annäherungsmethoden, welche von Teuscher *Auszählmethode* und *Rastermethode* genannt wurden. Die Auszählmethode besteht darin, daß man eine Schablone mit bekanntem Flächeninhalt des Ausschnittes auf die Anschliff- oder Dünnschlifffläche legt und die Kornzahl bestimmt, wobei die verschwindend geringen Anteile mikroskopisch kleiner Nebengemengteile nicht berücksichtigt werden. Der Schablonenausschnitt muß der Größe der Elementarfläche entsprechen oder soviel mal verschoben werden, bis eine Gesamtfläche dieses Ausmaßes überdeckt worden ist. Die Auszählung kann auch auf Photographien vorgenommen werden. Als *spezifische Kornzahl* $\mathfrak{z}$ bezeichnet man die Zahl der Körner pro 1 cm² Fläche, wobei *grosso modo* $\sqrt{\mathfrak{z}} = \delta$. Noch einfacher ist der Vergleich bestimmt vergrößerter Photobilder der Flächen mit Schemazeichnungen gleicher Vergrößerung, sogenannten *Rastern*, in denen für verschiedene spezifische Kornzahlen die Körnungsmuster eingezeichnet sind. In fünffacher linearer Vergrößerung stellen beispielsweise die Figuren 73 *a—d* (nach TEUSCHER) Raster dar für die spezifischen Kornzahlen ~ 10, ~ 100, ~ 1000, $\sim 10\,000$. In den ersten zwei Figuren, *a, b*, ist der Flächeninhalt (unvergrößert gedacht) 1 cm², in den zwei letzten, *c, d*, $^1/_{10}$ cm².

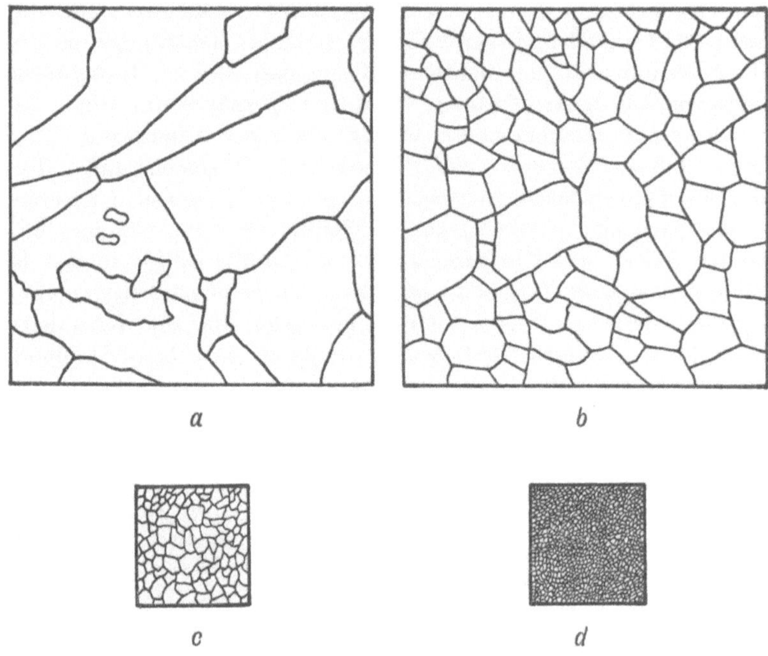

Fig. 73

Grenzraster (nach TEUSCHER).

a Grenzraster I.   Kornzahl $\sim$ 10 pro 1 cm²
b Grenzraster II.   Kornzahl $\sim$ 100 pro 1 cm² } bei 5facher Vergrößerung.
c Grenzraster III. Kornzahl $\sim$ 1 000 pro 1 cm²
d Grenzraster IV.   Kornzahl $\sim$ 10 000 pro 1 cm²

Für *a, b* gezeichnete Quadrate in Wirklichkeit 1 cm², für *c* und *d* $^1/_{10}$ cm².

Die prozentualen Volumanteile oder Flächenanteile einzelner Mineralarten lassen sich unter Umständen auf analoge Weise durch Vergleichsbilder schätzen, wobei die drei Bildserien nach GRENGG (Figur 74 *a—c*) deutlich veranschaulichen, wie bei gleichem Volumanteil die Kornzahl mit sinkender Korngröße stark anwächst. Normalerweise würde man gefühlsmäßig sowohl in der Serie 1% wie in der Serie 5% den Anteil der dunkelgefärbten Mineralart (von etwas mehr als 20 Körnern an) höher bewerten. Nebenbei läßt dies auch verstehen, warum bei kleinkörnigen Gesteinen ein relativ geringer Volumprozentsatz undurchsichtiger oder tiefgefärbter Mineralien dem Gesamtaggregat bereits eine dunkle Farbe verleiht.

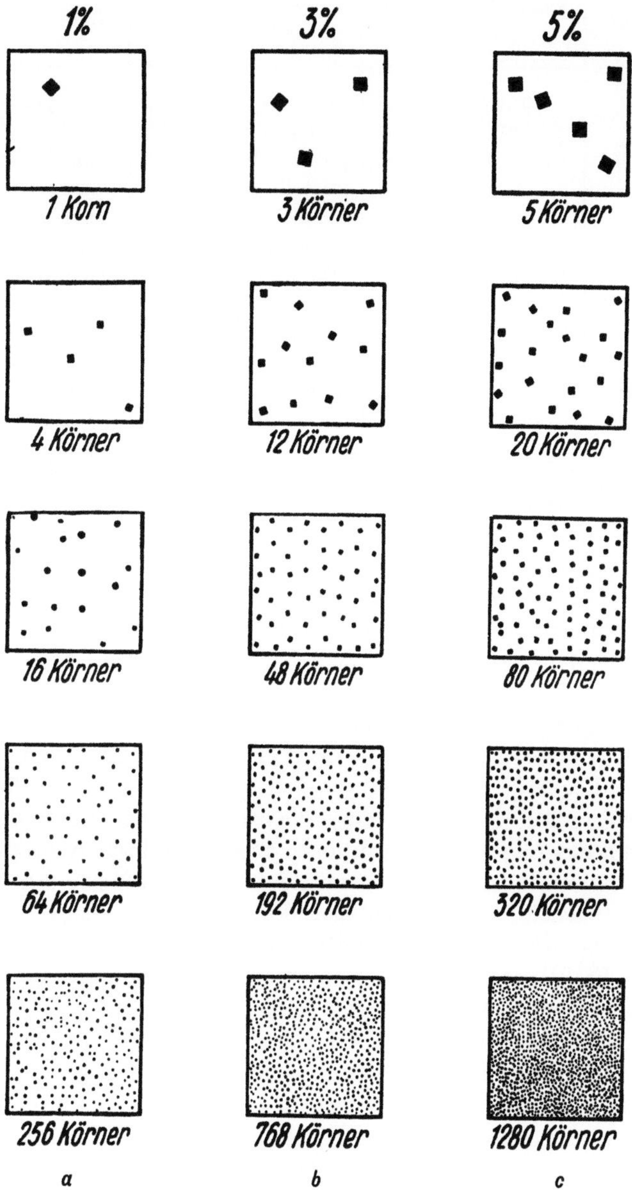

Fig. 74

Schematische Darstellung der Variation der Körnerzahl bei drei verschiedenen volum- bzw. flächen-
prozentischen Verhältnissen (nach GRENGG).

Hinsichtlich der Normung der Körnigkeitsstufen gleichkörniger Felsgesteine
soll im Anschluß an einen Vorschlag von TEUSCHER folgendes gelten:

Durchschnittlicher Korndurchmesser δ in mm	Spezifische Kornzahl ($\mathfrak{z}$ pro cm²)	Körnigkeitsbezeichnung	Klassenbezeichnung
> 33	unter 1	riesenkörnig	(über-)zentimeter-körnig
33–10	unter 1	sehr grobkörnig	
10–3,3	1–10	grobkörnig	(über-)millimeter-körnig
3,3–1	10–100	mittelkörnig	
1–0,33	100–1000	kleinkörnig	(über-)dezimilli-meterkörnig
0,33–0,1	1000–10000	feinkörnig	
< 0,1–0,01	> 10 000–1 000 000	sehr feinkörnig (makroskopisch bereits praktisch dicht)	zentimillimeter-körnig und mikronkörnig
< 0,01–0,001	> 1 000 000	dicht	

Bei grobporphyrischen Gesteinen kann man die Umrisse der Einsprenglinge herauszeichnen, deren Flächeninhalt von der Gesamtuntersuchungsfläche abziehen und für den Rest (die Grundmasse) nach Bestimmung der Kornzahl die spezifische Kornzahl und damit die Körnigkeitsstufe bestimmen. Bezeichnungen wie «Gestein mit kleinkörniger Grundmasse, zahlreichen mittelkörnigen Einsprenglingen und mikrokörnigen Akzessorien» gibt über die Korngrößenverteilung, sofern die Normung benutzt wurde, bereits gute Anhaltspunkte. Zudem läßt sich das Verhältnis von Grundmasse zu Großkristallen noch in Durchschnittszahlen festhalten.

δ. **Die Kornstufengliederung und Kornverteilung von Lockergesteinen.** In Lockergesteinen muß die Korngröße der Bestandteile viel genauer ermittelt werden. Sie erfolgt durch die *mechanische* oder *granulometrische* Analyse, indem das Aggregat in Fraktionen zerlegt wird, die wenigstens theoretisch ganz bestimmte Intervalle des mittleren bzw. des für die Art der Fraktionierung in Betracht kommenden Korndurchmessers umfassen. Allerdings ist die Beziehung zwischen wahrem mittlerem Korndurchmesser und konventionell bei der Fraktionenbildung angenommenem Durchmesser keine sehr einfache (siehe auch Seite 173). Da jedoch sowohl über die anzuwendenden Methoden wie die Zuordnung weitgehende Übereinstimmung besteht, brauchen wir uns vorerst damit nicht näher zu befassen. Auch eine Kritik der Methoden und eine Anleitung zur Ausführung der mechanischen Analyse muß unterbleiben, so wenig es sich in diesem Buch darum handeln kann, die optischen Methoden der Dünnschliffuntersuchung oder die Methoden der chemischen Gesteinsanalyse darzustellen. Die Gesteins- und Minerallagerstättenlehre setzt eben sehr viele Hilfswissenschaften und in Praktika zu erlernende Handfertigkeiten voraus. Erwähnt sei nur: die Trennung erfolgt von 0,2 mm bis zu etwa Dezimeterkorn normalerweise durch Auslesen und mit Loch- oder Maschensieben, von 0,2 bis 0,02 mm Korndurchmesser durch Schlämmen bzw. Spülverfahren (zum Beispiel im sogenannten Kopecky-Apparat), eventuell von 0,06 bis 0,004 mm Korndurchmesser durch Windsichtung, und schließlich mit der Pipett- oder

Aräometermethode während einer künstlichen Sedimentation (Sedimentationsgeschwindigkeit von der Korngröße abhängig) oder durch wiederholtes Dekantieren nach der Atterberg-Methode von 0,05 bis 0,002 bzw. 0,0005 mm, darunter mit der Ultrazentrifuge oder durch die Photozelle. Der Ablauf des Sedimentationsprozesses kann auch durch Wägen bestimmt werden.

Konventionell hat man (Atterberg-Einteilung) die Hauptfraktionen statt von 1 zu $^1/_{10}$ Durchmessergröße von 2 zu $^2/_{10}$ gewählt und jede dieser Fraktionen in drei Unterfraktionen, die wir α (kleinste), β (mittlere), γ (grobe) nennen wollen, unterteilt. Zu diesem Zwecke werden die Intervalle wie folgt gebildet:

$$0{,}2 \longleftrightarrow 2 \text{ mm}$$

0,5   1   mm
α   β   γ

und analog für jedes andere Intervall.

Verschiedene Vorschläge der Benennung der Hauptfraktionen, der Hauptkörnungsstufen (besonders von UDDEN, ATTERBERG, FISCHER, NIGGLI) wollen wir im folgenden zu einer in diesem Buch anzuwendenden Klassifikation zusammenfassen:

<table>
<tr>
<th colspan="3">Mittlerer «maßgebender» Durchmesser</th>
<th rowspan="2">Hauptfraktionen</th>
<th colspan="4" rowspan="2">Sammelbezeichnungen</th>
</tr>
<tr>
<th>in cm</th><th>in mm</th><th>in μ</th>
</tr>
<tr>
<td>> 200</td><td></td><td></td><td>Klotzfraktion</td><td></td><td></td><td></td><td></td>
</tr>
<tr>
<td>200–20</td><td></td><td></td><td>Blockfraktion</td><td></td><td></td><td></td><td></td>
</tr>
<tr>
<td>20–2</td><td>200–20</td><td></td><td>Brockfraktion (Grobkiesfraktion)</td><td rowspan="2">Kies</td><td rowspan="2">Grobschutt</td><td rowspan="3">Grand</td><td rowspan="3">Psephitisches Korn</td>
</tr>
<tr>
<td>2–0,2</td><td>20–2</td><td></td><td>Graupfraktion (Feinkiesfraktion)</td>
</tr>
<tr>
<td>0,2–0,02</td><td>2–0,2</td><td>2000–200</td><td>Grobsandfraktion (Grittfraktion)</td><td rowspan="2">Sand</td><td rowspan="2">Gries</td>
</tr>
<tr>
<td>$2\cdot10^{-2}$–$2\cdot10^{-3}$</td><td>0,2–0,02</td><td>200–20</td><td>Feinsandfraktion (Mehlsandfraktion)</td><td rowspan="2">Sand</td><td rowspan="2">Psammi-tisches Korn</td>
</tr>
<tr>
<td>$2\cdot10^{-3}$–$2\cdot10^{-4}$</td><td>0,02–0,002</td><td>20–2</td><td>Grobschluffraktion</td><td rowspan="3">Schlämm Schluff*</td><td rowspan="2">Silt*</td>
</tr>
<tr>
<td>$2\cdot10^{-4}$–$2\cdot10^{-5}$</td><td>$2\cdot10^{-3}$–$2\cdot10^{-4}$</td><td>2–0,2</td><td>Feinschluffraktion (Sinkfraktion)</td><td rowspan="2">Schmand</td><td rowspan="2">Pelitisches Korn</td>
</tr>
<tr>
<td>$<2\cdot10^{-5}$</td><td>$<2\cdot10^{-4}$</td><td>$< 0,2$</td><td>Schwebfraktion</td><td></td>
</tr>
</table>

* Silt wird leider auch nur für Feinsand gebraucht, Schluff unter Umständen nur für Grobschluff.

Im Vergleich mit den Felsgesteinen sind, wie zu erwarten, die Sande (wie die Sandsteine) normalerweise mittel- bis feinkörnig, Gries grobkörnig, Grobschutt riesen- bis grobkörnig. Schluff und Schweb bauen makroskopisch dichte (erdigdichte) Gesteine auf. Ein Lockergestein besteht jedoch kaum je aus Teilchen einer einzigen Hauptfraktion. Zu seiner Charakterisierung dient daher die *Verteilungskurve*, die angibt, wie sich *mengenmäßig* seine Gefügeelemente auf die verschiedenen Haupt- und Unterfraktionen (α, β, γ) verteilen. Die tabellarische Zusammenstellung der prozentualen Anteile der einzelnen Kornfraktionen am Gesamtgestein ist das Grundlegende. Von jeher aber hat man sich bemüht, durch graphische Methoden oder durch Berechnung charakteristischer Werte die Übersicht zu erleichtern. Die graphischen Darstellungen sind stets zweckgebunden und daher mannigfaltiger Art. Drei Methoden werden zur Zeit besonders häufig angewandt:

1. *Gewöhnliches Kornverteilungsbild und Verteilungskurve.* Auf der Abszisse trägt man die Korndurchmesser, hier meist d genannt, in irgendeinem Maßstabe ab und errichtet über den Fraktionsintervallen Säulen, deren Flächeninhalt proportional sein soll dem Gewichtsanteil, der diesen Fraktionen zukommt.

Man erhält so ein *Verteilungsbild* nach den Korngrößenintervallen. Da die Inhalte der rechteckigen Säulen den Gewichtsprozenten entsprechen, nennt man das Schaubild *flächentreu*. Sind die Intervalle der Fraktionen in dem gewählten Maßstab gleich groß, so werden die Säulenhöhen proportional den Gewichtsprozenten. Sind indessen die Intervalle der Korndurchmesser verschieden groß, so sind dies auch die Grundstrecken (Basisstrecken) der Säulen und man muß die Höhen derselben ausrechnen, damit die Flächeninhalte den Gewichtsprozenten proportional werden. Werden direkt die Korndurchmesser im Zentimetermaßstab auf der Abszisse abgetragen und bezeichnet man ein Korngrößenintervall mit Δd_n, den prozentualen Anteil der dazugehörigen Kornfraktion mit g_n und die Säulenhöhe im Verteilungsbild mit h_n, so gilt naturgemäß

$$\Delta d_n \cdot h_n = g_n \quad \text{oder} \quad h_n = \frac{g_n}{\Delta d_n}.$$

Trägt man, was bei sehr heterogenen Korngemischen oft notwendig wird, den Korndurchmesser im logarithmischen Maßstab ab, so werden die Grundstrecken der Säulen zu $\Delta \log d_n$, und h_n wird zu $\frac{g_n}{\Delta \log d_n}$. Damit sofort die Maßstabverhältnisse des Verteilungsbildes erkannt werden können, gibt man für 1% oder 10% in Form eines Quadrates den Flächeninhalt an und fügt auch der Abszissenachse die für eine Flächenbestimmung der Säulen in Frage kommende Größe der Einheitsstrecke bei. Die Mittelpunkte der Oberkanten der Säulen kann man geradlinig verbinden und erhält so eine auf die Korngrößenintervalle (mittlere Korndurchmesser) bezogene *Verteilungskurve*.

Figur 75 veranschaulicht beispielsweise die Daten nachstehender Hilfstabelle.

In Figur 75a ist der Durchmesser direkt abgetragen und das zugehörige h als Säulenhöhe. Die Intervalle sind recht unterschiedlich, so daß h keineswegs g proportional ist. Die Intervalle sind jedoch mit Ausnahme desjenigen von 0,2–0,5 in logarithmischem Maßstabe des Korndurchmessers praktisch gleich groß, wie Horizontalzeile 5 zeigt. Die bei logarithmischem Maßstabe der Korn-

	Korngröße d in mm					
	Fraktion I 0,1–0,2	Fraktion II 0,2–0,5	Fraktion III 0,5–1	Fraktion IV 1–2	Fraktion V 2–4	Zeile 1
Gewichtsprozent der Fraktion g . . .	2,5	16	40	33	8,5	2
Korngrößen- intervalle Δd . . .	0,1	0,3	0,5	1	2	3
$h = \dfrac{g}{\Delta d}$	25	53,3	80	33	4,25	4
$\Delta \log d = \log d_n - \log d_{(n-1)}$ . . .	0,301	0,398	0,301	0,301	0,301	5
$H = \dfrac{g}{\Delta \log d}$ . . .	8,3	40,2	132,9	109,6	28,2	6
$3{,}125 \cdot \Delta \log d$ . . .	0,94	1,24	0,94	0,94	0,94	7
$H^* = \dfrac{g}{3{,}125 \cdot \Delta \log d}$	2,66	12,9	42,5	35,1	9,0	8

größen berechnete Säulenhöhe H ist in Horizontalzeile 6 enthalten und das zugehörige Schaubild mit der Verteilungskurve in Figur 75 b. Im üblichen halblogarithmischen Hilfspapier ist der logarithmische Maßstab oft $n \cdot 3{,}125$ des Vertikalmaßstabes. Deshalb wurden noch Zeile 7 und 8 berechnet und Figur 75 c gezeichnet.

Besitzt das Korngemisch eine *gute Aufbereitung*, so besitzt eine mittlere Fraktion eine große Säulenhöhe, das heißt sie überwiegt gewichtsprozentisch; die Verteilungskurve hat ein ausgesprochenes *Maximum*. Das gilt zum Beispiel für einen Rhätsandstein nachstehender Körnung.

	Korngröße in mm			
	Fraktion I 0,01–0,06	Fraktion II 0,06–0,1	Fraktion III 0,1–0,2	Fraktion IV 0,2–0,4
Gewichtsprozente der Fraktion g	1,7	15,3	82,8	0,2
Intervalle Δd	0,05	0,04	0,1	0,2
$h^* = \dfrac{1}{10} \dfrac{g}{\Delta d}$	3,4	38,25	82,8	0,1
$\Delta \log d$	0,778	0,222	0,301	0,301
$3{,}125 \cdot \Delta \log d$	2,43	0,69	0,94	0,94
$H^* = \dfrac{g}{3{,}125 \cdot \Delta \log d}$ . .	0,7	22,2	87,9	0,2

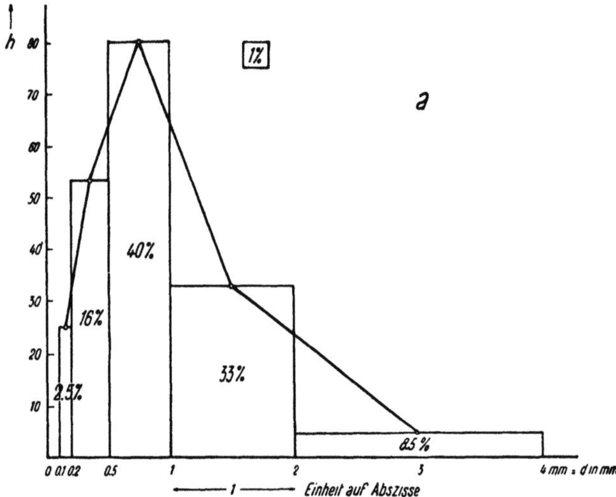

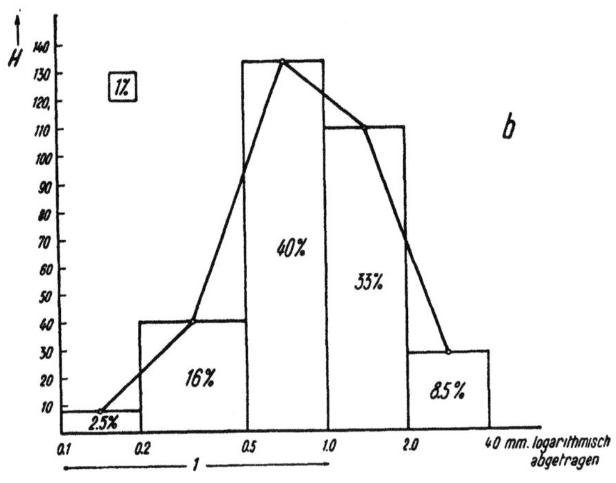

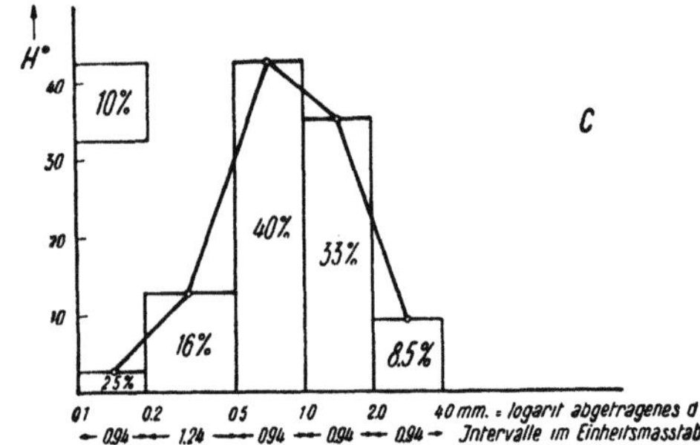

Fig. 75

Flächentreue Verteilungskurven des im Text erwähnten Beispieles in verschiedener Darstellung.

Da $h = \dfrac{g}{\varDelta d}$ sehr groß würde, wird $h^* = {}^1/_{10}\,h$ gebildet und zum Schaubild und der Verteilungskurve Figur 76 a benutzt. Bereits in diesem Maßstab wird die Abszissenachse lang, auch ist das Korngrößenintervall der Hauptfraktion wesentlich größer als die der Fraktionen mit kleinerem Durchmesser. Es scheint nun aber richtig zu sein, mit zunehmender Größe von d auch die Intervalle größer zu nehmen, ja, wie wir später sehen werden, diese Intervalle so zu gestalten, daß sie im logarithmischen Maßstab ungefähr gleich groß werden. Ist diese Intervallsbildung richtig, so kommt die gute Aufbereitung des Rätsandsteins weit besser zur Geltung, wenn d logarithmisch abgetragen wird (Figur 76 b). Da halblogarithmisches Zeichenpapier benutzt wurde, ist

$$H^* = \frac{g}{3,125 \cdot \varDelta \log d}$$

gesetzt. Ist im logarithmischen Maßstab die Intervallsbildung gleich groß, so kann $h = g$ gesetzt werden. So wäre Figur 76 c das Schaubild für eine ziemlich gute Aufbereitung, Figur 76 d für eine schlechte Aufbereitung.

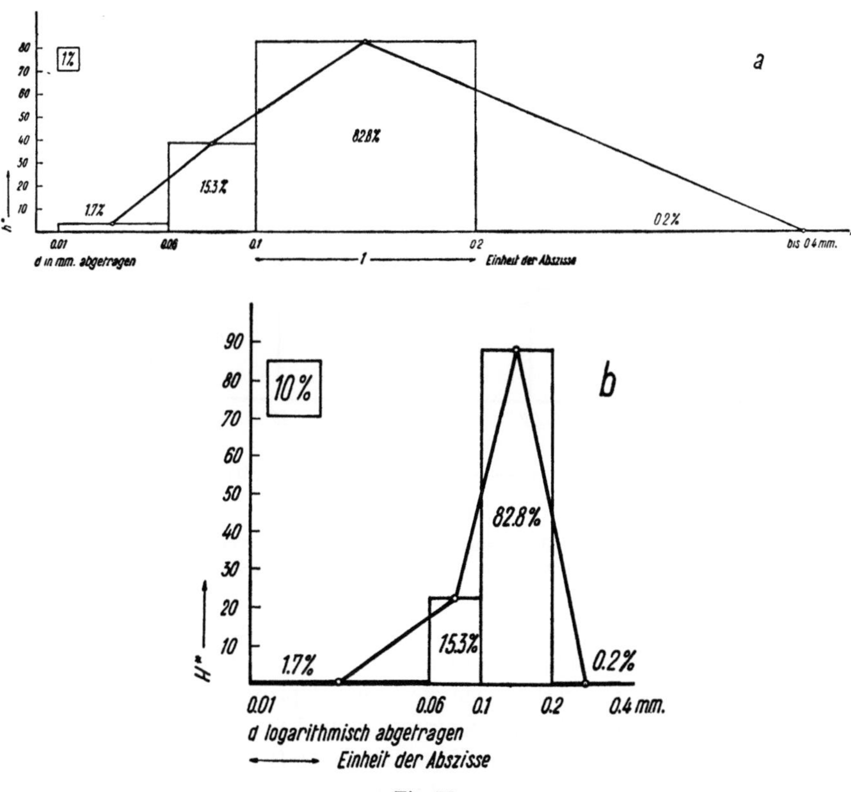

Fig. 76

a, b Verteilungskurven eines gut aufbereiteten Rätsandsteines in verschiedener Darstellung.

Beruht die Konstruktion der Verteilungskurve auf einer Kornanalyse bestimmter Fraktionen, so sollten die Säulen über den Fraktionsintervallen stets gezeichnet werden, damit die Herleitung des Verteilungsbildes deutlich wird. Man kann bei bestimmten Verfahren jedoch auch eine kontinuierliche Verteilungskurve erhalten oder diese aus Fallkurven beziehungsweise den nachstehend zu erwähnenden Summenkurven in kontinuierlichem Verlauf ableiten (ODÉN, KRUMBEIN). Dann bedeutet die flächentreue Darstellung, daß ein be-

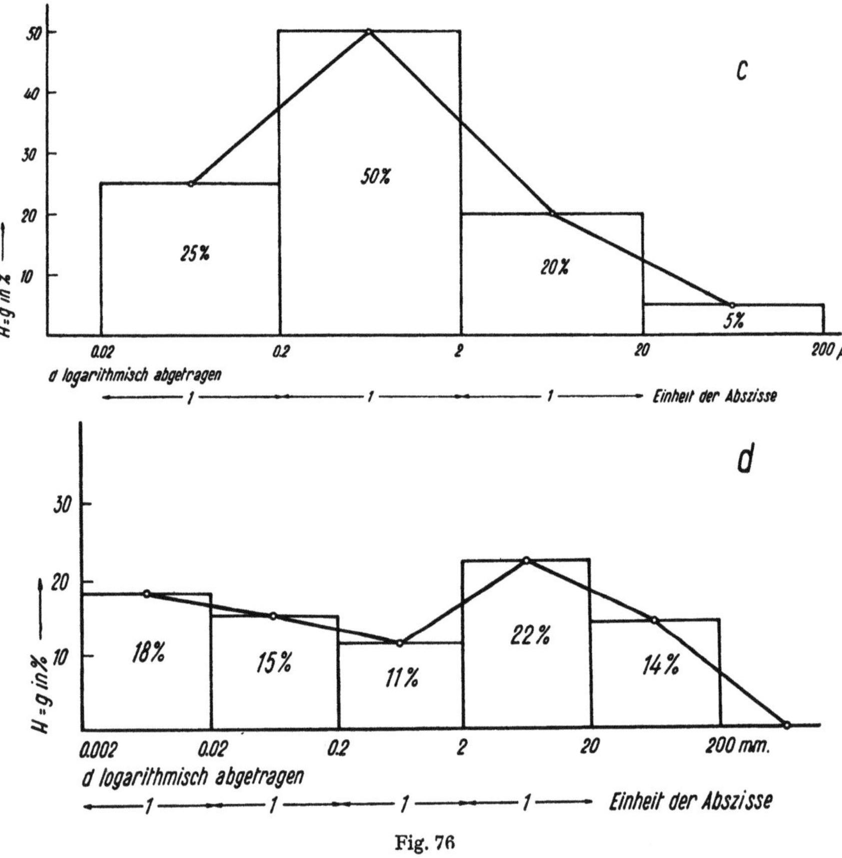

Fig. 76

c, d Verteilungskurven mit gleichgroßen logarithmischen Intervallen; c eines ziemlich gut (Sand) und d eines schlecht aufbereiteten Korngemisches (Moräne).

liebiges, von der Verteilungskurve oben und der Abszissenachse unten begrenztes Flächenstück zwischen zwei Ordinaten sich zur Gesamtfläche unterhalb der Verteilungskurve verhält wie die Gewichtsprozente in diesem (durch die Ordinaten begrenzten) Korngrößenintervall zu 100.

2. Häufiger werden sogenannte *Kumulativprozente* beziehungsweise *Summationskurven* verwendet. Die Abszisse (wie in Figur 77, andere Darstellungen verwenden dazu die Ordinate) wird von 0 bis 100 Gewichtsprozente eingeteilt. Der obere Grenzwert der Korndurchmesser einer bestimmten Fraktion wird direkt oder logarithmisch auf der zweiten, zur ersten senkrechten Ordinate abgetragen. Im Diagramm wird der Punkt festgelegt, der angibt, wieviel Ge-

wichtsprozente einen größeren Durchmesser besitzen als dem oberen Grenzwert der Fraktion entspricht. Durch geradlinige Verbindung der Punkte erhält man einen Linienzug, der sich jetzt viel leichter als Kurve ausgleichen läßt. (Siehe Tabelle auf der nächsten Seite.)

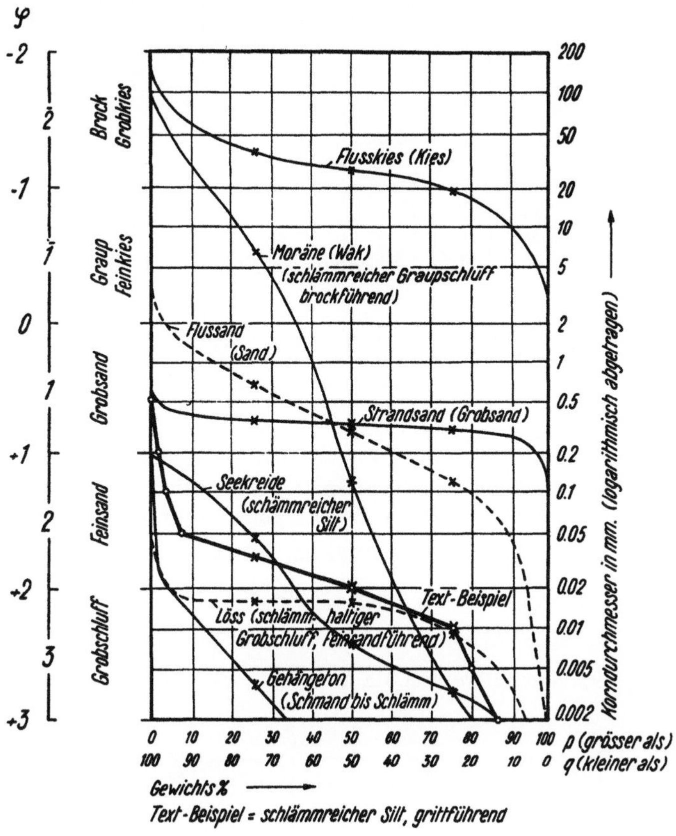

Fig. 77

Summationskurven von verschiedenen Korngemischen mit Angabe der Intervalle nach der Atterberg-Einteilung (auch den verfeinerten α-, β-, γ-Unterfraktionen). Die Kreuze geben Medianwert und Quartilwerte an (bei 25%, 50%, 75%). Das Textbeispiel enthält auch die als kleine Kreischen eingetragenen Bestimmungspunkte, die übrigen Kurven entsprechen typischen Beispielen und werden später noch näher charakterisiert.

Bei umgekehrter Beschriftung der Abszisse (100–0%) liest man den prozentualen Anteil mit Durchmesser kleiner als vorgegeben ab. Bei gleich großen Fraktionsintervallen und völlig gleichmäßiger Verteilung der Mengen auf die Einzelfraktionen würde als Linienzug *eine* gerade Linie resultieren. Fällt ein gewichtsprozentisch *großer* Anteil auf *eine* Fraktion allein, so wird für dieses Gebiet in der Darstellung von Figur 77 das Linienstück *flach*, bei *kleinem* Anteil *steil* gelegen sein. Bei guter symmetrischer Aufbereitung besteht somit der Linienzug aus einem flachen Mittelstück und steil verlaufenden Randkurven. Figur 78 zeigt die Beziehungen zwischen beiden Darstellungen.

Beispiel (kräftig gezeichnete Kurve in Figur 77)

	Durchmesser in mm							
	<0,002	0,002 bis 0,005	0,005 bis 0,01	0,01 bis 0,02	0,02 bis 0,05	0,05 bis 0,1	0,1 bis 0,2	0,2 bis 0,5
Fraktionsanteil in Gewichtsprozenten . .	14%	6%	5%	25%	43%	3,4%	1,6%	2%
Oberer Grenzwert in mm	0,002	0,005	0,01	0,02	0,05	0,1	0,2	0,5
Gewichtsprozente p mit Korndurchmesser größer als oberer Grenzwert	86%	80%	75%	50%	7,0%	3,6%	2%	0%
Gewichtsprozente q mit Korndurchmesser kleiner als oberer Grenzwert	14%	20%	25%	50%	93%	96,4%	98%	100%

Aus der Summationskurve kann man eine Verteilungskurve für flächentreue Darstellung berechnen. Zeigt zwischen Δd die Summationskurve die Veränderung Δq in Prozenten, so ist bei gewöhnlichem Maßstab für die Korndurchmesser $h = \lim \dfrac{\Delta q}{\Delta d}$ zu setzen. Denn dann wird für ein sehr kleines Δd der Säuleninhalt $\dfrac{\Delta q}{\Delta d} \cdot \Delta d = \Delta q$, also gleich der Gewichtsmenge für Δd in Prozenten. Geht man zum logarithmischen Maßstab für den Korndurchmesser über, so muß die Ordinate $H^* = d \cdot \lim \dfrac{\Delta q}{\Delta d}$ genommen werden, da $\lim \Delta \log d$ proportional ist $\lim \Delta d \cdot \dfrac{1}{d}$.

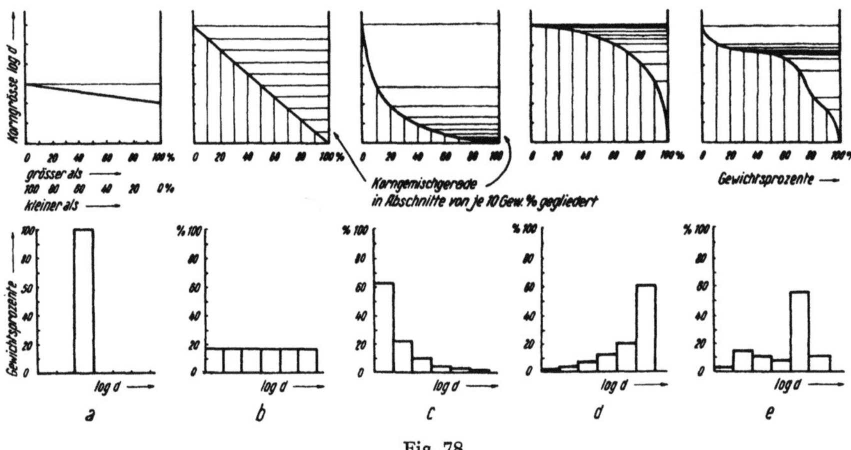

Fig. 78

Beziehung zwischen der gewöhnlichen Darstellung und der Summationskurve verschiedener Korngemische. *a* das ganze Korngemisch fällt in ein Größenintervall; *b* alle Intervalle sind am Korngemisch in gleicher Menge beteiligt; *c, d* die kleinen bzw. großen Fraktionen sind stärker vertreten; *e* unregelmäßige Verteilung auf die einzelnen Fraktionen.

Der Säuleninhalt zwischen $\Delta \log d$ wird dann für sehr kleines Δd zu $\Delta \log d \cdot \dfrac{\Delta q}{\Delta d}$
$= k \dfrac{\Delta d}{d} \cdot \dfrac{\Delta q}{\Delta d} \cdot d = k \cdot \Delta q$, wo k eine Konstante $(= \log e)$ ist.

Die zahlenmäßige Erfassung der *Korngrößenvariation* geschieht auf folgende Weise. Man bestimmt nach vollzogener Gemischanalyse den *mittleren Korndurchmesser* d_m nach der Gleichung[1]:

$$100\, d_m = m_0 \frac{d_0 + d_1}{2} + m_1 \frac{d_1 + d_2}{2} + m_2 \frac{d_2 + d_3}{2} + \cdots + m_{(max-1)} \frac{d_{(max-1)} + d_{max}}{2}$$

wobei m_n die prozentuale Menge ist, die in das Intervall mit d_n und d_{n+1} als Korndurchmesser fällt. In dem Diagramm mit der Summationskurve ist dies bei direkter Verwendung der Korndurchmesser (Figur 79) derjenige Durch-

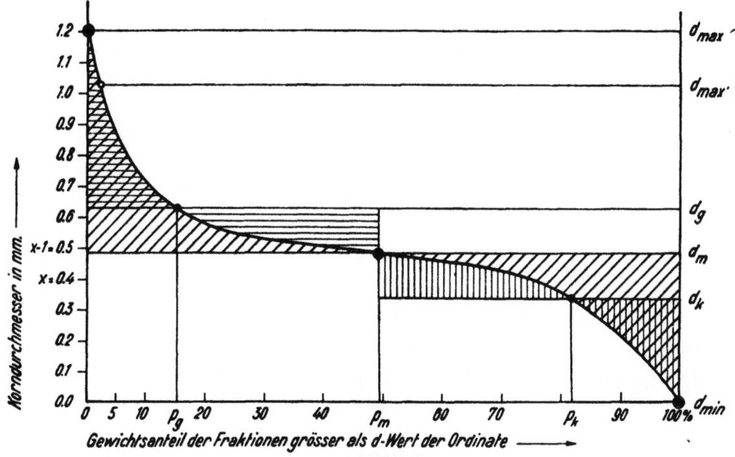

Fig. 79

Summationskurve mit graphischer Auswertung von d_{max}, d_m, d_g und d_k.
Für d_m und p_m müssen die Inhalte der schräg schraffierten Bereiche gleich groß sein, für $d_g\, p_g$ diejenigen der horizontal und für $d_k\, p_k$ diejenigen der vertikal schraffierten Felder.

messer, welcher der Höhe eines Rechteckes entspricht, das gleichen Flächeninhalt hat wie die von der Kurve und Abszisse begrenzte Fläche. Den kleinsten vorhandenen Korndurchmesser d_{min} kann man bei Vorhandensein von Schlämm $= 0,02\,\mu$ setzen, sonst muß er bestimmt werden; der größte vor-

---

[1] In analoger Weise werden d_g (mittlerer Korndurchmesser des Intervalles $d_{max} \rightarrow d_m$) und d_k (mittlerer Korndurchmesser des Intervalles $d_m \rightarrow d_{min}$) nach folgenden zwei Gleichungen bestimmt:

$$\left(100 - p_m\right) d_k = m_0 \frac{d_0 + d_1}{2} + m_1 \frac{d_1 + d_2}{2} + \cdots + \left(p_m - \sum_0^{x-1} m\right) \frac{d_{(x-1)} + d_m}{2}$$

$$p_m d_g = \left(\sum_0^{x} m - p_m\right) \frac{d_m + d_x}{2} + \cdots + m_{(max-1)} \frac{d_{(max-1)} + d_{max}}{2},$$

wobei angenommen wird, daß p_m im Intervall zwischen x und $x-1$ liege.

handene Korndurchmesser d_{max} wird womöglich direkt bestimmt zur Weiterberechnung, jedoch als d_{max}, der mittlere Korndurchmesser derjenigen gröbsten Fraktion verwendet, deren Summenteile zusammen noch 5% ausmachen. Auf der Summationskurve kommt der mittlere Korndurchmesser auf einen Punkt zu liegen, der p_m Gewichtsprozenten entspricht. Die Verlagerung dieses p_m-Wertes gegenüber dem Wert 50 (Mittelwert zwischen 0 und 100%) gibt bereits über einen eventuell vorhandenen asymmetrischen Charakter der Summationskurve Auskunft ($q_n = 100 - p_m$). Durch d_m und p_m wird die Kurve selbst in zwei Teile geteilt, die d_m gegenüber gröbere und feinere Fraktionsgruppen umfassen. Für beide lassen sich (siehe Figur 79 und Fußnote Seite 159) wieder mittlere Korndurchmesser d_g (für die gröberen Teile) und d_k (für die kleineren Teile) bestimmen sowie entsprechende p_g- und p_k-Werte (bzw. $100 - p_g = q_g$ usw.). Dadurch sind für die Summationskurven 5 Punkte bestimmt mit den Werten:

	d_{min}	d_k	d_m	d_g	d_{max}
p	100	p_k	p_m	p_g	0
q	0	q_k	q_m	q_g	100

Sie charakterisieren in erster Annäherung den Mittelteil des Korngemisches genügend, wobei jedoch bei schlechter Aufbereitung die feinsten Teile, deren Menge den Mitteldurchmesser nur schwach beeinflußt, etwas zu wenig zur Geltung kommen. Bei logarithmischer Skala für d treten (siehe Seite 164) an Stelle von d_k, d_m und d_{max} die Medianwerte und Quartilmaße.

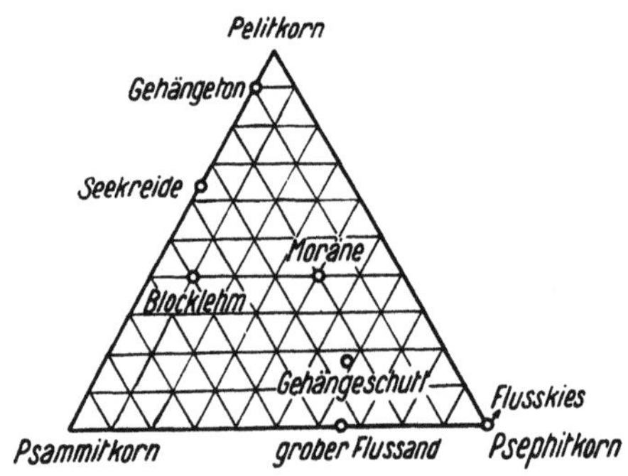

Fig. 80

Darstellung einiger (aus der Summationskurve von Fig. 77 entnommener) Beispiele im Pelit-Psammit-Psephit-Dreieck.

3. Erweist es sich als zweckmäßig, die im Korngemisch vorhandenen Korngrößen in drei oder vier Korngrößengruppen zusammenzufassen, zum Beispiel psephitisches, psammitisches, pelitisches Korn oder Schlämm, Grobschluff,

Feinsand oder Schweb, Sink, Silt, Grobsand, so lassen sich dem Korngemisch im *Dreieck* (bei Aufteilung der Gesamtmenge in drei Gruppen) oder im *Tetraeder* (bei Aufteilung der Gesamtmenge in vier Gruppen) nach den Seite 23 ff erwähnten Prinzipien Punkte zuordnen. Die Ecken entsprechen 100% der gewählten Fraktionsgruppen, die Punkte sind dann durch die gewichtsprozentischen Anteile der Gruppen eindeutig bestimmt (siehe als Beispiel Figur 80). Diese Darstellung gestattet besonders schön, kleinere Anteile gröberen oder feineren Materials zur jeweiligen Hauptkorngrößenklasse zu erkennen und in dieser Beziehung Verschiebungen von Untersuchungsprobe zu Untersuchungsprobe zu überblicken.

In der neueren Zeit kommt, besonders in der russischen Fachliteratur, diese *Dreiecksdarstellung* für die vergleichende Betrachtung der Korngemische vermehrt zur Geltung. Hiebei hat sich für mittel- bis feinklastische und pelitische Gesteine eine etwas andere Gliederung eingebürgert, indem (zum Beispiel nach FLORENSKY) die Korngrößen von 1,0 mm Durchmesser an abwärts in die drei Hauptfraktionen:

1,0–0,1 mm   Sand (kurzweg)

0,1–0,01 mm   Aleurit

< 0,01 mm   Pelit

gegliedert werden. Betrachtet man diese Größen nicht als Durchmesser, sondern als Radien, so würden Sand dem Grobsand, Aleurit dem Feinsand oder Staub, und Pelit dem Pelit unserer Terminologie entsprechen.

ε. **Die Benennung der Korngemische. Grade der Aufbereitung.** Scheint es zunächst, als ob die Wahl des Maßstabes (nach Millimeter oder logarithmisch) in den Diagrammen der Verteilungs- oder Summationskurven lediglich darstellungstechnisches Interesse besitze, so zeigt eine nähere Überlegung, daß es sich, gesamthaft betrachtet, um eine prinzipielle Entscheidung handelt. Es ist ja bereits bei der Abgrenzung und Benennung der Körnerklassen nach ATTERBERG-NIGGLI (Seite 151) logarithmisch gleichartigen Intervallen analoge Bedeutung zugeschrieben worden. Nach UDDEN erweist es sich nämlich bei Korngrößenanalysen als zweckmäßig, die Intervalle so abzustufen, daß die Größe des Intervalls, dividiert durch die zugehörige mittlere Korngröße, eine Konstante bleibt. Sind d_1, d_2, d_3, d_4 ... die Korndurchmesser der Grenzen der Intervalle und d_{m_1}, d_{m_2}, d_{m_3}, ... entsprechend $\frac{d_2+d_1}{2}$, $\frac{d_3+d_2}{2}$, $\frac{d_4+d_3}{2}$, ... die mittleren Durchmesser eines Intervalls, so sollte somit $2\frac{d_2-d_1}{d_2+d_1} = 2\frac{d_3-d_2}{d_3+d_2}$ $= 2\frac{d_4-d_3}{d_3+d_4} = \frac{\Delta}{d_m}$ = konstant sein. Das gilt für die große *Atterberg-Einteilung* (... 0,2–2–20 ... mm), es ist $\frac{\Delta}{d_m} = \frac{18}{11}$. Für die α-, β-, γ-Fraktionen (verfeinerte Atterberg-Einteilung) gilt dies nicht genau. Es ist bei den Grenzen 10 beziehungsweise 5 ($\cdot 10^x$), also für γ- und β-Fraktion $\frac{\Delta}{d_m} = \frac{2}{3}$, für die α-Fraktion $= \frac{6}{7}$. Eine gleichmäßige Unterteilung von 20 zu 2 mit konstantem $\frac{\Delta}{d_m} = 0,73$ würde bei den Größen 9,283 und 4,309 liegen, die wir der Einfachheit halber zu 10 und 5 approximiert haben.

Für Trümmersedimente ist besonders in Amerika auch die Wentworth-Einteilung im Gebrauch mit $\dfrac{\varDelta}{d_m} = \dfrac{2}{3}$. Sie lautet:

d-Grenzwerte in Millimeter:

$$\ldots\;\frac{1}{2048}\;\frac{1}{1024}\;\frac{1}{512}\;\frac{1}{256}\;\frac{1}{128}\;\frac{1}{64}\;\frac{1}{32}\;\frac{1}{16}\;\frac{1}{8}\;\frac{1}{4}\;\frac{1}{2}\;1\;2\;4\;8\;16\;32\;64\;128\;256\;\ldots$$

Dem untern Grenzwert der Atterberg-Einteilung $0,2\mu = 0,0002$ mm $= \dfrac{1}{5000}$ entspricht ungefähr $\dfrac{1}{4096}$ mm.

Bezogen auf die Korndurchmesser, gemessen im Zentimeter-, beziehungsweise Millimetermaßstab, ist diese Intervallsbildung eine außerordentlich verschiedenartige, wird doch zum Beispiel ein Intervall von $d = 200$ bis 100 mm (also $\varDelta = 100$ mm) gleich behandelt wie ein Intervall von $d = 0,002$ bis $0,001$ mm (also $\varDelta = 0,001$). Sind wir überzeugt, daß sachlich diese Intervallsbildung (Wentworth- oder verfeinerte Atterberg-Skala) richtig ist, so müssen die Konsequenzen gezogen werden. Denn dann ist für uns $\varDelta = 100$ mm bei mittlerem d von 150 *mm* einem $\varDelta$ von $0,001$ mm bei mittlerem d von $0,0015$ mm gleichwertig; beide besitzen den Charakter von *Einheiten*.

Der Umstand, daß bei Benützung des logarithmischen Maßstabes Verteilungskurven oft symmetrischer werden, wird dahin gedeutet, daß diese Einheitsbildung «natürlich» ist. Andererseits wollen wir mindestens für *mittlere, größte* und *kleinste* Durchmesser der Gefügekörner die Maßzahlen nach dem üblichen Längenmaßsystem wissen.

In der Literatur hat diese Doppelkennzeichnung nicht geringe Verwirrung angerichtet. So werden zum Beispiel, ohne daß dies deutlich hervorgehoben wird, auf Grund von Summationskurven in logarithmischem Maßstab mittlere Durchmesser, sowie solche der groben und feinen Halbfraktionen berechnet, die naturgemäß nicht mit d_m, d_g und d_k übereinstimmen. Wir müssen, rückberechnet im Millimetermaßstab, diese Durchmesser als d_{l_m}, d_{l_g} und d_{l_k} bezeichnen, wobei zum Beispiel gilt

$$100 \log d_{l_m} = n_0\,\frac{\log d_0 + \log d_1}{2} + n_1\,\frac{\log d_1 + \log d_2}{2} + \cdots + n_{(m-1)}\,\frac{\log d_{(m-1)} + \log d_m}{2},$$

und $d_0 \ldots d_m$ die Durchmesser der Fraktionsgrenzen, $n_0 \ldots n_m$ die jeweiligen Gewichtsprozentmengen der Intervalle angeben. Als niedrigste Teilchengröße nimmt man dann, nach CORRENS, da $\log 0 = -\infty$ würde, die Teilchengröße $0,02\,\mu$ an. Man kann nun genau so, wie es vorhin für die Normaldiagramme vorgeschlagen wurde, mittlere logarithmische Durchmesser der gegenüber d_l gröberen und feineren Fraktionsgemische, also d_{l_g}- und d_{l_k}- und zugehörige p_l- und q_l-Werte berechnen.

Eine äußerlich gleichartige Doppelcharakterisierung, verbunden mit ständiger Umrechnung, ist indessen wenig zufriedenstellend. Wir wollen daher einem Vorschlag von KRUMBEIN folgen und, neben der Berechnung von d, d_g, d_k und der Darstellung im Zentimetermaßstab, *die logarithmische Darstellung als etwas auch dem Namen nach Selbständiges behandeln.* Zu diesem Zwecke nennen wir die Einheiten der großen *Atterberg-Einteilung* ein *Atterberggrad* oder eine φ-*Einheit*. KRUMBEIN, der sie ζ-Einheit nennt, hat sie wie folgt definiert:

$$\varphi = - (\log_{10} d - \log_{10} 2) = - \log_{10} d + 0{,}30103, \text{ was bedeutet:}$$

φ	$+4$	$+3$	$+2$	$+1$	0	-1	-2	-3
d in mm	0,0002	0,002	0,02	0,2	2	20	200	2000

Positive Zahlen entsprechen somit Teilchenradien unter 1 mm, negative über 1 mm[1].

Wird die Wentworth-Einteilung benutzt, so heißen die Intervalle Wentworthgrade oder Φ-*Einheiten* mit folgender Definition:

$\Phi = - \log_2 d$ (log zur Basis zwei von d in Millimeter). Das ergibt

$\Phi =$	$+12$	$+11$	$+10$	$+9$	$+8$	$+7$	$+6$	$+5$	$+4$	$+3$	$+2$	$+1$
	$\frac{1}{4096}$	$\frac{1}{2048}$	$\frac{1}{1024}$	$\frac{1}{512}$	$\frac{1}{256}$	$\frac{1}{128}$	$\frac{1}{64}$	$\frac{1}{32}$	$\frac{1}{16}$	$\frac{1}{8}$	$\frac{1}{4}$	$\frac{1}{2}$

$\Phi =$	0	-1	-2	-3	-4	-5	-6	-7	-8
	1	2	4	8	16	32	64	128	256 in mm

Auf ein im Zentimetermaßstab bezogenes d ist ein Atterberggrad rund dreimal so groß wie ein Wentworthgrad. Deshalb ist ja auch die an sich weit übersichtlichere (im folgenden einzig benutzte) Atterberg-Einheit durch die α-, β-, γ-Fraktionen dreigeteilt worden. Genau gilt: eine Φ-Einheit $= \dfrac{1}{3{,}0103}$ φ-Einheit.

Manchmal mag es für Spezialzwecke erwünscht sein, das Intervall von $d = 0{,}2$ bis $0{,}002$ mm noch weiter unterzuteilen (HJULSTRÖM, DOEGLAS). Für Vergleichszwecke genügt es zumeist, je nach Umständen die grobe oder die verfeinerte Atterberg-Skala zu verwenden, ja man hat dann zwei Gliederungsmöglichkeiten statt nur eine. Ein weiterer Vorteil beider Grundeinteilungen ist, daß man mit einfachem Millimeterpapier arbeiten kann, denn auch die Unterfraktionen α, β, γ der Atterberg-Einteilung lassen sich mit genügender Genauigkeit im Millimetermaßstab sofort abtragen.

Für $d = 1$ mm, das untere Ende einer γ-Fraktion, ist $\varphi = 0{,}30103$, das heißt
rund $^3/_{10}$ Atterberggrad,
für $d = 0{,}5$ mm, Grenze einer α–β-Fraktion, ist $\varphi = 0{,}60206$, das heißt rund
$^6/_{10}$ Atterberggrad.

γ- und β-Fraktionen der Atterberg-Einteilung entsprechen somit $^3/_{10}$ Atterberggrad, die α-Fraktion $^4/_{10}$ Atterberggrad. So hat man lediglich zwischen je zwei Atterberggraden in $^4/_{10}$ und $^7/_{10}$ die Grenzlinien für die α- und β-Fraktion zu ziehen. Bei Bedarf kann man zudem aus der gezeichneten φ-Summenkurve die Werte für je $^1/_3$- und $^2/_3$-*Atterberggraden* finden, also die gleichmäßige Intervallsbildung von je $^1/_3$ *Atterberggraden* anwenden.

Dadurch wird die Wentworth-Einteilung vollständig überflüssig, die verfeinerte Atterberg-Einteilung leistet die gleichen Dienste und ist in bezug auf die d-Werte

---

[1] Da $- (\log_{10} d - \log_{10} 2) = - \log_{10} \dfrac{d}{2} = - \log r$, ergibt $\varphi = n$ als Kornradius in Millimeter den Wert 10^{-n}, was leicht zu merken ist.

übersichtlicher, da die Großwerte dem dekadischen Zahlensystem verpflichtet sind. Im übrigen läßt sich jederzeit nach $\varphi = 0,30103\,(1 + \Phi)$ der Wert Φ in φ umwandeln.

In Atterberggraden lautet (siehe bereits Seite 151) die Kornklassenbezeichnung wie folgt:

Atterberggrad	> 4	Schweb $< 0,2\,\mu$ Durchmesser,
	$+\,4$ bis $+\,3$	Sink, Feinschluff 2–0,2μ,
	$+\,3$ bis $+\,2$	Grobschluff 2–20μ,
	$+\,2$ bis $+\,1$	Feinsand, Mehlsand 20–200μ,
	$+\,1$ bis $\quad0$	Grobsand, Gritt 0,2–2 mm,
	$\quad0$ bis $-\,1$	Feinkies, Graup 2–20 mm,
	$-\,1$ bis $-\,2$	Grobkies, Brock 20–200 mm,
	$-\,2$ bis $-\,3$	Block.

Es wird nun zweckmäßig sein, sich daran zu gewöhnen, die Korngrößen und Kornverteilungen der Lockergesteine nicht nur in Millimetereinheiten der Korndurchmesser, sondern auch in Atterberggraden anzugeben. Stets gilt:

$$\varphi = 10,30103 - \log_{10} d - 10 \quad \text{oder} \quad \log_{10} d = 10,30103 - 10 - \varphi.$$

Aber es ist wenig sinnvoll, die aus logarithmischen Darstellungen, das heißt Darstellungen nach Atterberggraden, abgeleiteten Größen immer wieder in den Millimetermaßstab umzurechnen; sie besitzen Selbständigkeit für sich und werden daher auch zweckmäßig nach anderen Gesichtspunkten als d_m, d_g und d_k usw. bestimmt. So haben TRASK, WENTWORTH und andere aus Diagrammen mit Atterberg-(oder Wentworth-)graden folgende unmittelbar abzulesende Hilfsgrößen zur Kennzeichnung der Summationskurven in Vorschlag gebracht: die sogenannten *Quartilmaße*. Sie sind zu Vergleichszwecken sehr brauchbar. Man bestimmt die Schnittpunkte der Summationskurve mit den Geraden, die 25 Gewichtsprozenten, 50 Gewichtsprozenten und 75 Gewichtsprozenten entsprechen. Der zu 50% gehörige Wert heißt *Medianwert M*. Der zu 25% gehörige Wert beziehungsweise der Quartilwert mit dem größeren Korndurchmesser wird, als Q_3, der zu 75% zugeordnete (allgemein dem kleineren Korndurchmesser angehörige) als Q_1 bezeichnet. Erfolgen die Angaben in φ-Graden als Einheiten, so wählen wir die Bezeichnungen φ_M, φ_{Q_3} oder φ_{Q_1}. φ_M, φ_{Q_3} und φ_{Q_1} sind genau so wie d_m, d_g, d_k drei Größen, die den inneren Teil einer Summationskurve bestimmen, nur liegen jetzt zwischen φ_{Q_3} und φ_{Q_1} *immer* 50 Gewichtsprozente der Gesamtheit, und φ_M ist stets der Wert der Mittelordinate (in Darstellungen wie Figur 77), der sogenannte *Mediandurchmesser in Atterberggraden*. Er ist die einzige der drei Größen, die man zweckmäßig als d_M nebenbei auch in Millimeter umrechnet. Unter Umständen kann man noch weiter gehen und die φ-Werte von 10 zu 10 Gewichtsprozenten angeben. Man liest sie aus dem Atterberg-Diagramm (logarithmische Darstellung der Summationskurve) ab und gibt sie selbstverständlich ohne Umrechnung in Atterberg-Einheiten an (Einteilung der logarithmischen Kurven in diesem Sinne bereits in Figur 77).

Eine erste, sehr grobe Charakterisierung eines Korngemisches ist nun durch die drei Zahlengrößen φ_{Q_3}, φ_M, φ_{Q_1} gegeben, wobei zwecks Bildung einer Übersichtsformel zur weiteren Vereinfachung ein positiver Wert auf die nächste positive ganze Zahl, ein negativer Wert auf die nächste negative ganze Zahl auf- beziehungsweise abgerundet wird. (Angabe der für die Intervalle in Frage kommenden Zahlen ebenfalls bereits in Figur 77.) In dieser ganzzahligen Symbolik bedeutet dann:

$$\varphi_{Q_3} \text{ oder } \varphi_M \text{ oder } \varphi_{Q_1} \text{ gelegen in Fraktion}$$

	Schweb	Feinschluff	Grobschluff	Feinsand	Grobsand	Feinkies	Grobkies	Block	Klotz
	+	+	+	+	+	−	−	−	−
ergibt	5	4	3	2	1	1	2	3	4

Im weiteren werden nur die negativen Vorzeichen über die Zahlenwerte geschrieben und die auf- beziehungsweise abgerundeten Zahlen φ_{Q_3}, φ_M, φ_{Q_1} immer als Symbol in der gleichen Reihenfolge hintereinander geschrieben. (Sollten bei sehr guter Aufbereitung zwei oder drei der Zahlen nicht nur demselben großen Atterberggrad angehören, sondern der gleichen Unterfraktion [α oder β oder γ], so läßt sich zur Zahl α oder β oder γ hinzuschreiben). Im großen ergeben sich beispielhaft für Korngemische der Figur 77 nachstehende Hauptsymbole:

$\bar{2}\ \bar{2}\ \bar{1}$ es fallen Q_3 und M in die Grobkies-, Q_1 in die Feinkiesfraktion (Flußkies, Figur 77);

$\bar{1}\ 2\ 3$ es liegen Q_3 im Feinkies-, M im Feinsand-, Q_1 im Grobschluffintervall (Moräne, Figur 77);

$1\ 1\ 2$ Q_3 und M in Grobsand-, Q_1 in Feinsandfraktion (Flußsand, Figur 77);

$1\ 1\ 1$ Q_3, M und Q_1 fallen in die Fraktion Grobsand (Strandsand, Figur 77);

$2\ 3\ 3$ Q_3 hat Feinsand, M und Q_1 haben Grobschluffgröße (Seekreide, Figur 77);

$3\ 3\ 3$ Q_3, M und Q_1 besitzen Grobschluffgröße (Löß, Figur 77).

Generell werden dadurch die Korngrößen über 50 (im Mittelteil gelegene) Prozente des Korngemisches charakterisiert, nicht jedoch das Verhalten der je 25% gröbsten und feinsten Kornes. Da es insbesondere von großer Bedeutung ist, ob erhebliche Beimengungen sehr kleiner Korngrößen vorhanden sind, müssen bei genaueren Untersuchungen die Symbole wie folgt verbessert werden: Vor dem Symbol werden durch Minuszeichen angegeben, wie viele Grade sich die Summationskurve bis zu den ersten 5% über den Grad von Q_3 erstreckt, hinter dem Symbol durch Pluszeichen, wie viele Grade sich die Summationskurve bis zu den letzten 5% über den Grad von Q_1 verlängern läßt, wobei im letzteren Fall zu bedenken ist, daß + 5 die letzte bis zu sehr kleinen Durchmessern reichende Größe ist. In den oben genannten Beispielen (siehe Figur 77) würden die so verbesserten Symbole lauten:

$\bar{2}\ \bar{2}\ \bar{1}$ (unverändert), $-\bar{1}\ 2\ 3 + +$, $1\ 1\ 2 +$, $1\ 1\ 1$ (unverändert), $2\ 3\ 3 + (+)$, $- 3\ 3\ 3 +$.

Diese Symbolik führt auch zu einer eindeutigen *Namengebung* für Korngemische. Sie ist in gleicher Weise zuerst für die Charakteristik durch d_g, d_m, d_k
vorgeschlagen worden. Da d_m immer zwischen d_g und d_k, φ_M immer zwischen
φ_{Q_3} und φ_{Q_1} liegt, benutzt man nur d_g und d_k beziehungsweise φ_{Q_3} und φ_{Q_1}.
Man trägt sie als Abszissen- und Ordinatenwerte in einem rechtwinkligen

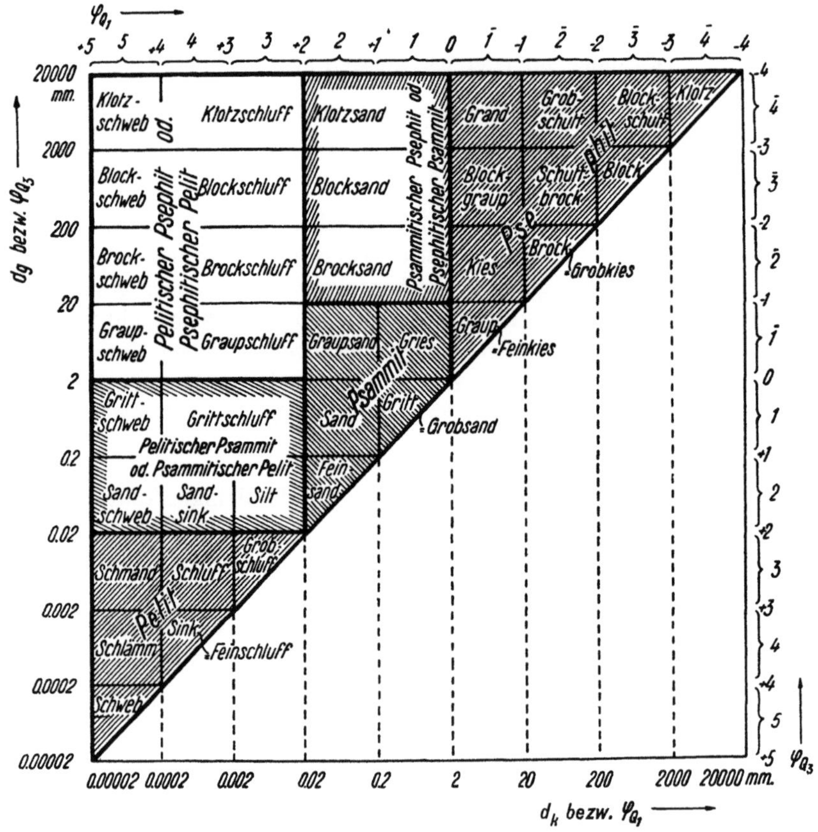

Fig. 81

Bezeichnung klastischer Sedimente nach mittlerer Korngröße, d_g der gröbsten und d_k der feinsten
Teilfraktion oder nach φ_{Q_3} und φ_{Q_1}.

Koordinatensystem ab und erhält so Felder, denen bestimmte Namen beigeschrieben werden (siehe Figur 81). Natürlich brauchen die d_g-, d_k- und
φ_{Q_3}-, φ_{Q_1}-Charakteristiken nicht genau die gleichen Feldpunkte zu ergeben.
Für die Namengebung wählt man in solchen nicht übereinstimmenden Fällen
stets diejenige Bezeichnung, welche der größeren Differenz entspricht. Deshalb
ist in Figur 81 die Doppelbeschriftung nach d_g–d_k einerseits und φ_{Q_3}–φ_{Q_1} anderseits angebracht. Fallen die d_g-, d_k-Werte beziehungsweise die φ_{Q_3}-, φ_{Q_1}-Werte
in die gleiche Atterberg-Einheit, so kann man das Korngemisch so bezeichnen
wie die Kornfraktion dieser Atterberg-Einheit. Einfache Hauptwörter, wie

Schlämm, Schluff, Silt, Sand, Gries, Kies, Blockschutt werden dann gebraucht, wenn die beiden Werte in die entsprechenden aneinandergrenzenden Fraktionsfelder fallen. Gehören d_g und d_k beziehungsweise φ_{Q_3} und φ_{Q_1} nicht zu benachbarten Großintervallen (Atterberggraden), so müssen für das Korngemisch von vornherein Doppelnamen (siehe Figur 81) gewählt werden. In diesem Falle kann ein Gemisch auch allgemein als «Wak» bezeichnet werden. Die so erhaltenen Hauptwörter lassen bei Benutzung der φ_{Q_3}- und φ_{Q_1}-Werte stets erkennen, was für Korngrößen für die mittleren 50 Gewichtsprozente des Gemisches in Frage kommen.

Sie müssen durch adjektivische Beiwörter ergänzt werden, wenn von 5–25% beziehungsweise 75–95% Korngrößen andere Atterberggrade in Frage kommen. Folgendes soll konventionell gelten: Liegen 10–25 Gewichtsprozente in einem kleineren Korngrößenintervall (große Atterberg-Einheit) als Q_1, so heißt das Gemisch ...reich, sind es nur 5–10%, ...haltig. Für Beimengungen über 5% von gröberem Korn als Q_3 genügt die Bezeichnung ...führend.

Darnach bleibt der Strandsand 1 1 1 der Figur 77 kurzweg ein Grobsand, der Flußsand 1 1 2 + ist ein schluffhaltiger Sand, die Moräne $-\overline{1}23++$ ist ein schlämmreicher Graupschluff, brockführend, also ein typischer Graupschluffwak. Das im Text Seite 158 näher charakterisierte Beispiel ist ein schlämmreicher Silt 2 2 3 + + usw. Selbstverständlich ist dieser Nomenklaturvorschlag nicht der einzige (andere stammen zum Beispiel von GALLWITZ, GRENGG usw.), er scheint jedoch von allen dem Verfasser bekannt gewordenen der konsequenteste zu sein.

Aus der Symbolik, Namengebung und der graphischen Darstellung folgt bereits, ob ein Korngemisch relativ gleichkörnig oder ungleichkörnig ist, ob es mit anderen Worten gute oder schlechte *Aufbereitung* besitzt. Trotzdem ist wohl mit Recht immer wieder versucht worden, den Grad der Aufbereitung oder Sortierung durch besondere Ziffern festzulegen. Zunächst ist zu beachten, daß innerhalb eines der gewählten Korngrößenintervalle (es sollten dies immer die α-, β-, γ-Fraktionen der Atterberggrade sein) über die Aufbereitung gar nichts ausgesagt werden kann. Die beste Aufbereitung wäre somit vorhanden, wenn das Gesamtmaterial der gleichen Subfraktion angehört, es ist dies zugleich der normalerweise kleinstbestimmbare *Ungleichkörnigkeitsgrad*. Im Mittel umfaßt die Subfraktion ein Drittel Atterberggrad, so daß also ideale Aufbereitung herrschen würde, wenn $3\,(\varphi_{min} - \varphi_{max}) = 1$ ist. In Wirklichkeit aber wird es notwendig sein, die Aufbereitung in den drei Teilstücken

$$\varphi_{max} \text{ bis } \varphi_{Q_3}, \varphi_{Q_3} \text{ bis } \varphi_{Q_1}, \varphi_{Q_1} \text{ bis } \varphi_{min}$$

getrennt zu studieren.

Innerhalb eines beliebigen, x Gewichtsprozente umfassenden Teilstückes zwischen φ_1 und φ_2 wollen wir folgende Definition einführen:

$$\mu = \text{Ungleichkörnigkeitsindex} = \left[3\,\frac{(\varphi_1 - \varphi_2)}{x}\,100 \right] - 1.$$

μ ist minimal $= 0$, wenn idealste Aufbereitung herrscht. Im speziellen gilt:

Großes Korn	Mittleres Korn	Kleinstes Korn
$\mu_g = 12\,(\varphi_{Q_3} - \varphi_{max}) - 1$	$\mu_m = 6\,(\varphi_{Q_1} - \varphi_{Q_3}) - 1$	$\mu_k = 12\,(\varphi_{Q_{min}} - \varphi_{Q_1}) - 1$

Ist Schweb vorhanden, aber nicht mehr bestimmt worden, so nimmt man φ_{min} zu $+5$ an, ist Kolloidfraktion ohne Schweb nachgewiesen, zu $+4$. φ_{max} (beziehungsweise d_{max}) sucht man innerhalb der gröbsten Fraktion durch Ausmessen zu bestimmen. Im übrigen gibt man die μ-Werte nur auf ganze Zahlen auf- oder abgerundet an oder liest sie direkt aus der graphischen Darstellung ab. Die drei Zahlen ($\mu_g \cdot \mu_m \cdot \mu_k$) in runden Klammern und in der angegebenen Reihenfolge sind die für ein Korngemisch *kennzeichnenden Ungleichkörnigkeitsindizes* mit (000) als idealster Aufbereitung. In Figur 77 würden die Ungleichkörnigkeitsindizes ungefähr lauten:

Flußkies	Moräne	Flußsand	Strandsand
$(6 \cdot 1 \cdot 9)$	$(12 \cdot 19 \cdot 37)$	$(7 \cdot 4 \cdot 22)$	$(1 \cdot 0 \cdot 4)$

$(6 \cdot 1 \cdot 9)$ würde heißen: wäre die mittlere Aufbereitung für das Gesamtgemisch gleich wie im Mittel zwischen φ_{max} und φ_{Q_3}, so würde sich die Kurve über rund $6 + 1 = 7$ Subfraktionen, das heißt etwas mehr als 2 Atterberggrade ($^7/_3$) erstrecken; wäre sie gleich wie im Mittel zwischen φ_{Q_3} und φ_{Q_1}, so würde sie sich über $\dfrac{1+1}{3}$ Atterberggrad erstrecken, und wäre sie gleich wie zwischen φ_{Q_1} und φ_{min}, über $\dfrac{9+1}{3} = {}^{10}/_3$ Atterberggrad. Man kann daher auch durch Anlegen eines Lineals an die entsprechenden Punkte die zugehörigen Mittelgrade zeichnen, schauen, über wie viele Subfraktionen sie sich von 0 bis 100% erstrecken würde, von der erhaltenen Zahl 1 abziehen, um den zugehörigen μ-Wert zu erhalten. Diese Ungleichkörnigkeitsindizes sind, wie schon die erwähnten Beispiele dartun, sehr empfindlich.

Mannigfache andere Methoden, Sortierungs- oder Aufbereitungsindizes zu bestimmen oder die Kurven näher zu charakterisieren, sind im Gebrauch. Nur auf wenige sei anhangsweise hingewiesen.

SINDOWSKI hat als Sortierungsfaktor S folgende Größe bezeichnet:

$$S = \frac{H + A - R}{100},$$

worin H die Hauptfraktion (Maximum) in Prozenten bedeutet, $A =$ in Prozenten die Hauptfraktion $+$ prozentuale Menge der unmittelbar vorhergehenden und unmittelbar nachfolgenden Fraktion. R ist $100 - H$. Bei bester Aufbereitung ist $S = 2$. Einigermaßen brauchbar ist diese Berechnungsart nur bei Verteilungskurven mit einem ausgesprochenen Maximum.

GRY hat die Verteilungsdiagramme mit einem Maximum durch eine Kurve ausgeglichen und den Prozentgehalt M graphisch bestimmt, der in das Intervall $+ ^1/_6$ und $- ^1/_6$ Atterberggrad (oder $+ ^1/_2$ und $- ^1/_2$ Wentworthgrad) zu beiden Seiten des Maximums fällt. Diesem Prozentgehalt stellt er im Dreieck den Prozentgehalt von feinerem Korn (F) oder gröberem Korn (G) gegenüber (Summe $M + F + G = 100$). Er erhält auf diese Weise eine oft gleichfalls brauchbare Darstellung der relativen Kornverteilung. Bei zwei- und mehrgipfeligen Verteilungskurven, die durchaus nicht selten sind, führt indessen dieses Vorgehen zu Komplikationen, so daß an eine allgemeine Anwendbarkeit nicht gedacht werden kann. Kaum wesentlich weiter führt die Bestimmung der Quartilabweichung, der Quartilschiefe und Kurtosis (nach WENTWORTH).

Eher noch kann bei ausgesprochenem Maximum in der Verteilungskurve ein arithmetisches Mittel der φ-Verteilung und eine mittlere Streuung um den Mittelwert mit Hilfe der ersten und zweiten Momente berechnet werden (KRUMBEIN und PETTIJOHN). Um unabhängig von der Korngröße die Verteilung nach $^1/_3$ Atterberggraden beurteilen zu können, ordnet man das Zahlenmaterial (h-Werte = Gewichtsprozente pro Intervall) so, daß der das Maximum enthaltenden, auf $^1/_3$ Atterberggrad interpolierten Subfraktion das Intervall 0 zugeordnet wird. Von da aus werden die Intervalle von $^1/_3$ Atterberggrad mit großem Korn mit $-1, -2, -3, \ldots$, nach kleinerem Korn $+1, +2, +3$ numeriert (i Zahlen).

$$\sum \frac{h\,i}{100} = n_1 \text{ ergibt das erste,} \qquad \sum \frac{h\,i^2}{100} = n_2 \text{ das zweite Moment.}$$

$$\text{Als } \varphi\text{-Streuung}[1] \text{ wird bezeichnet } \sigma_\varphi = \frac{1}{3}\sqrt{n_2 - n_1^2}.$$

Ist in normalen Atterberggraden der Mittelwert des Intervalls mit dem Maximum von h gegeben durch φ_m, so wird als arithmetisches Mittel (φ_a) der φ-Verteilung die Größe $\varphi_a = \varphi_m + ^1/_3\, n_1$ bezeichnet. σ_φ mißt dann in φ-Einheiten die mittlere Streuung um φ_a und ist offenbar um so größer, je flacher ein Maximum ist. σ_φ ist etwa als *Sortierungswert* bezeichnet worden. Folgendes Beispiel mag die Rechnung veranschaulichen:

Durchmesser in mm	φ	h	Relative Zahlen i in ⅓ A.G.	$h\,i$	$h\,i^2$
4,3–2	$-^1/_3$ bis 0	0,5	-3	$-1,5$	4,5
2–0,93	0 bis $+^1/_3$	5,6	-2	$-11,2$	22,4
0,93–0,43	$^1/_3$ bis $^2/_3$	11,7	-1	$-11,7$	11,7
0,43–0,2	$^2/_3$ bis 1	53,7	0	0	0
0,2–0,093	1 bis $^4/_3$	26,4	$+1$	$+26,4$	26,4
0,093–0,043	$^4/_3$ bis $^5/_3$	2,1	$+2$	$+4,2$	8,4
interpoliert aus α, β, γ				$+6,2$	$+73,4$

Es ist $n_1 = 0,062$; $n_2 = 0,734$; $\sigma = ^1/_3\sqrt{0,734 - 0,062^2} = ^1/_3 \cdot 0,855 = 0,265$. φ_m fällt in die Mitte des Intervalls $^2/_3$ bis 1, hat also den Wert 0,8333. $\varphi_a = 0,8333 + 0,021 = 0,854$. Bei völlig symmetrischer Gestalt einer φ-Verteilungskurve wird $n_1 = 0$, φ fällt mit φ_m zusammen.

Unter den verschiedenen graphischen Darstellungen, die gestatten, in einem Schaubild mehrere Korngemische miteinander zu vergleichen, ist ein Vorschlag von VENDL leicht auf unser Begriffssystem übertragbar. In einem rechtwinkligen Koordinatenkreuz werden auf der Abszisse die φ-Werte von

---

[1] Statt des Faktors $\frac{1}{3}$ wird oft auch $\frac{1}{2}$ verwendet. Siehe übrigens die Abschnitte über Statistik **Seite 112 ff.**

φ_{max} zu φ_{min} und auf der Ordinatenachse das φ des Medianwertes oder des d_{l_m}-Wertes abgetragen. Ein bestimmtes Korngemisch wird beim zugehörigen Ordinatenwert durch eine Horizontale charakterisiert, die sich vom kleinsten Korndurchmesser bis zum maximalen erstreckt. Dadurch werden die Kornvariationsbreite und der Mittelwert gleichzeitig sichtbar. Auf dieser Korngemischhorizontalen werden weiterhin zur näheren Kennzeichnung verschiedene Punkte eingetragen. Zunächst erhält man wie folgt eine Einteilung: Man denkt sich, wie in Figur 78, in der ausgeglichenen Summationskurve von 10 zu 10 Gewichtsprozenten die Vertikalen mit der Kurve zum Schnitt gebracht und projiziert

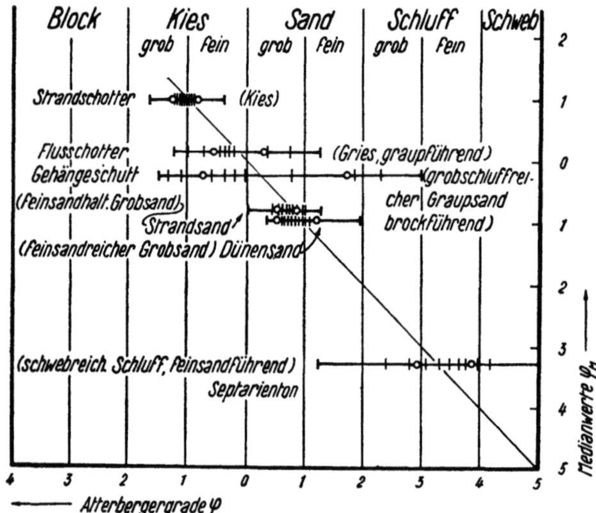

Fig. 82

Vergleichsdiagramm nach VENDL mit einigen Beispielen (Erläuterung siehe Text). Als Ordinate wurde, im Gegensatz zur Beschriftung, die dem Normalfall der Darstellung entspricht, in Reproduktion einer Darstellung von VENDL der φ-Wert von d_{l_m} verwendet. Deshalb geht die 45°-Linie nicht durch den Teilstrich 50%, wie das der Fall sein müßte, wenn wirklich φ_M Ordinatenwert wäre. Die Schnittpunkte der 45°-Linie mit den Korngeraden entsprechen φ von d_{l_m} und die exzentrische Lage gegenüber der Einteilung zeigt zugleich die Abweichung vom logarithmischen Mittelwert und Medianwert.

diese Schnittpunkte auf die Korngemischgerade. In den Figuren 78 entspricht das, was in Figur 82 zur Korngemischhorizontale wird, der Ordinatenrichtung, auf der für verschiedene Formen der Summationskurven die Einteilung von 10 zu 10% durchgeführt wurde. Die untere Figurenreihe von Figur 78 enthält die gewöhnlichen damit harmonierenden Verteilungsbilder. Man erkennt selbstverständlich, daß nahes Zusammenrücken der Zehnereinteilung auf den Korngemischgeraden Maxima andeutet. So vermögen die Einteilungsstriche bereits über die Kornverteilung Auskunft zu geben. Außerdem lassen sich im obenerwähnten Vergleichsdiagramm (Figur 82) auf den Korngemischgeraden andere Punkte, zum Beispiel die φ-Werte der d_{l_g}- und d_{l_k}-Punkte vermerken, die als Ordinate benutzten Mittelwerte selbst liegen stets auf der Winkelhalbierenden.

Nach VENDL sind in Figur 82 einige Beispiele dargestellt mit Einzeichnung der φ-Werte von d_{l_g} und d_{l_k} als Kreischen. Man ersieht daraus auch, wie diese Größen teils fast mit den Quartilmaßen (symmetrische Kurven) bei 25 beziehungsweise 75% zusammenfallen, teils stärker von ihnen abweichen. Im Widerspruch zur Beschriftung, die der Normaldarstellung gemäß entworfen wurde, ist in Figur 82 selbst φ von d_{l_m} Ordinate und nicht von φ_M, da es sich um die direkte Reproduktion eines Diagrammes von VENDL handelt. In Figur 82 zeigen Strandschotter, Strandsand und Dünensand relativ kleine Kornvariationsbreite mit ausgesprochenem, relativ zentral gelegenem Maximum einer Korngröße. Der Flußschotter enthält wenig feine und mehr mittelgrobe Anteile, der Gehängeschutt ist weniger gut aufbereitet und in der Korngröße sehr variabel, während der Septarienton bei ziemlich wechselnder Korngröße ein schwaches Maximum bei mittlerer Korngröße besitzt.

Auch diese Charakterisierung läßt sofort die Symbole des Korngemisches und die Symbole der Aufbereitung ablesen. Um letztere zu gewinnen, hat man die Strecken $\varphi_{max} \to \varphi_{Q_3}$, $\varphi_{Q_1} \to \varphi_{min}$ in Atterberg-Einheiten φ zu messen, mit 12 zu multiplizieren und davon die Zahl 1 abzuziehen, um μ_g und μ_k zu erhalten. Die Strecke $\varphi_{Q_3} \to \varphi_{Q_1}$ mit 6 multipliziert ergibt $\mu_m + 1$. Man erhält:

	Septarien- ton	Dünensand	Strandsand	Gehänge- schutt	Strand- schotter
Korngemisch- Charakteristik .	$- 3\,4\,4\,+$	$1\,1\,2$	$1\,1\,1\,(+)$	$- \bar{1}\,\bar{1}\,2\,+$	$\bar{2}\,\bar{2}\,\bar{1}$
Ungleichkörnigkeit	$(20 \cdot 5 \cdot 12)$	$(3 \cdot 1 \cdot 9)$	$(5 \cdot 1 \cdot 3)$	$(5 \cdot 14 \cdot 17)$	$(6 \cdot 0 \cdot 6)$

Es ist selbstverständlich, daß die erwähnten Begriffe auch zur Kennzeichnung *künstlicher* Lockermaterialien verwendet werden können. So besitzt beispielsweise gutgemahlener *Zementklinker* eine Korngröße von 200 μ bis 2 μ, wobei um 60% eine Korngröße zwischen 50 μ und 10 μ besitzt. Es handelt sich somit um Silt (Feinsand bis Grobschluff). Oft gelten sogar folgende Zahlen:

	Q_3	M	Q_1	gröbstes	feinstes
d in μ	55	30	18	~ 200	~ 2
φ	$+\,1{,}56$	$+\,1{,}82$	$+\,2{,}05$	$+\,1$	$+\,3$

Das Symbol ergibt sich in diesem Falle zu 222 +, was naturgemäß einer guten künstlichen Aufbereitung entspricht und die Bezeichnung schluffreicher bis schluffhaltiger Fein- oder Mehlsand rechtfertigt. In diesem Beispiel würden die Ungleichkörnigkeitsindizes lauten $(6 \cdot 2 \cdot 11)$. Derartige Charakterisierungen gestatten leicht, auf verschiedene Weise erhaltenes Mahlgut zu vergleichen.

ζ. **Allgemeine kritische Bemerkungen zur Korngrößenanalyse.**
Nochmals kommen wir zum Schlusse dieses Abschnittes auf die Frage der Korngrößenbestimmung im Fels- und Lockergestein zurück. Es ist leicht einzusehen,

daß die Korngrößenbestimmung eines *Felsgesteines* aus in Dünnschliffen ersichtlichen Korndurchmessern der *Schnittfiguren* ein falsches Bild vermittelt, wenn diese Schnittdurchmesser einfach Korndurchmessern gleichgesetzt werden. Denken wir uns beispielsweise einen beliebigen Schnitt (Figur 83) durch eine beliebige homogene Kugelpackung (ein Aggregat sich berührender gleichgroßer Kugeln). Dann werden nur jene Schnitte den richtigen Kugeldurchmesser ergeben, die durch Kugelmittelpunkte gehen; alle andern liefern als Schnittfiguren

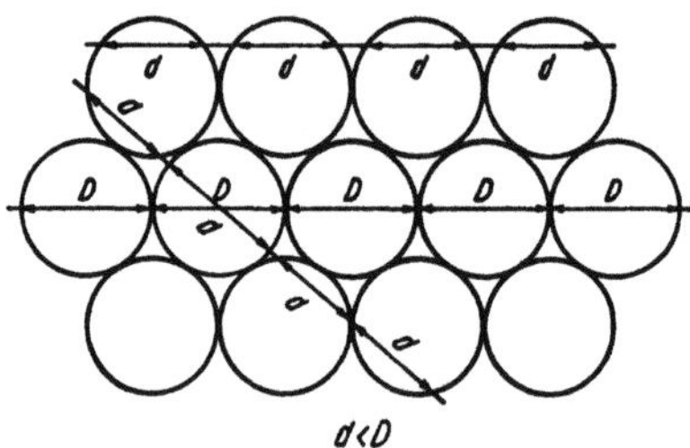

Fig. 83

Homogene Kugelpackung mit beliebigen Schnitten, von denen nur einer durch alle Kugelmittelpunkte geht. Nur der letztere gibt den richtigen Kugeldurchmesser. D = wahrer, d = scheinbarer Durchmesser.

kleinere Kreise. Es wird im Schnitt ein Aggregat verschiedener Korngrößen vorgetäuscht und eventuell daraus ein mittlerer Korndurchmesser (siehe Seite 147) berechnet, der kleiner ist als der tatsächlich vorhandene. Das ist vor allem beim Vergleich von Locker- und Felsgesteinen gleichen Charakters, beispielsweise von Sanden und Sandsteinen, zu beachten, sofern die ersteren im Körnerpräparat, die letzteren im Dünnschliff studiert werden. Bei reiner Dünnschliffuntersuchung müssen Korrekturen angebracht werden, um die reelle Korngröße und Korngrößenverteilung zu bestimmen.

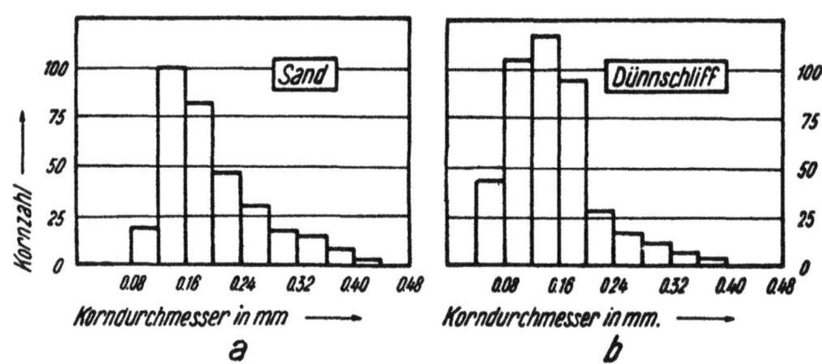

Fig. 84

Vergleich der Ergebnisse von Messungen am gleichen Gestein (Sand und künstlicher Sandstein) im Körnerpräparat und im Dünnschliff (nach KRUMBEIN).

So hat beispielsweise KRUMBEIN beim Studium eines Sandes und eines daraus hergestellten Dünnschliffes eines Hartpräparates die zwei Verteilungskurven von Figur 84 erhalten. Figur *a* vermittelt die granulometrisch bestimmte Korngrößenverteilung, Figur *b* zeigt die Werte, die man erhält, wenn die Durchmesser der

Querschnitte im Dünnschliff kurzweg den Korngrößendurchmessern gleichgesetzt werden. Die Verschiebung im letzteren Fall nach scheinbar kleineren Korndurchmessern ist deutlich ersichtlich, aber auch die scheinbare Korngrößenverteilung dieses heterogenen Aggregates ändert ihren Charakter.

Für einfache Fälle von Kugelpackungen läßt sich mit Hilfe der Wahrscheinlichkeitsrechnung bestimmen, wie häufig bei einer bestimmten Schnittlage durch das Aggregat Kreisschnitte bestimmter Durchmesser zu erwarten sind. Daraus ergibt sich, mit was für einem Faktor der aus Dünnschliffen bestimmte mittlere Korndurchmesser (arithmetisches Mittel) multipliziert werden muß, um den wirklichen mittleren Durchmesser zu bekommen. In Wirklichkeit sind natürlich verschieden große Körner verschiedener Gestalt vorhanden, und es dürfen bei gerichteter Textur bestimmte Schnittlagen nicht als beliebig angesehen werden, so daß nur angenäherte Korrekturen ausgeführt werden können. Das ist mit ein Grund, warum man bei Felsgesteinen die Korngrößenbestimmung weniger quantitativ gestalten kann als bei den leichter zu behandelnden Lockergesteinen. *Bei allen Gefügeuntersuchungen ist eben zu beachten, daß Dünnschliffe nur Schnitte durch das Aggregat darstellen und daß nur mit Hilfe von Überlegungen und Konstruktionen, wie sie die darstellende Geometrie vermittelt, daraus etwas über die wirklichen Verbandsverhältnisse und Gefügeeigenschaften geschlossen werden kann.*

Bei der mechanischen Analyse eines *losen Körneraggregates* ist ferner zu berücksichtigen, daß man nach bestimmten Regeln (zum Beispiel Stokessche Formel) die *Durchmesser* der Fraktionsintervalle festsetzt. Als *wahren, nominellen* Durchmesser eines Kornes sollte man nach WADELL den Durchmesser bezeichnen, der einer Kugel von gleichem Volumen, wie es das Korn besitzt, zukommt. *Der Sedimentationsdurchmesser* (Äquivalentdurchmesser) d_s jedoch ist zu definieren als der Durchmesser einer Kugel von gleichem spezifischem Gewicht und gleicher Sedimentations-Endgeschwindigkeit, wie sie das Korn besitzt. Er braucht mit der üblichen Durchmesserangabe bei Schlämmanalysen nicht völlig übereinzustimmen, sofern beim Kalibrieren die Stokessche Formel für die Sedimentation benutzt wurde (Stokesscher Sedimentationsdurchmesser), da die hiebei angewandte Formel nur in gewissen Bereichen streng gültig ist. Außerdem ist für jedes nicht kugelige Korn die Sedimentationsgeschwindigkeit von der Kornorientierung zur Fallrichtung abhängig. Keinesfalls ist somit das, was mit Hilfe der verschiedenen Trennungsmethoden und Intervallbezeichnungen bestimmt wird, dem wahren nominellen Durchmesser der Körner unmittelbar gleichzusetzen.

Die übliche Korngrößenbestimmung macht daher von einer Reihe zum Teil sehr undurchsichtiger Konventionen Gebrauch und erhält ihre Bedeutung eigentlich nur dadurch, daß man infolge Anwendung der *gleichen* Verfahren Vergleichswerte erhält, die wenigstens eine erste Diskussion ermöglichen.

Bei allen diesen Untersuchungen wurden die Gewichts- oder Volumanteile der verschiedenen Körnungsklassen beziehungsweise -fraktionen miteinander verglichen. Bereits Seite 148 ist erwähnt worden, wie bei kleinem Korndurchmesser die spezifischen *Kornzahlen* bei gleichem prozentualen Volumanteil zunehmen. Man nennt den Zerteilungsgrad eines Körpers den Dispersitätsgrad. Eine Mineralart, die bei gleicher Gesamtmenge das eine Mal in wenigen großen Individuen, das andere Mal in vielen kleineren Individuen auftritt, besitzt im ersten Fall einen geringeren Dispersitätsgrad als im zweiten Fall. Mit zunehmendem Dispersitätsgrad wächst das Verhältnis $\dfrac{\text{Oberfläche}}{\text{Volumen}}$. Zerteilen wir beispielsweise einen Würfel der Kantenlänge a in gleich große Teilwürfelchen der Kantenlänge $\frac{a}{n}$, so wird die Würfelzahl n^3 und die Oberfläche aller dieser Würfelchen n-mal größer als die Oberfläche des Ausgangswürfels; die Zahl der Ecken ist hiebei n^3-mal größer geworden. In heterogenen Systemen fester Körper spielen nun die Oberflächen als mögliche Kontaktflächen und die Kanten, Spitzen, Ecken als Stellen bevorzugten Angriffes von außen her eine große Rolle. Selbstverständlich ist aber das Verhältnis $\frac{\text{Oberfläche}}{\text{Volumen}}$ eines Partikelchens auch von der *Gestalt* dieses Partikelchens abhängig. So wird bereits aus diesen Erwägungen die *Korngestalt* zu einer wichtigen Gefügegröße. Gleiches gilt auch für künstliches Mahlgut. So haben beispielsweise GATES, LEA, ODÉN, MATOU-SCHEK, STRÄTLING u. a. versucht, die bei verschiedenen Mahlprozessen erhaltene spezifische Oberfläche von Zementmehl rechnerisch zu erfassen.

b) *Die Form der Gefügekörner*

α. **Individuelle Korngestalt.** Die ungeheure Mannigfaltigkeit der Bildungsweise von Gesteinen und Minerallagerstätten und der verschiedene Charakter der Gefügekörner haben zur Folge, daß es sehr schwer ist, allgemeine Richtsätze für die Beschreibung der davon abhängigen Korngestalt zu geben. Ja es ist begreiflich, daß uns die Gestalt und Umgrenzung oft als «zufälliges Spiel der Natur» erscheint. Es gibt nur wenige gestaltcharakterisierende Begriffe, die sich so allgemein fassen lassen, daß sie unabhängig von der Entstehungsweise und der Natur des Kornes angewendet werden können. Dazu gehört die Beschreibung der generellen Gestalt, verglichen mit derjenigen einer Kugel beziehungsweise eines dreiachsigen Ellipsoides (Figur 85). Man versucht,

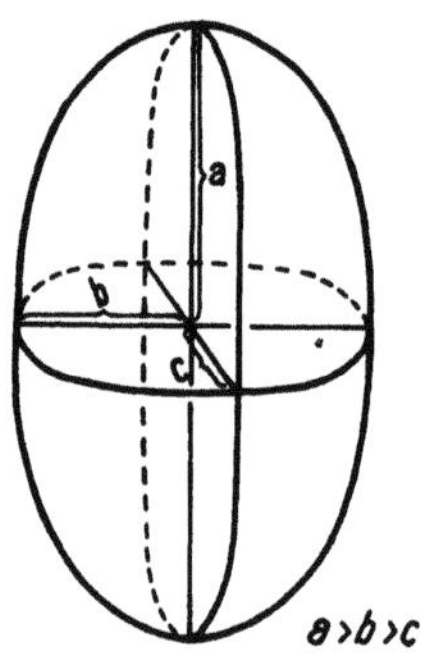

Fig. 85
Dreiachsiges Ellipsoid mit den drei Hauptradien bzw. Hauptdurchmessern.

in erster Annäherung die Korngestalt durch Messen eines größten Durchmessers $2a$, eines möglichst dazu senkrecht stehenden angenähert kleinsten Durchmessers $2c$ und eines auf beiden ungefähr senkrecht stehenden dritten Durchmessers $2b$ zu approximieren. Vergleichende Idealgestalt wäre ein dreiachsiges Ellipsoid, das bei $a = b = c$ zur Kugel wird, oder bei ebener Flächenbegrenzung ein Prisma mit der Spezialisierung zum Würfel bei $a = b = c$. Nach dem Verhältnis der Achsen $\frac{b}{a}$ und $\frac{c}{b}$ kann man nach Figur 86 in *isometrisch* bis *anchisometrisch; planar, plattig* beziehungsweise *flach; prismatisch* beziehungsweise *axial* und *breitstengelig* beziehungsweise *flachprismatisch* gliedern, wobei für kurzprismatisch oft «*eiförmig*», für langprismatisch *stengelig* verwendet werden kann und Übergänge oft adjektivisch zu kennzeichnen sind. Präzisierend kann hinzutreten: die *Form des Querschnittes* senkrecht zu jenem

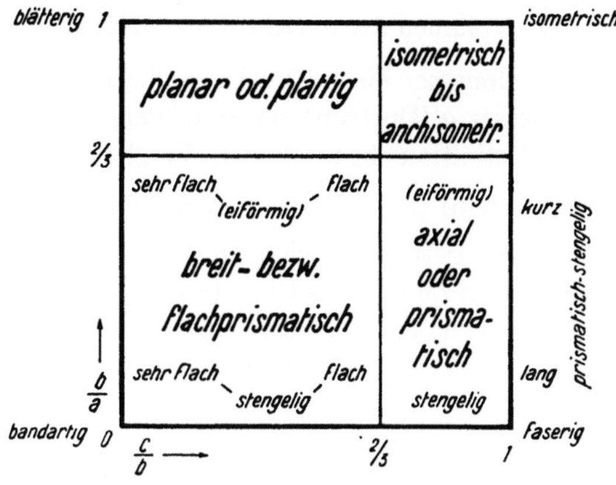

Fig. 86

Zinggsches Diagramm: graphische Darstellung der Achsenverhältnisse. $\frac{b}{a}$ und $\frac{c}{b}$ der idealisierten Körner mit entsprechender Namengebung.

Durchmesser, der als größter oder kleinster die Gestalt in erster Linie bestimmt (zum Beispiel rundlich, oval, quadratisch, dreiseitig usw.). Auch Umrißzeichnungen nach der (a, b)-Ebene sind oft erwünscht. Bei *stengeligen* Gebilden läßt sich weiter unterscheiden in:

mittlerer Durchmesser in (c, b)-Ebene

< 2 mm	2–5 mm	5 mm
faserig	stengelig	säulig
dünn mittel grob	fein mittel grob	fein mittel grob

Nach dem Verhältnis $a : b$ wird zwischen «lang» ($a > 10\,b$) und «kurz» ($a < 3\,b$) (zum Beispiel kurzfaserig, langfaserig, kurzsäulig usw.) unterschieden. In analoger Weise werden nach den Dimensionen von a und b *plattige Gebilde* in *schuppige, blätterige, tafelige* unterschieden mit näheren Bezeichnungen, wie dünn, mittel, dick, nach dem Verhältnis $\frac{c}{b}$. *Hohl-* und *Becherformen* sowie *skelettartige Formen* lassen sich auf diese Weise nicht erfassen, wohl aber viele normale Kristallgestalten und Formen gesteinsartiger Gefügekörner.

Neuerdings haben sich beispielsweise Cox, Fischer, Guggenmoos, Hagermann, Krumbein, Lamar, Szadeczky-Kardóss, Tester, Tickel,

TROWBRIDGE, WADELL, WENTWORTH, ZINGG besonders darum bemüht, die Korngestalten in Trümmersedimenten schärfer zu charakterisieren. In einem Diagramm vom Charakter der Figur 86 lassen sich durch Punkte größere Meßserien veranschaulichen. Die Gliederung in die vier Großformklassen unter Angabe der Verhältnisse $\frac{b}{a}$ und $\frac{c}{b}$ ist unbedingt der Beurteilung durch eine einzige Ziffer vorzuziehen. Als solche kann nebenbei die «Kugelähnlichkeit» ψ («sphericity») nach WADELL benutzt werden. Es ist

$$\psi = \sqrt[3]{\frac{\text{Kornvolumen}}{\text{Volumen der umschriebenen Kugel}}} \, ,$$

also das Verhältnis: Durchmesser einer Kugel von gleichem Volumen wie das Gefügekorn zu Durchmesser a (Durchmesser einer dem Korn umschriebenen Kugel). (Eine andere Definition benutzt den Vergleich der Oberflächen.) Für dreiachsige Ellipsoide wird $\psi^3 = \left(\frac{b}{a}\right)^2 \left(\frac{c}{b}\right)$. Angenähert kann man diesen Wert als den theoretischen ψ-Wert bezeichnen, somit aus a, b, c allein berechnen. Die nach WADELL im Zinggschen Diagramm eingezeichneten hyperbelförmigen Kurven von gleichem, aus a, b, c berechnetem theoretischem ψ zeigen am besten, wie ψ allein über die Gestalt sehr wenig aussagt (Figur 87).

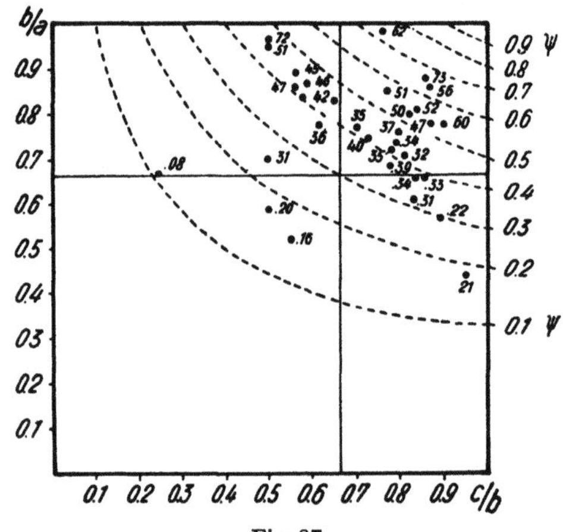

Fig. 87

Zinggsches Diagramm mit Wadell-Kurven von konstanter Kugelähnlichkeit ψ. Einige Werte von Geröllen eines Konglomerates mit zusätzlich bestimmtem ψ sind eingetragen, um die nicht immer vorhandene Übereinstimmung der gefundenen Werte mit den theoretisch berechneten zu zeigen. Nichtübereinstimmung bedeutet starke Abweichung der Gestalt von derjenigen eines Vergleichsellipsoides.

In der gleichen Figur sind einige aus Volumbestimmungen und Messungen genauer bestimmte ψ-Größen von Geröllen eines Konglomerates eingetragen. Sie zeigen, daß sich auch die Abweichungen der Gestalten vom Vergleichsellipsoid oft stark bemerkbar machen. Die ψ-Werte fallen dann nicht in die Nähe der von WADELL berechneten Kurven.

Völlig unabhängig von dieser *allgemeinen Gestaltsbezeichnung* gilt es, den Grad der *Rundung* festzustellen. Die generellen Bezeichnungen:

I extrem kantig und ebenflächig   III mittlere Kantenrundung
II leichte Kantenrundung   IV vollkommene Kantenrundung
                      V allgemeine Rundung

sind oft zu subjektiv, die Bestimmungen der einzelnen Krümmungsradien der Kornoberfläche nach WADELL meist zu zeitraubend und die Vergleiche mit Formentafeln nach KRUMBEIN nicht immer wissenschaftlich voll auswertbar,

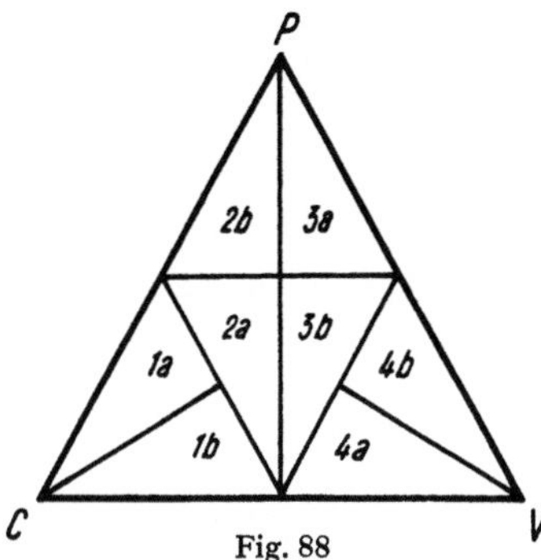

Fig. 88

C V P-Dreieck mit Feldereinteilung nach SZADECZKY-KARDÓSS. Nähere Erläuterung siehe im Text

so daß die Methode SZADECZKY-KARDÓSS, etwas modifiziert nach ZINGG, als die heute zweckmäßigste erscheint. Auch für sie kann statt der Bezeichnung Abrollung die mehr beschreibende der *Rundung* ohne große Mißverständnisse benutzt werden. Es wird versucht, den prozentualen Anteil konkaver (C), konvexer (V) und planarer (P) Flächenelemente an der Oberfläche eines Gefügekornes zu bestimmen. Die Eintragung der Punkte in ein CVP-Dreieck (Figur 88) und die Charakterisierung durch Formeln Cx, Py, Vz (mit $x + y + z = 100$) ist am einfachsten, daneben können als Rundungsgrade nachstehende Gruppen unterschieden werden:

Rundungsgrade nach SZADECZKY-KARDÓSS

Grad 0 $C = 100$

$\left.\begin{matrix} 1a \\ 1b \end{matrix}\right\}$ $C > (V + P)$ $\begin{matrix} P > V \\ V > P \end{matrix}$

$\left.\begin{matrix} 2a \\ 2b \end{matrix}\right\}$ $(V + P) > C > V$ $\begin{matrix} (C + V) > P \\ P > (C + V) \end{matrix}$

$\left.\begin{matrix} 3a \\ 3b \end{matrix}\right\}$ $(C + P) > V > C$ $\begin{matrix} P > (C + V) \\ (C + V) > P \end{matrix}$

$\left.\begin{matrix} 4a \\ 4b \end{matrix}\right\}$ $V > (C + P)$ $\begin{matrix} C > P \\ P > C \end{matrix}$

5        $V = 100$

Praktisch begnügt man sich oft mit der Auswertung der Umrißzeichnungen nach den Ebenen ab, bc und ac der Körner. Durch Übung gelingt es sehr gut, aus den Zeichnungen durch Abschätzen die Verhältnisse $C:P:V$ zu bestimmen. Vier Beispiele von Umrissen mit zugehörigen Formeln mögen das Verfahren verdeutlichen (Figur 89).

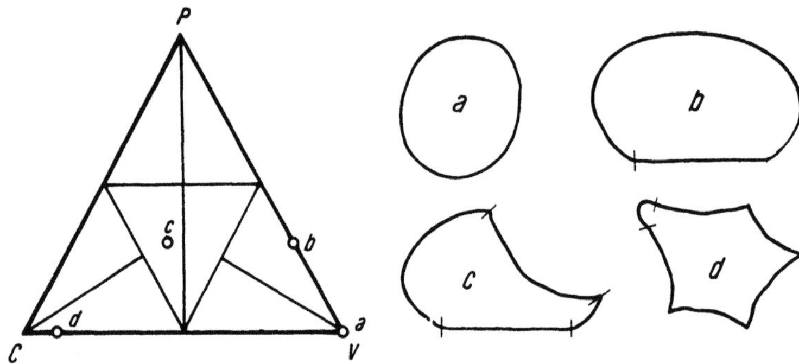

Fig. 89

Messung der CVP-Werte aus Umrissen an vier Beispielen:
a zeigt rein konvexe Umgrenzung $= C_0 P_0 V_{100}$
b planare und konvexe Umgrenzungsstücke $= C_0 P_{30} V_{70}$
c konkave, planare und konvexe Teile $= C_{40} P_{30} V_{30}$
d fast vollständig konkav $= C_{90} P_0 V_{10}$.
Diese Werte sind im CVP-Dreieck dargestellt.

Zwei nach WADELL gezeichnete Sandkörner ohne eigentlich plane Flächenelemente, aber mit sehr verschiedenen Krümmungsradien (Figur 90) sind im Sinne von SZADECZKY-KARDÓSS immer noch durch verschiedene Verhältnisse $V:C$ unterscheidbar, doch vermag natürlich auch die CPV-Formel nur erste Daten über die Rundungsverhältnisse zu liefern.

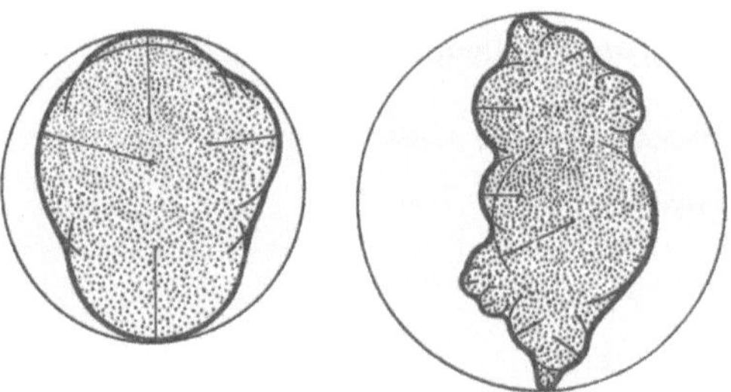

Fig. 90
Zwei Körner mit sehr verschiedenen Krümmungsradien (nach WADELL).

Ausdrücklich haben wir von *Rundung* und nicht von Abrundung, Verrundung oder Abrollung gesprochen, denn zunächst handelt es sich um rein beschreibende Termini, die sowohl für Wachstums- und Auflösungsformen wie für auf mechanischem Weg erzielte Gestalten gelten sollen. Sie müssen auf

Einzelkristallkörner und auf aggregatartige Gefügekörner anwendbar sein. Selbst bei skelettartigen Formen und Hohlformen lassen sich, wie die Figuren 91, 92 zeigen, die Oberflächenelemente in einzelnen Fällen sinngemäß nach *PVC* gliedern. Doch sind, wie bereits Seite 175 erwähnt, in allen Fällen, wo die Umrisse der Korndurchschnitte nicht relativ einfache Linienzüge ergeben,

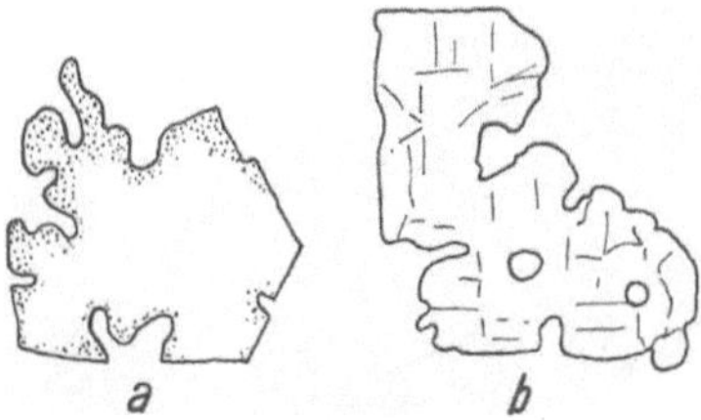

Fig. 91
Amöbenartige Gestalt eines Korns. *a* von Hauyn, *b* von Nosean.

besondere Begriffe hinzuzufügen. Wir sprechen von *amöbenartiger* Ausbildung bei einer Gestalt mit vielen rundlichen Einbuchtungen und Fortsätzen, so daß im Verband buchtiges Ineinandergreifen statt hat (Figur 91), und von *dendritischer* oder *skelettartiger* Ausbildung (Figur 92), wenn nicht Vollkristalle entwickelt sind, sondern vorwiegend von planen Flächen begrenzte astförmige Gebilde oder Hohlformen aufweisende Einzelkristalle. Unregelmäßig *zackige* bis *fetzige* Gestalt kann zwischen beiden Fällen vermitteln, gegenüber dem amöbenartigen Verhalten fehlt die ausgesprochene Rundung der Fortsätze.

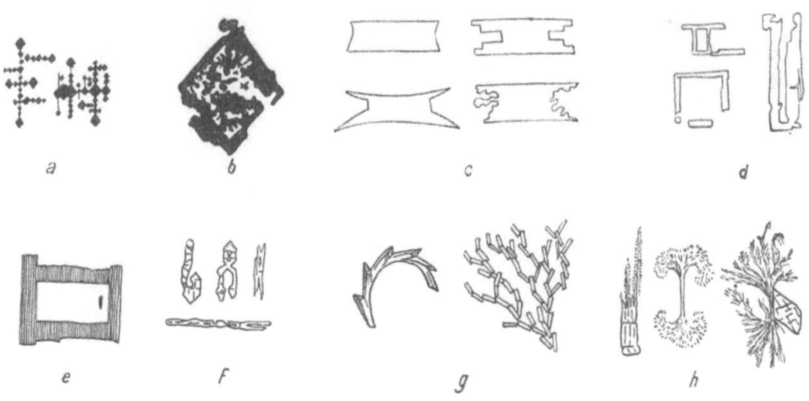

Fig. 92
Skelettartige bis dendritische Formen. *a, b* = Magnetit, *c, d, g* = Feldspat, *e* = Biotit, *f, h* = Augit.

Neben der allgemeinen Korngestalt ist der *Beschaffenheit* und *Skulptur* der *Oberflächenelemente* Beachtung zu schenken. Oft ist es weit über die Begriffe *glatt* und *rauh* sowie *eben* und *uneben* hinaus notwendig, ein Oberflächenelement nach feineren Maßstäben zu charakterisieren. Genetisch ist es außerdem immer von ausschlaggebender Bedeutung, ob sich das Gestaltliche auf einen Einzelkristall, ein durch Wachstum entstandenes Kristallaggregat oder ein Gesteinsbruchstück bezieht. Ist die Gefügeeinheit ein *Kristallaggregat*, ein

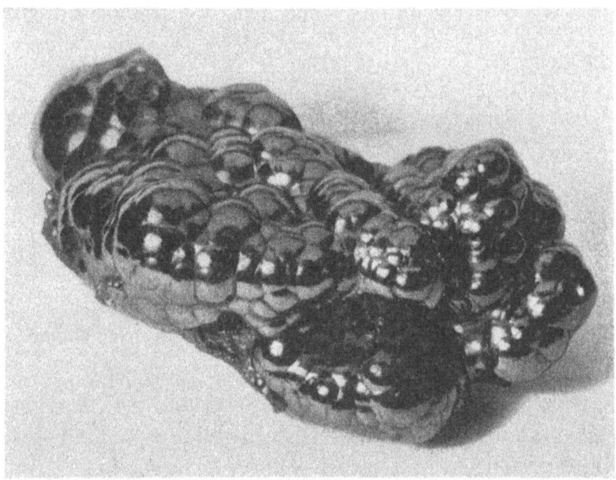

a

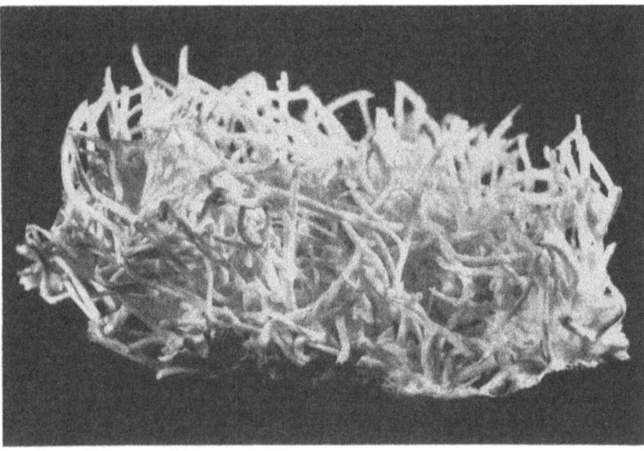

b

Fig. 93

a Glaskopfartige Ausbildung von Hämatit (roter Glaskopf); *b* stalaktitische Ausbildung von Aragonit.

Gesteinsbruchstück oder eine dichte Bestandsmasse, so ist die spezielle Form oft nur vergleichsartig näher präzisierbar, zum Beispiel als kugelig, keilartig, rundlich, gerundet, eckig usw. Dabei ist es besonders wichtig, sich ein Bild über den Anteil planarer, konvexer und konkaver Oberflächenelemente des Gefügekornes zu machen. Einen Sonderfall stellen *Kolloidgefüge* dar, in denen unter anderem *kugelige, nierenförmige, glaskopfartige* (Figur 93a) bis *stalaktitische* (Figur 93b) Oberflächenbildungen nicht selten sind.

Ist das Gefügekorn ein *Einkristall* oder ein genetisch eine Einheit bildendes *kristallines Wachstumskonglomerat*, so tritt bei der Beurteilung der Form ein neues Element ins Spiel. Frei wachsende Kristalle entwickeln in Abhängigkeit von Wachstumsgeschwindigkeit und Art des Mediums ebene Grenzflächenelemente, deren Lagen strukturbedingt sind. Es entstehen normalerweise ebenflächig umgrenzte konvexe Polyeder (Vollkristalle), oder unter besonderen Bedingungen die soeben genannten skelettartigen bis eisblumenartigen Dendriten, Hohlformen, ebenflächige Bechergestalten usw. Kristalline Kleinkörper, die meist Verwachsungskonglomerate sind, besitzen oft gleichfalls reproduzierbare Wachstumsgestalten (es sind sogenannte *Somatoide*), wobei die Formresultante bereits stärker milieubedingt ist.

Das Gestaltliche kristalliner Körper, das (meist ebenflächige) *Begrenzungselemente des freien Kristallwachstums* enthält, wird als «Eigengestalt» bezeichnet, als Ausdruck des kristalleigenen Formwillens. Und es wird nun zu einer ersten Aufgabe der Gestaltenbeschreibung, anzugeben, in welchem Grade diese Eigengestaltigkeit oder *Idiomorphie* zur Geltung kommt.

Meist hat man sich die Aufgabe vereinfacht und stellt nur jenen Teil als eigengestaltig in Rechnung, der von ebenen eigenen Kristallflächen begrenzt ist. Man kann dies definitionsmäßig annehmen, muß sich indessen bewußt sein, daß die exakte genetische Deutung ganz andere Wege zu gehen hat. Vorläufig sei nur an folgendes erinnert:

1. Die Spaltbarkeit nach Kristallflächen kann zur Folge haben, daß Eigengestalt in diesem Sinne auch Bruchstücken zukommt, also nichts mit dem Wachstum zu tun hat.

2. Die Wachstumsgestalt ist *stets* ein Produkt der inneren Kristallanlage und des Milieus. Durch das Milieu wird bestimmt, was für Kristallflächen unter den strukturell möglichen sich wirklich bilden. Die Beeinflussung kann, ohne daß an eine eigentliche räumliche Behinderung oder an nachträgliche Umbildungs- und Zerstörungsprozesse gedacht werden muß, eine derartige sein, daß bei praktisch noch freiem Wachstum Scheinflächen und rundliche Formen, ja für einzelne Kristalle typische Rundflächen (sattelförmig usw.), oder auf Kristallflächen aufsitzende, unregelmäßig gestaltete Wachstumsakzessorien entstehen. Der Grad ebenflächiger Kristallumgrenzung ist daher an sich kein Maß, das über die Beteiligung von *kristalleigenen* (das heißt der nicht einfach wandartig oder rein milieumäßig vorgegebenen) Wachstumsoberflächenteilen Auskunft gibt. Aus dem Grad der Idiomorphie über die Ausscheidungsfolgen der Kristalle und die Art der Kristallbildung (in freien Lösungsraum hinein oder durch Umsatz in Festaggregat) richtige Schlüsse zu ziehen, gehört zu den schwierigsten Aufgaben der genetischen Interpretation eines Gefüges. Die heute in dieser Beziehung noch vorhandene Kritiklosigkeit hat zu vielen Scheinproblemen Veranlassung gegeben.

Kristalle, die weit vorwiegend von Kristallflächen begrenzt sind, werden als *idiomorph* oder *automorph* beziehungsweise *euhedral* bezeichnet. Der Gegensatz hiezu ist *xenomorph, allotriomorph* oder *anhedral* für völlig «fremdgestaltige»

Kristalle. Die Bezeichnung *hypidiomorph* (auch *autallotriomorph* oder *subhedral*) wird verwendet, wenn der Kristall im Sinne der obigen Definition teils eigen-, teils «fremd»gestaltig ist. *Genetisch* sollte in ihrer Gesamtheit die Kristallgestalt danach beurteilt werden:

a) ob sie sich durch *Wachstum* allseitig oder doch in gewissen Richtungen so entwickeln konnte, daß die Eigenform das Bild beherrscht. Meist ist dies der Fall, wenn die Kristallisation in einem molekulardispersen Medium stattfand;

b) ob sie, trotzdem es sich vorwiegend um eine *Wachstumsgestalt* handelt, deutliche Anzeichen der *Wachstumsbehinderung* durch bereits vorhandene oder gleichzeitig sich bildende Festkörper aufweist;

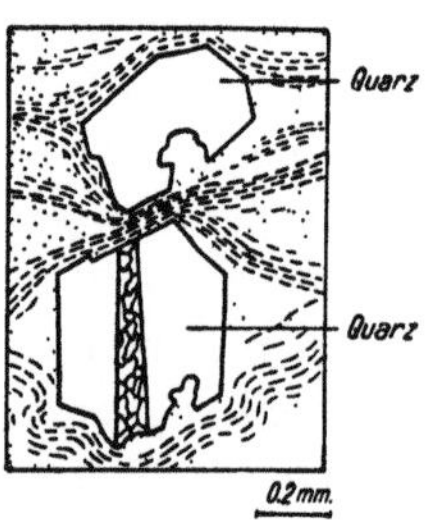

Fig. 94

Schematisches Bild der Form zweier Quarzkristalle in einer «fluidalen» Grundmasse eines Quarzporphyrs. Der obere hypidiomorphe Kristall ist als Kristalleid bis Resorptionskristalloid (Einbuchtung) zu bezeichnen, der untere analoge Kristall ist zudem beim Abkühlen zersprungen (Kristalloklast). Nachträglich ist der Riß durch Neuausscheidung verheilt worden. Beide Kristalle sind der Form nach Idioblasten.

c) ob sie deutlich die Einwirkung nachträglicher chemischer Abbau-, Verdrängungs- und Auflösungsprozesse erkennen läßt. Es treten dann gerne konvexe Begrenzungselemente, ja amöbenartige Gestalten auf;

d) ob sie als *Bruchstück* eine mechanische (⊥ nachträglich bearbeitete) Trümmerform darstellt, oder

e) ob sie in ihrer derzeitigen Ausbildung das Wirken einer *plastischen Verformung* erkennen läßt.

Dazu kommen die Gestalten der Pseudomorphosen mit reliktischer, zum Stoffinhalt nicht mehr passender Form.

Wiegt in der Formgebung a) vor, so spricht man kurzweg von *Kristalleiden;* steht die Gestalt unter der Herrschaft von b), von *Kristalloblasten* (ὁ βλάστος = der Keim) bis Wachstumsamöboiden; bei maßgebendem c) von (*Resorptions-*)-*Kristalloiden* bis Resorptionsamöboiden oder Verdrängungsamöboiden; bei d) von *Kristalloklasten* und bei e) von *Kristalloplasten*. Häufig sind an ein und demselben Kristall durch *a, b, c* entstandene Formelemente vorhanden, so daß die Zuordnung Schwierigkeiten bereitet (zum Beispiel Figur 94); die Mittelbezeichnung Kristalloblast darf immer dann ohne Bedenken gebraucht werden, wenn Zertrümmerung (*Kataklase*) und Verformung (*Plastese*) zurücktreten oder fehlen, die Gestalt also das beim Kristallwachstum sich einstellende Resultat des Wechselspieles von freier, gehinderter und lokal rückläufiger Entwicklung erkennen läßt. Im besonderen ist die Bezeichnung *Idioblast* am Platz, wenn im großen die Gestalt arteigen, das einzelne Grenzflächenelement bereits fremdgestaltig ist. Da indessen die Formen der Kristalloblasten bei starker gegenseitiger Beeinflussung sehr variabel werden, ist es nicht immer leicht, Kristalloblasten von Kristalloklasten zu unterscheiden. Manchmal beginnen Kristalloklasten oder Relikte neu fortzuwachsen, sie heißen dann *Hemiblasten*, im Gegensatz zu den völlig neu gebildeten *Holoblasten*, oder man spricht von blastoklastischer Ausbildung.

Diese Vorschläge für eine rationelle Bezeichnungsweise stehen im Gegensatz zu gewissen Anwendungen, die bei ganz analoger Ableitung die gleichen Namen bisher erfahren haben. So ist ursprünglich nur bei metamorphen Gesteinen von kristalloblastischen und kristalloklastischen Formen gesprochen worden. Daß diese Formenserien bei einer Umkristallisation im Festen häufig beobachtbar sein werden, ist selbstverständlich. Ebensooft aber finden wir bereits in späteren Kristallisationsprodukten der Magmen Kristalloblasten. Aber auch Kalksteine und andere Sedimente besitzen gerne kristalloblastisches Gefüge. Es gilt, die beim Studium einzelner Gesteinsklassen gewonnenen Begriffe ihrem Wesen nach zu erkennen und dann überall anzuwenden, wo dies sinngemäß ist. Es dürfen Ausbildungen, die beschreibungstechnisch gleichartig und genetisch analog sind, nicht verschieden benannt werden nur deshalb, weil sie sich einmal in einem Eruptivgestein, ein anderes Mal in einem metamorphen Gestein oder Sediment vorfinden. Dadurch würde man nur verwischen, daß sich hier wie dort sehr ähnliche Prozesse abgespielt haben und daß es nicht immer leicht ist, die Entstehung als Ganzes aus Gefügestudien zu deduzieren.

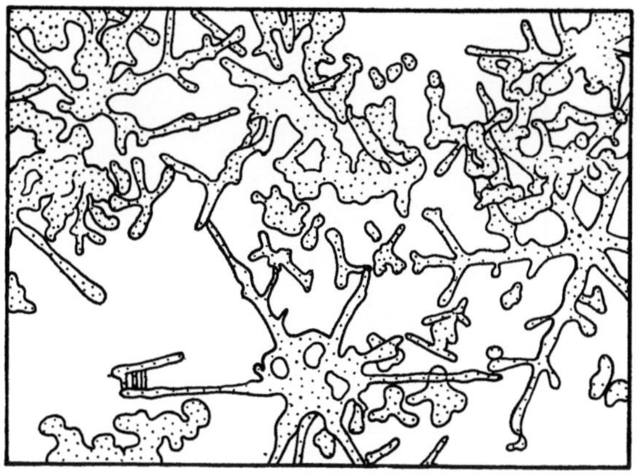

Fig. 95
Neuschneedendriten (Vergrößerung zirka zweifach).

Ein Beispiel möge noch dartun, wie sich zusammengesetzte Wortbildungen formen lassen. Ein Neuschnee (Figur 95) kann aus dendritischen Kristalleiden bestehen oder aus dendritischen Kristalloblasten. Bald treten Umlagerungs- und Abbauprozesse auf, die über dendritisch-amöbenartige Resorptionskristalloide zu rundlichen Resorptionskristalloiden führen und zugleich (Neuanlagerung)

zu Kristalloblasten. Anderseits können bei starker Windwirkung die Kristall-
dendriten beim Schneefall zerbrochen werden, so daß der Neuschnee ein Aggregat
dendritischer Kristalloklasten ist.

Eine weitere genetisch wichtige Feststellung ist die, ob die jetzt beobachtbare Kristallgestalt erst bei der Bildung des heute vorliegenden Gefügebestan-
des, also *authigen*, entstanden ist, oder ob sie *allothigenen* Charakter aufweist,
das heißt fremden Ursprungs (vor der Lagerstättenbildung bereits bestehend)
ist. Kristalloklasten zum Beispiel können sich an Ort und Stelle durch mechanische Beanspruchung gebildet haben oder als Trümmer zusammen-
geschwemmt worden sein; aber auch Kristalleide können ohne große Formänderung allothigen sein, das heißt während eines Transportes und Wieder-
absatzes keine wesentliche Formänderung erfahren haben, während in anderen
Fällen durch Umkristallisation in einem neuen Gefüge authigen aus Kristalloklasten wieder Kristalloblasten oder Kristalloide entstanden sind. Als *primär*
oder *chymogen* wird ein *Wachstumsgefüge* bezeichnet, das durch eine Kristallbildung aus zusammenhängender molekular- beziehungsweise ionendisperser
Lösung (inklusive Dampf) zustande kam. Ein *sekundäres* oder *stereogenes*
Wachstumsgefüge entsteht durch Umkristallisationen und Verdrängungen in
einem Festkörperaggregat, das nur noch lokal Lösungsumsätze ermöglichte.
Authigene Zertrümmerungen und plastische Verformungen führen zum stereogenen *Verformungsgefüge*.

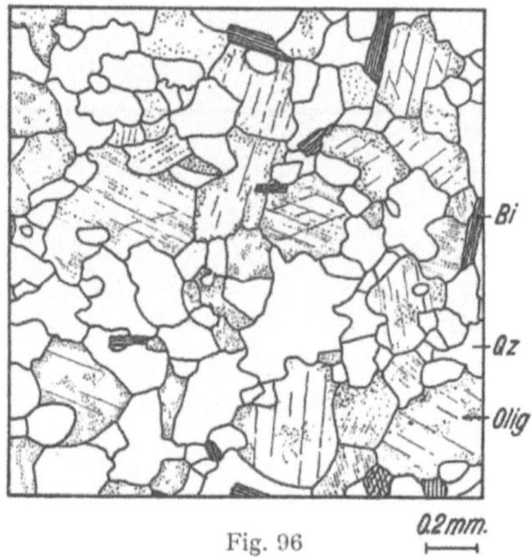

Fig. 96

Dünnschliffbild. Granoblastische Struktur eines glimmerarmen Gneises (Gemengteile: Oligoklas,
Quarz, Biotit). Unteres Maggiatal. Mosaikstruktur mit geringer Verzahnung, helle Gemengteile,
jedoch vorwiegend xenomorph.

β. **Gesamtgefüge und Korngestalt.** In einem Mineralaggregat mit Einzelkristallen als Gefügekörnern erster Ordnung müssen nicht nur die Einzel-
gestalten, sondern auch ihre gegenseitigen Beziehungen zueinander dargestellt
werden. Es kann sein, daß durch Vorherrschaft besonderer Formen das gesamte Aggregat einen bestimmten Charakter erhält. Die Struktur ist als Ganzes
körnig, wenn isometrische Kristallgestalten vorherrschen, sie kann auch zum

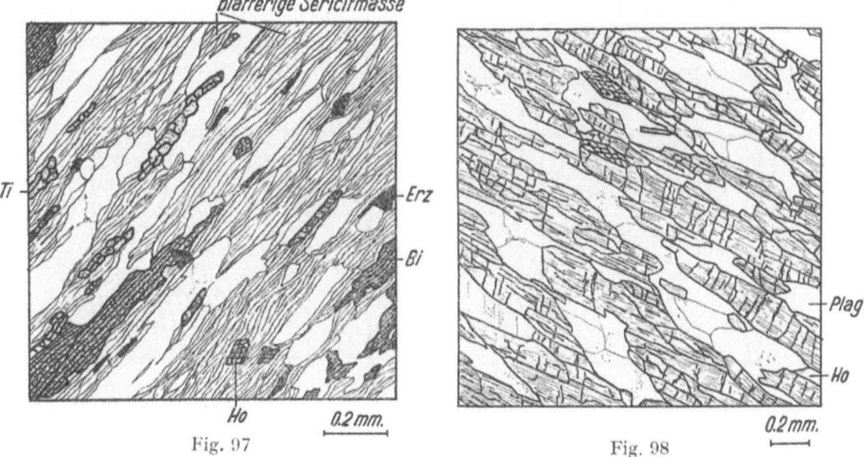

Fig. 97. Dünnschliffbild. Lepidoblastische Struktur. Sericit-Biotit-Epidot-Schiefer (Schnitt senkrecht zur Blätterstellung).

Fig. 98. Nematoblastische Struktur. Amphibolit (Gemengteile: Hornblende, Plagioklas). Unteres Maggiatal.

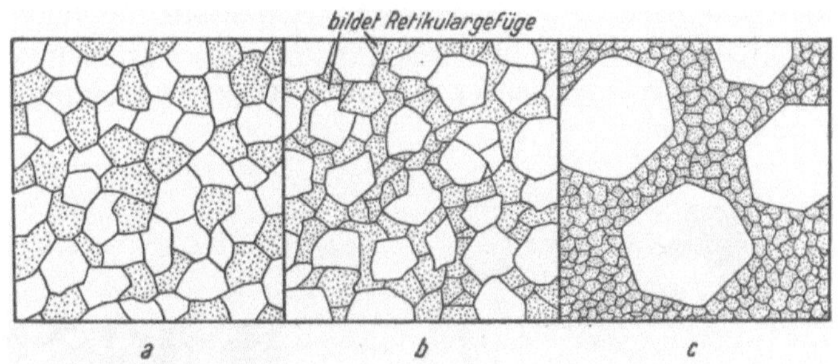

Fig. 99

Schemazeichnungen. Kristalleide bis kristalloblastische Strukturen. *a* gleichkörnig bzw. homöoblastisch; *b* schwach ungleichkörnig mit einer Kristallart, die ein zusammenhängendes Netz bildet (Retikulargefüge); *c* porphyrisch bzw. porphyroblastisch.

Blätter- oder *Stengelaggregat* werden bei starker oder fast ausschließlicher Beteiligung von planaren bis axialen Kristallformen. Ist es möglich, die Einzelformen genetisch zu deuten (als kristalleid, kristalloblastisch, klastisch), so resultieren Bezeichnungen wie:

graneid bis *granoblastisch* (Figur 96),

lepideid (ἡ λεπίς, Gen. λεπίδος = Plättchen, Blatt) bis *lepidoblastisch* (Figur 97),

nemateid (τό νῆμα, Gen. νήματος = Faden, Band) bis *nematoblastisch* (Figur 98),

granoklastisch usw. in Gesteinen, in denen Kristalloklasten vorherrschen,

granoid usw. in Gesteinen, deren Mineralformen Auflösungserscheinungen erkennen lassen.

Ohne weiteres sind unter Berücksichtigung der Ausführungen von Seite 182 auch Bezeichnungen verständlich, die an Stelle der genannten Generalbezeichnungen treten können (Figuren 99, 100):

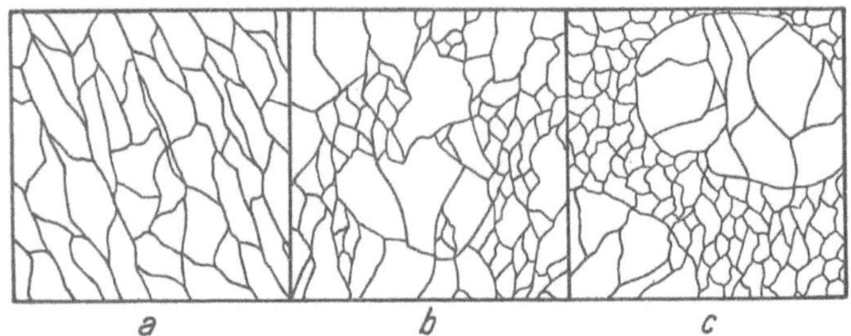

Fig. 100

Schemazeichnungen. Kristalloklastische Strukturen. *a* homöoklastisch; *b* heteroklastisch; *c* porphyroklastisch.

kristalleide Strukturen: gleichkörnig, ungleichkörnig, porphyrisch mit Porphyrkristalleiden oder Porphyreiden,
kristalloblastische Struktur: homöoblastisch, heteroblastisch, porphyroblastisch mit Porphyroblasten, eventuell Porphyrkristalloiden (Porphyroiden),
kristalloklastische Struktur: homöoklastisch-heteroklastisch, porphyroklastisch mit Porphyroklasten.

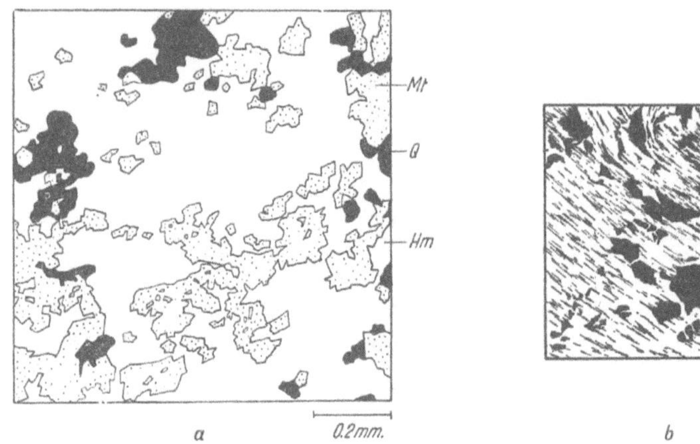

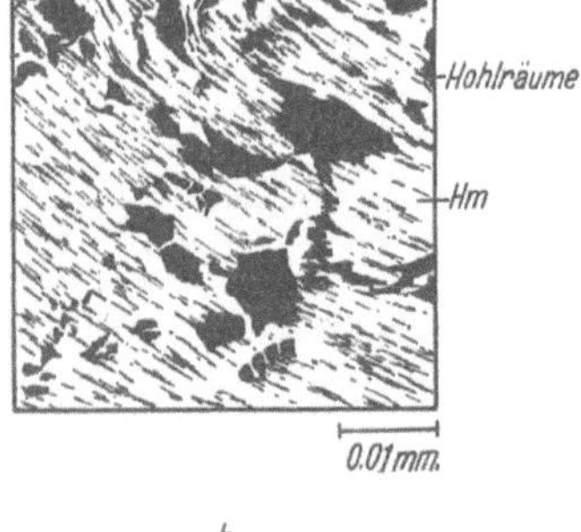

Fig. 101

Anschliffbild. *a* Mikroporphyroblasten von Magnetit (*Mt*) und rundlichem Quarz (*Q*) in einer kryptolepidoblastischen Grundmasse von Hämatit (*Hm*), welche stark vergrößert in der Figur *b* abgebildet ist. Aus Eisenerz des Gonzen (Schweiz) (nach EPPRECHT).

Häufig müssen bei verschiedener Mineralzusammensetzung Mehrfachbezeichnungen angewandt werden, zum Beispiel grano- bis lepidoblastisch oder nemato-granoblastisch usw. Zur Korngrößenbezeichnung kommen die Vorsilben krypto-, mikro-, meso-, makro- hinzu, zum Beispiel Makroporphyrcide in mikrogranoblastischem Grundgewebe, Mikroporphyroblasten in krypto-lepidoblastischem Grundgewebe (Figur 101) oder kryptolepideid, krypto- bis mikrolepidoblastisch usw.

In den zahlreichen *mikrochorismatischen Gesteinen* müssen die einzelnen Gefügeelemente für sich untersucht und benannt werden. Verschiedene Ge-fügeelemente (*Grundstrukturen*) bauen dann in Verteilungen, die bereits dem texturellen Begriffssystem zuzuordnen sind, charakteristische Typen *zusammen-gesetzter Strukturen* auf. Sind jedoch nur Einzelkristalle, zum Beispiel Ein-sprenglinge, in einer polykristallinen Grundmasse oder einem Grundgewebe eingelagert, so ist das noch keine mikrochorismatische Struktur. Es handelt sich bei diesen Grundmassen ˙beziehungsweise Grundgeweben um Teilgefüge einer einheitlichen Struktur.

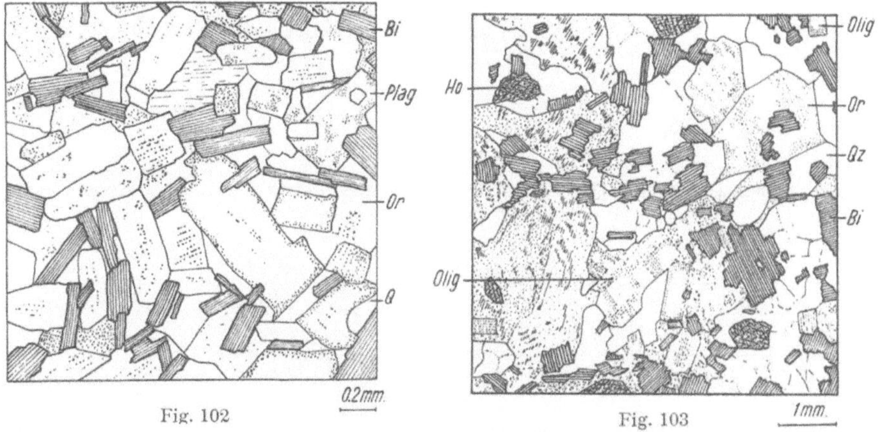

Fig. 102

Fig. 103

Fig. 102. Panidiomorphes Gefüge. Kersantit (Gemengteile: Quarz, Orthoklas, Plagioklas und Biotit) von Brest (Bretagne).

Fig. 103. Hypidiomorphes Gefüge. Amphibolgranit (Gemengteile: Orthoklas, Oligoklas, Quarz, Biotit und Hornblende). Haute-du-Faîte (Vogesen).

Gesamt- oder Teilgefüge (letztere zum Beispiel von Grundmassen be-ziehungsweise Grundgeweben in porphyrischen Gesteinen) werden nach dem durchschnittlich vorhandenen *Grad der Idiomorphie* der am Aufbau beteiligten Kristalle wie folgt benannt:

panidiomorph (Figur 102): Kristalle mit guter Eigengestalt herrschen vor,

hypidiomorph (Figur 103): verschiedener Grad der Eigengestaltigkeit ist deut-lich bemerkbar,.

panxenomorph (Figur 104): sehr starke gegenseitige Formbeeinflussung, Fremdgestaltigkeit herrscht vor.

γ. Verwachsungs- und Durchwachsungsverhältnisse. Von ganz be-sonderer Bedeutung sind nun jedoch die speziellen Kontaktverhältnisse zwi-schen den verschiedenen Mineralien. Ein *einfaches Korngefüge mit Mosaik-*

struktur (Figuren 105, 106) liegt vor, wenn die Kristalle mit relativ einfachen Grenzflächen aneinanderstoßen. Die Verbandsfestigkeit hängt weitgehend von der *unmittelbaren Kornbindung*, das heißt den Adhäsionsverhältnissen an den Korngrenzen ab. Sie wird unter sonst gleichen Umständen größer sein, wenn

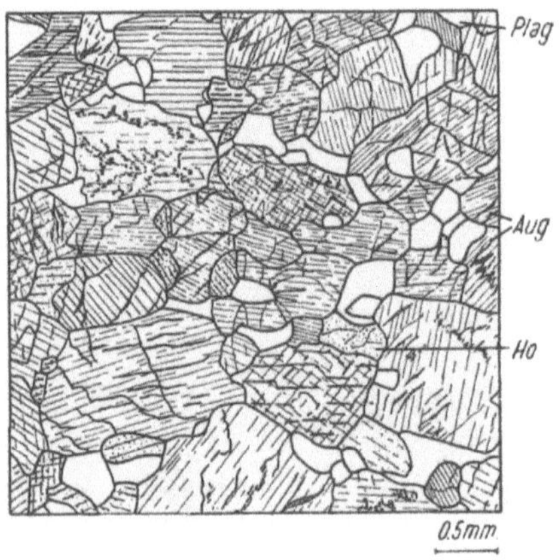

Fig. 104
Panxenomorphes Gefüge. Hornblendepyroxenit (Gemengteile: Pyroxen, Plagioklas, Hornblende).
Campello Monti (Stronatal).

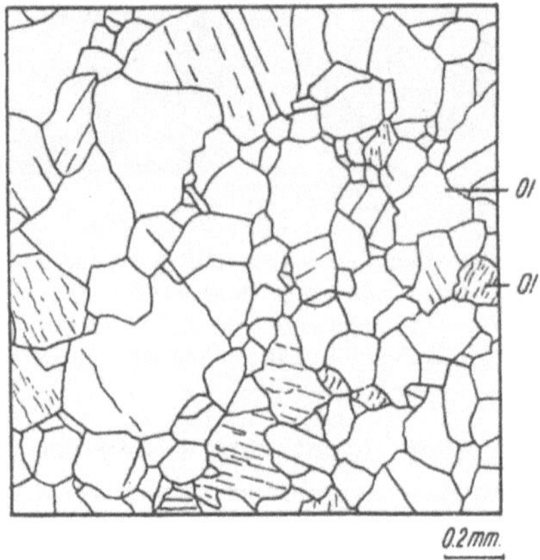

Fig. 105
Mosaikstruktur. Peridotit (fast nur aus Olivin bestehend) von Stabben (Norwegen).

sich im Mittel viele Körner berühren. Die durchschnittliche Zahl der Körner, die im Kontakt mit einem Korn stehen, heißt *Kornbindungszahl*. Bei gleicher Kornbindungszahl und gleicher Korngröße spielt die relative Größe der Berührungsoberfläche eine Rolle; der Bruchteil der an der Kornbindung beteiligten Kornoberfläche liefert das *Kornbindungsmaß*. Selbstverständlich werden mehr oder weniger buchtiges Ineinandergreifen (*Verzahnung*) der Körner sowie

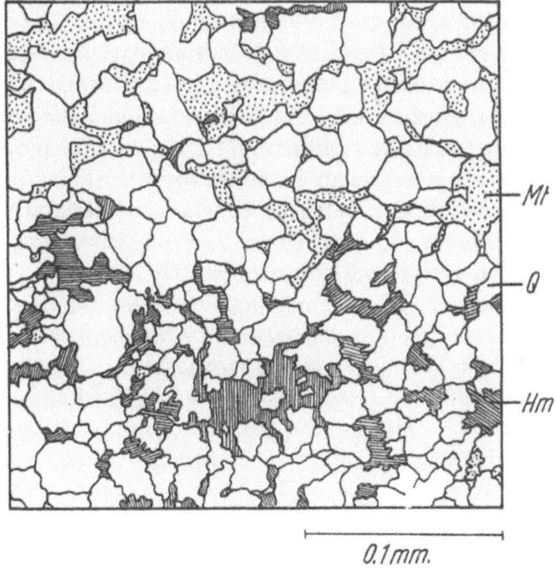

Fig. 106
Mosaikstruktur: Magnetit und Hämatit führender Quarzit. Eisenerz aus dem Gonzen (Schweiz).

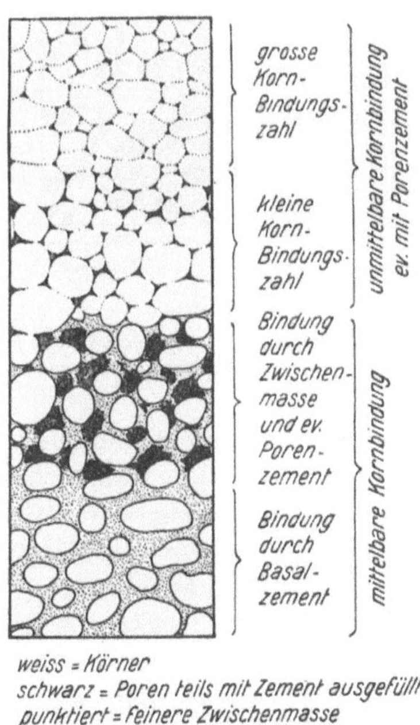

Fig. 107
Granoklastische Strukturen mit verschiedener Kornbindung.

die Oberflächenbeschaffenheit derselben (glatt oder rauh, gerundet, eckig) gleichfalls von Einfluß auf die Verbandsfestigkeit sein. Bildet bei polymineralischen Aggregaten wie in Figur 99 *b* eine Mineralart ein zusammenhängendes Netz, so spricht man von *Retikulargefüge*. Liegen Einzelkristalle in einer feiner struierten, dichten, glasigen oder erdigen *Grund-* oder *Zwischenmasse* vor, die ihre eigene Verbandsfestigkeit besitzt, so ist für die ersteren die Kornbindung eine mittelbare. Die eingesprengten Einzelkörner werden durch ein zusammenhängendes *Basalzement* oder durch eine *Zwischenklemmasse* (*Interstitialmasse*) verbunden. Von *Porenzement* spricht man, wenn Ausfüllungen von ursprünglichen Hohlräumen verkittend wirken (Figur 107).

Sperrige intersertale Gefüge entstehen bei mehr oder weniger retikularer Aggregierung idiomorpher oder dendritischer Kristalle. Die Zwischenmasse kann von xenoblastischen Kristallen, einem Grundgewebe, amorphfestem Material erfüllt oder Porenhohlraum sein. So weist zum Beispiel Neuschnee sehr häufig ein dendriteidsperriges Gefüge mit großem Porenhohlraum auf (Figur 95). Figur 108 zeigt in einem Eisenerz ein sperriges Gefüge von Hämatit und (vermutlich daraus entstandenem) Magnetit mit Quarz und Calcit als Gangart in der Zwischenklemmasse.

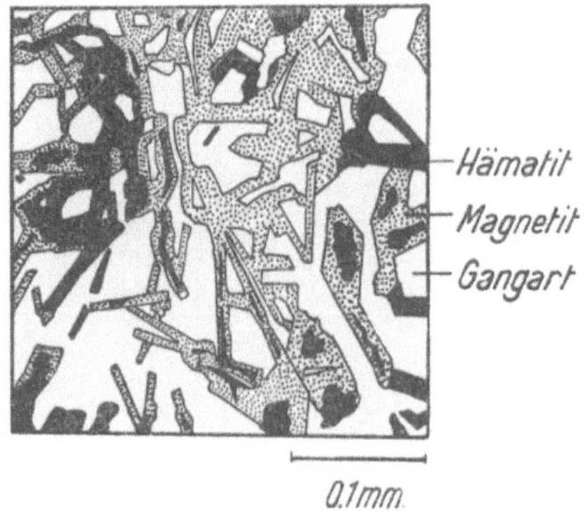

Fig. 108

Sperriges Gefüge von Hämatit und Magnetit mit Quarz und Calcit als Gangarten. Eisenerz aus dem Gonzen (Schweiz) (nach EPPRECHT).

Je unregelmäßiger sich die Korngrenzen gestalten (Figur 109) (zum Beispiel xenoblastisches, amöbenartiges Verhalten), je mehr sich die Körner gegenseitig durchdringen (oder einsinnig beziehungsweise wechselseitig voneinander ein- und umschlossen werden), um so mehr *wird das Mosaikgefüge durch ein sogenanntes Implikationsgefüge ersetzt*. Durchwachsung und Durchdringung (Figur 110) kann für das Gesamtgefüge charakteristisch sein oder aber sich auf bestimmte Mineralien oder Mineralkontakte beschränken.

Es ist selbstverständlich, daß im Implikationsgefüge oft auch in genetischer Hinsicht enge Beziehungen der innig miteinander vergesellschafteten Mineralien zum Ausdruck kommen. Man hat daher frühzeitig versucht, gewisse Typen von Implikationsgefügen mit bestimmten Bildungsweisen zu verknüpfen. Die zunächst nur ein räumliches Verhalten umschreibenden Begriffe sollten zugleich die Entstehung des Implikationsgefüges kennzeichnen. Später ergab sich, daß im beschreibenden Sinne außerordentlich ähnliche Gefüge auf verschiedene Weise entstehen können. Noch ist zur Zeit der auf diese Weise zustande gekommene Wirrwar in den Grundbegriffen nicht einer allgemein anerkannten Lösung entgegengeführt worden, so daß auch nachfolgender Beitrag zur Frage unbefriedigend bleibt.

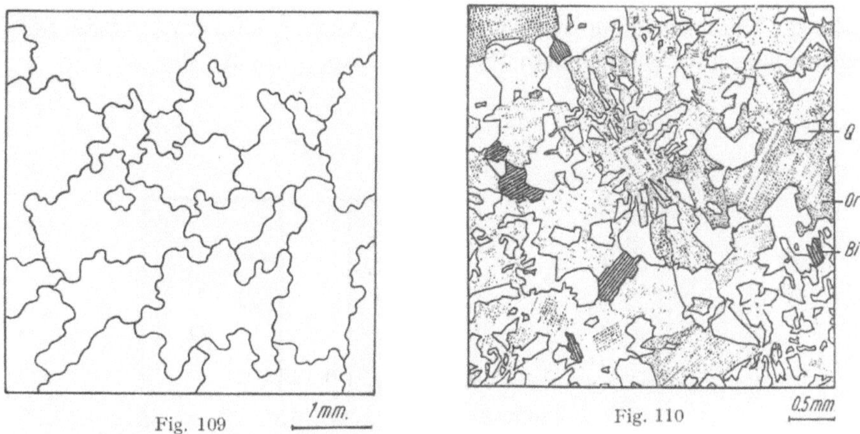

Fig. 109. Implikationsgefüge von Quarz (verzahnter Quarz) in granitisiertem Muskowitgneis. Amöbenartige Form vom Quarz.

Fig. 110. Implikationsgefüge in Granophyr von Carona (Tessin) (Gemengteile: Orthoklas, Quarz, Biotit). Mehr zackiges Ineinandergreifen der Körner.

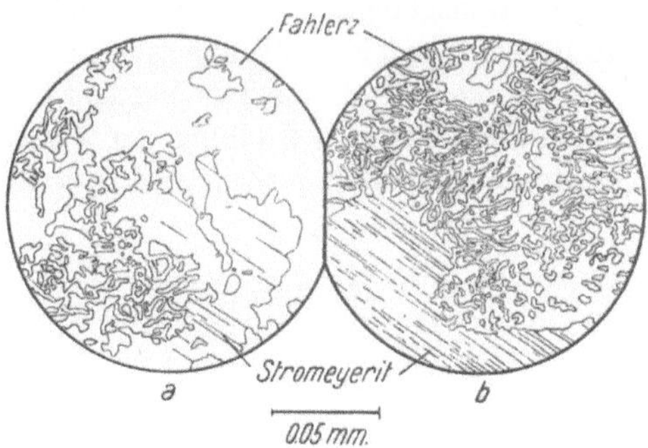

Fig. 111
Fahlerzinterpositionen in Stromeyerit (nach LINDGREN).

Im Grenzfall ist zu unterscheiden zwischen *intragranularem* und *intergranularem Implikationsgefüge*. Intragranulare Implikation bedeutet, daß als Ganzes abgrenzbare Kristallkörner inhomogen sind und eingeschlossene fremde Bestandteile enthalten. Sie besitzen ein *Interpositionsgefüge*. *Intergranulare Implikation* bedeutet verwickeltes Durcheinanderwachsen (amöbenartig oder zackig usw.) verschiedener Kristallarten durch Verzahnung und oft unter Bildung eines meist feinstruierten Gewebes, bei dem nicht zwischen Wirt und Einschluß unterschieden werden kann. Die allgemeine Bezeichnung für derartige Strukturgewebe ist *symplektitisch*. Es sind typische *Symplektite* verschiedener Mineralien bekannt. Die Abgrenzung der Interpositionsgefüge von den Symplektitgefügen ist jedoch nicht immer einfach durchzuführen. So zeigen die Figuren 111 *a*, *b* nach LINDGREN Fahlerzinterpositionen im Stromeyerit und amöbenartige Implikation an der Grenze der beiden hauptsächlichsten Kristallareale. Die Unterscheidung ist auch deshalb schwierig, weil normalerweise der Untersuchung nur Schnittfiguren (Schnitte) zugänglich sind (Figur 112).

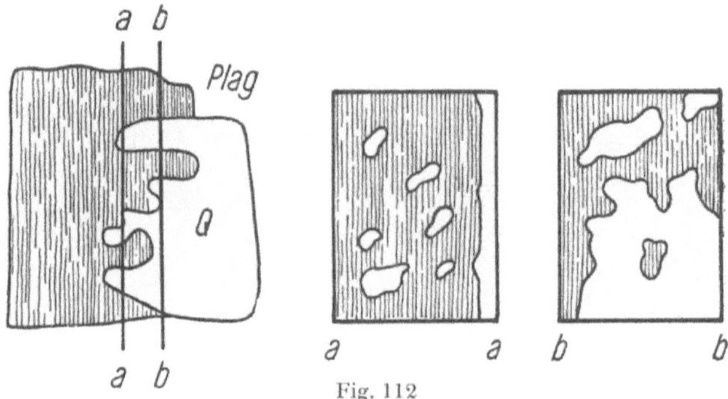

Fig. 112

Schematische Zeichnung dreier verschiedener Schnittlagen. Die linksstehende Figur zeigt intergranulare Implikation. Senkrecht dazu stehende Schliffbilder können die Figuren rechts ergeben, ungefähr nach *a–a* oder *b–b*, bei denen scheinbare intragranulare Interpositionen erkennbar sind.

Bei typischen Interpositionsgefügen ist das Verhältnis Wirtkristall (Oikristall) zu Einschluß (Gast-, Chedakristall) näher zu präzisieren, und zwar sowohl volumen- oder mengengemäß als auch in bezug auf die Einschlüsse zahlen- und größengemäß. Bei feinster Verteilung der verschiedenen Komponenten eines Symplektites spricht man gerne von *Dispersionsgefüge*.

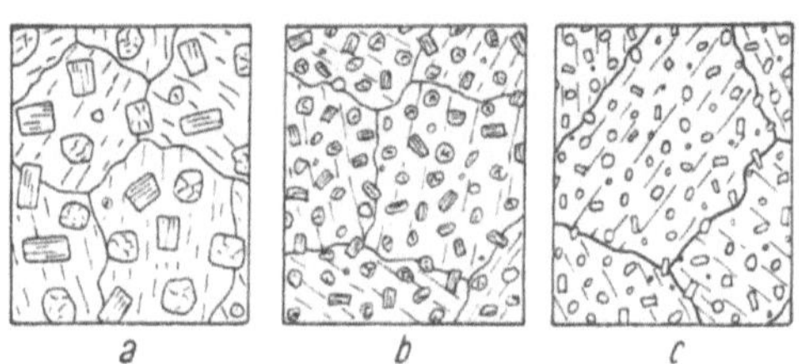

Fig. 113

Volumprozentisch ähnliches Verhältnis von Gast- und Wirtkristall; in *a* (Durchmesser $G > {}^1\!/_8\, W$) große, in *b* mittelgroße (${}^1\!/_8\, W > G > {}^1\!/_{12}\, W$) und in *c* kleine Gastkristalle (${}^1\!/_{12}\, W > G$).

Die Figuren 113 *a*, *b*, *c* nach IDDINGS zeigen bei ähnlichem mittlerem Volumverhältnis von Gast- und Wirtkristall große, mittelkörnige und kleine Gastkristalle.

In allen drei gezeichneten Fällen kann, da der Wirtkristall als deutliche Gefügeeinheit erster Ordnung hervortritt, auch von einer *Siebstruktur* (Durchsiebung) des Oikristalls gesprochen werden, die Gastkristalle sind mehr oder weniger regellos orientiert, treten isoliert in gut abgegrenzten Einzelindividuen auf.

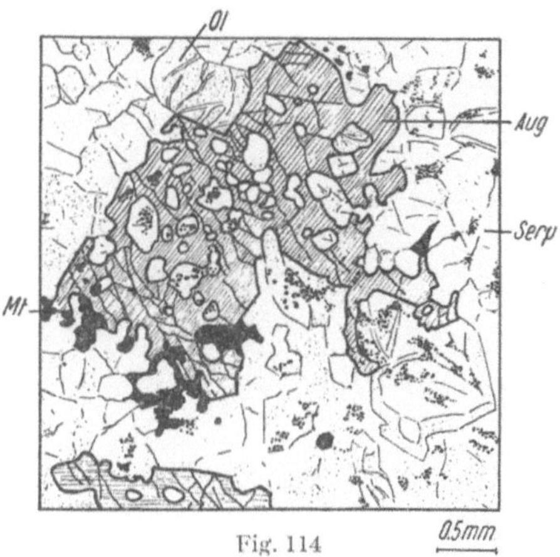

Fig. 114

Poikiloblastisches Implikationsgefüge im Dünnschliff. Wirt: Augit; Gast: Serpentin aus Olivin.
Pikrit von Ullitz (Fichtelgebirge).

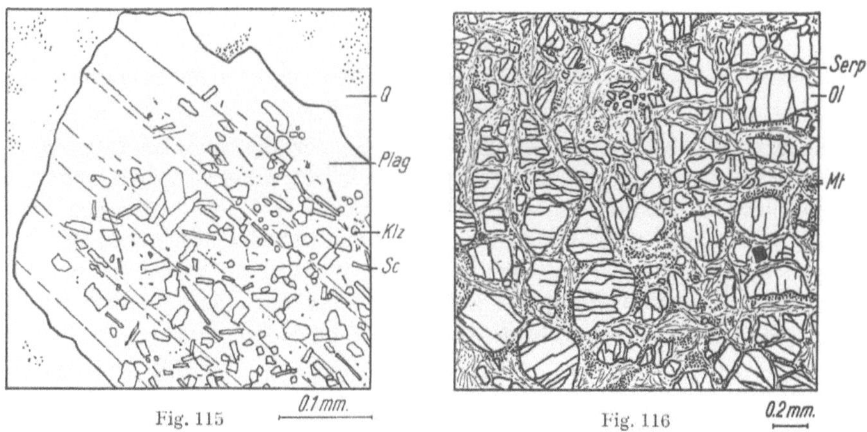

Fig. 115   Fig. 116

Fig. 115. Dünnschliffbild. Mit Umwandlungsprodukten (Klinozoisit und Sericit) gefüllter Plagioklas
in Rotondogranit (Gotthard).

Fig. 116. Dünnschliffbild. Ein Aggregat von Olivin ist serpentinisiert, so daß die reliktischen Olivinkörner den Charakter von Einschlüssen in der Umwandlungsmasse angenommen haben.

Mit etwas unbestimmter Definition werden für derartige Implikationsgefüge auch die Bezeichnungen *poikilitisch* (bei idiomorpher bis hypidiomorpher Gestalt der Einschlüsse) oder *poikiloblastisch* (Figur 114) (bei xenomorpher Form der Einschlüsse) gebraucht, ohne daß damit bereits etwas über die Entstehung ausgesagt werden soll. Zwischen den genannten Interpositionsgefügen von Einzelkristallen und pseudomorphosenartigen Füllungsaggregaten (Figur 115) (gefüllte Kristalle) sind im rein beschreibenden Sinne alle Übergänge vorhanden, wobei oft das Gewirr feinster Kriställchen für Reliktmassen des die Form bestimmenden Materials des «Wirtkristalls» kaum mehr Platz läßt. Man kann im letzteren Fall von *pseudomorphoiden Füllstrukturen* sprechen, ohne zunächst zu entscheiden, ob es sich wirklich um pseudomorphosenartige Neubildungen handelt. Umgekehrt können im Umwandlungsprodukt Relikte des Ausgangsmaterials wie Einschlüsse in Erscheinung treten (Figur 116).

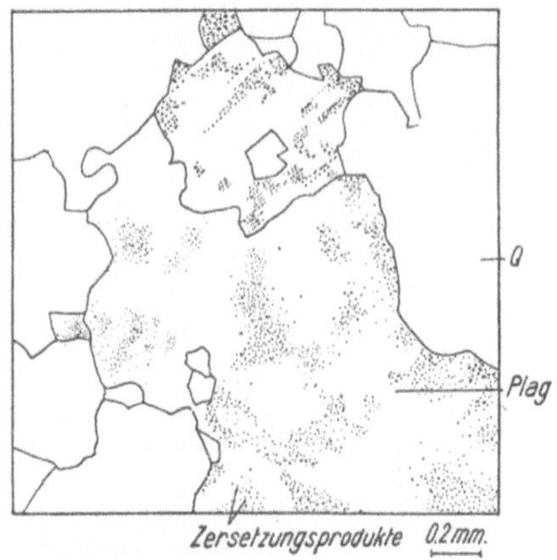

Fig. 117

Diffuswolkige Verteilung von Fremdsubstanz (Zersetzungsprodukte) in Plagioklas. Pegmatit.

Rein beschreibend lassen sich mannigfache Sonderfälle von intragranularen Implikationsgefügen unterscheiden, wobei sich häufig makroskopisch einheitlich erscheinende Kristalle erst mikroskopisch als heterogene Systeme zu erkennen geben. Die Bezeichnungen nehmen auf die besondere Form und Orientierung der *Einlagerungen* Rücksicht. Letztere können für den Wirtkristall typomorph sein (das heißt nur in ihm gefunden werden) oder außerdem selbständig oder randlich im symplektitischen Verband auftreten.

Durch Abbildungen seien einzelne intragranulare Implikationen charakterisiert:

a) diffuswolkige Verteilung der Fremdsubstanz (Figur 117) oft mit gleichartiger Orientierung derselben über bestimmte Bereiche, übergehend in fleckenartige Substanzverteilung;

b) tröpfchenartige Interpositionen (emulsionsartige Struktur, Figur 118), mit gleichartiger oder ungleichartiger Orientierung der Tröpfchensubstanz, übergehend in eine unregelmäßig gesprenkelte Masse oder punktförmige Pigmentierung;

c) flammenartige, unregelmäßig gestaltete Interpositionen (Figuren 119, 120);

d) aderartige Inhomogenität oft in Verbindung mit einem Außenmineral gleicher Art (Figur 120 zum Teil);

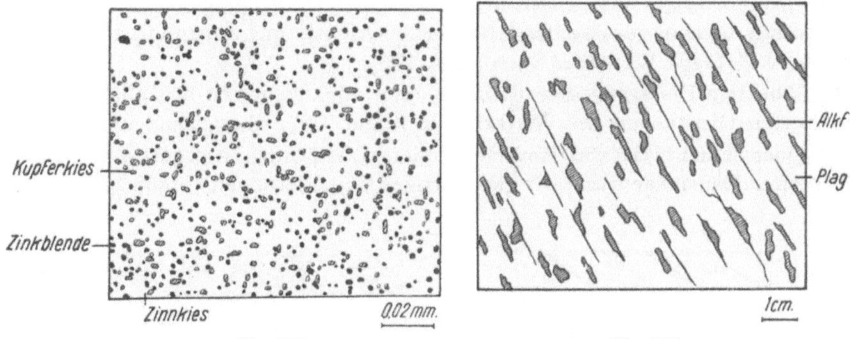

Fig. 118   Fig. 119

Fig. 118. Tröpfchenartige Interpositionen (emulsionsartige Struktur). Zinnkies mit Kupferkies-
(gestrichelt) und Zinkblendetröpfchen (schwarz) (nach SCHNEIDERHÖHN).

Fig. 119. Fleckenartige, unregelmäßig gestaltete Interpositionen von Alkalifeldspat in Plagioklas.

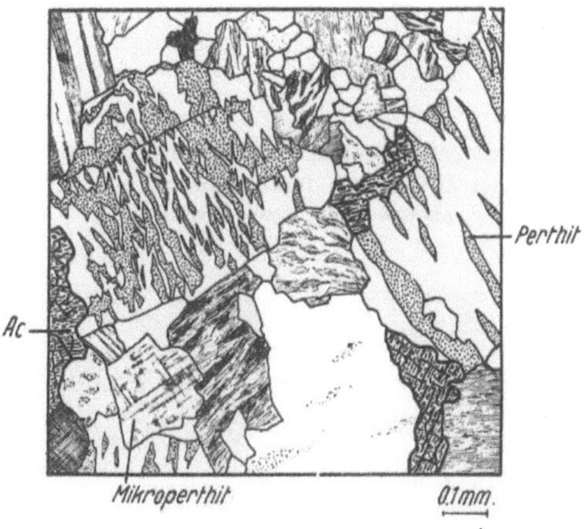

Fig. 120

Zum Teil flammenartige, zum Teil aderartige Interpositionen. Perthitbildungen in Lestiwarit von
Gjona (Oslogebiet).

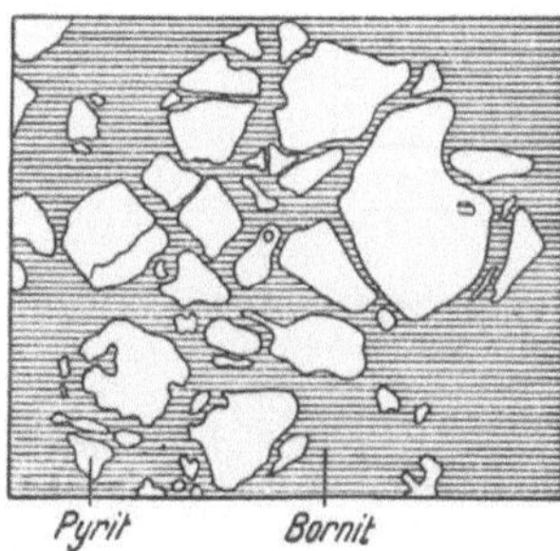

Fig. 121   Fig. 122

<table>
<tr><td align="center">Pyrit von Bornit verdrängt und
in Inseln zerlegt.</td><td align="center">Filmartige Einlagerungen von
Silbererz (Polybasit) in Bleiglanz.</td></tr>
</table>

e) unregelmäßige Maschenstruktur, das scheinbar Eingeschlossene ist in Inseln zerlegt, die über gewisse Bereiche gleiche Orientierung zeigen mit allen Übergängen zu *d* (Figur 121, siehe auch Figur 116);

f) filmartige Einlagerungen oft längs einer oder mehreren kristallographisch orientierten Richtungen des Wirtkristalls (Figur 122), übergehend in im

g) Querschnitt blättchen- bis leisten- oder nadelförmige Interpositionen, meist bestimmter Richtungen und oft gleichartiger Orientierungen (Figur 123);

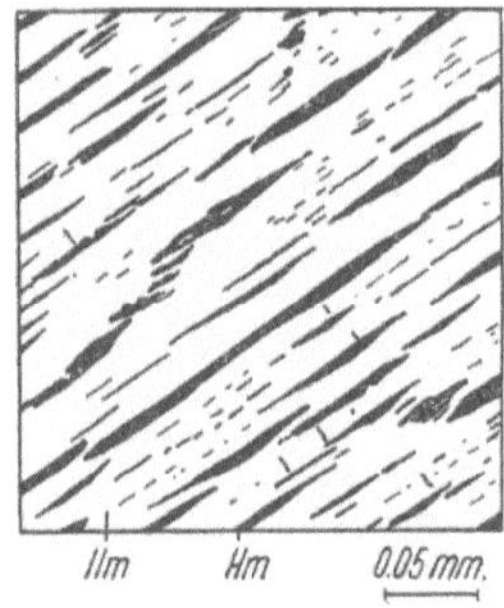

Fig. 123

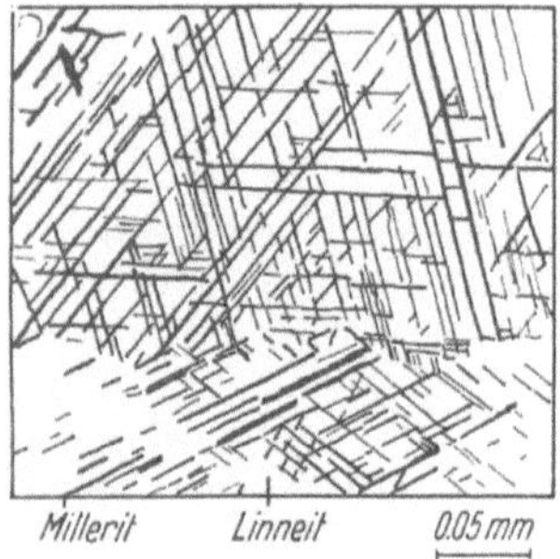

Fig. 124

Fig. 123. Ilmenit (weiß) mit gleichorientierten Hämatitblättcheninterpositionen (schwarz).
Fig. 124. Linneit (weiß) mit gitterhaften Interpositionen von Millerit parallel (100) des Linneites (nach SCHNEIDERHÖHN).

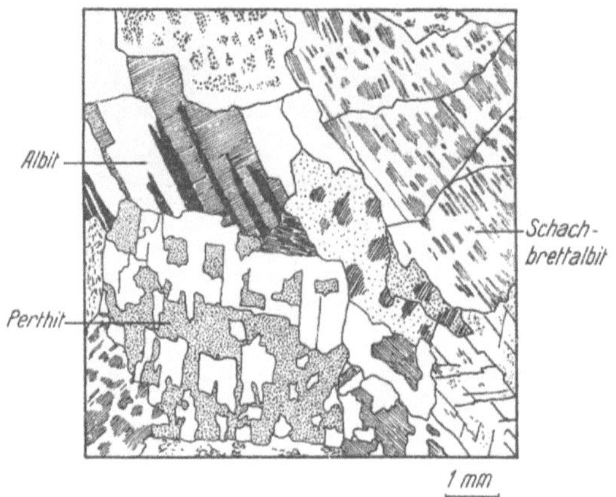

Fig. 125

Schachbrettartige Albitbildung in hololeukokratem Syenit von Alter Pedroso (Portugal).

h) regelmäßiges netz- bzw. gitterhaftes Durchdringen der meist gesetzmäßig orientierten Interpositionen vom Typus einer sogenannten Widmannstätterschen Struktur (Figur 124). Eine gewisse Ähnlichkeit besitzt die schachbrettartige, zu *a* überleitende Inhomogenität (Figuren 125, 126);

i) unter *graphischer* Implikationsstruktur wird eine Struktur verstanden, bei der das Einschlußartige unregelmäßige, oft wurmartige Gestalt besitzt gleich

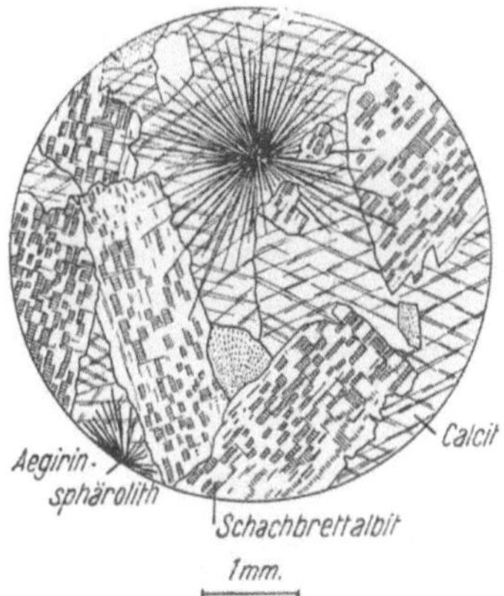

Fig. 126

Schachbrettalbit in Albit-Calcit-Fels (Gemengteile: Albit, Calcit, Ägirinsphärolith), Fengebiet (Norwegen) (nach BROEGGER). In Calcit Zwillingslamellen.

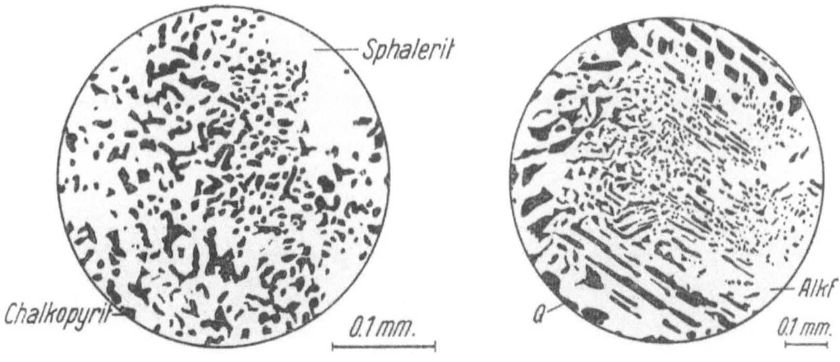

Fig. 127   **Fig. 128**

Fig. 127. Graphische Implikationsstruktur von Chalkopyrit (schwarz) in Sphalerit (weiß). (Anschliff.)

Fig. 128. Graphische Implikationsstruktur von Quarz (schwarz) in Feldspat (weiß). Schriftgranit von Carona (Tessin).

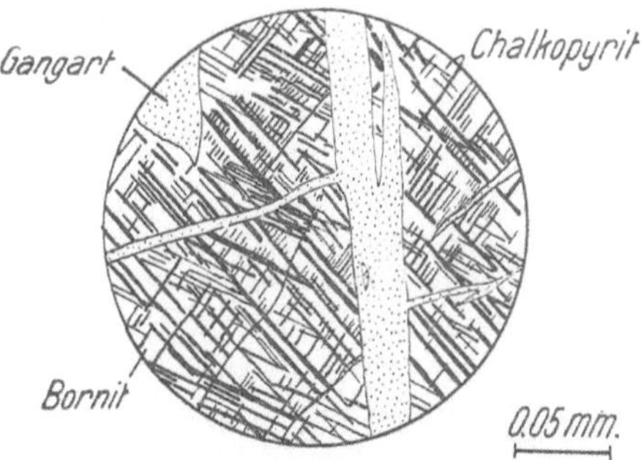

Fig. 129

Interpositionen von Chalkopyrit in Bornit. Dazu aderartig Nichterze. (Anschliff.)

Schriftzeichen. Die im Querschnitt isoliert erscheinenden Teilchen gehören oft über große Bereiche einem gleichen und gleichorientierten Individuum an und sind dann Verästelungen einer zusammengehörigen durchsiebten oder verfingerten Masse (Figuren 127, 128).

Graphische Implikationsgefüge können sich nicht nur in einem Gefügekorn vorfinden, sondern zum charakteristischen intergranularen Implikationsgefüge werden. Manche dieser und anderer Spezialfälle von Implikationen treten miteinander kombiniert auf. So zeigt beispielsweise Figur 129 blatt- bis netzartige und aderartige Inhomogenität. Figur 130 zeigt mehrfache Implikation eines Dreimineralgemenges.

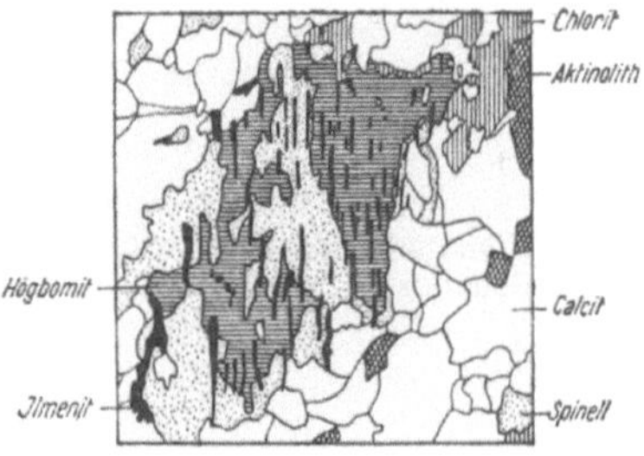

Fig. 130

Mehrfache Implikation in einem Dreimineralgemenge Ilmenit-Högbomit-Spinell. Intergranulare Implikation zwischen Högbomit und Spinell; intragranulare, blättchenförmige Implikation zwischen Ilmenit und den zwei genannten Mineralien, Castione (Tessin) (nach MITTELHOLZER).

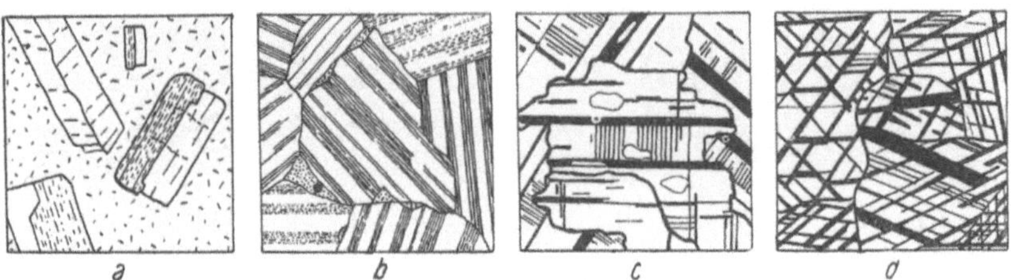

Fig. 131

Schemazeichnungen von Zwillingsbildung. Einzelkristalle mit heterogenem Bau. *a* Einfache Zwillinge von Orthoklas nach Karlsbadergesetz; *b* polysynthetische Zwillinge (Labradorfels); *c* gitterartige Zwillinge von Plagioklas nach Albit- und Periklingesetz; *d* gitterartige Zwillingsbildung von Hausmannit (Lamellierung parallel den ⟨101⟩-Flächen).

Übrigens können als Gefügekörner erster Ordnung anzusprechende Kristalle auch in anderer Weise, das heißt ohne Mitwirkung von Fremdkristallen, heterogenen Bau aufweisen, zum Beispiel als einfache (Figur 131*a*), polysynthetische (Figur 131*b*), komplexe (Figur 131*c*) oder gitterartige (Figur 131*d*) Zwillingsbildungen, als zonargebaute (Figur 132*a*) Kristalle, als Mosaikkristalle (Figur 132*b*) und als Kristalle mit Störungszonen (Figur 132*c*). Bei den zonarstruierten Mineralien sind die einzelnen Zonen genau zu untersuchen. Die Zonenfolge kann einsinnig kontinuierlich oder sprunghaft kontinuierlich bis aperiodisch oder rhythmisch wechselnd sein. Figur 133 zeigt drei Plagioklasbeispiele.

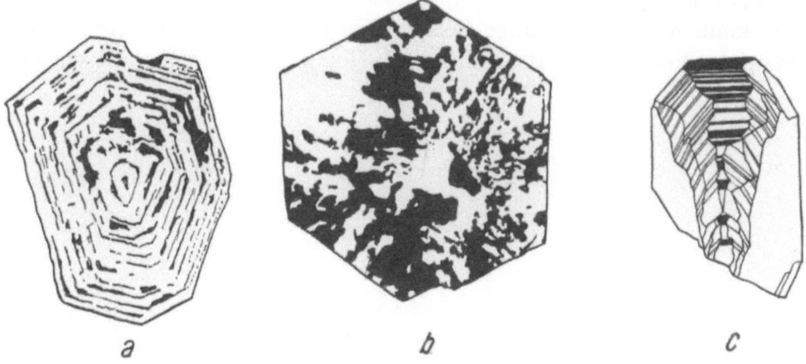

Fig. 132

Heterogen gebaute Einzelkristalle. *a* zonarstruierter Plagioklas aus Gestein; *b* Verzwillingung in einem freigewachsenen Quarzkristall ($\perp$ *c*): In der Zeichnung dunkle und helle Partien zueinander in Zwillingsstellung; *c* Brookit: Abbildung verschiedener Adsorptionsverhältnisse beim Wachstum und verschiedener Störungszonen.

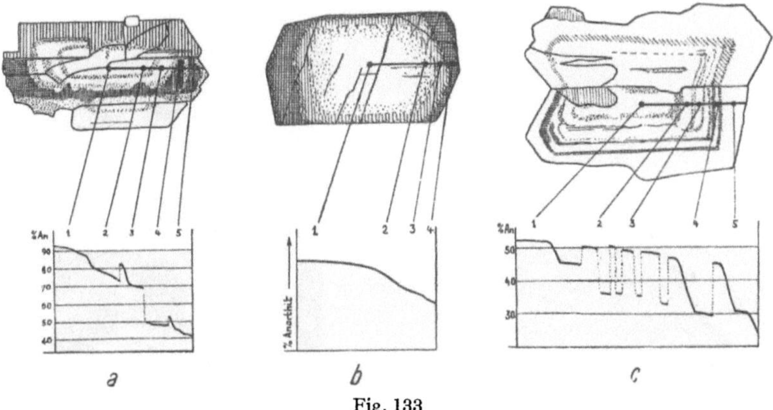

Fig. 133

Das verschiedene Verhalten der Zonen in Plagioklaskristallen. *a* Diskontinuierliche; *b* kontinuierliche, mehr oder weniger gleichmäßige; *c* rhythmische Abnahme des *An*-Gehaltes (nach WENK.)

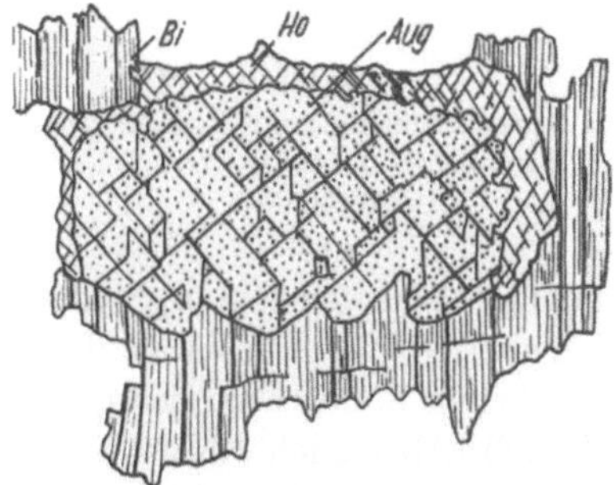

Fig. 134

Ummantelung von Augit mit Hornblende und Biotit. Aus Glimmerhypersthendiorit.

Ummantelungen und *Zwischenhüllen,* die mit Zonarstrukturen Ähnlichkeit besitzen, können, um nur wenige Beispiele zu nennen, ortsbedingte Ausscheidungen infolge Veränderung des Milieus sein (Figuren 134, 135), späteren, an die

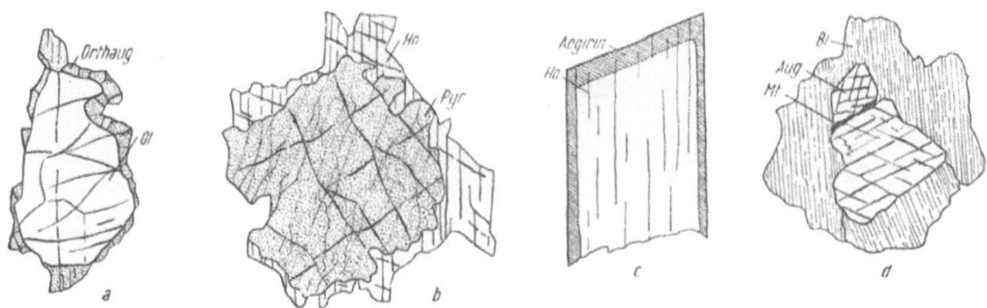

Fig. 135

Einige Beispiele von Ummantelungen. *a* Orthaugit um resorbierten Olivin aus Forellenstein; *b* Pyroxen mit homöoaxialem Hornblenderand aus Essexit; *c* Hornblende (Kataphorit) mit Ägirinrand aus Grorudit; *d* Biotit um Hornblende aus Glimmerdiorit (zum Teil nach BROEGGER).

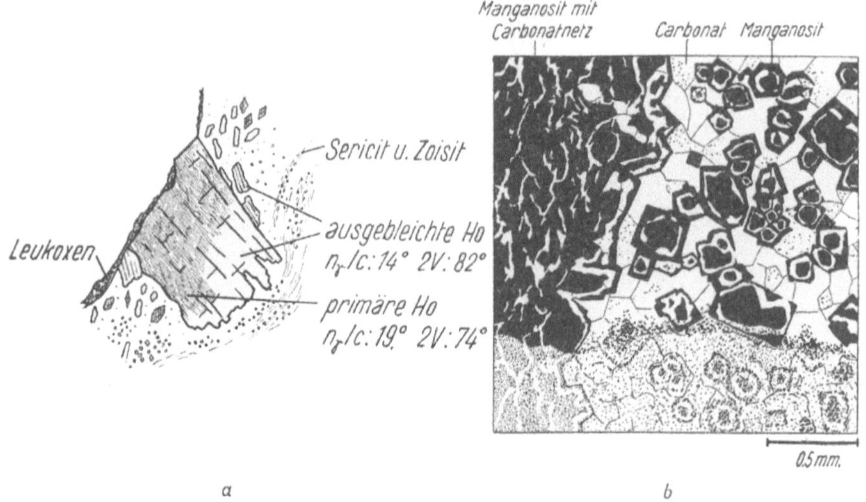

Fig. 136

a Ausgebleichte Hornblende; *b* Dünnschliffbild. Durch Reaktion entstandene Manganositkristalle in einer Karbonatgrundmasse. Manganerz aus dem Gonzen (Schweiz). Manganosit = MnO (nach EPPRECHT).

Kristalloberfläche gebundenen Reaktionen (Oxydationen, Reduktionen, Entwässerungen, Dissoziationen usw.) ihr Dasein verdanken (Figur 136 *b*), hervorgegangen sein aus eigentlichen Randreaktionen mit dem umgebenden Festbestand usw. (Figur 137, 138). Aber auch Kristallisationen, die in Schrumpfungs- oder Zerrklufthohlräumen um Kristallkörner nachträglich erfolgten, umhüllen oft Kristalle oder Kristallaggregate (Figur 139).

Die *intergranularen Implikationsgefüge* zeigen in feiner Verteilung den heterogenen Aufbau aus verschiedenen, innig miteinander verwachsenen Kristallarten, ohne Unterscheidungsmöglichkeit zwischen Wirt und Einschluß, wobei

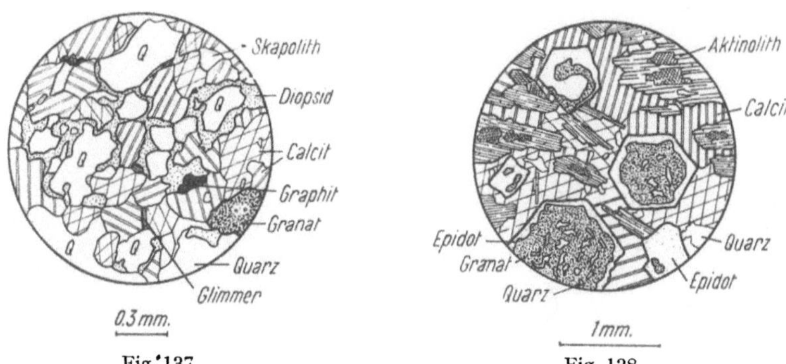

Fig. 137   Fig. 138

Fig. 137. Reaktionsränder von Diopsid zwischen Quarz und Karbonat in karbonatreichem Kalksilikatfels von Castione (Tessin) (nach MITTELHOLZER).

Fig. 138. Reaktionsränder von Epidot um Granat in Granat-Ägirin-Epidot-Marmor, Hinterrhein (Graubünden) (nach GANSSER).

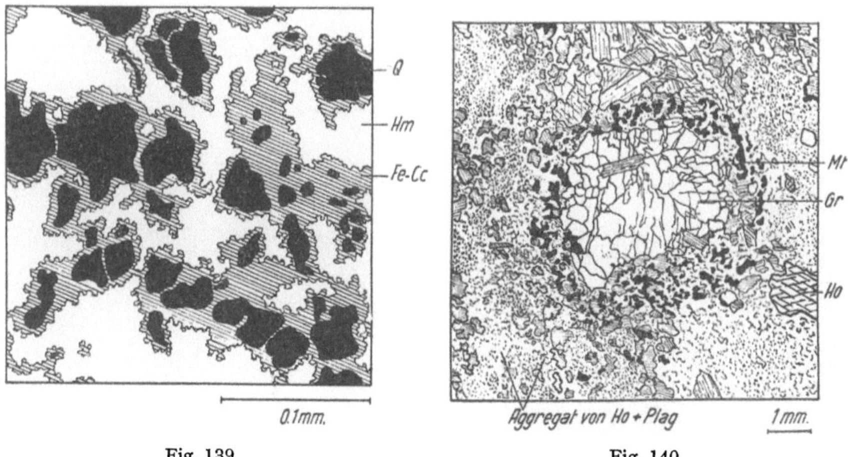

Fig. 139   Fig. 140

Fig. 139. Anschliffbild von Eisenerz aus dem Gonzen (Schweiz). Eisencalcit (Fe–Cc) nachträglich gebildet in den durch Schrumpfung des Quarzgels entstandenen Hohlräumen. Weiße Grundmasse besteht aus kryptodiablastischem Gewebe von Hämatit (*Hm*), wie in Fig. 101 *b* (nach EPPRECHT).

Fig. 140. Diablastisches Gefüge von Hornblende und Plagioklas als Rand (Kelyphit) um einen Granatrelikt in Kelyphit-Amphibolit von Breitlehner Alp.

nach der Form wieder verschiedene Symplektite (zum Beispiel wurm- bis warzenförmige, graphische, mehr strahlig-faserige, aderartige usw.) unterscheidbar sind. Wirr gelagerte, feindisperse Gemenge oder Gewebe werden oft *dialytisch* (bei teilweiser Idiomorphie) oder *diablastisch* (Figur 140) (bei unregelmäßiger Gestalt) genannt. Nicht selten sind sie an die Grenze verschiedener Mineralien gebunden und heißen dann *synantetische* Bildungen. Umgeben derartige Symplektite ein Mineralkorn, das sich unter Umständen nur noch als kleiner Rest im Innern vorfinden kann oder aus Analogie als früher vorhanden angenommen werden muß, so spricht man von einer Schalenstruktur oder *Kelyphitstruktur*

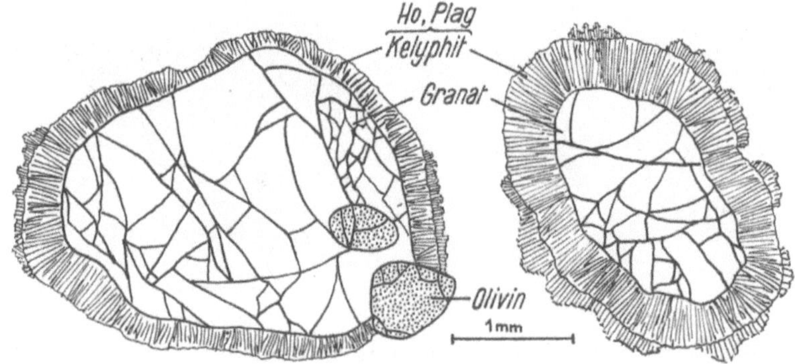

Fig. 141

Granatkörner mit Kelyphiträndern von Hornblende und Plagioklas; wo Olivin am Rand vorhanden ist, fehlt der Kelyphit.

(Figuren 140, 141). Die Bedeutung der Korngrenzen für die Ausbildung neuer Gefügeelemente findet auch in den schon genannten *Intergranularfilmen, Überkrustungen, Ummantelungen* ihren Ausdruck, wobei nicht selten durch Ätzung

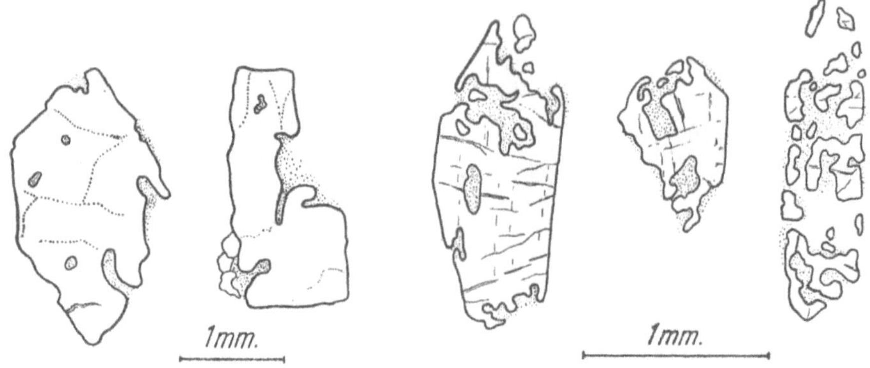

Fig. 142

Resorptionserscheinungen an Quarzkörnern aus Quarzporphyr (nach GANSSER).

Fig. 143

Resorptionsformen bis Skelettbildung an Titanitkörnern (nach GANSSER).

oder Auflösung eigentliche Resorptionsformen des Ursprungskristalls mit konvexen oder konkaven Oberflächenanteilen zurückbleiben. Einbuchtungen, schlauch- und kanalartige Bildungen, die von Mosaik- zu Implikationsgefügen überführen, sind gleichfalls oft als *Korrosionsform* deutbar (Figuren 142–144);

doch gilt nun für alle Implikationsgefüge, daß nur eine sorgfältige Gesamt-
analyse die genetische Interpretation ermöglicht, da kaum einer der Typen
eindeutig auf nur eine Art entstehen kann. So ähneln Korrosionsformen oft
skelettartig dendritischen Wachstumsbildungen.

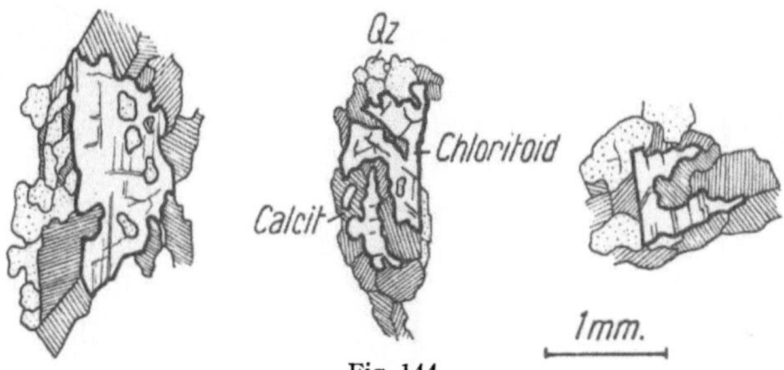

Fig. 144

Resorptionserscheinungen an Chloritoidblättchen aus chloritoidführendem Sericitkalkschiefer,
Hinterrhein (Graubünden) (nach Gansser).

Bei Interpositionsgefügen können unter anderem die «Einschlußkristalle»
sein:

a) frühere, vom Wirtkristall umwachsene Kristallbildungen, die einem Früh-
stadium des gleichen Kristallisationsprozesses angehören oder gar Relikte eines
früheren Gefüges sind (echte Einschlüsse);

b) rekristallisierte frühere Einschlüsse;

c) gleichzeitige Bildungen wie der Wirtkristall;

d) Entmischungs-, Umwandlungs- oder Zerfallprodukte des nun in der Zusammensetzung veränderten Wirtkristalls. Ausscheidungen verschiedener Art
aus einer früher gelartigen Masse oder in einem mechanisch beanspruchten
Kristall;

Fig. 145

Leucitkristalle aus Leucitit mit geregelten Einlagerungen.

e) Reste einer nur durch Verdrängung zerteilten Kristallart (chemischer Umsatz mit Neubildung einer Kristallart, die das früher Vorhandene «metasomatisch» verdrängt);

f) das Verdrängende selbst, besonders wenn die Schläuche, Flammen oder
Adern mit dem Außenmedium an einzelnen Stellen kommunizieren;

g) Abbildungen feindisperser Aggregate bei der Umkristallisation unter
Sammelkristallisation eines Bestandteiles.

Bei a) und b), unter Umständen auch bei c) sind die Einschlüsse oft zonar oder nach Anwachskegeln in bestimmten Wachstumsbereichen von Flächen angeordnet (Figuren 145, 146 und sanduhrartig Figur 147) und bilden dann Frühstadien der Wachstumsform des Wirtkristalles ab.

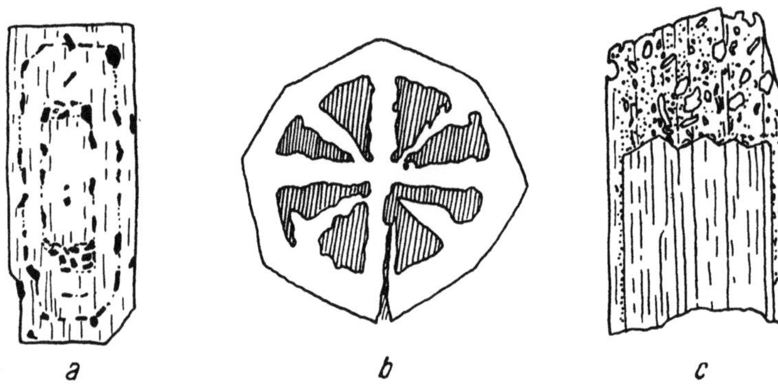

Fig. 146

Einschlüsse. *a* Orthoklas mit Biotiteinschlüssen; *b* Leucit mit Einschlüssen; *c* Ägirin mit Quarzeinschlüssen, zentraler Teil einschlußfrei.

Gleichzeitige Kristallisation wird auch *eutektische Kristallisation* (Eutektikum) genannt, wobei ein Bestandteil formbestimmend sein kann. Die gegenseitige Formbeeinflussung kann eine große sein. Synantetische, besonders keliphytische Bildungen entstehen häufig durch Reaktion der aneinandergrenzenden Festkörper oder als *peritektische* Bildungen, wenn ein vorher ausgeschiedener Kristall mit einer Restlösung unter Resorption und Ausscheidung neuer Kristallarten reagiert (Reaktionsränder, die dann oft den umgebenen Kern vor weiteren Angriffen schützen). Intra- und intergranulare Entmischungs-, Verdrängungs- und Eutektstrukturen können einander sehr ähnlich werden, so daß man manche Varianten der ersteren auch etwa *pseudoeutektoid* genannt hat.

Fig. 147

Sanduhrartig angeordnete Einschlüsse in Chloritoid.

Oft sind für *Entmischungsstrukturen* charakteristisch: entweder lamellare, plattige «Einschlüsse» in netzartiger Orientierung mit scharfen, nichtzackigen Grenzen, ohne Verbreiterung bei der Intersektion mit Adern, oder emulsionsartige, rundliche Einschlüsse; in beiden Fällen ohne Beziehung zu den Korngrenzen und oft vollständig beschränkt auf bestimmte Kristallarten.

Verdrängungsstrukturen können sehr mannigfaltige Aspekte aufweisen, von homöoaxialen Bildungen über Verdrängungen parallel Spaltrissen oder bestimmten Absonderungsflächen bis zu unregelmäßigen oder aderartigen Durchdringungen. Häufig ist eine Einwirkung von *außen* her erkennbar. Bei fortgeschrittener Verdrängung bilden indessen die Relikte des Ursprungsmaterials nur noch Einschlüsse in der verdrängenden Masse. Einbuchtungen, konkave «Lösungsformen», schlauchartige Bildungen werden gerne angetroffen, doch muß nochmals betont werden, daß, wie Experimente zeigen, gewisse graphische Strukturen sowohl als Entmischungs-, Verdrängungs- wie Eutekt- und Peritekt-

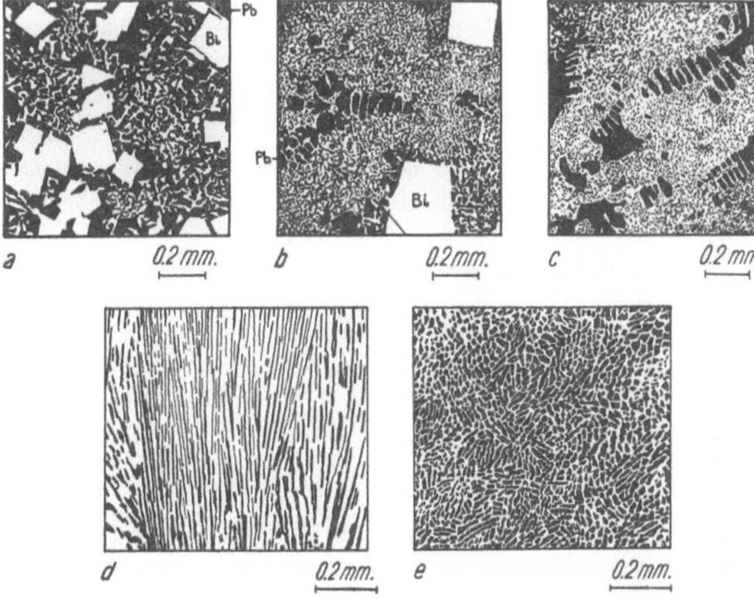

Fig. 148

Eutektische Strukturen. Sonderung von Pb und Bi nach dem spezifischen Gewicht. *a* oberste, *b* mittlere, *c* untere Schicht. *a* enthält viele, *b* wenige Bi-Einsprenglinge neben Eutektikum, und in *c* fehlen sie ganz. Gleichzeitige Kristallisation von Zn und Cd. *d* Schnitt senkrecht zur Abkühlungsfläche, *e* parallel zur Hauptabkühlungsfläche.

strukturen entstehen können. Man darf sich bei der genetischen Deutung nie damit begnügen, auf Vergleiche mit Strukturen bekannter Entstehungsweise abzustellen, man muß unter Berücksichtigung der Mineralzusammensetzungen, des Gesamtgefügebildes und sehr vieler Einzelbeobachtungen die wahrscheinlichen Schlußfolgerungen ziehen. Ja manchmal können sogar Zweifel auftreten, was Verdrängtes und was Verdrängendes ist. Eine vollständige Metasomatose wird vom Ursprungsmaterial nichts mehr übriglassen und ist dann nur noch aus anderen Anzeichen ableitbar. Die ursprüngliche Form bleibt pseudomorphosenartig erhalten oder wird völlig zerstört. Erhaltung des Volumens ist möglich, aber nicht notwendig. Bei Volumvermehrung entstehen *Ausbauchungen* oder *Pressungs-* und *Faltungserscheinungen* sowie *Spannungsrisse*, bei Volumverminderung (zum Beispiel bei Dehydratation gelartiger Massen) *Schrumpfungsrisse*.

Die Strukturen, die durch *gleichzeitiges Kristallisieren* verschiedener Kristallarten aus Schmelzen, Lösungen oder in Festverbänden entstehen, sind, wie die vielfachen Experimente mit Metallschmelzen zeigen, gleichfalls außerordentlich variabel. *Es gibt keinen bestimmten Typus der Eutektstruktur.* Eigentliche Implikationsgefüge entstehen in diesem Falle nur unter besonderen Bedingungen, besonders bei relativ rascher Ausfällung. Der Grad des Strebens nach Idiomorphie kann sich bei gegebenen Verhältnissen für verschiedene Kristallarten in verschiedener Weise bemerkbar machen, ja man kann oft darnach die beteiligten Mineralarten nach dem Grade erworbener Eigengestaltigkeit in Reihen ordnen, zum Beispiel in *kristalloblastischen Reihen.* Naturgemäß spielt es bei dieser Zusammenkristallisation eine wichtige Rolle, ob für eine Kristallart bereits Kristallkeime vorlagen und diese als Ansatzstellen wirksam waren. Lediglich zur Illustration der Mannigfaltigkeit bei noch durchwegs relativ rascher Kristallbildung seien einige typische Fälle von eutektoiden Implikationsstrukturen durch Bilder veranschaulicht, wie sie aus der Metallurgie bekannt sind. Da es sich um künstliche Kristallisation aus Schmelzen handelt, sind die hiebei sich abspielenden Vorgänge bekannt, während bei der Beurteilung von Gesteinsgefügen der Vorgang aus den Eigenschaften des Produktes erschlossen werden muß (Figuren 148*a* bis 148*e*).

δ. Allgemeine Bemerkungen über die Strukturbezeichnungen. Nochmals sei betont, daß uns folgendes Vorgehen in der Gesteins- und Minerallagerstättenkunde richtig erscheint. Es muß für die Beschreibung der Gefügekörner und der Struktur des Aggregates zunächst eine Nomenklatur verwendet werden, die nicht mit speziellen genetischen Vorstellungen verknüpft ist und deren Gebrauch nicht auf bestimmte Gesteinsklassen oder Minerallagerstättentypen beschränkt ist. Diese Bezeichnungsweise ist wesentlich *beschreibender Natur.* Selbstverständlich wird man daraufhin in jedem Einzelfall versuchen, die Gefüge *genetisch zu deuten* und ihnen Namen zu geben, durch die unsere Vorstellungen über die Bildungsweise präzisiert werden. Verschiedene Gesteins- und Minerallagerstättengruppen werden zudem, soweit sie entstehungsgeschichtlich einheitlichen Gruppen zugehören, *spezielle Strukturbegriffe* erhalten, auf die hier noch nicht eingegangen werden konnte. Aber auch genetisch zu interpretierende Begriffe sind zunächst möglichst allgemein zu fassen. So bedeutet ein «Wachstumsgefüge» lediglich, daß Einzelform und Struktur zur Hauptsache eine Folge von Kristallwachstumsvorgängen sind; ob dieses Wachstum aus schmelzartigen, pneumatolytischen oder wässerigen Lösungen erfolgte oder ob Umkristallisation im festen Aggregat statthatte, ist nicht festgelegt. Man kann, wie Seite 184 erwähnt, in chorismatischen Gesteinen Anteile, die Bildungen aus zusammenhängender molekulardisperser Phase sind, *chymogene* Anteile nennen, im Gegensatz zu den *stereogenen* zum Beispiel des zweiten Falles, aber auch dann ist erst in einer nächsten Stufe nach der Natur der moleküldispersen Phase zu gliedern. Dadurch schreitet man sukzessive von der reinen Beschreibung zu immer genauerer genetischer Deutung, wobei es zur Selbstverständlichkeit wird, daß jeder Schritt sorgfältig zu begründen ist. Notwendig ist diese Arbeitsweise, weil das Gefüge eines Mineralaggregates wohl ein Abbild der Vorgänge darstellt, die zur Lagerstätte führten, ohne in Einzelheiten eindeutig interpretierbar zu sein. Erst die Summe vieler Beobachtungen gestattet Aussagen, denen größere *Wahrscheinlichkeit* zukommt. Kurzweg, ohne nähere Beschreibung oder Beilage einer Abbildung eine Struktur als typische Verdrängungsstruktur, typische Eutektstruktur usw. zu bezeichnen, ist schon deshalb für den Fernerstehenden wenig aufschlußreich, weil es derartige «typische Strukturen» nicht gibt und erst durch eine Diskussion aller Beobachtungen entschieden werden kann, ob zum Beispiel Verdrängung, Entmischung oder eutektische Kristallisation das Gefügebild erzeugte.

Da wir in der speziellen Gesteins- und Minerallagerstättenkunde gewisse hier erläuterte Begriffe prinzipieller und zugleich genereller anwenden als es bis jetzt üblich war, sollen erläuternd noch einige Beispiele zusammengestellt werden.

In *magmatischen Gesteinen* finden wir nicht nur kristalleide, sondern kristalloblastische Strukturelemente reichlich vertreten. Die starke Wachstumsbehinderung macht sich besonders in Spätstadien der Erstarrung bemerkbar, außerdem finden nach einer Erstkristallisation oft Resorptions- und Verdrängungsprozesse statt. Dadurch, daß man lange Zeit den Begriff Kristalloblastese auf metamorphe Gesteine mit vorwiegend stereogener Umkristallisation beschränkt wissen wollte, verwendete man für ganz analoge Strukturbilder verschiedene Namen, und es entstand später lediglich auf Grund der Terminologie ein Streit um die Entstehungsweise einzelner Gesteine. So wurden Analogien in den Strukturelementen der Eruptivgesteine mit denen der metamorphen Gesteine dahin gedeutet, daß auch die ersteren durch Metamorphose entstanden seien. Sowohl in der Metallurgie wie in der experimentellen Petrologie läßt sich jedoch konstatieren, daß beim Kristallisationsprozeß aus Schmelzlösungen durch Wachstumsbehinderung Gefüge entstehen, die weitgehend denen nachträglich umgewandelter Aggregate entsprechen. Idioblasten sind in Eruptivgesteinen oft ebenso häufig oder häufiger als Kristalleide, und hypidiomorphe bis xenomorphe Gefügeelemente treten vielfach auf; ebenso lassen sich Implikationsstrukturen metamorpher Gesteine zum mindesten im ersten Überblick von den als kristalloblastisch bezeichneten Eruptivgesteinsstrukturen kaum trennen; sie müssen daher auch gleich benannt werden. Plötzliche Temperaturänderung kann Kristalloklasten erzeugen und mechanische Beanspruchung in der Schlußphase der Erstarrung daneben noch Kristalloblasten.

Eine als Ganzes *klastische Struktur* kommt genetisch ganz verschiedenen Gesteinsarten zu. So ist ein Sandstein normalerweise granoklastisch, da indessen die *Zertrümmerung* oder *Kataklase* vor der Mineralaggregatbildung, dem Absatz, erfolgte, handelt es sich um eine *allothigen-granoklastische* Struktur. Wird ein Mineralaggregat nachträglich, infolge mechanischer Beanspruchung, zertrümmert, so muß die resultierende granoklastische Struktur *authigen* genannt werden. Analoges gilt für Brekzien, und es ist wohlbekannt, daß es nicht immer leicht ist, Absatzbrekzien von Dislokationsbrekzien zu unterscheiden.

In unzweifelhaft *metamorphen Gesteinen* sind praktisch alle Strukturelemente zu finden. Es ist jedoch wenig sinnvoll, völlig idiomorphe, einsprenglingsartige Kristalle, wie manche Granate, hie und da Staurolith und Disthen, anders zu benennen als Einsprenglinge von Feldspäten oder Quarz in Eruptivgesteinen. Sie sind auch für uns Kristalleide (Porphyreide) und nicht Kristalloblasten (Porphyroblasten), denn es fehlt ihnen äußerlich das Kennzeichen der Wachstumsbehinderung. Wie somit in Eruptivgesteinen porphyreide (porphyrische), porphyroblastische, porphyroide, ja teilweise porphyroklastische Strukturen auftreten, so auch in metamorphen Gesteinen. Von ganz besonderer Bedeutung wird es bei den metamorphen Gesteinen, Umschau zu halten nach *Relikten* früher vorhanden gewesener Strukturen, damit der gesamte Werdegang der Umwandlung abgeleitet werden kann. Eine wichtige Aufgabe bei allen durch Wachstum zustande gekommenen Gefügen ist der Versuch, *Ausscheidungsfolgen, Sukzessionen* der Mineralisation aufzustellen. Auf die sich hiebei bietenden Schwierigkeiten kann indessen erst später aufmerksam gemacht werden.

Bis vor kurzem haben in *sedimentären Gesteinen* Strukturbegriffe eine geringe Rolle gespielt. Es fehlte ein eigentliches Begriffssystem, und da man glaubte, Bezeichnungen aus der Lehre der Eruptivgesteine und metamorphen Gesteine nicht übertragen zu dürfen, unterblieb oft eine Kennzeichnung. Für Trümmersedimente ist bereits der durchaus brauchbare Begriff der allothigen-klastischen Strukturen genannt worden, mit die Korngröße charakterisierenden Beiwörtern, wie *psephitisch-klastisch* oder *psammitisch-klastisch*. Häufig treten aber auch, besonders in Zwischenmassen, Neubildungen auf oder an Trümmerbestandteilen Resorptionsphänomene (löcherige Nagelfluh). Viele Tone weisen eine *kryptolepideide* bis *kryptolepidoblastische* Struktur auf, etwa durchsetzt von mikroklastischen Gefügekörnern. Krypto-, mikro-, meso- bis makrokristalloblastisch verhalten sich viele homogene Karbonatgesteine. Granoblastisch bis granoid ist Hauptstruktur; zum Teil handelt es sich um allothigene, zum Beispiel um in der sedimentierten Masse authigene Kristallbildung, aber auch Auflösungs- und Umlagerungserscheinungen sind bemerkbar. Bildung von Porphyroblasten bei der «Diagenese» ist nicht selten.

In anderen Sedimenten findet man sogenannte *Gelstrukturen*, das heißt Anzeichen dafür, daß krypto- bis mikrokristalline Aggregate aus ursprünglich gelartigen Bestandmassen entstanden sind. *Schrumpfungsrisse* können entstehen, wenn aus Hydrogelen wasserarme oder wasserfreie Kristallbildungen entstanden.

Organogene Struktur- und Texturelemente treten auf, *mikro- bis makrochorismatische*, das heißt zusammengesetzte *Gefüge* sind verbreitet, auf Absatzschichtung, Setzung, Rutschung rückführbare texturelle Eigentümlichkeiten oft charakteristisch. Doch all das gehört bereits der speziellen Lehre an und mußte hier nur beispielhaft erwähnt werden, damit von Anfang an über die Anwendungsbereiche der allgemeinen Strukturbegriffe einigermaßen Klarheit besteht.

C. Texturelle Beziehungen zwischen den Gefügekörnern

a) *Gefügeanisotropie*

α. Grundbegriffe. Im deutschen Sprachgebrauch faßt man unter dem Begriff *Textur* (englisch etwa «fabric») eine Gruppe von Gefügeeigenschaften zusammen, die im speziellen Auskunft geben über Besonderheiten der Anordnung und Verteilung der Gefügebestandteile im Raum und über die Raumerfüllung des Festkörperaggregates. Man hätte sich damit kaum zu befassen, wenn die Anordnung der Gemengteile eines Aggregates eine völlig richtungslose, ungeregelte wäre und die Mineralien den Raum lückenlos erfüllen würden. Für viele Zwecke würde es dann möglich sein, das Gemenge als quasi-isotropen Festkörper zu betrachten, ein Vorgehen, das auch heute in der Technik oft noch üblich ist. In Wirklichkeit entsprechen die natürlichen Mineralassoziationen kaum je völlig diesem Idealfall. Wohl kann im Handstück ein Gestein ein massiges Aussehen besitzen, ohne direkt feststellbare gerichtete Mineralverteilung, und auch im großen können sich Gesteinskörper von andern nur durch ihre Mannigfaltigkeit und relative Ungeregeltheit der Mineralverteilung unterscheiden. Sie werden dementsprechend bezeichnet, ohne daß dies ausschließt, daß eine nähere Untersuchung Richtungsunterschiede zu erkennen gestattet. Eine gewisse Regelung oder zum mindesten Abhängigkeit der Mineralverteilung und des Mineralgefüges von vorgegebenen Bezugselementen ist jedoch fast durchwegs vorhanden, so daß es eigentlich lediglich zur Aufgabe wird, Art und Grad dieser Anisotropie zu bestimmen. Zu verwundern braucht uns dies nicht, denn der Schauplatz der Bildung von Gesteinen und Minerallagerstätten ist die Erde, das heißt ein Körper, der selbst gestaltet ist, zum Beispiel Kern und Schale erkennen läßt und gerichtete Kraftfelder, beispielsweise generell das der Gravitation, aufweist. Die Prozesse der Gesteins- und Minerallagerstättenbildung spielen sich in anisotropen Feldern ab und zudem in jeweilen begrenzten Räumen, deren Randbedingungen nicht vernachlässigt werden dürfen. Der kristalline Zustand selbst besitzt in seinem Aufbau vektoriellen, von der Richtung abhängigen Charakter.

Es wird daher nicht verwundern, daß die texturellen Eigenschaften in den letzten Jahrzehnten (besonders durch die Arbeiten von B. SANDER, W. SCHMIDT und anderen) immer zunehmende Beachtung erfahren haben, ja den Anspruch erhoben, der Hauptbestandteil einer Gefügekunde zu sein. Genau wie für die übrigen strukturellen Gefügeeigenschaften gilt auch für die Texturen, daß sie nur in seltenen Fällen ermöglichen, eindeutig auf die Ursachen der Anisotropie, etwa das bei der Bildung herrschende Kräftespiel, rückzuschließen. Es ist daher weitgehend auch für sie notwendig, Begriffe aufzustellen, die rein beschreibender Natur sind. Da es jedoch die Aufgabe des Wissenschafters bleibt, Tatsachen zu interpretieren und in erklärender Weise Deskriptives mit dem Weltgeschehen zu verknüpfen, muß die beschreibende Terminologie durch eine logisch-genetische ergänzt werden. In jedem Spezialfalle ist der Versuch der Korrelation vorzunehmen.

β. **Allgemeines über den Einfluß der Kristallanisotropie auf Korngestalt und Implikationsgefüge.** Treten die Gefügekörner als Kristalle auf,
so ist bereits ein Element der Anisotropie gegeben, denn die Kristalle besitzen
ihrer Natur nach ein *anisotropes Innengefüge*, eine geregelte Kristallstruktur.
Die für das Wachstum, die Auflösung und das rein physikalische Verhalten
maßgebenden Größen sind richtungsabhängig, sie besitzen *vektoriellen Charakter*. So werden auch die unterschiedlichen Gestalttypen mit verschiedenen
Strukturtypen und innerhalb eines Strukturtypus mit bestimmten richtungsabhängigen Anordnungsunterschieden in Beziehung stehen.

Es gibt Mineralien, die *kettenartige Bauelemente* enthalten und sehr häufig
nach der innerstrukturellen Kettenrichtung in *säuliger, stengeliger* oder *faseriger
Ausbildung* auftreten. Unter den wichtigen gesteinsbildenden Mineralien sind
dies zum Beispiel (nach dem kristallographisch *c*-Richtung genannten Vektor):
Sillimanit (Faserkiesel), Hornblenden (zum Beispiel in extremer Weise Hornblendeasbest), Turmalin, Wollastonit, die Serpentinvarietät Chrysotil (Ser-
pentinasbest), Skapolith, Rutil, Disthen (oft breitstengelig), Faserzeolithe.
Meist nur säulig bis kurzsäulig nach der *c*-Richtung entwickelt sind Augit,
Staurolith, Andalusit, Zirkon, Topas, eventuell Apatit. Stengelig nach andern
kristallographischen Richtungen treten Zoisit und Epidot auf und eine Varietät
von Gips, der Fasergips. Stengelige und faserige Ausbildungen fehlen auch bei
anderen wichtigeren Silikaten nicht, sind jedoch für die betreffenden Mineralarten kaum als typomorph zu bezeichnen.

Die ausgesprochen *schuppig-blättrige* Ausbildung geht meistens mit einer
zur Tafelfläche parallelen Spaltbarkeit Hand in Hand und läßt auf engeren
schicht- bis netzartigen Bauverband schließen. Häufig, wie bei den Schichtsili-
katen: den Glimmern, Chloriten, dem Kaolin, den Sprödglimmern, dem Talk
und Pyrophyllit, hat man diese ausgezeichneten Flächen zur Basisfläche der
kristallographischen Aufstellung gewählt. Gleiches gilt auch für Graphit und
Molybdänglanz. Eine Hauptspaltbarkeit des Gipses kann zur Tafelfläche des
Blättergipses werden. Eine nur scheinbar blättrige Ausbildung ist nicht selten
auf orientierte Einlagerungen parallel einer Fläche (wie zum Beispiel beim
Diallag, einer Augitvarietät) rückführbar und verdient eher den Namen «Absonderung».

Die sich mehr *isometrisch* entwickelnden Kristallarten besitzen zumeist auch
eine Struktur, in der weder einzigartige ausgezeichnete Richtungen noch einzigartige ausgezeichnete Flächen stärker hervortreten. Ist Spaltbarkeit vorhanden, so erfolgt sie fast stets nach verschiedenen, nicht parallelen Flächen, sei es
nach geschlossenen Kristallformen, wie Würfel, Oktaeder, Rhombendodekaeder,
Rhomboeder, oder nach einer Kombination verschiedener offener Kristallformen. Die Bezeichnungen der Mineralien als *Späte* (oder als *spätig* für das
Auftreten im Kornverband) ist dann oft üblich (Kalkspat, Feldspat, Flußspat usw.).

Wie bereits früher erwähnt, wird indessen die Kristallausbildung nicht
nur durch die Innenstruktur, sondern auch durch die bei der Kristallisation
wirksamen Außenumstände, das Milieu, bedingt. Die Kristallanlage enthält

in sich verschiedene Möglichkeiten der Gestaltentwicklung, die alternativ von den Bildungsbedingungen ausgenützt werden. So vermag bei idiomorphen bis hypidiomorphen Kristallen die Spezialausbildung über Besonderheiten der Entstehungsbedingungen Auskunft zu geben. Allerdings ist es zur Zeit noch nicht möglich, diese Variationsmöglichkeiten theoretisch auf ihre Ursachen zurückzuführen. Man ist auf Experimente und vergleichende Untersuchungen angewiesen und hat sich naturgemäß vor verfrühten Verallgemeinerungen zu hüten.

Mit *Tracht* kennzeichnet man die Summe der an einem Kristall vorhandenen Kristallflächen (Art der Formenkombination), während *Habitus* die besondere Ausbildungsweise ist, gegeben durch das Hervortreten bzw. Zurücktreten bestimmter Flächen oder Zonen. Bei gleicher Tracht (zum Beispiel Kombination von hexagonalem Prisma mit Basispinakoid) kann der Habitus (zum Beispiel säulig, isometrisch, tafelig) variieren. Man kann nun erfahrungsgemäß feststellen, daß sich bei langandauernder Bildung im Verlauf des einsinnig sich abspielenden Kristallisationsprozesses Habitus und Tracht einer Kristallart oft ändern oder daß bestimmte Trachten nur mit speziellen physikalischen oder chemischen Bedingungen verknüpft sind. Zum Beispiel läßt sich auf Minerallagerstätten oft nach Habitus und Tracht ein Calcit I von einem Calcit II oder gar III usw. unterscheiden. Da außerdem besonders bei den akzessorischen Lagerstätten jedes Vorkommen individuelle Züge aufweist, ist es dem guten Beobachter nicht selten möglich, an Einzelstufen die Herkunft auf Grund der Kristallausbildung zu bestimmen. Tracht, Habitus, Kristallgröße, Art der Vergesellschaftung, Farbvarietäten usw. ergeben in ihrer Summierung dieses *Lokalkolorit.*

Es ist auch ganz selbstverständlich, daß sich selbst bei ziemlich xenomorphem Verhalten von Gefügen die verschiedenen Habitusentwicklungen, wenigstens ihrer Tendenz nach, bemerkbar machen und mithelfen, den Gesamteindruck zu erzeugen. In diesem Sinne sind granoblastische, lepidoblastische, nematoblastische Strukturelemente vorzugsweise an bestimmte Mineralarten gebunden. Doch gilt dies nicht ausnahmslos, sei es, daß die gleiche Mineralart in verschiedener Ausbildung (zum Beispiel Hämatit körnig und blätterig) auftreten kann oder daß (besonders bei gerichteten Texturen) die Formen durch ein anisotropes Milieu (zum Beispiel unter Umständen plattige Quarze, plattige Calcite usw.) erzeugt wurden.

Bei der kurzen Besprechung der Implikationsgefüge ist bereits mehrfach darauf hingewiesen worden, daß Auflösungen und Verdrängungen bestimmten, durch die Kristallstruktur vorgezeichneten Bahnen folgen können und Entmischungsprodukte, Einschlüsse oder Umhüllungen zum Hauptmineral gesetzmäßig orientiert auftreten. Beispiele findet man bereits in den Figuren des Abschnittes über die strukturellen Verhältnisse. Allgemein gilt: die anisotropen Kristallkräfte determinieren in vielen Implikationsgefügen die *Anordnung oder (und) Orientierung der Einlagerungen. Gesetzmäßige Verwachsungen* unter Ausnutzung von Strukturanalogie der verschiedenen Kristallarten sind häufig (zum Beispiel Figur 149). Sie treten sowohl beim Zusammenkristallisieren wie bei nachträglicher Bildung (Entmischung, Verdrängung, Pseudomorphose) der einen Kristallart auf. Es handelt sich um induziertes Wachstum der einen Kristallart durch das Gitterfeld der andern, also um *Strukturregelungen*.

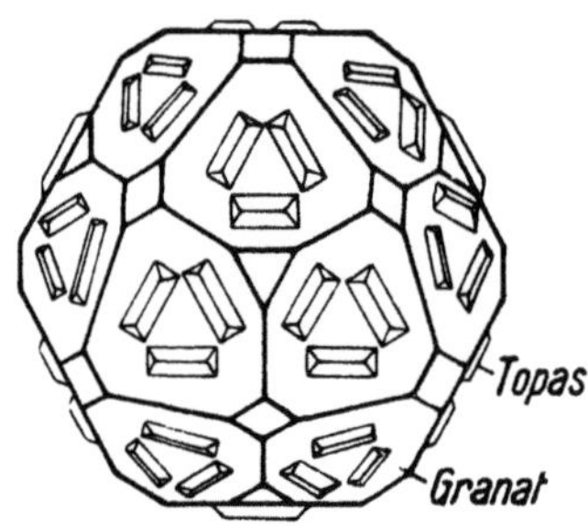

Fig. 149
Granat mit gesetzmäßig aufgewachsenen Topaskristallen.

γ. Lokale, ortsgebundene Gefügeregelungen und Gefügeinhomogenitäten. Groß ist die Zahl der extrem ortsgebundenen Gefügeregelungen und Mineralverteilungen. Sie geben besonders dann, wenn es sich um Wachstumsgefüge handelt, Auskunft über die Randbedingungen des Bildungsraumes, die Anisotropie der Materialzufuhr (zum Beispiel Strömungsverhältnisse) und den Wechsel der Ausfällungsbedingungen. Ihre sorgfältige Registrierung ermöglicht in erster Linie die Rekonstruktion der Entstehungsgeschichte einer Minerallagerstätte.

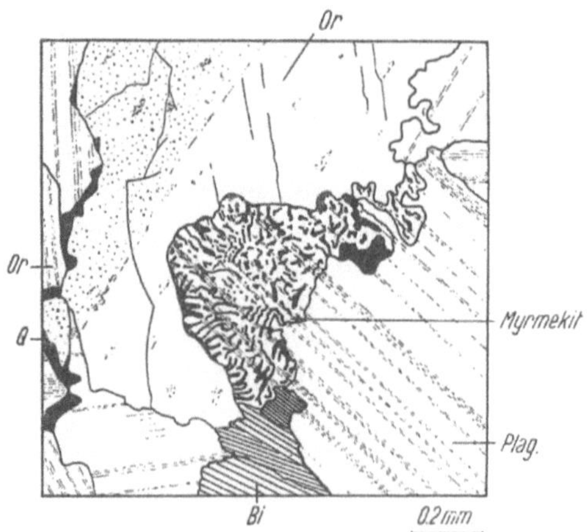

Fig. 150
Myrmekitbildung an der Grenze zwischen Plagioklas und Kaliumfeldspat. In monzonitischem Syenit, Gröba (Sachsen).

Ortsgebunden sind definitionsgemäß auch alle *synantetischen* Bildungen (Seite 202). Es sei hier als Beispiel nur noch eine *Myrmekit* genannte graphische Verwachsung von Quarz und Na-reichem Plagioklas erwähnt, die sehr häufig an die Grenze Plagioklas–Kaliumfeldspat gebunden ist (Figur 150). Oft zeigt der Plagioklas des Myrmekit-Symplektites gleiche Orientierung wie der quarzfreie Plagioklaskristall. Bildet wie in Figur 150 der Myrmekit Einstülpungen in den Kaliumfeldspat, so scheint eine Verdrängung des letzteren durch Plagioklas unter Quarzausscheidung die naheliegende Deutung zu sein. Allein ganz abgesehen davon, daß damit der Prozeß selbst (mehr Metasomatose oder mehr Entmischung) noch nicht genügend charakterisiert ist, müssen auch andere Möglichkeiten in Betracht gezogen werden, wobei an verschiedene Kraftfeld- oder Induktionswirkungen der beteiligten Mineralien zu denken ist.

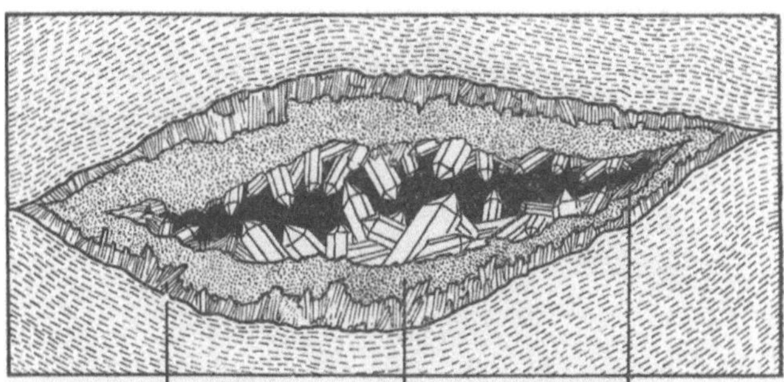

Fig. 151

Ausscheidungsfolge von Quarz und Zinkblende, in einer Druse in serizitisiertem Gneis liegend.

Selbstverständlich ist, daß in akzessorischen Minerallagerstätten (zum Beispiel Drusenlagerstätten, Erzlagerstätten) die allgemeine ortsgebundene Gefügeregelung eine weit größere Rolle spielt als in gesteinsmäßigen Mineralaggregaten. Je weniger mächtig eine Lagerstätte ist, eine um so größere Bedeutung kommt den Randbedingungen zu; außerdem sind gerade diese kleinräumigen Bildungen gerne durch großen Wechsel in den Kristallisationsbedingungen charakterisiert. Zu erwähnen sind beispielsweise die verschiedenen *Aufwachsungstexturen*, sei es gegenüber einer vorgegebenen Wand des gesamten Bildungsraumes oder gegenüber Frühkristallisationen der gleichen Mineralisationsepoche. Es lassen sich mit ihrer Hilfe die Kontaktverhältnisse und die *Ausscheidungsfolgen* oder *Sukzessionen* bestimmen (Figur 151).

Oft beruht die orientierte Aufwachsung in offene, von Lösungen erfüllte Hohlräume (zum Beispiel Drusen, offene Spalten) auf einer für den Stoffansatz günstigen Keimauslese (MOELLER). Einzelne oder in lockerer (schütterer) Verteilung aufgewachsene Kristalle weisen meist in bezug auf die Ansatzfläche keine bevorzugte Stellung auf; erst bei starker Besetzung durch Kristalle macht sich für die größeren, weitergewachsenen Kristalle eine deutliche, durch Selektion zustande gekommene Regelung bemerkbar. In manchen Fällen, jedoch nicht durchgehend, ist als sogenannte *Drusenregel* beobachtbar, daß die im Wachstum begünstigten Kristalle die Richtung größter Wachstumsgeschwindigkeit steil bzw. senkrecht zur Ansatzfläche orientiert haben (HOLZNER).

Nicht selten ragen auch schärfste Kanten oder Ecken in den freien Hohlraum hinein. Es sind also oft rationale Kristallrichtungen senkrecht zur Ansatzfläche zu finden (KALB). Ähnliches gilt bei Kristallisation von der Oberfläche einer Flüssigkeit aus, wie zum Beispiel bei der Eisbildung in Seen. Die Drusenregel kann bei vielen Mineralien zur Ausbildung *parallel-* bis *divergentstrahliger Aggregate* führen (Figur 152). Sehr häufig ist die *hypoparallele Anordnung* der Einzelindividuen eines sogenannten Kristallrasens. Zwillingsbildungen zeigen nicht

Fig. 152
Verworren- bis parallelstrahliges Aggregat von Strahlstein. Photographie.

nur (BECKE) gegenüber Einzelkristallen Habitusunterschiede, auch im Aggregat sind sie oft anders orientiert. Sehr viele Beobachtungen haben MAUCHER und KÖNIGSBERGER gesammelt und gezeigt, daß sich oft Ober- und Unterwand einer Druse voneinander unterscheiden, wobei sich offenbar (zum Beispiel *«Lottreue»*) das anisotrope Schwerefeld in Verzerrungen der Kristallausbildungen bemerkbar macht. Die Unterschiede sind am deutlichsten bei Überkrustungen und Ätzungen, wobei zudem verschiedene Kristallflächen sich unterschiedlich verhalten können und auch in bezug auf die für den Neuabsatz bevorzugten Mineralien eine *Selektion* (Induzierung durch Gitteranalogien usw.) die Regel ist.

Durch ständig wechselnde oder rhythmisch verlaufende Änderungen physikalischer oder chemischer Art entstehen *lagen-* oder *bandartige* Texturen, in Gängen oft sogenannte symmetrische oder halbsymmetrische *Gangfüllungen* (Figur 153).

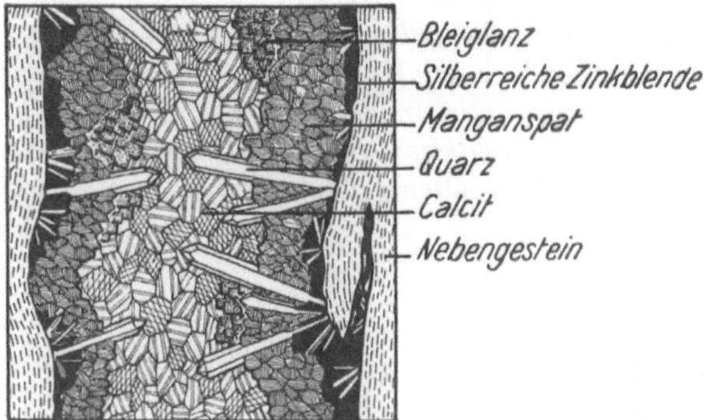

Fig. 153

Symmetrische Gangfüllung wie in der Silbererzformation von Freiberg in Sachsen (schematisiert nach MAUCHER).

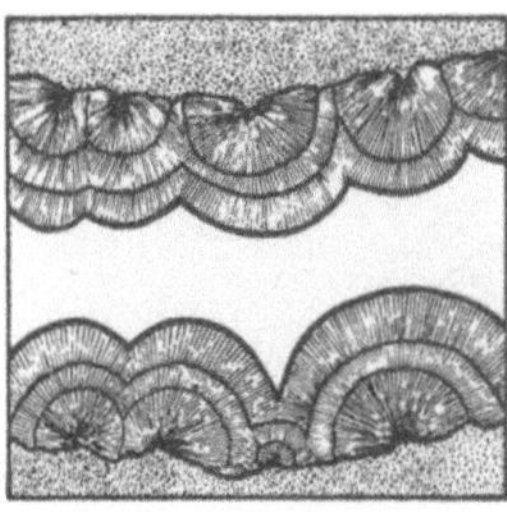

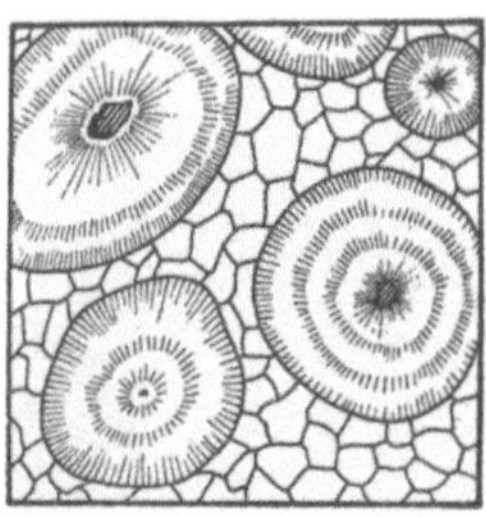

Fig. 154   Fig. 155

Halbkugelige Bildung auf   Kugelige Textur: konzen-
Kluftwänden.   trischschalige Kalkoolithe.

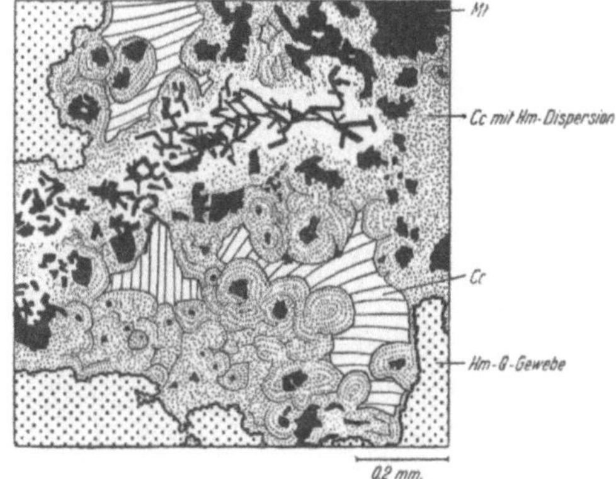

Fig. 156

Querschnitt durch einen sackförmigen Aderauswuchs in sedimentärem Eisenerz mit halbkugeligen Bildungen von Calcit mit Hämatitdispersion. Dünnschliff. Gonzen (Schweiz) (nach EPPRECHT).

Bei Lokalisierung der besonders wirksamen Kristallkeime bilden sich von
Randflächen aus *halbkugelige, krustenartige Bildungen* (Figuren 154, 156), bei
schwebender oder loser Keimbildung *kugelig-konzentrischschalige Texturen*
(Figur 155) bzw. *radialstrahlige Aggregate* («Sonnen») oder *halb-* bis *ganz-*
sphärische bis sphärolithische Aggregate, oft mit kalottenartiger Verbandsober-
fläche (Figur 157). Seltener sind *rosettenartige* Gruppierungen (Figur 158).

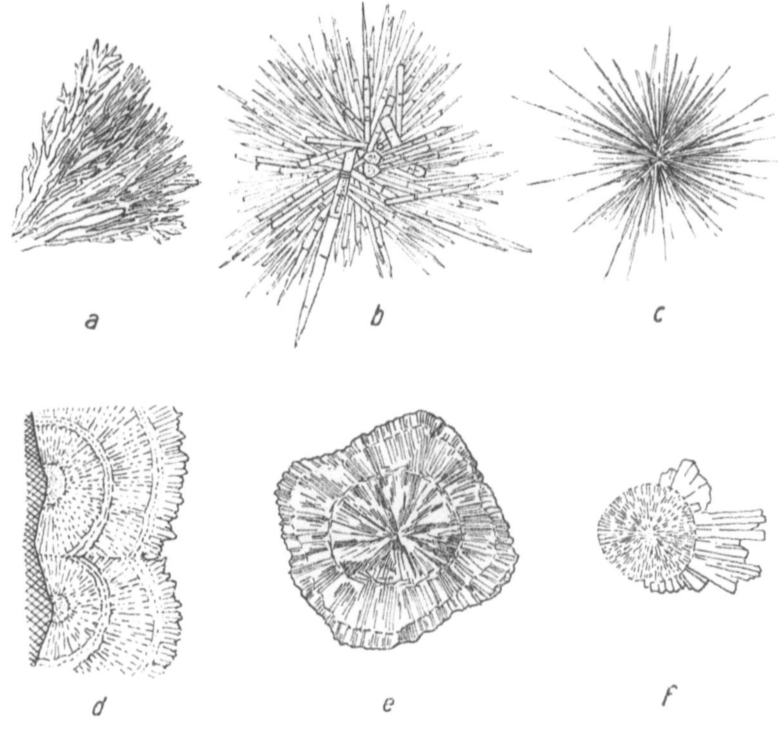

Fig. 157

Einige Beispiele von radialstrahligen, halbkugeligen und kugeligen Aggregaten. *a* Feldspatästchen
in Obsidian; *b* Turmalinsonne; *c* Ägirinsphärolith; *d* Natrolithhalbsphärolithe; *e* Feldspatsphärolith; *f* Feldspatsphärolith mit Kriställchen parallel der *a*-Achse gestreckt.
(Nach verschiedenen Autoren, u. a. nach BROEGGER.)

Baumartig verästelte Aggregate können in von einem Punkt aus radialstrahlige
Aggregate übergehen, die makroskopisch oder mikroskopisch als Kügelchen
von einer Zwischenmasse abtrennbar sind. Das gilt beispielsweise für die sogenannten *Variolen.* Über andere konzentrischschalige Bildungen, die den Gesteinen einen chorismatischen Charakter verleihen (Oolithe usw.), siehe auch
Seite 145.

Im polykristallinen Aggregat kann die vorkommende Mineralart lagen-
förmig wechseln, was auf rhythmisch sich wiederholende Übersättigungen
zurückgeführt wird und zentripetale oder (und) zentrifugale Stoffwanderungen

anzeigt. Auch in Gallerten treten solche *Diffusionsringe* (Liesegangsche Ringe) auf, wobei kristalline Ausfällungen oder Koagulationen (LINCK) bzw. Peptisierungen eine Rolle spielen. Nierige, glaskopfartige Bildungen (siehe

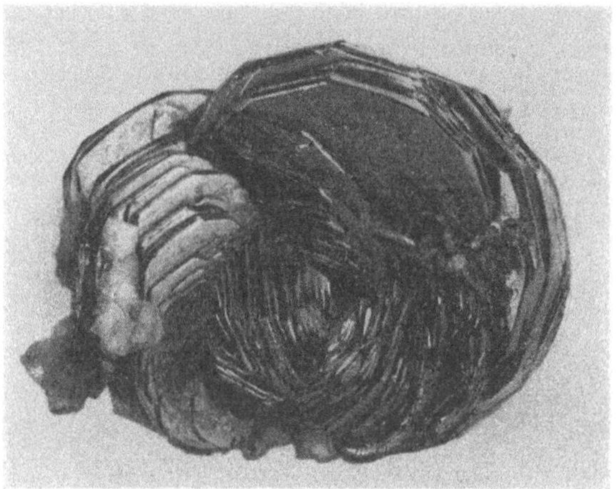

Fig. 158

Rosettenförmige Anordnung von etwas tafelförmigen Kristallen von Hämatit, als Eisenrosen bekannt. Photographie.

Seite 181) zeigen nach erfolgter Kristallisation aus gelartigen Massen oft strahligen und konzentrischschaligen Innenbau. Manchmal sind Fremdkörper (Bruchstücke, Mineralrelikte, Frühausscheidungen, Organismenteile usw.) An-

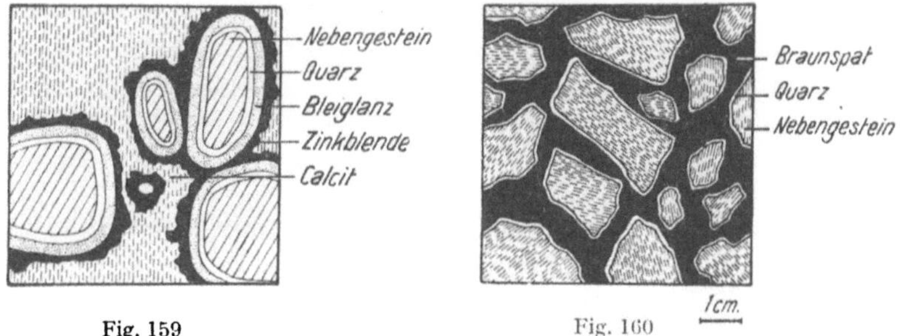

Fig. 159   Fig. 160

Fig. 159. Kokardenerz, schematisch nach der Natur. Rundliche Nebengesteinsbruchstücke sukzessiv mit Quarz, Bleiglanz, Zinkblende und Calcit umhüllt.

Fig. 160. Brekzienerz schematisch nach der Natur. Nebengestein mit dünnem Quarzüberzug in Braunspat eingebettet.

satzpunkte für die Kristallisation. In Erzgängen können um Altbestände Neuausscheidungen erfolgen und sogenannte *Ringel-* oder *Kokardenerze* (Figur 159) und *Brekzienerze* (Figur 160) entstehen. Die Kristallisationen entsprachen internen Ausfällungen in vorgegebene Brekzienzwischenräume und erzeugten so ein *internes Anlagerungsgefüge*. Auf kleinste Hohlräume bezogen, findet man analoge Erscheinungen in vielen Sedimenten und porösen Eruptivgesteinen wieder. Im Querschnitt sind durch Kristalle ausgefüllte Poren oder schlauchartige Fortsetzungen von Adern oft ganz unregelmäßig, oft rundlich oder oval umgrenzt. Figur 161 zeigt einen sackförmigen Aderauswuchs in sedimentogenem Eisenerz mit einer von den Wandflächen deutlich abhängigen Mineralverteilung. Auch in Blasenhohlräumen oder in durch mechanische Beanspruchung entstandenen Zerrungshohlräumen, ferner um und in Rissen durch

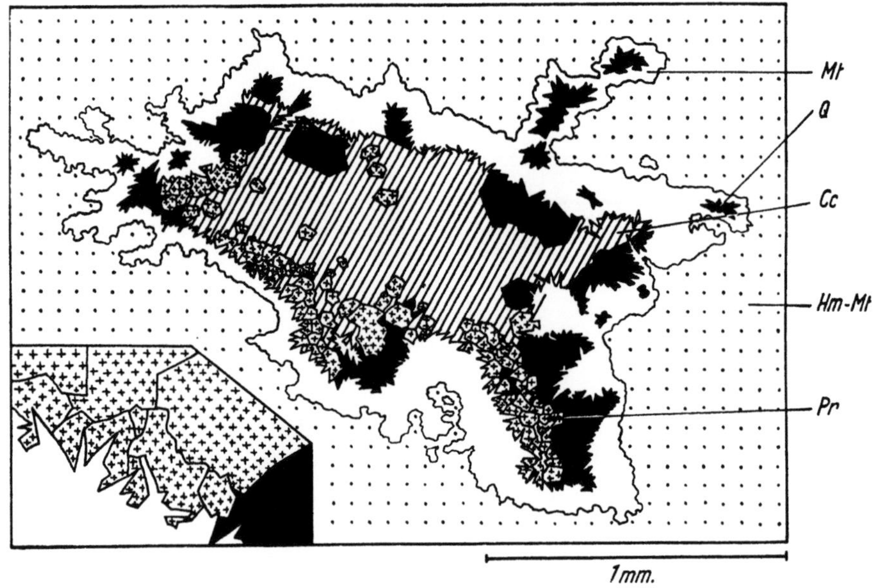

Fig. 161

Querschnitt durch einen sackförmigen Aderauswuchs in sedimentärem Eisenerz mit vom Rand aus zonar verteiltem Erz (Magnetit, Quarz, Calcit, Hämatit, Pyrit). Gonzen (Schweiz) (nach Epprecht). Anschliff.

größere Gefügekörner treten typische randabhängige Kristallisationen auf (Figur 162, 163 *a*, *b*).

Gesteine mit derartigen Bildungen sind in gewissem Sinne immer schon *mikrochorismatisch*, denn es lassen sich kleine Bereiche verschiedener Struktur und Entstehung voneinander unterscheiden (siehe auch den Abschnitt über polygen-chorismatische Gesteine).

In Abhängigkeit von Innen- und Außenkontakten wechselt in einem Gefüge überhaupt häufig der *Strukturtypus*, zum Beispiel die Körnigkeit oder Gleichkörnigkeit. Dazu kommen lokale Unterschiede in der Mineralverteilung. Diese kann unregelmäßig *schlierig, butzenförmig* (Figur 164) oder *gesetzmäßig wechselnd* sein. Mannigfache primäre oder sekundäre Umstände sind hiefür verantwortlich. An sich ist ja die Annahme einer ursprünglich vorhandenen, vollkommenen Homogenität innerhalb des Bildungsraumes einer Minerallagerstätte keineswegs zwingend, zudem kann sich eine Inhomogenität nachträglich (zum Beispiel durch lokale Verunreinigungen oder durch Bewegungs- und Sonderungsprozesse, Konvektionsströmungen usw. während der Lagerstättenbil-

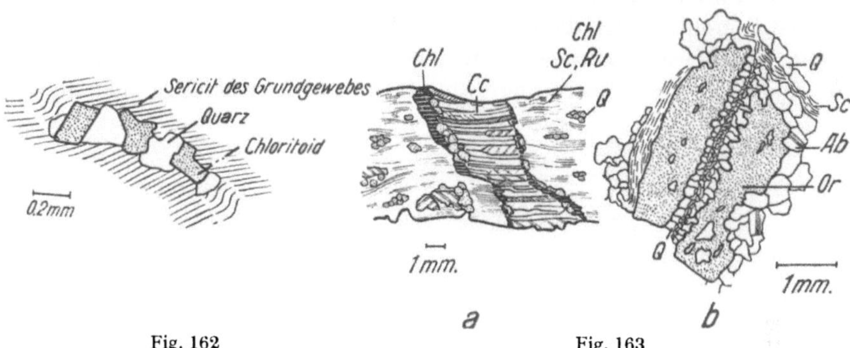

Fig. 162   Fig. 163

Fig. 162. Quarz in Zerrungshohlräumen zwischen Chloritoiden.

Fig. 163. Kristallisation in Rissen. *a* Zerrkluft in Serizitphyllit aus Splügener Trias; *b* Quarzkluft in Orthoklasperthit aus Alkalifeldspataugengneis.

Beide Figuren nach GANSSER.

dung) einstellen. Ausgehend von der Einheit und Gleichartigkeit eines Mineralverbandes als Idealtypischem werden derartige ungleichmäßige Stoffverteilungen auch etwa als *innere Differentiationen* bezeichnet. Sie können punkt-, linien-, streifen-, blatt- bis flächenförmig oder unregelmäßig raumwechselnd

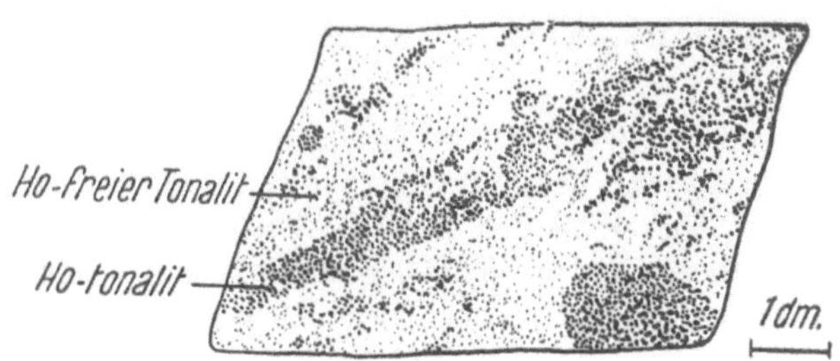

Fig. 164

Schlierige bis butzenförmige Textur in Tonalit (nach SALOMON).

sein und gehen unter Umständen im großen in schicht-, bank- oder irgendwie konzentrischschalige Gliederungen über. Bei unregelmäßiger Gestalt des Lagerstättenvorkommens treten nicht selten deutliche Unterschiede in der Mineralverteilung in den verschiedenen Apophysen oder Verästelungen auf. In einem unzweifelhaft zusammengehörigen, stark gegliederten Lagerstättensystem (zum Beispiel Gang- oder Kluftschwarm) können sich so Einzelteile in bezug

auf Mineralverteilung und Struktur verschieden verhalten (Figur 165). Oft ist
der Einfluß der Randbedingungen in physikalischer oder chemischer Hinsicht
auf diese Differentiation unmittelbar ersichtlich, so die Anhäufung bestimmter
Mineralien an Gangkreuzen oder im Kontakt mit bestimmten Gesteinen. In
anderen Fällen sind die Ursachen komplexer Natur und auch von internen Vorgängen im Bildungsraum abhängig.

Es ist begreiflich, daß diese Mineralverteilung auf nutzbaren Minerallagerstätten, zum Beispiel Erzlagerstätten, besonders eingehend studiert werden
muß, sind doch diese Mineralaggregate oft nur in Anreicherungszonen abbau-

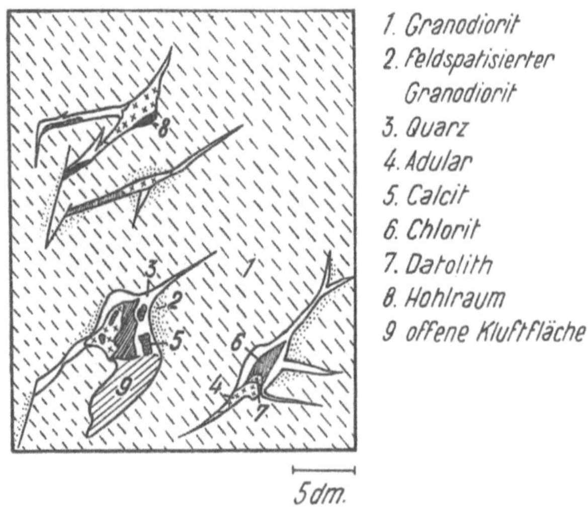

Fig. 165
Kluftsystem und Mineralverteilung in Granodiorit (nach HUBER).

würdig. Man muß bereits aus ökonomischen Gründen zwischen generellen «Erz-
mitteln» und «reichen Mitteln» der Lagerstätte unterscheiden. Erzreiche und
wertvolle Partien und Nester werden *Erzfälle, Veredelungszonen, Adelsvorschübe, edle Geschicke* (bonanzas, ore shoots) genannt; erzarme heißen «taube
Mittel» und bestehen vorwiegend aus den beibrechenden, zu den Erzen gehörigen *«Gangartmineralien»*. Die Veredelung kann nur in einer Änderung des
Mengenverhältnisses der Erzmineralien zu den Begleitmineralien bestehen, oft
aber auch in einer Änderung der Mineralparagenese. Neue, wertvolle Erzmineralien gesellen sich dann den weitverbreiteten zu. Abhängigkeit der Erz-
verteilung und Erzführung von den die Lagerstätten begleitenden Neben-
gesteinen läßt sich manchmal auf mehr physikalische, manchmal auf mehr
chemische Eigenschaften rückführen. Figur 166 zeigt im Profil Reicherzzonen
einer aufgeschlossenen Erzlagerstätte in Form langgestreckter Säulen. Eine
unregelmäßige Verteilung von Erzfällen ist im Schnitt des Comstockganges
von Nevada ersichtlich (Figur 167). Ein netz- bis schlauchartiges Maschennetz

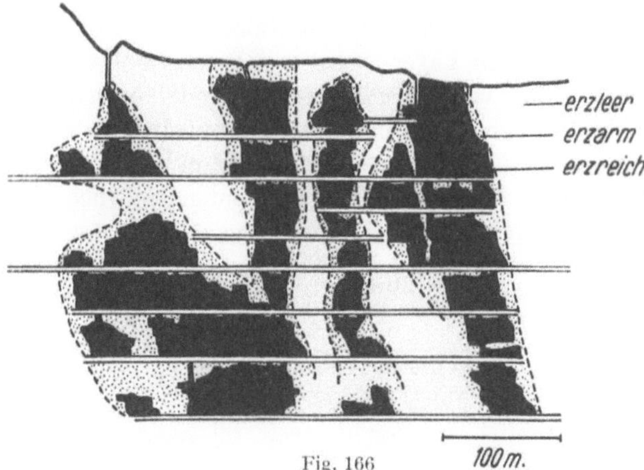

Profil durch die Blue-Bell-Grube von Arizona. Man erkennt die deutlich begrenzten Reicherzzonen in langgestreckten Säulen (Horizontale Doppellinien = Abbaustollen) (nach WERNICKE).

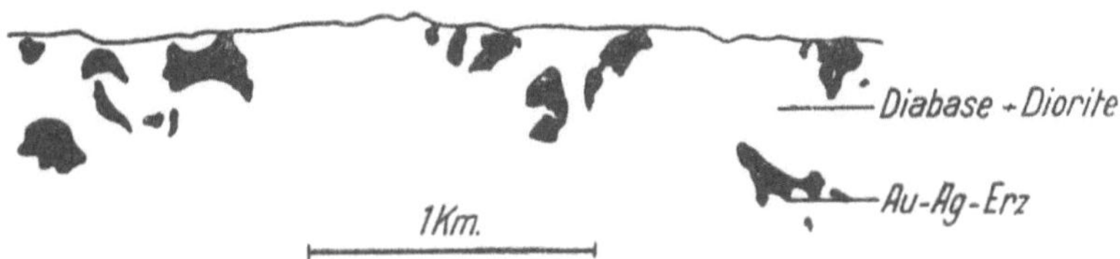

Profil durch den Comstockgang von Nevada. Unregelmäßige Verteilung der Gold-Silber-Erzfälle (nach PENROSE).

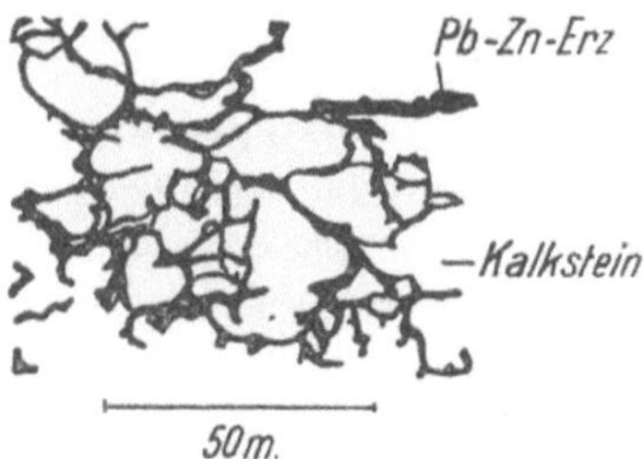

Fig. 168

Horizontalschnitt durch die Blei-Zink-Erzlagerstätte von Bleiberg-Kreuth. Netz- bis schlauchartiges Maschennetz von Erz in Kalkstein (nach TORNQUIST).

von Erz in Kalkstein ist durch Figur 168 schematisch dargestellt. Qualitativer und quantitativer Wechsel des Erzinhaltes und der äußeren Form einer verschiedene Gesteine durchsetzenden Lagerstätte wird schematisch durch das Beispiel der Figur 169 veranschaulicht.

Übrigens finden sich derartige Differentiationen bzw. Aussonderungs- und Ausleseprozesse nicht nur in Lagerstätten mit Wachstumsgefügen vor, auch beim mechanischen Absatz von Mineralaggregaten treten nach der Morphologie der Ablagerungsfläche, nach den Strömungsverhältnissen und den Weitertransportmöglichkeiten lokale Materialanreicherungen auf, deren näheres Studium oft überraschende Einblicke in den Bildungsvorgang ermöglicht. Es ist somit der spezifischen Stoffverteilung und den Zusammenhängen zwischen verschiedenen Ausbildungen (Fazies) einer Lagerstätte oder innerhalb einer Lagerstätten- bzw. Gesteinsgruppe größte Aufmerksamkeit zu schenken.

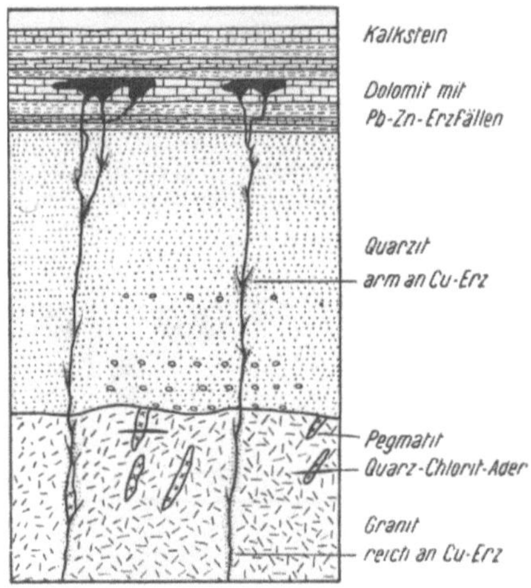

Fig. 169

Profil durch eine Lagerstätte der Sierra Madre von Utah. Quantitativer und qualitativer Wechsel des Erzinhaltes und der Form der Lagerstätte in Abhängigkeit vom Nebengestein (nach LINDGREN und RANSOME).

δ. **Bestimmung der gesteinstypomorphen Gefügeregelungen.** Nun gibt es aber ausgedehnte gesteinsmäßige Mineralaggregate, die als Ganzes durch bestimmte makro- oder mikroskopisch erkennbare *Gefügeregelungen*, das heißt *gerichtete Texturen*, charakterisiert sind. Bezeichnungen wie *schichtig, schieferig, gefältelt, fluidal* sind von altersher für einzelne dieser Erscheinungen in Gebrauch, und Namen wie Schichtgesteine, kristalline Schiefer, Rhyolithe lassen erkennen, welche Bedeutung man diesen Eigenschaften zuschrieb. Neben einer eigentlichen Gefügeanisotropie von mehr oder weniger gesetzmäßigem Verhalten sind gesteinscharakteristische Wechsel verschiedener Struktureinheiten nicht selten. In den Begriffen wie *schichtig* und *lagig* verbirgt sich oft die Kombination interner Gefügeregelungen mit einem rhythmischen Wechsel in Mineralverteilung und Struktur. Dann werden, was bei einfacher Gefügeregelung keineswegs der Fall ist, die Gesteinskomplexe als Ganzes chorismatischen Charakter annehmen können. Prinzipiell ist es sehr wichtig, zwischen Anisotropie durch Gefügeregelung und Anisotropie, hervorgerufen durch generelle

Mineral- und Strukturverteilung, zu unterscheiden; doch machen die engen Beziehungen zwischen beiden Erscheinungen dies oft recht schwierig. Auch in Gesteinen, die wir kurzweg nach ihrer Gefügeanisotropie als *schiefrig* bezeichnen, können lagenhaft oder zeilenartig gewisse eingeregelte Mineralien gegenüber anderen angereichert sein, ja es kann der Vorgang der Verschieferung zu einer band- oder lagenhaften Differentiation der Mineralverteilung führen.

Es ist daher zweckmäßig, zwischen *homöogen-chorismatischen* und *polygenchorismatischen Texturen* zu unterscheiden. Die ersteren zeigen (zum Beispiel in Schicht- und Lagenwechsel) gemengten Aufbau, jedoch von nahe verwandten Struktureinheiten analoger Entstehung, die letztern sind grobgemengte Gesteine, die aus wirklich verschiedenartigen Grundstrukturen aufgebaut sind. Bei den erstgenannten wird man die Untersuchungen über Korngestalt, Kornorientierung und Kornverteilung für die Gesamtheit vornehmen können, immerhin getrennt nach den einzelnen Lagen der Struktureinheiten, bei den letztern ist möglichst scharfes Auseinanderhalten der Grundstrukturen unbedingte Notwendigkeit.

Im folgenden betrachten wir zunächst vorzugsweise monoschematische oder dann homöogen-chorismatische Gesteine, also relativ einheitlich gebaute Komplexe. Da Korngestalt, Kornorientierung und Kornverteilung in bezug auf die Gesamtheit des Mineralaggregates festgelegt werden müssen, sind zur genaueren Analyse der Textur statistische Untersuchungen mit ihrem Gesetz der großen Zahlen notwendig. Das Studium zeigt, daß oft zwei Gesetzmäßigkeiten gefunden werden können, die idealisiert beschreibbar sind als:

1. eine bestimmte *Regelungssymmetrie*, sei es in bezug auf die Form oder die innere Orientierung der *Körner*,

2. ein bestimmter *Klein- bis Großrhythmus* in der *Mineralverteilung*.

Methodisch ist folgendes zu berücksichtigen: Die Orientierung der Gefügekörner muß durch Einmessen bestimmter Bezugsrichtungen erfolgen und geschieht vorwiegend im mikroskopischen Präparat (Dünnschliff). Von der angewandten Methode hängt es ab, ob durch derartige Einmessungen die Kristalllage eindeutig bestimmt wird oder nur in Rücksicht auf *einen* Vektor. Sofern es sich nicht darum handelt, lediglich die Lagebeziehungen der äußeren Korngestalt (Formregelung) anzugeben, benützt man optische Methoden, wobei man sich häufig mit der Bestimmung einer optischen Bezugsrichtung begnügt oder bei wirteligen Kristallen begnügen muß. Ein Polarisationsmikroskop mit einem theodolitartigen Meßtisch gestattet die Bestimmungen.

Da sich nur im statistischen Sinne festlegen läßt, ob gewisse Orientierungen bevorzugt sind, muß die zu vermessende Zahl der Körner sehr groß sein. Das setzt zweierlei voraus:

1. daß genügend große Gefügebereiche mit entsprechenden Körnerzahlen als analog bzw. in sich homogen betrachtet werden dürfen, und

2. daß innerhalb dieser ein überall als gleichwertig anzusehendes äußeres Bezugselement erkennbar ist, auf das die Messungen vergleichsweise bezogen werden können.

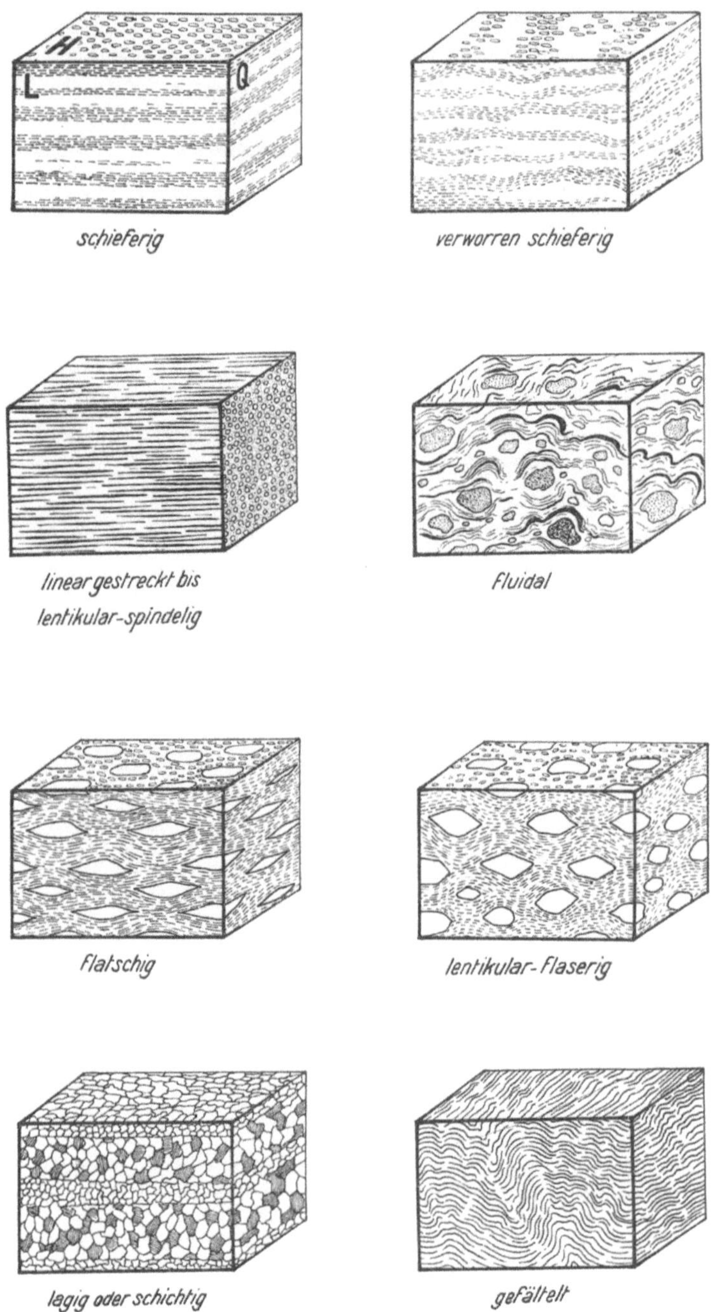

Fig. 170
Illustration einiger textureller Begriffe.

Die letztgenannten Bedingungen scheinen am besten erfüllt zu sein, wenn eine Schar hypoparalleler, phänomenologisch erkennbarer *Teilbarkeits-* oder *Texturflächen* das Gestein durchzieht. Ob sie als Schieferungs-, Absonderungs-, Fließ- oder Schichtflächen usw. anzusprechen sind, bleibe vorerst völlig dahingestellt. Mit SANDER wollen wir sie kurzweg als *s-Flächen* bezeichnen und versuchsweise annehmen, daß ihnen über den ganzen Untersuchungsbereich die gleiche gefügeanalytische Bedeutung zukomme. Bei dieser Beurteilung bzw. bei der Abgrenzung der meßtechnisch gleich zu behandelnden Bereiche hat eine erste, meist vernachlässigte Kritik einzusetzen.

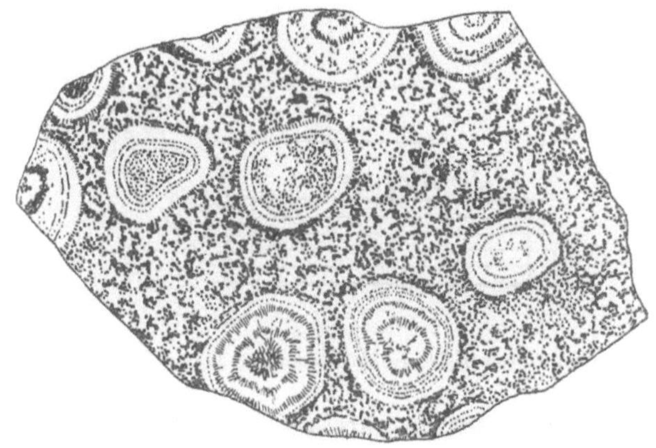

Fig. 171
Kugeltextur in Diorit von Korsika (nach IDDINGS).

Die Großzahl der bisherigen texturanalytischen Bestimmungen bezieht sich auf Gesteine mit *s*-Flächen. Gewiß ist dies der zu statistischen Untersuchungen besonders geeignete Fall. Die Figuren 170 illustrieren schematisch Begriffe wie *schieferig, verworren-schieferig, fluidal, lentikular* bzw. *lentikular(linsig)-flaserig, lineargestreckt* bis *lentikular-spindelig, lentikular-flatschig, lagig* oder *schichtig, gefältelt*. Man sucht zu unterscheiden zwischen einem *Hauptbruch (H)* parallel den *s*-Flächen und *Längs- (L)* und *Querbrüchen (Q)*. Allein es darf nicht übersehen werden, daß ein Studium andersgearteter oder auf kleine Bereiche sich stützender Gefügeregelungen oft zu leichter interpretierbaren Resultaten führt oder verstehen läßt, was für Umstände Abweichungen und Änderungen des Verhaltens bedingen.

Hier sei im Anschluß an die bereits illustrierten oder wenigstens genannten lokalen Texturphänomene nur noch der Fall einer manchmal größere Gesteinsmassen charakterisierenden konzentrischschaligen Anordnung von Mineralien in einer mehr richtungslosen Zwischenmasse erwähnt (Figur 171). Aufbau aus konzentrischschaligen kleinen Gefügeelementen (Ooiden) ist überhaupt weit verbreitet und wird in Sedimenten (siehe Seite 145) oft als *oolithische* oder *pisolithische* Textur bezeichnet (Figur 155).

Da indessen der Vorteil zusammenhängender Bezugsflächen, die in Parallel-scharen den Gesteinskörper durchziehen, für die Bearbeitung des Materials evident ist, wollen auch wir uns darauf beschränken, ihn als Musterbeispiel zu behandeln.

Die Richtungen senkrecht zu einem Tangentialelement der s-Flächen (eventuell bei Feinfältelungen senkrecht zur mittleren s-Ebene) wählt man ge-fügeanalytisch zur c-Richtung. Sind mehrere sich durchschneidende s-Flächen-scharen vorhanden, so muß mit genauer Charakterisierung eine von ihnen aus-gewählt werden. In der s-Fläche sind häufig, wenn auch nicht immer, bereits phänomenologisch zwei aufeinander senkrecht stehende Richtungen deutlich voneinander unterscheidbar. Die eine kann zum Beispiel als sogenannte

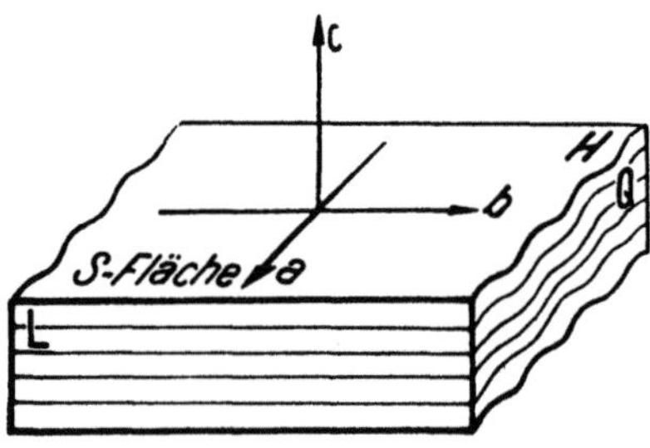

Fig. 172
Illustration einiger in der Texturbestimmung vorkommender Begriffe.

Streck- oder *Striemungsrichtung* (Streckung, Striemung, Riefung, Faserung) eine bestimmte Längsentwicklung von in s liegenden Mineralien anzeigen oder als Achsenrichtung einer Kleinfältelung (eventuell auch als Schnittgerade zweier angenähert gleichwertiger Scherflächen) hervortreten. Sie wird, sofern sie singulär auftritt, zweckmäßig vorläufig als b-Richtung bezeichnet und die Normale auf b in s als a-Richtung (Figur 172). b ist für die Gesteinstextur oft Normale einer Symmetrieebene des Gefüges. SANDER nennt die b-Richtung oft B-Achse; als «Schein-B-Achsen» bezeichnet er zum Beispiel Spuren nicht paralleler s-Flächen (β-Achsen), sofern sie nicht, wie häufig, mit B zusammen-fallen. Man versucht somit, wie in der Kristallographie, von vornherein ein für die Gefügeanalyse günstiges, bereits im Handstück erkennbares *material-eigenes* Koordinatensystem auszuwählen. Ist b wenig ausgeprägt, so herrscht nahezu wirtelige Symmetrie des (a, b, c)-Systems; ist b gut unterscheidbar von a, so ist die Symmetrie des Grobgefüges als orthorhombisch zu bezeichnen. Schwierigkeiten entstehen vor allem, wenn mehrere s-Flächenscharen sich schneiden oder in den s-Flächen verschiedene ausgezeichnete Richtungen liegen. Eine derartige Mannigfaltigkeit kann sofort die Symmetrie des Grob-gefüges heruntersetzen und erschwert die Wahl eines Koordinationssystemes. So fällt durchaus nicht immer die Striemungsrichtung mit einer gleichfalls erkennbaren Kleinfältelungsachsenrichtung zusammen, ja es sind in verschie-denen Gesteinen sehr heterogene Elemente als Streck- oder Striemungs-richtung usw. bezeichnet worden. Letzteres ergibt dann auf a, b, c bezogen

Verteilungsbilder, die miteinander gar nicht direkt vergleichbar sind und dies erst nach Transformation auf ein im großen gleichartiges Bezugssystem werden. Eine erste Hauptarbeit ist daher immer im Feld zu leisten und besteht in einem eingehenden Studium des Verhaltens der verschiedenen phänomenologisch ausgezeichneten Richtungen in bezug auf die Gesamtlagerungsverhältnisse und in einer genauen Bestimmung der Symmetrie und Lage dieser phänomenologisch erkennbaren Gefügesymmetrie. Man geht daher auch oft so vor, daß vorerst andere, im Raum orientierte Richtungen zu Koordinatenachsen gewählt werden und erst nach durchgeführter Untersuchung die Transformation auf im Feld eingemessene, gefügeanalytisch besonders ausgezeichnete Elemente erfolgt. Solche Richtungen können zum Beispiel Streich- und Fallrichtungen (Beachtung allfälliger Axialgefälle) und die Horizontalebene sein, die sowieso im Handstück neben den Himmelsrichtungen und der Lage von Hangendem und Liegendem eingezeichnet und in ihrer relativen Lage zu a, b, c bestimmt werden müssen.

Für die Sammlung orientierter Handstücke im Feld gilt somit folgendes:

1. Einmessen der Streichrichtung der Schichtfläche und Anbringen eines genau horizontalen Striches an dieser Stelle mit Angabe der Himmelsrichtungen an beiden Enden.

2. Einmessen des Fallens und Anbringen eines Striches in der Fallrichtung.

3. Einmessen einer eventuell vorhandenen Striemungs- oder einer Fältelungsrichtung auf der vorher eingemessenen Fläche (Angabe des Winkels zwischen Horizontalen und Striemung usw.). Angabe, durch was die Striemung hervorgerufen wird (zum Beispiel reihenweise Anordnung oder Streckung von Glimmermineralien). Liegt die Fältelungsachse nicht in der Schnittfläche, so muß die Streichrichtung der Fältelungsachse (Azimut) und der Fallwinkel (Achsenfallen) vermerkt werden.

4. Weitere Vermessungen wichtiger Richtungen und ihrer Winkelverhältnisse zueinander.

5. Angabe, was die Handstückflächen bedeuten (zum Beispiel Schichtfläche, Kluftfläche, Bankungsfläche oder beliebige Fläche). Zeichnung des abgeschlagenen Handstückes mit genauen Orientierungsmarken und Eintragen der Fundstelle in einer topographischen Karte.

Bei den darauf zu erfolgenden Untersuchungen an Dünnschliffen dieser Handstücke ist die Dünnschliffebene erstes Bezugselement und erstgewählte natürliche Projektionsebene. Zur Vereinfachung des Vorgehens wird man von vornherein von phänomenologisch ausgezeichneten, gefügeanalytisch orientierten Schliffen ausgehen. Schliffe senkrecht zu s und parallel b oder a (Längs- bzw. Querschliffe), seltener parallel s (Parallelschliffe), werden bevorzugt. Die ersteren enthalten (in der Projektion meist links-rechts gestellt) b und senkrecht dazu c oder a und c.

Man mißt daraufhin in den orientierten Dünnschliffen (unter Parallelführung des Schliffes) gleichartige Richtungen verschiedener Körner einer Mineralart (zum Beispiel die optische Achse von Quarzkörnern oder die Normalen auf Glimmerspaltblättchen) ein und denkt sich die verschiedenen Richtungen durch den Mittelpunkt einer Kugel (Lagekugel) gelegt. Die Durchstoßpunkte der Richtungen mit der Kugeloberfläche sind deren Pole. Bei völliger Ungeregeltheit würden diese Durchstoßpunkte die Kugeloberfläche gleichmäßig bedecken; tritt eine Regelung auf, so sind gewisse Areale oder Gürtel mit ihnen weit stärker besetzt als andere Teile der Kugel.

Es ist erste Aufgabe, die Polverteilung gleichartiger Kornrichtungen zu eruieren. Dabei zeigt sich sehr häufig, daß das Verteilungsschema angenähert einer gewissen Symmetrie (Symmetrie der Kornregelung, Realgefügesymmetrie) gehorcht. Bei beliebiger Verteilung würde Kugelsymmetrie, Isotropie vorhanden sein. Ist eine Richtung bzw. ein Großkreis (Gürtel) in bezug auf große oder kleine Besetzungsdichte ausgezeichnet, ohne daß sich deutlich parallel zu der ausgezeichneten Richtung gelegene Ebenen voneinander unterscheiden, so herrscht wirtelige Symmetrie. Läßt sich das Polverteilungsschema durch drei aufeinander senkrecht stehende Ebenen spiegelsymmetrisch teilen, so besitzt die Regelung orthorhombische Symmetrie. Ist nur eine Symmetrieebene erkennbar, so resultiert monoklin symmetrisches Verhalten und beim Fehlen einer Spiegelsymmetrie triklines. Dabei ist zu beachten, daß beim Einmessen von Richtungen, die keinerlei Polarität besitzen, von vornherein immer ein Symmetriezentrum vorhanden ist (Richtung und Gegenrichtung verhalten sich gleich), wodurch sich automatisch senkrecht zu den Spiegelebenen zweizählige Achsen einstellen. Es liegt im Wesen der statistischen Untersuchung, daß die Verteilungsbilder, selbst bei theoretisch vollkommener Symmetrie, die erwähnten Symmetrien nur angenähert erkennen lassen werden. Zumeist aber ist die tatsächliche Verteilung irgendwie asymmetrisch und läßt sich nur in den Hauptzügen in ein Symmetrieschema einordnen, während sekundäre Maxima reelle Störungen darstellen. Man spricht dann etwa von *pseudosymmetrischem* (zum Beispiel pseudomonoklinem, in Wirklichkeit triklinem) Verhalten. Allfällige Hauptsymmetrierichtungen oder Pseudo-Hauptsymmetrierichtungen dieser *Realgefügesymmetrie* werden mit u, v, w symbolisiert, wobei w zur eventuellen Hauptsymmetrieachse wird.

Hat man für die Orientierung der Körner einer Mineralart das typische Verteilungsschema aufgefunden, so ist es mit der im Großen ersichtlichen Gefügesymmetrie (bezogen auf a, b, c und mit weiteren typischen Richtungen, zum Beispiel verschiedenen s- oder verschiedenen Striemungsrichtungen, Kluftrichtungen usw.) in Korrelation zu setzen. Es kann die Realgefügesymmetrie mit der Phänosymmetrie übereinstimmen (zum Beispiel $a = u$, $v = b$, $w = c$ sein) und jene nicht herabsetzen, sie ist ihr dann *symmetriegemäß*. In anderen Fällen trifft dies nicht zu. Es treten beispielsweise zwischen den Richtungen a, b, c und u, v, w charakteristische Winkel auf, das heißt die Symmetrieelemente des Realgefüges fallen nicht mit den ausgezeichneten, phänomenologisch wahrnehmbaren Texturrichtungen zusammen. Das kann bereits bei im übrigen gleichartigem symmetrischem Verhalten von Kornregelung und Grobgefüge möglich sein. Sorgfältig sind dann die Abweichungen zu notieren, im Raum festzulegen und mit tektonischen Bezugsrichtungen in Relation zu setzen.

Ganz Analoges gilt, wenn in vielphasigen Gesteinen Regelungen für verschiedene Mineralarten untersucht werden. SANDER hat auf Einzelmineralien bezogene Teilgefüge, deren Regelungen sich symmetriegemäß nicht widersprechen, *homotaktische* genannt; solche, die sich nicht auf die gleichgelegenen Symmetrieelemente beziehen lassen, *heterotaktische*. Stimmen *mutatis mutandis* die Regeln der Teilgefüge nicht nur in der Symmetrie, sondern auch in der Verteilungsart überein, so werden sie im engern Sinne zueinander *homöotrop* genannt.

Bei der Projektion des Polbildes der Lagekugel auf die Bildebene des Schliffes bedient man sich nach Schmidt der auch in der Geographie häufig angewandten *flächentreuen Azimutalprojektion*, die sich von der in der Kristallographie üblichen winkeltreuen stereographischen Projektion unterscheidet. Doch kann man ein Netz entwerfen (Schmidtsches Netz), das für das Eintragen die gleichen Dienste leistet wie das Wulffsche Netz der stereographischen Projektion. Eine flächentreue Projektion wird gewählt, weil es darauf ankommt, die Besetzungsdichte der Flächeneinheit auf der Kugel mit Polpunkten festzustellen. Infolge der Zentrosymmetrie genügt es, die Darstellung so zu wählen, daß sie den Einblick in eine Hohlkugel (untere Halbkugel) gewährt oder nur die Pole der oberen Halbkugel abbildet.

In der Projektion werden die Punkte der Pole (Pp) eingetragen, dann wird der Polplan ausgemessen, indem man durch Auflegen einer durchsichtigen Kreisschablone, deren Fläche zum Beispiel 1 oder 2% der Halbkugelfläche ausmacht, feststellt, wie viele Pp bei beliebiger Verschiebung auf diese Flächeneinheit fallen. Man kann dann jedem Pp die als Mittelpunkt des Auszählkreises zugehörige Polzahl zuordnen und Kurven gleicher Polzahlen konstruieren. Sie lassen sich leicht in Prozente umrechnen. Durch verschiedene Schraffuren, beispielsweise für 0–5, 5–10, 10–20, 20–30, 30–40%, hält man in den so erhaltenen oder transformierten Figuren die Gebiete verschiedener Besetzungsdichten auseinander, um Maxima kenntlich zu machen. Nachher lassen sich zweckmäßig die Hauptrichtungen wieder in eine stereographische winkeltreue Projektion übertragen.

Naturgemäß sind verschiedene, die Einmeßmethode und die Regeln der Statistik berücksichtigende Fehlerquellen in kritischer Weise zu berücksichtigen, worauf hier nicht eingegangen werden kann. Bei stark wechselnder Korngröße wird auch oft eine Korrektur zugunsten der Großkörner notwendig sein. In ausgezeichneter Weise sind alle diese Methoden von W. Schmidt und B. Sander ausgearbeitet worden. Dabei wurden in erster Linie sogenannte *Tektonite* behandelt, das heißt Gesteine mit anisotropem Gefüge, das mit einem mechanischen Beanspruchungsplan in Korrelation zu setzen ist. Es ist indessen, wie bereits erwähnt, notwendig, allgemeine, zunächst rein deskriptive Begriffe der Gefügeregelungen aufzustellen und möglichst getrennt davon zu versuchen, die Beobachtungstatsachen genetisch zu interpretieren.

Zunächst ist prinzipiell zwischen bloßer *Formregelung* (Hauptkorndurchmesser geregelt) und *Strukturregelung* (Regelung der Körner nach innerstrukturellen Richtungen) zu unterscheiden. Es können nur die eine oder andere, meist aber beide miteinander kombiniert auftreten. Formregelungen (zum Beispiel hypoparallele Glimmerblättchenlage) sind das phänomenologisch Bedeutsamere; strukturelle Orientierungsregelung ist makroskopisch oft kaum erkennbar. — Betrachten wir die Gefügebilder der Körner *einer* Mineralart, so lassen sich in bezug auf die Regelung nach *einer* charakteristischen Bezugsrichtung (zum Beispiel optische Achse von Quarz, Normale zur Glimmerspaltbarkeit usw.)

neben den bereits genannten allgemeinen Symmetriefällen als *Endspezialtypen*
manchmal charakteristische *Regelungsarten* unterscheiden, von denen beispielhaft die folgenden herausgegriffen seien:

1. *Einaxiales Regelungsgefüge. Ein einziges* Orientierungsmaximum tritt
deutlich hervor. Bei Quarz ist dieser Typus nicht allzu selten, und häufig sind
auch die Glimmerblättchen mehr oder weniger hypoparallel gelagert, so daß
die Pole der Normalen auf die Basisfläche um eine ausgezeichnete Richtung
streuen. Liegt diese Streuung innerhalb eines Kreiskegels um die Haupteinrege-
lungsrichtung, die *w*-Richtung genannt wird, so resultiert wirtelige Regelungssymmetrie. Es kann nun diese *w*-Richtung mit einer der Achsen *a*, *b*, *c* der
phänomenologischen Gefügesymmetrie übereinstimmen oder irgendwie schief

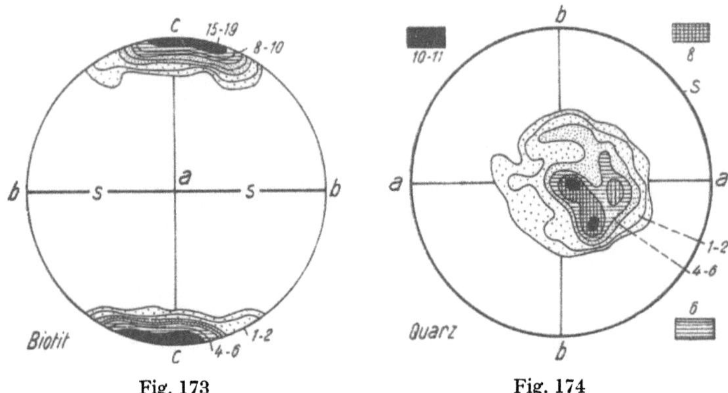

Fig. 173   Fig. 174

Fig. 173. Einaxiale Biotitregelung aus Granatglimmerschiefer von S. Valpurga d'Ultimo, Alto Adige
(Ostalpen) (nach ANDREATTA).

Fig. 174. Einaxiale Quarzregelung (eingemessen wurde n_γ) aus Glimmerschiefer von Riva di Tures,
Alto Adige (Ostalpen) (nach ANDREATTA).

dazu liegen. So fällt bei einaxialer Regelung die Normale der Glimmerspaltblättchen oft nahezu mit *c* überein, das heißt der Senkrechten auf den *s*-Flä-
chen, und für Quarz kennt man besonders zwei einaxiale Gefügeregelungen,
nämlich:

Hauptachse der Quarzkristalle, das heißt n_γ, angenähert parallel *a* (Sandersche *γ*-Regelung), oder

Hauptachse der Quarzkristalle, das heißt n_γ, angenähert parallel *c* (Trener-
Sandersche *α*-Regelung[1]).

Ein schönes Beispiel der axialen Glimmerregelung zeigt die Figur 173 (Granat-
glimmerschiefer von S. Valpurga d'Ultimo, Alto Adige, Ostalpen) nach ANDRE-
ATTA. Eingemessen sind die Normalen zur Glimmerspaltbarkeit. Angenähert die
Trener-Sandersche Gefügeregelung für Quarz (eingemessen ist n_γ von Quarz
im Schnitt parallel *s*) zeigt ein Glimmerschiefer von Riva di Tures (Alto Adige,
Ostalpen, Figur 174), ebenfalls nach ANDREATTA. Das Maximum ist allerdings

---

[1] n_γ ist die Schwingungsrichtung des Lichtes, die dem größten Brechungsindex entspricht.
Sie verläuft im Quarz parallel, im Calcit senkrecht zur Hauptachse.

in zwei Teilmaxima aufgespalten, die nicht genau mit dem c des phänomenologischen Gefüges zusammenstossen.

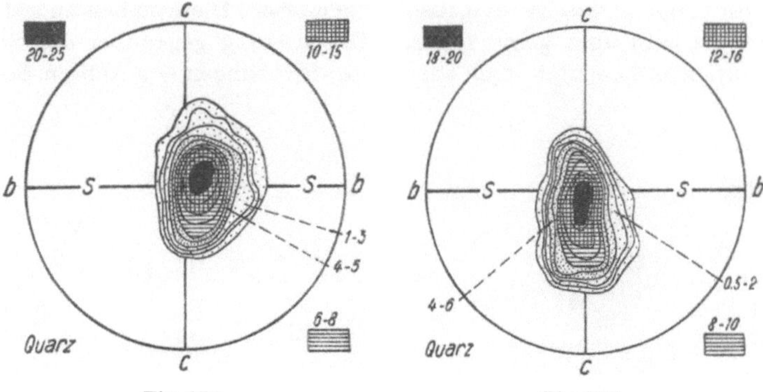

Fig. 175   Fig. 176

Zwei Beispiele für Sandersche γ-Regelung von Quarz, das heißt n_γ der Quarzkristalle ist angenähert parallel der a-Achse (senkrecht zur Zeichnungsebene) orientiert. Aus Harnischmyloniten im Granit des Melibokus (Odenwald) (nach SANDER).

Weitverbreitet ist für Quarz, besonders in gewissen Myloniten, die Sandersche γ-Regelung. Die Figuren 175, 176 zeigen zwei Fälle nach SANDER für Harnischmylonite aus dem Granit des Melibokus (Odenwald). Im ersten Fall ist die Streuung um das Maximum unregelmäßig, n_γ von Quarz liegt schwach schief zu gefügeanalytisch a; im zweiten Fall ist die Übereinstimmung der Hauptrichtung für n_γ von Quarz mit gefügeanalytisch a besser, es ist jedoch die Streuung in der (a, c)-Ebene deutlich stärker als in der (b, a)-Ebene, die Wirtelsymmetrie ist also gestört. Figur 177 zeigt unter Aufspaltung in zwei Teilmaxima diese Asymmetrie noch deutlicher.

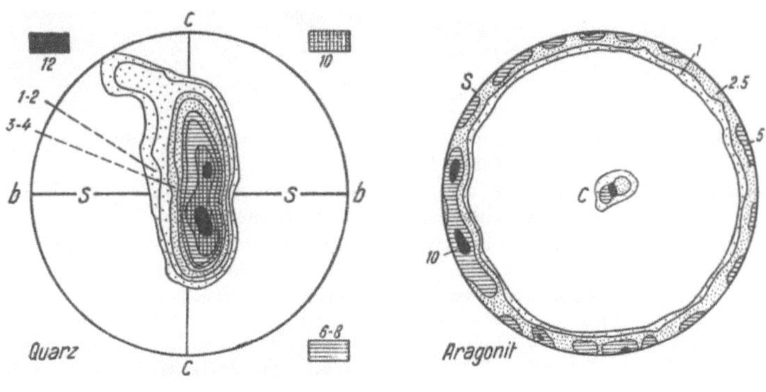

Fig. 177   Fig. 178

Fig. 177. Uniaxiale Quarzregelung mit einer Aufspaltung des Maximums in zwei und eine deutliche Streuung in der (a, c)-Ebene (nach SANDER).

Fig. 178. Regelung von Aragonit in Aragonitsinter von Karlsbad. Die n_γ-Achsen fallen in das zentrale kleine Feld um c, während die Normalen zur Zwillingsebene im randlichen Feld statistisch zerstreut sind. Das heißt, daß die n_γ- = c-Achsen von Aragonit parallel zu c orientiert sind, während die Normalen zur Zwillingsebene keine ausgesprochen bevorzugte Orientierung zeigen (nach SCHMIDEGG).

Einaxiale Regelungsbilder sind auch für andere Mineralien bekannt. Im Aragonitsinter von Karlsbad stehen die n_γ-Richtungen von Aragonit nahezu senkrecht zur Schichtfläche. Die Kristalle sind verzwillingt, und es wurden gleichzeitig die Normalen zu den Zwillingsflächen gemessen. Diese stehen an sich senkrecht auf n_γ, weisen aber keine spezielle Orientierung gegenüber der Schichtnormalen auf. Das bedeutet, daß nur die n_γ-Richtungen = c-Achsen des Ara-

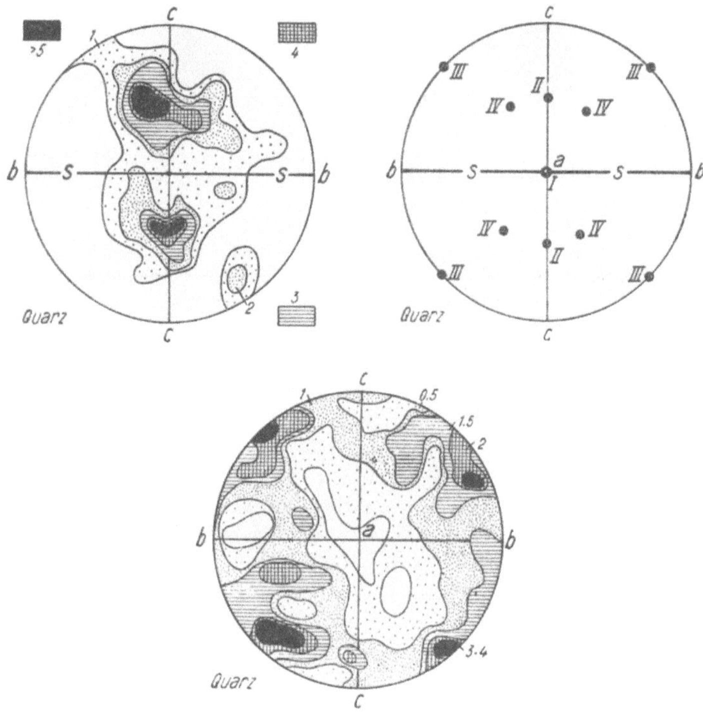

Fig. 181

Fig. 179. Zweiaxiale Quarzregelung mit Maxima in der (a, c)-Ebene. Aus Granulit von Roßwein (Sachsen) (nach SANDER).

Fig. 180. Idealisierte polyaxiale Regelung von Quarz mit Numerierung (nach SANDER). Die Maxima zeigen eine orthorhombische Symmetrie gegenüber a, b, c.

Fig. 181. Auftreten der Maxima III der vorangehenden Figur bei einer Quarzregelung im Plagioklasgranulit von Ukkomiestenvaara (Finnland). Die Streuung ist jedoch so erheblich, daß das ganze Diagramm besetzt wird (nach SAHAMA).

gonites nach gefügeanalytisch c eingeregelt sind, die Kristalle jedoch sonst beliebige Verdrehungen um n_γ aufweisen. Sehr schön zeigt dies das Diagramm nach SCHMIDEGG (Figur 178). Im Zentrum ist das Streuungsbild für n_γ von Aragonit abgebildet, am Rande das Streuungsbild der Normalen zu den Zwillingsebenen. Angenäherte Wirtelsymmetrie ist hier sowohl für a, b, c als u, v, w vorhanden, da in der Schichtfläche keine a und b unterscheidbar sind und auch kein u gegenüber einem v deutlich in Erscheinung tritt, nur w und der Großkreis senkrecht dazu sind ausgezeichnet.

Betrachtet man Diagramme, die als Ganzes dem Axialtypus zuzuordnen sind, so kann man Abwandlungen in verschiedener Richtung feststellen:

a) Auftreten von Sekundärmaxima führt zum mehraxialen Typus;

b) Streuung parallel einem Großkreis zum Gürteltypus mit oder ohne Hauptmaxima;

c) Starke gleichmäßige Streuung zum Kalottentypus, der bei Fehlen des Mittelmaximums zu einem Kleinkreisgürteltypus wird.

2. Mehraxiales Regelungsgefüge. Es treten für die gleiche eingemessene Hauptrichtung mehrere (voneinander durch Unterbesetzung getrennte) Maxima auf. Sie können zueinander oder (und) zu phänomenologischen Hauptgefügerichtungen symmetrisch liegen.

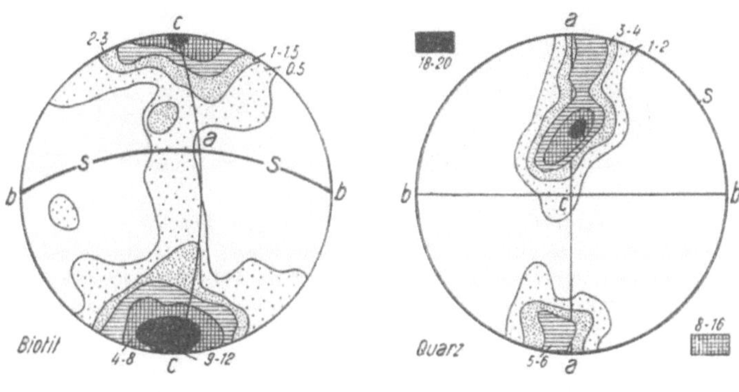

Fig. 182   Fig. 183

Fig. 182. Übergang von einaxialem Maximum zu einer Gürtelregelung der Richtungen normal zur Spaltbarkeit der Biotite aus einem Biotitgranulit von Joukaisvaara (Finnland) (nach Sahama).
Fig. 183. Übergang von einer uniaxialen Regelung zu Gürtelregelung, durch Streuung der Quarzachsen in der (*a*, *c*)-Ebene. Aus Pegmatit der Planspitze (Ostalpen) (nach Sander).

Figur 179 nach Sander zeigt für einen Granulit von Roßwein (Sachsen), die Lage der Quarzachsen verteilt auf zwei Maxima, nahezu in der Ebene *a, c* des Gefüges. Maxima in ähnlichem Winkelabstand zu *a* sind für n_γ von Quarz nicht selten. Sander hat das Maximum in *a* mit *I*, diese zweiten Maxima mit *II* bezeichnet. Häufig können noch andere Richtungen gegenüber *a, b, c* Einregelungsrichtungen der Quarzachsen sein, beispielsweise *III* und *IV* der schematischen Figur 180 nach Sander. Die Idealverteilung dieser Maxima ist eine zu *a, b, c* symmetriegemäß orthorhombische. Allein in den meisten Fällen werden derartige polyaxiale Regelungsbilder zu Gürtelbildern, indem sich zwischen den Maxima eine immer noch überbesetzte Gürtelzone einschaltet.

Noch ziemlich scharf treten für n_γ von Quarz die Maxima *III* nach Sahama in einem Plagioklasgranulit (Figur 181) von Ukkomiestenvaara (Finnland) auf. Hier fehlt Maximum *I* vollkommen, doch ist als Ganzes ziemlich starke Streuung sichtbar.

3. Eingürtelregelungsgefüge. Den Übergang vom einaxialen Regelungsbild zum Gürtelbild mit Sondermaxima mögen zwei Diagramme veranschaulichen. Das erste (Figur 182) betrifft die Normalenrichtung zur Spaltbarkeit der Biotite eines Biotitgranulites von Joukaisvaara (Finnland) mit Hauptmaximum parallel c, jedoch deutlicher Streuung vorzugsweise ungefähr in der (a, c)-Ebene. Das zweite (Figur 183) betrifft Quarzachsen eines dünnplattigen Pegmatites der Planspitze (Ostalpen) und zeigt nach SANDER die mehr oder weniger gute Einregelung nach einer (a, c)-Ebene mit immer noch deutlich hervortretenden einzelnen Maxima.

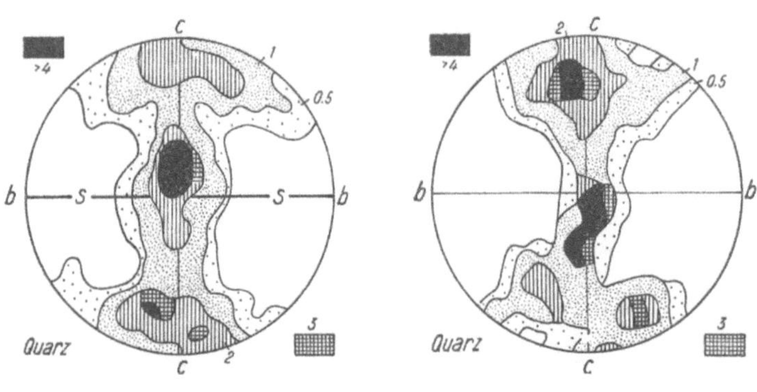

Fig. 184   Fig. 185

Fig. 184. Eingürtelregelung parallel (a, c)-Ebene für Quarzachsen, mit Auftreten des Maximums I und (schwächer) des Maximums V. Aus Muglgneis der Ostalpen (nach SCHMIDT).

Fig. 185. Eingürtelregelung parallel der (a, c)-Ebene für Quarzachsen (Maxima I und V) aus Quarzit der Ostalpen (nach SCHMIDT).

Für das geschlossene Eingürtelbild parallel a, c mit Einzelmaxima I und eventuell V der Quarzachsen ist nach SCHMIDT typisch das Verhalten der Muglgneise und Quarzite der Ostalpen (Figuren 184 und 185). Würden Schliffe senkrecht zu b betrachtet werden, so lägen die Pole der Einmeßrichtungen in der Nähe des Grundkreises. Drei Diagramme von L. KORN zeigen sehr schön den

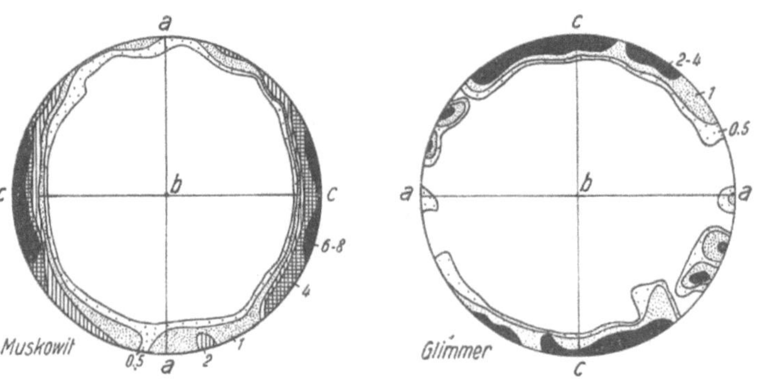

Fig. 186   Fig. 187

Fig. 186. Übergang von uniaxialer zu gleichbesetzter Gürtelregelung in (a, c)-Ebene von Spaltbarkeitsnormalen des Muskowits in Glimmerschiefern von Hofstetten (Vorspessart) (nach KORN).

Fig. 187. Gürtelregelung mit breitem Maximum um c in der (a, c)-Ebene von Glimmerspaltbarkeitsnormalen aus phyllonitischen Glimmerschiefern von Rückersbach (Vorspessart) (nach KORN).

Übergang vom einaxialen zum gleichmäßig besetzten Gürteldiagramm für die Flächennormalen von Glimmern in Gesteinen des Vorspessarts. Figur 186 bezieht sich auf einen Glimmerschiefer mit Granat, Turmalin und Staurolith von Hofstetten, ein Einzelmaximum ist noch deutlich in Richtung c vorhanden. Figur 187 zeigt einen phyllonitischen Glimmerschiefer von Rückersbach, der ein verbreitertes Maximum enthält. Im Zweiglimmerschiefer von Schimborn

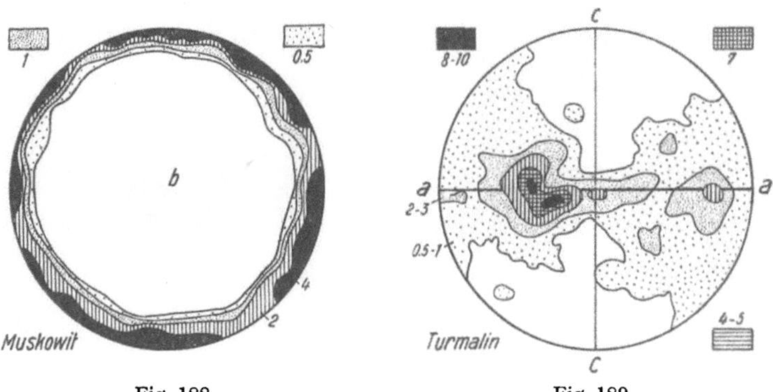

Fig. 188   Fig. 189

Fig. 188. Gleichmäßig besetzte Gürtelregelung in der (a, c)-Ebene von Muskowitspaltbarkeitsnormalen aus Zweiglimmerschiefer von Schimborn (Vorspessart) (nach KORN).

Fig. 189. Eingürtelregelung der c-Achsen von Turmalin in der (a, b)-Ebene mit Maximum in der Nähe von b. Aus Turmalingestein von Alpe di Campo Casera (Val d'Ultimo) (nach ANDREATTA).

(Figur 188) ist der gesamte Gürtel fast gleichmäßig besetzt. Die (a, c)-Ebene ist in Eingürtelbildern sehr häufig Gürtelebene, so daß SANDER von B-Tektoniten (senkrecht zu $B \sim b$) gesprochen hat. Allein die Lage der Gürtelebene kann auch eine andere sein, parallel andern Hauptebenen des Makrogefüges oder schief dazu. So liegen zum Beispiel Turmalinstengel eines Turmalingesteins der Alpe di Campo

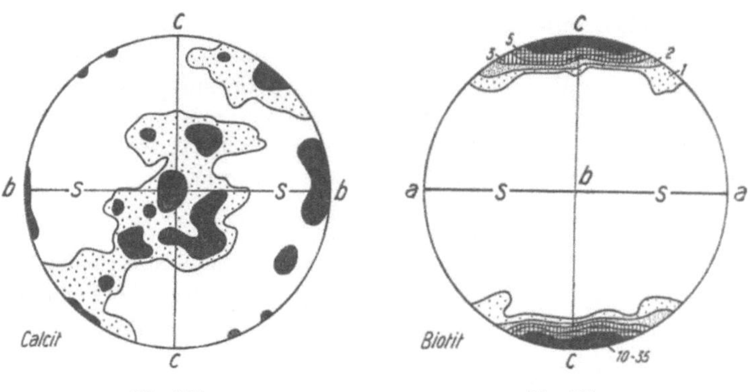

Fig. 190   Fig. 191

Fig. 190. Eingürtelregelung der n_α-Achsen von Calcit in einer durch a gehenden Ebene, jedoch mit Teilmaxima nahe der (b, c-Ebene). Aus Stengelmarmor von Poverer Jöchl (Ostalpen) (nach SANDER).

Fig. 191. Kalottenregelung mit Maximum in c-Richtung von Biotitspaltbarkeitsnormalen aus Kinzigitgneis des Val d'Ultimo (Ostalpen) (nach ANDREATTA).

Casera (Val d'Ultimo, Ostalpen) nach ANDREATTA (Figur 189) in der (a, b)-Ebene mit Maxima in der Nähe der b-Achse. Ein Schiefgürtelbild dieser Art, allerdings mit weiteren Maxima mehr oder weniger parallel der (b, c)-Ebene zeigt nach SANDER n_α von Calcit in einem Stengelmarmor von Poverer Jöchl (Ostalpen) (Figur 190). Dadurch wird die Gesamtsymmetrie in bezug auf a, b, c, u, v, w deutlich triklin.

Der Übergang vom einaxialen zum gürtelartigen Regelungsgefüge läßt nicht selten

4. einen *Kalottentyp* erkennen. Die ausgezeichneten Richtungen liegen innerhalb eines Doppelkreiskegels.

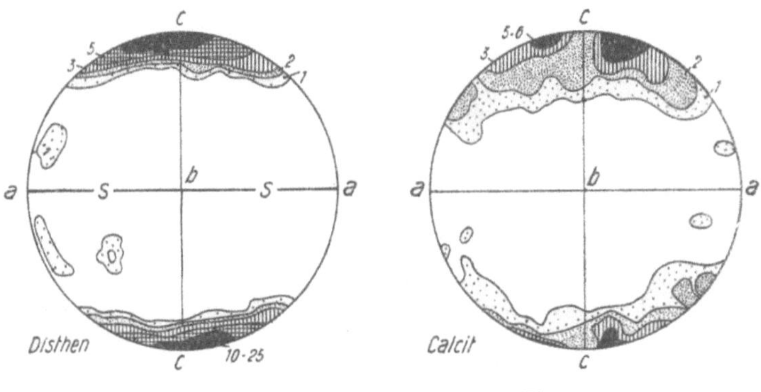

Fig. 192   Fig. 193

Fig. 192. Kalottenregelung (mit Maximum um c-Achse) der Normalen zu $\langle 100 \rangle$ von Disthen aus Kinzigitgneis des Val d'Ultimo (Ostalpen) (nach ANDREATTA).

Fig. 193. Kalottenregelung mit gleichbesetzten Feldern der Normalen zu Zwillingslamellen von Calcit. Aus Quarzphyllit der Wattenspitze (Tirol) (nach SANDER).

Dazu kann man unter anderem die Diagramme für Biotit (Figur 191) (Bezugsrichtungen senkrecht zur Spaltbarkeit) und von Disthen (Figur 192) (Bezugsrichtung Normale auf das vordere Pinakoid) aus Kinzigitgneisen des Val d'Ultimo (Alto Adige, Ostalpen) rechnen (nach ANDREATTA). In beiden Fällen ist noch ein deutliches singuläres Maximum parallel c gefügeanalytisch beobachtbar. Die Verteilung kann aber auch eine mehr regelmäßige sein, wie bei einem gefalteten Quarzphyllit der Wattenspitze (Tirol), nach SANDER, wobei die Normale auf Zwillingslamellen [parallel $(01\bar{1}2)$] von Calcit eingemessen wurde (Figur 193).

Ist die Kegelachse wenig besetzt, so entsteht ein

5. *Kleinkreisgürteltypus*, wie er, allerdings etwas ineinanderfließend, für n_γ von Quarz aus Granuliten des sächsischen Erzgebirges bekannt wurde (Figur 194). Weite Verbreitung besitzen wieder Zweigürtelbilder.

6. *Zweigürtelregelungstypen*. Der Beginn eines zweiten, zum ersten Schiefgürtel symmetrischen Gürtels mit a als gemeinsamer Kante (Zone) ist zum Beispiel aus der Quarzregelung (Bezugsrichtung n_γ von Quarz) eines Granulites von Laanila (Finnland) nach SAHAMA ersichtlich (Figur 195). Das Hauptmaximum liegt hier noch deutlich in a, der gemeinsamen Zone beider Gürtel.

Schon ausgesprochener sind symmetrisch und asymmetrisch zu a, b, c ähnliche Zweigürtelbilder für die Quarzregelungen aus den Figuren 196, 197 nach SAHAMA, ebenfalls aus Granuliten Finnlands, erkennbar.

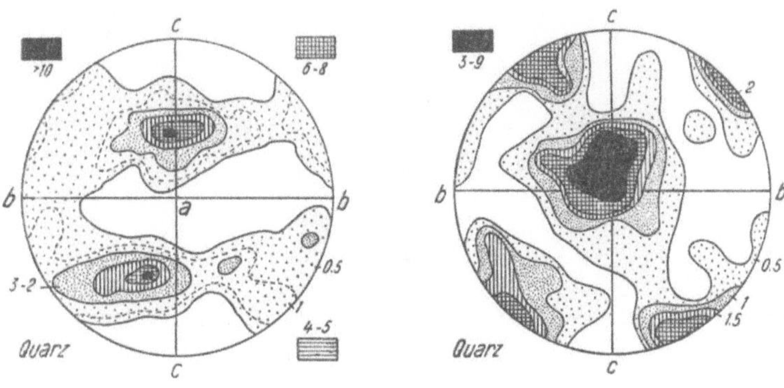

Fig. 194   Fig. 195

Fig. 194. Kleinkreisgürteltypus der n_γ-Achse. Regelung von Quarz aus Granuliten des sächsischen Erzgebirges (nach SANDER).

Fig. 195. Zweigürteltypus der Regelung von Quarzachsen aus einem Granulit von Laanila (Finnland) (nach SAHAMA).

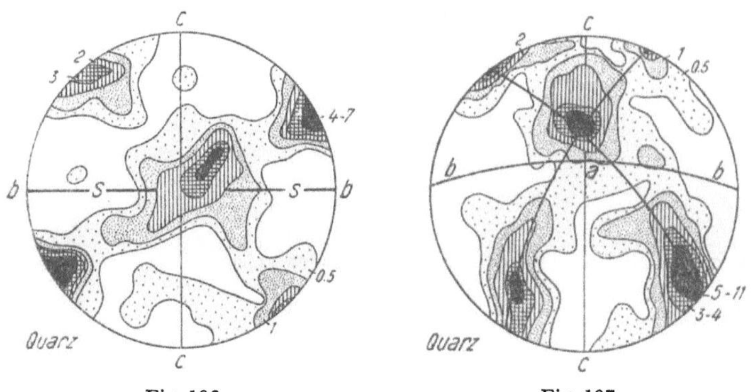

Fig. 196   Fig. 197

Zweigürteltypen von Quarzachsenregelung. Die Gürtel liegen in durch a gehenden Ebenen und nahe zu a tritt auch ein Maximum auf. Aus Granuliten Finnlands (nach SAHAMA).

E. WENK hat aus 11 in die stereographische Projektion übertragenen Quarzgefügediagrammen der Gneise des Val Verzasca (Tessin, Schweiz) das Sammeldiagramm Figur 198 konstruiert, das diesen Typus sehr schön zeigt. Durch Einzeichnen der Hauptmaxima der Einzelgürtel ist ersichtlich, daß hier diese Gürtel konstant Winkel von 30⁰ bis 40⁰ mit c bilden und schief auf der Schieferungsfläche stehen. In der Nähe der gemeinsamen Zone (hier a) befinden sich im spitzen Gürtelwinkel gleichfalls noch Überbesetzungen.

Man wird in solchen Zweigürtelbildern vor allem die Richtung der Schnittkante (Zone) und den Winkel zwischen den Gürtelebenen zu bestimmen haben. Stehen in den genannten Fällen die Gürtel schief aufeinander, mit einer Zonen-

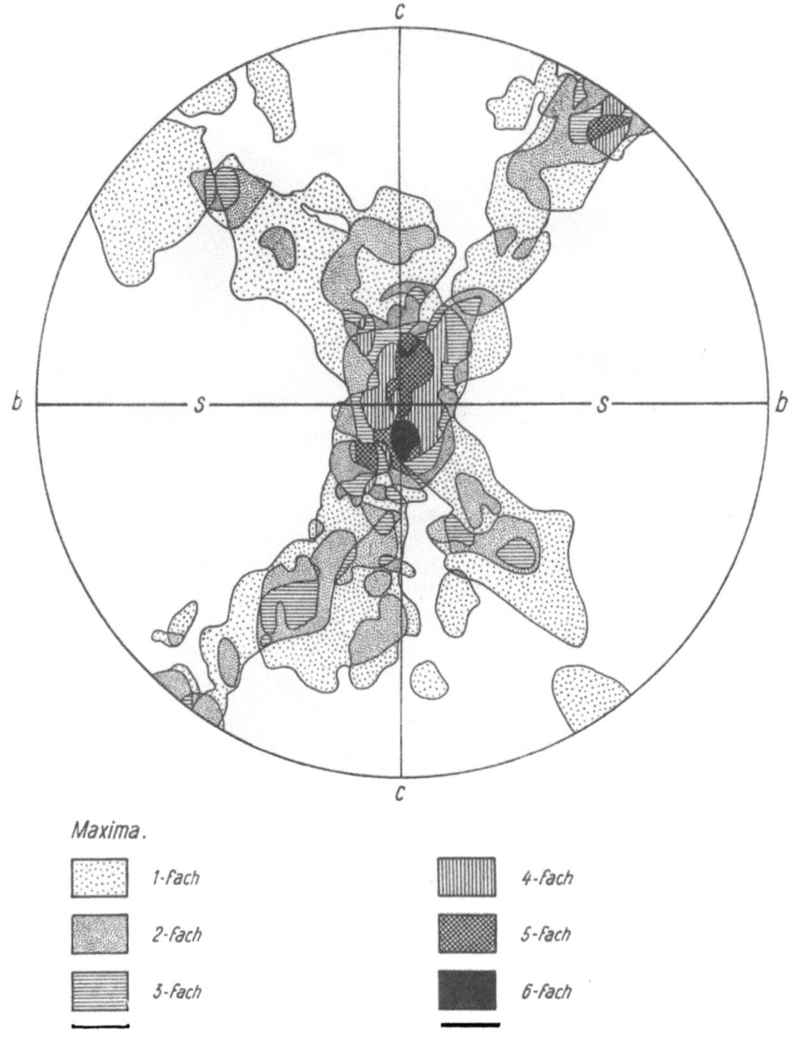

Fig. 198

Aus 11 Quarzgefügediagrammen, die E. WENK von den Gneisen der Verzasca (Tessin) erhalten hat, wurden die mit mehr als 3% Polen besetzten Felder in das Sammeldiagramm eingetragen. Die sich zwei- oder mehrfach überdeckenden Felder wurden mit den verschiedenen in der Legende angegebenen Schraffuren gekennzeichnet.

richtung parallel *a*, so gibt es anderseits auch eigentliche *Kreuzgürtelbilder* mit aufeinander senkrechten Hauptregelungszonen. Hiebei ist nicht selten *a* oder *c* oder *b* gemeinsame Schnittkante. Unter den Mehrgürtelbildern hebt sich als ein symmetrischer Grenzfall das

7. *Dreikreuzgürtelbild* heraus mit drei aufeinander senkrecht stehenden Gürteln, meist mehr oder weniger parallel den Ebenen *a*, *b*; *a*, *c*; *c*, *b*. In schema-

tischer Weise veranschaulicht die Figur 199 besonders für Quarzregelungen die genannten Idealfälle.

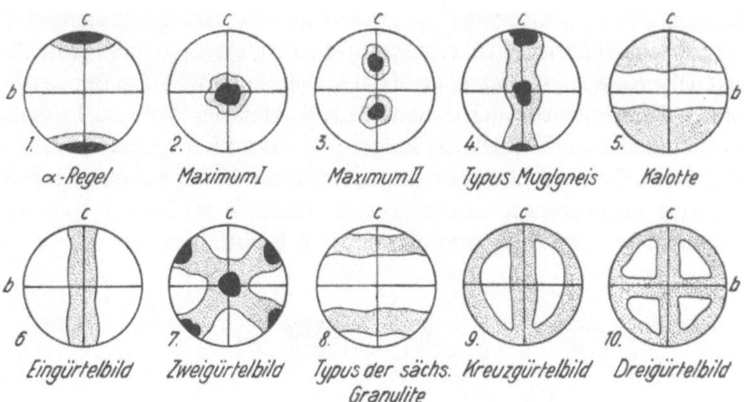

Fig. 199

Idealisierte Zusammenstellung der häufig auftretenden Regelungen in Quarzgefügen (nach SANDER und andern Autoren).

Sind in einem Gestein verschiedene Mineralien vorhanden, so gilt es zunächst, voneinander unabhängig deren Gefügediagramme aufzunehmen und nachher miteinander in Beziehung zu setzen (Figur 200 I, II, 201 I, II). Wie erwähnt, tritt neben homöotropem heterotropes oder gar heterotaktisches Verhalten auf. Auch kann die Regelung für eine Mineralart eine weit straffere sein als für eine zweite. Aus solchem ungleichem Verhalten darf man keinenfalls, wie das häufig kritiklos geschieht, unmittelbar auf verschiedenes Alter der Kristallisation rückschließen, etwa von der Meinung ausgehend, daß sich zwi-

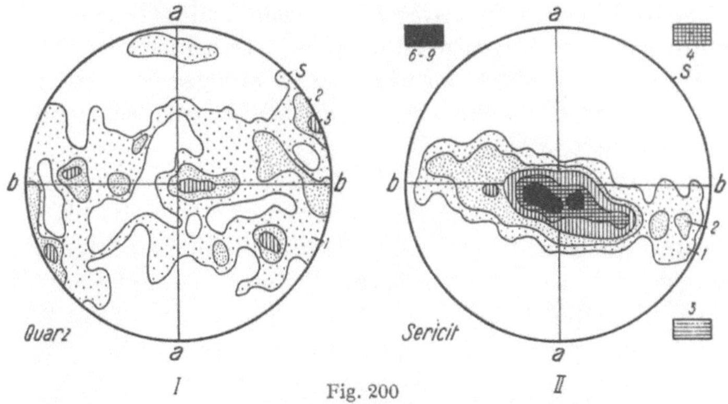

Homöotrope Gefügeregelung von Quarz (n_γ-Achsen) und Sericit (Normale zur Basisfläche) in Sericitquarzit von der Garveramulde (Gotthard). Quarz (I) bildet einen breiten, gleichmäßig besetzten Gürtel in der (b,c)-Ebene und Sericit (II) einen Gürtel gleichfalls in der (b,c)-Ebene, jedoch mit einem deutlichen Maximum in der c-Richtung.

schen beiden Bildungen die Anisotropie des äußeren Feldes geändert habe. Zunächst gibt es in bezug auf Regelungen ganz verschieden empfindliche Mineralarten. Unzweifelhaft beeinflussen sich in bezug auf die Anordnung in einem Aggregat auch die verschiedenen Mineralien gegenseitig. Dazu kommt, daß infolge der verschiedenartigen innerstrukturellen Anisotropie unterschiedlicher Mineralarten die *Regelungsreaktionen* auf das gleiche äußere Feld andersartig verlaufen können. Häufig stehen auch verschiedene Maxima der Bezugsrichtung eines Kristalles zueinander in Winkelbeziehungen, die vermuten lassen, daß bei gleichem äußerem Feld verschiedene kristallographische Elemente gleichzeitig auf die Einregelung angesprochen haben. Die Richtungen solcher Maxima liegen dann zueinander wie kristallonomisch wichtige Richtungen, an ein und der-

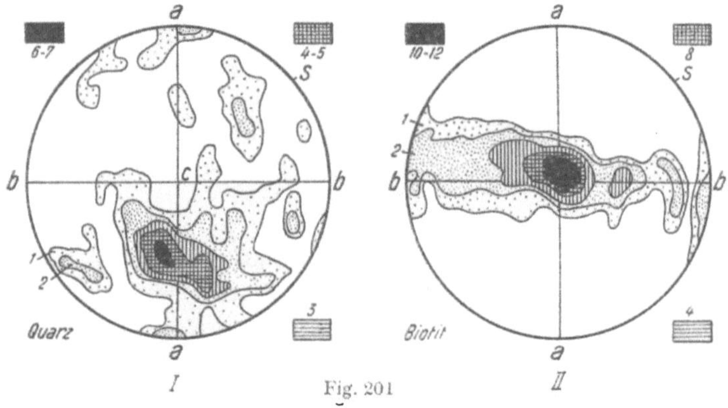

Heterotaktische Gefügeregelung von Quarz und Biotit in Biotitgneis der Südzone des Aarmassivs (Oberalpgebiet). Quarz (I) bildet ein deutliches Maximum zwischen a und c, streut jedoch in einem breiten Gürtel in (a, c)-Ebene. Biotit (II) zeigt dagegen eine Gürtelregelung in der (b, c)-Ebene mit einem deutlichen Maximum in c.

selben Kristallart. Das gilt beispielsweise oft angenähert für verschiedene Hauptmaximarichtungen der Quarzregelung nach n_γ. Dabei ist auch folgendes zu bedenken. Wenn verschiedene gleichwertige Richtungen bei der Einregelung miteinander konkurrieren, kann eine dazwischengelegene Symmetrale dieser Richtungen bevorzugt werden.

Von Interesse ist der Vergleich des Verhaltens der Körner einer Mineralart: einerseits als selbständiger Gefügebestandteil und anderseits als Einschluß innerhalb einer anderen Kristallart. Ob Interpositionsstrukturen (Interngefüge) geregelt oder ungeregelt sind, bestimmt man auf die gleiche statistische Weise, wobei jedoch das Bezugssystem durch die Orientierung des Wirtes vorgegeben ist. Besonders wertvolle Aufschlüsse über *Bewegungsvorgänge* werden erhalten, wenn ihrer Lage nach reliktische, zum Beispiel ein älteres s andeutende Körnchen verfolgt werden, sowohl außerhalb (e = extern) wie innerhalb (i = intern) neugebildeter Kristalle. Dadurch können Wälzungen, Drehung der Neukristalle während ihrer Bildung sichtbar gemacht werden. s_i ist dann gegenüber s_e verdreht. Hat ein Kristall beim Wachsen reihen- bzw. schichtartig angeordnete Körnchen einfach umschlossen und ist er nach seiner Bildung gedreht worden, so wird diese Körnchenanordnung im Kristall unstetig gegen die der Umgebung abstossen (Figur 202). Gehen die Differentialbewegungen und Kristallisationsvorgänge nebeneinander her und wird der neugebildete Kristall zum Beispiel als Porphyroblast nicht einfach durchgeschert, sondern gewissermaßen als ein hindernisbildender Körper gewälzt, so verläuft s_i nicht geradlinig, sondern bildet eine S-Kurve (Wirbel). Die zentralen, am frühesten eingeschlossenen Teilchen sind gegenüber s_e am stärksten verdreht. Das ist ein recht häufig auftretender Fall (siehe zum Beispiel die Figuren 203, 204), der zu-

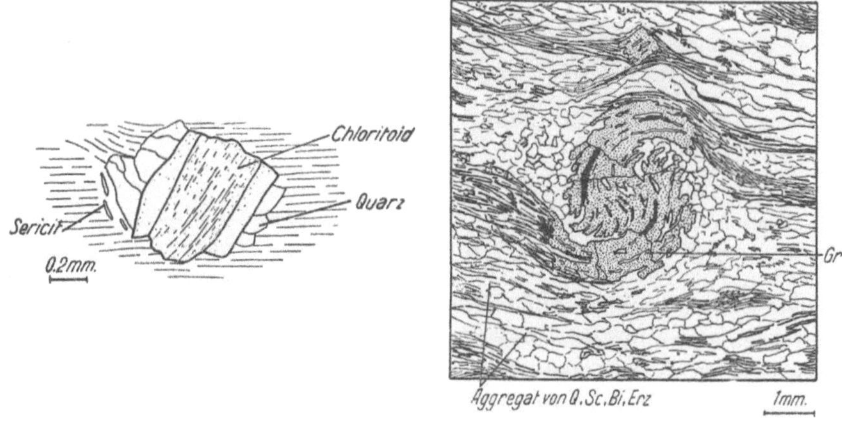

Fig. 202
Fig. 203

Fig. 202. Gedrehter Chloritoidporphyroblast in Chloritoidschiefer mit Zerrungshohlräumen. Vom Val Naustgel (Gotthardgebiet, Schweiz).

Fig. 203. Gedrehter Granatporphyroblast in Phyllit (Gemengteile: Quarz, Sericit, Biotit, Erz) vom Val Piora (Gotthardgebiet, Schweiz).

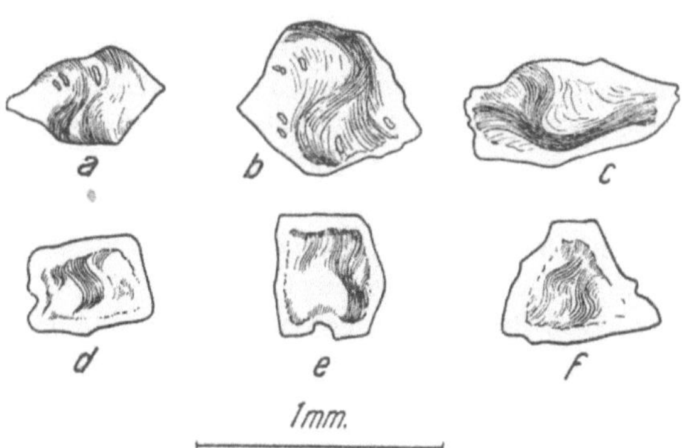

Fig. 204

Gedrehte Albite mit Rutileinschlüssen. Die Individuen a, b, c senkrecht, d, e parallel zur Schieferungsebene. d, e, f haben einen einschlußfreien Saum. Aus Albitphyllit, Hinterrheingebiet (nach GANSSER).

gleich beweist, daß Differentialbewegungen und Kristallisationen öfters gleichzeitig erfolgten. Deutlich ist dies auch aus den *Stauchungen* und *Faltenbil-
dungen* des s_e um solche größere Kristalle ersichtlich sowie an sogenannten
Streckungshöfen. Es entstehen beim Wälzen größerer Kristalle an den Enden
Ablösungshohlräume, die sofort von Lösungen erfüllt werden, aus denen neue
Mineralien kristallisieren (Figur 205). Erscheinungen dieser Art beweisen zudem, daß Lösungsumsätze stattgefunden haben, denn die in diesen Streckungshöfen befindlichen Mineralien sind oft nicht einfach eingepreßt, sondern deutlich neukristallisiert und einschlußfrei (siehe auch Figur 205).

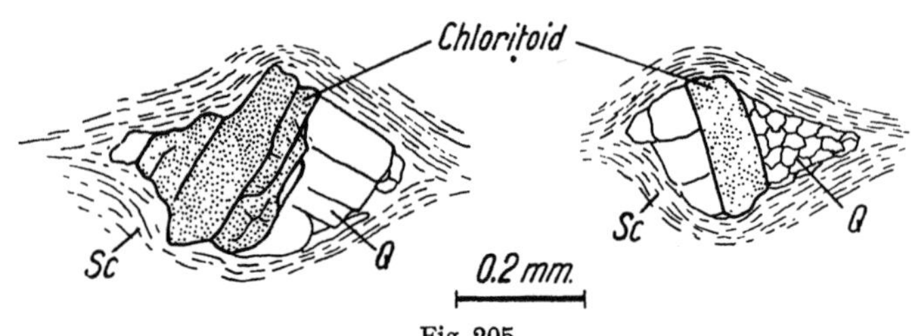

Fig. 205

Die Zerrungshohlräume am Rande von Chloritoidporphyroblasten (in Sericitgrundgewebe) sind
mit Quarz ausgeheilt. Aus Chloritoidschiefern des Gotthardgebietes.

Gefügebilder wie die zuletzt genannten führen zur großen Gruppe der
Texturregelungen mit *gekrümmten oder unregelmäßig geformten s-Flächen* über,
beispielsweise zu *Faltenbildern*. In beiden Fällen kann es bei Deformationstexturen mit gekrümmten oder verschiedenartigen s-Flächen unter Umständen
möglich sein, etwas über den Wechsel in der Beanspruchung oder über den
Relativsinn der Bewegungen auszusagen. Doch mahnt eine Konvergenz der
auf verschiedene Weise entstandenen Gefügebilder zu großer Vorsicht. Will
man die Lage der Kristalle zu gekrümmten s-Flächen feststellen, so muß das
Bezugssystem von Ort zu Ort in der Richtung verschieden gewählt werden, angepaßt dem Verlauf des s. Anderseits muß naturgemäß der Verlauf von s gegenüber einem festen Koordinatensystem zur Darstellung kommen. Man mißt dann
an verschiedenen Stellen des zu betrachtenden Gefügebereiches wichtige Flächen-
pole (zum Beispiel die Normalen auf s) oder Achsenrichtungen ein (zum Beispiel die b-Achsen) und bestimmt deren Dispersion (Lageverschiebung, Verlagerung). Gekrümmte Texturelemente können auf verschiedene Weise entstehen, nicht nur durch Verfaltung des Ganzen, sondern zum Beispiel auch
durch verschiedene Wegsamkeit wandernder Lösungen oder durch Stauungen
und Ablenkungen stark differentiell bewegter Massen an Hindernissen.

So lückenhaft diese Angaben über in Gesteinen auftretende allgemeine Texturregelungen sind, so geht doch aus der Betrachtung hervor, daß deren Erforschung
zu einem wichtigen Teil der Gefügekunde wird. Naturgemäß muß es unser Bestreben sein, das Beobachtete genetisch zu interpretieren. Ja wir werden erwarten, daß gerade diese Zeugen anisotropen räumlichen Verhaltens geeignet
sind, die bei der Minerallagerstättenbildung wirksam gewesenen Umstände zu
rekonstruieren. So sind denn auch in einem außerordentlichen Maße Textur-

beschreibungen von theoretischen Spekulationen und Deutungsversuchen durchsetzt, so daß es oft schwer fällt, auseinanderzulesen, was Beobachtung und Theorie oder Beschreibung und Interpretation ist. Begünstigt wird dies durch zu früh erfolgende Vergleiche mit dem Großraumgefüge, der Lagerstättenform und Großtektonik. Das darf im allgemeinen erst nach sehr vielen Vermessungen geschehen und nur unter eingehender Kritik der Grundlagen beider Betrachtungsmethoden.

ε. **Ursachen der gesteinstypomorphen Gefügeregelungen.** An sich können Gefügeregelungen und phänomenologisch erkennbare gerichtete Texturen auf sehr verschiedene Weise zustande kommen. Besonders wichtig sind in Gesteinen:

1. *Durch Kristallfelder induzierte gerichtete Texturen*, das heißt gesetzmäßige Verwachsungen, Umwachsungen, Aufwachsungen, Verdrängungen, Entmischungen bzw. Ausscheidungen, bedingt durch die Anisotropie vorgegebener Kristalle. Hiebei kommen zwischen den verschiedenen Mineralindividuen Strukturanalogien, mit teilweiser Parallelrichtung entsprechender Elemente, zur Geltung. Es können indessen auch Festigkeitseigenschaften und durch Spaltbarkeit, Translation oder Sondergefüge bedingte, gerichtete leichtere Wegsamkeit oder Reaktionsfähigkeit den Ort der Neuausscheidung wesentlich mitbestimmen. Das interne und externe Implikationsgefüge läßt vielfach derartige Beziehungen erkennen.

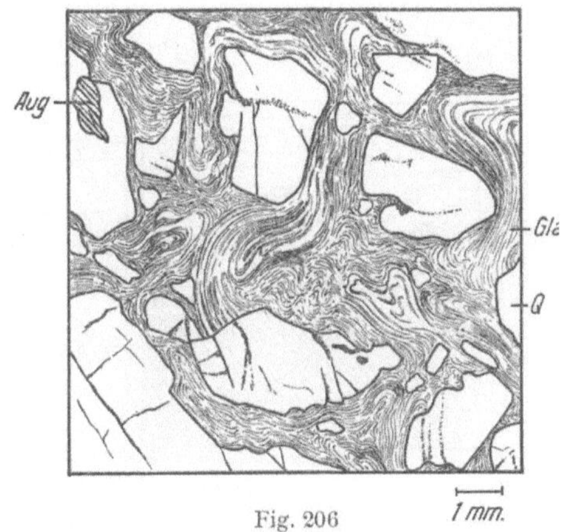

Fig. 206

Quarzporphyr mit fluidaler, vorwiegend glasiger Grundmasse, in der die Strömungslinien noch gut erkennbar sind. Auer an der Etsch.

2. *Biogen geregelte Texturen*. Art und Ort der Ausscheidungen wird durch die lebende Substanz bestimmt (Schalen- und Skelettbildungen bestimmter Textur, Krusten- und Überzugsbildungen im Zusammenhang mit physiologischen Prozessen usw.).

3. *Gerichtete Anlagerungs- und Aufwachstexturen*, die sich in mehr allgemeiner Weise durch die vorgegebenen Wände des Kristallisationsraumes, eventuell unter Berücksichtigung ihrer Stellung zum Gravitationsfeld oder zu den Be-

wegungsrichtungen des zur Kristallbildung befähigten flüssigen oder gasförmigen Mediums einstellen.

4. *Fließ-, Erstarrungstexturen*. Die Kristallbildung erfolgt in einem bewegten molekulardispersen Medium selbst, das immer mehr kristallin erstarrt oder zähflüssiger wird. Eine Einregelung in die Fließrichtung ist möglich, wobei Erstausscheidungen oder feste Relikte die Strömungsverhältnisse in gewissem Sinne abbilden können (Figur 206). Auch durch Gasabgabe entstandene Blasenhohlräume können in ihrer Form durch die Bewegung beeinflußt werden. Bei freier Oberfläche des Stromes läßt die erstarrende Stromoberfläche Züge des Bewegungsmechanismus erkennen. Im allgemeinen werden alle derartigen Texturen unter dem Begriff *Fluidaltexturen* zusammengefaßt. Wichtig für die Beurteilung sind die Unterschiede des *laminaren* und des *turbulenten* Strömens.

5. *Geregelte, mechanische Lockertexturen im bewegten Medium*. Das Medium bleibt leichtflüssig, es transportiert Festpartikel in Suspension oder im Lockeraggregat des Bodens. Die Strömung regelt die Art des *Absatzes*, des *Auswaschens* (*Ausblasens*) oder der Umgestaltung und *Umregelung* des lockeren Bodensatzes. Formregelung ist neben Sonderungsbestreben nach Korngröße, spezifischem Gewicht usw. beobachtbar. Änderungen der Strömungsverhältnisse führen zu *Schichtungen*. Zu beachten ist, daß für die Deutung der entstehenden Gefüge Auswaschungs- oder Ausblasungsprozesse sowie Bewegung am Grunde des Mediums von oft ebenso großer Bedeutung sind wie selektiver Absatz. Sonderfälle sind Einregelungen unter dem Einfluß rhythmischer Wellenbewegungen (zum Beispiel Brandungswellen) und eigentliche *Einrüttelungstexturen*.

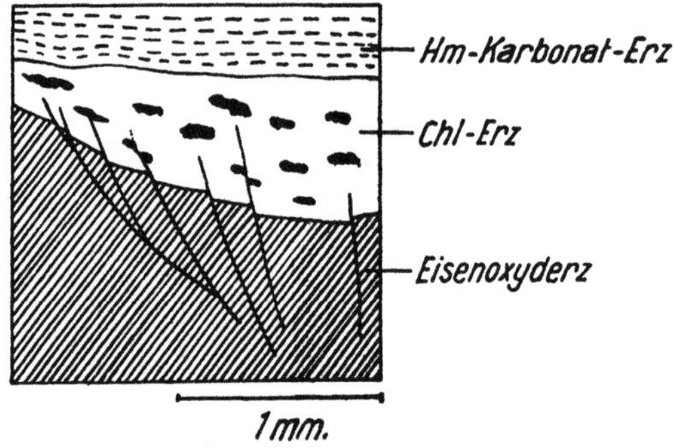

Fig. 207

Setzungserscheinungen im Schliffbild. Zu unterst Eisenoxyderz, nachträglich Chloriterz und Hämatit-Karbonat-Erz. Aus dem Eisenerz des Gonzen (Schweiz) (nach EPPRECHT).

6. *Einfache Absatztexturen* vorwiegend nach dem Diktat der Schwere aus *mehr oder weniger ruhendem Medium*. Fallgeschwindigkeit und Wirkungen des Formwiderstandes beim Absatz sind von besonderer Bedeutung. Änderungen im Absatzraum führen wieder zu *Schichtungen* und somit zur *s*-Flächenausbildung.

In 5 und 6 ist zu beachten, daß zu der makroskopisch wahrnehmbaren Schichtung oft eine Mikroschichtung, zu den Makrozyklen Mikrozyklen hinzutreten.

Homöogen-chorismatische Mikrostromatite (siehe Seiten 223 und 224) sind das Resultat ruhiger Sedimentationsrhythmen. Daneben sind Mikroophthalmite und Mikromerismite weit verbreitet. Ein genaueres mikroskopisches Studium der sedimentären Bildungen läßt indessen sehr oft interessante Nebenphänomene, beispielsweise aperiodische Wechsel, schlieriges Ineinanderfließen oder Fältelungen infolge Rutschbewegungen, Schrumpfungs-, Austrocknungs- und Setzungserscheinungen erkennen. So zeigt nach einem Dünnschliff Figur 207 Setzungserscheinungen der unteren Schichten einer sedimentären Erzlagerstätte, Figur 208 aperiodische Wechsellagerung in der gleichen Erzlagerstätte und Figur 209 Stauchungs- und Fältelungserscheinungen, die auf Bewegungen in der noch nicht verfestigten Schlammasse zurückzuführen sind.

7. Deformationstexturen im Festen als Folgen mechanischer Beanspruchung in Begleitung sogenannter tektonischer Vorgänge. Es sind das die am häufigsten untersuchten Gefügeregelungen und diejenigen, die auch bei der mechanischen Bearbeitung von Werkstoffen auftreten. Natürlich herrscht das Bestreben, die Deformationstexturen mit dem mechanischen Beanspruchungszustand und den wirksam gewesenen Kräften in Beziehung zu setzen. Auf experimentellem Wege sind in dieser Hinsicht sehr beachtenswerte Resultate erzielt worden; weit schwieriger ist es, gewissermaßen historisch aus den Deformationstexturen der Gesteine auf die deformierenden Kräfte rückschließen zu wollen. Diesem an sich notwendigen Beginnen stellen sich besonders zwei Schwierigkeiten entgegen:

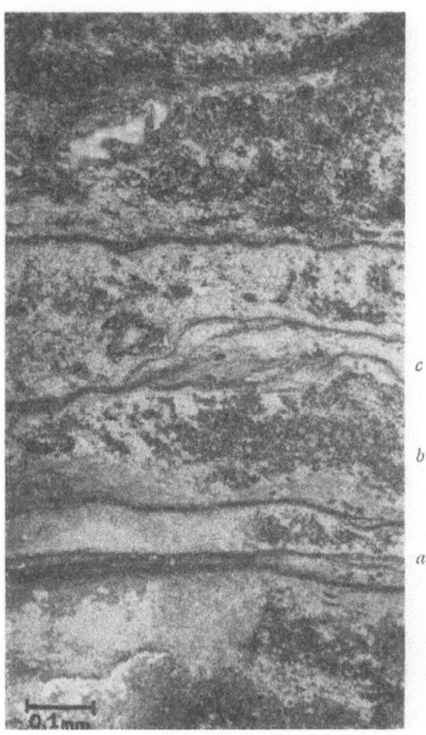

Fig. 208

Aperiodische Wechsellagerung in der Eisenerzlagerstätte vom Gonzen mit karbonat- (*a*), quarz- (*b*) und hämatitreicheren (*c*) Schichten, die teilweise seitlich auskeilen können (Anschliffbild) (nach Epprecht).

a) Der komplizierte zeitliche Ablauf solcher tektonischer Vorgänge, wobei sehr oft der Beanspruchungszustand ständig der Intensität und Richtung nach wechselte. Der Weg aber, auf dem ein bestimmter Endzustand erreicht werden kann, ist nicht eindeutig aus dem Endresultat ablesbar.

b) Die Inhomogenität und Anisotropie des Ausgangskörpers, das heißt des bereits vorhandenen und nun deformierten Mineralaggregates. Die Darstellung der Beziehungen zwischen *Stress* (ungleichartigen Druckverhältnissen) und

Strain (Beanspruchungszustand) ist für Körper*elemente* leicht durchführbar und als Prinzip in die Gesteinslehre durch BECKER eingeführt worden. Auch die Übertragung auf einen homogenen verformten, isotropen Großkörper bietet keine Schwierigkeiten dar. Allein im anisotropen und inhomogenen Gesteinskörper muß der Zusammenhang zwischen Außenkräften und Verformung wesentlich komplizierter sein, und wenn zudem die Beanspruchung ihren Charakter geändert hat, spielt für die späteren Stadien die *Vorgeschichte* eine außerordentlich große Rolle. Der Beanspruchungsplan gestattet dann jeweilen lediglich Aussagen über den nächsten Zeitmoment zu machen. In deutlicher

Fig. 209

Feinrhythmische Wechsellagerung von Chlorit-Calcit-Schichten (dunkel) und Ferrocalcit-Hämatit-Schichten (hell) mit Stauchungs- und Fältelungserscheinungen (Gonzenerz) (nach EPPRECHT).

Weise läßt sich dies bereits bei der mechanischen Beanspruchung von Einzelkristallen oder monomineralischen Kristallaggregaten feststellen. Die Lehre von der Metallbearbeitung hat experimentell und theoretisch ein großes Material zusammengetragen. Beispielsweise ergibt sich daraus, daß im Kristall die bei der Verformung so wichtige Bildung von *Gleitflächen* (siehe Seite 65) nicht einfach da einsetzt, wo der Lage nach die Schubspannung den absolut größten Betrag aufweist. Sie erfolgt nach im Strukturgefüge ausgezeichneten Ebenen und wählt dann unter diesen Elementen dasjenige aus, welches in bezug auf die Scherbeanspruchung die günstigste Lage hat. Dadurch wird auch (siehe Seite 66) eine plastische Kristallverformung ermöglicht, ohne daß, im großen gesehen, die Kristallstruktur nach vollzogener Deformation zerstört erscheint. Es gibt also bei gegebener Kristallstruktur ganz bestimmte Ebenenlagen, nach denen einfache Translationen oder Schiebungen in die Zwillingsstellung (sogenannte Druckzwillingsbildung) vonstatten gehen. Indem aber diese strukturell richtungsabhängigen Gleitungen die Verformungen bestimmen, entstehen Umregelungen, etwa so, daß sich die Gleitflächen (oder, bei Beteiligung mehrerer gleichwertiger, deren symmetriegemäß ausgezeichnete Zwischenebenen) in eine Walz- oder Zugrichtung einordnen.

Kann man auf diese Weise eine mögliche Bildung von Deformationstexturen direkt experimentell studieren, so beweist anderseits dieses Beispiel, *wie wichtig in einem anisotropen Körper bereits vorhandene Texturflächen für die Verformungsart sind.* Sicherlich spielt, wie besonders SCHMIDT betont hat, auch bei der Gesteinsverformung die Gleitflächenbildung eine ausgezeichnete Rolle und manche sogenannten Schieferungsflächen *s* sind Bewegungs- und Gleitflächen. In anderen, zum Beispiel auch in experimentellen Fällen (GRIGGS: Marmor, um 24% komprimiert bei allseitigem Druck von 10000 Atmosphären, zeigt entweder Druckzwillingsebenen senkrecht zum Hauptdruck oder die *c*-Achse parallel der Hauptdruckrichtung), können die Richtungen der Hauptpressung bzw. die Ebenen senkrecht dazu, die Anordnung der Gemengteile und damit die Lage der *s*-Flächen bestimmen. Was bei gegebenem Beanspruchungsplan zur Gleitfläche wird, hängt auch im Gestein nicht nur von den Außenkräften ab, sondern von dem bereits vorhandenen richtungsabhängigen Gesamtgefüge des Gesteinskörpers, insbesondere seiner Heterogenität und seinem oft schichtigen Aufbau.

In der Metallkunde unterscheidet man zwischen *Kalt-* und *Warmbearbeitung.* In diesen trockenen (wasserfreien) Kristallaggregaten verläuft die Verformung bei niedriger Temperatur praktisch nur auf «mechanischem Wege», durch die genannte Gleitflächenbildung, verbunden mit Zertrümmerung oder Verbiegung der Gleitlamellen. Dabei ist trotz dem Bestreben, die ursprüngliche Gitterstruktur immer wieder zu rekonstruieren, das Entstehen von Spannungen und Störungen an den Grenzflächen der Bewegungen unvermeidlich. Erhitzt man solche kalt verformten Werkstücke, so tritt eine *Rekristallisation* auf, die von den instabilen Spannungszentren ausgeht und durch atomaren Platztausch und Diffusion zur Neubildung ungestörter Kristalle führt. Die mechanisch erzwungene Regelung und Orientierung bestimmt dann weitgehend die Orientierung der Kristallneubildungen, während die Zahl und Dichte der Spannungszentren die Korngröße des Rekristallisationsproduktes prädestiniert. Erfolgt die Deformation von Anfang an bei höherer Temperatur, so überlagern sich mechanische Verformungs- und Rekristallisationsprozesse, wobei sich von vornherein die wachstumsfähigen Neubildungen so einordnen bzw. orientieren, daß sie, soweit das möglich ist, eine den Differentialbewegungen gegenüber relativ bestandfähige Lage einnehmen. Prinzipiell lassen sich diese Beobachtungen und Deutungen auf die Gesteinsverformung übertragen, sie machen geregelte Deformationstexturen verständlich. Auch kann man vorwiegend auf *mechanischem Weg zustande gekommene Deformationstexturen* von vorwiegend *kristalloblastischen* unterscheiden. Die erstern führen zur *mechanischen Verschieferung,* die letztern zur *Kristallisationsschieferung.* Allein zweierlei begünstigt sehr oft eine Überlagerung beider Phänomene:

a) ein nach Sprödigkeit, Translationsfähigkeit und Rekristallisationsvermögen sehr verschiedenes Verhalten der in einem Mineralaggregat vorkommenden Mineralien;

b) die im Gesteinskörper praktisch nie fehlende Beteiligung molekulardisperser Phasen (Dämpfe, Lösungen, fluide Phasen oder Schmelzen), auch wenn diese nur kapillar auftreten. Sie ermöglichen Neubildungen, das heißt Kristalloblastese als Rekristallisation, bei bereits relativ niedrigen Temperaturen. Solange jedoch der Gesamtkörper als fest bezeichnet werden muß und in *jedem Zeitmoment* der Lösungsumsatz gering ist, muß in ihrer Gesamtheit die Deformation als diejenige eines Festkörpers bezeichnet werden. Übrigens ist schon Seite 66 darauf hingewiesen worden, daß Translation ganzer Schichtpakete die Tendenz zur Rekonstruktion der Kristallstruktur hat, so daß zwischen dieser Verformung und dem lokalen Ab- und Umbau von Einzelteilchen nur ein gradueller Unterschied besteht, auf den später noch zurückzukommen sein wird.

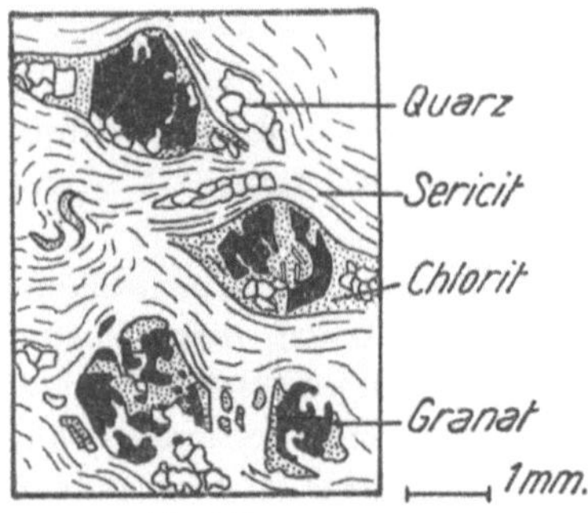

Fig. 210

Linsig-flaserige Textur. Bildung von Chlorit durch Umwandlung des Granates.
Aus Granat-Muskowit-Chlorit-Schiefer.

Eigentliche Deformationstexturen darf man nur Texturen nennen, deren *heute beobachtbares Gefügebild während einer Deformation durch mechanische Beanspruchung zustande kam.* Es können qualitativ der Textur nach *schiefrige* (siehe auch die Figuren 97, 98), *linear gestreckte, lentikulare, flatschige, linsig ausgequetschte* (Figur 210) bis *lentikular-spindelförmige, gefältelte,* einfache oder komplexe Gefügebilder entstehen. Wichtig ist, durch sorgfältigen Vergleich den möglichen Charakter der einzelnen ausgezeichneten Elemente festzustellen und den Mechanismus der Regelungen abzuklären. Es gibt je nach der Bedeutung, die den s-Flächen zukommt, verschiedene Deutungsmöglichkeiten dieses Mechanismus. Sie sollen erst im speziellen Teil diskutiert werden. Es genügt an dieser Stelle, darauf hinzuweisen, daß es dann, wenn die s-Flächen Bewegungsflächen erster Ordnung sind, leicht verständlich wird, warum blätterige oder stengelige Mineralien sich ihnen parallel zu stellen suchen, weil ja nur in dieser Lage Wälzungen zurücktreten. Wichtig ist indessen auch, daß derartige ins Freie führende Gleitflächen für Lösungen zugleich Flächen leichter Wegsamkeit sind.

8. Kristalleide bis kristalloblastische Abbildungstexturen im Festen. Wie das Tempern nach Kaltbearbeitung in der Metallkunde zeigt (Warmbearbeitung nach mechanischer Kaltbearbeitung ohne Fortdauer des für die vorgängige

Beanspruchung verantwortlichen Stress) können durch eine nachträgliche Kristalloblastese Verformungszustände trotz völliger Rekristallisation erhalten bleiben. Ein gezogener Draht oder ein zum Blech ausgewalztes Metallstück rekristallisiert beim Erhitzen, ohne seine äußere Form zu verlieren. So sind auch in der Natur statische Umkristallisationen möglich, die frühere Beanspruchungszustände oder, allgemeiner gesagt, vorher vorhandene gerichtete Texturen *abbilden*, weil vorgegebene Stoffverteilung und Keimorientierung die Textur des Rekristallisationsproduktes bestimmen. Es können Schichtungen, Absatztexturen, mechanische Verschieferungstexturen und Verfaltungen usw. abgebildet werden. Während der eigentlichen Umkristallisation waren die

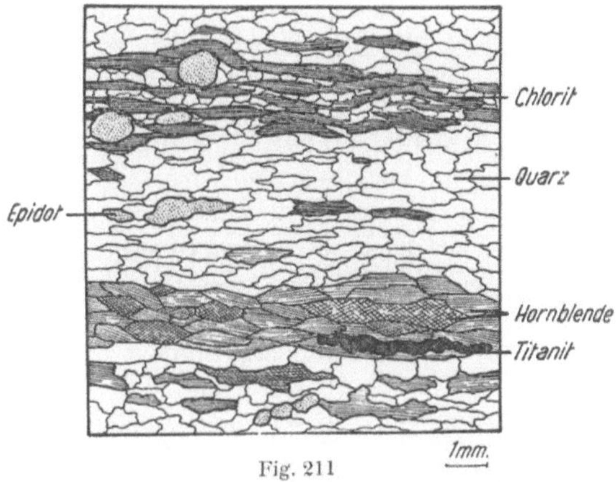

Chlorit-Hornblende-Gneis von Brissago (Tessin) mit Paralleltextur. Mikroschichtung infolge Wechsellagerung von Quarz-, Hornblende- und Quarz-Chlorit-Lagen.

Kräfte nicht mehr wirksam, die eine gerichtete Textur des Ausgangsmaterials erzeugten, diese selbst aber drückt dem Gefüge des Umkristallisationsproduktes den Stempel auf. Daß sich bei solchen Umkristallisationen auch die in Schichtungen vorkommenden Wechsel der Zusammensetzung bemerkbar machen müssen, ist selbstverständlich (Figur 211). Abbildung von Schichtungen ist daher ohne weiteres zu erwarten, sofern bei der Umkristallisation nicht ein außergewöhnlicher Stoffaustausch vorher vorhandene Unterschiede verwischt hat. Da nun tatsächlich in völlig umkristallisierten Gesteinskomplexen häufig weitgehend die Zusammensetzung verschiedener feiner Sedimentärschichtung erhalten geblieben ist, beweist dies, daß die Umkristallisation ohne wesentlichen Stoffaustausch und -umtausch im großen vonstatten gehen kann. In wieder anderen Fällen ist erst bei der Verschieferung eine lagenartige Verteilung verschiedener Mineralien entstanden, weil diese sich den Gleit- und Umformungsprozessen gegenüber verschieden verhalten haben (*metamorphe Texturdifferentiation*). Auch die kristalloblastische Abbildung von Deformationstexturen ist nicht selten; eine mehr mechanische Verschieferung kann *nach* Aufhören der Kräftewirkung, die den Beanspruchungszustand geschaffen hat, durch

Umkristallisation als Kristallisationsschieferung abgebildet werden. Oder es kann bei geändertem Beanspruchungszustand reliktisch das Resultat eines früheren Zustandes teilweise im Umkristallisationsgefüge erkennbar bleiben (man denke an die Interngefüge gedrehter Porphyroblasten, Seite 241). Es wird nun überhaupt versucht werden müssen, das zeitliche Ineinanderspielen von Verformung und Kristallisation zu eruieren: denn die Kristallneubildung kann mit der Deformation gleichzeitig sein (reine kristalloblastische Deformationstexturen), sie kann ihr folgen (reine Abbildungstexturen), oder der eine Prozeß kann den andern überdauern. Andererseits ist es möglich, daß ein ausgesprochenes Wachstumsgefüge nachträglich so beansprucht wird, daß es rein oder vorwiegend mechanisch verschiefert wird. Da mechanisch-plastische und klastische Verformung (mit teilweiser Erhaltung von Spannungszuständen) uns von niedrigerem Grad erscheint als kristalloblastische, spricht man in solchen Fällen von *retrogradem Verhalten* oder von *diaphtoritischen Gesteinen*.

Das zeigt bereits, wie die hier zu Übersichtszwecken einzeln behandelten Fälle in der Natur vielfach kombiniert auftreten. Wir brauchen ja nur noch zu berücksichtigen, daß biogener, chemischer und mechanischer Absatz fast stets miteinander gekoppelt sind, daß eine Fließ–Erstarrungs-Textur mit zunehmender Erstarrung und Fortdauer der Kräfte in eine Deformationstextur im Festen übergehen kann, um einzusehen, daß das aufgestellte Begriffsschema lediglich die verschiedenen Tendenzen und idealisierten Einzelfälle anzugeben vermag. Es muß auch festgestellt werden, daß nicht einmal die wirklich typischen Charakteristika der Grenzfälle so gut bekannt sind, daß es heute schon möglich wäre, in Einzelbeispielen immer zu entscheiden, welche Ursachen für die gerichtete Textur in Frage kommen. Vorurteilslos gilt es an einwandfreien Beispielen Material zu sammeln und zu sichten.

Von den verschiedenen Kombinationsmöglichkeiten sei indessen als weiterer Fall eine herausgegriffen. Wir haben von der Deformation im Festen und von der Fließtextur im Flüssigen gesprochen und gesehen, wie ein Übergang möglich ist. Es ist aber auch denkbar, daß ein Großkörper tektonisch beansprucht wird, in welchem zusammenhängende Festbestandteile und zusammenhängende beweglichere, moleculardisperse Phasen (Schmelzen, Lösungen, fluide Phasen) in einigermaßen vergleichbaren Mengen gleichzeitig vorhanden sind. Solange Lösungsumsatz nur lokal auftritt, ist, abgesehen von gewissen Besonderheiten, das Gefügebild bei einer Umkristallisation von demjenigen wenig verschieden, das durch Umkristallisation im Festen allein entsteht. Platztausch- und Diffusionsvorgänge müssen ja immer stattfinden, sie sind jedoch in ihrer Reichweite so beschränkt, daß ursprüngliche Gesteinsunterschiede kaum vernichtet werden. Gleiches gilt im allgemeinen auch noch, wenn der Gesteinskörper als Ganzes unter Ausnützung seiner Porosität von einer Dampf- oder Gasphase imbibiert wird. Wohl kann dann eine Stoffzufuhr und Stoffwegfuhr bemerkbar werden, der Prozeß jedoch erstreckt sich über so große Zeiträume, daß in einem gegebenen Zeitmoment der Umsatz über die gasförmige Phase gering ist und die Gliederung nach der chemischen Zusammensetzung wohl kleine Änderungen erfährt, als Ganzes aber erhalten bleibt. Alle

Umkristallisationen, die sich in diesem Sinne in einem typischen Festkörperaggregat (mit seinen Kapillarphasen) abspielen, liefern den sogenannten *stereogenen Anteil* des Produktes. Sind indessen größere zusammenhängende Mengen
hydrothermaler Lösungen, fluider Phasen oder Schmelzlösungen vorhanden,
so werden sich diese im Beanspruchungsfeld durch größere Beweglichkeit
gegenüber den Festbestandteilen unterscheiden. Aus ihnen können infolge

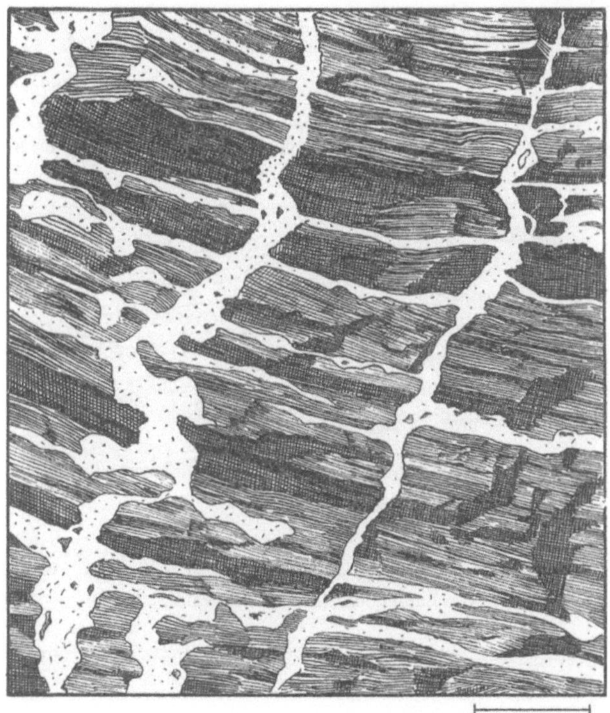

Quere Pegmatitinjektion in lit-par-lit-Injektion übergehend (helle Bestandsmassen), als Beispiel
einer Adertextur und einer Lagentextur. Der stereogene Anteil wird von einem Gneis (schraffiert)
und der chymogene Anteil von der Injektionsmasse dargestellt. Laufenburg (Südschwarzwald).

Bedingungsänderungen durch Kristallisation Mineralaggregate entstehen, die
sich im Gefüge nicht unwesentlich von den Umkristallisationsprodukten der
Festkörper unterscheiden. Sie liefern die *chymogenen* Anteile des Produktes.
Dadurch bilden sich aber auch gemengte Texturen aus, die wir

    9. *polygenchorismatische Texturen* genannt haben (makroskopische Äqui-
valente die Figuren 55–60). Im Gesamtkörper vorhandene Unstetigkeitsflächen,
die für den fluidflüssigen Teil die Bewegungsbahnen vorzeichnen, werden oft
für den chymogenen Anteil zum Kristallisationsort. Bei starker Pressung oder
(und) erheblicher Innenspannung der molekulardispersen Phasen entstehen sogenannte *Injektionsbilder* (Figuren 212–215 und Seite 110), das heißt, man sieht,

Injektionsbild von Aplit und Pegmatit in Gneis mit relativ ruhigem lagenartigem Verlauf der Adern,
welche gegenüber dem stereogenen Anteil noch scharf abgegrenzt sind (nach SUTER).

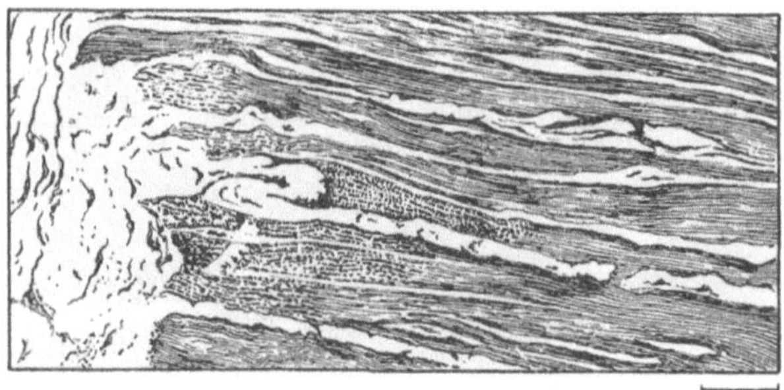

Pegmatitinjektion in lit-par-lit-Injektion übergehend. Die Grenzen mit dem Nebengestein sind
zum Teil unscharf, zudem zeigen die Lagergänge eine beginnende ptygmatische Fältelung. Im Gneis
von Laufenburg (Südschwarzwald).

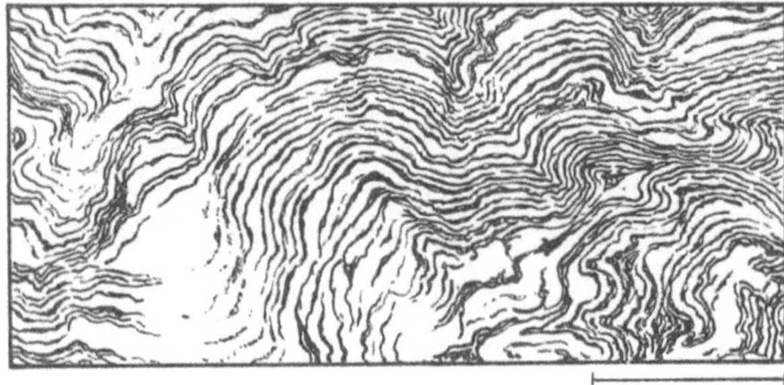

Injektionsgneis mit inniger Durchtränkung des stereogenen Anteils durch die mobilere Masse
(Laufenburg) (nach SUTER).

wie als Folge der Differentialbewegungen die beweglichere Masse in der weniger
beweglichen wie *eingespritzt, injiziert* erscheint. *Adertexturen*, die bei Parallel-
scharen von Unstetigkeitsflächen zu *Lagentexturen* werden, sind oft die Folge.
Beim Weitervorwärtsdringen (Intrudieren) der flüssigen Phase entstehen *linsen-*

artige Anschwellungen oder besondere *Intrusionsformen*, die durch die Innenspannung und die vorhandenen Widerstände bedingt sind. Die Adern können so zum Beispiel *Schlangenfalten* bilden (ptygmatische Fältelung) oder es machen sich die Bewegungsbahnen nur noch als Zonen von Großkristallbildungen bemerkbar. Die molekulardisperse Phase wird manchmal weitgehend ausgequetscht, in entstehenden Zerrungshohlräumen gesammelt und liefert dort einen rein chymogenen Anteil. Anderseits findet, besonders bei höherer Temperatur, eine intensive Wechselwirkung zwischen Fest und Flüssig statt, die sich in verschiedener Art der Umkristallisation in unmittelbarer und weiterer Nachbarschaft der Adern kundgibt oder zu eigentlichen *Mischstrukturen* und *Mischtexturen* mit oft kaum durchführbarer Unterscheidung von chymogenem und stereogenem Anteil führt. Bei mehr statischem Verhalten oder gleichmäßigerer Beanspruchung entstehen schlierenartige, unregelmäßige Gefügeunterschiede oder *makro- bis mikrobrekzienartige Strukturen mit chymogener Verkittungsmasse.*

Da man Bestandsmassen, die in vergleichbaren Mengen aus einem Gemisch fester Reliktbestandteile und flüssiger Phase bestehen, *Migma* nennt, werden Strukturen und Texturen der daraus durch Wiederverfestigung entstandenen Gesteine auch als Ganzes *migmatisch* genannt. Genetisch wird es, wie wir später sehen werden, von Bedeutung sein, festzustellen, woher die flüssige Phase stammt, ob sie an Ort und Stelle gebildet wurde oder zugewandert ist. Ferner ist wesentlich, ob sich der chymogene Anteil aus einer eigentlichen Schmelzlösung, einer fluiden Phase oder einer wässerigen Lösung erhöhter Temperatur (hydrothermaler Lösung) ausgeschieden hat. Schon die oben erwähnte *ptygmatische Fältelung*, das heißt der weit kompliziertere, faltenartige Verlauf einer (meist hellen) Bestandsmasse im ruhiger texturierten Gesamtgestein, hat eine verschiedenartige Deutung erfahren (HOLMQUIST, KUENEN, READ, SANDER, SAUER, SEDERHOLM). Generell bedeutet sie unterschiedliche Mobilität zweier Gesteinsanteile, die sich direkt bei einer allgemeinen mechanischen Beanspruchung geltend machen kann, die oft aber auch durch den Innendruck einer Lösungsphase verstärkt zur Auswirkung gelangt. So ist in der Figur 214 unzweifelhaft die Faltenform der von der hellen Hauptmasse ausgehenden mittleren Ader eine Art Intrusionsform hochgespannter Lösungen, die generell parallel den s-Flächen eindrangen. Wohl weit seltener handelt es sich um

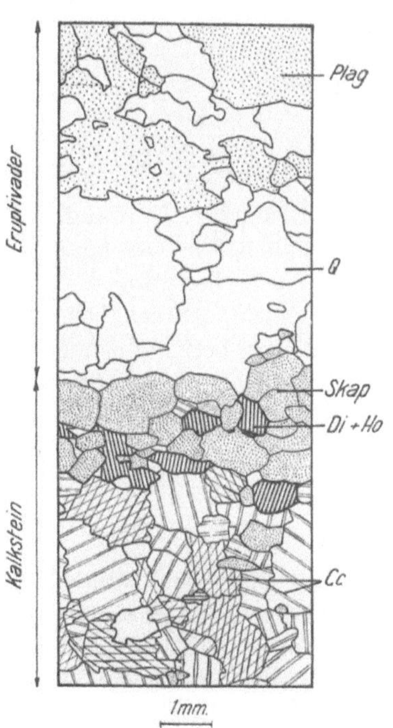

Fig. 216

LagenartigerWechsel von Mineralien (Calcit-Skapolith-Quarz-Plagioklas). Kontakt zwischen Kalkstein und Pegmatit (nach MITTELHOLZER).

rekristallisierte Falten, die in der Hauptgesteinsmasse weniger zur Geltung kamen oder nachträglich durch Rekristallisation verwischt wurden.

Lagenartige Wechsel treten häufig auch am Kontakt von Festgesteinen mit Magmen auf, die leichtflüchtige Substanzen in das Nebengestein abgeben und so neue Mineralien erzeugen (Figur 216).

Bereits im Falle der migmatischen Texturen spielt weniger die Regelung nach bestimmten Richtungen als die *wechselnde Mineral- und Strukturverteilung* eine Rolle. Auch für andere Texturen, zum Beispiel die Schichttexturen, ist dies (wie bereits erwähnt) bedeutungsvoll, und manche Deformationstexturen zeigen deutlich *zeilen-* oder *lagenartigen, flaserig bis geflammten oder fetzig-fleckigen Wechsel in der Mineralführung*. Sie können zum Beispiel ein Abbild der Schichtung oder eine primäre Schlierenbildung sein, aber auch eine Entmischungstextur bei der Verformung darstellen, da sich ja in bezug auf Bewegung, Umwandlung und Gleitfähigkeit die Mineralien verschieden verhalten. Das Gesetzmäßige der auf verschiedene Weise entstehenden typischen Wechsellagerungen findet in gewissen, früher schon erwähnten Rhythmen seinen Ausdruck. Die Einzellagen können über weite Strecken ähnliche Mächtigkeiten besitzen; andere Lagen schwellen an bzw. keilen aus. Man spricht von Millimeter-, Zentimeter- und Meterrhythmus usw., wenn die Mächtigkeiten der als Einheiten betrachteten Lagen von der Größenordnung von Millimetern, Zentimetern oder Metern ist.

b) *Die Raumerfüllung bzw. Porosität*

Natürliche Mineralaggregate sind praktisch nie vollkommen kompakt, das heißt der Aggregatraum ist nicht nur von Festbestandteilen erfüllt, zwischen ihnen befinden sich Hohlräume, *Poren* im weiteren Sinne, die normalerweise Gas (Luft, Dampf usw.) oder wässerige Lösungen (bzw. Wasser) enthalten. Der Grad der Raumerfüllung bzw. der Porosität kann für verschiedene Gesteine innerhalb weiter Grenzen variieren. Aber auch die Größe, Verteilung und Art der Poren weist große Verschiedenheiten auf. Zur Beurteilung mancher Eigenschaften der Gesteine ist es absolut notwendig, den Charakter der Raumerfüllung näher zu untersuchen. So läßt sich von vornherein sagen, daß Festigkeitseigenschaften, Zusammendrückbarkeit, aber auch jegliches Verhalten, das mit der Durchdringungsfähigkeit (Durchlässigkeit, Permeabilität) des Aggregates mit Wasser, wässerigen Lösungen oder Gasen und Dämpfen in Zusammenhang steht, davon abhängig sein werden. So gehören Texturbestimmungen, die eine Aufklärung dieses Tatbestandes zum Zwecke haben, zu den wichtigen Bestimmungsmethoden. Sie werden im Felsgestein etwas anders als im Lockergestein erfolgen müssen. Während das Felsgestein in Bruchstücken transportiert werden kann, ohne Formänderungen zu erleiden, ist das Lockeraggregat gerade in bezug auf Packungsdichte, Porosität oder Wassergehalt sehr leicht beeinflußbar. Es müssen bei der Probeentnahme und dem Transport weitgehende Vorsichtsmaßregeln angewandt werden, soll die Bestimmung im Laboratorium etwas über den *natürlichen Zustand* aussagen. Aber gerade wegen dieser Veränderlichkeit sind im Lockeraggregat die einschlägigen Bestimmungen von größter Bedeutung. Einen zusammenfassenden Bericht über «Poröse Stoffe» hat vor kurzem ZIMENS verfaßt.

α. Die Bestimmung des Porositätsgrades, des Raumgewichtes und wahren spezifischen Gewichtes. Das Gewicht der Raumeinheit eines porösen Gesteins ist normalerweise kleiner als das Gewicht eines völlig porenfreien Kubikzentimeters, der die Mineralien in den gleichen Mengenverhältnissen enthält, jedoch völlig von den Festkörpern erfüllt ist. Die Poren sind ja von Gas oder Wasser erfüllt, deren spezifische Gewichte weit kleiner sind als die der gesteinsbildenden Kristallarten. Daraus ergibt sich eine Methode der Porositätsbestimmung. Kann man das Mineralaggregat soweit zerkleinern (pulverisieren), daß die übrigbleibenden Partikelchen als porenfrei betrachtet werden dürfen, so lassen sich mit Hilfe von Pyknometer oder Volumeter und Waage Gewicht und Volumen des Pulvergemenges bestimmen und daraus das *spezifische Gewicht des Mineralgemenges s*. Dieses muß auch aus den Mengenverhältnissen und spezifischen Gewichten der Einzelmineralien berechenbar sein. Anderseits läßt sich das Gewicht der Raumeinheit des Gesteins in Stückform feststellen, das sogenannte *Raumgewicht γ*.

In künstlichen Lockeraggregaten wird $γ$ auch *Schüttgewicht, Rüttelgewicht* oder *Schüttdichte* genannt. Da übrigens auch die Einzelgefügekörner Poren enthalten können, muß bei genauerer Untersuchung festgestellt werden, ob diese intragranulare Porosität mitberücksichtigt ist. Es kann sich der Gesamthohlraum zusammensetzen aus intragranularem Porenvolumen + Kornzwischenraum. Im folgenden wird das intragranulare Porenvolumen, sofern die Gefügekörner Einzelkristalle sind, als sehr klein angenommen, so daß es vernachlässigt werden kann.

Um das Volumen des Gesteinsbruchstückes mit Hilfe der Wasserverdrängung festzulegen, muß das Probematerial mit einer wasserundurchlässigen Paraffinhaut überzogen werden. Durch Wägen vor und nach der Behandlung mit Paraffin von bekanntem spezifischem Gewicht läßt sich in der Schlußrechnung diese Zutat berücksichtigen. Die Paraffinhaut aber verhindert den Eintritt des Wassers in die Poren, gestattet somit das Gesamtvolumen Mineralaggregat + Porenhohlraum zu bestimmen und somit das Raumgewicht. $\frac{γ}{s}$ nennt man den *Dichtigkeitsgrad* bzw. relatives Korn-(oder Substanz-)volumen oder die *Raumerfüllungszahl* $φ$ für den Festkörper. Es ist $φ = \dfrac{γ}{s} = \dfrac{\text{Festvolumen}}{\text{Gesamtvolumen}}$.
Der Dichtigkeitsgrad ist im völlig kompakt gebauten Gestein = 1, sonst kleiner.

Als *absolute Porosität n* wird der prozentuale Anteil des Porenvolumens am Gesamtvolumen bezeichnet, somit

$$n = \frac{\text{Gesteinsvolumen} - \text{Mineralvolumen}}{\text{Gesteinsvolumen}} \cdot 100 \quad \text{oder} \quad n = \frac{s - γ}{s} \cdot 100.$$

Der *absolute Porositätskoeffizient* ist gleich der absoluten Porosität oder die Kennziffer bezogen auf Gesamtvolumen = 1. Letztere Größe wird jedoch meist

Porenvolumen genannt; Porenvolumen $N = \dfrac{s-\gamma}{s}$. In vielen Arbeiten heißt auch dieser Koeffizient absolute Porosität oder Schüttporosität.

Wir setzen hiebei voraus, daß alle Poren mit (dem Gewicht nach zu vernachlässigender) Luft erfüllt sind, müssen somit streng genommen das Festgestein zunächst von Imbibitionswasser befreien, denn auch dieses kann Porenhohlräume erfüllen.

Eine weitere, häufig gebrauchte Kennziffer ist

$$\varepsilon = \text{Porenziffer} = \frac{\text{Porenhohlraum}}{\text{Festvolumen}} = \frac{n}{100-n} = \frac{s-\gamma}{\gamma}.$$

Folgende Bezeichnungen sind für Festgesteine im Gebrauch:

$n =$	1	1–2,5%	2,5–5%	5–10%	10–20%	20%
	sehr kompakt	gering-	mäßig-	erheblich-	stark-	sehr starkporig

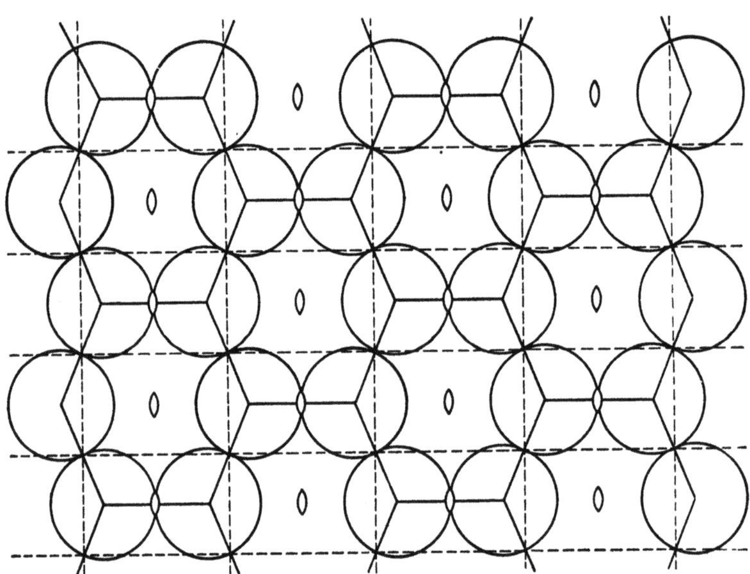

Fig. 217a. Kreispackung in der Ebene mit Koordinationszahl 3.

β. **Wesen der Porosität.** In einem Körneraggregat sind die wichtigsten, die Porosität bestimmenden Größen: Kornverteilung nach der Korngröße und nach der Anordnung, sowie Körnerform. Denken wir uns wieder, um einige Grundbegriffe zu präzisieren, den einfachsten Fall einer homogenen Kugelpackung, das heißt eines Haufwerks sich berührender gleich großer Kugeln, oder zunächst in der Ebene eine entsprechende homogene Kreispackung. Der zwischen den Kugeln bzw. Kreisen vorhandene Raum (also der Porenhohlraum) ist je nach der Anordnung der Kugeln bzw. Kreise im Verhältnis zum Gesamtraum verschieden groß. Die Anordnungen selbst lassen sich beschreiben

Fig. 217*b*. Kreispackung in der Ebene mit Koordinationszahl 3.

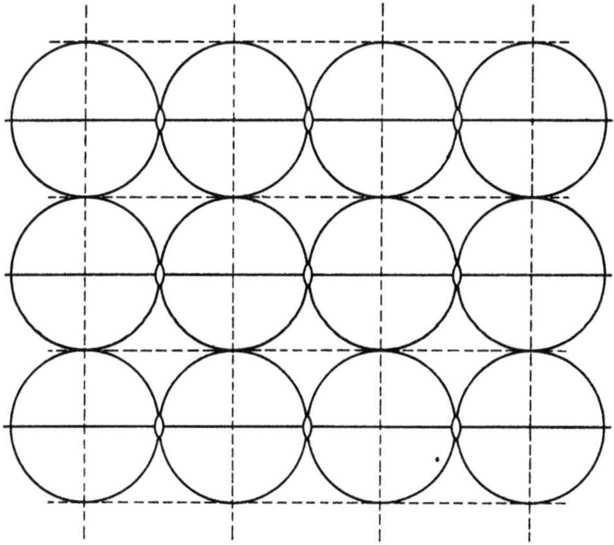

Fig. 217*c*. Kreispackung in der Ebene mit Koordinationszahl 4.

nach der Zahl der eine Kugel berührenden Kugeln (bzw. Kreise), der sogenannten Koordinationszahl kz der homogenen Kugelpackung, nach dem Verteilungsschema und seiner Symmetrie sowie der Gesamtsymmetrie der Anordnung. So sind in den Figuren 217*a–f* der Symmetrie nach einige verschiedene (homogene) Kreispackungen mit den Koordinationszahlen 3, 4, 5 abgebildet, wobei im Einzelfalle jeder Kreis gleichartig von andern Kreisen umgeben ist. Spuren

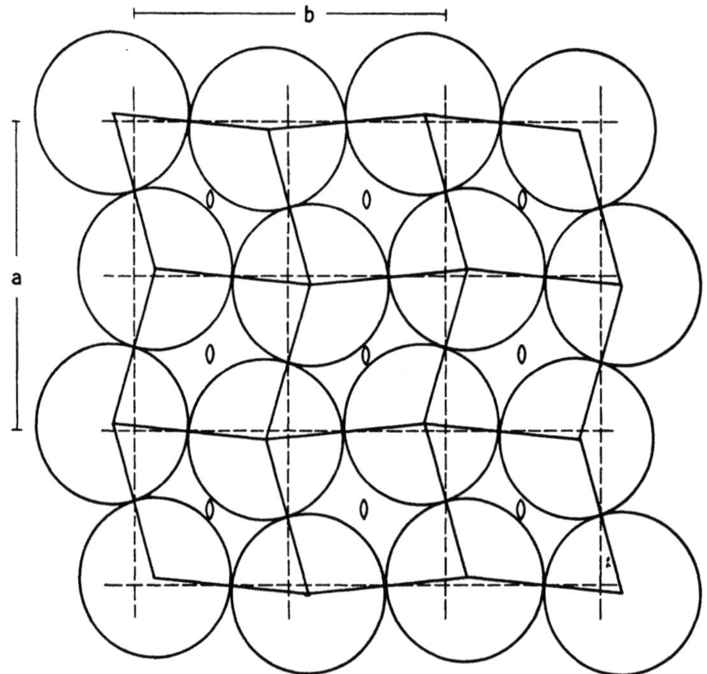

Fig. 217*d*. Kreispackung in der Ebene mit Koordinationszahl 4.

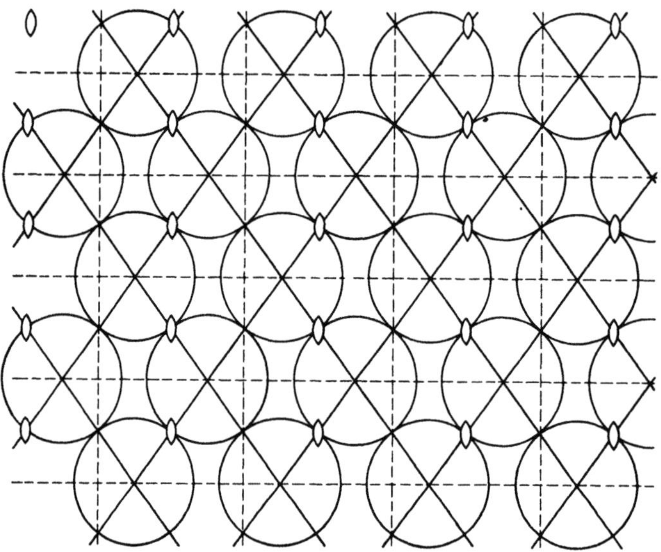

Fig. 217*e*. Kreispackung in der Ebene mit Koordinationszahl 4.

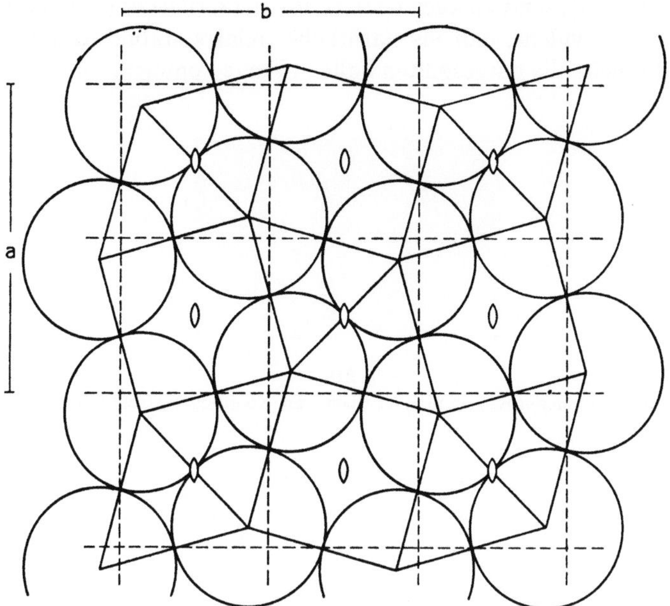

Fig. 217 *f*. Kreispackung in der Ebene mit Koordinationszahl 5.

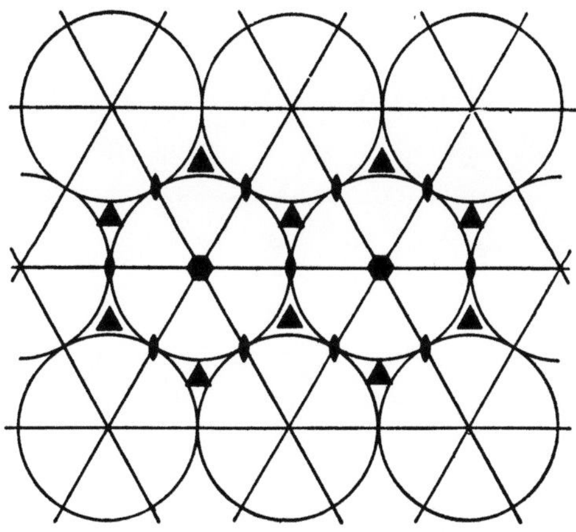

Fig. 217 *g*. Kreispackung in der Ebene mit Koordinationszahl 6.

von Symmetrieelementen (Einstichpunkte von Achsen, Spiegelebenen und Gleitspiegelebenen) senkrecht zur Zeichenebene sind angegeben. Außerdem sind die Mittelpunkte sich berührender Kreise miteinander verbunden.

Ohne weiteres ist ersichtlich, daß die Raumerfüllungszahlen (bzw. die Porenziffern oder die absoluten Porositäten) für die verschiedenen Arten der homogenen Kreispackungen verschieden sind, aber nicht nur den Kennziffern

(Grad der Porosität), sondern auch der *Gestalt der Leerflächen* (bzw. Leerräume) nach. Ferner ist evident, daß als natürliche, relativ stabile Anordnung von Kreisscheiben nicht alle dargestellten Fälle in Frage kommen, sofern es sich um

Fig. 218

Dichteste Packung von einerlei Kugeln in einer Ebene mit Koordinationszahl 6 (entspr. Fig. 217g).

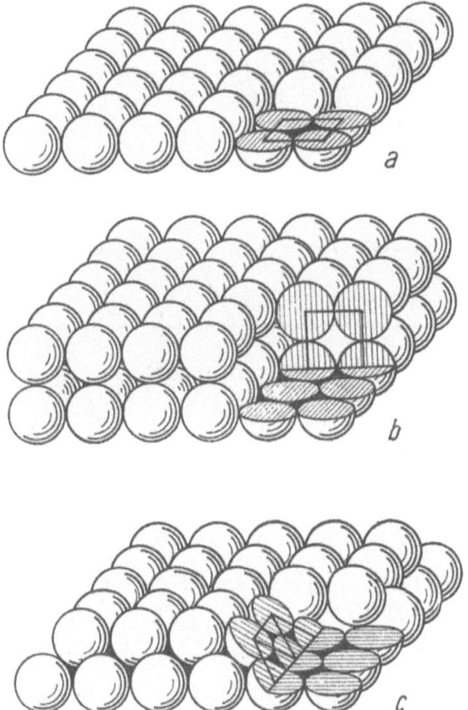

Fig. 219

Quadratische Kugellagen. *a* in einer Ebene; *b* übereinander, so daß die Kugelmittelpunkte Punkte eines Würfelgitters und in *c* so, daß sie Punkte eines zentrierten Würfelgitters bilden.

lose, nicht an den Berührungsstellen verkittete Aggregate handelt. Es würden zum Beispiel manche der gezeichneten Kreisscheibenanordnungen vertikal aufgestellt durch Rütteln oder unter dem Einfluß der Schwerkraft zusammenbrechen und in dichtere Anordnungen übergehen. Aber auch bei vollständiger Verkittung wird die Verbandsfestigkeit, etwa Druck gegenüber, eine verschiedene sein. Unter allen denkbaren homogenen Kreispackungen ist diejenige der Figuren 217 g bzw. 218, mit der höchsten kz 6, die dichteste, das heißt diejenige mit der größten Raumerfüllungszahl φ und der kleinsten absoluten Porosität n. Ganz analoge Überlegungen gelten für die homogenen Kugelpackungen im Raum. Zur Illustration seien nur vier Fälle herausgegriffen.

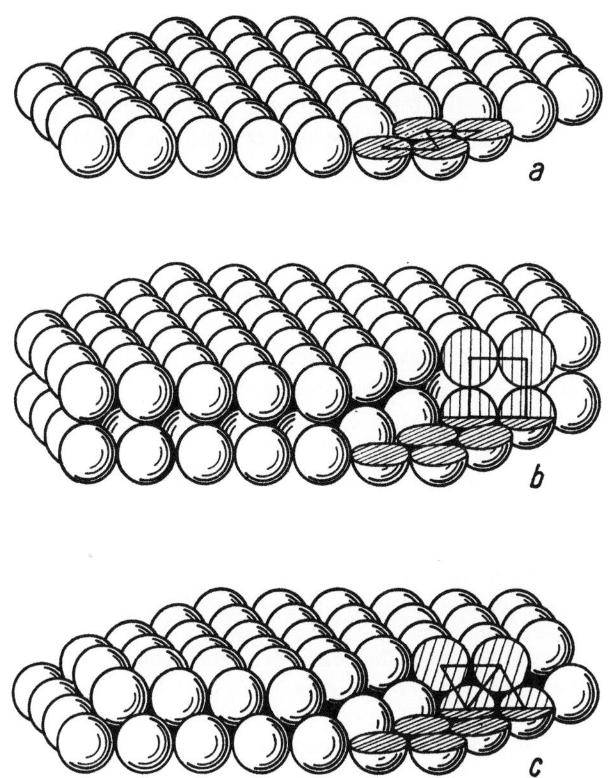

Fig. 220

Hexagonale Kugellagen. a eine Kugelebene; b geschichtet mit Koordinationszahl 8 und c mit Koordinationszahl 12.

Schichtet man über ebenen Kugellagen der Figur 219 a (kz = 4) gleiche Kugellagen derart, daß die Kugelmittelpunkte der verschiedenen Schichten senkrecht übereinander stehen (Figur 219 b), so sind die Kugelmittelpunkte Punkte eines Würfelgitters, jede Kugel berührt 6 andere Kugeln. Schichtet man die Lagen so übereinander, daß die Kugeln der einen Schicht in die «Gruben» der vorhergehenden zu liegen kommen (Figur 219 c), so ergeben die Kugelmittelpunkte ein innenzentriertes Würfelgitter mit der kz 8. Nach analogen Prinzipien kann man Kugellagen der Figur 220 a (kz = 6) übereinanderschichten, senkrecht oder zweifach alternierend. Im ersteren Fall resultiert kz 8, im letzteren kz 12.

Die Raumerfüllungszahlen und absoluten Porositäten dieser 4 herausgegriffenen Fälle lauten:

	kz 6 kubisch	kz 8 kubisch	kz 8 hexagonal	kz 12 je nach Alternieren kubisch oder hexagonal (Figur 221)
φ	0,524	0,680	0,604	0,741
n	47,6%	32%	39,6%	25,9%

$\varphi = 0,741$ entspricht der dichtesten homogenen Kugelpackung, *so daß also die kleinstmögliche absolute Porosität homogener Kugelpackungen 25,9% beträgt.*

Über die rein mechanische Stabilität gegeneinander beweglicher Kugelhaufen kann man sich gewisse Vorstellungen machen und Experimente veranstalten. Man setzt hiebei das Gravitationsfeld voraus, das gestattet, ein «unten» von einem «oben» zu unterscheiden. GRATON und FRASER haben beispielsweise an folgende Charakteristika gedacht. Von zwei Packungen soll diejenige stabiler sein:

1. die dichter ist, also größeres φ besitzt,

2. die die größere Koordinationszahl besitzt,

3. in der die Kugeln einer Kugelschicht mehr Berührungsstellen mit Kugeln der darunter- als der darüberliegenden Schicht aufweisen,

4. die für eine bestimmte Anzahl von Kugeln den tiefer gelegenen Schwerpunkt hat,

5. in der die potentielle Energie der Kugellagen im Mittel geringer ist.

Ein Teil der Erscheinungen des Übergangs einer Kugelpackung in eine stabilere ist als *Verdichtungs-* oder *Setzungsvorgang* beschreibbar. Naturgemäß wird für den Aufbau einer Kugelpackung die Anlage der untersten Kugellage von Bedeutung sein. Es werden an sich nicht die höchstsymmetrischen homogenen Kugelpackungen entstehen, in der jede Kugel sich gleich wie jede andere verhält, sondern lokal inhomogene. Verschiedene Kugelpackungen lassen sich durch Deformationen ineinander überführen. Denken wir uns eine Kugelpackung unter Kräfteeinwirkung deformiert, ohne daß die Kugeln zerbrechen oder ihre Größe verändern, die Deformation sich somit nur in Verschiebungen der Kugeln zueinander auswirkt, so wird während der Deformation das *Porenvolumen* geändert. Ist die dichteste Kugelpackung vorhanden, so wird jede Deformation dieser Art mindestens vorübergehend das Porenvolumen und somit auch das Gesamtvolumen vergrößern. Gleitet zum Beispiel eine Schicht dichtester Kugelpackung über eine Schicht dichtester Kugelpackung, so ist die kleinste Porosität erreicht, wenn die Kugeln der einen Schicht in die Gruben zwischen den Kugeln der andern Schicht fallen. $\varphi = 0,741$. Translatiert als Ganzes die eine Schicht über die andere, so entsteht zum Beispiel bei vertikaler Übereinanderlagerung der oben erwähnte Fall der kz 8 mit $\varphi = 0,604$, das heißt die Porosität ist um etwa 14% gestiegen. Bei Fortsetzung der Schichtentranslation können die Kugeln wieder in die gegenseitige Lage der dichtesten Kugelpackung kommen usw. Daraus geht eine sehr wichtige Erkenntnis hervor:

Bei Deformationen von Kornaggregaten, die nur zu Kornverschiebungen, nicht aber zu Zertrümmerungen führen, ändert sich der Porositätsgrad, indem er in einer Phase der Bewegung größer, in einer andern wieder kleiner wird. Bemerkenswert ist vor allem die Einsicht, daß derartige Deformationen mit einer Ausdehnung, einer Vergrößerung des Porenvolumens, verbunden sein können. Nachdem unter anderen schon MEAD auf diesen Effekt aufmerksam

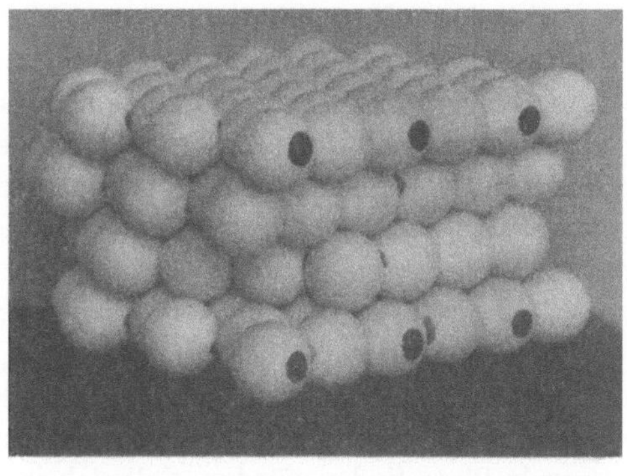

a

b

Fig. 221

a Dichteste kubische Kugelpackung im Raume. Die Kugeln mit schwarzen Flecken stehen senkrecht übereinander; *b* dichteste hexagonale Kugelpackung im Raume. Die Kugeln mit schwarzen Flecken stehen senkrecht übereinander.

gemacht hat, ist er von SANDER *Sperrausdehnung* genannt worden. Darunter werden jedoch oft überhaupt alle bei mechanischen Deformationen entstehenden Porenvolumenvergrößerungen verstanden, die durch das sperrige Verhalten sich gegeneinander verschiebender Körner entstehen. Ja wir können auch Volumvergrößerungen berücksichtigen, die durch das Entstehen von offenen Rissen, Brüchen, Spalten mechanisch erzeugt werden. Gemeinsam ist ihnen, daß sie einer in den Poren befindlichen flüssigen oder gasförmigen, also *völlig beweglichen Phase Gelegenheit zu Wanderungen*, zu verstärkter Imbibition oder (bei Volumenverminderung) zum Ausgequetschtwerden geben. So werden oft im Entstehen die vergrößerten Hohlräume sofort mit diesen beweglichen, wanderungsfähigen Phasen erfüllt, wodurch sich aber auch das Gesamtverhalten des Systems weiteren Beanspruchungen gegenüber verändert. Natürlich können aus derartig wandernden Lösungen Stoffe ausgeschieden werden, die verkitten und ausheilen. Doch damit haben wir uns von dem zunächst betrachteten Idealfall einer homogenen Kugelpackung mit Porenhohlräumen, erfüllt von inerter leichtbeweglicher Phase (Gas oder Flüssigkeit), bereits weit entfernt und müssen zunächst noch andere Komplikationen betrachten.

Schon wenn wir die durch die Figur 217 dargestellten Kreispackungen, die auch ebene Schnitte durch Kugelpackungen darstellen, näher betrachten, sehen wir, daß in den Kugelzwischenräumen Kugeln anderer Durchmesser Platz finden. MANEGOLD und SOLF haben für verschiedene Kugelpackungen den sogenannten mittleren freien Querschnitt q berechnet, der sich für verschiedene hochsymmetrische Kugelaggregate sehr approximativ zu einem Achtel d^2 ergibt, wenn d der Kugeldurchmesser ist. BERTRAM und LACEY haben experimentell an Sandschüttungen $q = 0{,}22\,d^2$ gefunden. Dieser mittlere freie Querschnitt oder ein daraus abgeleiteter mittlerer Porendurchmesser ist nicht identisch mit dem *sphärischen Porendurchmesser*, der angibt, was für maximale Kugelgrößen in den Hohlräumen der Festkugeln Platz finden würden. Soll sich in jedem Zwischenraum nur eine Kugel einlagern, so bestimmt die Art der Konfiguration der vorgegebenen Kugelpackung das Verhältnis der Durchmesser der Kugeln der homogenen Packung zum Durchmesser der eingelagerten Kugeln, also zum sphärischen Porendurchmesser. Sind wie in manchen der gezeichneten Fälle Hohlräume verschiedener Größe vorhanden, so lassen sich auch verschieden große Kugeln einlagern. Nach der Einlagerung ist natürlich das Gesamtporenvolumen kleiner geworden, woraus folgt, daß Packungen mit verschieden großen Kugeln wesentlich *dichter* sein können als Packungen von Kugeln einerlei Größe. Ein Gemisch verschiedener Korngrößen kann somit wesentlich kompakter sein. Es können sich auch statt einer Kugel verschiedene kleinere Kugeln in die Zwischenräume einlagern, wobei wieder die Porengestalt die Zahl und Art dieser Einlagerungen bestimmt, niemals aber wird bei Kugelgestalt der Körner das Porenvolumen Null werden. Anders ist es beispielsweise bei parallelepipedischer Gestalt der Körner, da sind schon bei gleicher Korngröße völlig dichte Packungen möglich. In Wirklichkeit kommen den Körnern eines Mineralaggregates verschiedene Größe und Gestalt zu und die möglichen Porositäten werden weitgehend von Korngrößenverteilung und Korngestalt abhängig. Dabei spielen Vorhandensein oder Nichtvorhandensein gerichteter Texturen eine große Rolle. Wir brauchen ja nur an blättrige oder leistenförmige Kristalle zu denken, die wir gelagert ein sperriges, hohlraumreiches Gefüge, parallel gelagert eine dichte Packung zu liefern vermögen. Werden bei der mechanischen Beanspruchung und Deformation eines relativ gleichkörnigen Körneraggregates einzelne Körner zerbrochen, so ist es möglich, daß sich das Zerreibsel in die vorher vorhandenen Hohlräume einlagert, das Ganze ist *zusammendrückbar* geworden. Würde jedoch bei weitergehender Beanspruchung wieder ein gleichmäßig körniges, nur feineres Trümmeraggregat entstehen, so wäre denkbar, daß sich bei rundlicher Gestalt der Körner das Porenvolumen wieder vergrößert. Es besteht somit kein Zweifel, daß mechanische Deformationen sowohl im Fels- wie im Lockergestein die absolute Porosität weitgehend und in verschiedenem Richtungssinn zu verändern vermögen. In Lockergesteinen mit amorph festen Substanzen spricht man auch von *Wabengefüge* (Mizellenstruktur), *Flockengefüge* und *Krümelgefüge*. Sie unterscheiden sich durch verschiedene Aggregationssubarten und Zustände der Wasseradsorption voneinander.

γ. **Folgen der Porosität, scheinbare Porosität.** Poröse, natürliche Mineralaggregate sind immer zugleich Mehrphasensysteme, die neben festen Phasen eine gasförmige oder flüssige Phase enthalten. Diese Phase (zum Beispiel Luft, Wasser) ist der festen gegenüber beweglich, wodurch sie, wie bereits erwähnt, wanderungsfähig wird und dem Gesamtsystem einen besonderen Charakter verleiht. Fragen der *Durchlässigkeit (Permeabilität), Wasseraufnahme* und *Wasserabgabe, Diffusionsfähigkeit* und *Wanderungsgeschwindigkeit* stellen sich und sind für die Beurteilung des Verhaltens poröser Mineralaggregate von fundamentaler Bedeutung. Von vornherein sei auf zweierlei aufmerksam gemacht:

1. Maßgebend ist für dieses Verhalten nicht die absolute Porosität an sich, sondern die Natur des Porengefüges, das heißt ob es zusammenhängend (kommunizierend) oder nur mit Kapillaren verbunden bzw. aufgelockert ist und wie sich die Querschnittsverhältnisse gestalten.

2. Man hat früher, besonders im Erdbau, ein so entstehendes System feste Phase–Wasser nur vom mechanischen Standpunkte aus, lediglich unter Hinzuzug der die Querschnittsverhältnisse berücksichtigenden Kapillarphysik betrachtet und den Begriff des «gespannten Porenwassers» geprägt. Bei gewissen Materialien und Korngrößen treten jedoch Phänomene engster Wechselwirkung zwischen Festbestandteilen und Wasser oder unter Umständen auch (wie zum Beispiel beim Schnee) zwischen Kristallen und einer Gas- oder Dampfphase auf. Die Kombination Fest und Flüssig-gasförmig läßt sich dann nicht als rein mechanisches Gemenge behandeln; es treten an den Berührungsflächen (und oft sogar interkristallin) Phänomene auf, die, selbst wenn man sie als sogenannte Adsorptionen zu beschreiben sucht, chemische Veränderungen darstellen. Kolloidchemische und kristallchemische Phänomene müssen daher auch für die technisch-geologische Beschreibung des Verhaltens der Lockergesteine in Bodenkunde und Erdbau mit in Betracht gezogen werden.

Sind im Innern eines Gesteins Hohlräume vorhanden, die mit der Gesteinsaußenfläche in keinerlei oder schwer herzustellender Verbindung stehen, oder kann ohne Druckanwendung die Luft nicht von Wasser verdrängt werden, so lassen sie sich von außen her nicht mit Wasser füllen. Die *Wasseraufnahmefähigkeit* eines abgegrenzten Gesteinsteiles wird daher nicht durch die absolute Porosität bestimmt, sondern durch den mit den Außenflächen kommunizierenden oder wenigstens wirklich füllbaren *Porenraum*. Nun können die in einem Gestein sich vorfindenden Poren ganz verschiedener Entstehung sein. Es sind keineswegs nur, wie man vielleicht aus den vorhergehenden Überlegungen schließen würde, Packungshohlräume, die bei einer Ablagerung oder Kristallisation offen (oder von flüssiger bzw. gasförmiger Phase erfüllt) blieben oder die als Folge mechanischer Deformationen entstanden. Hohlräume entstehen unter anderem auch als Blasenhohlräume, wenn sich bei der Erstarrung einer Schmelze Gasblasen entwickeln, oder sie bilden sich infolge nachträglicher Auslaugungsprozesse bzw. Umsatzprozesse mit Stoffverlust oder Schrumpfung. Anordnung und Gestalt sind daher recht variabel. Allerdings werden Hohlräume bei späteren tektonischen Vorgängen, weil sie in bezug auf die Festigkeit Schwächestellen sind, gerne durch *Haarrisse* miteinander verbunden. Nicht füllbar sind jedoch bei einer Permeation nicht nur abgeschlossene sack- oder blasenförmige Hohlräume, sondern auch Kanäle, an deren Enden keine Druck- oder Konzentrationsunterschiede auftreten. Für die Füllungsgeschwindigkeit oder Durchflußgeschwindigkeit spielen spezielle Anordnungsfaktoren (sogenannte Labyrinthfaktoren) eine Rolle. Die Poren im weitern Sinne unterscheidet man nur sehr qualitativ und in nicht durchwegs übereinstimmender Weise als

	mehr rundlich	mehr eckig
Poren	Blasen, Großporen	Lücken
(porig)	(blasig)	(lückig)
Durchmesser bis 2 mm	über 2 mm	

Drusig heißt eine Textur, sofern von den Wänden aus in unregelmäßig gestaltete Hohlräume Neukristallbildungen (Kristalldrusen) hineinragen. Kleindrusig wird auch *miarolithisch* genannt. Auf alle Fälle ist es technologisch notwendig, der Mikroporosität besondere Aufmerksamkeit zu schenken. Als *Mikroporen* werden im allgemeinen Poren mit Durchmessern kleiner als 0,005 mm bezeichnet, also mit Dimensionen, die eine kapillare Steighöhe von ungefähr 600 mm überschreiten. Oft ist die Mikroporosität ziemlich unabhängig von der Makroporosität (Feinporen bis 0,2 mm Durchmesser, Grobporen bis 2 mm Durchmesser, daran anschließend Blasen etc.) entwickelt.

Um sich bei einem Felsgestein in Handstückform ein Bild von der Porenverteilung und Wasseraufnahmefähigkeit zu machen, bestimmt man die sogenannte *scheinbare* (auch etwa effektiv genannte) *Porosität n^**,

$$n^* = \frac{\text{von außen her mit Wasser erfüllbares Porenvolumen}}{\text{Gesamtvolumen}} \cdot 100.$$

Man läßt das vorerst getrocknete Gestein unter günstigen Bedingungen Wasser bis zur Sättigung aufsaugen, bestimmt die Gewichtszunahme und daraus das Volumen des aufgenommenen Wassers und vergleicht dies mit dem Gesamtvolumen. Recht häufig begnügt man sich, in Prozent des Trockengewichtes des Gesteins die Wasseraufnahme w (auch Absorptionskoeffizient genannt) als

$$w = \frac{\text{Gewicht des aufgenommenen Wassers}}{\text{Gewicht des trockenen Gesteins}} \cdot 100$$

zu bestimmen.

Beim spezifischen Gewicht 1 des Wassers muß $w\gamma = n^*$, die scheinbare Porosität, werden. Dabei ist jedoch zu berücksichtigen, daß verschiedene Durchfeuchtungsarten verschiedene w-Werte ergeben. Damit Wasser in alle kommunizierenden Poren eindringen kann, muß die darin befindliche Luft entweichen können. Hiefür günstige Bedingungen sind langsames Eintauchen in Wasser bzw. kapillares Aufsaugen bei zunächst noch freigehaltener Oberfläche oder gar Durchfeuchtung im Vakuum. Auch Durchfeuchtung unter verschiedenen Drucken, zum Beispiel bis zu 150 Atmosphären, wird angewandt (Einpressung).

So nennt man beispielsweise das Verhältnis

$$\frac{\text{Wasseraufnahme bei langsamem Eintauchen bei gewöhnlichem Druck}}{\text{Wasseraufnahme unter 150 Atm. Druck}}$$

oft den *Sättigungskoeffizienten S*. Bei gerichteten Texturen wird man auch feststellen können, daß die Wasseraufnahme in verschiedenen Richtungen voneinander differiert, weil der Porenzusammenhang selbst richtungsverschieden ist. Verwendet man ein Prisma und läßt jeweilen nur ein Flächenpaar frei, indem die anderen Flächenpaare mit einer wasserundurchlässigen Schicht umhüllt werden, so wird die Wasseraufnahme für Flächenpaare, die zur Haupttexturrichtung unterschiedlich orientiert sind, nicht die gleichen Werte ergeben. Sehr häufig wird beispielsweise parallel zu Schicht- oder Schieferflächen (also offene Grenzflächen senkrecht dazu) die Wasseraufnahme größer sein als senkrecht zu diesen Texturflächen.

Durch Bildung der Verhältniszahlen erhält man sogenannte *Wasserverteilungskoeffizienten*. Um sich über die Porenzusammenhänge ein Bild machen zu können, läßt man auch farbige oder fluoreszierende Lösungen aufsaugen. Die Farbverteilung gestattet dann verschiedene Porositätstypen auseinanderzuhalten oder die normale Reichweite von Infiltrationen zu erkennen.

Zu beachten ist, daß derartige Versuche über die Wasseraufnahmefähigkeit und -durchlässigkeit nur die Verhältnisse des Probekörpers kennzeichnen. Ist dieser so gewählt, daß die im großen im Gesteinskörper erkennbaren Risse, Spalten, Fugen den Probekörper nicht durchsetzen, so wird die gesamte auf Klüftigkeit beruhende Durchlässigkeit unberücksichtigt bleiben. Es können jedoch im Handstück sehr porenarme Gesteine grobklüftig und deshalb als Gesteinskörper wasserdurchlässig sein.

Die *Durchlässigkeit, Fließgeschwindigkeit, Filtergeschwindigkeit* in einem Gesteinskörper (wichtig für die Beurteilung des Untergrundes, der Wasserführung und der Bodenverhältnisse) läßt sich selbst bei mangelnder chemischer Oberflächenreaktion zwischen Festkörper und Wasser nicht unmittelbar aus der scheinbaren Porosität berechnen. Sie ist in sehr komplizierter Weise von verschiedenen Faktoren abhängig und bleibt für natürliche Mineralaggregate theoretisch unbestimmt. Die Änderung des vom Durchfluß benutzten Querschnittes ist, wie man sich an Hand der Figuren 217 überzeugt, selbst in homo-

genen Kugelpackungen eine außerordentlich starke, wodurch die Strömung
ihren Charakter ändert, in verschiedener Weise Reibung, Adhäsion, Kapillar-
kräfte zur Geltung kommen. Nun spielt auch der absolute Durchmesser der
Poren eine Rolle, so daß Gesteine mit gleicher absoluter und scheinbarer
Porosität, jedoch verschiedener Dimensionierung von Körnern und Poren,
sich verschieden verhalten müssen.

Seit DARCY haben sich viele mit diesen bautechnisch wichtigen Fragen befaßt;
es seien nur beispielhaft erwähnt: SMERKER, SLICHTER, HAZEN, TERZAGHI,
CORRENS, FANCHER, LEWIS und BARNES, FAIR und HATEL. DARCY hat für lami-
nares Fließen die heute umstrittene Formel aufgestellt

$$V = k \cdot F \cdot s$$

mit V = Fließvolumen pro Sekunde, F = Querschnitt, s = Spiegelgefälle oder
hydraulischer Gradient (Druckverlust pro Längeneinheit, oder Höhenunter-
schied dividiert durch Länge) und k eine Materialrichtungskonstante, der *Durchlässigkeitskoeffizient*, Permeabilitätsfaktor oder die *Durchlässigkeitsziffer*.

Die *Durchlässigkeitsziffer* ist somit der Quotient aus der Durchflußmenge
pro Flächeneinheit der durchströmten Schicht und dem hydraulischen Gefälle.
Die Gleichung von DARCY setzt voraus, daß die Strömungsgeschwindigkeit proportional mit diesem Gefälle zunimmt, was für sehr durchlässige Aggregate nicht
zutrifft. Außerdem ist für ein und dasselbe Festkörperaggregat k von der Porosität,
das heißt dem (zum Beispiel durch Drucksetzung veränderlichen) Grad der Ver-
dichtung abhängig, also ist k in verschiedener Hinsicht variabel und nicht eine
einfache Materialkonstante. Wesentlich ist es, dieses k, von der Größe einer Geschwindigkeit, experimentell zu bestimmen oder aus Gefügegrößen abzuleiten,
wobei natürlich auch Temperatur, Druck und Viskosität (innere Reibung) der
flüssigen Phase zu berücksichtigen sind. Die Mannigfaltigkeit, die den natürlichen Porengefügen zukommt, läßt verstehen, daß alle Ableitungsversuche (zum
Beispiel unter Benützung sogenannter errechneter «hydraulischer Querschnitte»)
nur für außerordentlich idealisierte Fälle durchführbar sind. So bleibt im allgemeinen nur übrig, für typische, sich angenähert wiederholende natürliche Gefüge
die Größen *empirisch* zu bestimmen. In der Natur interessieren im übrigen auch
die entsprechenden Koeffizienten mit Erdöl als flüssiger oder gasförmiger Phase,
da Wanderungen des Erdöls in porösen Gesteinen zur Anreicherung dieses
wichtigen Rohstoffes führen.

Bei einer Diffusion tritt bereits in Poren mit $d < 10^{-5}$ cm an Stelle der normalen Diffusion die sogenannte *Knudensche Kapillardiffusion* auf, wobei sich
der Einfluß der Molekulargröße der diffundierenden Teilchen bemerkbar
macht. Bei Adsorption durch die Porenwände kommt die Oberflächen-
diffusion hinzu (Volmersche Diffusion). Beide besitzen bei Gasen eine andere
Abhängigkeit vom Druck als die reine Diffusion.

Wieder in ganz anderer Weise sind die Fragen der *Wasserführung* loser
Mineralaggregate zu behandeln, wenn darin Korngrößen der pelitischen Korn-
klassen eine wesentliche Rolle spielen. Jetzt wird das Wasser von den Kornoberflächen festgehalten, kann sogar in Schichten der kleinsten Kriställchen adsorptiv eindringen (interlamellare Wasseraufnahme) und beginnt mit
den Festbestandteilen zusammen eine plastisch verformbare Masse zu bilden.

An Stelle der Durchlässigkeit tritt die *Wasserhaltung*. Es wird darauf später zurückzukommen sein. Es sind dann auf alle Fälle die Wassergehalte für verschiedene Zustandsformen des Lockeraggregates zu bestimmen, beispielsweise der Wassergehalt im natürlichen Zustand und bei gewissen Konsistenzarten des Materials. Durch Wasseraufnahme oder Wasserabgabe wird das Gesamtverhalten geändert; jede rein mechanische Betrachtung, die das Ganze nur als Gemenge sich nicht gegenseitig beeinflussender Festkörper und flüssiger Phase ansieht, versagt prinzipiell. Die Wasseraufnahme in Prozenten des Trockengewichtes, verbunden mit Quellung, kann ein Vielfaches des Trockengewichtes sein, zum Beispiel rund 700% für gewisse Bentonittone. Andererseits kann aber auch die Porosität sehr groß sein, zum Beispiel in manchen Seekreiden und humusreichen Lehmen 35–90%. Kapillare Steighöhen des Wassers bis 0,5 m bei 1 kg/cm² Wasserdruck werden in Lockergesteinen (zum Beispiel Kiesen, Sanden) als klein bezeichnet; groß bis sehr groß sind (zum Beispiel in Silt und Ton) kapillare Steighöhen von mehr als 2 oder 5 m.

D. Angaben über technische Eigenschaften der Mineralaggregate und ihre Beziehung zu Mineralbestand und Gefüge

An Hand einiger von der Technik oft gebrauchter Größen seien kurze Hinweise gegeben, wie sehr die Materialeigenschaften der Gesteine von Mineralbestand und Gefüge abhängig sind. In der Hauptsache kann jedoch auf das im gleichen Verlag erscheinende Werk «Technische Gesteinskunde» von F. DE QUERVAIN und A. VON MOOS verwiesen werden, in dem diese Fragen eingehend behandelt werden.

a) *Verbandsstärke*

α. **Festigkeit.** Unter Festigkeit (Beanspruchung bis zum Verschiebungs-, Gleit- oder Trennbruch) eines Gesteins kann man dem gewöhnlichen Sprachgebrauch nach sehr Verschiedenes verstehen. Relativ eindeutig ist die Bezeichnung für *Druckfestigkeit, Zugfestigkeit, Biegungsfestigkeit, Scher-* oder *Schubfestigkeit.* Sie wird an sorgfältig gewonnenen Probekörpern eines Gesteins bestimmt, die hinsichtlich der Elementargrößen (siehe Seite 125) überdimensioniert sein müssen, jedoch frei sein sollen von Klüftung, die erst für den Gesteinskörper als Ganzes charakteristisch ist. Klüftungen und Absonderungen sowie Teilbarkeiten nach s-Flächen bestimmen ja die Größe des verwendbaren Materials in relativ homogener Stückform. Zu beachten ist für den Ingenieur, daß technologische Resultate an solchen Probekörpern immer nur für die ausgewählten Stückformen gelten, nicht für das Material eines ganzen Steinbruches oder einer Schicht bzw. eines Gesteinskomplexes. Der Geologe und Petrograph muß die Probenahme durchführen und Mittel- und Grenzfälle mit berücksichtigen. Er allein kann beurteilen, inwiefern und für welche Teile des Abbaues bestimmte Werte einigermaßen verbindlich sind. Gutachten von Materialprüfungsanstalten ohne zugehörige geologisch-petrographische Vernehmlassung sollten für Natursteine in Rücksicht auf die Variabilität der natürlichen Vorkommnisse als wertlos erklärt werden.

Das Verhältnis zwischen den verschiedenen Festigkeiten ist, wie zu erwarten, von dem Gefüge und dem Mineralbestand stark abhängig. Oft ist die Druckfestigkeit 15- bis 40mal größer als die Zugfestigkeit, 10- bis 18mal größer als die Scherfestigkeit und 8- bis 15mal größer als die Biegungsfestigkeit. Die Druckfestigkeiten guter natürlicher Bausteine besitzen Werte zwischen wenigen 100 bis zu über 3000 kg/cm². Diese für Normalbauten wichtigen Festigkeiten werden im Kurzzeitversuch und ohne größeren Manteldruck bestimmt. Für das Verhalten der Gesteine im Erdinnern sind Festigkeiten maßgebend, die nur durch Dauerversuche bei höherem allseitigem Druck bestimmbar sind. Kriechen oder Fließen kommen mit in Betracht (siehe IV. Kapitel).

β. **Verbandsfestigkeit und Abnutzbarkeit.** Etwas ganz anderes versteht man unter dem Begriff *Verbandsfestigkeit* eines Gesteins. Man will damit gewissermaßen ein Urteil über den natürlichen Körnerzerfall, zum Teil auch über Abbau oder Bearbeitung fällen. Schon Einteilungen in *Lockergesteine* und *Felsgesteine, lose* und *verfestigte* Massen, an Luft oder in Wasser zerfallende Aggregate, in *bindige (kohärente), nichtbindige, schwachbindige,* in *felsige* und *sandartige (rollige) Gesteine* geben über die Verbandsverhältnisse Auskunft. Ob ein Abbau mit Schaufeln, Baggern, Pickeln (Pickelfels) oder durch Sprengung erfolgen muß, sagt weiteres über diesen Charakter der Gesteine aus. Man hat auch einen Begriff *Gewinnungsfestigkeit* geprägt, der die Arbeitsleistung pro 1 m³ Abbau angeben soll, der jedoch keine eigentliche Gesteinskonstante sein kann, sondern von Verwitterung, Durchklüftung, Lagerungsverhältnissen usw. abhängig ist. Der natürliche Zerfall des Gefüges aller den Atmosphärilien ausgesetzten Gesteine hat bereits sehr komplexe Ursachen und gehört in das Gebiet der Fragen nach der *Wetterbeständigkeit.* Allein gewisse Zerfallsformen seien hier schon erwähnt und charakterisiert.

Absanden: Zerfall des Gesteins in die Gefügekörner infolge geringer Bindung, bzw. Verlust der Bindung.

Zerbröckeln: Zerfall des Gesteins in Kornhaufwerke kleinerer oder größerer Dimensionen infolge Rißbildung bei nur teilweiser Lockerung des Zusammenhanges. Gefügeregelungen spielen eine große Rolle. In Gesteinen mit s-Flächen tritt oft ein *Abblättern* auf.

Abschalen: Schalenbildung infolge Entstehen von Verfestigungs- und Lockerungszonen parallel der Oberfläche und Abfall dieser Schalen; meist von sehr komplexer Entstehung (Stoffwanderungen, Temperatureinflüsse, Schwindungsprozesse).

Temperaturwechsel führt infolge der verschiedenen Ausdehnungskoeffizienten der Einzelmineralien in verschiedenen Richtungen gleichfalls zum Zerfall. Wärmewechselversuche werden im Laboratorium durchgeführt.

Die *Verbandsfestigkeit der Felsgesteine* wird selbstredend in erster Linie durch das Gefüge bzw. die Art der Verbindung und Bindung der Gefügekörner bestimmt. Unregelmäßige Korngrenzflächen (Implikationsgefüge) liefern unter sonst gleichen Bedingungen verbandsfestere Gesteine als einfache, ebene oder rundliche Korngestalten bei Mosaikstruktur.

In einem gewissen Zusammenhang steht damit eine Eigenschaft, die für Aggregate nicht leicht zu definieren ist: die *Zähigkeit*, die aber für die Bearbeitbarkeit, sofern nicht natürliche Teilbarkeiten des Gesteinskörpers benutzt werden, wichtig ist. Schon beim Versuch, mit dem Hammer Handstücke zu schlagen, erkennt man, wie groß die Unterschiede in der Zähigkeit verschiedener Gesteine sind. In der Technik identifiziert man etwa mit dem Begriff der Zähigkeit den *Widerstand gegen Stoßwirkung*. Verschiedene Methoden sind ausgedacht worden, um experimentell gewinnbare Vergleichsziffern zu erhalten.

Die Zähigkeit spielt besonders bei Verwendung von Gesteinen als Pflastersteine eine große Rolle, wobei indessen auch Schlagfestigkeiten anderer Art und sogenannte *Kantenfestigkeiten* von Bedeutung sind (Kantenfestigkeit = Widerstand der Kanten eines formatisierten Stückes gegen Absandung und Absplittern). Schlagfestigkeiten (mittels Stampfproben) sowie *Zermalmungsfestigkeiten*, die alle irgendwie mit der Zähigkeit im Zusammenhang stehen, werden auch dadurch bestimmt, daß man den *Bruchsand* oder *Kornabrieb* bestimmt. Letzteres beispielsweise in einer Trommelmühle, in der sich neben dem Material in Stückform Stahlkugeln befinden. Auch die so gewonnenen Zahlen beziehen sich auf komplexe Eigenschaften, unter denen die *Härte* figuriert.

Aber auch die *Härte* ist eine vieldeutige Eigenschaft, die zudem oft der *Abnutzbarkeit* gleichgestellt wird. *Ritzhärte* ist der Widerstand eines Körpers gegen das Eindringen einer Spitze, die in bestimmter Richtung mit womöglich bestimmtem Druck über eine Fläche gezogen wird. Nach der gemittelten Ritzhärte in verschiedenen Richtungen ordnet man die Mineralien in 10 Härtestufen ein (*Mohssche Härteskala*). Jedes Mineral einer höheren Stufe vermag Mineralien tieferer Stufen zu ritzen. Die Skala lautet:

Stufe   1   2   3   4   5   6   7   8   9   10
    Talk Gips Calcit Fluorit Apatit Feldspat Quarz Topas Korund Diamant

Die Härte von Quarz, der sich im Staub häufig vorfindet, muß nahezu erreicht sein, soll die polierte Fläche eines Minerals nicht relativ rasch ihre Politur verlieren (zum Beispiel müssen gute Edelsteine größere Härte als 7 besitzen). Man gibt Härten, die zwischen denen zweier Standardmineralien der Skala gelegen sind, qualitativ als Halbwerte an, zum Beispiel zwischen 5 und 6 als 5½. Genaue Bestimmungen der Ritzhärte und ihrer Abhängigkeit von der Richtung werden mit besonderen Apparaten, *Sklerometern*, durchgeführt; dann lassen sich auch weitere Untereinteilungen konventionell festlegen. Die Mohssche Härteskala besitzt jedoch, absolut genommen, sehr ungleich große Intervalle. Von einer Ritzhärte polymineralischer Gesteine kann bei der ungleichen Härte der Mineralien nicht gesprochen werden.

Die Unterscheidung in *Hart-* und *Weichgesteine* im Bauwesen benutzt Unterschiede in der Druckfestigkeit, Bearbeitbarkeit und Verbandsfestigkeit und nur teilweise die Härte der Hauptmineralien.

Die *Schleifhärte* mißt den Abrieb einer ebenen Fläche eines Minerals oder Gesteins, die bis zur Unwirksamkeit des Schleifpulvers (meist 100 mg Korundpulver von 0,2 mm Korngröße pro 1 cm² Fläche) auf einer Scheibe abgeschliffen wird. Diese Härte ist dem Volumen des Abgeschliffenen umgekehrt proportional. Sie wird nach Rosiwal in Tausendsteln der mittleren Korundschleifhärte angegeben. Bei Kristallen allerdings ist diese Schleifhärte von der Flächenlage abhängig (Figur 222).

Mit Schleifmaschinen werden nach Bauschinger und anderen ähnliche Abnützungen an würfelförmigen Probekörpern bestimmt, die unter einem bestimmten Druck gegen eine rotierende horizontale Gußeisenscheibe gepreßt werden. Bei allen diesen Prozessen werden indessen nicht nur Materialverluste infolge der Härteunterschiede als Abrieb der Einzelmineralien entstehen, auch Kornbindungen können gelockert werden, so daß sich ganze Körner loslösen.

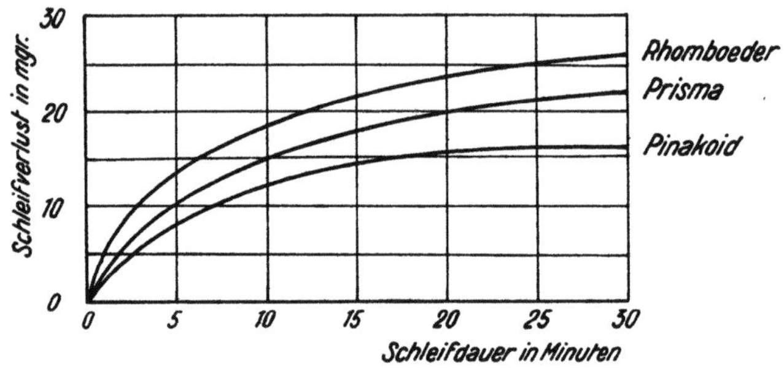

Fig. 222
Diagramm mit Kurven verschiedener Schleifverluste in Abhängigkeit der Kristallfläche bei Quarz.

Es spielen somit wieder neben dem Mineralbestand die Gefügeeigenschaften eine Rolle. Das gilt auch für die Abnützbarkeitsprobe mittels des *Sandstrahlgebläses* nach Gary. Hiebei wird während 2 Minuten mit 3 Atmosphären Druck bestimmt gekörnter Quarzsand im Wasserdampf- oder Luftstrahl aus bestimmter Entfernung auf eine durch Schablone abgedeckte Probefläche des Gesteins geblasen und der durch Abrieb und Kornverbandslockerung entstehende Gewichtsverlust pro 1 cm² der Probefläche berechnet. Es treten hiebei Inhomogenitäten, Texturregelungen im Abnutzungsbild deutlich hervor.

Bohrhärten oder *Bohrfestigkeiten* geben die von einer Bohrmaschine zu leistende Arbeit an, um Bohrlöcher einer gewünschten Tiefe zu erhalten. Die Widerstandsfähigkeit von Dachschiefern gegen Hagelschlag wird durch Vorrichtungen gemessen, bei denen durch Fallenlassen von kleinen Stahlkugeln auf die Schieferfläche die Reaktion gegen Körnerschlag festgestellt wird usw.

Man sieht, wie bei vielen dieser Methoden Gesteine wie homogene Körper behandelt werden und versteht, daß die gewonnenen Zahlenwerte nur dann einigermaßen leicht interpretierbar sind, wenn feinkörnige, einheitlich struierte und unzerklüftete Gesteinsproben vorliegen. Es ist sinnlos, solche Zahlenwerte zu bestimmen und zu Vergleichen zu verwenden, wenn nicht gleichzeitig geologisch-petrographische Felduntersuchungen und mikroskopische Charakterisierung der Aggregate erfolgen. Die Materialprüfungsanstalten müssen mit den mineralogisch-petrographischen Instituten zusammenarbeiten.

Daß auch alle anderen bautechnisch wichtigen Gesteinseigenschaften von Mineralbestand und Gefüge abhängig sind, ist selbstverständlich. Es sei nur an das *Wärmeleitvermögen* und die *Isolationsfähigkeit* (in verschiedener Hinsicht, zum Beispiel auch gegen Schall) erinnert, für welche die Porositätsverhältnisse so wichtig sind wie die Mineraleigenschaften.

b) *Frost- und Wetterbeständigkeit*

Das Verhalten der Gesteine Frost, Wasser und Atmosphärilien gegenüber führt zu dem Vorgang der *Verwitterung*, der die Vorbedingungen für die Bildung einer großen Klasse sekundärer Gesteine schafft. Aber das, was im großen im Gesteinskörper und im natürlichen Verband vor sich geht, steht unter etwas anderen Voraussetzungen als das, was sich am Bauwerk oder im Straßenbelag bei künstlicher Gesteinsmischung abspielt. Weit mehr als für das komplizierte Geschehen im natürlichen Verband vermögen Experimente Einblick in die Widerstandskraft zu gewähren. So lassen sich oft Frost- und Wetterbeständigkeit der Gesteine einerseits aus den Untersuchungen über Mineralbestand und Gefüge theoretisch ableiten und anderseits durch experimentelle Methoden ziffernmäßig kennzeichnen. Zudem gewinnt man durch den Vergleich der Ergebnisse beider Verfahren wenigstens in Elementarvorgänge des natürlichen Gesteinszerfalles und der Gesteinsverwitterung wertvolle Einblicke.

α. **Frostbeständigkeit.** Zu dem Zerfall von Gesteinen infolge der bei starken Temperaturschwankungen entstehenden Spannungen (Anisotropie der Wärmeausdehnung bei Kristallen) gesellt sich unter besonderen klimatischen Bedingungen die sprengende Wirkung gefrierenden Wassers in Hohlräumen (Ausdehnung des Wassers beim Gefrieren). Da Eis von 0^0 unter Atmosphärendruck ein um 9% größeres Volumen besitzt als Wasser unter den gleichen Bedingungen, wird im allgemeinen die Sprengwirkung erst eintreten, wenn Poren zu über 90% mit Wasser gefüllt sind; eine Sättigungsziffer unter 0,8 bis 0,9 bietet somit im allgemeinen keine Gefahr. Allein die Gesamtverhältnisse sind sehr kompliziert (SCHMÖLZER, KIESLINGER, FILLUGER, HONIG, MANN, RÖSCHMANN, BESKOW, KESSLER, SPAČEK, DE QUERVAIN und andere). Porenform, Porenoberfläche, Verbindung der Poren unter sich und mit der Gesteinsoberfläche, ferner die Elastizitätsverhältnisse und Ausdehnungskoeffizienten des Gesteinsmaterials müssen mit berücksichtigt werden. Es ist nicht gleichgültig, ob der Erstarrungsvorgang sich rasch oder langsam vollzieht, ob er unter gewöhnlichem Druck in nach außen offenen Poren oder bereits unter einem Eispanzer im Innern vor sich geht. Es muß somit neben der Kenntnis des Ablaufes der Frostprozesse eine genaue Untersuchung der absoluten und scheinbaren

Porosität, der Wasseraufnahme unter verschiedenen Bedingungen und des mikroskopisch feststellbaren Porengefüges erfolgen. Dann erst lassen sich über die Frostbeständigkeit eines Gesteins Aussagen machen.

Die praktische Prüfung auf Frostbeständigkeit soll Vergleichszahlen liefern, die naturgemäß, wie alle Meßresultate technologischer Untersuchungen, zunächst nur die Probekörper kennzeichnen. Auch hier gilt, daß nur der Petrograph Auskunft geben kann, ob die Probeentnahme so erfolgt ist, daß sie über ein Gesteinsvorkommen oder eine Lieferung von Gesteinsmaterial verwertbare Mittelangaben gestattet. Man versucht die natürlichen Vorgänge nachzuahmen, muß jedoch, um die Versuchszeit abzukürzen, die Bedingungen verschärfen (stärkere Porenfüllung, größere Temperaturunterschiede, rasch sich abspielender Temperaturwechsel). Nur diejenigen Resultate lassen sich unmittelbar miteinander vergleichen, die unter möglichst gleichen Versuchsbedingungen erhalten wurden.

β. **Wetterbeständigkeit.** Eine außerordentlich komplexe Erscheinungsgruppe wird unter dem Begriff der Wetterbeständigkeit zusammengefaßt. Man will auf die Frage: «wie verhält sich an einem Bauwerk ein Baustein, der den Witterungseinflüssen ausgesetzt ist?» eine Antwort geben, wobei es ganz selbstverständlich ist, daß die Art der Exposition, das Klima, die Einwirkungszeit die Beantwortung mit bestimmen. Physikalische und chemische Einwirkungen, die großen Schwankungen unterworfen sind, müssen in Betracht gezogen werden. Nach DE QUERVAIN sind besonders wichtig:

α. Temperaturschwankungen; in West- und Mitteleuropa von etwa − 30⁰ bis über + 50⁰ C (Strahlungswärme);

β. Regenfall, insbesondere Schlagregen;

γ. Luft- und Bodenfeuchtigkeit;

δ. Frost;

ε. chemische Einwirkung der normalen Bestandteile der Atmosphäre ohne Wasser (CO_2, O_2);

ζ. chemische Einwirkungen der künstlich in die Lufthülle gebrachten Gase, weit vorwiegend Rauchgase, worin neben CO_2 die schweflige Säure und die daraus durch Oxydation entstandene Schwefelsäure wirksam sind; sprengende Wirkung bei Wasseraufnahme der Salze, insbesondere Sulfate;

η. Einwirkung fester Teilchen (Sand, Staub, Ruß);

ϑ. Wirkungen des Windes (meist in Verbindung mit *β* oder *η*);

ι. Wirkungen des Lichtes;

κ. Einwirkungen von Pflanzen und Tieren aller Art.

Von diesen Einwirkungen sind in großen Städten und industriereichen Ortschaften folgende für die Zerstörungen besonders wichtig: *β*, *γ*, *δ*, *ζ* und *η*. Anwesenheit von Wasser in flüssiger oder gasförmiger Form ist für fast alle Vorgänge von Bedeutung.

Zunächst muß man das Verhalten der *Einzelmineralien* Wasser, Atmosphärilien und Rauchgasen gegenüber kennen. Es kommen hiefür weniger die im Gesteinskörper sich abspielenden und Zeiträume von geologischem Ausmaß benötigenden Verwitterungserscheinungen in Frage als die in relativ kurzer Zeit (zehn bis Hunderte von Jahren) auftretenden Veränderungen. Man hat etwa zu unterscheiden:

a) *Gefügebestandteile, die Wasser aufnehmen* und *abgeben können* (*quellen und schrumpfen*), wodurch der Zusammenhalt gelockert wird und die Gefahr des Ausschlämmens entsteht. Es sind das besonders die pelitischen Stoffe und gelartigen Bestandteile der halbfesten bis relativ lose gebundenen Gesteine. Zu beachten ist aber auch folgendes. Aus Verwitterungslösungen können sich Salze, besonders Sulfate, ausscheiden, deren Kristallwassergehalt schon in den Temperaturintervallen eines Klimas sehr stark wechselt. Diese Kristalle nehmen in Abhängigkeit vom Dampfdruck und der Temperatur Wasser auf oder geben Wasser ab, indem sich Hydrate mit verschiedenem Wassergehalt bilden. Die Bildung kristallwasserreicher Na- und Mg-Salze aus anhydren Salzen oder wasserärmern Verbindungen ist jedoch oft mit starker Volumausdehnung verknüpft, so daß ähnliche Sprengwirkungen wie durch Frost erzeugt werden können. Bekannt ist auch die Volumvergrößerung bei der Gipsbildung aus Anhydrit (Salzsprengung).

b) Mineralien, die im Wasser mehr oder weniger leicht löslich sind und daher *ausgelaugt* werden können. So sind zum Beispiel Salze wie Steinsalz, Sylvin leicht löslich, gesteinsbildende Karbonate und Sulfate bereits schwerer löslich. Die Löslichkeit, allerdings meist verbunden mit der Bildung neuartiger Ionen in der Lösung, wird oft bei Aufnahme von Bestandteilen wie CO_2, SO_3, SO_4 in Wasser stark erhöht. So vermögen CO_2-haltige Wasser Calciumkarbonat viel leichter anzugreifen, und in Wasser gelöste, S-Verbindungen enthaltende Rauchgase wirken außerordentlich zersetzend.

c) Schon in diesen Fällen handelt es sich dann beim Angriff durch Wasser nicht um eine gewöhnliche und direkte Lösung, sondern um eine komplizierte Einwirkung, einen Zerfall und eine Zersetzung. Die meisten gesteinsbildenden Mineralien, insbesondere die in der Natur auftretenden Silikate, werden durch Wasser nicht einfach aufgelöst. Sie werden teilweise hydratisiert oder hydrolysiert, geben nur einzelne Bestandteile an das Wasser ab und bilden aus dem Rest neue Verbindungen. Derartige Prozesse gehen, sofern noch völlig frische, unzersetzte Kristallarten im Baustein vorhanden sind, an Bauwerken im allgemeinen sehr langsam vor sich. Sie, die bei der natürlichen Gesteinsverwitterung eine große Rolle spielen, sind unter normalen Verhältnissen bautechnisch von geringer Bedeutung. Ausnahmen bilden amorphe, zum Beispiel glasige Bestandteile, die relativ leicht unter Mineralneubildung zersetzbar sind, und einige wenige Silikate. Sobald indessen der natürliche Verwitterungsprozeß bereits eingesetzt hat, geht er auch leicht weiter. Eine der wichtigsten Prüfungen auf Wetterbeständigkeit der Gesteine besteht daher in der Feststellung des *Frischheits-* bzw. *Verwitterungsgrades* der benutzten Materialien. Nur durch mikroskopische Untersuchungen läßt er sich einwandfrei bestimmen. Es ist erwünscht, bereits an dieser Stelle einige Angaben über die Verwitterungsfähigkeit (Wetterbeständigkeit im großen) wichtiger gesteinsbildender Mineralien zu vermitteln.

Im genannten Sinne relativ leicht durch Wasser zersetzbar und *wenig wetterbeständig* sind: kieselsäurearme, wasserfreie Silikate, wie Olivin und die Feldspatoide. Auch Serpentin wird durch CO_2-haltiges Wasser relativ leicht weiter unter Magnesitbildung zersetzt. Bei blätterigen Silikaten begünstigt Aufblätterung an sich möglichen Umsatz, ganz allgemein natürlich vorhandene Spaltrisse.

Bereits *relativ wetterbeständig* sind im Baustein die Feldspäte, wobei indessen Ca-reiche Plagioklase leichter zersetzbar sind als Kaliumfeldspat, Alkalifeldspäte oder gar Albit. Biotit und Hornblende sind insbesondere infolge der besseren Spaltbarkeiten im allgemeinen leichter verwitterbar als Augite. Im Gesteinsverband ist Cordierit meist umgewandelt, obgleich er frisch im Baustein gut haltbar ist.

Technisch *wetterbeständig* sind Mineralien wie Staurolith, Disthen, Titanit, Granat, Spinelle, Hämatit, Magnetit, Zoisit, Epidot, Chlorit, Talk, Apatit.

Als *sehr wetterbeständig* dürfen unter anderen Muskowit, Serizit, Quarz, Korund, Zirkon, Rutil, Granat, Turmalin, Topas bezeichnet werden.

d) Manche der an Bausteinen bemerkbaren Umwandlungserscheinungen beruhen nicht nur auf der Wassereinwirkung, sondern auf Vorgängen, bei denen O_2 und CO_2 der natürlichen Luft oder die Rauchgase bestimmend sind. Sulfide, wie Pyrit und Markasit, werden relativ leicht oxydiert, liefern dann den *Rostflecken* bildenden *Limonit* und schwefelsaure Lösungen, die weiter zersetzend wirken können. Farbänderungen durch Oxydationen von Verbindungen zweiwertigen Eisens sind als Ganzes nicht allzu selten. Kleine Mengen verteilter Eisenkarbonate können infolge Limonitbildung eine gelbliche Patina erzeugen, die nur dann unerwünscht ist, wenn sie infolge ungleichmäßiger Verteilung fleckige Färbung ergibt. Olivin und Glaukonit sind unter den Silikaten relativ leicht oxydierbar.

Es ist selbstverständlich, daß alle Prozesse, die eine Folgeerscheinung der Einwirkung flüssiger oder gasförmiger Phasen sind, von der scheinbaren Porosität und der Korngröße, also von Gefügeeigenschaften, abhängig sein müssen. Die Porosität gestattet im Gesteinsinnern den Zutritt der Reagenzien, kleines Korn vergrößert für diese Stoffe die Angriffsfläche, da der Angriff von den Kornoberflächen her erfolgt. Bei lagigem Aufbau erfolgt das Eindringen des Wassers naturgemäß verschieden leicht, je nachdem es parallel oder senkrecht zu den Lagen wandern muß. Anderseits wird Abblättern besser von statten gehen, wenn die s-Flächen parallel den Außenflächen liegen (auf den Spalt setzen). In der Verwitterung kann sich so oft lagenhafter Aufbau bemerkbar machen, der von bloßem Auge kaum sichtbar wird.

Im weiteren Verlauf der Verwitterung sind besonders wichtig:

a) Der *Feuchtigkeitsrhythmus* (KIESLINGER), das heißt das sich immer von neuem wiederholende Wandern der Feuchtigkeit, nach innen bei zunehmender Durchfeuchtung, nach außen beim Austrocknen und Verdunsten. Hat das eindringende Wasser Stoffe gelöst, so wandern diese mit und werden beim Verdunsten in den Poren der Außenschicht abgesetzt. Dadurch entsteht oft *Krustenbildung*. Diese verdichteten und oft im Volumen vergrößerten Krusten können sich dann vom innern Teil ablösen und abbröckeln. Oder es entstehen am Porenausgang in lockeren Haufwerken sogenannte *Salzausblühungen*, die beim Wiederauflösen, erneutem Kristallisieren, bei Wasseraufnahme oder Wasserabgabe weitere zerstörende Wirkungen ausüben. Der Druck auskristallisierender Salzneubildungen, besonders beim Übergang von wasserfreien zu kristallwasserhaltigen Salzen verschiedenen Wassergehaltes, macht sich besonders bei Natrium- und Magnesiumsulfaten bemerkbar.

b) Die *Senkung* und *Hebung* des *Grundwasserspiegels* und die Variation in der Bodendurchfeuchtung für Grundbauten. Dadurch ändert sich die kapillare Steighöhe des Wassers, es entsteht wieder ein Feuchtigkeitsrhythmus, jedoch diesmal von unten nach oben.

c) Die ungleiche Temperaturausdehnung in verschiedener Richtung innerhalb eines Mineralkornes oder von Mineral zu Mineral, sofern das Gestein relativ grobkörnig ist. Dadurch entstehen Spannungsrisse, die den Verwitterungsagentien neuen Zutritt gewähren. Die Strahlungswärme ergibt ein deutliches Temperaturgefälle von außen nach innen und führt so zu thermischen Gleichgewichtsstörungen.

d) Neue Angriffsflächen schaffen auch die verschiedenen mechanischen Einwirkungen, wie Winderosion und Tropfenfall.

e) An den Bausteinen beginnen sich niedere Pflanzen anzusiedeln, die korrodierend und oft auch sprengend wirken. Sie entziehen zugleich dem Gestein Substanz und halten Feuchtigkeit, Ruß und Staub fest. Unter Umständen wirkt dann allerdings ein pflanzlicher Belag zugleich als Schutzschicht.

Alle derartigen Vorgänge können im Laufe der Zeit zur Mineralzersetzung und Gefügelockerung führen, Absanden, Zerbröckeln, Auslaugen, Krusten- und Schalenbildung, Verfärbungen usw. zur Folge haben. Vorgängig der Verwendung sind die Gesteine genau auf Bruch- und Oberflächenbeschaffenheit, Frischheit, Porosität, Risse, Adern, Nähte, auf gerichtete Textur und Mineralbestand zu prüfen. Ebenso wichtig wie der Versuch, zur Kennzeichnung der Wetterbeständigkeit experimentelle Wertziffern zu gewinnen, ist die sorgfältige Beobachtung des Verhaltens der Gesteine in der Natur, an Bauwerken verschiedener Exposition und unter verschiedenen Bedingungen. Die Vorgänge und ihr Zusammenspiel sind so wechselnd, daß nur bei vollständiger Kenntnis des Materials und der besonders wirksamen Faktoren ein wirklich zuverlässiges Urteil gefällt werden kann. Die experimentelle Wetterbeständigkeitsprüfung hat jedoch zu versuchen, neue Probleme abzuklären. Sie darf deshalb nicht routinemäßig ausgeführt werden, sondern muß im Zusammenspiel mit sorgfältigen geologischen, petrographischen und klimatischen Untersuchungen die Grundlagen für die Beurteilung der Einzelwirkungen verschaffen. Viele der bereits genannten technologischen Prüfungsmethoden werden beim Vergleich wertvolle Dienste leisten, da sie ja über Verbandsfestigkeiten und Texturen Auskunft geben. Dazu kommen Prüfungen über die Einwirkung der Rauchgase (SAPP) im Experiment und weiterhin allgemein anzulegende chemisch-physikalische Versuchsserien.

γ. **Farb- und Feuerbeständigkeit.** Die *Farbbeständigkeit* bzw. *Farb-änderung* der Gesteine im Bauwerk beruht zu einem großen Teil auf Oxydationsprozessen, während Karbonatbildung eine geringere Rolle spielt. Von besonderer Art ist das *Ausbleichen* der durch kohlige Substanz oder Bitumen relativ dunkel gefärbten Gesteine. Während gutkristallisierte Graphitschüppchen wetter- und farbbeständig sind, werden im Übergang hiezu kohlige und bituminöse Substanzen leicht in flüchtige Verbindungen umgewandelt, wodurch das färbende Pigment verlorengeht. Naturgemäß sind *beim Erhitzen* von Gesteinen weit größere Farbveränderungen zu erwarten, dann können auch die Volumänderungen (zum Beispiel Bildung neuer Modifikationen, wie Quarz bei 575°, oder neuer Verbindungen) so groß werden, daß ein Zerfall eintritt. Die *Feuerbeständigkeit* ist daher in besonderer Weise aus dem Mineralbestand zu beurteilen.

Im übrigen gilt natürlich, daß die Gesteinsbeurteilung sich in allen Fällen nach dem *Verwendungszweck* zu richten hat. Darüber aber gibt die obenerwähnte «Technische Gesteinskunde» Auskunft.

III

PHYSIKALISCH-CHEMISCHE GRUNDLAGEN DER MINERAL- UND MINERALLAGERSTÄTTENBILDUNG

A. Gesetze der Beständigkeit und Koexistenz von Mineralien in Mineralaggregaten

a) *Allgemeine Erwägungen*

α. **Heterogenität.** Die in verschiedenen Mineralien und Mineralaggregaten ihren Ausdruck findende Heterogenität der Lithosphäre ist eine Folge der vorgegebenen chemisch-atomaren Mannigfaltigkeit und der geophysikalischen Bedingungen. Würden allüberall sehr hohe Temperaturen herrschen, so könnten sich die individuellen Kristallbaupläne, die Kristallverbindungen, nicht bilden, das System würde als Gas oder als fluide Phase *einphasig* sein und im gerichteten Erdfeld nur eine mehr oder weniger stationäre Schichtung mit kontinuierlichen Übergängen aufweisen, so etwa, wie das für die Atmosphäre (Troposphäre – Stratosphäre) der Fall ist.

In einem gegebenen chemischen System tritt im allgemeinen erst von bestimmten relativ niedrigen Temperaturen an abwärts und von bestimmten Drucken an aufwärts Mehrphasigkeit auf. Nähern sich, unter Verminderung der Beweglichkeit, die Atome oder Atomkomplexe, so entstehen durch Wechselwirkung der aufeinander ausgeübten Kräfte Konfigurationen, die für verschiedene Atomarten und verschiedene Bedingungen speziellen Charakter besitzen und daher eine *Separation* oder *Differentiation* zur Folge haben. Schon im flüssigen Zustand kann sich dies als sogenannte Entmischung in zwei oder mehr Flüssigkeiten bemerkbar machen. Die Bildung flüssiger Kristalle ist in einzelnen Fällen ein weiterer Schritt in dieser Richtung; ganz allgemein aber siegt dieses individuelle Ordnungs- und Aussonderungsprinzip bei der Entstehung der *kristallinen Festkörper*.

Eine derartige Mannigfaltigkeit gegeneinander abgegrenzter Räume verschiedenen chemischen und physikalischen Verhaltens ist in der Lithosphäre verwirklicht, wobei die verschiedenen *Mineralarten* die verschiedenen *Phasen* darstellen, die zugleich mit flüssigen und gasförmigen Phasen in Kontakt stehen können. Zudem gilt insbesondere für die festen Phasen, daß ein und dieselbe Phasenart (Mineralart) in *Teilräume* (Mineral- bzw. Kristall*individuen*) meist wechselnder Orientierung aufgespalten ist, die mit Grenzflächen aneinander oder an Individuen anderer Mineralarten stoßen. Ja es ist eine Erfahrungstatsache, daß die Kristallindividuen eine gewisse natürliche Größe nicht überschreiten. So tritt auch ein und dieselbe feste Phase in jedem für unsere Betrachtung als Einheit anzusprechenden Erdrindenstück in vielen Teilindividuen auf, wodurch sich die Heterogenität ganz außerordentlich verstärkt (siehe Seite 15).

Wir haben uns nun die Frage zu stellen, ob über die zu erwartende Mannigfaltigkeit derartiger heterogener Systeme aus physikalisch-chemischen Erwägungen etwas Allgemeingültiges ausgesagt werden kann. Dabei wollen wir zunächst von der Aufspaltung *einer* Phase in verschiedene Individuen absehen und uns nur fragen, ob in bezug auf die *Zahl der verschiedenen Phasenarten* und deren Beziehungen zueinander bei Kenntnis des Chemismus und der herrschenden physikalischen Bedingungen Aussagen möglich sind. Da es an sich vorstellbar ist, daß wir beliebig verschiedene Kristallarten in beliebigen Verhältnissen mischen können, müssen wir versuchen, für derartige Gemische irgendeine kennzeichnende Größe anzugeben, die erläutert, ob die Gemenge als natürliche Bildungen mehr oder weniger *wahrscheinlich* sind. Nun zeigt uns die Erfahrung, daß bei dem Versuch, unter gegebenen Bedingungen Vielphasengemische herzustellen, oft *chemische Reaktionen* auftreten, wodurch Phasen zerstört und andere neu gebildet werden. Derartige Reaktionen können spontan, ja explosiv vor sich gehen, in anderen Fällen aber auch nur sehr langsam verlaufen.

β. **Gleichgewicht, Stabilität, Haltbarkeit.** So scheint es uns nicht abwegig zu sein, zwei zunächst möglichst allgemein zu formulierende Kennzeichen zu einer Systematik und Rangordnung von Mineralaggregaten zu benutzen:

1. Die *Haltbarkeit* eines Vielphasenzustandes unter bestimmten äußeren Bedingungen;

2. die Feststellung, ob es sich um *Gleichgewichtszustände* handelt.

Beide Bedingungen stehen offenbar in enger Beziehung zueinander, ohne daß sich die Fragestellungen decken. Wenig haltbar bedeutet, daß ohne Energiezufuhr oder Änderung des Gesamtchemismus Reaktionen vor sich gehen können, die zu neuen Phasengemeinschaften führen. Als absolut haltbar unter den gegebenen Bedingungen müßten wir denjenigen Zustand bezeichnen, der sich in keinen anderen freiwillig umwandeln kann. Er heißt auch der unter den gegebenen Bedingungen *stabile* Zustand. Im *Gleichgewicht* befindlich nennen wir einen Zustand dann, wenn zwischen den vorhandenen Phasen ein Ausgleich stattgefunden hat, derart, daß *zwischen ihnen allein* keine einseitig verlaufenden Reaktionen, die zur Änderung in den Mengenverhältnissen führen würden, auftreten. Jeder stabile Zustand ist natürlich ein Gleichgewichtszustand. Es kann aber auch Gleichgewichtszustände geben, die nicht die absolute Stabilität des gegebenen Systems darstellen. Nur führen dann die Reaktionen, die zu einem haltbaren Zustand tendieren, zugleich zur Phasen*umbildung*, das heißt, sie sind mit Zerstörung vorhandener und dem Aufbau neuer Phasen verknüpft. Mit anderen Worten: bei einem nicht absolut stabilen Gleichgewichtszustand sind unter sich die Phasen wohl im Gleichgewicht, es gibt jedoch unter den gleichen Bedingungen und dem gleichen Gesamtchemismus *andere* Phasengemeinschaften, die stabiler sind.

Die Frage, ob eine derartige theoretische Fragestellung und Hervorhebung der Gleichgewichtszustände bzw. der stabilen Zustände für unsere Hauptaufgabe: «Erforschung der in der Erdrinde auftretenden natürlichen Mineral-aggregate, also Vielphasensysteme», von Bedeutung ist, wird auf Grund folgender Erwägungen positiv zu beantworten sein.

Nicht im chemischen Gleichgewicht befindliche oder nicht stabile Phasengemeinschaften können sich definitionsgemäß ohne Bedingungsänderungen oder Energiezufuhr in andere umwandeln. Ob diese Reaktionen sich abspielen, ist allerdings eine Frage der *Reaktionskinetik* bzw. der *relativen Haltbarkeit*. Aber es bleibt dabei, daß derartige Zustände an sich *reaktionsfähig* sind, und dies ist für die Beurteilung des Naturgeschehens bereits eine wichtige Feststellung. Es besteht auch in der Natur die Tendenz, Gleichgewichtszustände und stabile Zustände auszubilden. Sie sind gewissermaßen das *Ziel*, nach welchem das natürliche Geschehen strebt. Wir wissen, daß unter gewissen Umständen, zum Beispiel bei erhöhter Temperatur, die Einstellung dieser Zustände leicht vonstatten geht und daß es sogenannte Katalysatoren gibt, die den genannten Einstellungsprozeß beschleunigen. So wird es zum mindesten Teilvorgänge bei der Bildung von Minerallagerstätten geben, die unter den gegebenen Bedingungen wirklich chemische Gleichgewichte darstellen. Werden diese gestört oder steht, wie etwa bei der mechanischen Mineralanhäufung, die Mineralauswahl unter ganz anderen Gesetzen, so zeigt uns die Abweichung vom chemischen Gleichgewicht die *Labilität*, das heißt die chemische Reaktionsfähigkeit an. Würden wir für alle auftretenden Bauschalzusammensetzungen und für alle im Erdgeschehen in Erdrindenteilen möglichen physikalischen Bedingungen die Gleichgewichtszustände und darunter die stabilen Zustände kennen, so würden diese gewissermaßen die jeweilen angestrebten *Idealmineralgesellschaften* angeben, also die an sich bevorzugten Phasengemeinschaften. Ein tatsächlich vorhandenes Mineralaggregat läßt sich nach der mehr oder weniger großen Annäherung an solche Zustände beurteilen und einordnen, und unter manchen Entstehungsbedingungen werden die gleichgewichtsnahen Zustände auch die wahrscheinlichsten sein, die sich wenigstens angenähert zu verwirklichen trachten.

Wie wir sehen werden, *führt die Aussonderung der Gleichgewichtszustände oder gar der stabilen Zustände zu einer außerordentlich weitgehenden Selektion gegenüber den denkbar möglichen Mineralkombinationen.* Drei zum Teil bereits erwähnte Naturbeobachtungen lassen vermuten, daß ein derart scharfes Selektionsverfahren zum mindesten für die Klassifikation der Mineralaggregate gute Dienste leistet. Die natürlichen Mineralassoziationen, die ja Kombinationen verschiedener fester Phasen darstellen, zeigen nämlich folgende Besonderheiten:

1. Die *Zahl* der auf einer Lagerstätte während des gleichen Mineralbildungsprozesses entstandenen *Mineralarten ist durchwegs eine kleine*. Besonders deutlich lassen dies die der Menge nach wichtigsten Mineralvergesellschaftungen, die *Gesteine*, erkennen.

2. *Das Zusammenvorkommen der Mineralien ist kein beliebiges.* Gewisse Vergesellschaftungen dominieren, andere sind untergeordnet, weitere, an sich denkbare, überhaupt noch nie beobachtet worden.

3. Bei gleichem Bauschalchemismus variiert die Art der Mineralkombinationen mit den Entstehungsbedingungen. Beobachtungen zeigen, daß eine Änderung

dieser Bedingungen oft von einer Reaktion begleitet ist, die alte Phasen zum Verschwinden bringt und neue (*heterogene Reaktionen*) bilden läßt.

b) *Thermodynamische Grundlagen der Klassifikation von Phasengemischen*

α. Die Phasenregel. Um zu betonen, daß ein gegebenes Phasengemisch etwas in sich Abgeschlossenes sein soll, auf das keine anderen Faktoren einwirken als diejenigen, die wir ausdrücklich zulassen, haben wir es ein *System* (im physikalisch-chemischen Sinne) genannt. Da weder Stoffzufuhr noch Stoffwegfuhr mit der Abgeschlossenheit verträglich sind (es sei denn, daß sie ausdrücklich hervorgehoben werden), kommt jedem System eine bestimmte *chemische Bauschalzusammensetzung* zu. Systeme gleicher Bauschalzusammensetzung bezeichneten wir, sofern sie aus verschiedenen Phasen bestehen, als *verschiedene Zustände* ein und desselben Systems, wodurch gewissermaßen die gesamtchemische Zusammensetzung zum primären Charakteristikum des Systems erhoben wird.

Wir denken uns nun, es seien *alle* einigermaßen haltbaren Zustände eines Systems, also diejenigen, die sich nicht spontan in andere umwandeln und dadurch von vornherein wegfallen, unter gegebenen Bedingungen bekannt. Es seien die Zustände $Z_1, Z_2, Z_3, \ldots, Z_n$. Es lassen sich dann alle möglichen Transformationsbeziehungen aufschreiben, die den Umwandlungen eines Zustandes in einen andern entsprechen. Sind nun alle diese realisierbar oder gibt es thermodynamische Bedingungen, die einzelne dieser Umwandlungen verbieten?

Alle diese Umwandlungen sollen voraussetzungsgemäß ohne Änderungen der äußeren Bedingungen, also ohne Energiezufuhr, somit freiwillig erfolgen. Nun sagt der zweite Hauptsatz der Thermodynamik aus, daß bei derartigen freiwillig verlaufenden Prozessen die Summe der Entropien aller am Prozeß beteiligten Körper – also die Gesamtentropie des Systems – nicht abnehmen kann. Von dieser, den inneren thermischen Zustand des Systems bestimmenden Entropie η wissen wir, daß deren Veränderung bei umkehrbaren Prozessen gleich sein kann der Summe der zugeführten Wärmemengen Q, dividiert durch die absoluten Temperaturen, bei denen diese Wärmemengen zugeführt wurden:

1. $d\eta = \dfrac{dQ}{T}$. Bei allen anderen Prozessen, also bei allen von selbst einseitig verlaufenden Prozessen ist sie größer, was wir so schreiben wollen:

2. $d\eta = \dfrac{dQ}{T} + \Delta$, wobei Δ eine positive Größe ist, die, wie gesagt, nur im Grenzfalle 0 werden kann. Kommt als Arbeitsleistung bei irgendeiner Reaktion nur die Größe $P\,dv$ in Betracht (P = Druck, v = Volumen), so gilt nach dem ersten Hauptsatz der Thermodynamik:

3. $d\varepsilon = dQ - P\,dv$.
Veränderung der inneren Energie des Systems = Wärmezufuhr — geleistete Arbeit.

Für einen in einem abgeschlossenen System möglichen Prozeß gilt dann:

$$4.\quad d\eta = \frac{dQ}{T} + \Delta = \frac{d\varepsilon + P\,dv}{T} + \Delta.$$

Sorgen wir dafür, daß v und ε konstant bleiben (starre, unbewegliche, für Wärme vollkommen undurchlässige Wände, die das System abschließen), so sind somit nur diejenigen Zustände reversibel ineinander überführbar, denen der gleiche Entropieinhalt zukommt ($\Delta = 0$). Im übrigen können Umwandlungen nur im Sinne der Entropiezunahme erfolgen ($\Delta = $ positiv). *Derjenige Zustand ist unter den gegebenen Bedingungen absolut haltbar, oder, wie man sagt, stabil, der den größten Entropiewert besitzt,* denn er läßt sich freiwillig in keinen anderen Zustand umwandeln, weil jede derartige Umwandlung einer Entropieverminderung gleichkäme.

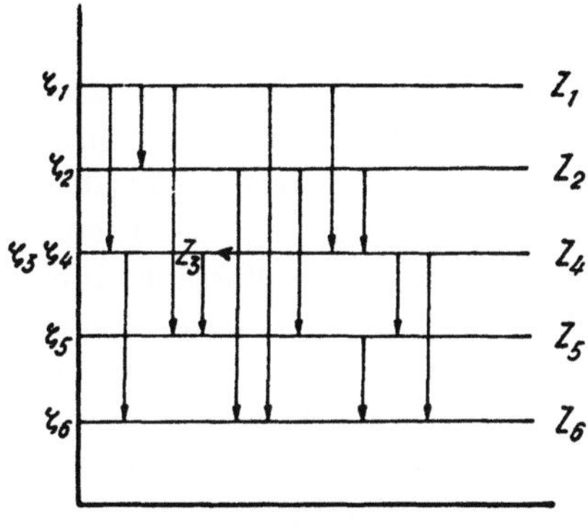

Fig. 223

Verschiedene Zustände Z_1, Z_2, ..., Z_6 charakterisiert durch das thermodynamische Potential. Bei konstant bleibenden äußeren Bedingungen sind nur die von Pfeilrichtungen angegebenen Umwandlungen möglich.

Lösen wir die Gleichung 4 nach $d\varepsilon$ auf, so erhalten wir:

5. $d\varepsilon = T\,d\eta - P\,dv - T\Delta$. Das heißt: bei konstanter Entropie und konstantem Volumen ist die Änderung der inneren Energie eines Systems $\leqq 0$, das heißt $(d\varepsilon)_{\eta,\,v} = -T\Delta$. Die innere Energie strebt einem Minimum zu, der stabile Zustand ist durch minimalen ε-Wert charakterisiert.

Mit ζ, auch etwa *gesamtes thermodynamisches Potential* genannt, bezeichnet man die Funktion

6. $\zeta = \varepsilon - T\eta + Pv$

$d\zeta = d\varepsilon - T\,d\eta - \eta\,dT + P\,dv + v\,dP$.

Da nach 5. $d\varepsilon - T\,d\eta = -P\,dv - T\Delta$ bei allen möglichen Prozessen ist, wird

7. $d\zeta = -\eta\,dT - T\Delta + v\,dP$.

Herrschen in einem System überall die gleiche konstante Temperatur und der gleiche konstante Druck, so wird

$(d\zeta)_{PT} = -T\Delta$, das heißt $\leqq 0$.

ζ ist daher wieder eine ausgesprochene *Minimumfunktion*; keine Zustandsänderungen, bei denen das thermodynamische Potential wächst, sind als freiwillig vonstatten gehende Prozesse möglich.

Je nach den konstant bleibenden Größen können wir nun die verschiedenen Zustände $Z_1 \ldots Z_n$ eines Systems durch die Werte $\eta_1 \ldots \eta_n$ oder $\varepsilon_1 \ldots \varepsilon_n$ oder $\zeta_1 \ldots \zeta_n$ usw. charakterisieren. Dann sind Aussagen möglich über die Richtung, in welcher Umwandlungen unter den gegebenen Bedingungen überhaupt erfolgen können. Die verschiedenen, eventuell bloß der Berechnung zugänglichen ζ-Werte entsprechen verschiedenem Niveau und können in der Figur 223 durch Horizontalen dargestellt werden, wenn ζ Ordinatenwert ist.

Sind Z_1 bis Z_6 die einzigen relativ haltbaren Zustände des Systems (Figur 223), so sind unter den zugehörigen T- und P-Werten nur die Umwandlungen in der Pfeilrichtung möglich.

In Analogie mit den Bezeichnungsweisen für verschiedene Modifikationen steht folgendes. Da sich Z_6 in keinen andern Zustand freiwillig umwandeln kann, ist Z_6 der *absolut haltbare* oder der (absolut) *stabile Zustand*. Theoretisch sind alle andern Zustände *nicht* unendlich lange Zeit haltbar, denn in der Natur herrscht die Tendenz, den stabilen Zustand herzustellen. Über die relative Haltbarkeit dieser Zustände Z_1 bis Z_5 sagt die Thermodynamik *nichts* aus; das ist eine Frage der durch katalytische Vorgänge beeinflußbaren *Reaktionskinetik*. Wir nennen jedoch einen Zustand *stabiler* als einen andern, wenn der andere sich wohl in ihn umwandeln kann, *ohne daß die Umkehr der Reaktion freiwillig möglich ist*. Statt der Haltbarkeitsfolge geben wir die *Stabilitätsfolge* an. Im gegebenen Falle ist im Sinne zunehmender Stabilität die Reihenfolge

$$Z_1 \nrightarrow Z_2 \nrightarrow Z_3, \; Z_4 \nrightarrow Z_5 \nrightarrow Z_6.$$

Z_3 und Z_4 besitzen unter den gegebenen Bedingungen den gleichen Stabilitätsgrad, das heißt, es ist unter Umständen zwischen ihnen eine reversible Umwandlung möglich. Die Zustände, die in sich innere Gleichgewichte darstellen, ohne den absolut stabilen Zustand darzustellen, nennen wir *metastabile* Gleichgewichte. Genauer wollen wir diesen Begriff *metastabil* (gegenüber einem Begriff *instabil*) wie folgt konventionell abgrenzen. Ein Zustand bzw. ein Gleichgewicht sei *metastabil*, wenn bloße Umsetzungen zwischen den einen nicht absolut stabilen Zustand Z_n charakterisierenden Phasen, ohne daß Bildung neuer Phasenarten auftritt, den Stabilitätsgrad nicht mehr zu ändern vermögen. Die Phasen befinden sich dann untereinander (in sich) im Gleichgewicht, nur ist dieses Gleichgewicht nicht das absolut stabile. *Instabil* im engeren Sinne ist eine Phasenkombination, die noch *in sich reaktionsfähig* ist, deren Gleichgewichtseinstellung (ob metastabil oder stabil) noch nicht erfolgt ist. Alle metastabilen und stabilen Zustände sind somit innere Gleichgewichtszustände.

Über diese Gleichgewichtszustände, und nur über sie, sind nun eine Reihe weiterer Aussagen möglich, die jeweilen unter gewissen Voraussetzungen strenge Gültigkeit haben. Wir wollen einen Hauptfall herausgreifen.

Voraussetzungen: Das System sei so aufgebaut, daß von Phasen im thermodynamischen Sinne gesprochen werden kann. Das bedeutet, daß die homogenen Teilräume so groß sein müssen, daß es einen Sinn hat, von Temperatur, Druck, spezifischem Volumen dieser Teilräume zu sprechen (sehr große Anzahl von Massenteilchen, Möglichkeit, in erster Ordnung von den Grenz- oder Oberflächenerscheinungen absehen zu dürfen). Wir rechnen alle Teilräume zur gleichen Phase, wenn sie gleich zusammengesetzt sind und der gleichen Zustandsgleichung gehorchen. Diese Zustandsgleichung einer Phase soll *nur* von den Eigenschaften der Phase selbst und von T und P abhängig sein, das heißt, Anziehungskräfte zwischen den Phasen, Oberflächenkräfte oder andere Feldeinwirkungen werden vernachlässigt. Temperatur und Druck wollen wir der Einfachheit halber durch das ganze System als konstant annehmen.

Fragestellung: Sind Aussagen möglich über die *Anzahl* verschiedener Phasen, die in Abhängigkeit von Temperatur und Druck ein Gleichgewicht zu bilden vermögen, von denen wir also sagen dürfen, sie können (im Gleichgewicht) *koexistieren?*

Antwort: Die maximale Zahl in diesem Sinne koexistierender Phasen ist einzig von der *chemischen Komplexheit* des Systems abhängig, in einer Art und Weise, die durch die *Phasenregel* bestimmt wird. Die chemische Komplexheit wird hiebei durch die Zahl der voneinander unabhängigen, variabeln chemischen Bestandteile oder chemischen Komponenten ausgedrückt, die das System als Ganzes und die Phasen im einzelnen aufbauen. Sofern wir von natürlichen oder künstlichen radioaktiven Erscheinungen absehen, können wir zunächst als derartige Komponenten die Zahl der am Aufbau beteiligten chemischen Elemente ansehen. Betrachten wir jedoch ein System, bei dem bei konstanter Wertigkeit die metallischen Elemente in allen Phasen an Sauerstoff gebunden sind, so werden die Oxyde die unabhängigen Variabeln sein. Ein System beispielsweise aus CaO, SiO_2, MgO, Al_2O_3 unter Bedingungen, die keine Reduktion ermöglichen, ist ein Vierkomponentensystem. Es wird dann in jeder Phase der molekulare Sauerstoffgehalt durch die Gleichung

$$O = n\,Ca + 2\,m\,Si + p\,Mg + \tfrac{3}{2}\,q\,Al$$

bestimmt sein, das heißt von den 5 Elementen sind nur 4 unabhängig voneinander variabel. Ein System, das wir durch Auflösen von NaCl in H_2O erhalten, wird innerhalb des Bereiches, in dem in allen Phasen, in denen Na auftritt, auch ebensoviel Cl konstatiert werden kann und in denen 2 H immer mit einem O verknüpft bleiben, ein Zweikomponentensystem sein, da zwei Gleichungen die Konzentrationsverhältnisse der 4 Elemente verknüpfen. Wir nehmen also, soweit das von vornherein aus allgemein chemischen Erwägungen möglich ist, als Komponentenzahl die *kleinste Zahl der Variabeln*, die zum Aufbau aller Phasen notwendig sind. Wir kommen später auf diesen Punkt zurück, vorläufig genügen diese allgemeinen Hinweise.

Nach der Zahl n der Komponenten teilen wir die Systeme wie folgt ein:

$n =$ 1   2   3   4   5   ... kurzweg >1.

    unäre   binäre   ternäre   quaternäre   quinäre ... polynäre Systeme.

Die Zahl der verschiedenen Phasen sei π. Gesucht ist die Art der Abhängigkeit der Zahl π von n unter der Voraussetzung, es herrsche Gleichgewicht.

Wir denken uns im abgeschlossenen System die π-Phasen und fragen uns, was für Änderungen deren ζ-Funktionen beeinflussen. Es sind chemische Zusammensetzung, Temperatur und Druck. Die Änderungen, welche die ζ'-Funktion einer Phase π' bei konstanter Temperatur und konstantem Druck dadurch erfährt, daß die Menge dm_1' der Komponente 1 hinzugefügt wird, nennen wir $\mu_1' \, dm_1'$. μ_1' wird das thermodynamische Potential der Komponente 1 in der Phase π' genannt. Es ist $\mu_1' = \left(\dfrac{d\zeta'}{dm_1'} \right)_{PT}$. Die gesamte Änderung des ζ' der die Komponenten 1, 2, 3 ,..., n enthaltenden Phase π' bei konstanter Temperatur und konstantem Druck durch Stoffänderung ist dann gegeben durch

$$(d\zeta')_{PT} = \mu_1' dm_1' + \mu_2' \, dm_2' + \mu_3' \, dm_3' + \cdots + \mu_n' \, dm_n'.$$

Analoge Gleichungen gelten für die ζ''-, ζ'''- $\cdots$ Werte der übrigen Phasen. Das gibt pro Phase n Änderungsmöglichkeiten, vorausgesetzt, daß jede Komponente (wenn auch nur in äußerst kleinen Mengen) in jede Phase eintreten kann. Da das System abgeschlossen ist, muß für jede Komponente und außerdem allgemein $\Sigma \, dm = 0$ sein (es wird im ganzen weder Substanz zugeführt noch weggeführt). Anderseits ist für konstant bleibende Temperatur und Druck $d\zeta$ des Gesamtsystems gegeben durch:

$$(d\zeta)_{PT} = (d\zeta')_{PT} + (d\zeta'')_{PT} + \cdots = \Sigma \, \mu \, dm.$$

Im Gleichgewicht sollen innere Umsetzungen (Vermehrungen der einen Phase auf Kosten der anderen) das Gesamtpotential nicht mehr erniedrigen, sondern unverändert lassen. Für innere Gleichgewichte von Phasengemischen bei konstanter Temperatur und konstantem Druck gilt somit $\Sigma \, \mu \, dm = 0$. Da aber bereits $\Sigma \, dm = 0$ ist, folgt daraus:

$$\left. \begin{aligned} \mu_1' &= \mu_1'' = \mu_1''' = \cdots = \mu_1^{(\pi)} \\ \mu_2' &= \mu_2'' = \mu_2''' = \cdots = \mu_2^{(\pi)} \\ &\;\;\vdots \\ \mu_n' &= \mu_n'' = \mu_n''' = \cdots = \mu_n^{(\pi)} \end{aligned} \right\} \quad \mathrm{I}$$

Das heißt: Die thermodynamischen Potentiale jeder einzelnen Komponente müssen in den im Gleichgewicht koexistierenden Phasen einander gleich sein. Solange sie das nicht sind, kann unter Erniedrigung des Gesamt-ζ-Wertes die Komponente aus der Phase, in der sie ein höheres Potential besitzt, in die Phase abwandern, in der ihr Potential niedriger ist. Das gäbe einseitige Stoffverschiebungen mit Änderungen in der chemischen Zusammensetzung der Phasen; das innere Gleichgewicht wäre noch nicht erreicht. Das Gleichungssystem I zählt bei gegebener Temperatur und gegebenem Druck die *Gleichgewichtsbedingungen* auf, es sind deren $n(\pi - 1)$.

Die Größe jedes thermodynamischen Potentials einer Komponente in einer Phase ist jedoch eine Funktion von T, P (das heißt zweier Größen) und von der Zusammensetzung der Phase. Bei n Komponenten ist die Zusammensetzung durch $n - 1$ Variable gegeben, da nicht die absoluten, sondern die prozentualen

Mengenverhältnisse der Komponenten in jeder Phase maßgebend sind. Somit ist die Maximalzahl der Variabeln, die von Einfluß auf die μ-Werte sein können, $\pi(n-1)+2$.

Das Resultat lautet:

Notwendige Zahl der voneinander unabhängigen Bedingungsgleichungen für Gleichgewicht:

$$x = n(\pi - 1)$$

Maximale Zahl y der Variabeln

$$y = \pi(n-1) + 2$$

a) Ist $x > y$, so wird im allgemeinen (die Bedingungsgleichungen sollen ja voneinander völlig unabhängig sein) ein Gleichgewicht nicht möglich sein.

b) Ist $x = y$, so ist an sich eine Lösung denkbar, es wird dann jedoch über alle Freiheiten verfügt, das heißt die Zusammensetzung jeder Phase, ferner T und P müssen bestimmte unveränderliche (invariante) Werte besitzen (*nonvariantes oder invariantes System*).

c) Ist $x < y$, so sind Auflösungen des Gleichungssystems denkbar bei verschiedenen Werten der Variabeln, und zwar

bei $x = y - 1$ bei Varianz einer Größe, durch welche die andern jeweilen bestimmt werden (*monovariantes* System),

bei $x = y - 2$ bei Varianz zweier Größen (*divariantes* System),

bei $x = y - z$ bei Varianz von z Größen (*z-variantes* System).

Nun löst sich $x \leqq y$ wie folgt auf:

$$n\pi - n \leqq n\pi - \pi + 2$$
$$\pi \leqq n + 2.$$

Das heißt: *Die maximale Zahl der Phasen, die im n-Komponenten-System im Gleichgewicht koexistieren, ist gleich der Zahl der Komponenten + 2.* Eine derartige Koexistenz ist nur möglich bei ganz bestimmter Temperatur, bei ganz bestimmtem Druck und bei bestimmter Zusammensetzung der einzelnen Phasen. *Das System ist nonvariant. n + 1 Phasen können ein monovariantes, n Phasen ein divariantes System bilden* usw. Das ist die Grundaussage der Phasenregel.

β. Anwendungsbereich der Phasenregel. Bevor wir auf Einzelheiten eingehen, sind einige allgemeine Bemerkungen notwendig, damit von vornherein diese führende Regel ihrer Bedeutung nach richtig abgeschätzt werden kann.

1. Der ganzen Ableitung nach ist die Regel naturgemäß niemals umkehrbar. $n + 2$ Phasen sind zum Beispiel dann und nur dann miteinander im Gleichgewicht, wenn es gelingt, eine Temperatur, einen Druck und $n + 2$ Phasenzusammensetzungen zu finden, welche die thermodynamischen Potentiale der Komponenten in den $n + 2$ Phasen gleichmachen. Ob das überhaupt möglich ist, hängt von der Natur der Phasen ab. Es ist lediglich nicht von vornherein widersinnig, anzunehmen, daß es derartige Fälle gibt, und es gelingt auch tatsächlich oft, sie zu realisieren.

2. Die Ableitung setzt voraus, daß der unabhängigen Variationsmöglichkeit der Komponenten auch eine unabhängige Variation ihrer thermodynamischen Potentiale entspricht. Von an sich rein zufälligen Koinzidenzen wird abgesehen. Deshalb ist auch die Ungültigkeit der Phasenregel in Einzelfällen nicht völlig ausgeschlossen, jedoch sehr wenig wahrscheinlich.

3. Bei der Ableitung haben wir vorausgesetzt, daß jede Komponente in jede Phase eingehen könne. Praktisch gilt dies besonders dann nicht, wenn, wie in unseren Anwendungsbeispielen, die Mehrzahl der Phasen kristallisiert ist. Das schränkt jedoch die Phasenregel nicht ein. Wir können den Fall, daß die Konzentration einer Komponente in einer Phase Null wird, als Grenzfall ansehen; die Komponente würde in die Phase eintreten können, wenn das $\mu \leqq$ den μ-Werten der Komponenten in den anderen Phasen ist.

c) *Allgemeines über graphische Darstellungen*

α. **Die *P-T*-Diagramme.** In ihnen läßt sich die Abhängigkeit der Phasenkombinationen von Temperatur und Druck angeben. Konventionell tragen wir P auf der Ordinate, T auf der Abszisse auf. Folgende Sätze sind ohne weiteres verständlich als einfache Folgen der Phasenregel.

$n+2$ Phasen können nur in einem *Punkte* des P-T-Diagrammes koexistieren[1], denn ihre Koexistenz verlangt, daß über alle Variabeln, auch über Temperatur und Druck, verfügt ist (Nonvarianz). Für einen gegebenen Fall sind P und T eines $(n+2)$-Phasen-Gemisches Naturkonstanten.

$n+1$ Phasen können an sich bei verschiedenen Drucken und Temperaturen ein Gleichgewicht bilden. Zu jeder Temperatur gehört jedoch ein ganz bestimmter Druck und gehören ganz bestimmte Zusammensetzungen der Phasen, denn es ist nur Monovarianz vorhanden. Infolgedessen liegen $(n+1)$-Phasen-Gemische in P-T-Diagrammen auf *Kurven*.

n-Phasen-Gemische haben Divarianz (zwei Freiheiten). Es ist also möglich, daß sie bei gegebener Temperatur bei verschiedenen Drucken bestehen können; sie sind in einem ganzen Abschnitt (*Feld*) des P-T-Diagrammes gleichgewichtsbildend. Wählen wir innerhalb dieses Feldes willkürlich T und P, so sind indessen alle chemischen Verhältnisse eindeutig bestimmt. Letzteres braucht nicht mehr zu gelten, wenn die Zahl der Phasen kleiner als n ist, dann sind noch weitere Freiheiten vorhanden (siehe Figur 224).

Wenn wir von einer Phasengemeinschaft sagen, sie sei über verschiedene Temperaturen oder Drucke bestandfähig, setzt das voraus, daß wir uns im klaren darüber sind, *was* wir bei Bedingungsänderungen *ihrem Wesen nach als gleichbleibende Phasenart* zu bezeichnen haben. Im allgemeinen wird ja die Phase durch die Bedingungsänderungen ihre Zusammensetzung, zum mindesten ihre thermodynamischen Charakteristiken ändern. Erfolgen diese Änderungen kontinuierlich (beziehbar auf *ein und dieselbe Phasengleichung*), so sind es für uns nur verschiedene Zustände *der gleichen* Phase, im gleichen Umfang wie wir von ein und derselben Kristallart sprechen, die man erhitzen, abkühlen, komprimieren

---

[1] Koexistieren bedeutet nun: immer im Gleichgewicht nebeneinander bestehen.

oder (bei Mischkristallbildung) ihrer Zusammensetzung nach verändern kann (siehe Seite 56). Besonderer Beachtung bedürfen eigentlich nur kritische Zustände, bei denen zwei Phasengleichungen ineinander übergehen. Der kritische Zustand selbst kann dann als Dreiphasengleichgewicht (die zwei Phasen bilden eine neue, die sowohl I wie II ist) angesehen werden.

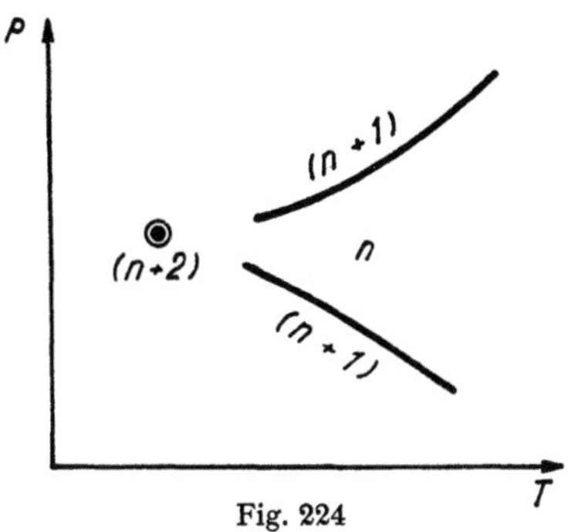

Fig. 224

Koexistenzbereiche eines non- (Punkt $n+2$), mono- (Linien $n+1$) und divarianten (Feld n) Phasensystems von n Komponenten im P-T-Diagramm.

Betrachten wir nun das P-T-Diagramm gewissermaßen genetisch. Wir gehen von $P_1 T_1$ eines $(n+2)$-Phasen-Gemisches aus und verändern Temperatur oder Druck oder beide um einen ganz kleinen Betrag. Dann muß mindestens eine der $n+2$ Phasen verschwinden, es können aber auch zwei oder mehr sein. Jede $(n+2)$-Phasen-Kombination läßt sich formal in $n+2$ verschiedene $(n+1)$-Phasen-Kombinationen aufteilen. Bezeichnen wir die Phasen mit den Buchstaben $A, B, C, D, \ldots, N$, so soll die $(n+1)$-Phasen-Kombination, welche die Phase A *nicht* enthält, mit (A) symbolisiert werden. (B) ist dann die $(n+1)$-Phasen-Kombination, die B nicht führt, usw. Zwischen $n+1$ Phasen, zu deren Aufbau n Komponenten notwendig sind, besteht im allgemeinsten Falle eine und nur eine Reaktionsgleichung. Sind die Reaktionsgleichungen (A), (B), $(C) \ldots$ alle voneinander verschieden, so gibt es somit $n+2$ monovariante Gleichgewichte, die aus der nonvarianten Phasengemeinschaft durch Verschwinden je einer Phase hervorgehen. Es strahlen dann vom $(n+2)$-Phasen-Punkt $n+2$ Kurven im P-T-Diagramm aus, die diesen monovarianten Koexistenzen entsprechen. Sie teilen das Gebiet um den nonvarianten Punkt (*Multipelpunkt*) in $n+2$ Felder. In jedem dieser Felder zwischen den Kurven können maximal nurmehr n Phasen im Gleichgewicht sein. Die Art dieser n Phasen-Kombinationen ergibt sich in erster Linie aus dem Charakter der Reaktionen der $(n+1)$-Phasen-Linien, die das Feld begrenzen.

Hinsichtlich des generellen Verlaufes einer $(n+1)$-Phasen-Linie wollen wir zwei Fälle unterscheiden (Figur 225).

Im Fall α ist die Tangente an die Kurve, das heißt $\frac{dP}{dT}$, positiv, im Fall β ist $\frac{dP}{dT}$ negativ. Nun gilt für derartige Reaktionen die Clausius-Clapeyronsche Gleichung:

$$\frac{dP}{dT} = \frac{Q}{T \Delta v},$$

wobei Q die Wärmetönung der Reaktion ist, Δv die mit der Reaktion verknüpfte Volumenänderung. Q wird positiv gerechnet, wenn beim betrachteten Umsatz Wärme aufgenommen wird; Δv ist positiv, wenn in der Umsatzrichtung das Volumen zunimmt. Der Fall α stellt sich somit ein, wenn eine Wärme absorbierende Reaktion mit Volumenvermehrung verknüpft ist; der Fall β, wenn Wärmeaufnahme und Volumenverminderung gekoppelt sind. Bei ähnlichem Q ist die Steilheit der Tangente, also auch der Kurve, besonders von Δv abhängig. Beteiligen sich an den Reaktionen nur feste und flüssige Phasen (sogenannte *kondensierte Systeme*), so ist im allgemeinen Δv klein. Die Kurven verlaufen dann bei üblichen Maßstäben relativ steil, in der Nähe der Vertikalen. Entsteht beim Umsatz aus festen und flüssigen Phasen eine Dampfphase, so kann Δv groß werden; die Kurven sind dann bedeutend flacher.

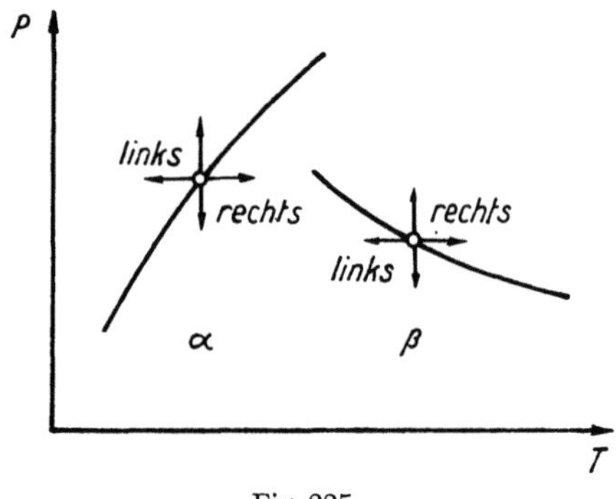

Fig. 225

Zwei $(n+1)$-Phasen-Linien im P-T-Diagramm, wobei die Kurve α eine positive und die Kurve β eine negative Tangente besitzt.

Geht man von einem $(n+1)$-Phasen-Gleichgewicht aus, das heißt von einem Punkt der Kurve, und ändert bei konstantem Druck die Temperatur, so muß, Gleichgewicht vorausgesetzt, die Reaktion einsinnig verlaufen, bis mindestens eine Phase verschwunden ist; man gelangt in ein n-Phasen-Feld.

Dabei gilt: *Die aus einer $(n+1)$-Phasen-Reaktion bei konstantem Druck unter Wärmezufuhr sich bildenden Systeme sind die bei höheren Temperaturen beständigen, die unter Wärmeabgabe sich bildenden Systeme die bei tieferen Temperaturen stabileren.* Wärmeverbrauchende Umsetzungen lösen sich somit bei Temperatursteigerung aus.

Ebenso gilt: *Die aus einer $(n+1)$-Phasen-Reaktion bei konstanter Temperatur unter Volumenabnahme sich bildenden Systeme sind bei höherem Druck, die unter Volumenzunahme sich bildenden Systeme bei niedrigerem Druck stabiler.* Druckerhöhung begünstigt $(n+1)$-Phasen-Reaktionen, die zu Phasengemeinschaften von kleinem Volumen führen. Man findet somit:

im Falle α: rechts von der $(n+1)$-Phasen-Linie Kombinationen, die durch Umsatz bei Wärmeaufnahme und Volumenvermehrung entstehen; links solche, die sich bei Wärmeabgabe und Volumenverkleinerung bilden;

im Falle β: rechts der $(n + 1)$-Phasen-Linie Kombinationen, die sich durch Wärmeaufnahme und Volumenverminderung bilden, links solche, die durch Wärmeabgabe und Volumenvermehrung gekennzeichnet sind.

β. **Graphische Darstellung der Konzentrationsverhältnisse.** Da nur die prozentualen Zusammensetzungen, nicht die absoluten Mengen von Bedeutung sind, benötigt jedes n-Komponenten-System einen $(n - 1)$-dimensionalen *Konzentrationsraum*. Ist $n > 4$, so wird der Raum mehr als dreidimensional, unser Anschauungsvermögen versagt, wir sind auf wenig übersichtliche Projektionen angewiesen. Graphische Darstellungen erfüllen jedoch ihren

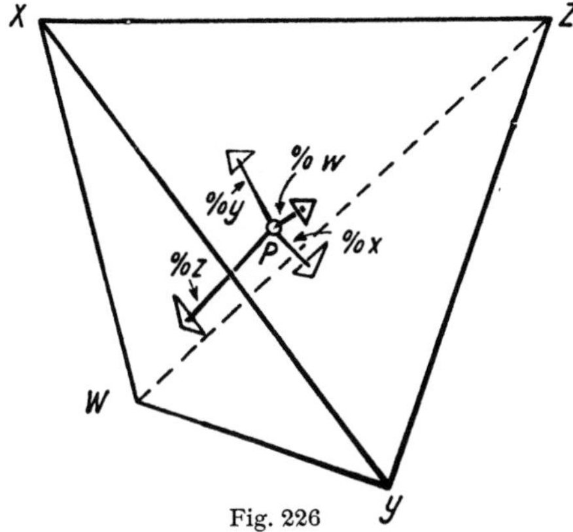

Fig. 226

Tetraedrische Darstellung des Vierkomponentensystems $x\,y\,z\,w$. Die prozentuale Zusammensetzung des Punktes P ist durch die Längenverhältnisse der vier Normalen auf die Tetraederflächen gegeben.

Zweck nur, wenn sie wirklich übersichtlich sind, also das Verständnis algebraischer Beziehungen erleichtern. Man wird es daher zu vermeiden trachten, über den dreidimensionalen Raum hinauszugehen. Höherpolynäre Systeme als quaternäre wird man zwecks graphischer Darstellung der chemischen Verhältnisse in Teilsysteme zu zerlegen suchen. Alle möglichen Mischungsverhältnisse von 4 Komponenten x, y, z, w lassen sich in einem von vier Flächen umgrenzten, also im weiteren Sinne tetraederartigen, geschlossenen Raum darstellen. Besonders einfach gestalten sich die Beziehungen im regulären Tetraeder oder in einem Vierflächner mit drei rechten Winkeln.

Die Darstellung im regulären Tetraeder (siehe bereits Seite 24). Die vier Eckpunkte des Tetraeders stellen $100\% \, x$ bzw. $100\% \, y$ bzw. $100\% \, z$ bzw. $100\% \, w$ dar. Die Abstände eines im Innern des Tetraeders gelegenen Punktes von den vier Tetraederflächen verhalten sich zueinander wie die Mengenverhältnisse der vier Komponenten x, y, z, w. Die Menge an x wird durch den Abstand des Punktes von der der x-Ecke gegenüberliegenden Tetraederfläche (y, z, w) bestimmt, die Menge von y durch den Abstand des Punktes von der der y-Ecke gegenüberliegenden Fläche (x, z, w) usw. Da die Summe der Abstände eines Punktes von den vier Tetraederflächen konstant gleich der Höhe H des Tetraeders (von einer Ecke zur gegenüberliegenden Fläche) ist, brauchen wir die Länge der Tetraederhöhe nur gleich 100 zu setzen, dann geben die Abstände des Punktes von den vier Ebenen, gemessen mit diesem Maßstab, direkt die Prozente x, y, z, w an (Figur 226).

Den Tetraederraum eines *quaternären* Systems der Komponenten x, y, z, w kalibrieren wir deshalb folgendermaßen: Von jeder Ecke aus konstruieren wir die Höhe H, teilen sie in 100 gleiche Teile und legen senkrecht zu den Höhen, das heißt parallel zu den Tetraederflächen, Schnittebenen. Jede Ebene senkrecht zu der von x ausgehenden Höhe umfaßt Zusammensetzungen von glei-

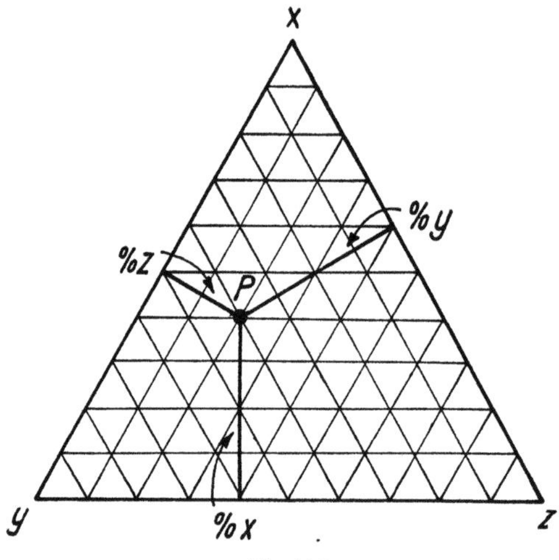

Fig. 227

Gleichseitiges Dreieck (eventuell eine Tetraederfläche der Fig. 226) als Darstellung eines ternären Systems $x\,y\,z$, wobei die Zusammensetzung des Systems selbst durch den Punkt P dargestellt ist.

chem, auf der Höheneinteilung abzulesendem x-Gehalt. Ebenso sind die Ebenen parallel (x, z, w) geometrische Örter für gleichen prozentualen y-Gehalt usw. Aus dieser Zuordnung der Punkte zu bestimmten Mischungen x, y, z, w folgt noch: Das Mengenverhältnis dreier Komponenten bleibt konstant auf Geraden, die durch den die vierte Komponente darstellenden Eckpunkt gehen. Der geometrische Ort konstanten Verhältnisses zweier Komponenten ist eine Ebene, die durch die Tetraederkante geht, welche die Eckpunkte der beiden anderen Komponenten verbindet. Die Tetraederflächen selbst entsprechen den vier ternären Randsystemen des quaternären Systems. Sie enthalten diejenige Komponente nicht, die dem der Tetraederfläche gegenüberliegenden Eckpunkte zugeordnet ist. Auf der ein gleichseitiges Dreieck darstellenden Tetraederfläche selbst lassen sich somit alle Mischungen dreier Komponenten darstellen. Es kommen hier die den Tetraederkanten parallelen Spuren dreier Ebenenscharen zum Schnitt und bestimmen die Prozentgehalte (Figur 227, siehe auch Seite 24).

Das gleichseitige Dreieck liefert somit, wie bereits Seite 24 erwähnt, zugleich die beste Darstellungsform zur Erläuterung der Konzentrationsverhältnisse im *ternären System*. Es gilt:

1. Die Summe der Abstände eines Punktes von den drei Seiten ist konstant und gleich der Länge der Höhe h des Dreieckes.

2. Auf Parallelen zu einer Dreiecksseite ist der Prozentgehalt an derjenigen Komponente, die dem der Seite gegenüberliegenden Eckpunkte zugeordnet ist, konstant.

3. Auf allen von einem Eckpunkt ausstrahlenden Geraden ist das Verhältnis der beiden dem Eckpunkt nicht angehörenden Komponenten konstant.

Die 6 Kanten s des Tetraeders entsprechen den 6 *binären Randsystemen*, die zu einem quaternären System gehören. Sie werden durch unsere Konstruktion in Prozentintervalle eingeteilt, was gestattet, sofort den Gehalt an den zwei Komponenten abzulesen.

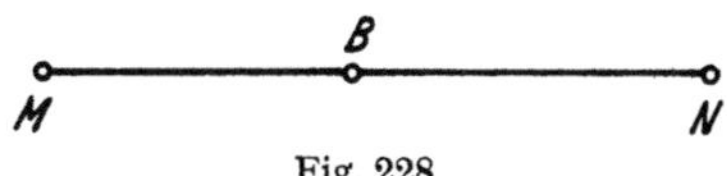

Fig. 228

Monovariabler Chemismus der Phase B durch ein Segment MN dargestellt. Die Zusammensetzung der Phase B ist durch das Verhältnis gegeben: Menge M : Menge $N = NB : MB$.

Im binären System wird stets auf diese Weise die Zusammensetzung einer Phase auf einer Strecke dargestellt. Der regulär tetraedrische Konzentrationsraum hat den Vorteil, daß alle Komponenten gleich behandelt werden. Es ist selbstverständlich möglich, das Tetraeder mit seiner Kalibrierung homogen zu deformieren, zum Beispiel zum regulären dreiseitigen Prisma oder zur rechtwinkligen Pyramide; dann ist eine Komponente den drei anderen gegenüber ausgezeichnet. So wendet man oft statt des gleichseitigen Dreiecks für ternäre Systeme das rechtwinklige Dreieck an (siehe Seite 24).

d) *Die chemographischen Beziehungen*

Im Konzentrationsraum wird die bestimmte gegebene Zusammensetzung einer Phase durch einen *Punkt* dargestellt, den *Phasenpunkt*. Bleibt innerhalb aller mit dem System vorgenommenen Änderungen die Zusammensetzung der Phase konstant, *invariabel*, so ist ihr Chemismus immer durch den gleichen Punkt gegeben. Ändert sich die Zusammensetzung der Phase längs einer Geraden im Konzentrationsraum, so ist ihr Chemismus *monovariabel*. Es ist dann stets möglich, die Zusammensetzung der Phase als Konzentrationsgemisch zweier Bestandteile darzustellen, und zwar gilt der sogenannte *Schwerpunktssatz*. B in Figur 228 sei der Phasenpunkt einer Phase, deren Zusammensetzung sich längs der Geraden MBN verändern kann. Alle Zusammensetzungen zwischen M und N lassen sich als Mischungen von M und N darstellen. Es ist somit das Verhältnis der Mengen $\dfrac{M}{N}$, die B aufzubauen vermögen, gegeben durch das Verhältnis der Strecken $\dfrac{BN}{BM}$ (*Schwerpunktssatz*).

Den Chemismus einer Phase würden wir als *divariabel* bezeichnen, wenn
der Phasenpunkt seine Lage auf einer *Ebene* im Konzentrationsraum verändert.
Es lassen sich dann verschiedene Zusammensetzungen dieser Phase als Mischungen dreier Bestandteile berechnen, deren darstellende Punkte gleichfalls
auf der Ebene liegen. Sie müssen die Ecken eines die zu berechnenden Zusammensetzungen umschließenden Dreiecks bilden (Figur 229).

Wiederum gilt ganz allgemein für die Berechnung der Zusammensetzung
eines Punktes B innerhalb des ebenen Dreiecks MNO als Mischung von M, N, O
der Schwerpunktssatz. Das Verhältnis der Massen, die wir in den Eckpunkten
M, N, O anbringen müßten, damit B Schwerpunkt des Dreiecks wird, liefert
das Verhältnis von M, N, O, das B als Mischung ergibt. Somit verhalten sich
die Mengen von $M:N:O$, die B ergeben, wie $\dfrac{Bm}{Mm} : \dfrac{Bn}{Nn} : \dfrac{Bo}{Oo}$.

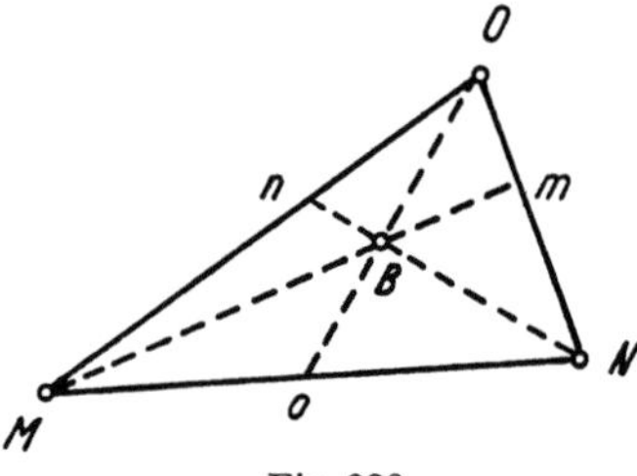

Fig. 229

Bivarianter Chemismus der Phase B durch ein Konzentrationsdreieck MNO dargestellt. Die
Zusammensetzung von B ist durch den Schwerpunktssatz bestimmt, das heißt:

$$\frac{Bm}{Mm} : \frac{Bn}{Nn} : \frac{Bo}{Oo} = \text{Mengenverhältnis } M : N : O.$$

Ist der Chemismus einer Phase innerhalb eines dreidimensionalen Teil-
raumes des Konzentrationsraumes variabel, so ist er *trivariabel*. Der Teilraum
läßt sich dann allgemein tetraedrisch umschließen und jede Zusammensetzung
innerhalb des tetraederförmigen Körpers ist als Gemisch der Zusammensetzungen berechenbar, die den Eckpunkten dieses Körpers entsprechen, wobei
in analoger Weise wie oben der Schwerpunktssatz Anwendung findet.

Auf Grund dieser Tatsachen können wir nun eine Gerade in einem beliebigen Konzentrationsraum als *binären Teilraum* bezeichnen, ist es doch immer
möglich, die Zusammensetzungen auf dieser Gerade als pseudobinäre Gemische
darzustellen. Ebenso ist eine Ebene in einem beliebig dreidimensionalen Konzentrationsraum ein *ternärer Teilraum*, ein räumlicher dreidimensionaler Körper ein *quaternärer Teilraum*. Nun gilt allgemein der Satz: *Fallen in einen
n-polynären Teilraum mehr als n verschiedene Phasenpunkte, so bestehen zwischen diesen Phasen Beziehungen, die wir in Form von Reaktionsgleichungen
schreiben können.*

α. **Unärer Teilraum.** Mehrere Phasen $A, B, C, D \dots$ haben gleiche Zusammensetzung, fallen also auf einen Punkt des Konzentrationsraumes (sie
bilden einen unären Teilraum), dann liegen an sich immer im Bereich der che-

mischen Möglichkeiten Umwandlungen wie $A = B$, $B = C$, $A = C$ usw. Die Phasenregel sagt aus, daß nicht mehr als drei Phasen gleicher Zusammensetzung im Gleichgewicht koexistieren können; die Stabilitätsverhältnisse geben in bestimmten Fällen an, welche Reaktionen vonstatten gehen können, ob sie reversibel (enantiotrop) oder irreversibel (monotrop) sind.

Kennen wir verschiedene Kristallzustände, das heißt Kristallarten, denen die gleiche Bauschalzusammensetzung zukommt, so liegen (siehe Seite 64) verschiedene *Modifikationen* ein und derselben Zusammensetzung vor; es herrscht *Polymorphie* (Polymorphismus = Vielgestaltigkeit, im Gegensatz zu Isomorphismus, das heißt Gleichgestaltigkeit trotz abweichendem Chemismus). Von einer großen Zahl von Zusammensetzungen sind verschiedene kristallisierte Modifikationen bekannt.

Es treten zum Beispiel auf:

C als Graphit (hexagonal) und als Diamant (kubisch).

SiO_2 als Quarz (trigonal-rhomboedrisch), als Tridymit (hexagonal), als Cristobalit (kubisch), jeder dieser drei Kristallstrukturtypen nochmals zerfallend in Varianten (zum Beispiel Hochtemperaturquarz, Niedertemperaturquarz).

TiO_2 als Rutil (tetragonal), als Anatas (tetragonal) und als Brookit (orthorhombisch).

$CaCO_3$ als Calcit (trigonal-rhomboedrisch), als Aragonit (orthorhombisch) und als Vaterit (hexagonal).

FeS_2 als Pyrit (kubisch) und als Markasit (orthorhombisch).

ZnS als Zinkblende (kubisch) und als Wurtzit (hexagonal).

$Al_2O_3 \cdot SiO_2$ als Sillimanit (orthorhombisch), Andalusit (orthorhombisch) oder Disthen (triklin).

$MgO \cdot SiO_2$ als Klino-Enstatit = Mg-Pigeonit (monoklin) und als Enstatit = Mg-Orthaugit (orthorhombisch).

$K_2O \cdot Al_2O_3 \cdot 6 SiO_2$ als Orthoklas, Adular und Sanidin (monoklin) oder als K-Mikroklin (triklin).

Nach der Phasenregel kann bei beliebigen Bedingungen (zum Beispiel Zimmertemperatur und Atmosphärendruck) im allgemeinen nur eine der Modifikationen (Phasen gleicher Zusammensetzung) stabil sein. Trotzdem ist es möglich, beispielsweise in Sammlungen, die verschiedenen Kristallarten nebeneinander aufzubewahren; sie haben sich (durch Gitteränderungen, Ausdehnungen oder Kontraktionen usw.) den herrschenden Bedingungen angepaßt, stellen somit innere Gleichgewichtszustände dar. Eine dieser Modifikationen wird das stabile Gleichgewicht (mit der größten Entropie, dem kleinsten thermodynamischen Potential) repräsentieren, die anderen sind ihr gegenüber metastabil und können sich an und für sich freiwillig in die stabile Modifikation umwandeln. Bleiben sie trotzdem lange haltbar, so bedeutet dies lediglich, daß die Umwandlungsgeschwindigkeit außerordentlich klein ist bzw. die Keimbildung der neuen Phase unter den gegebenen Bedingungen eine geringe Wahrscheinlichkeit besitzt.

Gerade dieses einfachste Beispiel zeigt uns, daß der absolut stabilste Zustand in der Natur nicht immer erreicht wird und daß insbesondere feste Phasen unter Umständen in metastabiler Form sehr haltbar sein können. Mit anderen

Worten: einzelne der Modifikationen können, wenn sie einmal entstanden sind, erhalten bleiben, auch wenn sie unter Bedingungen gelangen, bei denen dem Stabilitätsgrade nach andere Zustände bevorzugt sind. Ja es ist möglich, daß sich aus Lösungen, Schmelzen oder Dämpfen oder durch Umsatz im festen Aggregat eine Kristallphase *neu* bildet, die schon von *Anbeginn an* für die betreffende Zusammensetzung nicht den absolut stabilsten Zustand darstellt. Die Neubildung selbst ist dann wohl mit einer Entropievermehrung (gegenüber dem Ausgangszustand) verbunden, jedoch nicht mit der denkbar größtmöglichen. Strukturbeziehungen mit dem Ausgangsmaterial oder Komplexbildungen in Lösungen usw. können die Art der entstehenden Modifikation mitbestimmen.

Versucht man zum Beispiel (nach FAIVRE) $CaCO_3$ in wässeriger Lösung durch doppelten Umsatz aus $CaCl_2$ und Na_2CO_3 herzustellen, so erhält man unterhalb 60^0 C stets als ein erstes Zwischenprodukt Vaterit, der sich jedoch im Kontakt mit der Flüssigkeit rasch in Calcit umwandelt. CO_2-Gehalt in der Lösung oder geringe Temperaturerhöhung beschleunigt diese Umwandlung. Im trockenen Zustand erfolgt sie erst bei etwa 300^0 C mit größerer Beschleunigung. Der Niederschlag von $CaCO_3$ ist schließlich unterhalb 30^0 C im Kontakt mit der Flüssigkeit nach kurzer Zeit fast reiner Calcit. Zwischen 30^0 und 100^0 C besteht er daneben noch aus recht haltbarem Aragonit. Die größte Aragonitausbeute ist bei etwa 60^0 C zu finden, oberhalb 60^0 C scheint der zuerst gebildete Aragonit sich merkbar in Calcit umzuwandeln. Dabei ist im ganzen erwähnten Temperaturbereich Calcit die einzig stabile Form des $CaCO_3$.

Diese Erkenntnis ist für die Beurteilung des Naturgeschehens auf Grund eines Studiums der Produkte sehr wichtig. Nehmen wir an, es würden bei der Neubildung immer die stabilen Modifikationen entstehen, die dann infolge Reaktionsträgheit auch bei Bedingungsänderungen (zum Beispiel Temperaturabnahme) reliktisch erhalten bleiben, so bestünde die Möglichkeit, an Hand solcher Überbleibsel die ursprünglichen Entstehungsbedingungen zu rekonstruieren (*physikalische Indikatoren*, zum Beispiel *geologische Thermometer*). Im Großen gesehen ist dies ja auch hinsichtlich der Mineralparagenesen das in der Gesteinskunde angewandte Vorgehen. An der Erdoberfläche sollten durch Reaktion mit Atmosphäre, Hydro- und Biosphäre alle Gesteine Böden bilden (oder zum mindesten durch Verwitterung ihren Mineralbestand den spezifischen Oberflächenbedingungen angepaßt haben). Auch diese Vorgänge verlaufen jedoch langsam, und so können wir fast überall, mindestens von einer gewissen Tiefe an, den Fels noch in einem von diesen Umsetzungen wenig beeinflußten Zustand studieren. Und da erkennen wir ja gerade, daß Mineralbestand, Struktur und Textur so beschaffen sind, daß oft auf eine Bildungsweise unter ganz anderen Bedingungen als denen, die an der Erdoberfläche wirksam sind, geschlossen werden muß. Die beobachtbare Mannigfaltigkeit der Gesteine und Minerallagerstätten ist somit auch eine Folge der insbesondere bei sinkender Temperatur *geringen Reaktionsgeschwindigkeit in festen Kristallaggregaten*. Sie erlaubt, Produkte verschiedenster Entstehungsbedingungen zu studieren, die Rekonstruktionen durchzuführen.

Allein die Bemerkungen über Haltbarkeit und Bildungsweise der Modifikationen ein und derselben Substanz mahnen zur Vorsicht, wenn wir versuchen wollen, eine *scharfe Präzisierung* der bei der Mineralbildung wirksamen Umstände durchzuführen. Experimentell erforschte Stabilitätsverhältnisse dürfen der Deutung nicht kritiklos zugrunde gelegt werden. Wissen wir von einer Kristallart, daß sie nur in einem gewissen Temperatur-Druck-Bereich stabil ist, so würde reliktisches Auftreten dieser Kristallart nur dann angeben, daß sie in diesem Temperatur-Druck-Bereich entstanden ist, wenn ihre Haltbarkeit unter anderen Verhältnissen relativ gering und die Bildungsweise unter anderen als absolut stabilen Bedingungen ausgeschlossen ist. Als spezifische Temperatur-Druck-Indikatoren kommen daher nur Modifikationen (und, allgemein gesprochen, Mineralparagenesen) in Frage, deren Haltbarkeits- und Bildungsbereich mit dem bereits erforschten Stabilitätsbereich praktisch zusammenfällt oder, was selten ist, deren Bildungsbereich (unabhängig vom Stabilitätsbereich) genau bekannt ist.

Man erkennt, daß die Anforderungen, die an solche geologisch-physikalische Indikatoren gestellt werden, sich mindestens teilweise widersprechen. Einerseits sollen die ihnen zukommenden Erscheinungen reliktisch erhalten bleiben, anderseits müssen die für sie bestehenden Bildungs- oder bzw. und Haltbarkeitsfelder eng begrenzt sein. Nun gibt es allerdings Fälle, für die dieser Widerspruch nur ein scheinbarer ist. Oft läßt sich nämlich beim Studium eines Minerals erkennen, daß dieses Mineral eine Umwandlung erlitten hat, also ursprünglich in anderer Form gebildet war. Das gilt zum Beispiel teilweise für die bei gewöhnlichem Druck oberhalb 575⁰ C stabile Quarzmodifikation. Ihre Umwandlung beim Abkühlen in den Niedertemperaturquarz erfolgt praktisch ziemlich spontan; man kann jedoch oft einem Niedertemperaturquarz ansehen, ob er als solcher gebildet wurde oder ob er als Hochtemperaturquarz entstanden und erst nachträglich in die jetzt vorliegende Modifikation umgewandelt wurde. Ähnliches gilt für andere sogenannte *Paramorphosen*, besonders dann, wenn die Kristallisationsverhältnisse für die verschiedenen Modifikationen stark voneinander differieren und die Gestalt der Edukte bei der Umwandlung erhalten blieb. Es ist das im Grunde genommen nur ein Spezialfall der sogenannten *Pseudomorphosen*, das heißt jener Bildungen, die in der äußeren Form noch das Ausgangsprodukt erkennen lassen, während der Inhalt ein neues Kristallaggregat darstellt, das aus dem Edukt durch Umwandlungen und Umsetzungen entstanden ist (zum Beispiel Roteisen- und Limonitpseudomorphosen nach Pyrit). Gerade das Studium solcher Pseudomorphosen läßt die sich in der Natur abspielenden Prozesse studieren. Aber auch, wenn hinsichtlich der Modifikationen ein und derselben Substanz diese günstigen Umstände (Möglichkeit der Erkennung stattgefundener Umwandlungen) realisiert sind, ist immer noch Vorsicht am Platz, da uns oft eine Bildungsmöglichkeit im instabilen Gebiet unbekannt geblieben sein kann. Zudem ist an folgende, direkt aus der Phasenregel abzuleitende Tatsache zu erinnern:

Ist die Zusammensetzung einer in verschiedenen Modifikationen auftretenden Kristallart variabel, so gehört sie nicht mehr einem unären System an. Die reversible Umwandlung der einen Modifikation in eine andere erfolgt dann bei gegebenem Druck nicht mehr bei nur einer bestimmten Temperatur. Es stehen mehr Freiheitsgrade zur Verfügung. Die verschiedenen, miteinander im Gleichgewicht befindlichen Modifikationen haben verschiedene Zusammensetzungen, und die Umwandlung verschleppt sich (unter Änderung des Chemismus der koexistierenden Phasen) über ein Temperatur-Druck-Intervall.

Auch wenn diese Bemerkungen die Problematik der genetischen Gesteinskunde am einfachsten Beispiel aufzeigen, wollen sie keinesfalls den Wert der

Bemühungen, aus den Produkten auf die Vorgänge rückzuschließen, herabsetzen. Jeder in diesem Sinne historischen Wissenschaft haften analoge Mängel an, die nie dazu führen dürfen, den Versuch, zu verstehen, aufzugeben. Es wird lediglich offensichtlich, daß nur unter Berücksichtigung aller Faktoren und unter Benützung aller Grundlagenwissenschaften Aussagen möglich sind, die den Anspruch erheben, objektiv wahrscheinlich zu sein. Eine dieser Grundlagenwissenschaften für Petrographie und Lagerstättenkunde ist die theoretisch-physikalische Chemie mit ihrer Phasenlehre. Der mit ihr verbundene experimentelle Teil dient zur Abklärung spezieller Fragestellungen, die aus den Laboratoriumsversuchen folgende Theorie zur Kennzeichnung der allgemeinen Problemstellungen und zur richtigen Formulierung der Fragen. Finden wir zum Beispiel in einem Mineralaggregat nebeneinander zwei oder drei Modifikationen ein und derselben Substanz, so folgt aus der Phasenlehre, daß wir unter anderem zu untersuchen haben:

a) ob die Zusammensetzungen wirklich die gleichen sind oder ob Mischkristalle von etwas verschiedenem Chemismus miteinander vergesellschaftet sind;

b) ob Bedingungsänderungen sofort eine oder zwei der Modifikationen zum Verschwinden bringen, die Koexistenz also an die Untersuchungsbedingungen gebunden ist;

c) welches beim Fehlen eines Gleichgewichtszustandes die stabile Modifikation ist;

d) wie sich bei Bedingungsänderungen die Stabilitätsverhältnisse verschieben, ob zum Beispiel eine Modifikation durchwegs weniger stabil ist als eine andere, das heißt sich zu ihr monotrop verhält. (Die Umwandlung ist nur in einer Richtung, von der weniger stabilen zur stabilen, möglich.) Oder ob von gewissen Temperaturen und Drucken an sich der Stabilitätsgrad ändert (enantiotropes Verhalten, partiell stabil). Dann gibt es reversible, enantiotrope Gleichgewichte unter anderen Bedingungen;

e) ob aus der Art der Vergesellschaftung ersichtlich ist, ob die eine Modifikation aus der anderen entstanden ist, ob beide sich gleichzeitig gebildet haben oder ob sie unabhängig voneinander (zum Beispiel als Produkte verschiedener Reaktionen) auftreten;

f) ob auf Grund bekannter oder neu auszuführender Experimente über die Stabilitätsbedingungen, Haltbarkeits- und Bildungsbedingungen Aussagen möglich sind, die den beobachteten Sonderfall verständlich machen und zugleich zu (mit anderen Beobachtungen übereinstimmenden) Wahrscheinlichkeitsaussagen über die Entstehung als Ganzes führen.

Führend bleibt dabei immer das, was in prinzipieller Hinsicht die Phasenlehre für die Gleichgewichtszustände verlangt, und das, was sie hinsichtlich des Einflusses von Wärmetönung und Volumänderung bei Umwandlungsreaktionen aussagt. Treffen wir in einem Mineralaggregat die eine, in einem anderen eine zweite Modifikation der gleichen Zusammensetzung, so ergeben sich ganz ähnliche Fragestellungen mit dem Ziel, abzuklären, welche besonderen Umstände zu verschiedenen Kristallstrukturen führten. Aus der Summe derartiger sorgfältiger Detailuntersuchungen, die in voller Kenntnis der physikalisch-chemischen Gesetze durchgeführt werden müssen, entsteht schließlich das die geringsten Widersprüche oder Vieldeutigkeiten aufweisende Gesamtbild. Die mühsame Detektivarbeit hat sich gelohnt.

β. **Binärer Teilraum.** Zwischen drei auf einer Geraden im Konzentrationsraum liegenden Phasen ist immer eine und nur eine Beziehung möglich, derart, daß die mittlere Phase aus den außenstehenden gebildet werden kann. In der Bezeichnungsweise der Figur 230 lautet die Gleichung eindeutig: $aA + cC = bB$. Bleiben bei Bedingungsänderungen die Phasenpunkte auf der Geraden, so ist das von den drei Phasen gebildete Teilsystem wirklich binär (sonst nur zufällig binär oder pseudobinär). Die drei Phasen können dann nach

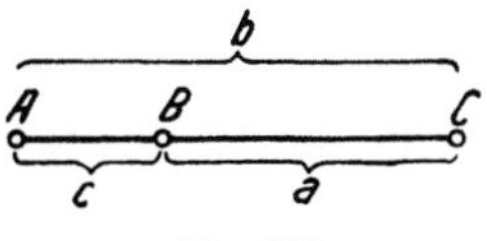

Fig. 230

Die drei im Konzentrationsraum sich befindenden Phasen A, B, C liegen auf einer Geraden, so daß sie nur durch folgende Beziehung verbunden sein können: $aA + cC = bB$.

der Phasenregel nur ein monovariantes Gleichgewicht bilden, das heißt, die Koexistenz ist nur auf einer Kurve im P-T-Feld möglich. Diese Kurve ist die Temperatur-Druck-Kurve des Gleichgewichtes $aA + cC \rightleftharpoons bB$. Werden T oder P oder beide so verändert, daß die Kurve verlassen wird, so muß, Gleichgewicht vorausgesetzt, mindestens eine der Phasen verschwinden, das heißt die Reaktion in der einen oder andern Pfeilrichtung verlaufen, bis nur zwei Phasen übrigbleiben. Beim einen Verlauf können nur A und C zurückbleiben, beim andern indessen je nach der Ausgangszusammensetzung A und B oder C und B (Figur 231).

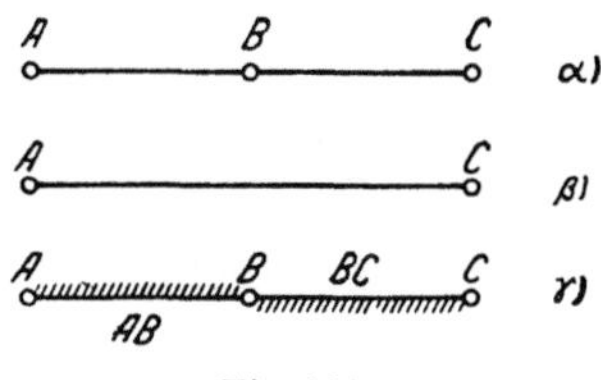

Fig. 231

Die Gleichung zwischen A, B, C lautet: $A + C \rightleftharpoons B$. Beim Linksverlauf der Reaktion (β) bleiben A und C zurück, beim Rechtsverlauf indessen je nach Ausgangszusammensetzung A und B oder C und B (γ).

Auf der einen Seite der Dreiphasenlinie im P-T-Diagramm ist daher im Gleichgewicht nur die Kombination AC, auf der anderen Seite ist je nach der Zusammensetzung AB oder BC möglich (Figur 231, in der die Gleichung ohne Reaktionskoeffizienten geschrieben ist).

Ob die Reaktion bei Temperatursteigerung oder Druckerhöhung im P-T-Feld nach links oder rechts verläuft, hängt, wie früher erwähnt, von der Wärmetönung und der Volumenänderung ab. In Figur 232 ist angenommen, $aA + cC \rightleftharpoons bB$ nehme beim Rechtsverlauf unter Volumenzunahme Wärme auf. Wie aus der Figur 232 leicht ersichtlich ist, werden beim Rechtsverlauf A und B übrigbleiben, wenn die Ausgangszusammensetzung zwischen A und B lag, B und C werden übrigbleiben, wenn die Ausgangszusammensetzung zwischen B und C lag. Entspricht die Ursprungszusammensetzung genau dem Punkte B, so werden A und C gleichzeitig verschwinden, es bleibt nur B übrig. Folgender allgemeine Satz gilt auch für den gezeichneten Spezialfall.

Stellen wir die Gesamtverhältnisse der Phasenkombinationen in einem System dar, so müssen in den P-T-Feldern zwischen den $(n + 1)$-Phasen-Linien die verschiedenen möglichen n-Phasen-Kombinationen immer den gesamten Konzentrationsraum umfassen, und zwar derart, daß sich die von den einzelnen Phasenkombinationen beherrschten Räume nicht überdecken (weil zu gegebener Zusammensetzung eine und nur eine stabile Phasenkombination gehört).

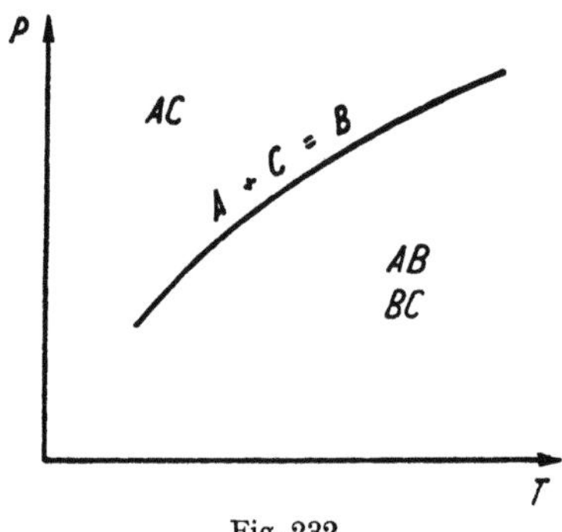

Fig. 232

Die Gleichung $A + C \rightleftharpoons B$ verlaufe nach rechts unter Volumenzunahme und Wärmeaufnahme. Wenn die Ausgangszusammensetzung zwischen A und B lag, werden A und B übrigbleiben; wenn sie zwischen B und C lag, werden B und C übrigbleiben.

So lassen sich durch Mischungen von AC alle Zusammensetzungen zwischen A und C ausdrücken; ist daher diese Kombination stabil, so ist sie es allein, da sie den ganzen Konzentrationsraum umfaßt. Zu AB gehört aber notwendig BC, denn nur Punkte zwischen A und B können durch Gemenge von A und B dargestellt werden, Punkte zwischen B und C verlangen zu B noch C.

Es ist zweckmäßig, sofort an zwei Beispielen zu zeigen, wie mit Hilfe derartiger Überlegungen wichtige natürliche Vorgänge überblickt werden können.

a) Im binären System $CaO-CO_2$ tritt als intermediäre Phase $CaCO_3$ auf, sei es als Calcit, Aragonit oder Vaterit. Folgende Reaktion ([] bedeutet feste Phase):

$$[CaCO_3] \rightleftharpoons [CaO] + CO_2$$

wird als thermisches Dissoziationsgleichgewicht des Karbonates bezeichnet. Im P-T-Diagramm entspricht diesem Gleichgewicht ($3 = 2 + 1$ Phasen) eine Kurve, deren Verlauf etwas verschieden sein wird, je nachdem ob Calcit, Aragonit oder Vaterit als Karbonat vorliegt[1]. Da Calcit die beständige Modifikation ist, wandeln sich bei Temperatursteigerung Aragonit und Vaterit (Beweglichkeitserhöhung) monotrop in Calcit um, so daß nur die Kurve für Calcit als Boden-

---

[1] Da Aragonit und Vaterit weniger stabil sind als Calcit, ist für die ersteren bei gegebener Temperatur der Dissoziationsdruck etwas höher.

körper bis zu höheren Temperaturen verfolgt werden kann. Aus einfachen Erwägungen können wir von vornherein über den Verlauf dieser monovarianten Kurve im P-T-Diagramm etwas aussagen. Beim Rechtsverlauf (nach der obigen Schreibweise) wird unzweifelhaft (Gasabspaltung) das Volumen vergrößert, auch wird beim Rechtsverlauf Wärme absorbiert. Daraus folgt, daß die Tangenten an die Kurven mit der positiven Richtung der Temperaturachse kleinere Winkel als 90⁰ bilden und daß der Kurvenverlauf ein relativ flacher ist (siehe Seite 290). Generell muß somit die Kurve die Lage haben, wie in Figur 233 eingezeichnet. Experimentell ist nur noch der genaue Verlauf zu bestimmen. Aus

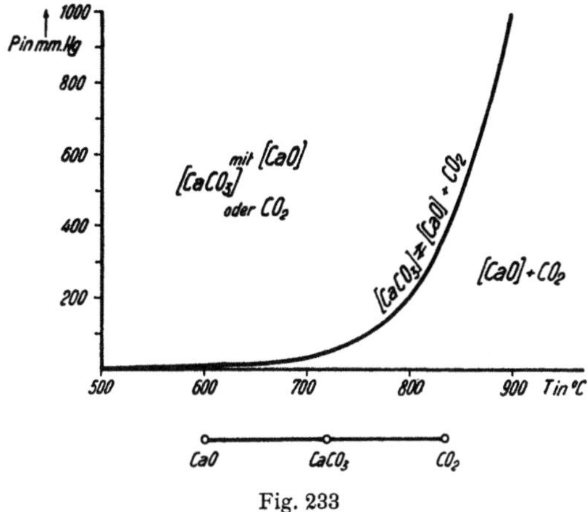

Fig. 233

P-T-Diagramm des binären Systems Ca–CO_2, das durch die Beziehung $[CaCO_3] \rightleftharpoons [CaO] + CO_2$ gekennzeichnet ist. Die Koexistenz der drei Phasen ist auf der Kurve möglich, außerhalb derselben muß eine Phase verschwinden, rechts können nur noch $[CaO]$ und CO_2, links $[CaCO_3]$ mit $[CaO]$ oder CO_2 zusammen vorkommen (je nachdem, ob die Ausgangszusammensetzung zwischen $[CaO]$ und $[CaCO_3]$ oder zwischen $[CaCO_3]$ und CO_2 lag).

den gleichen Erwägungen heraus ergibt sich (siehe Seite 290), daß im Diagramm rechts von der Dreiphasenlinie die Kombination $[CaO]$, CO_2 die einzig stabile ist, während links der Kurve je nach Ausgangszusammensetzung neben $CaCO_3$ noch CO_2 *oder* $[CaO]$ koexistieren kann. Damit läßt sich das Gesamtverhalten des Systems bei beliebigen Bedingungsänderungen sofort überblicken.

b) Eine analoge Reaktion ist die der Wasserdampfabspaltung von Gips im System $CaSO_4$ (Anhydrit) und H_2O:

$$[CaSO_4 \cdot 2\,H_2O] \rightleftharpoons [CaSO_4] + \quad 2\,H_2O.$$

Gips   Anhydrit   Wasserdampf

In der Seite 68 ff. erläuterten Symbolik würde die Gleichung lauten:

$$2\,Gps = 2\,A\ (+\ 2\,H_2O).$$

Wiederum muß der Kurvenverlauf aus gleichen Erwägungen ein ähnlicher sein wie für die Karbonatdissoziation. Die Verteilung der n-Phasen-Kombination läßt sich gleichfalls voraussagen und so die Gipsbildung aus Anhydrit oder die Anhydritbildung aus Gips verstehen (Figur 234). Beide Prozesse spielen sich in der Natur häufig ab.

Das zuletzt besprochene Beispiel ist deshalb noch interessant, weil sich beim künstlich durchgeführten Prozeß Zwischenverbindungen (zum Beispiel sogenanntes Halbhydrat) bilden, die in der Natur nur selten beobachtbar sind. An der Diskussion für den in der Natur als Hauptprozeß erkennbaren Vorgang ändert dies nichts. Es ist gleichgültig, ob die gezeichnete Kurve (deren genauer Verlauf durch Experimente bestimmt werden muß) einem metastabilen Gleichgewicht entspricht oder ob zu dem so dargestellten stabilen Gleichgewicht, in gewissen Gebieten metastabil oder stabil, andere Reaktionen hinzukommen können. Solange letztere in der Natur für das Endstadium bedeutungslos sind, genügt es,

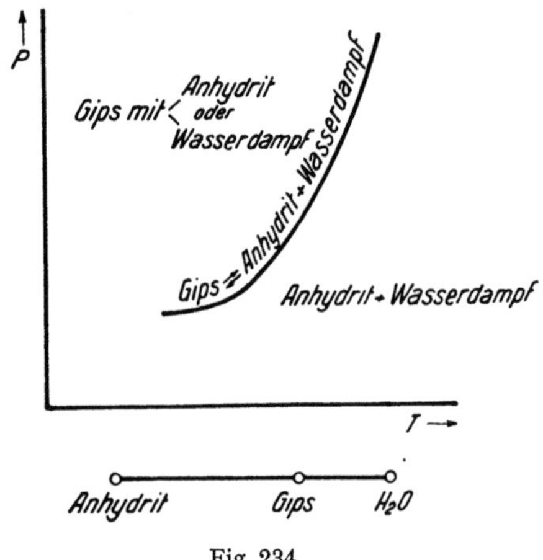

Fig. 234

P-T-Diagramm des binären Systems $CaSO_4$–H_2O, durch die Gleichung $[CaSO_4 \cdot 2\,H_2O] \rightleftharpoons [CaSO_4]$ + $2\,H_2O$ charakterisiert. Die Kurve ist der Koexistenzbereich der drei Phasen; in den Feldern außerhalb der Kurve können nur zwei Phasen zusammen vorkommen.

das bestimmende Gleichgewicht zu betrachten, denn die Phasenregel gilt ja für stabile und metastabile Gleichgewichte. Indessen kann das Auftreten von zum Beispiel wenig stabilen Zwischenverbindungen die Reaktionskinetik stark beeinflussen, den Ablauf des Gesamtprozesses verzögern oder beschleunigen.

Liegen auf einer Geraden mehr als drei Phasenpunkte, beispielsweise vier, so sind mehrere chemische Beziehungen zwischen diesen Phasen aufstellbar. Bei vier Phasen der in Figur 235 gezeichneten Aufeinanderfolge gilt immer eindeutig (unter Weglassung der für den Einzelfall leicht bestimmbaren Reaktionskoeffizienten a_n, b_n, c_n, d_n):

$$1.\ A + C = B \quad \text{(Gleichung } (D), \text{ da } D \text{ fehlt)}$$
$$2.\ A + D = B \quad \text{(Gleichung } (C), \text{ da } C \text{ fehlt)}$$
$$3.\ A + D = C \quad \text{(Gleichung } (B), \text{ da } B \text{ fehlt)}$$
$$4.\ B + D = C \quad \text{(Gleichung } (A), \text{ da } A \text{ fehlt).}$$

Das heißt: es sind vier verschiedene Dreiphasenreaktionen denkbar, alle vom gleichen zwei-/eingliedrigen Typus (zwei Glieder auf der einen Seite der Gleichung, ein Glied auf der anderen Seite).

Vier ist nach der Phasenregel die Maximalzahl der ein Gleichgewicht bildenden Phasen eines wirklich binären Systems. Zwischen den vier Phasen selbst lassen sich unendlich viele Gleichungen aufstellen; die Reaktionen werden erst bestimmt, wenn besondere Bedingungen verlangt werden, wie Wärme-

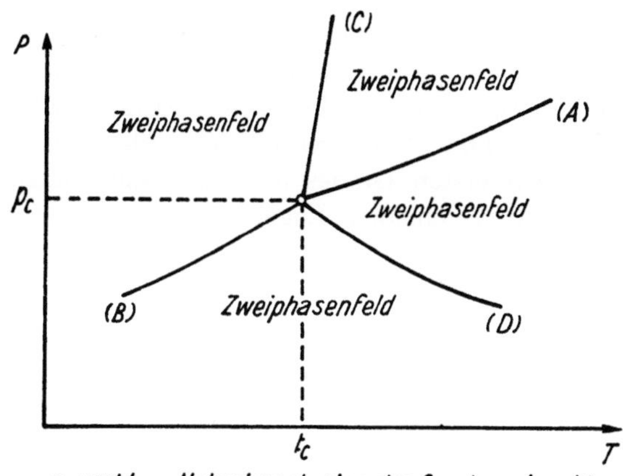

Fig. 235

Gerade mit vier Phasenpunkten, unter denen (abgesehen von den Reaktionskoeffizienten) eindeutig folgende Beziehungen bestehen: $A + C = B$, $A + D = B$, $A + D = C$ und $B + D = C$.

tönung $= 0$ (isentropische Reaktion) oder Volumenänderung $= 0$ (isovolumetrische Reaktion). Ein Gleichgewicht können im wirklich binären System die vier Phasen höchstens in einem Punkte des P-T-Feldes bilden. Ist dies der Fall, so strahlen von diesem Punkt, den vier Dreiphasenreaktionen entsprechend, vier Dreiphasenlinien aus, das P-T-Gebiet um den Quadrupelpunkt in vier n-Phasen-Felder einteilend (Figur 236). Da durch die Lage der Phasenpunkte (also durch den Chemismus der Phasen) die Reaktion bestimmt wird, läßt sich dem Charakter nach das Gesamt-P-T-Diagramm ableiten. Wie das geschieht, wollen wir später in einer auch andere Systeme umfassenden allgemeinen Weise erörtern.

Fig. 236

P-T-Diagramm eines Vierphasensystems $A\,B\,C\,D$. Von dem Vierphasenpunkt (Quadrupelpunkt) strahlen vier Dreiphasenkurven (A), (B), (C) und (D) aus, die das P-T-Feld in vier Zweiphasenfelder aufteilen. Für die Dreiphasenlinien wird die in der Reaktion fehlende Phase zur Kurvencharakterisierung verwendet.

Im System $CaSO_4$–H_2O könnten zum Beispiel vier solche Phasen sein: Gips, Anhydrit, wässerige Lösung, Wasserdampf, zum Beispiel in der Reihenfolge: $A =$ Anhydrit, $B =$ Gips, $C =$ Lösung, $D =$ Dampf der Figur 235.

Die vier oben hingeschriebenen Gleichungen werden dann leicht interpretierbar. Die Kurve für (*D*) ergibt die Abhängigkeit der Konzentration einer sowohl an Gips wie Anhydrit gesättigten Lösung von Temperatur und Druck, diejenige für (*C*) ist oben bereits besprochen worden, die für (*B*) ist die Dampfdruckkurve der an Anhydrit gesättigten und die von (*A*) der an Gips gesättigten Lösung. Im Quadrupelpunkt wären bei ganz bestimmtem Druck und ganz bestimmter Temperatur Gips, Anhydrit, gesättigte wässerige Lösung und Dampf im Gleichgewicht (Figur 237).

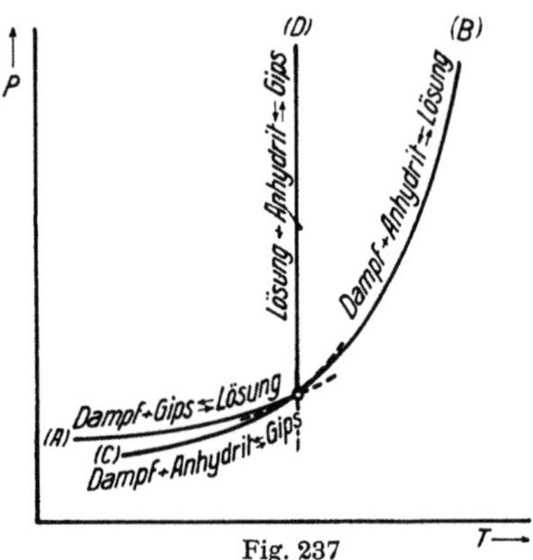

Fig. 237

P-T-Diagramm für das Vierphasensystem Anhydrit–Gips–Lösung–Wasserdampf mit Vierphasenpunkt, Dreiphasenkurven und Zweiphasenfeldern zwischen den Kurven.

γ. **Ternärer Teilraum.** Zwischen vier Phasen, deren Phasenpunkte einer Ebene des Konzentrationsraumes angehören (ohne daß mehr als zwei auf ein und derselben Geraden liegen), ist immer in Form einer Reaktionsgleichung *eine* und nur *eine* Beziehung aufstellbar. Den zwei möglichen algebraischen Formen, die homogenen Gleichungen ersten Grades aus vier Gliedern zukommen, entsprechen zwei prinzipiell verschiedene Lagebeziehungen von vier Punkten auf einer Ebene.

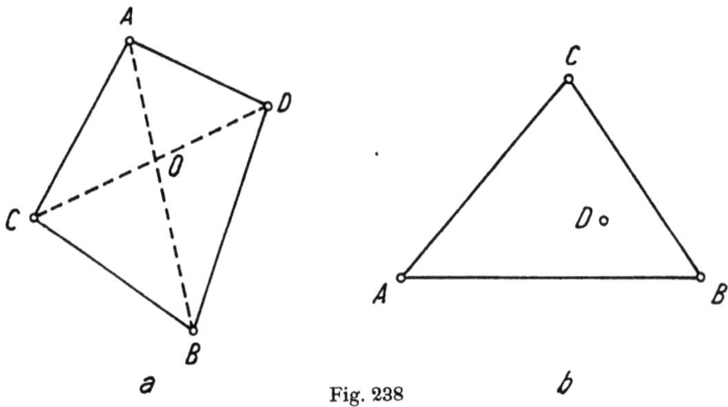

Fig. 238

Beziehungen zwischen vier komplanaren Phasenpunkten *A*, *B*, *C*, *D*. Drei Punkte *A*, *B*, *C* bilden immer ein Dreieck, der vierte Punkt kann außerhalb (Fall *a*) oder in das Dreieck *A B C* fallen (Fall *b*); es gelten die Gleichungen I bzw. II des Textes.

$$\text{I} \qquad\qquad\qquad\qquad \text{II}$$
$$a_1 A + b_1 B = c_1 C + d_1 D \qquad\qquad a_2 A + b_2 B + c_1 C = d_2 D.$$

Die drei Punkte A, B, C lassen sich zu Eckpunkten eines Dreieckes wählen; liegt dann der vierte Punkt D außerhalb dieses Dreiecks, so gilt eine Gleichung vom Typus I, liegt er innerhalb des Dreiecks, so ist sie vom Typus II. Im ersteren Falle (Figur 238 a) ist nach dem Schwerpunktssatz das Verhältnis der Reaktionskoeffizienten: $\dfrac{a_1}{b_1} = \dfrac{BO}{AO}$, das Verhältnis $\dfrac{c_1}{d_1} = \dfrac{DO}{CO}$. Für den zweiten Fall (Figur 238 b) ist bereits Seite 294 abgeleitet worden, wie die Reaktionskoeffizienten unter Berücksichtigung des Schwerpunktssatzes gewonnen werden können. Im wirklich ternären System können vier Phasen nur auf einer Kurve im P-T-Feld, der monovarianten Gleichgewichtskurve, koexistieren. In den P-T-Feldern zu beiden Seiten der Vierphasenkurve sind nur noch die durch einseitigen Reaktionsverlauf entstandenen Dreiphasenkombinationen beständig. Den algebraischen Beziehungen:

$$\text{I} \qquad\qquad\qquad\qquad \text{II}$$
$$a_1 A + b_1 B \rightleftarrows c_1 C + d_1 D \qquad\qquad a_1 A + b_1 B + c_1 C \rightleftarrows d_1 D$$

entsprechen folgende Felderteilungen zu beiden Seiten der Vierphasenlinie:

Rechtsverlauf: $\begin{cases} C\,D\,A \text{ oder} \\ C\,D\,B \end{cases}$ 　　 Rechtsverlauf: $\begin{cases} D\,A\,B \text{ oder} \\ D\,A\,C \text{ oder} \\ D\,B\,C \end{cases}$

Linksverlauf: $\begin{cases} A\,B\,C \\ A\,B\,D \end{cases}$ 　　 Linksverlauf: $\quad A\,B\,C$

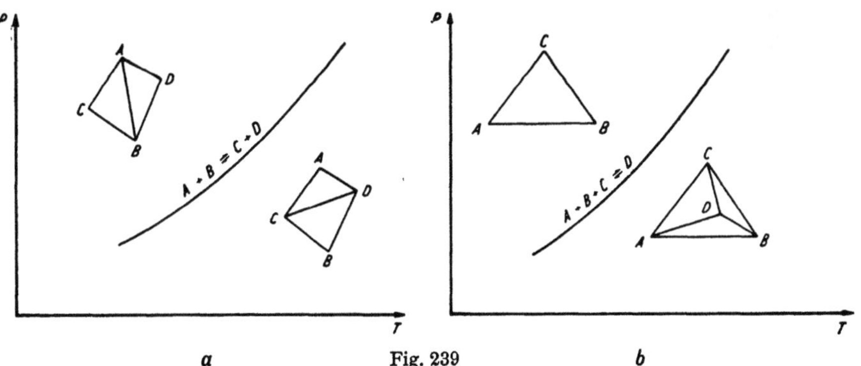

a 　　 Fig. 239 　　 b

a P-T-Diagramm für das ternäre Vierphasensystem $ABCD$, wenn D außerhalb des Dreieckes ABC liegt. Auf der einen Seite der Vierphasenlinie sind folgende Koexistenzmöglichkeiten: ACD, BCD; auf der anderen: ABC, ABD; also alle vier Phasen auf beiden Seiten, jedoch in verschiedener paragenetischer Vergesellschaftung. Es sind die Felderteilungen des Konzentrationsbereiches gezeichnet; koexistieren können nur Phasen, deren Punkte Eckpunkte der gezeichneten Dreieckseinteilungen sind. – b P-T-Diagramm für das ternäre Vierphasensystem $ABCD$, wenn D in das Dreieck ABC fällt. Auf der einen Seite der Vierphasenkurve sind folgende paragenetische Vergesellschaftungen möglich: ABD, ACD, BCD; auf der anderen nur ABC bei Fehlen der Phase D.

Bei Anwesenheit von I ergibt sich somit: In gewissen Temperatur-Druck-Bereichen kann A nicht neben B bestehen, die möglichen Gleichgewichtsparagenesen sind CDA und CDB, die erstere innerhalb des Konzentrationsfeldes CAD, die letztere im Konzentrationsbereich CBD (beide zusammen nehmen nach den Ausführungen auf Seite 300 den ganzen Konzentrationsraum der vier Phasen ein). In anderen Temperatur-Druck-Bereichen kann C nicht neben D bestehen; ABC und ABD sind die Gleichgewichtsparagenesen. Es sind somit im Falle I zu beiden Seiten der Vierphasenlinien alle vier Phasen möglich, jedoch in verschiedener paragenetischer Vergesellschaftung (Figur 239a).

Im Falle II tritt in einem Temperatur-Druck-Gebiet die *Phase D gar nicht auf*, während A, B, C nebeneinander beständig sind. In einem anderen Temperatur-Druck-Gebiet ist gerade letztere Paragenese unbeständig, und D nimmt an allen Dreierparagenesen teil (Figur 239b). In den Figuren 239 sind die so entstehenden Teilungen des Konzentrationsraumes figürlich zu beiden Seiten der Kurve dargestellt.

Wir sehen somit, daß die chemischen Beziehungen der Phasen zueinander die denkbare Kombinationsmannigfaltigkeit bestimmen. Wir nennen das allgemein die *chemographischen Beziehungen* und die resultierende Paragenesen-einteilung die *Felderteilung des Konzentrationsraumes* in einem gegebenen T-P-Bereich.

Auch hier mögen sofort zwei Anwendungsbeispiele folgen, damit ersichtlich wird, wie wertvoll Überlegungen physikalisch-chemischer Art für die mineralogisch-petrographische Fragestellung sind.

a) Erhitzen wir ein Gemisch von Calcit und Quarz, so entstehen unter CO_2-Abgabe Calciumsilikate. In der Natur sind sehr häufig Gemenge von Calcit und Quarz, wie sie beispielsweise in Kieselkalken oder Kalksandsteinen vorkommen, unter Wärmezufuhr umgewandelt worden. Ein wichtiges, neu gebildetes Mineral ist hiebei der Wollastonit, die Verbindung $CaO \cdot SiO_2$. Unabhängig davon, ob noch andere Calciumsilikatreaktionen existieren, ist es daher notwendig, sich vom Verlauf der Reaktion:

$$[CaCO_3] + [SiO_2] \rightleftharpoons [CaO \cdot SiO_2] + CO_2$$
$$\text{Calcit} + \text{Quarz} \rightleftharpoons \text{Wollastonit} + \text{Kohlendioxyd}$$
$$1\,Cc + 1\,Q \rightleftharpoons 2\,Wo \quad (+\,CO_2)$$

ein Bild zu machen. Es handelt sich um eine Vierphasenreaktion im ternären System $CaO-SiO_2-CO_2$, und die Lage der Zusammensetzungspunkte ist im Konzentrationsdreieck durch Figur 240a gegeben. Sie entspricht somit, wie bereits die Gleichung zeigt, dem vorhin erwähnten Fall I.

In der obigen Schreibweise verläuft die Reaktion unbedingt nach rechts unter Wärmeabsorption und starker Volumenvermehrung. Nach Seite 290 ergibt dies generell einen Kurvenverlauf im P-T-Diagramm, wie er durch Figur 240b dargestellt wird.

Ebenso sicher ist die Natur der Felderteilung zu beiden Seiten der Vierphasenlinie (siehe Figur 240b). Bei höherer Temperatur und niedrigerem Druck entsteht unter CO_2-Abspaltung Wollastonit, wobei je nach der Ausgangszusammensetzung Quarz oder Karbonat übrigbleiben kann. Die Koexistenz von Quarz und Calcit ist jedoch auf die linke Seite der Vierphasenlinie beschränkt, wobei bereits vorhandener Wollastonit bei Mangel an CO_2 unverändert bleibt, zusätzliches CO_2 bei Mangel an Wollastonit jedoch auch nicht mehr in Reaktion treten kann. Das Schaubild zeigt, wie aus Kieselkalk oder Kalksandstein Wollastonitfels, oder bei Überschuß an Karbonat wollastonitführender Marmor, bzw. bei starkem Überschuß an Quarz wollastonitführender Quarzit entstehen kann.

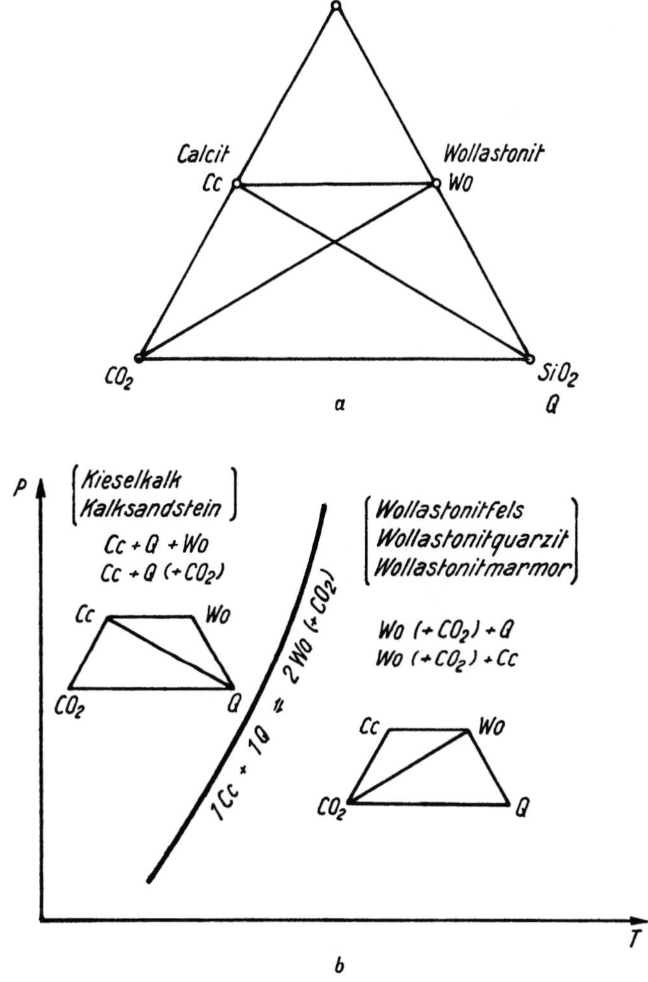

Fig. 240

a Lage der vier Phasen Calcit, Quarz, Wollastonit und Kohlendioxyd im Konzentrationsdreieck des ternären Systems SiO_2–CaO–CO_2. *b* P-T-Diagramm des Vierphasensystems *Cc*, *Q*, *Wo* und CO_2. Unterhalb der Vierphasenkurve ist Wollastonit neben CO_2 und Quarz oder Calcit stabil; oberhalb der Kurve ist Calcit neben Quarz und Wollastonit oder CO_2 stabil. Die paragenetischen Vergesellschaftungen sind graphisch durch die vereinfachte Figur 240*a* angegeben. Den Paragenesen würden die in Klammer geschriebenen Gesteinsarten entsprechen.

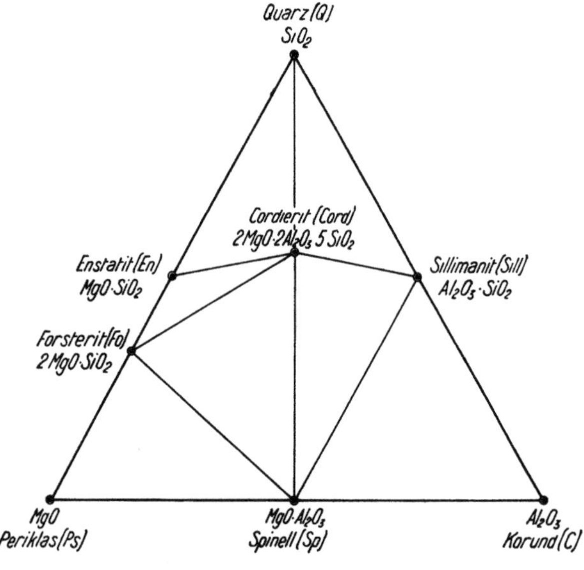

Fig. 241

Graphische Darstellung der Koexistenz der Mineralien im ternären System MgO–Al$_2$O$_3$–SiO$_2$ bei relativ hoher Temperatur.

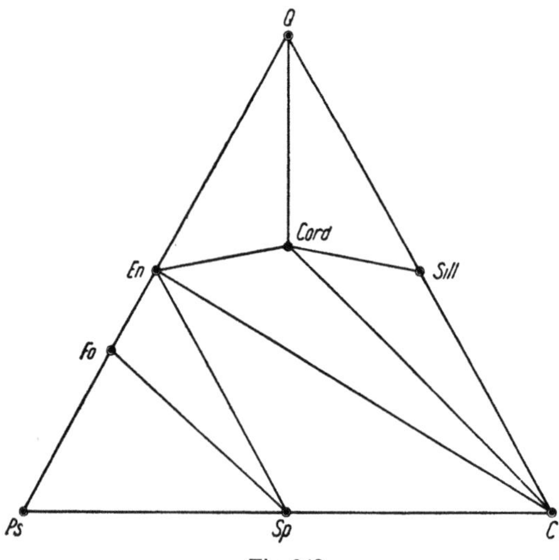

Fig. 242

Die Mineralpunkte des ternären Systems MgO–Al$_2$O$_3$–SiO$_2$ der Figur 241 anders verbunden, was zu anderen paragenetischen Vergesellschaftungen führen würde.

b) Bei gewissen, relativ hohen Temperaturen führen Experiment und Beobachtung im ternären System MgO–Al$_2$O$_3$–SiO$_2$ zu der in Figur 241 etwas idealisiert (Nichtberücksichtigung von Mischkristallbildung in kleinerem Umfang) dargestellten Felderteilung.

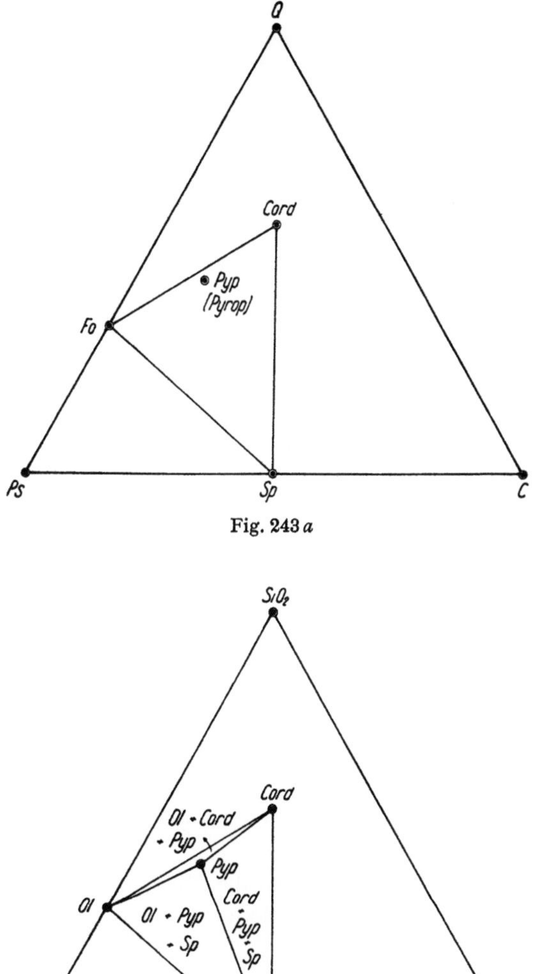

Fig. 243 *a*

Fig. 243 *b*

Das Teildreieck Olivin–Cordierit–Spinell des ternären Systems MgO–Al$_2$O$_3$–SiO$_2$ der Figur 241. *a* Durch Reaktion der drei Phasen Olivin–Cordierit–Spinell kann ein Granat (Pyrop) entstehen, dessen Zusammensetzungspunkt ins Dreieck fällt und eine weitere paragenetische Unterteilung des Dreieckes verursacht (*b*).

Es können bei bestimmter Zusammensetzung in diesem System im Gleichgewicht nebeneinander jeweilen nur die 3 Mineralarten koexistieren, deren Chemismus auf die Eckpunkte eines Teildreieckes fällt, das die gegebene Zusammensetzung umschließt. Das ist bereits eine außerordentlich präzise Aussage, die selbst bei gleichbleibender Phasenzahl eine Menge an sich denkbarer Mineralkombinationen unter diesen Bedingungen als Gleichgewichtskombinationen ausschließt. Wir könnten ja die Mineralpunkte auch ganz anders miteinander verbinden, zum Beispiel wie in Figur 242. Dann würden zum Teil ganz andere Dreiphasenkombinationen resultieren. Daß unter den genannten Bedingungen die stabile Felderteilung so aussieht, wie es Figur 241 veranschaulicht, ist teilweise durch das Experiment bestimmt worden, das somit unter der denkbaren Mannigfaltigkeit die eine Lösung als die ausgezeichnete feststellen ließ. Das häufige Auftreten dieser gleichen Mineralkombinationen in der Natur beweist die Tendenz zur Gleichgewichtseinstellung.

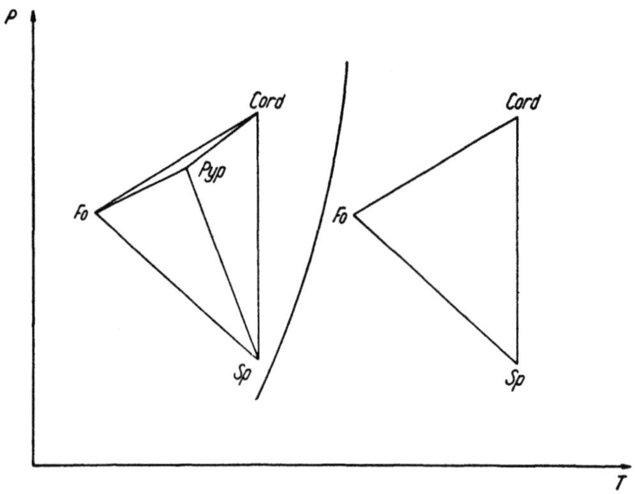

Fig. 243 c

P-T-Diagramm des Vierphasensystems Olivin–Cordierit–Spinell–Granat. Links der Vierphasenkurve ist Pyrop möglich, rechts nicht.

Nun zeigt aber das genauere Studium der Gesteine, daß nicht allzu selten unter sonst ähnlichen Bedingungen im Bereich Olivin (= Forsterit), Cordierit und Spinell ein neues Mineral auftreten kann, nämlich ein Mg-Granat, der Pyrop (Figur 243). Seine Zusammensetzung fällt in das Teildreieck Olivin–Cordierit–Spinell. Es muß somit an eine Reaktion gedacht werden,

$$\text{Pyrop} \rightleftharpoons \text{Olivin} + \text{Cordierit} + \text{Spinell},$$

oder formelgemäß

$$5\ (3\ \text{MgO} \cdot \text{Al}_2\text{O}_3 \cdot 3\ \text{SiO}_2)$$
$$\updownarrow$$
$$5\ (2\ \text{MgO} \cdot \text{SiO}_2) + 2\ (2\ \text{MgO} \cdot 2\ \text{Al}_2\text{O}_3 \cdot 5\ \text{SiO}_2) + \text{MgO} \cdot \text{Al}_2\text{O}_3.$$

In der Seite 68 ff. erläuterten Symbolik lautet diese Gleichung:

$$40\ Pyp \rightleftharpoons 15\ Fo + 22\ Cord + 3\ Sp.$$

Sie wird sich unter gewissen neuen Bedingungen im Cordierit–Olivin–Spinell-Gemenge abspielen können. Es handelt sich um eine Vierphasenreaktion vom Typus II, Seite 305, im ternären System. Was können wir über den mutmaßlichen Verlauf der zugehörigen Vierphasenlinie im P-T-Diagramm aussagen?

Aus den spezifischen Gewichten der vier Mineralien und ihrer Abhängigkeit von der Temperatur folgt, daß sehr wahrscheinlich über ein größeres Gebiet beim Linksverlauf der obigen Gleichung das Volumen kleiner wird, allerdings wird die Volumendifferenz nicht groß sein. Erhitzt man Pyrop zum mindesten bei nicht zu hohem Druck, so zerfällt er vor dem Schmelzen in Olivin, Cordierit und Spinell, während letztere aus dem Schmelzfluß auskristallisieren können. Es ist daher wahrscheinlich, daß beim Linksverlauf der Gleichung Wärme frei wird. Somit ist nach Seite 290 der Kurvenverlauf mutmaßlich steil von unten links nach oben rechts gerichtet, und die Felderteilungen der Dreiphasenkombination sind für das herausgegriffene Teildreieck der Figur 242 die in Figur 243 b, c eingezeichneten. Das heißt: rechts der Vierphasenlinie tritt Pyrop nicht auf, links der Vierphasenlinie treten, je nach der Lage im Teildreieck, an Stelle der Kombination Olivin, Cordierit, Spinell die Kombinationen (statt Fo Olivin geschrieben)

Pyrop, Cordierit, Olivin
Pyrop, Cordierit, Spinell
Pyrop, Olivin, Spinell

auf.

δ. **Quaternärer Teilraum.** Zwischen fünf Phasen[1] innerhalb eines dreidimensionalen Konzentrationsraumes ist immer eine Beziehungsgleichung aufstellbar. Den zwei algebraischen Gleichungsformen entsprechen die durch Figur 244 a, b (perspektivisch) gezeichneten zwei verschiedenen chemographischen Beziehungen.

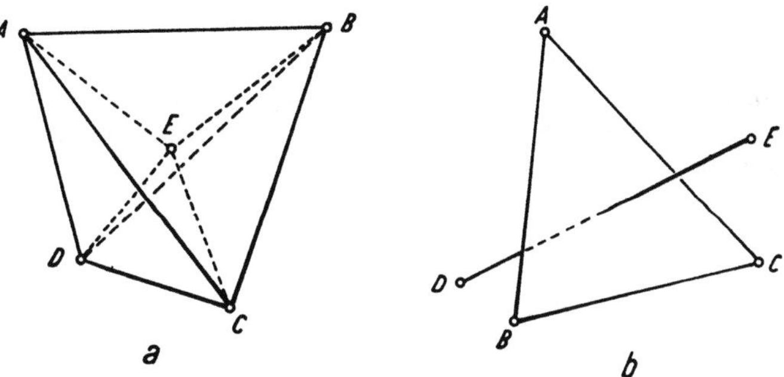

Fig. 244

Räumliche Darstellung eines Fünfphasensystems $ABCDE$. a Der fünfte Phasenpunkt E fällt in das Tetraeder $ABCD$, so daß die mögliche Reaktion lautet: $A + B + C + D \rightleftarrows E$. b Der Punkt E fällt außerhalb des Tetraeders $ABCD$, die Reaktion ist: $A + B + C \rightleftarrows D + E$.

I $a_1A + b_1B + c_1C + d_1D = e_1E$ (ein Phasenpunkt innerhalb des Tetraeders der vier anderen).

II $a_1A + b_1B + c_1C = d_1D + e_1E$ (ein Phasenpunkt außerhalb des Tetraeders der vier anderen).

---

[1] allgemeinster Lage im Sinne späterer Erläuterungen.

Auf den verschiedenen Seiten der Fünfphasenlinie I sind beständig:

$A\ B\ C\ D$ auf der einen Seite, unter Ausschluß von E;

$E\ A\ B\ C$ $E\ A\ C\ D$

$E\ A\ B\ D$ $E\ B\ C\ D$ auf der anderen Seite, entsprechend den Raumteilungsmöglichkeiten.

Auf der einen Seite einer Fünfphasenlinie II lautet die Felderteilung:

$A\ B\ C\ D$ und $A\ B\ C\ E$. Auf der anderen Seite: $D\ E\ A\ B$ und $D\ E\ A\ C$ und $D\ E\ B\ C$.

ε. Beliebig polynärer Teilraum. Folgende Sätze bilden Verallgemeinerungen der besprochenen Beispiele: Zwischen $n + 1$ Phasen im n-ären, $(n - 1)$-dimensionalen Konzentrationsteilraum ist immer eine Reaktionsgleichung aufstellbar. Ist $n + 1$ gerade, so gibt es $\frac{n+1}{2}$ verschiedene Reaktionstypen; ist $n + 1$ ungerade, $\frac{n}{2}$. Zu beiden Seiten der $(n + 1)$-Phasen-Linie gibt es zusammengerechnet $n + 1$ verschiedene n-Phasen-Kombinationen. Auf jeder Seite der $(n + 1)$-Phasen-Linie ist die Felderteilung in die zugehörigen n-Phasen-Kombinationen derart, daß der ganze, aus den $n + 1$ Phasen aufbaubare Konzentrationsraum umfaßt wird. Die Art der Felderteilung ist somit geometrisch als *Raumteilungsfrage* lösbar.

Vom invarianten $(n + 2)$-Phasen-Punkt im P-T-Diagramm eines n-Komponenten-Systems strahlen im allgemeinen $n + 2$ monovariante Kurven aus, die den $n + 2$ möglichen $(n + 1)$-Phasen-Linien entsprechen. Zwischen diesen Kurven liegen die P-T-Felder der n-Phasen-Kombinationen. Die verschiedenen n-Phasen-Kombinationen *eines* P-T-Feldes umfassen den gesamten durch die $n + 2$ Phasen gegebenen Konzentrationsraum. Die Zahl der aus einer $(n + 1)$-Phasen-Reaktion ableitbaren verschiedenen n-Phasen-Kombinationen ist in allgemeinen Fällen $n + 1$.

e) *Entartete Systeme*

α. Allgemeines. Bilden im n-Komponenten-System alle koexistierenden n Phasen je einen n-ären Teilraum, alle $n - 1$ Phasen je einen $(n - 1)$-ären Teilraum usw., so ist zwischen je n oder weniger als n Phasen keine in sich geschlossene Reaktion denkbar. *Die Phasenpunkte haben*, wie wir sagen, *im Raume allgemeine Lage*. Es bestehen keine Sonderbeziehungen zwischen den Phasen. Für solche Fälle gelten unmittelbar die allgemeinen Aussagen der Phasenregel. Sehr häufig werden wir es jedoch mit Systemen zu tun haben, die *entartet* sind, bei denen infolge besonderer chemographischer Beziehungen bereits zwischen n oder weniger als n Phasen Reaktionen denkbar sind.

Gerade der Mineraloge hat es vielfach mit solchen entarteten Systemen zu tun, weil die Grundzusammensetzungen der kristallisierten Phasen stöchiometrischen Gesetzen gehorchen. Es sei dies an einem Beispiel (Figur 245) erörtert.

Denken wir an die Kristallarten eines Systems, das aus den drei Komponenten MgO, SiO_2, H_2O besteht, also eines ternären Systems. Zwischen irgend zwei oder drei Phasen dieses Systems sollten bei allgemeiner Lage der Phasenpunkte keine Reaktionen möglich sein, das heißt, es sollten im Konzentrationsdreieck nicht mehr als zwei Phasenpunkte auf einer Geraden liegen, nicht mehr als eine Phase auf einen bestimmten Punkt fallen.

Nun gibt es unter den mineralogisch wichtigen Kristallarten dieses Systems verschiedene Modifikationen von SiO_2, die auch neben MgO und H_2O (ohne MgO- und H_2O-Aufnahme) haltbar sind, zum Beispiel α-Quarz, β-Quarz,

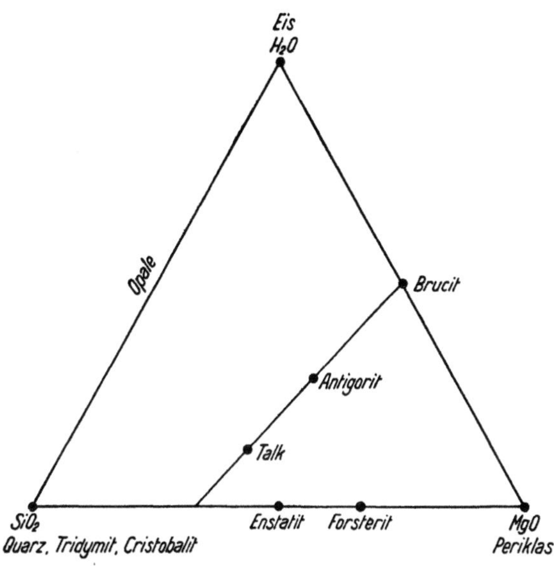

Fig. 245

Ternäres System SiO_2–MgO–H_2O mit den Phasenpunkten wichtiger Mineralien.

α-Tridymit, β-Tridymit, α-Cristobalit, β-Cristobalit. Sie haben alle den gleichen Phasenpunkt. Im festen Zustande ist auch H_2O in verschiedenen Modifikationen bekannt. Die wichtigsten binären Verbindungen von MgO und SiO_2 sind $MgO \cdot SiO_2$ (Klinoenstatit) und $2 MgO \cdot SiO_2$ (Forsterit). Ihre Zusammensetzungspunkte liegen auf der Verbindungslinie SiO_2–MgO. Ebenfalls auf einer Geraden liegen die Phasenpunkte von $MgO \cdot H_2O$ (Brucit), $3 MgO \cdot 2 SiO_2 \cdot 2 H_2O$ (Antigoritserpentin und Faserserpentin) und $3 MgO \cdot 4 SiO_2 \cdot H_2O$ (Talk). Letzteres bedeutet zum Beispiel, daß die Beziehung besteht:

$$1 (3 MgO \cdot 4 SiO_2 \cdot H_2O) + 3 (MgO \cdot H_2O) = 2 (3 MgO \cdot 2 SiO_2 \cdot 2 H_2O)$$

$$\text{Talk} + \text{Brucit} = \text{Serpentin}$$
$$7\,Tc + 3\,Bru = 10\,Serp$$

Ein anderes Beispiel sei das schon teilweise behandelte System $CaO - SiO_2 - CO_2$ mit den fünf Phasen: festes CaO, SiO_2 als Quarz, $CaO \cdot SiO_2$ als Wollastonit, $CaO \cdot CO_2$ als Calcit, CO_2 als Gasphase. Das sind fünf Phasen, deren Phasenpunkte bei allgemeiner Lage nicht zu dreien auf einer Gerade liegen sollten

(Figur 240a unf b). In Wirklichkeit ist ihre Zusammensetzung so, daß zweimal je drei auf einer Geraden liegen. Hätten die fünf Phasen A, B, C, D, E eine allgemeine Lage, wie in Figur 246 im Dreiecksinnern gezeichnet, so ließen sich aus der Figur 246 sofort folgende Reaktionsschemata von je vier Phasen ableiten, wobei wir die Reaktionskoeffizienten weglassen:

$$A \text{ fehlt} \quad B + C + E \rightleftarrows D \qquad \text{Reaktion } (A)$$
$$B \text{ fehlt} \quad A + C + D \rightleftarrows E \qquad \text{Reaktion } (B)$$
$$C \text{ fehlt} \quad A + D \qquad \rightleftarrows E + B \quad \text{Reaktion } (C)$$
$$D \text{ fehlt} \quad A + B + C \rightleftarrows E \qquad \text{Reaktion } (D)$$
$$E \text{ fehlt} \quad A + B + C \rightleftarrows D \qquad \text{Reaktion } (E).$$

Keinerlei Reaktionsgleichungen wären zwischen je drei Phasen aufstellbar. Bezeichnen wir in analoger Weise festes CaO mit C', Calcit mit E', CO_2 mit A', Quarz mit B', Wollastonit mit D', so lautet jetzt nach Figur 246 die Reaktion (C') unverändert: $B' + E' \rightleftarrows A' + D'$. Ob B' oder D' fehlt, ist jedoch gleichgültig, in beiden Fällen kann nur zwischen drei der übrigbleibenden Phasen eine Reaktionsgleichung aufgestellt werden, die beidemal lautet: $A' + C' \rightleftarrows E'$.

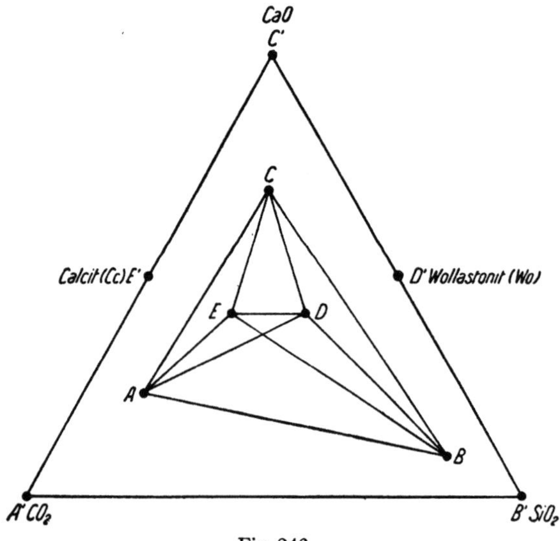

Fig. 246

Fünfphasensystem in allgemeiner Lage $ABCDE$ und bei zweifach entarteter Lage $A'B'C'D'E'$ (CaO, Quarz, Wollastonit, Calcit, CO_2) dargestellt.

Daran nehmen weder B' noch D' teil. Gegenwart einer von ihnen allein ist für den Reaktionsverlauf gleichgültig; wir sagen, B' oder D' verhalten sich dieser Reaktion gegenüber *indifferent*. Es fallen somit die sonst verschiedenartigen Reaktionen (B') und (D'), das heißt mit fehlendem B' oder fehlendem D', zu einer Dreiphasenreaktion zusammen.

Ebenso werden die beiden Vierphasenreaktionen (A') und (E') durch eine Dreiphasenreaktion ersetzt, die bei indifferentem Verhalten von A' und E' lautet: $B' + C' \rightleftarrows D'$.

Statt der fünf definiten Reaktionsgleichungen, die bei allgemeiner Lage von fünf Phasenpunkten eines ternären Systems möglich sind, treten somit im genannten Spezialfalle nur drei verschiedene auf. Während sonst an jeder Reaktion mindestens vier Phasen teilnehmen, gibt es im Spezialfall zwei Reaktionen, die schon zwischen drei Phasen möglich sind. Das System CaO, Quarz, Wollastonit, Calcit, CO_2 ist *zweifach entartet*.

Es ist leicht ersichtlich, daß sich beim Auftreten derartiger durch Spezialbedingungen gegebener *Entartungen* die Verhältnisse für die Darstellung und Beschreibung vereinfachen. Dadurch, daß sich weitgehend voneinander unabhängige Reaktionen abspielen, wird die Zahl der an *einem* Umsatz beteiligten Phasen kleiner als der Gesamtkomponentenzahl nach erwartet würde. Mit anderen Worten: Ist für gewisse Bereiche die Minimalzahl der notwendigen Komponenten zu hoch eingeschätzt worden, so stellt sich nachträglich heraus, daß bereits zwischen weniger als den vermuteten $n + 1$ Phasen Bedingungen formulierbar sind. Es hängt somit diese Erscheinung mit der kleinsten Zahl der in Frage kommenden Komponenten zusammen; automatisch korrigiert sich so nach Kenntnis der chemographischen Beziehungen der auftretenden Phase ein Zuviel der als notwendig erachteten Komponenten.

So würde sich in dem Beispiel des Systems Ca—Si—Mg—O (siehe Seite 285) feststellen lassen, daß unter gewissen Bedingungen nur Phasen auftreten, die der dort formulierten Bedingung gehorchen; Phasen also, die neben freiem O_2 beständig sind, ohne damit zu reagieren. Für den Bereich, in dem diese Bedingung gilt, ist das System als ternäres zu behandeln. Die Zusammensetzungspunkte liegen im Tetraeder Ca—Si—Mg—O auf einer Ebene. Da man versuchen muß, durch geschicktes Ausnützen besonderer natürlicher Gegebenheiten wenigstens schematisch polynäre Systeme auf pseudoquaternäre oder noch besser pseudoternäre zu reduzieren, damit die Hauptbeziehungen im drei- bis zweidimensionalen Raum dargestellt werden können, ist das häufige Auftreten entarteter Systeme unter den Mineralaggregaten von großer Bedeutung.

β. **Praktische Vereinfachungsmöglichkeiten.** Es gibt aber auch noch andere Möglichkeiten, die Problemstellung auf natürliche Weise zu vereinfachen. Die Maximalzahl der chemischen Komponenten, die wir beim Fehlen oder Nichtberücksichtigen von Isotopen und von Atomumwandlungen anzunehmen haben, ist die Zahl der ein Mineralaggregat im wesentlichen aufbauenden chemischen Elemente. Die Zahl kann kleiner sein, wenn für alle Phasen des zu betrachtenden Systems Bedingungsgleichungen (zum Beispiel bei konstanter Wertigkeit: Elektroneutralität) gültig sind.

In den Silikatgesteinen sind nach unseren früheren Betrachtungen O, Si, Al, Fe, Mg, Ca, Na, K, H (eventuell Ti, P, Mn) die Hauptelemente, also für die maßgebenden Mineralien mindestens neun, da wir wegen der verschiedenen Wertigkeit von Fe die Menge von O nicht einfach als $2\,Si + \frac{3}{2}\,Al + Fe + Mg + Ca + \frac{Na + K + H}{2}$ in Rechnung stellen dürfen. Indessen ist hier oft annäherungsweise eine andere Vereinfachung zulässig. *In den Kristallphasen* sind mindestens bei hohen Temperaturen *gewisse Elemente* in weitgehendem Maße *zueinander diadoch*, das heißt, *sie können sich gegenseitig vertreten, sind*

somit kristallchemisch praktisch wie eine Komponente zu behandeln. Das gilt zum
Beispiel (wie bereits Seite 21 erwähnt) häufig für Mg, Fe″, Mn″, unter gewissen Umständen auch für Na und K. Davon haben wir ja bei Bildung der
Molekularwerte Gebrauch gemacht. Betrachten wir Entmischungserscheinungen, die beim Wirksamwerden des kristallchemisch verschiedenen Verhaltens solcher Elemente auftreten, als sekundär (unter Gesamtbezeichnung
des Produktes durch einen Namen), so lassen sich daher oft für derartige Gesteine neben Sauerstoff die Hauptkomponenten zu *si-*, *al-*, *fm*-Elementen,
c- und *alk*-Elementen ($\pm$ H, Ti, P) zusammenfassen, das heißt zu 5 bis 8 Sammel-
komponenten (siehe darüber Seite 21).

Wir haben ferner gesehen, daß es besonders unter den Silikaten Kristallarten gibt, deren Chemismus außerordentlich variabel genannt werden muß.
Eine Kristallstruktur, die beispielsweise Mg-Silikate vom Augittypus charakterisiert, kann nicht nur erhalten bleiben, wenn Mg durch Fe ersetzt wird, sondern
auch wenn bei gekoppeltem Atomersatz die Augite tonerdehaltig und alkali-
haltig werden oder Ca an Stelle eines Teiles der zweiwertigen Elemente tritt.
*Oft führt daher Hinzufügen einer nicht zu großen Menge neuer Elemente zu vor-
handenen Hauptelementen zu keiner völlig neuen Kristallart.* Um ein Beispiel
herauszugreifen: das Verhalten in einem wirklich ternären System kann für
größere angrenzende, quaternäre, quinäre, allgemein polynäre Gebiete bestimmend bleiben (ein Prototyp sein), weil zunächst die erhöhte chemische
Mannigfaltigkeit von den Kristallphasen selbst aufgenommen wird. Anderseits
ist nicht selten, daß gewisse Kristallarten kurzweg andere von gleicher oder
sehr ähnlicher Zusammensetzung (zum Beispiel bei etwas anderen Bildungsbedingungen oder bei kleineren Mengen eines hinzukommenden weiteren Stoffes, zum Beispiel H_2O) *ersetzen*, ohne die übrige Felderteilung zu verändern.
Dann lassen sie sich den in Betracht kommenden Feldern alternativ oder in
Form von Ergänzungen hinzuschreiben, so daß wiederum von Prototypen der
Phasenkoexistenzen (der Gleichgewichtsparagenese) ausgegangen werden
kann, unter Hinzufügen der Komplikationen zu dem noch übersichtlichen
Schema eines einfacheren Systems.

Aber auch ein andersartiges Verhalten fester Phasen kann vereinfachende
Darstellungen ermöglichen. Eine Kristallart, wie zum Beispiel Quarz, besitzt
praktisch unabhängig vom Chemismus der Begleitmineralien die einfache stöchiometrische Formel SiO_2. Man braucht für dieses Mineral keine Zusammen-
setzungsänderung in Abhängigkeit von der Variation des Gesamtchemismus
des Systems zu berücksichtigen; es genügt, zu vermerken: Quarz koexistiert.
Eine derartige Mineralart von relativ einfachem, praktisch unverändert bleibendem Bau, die mit vielen anderen koexistiert, läßt sich herausgreifen, unter
vergleichsweiser Darstellung derjenigen Mineralkombinationen, *die mit ihr zusammen auftreten.* Bei Divarianz müssen dann nur noch $n-1$ Phasen überblickt werden, und diese sind, ohne Berücksichtigung der in die gemeinsame
Phase eingehenden Stoffmengen, im $(n-2)$-dimensionalen Konzentrationsraum darstellbar.

So lassen sich beispielsweise die quarzführenden Mineralkombinationen in Rücksicht auf die Beteiligung von *al, fm, c* und *alk* im Konzentrationstetraeder veranschaulichen, indem man sich zu den vier jeweilen koexistierenden Phasen einfach Quarz hinzudenkt. Der SiO_2-Gehalt der verschiedenen Phasen kommt dann allerdings im Konzentrationstetraeder nicht zur Geltung.

Bei der Kristallisation der Salze aus dem Meerwasser ist Steinsalz ein Mineral, das sich in unverändert bleibender Zusammensetzung über große Bereiche mit ausscheidet. Es ist somit sinnvoll, diejenigen Paragenesen herauszugreifen und gesondert darzustellen, für die Steinsalz ständiger Begleiter ist.

Einzelne *Nebenkomponenten* von relativ geringem Verwandtschaftsgrad mit den Hauptkomponenten, wie zum Beispiel P in Karbonat- oder Silikatgesteinen, bilden bei schon relativ geringer Konzentration eigene, allerdings nur akzessorisch auftretende Mineralien. Man kennt die hiefür in Frage kommenden Möglichkeiten und kann dann zum Hauptmineralbestand einfach hinzuschreiben: $\pm$ Apatit oder $\pm$ die und die Nebengemengteile, die zum Beispiel P, Cr oder Ti oder B usw. enthalten. So lassen sich Nebenkomponenten berücksichtigen, ohne als Ganzes die Darstellung zu komplizieren.

γ. **Beispiele.** An Beispielen sei dieses didaktisch so wichtige Vorgehen erläutert. Für divariante Phasenkombinationen liefert das ternäre System außerordentlich übersichtliche Verhältnisse. In einem Konzentrationsdreieck entsteht bei konstanter Phasenzusammensetzung eine Felderteilung in Teildreiecke: bei Zusammensetzungen, die in ein Teildreieck fallen, koexistieren die drei Phasen, deren Phasenpunkte die Ecken des Teildreieckes bilden. Man geht daher gerne so vor, daß man Prototypen ternärer Systeme sucht, von denen aus sich schematisch eine weit größere Mannigfaltigkeit veranschaulichen läßt.

So liefert, wie wir bereits erwähnten, unter gewissen Bedingungen (hohe Temperatur, jedoch unterhalb der Schmelzbildung), auf Molekularprozente bezogen, das System $MgO-Al_2O_3-SiO_2$ die Felderteilung der Figur 241, wobei die Kristallarten Cordierit und Spinell etwas variable Zusammensetzungen besitzen, die indessen nicht weiter berücksichtigt wurden. (Ebenso blieb das mögliche Auftreten einer Phase Mullit zwischen Sillimanit und Korund unberücksichtigt.) Etwas Ersatz des Mg durch zweiwertiges Fe, des Al durch dreiwertiges Fe ändert in den Hauptgebieten kaum etwas, da sowohl Periklas, Forsterit (Mg-Olivin), die an Klinoenstatit (Mg-Augit) anschließenden übrigen Augite, Cordierit, Spinell und Korund Substitutionsmöglichkeiten in dieser Beziehung gestatten. Es werden indessen sehr häufig an Stelle der Mg−Fe-Klinopyroxene Orthaugite (Enstatit bis Hypersthen) auftreten, SiO_2 ist nicht als Cristobalit oder Tridymit, sondern als Quarz vorhanden, an Stelle von Sillimanit kann der analog zusammengesetzte Andalusit treten. So resultiert die allgemeinere, noch gut lesbare Figur 247.

Wird die Koexistenz von Quarz vorausgesetzt, so vereinfachen sich die Verhältnisse. Die im Gleichgewicht zu erwartenden Paragenesen sind, wie der obere Teil der Figur zeigt, im wesentlichen nur vom Verhältnis (Mg, Fe)O zu Al_2O_3 abhängig (siehe Figur 248), mit den Grenzfällen I: Fe−Mg-Pyroxen + Quarz, II: Cordierit + Quarz, III: Andalusit oder Sillimanit + Quarz. Die Darstellung kann in analoger Weise wie im binären System erfolgen.

Aus anderen Experimentaluntersuchungen läßt sich ableiten, daß im quaternären System $CaO-MgO-Al_2O_3-SiO_2$ unter gewissen Bedingungen mit Quarz im Gleichgewicht eine Kombination von Silikaten auftritt, die im wesentlichen nur vom Verhältnis $CaO:MgO:Al_2O_3$ abhängig ist, sich also in einem Konzentrationsdreieck darstellen läßt (Figur 249), wobei lediglich in jedes Teildreieck

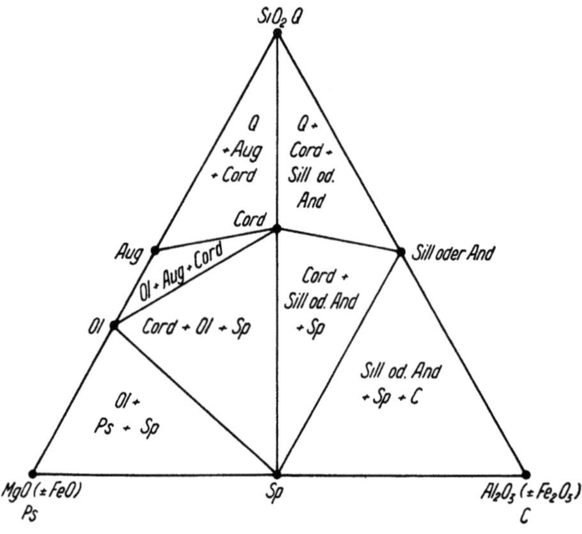

Fig. 247

Dreikomponentensystem $MgO \pm FeO$, SiO_2, Al_2O_3 ($\pm Fe_2O_3$) mit den Phasenpunkten. Eingezeichnet die Feldunterteilung mit den entsprechenden koexistierenden Paragenesen.

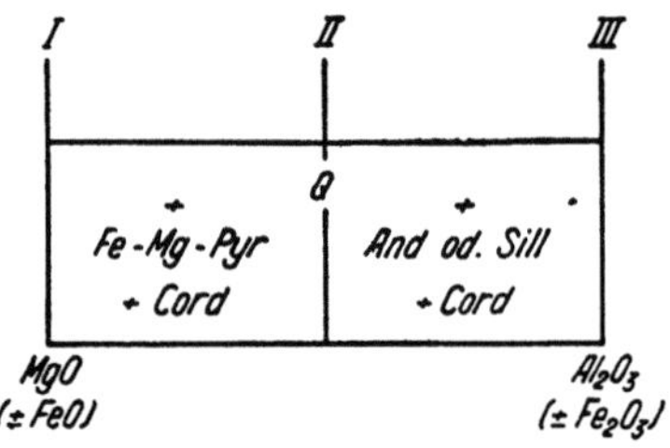

Fig. 248

Vereinfachung des Systems der Figur 247, indem die Koexistenz von Quarz vorausgesetzt wird, so daß sich die Darstellung auf den obern Teil des Dreiecks reduziert.

Quarz hinzugeschrieben werden muß. Wiederum kann Sillimanit durch Andalusit ersetzt werden, Klinoenstatit durch den Orthaugit. Ein kleiner Gehalt an FeO geht ohne Phasenneubildung in Cordierit, Orthaugit (zum Beispiel Hypersthenbildung), Diopsid (Veränderung in der Zusammensetzung gegen Hedenbergit hin) und Grossular (Veränderung in Richtung Fe-Granat, Almandin) ein, so daß unter gewissen Bedingungen ein allgemeineres Diagramm mit bereits fünf Komponenten, CaO, MgO, etwas FeO, Al_2O_3, SiO_2, bei Gegenwart von Quarz durch die analoge Figur 250 dargestellt wird. Weitere Komplikationen, wie zum

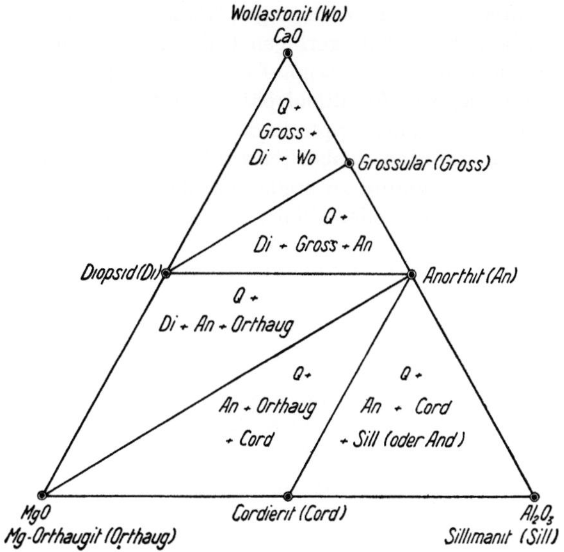

Fig. 249

Konzentrationsdreieck des quaternären Systems CaO–MgO–Al$_2$O$_3$–SiO$_2$, wobei überall Quarz als koexistierende Phase angenommen wird.

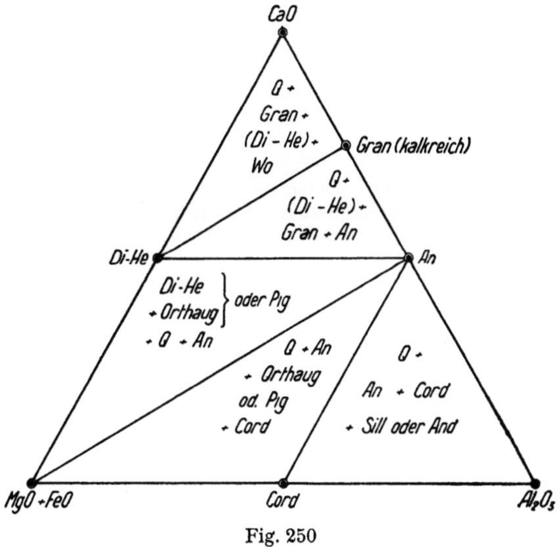

Fig. 250

Konzentrationsdreieck des Fünfkomponentensystems CaO–MgO–Al$_2$O$_3$–etwas FeO–SiO$_2$, wobei das FeO mit dem MgO in die gleichen Phasen eintritt und Quarz an allen Paragenesen teilnimmt. Vgl. Figur 249.

Beispiel Bildung von Pigeonit an Stelle des Gemenges Orthaugit + diopsid-hedenbergitartiger Augit lassen sich vorerst einfach als mögliche Subfälle registrieren. Die Frage, wann diese Varianten auftreten, muß dann gesondert studiert werden.

Kommen nun unter gewissen Bedingungen Alkalien hinzu, ohne daß *alk > al* wird, so gehen die Alkalien nur zum geringen Teil in Augite oder in Cordierit ein; sie bilden (Na) mit Anorthit einen Natrium-Calcium-Feldspat (irgendein Glied der Plagioklasreihe) oder (K, Na) Alkalifeldspäte. Bei Gegenwart von H_2O kann sich Biotit bilden. Man kann daher approximierend die Figur 250 bei Anwesenheit von *alk* zur Figur 251 ergänzen, wobei jetzt allerdings als maßgebendes Al_2O_3 nur noch der Betrag in Rechnung zu stellen ist, der nach Abzug des für alkalihaltige Feldspatverbindungen oder Biotit verbrauchten Anteils übrigbleibt.

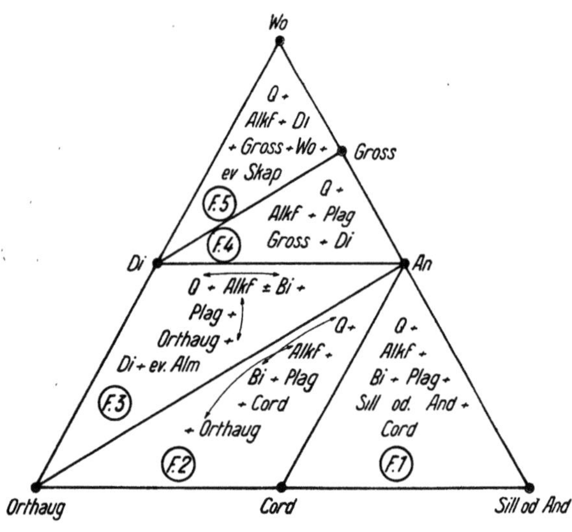

Fig. 251

Konzentrationsdreieck für das Achtkomponentensystem $CaO-MgO-Al_2O_3$–etwas $FeO-SiO_2-K_2O$, Na_2O–(so daß *alk < al*)–H_2O, auf ein pseudoternäres System vereinfacht, unter der Annahme, die Alkalien gehen zur Hauptsache in die Feldspäte und in Biotit ein.

Da Biotit auch MgO, FeO enthält, ergibt sich indessen eine Wechselwirkung, besonders Orthaugit, Kaliumfeldspat und Quarz gegenüber, die durch Pfeile angedeutet ist. In dieser Figur sind übrigens noch andere Eventualitäten eingetragen, ohne daß dadurch die Übersichtlichkeit stark leidet. Ja, es ließe sich noch TiO_2 bzw. Ti als Komponente hinzufügen, die bei Quarz und CaO-Anwesenheit meist Titanit liefert, ferner P_2O_5 bzw. P, wodurch unter gleichen Bedingungen normalerweise Apatit als Mineralart hinzukommt. Damit wäre aber das System $(SiO_2, Al_2O_3, MgO, FeO, CaO, Na_2O, K_2O, TiO_2, P_2O_5 \pm H_2O$ bei hoher Temperatur) bereits neun- bis zehnkomponentig, und doch bleibt eine wesentliche Variation pseudoternär darstellbar. Tritt Fe_2O_3 neben FeO auf, so kann es in einzelne der angegebenen Mineralien (zum Beispiel Granat, Biotit, komplexe Augite) stellvertretend eingehen, aber auch als neue Komponenten Magnetit oder Hämatit ($\pm$ Ti-haltig) bilden.

Die Figur 251 selbst zeigt, daß bei zur Quarzbildung genügenden Mengen SiO_2 die resultierenden Hauptkombinationen in Abhängigkeit von dem Gehalt an (Mg, Fe)O, Al_2O_3, CaO und Alkalien wie folgt geschrieben werden können:

Feld 1 (F. 1): Quarz $\pm$ Alkalifeldspat $\pm$ Biotit + Plagioklas + Sillimanit   oder
Andalusit + Cordierit.

Grenztypen: a) ohne Anorthitmolekül, eventuell noch mit Albit,
b) ohne Cordierit,
c) ohne Andalusit bzw. Sillimanit,

entsprechend den Umrahmungen des Feldes. Der Biotit ist hier und in den nächsten Fällen sechste Mineralart, entsprechend einer sechsten Sammelkomponente H_2O. Er kann natürlich ganz zurücktreten oder alles K aufsammeln, so daß kein Alkalifeldspat entsteht.

Feld 2:   Quarz $\pm$ Alkalifeldspat $\pm$ Biotit + Plagioklas + Cordierit + Orthaugit (oder Mg—Fe-Klinoaugit).

Grenztypen: a) ohne Augit,
b) ohne Plagioklas oder eventuell noch mit Albit,
c) ohne Cordierit.

Die Kombinationen Orthoklas + Orthaugit und Biotit + Quarz können sich gegenseitig vertreten, auch kann bei genügendem H_2O-Gehalt Cordierit stark zugunsten von Biotit zurücktreten. Statt Orthaugit und Anorthitanteil des Plagioklases kann sich ein Fe—Mg-Granat (Almandin bis gemeiner Granat) einstellen, der dann CaO frei macht oder zugleich Cordierit teilweise zu ersetzen vermag.

Feld 3:   Quarz $\pm$ Alkalifeldspat $\pm$ Biotit + Plagioklas + Orthaugit + Diopsid bis Hedenbergit.

Grenztypen: a) ohne Diopsid bis Hedenbergit,
b) ohne Plagioklas oder eventuell noch mit Albit,
c) ohne Orthaugit.

Die komplexen Verhältnisse der Augitgruppe ermöglichen unter besonderen Bedingungen die Bildung von Augiten mittlerer Zusammensetzung (Pigeoniten). Außerdem sind wieder die bereits bei Besprechung von Feld 1 und 2 genannten Vertretungen möglich.

Feld 4:   Quarz $\pm$ Alkalifeldspat + Plagioklas + Diopsid (bis Hedenbergit) + Grossular.

Biotit wird jetzt bei erhöhtem CaO-Gehalt kaum mehr eine wesentliche Rolle spielen, der Plagioklas wird oft calciumreich sein.

Grenztypen: a) ohne Grossular,
b) ohne Plagioklas oder eventuell noch mit Albit,
c) ohne Diopsid bis Hedenbergit.

Feld 5:   Quarz $\pm$ Alkalifeldspat + Grossular + Diopsid bis Hedenbergit + Wollastonit.

Hier kann Vesuvian alternierend eintreten; bei Gegenwart von Cl_2, CO_2 oder SO_4 usw. ist auch oft hier oder bereits in Feld 4 Plagioklas durch Skapolith ersetzbar.

Die Darstellungen werden teilweise vereinfacht, teilweise erschwert, wenn sich über größere Konzentrationsintervalle Mischkristalle bilden, über deren Chemismus Aussagen gemacht werden sollen. Fällt eine Systemszusammensetzung in das unter den betreffenden Bedingungen gültige Mischkristallfeld, so ist der Gleichgewichtszustand einphasig. Bei Verschiebungen von Temperatur oder (und) Druck kann aber dieses Mischkristallfeld seine Größe und

Gestalt ändern, die ursprüngliche Zusammensetzung daher außerhalb des Feldes zu liegen kommen (Figur 252 *a*, *b*). Dann wird der Gleichgewichtszustand vielphasig (er geht aus dem ersteren durch Entmischung hervor). Wichtig wird jetzt auch, mit welcher speziellen Mischkristallzusammensetzung die übrigen Phasen koexistieren.

In Figur 252 *a* sei das schraffierte Gebiet das Gebiet (divariables Mischkristallfeld) möglicher Zusammensetzungen einer Kristallverbindung V_1. Ein Punkt P falle in dieses Gebiet, ein Chemismus P kann somit *eine einzige* homogene Mischkristallphase liefern. Unter geänderten Bedingungen sei für V_1 das Mischkristallfeld auf den durch Figur 252 *b* dargestellten (schraffierten) Bereich eingeengt. Jetzt liegt P außerhalb des Mischkristallfeldes. Der Punkt

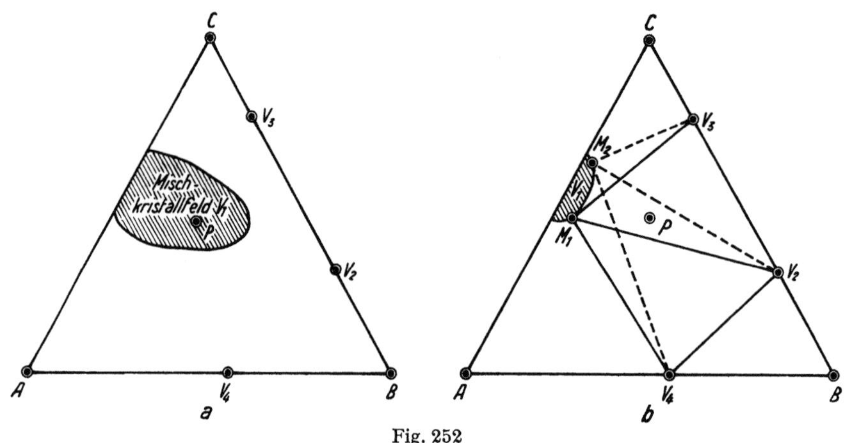

Fig. 252

Dreikomponentensystem ABC. Das schraffierte Feld gibt die Variationsbreite der Zusammensetzung einer Kristallverbindung V_1 an. *a* Dem Punkt P des Feldes entspricht eine einzige Mischkristallphase. *b* Der Punkt P liegt außerhalb des Mischkristallfeldes und kann aus verschiedenen Dreiphasensystemen resultieren, z. B. aus M_1, V_2, V_3 (ausgezogenes Dreieck) oder aus M_2, V_2, V_4 (gestricheltes Dreieck). *a* kann bei Bedingungsänderungen in *b* übergehen.

reich eingeengt. Jetzt liegt P außerhalb des Mischkristallfeldes. Der Punkt wird somit im allgemeinen Fall ein Gleichgewicht von drei Kristallphasen darstellen. Die sonst noch in Frage kommenden Verbindungen seien V_2, V_3 und V_4. Koexistiert beispielsweise mit dem Bauschalchemismus P ein Mischkristall M_1, so ist P durch die Kombination M_1, V_2, V_3 gegeben (ausgezogene Dreieckseinteilung); koexistiert damit ein Mischkristall M_2 (gestrichelte Dreieckseinteilung), indessen durch M_2, V_2, V_4.

In Figur 253 ist für das System $MgO-FeO-SiO_2$ eine unter gewissen Bedingungen sehr wahrscheinliche Felderteilung gezeichnet. Die Mischkristallfelder $FeO-MgO$, $Mg_2SiO_4-Fe_2SiO_4$ und der Orthaugite können in erster Annäherung als monovariabel (das heißt binär) angesehen werden. Für die Oxyde und Olivine verlaufen sie kontinuierlich von der Mg- zur Fe-Verbindung, für die Orthaugite unter gewissen Umständen nur bis zu einem bestimmten Fe-Gehalt. Statt der Dreiecke treten jetzt (mit nur zwei Phasen im Gleichgewicht) auch Trapeze als Phasenfelder auf. Ein in ein solches Trapez fallender Zusammen-

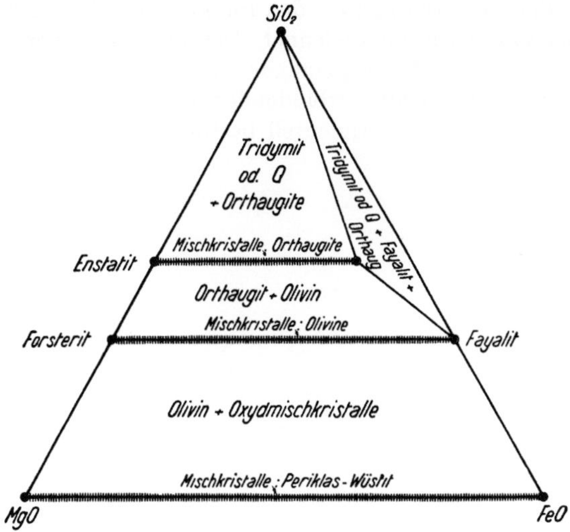

Fig. 253

Dreikomponentensystem MgO–FeO–SiO$_2$. Die Mischkristallfelder MgO–FeO, Mg$_2$SiO$_4$–Fe$_2$SiO$_4$ und der Orthaugite bilden monovariable Bereiche.

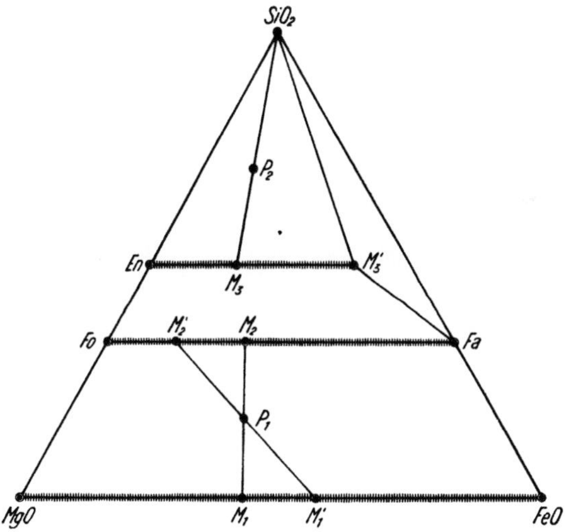

Fig. 254

Einige Beispiele im Konzentrationsdreieck MgO–FeO–SiO$_2$. P_1 liegt im Feld Olivin–Oxydkristalle und kann an sich je nach T und P aus verschiedenen Mischkristallen von Olivin und Oxydkristall bestehen. M_1', M_2' und $M_1 M_2$ sind zwei Varianten. P_2 im Feld Quarz–Orthaugit liefert ein bestimmtes Gemisch.

setzungspunkt wird ein Gemenge zweier Mischkristalle ergeben. Die Zusammensetzung der koexistierenden Mischkristalle wird mit den speziellen Bedingungen variieren, da ja zwei Phasen im ternären System einen Freiheitsgrad mehr haben als drei Phasen.

In Figur 254 sind zum Beispiel für den Punkt P_1 im Mischkristallfeld Olivin-Oxydkristall zwei Varianten eingezeichnet. Die durch P_1 gehenden Koexistenzgeraden ordnen M_1', M_2' oder M_1, M_2 einander zu. Der tatsächliche Verlauf der die Mischkristallzusammensetzungen verbindenden Koexistenzgeraden muß für die verschiedenen Bedingungen experimentell bestimmt werden. Auch das Dreieck

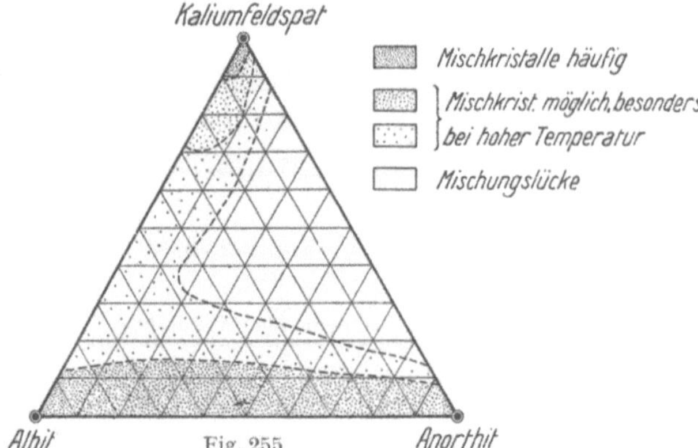

Mischkristallbildung, wie sie unter gewissen Bedingungen im System Albit–Anorthit–Kaliumfeldspat verwirklicht ist.

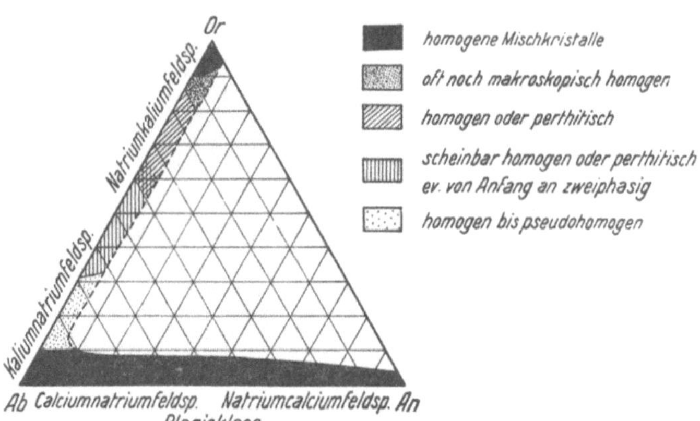

Fig. 256

Die in vielen Eruptivgesteinen normalerweise auftretende Mischbarkeit in der Feldspatgruppe. Die gestrichelte Kurve trennt das Feld der hauptsächlichsten Alkalifeldspäte und Plagioklase von dem Feld der Koexistenz beider Feldspatunterarten.

SiO_2—Orthaugite ist in Figur 253 nur ein Zweiphasenfeld. Da eine Phase (SiO_2) konstante Zusammensetzung besitzt, läßt sich jetzt jedoch zu Punkt P_2 (oder irgendeinem anderen Punkt im Dreieck) die im Gleichgewicht koexistierende homogene Mischkristallzusammensetzung (M_3) sofort angeben. (Der eine Endpunkt der Koexistenzgeraden ist bestimmt.) Hingegen wird die Zusammensetzung des mit Fayalit und Tridymit koexistierenden Grenzmischkristalles M_3' mit den Bedingungen variieren und damit auch die Größe des Dreieckes Fayalit, M_3', SiO_2.

Figur 255 gibt schließlich ganz schematisch über die Mischkristallbildung der wichtigsten Feldspäte Auskunft. Punktierte Felder können unter besonderen Umständen Mischkristallfelder sein, wobei sich indessen mit sinkender Temperatur das eventuell vorhandene zusammenhängende Großfeld in getrennte Kleinfelder aufspaltet. Die Mischungslücken stellen Zweiphasengebiete dar, in

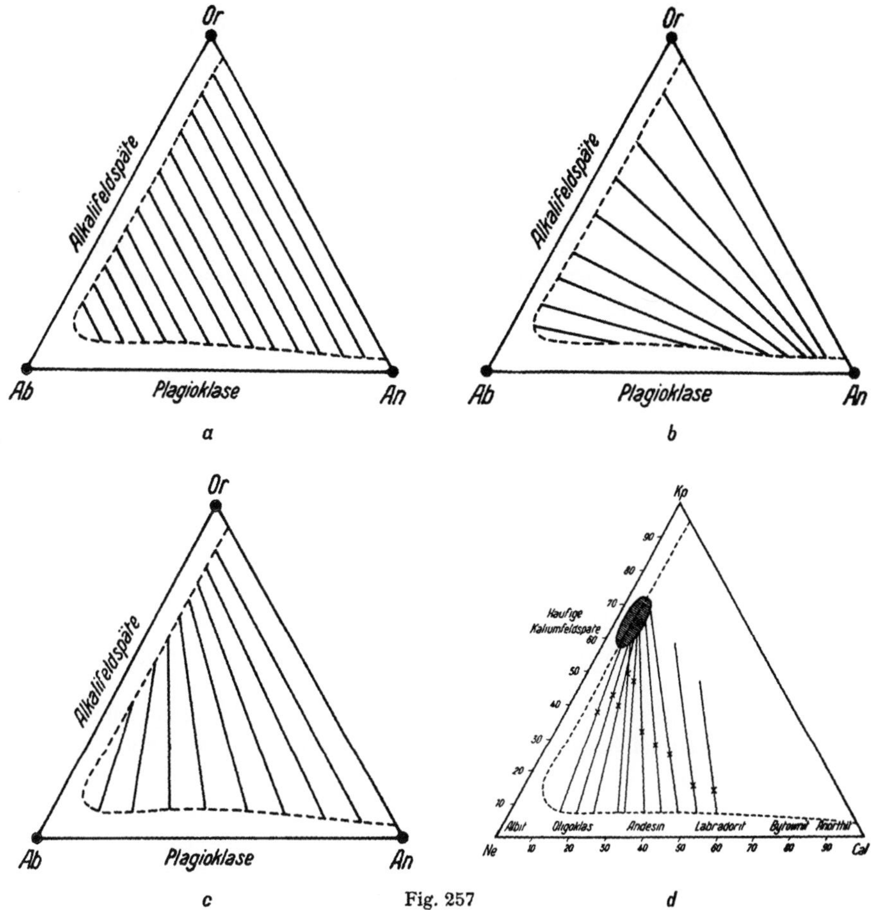

Fig. 257

a Im Zweiphasenfeld sind die Koexistenzgeraden mehr oder weniger parallel der Dreieckseite *Or–An* eingezeichnet. *b* Die Koexistenzgeraden werden gegen die Ecke *Ab* hin flacher. *c* Die Koexistenzgeraden sind relativ steil. *d* Für durch Kreuze gezeichnete Mittelzusammensetzungen sind koexistierende Feldspäte (durch die Koexistenzgeraden) eingezeichnet. Nicht selten verwirklichter Fall.

denen zwei Feldspäte, Plagioklas und Alkalifeldspäte, oder eventuell drei Phasen, zweierlei durch Entmischung gebildete Alkalifeldspäte und Plagioklas, koexistieren.

Unter vielen gesteinskundlich in Betracht kommenden Bedingungen stellt Figur 256 schematisch die Verhältnisse bei bereits vergrößerter Mischungslücke dar. Betrachtet man in sich entmischte Alkalifeldspäte als *eine* Sammelphase, so wird besonders die Frage wichtig, wie im Hauptmischungslückengebiet die Koexistenzgeraden Plagioklas — Gesamtalkalifeldspat verlaufen.

In den Figuren 257 *a, b, c* sind drei Typen möglichen Verlaufes gezeichnet. Im ersten Fall gehen zunehmender Ca-Gehalt im Plagioklas und zunehmender K-Gehalt im Alkalifeldspat Hand in Hand. Im zweiten Fall können bereits relativ Na-reiche Alkalifeldspäte mit noch Ca-reichen Plagioklasen koexistieren, und im dritten Fall sind Na-Kaliumfeldspäte mittlerer Zusammensetzung mit Plagioklasen sehr stark wechselnden Chemismus im Gleichgewicht. Das wirkliche Verhalten wird, da ja Freiheitsgrade vorhanden sind, weitgehend von den Spezialbedingungen abhängig sein. In manchen Gesteinstypen scheint ungefähr ein dem dritten Fall analoges Verhalten (Figur 257 *d*) aufzutreten, das heißt, bei relativ geringer Variabilität in der Zusammensetzung des Alkalifeldspates kann die Plagioklaszusammensetzung bereits stark wechseln.

Aus allen diesen Darlegungen ist ersichtlich, wie sehr graphische Veranschaulichungen der chemischen Mannigfaltigkeit und der divariabeln Phasengleichgewichte den Überblick erleichtern und die Diskussion über mögliche Beziehungen der Phasen zueinander fördern. Die Rückführung polynärer Systeme auf pseudoternäre ist oft möglich und, wenn man sich der hiebei benutzten Vereinfachungen bewußt bleibt, aus Gründen der Anschaulichkeit zweckdienlich. Vor allem aber fördert der Versuch, die Phasenlehre auf die Fragen der Gesteins- und Mineralbildung anzuwenden, die richtige Fragestellung. Methodisch ist dieses Vorgehen von außerordentlichem Wert; es verhütet die rein spekulative Forschung und zügelt die Phantasie.

f) *Die Konstruktion von P-T-Diagrammen*

α. **Normalfall.** Die bis jetzt erwähnten Gesetzmäßigkeiten physikalisch-chemischer Art stellen nur einen kleinen Teil der Folgerungen aus der von GIBBS erstmals ausgebauten Phasenlehre dar. In Wirklichkeit gibt diese uns in weit reichlicherem Maße Hilfsmittel an die Hand, das chemische Geschehen richtig zu beurteilen. (Siehe zum Beispiel BAKHUIS-ROOZEBOOM, SCHREINEMAKERS, SMITS.)

Sind $n + 2$ Phasen gegeben, die in einem $(n + 2)$-Phasen-Punkt des P-T-Diagrammes koexistieren, so bestimmen, wie wir gesehen haben, die chemographischen Verhältnisse im Konzentrationsraum den Typus und die Reaktionskoeffizienten der $(n + 1)$-Phasen-Reaktionen. Die $n + 2$ Kurven dieser $(n + 1)$-Phasen-Reaktionen strahlen im P-T-Diagramm vom $(n + 2)$-Phasen-Punkt aus. Zwischen diesen Kurven liegen die Felder der n-Phasen-Kombinationen, derart, daß (abgesehen von Grenzlinien und Grenzpunkten) jeder Punkt des gesamten Konzentrationsraumes einer und nur einer n-Phasen-Kombination zugeordnet ist (Raumteilung des Konzentrationsraumes). Da anderseits die chemographische Felderteilung zu beiden Seiten einer $(n + 1)$-Phasen-Linie durch den Reaktionstypus bestimmt wird, muß es offenbar möglich sein, auf Grund weniger Angaben den *Typus* eines vollständigen P-T-Diagrammes in unmittelbarer Nähe eines $(n + 2)$-Phasen-Punktes abzuleiten. Unter «Typus» verstehen wir die Aufeinanderfolge der $(n + 1)$-Phasen-Kurven (ohne Berücksichtigung des Drehsinnes, zum Beispiel im Uhrzeiger- oder Gegenuhrzeigersinne) und die Art der chemographischen Felderteilung zwischen den Kurven. Der spezielle Kurvenverlauf allerdings kann nur nach Kenntnis der Wärmetönung und Volumänderung der Reaktionen konstruiert werden.

Es gibt algebraische und graphische Verfahren zur Bestimmung des Typus der P-T-Diagramme. Schon Seite 289 ist erwähnt worden, daß wir eine $(n+1)$-Phasen-Reaktion der $n+2$ Phasen A, B, C, D, E ,..., an der A nicht teilnimmt, mit (A) bezeichnen. Sind zwei solcher Reaktionen, zum Beispiel (A) und (B) oder (B) und (C) usw. genau bekannt, so ist im Konzentrationsdiagramm die Lage aller Phasenzusammensetzungspunkte bestimmt, somit auch jede beliebige andere dazugehörige $(n+1)$-Phasen-Reaktion. Algebraisch folgt dies daraus, daß aus zwei linearen Gleichungen, die alle Größen mit Ausnahme je einer enthalten, neue Gleichungen ableitbar sind. Aus einer Gleichung mit B, C, D, E und einer Gleichung mit A, C, D, E lassen sich beispielsweise weitere Gleichungen A, B, D, E, ferner A, B, C, E, ferner A, B, C, D ableiten, indem durch Multiplikation· und Addition C oder E oder D zum Verschwinden gebracht werden. Schreiben wir die Reaktionsgleichungen in der Nullform, zum Beispiel

$$\text{statt} \quad 1 \, [\text{CaSO}_4] + 2 \, \text{H}_2\text{O} \rightleftarrows 1 \, [\text{CaSO}_4 \cdot 2 \, \text{H}_2\text{O}]$$
$$\text{Anhydrit} \quad \text{Wasser} \qquad \text{Gips}$$

$$\text{nun} \quad 1 \, [\text{CaSO}_4] + 2 \, \text{H}_2\text{O} - 1 \, [\text{CaSO}_4 \cdot 2 \, \text{H}_2\text{O}] = 0,$$

so treten in jeder Reaktionsgleichung +- und —-Reaktionskoeffizienten (entsprechend den beiden Seiten der normalen Gleichung) auf.

Es seien (A) und (B) die beiden Ausgangsgleichungen (*erzeugende Gleichungen*), die Reaktionskoeffizienten für (A) werden als x_b, x_c, x_d, x_e ... bezeichnet, bezogen auf die Phasen B, C, D, E, und diejenigen für (B) als y_a, y_c, y_d, y_e. Im ersten Falle ist $x_a = 0$ (weil A fehlt), in der zweiten Gleichung ist $y_b = 0$, da hier B fehlt. Da nur die Verhältnisse der Reaktionskoeffizienten interessieren, setzen wir noch willkürlich in (A) den Koeffizienten $x_b = 1$ und in (B) den Koeffizienten $y_a = -1$. Nach den Eliminationsverfahren lassen sich aus diesen zwei erzeugenden Reaktionen die Reaktionskoeffizienten aller übrigen $(n+1)$-Phasen-Reaktionen nach dem Schema der Tabelle 17 finden, wobei $\begin{vmatrix} x_e & x_c \\ y_e & y_c \end{vmatrix}$ die Determinante $x_e y_c - x_c y_e$ bedeutet.

Kennt man die Vorzeichen der Koeffizienten von $x_c, x_d, ..., x_n$ und $y_c, y_d, ..., y_n$, so kann man oft schon ohne genaue Kenntnis der absoluten Größe der Koeffizienten das Vorzeichen der durch Determinanten bestimmten Koeffizienten angeben, da Determinanten der Formen:

$$\begin{vmatrix} + & + \\ - & + \end{vmatrix} \begin{vmatrix} + & - \\ + & + \end{vmatrix} \begin{vmatrix} - & - \\ + & - \end{vmatrix} \begin{vmatrix} - & + \\ - & - \end{vmatrix} \quad \text{immer positiv, die der Formen:}$$

$$\begin{vmatrix} + & + \\ + & - \end{vmatrix} \begin{vmatrix} - & + \\ + & + \end{vmatrix} \begin{vmatrix} + & - \\ - & - \end{vmatrix} \begin{vmatrix} - & - \\ - & + \end{vmatrix} \quad \text{immer negativ sind.}$$

In andern Fällen werden erst die absoluten Größen der Reaktionskoeffizienten der Ausgangsgleichungen die Vorzeichen der neuen Koeffizienten bestimmen.

Tabelle 17

Reaktion aller $(n+1)$-Phasen-Reaktionen, abgeleitet aus den Reaktionskoeffizienten der Reaktionen (A) und (B)

Phasen	A	B	C	D	$\cdots$	N
Reaktion (A)	0	1	x_c	x_d	$\cdots$	x_n
Reaktion (B)	$\bar{1}$	0	y_c	y_d	$\cdots$	y_n
Reaktion (C)	$\bar{x}_c$	$\bar{y}_c$	0	$\begin{vmatrix} x_c & x_d \\ y_c & y_d \end{vmatrix}$	$\cdots$	$\begin{vmatrix} x_c & x_n \\ y_c & y_n \end{vmatrix}$
Reaktion (D)	$\bar{x}_d$	$\bar{y}_d$	$\begin{vmatrix} x_d & x_c \\ y_d & y_c \end{vmatrix}$	0	$\cdots$	$\begin{vmatrix} x_d & x_n \\ y_d & y_n \end{vmatrix}$
$\cdots$	$\cdots$	$\cdots$	$\cdots$	$\cdots$	0	$\cdots$
Reaktion (N)	$\bar{x}_n$	$\bar{y}_n$	$\begin{vmatrix} x_n & x_c \\ y_n & y_c \end{vmatrix}$	$\begin{vmatrix} x_n & x_d \\ y_n & y_d \end{vmatrix}$	$\cdots$	0

Eine graphische Veranschaulichung des algebraischen Vorgehens ergibt folgendes Verfahren. Jeder Phase N ordnen wir einen Strahl (N) eines durch einen Punkt gehenden Strahlenbüschels zu. Durch den gemeinsamen Schnittpunkt wird der Strahl (N) in zwei ungleichnamige Enden geteilt, von denen das eine ausgezogen, das andere gestrichelt dargestellt wird. Durch jeden Strahl (N) wird weiterhin die Zeichenebene und somit das ganze Strahlenbündel in zwei Teile geteilt, die wir die zwei zum Strahl (N) gehörigen *Segmente* nennen. (Man kann sich um den Schnittpunkt einen Kreis gezeichnet denken, der durch den Strahl halbiert wird.) Die gegenseitige Anordnung der den Phasen N zugeordneten Strahlen (N) soll nun eine derartige sein, daß die in einer Reaktion (N) mit positiven Vorzeichen behafteten Phasen ihre gleichnamigen Strahlenenden im gleichen zu (N) gehörigen Segment besitzen, die mit umgekehrtem Vorzeichen im andern Segment. Dadurch entsteht eine die verschiedenen Reaktionstypen der $(n+1)$-Phasen-Reaktionen charakterisierende Strahlenanordnung, wobei der Drehsinn (Uhrzeiger- oder Gegenuhrzeigerrichtung) der Aufeinanderfolge willkürlich bleibt, das heißt davon abhängt, welchen Koeffizienten wir in der Ausgangsgleichung als positiv, welchen wir als negativ bezeichnen und welches Segment für eine dieser Reaktionen positiv genannt wird.

So sind in Figur 258 willkürlich die zwei zu den Phasen A und B gehörigen Strahlen (A) und (B) gezeichnet. Da in der Form der Tabelle der Reaktionskoeffizient für die Phase B zu $+1$ festgesetzt wurde, bedeutet dies, daß alle Strahlen (N), die zu Phasen der Reaktionsgleichung (A) gehören und die auch positive Vorzeichen haben, ihre ausgezogenen Enden im Segment rechts der Linie (A), das heißt in den Feldern IV und I, alle mit negativen Vorzeichen links von (A), das heißt in den Feldern III und II, aufweisen müssen. Dem Drehsinn nach ist für den Strahl (B), welcher der $(n+1)$-Phasen-Reaktion (B) entspricht, die Lage des der Reaktion (B) zugehörigen +- und --Segmentes die analoge, denn in dieser Gleichung (B) hat ja der Reaktionskoeffizient von A negatives Vorzeichen (er ist zu -1 festgesetzt worden). Feld I und II beherbergen

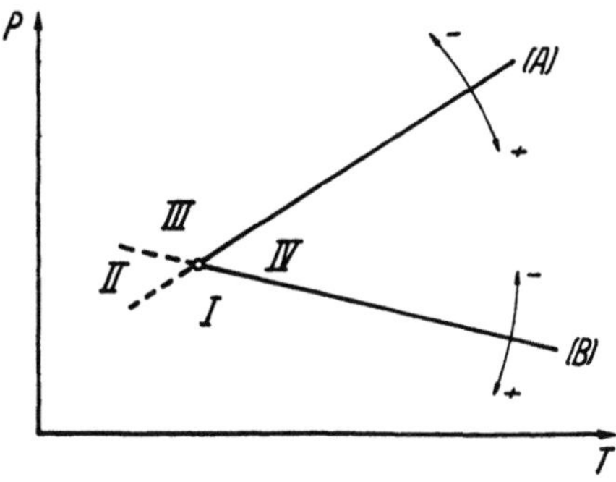

Fig. 258

Graphische Darstellung der Strahlen (A) und (B), welche den Reaktionsgleichungen zwischen $BCDE$ und $ACDE$ entsprechen. Der positive Drehsinn wird hier willkürlich, aber endgültig festgestellt.

Strahlen (N), deren N in (B) positives Vorzeichen hat, Feld IV und III N mit negativem Vorzeichen. Es ist bei dieser Darstellung also stets das im Uhrzeigersinn auf (N) folgende Segment das positive für (N), das im Gegenuhrzeigersinn folgende das negative. (Hätte man (A) und (B) vertauscht, so wäre es gerade umgekehrt.) (C), (D), (E) usw., allgemein (N), müssen nun so eingefügt werden, daß ihre Lage mit den Vorzeichen aller $(n+1)$-Phasen-Reaktionen, abgeleitet aus den Reaktionen (A) und (B), in Übereinstimmung ist.

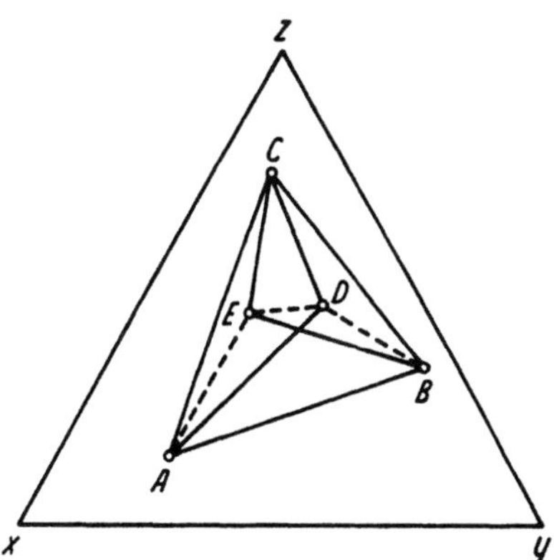

Fig. 259

Konzentrationsdreieck xyz mit den chemographischen Beziehungen zwischen den fünf Phasen A, B, C, D, E.

Wir wollen am Beispiel eines ternären Fünfphasensystems A, B, C, D, E die Ableitung demonstrieren. Die erzeugenden Reaktionen sollen, von der Größe der Koeffizienten abgesehen, lauten:

$$(A): \quad B + C + E = D$$
$$(B): \quad A + C + D = E$$

Chemographisch bedeutet dies, daß im Konzentrationsdreieck der Zusammensetzungspunkt für D im Dreieck BCE, der von E im Dreieck ACD liegen muß, was prinzipiell eine Gesamtanordnung wie die von Figur 259 ergibt, woraus sich rein graphisch der Typus der übrigen drei $(n+1)$-Phasen-Reaktionen zu:

$$(C): \quad A + D \qquad = E + B$$
$$(D): \quad A + B + C = E$$
$$(E): \quad A + B + C = D \text{ ergibt.}$$

Das folgt aber auch aus nachstehender Tabelle 18 als Spezialfall von Tabelle 17.

Tabelle 18

Phasen	A	B	C	D	E
Reaktion (A)	0	$+$	$+$	$-$	$+$
Reaktion (B)	$-$	0	$-$	$-$	$+$
Reaktion (C)	$-$	$+$	0	$\begin{vmatrix} + & - \\ - & - \end{vmatrix} = -$	$\begin{vmatrix} + & + \\ - & + \end{vmatrix} = +$
Reaktion (D)	$+$	$+$	$\begin{vmatrix} - & + \\ - & - \end{vmatrix} = +$	0	$\begin{vmatrix} - & + \\ - & + \end{vmatrix} = ??$
Reaktion (E)	$-$	$-$	$\begin{vmatrix} + & + \\ + & - \end{vmatrix} = -$	$\begin{vmatrix} + & - \\ + & - \end{vmatrix} = ?$	0

Die beiden als fraglich bezeichneten Vorzeichen sind aus folgenden Gründen ohne Kenntnis der absoluten Größe der Reaktionskoeffizienten auch angebbar: ?? muß negativ sein, weil in (D) alle übrigen Vorzeichen positiv sind, und ? muß positiv sein, weil in (E) alle übrigen Vorzeichen negativ sind.

Ein Strahlenbündel nun, das im Sinne der obigen Ausführungen diesem Gleichungssystem entspricht, ist das der Figur 260.

Es liegen tatsächlich für

(A): (D) im negativen (C), (B) und (E) im positiven Segment,
(B): (C), (A), (D) im negativen, (E) im positiven Segment,
(C): (A), (D) im negativen, (B), (E) im positiven Segment,
(D): (A), (C), (B) im positiven, (E) im negativen Segment,
(E): (D) im positiven, (B), (C), (A) im negativen Segment.

Man überzeugt sich leicht, daß dies nur stimmt, wenn im gleichen Drehsinn aufeinanderfolgen:

| ausgezogenes Ende | (A) | | (D) | | | (E) | | (B) (C) |
| gestricheltes Ende | | (E) | | (B) (C) (A) | | | (D) | |

In dieser Hinsicht ist somit die Figur 260*a* *eindeutig* dem Gleichungssystem der Tabelle 18 bzw. dem chemographischen Verhalten der Figur 259 zugeordnet. Allerdings ist jegliche beliebige Drehung in dem Schnittpunkt, jede Änderung der Winkel zwischen den Strahlen, solange obige Reihenfolge nicht gestört wird, zulässig, außerdem, weil es nur den Drehsinn ändern würde, irgendeine spiegelbildliche Darstellung (zum Beispiel Figur 260*b*).

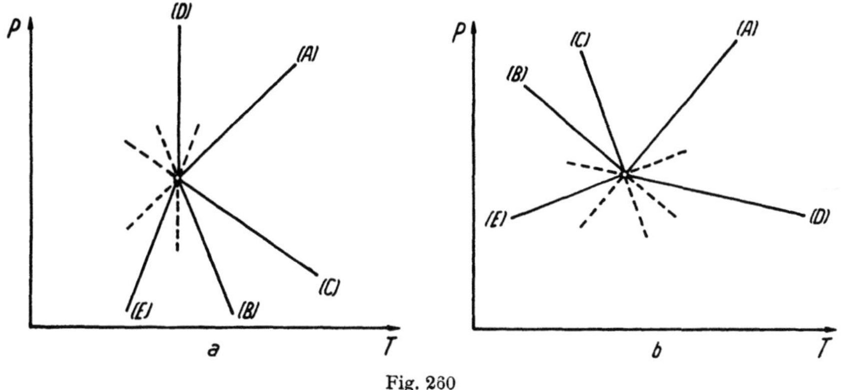

Fig. 260

a Graphische Darstellung der $(n + 1)$-Phasen-Linien des ternären Systems xyz im P-T-Diagramm. *b* Die gleiche Darstellung, nur im umgekehrten Drehsinn. Die ausgezogenen Äste sind die stabilen, die gestrichelten die metastabilen Fortsetzungen der $(n + 1)$-Phasen-Kurven.

Es läßt sich nun beweisen, daß mit genau der im Beispiel erwähnten Einschränkung die obige Darstellung auch die Aufeinanderfolge der $(n + 1)$-Phasen-Kurven durch den $(n + 2)$-Phasen-Punkt in unmittelbarer Nähe des letzteren im P-T-Diagramm wiedergibt. Denn dann und nur dann werden die Felder zwischen den $(n + 1)$-Phasen-Linien, den Reaktionen entsprechend, richtig von den n-Phasen-Kombinationen ausgefüllt. Dabei bedeuten jetzt die ausgezogenen Äste die stabilen Teile[1], die gestrichelten Äste die metastabilen Fortsetzungen der $(n + 1)$-Phasen-Kurven.

Unter Berücksichtigung beliebiger Drehungen der Figur um den näher zu präzisierenden $(n + 2)$-Phasen-Punkt (und abgesehen von den Winkelverhältnissen) stellt somit Figur 260*a* (oder spiegelbildliches Verhalten Figur 260*b*) den Typus des P-T-Diagrammes eines ternären Systems dar, dessen koexistierende Phasen unter sich die chemographischen Beziehungen der Figur 259 besitzen. Und zugleich lassen sich noch in die P-T-Felder zwischen den $(n + 1)$-

---

[1] oder bei metastabilem Gleichgewicht die stabileren. Naturgemäß sind die $(n + 1)$-Phasen-Kurven im allgemeinen nicht, wie hier angenommen, gerade Linien; doch spielt dies für die Ableitung keine Rolle, da sie nur für die unmittelbare Umgebung des $(n + 2)$-Phasen-Punktes gilt.

Phasen-Linien die zugehörigen Kombinationen von je n Phasen bzw. die zugehörigen Felderteilungen des Konzentrationsraumes automatisch einschreiben. Zunächst ist in jedem Feld zwischen den stabilen aufeinanderfolgenden Phasenlinien (N_1) und (N_2) die Kombination stabil, an der von den $n + 2$ Phasen sowohl N_1 wie N_2 fehlt. Im obigen Beispiel also zwischen (A) und (D) die Kombination mit fehlendem A und D, das heißt die Kombination[1] $(A)(D)$ $= BCE$, im Feld zwischen (A) und (C) die Kombination $(A)(C) = BDE$ usw.

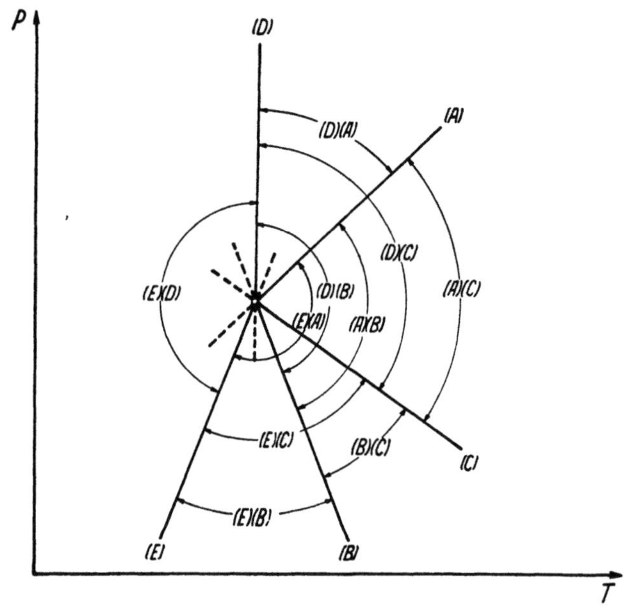

Fig. 261

Hilfsfigur, um die möglichen Phasenkombinationen in den P-T-Teilfeldern festzustellen.

Die weitere mathematische Behandlung führt zu folgendem Satz: Irgendeine n-Phasen-Kombination (N_1) (N_2) tritt im ganzen Gebiet zwischen den stabilen Enden der Kurven (N_1) und (N_2) im Winkelsektor $\leq 180^0$ dieser Kurven auf, auch wenn (N_1) und (N_2) nicht unmittelbar aufeinanderfolgen. Führt man die Konstruktion, etwa gemäß Hilfsfigur 261, vollständig durch, so erhält man für jedes kleinste P-T-Feld alle darin auftretenden n-Phasen-Kombinationen (Figur 262), und diese ergeben automatisch eine und nur eine der möglichen chemographischen Felderteilungen des Konzentrationsraumes, und zwar die für das P-T-Feld richtige (siehe Figur 263 mit den Felderteilungsfiguren als Hilfsfiguren).

Somit ist dem Typus nach das P-T-Diagramm um einen $(n + 2)$-Phasen-Punkt mit der gesamten Felderteilung aus den chemographischen Beziehungen

---

[1] Kombinationen von Phasen, an denen von den gesamthaft in Betracht gezogenen zwei, zum Beispiel (A) und (D), fehlen, werden als (A) (D) bezeichnet.

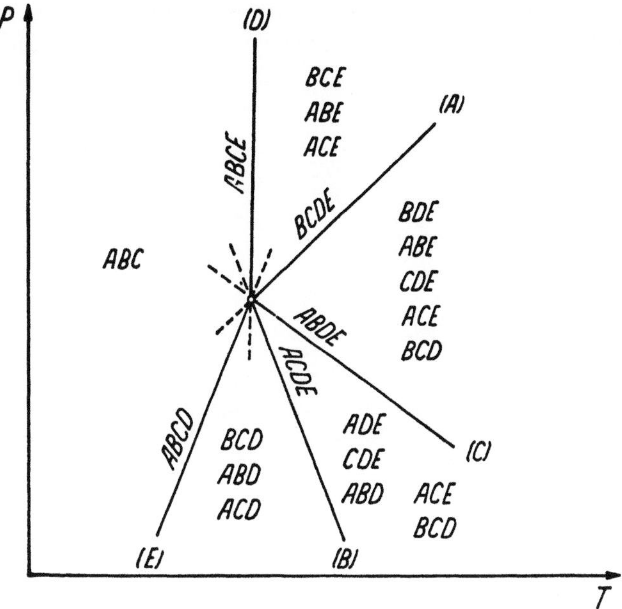

Fig. 262

P-T-Diagramm des ternären Systems xyz (Figur 259) mit den möglichen n-Phasen-Kombinationen, die in den einzelnen Feldern auftreten können.

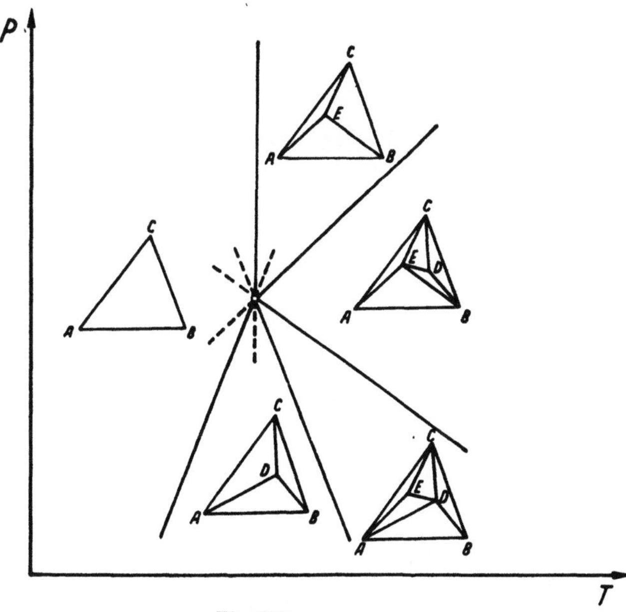

Fig. 263

Nochmals das P-T-Diagramm der n-Phasen-Kombinationen, die jetzt mit den chemographischen Beziehungen der $n + 2 = 5$ Phasen dargestellt sind.

vollständig ableitbar. Die experimentellen Untersuchungen haben lediglich die Aufgabe, dieses Bild in bezug auf Drehsinn, Lage des $(n+2)$-Phasen-Punktes und genauen Verlauf der $(n+1)$-Phasen-Kurven zu präzisieren.

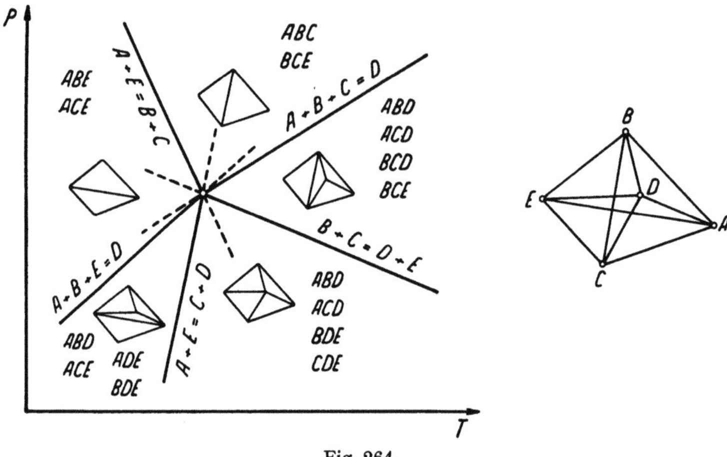

Fig. 264

P-T-Diagramm für ein ternäres Fünfphasensystem, in dem die chemographische Beziehung derart ist, daß vier Phasenpunkte ein Viereck bilden, worin sich der fünfte Phasenpunkt befindet.

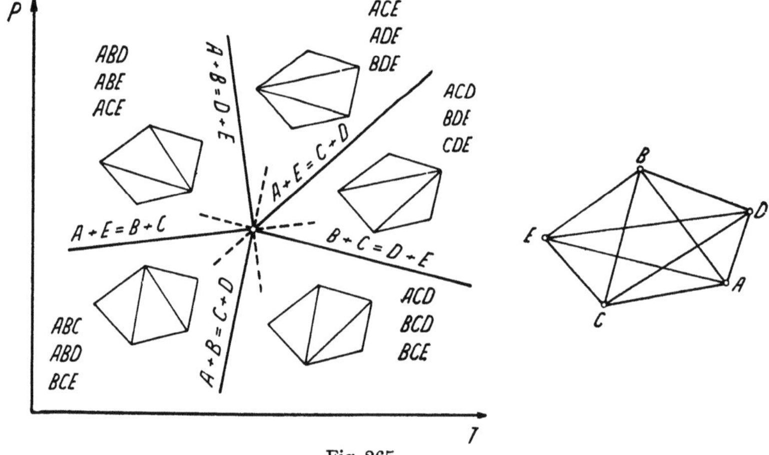

Fig. 265

P-T-Diagramm eines ternären Fünfphasensystems, in welchem die fünf Phasenpunkte ein Fünfeck im Konzentrationsdreieck bilden.

Man versteht jetzt die außerordentliche Hilfe, die uns die Phasenlehre gewährt. Sie läßt genau feststellen, was an einem P-T-Diagramm allgemeine Gesetzmäßigkeit ist und welcher Teil als speziell systembedingt durch Experimente bzw. Beobachtungen abzuklären ist. So gibt es, wie auf Grund der vorstehenden Ausführungen selbst übersehen werden kann, neben dem genannten Beispiel noch zwei andere «Typen» von P-T-Diagrammen nichtentarteter ternärer Systeme. Sie sind durch die Figuren 264 und 265 dargestellt unter Angabe der zugeordneten chemographischen Verhältnisse. Im bereits besprochenen Fall liegen in dem von drei Phasen gebildeten Dreieck die Zusammensetzungspunkte der zwei anderen, im Falle der Figur 264 bilden im Konzentrationsdreieck vier Phasen ein Viereck, der Punkt der fünften liegt in einem der Dreiecke, in die sich das Viereck durch Diagonalen aufspalten läßt. Die Figur 265 schließlich zeigt die Anordnung der Phasenzusammensetzungspunkte in einem Fünfeck.

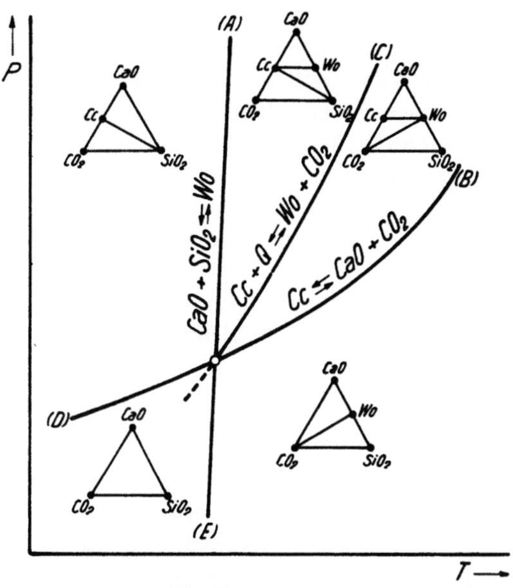

Fig. 266

P-T-Diagramm für das zweimal entartete ternäre Fünfphasensystem CaO–Calcit–Wollastonit–Quarz–CO_2. Vgl. mit Figur 263, von der aus die Ableitung direkt möglich ist.

β. **Entartete Systeme.** Sind ternäre Systeme im üblichen, Seite 312 angegebenen Sinn *entartet*, so ergibt sich die Konstruktion automatisch aus den allgemeinen Fällen. Reaktionsgleichungen fallen zusammen, wenn die entsprechenden Reaktionskoeffizienten einander gleich oder proportional werden. Durch Deformation des chemographischen Verteilungsbildes können mehr als zwei Phasen auf eine gerade Linie zu liegen kommen, und durch Winkeländerung des P-T-Bildes fallen zwei benachbarte $(n+1)$-Phasen-Linien stabil-stabil oder stabil-metastabil aufeinander. Alle diese zu entarteten Systemen führenden Spezialisierungen stehen miteinander in Korrelation, die Ableitung der zugeordneten P-T-Diagramme ist automatisch nach den gleichen Regeln, die oben erwähnt wurden, durchführbar.

Wir begnügen uns damit, den Typus des P-T-Diagrammes für das doppelt entartete System CaO – Calcit – Wollastonit – Quarz – CO_2 anzugeben, das bereits als solches Seite 314 erwähnt wurde.

Er geht zum Beispiel aus Figur 259 hervor, wenn E auf die Gerade AC und D auf die Gerade BC fallen, was gleichbedeutend ist mit Aufeinanderfallen der Kurven (A) und (E) sowie (B) und (D) im P-T-Diagramm, so daß drei Reaktionsgleichungen das ganze Fünfphasensystem bestimmen. Die Figur 266 mit ihrer Felderteilung ergibt sich aus Figur 263 automatisch unter Berücksichtigung dieser Koinzidenzen. Die Kurven sind wenigstens qualitativ in richtiger Lage gezeichnet, was gegenüber der Figur 263 eine Drehung und Deformation bedeutet. Das Diagramm wird, da in Wirklichkeit in der Nähe des Quintupelpunktes neue Reaktionen hinzukommen, nicht in allen Teilen stabile Verhältnisse darbieten, doch ist dies für eine erste Orientierung bedeutungslos.

Auf ganz analoge Weise lassen sich für beliebige polynäre Systeme und Phasenbeziehungen die Gleichgewichtstypen ableiten. Man erhält so einen Atlas von Möglichkeiten und weiß im gegebenen Fall, welche davon in Betracht zu ziehen sind. Erst nach diesen Überprüfungen sollten die exakten Daten bestimmt werden, damit an Stelle des Typus das wirkliche Diagramm treten kann.

Aus den P-T-Diagrammen und den chemographischen Beziehungen im Konzentrationsraum lassen sich aber auch übersichtliche Diagramme mit T und Konzentration (bei konstantem Druck) oder P und Konzentration (bei konstanter Temperatur) als Variabeln gewinnen. Derartigen Ableitungen wollen wir uns nun, soweit sie petrogenetisch von Bedeutung sind und die Einfachheit der Veranschaulichung gewahrt bleibt, zuwenden.

g) *Übergang von P-T-Diagrammen und Konzentrationsdiagrammen zu gemischten Darstellungen*

α. **Die Anhydrit-Gips-Bildung in Gegenwart von Wasser und Wasserdampf.** Seite 304 ist die thermische Dissoziation von Gips betrachtet worden. Es können jedoch auch Gips, Anhydrit, wässerige Lösung und Wasserdampf, also vier Phasen eines binären Systems, miteinander im Gleichgewicht sein. Für nichtentartete binäre Systeme gibt es nur einen Typus des P-T-Diagrammes. Er ist in gleicher Weise ableitbar wie die ternären Typen. Einigermaßen den quantitativen Verhältnissen angepaßt (jedoch Differenzen zwecks Übersicht etwas vergrößert) ist die Figur 267, wobei allerdings bemerkt werden muß, daß die Gleichgewichtseinstellung im System langsam verläuft und Bildung von Zwischenverbindungen die Deutung der Beobachtungen erschwert.

Für einen konstanten Druck P_1, wesentlich oberhalb des Quadrupelpunktes, zum Beispiel bei etwa 1 Atmosphäre, möchten wir nun das T-Konzentrationsdiagramm ableiten, um den Einfluß der Temperatur studieren zu können. Die dem konstantbleibenden Druck P_1 entsprechende Horizontale schneidet bei bestimmten Temperaturen die Dreiphasenkurven (A) und (C). Bei t_2 (Schnittpunkt mit Kurve (C)) sind im Gleichgewicht Wasserdampf, Lösung und Anhydrit, bei t_1 (Schnittpunkt mit Kurve (A)) Anhydrit, Gips und Lösung. Dazwischen sowie links und rechts davon liegen die aus dem P-T-Diagramm ersichtlichen Zweiphasenkombinationen. Das ergibt, schematisch gezeichnet, sofort die Figur 268, wobei bei der Ableitung einzig folgendes zu beachten ist.

Das P-T-Diagramm gilt, streng genommen, nur für die unmittelbare Nachbarschaft des Vierphasenpunktes; auch ohne weitere Komplikationen wird sich die Zusammensetzung der Lösungsphase mit der Temperatur ändern, die

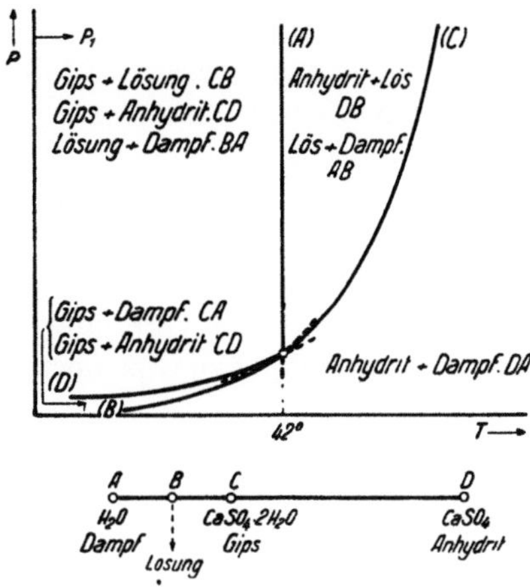

Fig. 267

P-T-Diagramm des binären Systems $CaSO_4$–H_2O, mit den chemographischen Verhältnissen zwischen den vier Phasen.

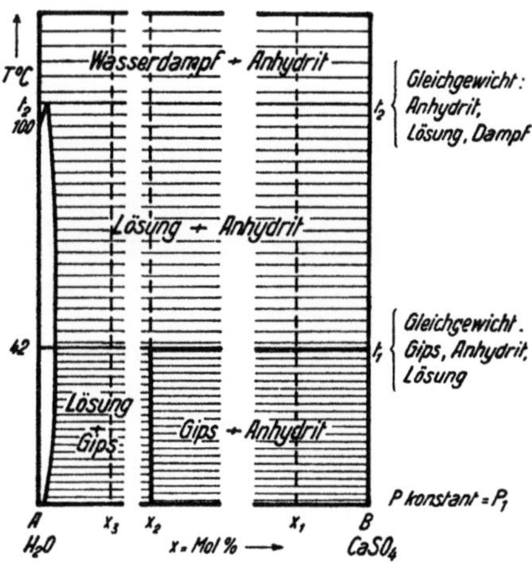

Fig. 268

T-X-Diagramm für das binäre System $CaSO_4$–H_2O bei konstantem Druck P_1. Aus der Figur 267 ableitbar.

Zusammensetzung der für eine Temperatur gesättigten Lösung muß experimentell bestimmt werden. Mit den Kurven (C) und (D) ist der Verlauf der Dampfdruckkurve reinen Wassers zu vergleichen. Oberhalb dieser wenig über (C) (D) liegenden Kurve kann Wasserdampf neben Wasser bzw. Lösung nicht mehr auftreten, Zusammensetzungen zwischen A und B werden dann, da Kondensation erfolgte, allein durch *ungesättigte Lösungen* ermöglicht. Wir haben ja dem *P-T*-Diagramm nur die *maximalzähligen* Phasenkombinationen eingeschrieben, daneben sind Teile von ihnen gleichfalls beständig und bei veränderlicher Phasenzusammensetzung (wie Lösungen) können diese für sich über ein Konzentrationsintervall auftreten.

Aus dem Diagramm lesen wir nun beispielsweise folgendes ab. Eine Zusammensetzung x_1 wird oberhalb t_2 einem von Wasserdampf durchtränkten Anhydritfels entsprechen. Bei t_2 kondensiert sich der Wasserdampf, es entsteht ein von Lösungen durchtränkter Anhydritfels. Bei t_1 bildet sich, soweit das Wasser ausreicht, aus Anhydrit Gips, das heißt der Anhydritfels wird *teilweise* in Gips umgewandelt. Ist die Ursprungszusammensetzung x_2, so war soviel Wasser vorhanden, daß sich aller Anhydrit in Gips umwandeln kann, und für x_3 würde gelten, daß nach der Umwandlung zu Gips noch etwas Lösung übrigbleibt.

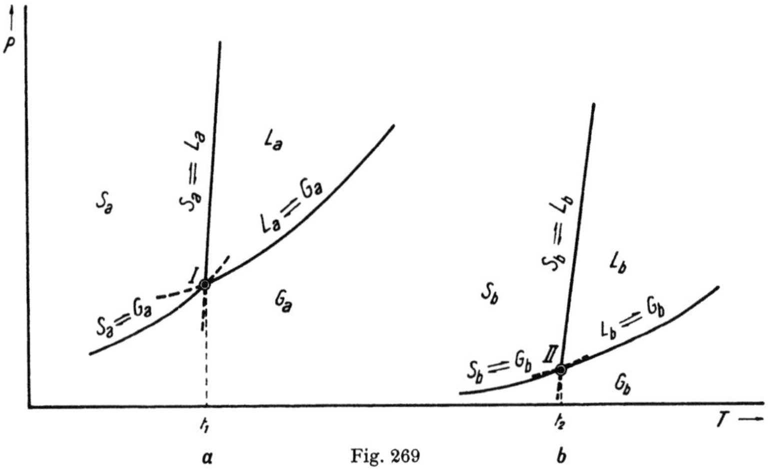

Fig. 269

P-T-Diagramm mit den unären Systemen eines leichtflüchtigen (*a*) (zum Beispiel H_2O) und eines schwerflüchtigen Stoffes (*b*) (zum Beispiel gewöhnlich schmelzendes Silikat).

Naturgemäß kann auch durch immer neu hinzukommendes Wasser eine begonnene Gipsbildung bei ursprünglich geringer Durchtränkung des Anhydritfelsens zu Ende geführt werden; die Zusammensetzung verschiebt sich dann sukzessive nach links. Umgekehrt kann beim Erhitzen abgespaltene Lösung oder abgespaltener Wasserdampf entweichen und dadurch beim Wiederabkühlen (weil jetzt die Zusammensetzung reines $CaSO_4$ ist und Wasser fehlt) die Gipsbildung unterbleiben.

β. **Gesamtverhalten eines binären Systems, bestehend aus einem leichtflüchtigen Bestandteil vom Charakter des H_2O und einer schwerflüchtigen Komponente vom Charakter eines normal schmelzenden Silikates oder gewöhnlichen Salzes, ohne Auftreten von Zwischenverbindungen.** Die Figur 269 stellt im *P-T*-Diagramm die Tripelpunkte der beiden das binäre System aufbauenden unären Systeme dar, das heißt die Koexistenz Fest, Flüssig und Gas sowie die davon ausgehenden Zweiphasenkurven. Der Tripelpunkt I liegt bei relativ niedriger Temperatur (leichtflüchtige Substanz, wie Wasser), der Tripelpunkt II bei hoher Temperatur und niedrigem Druck (schwerflüchtige Kristallverbindung mit zugeordneter Schmelze und zugeordnetem Dampf). Bei Temperaturen und Drucken, bei

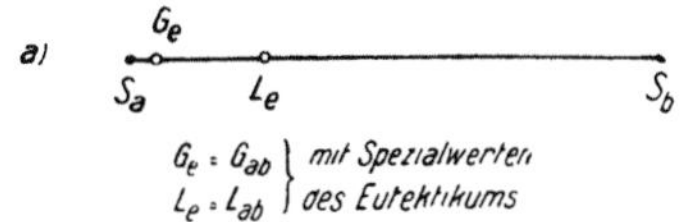

Fig. 270a

Beziehung zwischen den koexistierenden vier Phasen S_a, S_b, L_{ab}, G_{ab} des binären Systems ab mit Quadrupelpunkt der eutektischen Verhältnisse.

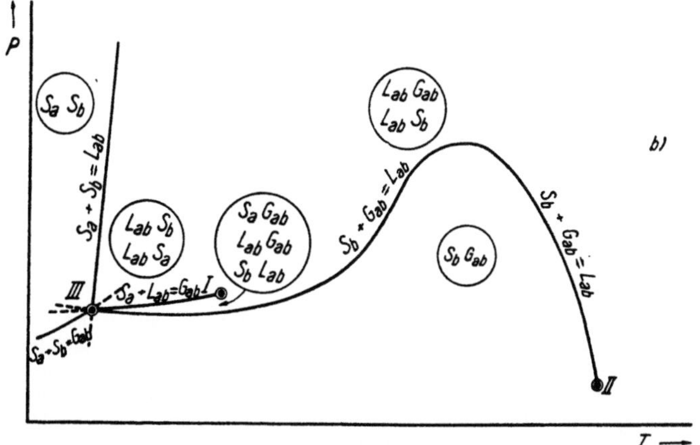

Fig. 270b

Gesamt-P-T-Diagramm eines binären Vierphasensystems mit dem Quadrupelpunkt III und den Kurven bis zu den Tripelpunkten der unären Grenzsysteme. I und II sind die Tripelpunkte dieser unären Systeme a und b.

denen Substanz a als Dampf- bzw. Gasphase auftritt, ist b für sich bereits kristallisiert. Die Dampfspannungskurven von Fest $[S_a]\,G_a$ und $[S_b]\,G_b$ und Flüssig ($L_a\,G_a$ und $L_b\,G_b$) und die Schmelzdruckkurven ($[S_a]\,L_a$ und $[S_b]\,L_b$) sind eingezeichnet[1] und die in den einzelnen Feldern stabilen Phasen angegeben. Wenn zwischen den beiden Stoffen a und b keine Verbindungen und keine Entmischungen in flüssigem Zustand auftreten, gibt es bei niedrigen Temperaturen einen eutektischen Quadrupelpunkt der Koexistenz: Flüssig, gasförmig, festes $[S_a]$, festes $[S_b]$. Eutektisch bedeutet gleichzeitige Auskristallisation zweier oder mehrerer fester Phasen aus flüssiger oder gasförmiger Lösung. Da a sehr leichtflüchtig ist, enthält der Dampf praktisch nur den Stoff a, so daß die Phasenbeziehung (G_e sollte praktisch auf S_a fallen) durch Figur 270a gegeben

---

[1] S bedeutet fest, *solidus*; L flüssig, *liquidus*; G gasförmig.

ist. Daraus resultiert nach Seite 326 ff. das Vierkurvendiagramm Figur 270 *b*. Die unter dem eigenen Dampfdruck stehende Sättigungskurve (Schmelzkurve) von $[S_a]$ (also die Koexistenz $\{[S_a] + L + G\}$) endigt im Tripelpunkt I, die Dampfdruckkurve der an $[S_b]$ gesättigten Schmelzlösungen endigt in II. Letztere Kurve wird ein Druckmaximum aufweisen müssen, da zunächst durch den Einfluß der leichtflüchtigen Substanz *a* die Innenspannung erhöht wird; sie nimmt erst wieder ab, wenn die Schmelze wesentlich *b*-reicher geworden ist.

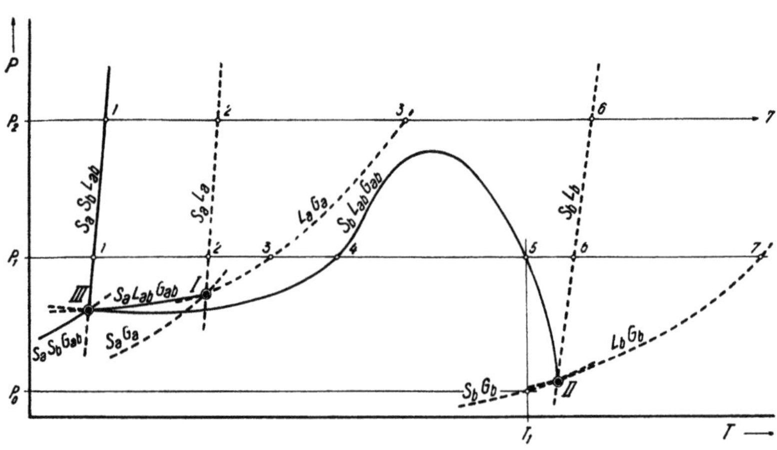

Fig. 271

Gesamte Darstellung des binären Systems *ab* im *P-T*-Diagramm (analog der vorangehenden Fig. 270*b*). Der stabile Teil der Zweiphasenkurven der unären Systeme *a* und *b* ist gestrichelt eingezeichnet. Die isobare Horizontale P_1 schneidet die monovarianten Kurven in den Schnittpunkten 1, 2, 3, 4, 5, 6, 7, welchen die Temperaturen t_1, t_2, t_3, t_4, t_5, t_6, t_7 entsprechen. Eine zweite isobare Horizontale P_2 schneidet die monovarianten Kurven nur in den Schnittpunkten 1, 2, 3, 6, denen die Temperaturen t_1, t_2, t_3, ..., t_6 entsprechen. Die isotherme Gerade T_1 schneidet zwei monovariante Kurven bei Drucken P_1 und P_0.

Figur 270 *b* zeigt den generellen Verlauf dieser vom Quadrupelpunkt ausgehenden Kurven im binären System *ab*. In Übereinstimmung mit Figur 269 sind die divarianten Phasenkombinationen in die Felder eingeschrieben. Zu beachten ist natürlich, daß L_{ab} und G_{ab} in ihrer Zusammensetzung von Punkt zu Punkt der Kurven jener Gleichgewichte, an denen sie teilnehmen, variieren. Es sind die Phasen *veränderlicher* Zusammensetzungen. Zu diesem System stellen die zwei Systeme der Figur 269 die Randsysteme dar. In Figur 271 ist das gesamte *P-T*-Diagramm in seinen stabilen Kurventeilen gezeichnet, wobei gestrichelt auch die stabilen Kurven der unären Randsysteme *a* und *b* dargestellt sind.

Aus diesen leichtverständlichen *P-T*-Diagrammen lassen sich nun für konstante Temperatur oder konstanten Druck *P*-Konzentrations- bzw. *T*-Konzentrations-Diagramme ableiten. Es sei dies für *T*-Konzentrations Diagramme bei zwei verschiedenen Drucken dargetan.

Konstanter Druck herrscht auf Parallelen zur Abszissenachse. Die Isobare P_1 schneidet die monovarianten Kurven in den Schnittpunkten 1, 2, 3, 4, 5, 6, 7. Die zugehörigen Temperaturen $t_1, t_2, t_3, t_4, t_5, t_6, t_7$ lassen sich auf der Abszissenachse ablesen. t_1 entspricht dem Gleichgewicht $L_{ab} \rightleftarrows [S_a] + [S_b]$, also der Eutektikalen unter dem Druck P_1. Unterhalb t_1 ist $[S_a]$ neben $[S_b]$ beständig, oberhalb flüssige Phase $+ [S_a]$ oder flüssige Phase $+ [S_b]$. Das ergibt die Punkte auf der t_1-Geraden in Figur 272 sowie die zwei von $L_{ab} = L_e$ (eutektische Zusammensetzung von L) ausgehenden Kurven. Die Kurve der mit $[S_a]$ koexistierenden Schmelzzusammensetzungen endigt in t_2, dem Schmelzpunkt von a unter dem Druck P_1 (Schnittpunkt 2 im P-T-Diagramm). Bei 4 und 5 wird die monovariante Kurve $[S_b]LG$ geschnitten, zwischen t_4 und t_5 ist nur $S_b G$ beständig, somit verschwindet bei t_4 die an $[S_b]$ gesättigte Lösung, um erst wieder bei t_5 zu erscheinen. Sowohl bei t_4 wie t_5 ist die Dampfphase noch praktisch reines a. In der Figur 272 ist der Deutlichkeit halber G nicht ganz mit a zusammenfallend angenommen. Von t_4 nach niedrigen Temperaturen ist aber entsprechend der Reaktion $G + [S_b] \rightleftarrows L$ ($G [S_b]$ hohe Temperatur, $[S_b]L$ und LG niedrige Temperatur) auch die Phasenkombination LG möglich. Sie entspricht in Figur 272 dem «Zweiphasenblatt», das bei t_3, der Siedetemperatur von reinem a, unter dem Druck P_1 sich schließt. Ebenso geht von t_5 nach höheren Temperaturen ein solches Zweiphasenblatt des Siedens ungesättigter Lösungen bis zu t_7 der Siedetemperatur von b. Der Punkt 6 der P_1-Geraden im P-T-Diagramm ist der Schmelzpunkt von B; zu diesem Punkt muß die Schmelzkurve von B führen. Es läßt sich somit durch einfache Überlegungen aus dem P-T-Diagramm ein Temperatur-Konzentrations-Diagramm für konstanten Druck ableiten.

Man kann nachprüfen, ob man das Prinzip dieser Deduktionen erfaßt hat, indem man für einen zweiten höheren Druck P_2 ein entsprechendes Diagramm konstruiert. Figur 273 zeigt das Resultat. Da jetzt die Schnittpunkte 4 und 5 fehlen, koexistieren gesättigte Lösungen nicht mit ihrem Dampf; Sieden gesättigter Lösungen findet nicht statt. Die Schmelz- oder Sättigungskurve für $[S_b]$ ist schematisch so gezeichnet, wie sie häufig zu erwarten ist, das heißt, die Löslichkeit an $[S_b]$ nimmt von tiefen Temperaturen nach höheren zunächst wenig zu, ja sie kann vorübergehend niedriger werden. Anderseits ist, vom Schmelzpunkt von $[S_b]$ ausgehend, die Erniedrigung der Kristallisationstemperatur bei Zusatz von a relativ stark. Ein mittlerer, ziemlich flacher Teil muß die beiden steilen Enden der an $[S_b]$ gesättigten Schmelzkurve verbinden. Im Bereich dieses Teils ist die Löslichkeit sehr stark von der Temperatur abhängig. Die beiden Figuren 272 und 273 stellen T-X-Diagramme des gleichen Systems bei verschiedenen, konstantgehaltenen Drucken dar. In Figur 272 ist der Außendruck kleiner als die maximale Dampfspannung der an $[S_b]$ gesättigten Lösungen, in Figur 273 ist der Außendruck größer als der Maximaldampfdruck an $[S_b]$ gesättigter Lösungen. Daraus resultiert das verschiedene Verhalten.

Wird bei P_2 (Figur 273) eine wenig a enthaltende Schmelze abgekühlt, so beginnt sie zu kristallisieren. Der Kristallisationsvorgang verschleppt sich aber bis zu sehr niedrigen Temperaturen. Sei a Wasser, so haben wir es anfänglich mit einer wenig wasserhaltigen Schmelze zu tun, die durch Auskristallisation von $[S_b]$ immer wasserreicher wird, besonders gegen Temperatur t_3 hin. Allerdings ist sie dann nur noch ein kleiner Restlaugenteil der ursprünglichen Masse. Schließlich wird sie, nachdem die Hauptmasse der schwerflüchtigen Komponente auskristallisiert ist, zur reinen wässerigen Lösung höherer bis normaler Temperatur.

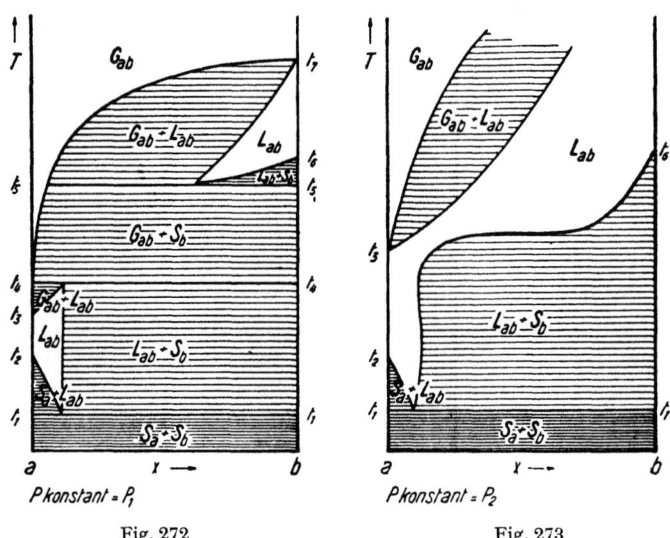

Fig. 272   Fig. 273

Fig. 272. T-X-Diagramm des binären Systems $a\,b$ bei konstantem Druck P_1. Aus Fig. 271 ableitbar.

Fig. 273. T-X-Diagramm des binären Systems $a\,b$ bei konstantem Druck P_2. Die Koexistenz einer Gas- und Solidusphase ist nicht möglich. Aus Fig. 271 ableitbar.

Treten im großen in der Natur flüssige Phasen vorwiegend schwerflüchtiger Stoffe auf, also nur bei hoher Temperatur bestandfähige Schmelzen, so werden diese Schmelzlösungen *liquidmagmatische* (oder *orthomagmatische*) Schmelzlösungen genannt. Schmelzlösungen mit mehr Wasser als wesentlicher leichtflüchtiger Komponente und mit viel darin gelösten schwerflüchtigen Bestandteilen, etwa im Gebiet des relativ flach verlaufenden Teiles von $L + [S_b]$ der einfachen Figur 273, heißen *pegmatitische Lösungen*. Sie können bei hohem Druck, wie die Figuren 272 und 273 zeigen, zum Beispiel unterhalb t_3 in einfache wässerige Lösungen übergehen, die oberhalb der gewöhnlichen Temperaturen *hydrothermale Lösungen* genannt werden.

Die pegmatitischen Lösungen entsprechen im P-T-Diagramm dem Mittelstück der Kurve $[S_b]L_{ab}G_{ab}$, das heißt, es kommt ihnen eine *große Innenspannung*, ein *großer Dampfdruck* zu. Sie treten in ihrer Gesamtheit, das heißt als kontinuierliche Serie von Orthomagmatisch zu Hydrothermal, nur auf, wenn der Druck größer ist als der Maximaldruck der Kurve $[S_b]L_{ab}G_{ab}$. Das gilt ja für den Druck P_2. Der Druck P_1 war kleiner, deshalb traten eigentliche pegmatitische Lösungen nicht auf. Die beim Abkühlen wasserreicher gewordene Schmelze *siedete* bei t_5 unter Gasabgabe, weil der Dampfdruck der gesättigten

Lösung erreicht war. Ein derartiges, mit Kristallisation beim Abkühlen verbundenes Sieden wird *retrograd* genannt. Erst bei t_4 kann wieder flüssige Phase auftreten, weil jetzt an $[S_b]$ gesättigte Lösungen kleineren Dampfdruck als P_1 besitzen.

Man kann dieses vom Druck abhängige Verhalten auch in Druck-Konzentrations-Diagrammen zur Darstellung bringen, die man in gleicher Weise aus den P-T-Diagrammen ableitet wie die Temperatur-Konzentrations-Diagramme. Jetzt wird, um in binären Systemen Divariabilität zu erhalten, die Temperatur als konstant vorausgesetzt, das heißt, man läßt im P-T-Diagramm die Kurven durch Vertikale (Isothermen) schneiden und konstruiert die P-X-Diagramme für verschiedenes P. Es genügt eine Figur für die hohe Temperatur T_1. Die Isotherme schneidet mit Sicherheit nur zwei Kurven, bei P_1 die Kurve $[S_b]L_{ab}G_{ab}$ und bei P_0 die Kurve $[S_b]G_b$. Daraus ergibt sich die Figur 274.

Bei hohem Druck koexistieren im b-reichen System festes B (also $[S_b]$) und Schmelze. Die Löslichkeit (Zusammensetzung der gesättigten Schmelzlösung) wird vom Druck etwas abhängig sein. Wird der Druck erniedrigt, so tritt bei P_1 (der Dampfdruck der gesättigten Schmelzlösung ist erreicht) Sieden auf. $[S_b]$ scheidet sich fast vollständig aus und übrig bleibt eine Gasphase, die praktisch fast reines a ist (Haupterstarrung mit Gasabgabe infolge Druckverminderung).

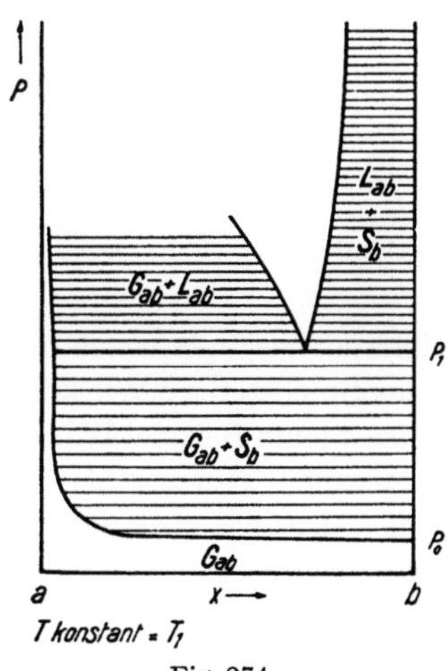

Fig. 274

P-X-Diagramm des binären Systems $a\,b$ bei konstanter, relativ hoher Temperatur T_1 (vgl. Fig. 271).

Eine solche Gasabgabe bei hoher Temperatur (mit oder ohne Verbindung mit Kristallisation) wird gerne als *Pneumatolyse* bezeichnet (pneumatolytische Phase). Erst bei sehr niedrigen Drucken (gegen Vakuum hin) kann b in die Dampfphase eingehen und schließlich auch verdampfen. Der Verlauf des von P_1 ausgehenden Zweiphasenblattes $G + L$ (ungesättigte Lösung) nach höheren Drucken hin hängt nun noch von einer anderen Erscheinung ab, die wir nicht unerwähnt lassen dürfen.

Bekanntlich werden flüssige und gasförmige Phase eines Stoffes bei den sogenannten *kritischen Punkten* einander gleich. Bei Temperaturen und Drukken oberhalb dieser kritischen Werte sind nicht mehr zwei Phasen nebeneinander beständig, es existiert nur noch eine Phase, die als *fluid* bezeichnet wird. Die Kurven LG haben somit obere Endpunkte. Kritische Temperatur und kritischer Druck von Wasser haben beispielsweise folgende Größen: kritische Temperatur $= 374^0$ C, kritischer Druck $= 218$ Atmosphären.

Es handelt sich somit um Temperaturen und Drucke, die im Erdinnern leicht erreicht werden, und die Temperaturen liegen noch weit unterhalb der

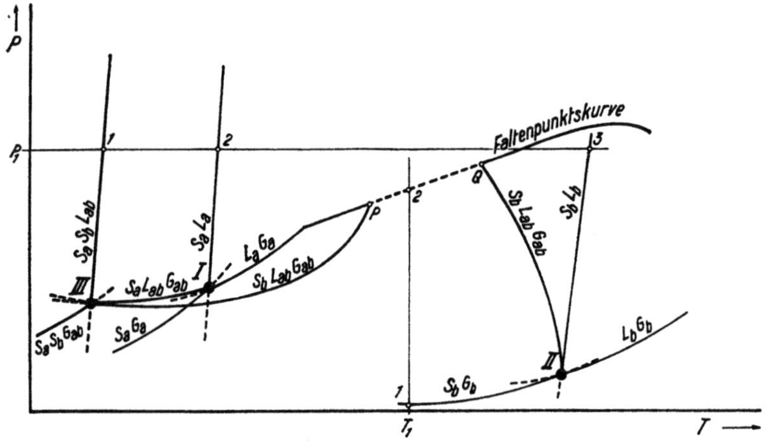

Fig. 275

Ähnliches System wie Fig. 271. Es treten jedoch kritische Erscheinungen an gesättigten Lösungen auf.

Schmelztemperaturen der Silikate. Wie ändern sich nun die Verhältnisse, wenn kritische Erscheinungen mit ins Spiel treten? Wir können uns, ausgehend vom kritischen Endpunkt des Stoffes a (zum Beispiel Wasser), die kritischen Punkte verschiedener Lösungszusammensetzungen ab bis zum meist nicht realisierbaren kritischen Endpunkt des Stoffes b verbunden denken und erhalten so eine «kritische Faltenpunktskurve» im P-T-Diagramm. Diese kann nun von der ein Druckmaximum aufweisenden Kurve $[S_b]L_{ab}G_{ab}$ geschnitten werden, das heißt, es treten an gesättigten Lösungen die kritischen Erscheinungen auf. Zwischen diesen in Figur 275 als P und Q bezeichneten Punkten besitzen die «pegmatitischen Lösungen» *fluiden* Charakter, das heißt, es handelt sich um gesättigte, unter diesen Bedingungen nicht in Dampf und Flüssigkeit aufspaltbare Lösungen von meist außerordentlich geringer Viskosität, die sowohl als Gase wie als Flüssigkeiten angesprochen werden können. Manche der in der Natur auftretenden pegmatitischen Lösungen, auch einzelne Phasen, die als pneumatolytisch bezeichnet werden, besitzen diese *fluiden Eigenschaften*.

Hinsichtlich der T-X-Diagramme ergeben sich nur geringfügige Änderungen. Liegt der Druck oberhalb Q, so ist, wie Figur 276 zeigt, der Übergang ortho-

magmatisch–pegmatitisch–hydrothermal kontinuierlich. Man versteht nun auch
etwas besser die eigentümliche Gestalt der Sättigungskurve der Figur 273.
Die charakteristische Umbiegung in der Nähe von t_3 wird in der Nachbarschaft
der kritischen Temperatur von Wasser liegen, das im allgemeinen bis zur kritischen Temperatur keine sehr große Löslichkeit für Silikate (ausgenommen
Alkalisilikate) besitzt. Bei Drucken zwischen P und Q ist nur das retrograde
Sieden (entsprechend der Temperatur t_5 der Figur 272) möglich, nicht aber
die Kondensation bei t_4, das heißt, die (bei t_5) abgespaltene Gasphase hoher
Temperatur geht beim Abkühlen kontinuierlich über eine fluide Phase in

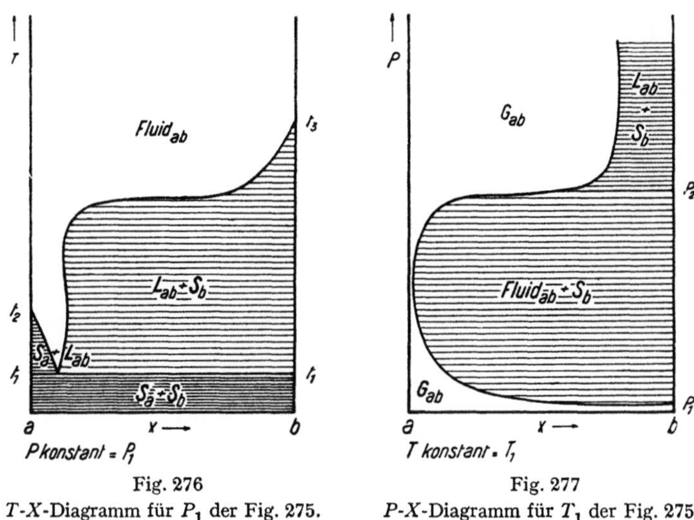

<table>
<tr><td align="center">Fig. 276
T-X-Diagramm für P_1 der Fig. 275.</td><td align="center">Fig. 277
P-X-Diagramm für T_1 der Fig. 275.</td></tr>
</table>

hydrothermale Lösungen über. Erst unterhalb des Druckes P treten analoge
Diagramme wie Figur 272 auf.

Im P-X-Diagramm bei einer zwischen P und Q liegenden Temperatur geht,
wie Figur 277 zeigt, die gesättigte Schmelze kontinuierlich in den Dampf von
b über. Diese Figur ist mit Figur 274 zu vergleichen.

Die Ergebnisse der Betrachtungen über das Verhalten binärer Systeme mit
großem Flüchtigkeitsunterschied der Bestandteile lassen sich ihrem Wesen
nach für komplexe Systeme, die beiderlei Stoffarten enthalten, verallgemeinern.
Man erkennt, daß in solchen Fällen der Druck von Bedeutung ist und daß
unter Umständen Lösungen großer Innenspannung und geringer Viskosität,
das heißt großer Durchdringungsfähigkeit, entstehen, die bei Temperaturabnahme oder Druckerniedrigung Kristalle ausscheiden. Ihrem Charakter nach
können diese molekulardispersen Phasen zwischen orthomagmatischen und
hydrothermalen Lösungen vermitteln, ja teilweise erinnern sie an gasförmige
(pneumatolytische) Phasen hoher Temperatur, in die sie unter Umständen
gleichfalls kontinuierlich übergehen können.

Diese oft im weiteren Sinne *fluid* genannten Phasen besitzen, sofern sie in
Gesteine eindringen, auch große chemische Aggressivität. Ihr Lösungsver-

mögen ist zudem besonders in der Nachbarschaft der kritischen Temperatur des Wassers stark von der Temperatur abhängig, so daß selbst im normalen Abkühlungsverlauf (man beachte die schematische Figur 273 mit dem rückläufigen Teil der Sättigungskurve) teilweise Resorption früher ausgeschiedener Kristalle möglich ist. Pneumatolytisch, pegmatitisch, fluid, hydrothermal sind Bezeichnungen für Zustände von Phasen, gleichgültig, ob deren Bildung unmittelbar auf ein Magma zurückzuführen ist oder nicht.

B. Für die Mineralbildung wichtige Prozesse

a) *Die Kristallisation aus Lösungen*

Etwas näherer Erläuterungen bedürfen nun vor allem noch die Kristallisationsvorgänge aus Lösungen komplexerer Systeme.

α. Die Kristallisationsvorgänge ohne Mischkristallbildung. Aus Schmelzen nur schwerflüchtiger Stoffe wird bei den in der Natur auftretenden Drucken die Kristallisation oft ohne Gegenwart einer Dampfphase erfolgen. Es tritt im binären System bei Fehlen von Verbindungen und Mischkristallen prinzipiell ein Diagramm vom Charakter der Figur 273, Seite 342, auf, wobei indessen die Gründe für den eigenartigen Verlauf der Sättigungskurve wegfallen. Die zwei Liquiduskurven, die für jede Temperatur die Zusammensetzung der an $[S_a]$ oder $[S_b]$ gesättigten Lösung angeben, schneiden sich bei der eutektischen Temperatur t_e im Punkte e. x_e ist die Zusammensetzung einer mehrfach (linear zweifach) gesättigten Lösung, eben einer eutektischen Lösung (Schmelzen oder Schmelzlösungen können kurzweg auch als Lösungen bezeichnet werden).

t_a (Figur 278) ist die Schmelztemperatur von reinem a, t_b die Schmelztemperatur von reinem b. Die Kurven t_a–e und t_b–e geben für zwischen a und b gelegene Zusammensetzungen den Beginn der Kristallisation (auf t_a–e von $[S_a]$, auf t_b–e von $[S_b]$) an. Die Erstarrungstemperatur wird somit durch Zusatz von Stoffen herabgesetzt, und es gibt eine Zusammensetzung x_e, die *eutektische*, die beim Abkühlen am längsten flüssig bleibt (bis zur Temperatur t_e, dann erfolgt jedoch gleichzeitige Kristallisation von $[S_a]$ und $[S_b]$, bis alles erstarrt ist). Umgekehrt wird beim Erhitzen eines Gemenges $[S_a]$ und $[S_b]$ von der Bauschalzusammensetzung x_e am frühesten alles geschmolzen sein, nämlich bereits bei der Temperatur t_e. Gemenge links von x_e (zum Beispiel der Zusammensetzung x_1) beginnen bei t_e eine Schmelze zu liefern, bis alles $[S_b]$ verschwunden ist und nur noch ein Brei von $[S_a]$ + Schmelze übrigbleibt; erst bei weiterem Erhitzen (zum Beispiel bei $T = t_1$ für x_1) wird schließlich auch alles $[S_a]$ resorbiert. Rechts von x_e (zum Beispiel bei der Zusammensetzung x_2) entsteht zuerst Schmelze L_e unter völligem Aufbrauchen von $[S_a]$, nachher wird sukzessive der zurückgebliebene Anteil von $[S_b]$ beim Weiterschmelzen aufgezehrt (endgültig für die Zusammensetzung $x_2 = g$ bei t_2).

Ganz allgemein gilt: *Wird ein polymineralisches Gemenge erhitzt, so entsteht normalerweise nicht etwa auf einmal eine Schmelze der Ausgangszusammensetzung, sondern zuerst eine Schmelze anderer Zusammensetzung, in der die in bezug auf die eutektische Zusammensetzung überschüssigen Kristallarten teilweise erhalten bleiben und erst bei weiterem Erhitzen aufgelöst (aufgeschmolzen) werden.* Vollständige Schmelzung ist jeweilen bei der Temperatur erreicht, die dem Durchstoßpunkt der Konzentrationsgeraden mit der Liquiduskurve (-fläche usw. bei polynären Systemen) entspricht. Die Menge der erstgebildeten Schmelze ist abhängig von dem Verhältnis der Ausgangszusammensetzung zu der eutektischen Zusammensetzung. So verhält sich für ein Gemisch x_1 die Menge der

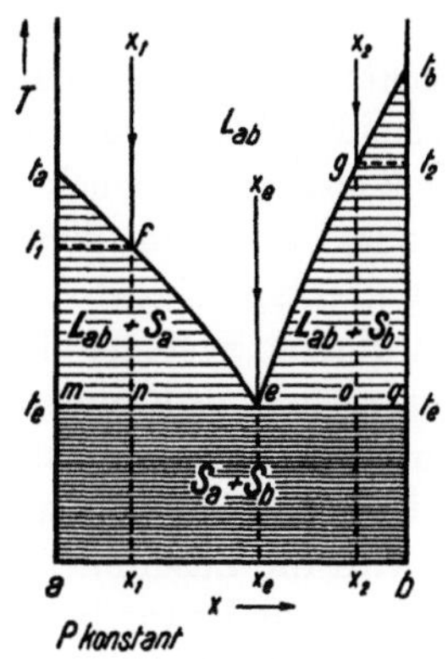

Fig. 278

Einfaches binäres Schmelzdiagramm bei konstantem Druck und ohne Vorhandensein einer Dampfphase. *a* und *b* sind schwerflüchtige Stoffe und bilden keine Mischkristalle.

erstgebildeten Schmelze L_e zu übrigbleibendem $[S_a]$ wie $m{-}n : n{-}e$, und für ein Gemisch x_2 die Menge der erstgebildeten Schmelze L_e zu übrigbleibendem $[S_b]$ wie $q{-}o : o{-}e$.

Wird eine Schmelze x_2 *abgekühlt*, so beginnt (Gleichgewicht vorausgesetzt) die Erstarrung mit der Kristallisation von $[S_b]$ bei t_2. Dadurch, daß reines b als $[S_b]$ ausgeschieden wird, erfolgt eine Anreicherung von a in der übrigbleibenden Schmelze, und bei fortgesetzter Abkühlung ändert die Schmelze bei ständiger $[S_b]$-Ausscheidung ihre Zusammensetzung entlang der Kurve $g{-}e$, bis bei e nun auch $[S_a]$ sich ausscheidet und alles erstarrt. $g{-}e$ gibt den Verlauf der *Kristallisationsbahn*, der Änderung der Zusammensetzung der Restschmelze für die Schmelze x_2 beim Abkühlen und Kristallisieren wieder.

Eine Schmelze x_1 läßt bei t_1 erstmals $[S_a]$ auskristallisieren, ändert dann längs der Kristallisationsbahn $f{-}e$ ihre Zusammensetzung und verschwindet unter gleichzeitiger Ausscheidung von $[S_b]$ und $[S_a]$ bei e vollständig.

Verallgemeinernd gilt: Die *Ausscheidungsfolge* der aus einer Schmelze auskristallisierenden Kristallarten ist von der Ursprungszusammensetzung in ihrer Beziehung zu ausgezeichneten (beispielsweise eutektischen) Zusammensetzungen mehrfacher Sättigung abhängig. Während der Kristallisation *ändert sich im allgemeinen die Zusammensetzung der zurückbleibenden Schmelze ständig,* sie entfernt sich von der Ursprungszusammensetzung in Richtung nach ausgezeichneten Schmelzzusammensetzungen mehrfacher Sättigung hin. Sie durchläuft eine *bestimmte Kristallisationsbahn.* Nur wenn die Ausgangszusammensetzung bereits eine ausgezeichnet eutektische ist, kann die komplexe Schmelze auf einmal erstarren. Analoges gilt naturgemäß auch für die Kristallisationen aus wässerigen Lösungen. Beim Abkühlen oder Verdampfen wird normalerweise zuerst die Sättigungskonzentration einer Kristallart erreicht. Durch deren Auskristallisation wird die Zusammensetzung der Restlösung verändert, schließlich wird die Lösung auch an anderen Kristallarten gesättigt, die sich so in bestimmter Folge unter Veränderung der Zusammensetzung der «Restlauge» ausscheiden.

Noch allgemeiner ausgedrückt: Jeder Kristallart, die sich aus Lösungen eines gegebenen Systems ausscheidet, kann man eine «*Liquidusfunktion*» zuordnen, die, beispielsweise bei konstantem Druck, in Abhängigkeit von der Temperatur die Zusammensetzung aller an dieser Kristallart gesättigten Lösungen umfaßt. Sie läßt sich, entsprechend den Freiheitsgraden, in den T-Konzentrations-Diagrammen binärer Systeme als Kurve, in denen ternärer Systeme als Fläche, in denen quaternärer als Raumgebilde usw. darstellen. Eine ungesättigte Lösung wird beim Abkühlen zunächst diejenige Kristallart ausscheiden, in deren Liquidusgebiet die Ausgangszusammensetzung fällt. Durch die beginnende Kristallisation wird die Zusammensetzung der Lösung innerhalb des Liquidusgebietes verändert, und zwar beim Ausscheiden einer Phase von konstanter Zusammensetzung in Richtung *von* der Zusammensetzung dieser festen Phase *weg.* Beim Abkühlen wird daher eine bestimmte Änderung der Restlösungszusammensetzung stattfinden entlang einer *Bahn,* die durch das Temperaturgefälle des Liquidusgebietes und die Verbindungsgerade: «ursprüngliche Zusammensetzung zu Zusammensetzung der sich bildenden Kristallphase», bestimmt wird. Die Liquidusgebiete verschiedener Kristallarten kommen miteinander zum Schnitt. Die gemeinsamen Punkte stellen Zusammensetzungen von Lösungen gemeinsamer Sättigung dar. Erreicht eine Kristallisationsbahn solche Grenzpunkte, so kann sie ihnen nun folgen, da nicht mehr Ausscheidung einer einzigen Phase die Restschmelze ändert. In binären Systemen gibt es nach der Phasenregel bei konstanten Drucken im Gleichgewicht nur zweifach gesättigte Lösungen, deren Zusammensetzungen als eutektische durch Punkte bestimmt sind; im ternären System sind im T-Konzentrations-Diagramm (bei konstantem Druck) zweifach gesättigte Lösungen längs einer Kurve (zum Beispiel eutektische Kurve) möglich, dreifach gesättigte nur bei einer bestimmten Zusammensetzung (zum Beispiel ternärer eutektischer Punkt) usw.

Figur 279 stellt ein einfaches ternäres Schmelzdiagramm unter konstantem Druck in perspektivischer Darstellung dar, Figur 280 die Projektion auf das Konzentrationsdreieck. Die chemische Variabilität muß im Konzentrationsdreieck dargestellt werden. Die Temperaturen werden senkrecht dazu abgetragen. Das zu einer Kristallart gehörige Liquidusgebiet ist eine Fläche, umfassend die bei verschiedener Temperatur an dieser Kristallart gesättigten Lösungen (Sättigungsfläche).

In Figur 279 sind vollständig die Sättigungsflächen der Kristallarten $[S_b]$ und $[S_c]$ dargestellt. Sie schneiden sich in der Kurve e_0-e_3. Diese Kurve gibt zu jeder möglichen Temperatur die Zusammensetzungen der sowohl an $[S_b]$ wie an $[S_c]$ gesättigten (also eutektischen) Lösungen an. e_0-e_3 ist auch auf die Fläche des Konzentrationsdreieckes (Basisfläche) projiziert als $e_0'-e_3'$. Die

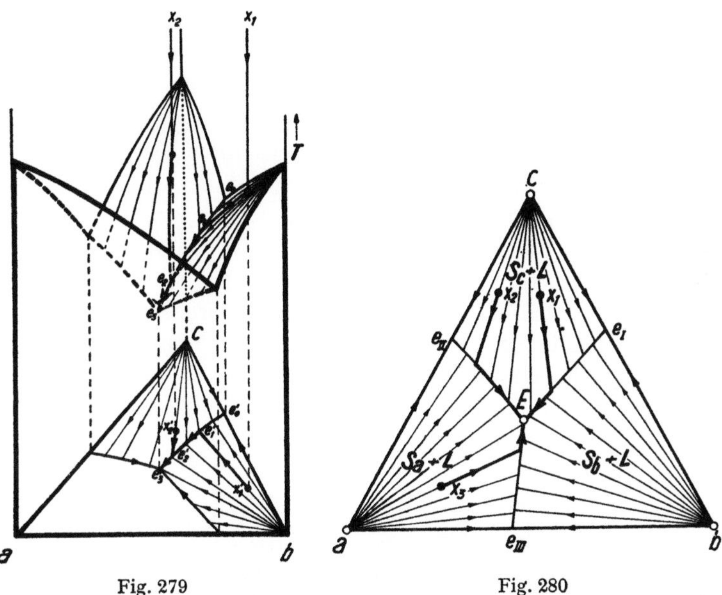

Fig. 279   Fig. 280

Fig. 279. Partielle räumliche Darstellung des Schmelzdiagrammes eines ternären Systems $a\,b\,c$ unter konstantem Druck. a, b, c sind schwerflüchtige Stoffe und bilden keine Mischkristalle. Die Kristallisationsbahnen sind auf die Basisfläche projiziert. Weiteres siehe im Text.

Fig. 280. Schmelzdiagramm eines ternären Systems $a\,b\,c$ unter konstantem Druck. Projektion der Kristallisationsbahnen auf das Konzentrationsdreieck. Die Temperatur ist nicht eingezeichnet, sie nimmt aber in der Richtung der Pfeile auf den Kristallisationsbahnen, von den Ecken zu dem ternären eutektischen Punkt E, ständig ab.

Zusammensetzung x_1 gehört dem Liquidusgebiet von $[S_b]$ an. Also scheidet sich beim Abkühlen aus der Lösung x_1 zuerst $[S_b]$ aus. Dadurch entfernt sich die übrigbleibende Schmelzzusammensetzung von der Eckkante b weg, dem Temperaturgefälle folgend. Zieht man in der Projektion auf das Konzentrationsdreieck durch x_1 und die Ecke b die Gerade, so ist die Projektion der Kristallisationsbahn gleich der Fortsetzung dieser Geraden in der Pfeilrichtung. In dieser Richtung wird ja die Schmelzzusammensetzung immer ärmer an b. Im Punkt e_1 bzw. e_1' ist die eutektische Linie e_0-e_3 erreicht. Jetzt scheidet sich sowohl $[S_b]$ wie $[S_c]$ aus, und die Lösung ändert ihre Zusammensetzung bei weiterem Abkühlen längs e_1-e_3. Die Kristallisationsbahn ist somit in der Projektion auf das Konzentrationsdreieck für x_1 die Bahn $x_1'-e_1'$ (Gerade) und dann $e_1'-e_3'$ (Projektion der Kurve e_1-e_3 auf die Basis). Die Zusammensetzung x_2 fällt in das Liquidusgebiet von $[S_c]$. Es scheidet sich zuerst $[S_c]$ aus unter Veränderung der Lösungszusammensetzung von c weg nach e'_2, dann $[S_c]$ und $[S_b]$ unter Veränderung der Lösungszusammensetzung längs $e'_2 - e'_3$.

Figur 280 stellt für sich die Projektion eines derartigen ternären Schmelzdiagrammes bei konstantem Druck dar, in welchem nur die Komponenten a, b, c als feste Phase auftreten. Zu den zwei Sättigungsflächen (Liquidusflächen) von Figur 279 kommt nun noch diejenige von $[S_a]$. Alle drei schneiden sich in einem Punkt, dem ternären Eutektikum E, das die niedrigstschmelzende Zusammensetzung besitzt.

Alle Zusammensetzungen innerhalb $a\,e_{\mathrm{III}}\,E\,e_{\mathrm{II}}$ gehören dem Liquidusgebiet von $[S_a]$ an, $[S_a]$ scheidet sich zuerst aus. Alle Zusammensetzungen innerhalb $b\,e_{\mathrm{I}}\,E\,e_{\mathrm{III}}$ gehören dem Liquidusgebiet von $[S_b]$ an, $[S_b]$ scheidet sich zuerst aus. Alle Zusammensetzungen innerhalb $c\,e_{\mathrm{I}}\,E\,e_{\mathrm{II}}$ gehören dem Liquidusgebiet von $[S_c]$ an, das sich zuerst ausscheidet. Die Pfeilrichtungen geben fallende Temperatur an und zugleich die benutzbaren Kristallisationsbahnen. Endpunkt ist in allen Fällen E, unterhalb der zu E gehörigen Temperatur ist alles erstarrt. Für drei beliebige Zusammensetzungen x_1, x_2, x_3 sind die speziellen Kristallisationsbahnen, das heißt die Schmelzrückstandskurven, etwas kräftiger eingezeichnet. Ein genaueres Studium zeigt, daß sechserlei verschiedene Ausscheidungsfolgen auftreten, nämlich:

$$
\left.
\begin{array}{llll}
\text{innerhalb } a\,e_{\mathrm{III}}\,E\,a & [S_a] \rightarrow [S_a]\,[S_b] \\
\text{innerhalb } a\,e_{\mathrm{II}}\,E\,a & [S_a] \rightarrow [S_a]\,[S_c] \\
\text{innerhalb } b\,e_{\mathrm{III}}\,E\,b & [S_b] \rightarrow [S_b]\,[S_a] \\
\text{innerhalb } b\,e_{\mathrm{I}}\,E\,b & [S_b] \rightarrow [S_b]\,[S_c] \\
\text{innerhalb } c\,e_{\mathrm{I}}\,E\,c & [S_c] \rightarrow [S_c]\,[S_b] \\
\text{innerhalb } c\,e_{\mathrm{II}}\,E\,c & [S_c] \rightarrow [S_c]\,[S_a]
\end{array}
\right\} \rightarrow [S_a]\,[S_b]\,[S_c]
$$

Dieses noch sehr einfache Beispiel veranschaulicht somit in instruktiver Weise die Abhängigkeit der Ausscheidungsfolge von der Zusammensetzung und die auf verschiedenen Wegen nach gleichen Restschmelzzusammensetzungen tendierenden Veränderungen in den Rückstandsschmelzen bzw. Rückstandslösungen der Kristallisation. Wir haben Schmelzen betrachtet; ganz analog verhalten sich jedoch Kristallisationen aus wässerigen Lösungen.

In den betrachteten Fällen fiel in der Projektion der Zusammensetzungspunkt der kristallisierenden Phase in das dieser Phase zugeordnete Liquidusgebiet, mit anderen Worten: beim Erhitzen der Kristallart bildete sich sofort eine Schmelze gleicher Zusammensetzung (*kongruentes Schmelzen*) bzw. die Kristallart wurde ohne Zersetzung aufgelöst. Es kann jedoch sein, daß der Zusammensetzungspunkt einer festen Phase in das Liquidusgebiet (Sättigungsgebiet) einer anderen Kristallart fällt. Dann schmilzt die feste Phase unter *Zersetzung (inkongruenter Schmelzpunkt)*; bzw. löst man in Wasser nur diese Phase auf, so scheidet sich bei Bedingungsänderungen (Temperaturänderung, Verdunstung) zuerst eine andere Kristallverbindung aus. Das Sättigungsgebiet einer anderen Kristallart des gleichen Systems überdeckt den Zusammensetzungspunkt der festen Phase. Die Kristallart mit dem überlappenden Sättigungsgebiet kann sich dann, gewissermaßen widerrechtlich, noch bei Zusammensetzungen ausscheiden, die bereits einer andern, im System gleichfalls auftretenden Kristallverbindung entsprechen. Trifft später die Kristallisationsbahn auf das Sättigungsfeld der in ihrer Ausscheidung zunächst unterdrückten festen Phase, so wird die Frühausscheidung unter Bildung der neuen Phase resorbiert. Statt einer Reaktion

$$L \to [S_a] + [S_b] \quad (eutektisches\ Verhalten)$$

tritt eine Reaktion

$$L + [S_a] \to [S_b] \quad (peritektisches\ Verhalten)\ \text{auf.}$$

Es läßt sich in irgendeinem System (binär, ternär usw.) sofort angeben, wie die Punktverteilung im Konzentrationsdiagramm sein muß, damit eutektisches oder peritektisches Verhalten auftritt.

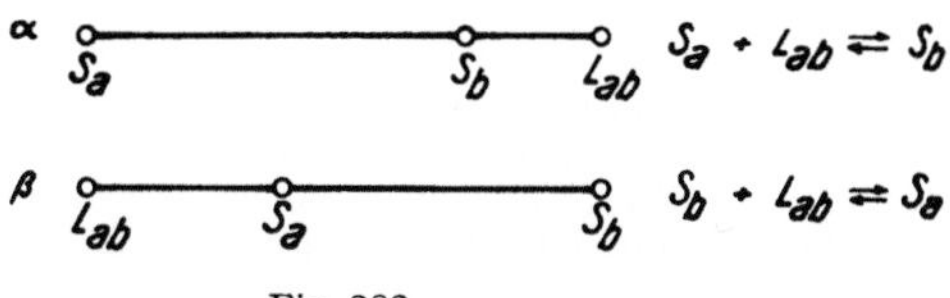

Fig. 281

Beziehung zwischen doppelt gesättigter Schmelze und ausgeschiedenen Phasen (binäres System); wenn L_{ab} zwischen S_a und S_b liegt, ist die Schmelze eutektisch.

Fig. 282

Beziehungen zwischen doppelt gesättigter Schmelze und ausgeschiedenen Phasen (binäres System) bei peritektischem Verhalten. In α kann S_a, in β S_b später resorbiert werden.

Im *binären System* muß der Zusammensetzungspunkt der doppelt gesättigten Lösung zwischen den Zusammensetzungen der festen Bodenkörper liegen, damit gilt:

$$L \to [S_a] + [S_b] \qquad \text{(Figur 281).}$$

Hat aber die doppelt gesättigte Lösung eine Zusammensetzung außerhalb der Verbindungsstrecke $[S_a]$–$[S_b]$, so tritt peritektisches Verhalten auf, und zwar würde für Figur 282α gelten: $L + [S_a] \to [S_b]$, das heißt es wird $[S_a]$ unter Bildung von $[S_b]$ resorbiert. Für Figur 282β kann die Dreiphasenreaktion nur lauten: $L + [S_b] \to [S_a]$; es ist $[S_b]$ die Phase, welche mit der Schmelze reagierend $[S_a]$ ergibt.

Nach diesen allgemeinen Bemerkungen werden die T-X-Diagramme der mineralogisch wichtigen Systeme SiO_2-Forsterit und SiO_2-Leucit (Figur 283 und Figur 284) ohne weiteres verständlich. Aus ihnen geht hervor, daß

Mg-Olivin (Forsterit) und Leucit große Sättigungsgebiete besitzen. Sie scheiden sich noch aus Schmelzen aus, deren SiO_2-Gehalt gleich oder größer ist als derjenige der Augit- bzw. Feldspatzusammensetzung. Deshalb erfolgt im weiteren Verlauf einer normalen Abkühlung (bei 1562⁰ bzw. bei 1170⁰) unter Bildung der SiO_2-reichen Kristallart eine Resorption des vorher ausgeschiedenen Olivins bzw. Leucits.

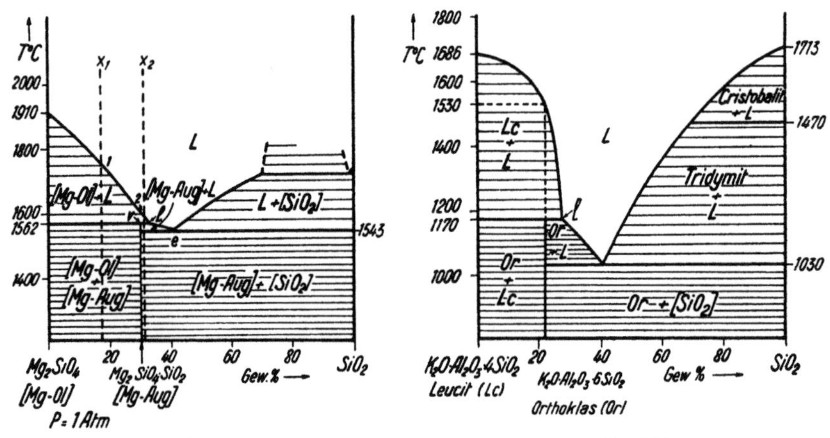

Fig. 283   Fig. 284

Fig. 283. Erstarrungsdiagramm des binären Systems Mg-Olivin(Forsterit)–SiO_2 (nach Bowen und Andersen). Mg-Augit besitzt einen inkongruenten Schmelzpunkt, d. h. wenn der Punkt l erreicht ist, findet die Reaktion Olivin + Schmelze $l \rightleftarrows$ Augit statt.

Fig. 284. Erstarrungsdiagramm des binären Systems Leucit–SiO_2 nach den Untersuchungen von Morey und Bowen. Orthoklas besitzt inkongruenten Schmelzpunkt, was bedeutet, daß bei 1170⁰ die Reaktion Lc + Schmelze $\rightleftarrows Or$ stattfindet; bei Abkühlung kann bei dieser Temperatur Or unter partieller oder totaler Resorption von Lc auskristallisieren.

Das Diagramm Figur 283 sei etwas näher betrachtet.

Eine Schmelze von der Zusammensetzung x_1 beginnt bei t_1 (Erreichen des Punktes 1) Olivin auszuscheiden. Die Änderung der Schmelzzusammensetzung beim Abkühlen ist durch die Bahn $1 \rightarrow 2 \rightarrow l$ gegeben. Ist Punkt l entsprechend der Temperatur 1562⁰ erreicht, so findet die Reaktion statt:

$$\text{Olivin + Schmelze } l \rightleftarrows \text{ Augit.}$$

Da x_1 links von v liegt, wird die Schmelze aufgebraucht, bevor aller Olivin verschwunden ist; es ist 1562⁰ die Temperatur der Enderstarrung und es bleibt Olivin + Augit übrig. Allerdings kann, da Augit durch die Reaktion des Olivins mit der Schmelze entsteht, der neugebildete Augit den Olivin umwachsen (Figur 285) und somit die restlichen Olivinkristalle der Einwirkung der Schmelze entziehen, bevor die Schmelze aufgebraucht ist. Auch ist denkbar, daß die erst ausgeschiedenen Olivinkristalle durch Abseigerung der Schmelze entzogen wurden. In beiden Fällen wird dann Schmelze übrigbleiben, aus der sich nur noch Augit ausscheidet. Die Kristallisationsbahn läuft dann bis zum Punkt e weiter, in welchem sich nun auch festes [SiO_2] ausscheidet. Die Schmelze l verhält sich peritektisch, die Schmelze e eutektisch. Ist die Schmelzzusammensetzung x_2, so wird sich gleichfalls zuerst Olivin ausscheiden (längs $2 \to l$). Bei l wird wieder Olivin unter Augitausscheidung resorbiert. Da jetzt jedoch x_2 rechts von v liegt, wird im Gleichgewicht aller Olivin aufgebraucht und Schmelze übrigbleiben, die nachher längs $l \to e$ Augit und in e Augit $+$ [SiO_2] zur Kristallisation bringt. Peritektische Punkte, Kurven usw. können somit, im Gegensatz zu eutektischen, von der Kristallisationsbahn überschritten werden. Auch gilt jetzt folgendes:

Beim Abkühlen kann, da das Sättigungsgebiet von Olivin durchwegs höheren Temperaturen zugeordnet ist als dasjenige von Augit, nie die Ausscheidungsfolge Augit $\to$ Olivin, sondern nur die Ausscheidungsfolge Olivin $\to$ Augit auftreten.

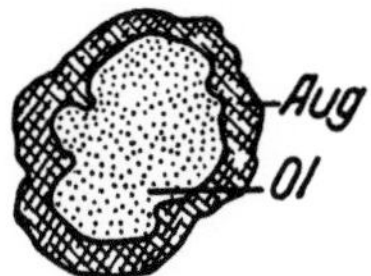

Fig. 285

Olivinkristall. Infolge der Reaktion $Ol +$ Schmelze $\rightleftarrows$ Mg-Aug hat sich rings um Olivin Augit ausgeschieden, so daß der übrigbleibende Olivinkern vor der weitern Reaktion mit der Schmelze geschützt bleibt.

Ob in einem ternären System die Grenzkurve zweier Sättigungsfelder (zum Beispiel projiziert auf das Konzentrationsdreieck) eutektischen (Zusammenkristallisation) oder peritektischen (Umwandlungsreaktion) Charakter aufweist, ist nach den Erörterungen über die chemographischen Beziehungen leicht ableitbar. Liegen wie in Figur 286 die Zusammensetzungspunkte der beiden festen Phasen auf verschiedenen Seiten der Grenzkurve e_2–e_3 der Sättigungsfelder, so ist die Kurve eine eutektische. Außerdem lassen sich auf Grund folgender Überlegungen die Richtungen des Temperaturgefälles auf der eutektischen Kurve angeben. Beim Auskristallisieren von [V_1] und [V_2] muß sich eine Lösung e_1' sowohl von V_1 wie V_2 entfernen; das ist nur in der Richtung nach e_2 hin möglich. Eine Lösung e_1'' aber entfernt sich in der Richtung nach e_3 hin, das heißt, der Schnittpunkt der Geraden durch V_1 und V_2 (der Schnittpunkt e_1 der Figur 286) ist ein Temperaturmaximum der Kurve e_2–e_3; von e_1 ist das Temperaturgefälle nach e_2 und nach e_3 (Pfeil!) gerichtet.

Allgemein gilt, daß die nach niedrigerer Temperatur gerichteten Pfeile durch den spitzen Winkel der sich treffenden Einzelkristallisationsbahnen bestimmt werden. Diese Einzelkristallisationsbahnen in den Sättigungsfeldern V_1 und V_2 strahlen aber von den Zusammensetzungspunkten V_1 und V_2 aus. In der Tat kann e_2 aus e_1' entstehen nach

$$e_1' \to e_2 + [V_1] + [V_2]$$

und e_3 aus e_1'' nach

$$e_1'' \to e_3 + [V_1] + [V_2],$$

das heißt Ausscheidung beider Phasen führt einerseits von e_1' nach e_2, andererseits von e_1'' nach e_3.

Liegen wie in Figur 287 die Zusammensetzungspunkte der beiden festen Phasen auf *einer* Seite der Grenzkurve, so ist diese Grenzkurve eine peritektische. Im gezeichneten Fall muß auf ihr die Reaktion lauten: $l + [V_2] \rightarrow [V_1]$. Die Einzelkristallisationsbahnen der Sättigungsfelder laufen nicht auf der Kurve gegeneinander, sondern voneinander weg. Wieder ist leicht ableitbar,

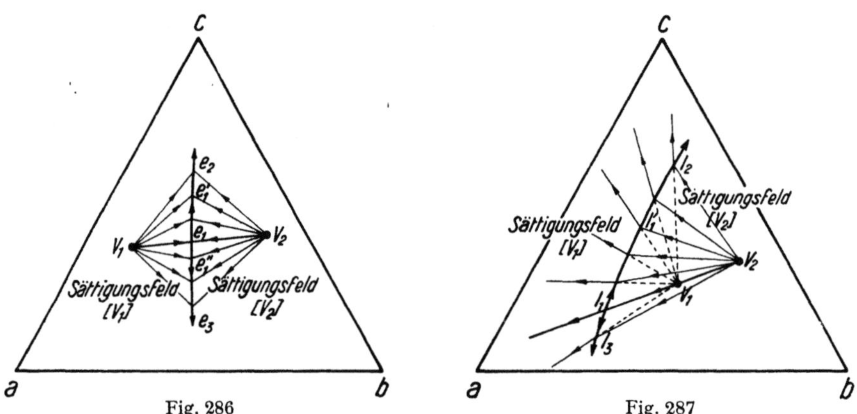

Fig. 286. Verhalten der Kristallphasen V_1 und V_2 im ternären System $a\,b\,c$. Die Projektionspunkte von V_1 und V_2 befinden sich in den entsprechenden Sättigungsfeldern. e_2–e_3 ist die eutektische Kurve, die in den Pfeilrichtungen von e_1 aus durchlaufen wird. Weiteres siehe im Text.

Fig. 287. Verhalten der Kristallphasen V_1 und V_2 im ternären System $a\,b\,c$, wenn nicht beide Projektionspunkte in die entsprechenden Sättigungsfelder fallen. Wenn die Zusammensetzung der Schmelze in das Sättigungsfeld V_2 fällt, scheidet sich bei Temperaturabnahme zuerst V_2 aus. Die Restschmelze erreicht $l_2\,l_3$ und folgt dieser peritektischen Kurve unter partieller oder totaler Resorption von V_2. Ist V_2 ganz resorbiert, so verläßt die Kristallisationsbahn die peritektische Kurve und tritt in das Sättigungsfeld von V_1 über.

daß der Schnittpunkt der durch V_1 und V_2 gelegten Geraden mit $l_2\,l_3$ einem Temperaturmaximum entspricht. Das Temperaturgefälle geht einerseits von l_1 nach l_2, anderseits von l_1 nach l_3. So gilt beispielsweise:

$$l_1' + [V_2] \rightarrow l_2 + [V_1],$$

das heißt l_2 entsteht unter Auskristallisation von $[V_1]$ und Resorption von $[V_2]$ aus l_1'. Die Grenzkurve l_2–l_3 kann beim Abkühlen nur vom Sättigungsfeld $[V_2]$ her erreicht werden, denn im Sättigungsfeld $[V_1]$ laufen die Kristallisationsbahnen (Verbindungslinien zu V_1 hin, Pfeile von V_1 weggerichtet) von der Grenzkurve weg. (Die Ausscheidungsfolge ist somit einsinnig bestimmt, siehe Seite 353.) Solange $[V_2]$ bei Fortdauer der Reaktion nicht längs l_2–l_3 aufgezehrt ist, ändert sich die Schmelzzusammensetzung in der Pfeilrichtung längs dieser Kurve. Sobald $[V_2]$ aufgezehrt ist, wird die Grenzkurve verlassen und die vom letzterreichten Punkt der Kurve ausgehende Kristallisationsbahn ins Sättigungsfeld $[V_1]$ hinein benutzt (unter einziger Ausscheidung von $[V_1]$). Im Gleichgewicht bestimmt die Ausgangszusammensetzung, ob und wo unter Rückbleiben von Schmelze $[V_2]$ völlig aufgezehrt wird. Seigern jedoch die festen Phasen unmittelbar nach ihrer Bildung ab (oder werden sie auf andere

Weise der Lösung entzogen), so ist nach Erreichen der Kurve l_2–l_3 kein $[V_2]$ zur Reaktion vorhanden, dann läuft die Kristallisationsbahn unmittelbar ins Sättigungsfeld von $[V_1]$, erfährt also normalerweise beim Durchgang durch Punkte von l_2–l_3 nur eine Richtungsänderung, da eine neue Kristallart an Stelle der bisher ausgeschiedenen tritt.

Wir wollen Kristallisationen im Gleichgewicht, ohne mechanischen Entzug irgendwelcher Bestandteile während des Kristallisationsvorganges, *Kristallisationen erster Art* nennen; solche, bei denen die ausgeschiedenen festen Phasen, sei es durch Abseigern, Umwachsung oder durch Filtration der Lösungen, dem System sofort entzogen werden, *Kristallisationen zweiter Art*. In der Natur sind offenbar beide Grenzfälle, aber auch viele Übergangsfälle, mit teilweisem Entzug der festen Phase, denkbar. Streng mathematisch behandeln lassen sich lediglich die beiden Grenzfälle. Treten nur eutektische Kristallisationen auf, so besteht zwischen Kristallisationsbahnen erster und zweiter Art kein Unterschied. Kommen Umwandlungsreaktionen (peritektische Bildungen) ins Spiel, so ist zwischen den Kristallisationsbahnen erster und zweiter Art zu unterscheiden. Um ein Beispiel zu nennen: in allen Schmelzen, in denen sich Olivin und Augit peritektisch zueinander verhalten, wird es für die Zusammensetzung der Restschmelzen nicht gleichgültig sein, ob früher ausgeschiedener Olivin mit der Schmelze reagieren kann oder ob er ihr vor dem Reaktionsablauf teilweise oder ganz entzogen wurde.

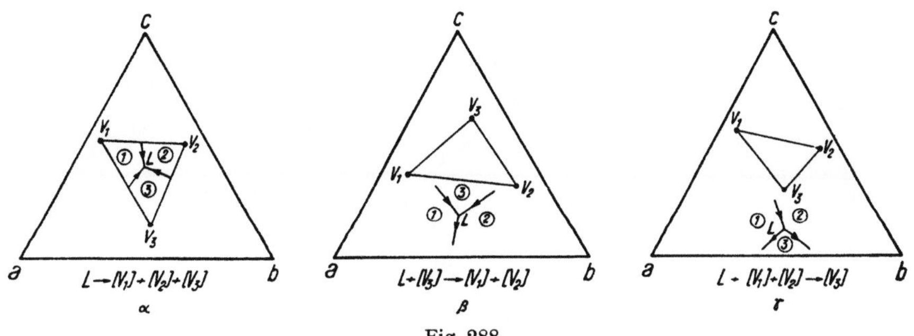

Fig. 288

Reaktionen zwischen drei festen Phasen $[V_1]$, $[V_2]$, $[V_3]$ im ternären System abc und der koexistierenden Lösung. α L ist Endpunkt aller Kristallisationsbahnen mit Ausgangszusammensetzungen innerhalb $V_1 V_2 V_3$. Die Lösung wird monogenetisch genannt. β Bei Erstarrung zweiter Art ist L stets in der Pfeilrichtung überschreitbar, bei Erstarrung erster Art nur, wenn die Ausgangszusammensetzung außerhalb des Dreiecks $V_1 V_2 V_3$ fällt (bigenetische Lösung). γ Bei Erstarrung zweiter Art ist L stets unter Rückbleiben von $[V_1]$, $[V_3]$ oder $[V_2]$ $[V_3]$ neben der Schmelze in einer der zwei Pfeilrichtungen überschreitbar. Bei Erstarrung erster Art ist $L =$ Endpunkt für Zusammensetzung im Dreieck $V_1 V_2 V_3$ (trigenetische Lösung).

In den Punkten, in denen im ternären System drei Sättigungsfelder zusammenstoßen, wird der Charakter der zwischen den festen Phasen und der Lösung sich abspielenden Reaktionen ohne weiteres durch die chemographischen Beziehungen bestimmt. Es sind die drei Fälle der Figur 288 unterscheidbar, wobei ① ② ③ in die Sättigungsfelder von $[V_1]$, $[V_2]$, $[V_3]$ eingeschrieben sind.

In den Figuren 289 und 290 sind im System $MgO-SiO_2-Al_2O_3$ die Sättigungsfelder und Kristallisationsbahnen bei Schmelzerstarrung unter Atmosphärendruck
eingezeichnet. Die auftretenden Phasen (durch Zahlen *1–8* charakterisiert) sind die
gleichen, wie in Figur 241 mit Ersatz des Sillimanites durch Mullit. Peritektische

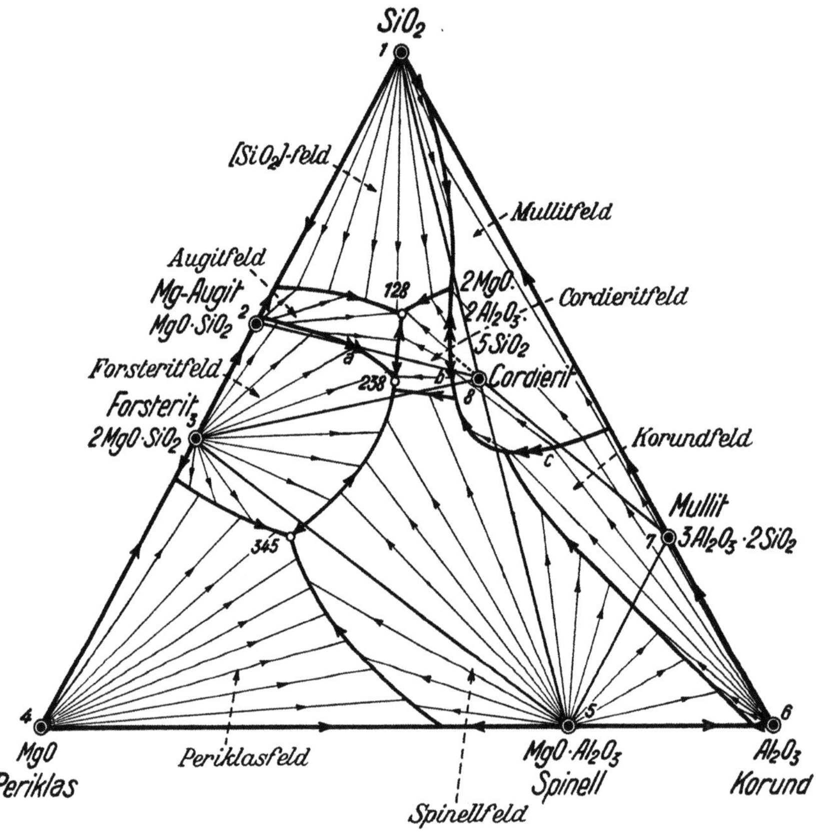

Fig. 289

Erstarrungsdiagramm mit Kristallisation erster Art des ternären Systems $MgO–Al_2O_3–SiO_2$ nach
den Untersuchungen von RANKIN und MERVIN (etwas vereinfacht). Die Mineralien sind gewichtsprozentisch eingetragen. Die festen Phasen sind: *1* [SiO₂] in den verschiedenen Modifikationen
(nicht eingetragen). *2* Klinoenstatit (Mg-Augit). *3* Forsterit (Mg-Olivin). *4* Periklas. *5* Spinell.
6 Korund. *7* Mullit. *8* Cordierit. Eingetragen sind die Kristallisationsbahnen (dünn ausgezogen),
die Eutektikalen (dick mit einfachem Pfeil), die Peritektikalen (dick mit doppeltem Pfeil) und die
Zweiphasengeraden (zwei Phasen verbindend, mittelstark ausgezogen) der Endkristallisationen.

Kurven besitzen Doppelpfeile. Eine Umwandlungskurve des SiO_2 ist weggelassen. Figur 289 enthält alle Umrandungen der Sättigungsfelder und alle Zweiphasenkurven. In Figur 290 sind zur Kennzeichnung der Kristallisationsbahnen
zweiter Art die peritektischen Kurven, die in diesem Fall von den Kristallisationsbahnen *nicht* benutzt werden, weggelassen. Die beiden Figuren geben ein
instruktives Bild über die Veränderungen der Schmelzzusammensetzungen beim
Kristallisationsprozeß. Bei der Erstarrung zweiter Art gibt es nur drei Ziel-

punkte (siehe Hilfsfigur 291). Die allerletzte Schmelze besitzt die Zusammensetzung von Punkt *345*, sofern die Ausgangszusammensetzung in das Dreieck *3—4—5* fällt; es kommt ihr die Zusammensetzung von Punkt *238* zu, sofern der Chemismus der Ausgangsschmelze innerhalb des Streifens *3—a—b—c—6—5—3*

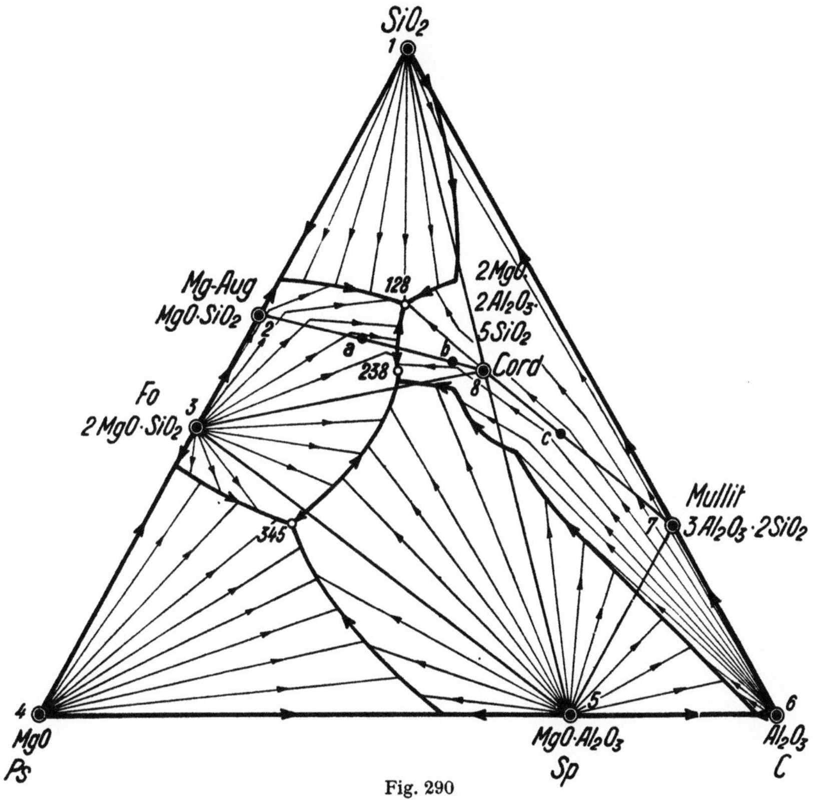

Fig. 290

Gleiche Darstellung wie in Fig. 289, es sind aber die Peritektikalen weggelassen, so daß dieses Diagramm dem Verlauf einer Kristallisation zweiter Art entsprechen würde. Pfeilbahnen = Kristallisationsbahnen in Richtung des Temperaturgefälles.

gelegen ist. Die Restschmelze besitzt schließlich die Zusammensetzung von Punkt *128*, wenn das Gebiet *1—3—a—b—c—6—1* Projektionsort der ursprünglichen Zusammensetzung ist. (Punkt *a* ist der Schnittpunkt der Sättigungslinie von *2* und *3* mit der Verbindungsgeraden *2—8*, *b* Schnittpunkt der Sättigungslinie *8* und *7* mit *2—8* und *c* liegt auf der Sättigungslinie *6* und *7*.)

Korund würde somit bei einer derartigen Erstarrung in der Restkristallisation nicht mehr auftreten, ebensowenig Mullit. Eine sehr SiO_2-arme Zusammensetzung in der Nähe der Punkte *6* und *7* führt bei der Kristallisation zweiter Art zu einer an $[SiO_2]$ gesättigten Restschmelze, nämlich zur Restschmelze *128*, die $[SiO_2]$, Mg-Augit und Cordierit auskristallisieren läßt; gleiches gilt für die noch kieselsäurearmen Schmelzen in der Nähe von *3* gegen *a* und *2* hin. Es müssen somit in bestimmten Gebieten bei einem derartigen Kristallisationsmechanismus aus an [SiO₂] untersättigten an [SiO₂] übersättigte Restschmelzen entstehen. Bei Kristallisationen zweiter Art werden, was oft übersehen wird, manche Frühausscheidungen in Restschmelzen nicht mehr zur Kristallisation gelangen. Auch braucht die Zahl kristallisierender Körper nicht ständig zuzunehmen.

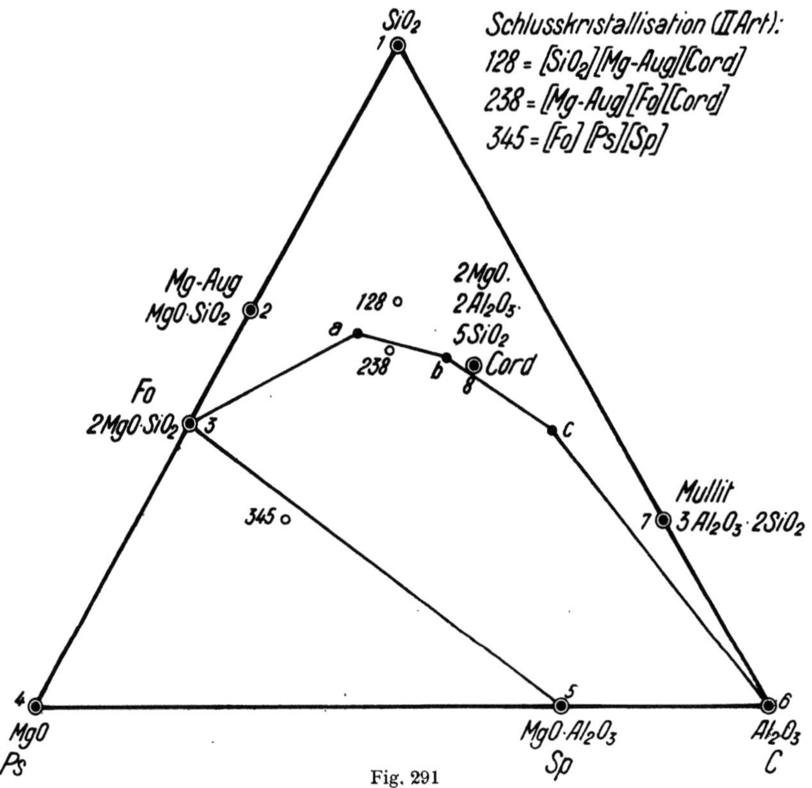

Fig. 291

Vereinfachtes Diagramm wie in Fig. 290. Bei Kristallisation zweiter Art kann die Zusammensetzung der Lösung nur zu den drei ternären Eutektika *345*, *238* und *128* tendieren, je nachdem ob die Ursprungszusammensetzung in die Felder *3–4–5 3–a–b–c–6–5–3* oder *1–3–a–b–c–6–1* fällt.

β. **Kristallisationsvorgänge bei Mischkristallbildung.** In den betrachteten Fällen ist angenommen worden, daß die sich aus Lösungen ausscheidenden Phasen in ihrer Zusammensetzung konstant bleiben. Das trifft für die wenigsten Mineralien zu. Infolge der Mischkristallbildung wird die Mineralzusammensetzung von der Zusammensetzung der Lösungsphase abhängig. Das bedingt folgende Änderungen bzw. Hinzufügungen:

1. Zu jedem Liquidusgebiet gehört jetzt ein nicht punktförmiges *Solidusgebiet*, umfassend die Zusammensetzungspunkte der festen Phasen, die je mit einem Punkt der zugehörigen Liquidus im Gleichgewicht sind. Die Verbindungsgeraden zwischen einander zugeordneten Liquidus- und Soliduspunkten heißen Koexistenzgeraden bei der betreffenden Temperatur und dem betref-

fenden Druck. Das *Kristallat*, das heißt der ausgeschiedene Bodenkörper, ändert seine Zusammensetzung nicht nur beim Hinzutritt neuer Kristallausfällungen, sondern während des Ausscheidens ein und derselben, in sich variabeln Kristallart (Figur 292).

2. Die Kristallisationsbahnen innerhalb des Sättigungsgebietes ein und derselben (chemisch variabeln) Kristallart sind, auf das Konzentrationsdiagramm projiziert, nicht mehr gerade Linien, sondern Kurven, deren Tangenten bei Kristallisation zweiter Art von den jeweilen mit den Lösungen koexistierenden Zusammensetzungspunkten der festen Phase ausgehen (also nicht mehr von einem immer gleichbleibenden Punkt, was die Kurve zur Geraden macht).

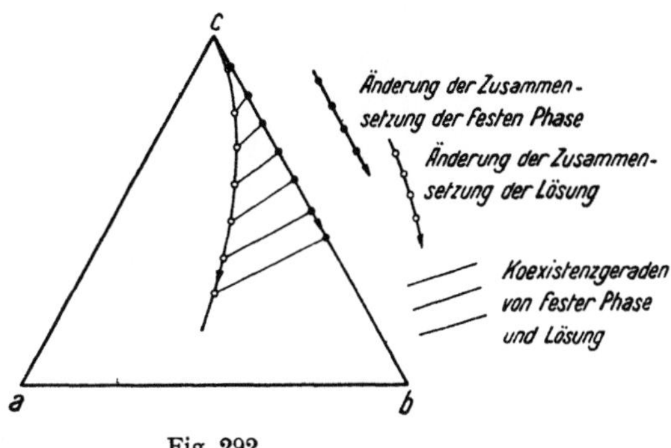

Fig. 292

Mit verschiedenen Lösungszusammensetzungen einer Kristallisationsbahn sind verschiedene Zusammensetzungen der festen Phase (Mischkristallbildung zwischen *c* und *b*) im Gleichgewicht. Dadurch wird die Kristallisationsbahn gekrümmt.

3. Der Unterschied zwischen Kristallisation erster und zweiter Art wird jetzt besonders bedeutsam. Im Gleichgewicht sollte sich bei fortdauernder Kristallisation die Zusammensetzung der festen Phase stets den geänderten Lösungszusammensetzungen anpassen. Das ist nur möglich, wenn bereits gebildete Kristalle durch Diffusions- und Austauschprozesse ihre Zusammensetzung ändern können. Bei nicht zu hohen Temperaturen verlaufen derartige Prozesse relativ langsam. Es ist dann möglich, daß die neue Mischkristallzusammensetzung lediglich den vorher gebildeten Kern umhüllt, ohne daß dieser, weil nicht mehr mit der Lösung in Kontakt befindlich, sich den veränderten Bedingungen anpaßt. Es entstehen *zonar struierte Mischkristalle*, und die *Zonenfolge* von innen nach außen gibt an, in welcher Richtung sich die Zusammensetzung der mit veränderter Lösung koexistierenden Kristalle verschoben hat. Kontinuierlich verlaufende Zonarstruktur der Mischkristalle ohne «Umstimmung» des bereits Ausgeschiedenen ist einer Kristallisation zweiter Art zuzuordnen, weil durch die fortlaufenden Umwachsungen die Frühkristallisationen der Einwirkung der Lösung entzogen werden (analog den Verhältnissen von Figur 285, Seite 353).

Am einfachsten lassen sich die Verhältnisse wiederum im binären Schmelzdiagramm überblicken. Figur 293 entspricht im großen und ganzen der Figur 278.

Die Liquiduskurve α–e ist die Sättigungskurve für die Kristallart $[A]$, Liquiduskurve β–e die Sättigungskurve für die Kristallart $[B]$. e ist der eutektische Punkt. Es scheiden sich indessen jetzt nicht reines A oder reines B aus, sondern Mischkristalle $[A_m]$ bzw. $[B_m]$, deren Zusammensetzungen bei bestimmter Temperatur auf den Soliduskurven α–o und β–p abgelesen werden können. Zu jedem Punkt der Liquiduskurve (Zusammensetzung der gesättigten Lösung) gehört ein Punkt der Soliduskurve (eine bestimmte Mischkristallzusammensetzung). Die Koexistenzgeraden sind Horizontalen, da ja Flüssig und Fest bei gleicher Temperatur im Gleichgewicht sind. Bei der eutektischen

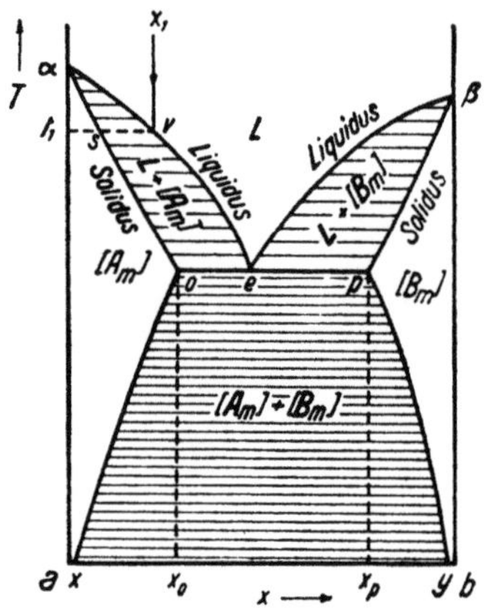

Fig. 293

Schmelzerstarrungsdiagramm eines binären Systems mit beschränkter Mischkristallbildung. Der größte prozentuale Anteil von b in $[A_m]$ bzw. von a in $[B_m]$ ist im Eutektikum erreicht. Die Temperatur, die der Horizontalen o–e–p entspricht, ist die eutektische Temperatur t_e. Sinkt nach völliger Erstarrung die Temperatur weiter, so wird $[A_m]$ wieder a-reicher bzw. $[B_m]$ b-reicher (Entmischung).

Kristallisation, der Temperatur t_e, scheiden sich somit aus der Lösung Mischkristalle $[A_m]$ der Zusammensetzung x_0 und Mischkristalle $[B_m]$ der Zusammensetzung x_p aus. Eine Schmelzlösung x_1 beginnt bei t_1 zu kristallisieren. Zur Schmelze v (der Zusammensetzung x_1) gehört bei dieser Temperatur ein Mischkristall s. Beim Abkühlen ändert die Schmelze ihre Zusammensetzung längs v–e und gleichzeitig der Mischkristall $[A_m]$ seine Zusammensetzung längs s–o. Bei der Temperatur t_e ist alles erstarrt und sind nebeneinander im Gleichgewicht Mischkristalle $[A_m]$ der Zusammensetzung $o = x_0$ und Mischkristalle $[B_m]$ der Zusammensetzung $p = x_p$. Bei Fortdauer des Abkühlungsvorganges ändern sich die Zusammensetzungen der im Gleichgewicht befindlichen Mischkristalle etwas längs der Linie o–x und p–y. Die $[A_m]$-Mischkristalle werden etwas a-reicher, die $[B_m]$-Mischkristalle etwas b-reicher. Es findet also eine, wenn auch geringe *Entmischung* statt, die *Mischungslücke*, die bei t_e das Intervall zwischen o und p umfaßte, hat sich auf die Strecke x–y ausgedehnt. Entmischungen bei fallender Temperatur sind, wie bereits Seite 61 vermerkt, relativ häufig.

Die Figur 293 zeigt nur beschränkte Mischbarkeit zwischen a und b im festen Zustand. Mischkristalle sind bei dem Druck, für den das Diagramm gilt, innerhalb o–p bzw. zwischen x_o und x_p nicht bekannt (Mischungslücke). Im Gegensatz dazu stellen die Figuren 294, 295 kontinuierlich Mischkristallbildungen zwischen a und b dar. Im ersten Falle besitzen Liquidus- und Soliduskurve ein zwischen α und β gelegenes Minimum, im zweiten Falle verlaufen sie gleichsinnig von der höheren Schmelztemperatur α von a zu der niedrigeren β von b (zum Beispiel für Plagioklasmischkristalle).

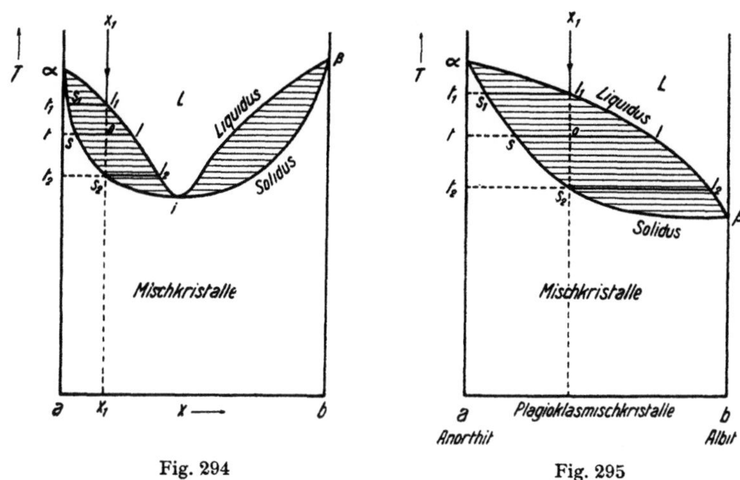

Fig. 294							Fig. 295

Fig. 294. Erstarrungsdiagramm eines binären Systems bei vollkommener Mischbarkeit der festen Phasen. Die Kurven besitzen ein Minimum i, das bei Kristallisation zweiter Art erreicht wird. Näheres siehe im Text.

Fig. 295. Erstarrungsdiagramm eines binären Systems vom Typus Anorthit-Albit. Solidus- und Liquiduskurven verlaufen kontinuierlich von α nach β; Punkt β wird bei Kristallisation zweiter Art erreicht.

An zwei Beispielen seien Kristallisationen erster und zweiter Art betrachtet. Die gleichartige Bezeichnung gestattet für beide Figuren nur eine Erörterung.

1. *Kristallisation erster Art.* Die Schmelzlösung x_1 scheidet bei t_1 einen Mischkristall s_1 aus. Es folgt Veränderung der Schmelzzusammensetzung längs l_1, l, l_2 unter Veränderung der Mischkristallzusammensetzung als Ganzes längs s_1, s, s_2. Das Mengenverhältnis Lösung : Mischkristall ist nach dem Schwerpunktssatz (Seite 293) stets durch den Schnittpunkt der Konzentrationsvertikalen mit den Koexistenzgeraden gegeben und lautet beispielsweise für t der Figuren 294 und 295 wie folgt. Lösung: Fest = s–o : o–l. Somit verschwindet für die Ausgangszusammensetzung x_1 bei t_2 der letzte Schmelzrest der Zusammensetzung l_2. Alles ist zu Mischkristall $s_2 = x_1$ erstarrt, aber, wie wir gesehen haben, auf dem Umweg über zunächst a-reichere Mischkristalle, die sich mit zunehmender Abkühlung von s_1 zu s_2 veränderten. Rechts des Minimums i von Figur 294 wären die ersten Mischkristalle b-reicher.

2. *Kristallisation zweiter Art.* Der Beginn der Kristallisation für Schmelzlösung x_1 ist genau der gleiche wie bei der Kristallisation erster Art. Die Schmelz-

lösungen verändern wieder ihre Zusammensetzungen längs l_1, l, l_2 und zugleich verändern die sich jeweilen ausscheidenden Mischkristalle ihre Zusammensetzungen längs s_1, s, s_2. Allein was ausgeschieden ist, bleibt erhalten; die neue Zusammensetzung umhüllt die ältere. Bei der Temperatur t_2 ist wohl die Kristallhülle von der Zusammensetzung $s_2 = x_1$, im Innern der Kristalle sind aber a-reichere Partien konserviert, so daß weiterhin noch b-reiche Schmelzlösung übrigbleiben muß. Die Kristallisation geht daher weiter, bis der tiefste Punkt von

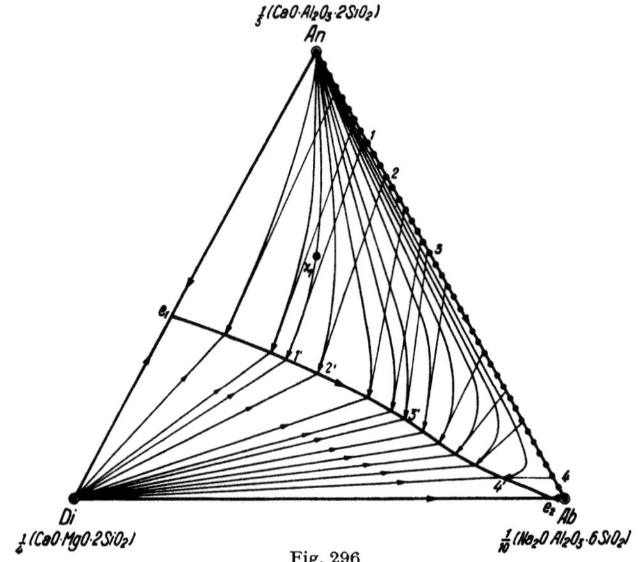

Fig. 296

Erstarrungsdiagramm im ternären System An–Ab–Di nach BOWEN. Siehe Text.

Liquidus- und Solidusgebiet erreicht ist, also bis i von Figur 294 oder β in Figur 295. Die äußerste Hülle wird zur Zusammensetzung i bzw. β und scheidet sich aus Schmelzrest gleicher Zusammensetzung aus. Voraussetzung hiefür ist allerdings, daß die Zonarstruktur kontinuierlich verläuft, das heißt sich immer nur sehr kleine Mengen gleicher Zusammensetzung bilden. Verläuft sie mehr sprunghaft oder unter teilweiser Anpassung des früher Ausgeschiedenen, so wird die Kristallisation schon etwas vor dem Punkt i ihr Ende finden.

Im Typus der Figur 294 ist rechts und links vom Minimum die Zonarstruktur eine verschiedene: links von i ist der Kern a-reicher, rechts von i b-reicher als die Hülle. Beim Typus der Figur 295 ist bei beliebiger Ausgangszusammensetzung von a bis b die Zonarstruktur gleichsinnig, der Kern ist immer a-reicher als die Hülle. Dieser Fall gilt beispielsweise für die Plagioklaskristallisation mit a als Anorthit, b als Albit.

In einem *ternären* System Anorthit – Albit – Diopsid, das heißt Plagioklase – Diopsid, treten, sofern Al nicht in die Augite eingeht, ungefähr die in Figur 296 dargestellten Verhältnisse bei einer Kristallisation zweiter Art auf. Im Sättigungsfeld für Diopsid sind die Kristallisationsbahnen vom Diopsidpunkt ausgehende geradlinige Strahlen. Im Sättigungsfeld von Plagioklas treten gekrümmte Kristallisationsbahnen auf, da sich sukzessive albitreichere Plagioklase ausscheiden.

Für die Schmelzzusammensetzung x_1 hatte der erstmals mit Diopsid ausgeschiedene Plagioklas beispielsweise die Zusammensetzung 1. Nebeneinander scheiden sich beim weiteren Abkühlen Diopsid und Plagioklas aus, während bei Kristallisation zweiter Art die Restschmelze sich auf e_1, e_2 von 1′ nach 2′, 3′, 4′, e_2 verändert. Bei 3′ ist der koexistierende Plagioklas zu 3, bei 4′ zu 4 und bei e_2 zu reinem Albit geworden. In den Schlußstadien wird nunmehr sehr wenig Diopsid ausgeschieden; die Letztausscheidungen sind praktisch monomineralisch.

Zur Illustration der beim Kristallisieren auftretenden Grundprinzipien sind Kristallbildungen aus Schmelzen betrachtet worden. Ganz analog hätten Mineralbildungen aus wässerigen oder fluiden Lösungen behandelt werden kön-

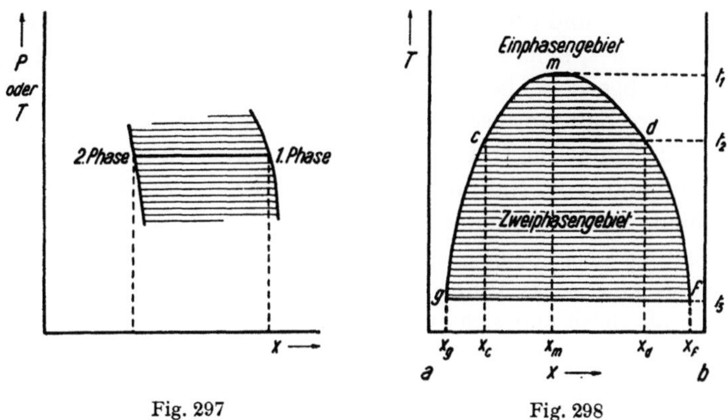

Fig. 297   Fig. 298

Fig. 297. Teil eines «Zweiphasenblattes» im T-X- oder P-X-Diagramm eines binären Systems. Die horizontalen Geraden verbinden die im Gleichgewicht befindlichen Phasenpunkte (Koexistenzgeraden).

Fig. 298. Zweiphasenblatt im T-X-Diagramm eines binären Systems. Wenn die Temperatur unter t_1 sinkt, beginnt sich eine Phase m in zwei aufzuspalten. Die Zusammensetzung der einen verändert sich beim Abkühlen längs der Kurve m–c–g, die der anderen längs der Kurve m–d–f. Koexistierende, aufgespaltene Phasen liegen auf der gleichen Horizontalen.

nen. Man braucht sich ja nur die eine Komponente ternärer Systeme als Wasser vorzustellen, um zu verstehen, daß für die Kristallisation anderer Verbindungen aus der wässerigen Lösung die gleichen Gesetzmäßigkeiten bestehen. Die Restlösungen (Mutterlaugen) werden ständig ihre Zusammensetzungen ändern und bei Mischkristallbildungen auch die festen Phasen. Dem kongruenten Schmelzpunkt entspricht die einfache Auflösung, dem inkongruenten Schmelzpunkt die Zersetzung.

b) *Entmischungen in flüssigem und festem Zustand, Destillationsprozesse*

α. **Entmischungen.** Mehrfach sind in der bisherigen Diskussion Erscheinungen erwähnt worden, wobei aus einer Phase (zum Beispiel in den genannten Beispielen aus Schmelzen oder Lösungen) zwei oder mehrere Phasen an sich variabler Zusammensetzung entstanden. Ob diese Phasen fest, flüssig oder gasförmig bzw. von verschiedenem Aggregatzustand sind, ist für einige Problemstellungen nebensächlicher Art. *Immer wird es notwendig sein, die Zusammensetzungen der miteinander im Gleichgewicht befindlichen Phasen in ihrer Abhängigkeit von Temperatur, Druck und Ausgangszusammensetzung anzugeben, und festzustellen, wie sich bei Bedingungsänderungen die Zusammensetzungen der Phasen verschieben.* Im binären System mit zwei Phasen entsteht ein sogenanntes Zweiphasenblatt mit den Koexistenzlinien (siehe Figur 297).

Eine Figur wie Figur 298 kann eine Entmischung homogener Mischkristalle bei Temperaturerniedrigung oder die Entmischung einer flüssigen Phase in zwei Flüssigkeiten verschiedener Zusammensetzung darstellen. m–c–g — m–d–f ist die Kurve des Zweiphasenblattes. t_1, entsprechend dem Maximum m, ist die höchste Temperatur, bei der Entmischung auftritt. Ausgangszusammensetzungen zwischen g und f werden beim Abkühlen Entmischungen aufweisen. Bei der Temperatur t_2 sind beispielsweise Zusammensetzung x_c und x_d miteinander im Gleichgewicht, bei t_3 x_g und x_f, also ändern beim Abkühlen die beiden Phasen ihre Zusammensetzung längs m–c–g und m–d–f. Entmischungserscheinungen in Schmelzen treten beispielsweise zwischen gewissen Silikaten und Sulfiden auf und in der Nähe der oxydischen Zusammensetzungen zwischen einzelnen Silikat- und Oxydschmelzen.

Die Aufspaltung einer homogenen Phase in zwei oder mehrere Phasen ist auch ein interessantes kinetisches Problem. Es müssen sich Diffusions- und Platztauschprozesse abspielen und sich in neuen Konzentrationsverhältnissen gewisse Teilchen «zusammenballen». Bilder von Entmischungsstrukturen im Festen sind bereits Seite 194 ff. besprochen worden. Beim Entmischen von Flüssigkeiten treten die ersten Aufspaltungen ebenfalls in feinster Form als Trübungen auf, unter späterer Vereinigung zu Tröpfchen (*Emulsionsbildung*). Bei größerer Differenz der spezifischen Gewichte der beiden Phasen wird sich jedoch bald Ab-

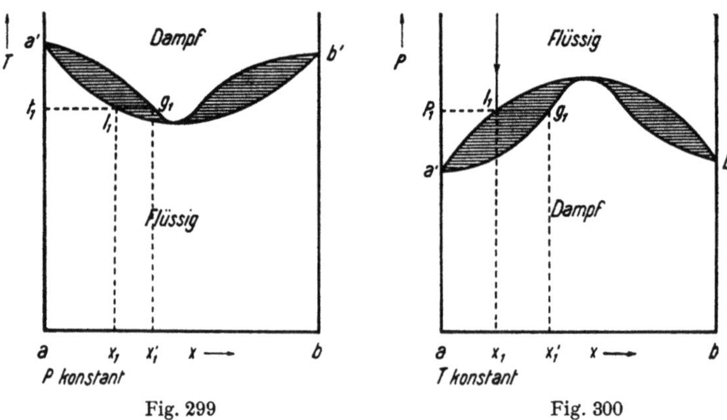

Fig. 299   Fig. 300

Fig. 299. Diagramm für die isobare Destillation eines binären Systems beim Erhitzen. Aus l_1 entsteht zuerst g_1. Dann werden links vom Minimum Gasphase und Restschmelze a-reicher. Koexistierende Phasen liegen auf gleichen Horizontalen.

Fig. 300. Diagramm für isotherme Destillation eines binären Systems bei Druckerniedrigung. Die Zusammensetzungen der an x_1 entstandenen zwei Phasen ändern sich bei fortdauernder Druckerniedrigung längs $l_1 a'$ und $g_1 a'$, wobei wiederum koexistierende Phasen jeweilen auf der gleichen Horizontalen liegen.

seigerung der spezifisch schweren Flüssigkeit bemerkbar machen, das heißt es wird Schichtenbildung auftreten.

β. **Destillation.** In Systemen mit verschiedenflüchtigen Komponenten spielen die analogen *Destillationsprozesse* eine wichtige Rolle. Die Zusammen-

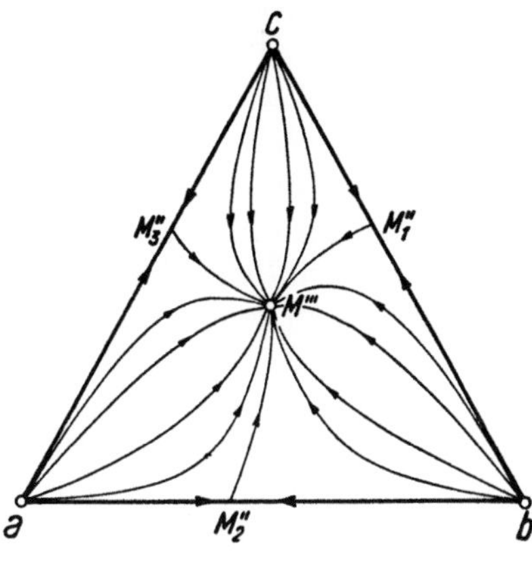

Fig. 301

Diagramm für isotherme Destillation zweiter Art in einem ternären System bei Druckverminderung. Das System besitzt ein ternäres und drei binäre Dampfdruckminima.

setzung der mit Schmelze im Gleichgewicht befindlichen Dampfphase ändert sich mit den Außenbedingungen. Prinzipiell kann man drei ineinander übergehende Destillationsprozesse unterscheiden, die wieder an einfachsten Beispielen zu erläutern sind.

1. *Isobare Destillation beim Erhitzen.* Ist durch Erhitzen die Siedetemperatur einer Flüssigkeit erreicht, so beginnt sich Dampf zu bilden. Bei dem konstanten Druck der Figur 299 und der Ausgangszusammensetzung x_1 wäre dies bei t_1 der Fall. Es bildet sich Dampf der Zusammensetzung $g_1 = x_1'$. Beim Weitererhitzen ändert die Flüssigkeit ihre Zusammensetzung längs $l_1 a'$, der Dampf (das *Destillat*), die Zusammensetzung längs $g_1 a'$. Entweicht der Dampf, so erreicht die Destillation ihr Ende erst, wenn reines a entstanden ist. *Das Destillat wird mit zunehmendem Erhitzen immer mehr an den schwerflüchtigeren Komponenten angereichert.* Naturgemäß braucht das Zweiphasenblatt nicht wie in Figur 299 ein Minimum bei mittlerer Zusammensetzung zu besitzen. Da die einzelnen Fraktionen des Siedevorganges verschiedenen Chemismus aufweisen, spricht man in allen solchen Fällen von *fraktionierter Destillation.*

2. *Isotherme Destillation bei Druckerniedrigung.* Wird bei konstanter Temperatur der Druck erniedrigt, *so beginnen sich zuerst Gasphasen abzuspalten, in denen Bestandteile auftreten, die hohen Dampfdruck erzeugten*; nachher folgen immer schwerflüchtigere Stoffe nach (Figur 300). Die Zusammensetzung $x_1 = l_1$ einer Flüssigkeit beginnt bei Druckerniedrigung bei p_1 Dampf der Zusammensetzung $g_1 = x_1'$ abzuspalten. Bei weiterer Druckentlastung ändert der Dampf seine Zusammensetzung längs $g_1 \to a'$. Die Zusammensetzung a' (minimaler

Dampfdruck) wird erreicht, wenn die Dampfphase ständig entfernt wird, das heißt eine Destillation zweiter Art (entsprechend Kristallisation zweiter Art) statt hat. Immer werden die *Dampfdruckminima* die *Destillationsbahnen* zweiter Art bestimmen, etwa in der Weise, wie das für ein ternäres System (mit drei binären und einem ternären Dampfdruckminimum) Figur 301 veranschaulicht.

3. *Abkühlungsdestillation gesättigter Schmelzlösungen.* Enthält eine Schmelze neben schwerflüchtigen, bereits bei hoher Temperatur Kristalle bildenden Komponenten sehr leichtflüchtige, so tritt, wie wir Seite 338ff. sahen, beim Auskristallisieren von Kristallverbindungen der schwerflüchtigen Stoffe trotz Abkühlung Dampfdrucksteigerung auf (relative Anreicherung der leichtflüchtigen Stoffe in der Restschmelze). Wird der Außendruck kleiner als die Dampfdrucke gesättigter Lösungen, so findet (siehe zum Beispiel Figur 272, Seite 342) Dampfabspaltung statt. Und wenn das System komplex ist, wird im Verlauf der weiteren Kristallisation die sich abspaltende Dampfphase ihre Zusammensetzung ständig ändern. Der *Siedeprozeß* geht in einen *Destillationsprozeß* über.

Die abdestillierten Dampf- bzw. Gasphasen werden normalerweise in der Erdrinde nach außen wandern, wobei Teile davon sukzessive kondensiert (kältere Regionen) oder durch chemische Reaktionen mit den Gesteinen umgesetzt werden können. Die Dämpfe mit den leichtflüchtigsten Komponenten und Komponentengemischen (zumeist die Erstabspaltungen) werden, sofern Reaktionsumsatz nicht selektionierend wirkt, am weitesten wegwandern können und erst bei relativ niedrigen Temperaturen kondensiert werden. Reaktionen mit dem Hüllgestein können die Reihenfolge und Konzentrationsverhältnisse in ganz bestimmter Weise ändern. Theoretisch wäre es möglich, eine reine Kondensationsfolge und bei gegebenem Hüllmaterial (Verlust von Bestandteilen durch Reaktion mit dem Nebengestein) eine Absorptionsfolge zu konstruieren. In der Natur spielen Weite der Öffnungen, Art des Nebengesteins, Temperaturgefälle und Wanderungsgeschwindigkeit eine große Rolle.

Neben dem eigentlichen Siedeprozeß ist auch stets an die *Verdampfung* zu denken, die bei verschiedenen leichtflüchtigen Stoffen gleichfalls zu einer «fraktionierten» wird. Enthalten die eine Schmelzlösung umschließenden Wände Poren, Spalten usw., so muß sich trotz höherem Wanddruck in diesen mit der Flüssigkeit kommunizierenden Porenräumen der zur Temperatur gehörige Partialdampfdruck einstellen. Im geschlossenen System würde die Verdampfung sofort ihr Ende erreichen, nachdem sich die den Volumenverhältnissen entsprechende Dampfmenge gebildet hat. In nicht allseitig abgeschlossenen Systemen kann der entstehende Dampf aber fortwährend fortgeführt oder absorbiert werden. Derart ist es möglich, daß selbst wenn der nur auf die Flüssigkeit wirkende Außendruck höher ist als der zur betreffenden Temperatur gehörige Dampfdruck, die leichtflüchtigen Substanzen in einer charakteristischen Destillationsfolge abwandern. Derartiges *Verdampfen* kann auch zur *Kristallisation* führen, und zwar sowohl bei Schmelzlösungen im Erdinnern wie beim Verdunsten von wässerigen Lösungen an der Erdoberfläche.

C. Die Vorbereitung der Kristallisationsvorgänge

a) *Die homogenen Gleichgewichte und stationären Zustände*

Das für die Kristallisationsvorgänge wichtige Geschehen spielt sich in heterogenen Systemen ab. Allein die Frage, ob sich eine Kristallverbindung aus Flüssigkeiten oder Gasen ausscheidet oder von ihnen angegriffen wird, steht in engster Beziehung zu der Konstitution dieser Phasen. Leicht zu behandeln und scharf präzisierbar sind nur zwei Grenzfälle: das *ideale Gas* und der *ideale Kristall*. Angenähert können nach den idealen Gasgesetzen sehr verdünnte Lösungen beschrieben werden. Die in der Natur häufig auftretenden Dämpfe, konzentrierteren Lösungen, die Schmelzlösungen und Gläser weisen einen inneren Aufbau auf, der bald besser im Anschluß an Vorstellungen von der Konstitution der Idealgase, bald anschaulicher als quasikristalliner oder pseudokristalliner Zustand erörtert wird.

Das *Idealgas* ist der Idealfall einer molekulardispersen (ångströmdispersen) Phase. Atomare Teilchen und endliche, in sich abgeschlossene Atomverbände (Moleküle) erfüllen in regelloser Verteilung und in ständiger Bewegung befindlich (mit charakteristischer mittlerer freier Weglänge) den Raum. Die gegenseitige energetische Beeinflußbarkeit kann vernachlässigt werden, die Gasgleichung $pv = RT$ wird gültig, der Energieinhalt ist volumenunabhängig, die thermodynamischen Größen lassen sich additiv zusammensetzen. Im *Idealkristall* sind alle Teilchen einer Ganzheit eingeordnet. Sie gehören gewissermaßen einer ihrem Bauprinzip nach ins Unendliche reichenden Verbindung, der Kristallverbindung, an. In beiden Fällen verlangt die einfachste Beschreibung unendliche Ausgedehntheit der Phase, das heißt Absehen von den Grenzflächenbedingungen. Herrschen in allen Raumabschnitten die gleichen physikalischen Größen (zum Beispiel Temperatur, Druck), so resultiert im Gleichgewichtszustand eine statistische oder als Periodizität ausdrückbare Homogenität.

α. **Das Massenwirkungsgesetz.** Dieser innere Gleichgewichtszustand homogener Phasen ist bei den idealen Gasen als Mengenverhältnis der verschiedenen Atomkonfigurationen beschreibbar. Dabei ist zu berücksichtigen, daß zwischen verschiedenen Verbindungstypen in Form von Reaktionsgleichungen (Aufbau, Abbau, Assoziation, Dissoziation, Polymerisation, Umlagerung usw.) Beziehungen bestehen, die dartun, wie sich die verschiedenen Konfigurationen auseinander bilden können. Im Gleichgewicht wird sich bei gegebener Temperatur und gegebenem Druck zwischen solchen durch eine Reaktionsgleichung miteinander verbundenen Molekelarten ein bestimmtes Konzentrationsverhältnis einstellen. Es gilt das sogenannte *Massenwirkungsgesetz* (von GULDBERG und WAAGE). Ist

$$m\,a + n\,b + p\,d + \cdots \rightleftharpoons MA + NB + PD + \cdots$$

eine Umsatzgleichung mit a, b, d ... als Verbindungen auf der einen Seite, A, B, D ... als Verbindungen auf der anderen Seite, und mit m, n, p ... bzw.

$M, N, P \ldots$ als Reaktionskoeffizienten, so muß für konstante Temperatur der Ausdruck

$$\frac{C_a^m \cdot C_b^n \cdot C_d^p \cdots}{C_A^M \cdot C_B^N \cdot C_D^P \cdots} = K_c$$

eine Konstante sein, die *Gleichgewichtskonstante*; C_a, $C_b \ldots, C_A, C_B \ldots$ sind die Konzentrationen (zum Beispiel Mol pro Liter) der verschiedenen Molekelarten. Die Konzentrationen können bei Gasgemischen durch die Partialdrucke p ersetzt werden; es ist dann

$$\frac{p_a^m \cdot p_b^n \cdot p_d^p \cdots}{p_A^M \cdot p_B^N \cdot p_D^P \cdots} = K_p.$$

Die Anwendung dieser sogenannten *Reaktionsisothermen* ist besonders in folgender Form wichtig. Wird aus einem aus verschiedenen Molekelarten bestehenden Gas durch Absorption oder Reaktion eine Molekelart der Umsatzgleichung ständig entfernt, so muß sie sich immer wieder nachbilden; wird durch irgendwelche Vorgänge die Konzentration einer Molekelart in der Gasphase selbst vergrößert oder verkleinert, so erfolgt eine Gesamtkonzentrationsänderung, bis die Gleichgewichtskonstante wieder ihren ursprünglichen Wert erlangt hat.

Betrachten wir, ohne Rücksicht auf in Wirklichkeit noch auftretende Komplikationen, folgende Gleichgewichte:

$$PbCl_2 + H_2S \rightleftharpoons PbS + 2\,HCl$$
$$2\,FeCl_3 + 3\,H_2O \rightleftharpoons Fe_2O_3 + 6\,HCl.$$

Es müßten in Gasgemischen gelten:

$$\frac{C_{PbCl_2} \cdot C_{H_2S}}{C_{PbS} \cdot C_{HCl}^2} = k_1 \qquad \frac{C_{FeCl_3}^2 \cdot C_{H_2O}^3}{C_{Fe_2O_3} \cdot C_{HCl}^6} = k_2.$$

Zunächst läßt sich sagen, daß C_{PbS} oder gar $C_{Fe_2O_3}$ im Gasgemisch (selbst bei relativ hoher Temperatur) kleine Werte besitzen werden, daß aber alle Gasgemische von Chloriden mit Schwefelwasserstoff oder Wasserdampf freie Säure enthalten werden. Wird nun aus dem Gasgemisch die Salzsäure (oder in andern Fällen FH) durch Reaktion, beispielsweise mit Karbonaten, entfernt, so müssen die obigen Reaktionen nach rechts verlaufen, das heißt, es bildet sich *Sulfid* oder *Oxyd*, und diese auskristallisierenden Substanzen werden sich zum Teil an Stelle der durch die Säure zersetzten Mineralien absetzen (metasomatische Verdrängung). Kommen für ein Molekelgemisch verschiedene Gleichungssysteme in Frage, so müssen gleichzeitig die Gleichungen der einzelnen Reaktionsisothermen erfüllt sein. Das sogenannte *Deacon-Gleichgewicht* beispielsweise ergibt nach der Gleichung $4\,HCl + O_2 \rightleftharpoons 2\,H_2O + 2\,Cl_2$ die Konstante $K = \dfrac{C_{Cl_2}^2 \cdot C_{H_2O}^2}{C_{HCl}^4 \cdot C_{O_2}}$. Nun sind aber HCl und H_2O teilweise zerfallen nach

$$2\,HCl \rightleftharpoons H_2 + Cl_2 \quad \text{und} \quad 2\,H_2O \rightleftharpoons 2\,H_2 + O_2.$$

Es gelte für die gleiche Temperatur, die für den *Deacon-Prozeß* K liefert,

$$\frac{C_{HCl}^2}{C_{H_2} \cdot C_{Cl_2}} = K_1 \quad \text{und} \quad \frac{C_{H_2O}^2}{C_{H_2}^2 \cdot C_{O_2}} = K_2$$

so muß, wie sich sofort rein rechnerisch ergibt, $K = \dfrac{K_2}{K_1^2}$ sein, so daß durch K im Gleichgewicht die Konzentration von HCl, O_2, H_2O, Cl_2, H_2 bestimmt wird. Ebenso stehen im «Wassergas» die Molekelarten CO_2, CO, O_2, H_2O, H_2 miteinander im Gleichgewicht, und Hinzufügen oder Wegnehmen einer Molekelsorte beeinflußt die gesamte Stoffverteilung. Ob bei Gasen das Volumen von Einfluß auf die Stoffverteilung ist, geht aus den Reaktionsgleichungen hervor. Ist die Zahl der Molekelarten auf beiden Seiten der Gleichungen dieselbe, so wird isotherm nichts geändert, wenn jedoch die Zahl der Moleküle ändert, wird das Gleichgewicht durch Volumvergrößerung in Richtung der größeren Molekelzahl verschoben. Druckentlastung würde somit die Gleichgewichte der zwei Reaktionen von Seite 368 nach *rechts* verschieben. Ist im Gas das Fe(III)-Chlorid nicht als $FeCl_3$, sondern als Fe_2Cl_6-Molekül vorhanden, so ändern sich die Gleichungen und die Volumbeziehungen.

Die betrachteten Beispiele waren bereits keine idealen Gasgemische mehr; trotzdem blieben wenigstens im großen die für den Idealfall ableitbaren Gesetzmäßigkeiten anwendbar, und das gilt auch weitgehend für verdünnte Lösungen. Das Neue, was bei zunehmender Beeinflussung der verschiedenen Molekelsorten hinzukommt, betrifft eigentlich zuerst die Interpretation und die quantitative Deutung. Es treten Effekte auf, die ganz unvoreingenommen wie Assoziationen (zum Beispiel statt $2\,FeCl_3$ beginnende Bildung von Fe_2Cl_6) gedeutet werden könnten, jedoch noch keinerlei festen Bindungen entsprechen und daher zu Abweichungen im Verhalten Veranlassung geben, die zum Teil von gleicher Art sind wie die Abweichungen der Realgasgesetze (Benutzung der van-der-Waalsschen Kräfte) von den Idealgasgesetzen. Deutlich wurde dies besonders in den Ionengleichgewichten der Elektrolytlösungen. Man kann die Lösung eines Salzes in Wasser in die Ionen (Anionen und Kationen) dissoziiert denken, etwa nach dem Schema $NaCl \rightleftarrows Na^+ + Cl^-$, und nach dem Massenwirkungsgesetz die $\dfrac{C_{Na^+} \cdot C_{Cl^-}}{C_{NaCl}} = K$ bestimmen. Der Dissoziationsgrad müßte mit steigender Verdünnung zunehmen. Auch reines H_2O wird teilweise dissoziiert sein in H^+- und $(OH)^-$-Ionen; die Dissoziation ist jedoch so gering, daß C_{H_2O} sehr wenig von 1 abweicht, somit $C_{H^+} \cdot C_{(OH)^-}$ praktisch bereits als Konstante (Ionenprodukt) angesehen werden kann. Für Zimmertemperatur gilt für reines Wasser $C_{H^+} \cdot C_{(OH)} = 0{,}7 \cdot 10^{-14}$, das heißt, die Wasserstoffionenkonzentration ist (als Hälfte des Ionenproduktes) von der Größenordnung 10^{-7}.

Für das Verhalten der wässerigen Lösungen wird die *Wasserstoffionenkonzentration*, so wie sie üblicherweise bestimmt wird, oft als eine kennzeichnende Größe angesehen, obgleich die Konstitution dieses wichtigsten Lösungsmittels (Wasser) sehr komplex ist. Als p_{H^+}-Wert bezeichnet man den *negativen* Wert des Logarithmus (zur Basis 10) der Wasserstoffionenkonzentration. Für reines Wasser bei Normaltemperaturen ist somit $p_{H^+} = 7$. An H^+-Ionen reichere («saure») Lösungen haben kleinere, an $(OH)^-$-Ionen reichere («alkalische»)

Lösungen größere p_H-Werte. Eine vollkommen ionisierte $1/_{100}$ normale Salzsäurelösung würde $p_H = 2$, eine vollkommen ionisierte $1/_{100}$ normale Lösung einer Base würde $p_H = 12$ aufweisen. Eine p_H-Skala von 0 bis 14 drückt somit Acidität und Alkalinität aus mit 7 als «Neutralpunkt».

Bei gesättigten Salzlösungen wird die Menge des undissoziierten Salzes bei gleichbleibendem Bodenkörper in der Lösung konstant bleiben, so daß man das Ionenprodukt eines Salzes bei gleichbleibenden äußeren Bedingungen gleichfalls als konstant annehmen darf und als *Löslichkeitsprodukt* bezeichnet.

Mit Calcit als Bodenkörper in Wasser wird somit bei gegebenen Temperaturen und Drucken $C_{Ca^{++}} \cdot C_{CO_3^{--}}$ einen bestimmten Wert besitzen. Normalerweise würde daher Hinzufügen von CO_3-Ionen C_{Ca} erniedrigen müssen, das heißt zur Ausfällung von Karbonat führen. Die Löslichkeit einer schwerlöslichen Substanz wird durch Zusatz eines gleichionigen Elektrolytes erniedrigt. Umgekehrt wird Verbrauch des CO_3 unter Bildung neuartiger Ionen C_{Ca} erhöhen, die Löslichkeit steigern. Gerade derartige Erscheinungen spielen in der Natur eine große Rolle. Das Löslichkeitsprodukt $C_{Ca^{++}} \cdot C_{CO_3^{--}}$ ist in reinem Wasser von der Größenordnung 10^{-8}. Wird CO_2 in Wasser gelöst, so wird ein kleiner Teil davon hydratisiert zu H_2CO_3. Dieses H_2CO_3 ist aber wiederum in H^+ und HCO_3' zerfallen. Stellt man alle «freie Kohlensäure» als H_2CO_3 in Rechnung, so wird $\dfrac{C_{H^+} \cdot C_{HCO_3^-}}{C_{H_2CO_3}}$ von der Größenordnung 10^{-6}. Das HCO_3^- ist aber nur zu sehr geringem Teil in H^+ und CO_3^{--} weiter dissoziiert. Es ist $\dfrac{C_{H^+} \cdot C_{CO_3}}{C_{HCO_3}}$ von der Größenordnung 10^{-10}. Daher wird bei Gegenwart von Kohlensäure weitgehend aus CO_3^{--} des gelösten Karbonates mit den H^+ der Kohlensäure HCO_3^- entstehen, und es muß mehr Ca in Lösung gehen, damit das Löslichkeitsprodukt $C_{Ca^{++}} \cdot C_{CO_3^{--}}$ seinen Wert beibehält. Das ist die sogenannte Löslichkeitserhöhung des Calciumkarbonates durch «Bikarbonatbildung».

Allein bei starken Elektrolyten und in nicht zu verdünnten Lösungen ergeben sich gegenüber den Folgerungen des Massenwirkungsgesetzes deutliche Abweichungen, das Löslichkeitsprodukt wird beispielsweise veränderlich. Die einzelnen Teilchen beeinflussen sich gegenseitig, besonders elektrostatisch, so daß, trotz vollständiger Dissoziation, die «aktive» Menge der Teilchen, die sich so verhält wie im idealen Gas, kleiner als die Gesamtteilchenzahl wird. Durch sogenannte Aktivitätskoeffizienten hat man diesen Verhältnissen formal Rechnung getragen. Im Massenwirkungsgesetz muß an Stelle der analytisch bestimmbaren Konzentration die *wirksame Konzentration* oder *Aktivität* eingesetzt werden.

Von Bedeutung, gerade auch in Hinsicht auf allfällige Kristallisationsprozesse, ist indessen nicht diese formale Korrektur, sondern das Bild, das man sich von der Konstitution solcher Lösungen machen muß. Und da zeigt sich, daß man bereits eine gewisse Ordnung annehmen muß, indem jedes Ion eine Ionensphäre hat, in der mehr entgegengesetzt geladene Ionen auftreten werden. Es stellen sich bereits mittlere Ionenabstände und mittlere Koordinationszahlen ein, es beginnen sich also Konfigurationen, die sich erst in einem Kristall stabilisieren, vorzubilden. Und in vermehrtem Maße wird dies für konzentrierte Lösungen oder Schmelzen kennzeichnend, der Zustand wird pseudo- oder quasikristallin verwackelt. Hydratationen, Ausbildung von Wasserhüllen um Ionen können hinzukommen, so wie das in kristallwasserhaltigen Salzen zur Regel wird. Es ist dann sehr schwer, die Konstitution begrifflich zu fassen. Die Vorstellung eines dispersen Systems, in welchem wohldefinierte Ionen oder Moleküle unabhängig voneinander auftreten, wird unrichtig; man darf aber auch nicht von in der Lösung befindlichen Steinsalz-, Feldspat- oder Quarzmolekülen usw. sprechen, denn Steinsalz, Feldspat, Quarz usw. sind Verbindungen, die nur als Kristallverbindungen gut definiert sind. Anderseits werden deformierte und deformationsfähige Bruchstücke der Konfigurationen, die für diese Kristalle typisch werden, vorübergehend oder im Mittel bereits vorgebildet sein, wodurch ohne weiteres ersichtlich ist, daß gerade die spezielle Konstitution, das heißt die Besonderheit des inneren Gleichgewichtes, für die Art der Kristallausfüllung bestimmend sein wird. In Schmelzen kann man zumeist nur die verschiedenen Tendenzen der «Aggregatbildung» in ihren Beziehungen zu den Kristallverbindungen charakterisieren. In ihren Mittelwerten kommen in der *Viskosität* oder *inneren Reibung* der Flüssigkeiten manche Konstitutionsunterschiede zur Geltung.

Aber auch die innere Konstitution der *Realkristalle* ist, selbst wenn man den sogenannten Idealbauplan kennt, ein besonderes Problem. Fehlordnungen, Mosaikbildungen, geregelter und ungeregelter Atomersatz usw. können bei gleichem Bauschalchemismus eine große Mannigfaltigkeit erzeugen, die insbesondere für die kleinere oder größere Reaktionsfähigkeit von Bedeutung ist.

β. **Stationäre Zustände.** Für den Mineralogen und Petrographen spielt noch eine andere im Laboratorium kaum zur Geltung kommende Erscheinung eine große Rolle. Er hat es oft mit flüssigen oder gasförmigen Phasen sehr großer Ausdehnung zu tun, für die, obwohl keine Diskontinuitätsflächen erkennbar sind, nicht mehr gilt, daß überall gleiche Temperatur, gleicher hydrostatischer Druck oder gleiche Schwerebeschleunigung herrschen. Da die inneren Gleichgewichte mit den Außenbedingungen ändern, *wird auch die Konstitution dieser Phasen ortsabhängig.* Der durch Diffusions- und Konvektionsströmungen gewährte Zusammenhang führt bei gleichbleibender Anisotropie des Außenfeldes schließlich zu einem *stationären Verteilungszustand, einem stationären Gleichgewicht.* So ergibt sich in «Ruhelage» ein bestimmter Aufbau sowohl der Gashülle der Erde, der Atmosphäre, als auch der Ozeane, der Hydrosphäre. Störungen des stationären Zustandes können weitreichende Umschichtungen, Gleitbewegungen, turbulente Strömungen oder Wirbelbildungen zur Folge haben und dadurch zur Sonderung neuer Phasen Veranlassung geben (Regen, Schnee in der Atmosphäre, Änderung der Verdunstungsverhältnisse der Ozeane, Löslichkeitsveränderungen und Auskristallisationen in der Hydrosphäre). Die Konzentrationsunterschiede können durch Vorgänge der Biosphäre in charakteristischer Weise verstärkt werden.

So ergibt sich nach WATTENBERG für den Sättigungsgrad an $CaCO_3$ in Prozenten der Sättigung in mittleren Breiten des atlantischen Ozeans oft eine Verteilung nach der Tiefe, wie Figur 302 veranschaulicht, und für die Verteilung

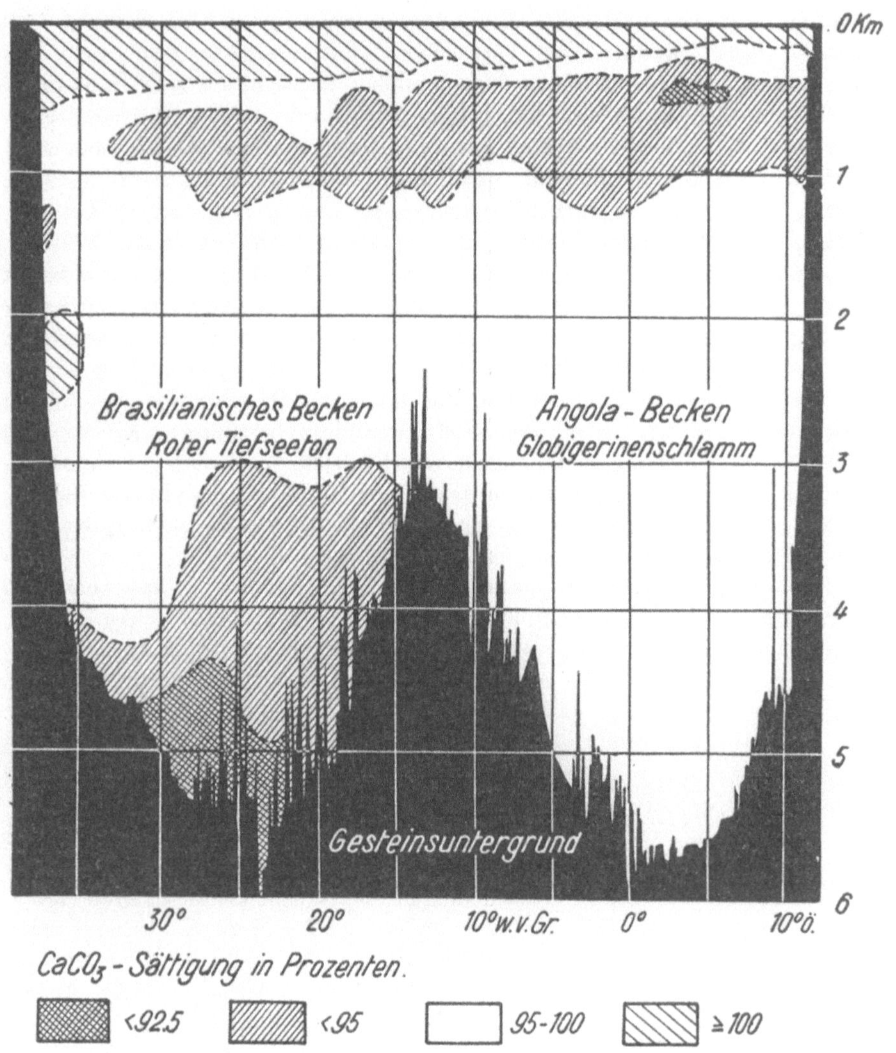

Fig. 302

Sättigungsgrad des Meerwassers an $CaCO_3$ (in Prozenten) in einem Querschnitt durch den süd-
atlantischen Ozean auf 15⁰ südlicher Breite (nach WATTENBERG).

von «gelöster» Kieselsäure in gewissen Gebieten eine Verteilung (mg Si/m³) entsprechend Figur 303.

Treten in der Lithosphäre mächtige Schmelzmassen, Magmen, auf, so werden Temperaturgefälle und Druckgefälle nach außen gerichtet sein. Besonders
der Gehalt an leichtflüchtigen Substanzen wird von Temperatur und Druck
abhängig werden, zum Beispiel mit steigendem Druck stark zunehmen können.
Entgasung schreitet also von innen nach außen fort, Abkühlung und Kristalli-

sation von außen nach innen. Bei der Bildung von Gas- oder Kristallphasen mit anderer Dichte, als sie der Schmelzmasse zukommt, macht sich das Gravitationsfeld bemerkbar, das bereits den Aufstieg größerer, leichterer und beweglicherer Massen innerhalb der Lithosphäre verursachen kann. Ist die Viskosität nicht allzu groß, so werden Gasblasen und spezifisch leichte Kristalle steigen, schwerere Kriställchen sinken.

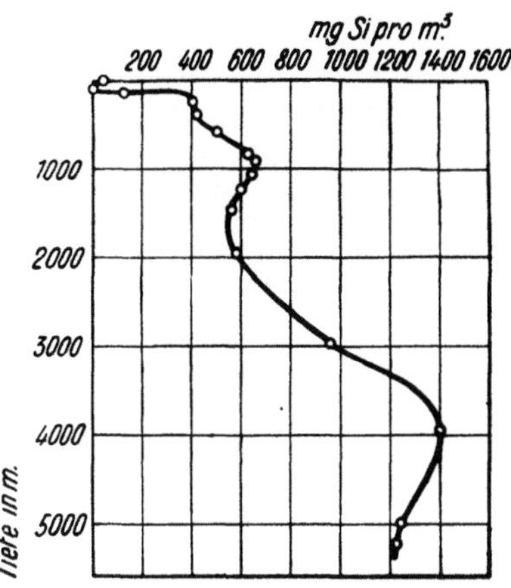

Fig. 303

Variation des Gehaltes an gelöster Kieselsäure (pro Kubikmeter Meerwasser) je nach der Tiefe, im westafrikanischen Becken (nach WATTENBERG).

Interessant ist nun besonders folgende, unter gewissen Bedingungen zu erwartende Schichtung. Scheiden sich in den Außenbezirken eines großen Magmaherdes bei langsamer Abkühlung spezifisch schwere Kriställchen aus und sinken sie, so gelangen sie in heißere und an leichtflüchtigen Substanzen reichere Regionen. Sie werden wieder resorbiert. Dadurch kann im Laufe der geologischen Zeiträume ein ganz erheblicher Stofftransport in die Wege geleitet werden, der zu einer Schichtung führt, das heißt zu einer Differentiation des ursprünglich homogenen Magmas. Denn die in der Tiefe resorbierte Substanz kann diffusionsartig nicht emporsteigen, da sie ja oben wieder ausgefällt würde; es müssen Ausgleichswanderungen in anderem Sinne erfolgen, ohne Aufhebung der durch die Kristallabseigerung hervorgerufenen Stoffverschiebungen.

Unter bestimmten Umständen ist es, wie praktische Anwendungen zeigen, möglich, daß in anisotropen Feldern (Temperatur-, Druck-, Gravitationsfeld) Stoffwanderungen, die zu bedeutsamen Konzentrationsänderungen führen, durch *Thermodiffusion* und *Konvektionsströmungen* in einer flüssigen oder gasförmigen Phase allein zustande kommen können. Auch auf diese Weise mögen in Magmasäulen (WAHL) Differentiationen und Schichtungen entstehen, wobei oft ähnliche Folgen zu erwarten sind, wie im Falle der erwähnten *komplexen Kristallisationsdifferentiation.*

Allgemein gilt, daß der Petrograph Vorgänge im anisotropen Erdfeld zu untersuchen hat und deshalb nur im *kleinen Bereich* unmittelbar die aus Laboratoriumsuntersuchungen unter möglichst konstanten homogen-isotropen Bedingungen abgeleiteten Gesetze anwenden darf. Bei Besprechung der Phasenlehre sind immer systemskonstante Temperatur und systemskonstanter Druck vorausgesetzt worden. Anisotrop ist das Erdfeld auch bei Dislokationsvorgängen. Es ist durchaus möglich, daß sich hierbei die festen Phasen unter ungleichmäßiger Beanspruchung (Stress) in einem Spannungszustand (Strainzustand) befinden können, während die Porenlösung ausweichen kann und unter mehr hydrostatischen Druckverhältnissen steht. Derartige Systeme sind vom thermodynamischen Standpunkte aus durch GIBBS, RIECKE, NIGGLI, GORANSON u. a. näher untersucht worden. Bezeichnen wir die unter hydrostatischem Druck stehende Phase (flüssig, gasförmig) als mobile Phase, so ergibt sich, daß an gepreßten, durch einseitigen Druck beanspruchten Kristallflächen die Aktivität (Dampfdruck, Löslichkeit, Schmelzbarkeit) gegenüber der mobilen Phase stark erhöht wird, während an «freien» Flächen der gestreßten (gedehnten oder komprimierten) Kristalle nur eine relativ kleine Aktivitätssteigerung (Erhöhung von Dampfdruck, Löslichkeit, Erniedrigung der Schmelztemperatur) statthat.

Diese Potentialdifferenzen werden Umsatz, d. h. Abbau an stärker aktivierten und Absatz an weniger aktivierten Stellen zur Folge haben. Die Umlagerungen, begleitet im anisotropen Strainfeld von einer Verformung, können bei nicht im Gleichgewicht befindlichen Ausgangszustand mit eigentlichen Reaktionen und Neubildungen gekoppelt sein. Seit VAN HISE, BECKE und GRUBENMANN hat man allgemein derartige Veränderungen als *Metamorphosen mit Lösungsumsatz* bezeichnet, gleichgültig, ob das Mineralgemenge mit flüssiger oder mit gasförmiger Phase imbibiert gedacht wird. Ja, wenn man bedenkt, daß das Wesentliche des Vorganges darin besteht, daß an gewissen Stellen infolge äußerer Umstände (Beanspruchung, Oberflächenlage usw.) leichter abtrennbare Kristallbindungen zerstört werden, die frei gewordenen Teilchen sich jedoch an benachbarten günstigen Orten wieder in eine kristalline Phase einordnen, kann man ohne Präzisierung des Zwischenzustandes von einer intergranularen, sich plastisch verhaltenden Phasenumlagerung sprechen. Fälle, in denen einzelne Teilchen ohne «Phasenzusammenhang» wandern oder Gitterblöcke in neue Lagen translatieren, sind dann nur besondere Grenzfälle. In den natürlichen Mineralgemengen allerdings wird selten eine als flüssig oder gasförmig anzusprechende durchdringende Phase fehlen, die ihrerseits leichter beweglich ist und dadurch zu weiteren Erscheinungen Veranlassung gibt. Oft hat man allen genannten und andern analogen Phänomenen ein zu geringes Gewicht beigelegt, ja häufig vorausgesetzt, daß größere Massen als in sich homogene, im Ruhezustand befindliche Teile betrachtet werden dürfen. Es schadet nichts, an die Störungen und Bewegungen innerhalb der Atmosphäre und Hydrosphäre zu denken, um einzusehen, daß auch von der Lithosphäre und den in ihr eingeschlossenen Magmen weder Phasen- und Feldhomogenität noch innere Bewegungslosigkeit erwartet werden darf.

γ. **Nichtanwendbarkeit der Phasenlehre.** Da der Mensch, eingespannt in das von ihm geschaffene Begriffssystem, gerne zur Einseitigkeit neigt, hat man unter Bezugnahme auf die erwähnten Erscheinungen auch von einer Nichtanwendbarkeit der Phasenlehre (gemeint war die Phasenregel) auf die Gesteinskunde gesprochen. In der Tat macht, wie schon früher erwähnt, die Phasenregel von drei Voraussetzungen Gebrauch, die bei manchen uns interessierenden Naturvorgängen nicht erfüllt sind:

1. Als variable äußere Größen werden nur Temperatur und hydrostatischer Druck angesehen.

2. Es wird Konstanz dieser physikalischen Größen im ganzen Systemskörper vorausgesetzt.

3. Phasencharakter aller beteiligten Räume (Nichtberücksichtigung von Grenzflächen und von Phasen *in statu nascendi*) wird angenommen.

Die Theorie geht von idealisierten Verhältnissen aus, die (genau so, wie in der Lehre von den Idealkristallstrukturen) gar nicht erreichbar sind. (Man macht z. B. Aussagen über Phasengemenge, setzt jedoch voraus, daß jede einzelne Phase einen unendlich großen Raum erfüllt, der überall gleicher Temperatur und gleichem Druck unterworfen ist.) Aber es wäre, wie die experimentelle Erfahrung zeigt, naturgemäß unrichtig, aus diesen Widersprüchen zu schließen, die klassische Phasenlehre sei überhaupt nicht anwendbar oder es sei, ausgehend von den gleichen Prinzipien, unmöglich, sie anderen Voraussetzungen anzupassen. Will der Petrologe Bauschalergebnisse, wie sie sich im relativ einheitlichen Fels- oder Handstück darbieten, überblicken, so wird ihm normalerweise die klassische Phasenlehre ausgezeichnete Dienste leisten. Hat er das Geschehen in großgeologischen Räumen zu überblicken oder ist die Entstehung von Phasenkeimen Untersuchungsobjekt, so muß er zu den thermodynamischen Grundprinzipien zurückkehren; die klassische Verallgemeinerung wird ungültig, die Aussagen müssen revidiert und ergänzt werden.

Aber der Wissenschafter darf nicht nur das Negative sehen und annehmen, es sei ihm völlige Freiheit zurückgegeben; Kenntnis aller Voraussetzungen, die zur Aufstellung von Gesetzen führten, gestattet ihm die sinngemäße positive Anwendung. Gewiß mögen, wie zum Beispiel in der Frage, ob es zwischen kristallinen Phasen unbestimmte Gleichgewichte (HUETTIG) gebe, oder ob die diesbezüglichen Erscheinungen rein kinetisch erklärt werden müssen, zur Zeit noch Zweifel bestehen; doch wird auch in dieser Beziehung die Eingliederung der Phänomene in Form einer Anpassung der Gesetze an die besonderen Bedingungen möglich sein.

δ. **Kolloidale Systeme.** Die unmittelbare Anwendung der Phasenlehre versagt auch noch in anderen Fällen, nämlich dann, wenn an Stelle echter Lösungen sogenannte *kolloidale Lösungen* oder *Sole* treten. Auf echte «Lösungen» läßt sich immer noch mit einigem Erfolg das Bild eines kondensierten Gases übertragen, das heißt, man kann von molekular- bzw. ionendispersen Systemen sprechen, mit Ionen und Molekülen als voneinander «getrennten» Aufbauelementen. Da die Atomabstände von der Größenordnung von Ångströmeinheiten sind, wird auch von ångströmdispersen Systemen gesprochen.

Allerdings haben wir bereits festgestellt, daß diese bis vor kurzem übliche Vorstellung vielen Erscheinungen nicht gerecht wird, daß insbesondere konzentrierte wässerige Lösungen und Schmelzlösungen in mancher Hinsicht zwischen idealem Gaszustand und idealem Kristallzustand vermitteln.

In den mineralogisch wichtigen *kolloidalen Lösungen von Solcharakter* treten nun Aggregate auf, die zwar von ultramikroskopischer Größe sind, im Innern jedoch fast stets bereits das kristalline Baumotiv erkennen lassen. An der Oberfläche (die im Verhältnis zum Volumen groß ist) dieser Kolloidalteilchen ist der Bau noch ungeregelt, die den Kern charakterisierenden Bestandteile sind mit den Teilchen des Lösungsmittels so verflochten, wie das bei höchster Konzentration durch Wechselwirkung zu erwarten ist. Charakteristisch ist nun aber, daß als Ganzes diese ultramikroskopischen Kolloidalteilchen mit ihren Hüllen (das Dispersum) oft noch gut gegenüber dem molekulardispersen Lösungsmittel (dem Dispergens) abgegrenzt sind, sich infolge der Molekularstöße in Bewegung (Brownsche Bewegung) befinden und bis zu einem gewissen Grad wie große Moleküle einer Lösung behandelt werden können. Eine Charakterisierung des Unterschiedes zwischen echten und kolloidalen Lösungen ist nicht leicht, da alle Übergänge bekannt sind und im Aufbau der kolloidalen Lösungen selbst große Verschiedenheiten bestehen.

Mineralogisch sind fast nur *Hydrosole* von Bedeutung, das heißt kolloidale Lösungen mit Wasser als Dispergens. Im wesentlichen kann man die anorganischen natürlichen Hydrosolen als feinste Zerteilungen kristalliner Konfigurationen in Wasser auffassen. Die geringe Einzelgröße der Kristallkerne bringt das Unabgesättigte jeder Kristalloberfläche und infolgedessen deren noch nicht geregelten Bau zur Geltung. Um den Kern bildet sich eine Adsorptionshülle. Häufig aber sind die kolloidalen Teilchen der Sole nicht einkernig, sondern bereits Aggregate kleinster Kristallkeime, die, verbunden mit ihren Wasserhüllen, zu größeren *Sekundärteilchen* zusammengetreten sind. Dann ist auch Innenabsorption in diesen «Micellen» möglich. *Sole* können entstehen, wenn ein in vielen Zentren einsetzender Kristallisationsvorgang frühzeitig gestoppt wird, das heißt die ersten Stadien der Kristallbildung erhalten bleiben, ohne daß Auswachsen zum Makrokristall statthat.

Die Adsorptionshüllen bilden oft eigentliche Schutzhüllen, die den weiteren Kristalleinordnungsprozeß unterbinden. In diesem Sinne sind Sole instabile Systeme. Die echte Löslichkeit ist überschritten, Ausscheidung einer Kristallphase, zum Beispiel eines Hydroxydes, Oxydes, Sulfides oder eines Schichtsilikates hätte stattfinden sollen. Sie blieb jedoch in feiner Verteilung im Anfangsstadium stecken, es entstund eine noch «schwebende» Ausfällung, die höchstens Trübung erzeugt und in der die allerersten Kristalleinordnungsprozesse vor der vollendeten Separation von den Molekülen und Ionen des Dispergens erhalten blieben. Stabiler wäre gesättigte Lösung plus kristalliner Bodenkörper. Besonders günstig für die Bildung kolloidaler Lösung sind die Zersetzungsvorgänge bei der Verwitterung, wobei schwerlösliche Neubildungen und Verwitterungsreste ultramikroskopische Teilchen bilden können.

Die Kolloidteilchen der Hydrosole sind meist elektrisch geladen, negativ zum Beispiel: Kieselsäuresole, Schwefelarsen; positiv: Eisen- und Aluminiumhydroxyde. Gleichgeladene Teilchen stoßen sich ab und verhindern so den Zusammentritt zu gröberen Aggregaten. Den Zusammentritt von kleineren Kolloidteilchen zu größeren bezeichnet man als *Koagulation, Pektisation, Ausflockung.* Der umgekehrte Prozeß wird *Peptisierung* genannt. Koagulation oder Auflockerung bzw. Ausfällung erfolgt oft durch Ionen entgegengesetzter Ladung als sie die Kolloidteilchen besitzen. Unterhalb eines bestimmten Schwellenwertes wirkt jedoch Elektrolytzusatz nicht ausfällend, sondern eher stabilisierend. Höher geladene Ionen wirken im allgemeinen stärker ausfällend, äquivalente Ionen um so stärker, je mehr sie vom Dispersum adsorptiv festgehalten werden. Ionen der Lösung können mit absorbierten Ionen der Kolloidalteilchen ausgetauscht werden (zum Beispiel sogenannter Basenaustausch). Auch entgegengesetzt geladene Kolloidteilchen fällen sich gelegentlich gegenseitig aus. Anderseits vermögen gewisse Kolloidalteilchen, besonders organischer Natur, als *Schutzkolloide* die Koagulation anorganischer Solteilchen zu verhindern. Als Ganzes aber sind die Sole unbeständige und veränderliche Systeme, die leicht *altern* (Koagulation durch bloßes Stehenlassen, durch Austrocknen, Ausfrieren, Erwärmen, Schütteln mit Sand usw.) und in vielen Fällen irreversible Zustandsänderungen durchlaufen, während in anderen eine Koagulation durch Peptisation wieder rückgängig gemacht werden kann.

Die Koagulation kann nicht nur zu einzelnen größeren Flocken, sondern zu zusammenhängenden *Gelen* oder *Gallerten* führen, die oft eine micellenartige Struktur besitzen und die durch Abgabe des überschüssigen Wassers in den makroskopisch dichten bis erdigen Kristallaggregatzustand übergehen. Anfänglich sind sie oft noch quellbar, unter Umständen sogar wieder reversibel in Sole überführbar. Auch die anorganischen *Hydrogele* altern, das heißt ändern sehr leicht ihren Zustand, denn sie sind gerade so wie die Sole unbeständige Zwischenstadien von der Lösung zum Kristall. Ein wichtiges natürliches, in seiner Struktur leicht beeinflußbares Gelgemenge ist oft auch der sogenannte *Humus*, der die organischen Ab- und Umbauprodukte der abgestorbenen Vegetation, der Bodentiere und Mikroorganismen enthält. Ligninderivate, Proteine spielen neben hochpolymeren Kohlehydraten meist die Hauptrolle. Humus besitzt eine sehr lockere Struktur, außerordentlich großes Adsorptions- und Wasserbindevermögen. Oft wirkt er als Schutzkolloid.

Je größer die Teilchen eines kolloidaldispersen Systems sind, um so leichter erfolgt bei Dichteunterschieden Sedimentation nach der Schwerkraft. Aufschlämmungen, in denen Festteilchen auftreten, die schon nach relativ kurzer Zeit diesen Sedimentationsprozeß erkennen lassen, werden auch als *Suspensionen* bezeichnet. Es handelt sich bereits um typisch heterogene Systeme, in denen mit zunehmender Teilchengröße die charakteristischen Sorptionsprozesse immer mehr zurücktreten.

b) *Chemische Kinetik und Oberflächenreaktionen*

Mehrfach (nicht zuletzt anläßlich der Bemerkungen über kolloidale Systeme) ist vom Übergang des einen Zustandes eines Systemes in einen andern

Zustand die Rede gewesen. Aus der Thermodynamik läßt sich nur eine Stabilitätsfolge verschiedener Zustände ableiten. Ob und mit welcher Geschwindigkeit, ja sogar auf welchen Wegen Zustandsänderungen vor sich gehen, ist eine Frage der *Reaktionskinetik*. Jeder Reaktionsablauf, jede Phasenneubildung braucht Zeit, wobei von explosionsartigem Vorgang bis zur praktisch vollkommenen Trägheit alle Geschwindigkeiten denkbar sind. Nur *radioaktive Vorgänge* verlaufen praktisch unabhängig von Homogenität und Zustandsgröße. Eine Zerfallskonstante k gibt hier an, welcher Bruchteil an Atomen sich in der Sekunde umwandelt. $H = \dfrac{\ln 2}{k}$ ist die Halbwertzeit, das heißt die Zeit, in der die Hälfte umgewandelt ist. $\dfrac{1}{k} = 1{,}443\,H$ nennt man die mittlere Lebensdauer.

Alle anderen Vorgänge besitzen mit den Zustandsgrößen variable Geschwindigkeiten. Isotherme Reaktionen im homogenen System, für die das Massenwirkungsgesetz gilt, weisen, sofern sie bereits bei Zimmertemperatur mit meßbarer Geschwindigkeit verlaufen, oft eine um 2- bis 3fache Schnelligkeitssteigerung bei einer Temperaturerhöhung um 10^0 C auf. Allein manche Reaktionen verlaufen bei niedrigen Temperaturen so träge, daß instabile Zustände praktisch völlig haltbar sind. Es gibt nun sowohl Stoffe wie «Faktoren», die eine Reaktion beschleunigen oder verlangsamen können. Man nennt sie *Katalysatoren* oder *Antikatalysatoren*. Alle in fester Phase vor sich gehenden Reaktionen (Platztauschvorgänge, Diffusionen, Entmischungen bzw. Homogenisierungen) werden erst bei einer Temperaturerhöhung bis zu gewissen *Beweglichkeitstemperaturen* richtig wirksam. Auch mechanische Beanspruchung der Festkörper kann die Instabilität erhöhen und daher inneren Umsatz ermöglichen. In ähnlichem Sinne wirken Fehlordnungen innerhalb des Kristallgebäudes.

Dem Umstande, daß sich die stabilen Zustände oder auch nur die Gleichgewichtszustände bei Anwesenheit fester Phasen oft träge einstellen, so daß insbesondere bei Temperaturerniedrigung früher entstandene Bildungen hoher Temperatur haltbar bleiben, verdanken wir die Möglichkeit, unter Bedingungen der Erdoberfläche Mineralbestände höherer Temperatur studieren zu können (siehe Seite 281). Auch läßt sich infolge Zurückbleibens von Relikten oft der gesamte Reaktionsverlauf aus Dünnschliffuntersuchungen rekonstruieren.

α. **Die Phasenneubildung.** Für den Mineralogen und Petrographen erlangt ein Problem ganz besondere Bedeutung: nämlich dasjenige der *Bildung einer neuen Phase*. Es ist in seiner ganzen Tragweite bereits von W. Gibbs, dem auch die thermodynamische Behandlung der Phasenlehre vieles verdankt, erkannt worden, jedoch erst in neuerer Zeit als eine der Hauptaufgaben der chemischen Kinetik einer eingehenden Untersuchung unterzogen worden (Tammann, Vollmer, Becker, Kossel, Stranski, Kaischew, Farkas und andere). Wenn sich infolge der Stabilitätsänderung im Innern einer Phase eine neue Phase bildet, so kann dies zunächst nur im kleinsten Bereich geschehen. Die Teilchen haben sich in Volumina mit linearen Abmessungen von wenigen Ångströmeinheiten (10^{-8} cm) als neue Phase zu konstituieren. Es entsteht ein *Phasen-*

keim (zum Beispiel ein ultramikroskopisches Tröpfchen im Gas, eine ultra-mikroskopische Gasblase in der Flüssigkeit, ein ultramikroskopischer Kristall-kern in Flüssigkeit, Gas oder in einem Ausgangskristall), der nur dann, wenn er *wachstumsfähig* ist, wirklich die neue Phase bildet. Zur Definition einer Phase gehört ja bereits eine gewisse Größe, die gestattet, Randbedingungen zu ver-nachlässigen und von einem Temperaturwert des Phasenraumes zu sprechen. Nun tritt folgendes Dilemma auf. Die thermodynamischen Potentiale für den Phasenkeim sind größer als für die Phase selbst, da die Oberflächenenergie mit zu berücksichtigen ist; mit anderen Worten: die Phasenkeime verhalten sich so, als ob die Phase unter höherem Druck stehen würde. Ist somit auf einer Grenzkurve im *P-T*-Diagramm Gleichheit der thermodynamischen Po-tentiale für zwei Phasen erreicht, so daß sich aus einer schon vorhandenen eine neue Phase bilden könnte, so bereitet die Keimbildung Schwierigkeiten, weil der Keim noch höhere Potentialwerte aufweist, das heißt an sich instabil ist. Es braucht eine besondere *Aktivierungsenergie* oder *Keimbildungsarbeit;* es muß Arbeit geleistet werden, um den Keim zu schaffen.

Eine erste Folge ist, daß normalerweise die Bildung einer neuen Phase nicht stetig und bei oder unmittelbar jenseits der Koexistenzgrenze erfolgt, sondern erst nach einer gewissen *Überschreitung* (als *Übersättigung, Unterkühlung* usw. deutbar) der Phasenkoexistenzgrenzen. Dann können die thermodynamischen Potentiale für die Neubildung Werte erlangen, die innerhalb der im kleinen Bereich vorhandenen lokalen Schwankungsverhältnisse liegen, und einmal ent-standen, kann der Keim wachstumsfähig werden, das heißt das Potential-gefälle kann auf ihn hin gerichtet sein. Unterkühlungen und Übersättigungen stellen daher bei der Phasenneubildung normale Erscheinungen dar.

Die Berechnung der Keimbildungsarbeit ist nur mit gewissen Vorbehalten durchführbar. Man muß ja thermodynamische Gesetze auf kleinste Phasenräume anwenden, für die sie eigentlich gar nicht geschaffen sind, und für den ersten Ab-lauf bleiben Einzelereignisse und molekulare Kraftgesetze maßgebend. Im großen mag gelten, daß die Keimbildungsarbeit durch die Formel $1/3\ \sigma O$ gegeben ist, in der σ die spezifische Grenzflächenspannung des Keimes und O seine Oberfläche bedeuten. Die Phasenbildung selbst besteht aus zwei Teilen:

1. der Entstehung wachstumsfähiger Keime,
2. dem Auswachsen dieser Keime zum Phasenraum.

Bei der Kristallbildung bezeichnet man als *Kristallisationsvermögen* (KV) die Zahl der sekundlich in der Raumeinheit (1 cm³) gebildeten wachstumsfähigen Kristallkeime. Die mittlere lineare Wachstumsgeschwindigkeit der Kristall-keime zum Kristall wird lineare *Kristallisationsgeschwindigkeit* (KG) genannt. Für beide gilt im großen auf Grund experimenteller Erfahrungen, daß ihnen bei bestimmtem Überschreitungsgrad der Koexistenzgrenzen ein maximaler Wert zukommt, also beispielsweise beim Abkühlen bei bestimmter Unterkühlung bzw. Übersättigung. Eine charakteristische Kurve für die Keimbildungszahl, das Kristallisationsvermögen, ist nach TAMMANN aus Figur 304 ersichtlich.

Für die lineare Kristallisationsgeschwindigkeit aus unterkühlten Schmelzen erhält man bei schnell kristallisierenden Schmelzen Figuren wie Figur 305, oder bei langsamen Kristallisationsvorgängen wie Figur 306.

Das Maximum der Wachstumsgeschwindigkeit liegt im allgemeinen bei höheren Temperaturen als das Maximum des Kristallisationsvermögens. Die Keimbildung selbst kann nun bei verschiedenem Überschreitungsgrad wirklich einsetzen. Es gibt Faktoren, welche die Bildung der Keime begünstigen und solche, die sie behindern. Günstig wirken zum Beispiel «*Impfstoffe*», das heißt bereits

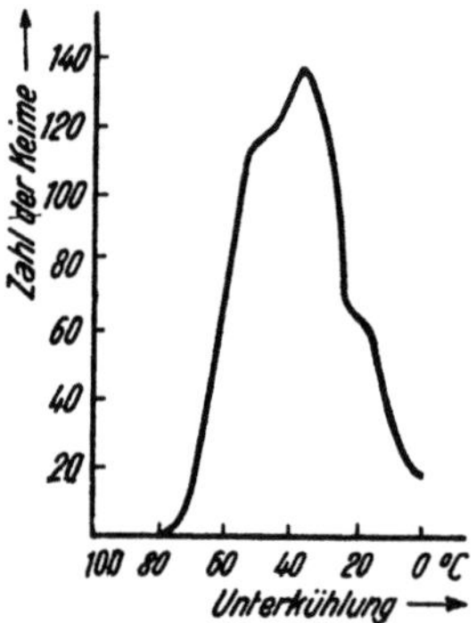

Fig. 304

Schematisches Bild der Abhängigkeit des Kristallisationsvermögens (Zahl der Kristallkeime) von der Unterkühlung. Es handelt sich um eine Schmelze, die bis auf 0^0 unterkühlt werden kann, trotzdem sie schon bei 80^0 auskristallisieren sollte (nach TAMMANN).

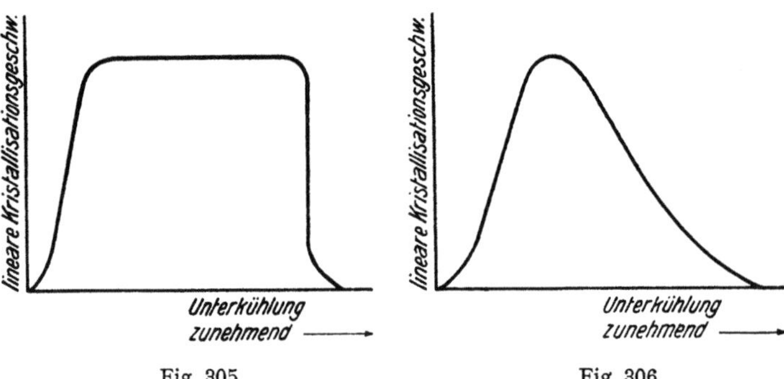

Fig. 305   Fig. 306

Fig. 305. Schematisches Diagramm der Kristallisationsgeschwindigkeit (KG) in ihrer Abhängigkeit von der Unterkühlung (Abkühlung relativ rasch) (nach TAMMANN).

Fig. 306. Häufiger Verlauf der Kurve der Kristallisationsgeschwindigkeit in Abhängigkeit von der Unterkühlung bei langsamer Abkühlung (nach TAMMANN).

vorhandene kleinste Kriställchen gleicher oder strukturell ähnlicher Art. Durch sie wird die neue Keimbildungsarbeit infolge Erniedrigung der Grenzflächenspannung an der schon vorhandenen Grenzfläche erniedrigt. Aber auch an irgendwelchen festen Grenzflächen sich ansiedelnde Keime benötigen eine kleinere Keimbildungsarbeit als frei schwebend entstehende. Die sowohl für die Keimbildung wie das Auswachsen nötige Beweglichkeit der Teilchen ist naturgemäß von den *Viskositätsverhältnissen* der Phase abhängig, in welcher sich der Kristall bilden soll.

Ob nun auf einmal wenige oder sehr viele Kristallkeime entstehen, wird für die Art der Kristallisation und die Dispersität der kristallinen Phase bestimmend sein. Bei großer Keimbildungszahl kann der Einzelkeim nur wenig auswachsen; und kommt als Ganzes Schwerlöslichkeit hinzu, bleibt leicht im ultramikroskopischen Gebiet das «Keimstadium» in Form einer kolloidalen Lösung erhalten. Man erkennt einen möglichen Zusammenhang mit den im vorhergehenden Abschnitt besprochenen Erscheinungen. Bei großer Keimzahl, jedoch genügendem Auswachsen, entsteht ein feinkörniges, kristallines Aggregat oder ein feinkörniger Niederschlag. Wachsen wenige Keime zu Kristallen aus, so steht ihnen ein großer Diffusionsbereich als Kristallisationshof zur Verfügung, es entstehen größere Kristalle usw.

Am Anfang können infolge der Brownschen Bewegung die Kristallkeime auch zusammenprallen und durch Aggregatbildung wachsen (Aggregatwachstum, oder anfängliche Bildung von Sekundärteilchen micellenartiger Struktur). Dabei resultiert eine mehr oder weniger gute Einorientierung der Einzelkeime, oft nur eine zwillingsartige Verwachsung. Später erfolgt in Abhängigkeit von der Viskosität das Auswachsen des Einzelkeimes oder Keimaggregates zum mikroskopisch und schließlich makroskopisch sichtbaren Kristall vorwiegend auf dem Wege der Diffusion oder der Keimanlagerung an Grenzflächen. Es ist immer zu bedenken, daß ein kubikmillimetergroßer Kristall bereits eine Atomzahl von der Größenordnung 10^{21} besitzt, somit ein gewaltiger Aggregations- und Ordnungsprozeß dem Sichtbarwerden der Kristallphase vorausgeht. So wird es nicht verwundern, daß Fehler im Kristallbau, zum Beispiel nur mosaikartige Einordnung, häufig sein werden und daß, wie die kolloidalen Lösungen zeigen, Frühstadien vor dem Auswachsen zu eigentlich kristalliner Phase unter Umständen erhalten bleiben können. Ferner läßt uns die stets notwendige Keimarbeit verstehen, warum die Phasenneubildung trotz der für sie günstigen Stabilitätsverhältnisse unterbleiben kann. Ist es beispielsweise möglich, eine Schmelze so rasch abzukühlen, daß ohne Bildung wachstumsfähiger Keime das Optimum für die Keimbildung überschritten wird, so werden KV und KG so gering, daß die Kristallisation völlig zurückgedrängt wird. Dies wird besonders noch durch starke Viskositätszunahme begünstigt, so daß die Schmelze, ohne zu kristallisieren, eine feste Konsistenz erlangt, das heißt zu einem Glas erstarrt (*hyaline Erstarrung*).

β. **Oberflächenreaktionen.** Vom Standpunkt der chemischen Kinetik sind auch alle spezifischen Oberflächenreaktionen von besonderem Interesse. Entgegen dem eigentlichen Phasenbegriff tritt jede feste Phase in endlicher Größe auf und Reaktionen zwischen den Phasen spielen sich an der Grenzfläche der Phase ab, das heißt an jenen Stellen, die an sich für die gewöhnliche thermodynamische Betrachtung der Phasenlehre als Randbedingungen ausgeschaltet werden. Das gilt für die Verdampfung von Lösungen oder Kristallen, die Auflösung oder das Wachstum von Kristallen und für die Neubildung von Kristallarten am Kontakt vorhandener Kristalle. Diese Oberflächen besitzen immer andere thermodynamische Verhältnisse als das Phaseninnere, es kommt eine als Oberflächenenergie in Rechnung zu stellende Größe hinzu. Auch der Aufbau ist ein anderer, an der Kristalloberfläche zum Beispiel ein noch nicht völlig eingeordneter und stets kristallchemisch unabgesättigter. Gerade das gibt bei kleiner Teilchengröße Veranlassung zu den typischen Erscheinungen der Kolloidchemie. In letzter Zeit sind besonders durch PANETH, HEDVALL, JOST, ZIMENS und andere die Reaktionen an den Grenzflächen kristallisierter Phasen studiert worden. Wenn auch in der Natur sehr häufig bei derartigen Reaktionen im Mineralaggregat kapillar vorhandener Dampf oder Lösungsphase mitwirkt, hat der Mineraloge dem Reaktionsgeschehen im festen Zustand ganz besondere Beachtung zu schenken. Es ist zum Beispiel ganz selbstverständlich, daß sich in einem reaktionsfähigen polymineralischen Aggregat die über Berührungsflächen stattfindenden Reaktionen um so besser abspielen können, je inniger die Mischung ist, je mehr Oberflächen pro Volumeneinheit miteinander im Kontakt stehen und je mehr ständig neue Kontaktstellen geschaffen werden. Sehr feinkörnige Aggregate reagieren leichter als grobkörnige. Die Reaktion wird beschleunigt, wenn die Mischung eine vollkommene ist und durch Bewegungsvorgänge immer wieder neue Presskontakte hergestellt werden. Kommt Zertrümmerung durch mechanische Beanspruchung oder auch nur die instabilitätserhöhende Spannung im Stressfeld hinzu, so wirkt dies (wie im Laboratorium das Reiben) auf den Reaktionsablauf im günstigen Sinne ein.

PANETH hatte versucht, die Oberflächenausdehnung pulverförmiger fester Stoffe mit Hilfe eines Austauschadsorptionsvorganges zu bestimmen (ähnlich auch HAHN, IMRE, DURAN und TSCHOPP). Eingehender sind die Begriffe «Oberfläche» und «zugängliche Oberfläche» von ZIMENS erörtert worden. Die Menge der im zeitlichen Mittel in der Phasengrenze liegenden Atome ergibt unter Berücksichtigung des «Flächenbedarfes bzw. der Raumbeanspruchung der Atome» eine «spezifische Phasengrenzfläche». Ein Austausch der oberflächlich liegenden, nur geringe Aktivierungsenergie benötigenden Teilchen ist auch dann möglich, wenn nur Diffusion im Festkörper selbst auftritt, die unfertigen Kristalloberflächenschichten sind immer reaktionsfähig, während Nachlieferung aus dem Kristallinnern wesentlich von einem vorhandenen Fehlordnungszustand abhängt. Bildlich ausgedrückt kann man sagen, daß die Rauhigkeit der Oberfläche im allgemeinen desto größer sein wird, je polydisperser ein Gemisch ist und je mehr Teilchen zu Oberflächenteilchen oder zu ungeregelt gebundenen Teilchen werden.

Generell ist auch folgendes zu berücksichtigen. Ein *Einkristall* ist thermodynamisch gegenüber einem ungeregelten Kristallaggregat von gleichem Volumen bevorzugt. Die zusätzliche Oberflächenenergie ist geringer, es fehlen im Innern die Störungsfelder, die am Kontakt verschiedenorientierter Kristallkörner auftreten müssen. An diesen gestörten Stellen wird bei erhöhter Beweglichkeit der Teilchen (bei erhöhter Temperatur) das Bestreben zur Homogenisierung herrschen. Das heißt: der dominierende Gitterbau sucht die anstoßenden Teilchen in sein Bauschema einzuordnen oder es entsteht an der Grenze ein neuer Keim, der auf Kosten der benachbarten Kristallkörner wächst. Dieser Vorgang einer *Rekristallisation, Kornvergröberung* oder *Sammelkristallisation* beim Tempern (Erhitzen) ist in der Metallkunde wohlbekannt und eingehend studiert worden. Er findet auch statt, wenn Störungszentren infolge mechanischer Spannungen und nicht reversibler Strukturdeformationen entstanden sind. Es gibt zudem eine eigentliche *Forminstabilität* von Kristallen, die durch Umlagerungsvorgänge ohne Stoffveränderung zu neuen Kristallformen führen kann. Bilden sich beispielsweise bei raschem Wachstum Kristalle, so wachsen sie oft dendritisch, skelettartig, das Kantenwachstum macht sich be-

sonders bemerkbar (Figur 307). Ein typisches Beispiel sind die Schneesterne
und Schneekristalle, die in der Atmosphäre entstehen können und im Schneefalle
zu Boden sinken. Sie weisen infolge dieses skelettartigen Baues sehr große

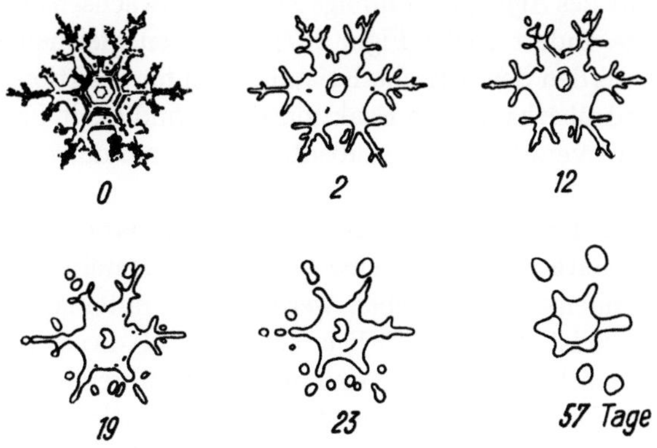

Fig. 307

Fortschreitende Formveränderung eines dendritischen Schneekristalles in abgeschlossener Atmosphäre. Der gleiche Prozeß führt im Aggregat von pulverigem Neuschnee zum körnigen Altschnee.
Die Umwandlungszeit ist in Tagen angegeben.

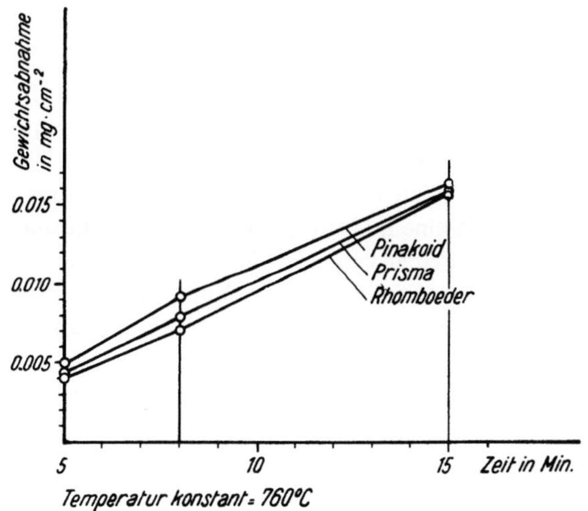

Fig. 308

Abhängigkeit der Reaktionsgeschwindigkeit von der Flächenlage an einem Calcitkristall. Reaktion
$[CaCO_3] \rightarrow [CaO] + CO_2$ gemessen durch Gewichtsverlust infolge Entweichens des CO_2. Die Dissoziation fand in N_2-Atmosphäre statt (nach HEDVALL).

Oberflächen auf, viel größere Oberflächen als ein Vollkristall gleichen Stoff-
inhaltes. Außerdem treten sehr scharfe Kanten und Ecken auf, die besonders
locker gebundene Teilchen enthalten, also große Oberflächenenergie besitzen.
Durch Umlagerung an der Kristalloberfläche (*Kriechen*), im Beispiel auch

durch eigentliches Verdampfen und Absatz an benachbarten Stellen, wird die thermodynamisch günstigere Form angestrebt, das heißt, es beginnt eine Umlagerung zu körnigem Schnee. Das ist eine der wesentlichen Erscheinungen, die vom pulverigen Neuschnee zum körnigen Altschnee führen, wobei sich zugleich die Porosität des Aggregates infolge Zusammenwachsens der nicht mehr sperrigen Kristalle ändert (siehe Figur 307). Aus den gleichen Gründen der Forminstabilität werden dendritische Kristalle leichter reaktionsfähig sein als rundliche und wird überhaupt die Reaktionsgeschwindigkeit für verschiedene Kristallflächen (mit verschiedenem Außenbau) voneinander differieren (siehe Figur 308).

γ. **Allgemeines über das Problem des Stoffaustausches innerhalb der festen Erdkruste.** Kann den eine bestimmte Gesteinsart aufbauenden Mineralien die Tendenz zugeschrieben werden, sich miteinander ins Gleichgewicht zu setzen, so ist es ganz natürlich, zu fragen, ob dieses Bestreben nicht auch gegenüber verschiedenartigen, sich jedoch berührenden Gesteinen bemerkbar sein muß. Die äußere Erdkruste bildet Assoziationen von Gesteinen, die sich voneinander durch ihren Chemismus, ihren Mineralbestand und ihr Gefüge unterscheiden. Außerdem sind darin Lösungen und Gase enthalten, darunter (wie das Ausfließen von Laven bei vulkanischen Eruptionen zeigt) eigentliche Schmelzlösungen, das heißt sogenannte Magmen. Dieser heterogene, in geologischen Profilen und Karten deutlich zum Ausdruck kommende Aufbau ließe sich bei gleichbleibendem Gesamtchemismus der Erdkruste durch einen weniger komplizierten ersetzen. Denken wir uns an Stelle der vorwiegend festen Bestandsmassen flüssige oder gasförmige, so müßte sich auf Grund thermodynamischer Prinzipien ein Stoffausgleich einstellen, der unter dem Einfluß des Temperatur–Druck- und Schwerefeldes der Erde zwar nicht eine überall gleich zusammengesetzte Hülle ergibt, jedoch eine Masse, deren kontinuierlich sich verändernde Teile in einem stationären Gleichgewicht zueinander stehen. Im wesentlichen würde in einer ruhenden Masse der Stoffausgleich durch Diffusion erfolgen, doch könnten bei großer Mobilität der Phasen eigentliche Phasenwanderungen und Konvektionsströmungen hinzukommen. Ob oberhalb jener Maximaltiefen der Erdkruste, in die wir (nach später erfolgter Gebirgsbildung und Erosion) Einblicke erlangen können, zwischen festen Bestandsmassen ebenfalls Stoffausgleiche bis zur Herstellung eines stationären Gleichgewichtes möglich sind oder ob wenigstens Tendenzen in diesem Sinne erwartet werden müssen, hängt daher gleichfalls zu einem großen Teil von der Beurteilung der Diffusionsfähigkeit im festen Zustand ab, daneben von der Bildungs- und Wanderungsmöglichkeit ångströmdisperser Phasen (Imbibitionen, Durchgasungen).

An sich kann kein Zweifel bestehen, daß eine schalenartige Struktur der Erdhüllen mit bei wachsender Erdtiefe zunehmender Dichte die größte Stabilität besitzen muß. In einem vertikal ausgedehnten Mischkristall sollten die diadochen Teilchen so verteilt sein, daß die leichteren in äußeren, die schweren in tieferen Partien angereichert sind. Im Großen gesehen, ist vermutlich ein Schalenaufbau der Erde in diesem Sinne vorhanden (siehe Seite 30: Sial,

Salsima, Sima usw.). Vermögen aber Ausgleichswanderungen bereits in den alleräußersten, kristallisierten Erdkrustenteilen zu einer vom Gravitationsfeld abhängigen, in sich homogenen Schichtbildung zu führen?

Die erste Schlußfolgerung aus den Feldbeobachtungen lautet unbedingt dahin, daß bis in beobachtbare Erdtiefen von derartigen Homogenisierungen und Stoffwanderungen als *Allgemeinerscheinung* wenig zu sehen ist, bzw. daß sie nur da auftreten, wo besonders günstige Umstände für einen Stoffaustausch verwirklicht wurden. Feinste Wechsellagerungen von Gesteinen sind erhalten geblieben, die Kontakte sind oft messerscharf oder es beschränken sich Übergangszonen auf die Größenordnungen von Millimeter, Zentimeter, seltener Meter. Neben und unter Gesteinskomplexen von hohem spezifischem Gewicht findet man spezifisch leichte Gesteine, neben alkaliarmen alkalireiche. Selbst da, wo archaische Gesteine, die einst unter größerer Bedeckung standen, aufgeschlossen sind, können neben Karbonatgesteinen Quarzite und basische Gesteine vorkommen. Metamorphe Konglomerate lassen noch den Unterschied zwischen Geröllen und Zement erkennen. Analysiert man diese alten Gesteine, so zeigen sie sehr oft im Chemismus keine oder nur geringfügige Abweichungen gegenüber nicht metamorphen Gesteinen, die nach Lagerungsform und Leitmerkmalen von gleicher Entstehung sind (zum Beispiel Tone). Die geophysikalischen Untersuchungen bestätigen den heterogenen Aufbau der äußersten Erdkruste und machen wahrscheinlich, daß bis in größere Tiefe eigentliche Diskontinuitätsflächen erhalten geblieben sind. In den Gesteinen selbst zeigen Kelyphitbildungen, Reaktionsränder sowie Umhüllungen, daß der Stoffausgleich normalerweise innerhalb enger Grenzen blieb. Regional auftretende Stoffdurchdringungen, kontaktliche Beeinflussungen und eigentlicher Stoffersatz (Metasomatose) lassen sich in weitem Umfange auf besondere Verhältnisse, das heißt auf Emporstieg magmatischer Lösungen und Dämpfe zurückführen und durchwegs mit Perioden magmatischer Aktivität parallelisieren. Stoffverluste (zum Beispiel CO_2, H_2O) betreffen in erster Linie Substanzen, die bei höheren Temperaturen als Gase und Dämpfe entweichen. Und doch wird dieser erste Eindruck, der mit dem übereinstimmt, was wir experimentell über Diffusionsfähigkeit im festen Zustande wissen, vielfach von einzelnen Forschern als trügerisch bezeichnet. In erster Linie sind hiefür folgende Umstände verantwortlich.

1. Vom theoretischen Standpunkt aus wird eingewendet, daß die Temperatur- und Druckverhältnisse in einer gewissen Erdtiefe neue Bedingungen schaffen können und daß vor allem der *Zeitfaktor* für Vorgänge «von geologischem Ausmaß» von entscheidender Bedeutung werde.

2. Die unzweifelhaft vorhandenen Anzeichen für Diffusionserscheinungen, Durchgasungen oder Imbibitionen und darauffolgenden Metasomatosen werden als Beweis dafür angesehen, daß das, was innerhalb relativ kleiner Bereiche stattfindet, auch über sehr große Distanzen erfolgt. Allerdings wird zumeist nach keiner Erklärung gesucht, warum in den Gebieten, die noch deutlich die Begrenztheit oder Lokalisierung von Stoffumsätzen erkennen lassen, andere analoge Prozesse regionale Ausmaße angenommen haben sollen.

3. Formal ist es sehr leicht möglich, aus irgendeinem Gestein durch Stoffzufuhr und -wegfuhr den Chemismus irgendeines anderen Gesteins zu erhalten. Das ist eine einfache Rechenoperation, mit deren Hilfe eine willkürlich vorgegebene Aufgabe gelöst werden kann. Was zu Beginn der chemisch-petrographischen Forschungen eine der wichtigsten Erkenntnisse schien, nämlich daß von den ältesten Formationen an bis in die jüngsten geologischen Zeiten chemisch analoge Gesteinstypen beobachtet werden, verliert an Bedeutung, wenn gleicher Bauschalchemismus auf ganz verschiedene Ursachen zurückgeführt wird (*Konvergenzerscheinungen*). Nun ist es unzweifelhaft so, daß nicht nur Gesteine vom gleichen Chemismus verschiedenen Mineralbestand und verschiedenes Gefüge aufweisen können (*Heteromorphie*), sondern daß auf Grund von gleichem Chemismus nicht ohne weiteres auf gleichartige Primärgenese geschlossen werden darf (*Polygenese*). Diese Einsicht hat orthodoxe Ansichten über die Eindeutigkeit von Zuordnungen zerstört, und es ist ganz selbstverständlich, daß die erzielte Auflockerung nun in verschiedenem Maße ausgenützt wird. Wesentlich ist indessen, ob Berücksichtigung neuer Tatsachen nur dazu führt, in der Beurteilung kritischer zu werden, oder ob sie vorübergehend völlige Freiheit und Anarchie der Deutung zur Folge hat.

4. Es waren aber auch gewisse Beobachtungen selbst, die Möglichkeiten gewaltiger Stoffumsätze in der festen Erdkruste ins Blickfeld rückten. In älteren Gesteinskomplexen nehmen Quarz-Feldspat-Glimmer-Gesteine (in mehr massiger Textur als sogenannte *Granite* und in schieferiger Textur als sogenannte *Gneise*) große Räume ein. Chemisch entsprechen sie Gesteinen granitischer Magmen, arkoseartigen Bildungen oder durch magmatischen Kontakt unter Stoffzufuhr veränderten, relativ kalkarmen Sedimenten. Da diese Gesteine nie ohne andersartige «Einlagerungen» auftreten, ist es durchaus möglich, daß ihre Vorherrschaft in älteren Erdkrustenteilen nichts Anomales darstellt. Das beobachtbare Verhalten ist zu erwarten, wenn verstanden wird, warum in der äußersten Erdkruste unter den intratellurischen magmatischen Gesteinen granitische dominieren. Tatsache aber ist, daß innerhalb der Kontinente (das heißt subkontinental) vielerorts, wenn auch durchaus nicht allgemein, mit zunehmender Erdtiefe bzw. Anschneiden älterer Formationen, die Gesteinskomplexe zunächst in gewissem Sinne einheitlicher werden, eine Granit-Gneis-Assoziation herrschend wird, was zur Bezeichnung der gesamten äußersten Erdkruste als *Sialkruste* (*Sial* oder *Sal*) (Si, Al neben Alkalien als wichtigsten Elementen) Veranlassung gab. Dabei ist scharf zwischen der Konvergenz im Mineralbestand (Quarz, Feldspäte, Glimmer) und der Konvergenz im Chemismus zu unterscheiden, da die erstere weitgehend durch gleichartige physikalische Bedingungen erzeugt werden kann. Aus verschiedenen geophysikalischen Daten kann geschlossen werden, daß unter dem Sial im allgemeinen Si-, Al-ärmere und Ca-, Fe-, Mg-reichere Gesteine mit höherem spezifischem Gewicht folgen, überleitend zu einer *Sima*zone (Si-mafische Elemente wie Ca, Mg, Fe dominierend). Man spricht von *Salsima* und schließlich von *Sima*. Unter dem pazifischen Ozean scheint eigentliches Sial zu fehlen. Faßt man die massigen Gesteine der genannten Granit-Gneis-Regionen als äußere Erstarrungs-

produkte intrusiver Magmen auf, die mit schon vorhandener Erdkruste unter Injektionserscheinungen und Abgabe von Lösungen und Dämpfen reagierten, so wird verständlich, daß am Granit-Gneis-Kontakt innige Durchmischungs- und Stoffwanderungsphänomene beobachtbar sein müssen, die indessen nur zum geringsten Teil auf bloße Diffusion im Festen zurückzuführen sind. Andererseits ist es begreiflich, daß diese gleichen Erscheinungen, verbunden mit der Feststellung einer größeren stofflichen Homogenität, Forscher dazu führten, ganz allgemein an Stoffausgleich und Stoffwanderungen zu denken, wobei «Granite» als eigentliche Homogenisierungsprodukte und nicht als magmatische Erstarrungsprodukte angesehen wurden. Die Vorstellungen, wie dieser Stoffumtausch zustande kam, sind verschiedenartig. Durchgasungen, Imprägnationen mit einem Gesteinssaft oder *Ichor*, den einzelne Forscher von Magmen, andere von beginnender Umschmelzung an Ort und Stelle ableiten, aber auch nur Diffusionsvorgänge im Festen wurden in Betracht gezogen. Daraus ergaben sich dann wiederum Verallgemeinerungen, ja in neuerer Zeit Versuche, selbst in äußersten Erdkrustenteilen Gesteine als metasomatisch umgewandelte zu bezeichnen, deren Chemismus bisher als primär angesehen wurde.

Bei der Behandlung der einzelnen Gesteinsbildungsprozesse müssen derartige Fragen eingehend diskutiert werden. An dieser Stelle wollen wir nur die Diffusionsvorgänge in einem Festbestande etwas näher erörtern, da sie in engster Beziehung zur Reaktionskinetik zwischen Kristallen stehen. BUGGE und RAMBERG vermuten in neuester Zeit in solchen Diffusionen einen geologischen Faktor erster Größenordnung gefunden zu haben, während die Frage, ob nachweisbare Reaktionen, die sich in Gesteinen abgespielt haben, über «Lösungsumsätze» erfolgten, schon sehr frühzeitig gestellt und für Einzelfälle beantwortet wurde (siehe Seite 374).

Da Gesteine und Minerallagerstätten Kristallgemenge sind, muß bei der Beurteilung irgendwelcher Eigenschaften der festen Erdkruste *innen-* und *zwischenkristallines Verhalten* (*intrakristallin* und *interkristallin*) auseinandergehalten werden. Je nach Umständen kann für die Erscheinungen das eine oder andere maßgebend werden. Da wo sich Kristallkörner verschiedener Orientierung oder von verschiedenem Chemismus (bzw. Bautypus) berühren, tritt, wie bereits erwähnt, zweierlei auf: Einmal ist jede Kristalloberfläche unabgesättigt und bis in eine allerdings sehr geringe Dicke (oft röntgenometrisch schwer nachweisbar) im Aufbau deutlich gestört, das heißt instabiler als die Kristallkernregion. Zweitens entsteht eine Störung und ein Potentialgefälle durch die Nahwirkung des Kontaktes mit anders orientierten oder gar anders zusammengesetzten Gitterbereichen. Man spricht gerne von einer Zwischenkornmasse oder einem *Intergranularfilm* von nicht mehr einheitlich kristalliner Beschaffenheit. Viel Scharfsinn ist darauf verwendet worden, den Zustand dieser feinsten Grenzflächenschichten zu benennen: leimartige Zwischenschicht, amorphes Häutchen, glasig-flüssiger Intergranularfilm sind einige dieser Bezeichnungen. Wesentlich ist nur, daß in diesen Bereichen kein normaler kristalliner Aufbau herrscht und auf kurze Distanz ein starker Wechsel bemerkbar ist. Vollständig falsch ist es, aus diesem nur quasi- oder pseudokristallinen Verhalten zu schließen, daß unter allen Umständen die submikroskopisch feine Zwischenkornmasse mechanisch spröder oder weicher sein muß als die Einzelkristalle und als Ganzes deformationsfähiger oder gar beweglicher und für Diffusionen wegsamer. Die Gleichsetzung dieses Grenzfilmes mit einem beweglichen durchdringenden Saft oder Ichor ist abzulehnen und darf auch nicht daraus gefolgert werden, weil diese Stellen bevorzugte Orte von Neuphasenbildungen (Reaktionen über die Oberfläche siehe Seite 382) sind. Unter mechanischen Beanspruchungen können Kristallaggregate inter- oder intrakristallin brechen, Risse können ursprünglich im Einzelkorn oder an der Korngrenze entstehen, es kann sich das Kristallindividuum plastischer verhalten als die Nahtstellen oder es äußert sich eine Deformation vorzugsweise in Kornverschiebungen.

Die experimentelle Metallkunde sucht zu erforschen, von welchen äußeren Faktoren und inneren Stoffkonstanten (Aufbau, Korngröße, Struktur, Textur) die verschiedenen Verhaltungsweisen abhängig sind. Wir müssen daher auch hinsichtlich der Stoffwanderungen in Kristallaggregaten zunächst zwischen intra- und interkristallinen Vorgängen unterscheiden. Hiebei können wir uns weitgehend auf Darstellungen von HEDVALL, JOST und SCHOTTKY, WAGNER, SEITH, ZIMENS stützen. Daß innerhalb eines Einkristalles (den wir als «homogen» annehmen, obgleich er Mosaikstruktur aufweisen kann) ohne äußere Gestaltänderung Stoffverschiebungen möglich sind, zeigen Messungen über Leitfähigkeit und Austauschvorgänge sowie Entmischungs- und Homogenisierungserscheinungen. Mit Hilfe der Hevesyschen Indikatormethode (Benutzung radioaktiver und anderer Isotopen) sind Diffusionen verfolgbar. Von normalen Diffusionen, das heißt kontinuierlich verlaufenden Wanderungen einzelner atomarer oder molekularer Partikelchen wird man dann sprechen, wenn sich diese im Feld einer unverändert bleibenden Kristallstruktur oder doch eines für das Kristallverhalten maßgebenden Gitterträgers bewegen, ohne daß eigentliche Gitterbausteine in Mitleidenschaft gezogen werden. Ursache der Wanderung muß ein Potentialgefälle sein; ermöglicht wird die Diffusion durch die zwischen den Gitterbausteinen vorhandenen Hohlräume. Daraus ergibt sich eine Abhängigkeit von der Kristallstruktur (zum Beispiel Auftreten von Hohlkanälen, Schichtlücken usw.) und von der Raumbeanspruchung der wandernden Partikel. Auch ist anzunehmen, daß hoher Druck die Diffusionsfähigkeit herabsetzt und somit das, was man intrakristallin als «Lückenlöslichkeit» bezeichnet, eine Verminderung erfährt.

Das Wandernde kann strukturfremd sein oder zur Kristallverbindung gehören und muß im letztern Fall ersetzt oder ausgetauscht werden. In dieser Hinsicht sind von vagabundierenden «Einlagerungen» bis zu Austauschreaktionen verschiedene, ineinander übergehende Fälle denkbar. In Silikaten sind beispielsweise in erster Linie Kationen, die mit O weder in Vierer- oder Sechserkoordination stehen, austauschfähig; in weitmaschigen Strukturen sind Wassermoleküle oder eingelagerte Anionenradikale teilweise ohne Zusammenbruch der Kristallstrukturen austausch- oder entfernbar. Die Diffusion von Ionen oder Molekülen durch solche «offene» Kristallstrukturen zeigt gewisse Gesetzmäßigkeiten. Ist die Porengröße kleiner als die Partikelgröße, so unterbleibt im idealen Einkristall die Wanderung, kleinere Ionen wandern leichter als größere usw. Das zurückbleibende Eingelagerte wird das Bestreben haben, sich möglichst gleichmäßig in den günstigen Gitterlücken zu verteilen, woraus folgt, daß gewisse stöchiometrische Verhältnisse größere Haltbarkeit besitzen. Die Wasserabgabe in Zeolithen erfolgt beim gleichmäßigen Erhitzen, zum Beispiel nicht streng kontinuierlich.

Aber auch eigentliche Gitterbausteine können ihre ihnen nach dem Strukturgesetz zukommenden Plätze verlassen, einzeln oder gekoppelt. Dabei spielt naturgemäß die Wärmebewegung, die innere Schwingung oder Vibration, eine große Rolle. Diadoche atomare Teilchen können direkt ihre Plätze tauschen (*Platztausch*) oder sie werden zunächst auf einem sogenannten *Zwischengitterplatz* (der für eine andere verwandte Kristallart aber auch ein Gitterplatz sein kann) festgehalten und von da aus weiter verteilt. Zum Teil handelt es sich somit um eine intrakristalline Metasomatose, das heißt einen Substitutionsvorgang, zum Teil um lokale Strukturänderungen und fortschreitende Regenerationen.

Es ist ganz selbstverständlich, daß innere Baufehler (Fehlordnungen) oder Strukturen, die an und für sich Leerstellen besitzen, dieser sprunghaften Diffusion von vornherein günstige Ausgangsbedingungen schaffen. Als Ursachen können zunächst Inhomogenitäten, thermodynamisch nicht ausgezeichnete Verteilungszustände in Frage kommen, das was man als *Grad der Kristallunordnung* bezeichnen kann. Es ist wieder gegenüber den ausgezeichneten Zuständen eine Potentialdifferenz vorhanden. Umwandlungen von ungeordneten in geordnete Mischkristalltypen, Entmischungen und pseudomorphosenartiger Zerfall von Kristallarten in mehrere Kristallarten lassen sich häufig beobachten und zeigen, daß innere Umgruppierungen im Festen durchaus möglich sind. Eine Kristallstruktur kann infolge geänderter Bedingungen instabil werden oder sie wird in eine Art Spannungszustand versetzt. Der Verband einzelner Teilchen wird gelockert, diese wandern, ballen sich zusammen und bilden neue stabilere Konfigurationen. Auf lokale Zerstörung der Kristallstruktur folgen Stoffverschiebung und innere Rekristallisation, ohne daß sich mit der «Umwelt» ein größerer Austausch einstellt. Wenn jedoch ein ursprünglich homogener Alkalifeldspat in Perthit umgewandelt wird, mit sehr natronreichen und sehr kalireichen Partien, oder wenn ein tonerdereicher Pyroxen in tonerdearmen Augit und Plagioklas, ein Ti-haltiges Silikat in ein Ti-ärmeres Silikat und Rutil zerfällt, bedeutet dies bemerkenswerte interne Stoffwanderungen. Andererseits zeigen die oft konstatierte Erhaltung der Zonarstrukturen von Mischkristallen und die scharf bleibende Umgrenzung von instabil gewordenen Einschlüssen, daß insbesondere bei nicht zu hohen Temperaturen die Reaktions- und Diffusionsgeschwindigkeiten sehr klein sind. Der Versuch, die bei derartigen Erscheinungen sich abspielenden Prozesse durch eine «Diffusionskonstante» zu charakterisieren, bedeutet eine sehr große Vereinfachung. Es wirken Einzelprozesse an besonders «schwachen» Stellen auslösend, und es müssen Betrachtungen über die Wahrscheinlichkeit, daß irgendwo die Energie genügend groß wird, um eine vorhandene Potentialschwelle zu übersteigen (siehe Seite 379), eingeschaltet werden. Theoretische Formeln sind auch deshalb auf das Naturgeschehen nicht anwendbar, weil mathematisch kaum faßbare Mosaikstrukturen, Baufehler, Spannungszustände infolge mechanischer Beanspruchung die Effekte, die im Idealkristall sehr klein sein müßten, steigern werden.

Gehen wir vom Einzelkristall zur *Korngrenze* zweier verschiedener Mineralien über, so werden von vornherein Konzentrationsgefälle und Gitterstörungen quer zur Kontaktfläche wichtig. Das braucht nicht zu bedeuten, daß längs der Korngrenzen Stoffwanderungen und Platzwechsel wesentlich leichter von statten gehen müssen, schafft jedoch quer zum Kontakt abrupten Wechsel. Die aneinandergrenzenden verschiedenartigen Gitterfelder stören sich gegenseitig und bringen die Adhäsion zustande, die an sich oft ebenso stark oder stärker ist als die innere Festigkeit. Thermodynamisch jedoch handelt es sich um einen Ungleichgewichtszustand von höherem Potential. Auch hier ist es, selbst wenn die beiden Mineralien miteinander im Gleichgewicht sind, wenig aufschlußreich, nur von hinzukommender Oberflächenenergie (siehe Seite 379ff.) zu sprechen. Der Zustand im einzelnen (verschieden von Fläche zu Fläche) ist zu berücksichtigen, ebenso die Tendenz zur Bildung einer die Differenzen abschwächenden Zwischenverbindung oder doch Übergangsregion. Eine eigentliche Reaktion verlangt immer Stoffausgleich, kann somit nur dann zur Auswirkung gelangen, wenn auch intrakristalline Wanderungen möglich sind.

Eine gewisse Einsicht wird durch die Betrachtungsweise erhalten, die wir bei Ableitung der Phasenregel angewendet haben. Jeder Komponente, also auch den wanderungsfähigen Partikelchen, kommt in einer Phase ein bestimmtes thermodynamisches Potential zu. Sind die aneinandergrenzenden Kristallarten ideal gebaut und miteinander im Gleichgewicht, so sind im *Kristallinnern* die thermodynamischen Potentiale der Einzelbestandteile gleich groß. Das heißt, trotz der Konzentrationsunterschiede (bis zum Fehlen einer Komponente) besteht an sich kein Potentialgefälle, das zu Ausgleichswanderungen zwingt. Aber im Intergranularfilm, der einen gestörten instabilen Bau aufweist, sind die μ-Werte größer. Das Potentialgefälle verläuft daher normalerweise von der «Zwischenschicht» gegen die Einzelkristalle hin und wird nur kleine Ausgleichswanderungen erzeugen, die, sofern geringes Zwischenschichtvolumen einem größeren Kornvolumen gegenübersteht, sich bald totlaufen. Es ist daher fehlerhaft, zu schließen, das Vorhandensein verschiedener fester Phasen müsse an sich zu ausgedehnten Diffusionswanderungen, mit dem Ziel einer Homogenisierung, Veranlassung geben. Das würde mit der Lehre von den heterogenen Gleichgewichten im Widerspruch stehen. Etwas anderes ist es, wenn die aneinandergrenzenden festen Phasen nicht miteinander im Gleichgewicht sind. Dann bestehen Potentialunterschiede. Das μ einer Komponente ist jetzt in Korn I verschieden von den μ-Werten in der Zwischenschicht und in Korn II. Zwischen Mineral I und II ist eine neue Kornart III denkbar, die kleinere μ-Werte aufweist. Ihre Bildung ist möglich, sofern sich Diffusionswanderungen, das heißt Stofftransporte, in den Einzelkörnern oder von einem Korn aus zur Reaktionsstelle hin vollziehen können. Indem sich aber an der Korngrenze die neue Mineralart bildet, trennt sie die ursprünglich kontaktbildenden Körner voneinander. Es treten neue Kontakte I/III und III/II auf, und es kann sein, daß nun an diesen Kontakten (abgesehen von der Grenzzone selbst) und nur auf Nahwirkung bezogen, keine Ungleichgewichtszustände mehr herrschen, das heißt daß I sowohl mit III wie II mit III koexistiert. Dann wird das Weiterschreiten der Reaktion rasch gestoppt. Mineral I hat sich zum Beispiel mit einer Schutzhülle, einem «*reaction rim*», umgeben, die den Rest vor weiterer Reaktion mit III schützt. Seite 202, bei Besprechung der Strukturen, ist darauf aufmerksam gemacht worden, wie häufig in Gesteinen derartige Reaktionsbilder zu erkennen sind. Es rechtfertigt sich meist nicht, aus diesen Corona- oder Kelyphitstrukturen zu schließen, daß sie nur Anfänge eines naturnotwendig weiterschreitenden Homogenisierungsprozesses seien, der sich im großen auswirken müsse. Die Diffusionen haben, intakte Schutzrinde vorausgesetzt, ihr natürliches Ende erreicht, sobald sie diese nicht mehr zu durchdringen vermögen. Dabei ist darauf hinzuweisen, daß derartige Umhüllungen und Schutzwirkungen bei unzweifelhaft magmatischer Bildung (Olivinkristalle oder Quarzeinschlüsse in Laven und magmatischen Tiefengesteinen) häufig zu beobachten sind, so daß selbst hohe Temperaturen und flüssiger Zustand der einen Phase nicht genügen, die Hindernisse zu überwinden.

HEDVALL und ZIMENS sprechen nur dann kurzweg von einem Austausch, wenn ein chemisch gebundenes Atom oder Ion durch ein gleichartiges ersetzt wird. Die Platzvertauschung braucht hiebei nicht in einem Elementarakt, das heißt unmittelbar, zu erfolgen. Platzwechselvorgänge innerhalb eines «einheitlichen» Strukturbereiches sind homogene Austauschreaktionen im Festkörper. Bei heterogenen Austauschreaktionen vermögen Untersuchungen der Vorgänge, die sich an den Phasengrenzen Fest-Gas oder Fest-Flüssig abspielen, auch für die Reaktionen Fest-Fest Aufschlüsse zu geben. Bei einer heterogenen Austauschreaktion zwischen einer festen und einer flüssigen oder gasförmigen Phase fragt sich, welcher der drei Vorgänge

a) Zudiffusion der austauschenden Teilchen aus der molekulardispersen Phase an die Kristalloberfläche,

b) Geschwindigkeit der Umsatzreaktion an der Phasengrenze,

c) Diffusion austauschender Teilchen im Festkörper

zeitbestimmend ist. Und bei Reaktionen Fest-Fest ist vor allem die Frage nach den besonders wanderungsfähigen Teilchen zur Aufklärung der Reaktionskinetik von Bedeutung.

Es lassen sich für a), b), c) die Zeitgesetze aufstellen und mit den Beobachtungen vergleichen. Erstes Ziel muß es sein, zwischen den homogenen Platzwechsel- und Diffusionsvorgängen und den Phasengrenzreaktionen zu unterscheiden sowie Austauschkonstanten und Selbstdiffusionskoeffizienten zu berechnen. An zwei Beispielen, die JAGITSCH, BENGTSON und PERLSTRŒM behandelt haben, sei gezeigt, daß die sich aufdrängende Vorstellung, es seien vorwiegend Ionen und Elektronen an einem Reaktionsränder erzeugenden Stoffaustausch im Festen beteiligt, vorläufig noch nicht verallgemeinert werden darf.

Es wurden PbO- und $PbSiO_3$-Pastillen hergestellt und bei Temperaturen zwischen 600^0 und 700^0 C in Kontakt gebracht. An der Kontaktstelle entstand das Orthosilikat Pb_2SiO_4. Der Reaktionsverlauf konnte röntgenometrisch verfolgt werden. Geschwindigkeitsbestimmend ist ein Diffusionsvorgang, der mit wachsender Schichtdicke des Reaktionsproduktes abnimmt

$$\frac{dm}{dt} = \frac{\text{const}}{m},$$

wo m die Menge des gebildeten Orthosilikates, t die Zeit ist. Folgende Vorstellungen über den Wanderungsmechanismus wurden diskutiert:

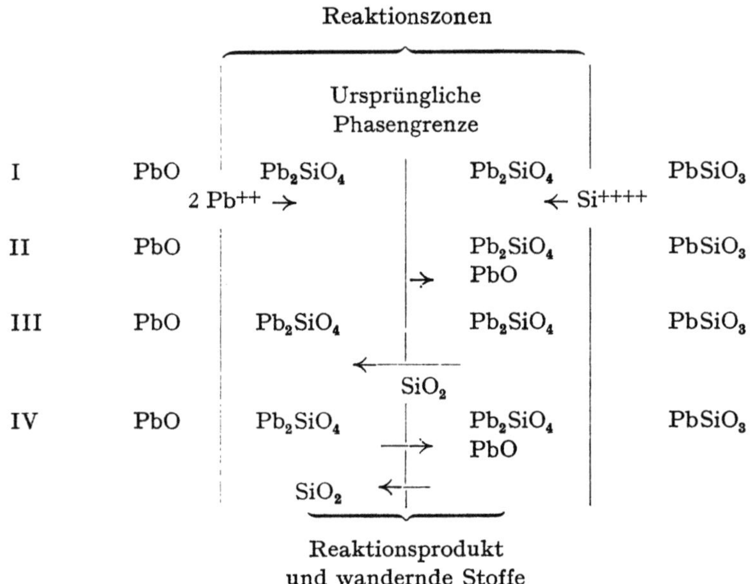

Mit den Experimenten konnte die Annahme II am besten in Übereinstimmung gebracht werden, das heißt, es wandern Pb-Teilchen und damit gekoppelt O-Teilchen. Die in ähnlicher Weise untersuchte Reaktion

$$MgO + Mg_2P_2O_7 = Mg_3(PO_4)_2$$

zeigte die Ausbildung eines Orthophosphatfilms zwischen der ursprünglichen Grenzfläche und der MgO-Pastille und eine Orthophosphatschicht an der ursprünglichen $Mg_2P_2O_7$-Pastille. Das heißt: es scheint reaktionsbestimmend eine Wanderung von «P_2O_5» zu sein, wobei festgestellt werden konnte, daß das Mg des Orthophosphatfilms aus der MgO-Pastille stammt, dasjenige der Orthophosphatschicht der Pyrophosphatpastille aus dem Pyrophosphat selbst. In Wirklichkeit sind, wie Versuche zur Bildung von Ca-Silikaten zeigen (BRANDENBERGER, VUAGNAT), die Vorgänge wohl sehr komplexer Art. Es treten zuerst an Kristallflächen Aufrauhungen auf, die für Wanderungen und Stoffaustausch anomale Bedingungen schaffen.

Immerhin zeigen die Beispiele deutlich, daß aus Reaktionsrändern um Kristalle nicht willkürlich auf Diffusionen bestimmter Teilchen geschlossen werden darf, sondern daß in jedem Einzelfalle abgeklärt werden muß, welches der eigentliche Reaktionsmechanismus ist. Bei der Mg-Orthophosphatbildung ist zum Beispiel im Gegensatz zur Orthosilikatbildung die Umsatzgeschwindigkeit eine lineare Funktion der Zeit und von der Dicke der Reaktionsschicht unabhängig, das heißt für sie ist unter den Versuchsbedingungen nicht die Diffusion in der Orthophosphatschicht, sondern ein langsamerer Vorgang an einer der Phasengrenzen maßgebend. Derartige, noch sehr spärliche quantitative Untersuchungen müssen uns davon abhalten, Verallgemeinerungen vorzunehmen und ohne Rücksicht auf den speziellen Stoffbestand alle beobachtbaren Effekte auf Diffusion im Festen zurückzuführen.

Das bloße Nebeneinandervorkommen verschiedener Mineralien oder Mineralaggregate scheint beim Fehlen gasförmiger oder flüssiger Phasen auf Grund aller bisherigen Überlegungen und Beobachtungen nicht die Ursache von diffusionsartigen Ausgleichswanderungen auf große (kilometerweite) Entfernungen hin sein zu können. Das Grundproblem, das sich hier stellt, ist das von *Nah-* und *Fernwirkungen* bzw. von der Abgrenzung dessen, was als chemisch-physikalisches System bezeichnet werden darf. Fehlt eine alle Festbestandteile umspülende oder doch diese sukzessive berührende Phase, die wir Gas oder Flüssigkeit nennen würden, so ist die Fühlungnahme gewissermaßen auf die Kontakte der festen Phasen beschränkt. Man darf dann Mineralaggregate, die voneinander entfernt sind, nicht zu ein und demselben System rechnen, dessen *Mittel*chemismus für den Gleichgewichtszustand bestimmend wird.

Und es ist ja schon früher (Seite 315 ff.) darauf aufmerksam gemacht worden, daß gerade diese Gliederung, dieses Nebeneinandervorkommen von sich nur außerordentlich wenig beeinflussenden Teilen, erst ermöglichte, physikalisch-chemische Prinzipien mit Erfolg auf etwas so Kompliziertes anzuwenden, wie es die äußere Erdhülle ist. Ja man kann mit einem gewissen Recht schon Klassifikationsversuchen, die von Gleichgewichtszuständen innerhalb relativ eng begrenzter Räume ausgehen, den Vorwurf machen, daß sie zu stark schematisieren, weil sie der natürlichen Mannigfaltigkeit zu wenig Rechnung tragen, sind doch in der Tat in manchen Gesteinen Relikte nachweisbar oder Zwischenzustände erhalten geblieben. Die chorismatischen Gesteinskomplexe, von denen recht viele bei relativ hoher Temperatur gebildet wurden, beseitigen jeden Zweifel darüber, ob hart nebeneinander im Raume verschiedene Chemismen über geologische Zeiträume bestehen können, ohne daß völliger Ausgleich erreicht wird.

Andererseits gilt, daß eine Abschirmung, wie sie im Laboratorium beim Studium der Einzelsysteme künstlich angestrebt wird, in der Natur fehlt.

So wird es begreiflich, daß zwischen den extremen Ansichten: Nur Nahwirkung, Betrachtung eines Mineralaggregates als physikalisch-chemisches System für sich und einer romantischen Ganzheitsbetrachtung der Erde mit allen ihren Teilen verschiedene Mittelwege eingeschlagen wurden. Gewisse Zusammenhänge müssen aber schon deshalb zwischen verschiedenen Gesteinen hergestellt werden, weil die verschiedenen physikalischen Bedingungen (Temperatur und Druck) irgendwie durch das Erdfeld miteinander verknüpft sind. Die μ-Werte sind ja Funktionen von Temperatur und Druck, und wie aus dem nachfolgenden Abschnitt hervorgeht, ist normalerweise in der festen Erdkruste ein natürliches Temperatur- und Druckgefälle vorhanden. Auch können zwischen verschiedenen Mineralaggregaten elektrochemische Potentialdifferenzen auftreten. Ein und dieselbe Mineralart besitzt für irgendeine Komponente bei hoher Temperatur und hohem Druck einen anderen μ-Wert als bei niedriger Temperatur und niedrigem Druck. In einer großräumigen (zum Beispiel flüssigen oder gasförmigen) Phase kann dies, wie früher erwähnt, zu Konzentrationsunterschieden führen und schließlich zu einem stationären

Gleichgewicht. Dieses muß, vom Homogenen ausgehend, durch Diffusionen hergestellt werden. Für sich allein betrachtet sind bis zu Temperaturen und Drucken, die den Petrographen noch interessieren, die zu erwartenden Konzentrationsverschiebungen nicht sehr groß. Sie stellen sich selbst in flüssigen Phasen nur sehr langsam ein, so daß Störungen anderer Art (zum Beispiel durch Kristallisationen und Konvektion) für «Schichtungen» viel maßgebender werden. Die reinen Diffusionsgeschwindigkeiten in einem Schmelzfluß, erzeugt durch Temperatur-Druck-Unterschiede, sind mehrfach berechnet worden und naturgemäß eine Funktion der Viskositätsverhältnisse. Die Potentialunterschiede selbst sind in den benachbarten Teilräumen bei kontinuierlicher Veränderung von Temperatur und Druck sehr klein und erst über eine gewisse Distanz merklich. Der durch Nahwirkung erzeugte Antrieb darf somit nicht aus μ-Wertdifferenzen über Kilometerweite berechnet werden. Und es ist nach dem Vorhergehenden bei relativ konstant bleibendem natürlichem anisotropem Feld unwahrscheinlich, daß auf diese Anisotropie rückführbare Diffusionen in Kristallaggregaten, das heißt im Kristallinfesten, größere Bedeutung erlangen oder gar zu eigentlichen regionalen Gesteinsmetasomatosen Veranlassung geben.

Aus allen diesen Erwägungen möchte man schließen, daß unter konstant bleibenden äußeren Bedingungen, in einer im Ruhezustand befindlichen Masse kristalliner Stoffe, Diffusionsvorgänge über große Distanzen ohne molekulardisperse Phase praktisch bedeutungslos werden. Für derartige Stoffwanderungen müssen sich indessen die Verhältnisse günstiger gestalten, wenn immer von neuem Störungen auftreten, totgelaufene Prozesse wieder frischen Antrieb erfahren, ständig jungfräuliche Grenzflächen geschaffen werden oder aus tiefer gelegenen Partien infolge irgendwelcher Abspaltungen eine eigentliche Stoffzufuhr einsetzt. Aber unter derartigen Bedingungen, die der Erdkruste keineswegs fremd sind (tektonische Störungen usw.), besteht zugleich die Möglichkeit der Entstehung und differentiellen Wanderung von gasförmigen und flüssigen Phasen, wobei nicht Partikelchen atomarer Größe *einzeln*, sondern im *Phasenzusammenhang* transportiert werden. Man kann sich kaum vorstellen, daß Kluftmineralien, Gang- und Aderbildungen, Kristallisationen in Zerrungshohlräumen dadurch erfolgten, daß diffusionsartig Atom für Atom in offenbleibenden Klüften und Hohlräumen einwanderten, um im Laufe von Jahrmillionen sich sukzessive zu neuartigen Kristallen zu vereinigen. In den meisten Fällen ist die Unmöglichkeit eines derartigen Entstehungsbildes vom rein mechanischen Standpunkt aus evident, ganz abgesehen davon, daß eine einst vorhanden gewesene Gegenwart eigentlicher flüssiger, fluider oder gasförmiger Phasen durch unzählige Beobachtungen beweisbar ist. Gewiß wird es im Grenzfall schwierig sein, zu entscheiden, ob wir von einer «zum Medium werdenden» Phase sprechen dürfen oder bloß von einem Durchgang und Platzwechsel einzelner Teilchen, aber überall da, wo von einem *Saft* oder *Ichor* die Rede ist (und rein deduktiv aus Beobachtungen gefolgert werden muß), kann es sich nur noch um eigentliche gasförmige, flüssige oder fluide Phasen handeln, selbst wenn sie lokal lediglich kapillare Räume erfüllen. Die Bildung derartiger wanderungsfähiger Phasen ist auch in größerer Erdtiefe zu erwarten, ob sie nun hier der Magmenregion entstammen, bei höherer Temperatur vorerst aus dem Intergranularfilm und einer Verflüssigung entstehen oder ob sie Abspaltungen intrudierender Magmen selbst sind. Dann kommen auch die mechanischen Anisotropien zur Geltung, da Festem und nur plastisch Verformbarem Wanderungsfähiges, Mobileres entgegensteht. Man wird von *Durchgasungen, Imbibitionen* oder *Durchtränkungen,* von *Sammlung der mobilen Teilphasen,* von *Lösungsumsätzen* sprechen, ohne daß der Gesamtkörper in einem bestimmten Zeitmoment den Charakter eines festen Krustenteiles aufgibt. Tritt derartiges ein, so sollten größere Stofftransporte im engsten Zusammenhange mit in vorwiegend flüssigem Zustande befindlichen Raumteilen stehen und auf Bahnen erfolgen, die besserer *Wegsamkeit* im Gesteinskörper entsprechen. Das aber ist gerade das Bild, das sich jedem Feldpetrographen bei unvoreingenommenem Studium der Produkte großmetasomatischer Vorgänge innerhalb der Erdkruste aufdrängt. Selbstverständlich sind diese Stofftransporte mit Diffusionsvorgängen intra- und interkristalliner Natur gekoppelt, da durch die neuen chemischen Verhältnisse immer wieder Potentialdifferenzen geschaffen werden. Im Kleinbereich wird dies von großer Bedeutung, ohne daß Diffusionen im Festen für sich allein imstande wären, auf große Distanzen eine ausgesprochene Metasomatose zu erzeugen.

Nun muß allerdings zugestanden werden, daß es bei vielen Umwandlungen von Minerallagerstätten und Gesteinen unmöglich ist, zu entscheiden, wie groß der Anteil allfälliger Lösungsumsätze bei der Metasomatose war. Solange innerhalb einer gewissen Einheit von einer mehr oder weniger konstant bleibenden Bauschalzusammensetzung ausgegangen werden kann, spielt dies auch eine geringe Rolle. Zu einem Problem von geologischer Bedeutung wird die Angelegenheit erst bei weit über die ursprünglichen Gesteinsgrenzen hinausgehenden Stofftransporten, deren Mechanismus man verstehen möchte, um über Reichweite und Abhängigkeit vom Gesamtzustand der Erdkruste richtige Vorstellungen zu erhalten.

Die Ansicht, die hier geäußert wurde, scheint kaum zu Widersprüchen zu führen. Sie ist in gewissem Sinne ähnlich der Anschauung, die Seite 373 hinsichtlich einer Differentiation der Magmen und einer Phasenumlagerung von Mineralgemengen im Temperatur-Schwere-Feld der Erde geäußert wurde. Ohne die Wirksamkeit von in Einzelphasen sich abspielenden Wanderungsprozessen zu verneinen, wird in beiden Fällen, gestützt auf Beobachtungen und theoretische Erwägungen, vermutet, daß erst das Nebeneinandervorkommen kristalliner und ångströmdisperser Phasen, also die *Phasenheterogenität,* zu größeren Stoffverschiebungen Veranlassung gibt.

Selbstverständlich setzen diese Hypothesen voraus, daß die Temperatur-Druck-Verhältnisse innerhalb der äußeren Erdkruste derartig sind, daß sich entscheidende großgeologische Vorgänge in Regionen abspielen können, in denen längere oder kürzere Zeit flüssige neben kristallinen Phasen größerer Raumerfüllung bestandfähig sind. Es ist daher wünschenswert, zu wissen, was, ausgehend von ganz anderen Methoden, über den Normalbau der ersten 100 km Erdtiefe gesagt werden kann.

Vorgängig dieser im IV. Teil erfolgenden Darstellung ist es zweckmäßig, nochmals kurz zusammenzufassen, was der Petrograph *Reaktionen im Festkörperaggregat der Lithosphäre* nennt. Er rechnet hierzu alle Umsetzungen, die in einem Teil der Erdkruste vor sich gehen, der sich während des Geschehens *als Ganzes* wie ein Festkörper verhält, gleichgültig ob lokal Lösungsumsatz erfolgte oder zeitweise Einzelteilchen atomarer bis molekularer Größe abgespalten und wieder an Kristallbildungen angelagert wurden. Nach den modernen Anschauungen sind schon Wachstum und Zerstörung einer Kristallart *chemische Reaktionen*, da hiebei besondere Verbindungen, Kristallverbindungen, auf- oder abgebaut werden. Es können nun Umsetzungen innerhalb eines Kristallindividuums unter Konstanz des Bauschalchemismus und ohne Zerfall in Subindividuen vor sich gehen, zum Beispiel Platzwechsel- und Austauschreaktionen unter Erhaltung der Kristallstruktur (wie Homogenisierungen zonarer Mischkristalle, Umwandlungen von geregelten in ungeregelte Mischkristalle, interne Umgruppierungen von vagabundierenden oder nur als Einlagerungen qualifizierbarer Teilchen, Ausgleich von Baufehlern oder Entstehung von Spannungen bzw. Erholungen der deformierten Partien). Unterarten eines Strukturtypus können sich ineinander umwandeln; durch Translationen kann einer mechanischen Beanspruchung nachgegeben werden. Innerhalb eines ursprünglich einheitlichen Individuums entstehen bei Entmischungen, Druckzwillingsbildungen oder mosaikartigem Zerfall neue Phasengrenzflächen. Sie verschwinden manchmal bei andersartigem Verlauf wieder teilweise oder ganz. (Homogenisierung, Erholung, Sammelkristallisation usw.) Häufig sind Reaktionen, die den Chemismus einer Kristallverbindung, nicht aber den Artcharakter verändern (Stoffzufuhr, Stoffwegfuhr), das heißt *Austauschreaktionen* im weitesten Sinne, aber auch Anpassungen an geänderte Bedingungen durch Einlagerung oder durch Leerstellenbildung, durch Festhalten diffundierender Teilchen, Abspaltung von H_2O usw. Schließlich können sich unter Keimbildung ganz *neue Kristallarten* bilden, mit oder ohne Stoffänderung, entstehend aus einer Kristallart oder durch Reaktion dieser mit andern oder mit kleinen Gas- oder Lösungsmengen, die bereits im Gestein vorhanden sind, ihm zugeführt werden oder die infolge der Bedingungsänderungen lokal entstehen. Immer sind Umorientierungen und Wanderungen sowie Zerstörungen und Neuentstehungen von Bindungen an diesem Reaktionsgeschehen beteiligt, das sehr häufig durch Edukt und Produkt charakterisiert werden kann, ohne daß Sicherheit besteht, wie im einzelnen der Reaktionsmechanismus beschaffen war.

IV

GEOPHYSIKALISCHE GRUNDLAGEN ZUR GESTEINS- UND MINERALLAGERSTÄTTENKUNDE

A. Allgemeine Geophysik der äußeren Erdhülle

a) *Das generelle Verhalten der Erdkruste*

Die endogenen Gesteine und Minerallagerstätten haben sich in der Erdkruste gebildet oder aus Material, das ihr entstammt. Mittels Schächten und Bohrlöchern sowie als Folge des Reliefs der Erdoberfläche sind wir durch direkte Beobachtung nur über Niveauunterschiede innerhalb einer äußeren Erdschale von wenigen Kilometern genauer orientiert. Gesteine, die wir heute an der Erdoberfläche studieren, lagen selten während oder nach ihrer Entstehung unter größerer Bedeckung als maximal 10–30 km. Die Gesteins- und Lagerstättenkunde betrachtet somit einen sehr kleinen Ausschnitt der festen Erde und muß in erster Linie versuchen, über die stoffliche Zusammensetzung und das physikalische Verhalten einer wenige zehn Kilometer in die Tiefe sich erstreckenden Zone Auskunft zu geben, denn diese ist der Schauplatz oder das Laboratorium, in dem sich die Produkte bilden, die sie zu erforschen hat.

Da sich indessen immer mehr die Ansicht durchgesetzt hat, die geologisch-tektonischen Phänomene der Erdepidermis seien eine Folge von Vorgängen tiefer gelegener Regionen, und da heute, wenn auch relativ spärlich, Tiefbeben mit einer vermutlichen Herdtiefe bis zu 700 km nachgewiesen wurden, ist es auch für den Geologen und Petrographen wünschbar, zu wissen, wie man sich den Bau der Erde bis in eine Tiefe von einigen hundert Kilometern oder doch bis in die ersten 100 km vorzustellen hat.

Geophysik und *Geochemie* setzen sich zum Ziel, den Aufbau der Erde als Ganzes zu erforschen. Sie benötigen andere Methoden als die Petrographie, gewissermaßen Abtastmethoden und Inter- und Extrapolationsmethoden. Manche von ihnen sind auch anwendbar, um heterogenes Verhalten in der äußersten Erdkruste nachzuweisen, und gehören daher zum normalen Rüstzeug des Lagerstättenforschers. Obgleich wir jenen Teil der Geophysik und Geochemie, der zu Mutmaßungen über das Verhalten in noch größerer Erdtiefe führt, unberücksichtigt lassen, ist es zur Abklärung der Grundlagen der Gesteins- und Mineralbildung und für die Lagerstättenkunde notwendig, zusammenzustellen, was über das geophysikalische Verhalten des äußeren Erdmantels gesagt werden kann. Hinsichtlich des geochemischen Teiles sei auf die Seiten 15 ff. verwiesen.

b) *Die Temperaturverhältnisse innerhalb der Erdkruste*

Der physikalisch-chemische Teil hat deutlich die wichtige Rolle der Temperatur für die Mineralbildung hervortreten lassen. Allerdings ist die Tem-

peratur der Verflüssigung oder der Umwandlung fester Phasen oder irgendwelcher heterogener Gleichgewichte auch vom Druck abhängig und außerdem
überall da, wo variable Phasenzusammensetzung möglich ist, vom Chemismus.
Man darf daher Temperaturangaben nicht für sich allein betrachten oder dann
nur als Grenzwerte unter den genau angegebenen Bedingungen. So werden
Schmelztemperaturen (oder bei inkongruenten Schmelzen erste Verflüssigungstemperaturen) von einfachen Mineralverbindungen bei Atmosphärendruck
nur die Maximaltemperaturen ergeben, bis zu denen, Gleichgewicht vorausgesetzt, das Mineral existieren kann, wobei erst noch zu berücksichtigen ist, daß
Druck im allgemeinen die Schmelztemperatur etwas erhöht (siehe Seite 290).
In diesem Sinne sind die nachfolgend zusammengestellten Daten zu bewerten.

Tabelle 19

*Schmelztemperaturen einfacher Mineralverbindungen (mit * Beginn der Verflüssi-
gung bei inkongruentem Schmelzpunkt). Druck von 1 Atmosphäre.*

	Schmelz- temperatur ^{0} Celsius		Schmelz- temperatur ^{0} Celsius
Sillimanit bis Mullit . .	um 1800^0*	Nephelin	
Mg-Olivin (Forsterit). .	1890^0	(nach Umwandlung) .	1526^0
Cristobalit	1713^0	Diopsid	1391^0
Leucit	1686^0	Albit	1120^0
Cordierit	um 1540^0*	Orthoklas.	1170^0*
Gehlenit	1590^0	Ägirin	990^0*
Klinoenstatit	1557^0*	Magnetkies	1157–1187^0
Anorthit	1550^0	Bleiglanz	1130^0
Wollastonit		Silberglanz	842^0
(nach Umwandlung) .	1540^0	Antimonit	546^0
		Realgar	320^0

Eutektische Schmelztemperaturen von Silikatgemischen liegen wesentlich
tiefer als die Schmelztemperaturen der Einzelmineralien; so treten zum Beispiel
bei Gegenwart von Na-K-Feldspat, Na-K-Nephelin und Leucit schon bei 1042^0
Schmelzbildungen auf. Sehr stark verflüssigend auf Silikate wirkt H_2O unter
Druck.

Unter den Umwandlungstemperaturen (Celsiusgrade) bei gewöhnlichem
Druck seien besonders genannt:

Niedertemperaturquarz $\rightleftharpoons$ Hochtemperaturquarz 573^0

    (1000 Atmosphären Druck erhöhen die Temperatur um 21,5^0)

Hochtemperaturquarz $\rightleftharpoons$ Tridymit   870^0

Tridymit $\rightleftharpoons$ Cristobalit   1470^0

Wollastonit   · $\rightleftharpoons$ Pseudowollastonit   1140^0

Nephelin $\rightleftharpoons$ Carnegieit   1248^0

Niedertemperatur-Silberglanz $\rightleftharpoons$ Hochtemperatur-Silberglanz ?189^0

Kubischer Boracit $\rightleftharpoons$ Pseudokubischer Boracit um 265^0

Kubischer Leucit $\rightleftharpoons$ Pseudokubischer Leucit um 603^0.

Bei Atmosphärendruck wird bei 900^0 $CaCO_3$ (Calcit) in $CaO + CO_2$ dissoziiert, allein bereits ein Belastungsdruck von nur 40 m normaler Gesteinsdicke vermag die Dissoziationstemperatur um 200^0 zu erhöhen.

Für die Frage nach dem Aggregatzustand in gewisser Erdtiefe (polykristallin fest oder vorwiegend amorph: glasig oder flüssig) werden im Mittel Temperaturen um 1200^0 bis 900^0 C, sofern die Druckverhältnisse noch nicht besonders hoch sind, von entscheidender Bedeutung sein. Es ist daher für alle Fragen der Lithogenese von besonderer Wichtigkeit, festzustellen, ob es möglich ist, Auskunft zu geben, in welcher Tiefe derartige Temperaturen erreicht werden. Daß es derartige Temperaturgebiete geben muß, zeigen die vulkanischen Erscheinungen mit dem Ausfluß von Magma, dessen Temperatur oft 1000^0 bis 1200^0 C erreicht.

α. **Geothermische Tiefenstufe.** Unterhalb einer maximal einige Meter tiefen Schicht, in der die Temperatur noch durch die wechselnde Lufttemperatur beeinflußt wird, nimmt die Temperatur überall in Richtung zum Erdkern zu. Durch direkte Beobachtungen in Bohrlöchern usw. konnte dies bis auf etwa 4 km Tiefe nachgewiesen werden.

Die *geothermische Tiefenstufe M* ist definiert als die Anzahl Meter, um die man tiefer gehen muß, damit die Temperatur um 1^0 C steigt. Häufig benutzt man auch den reziproken Wert $\frac{1}{M}$ ($= \Gamma =$ Temperaturgradient). Selten drückt man diesen Gradienten in CGS-Einheiten aus, was $\Gamma' = \frac{1}{M \cdot 100}$ ergibt. Die an zahlreichen Bohrlöchern gemachten Beobachtungen zeigen, daß die geothermische Tiefenstufe durchaus nicht überall die gleiche ist. Auch die Mittelwerte für Kontinente sind recht verschieden. So erhält man für Europa aus einer Auswahl von 19 Bohrlöchern: $M = 32{,}3$ m; für Asien aus 11 Bohrlöchern $27{,}0$ m; für Australien aus 5 Bohrlöchern $27{,}2$ m; für Nordafrika aus 4 Bohrlöchern $23{,}5$ m; für Südafrika aus 4 Bohrlöchern $90{,}0$ m; für Nordamerika aus 32 Bohrlöchern $39{,}1$ m. Die totale Variation von M geht etwa von 7 m (in relativ rezenter Lava) bis zu $172{,}7$ m (in den tieferen Teilen eines Bohrloches im Transvaal). Es ist daher recht schwierig, eine geothermische Tiefenstufe als normal zu bezeichnen.

Die große Variabilität der gemessenen M-Werte mag zum Teil darauf beruhen, daß die meisten Bohrlöcher ausgerechnet in nicht «normalen» Gebieten angelegt werden, nämlich da, wo irgendwelche Lagerstätten vorhanden sind oder vermutet werden. Daß übrigens in 3–4 km Tiefe noch nicht ein Temperaturausgleich über ganze Schalenteile beobachtbar sein kann, ist verständlich, denn die Ozeantiefen sind noch um einige Kilometer größer. Am tiefstgelegenen Ozeanboden ist jedoch die Temperatur immer noch um 0^0, während sie in entsprechenden Tiefen unter den Kontinenten schon weit über 100^0 C betragen wird. Außerdem ist M in den obersten Schichten noch stark vom lithologischen und tektonischen Aufbau abhängig, während vermutet werden darf, daß sich nach größeren Tiefen hin eine gleichmäßigere Verteilung einstellt.

Figur 309 und 310 vermitteln einige Temperaturmessungen in Bohrlöchern nach Zusammenstellungen von GUTENBERG und VAN ORSTRAND. Für die generellen Temperaturverhältnisse in der Erdkruste ist es natürlich interessant, zu wissen, ob die Änderung der geothermischen Tiefenstufe mit der Tiefe irgendwie gesetzmäßig verläuft. Die Messungen geben indessen kein einheit-

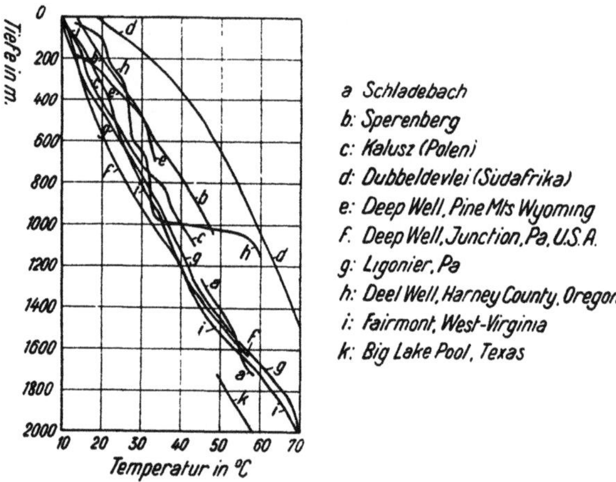

Fig. 309
Beobachtete Temperaturzunahmen in verschiedenen Bohrlöchern (nach GUTENBERG).

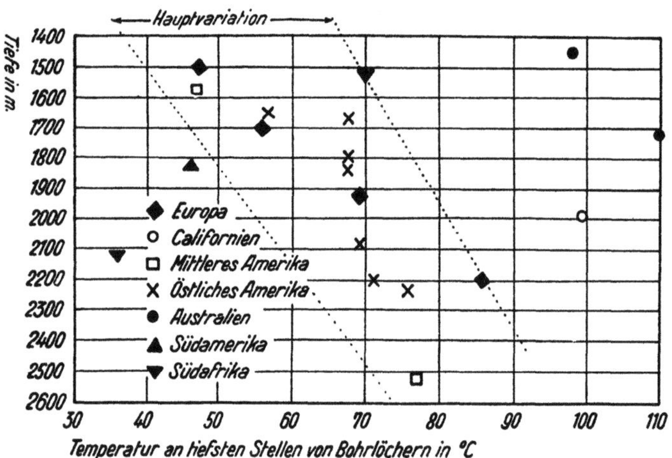

Fig. 310
Beobachtete Temperaturen an den tiefsten Stellen von Bohrlöchern (nach GUTENBERG).

liches Bild (siehe zum Beispiel auch Figur 309). VAN ORSTRAND gibt an, daß von 679 Bohrlöchern 59% eine Abnahme von M mit zunehmender Tiefe zeigen, 36% eine Zunahme von M, und 5% einen mehr oder weniger konstanten Verlauf. Das heißt also, daß in mehr als der Hälfte der Bohrlöcher die Temperatur in größerer Tiefe (2–3 km) schneller zuzunehmen scheint als in der Nähe der Oberfläche.

β. Extrapolation auf größere Erdkrustentiefen. So spärlich unsere der unmittelbaren Beobachtung entstammenden Kenntnisse über die Temperaturverhältnisse im Erdinnern sind, eines ist sicher: In den äußeren Teilen der Erdkruste besteht ein *Wärmegefälle* von innen nach außen. Dieser Wärmefluß verlangt im Erdinnern vorhandene Wärmequellen, das heißt dort auftretende höhere Temperaturen, als sie die Erdoberfläche infolge Ein- und Ausstrahlung der Sonnenwärme besitzt. (Die *Inversionstemperatur* des Bodens wird im Mittel zu 10^0 C angegeben.) Wir dürfen annehmen, daß sich ein stationäres Gleichgewicht einzustellen sucht, das man zunächst generell betrachten darf, obgleich für die geologischen Vorgänge besonders die Störungen dieses Gleichgewichts wichtig sein werden. Zur Beurteilung der Bilanzverhältnisse sollten wir nun vielerlei wissen, was in Wirklichkeit unbekannt oder aus wenigen Daten extrapoliert werden muß. Zunächst ist fraglich, bis in welche Erdtiefe sich das beobachtbare Wärmegefälle fortsetzt und ob der Temperaturgradient nach innen zu- oder abnimmt. Meist wird vermutet, daß M unter etwa 5–10 km Erdtiefe wesentlich größer wird, Γ also abnimmt, obgleich dies nach dem letzten Abschnitt aus den Beobachtungen nicht mit Sicherheit gefolgert werden kann. Ob der Wärmefluß von innen nach außen einer langsamen Abkühlung des Erdkörpers entspricht, wie früher fast allgemein angenommen wurde, hängt davon ab, ob der Wärmeverlust durch dauernde Wärmeentwicklung teilweise oder vollständig kompensiert oder gar überkompensiert wird. Als solche *Wärmequellen* kommen in der Erdkruste vor allem *radioaktive Prozesse* in Frage. Nun ist klar, daß die Verteilung radioaktiver Stoffe mit dem Gesamtchemismus der Erdrinde in engem Zusammenhange steht und daß für den Abfluß der Wärme die spezifische Wärme und das Wärmeleitungsvermögen der Gesteine eine wichtige Rolle spielen, die beide wiederum mit dem Chemismus und spezifischem Gewicht und Druck variieren. Wärme wird aber auch durch *Entgasungsvorgänge, Stoffwanderung* und *Konvektionsströmungen* transportiert, anderseits durch *Kompressionsarbeit* und *Reibung* erzeugt. Daraus ist ersichtlich, daß bereits das Aufstellen einer Wärmegleichung zur Voraussetzung hat, daß man über verschiedene Unbekannten plausible Annahmen macht, die nur aus der Diskussion anderer geophysikalischer Daten für sich eine gewisse Wahrscheinlichkeit beanspruchen können.

Man schätzt den *Wärmefluß*, der durch Leitung in der Erdkruste an die Erdoberfläche gelangt, auf $w \sim 10^{-6}$ (cal cm^{-2} sec^{-1}), das heißt Grammkalorien pro cm^2 und pro Sekunde. Für die Gesamterde ergibt dies unter Berücksichtigung der Verteilung von Ozeanen und Kontinenten eine Wärmeabgabe von ungefähr 10^{13} cal sec^{-1} (SCHWINNER, KUHN, RITTMANN). Für sich allein betrachtet, würde dies zu einer Abkühlung, bezogen auf die Gesamterde, von rund 22^0 C in 10^9 Jahren führen. Die Abkühlung würde unterbleiben, wenn eine analoge Wärmemenge, zum Beispiel durch radioaktive Prozesse, erzeugt würde. Es ist an sich durchaus möglich (siehe unter Radioaktivität), daß die Hälfte, die Gesamtheit oder gar mehr der in der äußersten Erdkruste abfließenden Wärmemenge durch radioaktive Wärmeerzeugung in dieser Zone nachgeliefert wird; manches spricht jedoch dafür, daß trotz derartiger Wärmeproduktion die Hypothese einer ständigen, wenn auch langsamen Abkühlung des Erdkörpers zu Recht besteht.

Immerhin muß schon hier betont werden, daß alle Folgerungen von der völlig unbekannten Verteilung der radioaktiven Stoffe im Erdinnern und dem Ablauf dieser Prozesse in großer Tiefe sowie von der Wärmeproduktion und Wärmeableitung im Erdinnern abhängig sind. So haben JOLY, POOLE und HOLMES (siehe auch Diskussion durch KIRSCH) angenommen, daß die durch Radioaktivität erzeugte Wärme periodisch zu Aufschmelzungen im großen Maßstab führt, die dann besonders infolge Wärmetransport durch Stoffwanderung und Konvektion in Perioden der Abkühlung übergehen.

Gegen diese Hypothese sind jedoch unserer Meinung nach in überzeugender Weise von GUTENBERG, JEFFREYS, SCHWINNER, SONDER, KUHN und RITTMANN (um nur einige zu nennen) Bedenken geäußert worden. Natürlich bedeutet dies keine Verneinung von periodischen Wechseln im Wärmegleichgewicht in bestimmten Regionen, von Störungen und ihrem Ausgleich; aber es ist sehr unwahrscheinlich, daß für ein derartiges Wechselverhalten die Radioaktivität, oder nach neueren Versionen Kernzertrümmerungen in Kettenreaktionen, als großgeologische Faktoren primär eine Rolle spielen.

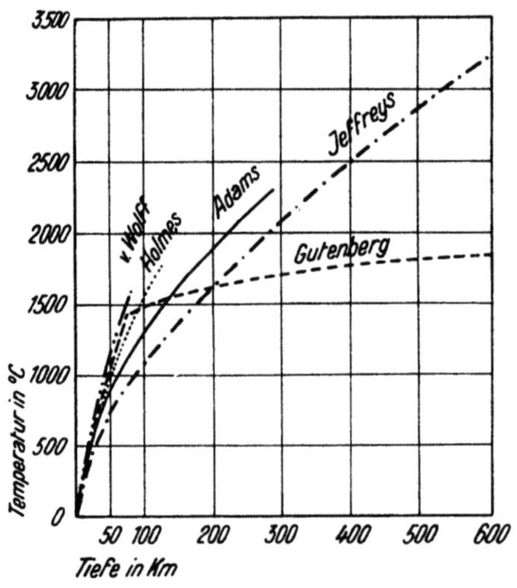

Fig. 311

Änderung der Temperatur mit der Erdkrustentiefe, nach verschiedenen Autoren (aus GUTENBERG).

Bereits für nur auf 100 km sich erstreckende Erdtiefen unter Kontinentgebieten ergeben sich je nach den speziellen Annahmen recht verschiedene mittlere Temperaturen (Figur 311). Es kann hier auf die physikalischen Überlegungen der verschiedenen Hypothesen nicht eingegangen werden; es genügt die Feststellung, daß in den meisten Fällen angenommen wird, daß bis mindestens 40 km die Schmelztemperaturen der dort vorkommenden Gesteine normalerweise nicht erreicht werden (wobei natürlich die noch recht unsicher bekannte Druckabhängigkeit des Schmelzpunktes eine Rolle spielt). Manche

Autoren nehmen auch an, daß in noch weit größerer Tiefe keine Verflüssigung auftritt.

Nach der von Wolffschen Theorie, die sich auf die später darzustellenden Ergebnisse der Erdbebenseismik über die Schichten der Erdkruste stützt (Abschnitt «Elastische Eigenschaften»), erreicht die Temperatur der Erdkruste in 20 km Tiefe 600° C, in 50 km Tiefe 1200° C und in 70 km Tiefe 1500° C. Das würde ein mittleres M von 46,6 m ergeben. Nach andern Autoren nimmt M mit zunehmender Tiefe viel stärker zu (siehe Figur 311).

Wird angenommen, daß $M = 30$ m sei und sich seine Größe bis 100 km nicht ändere (der Wert 30 m entspricht etwa einem Mittelwert Asien + Europa), so erhalten wir folgende Temperaturen (wobei aber zu sagen ist, daß kein Geophysiker ein so kleines M bis in so große Tiefen annimmt):

Tiefe	Temperatur in °C
0 km	0°
10 km	333°
30 km	999°
50 km	1665°
75 km	2500°
100 km	3333°

Wird mit $M = 40$ m gerechnet (entsprechend dem Mittelwert für Nordamerika), so erhält man:

Tiefe	Temperatur in °C
0 km	0°
10 km	250°
30 km	750°
50 km	1250°
75 km	1875°
100 km	2500°

RITTMANN, der von einer bestimmten Gliederung der äußeren Erdhüllen, mit Diskontinuitäten bei 20 und 45 km ausgeht, hat die in Figur 312 dargestellten Temperaturkurven gezeichnet und Schnittpunkte mit der Temperatur der Verflüssigung basaltischer Gesteine zu bestimmen gesucht. Die subkontinentale Kurve stellt anderen Autoren gegenüber bis 60 km Tiefe extrem niedrige Temperaturen in Rechnung. Darnach würde normalerweise die Verflüssigungstemperatur von Granit erst in etwa 50 km Tiefe, in der vermutlich die Gesteine bereits viel basischer sind (Salsima), erreicht werden, die Schmelztemperaturen dieses Salsima (basaltische Zusammensetzung) selbst wären bei etwa 70 km Erdtiefe erreicht, in der vermutungsweise die Zusammensetzung auch diesen basischen Charakter hat. Das würde bedeuten, daß unter den Kontinentflächen im Mittel mit einer Mindestschichtdicke von etwa 70 km kristallinen Gesteinsmaterials zu rechnen ist, was nicht ausschließt, daß von Intrusionen her lokal in diesem Gesteinsmantel Magmaherde längere Zeit zurückgeblieben sind. Auf alle Fälle würden jedoch nach dieser Auffassung die eigentlichen Magmenzonen in der Gegenwart unterhalb des sogenannten Sials liegen und überall, wo das thermische Gleichgewicht nicht gestört ist, erst mindestens 20 km tief im Salsima, das auch oft bereits Sima genannt wird, beginnen.

Vom geologisch-tektonischen Standpunkt aus sind nun aber besonders die auf lithologische und tektonische Beschaffenheit rückführbaren Änderungen von M und Γ in horizontaler und vertikaler Richtung wichtig.

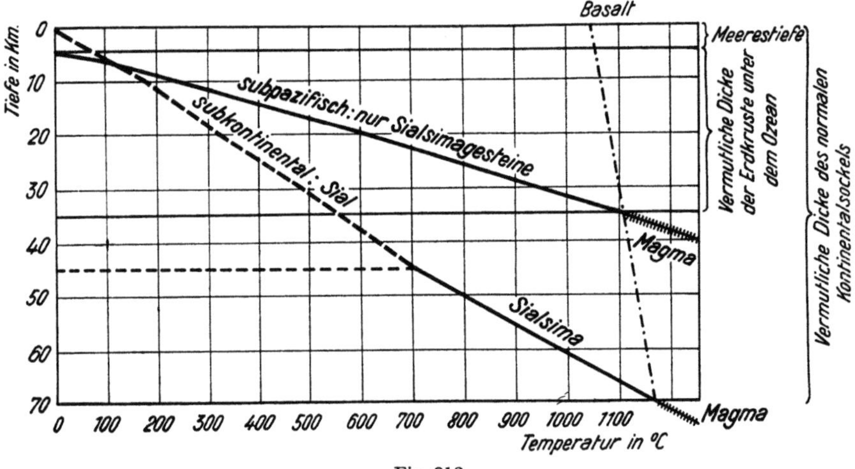

Fig. 312

Temperaturverlauf in der normalen kontinentalen und in der subpazifischen Erdkruste (nach RITTMANN). Die strichpunktierte Linie stellt hypothetisch die Verflüssigung von Salsima basaltischer Zusammensetzung dar.

γ. **Die Variabilität der Temperaturverteilung.** Wie erwähnt, ist M sowohl in horizontaler wie in vertikaler Richtung sehr variabel, offenbar im Zusammenhang mit der lithologischen und tektonischen Beschaffenheit des Gebiets. Diese Variabilität muß vorhanden sein, einerseits wegen der verschiedenen Wärmeleitfähigkeit der Gesteine (bei verschiedener Wärmeleitfähigkeit wird sich mit der Zeit ein anderes M herausbilden), anderseits wegen des Vorhandenseins lokalisierter Wärmequellen in der Erdkruste. Als letztere kommen in Frage: Magmaherde, vulkanische Vorgänge, chemische Prozesse (mit exothermer Wärmetönung), verschiedene Radioaktivität der Gesteine, Reibungswärme bei tektonischen Vorgängen (zum Beispiel Wärmeentwicklung bei Kompressionen und Scherungen, Aufsteigen von heißen Gasen, wässerigen Dämpfen und Lösungen unter Druckentlastung usw.). Weiter ist lokal auch die *Topographie* von Bedeutung.

Aus den bisherigen Messungen in Bohrlöchern ergeben sich etwa folgende *beobachtbare* Zusammenhänge. Die Topographie der Erdoberfläche hat die Wirkung, daß M unter Bergen im allgemeinen größer ist als unter Tälern (Figur 313). Auf diese Weise wird in größerer Tiefe die Temperatur sowohl unter dem Berg wie unter dem Tal in gleicher Tiefe mehr oder weniger gleich groß, obwohl die Geoisothermen in geringer Tiefe ungefähr der Erdoberfläche folgen.

Beobachtungen über die Abhängigkeit vom Untergrund: In Sedimentserien ist M oft in Antiklinalen kleiner als in Synklinalen, sofern die Antiklinale als Kern einen Granitrücken besitzt oder sofern es sich um eine Salzdomaufwölbung handelt. Ferner ist über erdölführenden Schichten M oft allgemein recht niedrig (zum Beispiel in Mexiko $M = 23$–27 m, in Borneo 17–30 m). Nach VON ORSTRAND ist in regionalem Ausmaß oft eine Beziehung zwischen M und Tiefe der «basement rocks» (des Altkristallins) festzustellen. Ist die genannte Tiefe klein (sind die darüberlagernden Sedimente also von geringer Dicke), so ist M häufig auch relativ klein (also die Temperaturzunahme relativ groß). Steinkohlengebiete zeigen meist mittleres M (um 30), während in Erzbergwerken M sehr stark schwanken kann, oft aber außerordentlich groß ist (bis 170 m) (also die Temperatur nur langsam zunimmt). Es hängt dies vermutlich mit der guten Wärmeleitfähigkeit der Erze zusammen, die zur Folge hat, daß sich höhere Temperaturen in geringer Tiefe nicht lange halten können, sondern relativ rasch ausgeglichen werden. Die starken Schwankungen sind erklärbar, weil sich neben den gut leitenden Erzen in unmittelbarer Nähe auch schlecht leitende Gesteine befinden.

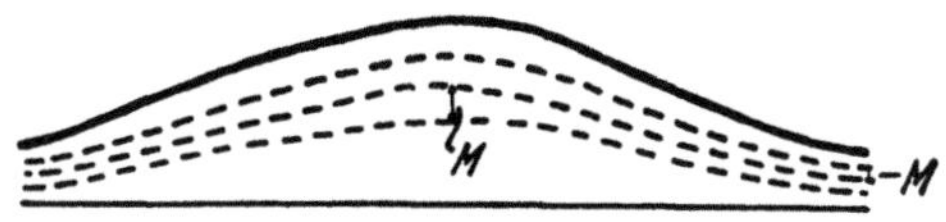

Fig. 313

Darstellung des Verlaufes der Geoisothermen unter topographischen Erhebungen.

Großgeologisch scheint besonders wichtig zu sein, daß in den Ozeangebieten die Temperatur bis zum Meeresboden kaum über 0^0 C steigt, jedoch infolge des Fehlens oder Zurücktretens eines Sials (relativ SiO_2-reicher Gesteine) im Untergrund und der geringeren Wärmeleitfähigkeit der salsimatischen (basischen) Gesteine die Temperatur mit der Tiefe rascher zunimmt als innerhalb der Kontinentalblöcke. Unter der allerdings etwas extrem erscheinenden Annahme einer nur halb so großen mittleren Wärmeleitfähigkeit der subpazifischen Krustengesteine gegenüber denjenigen der Kontinentalblöcke hat RITTMANN die Kurve der Figur 312 für das Temperaturverhalten unter den pazifischen Ozeanen gezeichnet. Die Verflüssigungstemperaturen basaltischer Massen müßten dann schon bei etwa 35 km erreicht sein, das heißt in einer halb so großen Tiefe als unter den Kontinenten. Wie dem im einzelnen sei, zwischen Ozeangebieten und Kontinentgebieten muß in der Erdkruste in horizontaler Richtung ein *Wärmegefälle* auftreten und damit normalerweise auch ein Niveauunterschied der obern Magmengrenzzone.

RITTMANN selbst hat dies in einer schematischen Figur, die allerdings wohl außergewöhnliche Verhältnisse vor dem Beginn eigentlicher Ausgleichsphänomene darstellt, zu veranschaulichen versucht. Wir wollen diese Figur reproduzieren (Figur 314), ohne auf eine Diskussion einzugehen, weil wenigstens prinzipiell aus ihr hervorgeht, daß der verschiedenartigen Temperaturverteilung in horizontaler Richtung Beachtung geschenkt werden muß. Zur Kennzeichnung der Unsicherheit sei im übrigen nur erwähnt, daß zum Beispiel DALY, ausgehend von der Annahme einer großen Wärmeerzeugung durch Radioaktivität (die im Sial größer als im Sima sei), zur Anschauung kommt, der glasig flüssige Zustand trete subkontinental in geringerer Tiefe ein als subpazifisch.

Aus diesen Hinweisen ist mehrfach ersichtlich geworden, daß ein nicht unwesentlicher Faktor für die Beurteilung des Wärmehaushaltes in der Erdkruste die vom Material und den äußeren Bedingungen abhängige Wärmeleitfähigkeit ist und daß auch die Frage nach der Verteilung der radioaktiven Stoffe eine Rolle spielt.

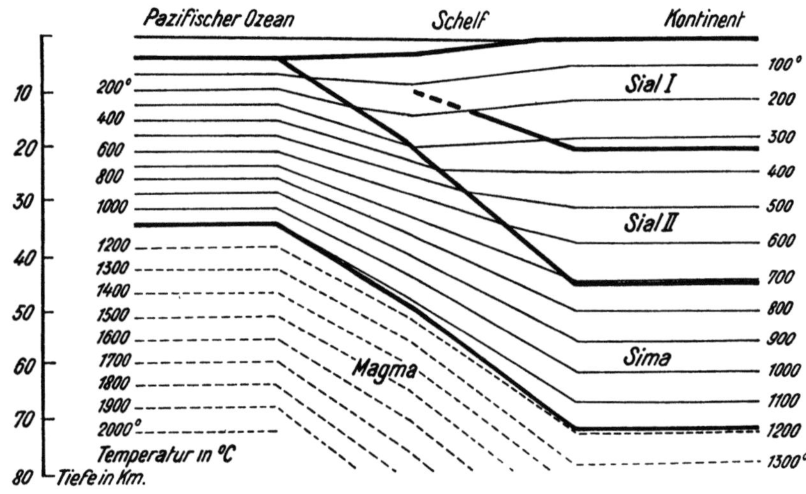

Fig. 314

Vertikaler Schnitt durch Kontinentalsockel und subpazifische Erdkruste unter Einzeichnung eines hypothetischen Verlaufes von Isothermen (nach RITTMANN).

δ. **Die Wärmeleitfähigkeit.** Die Wärmeleitfähigkeit λ ist definiert als die Anzahl Grammkalorien, die durch 1 cm^2 einer 1 cm dicken Platte bei 1° C Temperaturdifferenz in 1 sec hindurchgehen (Dimension: cal · cm^{-1} · sec^{-1} · grad^{-1} = cm · g · sec^{-3} · grad^{-1}). (1 cal ist als Wärmemenge definiert, welche 1 g Wasser um 1° C erwärmt; in Deutschland von 14,5° auf 15,5° C, in Amerika wird die «20°-Kalorie» verwendet).

Die Wärmeleitfähigkeit der anisotropen Mineralien ist von der Richtung abhängig. Die Wärmeleitfähigkeit der Mineralien und der Gesteine zeigt zum Teil ähnliche Züge wie die elektrische Leitfähigkeit. Wie die letztere ist sie in hohem Maße von Porosität und der Ausfüllung der Poren mit Luft oder Wasser und von Strukturfehlern abhängig. Luft hat bei 0° C eine Wärmeleitfähigkeit von nur 0,000 056 6, während Wasser ein λ von 0,001 29 bei 4,1° C hat. Praktisch ist der Einfluß des Wassers in den Gesteinen größer, als aus dem nicht besonders hohen Wert für λ hervorgeht, weil im Wasser Wärmeausgleichsströmungen auftreten. Bei trockenen Gesteinen mit einer merklichen Porosität muß daher λ wesentlich kleiner sein als aus den λ-Werten der Mineralien folgen würde. Erfüllung der Poren mit Wasser wird gegenüber trockenen Gesteinen das λ heraufsetzen.

Die meisten Bestimmungen von λ an Gesteinen sind nun an «lufttrockenen» Proben durchgeführt, geben daher nur bedingt ein Bild über die wirklichen Verhältnisse in der obersten Erdkruste.

Beispiel für die Wirkung des Wassers: nach GROEBER hatte ein ganz trockener Sand ein λ von nur 0,000778, während ein Sand mit 11,3 Volumenprozent Feuchtigkeit ein solches von 0,0027 besaß. Erdöl ist ein schlechter Wärmeleiter und setzt die Leitfähigkeit der von ihm erfüllten Gesteine herab.

Gesteine mit schiefriger Textur können auch thermische Anisotropie besitzen, und zwar ist λ größer parallel zur Schieferungsebene als senkrecht dazu (bis dreimal größer). Die Wärmeleitfähigkeit ist von Druck und Temperatur abhängig. Temperaturerhöhung erniedrigt die Wärmeleitfähigkeit bei vielen Mineralien und Gesteinen. Gegensätzliches Verhalten zeigen Anorthosite, einzelne Diabase, ferner alle gemessenen Gläser (siehe Tabelle 21). Drucksteigerung hat nach den bisherigen Messungen immer (meist ungefähr linear) Steigerung der Wärmeleitfähigkeit zur Folge (Schließung der Poren). Zu bemerken ist, daß nach KOENIGSBERGER verschiedene Meßmethoden recht ungleiche Werte liefern können.

Tabelle 20

Wärmeleitfähigkeit von Mineralien

(Temperatur zwischen 0^0 und 30^0 C)

Silber (zum Vergleich)	1,01
Magnetit	0,03
Quarz ‖ zur c-Achse	0,027
Quarz ⊥ zur c-Achse	0,016
Steinsalz	0,014 (andere Messung 0,0088)
Graphit	0,012
Calcit	0,010
Talk	0,0073
Feldspat	0,0057
Eis	0,0022–0,0057
Glimmer	0,0009

Temperaturabhängigkeit von λ für Quarz (nach BIRCH und CLARK).

	0^0 C	100^0 C	200^0 C	300^0 C
Quarz ‖ zur c-Achse	0,027	0,019	0,015	0,012
Quarz ⊥ zur c-Achse	0,016	0,012	0,0097	0,0084

Die Tabelle zeigt, daß Quarz eine recht gute Leitfähigkeit besitzt im Vergleich zu der Leitfähigkeit anderer wichtiger gesteinsbildender Mineralien, wie Feldspat und Calcit. Glimmer besitzt ein sehr kleines λ.

Tabelle 21

Wärmeleitfähigkeit λ einiger Gesteine und ihre Temperaturabhängigkeit
(nach BIRCH und CLARK)
(Lufttrockene Proben bei 1 Atmosphäre Druck)

	0° C	50° C	100° C	200° C	300° C	400° C
Granit (Rockport) . .		0,0078	0,0072	0,0065	0,0059	
Syenit (Ontario) . . .		0,0053	0,0051	0,0050		
Gabbro (Wisconsin) . .		0,0048	0,0048	0,0048	0,0048	
Diabas (Mt. Holyoke) .	0,0050	0,0050	0,0050	0,0050	0,0050	0,0051
Pyroxenit (Transvaal) .		0,0092	0,0085	0,0078	0,0073	
Dunit (Nord-Carolina) .		0,0101	0,0093	0,0081		
Anorthosit (Quebec) .		0,0042	0,0042	0,0043	0,0045	
Quarzitischer Sandstein						
⊥ zur Schichtung . .	0,014	0,012	0,011	0,0090		
Obsidian	0,0032	0,0034	0,0035	0,0037	0,0040	0,0043
Diabasisches Glas . .	0,0027	0,0029	0,0030	0,0033	0,0035	

Die Tabelle zeigt, daß sich bis zu Temperaturen von 400° C die Wärmeleitfähigkeit auf jeden Fall nicht größenordnungsmäßig ändert. Den höchsten Wert für λ zeigt der quarzitische Sandstein. Unter den Eruptivgesteinen hat Dunit eine gute Wärmeleitfähigkeit, während im übrigen von sauren zu basischen Gesteinen die Wärmeleitfähigkeit nicht stark ändert.

Tabelle 22 vermittelt (nach REICH und ZWERGER) einige weitere Werte der Wärmeleitfähigkeit (bei Zimmertemperatur und kleinen Drucken).

Tabelle 22

Eruptivgesteine	λ	*Sedimentgesteine*	λ
Granit	0,008–0,01	Tonige Kalke . . .	0,003 –0,008
Andesit	0,005–0,007	Sandstein	0,003 –0,008
Basalt	0,003–0,007	Tonschiefer	0,003 –0,005
Lava (Vesuv) . . .	0,004–0,005	Lehm.	ca. 0,002
Trachyt	0,003–0,005	Ton	0,001 –0,003
Tuff	0,001–0,004	Torf	0,0001–0,0003
		Trockener Sand . .	ca. 0,0006
Metamorphe Gesteine			
Gneis.	0,004–0,005		
Marmor.	0,005–0,006		
Serpentin	um 0,008		

Als Mittelwerte für größere Bereiche der äußeren Lithosphäre werden oft angenommen:

Sial . . . . $\lambda = 0{,}006{-}0{,}007 = 6$ bis $7 \cdot 10^{-3}$.
Salsima (oft Sima genannt) . . $\lambda = 0{,}004{-}0{,}0055 = 4$ bis $5{,}5 \cdot 10^{-3}$.

Wie bereits erwähnt, hat RITTMANN für das oberste Sial (bis zu etwa 20 km) den relativ hohen Wert von $\lambda = 8 \cdot 10^{-3}$, für salsimatische Gesteine, unter niedrigem Druck, den kleinen Wert $4 \cdot 10^{-3}$ eingesetzt. TAMS und SCHWINNER führten Rechnungen aus mit $\lambda = 8{,}5 \cdot 10^{-3}$ cal $\cdot$ cm^{-1} $\cdot$ sec^{-1} $\cdot$ grad^{-1}.

Über die Abhängigkeit der Wärmeleitfähigkeit vom Druck orientiert Tabelle 23 (nach BRIDGMAN, 1924).

Tabelle 23

	Wärmeleitfähigkeit als Funktion vom Druck $(= p)$. p in kg/cm²	Temperatur	% Änderung der Leitfähigkeit bei Steigerung um 1000 kg/cm²
Basalt	$0{,}00404 + 0{,}000019 \left(\dfrac{p}{1000}\right)$	30^0	$+ 0{,}47\%$
	$0{,}00414 + 0{,}0000089 \left(\dfrac{p}{1000}\right)$	75^0	$+ 0{,}22\%$
Kalkstein (Solenhofen) .	$0{,}00523 + 0{,}000005 \left(\dfrac{p}{1000}\right)$	30^0	$+ 0{,}1\%$
	$0{,}00451 + 0{,}000030 \left(\dfrac{p}{1000}\right)$	75^0	$+ 0{,}67\%$
Steinsalz	$0{,}00880 + 0{,}000317 \left(\dfrac{p}{1000}\right)$	30^0	$+ 3{,}6\%$
	$0{,}00756 + 0{,}00027 \left(\dfrac{p}{1000}\right)$	75^0	$+ 3{,}6\%$

Es wurden Drucke von 0 bis 12000 kg/cm² verwendet (1 kg/cm² = 0,981 Megabar). Außer bei einer hier nicht angeführten Probe wurde lineare Abhängigkeit des λ vom Druck beobachtet. Die Änderungen von λ mit dem Druck sind zwar deutlich (bei Basalt zum Beispiel bei 10000 kg/cm² Druck 4,7% Änderung gegenüber 1 kg/cm²), indessen sind sie nicht so groß, daß in den äußersten Schichten der Lithosphäre eine wesentliche, in Größenordnungen gehende Änderung des λ mit der Tiefe zu erwarten ist, da auch die Temperaturabhängigkeit (wenigstens bis 400° C, siehe Tabelle 21) nicht sehr ausgeprägt zu sein scheint. Anders mag der Fall in größerer Tiefe als 50 km sein. Aus verschiedenen Gründen wird für diese Teile der Lithosphäre eine sehr viel größere Wärmeleitfähigkeit als in den obersten Schichten vermutet.

ε. **Spezifische Wärme.** Bei Überlegungen über die thermischen Verhältnisse in der Erdkruste muß auch die *spezifische Wärme* der Gesteine berücksichtigt werden. Die spezifische Wärme c ist definiert als die Wärmemenge in Kalorien, die erforderlich ist, um 1 g eines bestimmten Stoffes um 1° C zu erwärmen, und die Einheit ist $c = 1$ cm² $\cdot$ sec^{-2} $\cdot$ grad^{-1}. c ist von der Temperatur abhängig. Wasser besitzt gegenüber den gesteinsbildenden Mineralien eine hohe Wärmekapazität (bei 15° C ist c von Wasser $= 1{,}000$, was natürlich auch aus der Definition der Kalorie (cal) zu folgern ist). Tabelle 24 vermittelt einige Werte von c für Mineralien und Gesteine (Mittelwerte zwischen 0° und 100° C). Oft gibt man die Wärmekapazität auch in Joules pro Gramm an (1 Joule

= 0,23895 cal). Um Joules zu erhalten, muß man die Zahlen für cal der Tabelle 24 mit 4,185 multiplizieren. Umwandlungswärmen pro Gramm sind oft von der Größenordnung $x \cdot 10^1$ Joules (zum Beispiel Nieder- → Hochtemperaturquarz bei 575° = 14,6 Joules), Schmelzwärmen von der Größenordnung $x \cdot 10^2$ Joules (zum Beispiel Forsterit → Schmelze bei 1890° C = 455 Joules). Eine ausführliche Zusammenstellung der Wärmekapazitäten von Mineralien und Gesteinen in ihrer Abhängigkeit von der Temperatur hat GORANSON gegeben.

Tabelle 24

Spezifische Wärme zwischen 0° und 100° C in cal.

	c		c
Feldspat	0,21	Sandstein	0,17–0,22
Quarz	0,20	Tonschiefer	0,22
Calcit	0,20	Kohle	0,31
Dolomit	0,22	Humusboden	0,44
Hämatit	0,174	Trockener Lehm	0,31
Granat	0,176	Feuchter Lehm	0,51
Augit	0,193	Sandiger feuchter Lehm	0,75
Hornblende	0,195	Feuchter Flußsand	0,32
Kaolin	0,224	Trockener Torf	0,15
Glimmer	0,206–0,209	Feuchter Torf	0,9
Granit	0,20	Marmor	0,21
Gneis	0,20	Serpentin	0,25
Basalt	0,21		

Die spezifische Wärme nimmt im allgemeinen bei steigender Temperatur zu, bei Jenaer Glas indessen nimmt sie ab.

ζ. Radioaktive Eigenschaften und Wärmehaushalt in der Erdrinde. Die Radioaktivität der Gesteine hat größte Bedeutung für die allgemeine Geophysik und die allgemeine Geologie, während ihre Bedeutung für die angewandte Geophysik zurücktritt. Im folgenden ist nur von der Radioaktivität der Gesteine und Minerallagerstätten selbst die Rede. Im Bereich der Lithosphäre kommen außerhalb der eigentlichen Gesteine, in Klüften, Kluftwässern usw., zum Teil recht bedeutende Anreicherungen (zum Teil gasförmiger) radioaktiver Stoffe vor. Ihrem Ursprung nach stammen indessen alle diese radioaktiven Stoffe ebenfalls aus den eigentlichen Gesteinskörpern.

Wohl alle Gesteine der Erdkruste enthalten in Spuren radioaktive Stoffe. Von größerer geologischer Bedeutung sind von den radioaktiven Elementen: *Uran* und *Radium* (Uran-Radium-Reihe), *Thorium* (Thoriumreihe), *Kalium* (Isotop 40). Ebenfalls radioaktiv sind Rubidium sowie die Elemente der Aktiniumreihe.

Die Reihen des radioaktiven Zerfalles von Uran-Radium und Thorium sind in Figur 315 dargestellt mit N = Atomgewicht (M) minus Kernladungszahl (Z) als Abszisse und Z = positive Kernladungszahl als Ordinate. Aussenden von α-Strahlen erniedrigt N und Z um zwei Einheiten (Abgabe von Heliumteilchen = 2 Neutronen), das Aussenden von β-Strahlen (Elektronen) erhöht Z um eine

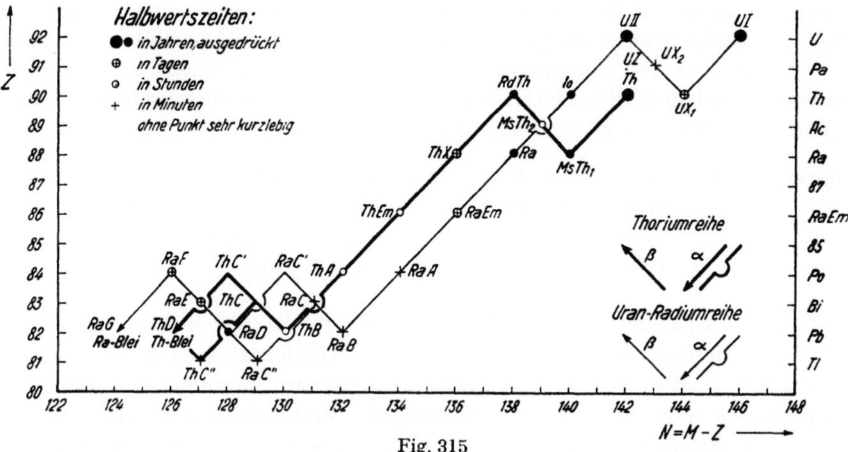

Fig. 315

Schematische Darstellung des Zerfalles von Uran und Thorium unter schematischer Berücksichtigung der Halbwertszeiten. Auf der Ordinatenachse sind die Ordnungszahlen Z und auf der Abszissenachse die Neutronenzahlen N (= Molekulargewicht M minus Ordnungszahl Z) abgetragen.

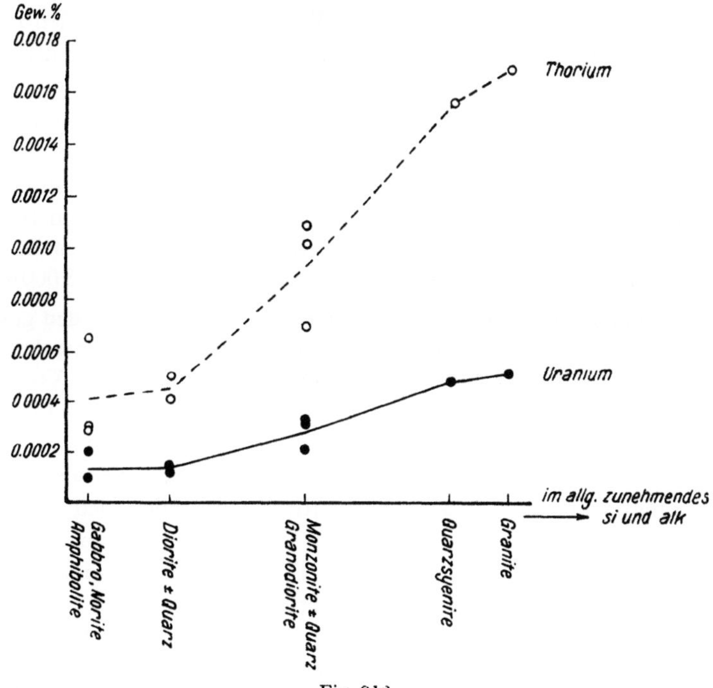

Fig. 316

Verteilungsdiagramm von Thorium und Uran in magmatischen Gesteinen von New Hampshire (USA.) (nach Billings und Keevil).

Aus Messungen der α-Teilchen-Emission berechnet unter der Annahme, daß 3,3mal soviel Thorium als Uran anwesend sei. Dieses Verhältnis scheint jedoch größeren Schwankungen unterworfen zu sein. Keevil selbst glaubt das Verhältnis zwischen 3 und 3,5 annehmen zu dürfen; es sind jedoch noch weiterstreuende Werte bekannt. In Tabelle 25 sind allerdings die Werte von U (oder Ra) und Th nicht immer an den gleichen Proben bestimmt worden.

Einheit, läßt jedoch M praktisch unverändert, so daß $M - Z$ um eine Einheit abnimmt. Die Endprodukte sind Radiumblei und Thoriumblei. Die Halbwertszeiten des Zerfalles sind für die einzelnen Glieder sehr verschieden, bei langsam zerfallenden wird die Halbwertszeit in Jahren, bei schnell zerfallenden in Sekunden ausgedrückt. Elemente gleicher Kernladungszahl sind Isotope (siehe Seite 38).

Halbwertszeiten:
(U)	Uran I	$4,5 \cdot 10^9$ Jahre
(Ra)	Radium	1590 Jahre
(Th)	Thorium	$1,65 \cdot 10^{10}$ Jahre
(K)	Kaliumisotop 40	ca. 10^9 Jahre.

Uran. Uran reichert sich in den späteren und letzten Phasen der magmatischen Differentiation an. Wir finden starke Anreicherungen vom Erzlagerstättentypus in Pegmatiten, in pneumatolytischen Paragenesen, dann in hochthermalen, mit sauren Graniten in engster Verbindung stehenden Sulfidlagerstätten (Mineralien: Pechblende, Uranglimmer usw.). In den Haupteruptivgesteinen selbst ist Uran nur in geringer Menge vorhanden, wobei der Gehalt mit zunehmender Basizität kleiner wird, also Granite den höchsten Wert haben. Im sedimentären Zyklus verhalten sich die Uranmineralien wenig resistent, das heißt sie bleiben nicht in den Verwitterungsrückständen zurück, sondern werden fortgeführt (Wiederausscheidung in Trockengebieten in Form von Kalkuranaten, ferner Adsorption in Kohlenlagerstätten).

Radium. Da alles Radium einmal aus Uran entstanden ist, stimmt seine primäre Geschichte im magmatischen Geschehen mit diesem überein. Im sedimentären Zyklus ist sein Verhalten etwas anders, zum Teil bedingt durch seine kurze Halbwertszeit. Größere sekundäre Anreicherungen wurden in rezenten Tiefseesedimenten gefunden. In Eruptivgesteinen und nichtrezenten Sedimenten ist, gemäß den Zerfallsgesetzen, das Verhältnis $U : Ra = 3\,000\,000 : 1$.

Noch unabgeklärt ist die Frage, in welcher Form U und Ra in den gewöhnlichen Gesteinen vorkommen. Meist sind keine spezifischen U-Mineralien festzustellen, wenn ein U-Gehalt um $1 \cdot 10^{-6}$ g pro g bestimmt wurde. Vermutlich ist das U dann irgendwie in isomorpher Beimengung vorhanden (zum Beispiel in Zirkon oder Orthit).

Thorium. Auch Thorium reichert sich in den spätern Stadien der magmatischen Differentiation an. Größere Konzentrationen finden sich in Pegmatiten (Syenit-, Granitpegmatite), ferner kann Thorium im pneumatolytischen Stadium noch reichlich vertreten sein. In den Eruptivgesteinen nimmt, ähnlich wie beim U und Ra, der Gehalt mit zunehmender Basizität ab. Recht hoher Th-Gehalt kommt neben den Graniten auch Syeniten zu. Meist können die Mineralien bezeichnet werden, die die Träger des Th-Gehaltes sind. In allererster Linie ist *Zirkon* zu nennen, der nicht selten einen Th-Gehalt hat, dann Monazit und Xenotim (in einzelnen Graniten Nebengemengteile) sowie Apatit und Orthit (Cer-Epidot). Eigentliche Th-Mineralien sind seltener, Diadochie mit Zr und Cer ist ausschlaggebend. Im sedimentären Zyklus bleibt Th, im Gegensatz zu den U-Ra-Elementen, in den Rückstandssedimenten und bildet oft abbauwürdige Seifenlagerstätten (Monazitsande).

Tabelle 25

Einige Bestimmungen der Gehalte an radioaktiven Elementen in Gesteinen

In 1 g Gestein sind enthalten:

	10^{-6} g Uran	10^{-12} g Radium	10^{-6} g Thorium	10^{-2} g Kalium alle Isotopen
Quarzporphyre (Mittel).	11,7	3,9	22	–
Granite (Mittel)	8,1	2,7	20	–
Granite	5–54	2–18	9–45 und	3–6
Syenit, Piz Giuf, Schweiz	31–65	10–22	28 mehr	4,4–7,5
Andere Syenite	–	2–3	17 (bis 34!)	um 7
Trachyte (Mittel) . . .	–	3,0	18	um 7
Granodiorite (Mittel) . .	–	2,5	18	2,5
Diorite (Mittel)	4,8	1,6	9,9	um 1,7
Basalte	2,2–3,5	0,7–1,2	5–9	0,8–1,8
Gabbro (Mittel)	–	0,8	5	0,7
Eklogite (Mittel). . . .	1,0	0,3	0,5–2	0,4
Peridotite (Mittel) . . .	–	0,5	3	0,8
Dunite (Mittel)	1,4	0,5	1,0–3,0	0,03
Rezente Laven	–	2–20	4–8	–
Altkristallin.	–	2–6	oft um 10	–
Sedimentgesteine aus				
dem Paläozoikum . .	–	0,5–13	–	–
dem Mesozoikum . .	–	0,2–1,4	–	–
dem Tertiär	–	0,2–2,3	–	–
dem Quartär	–	0,1–2,6	–	–
Rezente Tiefsee-ablagerungen				
Globigerinenschlamm	–	7,2	–	–
Radiolarienschlamm .	–	36,7	–	–
Roter Tiefseeton . .	–	27	–	–
Böden (in 0–0,5 m Tiefe), entstanden aus				
Granit	–	2,1–2,6	–	–
Gneis	–	1,0–1,3	–	–
Kalkstein	–	0,05–0,3	–	–
Vulkanböden, Vesuv . .	–	3,1–3,7	–	–
Zum Vergleich: Meerwasser und Flüsse				
(Durchschnitt) . . .	–	0,002*	–	–
Quellen, normal	–	0,01–0,14*	–	–

Die Radium-Werte der Rezenten Tiefseeablagerungen sind variabel** (Globigerinenschlamm, Radiolarienschlamm, Roter Tiefseeton).

– : Im betreffenden Fall nicht bestimmt   * In 1 cm³ Wasser   ** Ungleichgewichte

Kalium. Das weitverbreitete *Kalium* findet sich primär besonders in Graniten, Syeniten und zugeordneten Ganggesteinen angereichert. Das radioaktive *Kaliumisotop* 40 ist in natürlich vorkommendem Kalium mit 0,012% vertreten. Es wandelt sich in das Calciumisotop 40 um. Diese Bildung von Calcium aus Kalium auf radioaktivem Wege ist indessen infolge der geringen prozentualen Menge des Kaliumisotops 40 und der großen Halbwertszeit des Zerfalls kaum von großer geologischer Bedeutung, trotz der weiten Verbreitung von K.

Wir erkennen somit, daß für alle radioaktiven Stoffe mehr oder weniger gilt, daß sie im magmatischen Geschehen in den saureren, späteren Stadien der Differentiation angereichert werden.

Viel größere Konzentrationen als in den Gesteinen finden sich natürlich in den eigentlichen Uran- und Thoriumlagerstätten; Kalium kann in hoher Konzentration in Kalisalzlagerstätten vorkommen.

Tabelle 26

U-, Ra-, Th-*Gehalt einiger Erze*

	1 g Erz enthält		
	g Uran	g Radium	g Thorium
Uranpecherz (rein)	0,68–0,72	$0,23 \cdot 10^{-6}$	–
Uranpecherz, Gangerze . . .	0,07–0,51	$0,02–0,17 \cdot 10^{-6}$	–
Carnotit	0,43–0,47	$0,14–0,16 \cdot 10^{-6}$	–
Carnotiterze	0,02–0,4	$0,007 \cdot 10^{-6}$	–
Monazit	–	--	0,05–0,18

Ra-Emanation findet sich auch in Erdöl, das zehnmal mehr löst als Luft. Untersuchungen haben gezeigt, daß der Radiumgehalt in der Nähe von öl-erfüllten Schichten stark ansteigt.

SCHUSTER, BRONSON, EVE und ADAMS scheinen gezeigt zu haben, daß die Radioaktivität nicht beeinflußt wird durch Temperaturen bis zu 2500^0 C und auch nicht durch Drucke bis 26 000 Megabar (entsprechend einer Tiefe von etwa 80 km).

Beim radioaktiven Zerfall entsteht *Wärme* (Umsetzung der intraatomaren Energie in freie kinetische Energie, durch Bremsvorgänge der letzteren Wärme-erzeugung).

$$1 \text{ g Ra liefert } 0,039 \text{ cal pro Sekunde,}$$
$$1 \text{ g Th liefert } 6,1 \cdot 10^{-9} \text{ cal pro Sekunde,}$$
$$1 \text{ g K liefert } 1,24 \cdot 10^{-4} \text{ cal pro Jahr,}$$
$$1 \text{ g Rb liefert } 2,38 \cdot 10^{-4} \text{ cal pro Jahr.}$$

In den Gesteinen ist der Anteil der radioaktiven Erwärmung zu ähnlichen Teilen Ra, Th und K zuzuschreiben. Nach JOLY liefert 1 g Gestein in 1 Million Jahren:

Sial-Durchschnitt (Granite, Gneise) . . . 15,13 cal
Basalte . . . . 3,39–5,65 cal
Dunite . . . . 1,52 cal
Eklogite . . . . 1,49 cal

also «Granit» (= Sial) mehr als das Dreifache als Basalt. Das würde bedeuten, daß die radioaktive Wärmeerzeugung in den äußersten 0–30 km am größten sein wird, um dann in der «basaltischen» Schicht rasch abzunehmen. Wie rasch diese Abnahme erfolgt, ist jedoch völlig unbekannt, da sich alle Bestim-

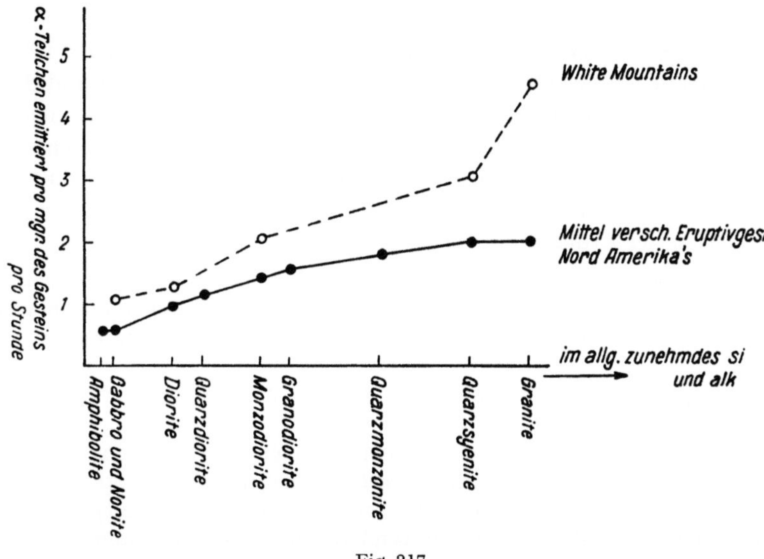

Fig. 317

Veranschaulichung der α-Teilchen-Emission in magmatischen Gesteinen, wobei regionale Werte von White Mountains (New Hampshire) Mittelwerten für Nordamerika gegenübergestellt sind (nach BILLINGS und KEEVIL).

mungen des Gehaltes radioaktiver Stoffe auf Gesteine der äußersten Erdhülle beziehen. Da die spezifische Wärme von Granit um 0,20 cal/grad ist, bedeutet 15,13 cal, daß sich damit 1 g Granit in 1 Million Jahren um 76° C erwärmt, wenn keine Wärme fortgeleitet wird. Ferner sei zum Vergleich erwähnt, daß die latente Schmelzwärme von Basalt etwa 100 cal pro Gramm beträgt.

Die oben angeführten Werte scheinen, absolut genommen, nicht sehr groß zu sein, sie sind jedoch, wie früher erwähnt, geophysikalisch von Bedeutung. Es würde von einem Gestein mit einer durchschnittlichen radioaktiven Wärmeproduktion von 15,13 cal pro 1 g in 1 Million Jahren die Wärmeabgabe der Erde nach außen, wie sie in den ersten 30 km angenommen wird, völlig kompensiert werden, und man versteht, daß bei noch relativ hohem Gehalt an radioaktiven Stoffen in größerer Tiefe sogar an eine ständige oder vorübergehende Erwärmung der Erde gedacht werden könnte (JOLY). 1 cm³ eines Gesteins obengenannter Radioaktivität würde pro Sekunde der Größenordnung nach 10^{-12} bis 10^{-13} cal produzieren. Nimmt indessen der Gehalt an radioaktivem Stoff mit der Erdtiefe sehr rasch ab, so ergeben sich andere Verhältnisse. RITTMANN hat unter der Annahme, daß im Mittel bis zu $7 \cdot 10^6$ cm Erdtiefe mit der Tiefe x in Zentimeter die produzierte Wärme nach einer hyperbolischen Gleichung

$$w_x = \frac{b}{x+a} \text{ mit } a = 2{,}16 \cdot 10^5; \quad b = 2{,}4 \cdot 10^{-7}$$

abnimmt, errechnet, daß nur ungefähr die Hälfte des vermutlichen Wärmeverlustes dieser Erdhülle nach außen hin durch radioaktive Prozesse kompensiert wird. Die durch Radioaktivität erzeugte Wärme stellt somit heute noch eine Unbekannte dar, die je nach der Art der Extrapolation Anpassung an verschiedene geologische Hypothesen ermöglicht.

Anhangsweise sei erwähnt, daß es für geologische Zwecke möglich ist, aus den radioaktiven Erscheinungen auf das Alter der Uranmineralien und damit der sie beherbergenden Gesteine zu schließen. Die beste Methode ist diejenige der Uranbleibestimmung, da Uranblei durch radioaktiven Zerfall entsteht. Das sich beim Zerfall bildende Helium wird auch zur Altersfeststellung benutzt, wobei jedoch an die Abwanderung des Heliums gedacht werden muß. (Über das Alter der Erdkruste siehe Seite 424.)

Bei der Bleibestimmung in Uranerzen ist zu berücksichtigen, daß auch aus Thorium durch radioaktiven Zerfall Blei entsteht und daß außerdem in vielen Gesteinen vor der Kristallisation primär Blei vorhanden war. Die Formel

$$\frac{Pb_{tot}}{U+0{,}34\,Th} \cdot 7600 \text{ Millionen Jahre} = \text{Alter in Jahren}$$

gilt daher nur, wenn alles an Ort und Stelle gebliebene Blei radioaktiven Ursprungs ist und außerdem die Actiniumzerfallsreihe unwirksam war (HOLMES). Das entstehende Helium (zunächst positiv geladen, dann neutralisiert) kann unter Umständen sehr leicht ab- oder auch zuwandern, so daß die Heliummethode noch unsicherer wird. Würden nur die Uran- und Thoriumzerfallsreihen in Frage kommen und alle Heliumteilchen zurückbehalten, so könnte die Formel:

$$\frac{He}{U+0{,}27\,Th} \cdot 8{,}8 \text{ Millionen Jahre} = \text{Alter in Jahren}$$

benutzt werden. Korrekturen haben vor allem NIER, KEEVIL, URRY, HOLMES, WICKMAN, HURLEY und GOODMAN diskutiert.

In vielen Mineralien (zum Beispiel Biotit, Chlorit, Cordierit, Hornblende, Fluorit, Zinnstein, seltener Quarz) eingeschlossene radioaktive Substanzen (zum Beispiel aus Zirkon, Orthit, Monazit, Xenotim bis Apatit) erzeugen, vermutlich durch das Bombardement von α-Teilchen, das heißt durch die Heliumentwicklung, Störungen, die sich in Verfärbungen bestimmter Reichweiten bemerkbar machen. Es entstehen sogenannte *pleochroitische Höfe*. In relativ jungen Bildungen (zum Beispiel Ozeansedimente, nicht älter als 300 000 Jahre) sind die radioaktiven Elemente noch nicht im «Gleichgewicht». Das Verhältnis der relativ langlebigen Elemente Uranium, Ionium, Radium gestattet dann Aussagen über das Alter einer Ablagerung ohne Benutzung der Blei- oder Heliummethode (PIGGOT, URRY).

c) *Die Druckverhältnisse in der Erdrinde*

α. Der durch Belastung entstandene mehr oder weniger hydrostatische Druck in der äußeren Lithosphäre und die Dichteverhältnisse. Die meisten Berechnungen über die Druckverhältnisse im Erdinnern basieren auf der Annahme, daß die für *hydrostatischen Druck* geltenden Gesetze angewendet werden können. Gerade in den äußersten Schichten (0–50 km) wird dies nun aber sicher nicht völlig zutreffen; es werden Gewölbespannungen usw. auftreten. Doch kann uns eine Berechnung nach der angeführten Annahme größenordnungsmäßig Auskunft über die Druckverhältnisse geben. Die Existenz der *Isostasie* (das heißt die Tatsache, daß über einer Niveaufläche in etwa 100 km Tiefe in großer Annäherung überall gleiche Massen liegen), ist übrigens gleichbedeutend mit der Existenz von angenähertem hydrostatischem Gleichgewicht in dieser Tiefe.

Der Druck ist abhängig von der gesamten Dichteverteilung in der Erde, die wiederum die Schwerebeschleunigung an jedem Punkt im Erdinnern bestimmt. Recht wichtig ist natürlich, was für Dichten den äußersten Schichten zugeschrieben werden.

Daher folgen zunächst einige Zusammenstellungen (nach unveröffentlichten Tabellen des Institutes für Geophysik der ETH.) über die Dichten von Mineralien und Gesteinen.

Tabelle 27

Dichte von Mineralien

	g/cm³		g/cm³
Bleiglanz	7,4 –7,6	Biotit	3,01
Zinnstein	6,8 –7,1	Turmalin	2,9 –3,2
Magnetit	5,0 –5,2	Aragonit	2,95
Hämatit	4,9 –5,3	Muskowit	2,85
Pyrit	4,9 –5,1	Anhydrit	2,8 –3,0
Markasit	4,8 –4,9	Dolomit	2,8 –2,9
Baryt	4,3 –4,6	Anorthit	2,75
Zirkon	4,45	Talk	2,75
Rutil	4,2 –4,3	Calcit	2,72
Kupferkies	4,1 –4,3	Chlorit	2,71–2,73
Zinkblende	3,9 –4,2	Oligoklas	2,65
Korund	3,9 –4,1	Quarz	2,65
Siderit	3,7 –3,9	Albit	2,61
Spinell	3,5 –4,1	Nephelin	2,58–2,64
Titanit	3,48	Serpentin	2,57
Diamant	3,5 –3,53	Orthoklas	2,55
Epidot	3,3 –3,5	Leucit	2,50
Olivin	3,3 –3,5	Gips	2,31–2,34
Granat	3,2 –4,2	Steinsalz	2,17–2,3
Augit	3,15–3,6	Schwefel	2,0 –2,1
Apatit	3,16–3,22	Graphit	2,1 –2,3
Fluorit	3,15–3,20	Opal	1,9 –2,5
Hornblende	3,0 –3,4	Eis	0,92

Wahre und natürliche Dichte von Eruptivgesteinen und metamorphen Gesteinen.
Wahre Dichte: Masse der Volumeneinheit des porenfrei gedachten Materials (entsprechend spezifischem Gewicht).

Natürliche Dichte: Masse der Volumeneinheit des natürlichen Gesteinsvorkommens (entsprechend Raumgewicht). Dabei sind in der Volumeneinheit auch die überall auftretenden kleinen Gesteinshohlräume enthalten. Diese Poren sind

Tabelle 28

Dichte von Gesteinen

a) *Eruptivgesteine*

	Wahre Dichte		Natürliche Dichte (Raumgewicht) mit wasserfreien Poren g/cm³
	Mittel g/cm³	Normale Grenzwerte g/cm³	
Granit	2,65	2,56–2,76	2,53–2,65
Syenit	2,74	2,60–2,95	
Diorit.	2,86	2,72–2,99	2,65–2,90
Gabbro	3,00	2,89–3,09	
Peridotit	3,06	2,78–3,37	
Pyroxenit	3,22	2,93–3,34	
Quarzporphyr	2,63	2,55–2,73	
Porphyrit	2,74	2,62–2,93	
Diabas	2,94	2,73–3,12	
Rhyolith	2,5	2,35–2,65	
Trachyt.	2,58	2,44–2,76	
Basalt	2,90	2,74–3,21	2,87
Obsidian	2,35	2,21–2,42	

b) *Metamorphe Gesteine*

	Wahre Dichte		Natürliche Dichte mit wasserfreien Poren g/cm³
	Mittel g/cm³	Normale Grenzwerte g/cm³	
Alkalifeldspatgneis	2,70	2,63–2,74	2,52–2,70
Tonerdesilikatgneis	2,81		
Glimmerschiefer	2,73	2,54–2,97	
Phyllit	2,74	2,68–2,80	
Marmor	2,78	2,63–2,87	
Serpentin	2,95	2,80–3,10	2,71
Kalksilikatfels	2,96	2,67–3,11	
Amphibolit	3,00	2,91–3,04	
Eklogit	3,35	3,21–3,54	

in der Natur meist teilweise oder ganz mit Wasser erfüllt. Die nachstehend angegebenen Werte für die natürliche Dichte entsprechen jedoch trockenem Material mit lufterfüllten Poren. Bei vollständiger Wasserfüllung der Poren steigt die natürliche Dichte um einen Drittel bis einen Zweitel der Differenz zwischen wahrer Dichte und natürlicher Dichte im Trockenzustand an.

c) *Verfestigte Sedimente, Erdöl und Asphalt*

	Wahre Dichte g/cm³	Natürliche Dichte mit wasserfreien Poren g/cm³
Kalksteine im allgemeinen	2,65–2,75	2,03–2,75
Kompakter Kalk	2,70–2,75	2,59–2,75
Mergel	2,56–2,86	1,63–2,63
Sandsteine	2,60–2,76	1,65–2,19
Stark verfestigter Sandstein	2,64–2,76	2,09–2,73
Ton	2,65–2,73	1,78–2,31
Tonschiefer	2,62–2,77	2,22–2,56
Anhydrit	2,8 –3,0	
Gips	2,17–2,40	
Steinkohle	1,26–1,33	
Erdöl	1,26–1,33	
Asphalt	0,6 –0,9	
Tuffstein		1,3 –2,4

d) *Unverfestigte Sedimente*
Natürliche Dichte, Material in naturfeuchtem Zustand

	g/cm³
Ackerboden, feucht	1,50–1,95
Torf, feucht	1,05
Braunkohle	1,00–1,40
Gestampfte Erde, frisch	2,00–2,20
Humusdecke	1,20–1,70
Kies, trocken	1,80–2,00
Kies, naß	1,90–2,10
Lehm, frisch	1,67–1,85
Sand, fein, trocken	1,20–1,65
Sand, grob, trocken	1,4 –1,5
Sand, feucht	1,3 –1,9
Löß	bis 2,6
Frischer Neuschnee	0,05–0,065
Altschnee	0,2 –0,3
Gletschereis	0,8 –0,9

e) *Mittlere wahre und mittlere natürliche Dichte der Hauptgesteinsgruppen, unter Berücksichtigung des mittleren prozentualen Anteils der einzelnen Gesteinstypen in größeren geologischen Körpern. Grundlage zur Berechnung größerer geologischer Gebilde bis zur Größenordnung der Kontinente (nach* BARRELL):

	Mittlere wahre Dichte g/cm³	Mittlere natürliche Dichte, halb wasser-gefüllte Poren g/cm³
Eruptivgesteine	2,80	2,80
Tongesteine	2,69	2,51
Sandgesteine.	2,67	2,35
Kalkgesteine	2,76	2,64
Mittel der Sedimentgesteine	2,70	2,50

Über das generelle Verhalten der Druckzunahme mit der Erdtiefe bis zu 100 km orientiert nach v. WOLFF die Figur 318, wobei zwei Kurven angegeben sind, eine für die Erdkruste unter den Kontinenten und eine für die Erdkruste unter dem pazifischen Ozean, die bei 100 km (isostatische Ausgleichsfläche) aufeinanderfallen.

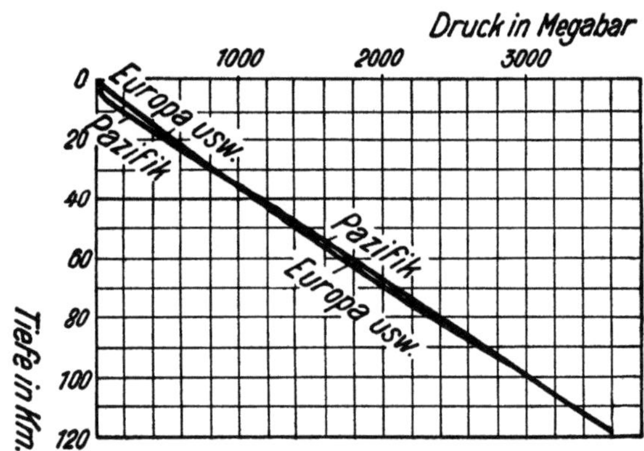

Fig. 318
Diagramm der Druckzunahme (in Megabar ausgedrückt) in Funktion der Erdrindentiefe
(nach v. WOLFF).

Weitere Angaben auf Grund verschiedener Annahmen stammen unter anderem von GUTENBERG. Sie sind in Tabelle 29 zusammengestellt.

β. **Druck- und Temperaturverhältnisse.** Für das Normalverhalten der Mineralaggregate sind nach den Ausführungen im physikalisch-chemischen Teil die *Wertepaare von Temperatur und Druck* maßgebend. Wir sollten in einem *P-T*-Diagramm die natürlichen physikalischen Bedingungen eintragen können. Nun ist es selbstverständlich, daß die Kombination abhängig ist von den benutzten Temperatur- und Druckkurven, die, wie wir sahen, von ver-

Tabelle 29

Druck in der Erdkruste unter verschiedenen Annahmen [a) bis d)]
und unter Voraussetzung von hydrostatischem Druck

(h = Tiefe in km)

a) Von 0–40 km beträgt die Dichte 2,8; darunter $3,0 + \dfrac{h-40}{1000}$

b) Von 0–40 km beträgt die Dichte 2,8; darunter $3,2 + \dfrac{h-40}{1000}$

c) Von 0–40 km beträgt die Dichte 2,8; darunter $3,4 + \dfrac{h-40}{1000}$

d) Von 0–6 km beträgt die Dichte 1 (Wasser); darunter bis 40 km Tiefe 3,1, noch tiefer wie im Falle b).

Tiefe h in km	Druck in Megabar im Falle			
	a	b	c	d
1	275	275	275	100
5	1 370	1 370	1 370	500
10	2 750	2 750	2 750	1 870
20	5 500	5 500	5 500	4 900
30	8 250	8 250	8 250	7 950
40	11 000	11 000	11 000	11 000
50	13 900	14 140	14 340	14 140
60	16 800	17 300	17 700	17 300
70	19 700	20 400	21 100	20 400
100	29 000	30 000	31 000	30 000
150	45 000	46 000	48 000	46 000
200	60 000	63 000	66 000	63 000
300	92 000	97 000	102 000	97 000
400	125 000	132 000	139 000	132 000

Tabelle 30

Tiefe in km	Temperatur (M = 30) in ⁰ Celsius	Druck nach a)	Druck nach d)
		Megabar	
1	33⁰	275	100
10	333⁰	2 750	1 870
20	666⁰	5 500	4 900
30	1 000⁰	8 250	7 950
40	1 332⁰	11 000	11 000
50	1 665⁰	13 900	14 140
60	2 000⁰	16 800	17 300
100	3 333⁰	29 000	30 000

schiedenen Autoren auf Grund unterschiedlicher Annahmen ungleich dargestellt werden. Wird zum Beispiel angenommen, daß die geothermische Tiefenstufe (bis in 100 km Tiefe) 30 m pro 1^0 C ist, so würden für die Fälle a) und d) der Druckzunahme nach GUTENBERG die Daten der Tabelle 30 gelten.

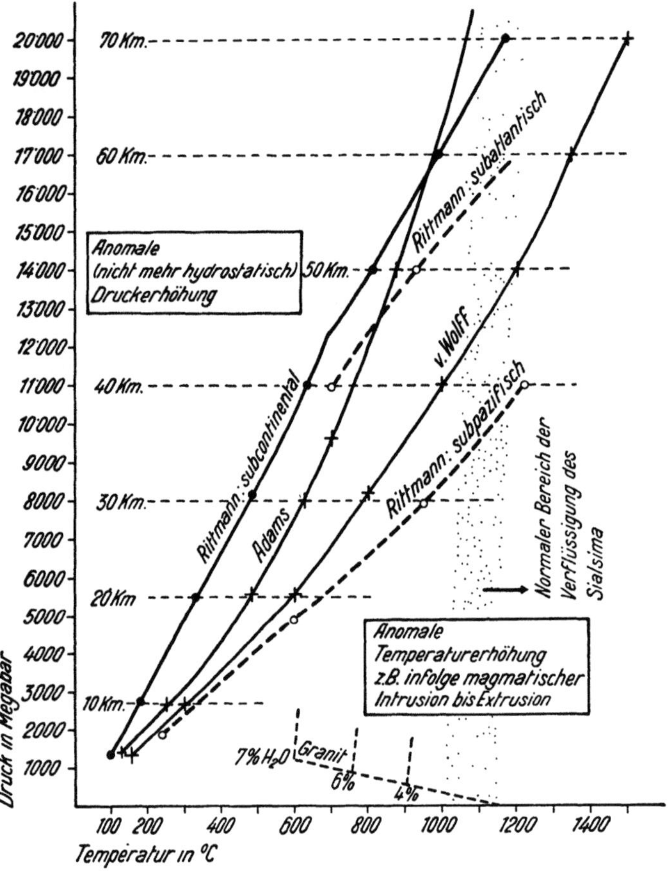

Fig. 319

Diagramm, welches die koexistierenden P-T-Verhältnisse in Abhängigkeit der Erdtiefe (bis zu 70 km) angibt (nach verschiedenen Autoren).

In Figur 319 sind die zur Zeit am meisten diskutierten P-T-Kurven bis 70 km Tiefe gezeichnet. Da für a), b), c) nach GUTENBERG Druck und Tiefe ähnlich zueinander stehen, wird ein Mittelwert genommen. Es gelten diese Drucke in Kontinentalblöcken, für die auch ADAMS, RITTMANN und v. WOLFF die Temperaturverteilung berechnet haben. Der Fall d) von GUTENBERG kann mit der allerdings noch sehr fragwürdigen Temperaturverteilung kombiniert werden, die RITTMANN unter dem pazifischen Ozean annimmt. Aus dieser Darstellung ist ersichtlich, daß, bei durchwegs plausibeln, jedoch verschiedenartigen Annahmen, subkontinental in Tiefen von 20–60 km immer noch Temperaturunterschiede von mehr als 300° C berechnet wurden. Das ist eine Unsicherheit, die sehr wesentlich ins Gewicht fallen kann, wenn an die Konsequenzen im geologisch-tektonischen Verhalten gedacht wird. Die Figur 319 enthält auch in Form eines Streifens mutmaßliche Temperaturen, die zur Verflüssigung jener basaltisch-gabbroiden Gesteine führen sollten, wie sie in gewisser Erdtiefe vermutet werden. Subkontinental würden diese Verflüssigungstemperaturen je nach dem Temperatur-Druck-Gesetz erst unterhalb 40 bis unterhalb 70 km Tiefe erreicht sein. Unter Drucken, die bereits oberhalb 5 km Tiefe erreicht sind, vermag Granitschmelze bis 7% H_2O aufzunehmen und kristallisiert dann (zum Beispiel bei 7% H_2O-Gehalt bei etwa 600° C) nach GORANSON erst bei relativ niedriger Temperatur. Die Abhängigkeit dieser Verflüssigungstemperaturen von weiterem Druckanstieg ist nicht bekannt, doch muß steigender Druck die Schmelztemperaturen erhöhen. Im Normalverhalten würde daher ein granitisches Magma selbst mit dem relativ hohen Wassergehalt von 7% nach der Temperaturverteilungsannahme von RITTMANN oder ADAMS erst in mehr als etwa 45 km Erdtiefe bestandfähig bleiben, während die von-Wolffschen geothermischen Tiefenstufen bereits unterhalb 30 km Erdtiefe zur Verflüssigung von Graniten und Gneisen, denen reichlich H_2O zugeführt wird, Anlaß geben müßten. In Granit- und Gneisgesteinen ist naturgemäß der H_2O-Gehalt bedeutend niedriger, die Verflüssigungstemperatur dementsprechend weit höher. Auf alle Fälle laufen die für das Verhalten der Erdkruste maßgebenden P-T-Druckkurven im allgemeinen flacher als manche Temperatur-Druck-Kurven heterogener, relativ kondensierter Gleichgewichte. Daraus folgt im allgemeinen eine Paragenesen- und Phasenänderung mit zunehmender Erdtiefe, zum mindesten für Reaktionen, deren Gleichgewichtstemperaturen bei Atmosphärendruck unterhalb 1200° C sind.

Nochmals muß betont werden, daß alle genannten Ableitungen ein mittleres Verhalten widerspiegeln, das jedoch, wie aus der Geologie genugsam bekannt ist, immer wieder gestört wird, wobei durch den Emporstieg von Magmen vorübergehend Temperaturen, wie sie normalerweise erst für 50–70 km Tiefe charakteristisch sind, erdoberflächennahen Gebieten vermittelt werden.

Vom Standpunkt der Abkühlungstheorie der Erde ergibt sich noch eine für das Verhalten des Erdinnern wichtige Folgerung. Es sollte in diesem Falle eine Region geben, in der die Temperaturänderung einen maximalen Wert hat und infolgedessen auch relativ große Volumänderungen auftreten. Dadurch erzeugte Spannungen werden sich nach oben und unten verschieden auswirken, so daß anzunehmen ist, in der Nähe der «Fläche» maximaler Temperaturänderung sei auch eine spannungslose «Fläche».

JEFFREYS hat versucht, unter bestimmten Annahmen die Tiefe der mit der Zeit in immer größere Tiefe wandernden spannungslosen Fläche zu errechnen. Verkürzt sich infolge Abkühlungskontraktion der Erdradius um etwa 1 mm pro Jahrhundert, so verlagert sich diese spannungslose Fläche im gleichen Zeitraum um etwa 7,5 mm in die Tiefe. JEFFREYS gab an, daß diese Fläche heute in ungefähr 125 km Tiefe liegen könnte, während GUTENBERG annimmt, daß sie in nicht ganz 100 km Tiefe zu erwarten sei, das heißt in der Nähe der «Grenzfläche» kristallisiert ⇄ flüssig. Nimmt das Volumen beim Kristallisieren ab, so müßten unterhalb dieser Fläche Dehnspannungen nach oben, oberhalb dieser Fläche Dehnspannungen nach unten auftreten. Da an der Erdoberfläche wieder Spannungsfreiheit besteht, wird zwischen rund 100 km Tiefe und Erdoberfläche ein Maximum vertikal gerichteter Spannungen zu erwarten sein. Es sei noch vermerkt, daß eine mittlere Verkürzung des Erdradius um 1–2 mm pro Jahrhundert einer Verkürzung von 10–50 km während der Gesamtheit der ausscheidbaren geologischen Epochen entsprechen würde.

HOLMES schätzt auf Grund von Bestimmungen radioaktiven Zerfalls die Zeit, die seit Bildung ältester Gesteine verflossen ist, auf gegen $3{,}35 \cdot 10^9$ Jahre, also 33 Millionen Jahrhunderte. Der Beginn des Kambriums würde etwa $5 \cdot 10^8$ Jahre zurückliegen, das Präkambrium somit wesentlich mehr als 2 Milliarden Jahre umfassen. Vom Kambrium bis zum Ende der Permzeit wird mit einer Zeitdauer von etwa 300 Millionen Jahren gerechnet, der Beginn der Trias läge von der Jetztzeit um etwa 180 Millionen Jahre zurück. Die Wende von Kreide- zur Tertiärzeit erfolgte vor nahezu 70 Millionen Jahren. Denken wir uns die Zeit derart in Zentimetermaßstab abgetragen, daß der Zeitdauer seit Bildung der festen Erdkruste 1 km Länge entspricht, so umfaßt das, was wir Völker- und Staatengeschichte nennen, nur die letzten Millimeter dieser Zeitstrecke. (Neuere Zusammenstellungen über geologische Zeitmessungen stammen von ZEUNER.)

Es gibt noch andere, allerdings von Temperatur- und Dichteverhältnissen nicht unabhängige geophysikalische Erscheinungen, die Aussagen über den Zustand in gewissen Erdtiefen ermöglichen.

d) *Allgemeines über das mechanische Verhalten von Mineralien und Gesteinen*

Eine gewisse Auskunft über den Zustand in einer bestimmten Erdtiefe geben insbesondere die Verhaltungsweisen des Materials Störungen gegenüber, wie sie beispielsweise bei *Erdbeben* auftreten. Bei der Deutung ist es jedoch notwendig, sich von veralteten Vorstellungen zu befreien. Eigenschaften wie spröde und zähe oder plastisch sind *nicht* Materialeigenschaften an sich, sondern Reaktionsarten, die von der Beanspruchungsart abhängen. Wenn sich ein Stoff einer Einwirkung gegenüber verhält wie bei normalen Drucken sogenannte Festkörper, so ist dies kein Beweis, daß er kristallisiert ist. Wesentlich abklärend haben in dieser Beziehung die Untersuchungen an sogenannten pseudokristallinen bis amorphen Kunststoffen gewirkt, aber auch das gegensätzliche Verhalten der *Kalt-* und *Warmfestigkeit* von Metallen bei *Momentan-* und *Dauerbeanspruchung* trug dazu bei, die Anschauungen zu präzisieren. Handelt es sich (wie zur Hauptsache in der äußersten Erdkruste) um Kristallaggregate, so ist besonders auf zweierlei Rücksicht zu nehmen:

1. auf die verschiedenen Zusammenhaltsmechanismen in einem solchen Aggregat, zum Beispiel innerkristallin und zwischenkristallin (*intrakristallin* und *interkristallin*);

2. auf die *Anisotropie*, und zwar sowohl auf das anisotrope Verhalten der Einzelkristalle als auch auf eine durch Gefügeregelung und spezielle Mineralverteilung erzeugte statistische Gesamtanisotropie.

Die intrakristallinen Kohäsionseigenschaften sind weitgehend struktur-bedingt und daher artspezifisch anisotrop. Das kommt zum Beispiel in den Elastizitätseigenschaften, den Festigkeiten, der Spaltbarkeit, der sogenannten Kristallplastizität zum Ausdruck; im einzelnen jedoch spielen die besonderen Bindungsverhältnisse, Atomverteilungen und die Struktur- und Baufehler eine große Rolle. Das Verhalten eines Aggregates ist nur zum geringen Teil als einfacher statistischer Mittelwert des Einzelkristallverhaltens berechenbar. Die besondere Struktur und Textur, die Grenzflächenbeschaffenheiten, das mit Temperatur und Druck sowie Beanspruchungsart wechselnde Verhältnis von intra- und interkristalliner Kohäsion (siehe Seite 387) werden von wesent-lichem Einfluß. Im Verband eines Kristallhaufwerkes erfahren die Einzel-kristalle bei irgendeiner Beanspruchung *inhomogene* Verformungen, wodurch sofort auch die Korngrenzenverhältnisse geändert werden. Bedeutsam, und von Struktur und Textur abhängig, ist das Maß der *Gefügefreiheit*, das bei der-artigen Verformungen wirksam sein kann.

Zwei Begriffe spielen bei der Beschreibung der Vorgänge eine große Rolle: der Begriff der *Verfestigung*, das heißt des zunehmenden Widerstandes gegen-über einer Verformung, und der Begriff der *Entfestigung* (oft Erholung ge-nannt), das heißt der Rückbildung zu einem wieder verformungsfähigeren, jungfräulichen Zustand. Die Verfestigung kann, abgesehen von Umkristalli-sationen und Neubildungen, besonders die Korngrenzen und Mosaikränder (zum Beispiel durch Versetzungen, Texturänderungen, Änderung der Gefüge-freiheit usw.) betreffen, oder auf einer Spannungsverfestigung (Verbiegungen, Stauchungen usw.) der Einzelkörner oder auf beidem beruhen. Begünstigt durch Wechselbeanspruchung werden inter- und intrakristallin unter dem Ein-fluß der Zeit und der Temperatur Erholungen durch Auslösen der Spannungen, Drehungen der Körner, Platztausch der Teilchen, Rekristallisation und Korn-neubildungen bemerkbar. Es ist aber auch zu beachten, daß Spannungen und Deformationen in einem Kristallaggregat bei wiederholter Temperaturänderung infolge der Anisotropie der thermischen Ausdehnung neu entstehen können. In Metallen und Legierungen haben dies Boas und Honeycombe näher studiert.

Wird ein Material bis zum Bruch beansprucht, so unterscheidet man gerne sogenannte *zähe Verformungsbrüche von spröden Trennungsbrüchen*, intra- von interkristallinen Brüchen (ob sie vorwiegend nur Körner oder nur Zwischen-kornmasse betreffen), Trennungen durch reine Spaltung von solchen unter plastischer Deformation und Bildung von Mosaikstrukturen, statische von dynamischen Brüchen, Dauerbrüche (entsprechend Dauerfestigkeit) von Mo-mentanbrüchen. Es ist zum Beispiel wohlbekannt, daß Metallkristallaggregate bei Raumtemperatur und mäßigen Belastungen sich weitgehend wie ideale starre Körper verhalten unter weitgehender Formbewahrung, während eine langandauernde Belastung unter hohen Temperaturen zu dauerndem Fließen oder Kriechen führen kann oder nach gewisser Zeit zu einem «deformations-losen» spröden Trennungsbruch. Von großem Einfluß ist dann die Kerbung, die mit der Porosität und Klüftung im Gestein verglichen werden kann. Es muß zwischen dem Widerstand gegen Bruch und gegen Deformation unterschieden werden, und es darf besonders bei höherer Temperatur aus kurzzeitigen Versuchen nicht auf die Bruchfestigkeit bei langandauernder, relativ kleiner Belastung geschlossen werden.

In Diagrammen Spannung–Kriechgeschwindigkeit macht sich eine Unstetigkeit bemerkbar, die oft darauf zurückgeführt wird, ob für den Ablauf des Vorgangs die intrakristallinen Eigenschaften oder die Korngrenzeneigenschaften maßgebend sind, wobei es für Festigkeiten naturgemäß darauf ankommt, was unter den gegebenen Bedingungen leichter überwunden werden kann. Niemals darf vergessen werden, daß die Zeitdauer, die ja gerade für Vorgänge in der Erdkruste von geologischem Ausmaß eine ganz andere Bedeutung als im Laboratoriumsversuch hat, deshalb von großem Einfluß ist, weil bei der Beurteilung Größen wie Deformationsgeschwindigkeit, elastische Nachwirkung, Relaxationszeit (Zeit, in der die Spannung auf den e-ten Teil gesunken ist, nach Wegfallen der die Spannung bewirkenden Kräfte) auftreten und die Beanspruchung selbst einen inhomogenen, oft periodischen Charakter besitzt. Besteht irgendeine Gefügefreiheit, das heißt die Möglichkeit einer Veränderung des Gefüges (was auf verschiedene Weise möglich ist), so wird die Tendenz bestehen, durch Ausnutzung dieser Freiheit das in Kristallaggregaten stets anisotrop in Erscheinung tretende Spannungsfeld zu homogenisieren. Bedenkt man aber, daß die Gesteine nicht kurzweg als streng kondensierte Kristallaggregate betrachtet werden dürfen, sondern daß in ihnen durch Diffusion im Festen, durch Aufsteigen oder Abspalten flüssiger und gasförmiger Phasen, durch die verschiedenen Ordnungszustände in den verschiedenartigen Kristallen und an deren Grenzflächen eine kaum übersehbare Mannigfaltigkeit zur Geltung kommt, so wird man verstehen, daß zur Zeit alle auf das Materialverhalten Bezug nehmenden geophysikalischen Interpretationen als bloße Schemavorstellungen mit größter Vorsicht zu bewerten sind.

Glücklicherweise sind in den letzten Jahren durch die von BRIDGMAN entwickelte Experimentiertechnik Versuche bei sehr hohen hydrostatischen Drukken (über 50000 Megabar) und zum Teil auch bei erhöhten Temperaturen möglich geworden. GRIGGS und GORANSON haben dem Verhalten einfacher Gesteine (zum Beispiel Kalksteine, Gips) besondere Aufmerksamkeit geschenkt. Da sich zugleich die Metallkunde immer mehr der Dauerbeanspruchung und Warmverformung (siehe zum Beispiel Darstellungen von BAILEY, HOUWINK, BURGERS, NADAI, JEFFRIES, TAPSELL, DEHLINGER, THUM, SIEGFRIED, ROŠ, EICHINGER u. a.) zugewendet hat, darf man erwarten, daß sich in den nächsten Jahrzehnten die Vorstellungen über das mechanische Verhalten der Erdkruste bis zu 100 km Tiefe präzisieren werden.

Heute ist es noch so, daß man aus der in der Natur auftretenden Kombination der Beanspruchungsarten und Verhaltungsweisen einige einfache Grenzfälle herausgreift und mit ihnen, die nur Teilphänomene sind, versucht, komplex zustande gekommene Beobachtungen zu erklären. Daß dadurch Widersprüche entstehen und der Geologe, der die Festigkeitslehre der Aggregatzustände nicht beherrscht, verleitet wird, scheinbare Ergebnisse, die mit einer seiner Arbeitshypothesen vereinbar sind, zu verallgemeinern, braucht nicht zu verwundern.

Diesen Vorbehalt vorausgeschickt, bleibt aber auch uns nichts anderes übrig, als Bericht zu erstatten über einige einfachere Begriffe, mit denen die Geophysik arbeitet und als Ausgangspunkt zunächst auch arbeiten muß.

e) *Viskosität und Fließfähigkeit*

Für tektonische Vorgänge, die in einer Gesteins- und Minerallagerstätten-lehre nur kurz erwähnt werden müssen, jedoch in der tektonischen Geologie eine Hauptrolle spielen, sind Größen außerordentlich komplexer Zusammensetzung, wie *Viskosität* und *Fließfähigkeit*, von ausschlaggebender Bedeutung. Sie sollen Auskunft geben über dauernde Deformationen, die durch verhältnismäßig lange wirkende Drucke und Spannungen zustande kommen. Von vornherein ist davor zu warnen, aus gleichartigem Aussehen deformierter Körper (zum Beispiel Falten- oder Stauchungsbildern) auf analogen Mechanismus der Deformation zu schließen. Es ist einer der üblichen Fehlschlüsse, aus Verformungen, die im Produkt das Bild einer plastischen bruchlosen Deformation ergeben, zu schließen, der Körper sei während der Verformung «weich» gewesen oder hätte nicht gleichzeitig schnellen Formveränderungen einen starken Widerstand entgegensetzen können. Für das plastische Verhalten im speziellen sind die im Körper vorhandenen verschiedenen Zusammenhaltsmechanismen von Bedeutung. Im Kristallaggregat spielen die Kristallplastizität und «Korngrenzenplastizität» eine Rolle, aber auch das Um- und Rekristallisationsvermögen, die Mitwirkung flüssiger oder gasförmiger Phasen (Lösungsumsatz siehe Seite 374), selbst wenn diese in jedem Zeitmoment nur in sehr kleinen Mengen auftreten. Im heterogenen Verband wird für das Deformationsbild von entscheidender Bedeutung das verschiedenartige Verhalten aneinandergrenzender Körper, wodurch in besonderem Maße für den deformationsfähigeren eine «weichere» Konsistenz vorgetäuscht wird. Elastische Nachwirkung, Kriechen und Kriechgeschwindigkeit, innere Reibung, Viskosität und Viskositätskoeffizient, Zähigkeit oder Fluidität sind oft gebrauchte, aber nicht immer gleichartig definierte Begriffe, um das plastische Verhalten im weitern Sinne irgendwie zahlengemäß zu erfassen. Ja manche dieser Begriffe stehen unter sich in einem losen Zusammenhang.

In den letzten Jahren ist versucht worden, die verschiedenen Deformationen zu klassifizieren. Von ideal elastischen Deformationen kann man nur sprechen, wenn bei gleichbleibender Beanspruchung (Stress) die Deformationsgröße (Strainzustand) konstant bleibt und nach Aufhören der Belastung die Deformation völlig zurückgeht. Gilt das Hookesche Gesetz, so ist die Deformationsgröße S proportional der einwirkenden Spannung τ. Die Proportionalitätskoeffizienten sind die verschiedenen Elastizitätsmoduln, zum Beispiel $S = \frac{1}{E}\tau$ (E = Youngscher Modul) oder $S = \frac{1}{\mu}\tau$ (μ = Torsionsmodul = Righeitsfaktor).

Bei den nichtidealen elastischen Deformationen nimmt die Deformation bei konstanter Beanspruchung zunächst zu (Nachwirkung) und geht nach Auflösen des Spannungszustandes nur langsam, jedoch vollkommen (elastische

Rückfederung) oder nur teilweise (plasto-elastisches Verhalten) zurück. S ist eine Funktion der Zeit (t) geworden.

Erste Abweichungen vom Hookeschen Gesetz hat man auf sogenannte *innere Reibung* zurückzuführen versucht und die Gleichung aufgestellt: $S = \dfrac{1}{\mu}\tau - \dfrac{\eta}{\mu}\dfrac{dS}{dt}$, wobei η *Koeffizient der inneren Reibung* genannt wird. Der Strain(Deformations)-zustand würde nach Aufhören des Stress(Spannungs)zustandes exponentiell auf null heruntersinken und $\dfrac{\eta}{\mu}$ wäre die Relaxationszeit T (Zeit des Sinkens von S auf $\dfrac{1}{e} = \dfrac{1}{2,73}$ des Ursprungswertes S_0). Den Begriff Relaxation hat KOHLRAUSCH aus der Erscheinung abgeleitet, daß bei längerdauernder Deformation dieser Art die zur Erhaltung der Deformation notwendige Kraft während der Belastungs-zeit abnimmt. Umgekehrt muß in diesem Falle bei konstanter Kraftwirkung die Deformation zunehmen oder sowohl bei Belastung wie Entlastung die end-gültige Deformation (bzw. der wieder deformationslose Zustand) erst nach längerer Zeit erreicht werden. Als Relaxationszeit T wird dann, wie oben er-wähnt, jene Zeit bezeichnet, die notwendig ist, um bei konstanter äußerer Be-dingung den zeitlich veränderlichen Wert auf $\dfrac{1}{e} = \dfrac{1}{2,73}$ absinken zu lassen.

Vom eigentlichen *Fließen* (plastic flow) spricht man, wenn die Deforma-tionsgeschwindigkeit $\dfrac{dS}{dt}$ als «Fließgeschwindigkeit» maßgebend wird und die Deformation nach Aufhören des Spannungszustandes gar nicht oder höchstens sehr teilweise und verlangsamt zurückgeht. MAXWELL hat die generelle Glei-chung aufgestellt:

$$\frac{dS}{dt} = \frac{1}{\mu}\cdot\frac{d\tau}{dt} + \frac{\tau}{\eta} \qquad \text{bzw.} \qquad S = \frac{1}{\mu}\tau + \frac{1}{\eta}\int_0^t \tau\, dt.$$

Hier ist η der *dynamische Viskositätskoeffizient* für plastisches Fließen, eine Größe, die man in Dyn pro sec cm^{-2} mißt.

Eine andere Form der Gleichung ist

$$\frac{d\tau}{dt} = \mu\,\frac{dS}{dt} - \frac{\tau\,\mu}{\eta}.$$

Bezeichnet man jetzt wieder $\dfrac{\eta}{\mu}$ als Relaxationszeit T des plastischen Fließens, so wird $\dfrac{d\tau}{dt} = \mu\dfrac{dS}{dt} - \dfrac{\tau}{T}$, und es wird für konstante Deformation (das heißt $\dfrac{dS}{dt} = 0$) die Gleichung zu $\dfrac{d\tau}{dt} = -\dfrac{\tau}{T}$ oder, wenn τ_0 der anfängliche Wert von τ ist, $\tau = \tau_0\, e^{-\frac{t}{T}}$. Auch hier gilt für die Relaxationszeit die ähnliche Deutung wie oben, in ihr sinkt die Spannung auf das $\dfrac{1}{2,73}$fache des ursprünglichen Wertes.

Wird der elastische Anteil $\dfrac{1}{\mu}\cdot\dfrac{d\tau}{dt} = 0$, so resultiert $\dfrac{dS}{dt} = \dfrac{1}{\eta}\tau$, das ist das Newtonsche Gesetz für viskoses Fließen (Deformationsgeschwindigkeit propor-tional Schubspannung bzw. Stress). Im letztern Fall ist η die *dynamische Zähig-keit* (Viskositätskoeffizient) der Flüssigkeit, $\dfrac{1}{\eta}$ der *Fluiditätskoeffizient;* nach erfolgter Entlastung findet kein Deformationsrückgang statt. Als plastisches Fließen werden Deformationen bezeichnet, bei denen das Fließen erst nach Überwindung eines Fließwiderstandes (strength) stattfindet, während viskoses (zähes) Fließen bei kleinster Spannungsdifferenz auftritt.

Nach BINGHAM kann man formelgemäß der Fließgrenze Rechnung tragen durch den Ansatz $\frac{dS}{dt} = \frac{1}{c_1}\,(\tau - f)$, wo f die Fließgrenze und c_1 eine Konstante ist, doch würde in diesem Fall $\frac{dS}{dt}$ linear mit $(\tau - f)$ ansteigen, was bei plasto-unelastischen Körpern nicht der Fall ist. Zwischen plastischem und flüssig-viskosem Fließen liegen Verhaltungsweisen, die als visko-elastisch und visko-unelastisch (teilweiser Rückgang der Deformation) bezeichnet werden. Gesetze wie $\frac{dS}{dt} = \frac{\tau^n}{c_2}$ oder $\frac{dS}{dt} = \frac{(\tau - f)^n}{c_3}$ sind hierfür aufgestellt worden.

Es ist jedoch fraglich, ob dieser etwas theoretischen Klassifikation größere Bedeutung zukommt. Betrachtet man sogenannte Zeit-Deformations-Bilder, so sieht man, daß sich die Verformung in Abhängigkeit von der Zeit bei analytisch-chemisch gleichem Material, bei gleicher Temperatur und gleichem Stress je nach dem Gefüge, der kristallinen Struktur und der Vorbehandlung oft ganz verschieden verhält. Es kann sein, daß die plastische Verformung mit der Zeit zuerst relativ stark zunimmt, um sich dann nur sehr langsam zu verändern. In anderen Fällen folgt auf eine stärkere Zunahme der Verformung eine langsamere und später wieder eine stärkere, usw. Die Fließgeschwindigkeit ist daher selbst von der Zeit abhängig. Bei in jeder Beziehung praktisch gleichem Material ist im allgemeinen nach bestimmter Zeit die Verformung größer bei größerem Stress (doch gibt es hier wichtige Ausnahmen), höherer Temperatur, höherem hydrostatischem Druck, zunehmender Durchtränkung mit mobiler Phase, zunehmender Porosität und oft auch bei relativ feinerem Korn. Für einzelne Teile der Zeit-Deformations-Kurven hat man versucht, Formeln aufzustellen, die logarithmischen bzw. exponentiellen Funktionen, Parabelfunktionen oder hyperbolischen Funktionen usw. entsprechen. GRIGGS konnte zum Beispiel bei Verformung von Mineralaggregaten generell Formeln vom Typus $S = A + B \ln t + C t$ zur approximativen Kurvendarstellung oder Teilkurvendarstellung verwenden mit A, B und C als individuellen «Konstanten». Die Fließgeschwindigkeit $\frac{dS}{dt}$ würde nach dieser Formel zu $C + \frac{B}{t}$, das heißt gleich einer Konstanten plus einer zeitabhängigen Größe, welch letztere bei großer Zeitdauer relativ klein wird. Wichtig ist, zu versuchen, einander analoge Fließgeschwindigkeiten (zum Beispiel approximative Endgeschwindigkeiten oder «konstante Geschwindigkeiten», das heißt die Fließgeschwindigkeiten im mehr geradlinig verlaufenden Kurventeil der S-t-Diagramme) bei verschiedener Einwirkungsart miteinander zu vergleichen. Derartige Fließgeschwindigkeiten wachsen im allgemeinen bei gleicher Stressdifferenz mit zunehmendem hydrostatischem Druck (Manteldruck), sie nehmen auch zu mit steigender Temperatur. Bruch erfolgt im allgemeinen bei stärkerer Verformung nach kürzerer Zeit als bei geringer Verformung, doch kann selbst bei geringem Stress (besonders bei stärkerem hydrostatischem Druck und höherer Temperatur) nach langandauerndem schwachem Fließen Bruch eintreten, ohne daß dazu eine plötzliche Drucksteigerung notwendig ist. Es fehlt also sehr wahrscheinlich in der Natur eine scharfe Grenze zwischen Bruch- und Fließzone. Festigkeiten sind nur auf die Zeitdauer der Beanspruchung bezogen definierbare Größen.

Im dritten Kapitel haben wir unterschieden zwischen *Kristalloklastese* (Bruch der Kristalle), *Kristalloplastese* (Verformung der einzelnen Kristalle durch Gleitflächenbildung, oft begleitet von nachweisbaren inneren Spannungen und Verbiegungen) und *Kristalloblastese* (Neubildung von «gesunden» Kristallen während und nach der Deformation, oft unter Mitwirkung einer mobilen Phase). Im Kristallaggregat kommen zu den Erscheinungen im Einzelkristall diejenigen an den Korngrenzen (interkristalliner Trennungsbruch und Kornverschiebungen bei der Plastese) hinzu, und die deutlich unter Stresswirkung verformten Gesteine lassen in etwas größerer Erdtiefe durchwegs eine Kristalloblastese, das heißt eine Rekristallisation erkennen. Seite 374 haben wir diese zur einfachen Kristallplastizität hinzukommende Verformungsmöglichkeit *plastische Phasenumlagerung* genannt.

In beiden Fällen handelt es sich im Grunde genommen um etwas Analoges. Im Gegensatz zur völlig elastischen (reversiblen) Verformung treten bei allen plastischen Verformungen Teilchenverschiebungen oder Teilchenloslösungen aus dem Gitterverband auf, mit Neufixierung (im wiederum kristallinen Verband) des Wandernden an Stellen, für die ein relativ günstiger Potentialwert besteht oder geschaffen wird. Diese Rekonstruktion verhindert oder bremst nach Aufhören der Beanspruchung die «Rückfederung» in die ursprünglichen Verbandsverhältnisse. Der Idealfall der plastischen Verformung ist dann erreicht, wenn nach der Deformation die Teilchen eine normale Lage in einem ungestörten, den Verhältnissen angepaßten Gitterfeld besitzen, das heißt sich in Mulden eines inneren Gitterpotentials befinden. Im Inneren eines völlig normalen einfachen Kristallgitters (Einkristall, unendlich ausgedehnt gedacht) ist dies theoretisch durch Gleitungen in Form der mechanischen Translationen oder der Druckzwillingsbildungen (siehe Seite 66) möglich, wobei jedoch bereits bei einigermaßen komplexen Strukturen der Reorganisationsprozeß neben Translationen noch mannigfaltige Drehbewegungen benötigt.

Damit mehrere Teilchen unmittelbar in neue ausgezeichnete Gitterpunktstellen übergeführt werden, sollte die Loslösung und Wanderung in Verbänden (Gleitlamellen usw.) erfolgen. Die vollständige oder teilweise Rekonstruktion fände nach endlichen Translationsgrößen statt, und die Prozesse der Loslösung der Bindungen wären vergleichbar einem laminaren zweidimensionalen Schmelzen sowie einem «Wiederanwachsen oder einem gesetzmäßigen Fixieren» der «fließenden» schichtartigen Gitterblöcke.

Aus verschiedenen Ursachen (beim einfachen, aus einer Atomart bestehenden Gitter zum Beispiel schon infolge der Randbedingungen der endlichen Kristalle, der gegenseitigen Behinderung des Gleitens im Kristallaggregat, der Strukturfehler, der Biegungsmöglichkeit der Gleitlamellen, den beim Wandern auftretenden Versetzungen) läßt sich dieser Idealfall (bei welchem nach der

Deformation die elastische innere Energie nicht geändert wäre, obgleich zum Anlassen der Prozesse eine elastische Anspannung nötig ist) kaum verwirklichen. Es treten Störungen und Spannungen auf, die einerseits das Fortfließen behindern, andererseits die Tendenz haben, sich im Laufe der Zeit bzw. unter günstigen Bedingungen wieder zu beheben. Das führt dann nach zunächst erfolgender Schubverfestigung (zum Weitergleiten werden größere Spannungen benötigt) durch innere Umordnung zur Erholung oder Vergütung oder schließlich, ausgehend von den stärksten Spannungszentren, zu einer völligen Neuordnung und Rekristallisation. Für die Schubverfestigung selbst scheint nach BECKER und OROWAN die Verformungsgeschwindigkeit von Bedeutung zu sein.

Die Realkristalle im Aggregat, mit ihren Inhomogenitäten, Baufehlern und Lockerstellen (SMEKAL), ihren Verunreinigungen und inneren Neubildungen während der Deformation, ihrer Mosaikstruktur und gegenseitigen Kornbeeinflussung werden im allgemeinen nur örtlich begrenzte, sprunghafte und kleine Gleitschritte erlauben. Das laminare Blockschmelzen wird gewissermaßen in lokalisierte Einzelprozesse aufgelöst, die Spannungsverteilung wird inhomogen und nur langsam durch «Amorphisierung» wieder homogener. Die Wahrscheinlichkeit eines Gleitsprungs, die sicherlich von der örtlichen Aufspeicherung an Spannungsenergie und von der Temperatur abhängig ist, wird maßgebend und bestimmend für die integrierte Fließgeschwindigkeit. Lockerstellen, Spalten, Kristallgrenzen, Inhomogenitätsstellen können zu bevorzugten Örtern der begrenzten Blockgleitungen (mit daraus folgenden Versetzungen und neuen Spannungsbildungen) werden. Es ist daher ohne weiteres ersichtlich, daß eine praktisch brauchbare Theorie der Gleitfortpflanzung im Kristall (siehe zur Hauptsache Arbeiten von SCHMID, TAYLOR, POLANYI, BECKER, OROWAN, BURGERS, DEHLINGER, KOCHENDÖRFER, CHALMERS) sehr komplexer Natur sein muß.

Die Erholung wird bei höherer Temperatur infolge der Wärmebewegung rascher vonstatten gehen können. Während nach DEHLINGER beim idealen Einkristall ein einmal begonnenes Fließen nicht zum Stillstand kommen sollte und jeder noch so kleine Stress das Fließen weiterführen würde, wobei infolge der Formänderung schließlich auch Bruch möglich wird (Fehlen einer wahren Kriechgrenze, wie bei Flüssigkeiten, aber auch Fehlen einer Dauerstandfestigkeit), lassen sich im allgemeinen bei Realkristallaggregaten endliche Stresse angeben, bei denen, wenn sie nicht überschritten werden, die plastische Verformung zum Stillstand kommt, sofern nicht eine große Rekristallisationsgeschwindigkeit den Spannungsüberschuß immer von neuem abbaut.

Abgesehen davon, daß sich unter geänderten Bedingungen und unter dem katalytischen Einfluß der mechanischen Beanspruchung oft ganz neue Kristallarten bilden, ist nun jedoch im Aggregat neben der echten Kristallplastizität die Phasenumlagerung von ausschlaggebender Bedeutung, die in der Metallkunde, wo es sich um einfache trockene Aggregate handelt, oft auch *«amorphe» Plastizität, «Korngrenzenplastizität»* oder *«Platzwechselplastizität»* (BECKER, TAPSELL, VON HANFFSTENGEL und HANEMANN, THUM u. a.) genannt wird. Für sie ist wesentlich, daß sich die Bewegungen, «das Fließen», hauptsächlich an den Korngrenzen abspielt, sei es, daß sich (Gefügefreiheit) die Körner gegeneinander verschieben oder vorerst Teilchen an der Kornoberfläche und von der Kornoberfläche wegwandern und neu verbinden. Im letzten Fall handelt es sich, atomistisch betrachtet, um lokalisiertes Schmelzen, Verdampfen, Inlösunggehen kleinster Bereiche oder Bauelemente der Kristallverbindung und um Neukristallisation (*Lösungsumsatz* siehe Seite 374).

Zwischen der lamellen- bis blockartigen Kristallverformung und dieser Zweiphasenumlagerung gibt es im Realkristallhaufwerk Übergänge. Schon das Fehlen unendlich großer Lamellen der Gleitbewegung, dann aber auch die lokalisierte Deformation mit ihren Unregelmäßigkeiten und ihrer Abhängigkeit von lokalen Spannungszentren, führt vom «zweidimensionalen Schmelzen» und dem einfachen Wiederanwachsen zur individuellen Loslösung von Bestandteilen aus dem Gitterfeld und zur neuen Kristallisation. Lokal kann der Stress an den Korngrenzen sehr hohe Beträge erreichen, so daß im eng begrenzten Bereich auch starke Erwärmung und Schmelzen oder infolge Erhöhung der Aktivität Verdampfung bzw. (bei kapillar vorhandenem Lösungsmittel) Lösung auftritt. Die Erniedrigung des Schmelzpunktes und Erhöhung der Löslichkeit (siehe Seite 374) führt zu mobilen Teilchen, die diffundieren und im Stressschatten zu neuen Kristallverbindungen Anlaß geben. Diese Umlagerung wird in den unter Stress stehenden Gesteinen zum Hauptvorgang der plastischen Verformung. Gesteigerte Aktivität an Kornoberflächen und Lockerstellen sowie an Rissen der Kristalle wird höheren Umsatz und größere Fließgeschwindigkeit zur Folge haben. GORANSON konnte nachweisen, daß sich auf Grund dieser Vorstellung eine ganz ähnliche Abhängigkeit der Fließgeschwindigkeit vom Stress und vom Strainzustand einstellen muß, wie sie für das kristallplastische Verhalten experimentell feststellbar ist und wie sie besonders die sogenannte *Warmverformung* (bei höherer Temperatur) charakterisiert. Höhere Porosität mit größerer Umsatzmöglichkeit an Oberflächen, größerer Wahrscheinlichkeit lokaler Spannungskonzentration und Imbibition mit ångströmdispersen Phasen wirken begünstigend. An wasserdurchtränkten Gipsgesteinen konnten die Erscheinungen experimentell studiert werden.

Nun ist es, wie früher erwähnt, beim Fehlen von Lösungsmitteln schwierig, abzugrenzen, ob lokales Loslösen und Wandern von Teilchen bereits als eigentliche Phasenneubildung zu bezeichnen ist, so daß das «amorphe intergranulare Fließen» begrifflich nicht leicht zu fassen ist. Auch läßt sich im Einzelfall nicht immer der Anteil eines eigentlichen Lösungs-, Verdampfungs- oder Schmelzumsatzes an der Gesamtverformung abschätzen.

Auf alle Fälle aber bedeuten die Versuche, das plastische Verhalten von Mineralaggregaten durch *Viskositätskoeffizienten* zu kennzeichnen und den Vorgang mit viskosem Fließen zu parallelisieren, eine derartig schematische Vereinfachung, daß sie nur übersichtsweise für großgeologische Gesamterscheinungen einen Vergleichswert besitzen. In diesem Sinne sind auch die nachfolgenden Bemerkungen zu verstehen, die an geophysikalische Arbeiten anschließen, welche sich kaum mit den Einzelvorgängen befassen.

Vor allem sind Folgerungen hinsichtlich des Aggregatzustandes bzw. der Konsistenz aus Einzelversuchen nur mit größter Vorsicht zu ziehen. Wachsen die Stressdifferenzen stärker an, als sie durch plastisches Fließen ausgeglichen werden können, muß Bruch auftreten; bei großer Relaxationszeit im Verhältnis zur Beanspruchungsart wird der Fließeffekt vernachlässigt werden dürfen. Das gilt auch für kurzperiodische Bewegungen. Die Tatsache, daß einzelne Erdbebenherde in großer Tiefe liegen, sagt über den dort vorhandenen Aggregatzustand nichts aus, denn dafür kann sowohl eine hohe Fließgrenze (Akkumulation von Strain, Ansammlung potentieller Energie) oder aber nach HASKELL eine hohe Viskosität (die rasches Fließen verhindert) verantwortlich sein. Sowohl BRIDGMAN wie GRIGGS konnten aus Experimenten unter hohen Drucken schließen, daß Bruch und plastisches Fließen je nach der Beanspruchungsart beim gleichen Material auftritt.

Die *Seismik* handelt von Vorgängen, die auf die elastischen Eigenschaften ansprechen und daher über die Fließfähigkeit oder Fluidität kaum Auskunft geben. Das seismische Verhalten schließt nur bei relativ niedrigen Drucken, das heißt also in relativ geringer Erdtiefe, für große Räume den normalflüssigen Zustand aus (über dessen Viskositätsverhältnisse aus Experimenten Auskunft gegeben werden kann), weil für die Erdrinde entweder sehr hohe Viskosität oder relativ hohe Fließgrenzen (Möglichkeit der Akkumulation von Spannungen) aus der Fortpflanzung der Erdbebenwellen folgt. Im übrigen ist bei plastischen Deformationen noch zu berücksichtigen, daß sogenanntes *Kriechen*, das heißt ein Gleiten längs großräumigen Oberflächen, mit ins Spiel treten kann, was die Bedeutung eines bauschalbestimmbaren Koeffizienten der inneren Reibung oder der Viskosität noch undurchsichtiger gestaltet. Leider ist über die (eine plastische bzw. viskose Deformation charakterisierenden) Größen des Erdrindenmaterials, insbesondere auch über die Abhängigkeit von Temperatur, Druck, Struktur und Textur, zur Zeit sehr wenig bekannt.

«Viskositätskoeffizienten»	η Größenordnung
Eis aus Gletscherbewegung bestimmt	10^{12}–10^{14}
Schnee 0^0 bis -40^0 (nach BUCHER).	10^{10}–10^{15}
Eis aus Torsionsversuch bei -14^0	10^{13}–10^{14}
Eis aus Biegungsmessungen an Einkristall	10^{10}
Steinsalz 18^0	10^{18}
Steinsalz 81^0	10^{17}
Calcit 18^0	10^{16}
Eisen 16^0	10^9
Schuhmacherpech bei 15^0	10^8
Schuhmacherpech bei 50^0	10^4
Schuhmacherpech bei 100^0	10^2
Siegellack 19^0	10^{11}
Dichter Kalkstein (Solenhofen)	10^{21}
Erdkruste als Ganzes	10^{18}–10^{21}
Erdmantel als Ganzes	10^{20}

Über die in *Poise* gemessenen sogenannten Viskositätskoeffizienten η bei niedriger Temperatur und gewöhnlichem Druck möge vorstehende Tabelle orientieren (in Dyn cm^{-2} sec oder g cm^{-1} sec^{-1}).

Vermutlich nimmt von der Erdoberfläche an abwärts der Viskositätskoeffizient etwas ab, um in der Nähe der Schmelzzone ein Minimum zu erreichen und dann wieder anzusteigen. Druckanstieg erhöht η, Temperatursteigerung erniedrigt η, das in Kristallaggregaten auch von Porosität und Korngröße abhängig ist.

Die Relaxationszeiten in Sekunden wären für plastisches Fließen von der Größenordnung, wie sie in nachstehender Tabelle angegeben sind.

	Relaxationszeiten T in Sekunden
Eis	10^2–10^3
Trockenschnee 0^0 bis -40^0 (nach BUCHER)	10^1–10^6
Steinsalz 80^0	10^6
Dichter Kalkstein (Solenhofen)	10^{10}
Für $\eta = 10^{22}$ im Erdmantel	10^{10}

Der *Fließwiderstand f* in Dyn cm^{-2} wurde unter wenig durchsichtigen Annahmen hinsichtlich der Beanspruchungszeit errechnet zu:

	f
Marmor bei 700 Atmosphären Druck Marmor bei 2500 Atmosphären Druck Marmor bei 10000 Atmosphären Druck	um 10^9
Bischofit -40^0 C	$16 \cdot 10^9$
Bischofit 0^0 C bei kleinem Stress	$3 \cdot 10^9$
Bischofit 100^0 C	$0,5 \cdot 10^9$
Steinsalz -50^0 C bei kleinem Stress	10^{10}
Steinsalz 550^0 C	10^9
Für Gesteine nahe der Erdrinde meist	10^9
In etwas größerer Tiefe (20 km) In noch größerer Tiefe (50 km) nach BARRELL Nach Isostasieberechnungen in etwa 100 km Tiefe	10^{10} 10^8 $< 10^7$
Nach anderer Überlegung sollte (Verflüssigung) f in der Magmazone um	0 sein.

Je kleiner f ist, um so leichter werden kleine Druckdifferenzen ein plastisches bis viskoses Fließen zur Folge haben.

Nach GUTENBERG (siehe auch GESZTI, KAMAN) sind die Kräfte, welche das hydrostatische Gleichgewicht der Erdkruste herzustellen suchen, von der

Größenordnung 10^9 Dyn cm^{-2}, also ähnlich dem Fließwiderstand. Danach wären Fließbewegungen und damit Krustenbewegungen in Gebieten kleinen Fließwiderstandes möglich. In diesem Zusammenhang ist auch wichtig, ob sich Stresse, die beispielsweise durch die Schrumpfung der Erde infolge Abkühlung erzeugt werden, wie SONDER annimmt, über größere Gebiete summieren können. Nach Rechnungen von JEFFREYS und GOLDSTEIN sowie Darlegungen von GUTENBERG ist dies durchaus möglich. Damit scheinen geophysikalische Überlegungen die drei von SONDER aufgestellten Postulate zum mindesten nicht zu widerlegen:

1. Die Erde kontrahiert sich.

2. Die feste Erdkruste kann sich über das unterliegende Material verschieben.

3. Die «tektonische Rinde» ist in der Lage, die zur Erzeugung der Gebirge notwendigen Stresse allmählich und bis zu einem gewissen Grade aufzuspeichern.

f) *Die elastischen Eigenschaften*

α. **Grundlagen.** Die Kenntnis der elastischen Eigenschaften der Gesteine und Minerallagerstätten der äußeren Lithosphäre ist sowohl für die allgemeine wie auch für die in einem folgenden Abschnitt zu behandelnde angewandte Geophysik von großer Bedeutung. Für die allgemeine Geophysik von besonderer Wichtigkeit sind Untersuchungen über Druck- und Temperaturabhängigkeit dieser Eigenschaften. Vorausgeschickt seien einige Definitionen und Bezeichnungsweisen.

α = Dehnungszahl = relative, federnde Längenänderung eines Stabes bei Spannungsänderung (in Längsrichtung) des Stabes um 1 Dyn cm^{-2}.

$E = \dfrac{1}{\alpha}$ = Elastizitätsmodul (YOUNGS Modul). (Einheit = 1 cm^{-1} g sec^{-2} = 1 Dyn cm^{-2}.) Der Righeitsfaktor μ ist der entsprechende Torsionsmodul, der sich leicht aus E berechnen läßt nach $\mu = \dfrac{1}{2} \dfrac{E}{1+\sigma}$ (σ = Poissonsche Zahl).

σ = Poissonsche Zahl = Verhältnis der Querdilatation zur Längskontraktion eines in der Längsrichtung auf Druck beanspruchten Körpers (kann Werte von 0 bis $\frac{1}{2}$ annehmen).

$\varkappa$ = Kompressibilitätszahl = relative, federnde Volumenänderung eines Körpers bei Änderung des hydrostatischen Drucks um 1 Dyn cm^{-2} ($\varkappa$ daher in Dyn^{-1} cm^2). (Anschaulich: Volumenänderung in Kubikzentimeter eines Körpers von 1 cm^3 bei Druckänderung von 1 Dyn cm^{-2}.)

$\dfrac{1}{\varkappa} = k$ wird «bulk modul» genannt.

V = Fortpflanzungsgeschwindigkeit für longitudinale Wellen in m sec^{-1} oder cm sec^{-1}.

v_t = Fortpflanzungsgeschwindigkeit für transversale Wellen in m sec^{-1} oder cm sec^{-1}.

Druck: 1 Bar $= 1$ Dyn cm^{-2}; 1 Megabar $= 10^6$ Bar. 1 physikalische Atmosphäre $= 1{,}01325$ Megabar[1].

Beziehungen zwischen den Größen (ϱ bedeutet hier und im folgenden Dichte):

$$E = \frac{3\,(1-2\,\sigma)}{\varkappa}, \quad \alpha = \frac{\varkappa}{3\,(1-2\,\sigma)}, \quad \varkappa = \frac{3\,(1-2\,\sigma)}{E}, \quad \mu = \frac{3\,(1-2\,\sigma)}{2\,\varkappa\,(1+\sigma)}$$

$$V \text{ (in cm sec}^{-1}) = \sqrt{\frac{3\,(1-\sigma)}{\varkappa\,\varrho\,(1+\sigma)}} = \sqrt{\frac{E}{\varrho}\,\frac{(1-\sigma)}{(1-2\,\sigma)\,(1+\sigma)}} = \sqrt{\frac{1}{\varrho}\left(\frac{1}{\varkappa}+\frac{4}{3}\,\mu\right)}$$

$$v_t \text{ (in cm sec}^{-1}) = \sqrt{\frac{E}{\varrho}\,\frac{1}{2\,(1+\sigma)}} = \sqrt{\frac{\mu}{\varrho}}; \quad \frac{V}{v_t} = \sqrt{\frac{6\,(1-\sigma)}{\varkappa E}} = \sqrt{\frac{2\,(1-\sigma)}{1-2\,\sigma}},$$

wenn $\sigma = 0{,}25$, wird $V = \sqrt{3}\,v_t$.

Zur Untersuchung der elastischen Eigenschaften der Lithosphäre und ihrer Bestandteile stehen uns drei Möglichkeiten zur Verfügung:

1. Untersuchung von Gesteinsproben im Laboratorium (Bestimmung von E, $\varkappa$, evtl. σ).

2. Bestimmungen von V und v_t in der künstlichen Seismik.

3. Auswertung der Seismogramme der natürlichen Erdbeben, wobei für größere Teile der Lithosphäre und auch des Erdkerns Aussagen über V, v_t und σ möglich sind.

Im Laboratorium werden zumeist der Elastizitätsmodul E oder die Kompressibilitätszahl $\varkappa$ bzw. $\frac{1}{\varkappa} = k$ bestimmt. In vielen Zusammenstellungen wird nun aus einer dieser Größen V, die Fortpflanzungsgeschwindigkeit für longitudinale Wellen, berechnet. Dabei müßte indessen eigentlich die Poissonsche Zahl σ bekannt sein, die jedoch in den wenigsten Fällen bestimmt worden ist. Es wird meist einfach mit einem hypothetischen Wert von $\sigma \sim 0{,}25$ gerechnet. Daß nun aber für die Mineralien und Gesteine größere Abweichungen von diesem Wert vorkommen können, geht aus Messungen von BIRCH und BANCROFT (siehe auch Tabelle 35) an quarzitischem Sandstein hervor, die ein σ von 0,118 ergaben.

Ferner muß noch darauf aufmerksam gemacht werden, daß mit «statischen» Methoden (Druckversuche) bestimmte Elastizitätskonstanten oft nicht mit den am selben Gestein mit «dynamischen» Methoden (zum Beispiel Schwingungsversuche) bestimmten Werten übereinstimmen. Die Abweichungen der beiden Methoden sind um so größer, je größer die Porosität ist. Die Kompressibilität ist immer statisch bestimmt worden, während E, der Elastizitätsmodul, sowohl statisch wie dynamisch ermittelt wird. Die statisch bestimmten Werte für E sind meist niedriger (0—20%) als die dynamisch bestimmten, d. h. daß offenbar die Poren bei dynamischer Bestimmung die Elastizität nicht so stark beeinflussen wie bei statischer Bestimmung. Die mit seismischen Feldmethoden

---

[1] Heute wird ein Megabar auch häufig kurzweg Bar genannt, doch ist entsprechend der wichtigeren Literatur auf geophysikalischem Gebiet noch die alte Bezeichnungsweise beibehalten worden. 1 Kilobar $=$ 1000 Megabar (im hier gebrauchten Sinne) ist gleich 987 Atmosphären.

erhaltenen Werte für E (berechnet aus V und v_t) stimmen meist mit den dynamisch bestimmten Laboratoriumswerten besser überein.

Die Berechnungen von V und v_t aus E und $\varkappa$ sind aus allen diesen Gründen mit einer großen Unsicherheit behaftet. (Größenordnungsmäßig geben indessen Berechnungen mit $\sigma = 0{,}25$ bis $0{,}28$ für Gesteine befriedigende Übereinstimmungen mit den direkt bestimmten v-Werten.) Über den allgemeinen Zusammenhang von E, V, v_t, $\varkappa$ sei folgendes gesagt. Einem größeren E entspricht auch ein größeres V, während umgekehrt zu größerem $\varkappa$ ein kleineres V gehört (je kompressibler ein Gestein, desto langsamer pflanzen sich in diesem die elastischen Wellen fort). Bei $\sigma = 0{,}25$ lauten die Formeln für diesen speziellen Fall:

$$V \text{ (in cm sec}^{-1}) = \sqrt{\frac{6}{5}\frac{E}{\varrho}} = \sqrt{\frac{9}{5\varkappa\varrho}}, \quad v_t \text{ (in cm sec}^{-1}) = \frac{V}{\sqrt{3}},$$

wobei ϱ die Dichte ist.

β. **Bestimmungen von $\varkappa$ und Druckabhängigkeit von $\varkappa$.** Die Kompressibilitätszahl $\varkappa$ gibt uns Aufschluß über die Widerstandsfähigkeit des Volumens eines Körpers gegen hydrostatischen Druck (Volumenelastizität). Je größer $\varkappa$, desto kompressibler ist eine Substanz, je größer $\dfrac{1}{\varkappa} = k$ ist, um so kleiner ist die Kompressibilität. Meist wird die isotherme Kompressibilität gemessen, während in den Gleichungen, welche die Beziehungen zwischen V, v_t und $\varkappa$ darstellen, die adiabatische Kompressibilität stehen sollte. Für Gesteine liegen die Unterschiede wohl zumeist innerhalb der Meßfehler.

1. *Messungen an Mineralien.* Mit Ausnahme der amorphen besitzen alle Mineralien elastische Anisotropie. Nicht zum Ausdruck kommt dieses anisotrope Verhalten in der sich auf das Volumen beziehenden Kompressibilitätszahl $\varkappa$ (bei hydrostatischer Druckänderung), die daher geeignet ist, über das *mittlere elastische Verhalten* Auskunft zu geben. $\varkappa$ ist abhängig vom Druck; bei zunehmendem hydrostatischem Druck zeigen fast alle Mineralien eine deutliche Abnahme der Kompressibilität, das heißt bei höheren Drucken hat also Drucksteigerung um 1 Bar eine *kleinere* Volumenverminderung zur Folge als bei niedrigen Drucken.

Tabelle 31 gibt für die wichtigeren Mineralien der äußeren Lithosphäre die gemessenen $\varkappa$-Werte bei niedrigen Drucken sowie die prozentuale Abnahme von $\varkappa$, wenn nicht mehr bei niedrigen Drucken, sondern bei 10 000 Megabar hydrostatischem Druck gemessen wird (10 000 Megabar entspricht etwa einer Tiefe von 30—40 km). Die Tabelle zeigt, daß unter den gesteinsbildend wichtigen Mineralien Steinsalz, Quarz und die Feldspäte am kompressibelsten sind. Es mag sein, daß sich der Umwandlungspunkt von Niedertemperatur- in Hochtemperaturquarz in elastischer Beziehung stark bemerkbar macht, da offenbar auch im anisotropen Verhalten für E eine Änderung eintritt. Unter den Silikaten sind solche mit bedeutendem Alkaligehalt am kompressibelsten (zum Beispiel Oligoklas kompressibler als Labradorit; alle Mg–Fe-Silikate, wie Pyroxene und Olivine, gehören zu den am wenigsten kompressibeln). Die stärkste Abhängigkeit vom Druck zeigen ebenfalls Steinsalz, Quarz und die Feldspäte. Bemerkenswert erscheint noch, daß Calcit bedeutend weniger kompressibel ist als die Hauptmineralien des Granites. Dies zeigt übrigens auch, daß geringere Kompressibilität nicht immer mit größerer Härte verbunden zu sein braucht.

Tabelle 31

Die Kompressibilitätszahl $\varkappa$ von gesteinsbildend wichtigen Mineralien und ihre Abhängigkeit vom Druck bei gewöhnlicher Temperatur

(zum Teil nach ADAMS, 1939)

Mineral	$\varkappa$ in Dyn^{-1} cm^2 (bei niedrigen Drucken, 0–125 Megabar)	Prozentuale Abnahme[1] von $\varkappa$ bei 10000 Megabar
Steinsalz	4,18	20
Quarz	2,70	17
Gips	2,50	–
Phlogopit.	2,34	17
Orthoklas.	2,13	15
Mikroklin.	1,92	15
Anhydrit	1,84	–
Baryt	1,77	14
Oligoklas	1,74	12
Labradorit	1,50	13
Calcit	1,36	6
Aktinolith	1,32	–
Dolomit	1,22	–
Augit	1,04	–
Hypersthen.	1,01	–
Fayalit.	0,96	8
Zirkon	0,86	–
Turmalin	0,82	7
Forsterit	0,82	7
Pyrit.	0,70	7
Andradit	0,68	7
Almandin.	0,57	–
Magnetit	0,55	8
Pyrop	0,55	9
Rutil.	0,50	9
Diamant	0,18	

Die Werte der mittleren Spalte sind mit $\cdot\,10^{-12}$ zu multiplizieren.

[1] Je größer diese Prozentzahl, um so stärker ist die Abhängigkeit von $\varkappa$ vom Druck. Diese Prozentzahlen bedeuten: Steinsalz hat zum Beispiel bei 10000 Megabar einen um 20% kleineren Wert von $\varkappa$ (= 80%) als bei sehr kleinen Drucken.

2. Messungen an Gesteinen

Tabelle 32 gibt die Kompressibilitätszahl $\varkappa$ und ihre Druckabhängigkeit für einzelne Gesteine; Tabelle 33 gibt eine aufschlussreiche Zusammenstellung der

Druckabhängigkeit von $\varkappa$ bei relativ niedrigen Drucken (300 und 600 Megabar). Weitere Angaben über $\varkappa$ finden sich auch in Tabelle 35 (siehe später).

Tabelle 32

Kompressibilitätszahl $\varkappa$ von Gesteinen und ihre Abhängigkeit vom Druck
(nach WILLIAMSON, ADAMS und anderen)

Gestein	Kompressibilitätszahl $\varkappa$ in $\mathrm{Dyn^{-1}\,cm^2}$ bei		
	niedrigen Drucken	2000 Megabar	10000 Megabar
Granite	3,03–3,68	2,01	1,89
		1,98	1,83
		2,29	1,78
Granodiorit (Typus)		1,83	1,66
Syenit (Typus)		1,87	1,68
Diorit (Typus)		1,62	1,49
Gabbro (Typus)		1,20	1,17
Pyroxenit (Typus)		1,03	1,03
Peridotit (Typus)		0,97	0,77
Obsidian	2,86 $\cdot 10^{-12}$	2,86 $\cdot 10^{-12}$	2,86 $\cdot 10^{-12}$
Basalt		2,43	1,70
Serpentin		1,80	1,38
Diabas	1,36	1,36	1,21
Diabas (Whin Sill)		1,67	1,24
Diabas (Palisaden-)		1,51	1,27
Diabas (Sudbury)		1,34	1,23
Diabas (Maryland)		1,21	1,05
Marmor		1,39	1,39
Basalt, Glas	1,45		

Tabelle 33

Die Kompressibilitätszahl $\varkappa$ einiger Gesteine bei 300 und 600 Megabar
(nach ZISMAN, 1933)

Gestein	$\varkappa$ in $\mathrm{Dyn^{-1}\,cm^2}$ bei 300 Megabar	$\varkappa$ in $\mathrm{Dyn^{-1}\,cm^2}$ bei 600 Megabar
Quarzitischer Sandstein	3,55	3,15
Kalk	2,60	2,40
Dolomit	1,89	1,51
Marmor	2,09 $\cdot 10^{-12}$	1,53 $\cdot 10^{-12}$
Granit	3,18	2,55
Norit	1,75	1,68
Obsidian	3,01	3,01
Olivindiabas	1,46	1,33

Die Tabellen zeigen, daß die Kompressibilität von Gesteinen offenbar nicht nur vom Mineralbestand abhängt. Granit zum Beispiel ist bei niedrigen Drukken bedeutend kompressibler als bei additiver Berechnung aus den $\varkappa$ der ihn zusammensetzenden Mineralien zu erwarten ist. Erst bei Drucken über 1000 Megabar stimmen die Kompressibilitätszahlen recht gut mit einem mittleren $\varkappa$ überein, wie es sich aus den $\varkappa$ der beteiligten Mineralien ergeben würde. (Solche Berechnungen hat DALY ausgeführt.) Die Gründe für das abweichende Verhalten bei niedrigen Drucken sind in erster Linie in der *Porosität* der Gesteine zu suchen, da diese bei größeren Drucken allmählich verschwindet. Diese Abhängigkeit der elastischen Eigenschaften von der Porosität wird sich

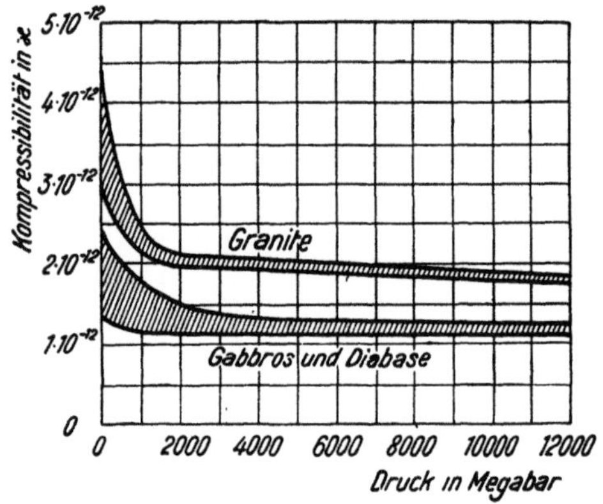

Fig. 320

Kompressibilität $\varkappa$ von Graniten, Gabbros und Diabasen in Abhängigkeit vom Druck (nach ADAMS und GIBSON).

später in den V-Bestimmungen der künstlichen Seismik für lockere Sedimente noch deutlich zeigen. Unter den Eruptivgesteinen ist Granit (vor allem, wenn er grobkörnig ist) am porösesten, was sich in den hohen Werten von $\varkappa$ für Granit bei niedrigen Drucken bemerkbar macht.

Figur 320 zeigt, daß die Hauptabnahme des $\varkappa$ der Granite bei niedrigen Drucken erfolgt; schon bei 1000 Megabar beginnt die Kompressibilitätszahl nur noch langsam und mehr oder weniger linear abzunehmen. Die basischeren Eruptivgesteine lassen den Abfall bei niedrigen Drucken bedeutend weniger erkennen als Granit. Auch Tabelle 33 zeigt die gleichen Erscheinungen: eine Granitprobe wies bei 300 Megabar ein $\varkappa$ von $3{,}18 \cdot 10^{-12}$ auf, das bei 600 Megabar schon auf $2{,}55 \cdot 10^{-12}$ zurückgegangen war. Bei Flüssigkeiten hat EBERT feststellen können, daß die momentane Kompressibilität bis zu einem Druck von etwa 5000 Megabar sehr stark abnimmt, bei noch höheren Drucken nur langsam und mit linearem Verlauf. Es nähern sich in ihrem Verhalten Flüssig und Kristallisiert; die Zähigkeit kristallisierter Stoffe wird erreicht, so daß zwischen Flüssig und Fest ein kritischer Punkt wahrscheinlich wird.

Gemäß ihrer mineralogischen Zusammensetzung sind die basischen Eruptivgesteine weniger kompressibel als die sauren. Wenig kompressibel sind auch

Marmore, besonders bei hohen Drucken, entsprechend dem niedrigen $\varkappa$ von Calcit.

Über die *Temperaturabhängigkeit von $\varkappa$*, die für die Beurteilung der elastischen Verhältnisse in der Erdkruste von großer Bedeutung ist, liegen nur wenige Bestimmungen vor (BIRCH und LAW, ferner BIRCH und DOW). Es ist eigentlich zu erwarten, daß $\varkappa$ mit steigender Temperatur zunehmen sollte, das heißt, daß die Gesteine kompressibler werden. Die wenigen durchgeführten Messungen zeigten indessen, daß besonders bei Gläsern (künstliche und natürliche, vulkanische) $\varkappa$ zum Teil auch bei steigender Temperatur abnehmen kann. Bei Obsidian zum Beispiel nimmt $\varkappa$ anfänglich bis 150⁰ C zu, um bei höherer Temperatur wieder abzunehmen. Basaltisches Glas verhält sich ähnlich, wobei das Maximum für $\varkappa$ bei 175⁰ liegt. Bei SiO_2-Glas nimmt $\varkappa$ mit steigender Temperatur ständig ab (Experimentierbereich $0-400^0$ C), und andere Gläser zeigen zuerst Abnahme und dann Zunahme von $\varkappa$.

Es läßt sich somit vermuten, daß, der Kombination von Temperatur und Druck in der Erdkruste entsprechend, $\varkappa$ mit zunehmender Erdtiefe im allgemeinen abnimmt, ohne daß jedoch in den ersten 40 km die Abnahme eine Zehnerpotenz erreichen wird. Wahrscheinlich ist die Kompressibilität von Gläsern etwas größer als die der zugeordneten kristallinen Gesteine. Im allgemeinen darf man in der äußern Erdkruste mit einem $\varkappa$ von 10^{-12} rechnen.

γ. **Bestimmungen des Elastizitätsmoduls E.** Dieser ist bei Kristallen von der Richtung abhängig. Bei Gips zum Beispiel variiert E, je nach Richtung, von 8,87 bis $3,31 \cdot 10^{11}$ Dyn cm^{-2}. Im folgenden wurde auf eine Zusammenstellung für die Mineralien verzichtet, dagegen eine Übersicht über die gemessenen E der Gesteine gegeben (Tabelle 34). Diese gibt, im Gegensatz und als Ergänzung zu den $\varkappa$-Bestimmungen, auch zahlreiche Messungen an Sedimenten. E verhält sich umgekehrt wie $\varkappa$. Gesteine mit niedrigem $\varkappa$ (geringer Kompressibilität) haben ein relativ hohes E. E ist eine sehr große Zahl, da es den reziproken Wert einer sehr kleinen Zahl, der Dehnungszahl α, darstellt.

Aus Tabelle 34 sind die gleichen Gesetzmäßigkeiten (nur vorzeichenmäßig umgekehrt) wie aus den Zusammenstellungen für $\varkappa$ ersichtlich. Auffällig ist die große Variation von E zum Beispiel für ultrabasische Gesteine.

Sehr kleine Werte für E (also große Zusammendrückbarkeit) haben wenig verfestigte, poröse Sedimente, dann auch Steinkohle.

IDE (dynamische Methode) beobachtete bei Gläsern (künstliche und Obsidian) eine anomale Zunahme von E mit der Temperatur (wenigstens bis 400⁰ C) (Entglasungserscheinungen?). Bei Gesteinen fand er bei steigender Temperatur (und gleichbleibendem niedrigem Druck) eine Abnahme von E, wobei irreversible Erscheinungen auftraten, das heißt, bei Abkühlung wurden nicht mehr die ursprünglichen Werte von E erreicht. Der Grund darf wohl in Bildung von Rissen usw. durch Wärmeausdehnung gesucht werden. Der reversible Anteil der Temperaturabhängigkeit von E ist für Granit klein (weniger als 3% pro 100⁰ C), während er für Diabas größer ist (um 15% pro 100⁰ C). Im Erdinnern spielt bei hohen Drucken, die der Rißbildung hinderlich sind, wohl nur der reversible Teil eine Rolle. Dies bedeutet, daß in der granitischen Schicht der Erdkruste die

Elastizität mit zunehmender Tiefe nicht wesentlich durch die Temperatur beeinflußt wird, im Gegensatz zum Druck.

Tabelle 34

Elastizitätsmodul E von Gesteinen (in Dyn cm^{-2}*) bei niedrigen Drucken
(Bestimmungen sowohl dynamisch wie statisch)*

1. *Eruptivgesteine*

Granit	$3{,}7 - 7{,}5$*
Gabbro	$6{,}6 -12{,}0$*
Norit	$8{,}82$
Peridotite, Dunite, Pyroxenite	$5{,}9 -17{,}5$
Obsidian	$4{,}82$
Rhyolith	$2{,}0$
Andesit	$3{,}2$
Diabas	$7{,}64-11{,}4$
Basalt	$5{,}68-10{,}15$
Basaltglas	$8{,}9 - 9{,}52$
Vermutungsweise subpazifische Gesteine und subkontinental unter 50 km	$\sim 12 \ \ -15$

Die Werte der Spalte sind mit $\cdot 10^{11}$ zu multiplizieren.

2. *Metamorphe Gesteine*

Glimmerschiefer	$2{,}85$
Gneis	$3{,}7 - 7{,}5$
Chloritschiefer	$7{,}0$
Marmor	$6{,}12- 9{,}0$*

Die Werte der Spalte sind mit $\cdot 10^{11}$ zu multiplizieren.

3. *Sedimentäre Gesteine*

Steinkohle	$0{,}11$
Tone	$0{,}5 - 0{,}8$
Junge Sandsteine	$0{,}8 - 1{,}7$
Kreide	$0{,}8 - 1{,}93$
Mergel	$1{,}23- 5{,}47$
Mesozoische Kalke	$3{,}93- 7{,}25$
Paläozoische Kalke	$6{,}12- 9{,}0$
Quarzite und Grauwacken	$7{,}3 - 7{,}6$

Die Werte der Spalte sind mit $\cdot 10^{11}$ zu multiplizieren.

* Die Maximalwerte entsprechen Bestimmungen bei hohen Drucken.

Messungen an geschichteten oder geschieferten Gesteinen ergaben, daß sich diese elastisch anisotrop verhalten. *E* ist dabei parallel zur Schieferung oder Schichtung immer größer als senkrecht dazu. Beispiele:

Gestein	E in Dyn cm^{-2}		Autor
	$\parallel$ zur Schieferung	$\perp$ zur Schieferung	
Gneis	$3{,}52$	$1{,}30$	GRAF
Karbon-Tonschiefer	$3{,}0 \quad \Big\} \cdot 10^{11}$ $3{,}7$	$0{,}6 \quad \Big\} \cdot 10^{11}$ $1{,}7$	STÖCKE

Mit SONDER ist zu beachten, daß die bestimmbaren mittleren E-Werte von Kristallaggregaten durch sehr komplexe Vorgänge zustande kommen und daß vor allem die Kristallanisotropie, die Gefügeanisotropie und Porosität eine inhomogene Spannungsverteilung schaffen. Er schreibt:

«1. Die exzessiv belasteten Körner verkürzen sich; dadurch werden benachbarte Spalten, welche senkrecht zur Druckrichtung liegen, geschlossen, und Körner, welche infolge dieser Zwischenräume vorerst nicht getragen haben, kommen unter Belastung.

2. Druckkontraktion der stark belasteten Körner ist von einer Querdilatation begleitet; dadurch werden auch anders orientierte Spalten sich zu schließen trachten. Weniger belastete Körner werden seitlich gepreßt, also in ihrer Länge gedehnt, so daß durch diesen Vorgang diese Körner ebenfalls stärker in den Tragprozeß eingegliedert werden.

3. Exzessiv belastete Körner werden versuchen, diesem Drucke auszuweichen, wodurch Korndrehungen und Kornverschiebungen ausgelöst werden, welche die Spannung des Korns herabsetzen und dessen Spannungsbetrag teilweise auf die Umgebung übertragen.

4. Exzessiv belastete Körner oder Kornpartien können schließlich zerbrechen, trotzdem die mittlere Gesamtspannung weit unter der Kornfestigkeit liegt. Durch diesen Zusammenbruch wird die exzessive Lokalspannung auf die nähere Umgebung verteilt.»

Der Elastizitätsmodul ist eine strukturabhängige Größe, und da starke elastische Anisotropie in den Mineralien möglich ist (Quarz zum Beispiel senkrecht c nur $\frac{3}{4}$ des Moduls parallel c), kann durch Umregelung eine Homogenisierung des Spannungsfeldes eintreten. Es ist zu erwarten, daß Körner, deren größeres E parallel zum Hauptdruck liegt, mehr Spannungen aufnehmen, daher leichter (zum Beispiel durch Lösungsumsatz nach den Rieckeschen Prinzipien usw.) abgebaut werden, wodurch bei Anpassung eine Gefügeregelung möglich wird, die in der oben erwähnten Anisotropie geschieferter Gesteine ihren Ausdruck findet.

δ. **Messungen der Poissonschen Zahl** σ. Trotz der Unentbehrlichkeit dieser Größe bei Berechnung der einen elastischen Konstanten aus einer andern existieren nicht sehr viele direkte Messungen darüber. Nach ADAMS und COKER gilt:

	Grenzwerte σ	Im Mittel σ
Für Marmore	0,25–0,28	0,26
Für Granite	0,20–0,26	0,22
Für Sandstein von Ohio	0,26	

Eklogit soll bei 700–800 Atm. Druck ein V von 7700–8000 m sec^{-1} besitzen. Bei hohen Drucken scheint zwischen Basalt und Basaltglas kein großer Unterschied in V vorhanden zu sein.

Tabelle 35

Die elastischen Eigenschaften einiger Gesteine bei 30° C und 3920 Megabar hydrostatischem Druck

(nach BIRCH and BANCROFT)

E (respektive primär μ) ist dynamisch bestimmt worden

Gestein	E Dyn cm^{-2}	$\varkappa$ Dyn^{-1} cm^2	Poisson-sche Zahl σ	Geschwindigkeit in m sec^{-1} der Longitudi-nalwellen V	Transver-salwellen v_t
Quarzitischer Sandstein	9,6	2,40	0,118	6080	4000
Kalk (Solenhofen) . .	6,3	2,14	0,276	5540	3080
Marmor (Vermont) .	8,7	1,39	0,299	6510	3490
Granit (Quincy) . .	8,49	1,92	0,229	6080	3610
Granit (Rockport) .	8,36	1,85	0,243	6240	3590
Syenit (Ontario) . .	8,04	1,69	0,274	6050	3360
Norit (Sudbury) . .	9,67	1,44	0,268	6490	3650
Diabas (Vinal Haven)	11,40	1,17	0,277	6970	3880
Diabas (Maryland) .	11,34	1,16	0,281	6960	3830
Gabbro (Mellen) . .	10,43	1,14	0,302	6960	3710
Gabbro (French Creek)	12,20	1,13	0,270	7150	3980
Hypersthenit	16,90	0,96	0,230	7830	4580
Bronzitit	17,00	0,89	0,249	7860	4550
Dunit	17,30	0,83	0,262	8050	4570

(Die E-Werte sind mit $\cdot 10^{11}$, die $\varkappa$-Werte mit $\cdot 10^{-12}$ zu multiplizieren.)

Indirekte Bestimmungen von σ für verschiedene Gesteine liegen von BIRCH und BANCROFT vor (Tabelle 35). Diese Autoren bestimmten an demselben Gestein die Kompressibilitätszahl $\varkappa$ und die «rigidity» μ, und konnten daraus E, σ, V und v_t eindeutig berechnen (bei Annahme von Isotropie). Die Messungen wurden bei 3920 Megabar hydrostatischen Drucks und 30° C ausgeführt. Bei diesen Drucken ist die Porosität der Gesteine praktisch verschwunden. In Tabelle 35 sind E, $\varkappa$, σ, V und v_t wiedergegeben. Auffällig ist der niedrige σ-Wert (0,118) für quarzitischen Sandstein, auch Granit hat oft relativ kleine σ-Werte. Ein Vergleich der Werte V und v_t für die Geschwindigkeiten der elastischen Wellen zeigt, daß bei hohen Drucken die Unterschiede für die einzelnen Gesteinsarten recht gering werden. Immerhin ist unter den Eruptivgesteinen immer noch eine deutliche Abhängigkeit von der Basizität festzustellen, in der Weise, daß basischere Gesteine höheres V besitzen als saure. Bemerkenswert ist noch, daß Marmor bedeutend weniger kompressibel ist als Granit.

In einer neueren Zusammenstellung gibt BUDDINGTON folgende Daten (Streuwerte) für V und v_t in m sec^{-1}:

	Spez. Gewicht	V	v_t
Granite	2,62–2,76	5210–6240	2420–3640
Quarzgabbro und Gabbro .	2,86–2,94	6220–6490	3490–3650
Anorthosit	2,71–2,74	um 7000	3680–3960
Norite, Olivingabbros . . .	2,9 –3,03	7200–7400	3700–3980
Pyroxenite	2,9 –3,27	7830–7900	4550–4580

In einigen Profilen Nordamerikas wurden ungefähr folgende Werte in m sec⁻¹ bestimmt:

New England			Südkalifornien			ENE St. Louis		
Erdtiefe	V	v_t	Erdtiefe	V	v_t	Erdtiefe	V	v_t
bis 15 km	6130	3450	bis 14 km	5550	3230	bis 5 km	5620	–
16–29 km	6770	3930	14–25 km	6050	3390	5–13 km	6030	3630
29–36 km	7170	4270	25–31 km	6830	3660	13–25 km	6330	3740
36–70 km	8430	4620	31–39 km	760	4240	25–37 km	7190	4080
			noch tiefer	7940	4450	37–70 km	7730	4400

ε. **Bestimmungen von V und v_t.** Bestimmungen von V und v_t sind sehr wichtig für die Auswertung von Messungen in der angewandten Geophysik (siehe dort), dann aber auch für die Benutzung natürlicher Erdbebenwellen bei Aussagen über den Aufbau der Erdkruste. Schon in Tabelle 35 sind einige Werte für die Geschwindigkeit der elastischen Wellen in Gesteinen wiedergegeben. Diese gelten jedoch für hohe Drucke. In der angewandten Seismik (siehe später) ist nun eine Kenntnis der V-Werte für die verschiedenen Gesteine bei geringen Drucken von großer Wichtigkeit. Wie schon zu Beginn des Abschnitts erwähnt, sind Berechnungen von V aus E oder $\varkappa$ allein wegen der Unsicherheit des σ-Wertes wenig zuverlässig. Die besten Aufschlüsse über die V-Werte geben die direkt im Felde seismisch ausgeführten Bestimmungen.

Tabelle 36 gibt die so erhaltenen Werte in graphischer Darstellung wieder. Nur bei Gesteinen, wo seismisch gemessene V-Werte fehlen (bei manchen Eruptivgesteinen), sind auch aus E und $\varkappa$-Werten angenähert bestimmte V-Werte benutzt worden, um eine Gesamtübersicht zu erhalten. Es gilt dies für die Ergußgesteine, für Gabbros und Pyroxenite sowie Peridotite. Letztere V-Werte sind also nicht direkt bestimmt und daher mit einer gewissen Unsicherheit behaftet.

Eine Betrachtung von Tabelle 36 zeigt die gleichen Erscheinungen wie bei den früheren Zusammenstellungen von E und $\varkappa$. Die ausschlaggebende Rolle der Porosität tritt klar zutage. Kleinere Werte als 2000 m sec⁻¹ für V kommen nur diagenetisch wenig verfestigten Sanden, Schottern, Kiesen usw. zu. Bei Gesteinen mit V unter 1400 m sec⁻¹ bewirkt Wasseraufnahme (zum Beispiel Grund-

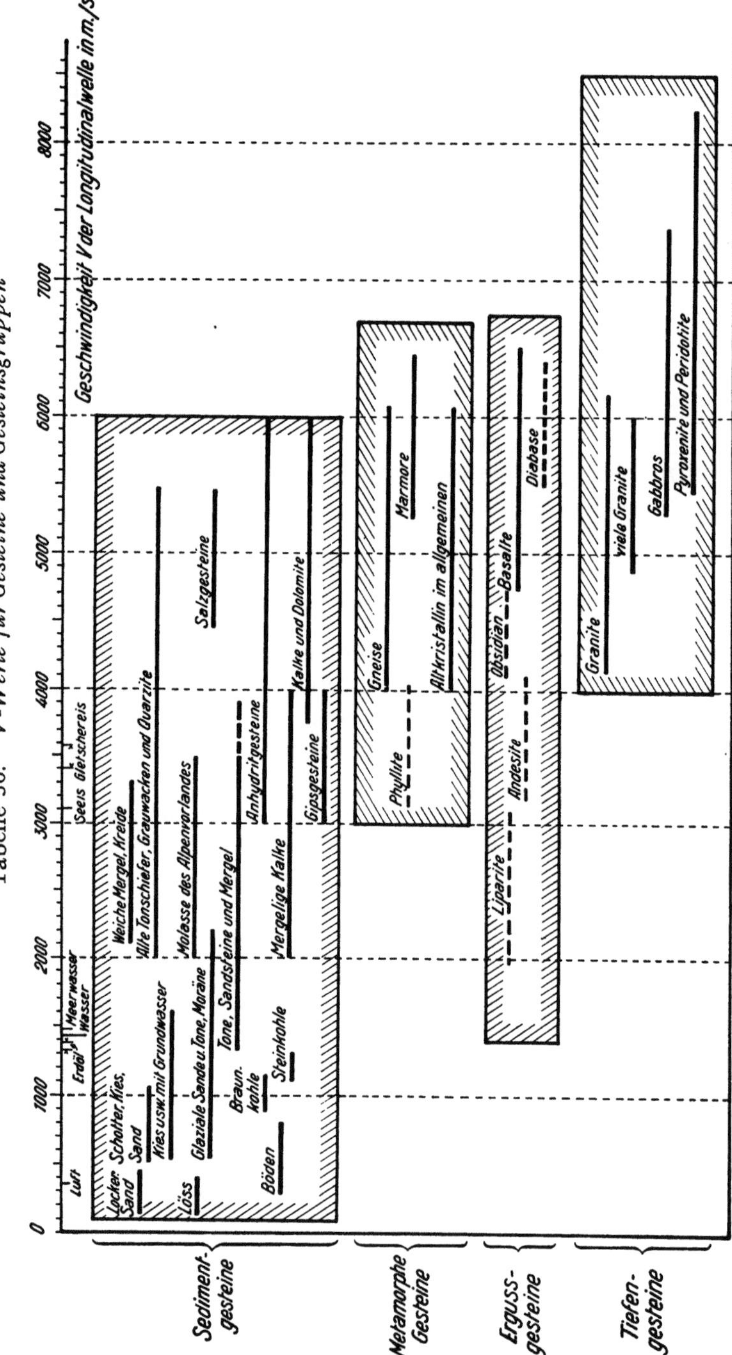

Tabelle 36. *V-Werte für Gesteine und Gesteinsgruppen*

wasser) eine Erhöhung von V. Bei Gesteinen hingegen mit einem $V > 1400\,\mathrm{m\,sec^{-1}}$ in wasserfreiem Zustande bewirkt, wie besondere Messungen zeigten, Wasseraufnahme eine Verminderung von V. Bei Sedimentgesteinen wird bei zunehmendem Karbonatgehalt ein zunehmender Wert für V festgestellt. Auffällig ist der hohe Wert von V für Steinsalzgesteine; diese sind offenbar schon bei geringerem Druck vollkommen porenfrei. Ferner wird hier die starke Druckabhängigkeit des $\varkappa$ von Steinsalz eine Rolle spielen.

Die seismischen Messungen in der angewandten Geophysik zeigen häufig in sedimentären Gesteinsserien eine starke Abhängigkeit des V von der *Tiefe*, bei lithologisch ungefähr gleichbleibenden Verhältnissen. Diese Erscheinung ist natürlich wieder auf den bedeutenden Einfluß der Porosität auf die elastischen Eigenschaften zurückzuführen. Die Porosität eines Gesteins vermindert sich ja bei zunehmendem Belastungsdruck rasch. Dazu kommt, daß auch die diagenetische Verfestigung mit der Tiefe einen höheren Grad erreicht. So wurden in den USA. für das Pliozän bis Oligozän bei Tiefen bis 600 m ein V von $2000\,\mathrm{m\,sec^{-1}}$, bei Tiefen von 600–900 m ein V von $2200\,\mathrm{m\,sec^{-1}}$, und in Tiefen von 900–1200 m ein solches von $2500\,\mathrm{m\,sec^{-1}}$ gefunden.

Die Anisotropie der geschichteten und schiefrigen Gesteine macht sich auch in einer Anisotropie der V-Werte bemerkbar. So wurde in den Arbuckle Mountains in Oklahoma bei altpaläozoischen Kalken parallel zur Schichtung ein V von $5310\,\mathrm{m\,sec^{-1}}$, senkrecht dazu ein solches von $4100\,\mathrm{m\,sec^{-1}}$ gemessen (WEATHERBY, BORN und HARDING).

Vergleichsweise seien noch die genauen Werte für V von Luft und Wasser mitgeteilt.

Luft (Schallwellen!)	$(330,8 + 0,66\,t)\,\mathrm{m\,sec^{-1}}$
	($t =$ Temperatur in Celsiusgraden)
Süßwasser.	$1435\,\mathrm{m\,sec^{-1}}$
Meerwasser	$1480\text{–}1490\,\mathrm{m\,sec^{-1}}$

g) *Allgemeine Folgerungen über den Aufbau der äußeren Erdhülle*

α. **Ergebnisse der Erdbebenseismik und Aufbau der äußeren Lithosphäre.** Über die elastischen Eigenschaften der äußeren Lithosphäre im großen und ihrer Hauptschichten sind auf Grund von Untersuchungen an von Erdbeben herstammenden elastischen Wellen folgende Aussagen möglich:

1. Aus den Laufzeitkurven der erstankommenden Wellen (Longitudinal- und Transversalwellen) sind Aussagen über V und v_t in Schichten unter der Erdoberfläche möglich, wenigstens, wenn V und v_t gegen die Tiefe hin generell zunehmen. Das Prinzip ist durchaus dasselbe wie dasjenige, welches der sogenannten Refraktionsseismik der angewandten Geophysik zugrunde liegt. Der Unterschied ist einzig der, daß hier eine viel größere Energie zur Verfügung steht, das heißt Beobachtungen in wesentlich größeren Distanzen möglich sind, und daher auch die Tiefenwirkung eine größere ist. Die Laufzeitkurve stellt die Abhängigkeit der Zeit, die die erstankommende Welle vom Herd zur Station braucht, vom Abstand Herd–Station dar. Nimmt V gegen die Tiefe stetig

zu, so ändert sich auch die scheinbare Geschwindigkeit an der Erdoberfläche stetig, indem bei größerem Abstand eine immer mehr in die Tiefe gedrungene Welle als erste ankommt (Snelliussches Gesetz bzw. Fermatscher Satz, «kürzester» Weg). Sind nun in der Tiefe Unstetigkeitsflächen für V und v_t vorhanden, so äußern sich diese in Knicken in der Laufzeitkurve. Es ist zu betonen, daß Genauigkeit und Sicherheit der so gewonnenen Angaben (aus apparativen technischen Schwierigkeiten, im besonderen mangels genauer synchroner Zeitmessung an den verschiedenen Erdbebenstationen) bis heute noch recht gering sind, besonders was die Bestimmung von Unstetigkeitsflächen = Diskontinuitätsflächen betrifft.

Die Erdbebenseismik hat auch Aufschlüsse über die innere Lithosphäre sowie den *Erdkern* geliefert, wobei als günstiges Moment die Kugelgestalt der Erde diese Aussagen möglich macht, denn je weiter der Stationsabstand vom Herd, desto tiefer wird der kürzeste, schnellste Weg im Erdinnern verlaufen.

2. Weitere Aufschlüsse über den Aufbau der Erdkruste können durch Beobachtungen von *Oberflächenwellen* erhalten werden. Aus den Zusammenhängen zwischen Wellenlänge und Geschwindigkeit sind Aussagen über v_t für Tiefen bis 100 km möglich. Die Dämpfung der Oberflächenwellen hängt nämlich von der Schichtdicke ab, das heißt in dünnen Schichten können sich nur kurzwellige Wellen mit beträchtlicher Energie fortpflanzen, umgekehrt in dicken Schichten Wellen mit größerer Wellenlänge, wobei die bevorzugte Wellenlänge die Größenordnung der Schichtdicke besitzt. Diese Methode hat vor allem wertvolle Aufschlüsse über die Untergrundstruktur im Gebiete des pazifischen Ozeans gebracht.

3. Aus den unter 1. gemessenen V und v_t und ihrem Verhältnis kann die Poissonsche Zahl σ berechnet werden. Wird für die Dichte ein Wert angenommen, so kann auch E und $\varkappa$ berechnet werden.

4. Tiefe und geographische Verteilung der Erdbebenherde sind ebenfalls imstande, Anhaltspunkte über die elastischen (oder besser die nichtelastischen) Verhältnisse der Erdkruste zu geben.

GUTENBERG unterscheidet zwei Großgebiete der Erdoberfläche, die sich durch ihren Krustenaufbau unterscheiden: erstens das Hauptbassin des pazifischen Ozeans, zweitens die übrige Oberfläche der Erde (Kontinente, atlantischer, indischer Ozean). Die Ränder der pazifischen Region sind durch große seismische Aktivität ausgezeichnet. Von besonderem Interesse sind die sogenannten Tiefherdbeben, mit Herdtiefen von 300 bis 700 km, die, mit wenigen Ausnahmen, nur aus diesem pazifischen Randgebiet bekannt geworden sind. Über ihre Ursache ist man sich noch nicht ganz im klaren. Wichtig ist, daß die beiden strukturellen Einheiten, Pazifik und Kontinente im weiteren Sinne, sich seismisch in Tiefen über 50 km in horizontaler Richtung nicht mehr unterscheiden. In den obersten Schichten indessen sind recht große Verschiedenheiten zu konstatieren: unter dem pazifischen Ozean sind die Schichten nahe der Oberfläche ihrem elastischen Verhalten nach den Schichten 100 km tiefer sehr ähnlich. Die typisch kontinentale Struktur dagegen scheint von 0—50 km Tiefe aus einer Reihe von Schichten zu bestehen, die sich recht wesentlich, und zwar vermutungsweise mit Diskontinuitätsflächen, von den tiefer gelegenen Partien des Mantels der Erde abheben.

BUDDINGTON (siehe seine Angaben Seite 445) hat (wohl zu schematisch) als Normalfall angenommen:

bis 15 km	Granit oder granitähnlich	(Sial)
15–25 km	Quarzgabbro bis Gabbro (evtl. dioritähnlich) . . . . . ⎫	
25–30 km	Anorthositisch . . . . ⎬	Salsima
30–38 km	Olivingabbroid bis noritisch . . . . ⎭	
38–70 km	Pyroxenitisch bis peridotitisch . . . . ⎫	
bis 430 km	Glasiger Peridotit, übergehend in kristallisierten gegen ⎬	Sima
	500 km . . . . ⎭	

Die oberste Schicht der kontinentalen Struktur, die zum Teil auch fehlen kann, hat sehr wechselnde elastische Eigenschaften sowie wechselnde Mächtigkeit und besteht zu einem Teil aus Sedimentgesteinsserien, das heißt, sie bildet die direkte Fortsetzung nach der Tiefe der in diesen Gebieten an der Erdoberfläche beobachteten Gesteine. Darunter folgt eine Schicht, die meist als die «granitische» bezeichnet wird (Mächtigkeit 10–20 km). V beträgt in dieser Schicht 5500–5600 m sec^{-1}, v_t ist 3300–3400 m sec^{-1}. In Gebieten, wo das kristalline Grundgebirge ohne jüngere Sedimentbedeckung aufgeschlossen liegt, scheint diese Schicht bis zur Erdoberfläche zu reichen. Der Wert für V von 5500 bis 5600 m sec $^{-1}$ stimmt mit den in Tabelle 36 gegebenen Werten (die an der Erdoberfläche oder in geringen Tiefen gemessen worden sind) für Granite und Gneise gut überein.

Immerhin sei erwähnt, daß ADAMS darauf aufmerksam macht, daß nach den Messungen von BIRCH und BANCROFT (siehe Tabelle 35) zwei Granitproben bei höheren Drucken, nämlich bei etwa 4000 Megabar, ein $V = 6100$ respektive 6200 m sec^{-1} aufweisen. Dies ist beträchtlich mehr, als in der granitischen Schicht gemessen worden ist, in der auch keine wesentliche Zunahme von V mit der Tiefe zu konstatieren ist. Die erwähnten Messungen wurden indessen bei 30° C ausgeführt; der unbekannte Temperatureinfluß kann eine wichtige Rolle spielen. Ferner ist sicherlich die granitische Schicht nicht ausschließlich aus Granit zusammengesetzt, mannigfaltige Gesteine, auch Gneise usw., werden an ihrem Aufbau teilhaben. Für v_t maßen BIRCH und BANCROFT bei 3000 Megabar und 290° C (was ungefähr den mittleren Verhältnissen in der granitischen Schicht entspricht) den Wert von 3530 m sec^{-1}, was ebenfalls etwas höher ist als v_t in der «granitischen» Schicht. Die Poissonsche Zahl σ scheint nach neueren Messungen in 10 km den Wert von 0,20, in 30 km einen solchen von 0,25 zu haben.

Die untere Grenzfläche «der granitischen Schicht», die eine Diskontinuitätsfläche zu sein scheint, liegt in Tiefen von 10–30 km. Darunter folgt eine kleine Zahl von Schichten (in einzelnen Gebieten vielleicht nur eine), deren Dicke und elastische Eigenschaften ziemlich variieren. V hat darin ungefähr den Wert von 6300 m sec^{-1}. Sie werden von einigen Autoren bereits als «basaltische» oder gabbroide bezeichnet (GUTENBERG nennt sie «intermediate layers»).

ADAMS macht nun aber wiederum darauf aufmerksam, daß nach seinen Untersuchungen Diabasprobestücke bei 10000 Megabar und Zimmertemperatur

Werte für V von 6600–7200 m sec^{-1} ergaben (in Tabelle 35 bei 4000 Megabar 6960 respektive 6970). Der Wert für V ist also nicht in sehr guter Übereinstimmung, allerdings ist auch hier der Temperatureinfluß unbekannt.

v_t liegt in den basaltischen Schichten um 3650 m sec^{-1}, was mit den Werten von Tabelle 35 (3880, 3710 m sec^{-1}) einigermaßen übereinstimmt, aber auch etwas zu tief ist, so daß im Mittel intermediäre Zusammensetzung wahrscheinlicher wird.

Die granitischen und die darunterliegenden soeben erwähnten Schichten können als kontinentale Schichten bezeichnet werden. Ihre untere Grenzfläche ist die Mohorovičić-Diskontinuität, deren Tiefe zu 30–50 km bestimmt worden ist. Die Tiefe scheint gering zu sein (das heißt also, hier sind die kontinentalen Schichten von geringer Mächtigkeit) in Kalifornien, Westeuropa, Neuseeland und Nordostjapan. Etwa mittlere Tiefe ($\sim$ 40 km) wurde in Zentral-, Nord- und Südamerika angetroffen. Die größten Werte für die Tiefe der Mohorovičić-Diskontinuität fand man im Gebiete der Sierra Nevada (Kalifornien) (40 bis 65 km), in den Alpen (50 km) und vermutlich im Kaukasus. Die über der Mohorovičić-Diskontinuität liegenden «kontinentalen» Schichten erreichen also unter den jungen Gebirgen ihre größte Mächtigkeit. Es sei darauf aufmerksam gemacht, daß auch aus dem Vorhandensein der Isostasie (siehe dort) nach der Theorie von AIRY unter den heutigen Gebirgen die Erdkruste am dicksten sein muß; Isostasie und Erdbebenseismik führen somit in dieser Hinsicht zu ähnlichen Resultaten.

Im atlantischen und indischen Ozean sind die «kontinentalen» Schichten auch vorhanden, aber mit bedeutend geringerer Mächtigkeit ($<$ 30 km), wobei die «granitische Schicht» fehlen kann. Auch die westlichsten Teile des pazifischen Ozeans (Japan, Philippinen) haben noch ähnlichen krustalen Aufbau. Im Gebiet des Hauptbassins des pazifischen Ozeans indessen fehlen diese kontinentalen Schichten, das heißt, es scheinen schon die obersten Krustenschichten ein hohes V ($>$7000 m sec^{-1}) zu besitzen.

Direkt unter der Mohorovičić-Diskontinuität wird ein V von ca. 7800 m sec^{-1} und ein v_t von 4350 m sec^{-1} festgestellt. Von geophysikalischer Seite wurden dabei diese Werte mit solchen von Duniten in Verbindung gebracht. ADAMS (l. c.) gibt an, daß für ein solches Gestein bei 10000 Megabar und Zimmertemperatur $V = 8200$, also höher als der seismisch gefundene Wert ist. Auch hier kann natürlich der ungenügend bekannte Temperaturkoeffizient eine Rolle spielen. Indessen scheinen doch eher echt basische und noch nicht ultrabasische Gesteine vorzuwiegen.

Von der Mohorovičić-Diskontinuität an in Richtung zum Erdkern steigen V und v_t mehr oder weniger regelmäßig an, um in einer Tiefe von etwa 2900 km, am Rande des Erdkerns, ein V von 13700 m sec^{-1} und ein v_t von 7300 m sec^{-1} zu erreichen. In der Tiefe von 60–80 km, also nicht weit von der Mohorovičić-Diskontinuität, wurde neuerdings eine Unregelmäßigkeit festgestellt, in dem Sinne, daß hier V und v_t über eine kleinere Strecke nicht ansteigen, sondern langsam abnehmen, um erst nachher wieder anzusteigen. Bestätigt wurde dies durch GUTENBERG und RICHTER aus einem Studium der Seismogramme südamerikanischer Erdbeben aus einer Tiefe > 260 km. Diese Ausmessungen ließen die Tiefe der Störungszone auf etwa 80 km schätzen, mit einer Abnahme von V von 8000 auf etwa 7900 m sec^{-1}.

Es ist nach DALY möglich, daß dies eine Folge des vermutlich in dieser Tiefe statthabenden Übergangs vom kristallinen zum glasigen Zustand darstellt. Die Poissonsche Zahl für den Erdmantel hat überall ungefähr den gleichen Wert, nämlich = 0,27.

Es ist selbstverständlich, daß die Parallelisierung der genannten subkontinentalen Schichten mit einzelnen Gesteinstypen allzu schematisch ist. Es ist vermutlich eher RITTMANN beizustimmen, der die obern Schichten (oberhalb 10–30 km, im Mittel 20 km Tiefe) Sial I, die darunter liegenden Schichten bis zur Mohorovičićschen Diskontinuitätsfläche (etwa 45 km Tiefe) Sial II nennt. Letztere brauchen im Mittel noch nicht gabbroid-basaltischen Chemismus zu besitzen. Das gabbroide Salsima, übergehend in Sima, folgt wohl darunter und wird im allgemeinen bei rund 70 km Tiefe flüssig. Eines scheint jedoch aus der Seismik zu folgen, daß subkontinental oberhalb 60 km Tiefe zur Zeit keine sehr mächtigen Magmazonen existieren.

β. **Die Schwere an der Erdoberfläche und ihre Bedeutung für Aussagen über den Untergrund (Isostasie).** Wir können Körper wägen, ohne daß wir sie auf eine Waage legen, indem wir ihr äußeres Gravitationsfeld messen. Nun hat die Interpretation des Schwerefeldes an der Erdoberfläche ergeben, daß im großen und ganzen in einer gewissen Tiefe *isostatisches Gleichgewicht* herrscht, das heißt, daß in dieser Tiefe alle Unterschiede der Dichte und Topographie der oberen Schichten nahezu kompensiert sind. Anders ausgedrückt: die Massen in der Erdkruste zeigen die Tendenz, so verteilt zu sein, daß in Säulen von einem gegebenen Querschnitt das Gewicht über einer bestimmten Tiefe konstant ist. Es gilt dies natürlich nur für Erdrindenstücke von größerem (regionalem) Ausmaß (etwa über 10 000 km^2), und es ist nicht jede Säule von kleinerem Querschnitt gegenüber jeder andern isostatisch ausgeglichen. Dies wäre schon infolge der an der Oberfläche vorhandenen Spannungen (Gewölbespannungen, gewisse Starrheit der Kontinentalsockel) gar nicht möglich.

Betrachten wir das äußere Relief der Erde mit Meerestiefen, Kontinentalsockeln und Gebirgen, so bedeutet Tendenz zur Isostasie folgendes: Subozeanisch müssen Massen größerer Dichte das an sich durch die leichte Hydrosphäre und das Fehlen fester Massen über Meereshöhe erzeugte Schweredefizit aufheben, unter kontinentalen Gebirgen muß die Gebirgslast durch Massen relativ geringer Dichte kompensiert werden. Deutungen sind auf verschiedene Art möglich. Betrachten wir bis zu einer hypothetischen isostatischen Ausgleichsfläche verschiedene Vertikalsäulen als Ganzes, so müssen diese unter Gebirgen kleinere mittlere Dichten haben als unter Tafelländern oder gar unter Meeresbedeckung. Es ist aber auch möglich, daß die Gebirgslast dadurch kompensiert wird, daß unter den Gebirgen bis in größere Tiefen Gesteine geringerer Dichte auftreten als unter Tafelländern und daß Gesteine höherer Dichte unter den Ozeanen weiter hinaufreichen bzw. daß subkontinental und subozeanisch die Dichteänderungen mit zunehmender Tiefe einen ganz anderen Verlauf besitzen.

Es liegt nahe, dieses Verhalten in Beziehung zu setzen mit einer Gliederung in spezifisch leichteres Sial und spezifisch schwereres Salsima bis Sima, und es ist begreiflich, daß man sich das erstere oft kurzweg als feste «Erdkruste» verbildlicht, während die schwereren Massen in einem plastisch fließbaren Zustand vorgestellt werden. Dann würde eine (leichtere) Erdkruste von wechselnder Mächtigkeit gewissermaßen in einem Schwimmgleichgewicht in einer schweren Masse verschieden tief eingetaucht sein. Bei der Diskussion werden die verschiedenen Gesichtspunkte oft vermengt, so daß zum Beispiel von Erdkrustendicke gesprochen wird, wenn lediglich die Dicke der Schicht gemeint ist, die mehr oder weniger die Zusammensetzung des Sials hat.

PRATT und HAYFORD, welche die eigentlich schweren Massen erst unterhalb einer kugelschalenförmigen Ausgleichsfläche beginnen lassen und je nach dem äußeren Relief den darüber befindlichen Vertikalsäulen verschiedene mittlere Dichten zuordnen, haben eine Tiefe der Ausgleichsflächen von etwa 100 bis 122 km berechnet. AIRY, der salsimatische Massen höher hinaufsteigen läßt und für das mehr oder weniger einheitlich gebaute Sial eine Art Schwimmgleichgewicht in diesen schweren Massen annimmt, hat naturgemäß nach dem Relief verschiedene Mächtigkeiten dieser Sialmassen erhalten mit einem kontinentalen Mittelwert von etwa 40 km. HEISKANEN hat auf Grund einer Annahme, die zwischen den Vorstellungen von PRATT und AIRY vermittelt, als mittlere Sialdicke in Eurasien 58 km gefunden, in Nordamerika 57 km, im Atlantik 25 km, im Pazifik 5 km. Es ist sehr wahrscheinlich, daß das Gewicht der Berge sowohl dadurch kompensiert wird, daß unter Gebirgen die mittlere Dichte der äußeren Erdkruste geringer ist als subozeanisch, wie dadurch, daß das eigentliche Salsima unter den Gebirgen erst in größerer Tiefe herrschend wird. Ja es steht mit der Seismik (siehe Seite 448) und den petrographischen Beobachtungen in keinem Widerspruch, wenn die Mächtigkeit des Sials im Pazifik als sehr gering, vielleicht teilweise nahezu als verschwindend klein angenommen wird, während subkontinental Dicken über 50 bis 100 km denkbar sind. Nur darf in allen diesen Fällen nicht von einer festen Erdkrustenmächtigkeit gesprochen werden, denn es kann kein Zweifel bestehen, daß auch subozeanisch bis in mindestens 30–40 km der feste Zustand dominiert.

Andererseits bedeutet vermutlich die Existenz der Isostasie, daß in einer gewissen Tiefe, die nicht über 120 km zu liegen scheint, schon relativ kleine Spannungsdifferenzen zu Fließbewegungen Anlaß geben und dauernd hydrostatisches Gleichgewicht anstreben. Die Existenz von Tiefherdbeben mit Herdtiefen bis 700 km steht dazu nur in scheinbarem Gegensatz, denn nach HERZFELD ist in größeren Tiefen der Fließwiderstand zwar klein, der Viskositätskoeffizient jedoch groß, so daß bei rascher Akkumulation von Spannungen kein Fließen, sondern immer noch Bruch auftreten kann. Die Prozesse jedoch, die bei Störungen des hydrostatischen Gleichgewichtes zum erneuten Ausgleich führen, gehen sehr langsam vonstatten. Das läßt auch verstehen, daß Anomalien nach gebirgsbildenden Vorgängen oder raschen Entlastungen zurückbleiben. Die Auswertung dieser Anomalien auf die Tiefenstruktur (VENING MEINESZ, KOSSMAT, HESS, GRIGGS, TANNI und v. a.) ist ein wichtiges Hilfsmittel der tektonischen Analyse. Besondere Bedeutung haben die Anomalien längs Inselbögen erlangt, die VENING MEINESZ entdeckt hat. Die Deutung als Tiefengang der Faltung im Sial (siehe auch Seite 402) hat weiferhin Veranlassung gegeben, anzunehmen, daß im Verlauf einer Großgebirgsbildung aus einer Geosynklinale das in größere Tiefe gelangende Sial aufgeschmolzen werde. Der Zusammenhang zwischen Bildung von Inselbögen, Gebirgsbildung, magmatischem Aufstieg und in die Tiefe reichenden Scherflächen ist in letzter Zeit Gegenstand eingehender Überlegungen (zum Beispiel LAKE, LAWSON, VENING MEINESZ, VAN BEMMELEN, UMBGROVE, KUENEN) gewesen.

Da Abweichungen vom isostatischen Gleichgewicht zum Ausgleich der Spannungszustände Bewegungen erzeugen, sind isostatische Anomalien zugleich für Gebiete mit heutiger tektonischer und vulkanischer Aktivität (zum Beispiel in Java, Japan usw.) charakteristisch. Auch die Alpen sind übrigens isostatisch noch nicht völlig ausgeglichen.

γ. **Schlußbemerkungen.** Unter Verwertung experimenteller Daten kann man so versuchen, charakteristische Erscheinungen der Erdkruste (Temperaturgradient, Verhalten des Materials bei der Fortpflanzung von Erdbebenwellen, Verformungen, Schwereanomalien) zu deuten, wobei als weitere Variabeln die geochemischen Aussagen zur Verfügung stehen. Da die Materialeigenschaften vom Chemismus, Mineralbestand und Gefüge sowie von den Temperatur- und Druckverhältnissen abhängig sind, stehen alle bis jetzt genannten Erscheinungen untereinander im engsten Zusammenhang. Man muß daher nach Annahmen suchen, die sich widerspruchslos zu einem Ganzen fügen. Allein den heutigen Kenntnissen nach ist dies nicht nur auf eine Art, das heißt eindeutig, möglich. Es bleibt ein relativ großer Spielraum offen, der in der Tat von den verschiedenen geologischen Hypothesen ausgenützt wird. Ja es ist leider so, daß manche Darstellungen der Erdgeschichte, insbesondere der tektonischen Prozesse, den geophysikalischen Daten zu wenig Rechnung tragen und mit Annahmen arbeiten, die sich gegenseitig ausschließen. Anderseits werden die Ausführungen gezeigt haben, daß Vorstellungen über den Aufbau der Erdkruste möglich sind, die (unter Berücksichtigung der verschiedenen Reaktionsweisen auf Störungen) mit den Beobachtungsdaten in Übereinstimmung gebracht werden können. Dabei ist allerdings folgendes zu sagen:

Alle einigermaßen wahrscheinlichen Aussagen können sich nur auf ein mittleres Verhalten beziehen, bei dem die uns wohlbekannte Heterogenität der äußersten Erdkruste gar nicht in Rechnung gestellt werden kann. Denn studieren und ausbeuten können wir nur erdoberflächennahe Materialien, nicht aber den Stoff in vielen Kilometern Erdtiefe. Die Bildung von neuen Gesteinen und Minerallagerstätten ist zudem eine Folge von Störungen und Anomalien gegenüber dem Normalverhalten, so daß Gesteins- und Lagerstättenkunde von Prozessen Zeugnis geben, die im schematischen Gesamtbild nicht enthalten sind. Erst wenn wir versuchen, die Bildungsprozesse der Mineralaggregate in das allgemeine großgeologische Geschehen einzuordnen oder aus diesem abzuleiten, wird es notwendig, die Vorstellungen über den Bau und das Verhalten der tiefer gelegenen und einheitlicher gebauten Erdschichten zu Hilfe zu nehmen. Dann allerdings müssen wir, wie das etwa SCHWINNER und GRIGGS getan haben, versuchen, die Wirkung verschiedener Kräfte (erzeugt zum Beispiel durch Polflucht, Kontinentaldrift, Kontraktion, zähes Fließen und Konvektionsströmungen) auf das einigermaßen bekannte Material abzuschätzen, bevor bestimmte Hypothesen zur einzigen oder doch wahrscheinlichsten Vorstellung über die Tektogenese erhoben werden.

B. Spezielle geophysikalische Verhältnisse

a) *Die elektrischen Eigenschaften*

Die elektrischen Eigenschaften der Mineralien und Gesteine haben vor allem Bedeutung für die elektrischen Methoden der angewandten Geophysik und sind vorzugsweise im Hinblick auf diese bestimmt worden. In der angewandten Geophysik ist die spezifische Leitfähigkeit (respektive der spezifische Widerstand) von Bedeutung, jedoch können auch die Dielektrizitätskonstante und die magnetische Permeabilität wichtig sein.

In den oberflächennahen Teilen der äußeren Lithosphäre kommen *natürliche elektrische Erdströme* vor; von diesen ist im folgenden nicht die Rede. Sie haben besondere Bedeutung für die angewandte Geophysik und werden im betreffenden Abschnitt, unter «elektrische Methoden, Gleichstromverfahren mit natürlichen Erdströmen», näher behandelt werden. In der allgemeinen Geophysik spielen die elektrischen Eigenschaften der Gesteine insofern eine Rolle, als sie für die Charakterisierung des magnetischen Erdfeldes und seiner Störungen wichtig sind. Es scheint, daß angenommen werden muß, die Leitfähigkeit nehme in Tiefen über 100 km stark zu.

α. **Der spezifische Widerstand (respektive Leitfähigkeit).** Die Leitfähigkeit wird meist zahlenmäßig durch ihren reziproken Wert, den spezifischen Widerstand (= ϱ) angegeben. Dieser ist wie folgt definiert:

$$R = \varrho \frac{l}{F} \qquad \begin{array}{l} \varrho = \text{spezifischer Widerstand (in } \Omega \text{ cm)} \\ R = \text{Widerstand in } \Omega \\ l = \text{Länge der Säule} \\ F = \text{Querschnittsfläche der Säule} \end{array}$$

Die Formel bedeutet: Der Widerstand einer Säule eines elektrisch homogenen Stoffes ist direkt proportional seiner Länge und umgekehrt proportional seiner Fläche (je größer die Länge, desto größer der Widerstand usw.), wobei der Proportionalitätsfaktor ϱ (= spezifischer Widerstand) für verschiedenes Material verschieden und für ein bestimmtes Material spezifisch ist. In den folgenden Übersichten ist ϱ in Ω cm (Ohmzentimeter) angegeben (das heißt in obiger Formel ist R in Ω, l und F in Zentimeter gemessen). Anschaulich ausgedrückt ist ϱ der Widerstand einer Säule von der Länge 1 cm und dem Querschnitt 1 cm². Häufig findet man ϱ auch in Ω m angegeben, wobei 1 Ω m $= 100\ \Omega$ cm.

β. Spezifischer Widerstand von Mineralien und Gesteinen. Über Mineralien existieren relativ wenige quantitative, dafür aber viele qualitative Untersuchungen. ϱ ist in Kristallen von der Richtung abhängig.

Beispiele: Quarz, bei 17⁰ C, nach THORNTON:

parallel	zur c-Achse	$2 \cdot 10^{14}\ \Omega$ cm
senkrecht	zur c-Achse	$2 \cdot 10^{16}\ \Omega$ cm

Calcit, bei 15–20⁰, nach CURIE:

parallel	zur c-Achse	$5{,}5 \cdot 10^{14}\ \Omega$ cm
senkrecht	zur c-Achse	$9{,}5 \cdot 10^{15}\ \Omega$ cm.

Ferner ist der spezifische Widerstand auch von der Temperatur abhängig; bei steigender Temperatur nimmt bei vielen Mineralien und Gläsern die Leitfähigkeit in starkem Maße zu, das heißt der spezifische Widerstand nimmt ab. Dieses Verhalten steht im Gegensatz zu dem der reinen Metalle.

Beispiele: Ein Quarzkristall, parallel zur c-Achse (nach CURIE):

Temperatur in ⁰C	spez. Widerstand in Ω cm
20⁰	$1{,}2 \cdot 10^{14}$
100⁰	$8{,}2 \cdot 10^{11}$
200⁰	$6{,}8 \cdot 10^{10}$
300⁰	$5{,}6 \cdot 10^{7}$

Quarzglas, nach CAMPBELL:

15⁰	$>2 \cdot 10^{14}$
150⁰	$>2 \cdot 10^{14}$
230⁰	$2 \cdot 10^{13}$
300⁰	$2 \cdot 10^{11}$
450⁰	$8 \cdot 10^{8}$
700⁰	$3 \cdot 10^{7}$

Ein *Hämatitkristall*, senkrecht zur c-Achse, nach BÄCKSTRÖM:

0⁰	0,4150
100⁰	0,1830

Die Beispiele zeigen, daß die Abhängigkeit von der Temperatur eine sehr starke ist, so daß ϱ bei steigender Temperatur um mehrere Größenordnungen abnehmen kann. Über die Abhängigkeit von ϱ vom Druck sind wir schlecht orientiert, vermutlich nimmt ϱ mit zunehmendem Druck ab.

Die Variabilität von ϱ für die natürlichen Mineralien ist sehr groß; wir finden darunter die größten und kleinsten Widerstände vertreten, die uns überhaupt von festen Körpern bekannt sind. Auch innerhalb ein und derselben Mineralart schwankt ϱ beträchtlich, und zwar bei schlechten Leitern oft mehr als bei guten. Oft sind auch bereits sehr geringfügige Beimengungen von Bedeutung; Zinnstein zum Beispiel leitet in farblosem Zustand nicht, wohl aber sind die schwarzgefärbten (unreinen) Individuen Leiter.

Generell gilt (nach HUMMEL) folgendes über den spezifischen Widerstand der Mineralien: Die meisten gesteinsbildenden Mineralien sind bei Zimmertemperatur praktisch *Nichtleiter*, mit ϱ zwischen 10^{11} und 10^{16} Ω cm. Dazu gehören Quarz, Feldspäte, Glimmer, Calcit, Gips, Spinell, Olivin, Zirkon, Titanit, Hypersthen, Steinsalz, Schwefel sowie die Erzmineralien Realgar, Auripigment, Antimonit, Bournonit, Fahlerze, ferner Braunkohle. Es sind, nach Mineralklassen, die Metalloide außer Graphit, ein Teil der Metalloidsulfide, die meisten Oxyde, sämtliche Halogenide, die Mehrzahl der Sulfosalze, die Sulfate, Nitrate, Silikate, Phosphate usw.

Halbleiter mit ϱ von 10^3–10^{10} Ω cm sind bei Zimmertemperatur einige wenige eisen- oder manganreiche Silikate und Oxyde (Wad, Psilomelan, Epidot, Aktinolith). Ferner ist hier zu bemerken, daß nach den früheren Ausführungen manche bei gewöhnlicher Temperatur als Nichtleiter zu betrachtende Mineralien bei höherer Temperatur Halbleiter werden.

Gute Leiter, mit $\varrho = 10^2$–10^{-6} Ω cm sind sämtliche Metalle, die Schwermetallsulfide, wie Molybdänglanz, Pyrit, Magnetkies, Kupferkies, Bleiglanz, ferner Arsenkies. Von den Oxyden gehören dazu Magnetit, zum Teil auch Hämatit, Ilmenit. Ferner ist Graphit ein sehr guter Leiter.

Tabelle 37 vermittelt einige mehr nur der Größenordnung nach zu beurteilende zahlenmäßige Angaben bei gewöhnlicher Temperatur und gewöhnlichem Druck.

Tabelle 37

Spezifischer Widerstand einiger Mineralien

	ϱ in Ω cm
Gediegen Silber	$0{,}0000014$
Bleiglanz	$0{,}003$–$5{,}0$
Graphit	$0{,}01$
Pyrit	$0{,}02$–$0{,}1$
Magnetkies	$0{,}01$–$0{,}5$
Magnetit	$0{,}6$–$10{,}0$
Kupferkies	$0{,}2$–$1{,}0$
Molybdänglanz	$0{,}8$–50
Hämatit	$0{,}4$–$1 \cdot 10^9 (!)$
Antimonit	$5 \cdot 10^8$
Quarz	$3{,}8 \cdot 10^{11}$–$3 \cdot 10^{16}$
Glimmer	$1{,}5 \cdot 10^{10}$–$9 \cdot 10^{15}$
Calcit	$5 \cdot 10^{14}$–$9{,}5 \cdot 10^{15}$
Steinsalz	$1 \cdot 10^{17}$
Schwefel	$1 \cdot 10^{17}$–$1 \cdot 10^{18}$
Biotit, Olivin, Hypersthen	$> 10^{11}$

Der spezifische Widerstand von Gesteinen und Gesteinskörpern ist stark gefügeabhängig. Die Untersuchungen der angewandten Geophysik an Gesteinskörpern in noch natürlicher Lagerung haben nämlich gezeigt, daß der spezifische

Widerstand von Gesteinsmassen in der Natur nicht nur von ihrem Mineralbestand respektive den elektrischen Eigenschaften der die Gesteine aufbauenden Mineralien abhängig ist, sondern auch, und zwar teilweise ganz überwiegend, von dem in Poren, Rissen, Spalten usw. vorhandenen Wasser mit seinem wechselnden Elektrolytgehalt. Obwohl die meisten gesteinsbildenden Mineralien *Nichtleiter* sind, verhalten sich die meisten Gesteine in natürlicher Lagerung als Halbleiter, zum Teil sogar als Leiter. Für die Beurteilung der elektrischen Leitfähigkeit ist daher die Textur (insbesondere Porositätsverhältnisse, dann aber auch Regelung und Anordnung der Gemengteile) sehr wichtig. Ferner folgt, daß Werte aus Laboratoriumsversuchen an trockenem Material nicht denen, die für die natürlichen Vorkommen Gültigkeit haben, entsprechen. Außer mit Elektronenleitung haben wir es also in natürlichen Gesteinen auch mit *Ionenleitung* zu tun.

Was die Abhängigkeit von ϱ vom Mineralbestand betrifft, so ist dieser natürlich vor allem bei Gegenwart von Sulfiderzen deutlich. Für Gesteine gilt, daß für den Gesamtwiderstand eines Gesteins die gutleitenden Anteile oft wichtiger werden als die schlechtleitenden, nämlich dann, wenn (wie bei schiefriger und lagiger Textur) die gutleitenden Mineralien in Lagen angeordnet sind und miteinander mehr oder weniger räumlich in Verbindung stehen. Dies gilt zum Beispiel für graphitführende Schiefer, parallel zur Schieferungsebene. Auch Pyrit oder magnetkieshaltige Tonschiefer sind häufig sehr gute Leiter, trotz des hohen Anteils an Nichtleitern. (Hier kann jedoch auch die Ionenlieferung bei der Verwitterung der genannten Sulfide eine Rolle spielen). Andererseits sind massige pyritführende Gesteins- oder Erzmassen meist schlechte Leiter, weil das leitende Erz oft als räumlich isolierte Einlagerung auftritt.

Auch Gesteine können bei geregelten Gefügen Anisotropie des spezifischen Widerstandes besitzen. Es sind schiefrige Gesteine bekannt, die senkrecht zur Schieferung einen bis 1000mal größeren Widerstand aufweisen als parallel dazu (Beispiel: Schiefer aus dem Portlandien, Schweiz, senkrecht zur Schieferung 12 000 000 Ω cm, parallel zur Schieferung 50 000 Ω cm, nach KÖNIGSBERGER).

Über die spezifischen Widerstände von Wasser sei mitgeteilt, daß destilliertes Wasser ein ϱ bis $2,6 \cdot 10^7\ \Omega$ cm hat, während normalem, nicht besonders elektrolytreichem Grundwasser nur etwa ein ϱ von 3000 bis 15 000 Ω cm zukommt. Salzhaltige Wässer haben sehr geringe Widerstände, die etwa zwischen 5 und 100 Ω cm liegen.

Daraus geht hervor, daß kommunizierendes Porenwasser in Gesteinen die Leitfähigkeit einer Gesteinsmasse stark erhöhen kann. Umgekehrt kann die Füllung der Gesteinsporen mit schlechtleitenden Flüssigkeiten (Öl) die Leitfähigkeit von Gesteinskörpern (Erdöl hat ein ϱ von 10^{11} bis 10^{18}) erniedrigen, den Widerstand erhöhen.

Mit wachsender Temperatur nimmt, bei Anwesenheit von Elektrolytwässern, der spezifische Widerstand infolge vermehrter Ionenbildung ab, das heißt die Leitfähigkeit zu. Ferner nimmt auch die Leitfähigkeit der Mineralien der Gesteine zu. Bei einer Temperatursteigerung um 30–50° sinkt ϱ oft auf den halben Wert. Bei Frost hingegen steigt ϱ stark an, weil die Ionenleitfähigkeit zurückgeht.

Bei Druckzunahme, in größeren Tiefen, verschwindet infolge Abnahme des Porenvolumens der Einfluß der Porenfeuchtigkeit immer mehr, so daß in einigen Kilometern Tiefe das ϱ der Gesteine fast nur noch von den diese aufbauenden Mineralien und deren elektrischen Eigenschaften bei entsprechenden $P\text{-}T$-Verhältnissen abhängig sein dürfte.

Tabelle 38

ϱ von «trockenen» Gesteinsproben

(Laboratoriumsversuche, bei Zimmertemperatur und normalem Druck)

	Mittelwerte mehrerer Proben ϱ in Ω cm
Granite	$1,1 \cdot 10^7$
Porphyrite	$7,6 \cdot 10^7$
Diabase	$3 \cdot 10^5$
Hornfelse	$3,9 \cdot 10^{10}$
Chlorit- und Serizitschiefer . . .	$3 \cdot 10^9$
Dolomite	$> 5 \cdot 10^6$
Sandsteine	$7,7 \cdot 10^7$
Tonschiefer	$1,4 \cdot 10^8$
Kalksteine	$1,3 \cdot 10^{10}$

Tabelle 38 zeigt, daß nicht selten auch bei sogenannten «trockenen» Proben noch geringe Mengen Wasser in den Poren vorhanden sind, denn die angeführten Werte sind niedriger als die Werte für die wichtigsten Mineralien dieser Gesteine.

Tabelle 39 vermittelt einige im Felde gemessene Werte für ϱ von natürlichen Gesteinsvorkommen, wobei daran gedacht werden muß, daß ϱ hier selbstverständlich eine ziemlich große Variationsbreite besitzt.

Der Tabelle 39 kann noch entnommen werden, daß Sedimentgesteine im allgemeinen (wegen ihrer hohen Porosität) besser leiten als Eruptivgesteine und metamorphe Gesteine. Innerhalb der Sedimentgesteine leiten porenarme Kalke schlechter als poröse klastische und feinklastische Gesteine. Ferner ist ersichtlich, daß feinporige (Kapillarporen!) Gesteine wie *Tone, Lehme, tonige Böden* meist besser leiten, also niedrigeres ϱ haben als grobporöse Sandsteine und Schotter. Lehme und Böden sind quellungsfähig und halten das Wasser kapillar fest, während in grobporösen Gesteinen oft ein großer Teil der Poren mit Luft erfüllt bleibt.

Es hängt also ϱ nicht nur vom Gesamtporenvolumen, sondern auch von der Größe der Poren ab. Daß indessen nicht eigentlich die Poren, sondern die Erfüllung mit ionenhaltigem Wasser ausschlaggebend ist, zeigt der hohe Wert für trockenen Sand.

Als weitere Gesetzmäßigkeit kann aus Tabelle 39 schließlich entnommen werden, daß unverfestigte Gesteine (wie Böden usw.) meist besser leiten als verfestigte Gesteine.

Durch die gute Leitfähigkeit der gesteinsaufbauenden Mineralien ist das kleine ϱ mancher sulfidischen Erze sowie von unreinem Anthrazit bedingt.

Tabelle 39

Spezifische Widerstände natürlicher Gesteinsvorkommen bei niedrigen Temperaturen und Drucken

	ϱ in Ω cm
Granite	$500\,000{-}1 \cdot 10^8$
Gabbro	$1 \cdot 10^6{-}1 \cdot 10^9$
Mandelstein (porös!)	$45\,000{-}100\,000$
Kristallines Grundgebirge (Schweden)	$300\,000{-}600\,000$
Grüngesteine	$85\,000{-}300\,000$
Reiche sulfidische Erze (Pyrit, Bleiglanz)	$0{,}1{-}1\,000$ manchmal auch bis $20\,000$
Anthrazit	$100{-}1\,000$
Feuchter Lehm, zum Teil Ton	$500{-}5\,000$ manchmal auch nur 100
Humusboden	$1\,000{-}20\,000$ jedoch auch bis $1\,250\,000$
Torf	$2\,000{-}6\,000$
Sandsteine	$1\,500{-}50\,000$
Ölführender Sandstein	$5\,000{-}100\,000$
Tonige Böden	$10\,000{-}40\,000$
Sandige Böden	$110\,000{-}180\,000$
Tonschiefer	$2\,000{-}200\,000$
Nagelfluh (Schweiz)	$12\,000{-}30\,000$
Schotter mit Grundwasser	$10\,000{-}60\,000$
Schotter ohne Grundwasser	$30\,000{-}500\,000$
Kalk	$10\,000{-}350\,000$
Kohle	$20\,000{-}15 \cdot 10^6$
Trockener Sand	$250\,000{-}4 \cdot 10^6$

γ. **Die Dielektrizitätskonstanten.** Die Kenntnis der Dielektrizitätskonstante ist vor allem für die Hochfrequenzmethoden der angewandten Geophysik wichtig, dann auch für die theoretische Behandlung der Wechselstrommethoden.

Die relative Dielektrizitätskonstante ε kann unter anderem definiert werden als das Quadrat des Verhältnisses der Fortpflanzungsgeschwindigkeit elektrischer Wellen im Vakuum zu der im Dielektrikum (wenn die magnetische Permeabilität $\mu = 1$ ist), oder auch als das Verhältnis der Kraftwirkung zweier geladener Körper im Vakuum zu der im Dielektrikum. Im Vakuum ist daher $\varepsilon = 1$, der gleiche Wert kann auch für Luft angenähert angenommen werden.

Die Dielektrizitätskonstante ist sowohl von Druck und Temperatur wie auch von den Versuchsbedingungen abhängig, wobei der wichtigste Faktor die *Frequenz* des angewandten elektrischen Spannungsfeldes ist. Bei zunehmender Temperatur nimmt ε im allgemeinen ab. Bei höheren Frequenzen (also kleineren Wellenlängen) wird ε kleiner (zum Beispiel wurde für trockenen Sand bei 50 Hz ein ε von 69, bei 20000 Hz ein solches von 16 bestimmt).

Tabelle 40

ε von einigen Mineralien

	ε	bei Wellenlänge
Steinsalz	5,6	75 cm
Dolomit ∥ c-Achse . . .	6,8	75 cm
⊥ c-Achse . . .	7,8	75 cm
Calcit ∥ c-Achse . . .	8,0	75 cm
⊥ c-Achse . . .	8,5	75 cm
Quarz ∥ c-Achse . . .	4,6	75 cm
⊥ c-Achse . . .	4,32	75 cm
Adular	5,33–5,54	25–100 cm
Augit	6,9 –8,57	25– 75 cm
Rutil ∥ c-Achse . . .	173	75 cm
⊥ c-Achse . . .	89	75 cm
Zirkon ∥ c-Achse . . .	12,6	75 cm
⊥ c-Achse . . .	12,8	75 cm
Hämatit	25	?

Tabelle 41

ε von einigen Gesteinen

(bei verschiedenen Frequenzen gemessen)

Granit	8	
Diorit	8,5	
Basalt	12	
Gneis	14	trocken
Glimmerschiefer	16	
Marmor	6	
Kalk	8–12	
Trockene Böden	2,6–2,8	
Böden mit 16–30 % Wasser	18–30	
Anthrazit	5,6–6,3	

Sehr stark von Frequenz und Temperatur abhängig ist die Dielektrizitätskonstante von Eis, das bei niedrigen Frequenzen (um 50) und Temperaturen unter 0⁰ C ein ε um 80 besitzt (ähnlich Wasser), bei Temperaturen um − 50⁰ C und hohen Frequenzen (um 5000) ein solches von etwa 5. Kristalle zeigen Anisotropie für ε, wie aus Tabelle 40 zu entnehmen ist.

Sehr hohe Dielektrizitätskonstanten haben die gutleitenden Schwermetallsulfide, ferner Titanmineralien.

An Gesteinen liegen nur spärliche Untersuchungsresultate vor. ε ist für Wasser $= 81$, während sie für die meisten gesteinsbildenden Mineralien zwischen 4 und 10 liegt (diese sind also ziemlich reine Dielektrika und Nichtleiter!). Wasser in den Gesteinsporen setzt somit die Dielektrizitätskonstante wesentlich hinauf, was bedeutet, daß auch hier die Porosität einen wesentlichen Einfluß hat.

Verhältnismäßig niedrig ist ε von Erdöl (um 2,1), so daß anzunehmen ist, daß auch erdölerfüllte Gesteine eine geringe Dielektrizitätskonstante besitzen.

b) *Die magnetischen Eigenschaften*

α. Erläuterungen und Definitionen. Die Untersuchung des Gesteinsmagnetismus ist sowohl für die allgemeine wie für die angewandte Geophysik von Bedeutung. In der allgemeinen Geophysik interessiert der Beitrag der Gesteine und Minerallagerstätten zum erdmagnetischen Feld, ferner in welchem Maße sie magnetisiert werden und damit das Erdfeld selbst modifizieren. In der angewandten Geophysik ist die Kenntnis der magnetischen Eigenschaften der Gesteine unerläßlich für die richtige Interpretation der Feldmessungen. Aber auch der allgemeinen Geologie und Petrographie kann der Gesteinsmagnetismus Aufschlüsse geben; der heutige magnetische Zustand der ferromagnetischen Gesteine ist nämlich zum Teil von der physikalischen Vorgeschichte dieser Körper sowie von ihrer Genesis abhängig.

Die meisten Stoffe können durch ein äußeres magnetisches Feld (H) temporär magnetisiert werden. Das entstehende magnetische Moment pro Volumeinheit (1 cm³) heißt *Magnetisierung* (J). J und H werden in Gauß ($1\,\Gamma = 1\,\mathrm{g}^{1/2} \cdot \mathrm{cm}^{-1/2} \cdot \mathrm{sec}^{-1}$) angegeben; bei H wird neuerdings für Gauß die Bezeichnung Örsted ($= \ddot{O}$) benützt (1 Ö $= 1\,\Gamma$). Das normale erdmagnetische Feld hat je nach Ort eine Stärke von 0,27 (magnetischer Äquator) bis 0,71 Γ (Intensitätspol). *Paramagnetisch* heißen Stoffe, deren Magnetisierung dem erregenden Feld gleichgerichtet ist, *diamagnetisch* solche, bei denen die Magnetisierung der erregenden Feldstärke entgegengesetzt gerichtet ist. J ist H proportional, nach der Gleichung $J = \varkappa H$. Der Proportionalitätsfaktor $\varkappa$ wird *Suszeptibilität* (auch *Volumsuszeptibilität*) genannt. $\varkappa$ ist positiv für paramagnetische und negativ für diamagnetische Stoffe. $\varkappa$ ist für para- und diamagnetische Stoffe meist sehr klein und geht etwa von $-0,00001$ bis $+0,0008$. Häufig (besonders für elektromagnetische Erscheinungen) wird auch der Begriff der Permeabilität μ gebraucht, wobei $\mu = 1 + 4\pi\varkappa$.

Neben para- und diamagnetischen kennt man noch die ferromagnetischen Stoffe (Fe, Co, Ni und einige ihrer Verbindungen), mit einer relativ großen Suszeptibilität (meist über 0,01, bis 1200). $\varkappa$ ist bei diesen Stoffen auch bei konstanter Temperatur keine Konstante, sondern ändert sich mit H. Ferner zeigen ferromagnetische Materialien die Erscheinungen der Hysterese, das heißt, x ist auch noch von der magnetischen Vorgeschichte abhängig.

Wird ein entmagnetisierter Körper einem wachsenden magnetischen Feld ausgesetzt (siehe Figur 321), so durchläuft die Magnetisierung J die Kurve I in Figur 321 (= Nullkurve), die sich für J einem Grenzwert (J_{max}), dem Sättigungswert, nähert. Läßt man H wieder auf Null sinken, so folgt J nicht mehr der ersten Kurve, sondern der Kurve II, bei $H = 0$ bleibt ein Rest von J übrig, die sogenannte *Remanenz* (Strecke o–b in Figur 321). Um J völlig zum Verschwinden zu bringen, muß man H in entgegengesetzter Richtung wieder anwachsen

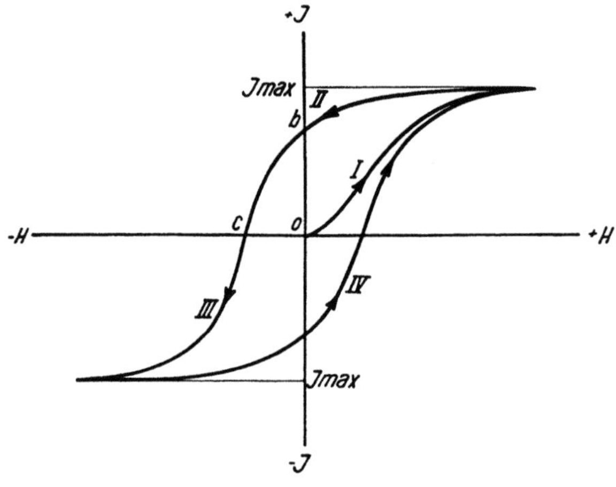

Fig. 321
Magnetisierungskurven eines ferromagnetischen Stoffes.

lassen. Den Betrag an H, der dabei aufgewendet werden muß (Strecke o–$c = K$) nennt man *Koerzitivkraft*. Über III und IV schließlich kann die Hysteresisschleife geschlossen werden. Diese Kurve gilt, wenn bis zur Sättigung magnetisiert worden ist. Ist dies nicht der Fall, so entsteht eine engere Hysteresisschleife, die aber im Prinzip gleich beschaffen ist. Für jeden Punkt dieser unendlich vielen Kurven kann nun x verschieden sein; ferner folgt daraus, daß ferromagnetische Stoffe auch eine Magnetisierung zeigen können, wenn kein äußeres Feld mehr wirksam ist (remanente Magnetisierung). Ein Gestein oder Erz in natürlicher Lagerung kann also (sofern es ferromagnetische Bestandteile enthält) neben der durch das gerade wirksame erdmagnetische Feld induzierten Magnetisierung (deren Stärke durch x und das Erdfeld bestimmt ist) noch eine *remanente* Magnetisierung besitzen, die einer früheren Magnetisierung ihre Entstehung verdankt und deren Richtung nicht mit dem heutigen Erdfeld übereinstimmen muß. Diese remanente Magnetisierung ist hierbei nach Richtung und Größe mit dem Gestein fest verbunden. Die induktive Magnetisierung dagegen verschwindet, wenn das erregende Feld Null wird.

Die magnetischen Eigenschaften sind sehr stark und zum Teil in komplizierter Weise von Temperatur und Druck abhängig, wobei wiederum bei ferromagnetischen Stoffen Hysterese beobachtbar ist. Bei paramagnetischen Stoffen nimmt $\varkappa$ mit steigender Temperatur ab ($\varkappa$ ist umgekehrt proportional der absoluten Temperatur: erstes Curiesches Gesetz), für diamagnetische Körper ist $\varkappa$ nahezu temperaturunabhängig. Für die ferromagnetischen Körper gilt: Bei starken magnetischen Feldern (über 3–20 Γ) nehmen sowohl $\varkappa$, die induktive Magnetisierung sowie Sättigungsremanenz und Koerzitivkraft mit steigender Temperatur ab, um beim sogenannten Curie-Punkt zum Teil völlig (Remanenz und Koerzitivkraft völlig, J bis auf einen kleinen Bruchteil) zu verschwinden. Oberhalb des Curie-Punktes ist kein Ferromagnetismus mehr vorhanden (keine Remanenz); der Stoff verhält sich ähnlich wie ein paramagnetischer und besitzt bei diesen Temperaturen ein sehr kleines $\varkappa$. Bei

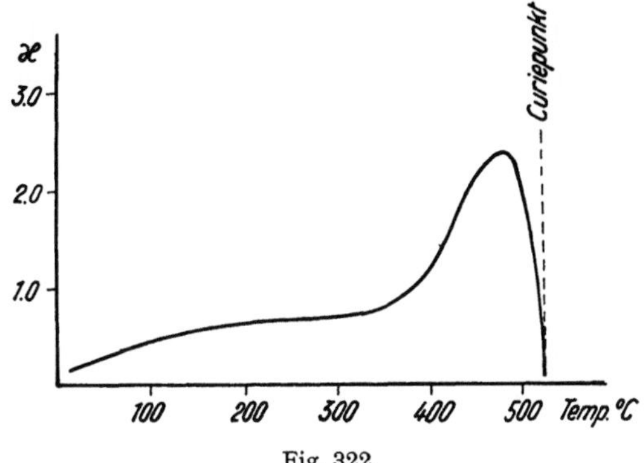

Fig. 322

Temperaturabhängigkeit der magnetischen Suszeptibilität (bei einer Feldstärke $H = 2\ \Gamma$) eines Magnetiterzes (nach Rettig).

schwachen Feldern (unter 10 Γ) verläuft die Temperaturabhängigkeit etwas anders. $\varkappa$ (und damit die Magnetisierung J) nimmt zunächst mit steigender Temperatur zu, erreicht wenig unterhalb des Curie-Punktes ein meist sehr steiles Maximum, um dann sehr rasch bis fast auf Null (beim Curie-Punkt) abzufallen. Figur 322 gibt (nach Messungen von Rettig) die Abhängigkeit des $\varkappa$ von der Temperatur, bei $H = 2\ \Gamma$, für ein magmatogenes Magnetiterz.

Über die Abhängigkeit der magnetischen Eigenschaften von hydrostatischem Druck ist man nicht sehr gut orientiert. Es darf wohl für die Gesteine angenommen werden, daß ein Druck bis zu mehreren Tausend Megabar nur einen geringen Einfluß hat. Etwas größer ist hingegen wohl der Einfluß einseitig gerichteter, mechanischer Beanspruchung (Spannungen, Torsion usw.) Nach Bahnemann kann durch solche Beanspruchungen die Richtung der Magnetisierung wesentlich geändert werden.

Zur physikalischen Theorie der magnetischen Erscheinungen ist zu sagen, daß dia- und paramagnetische auf befriedigende Weise, zum Teil sogar quantitativ erklärt werden können. Schwierigkeiten bietet immer noch der Ferromagnetismus. Die Kristallstruktur spielt sicherlich eine große Rolle. Erwähnt sei noch, daß heute versucht wird, die Hysteresiserscheinungen auf Gitterbaufehler, Einlagerungen, Verunreinigungen zurückzuführen, daß also ein idealer ferromagnetischer Kristall keine Hysteresis aufweisen soll, wohl aber ein sehr hohes und von H abhängiges $\varkappa$.

Erschütterungen setzen die induktive Magnetisierung herauf, erniedrigen aber die remanente Magnetisierung. Erschütterungen können auch zu einer *spontanen Magnetisierung* führen, die nach ihrer Stärke unabhängig vom anwesenden äußeren Feld ist. Eine solche spontane Magnetisierung kann eine dauernde Eigenmagnetisierung des Materials zur Folge haben, die im Endeffekt von einer remanenten Magnetisierung nicht mehr unterschieden werden kann.

β. **Magnetische Eigenschaften der Mineralien.** Kristalle sind magnetisch anisotrop; einen extremen Fall stellt Pyrrhotin dar, der nach WEISS in Richtung der kristallographischen c-Achse paramagnetisch (mit sehr niedrigem $\varkappa$), in Richtung senkrecht zur c-Achse dagegen ferromagnetisch ist (mit $\varkappa$ bis 0,2). Es existieren relativ viele Messungen über magnetische Eigenschaften von Mineralien, doch ist in manchen Fällen die mineralogische und chemische Paralleluntersuchung ungenügend, so daß nicht immer bekannt ist, ob nicht kleine Einlagerungen fremder Mineralien den gemessenen Magnetismus wesentlich beeinflußt haben.

$\varkappa$ ist, wie erwähnt, bei ferromagnetischen Stoffen von H abhängig. Allgemein gilt, daß $\varkappa$ anfänglich mit steigendem H zunimmt, ein Maximum (bei $H = 4$ bis $70\,\varGamma$) erreicht, und nachher wieder absinkt. (Bei einem Magnetitkristall vom Tirol variierte hierbei $\varkappa$ von 2 bis 12.) Geophysikalisch wichtig sind in Hinsicht auf das schwache Erdfeld (unter $1\,\varGamma$) Messungen bei niedrigen Feldstärken.

Tabelle 42 enthält die Suszeptibilität für zum Teil sehr verschiedene Feldstärken, die Werte sind daher bei den ferromagnetischen Mineralien nur bedingt miteinander vergleichbar. Auffallend sind die bei einigen Mineralien geradezu enormen Schwankungen (zum Beispiel bei Ilmenit) für verschiedene Individuen ein und derselben Mineralart: Gitterbaufehler, kleine isomorphe Beimengungen, Entmischungen und Verunreinigungen mit anderen Mineralarten können offenbar großen Einfluß haben.

Die meisten gesteinsbildenden Mineralien sind nur sehr schwach, und zwar para- und diamagnetisch. Nur einige wenige Eisenmineralien sind stark magnetisch und können ferromagnetische Erscheinungen zeigen. Es sind dies gewisse Fe-Mineralien, die in der Spinellstruktur kristallisieren (Magnetit, Maghemit [γ-Fe_2O_3], Franklinit, Chromit, Jakobsit), ferner Magnetkies (Pyrrhotin). Auch Ilmenit und Hämatit können beträchtlich ferromagnetisch sein, es ist indessen wahrscheinlich, daß *reines* α-Fe_2O_3 und *reiner* Ilmenit nur paramagnetisch sind. Stärkerer Magnetismus ist ferner von Cubanit und Sitaparit (Varietät von Bixbyit) gemeldet.

Noch nicht abgeklärt ist die Bedeutung des Titangehaltes und der Genese der Magnetite für deren Magnetisierung. Nach PUZICHA und RETTIG hat magmatogener, Ti-haltiger Magnetit ein besonders hohes $\varkappa$ und geringe Koerzitivkraft, während Ti-freier, kontaktmetamorphogener Magnetit ein niedriges $\varkappa$, dafür aber hohe Koerzitivkraft besitzen soll. Nach andern Autoren soll es indessen gerade umgekehrt sein. Es ist immerhin möglich, daß es einmal gelingen wird, ferromagnetische Mineralien auf Grund ihrer magnetischen Eigenschaften einer bestimmten Genese zuzuordnen.

Curie-Punkte einiger ferromagnetischer Mineralien:

Magnetit	525–615⁰ C
Hämatit	645⁰ C
Pyrrhotin	(280 bis) 320⁰ C

Die Sättigungsremanenz kann bei Magnetitkristallen bis 40 Γ betragen, bei einer Koerzitivkraft von 0,5—12 Γ. Recht hoch (15,4–24 Γ und höher) ist die Koerzitivkraft von Pyrrhotinkristallen.

Aus folgender Tabelle geht die überragende Stellung des Magnetits in bezug auf $\varkappa$ deutlich hervor.

Tabelle 42

Magnetische Suszeptibilität $\varkappa$ von Mineralien bei Zimmertemperatur

	$\varkappa'$ ($\varkappa' = \varkappa \cdot 10^6$) *
Magnetit	300 000 bis 29 600 000
Pyrrhotin	400 bis 430 000
Maghemit, künstlich (γ-Fe$_2$O$_3$, 1 Messung)	190 000
Franklinit	35 600
Ilmenit	30 bis 250 000 (!)
Hämatit	meist 100 bis 3000, jedoch bis 80 000, eventuell mehr (!)
Chromit	240 bis 600
Zinkblende, je nach Fe-Gehalt . .	— 1 bis + 520
Siderit	200 bis 450
Braunit	400 bis 700
Rhodonit	475
Augit (Fe-haltig)	130 bis 2600
Hausmannit	315
Psilomelan	268
Hornblende	100 bis 900
Serpentin	10 bis 300
Limonit	20 bis 220
Pyrit	4
Dolomit	0,9 bis 3
Wasser	0,72
Steinsalz	— 0,8 (negativ!)
Calcit	— 1 (negativ!)
Gips	— 1 (negativ!)
Quarz	— 1,2 (negativ!)
Bleiglanz	— 2,6 (negativ!)
Graphit	— 8 (negativ!)

* Die Werte $\varkappa'$ sind 1 Million mal größer als $\varkappa$. Daher entspricht zum Beispiel $\varkappa' = 1$ einem sehr kleinen Wert von $\varkappa$.

γ. **Magnetische Eigenschaften von Gesteinen.** Im Gegensatz zu den elastischen und elektrischen Eigenschaften spielt hier die Porosität keine besondere Rolle, wichtig ist dagegen der Gehalt an *ferromagnetischen Nebengemengteilen.* Die meisten Gesteine (vor allem viele Eruptivgesteine, dann Sandsteine, Gneise) sind schwach ferromagnetisch; sie besitzen ein zwar nicht sehr großes $\varkappa$ (meist unter $5000 \cdot 10^{-6}$), zeigen aber Hysteresiserscheinungen wie die homogenen ferromagnetischen Stoffe. In den meisten Fällen ist ein geringer Magnetitgehalt dafür verantwortlich, manchmal auch ein Magnetkies- oder Ilmenitgehalt. Die Abhängigkeit des $\varkappa$ eines Gesteins vom Magnetit- (oder Magnetkies- usw.)gehalt kann nach PUZICHA durch folgende Formel annäherungsweise berechnet werden. (Die Formel berücksichtigt die Entmagnetisierungserscheinungen in den Magnetitkörnern; $\varkappa$ des Gesteins ist nämlich nicht einfach dem Gehalt an Magnetit proportional.)

$$\varkappa = \frac{\varkappa_0 \, \delta}{1 + \dfrac{4 \, \pi}{3} \, (1 - \delta)}$$

$\varkappa =$ Suszeptibilität des Gesteins.

$\varkappa_0 =$ Suszeptibilität des ferromagnetischen Nebengemengteils.

$\delta =$ Volumanteil (in Bruchteilen, also von 0 bis 1 laufend) des ferromagnetischen Minerals im Gestein.

Tabelle 43

Magnetische Suszeptibilität $\varkappa$ von Gesteinen und Erzen
(bei Zimmertemperatur)

	$\varkappa'$ $(\varkappa' = \varkappa \cdot 10^6)$
Magnetitreiche Erze	150 000 bis 4 000 000
Normale Granite	5 bis 500
Magnetitreiche Granite	bis 10 000
Syenite	50 bis 10 000
Diorite	10 bis 5000
Gabbro	0 bis 7000
Peridotite	50 bis 15 000
Liparite	20 bis 100
Trachyte	400 bis 1000
Diabase, Basalte	50 bis 15 000
Gneis	2 bis 400, auch mehr
Serpentingestein	250 bis 15 000
Kontakthornfelse	50 bis 1000
Kalke	-1 bis $+70$
Sandsteine	$-0,3$ bis $+700$
Tone	4 bis 100
Dolomit	$+1$ bis $+5$
Steinkohle	-2 bis $+2$
Mergel, Löß, Lehm	0 bis 30
Steinsalz	$-0,4$

Die Formel hat nur Gültigkeit für kleine δ ($<0,5$) und nur für mehr oder weniger kugelförmige Gestalt der ferromagnetischen Körner. Es ergibt sich aus der Formel, daß 1 Vol.% Magnetit ($\delta = 0,01$) im Mittel etwa ein $\varkappa$ von $2500 \cdot 10^{-6}$ des Gesteins zur Folge hat. Gesteine können auch Anisotropie der Suszeptibilität besitzen (wenn zum Beispiel die ferromagnetischen Bestandteile tafelige Form aufweisen und geregelt sind).

Tabelle 43 zeigt, daß Eruptivgesteine oft eine stärkere Magnetisierung als Sedimentgesteine besitzen (aber nicht besitzen müssen). Innerhalb der Eruptivgesteine sind es vor allem die basischeren Gesteine, die nicht selten ein recht hohes $\varkappa$ aufweisen (reichlicher Magnetitgehalt). Meist hohes $\varkappa$ finden wir bei Serpentinen (Magnetitgehalt). Unter den Sedimentgesteinen sind stärkste Magnetisierungen bei magnetithaltigen Sandsteinen zu erwarten. Der Magnetismus der Gesteine ist also in erster Linie eine Funktion ihres Magnetit-(seltener Magnetkies-, Ilmenit-, Hämatit-)gehaltes.

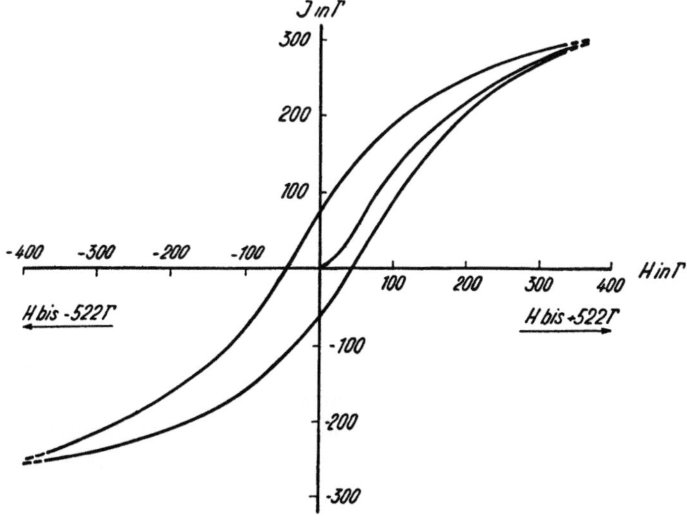

Fig. 323

Magnetisierungskurve eines Magnetit-Kristallaggregates vom Ural (nach TURCEV).

Hysteresiskurven und Koerzitivkraft bei Gesteinen. Die Hysteresisschleife schwach ferromagnetischer Gesteine hat einen etwas anderen Verlauf als bei ferromagnetischen Einzelmineralien. Sie ist flacher, enger und gestreckter, die Abhängigkeit des $\varkappa$ von H ist nicht mehr so ausgeprägt. Dagegen kann nun die Koerzitivkraft, verglichen mit der Magnetisierung, groß werden (es wurden dafür gemessen 3–250 Γ). Dies bedeutet, daß Gesteine unter Umständen eine einmal erworbene remanente Magnetisierung sehr lange behalten. Figur 323 und 324 vergleichen ein reines Magnetitkristallaggregat mit einem magnetitreichen Quarzit (anderer Maßstab!).

Natürliche Eigenmagnetisierung. Gesteine in natürlicher Lagerung sind zunächst einmal durch das gerade herrschende erdmagnetische Feld gemäß ihrem $\varkappa$ induktiv magnetisiert. Zahlreiche Untersuchungen haben nun aber gezeigt, daß die Gesteine dazu noch eine zum Teil beträchtliche polare Eigenmagnetisierung besitzen können, die meist viel stärker ist, als daß sie etwa als remanente Magnetisierung durch das heutige Erdfeld erklärbar ist. Diese Eigenmagnetisierung ist nach Richtung und Stärke fest mit dem Gestein verbunden, das heißt auch vorhanden, wenn das äußere Feld gleich Null ist. Auch nach Entnahme des Gesteins aus dem natürlichen Gesteinsverband wird diese Eigenmagnetisierung meist über Jahre hinaus in Richtung und Stärke nur wenig verändert. Sie kann in genetischer Hinsicht eine spontane (zum Beispiel

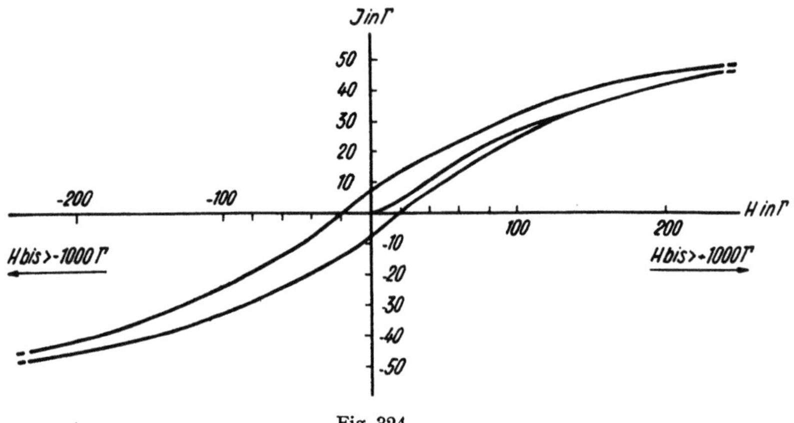

Fig. 324
Magnetisierungskurve eines Magnetitquarzites von Kursk (nach STSCHODRO).

durch Erschütterungen hervorgerufen) oder eine remanente Magnetisierung sein. An Magnetiten ist diese Erscheinung schon früh bekannt, wurden doch solche «polarmagnetischen» Magnetite als Kompaßnadeln benutzt. Am besten wird die Eigenmagnetisierung von Gesteinen durch den Vergleichsquotienten $Q = \dfrac{J_E}{J}$ charakterisiert, wobei J_E die Eigenmagnetisierung und J die induktive Magnetisierung durch das Erdfeld ist. Q ist bei Eruptivgesteinen, Gneisen und Erzen meist zwischen 0 und 1, evtl. bis 3; jüngere Effusivgesteine hingegen besitzen oft ein Q bis 12. Lokal kommen nun aber an der Erdoberfläche Gesteins- und Erzpartien vor, die ein Q bis 100, evtl. noch mehr, besitzen. Die beste Erklärung für diese letzteren lokalen, starken Magnetisierungen ist in *Blitzschlagwirkung* zu sehen (Blitze sind als starke elektrische Ströme von einem starken Magnetfeld begleitet).

Schwieriger ist die Erklärung für die «normale» Eigenmagnetisierung von nicht an der Erdoberfläche anstehenden Proben. KÖNIGSBERGER und andere nehmen hiefür die sogenannte *Thermoremanenz* zu Hilfe. Es kann experimentell gezeigt werden, daß ein schwach ferromagnetisches Gestein, das bis zum Curie-Punkt erhitzt und in einem schwach magnetisierenden Felde (zum Beispiel Erdfeld) wieder abgekühlt wird, bei der Abkühlung eine beträchtliche remanente Magnetisierung, etwa von der Größenordnung $Q = 1$ bis 15 erwirbt, also ein Q, das viel größer ist, als durch das gleiche Feld bei Zimmertemperatur aufgeprägt wird. (Die Remanenz, die bei Zimmertemperatur durch das Erdfeld erzeugt wird, ist meist unmeßbar klein.) Es kann nun angenommen werden, daß die natürliche Remanenz der Eruptivgesteine auch eine Thermoremanenz ist, entstanden beim Durchlaufen des Curie-Punktes bei der Erstarrung und der nachfolgenden weiteren Abkühlung (Curie-Punkte des Magnetites liegen zum Beispiel zwischen 525–615⁰ C). Dann sollte uns eigentlich die Richtung dieser remanenten Magnetisierung die Richtung des damals wirkenden Erdfeldes geben, falls keine spätern tektonischen Bewegungen das Gestein erfaßt haben. Darüber angestellte Untersuchungen haben jedoch zu keinen überzeugenden Ergebnissen geführt. Tatsache ist auf jeden Fall, daß es größere Gesteinskomplexe gibt, bei denen die Eigenmagnetisierung in ihrer Richtung dem heutigen Erdfeld völlig entgegengesetzt ist. Eine andere Erklärung für die normale Eigenmagnetisierung der Gesteine kann in der säkularen Aufsummierung der Wirkungen der zahlreichen Erschütterungen, die bei Erdbeben auftreten, gesucht werden. In diesem Falle würde es sich um eine spontane Magnetisierung handeln.

Zu den Berechnungen über die magnetischen Wirkungen von größeren Gesteinskörpern ist nachzutragen, daß die Magnetisierung auch von der Form des Körpers abhängig ist (Entmagnetisierungserscheinungen im Innern des Körpers). Es darf bei einer beliebigen Form nicht einfach mit $J = \varkappa H$ gerechnet werden, sondern mit der Formel $J = \dfrac{\varkappa}{1 + P\varkappa} H$, wobei P der sogenannte Entmagnetisierungsfaktor ist, der von der Form abhängt und für die Kugel $= 4/3\,\pi$ ist. (Für einen langen Zylinder ist $P = 0$ in Richtung der Achse, das heißt $J = \varkappa H$; für eine unendlich ausgedehnte Platte ist $P = 4\,\pi$ senkrecht zur Platte.)

Hinsichtlich der Magnetisierung der äußeren Lithosphäre in größeren Tiefen unter der Erdoberfläche folgert HAALCK aus theoretischen Erwägungen: In Tiefen über 30 km befinden wir uns der Temperatur nach subkontinental vermutlich oberhalb der Curie-Punkte der ferromagnetischen Mineralien. Die Magnetisierung der Gesteine ist zwar hierbei noch nicht völlig verschwunden, doch ist sicherlich kein erheblicher Gesteinsmagnetismus mehr vorhanden. Daraus geht hervor, daß die äußere Lithosphäre nur einen Bruchteil des totalen Erdfeldes liefern kann, da nur die äußersten Schichten daran einen wesentlichen Magnetismus liefern.

Ferner soll noch erwähnt werden, daß wir uns in Tiefen mit Temperaturen gerade unterhalb der Curie-Punkte der ferromagnetischen Mineralien in einer Zone befinden, in der die magnetischen Eigenschaften bei geringen Änderungen der Temperatur recht stark wechseln (siehe u. a. Figur 322). Wärmeströme, Aufschmelzungen bzw. Erstarrungen in großem Ausmaß in den Schichten der äußeren Lithosphäre könnten daher zu magnetischen Störungen an der Erdoberfläche Anlaß geben. Eventuell läßt sich die säkulare Variation, die meist regionalen Charakter hat, auf diese Weise erklären.

C. Angewandte Geophysik

Allgemeine Literatur über angewandte Geophysik

C.-L. Alexanian, Traité pratique de prospection géophysique. Paris et Liége 1932.

R. Ambronn, Methoden der angewandten Geophysik. Dresden und Leipzig 1926.

A. B. B. Edge and T. H. Laby, The principles and practice of geophysical prospecting. I. G. E. S. Report. Cambridge 1931.

A. S. Eve and D. A. Keys, Applied Geophysics. Cambridge 1938.

B. Gutenberg, Lehrbuch der Geophysik. Berlin 1929.

H. Haalck, Lehrbuch der angewandten Geophysik. Berlin 1934.

Handbuch der Experimentalphysik, herausgegeben von Wien und Harms. Bd. XXV, Geophysik, 3. Teil. Leipzig 1930.

Handbuch der Geophysik, herausgegeben von B. Gutenberg, später fortgeführt von L. Weickmann. Über angewandte Geophysik: Bd. V und VI, Berlin 1929–1940.

C. A. Heiland, Geophysical Exploration. New York 1940.

J. J. Jakosky, Exploration of Geophysics. Los Angeles 1940.

O. Meisser, Praktische Geophysik für Lehre, Forschung und Praxis. Dresden und Leipzig 1943.

H. Reich, Angewandte Geophysik. Leipzig 1933.

H. Reich und R. v. Zwerger, Taschenbuch der angewandten Geophysik. Leipzig 1943.

E. Rothé, Les méthodes de prospection du sous-sol. Paris 1930.

E. Rothé, Questions actuelles de géophysique théorique et appliquée. Paris 1943.

a) *Gliederung der Methoden*

Die geophysikalischen Methoden zur Erforschung des Untergrundes (Erschließung nutzbarer Lagerstätten oder im weitern Sinne Aufschließung der geologischen Tiefenstruktur) lassen sich in zwei Hauptgruppen aufteilen. Die *statischen Methoden* messen die ständig in und auf der Erde vorhandenen Kraftfelder (Schwerefeld, magnetisches Feld). Es werden hierbei die örtlichen oder regionalen Abweichungen dieser Kraftfelder von einer «normalen» Intensität und Richtung gemessen und geologisch ausgewertet. Diesen statischen Methoden stehen «*dynamische*» gegenüber, die eine Untersuchung von sowohl zeitlich wie örtlich beschränkt auftretenden Kraftfeldern zum Ziele haben. Diese nur temporären Kraftfelder können der Erde durch künstliche oder natürliche Vorgänge aufgeprägt sein. Dazu gehören die seismischen und die meisten elektrischen Methoden.

Anfänglich versuchten die Geophysiker, mit ihren Methoden direkt nutzbare Lagerstätten aufzuspüren. Ihre heutige Bedeutung erlangte die angewandte Geophysik indessen erst, als sie daran ging, nicht nur die Minerallagerstätten an sich, sondern vor allem auch die allgemeinen tektonisch-lithologischen Verhältnisse im Untergrund zu bestimmen.

Hervorgehoben sei, daß die geophysikalische Vermessung allein nie eindeutig auf die geologisch-petrographischen Verhältnisse im Untergrund schließen läßt, und zwar bleiben sehr oft nicht nur die genaueren lithologisch-petrographischen Beschaffenheiten des Untergrundes, sondern auch die Form, Größe und Struktur des «störenden» Körpers unbestimmt. Bestimmt werden können ja nur Effekte von Materialunterschieden, und zwar nur in bezug auf *gewisse*

Eigenschaften, die selbst wieder auf verschiedene Weise interpretierbar sind. Verschiedene denkbare Möglichkeiten der Untergrundsbeschaffenheit führen zu einer gleichen Feldverteilung an der Erdoberfläche. Diese physikalische Unbestimmtheit muß soweit als möglich durch vernünftige Annahmen, die auf Grund geologisch-petrographischer Untersuchungen erfolgen, eingeschränkt werden. In günstigen Fällen kann dies zu recht eindeutigen Resultaten führen. Geophysikalische Methoden sind daher keine für sich allein brauchbare mineralogisch-petrographische Untersuchungsmethoden, sie sind indessen wichtige Hilfsmittel in der Hand des Geologen und Petrographen zur Aufschließung unsichtbarer oder Abgrenzung teilweise sichtbarer Lagerstätten und Gesteinsvorkommnisse.

Im folgenden werden nur einige Hinweise gegeben; doch wird jeweilen, im Gegensatz zu andern Abschnitten, direkt auf einige zum Weiterstudium brauchbare Schriften aufmerksam gemacht.

b) *Gravimetrische Methoden*

α. Literatur und Grundlagen. Neben der schon erwähnten allgemeinen Literatur sind noch zu empfehlen:

R. von Eötvös, Bestimmung der Gradienten der Schwerkraft und ihrer Niveauflächen mit Hilfe der Drehwaage. Verhandlungen der XV. Konferenz der Internationalen Erdmessung in Budapest, 1906.

K. Jung, Gravimetrische Methoden der angewandten Geophysik. Leipzig 1930.

H. Haalck, Die gravimetrischen Verfahren der angewandten Geophysik. Berlin 1929.

D. C. Barton, The Eötvös torsion balance method of mapping geologic structure. Am. Inst. Min. and Met. Eng., Techn. Publ. Nr. 50; abgedruckt in Transactions Aimme, Geophysical Prospecting 1929, S. 416–479.

D. C. Barton, Gravitational methods of prospecting. Science of Petroleum, Vol. 1, S. 364–381, New York 1938.

G. Ising, Use of astatized pendulums for gravity measurements. Am. Inst. Min. and Met. Eng., Techn. Publ. Nr. 828; abgedruckt in Transactions Aimme *138* (1940) (Geophysics) S. 222–234.

Gesteine und Minerallagerstätten der äußeren Lithosphäre haben (siehe Seite 417) verschiedene Dichten. Das erzeugt eine Variabilität in der Größe des Schwerefeldes. Die gravimetrischen Methoden beruhen nun auf der Messung dieses Schwerefeldes. Die *absoluten* Messungen der Intensität und Richtung der Schwerkraft sind umständlich und zeitraubend. Die angewandte Geophysik begnügt sich im allgemeinen damit, *relative* Größen zu bestimmen. Die Instrumente der angewandten Gravimetrik sind nach ihrem Prinzip in zwei Gruppen zu gliedern:

β. Pendel und statische Schweremesser (Gravimeter). Sie messen die Unterschiede der ersten Ableitungen des Schwerepotentials an verschiedenen Stationen (= Unterschiede Δg der Schwerebeschleunigungen). Die gebräuchliche Maßeinheit ist das Milligal (1 Milligal = 10^{-3} cm sec^{-2} = 10^{-3} Gal). Das Normalfeld an der Erdoberfläche ist von der Breite abhängig; nach der Formel von Heiskanen und Cassinis (1930) beträgt es in Gal:

$$g_0 = 978{,}049\ (1 + 52884 \cdot 10^{-7} \sin^2 \varphi - 59 \cdot 10^{-7} \sin^2 2\,\varphi),$$

wobei φ die geographische Breite bedeutet.

Bei den *Pendelapparaten* wird aus der Schwingungsdauer eines schwingenden Pendels auf die Schwerebeschleunigung geschlossen ($t = \pi \sqrt{\dfrac{l}{g}}$; $l =$ Pendellänge in Zentimeter, $g =$ Schwerebeschleunigung in Gal, $t =$ Schwingungsdauer in Sekunden). Bei relativen Messungen wird die Pendellänge unverändert gelassen und aus den reziproken Quadraten der Schwingungszeiten zweier Stationen auf die Schwerkraftswerte geschlossen. Der mittlere Fehler der Messungen guter Apparate der angewandten Geophysik beträgt $\pm$ 1 Milligal $= \sim$ 1 Millionstel der totalen Erdbeschleunigung an der Erdoberfläche. Von großer Bedeutung sind heute die *statischen Schweremesser*, mit denen mittlere Meßfehler von 0,1 Milligal erreicht worden sind, was indessen wohl noch nicht die untere Grenze darstellt. Wichtige Instrumenttypen sind von THYSSEN, GRAF und ISING entwickelt worden. Diese Instrumente beruhen zumeist auf der Beobachtung der Gleichgewichtslage eines an Federn aufgehängten Körpers.

Die mit Pendel oder statischem Schweremesser gemessenen Werte werden, um sie miteinander vergleichen zu können,. *reduziert*, das heißt auf eine einheitliche Basis gebracht. Zunächst wird die Geländereduktion angebracht (Beseitigung des Einflusses der Unebenheiten des Geländes). Es folgt die Freiluftreduktion, bei der alle Stationen auf Meeresniveau verschoben gedacht werden, und schließlich wird der Einfluß der Massen zwischen Beobachtungsort und Meereshöhe eliminiert, indem die Wirkung dieser Gesteinsplatte abgezogen wird (Bouguer-Reduktion). Liegen die Beobachtungsorte auf verschiedener geographischer Breite, muß noch die sogenannte Normalschwere vom erhaltenen Wert abgezogen werden. Mit diesen Werten wird eine *Isogammenkarte* konstruiert, um das Bild der lokalen oder regionalen Schwerkraftsanomalien (Bouguer- oder Faye-Anomalien) zu erhalten. Über einer schweren Masse befindet sich eine *positive* Anomalie, d. h. der Betrag der Schwerebeschleunigung ist dort größer als im ungestörten Gebiet. Das *Anziehungsgesetz* für zwei Massen lautet: $K = f\,\dfrac{m_1\,m_2}{r^2}$, wobei f die Gravitationskonstante $= 66{,}67 \cdot 10^{-9}\,\mathrm{g}^{-1}\cdot \mathrm{cm}^3 \cdot \mathrm{sec}^{-2}$ ist. m_1 und m_2 sind die im CGS-System ausgedrückten Massen, r die Entfernung. Das *Schwerepotential* Φ im Abstande r ist gegeben durch $\Phi = f\,\dfrac{m}{r}$, sofern m eine punkt- oder kugelförmige Masse ist. In Richtung zum Mittelpunkt ist die *Schwerebeschleunigung* g an einem Punkt im Abstande r gegeben durch $g = f\,\dfrac{m}{r^2}$.

γ. **Die Drehwaage.** Sie wurde von R. VON EÖTVÖS um 1900 entwickelt und mißt die zweiten Ableitungen des Schwerepotentials, nämlich den *Gradienten* (Richtung und Betrag der größten horizontalen Zunahme der Schwerebeschleunigung g pro Zentimeter am Stationspunkt; gemessen wird effektiv die Nord- und die Ostkomponente des Gradienten) und die *Krümmungsgröße* (Unterschied größter und kleinster Krümmung der Niveaufläche des Schwerepotentials und Richtung der kleinsten Krümmung). Die Maßeinheit für die Komponenten von Gradient und Krümmungsgröße ist 1 E (Eötvös) $= 10^{-9}\,\mathrm{sec}^{-2}$ $(= 10^{-9}\,\mathrm{Gal\ cm}^{-1})$. Einen Gradienten der Größe 1 E mißt man zum Beispiel, wenn bei einem Stationsabstand von 1 km die Differenz der Schwerebeschleunigungen $^1/_{10}$ Milligal beträgt.

Das Prinzip der Drehwaage ist folgendes (Figur 325). a in Figur 325 ist ein Stab, l ein Draht und P_1 und P_2 sind zwei gleichgroße Gewichte. Ist bei P_1 und P_2 ein geringer Unterschied der Richtung der Schwerkraft vorhanden, so erfolgt eine geringe Drehung des Waagebalkens, die optisch registriert wird.

Die Drehwaage ist ein außerordentlich empfindliches physikalisches Instrument; die mittlere Genauigkeit einer großen Waage beträgt ± 1 E.

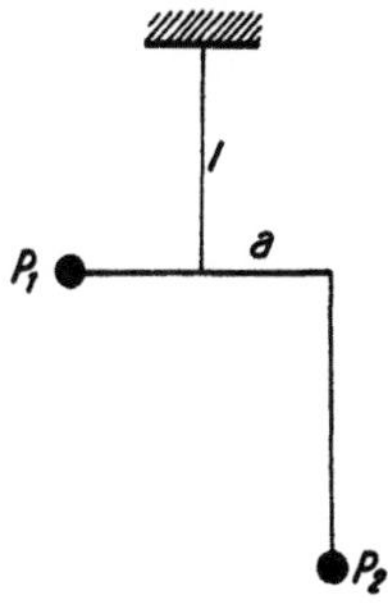

Fig. 325
Schematische Darstellung einer Drehwaage.

δ. **Anwendung der Methoden.** Die Instrumente der ersten Art (früher besonders Pendel) sind vor allem für die Erforschung regionaler Großstrukturen wichtig (Aufwölbungen des kristallinen Untergrundes, Großantiklinalen usw.). Sie ermöglichen auch Aussagen im großen, zum Beispiel über die Dichteverteilung in der Erdkruste. So führte die Beobachtung, daß die auf Meeresspiegel reduzierten Werte der Schwerebeschleunigung im Bereich der Kontinente und der Gebirge kleinere Werte als auf den großen Ozeanen aufweisen, zur Entwicklung des *Isostasiebegriffes*. Nachdem die statischen Schweremesser verbessert, die Genauigkeit der Messungen erhöht worden war, konnte man mit diesen Instrumenten auch Kleinstrukturen (Antiklinalen in Ölgebieten, Verwerfungen) bestimmen. Sie ersetzen zum Teil die Drehwaage, die jedoch für oberflächennahe, lokale Störungskörper und vor allem für lokale steilstehende Dichtegrenzflächen, wie sie an Verwerfungen auftreten, empfindlicher bleibt.

Ein Beispiel nach ZWERGER zeigt den Unterschied der beiden Instrumenttypen deutlich (Figur 326).

Maximale Wirkung dieser Untergrundstruktur (mit Gesteinen der Dichte 2,1 und 2,0) auf die Drehwaage: 14 E (bei einem wahrscheinlichen Fehler des Instruments von 2 E Wirkung also das Siebenfache des Fehlers); maximale Wirkung auf Gravimeter: 0,02 Milligal (bei einem wahrscheinlichen Fehler des Instruments von 0,1 Milligal, Wirkung also nur ein Fünftel hiervon).

Die Empfindlichkeit der zweiten Ableitungen des Schwerepotentials und damit der Drehwaage auf oberflächennahe Körper hat aber den Nachteil, daß die Reduktion der Messungen durch Eliminieren der Effekte der Topographie sehr schwierig und zeitraubend wird. Sie ist daher mit Erfolg nur in sehr flachem Terrain anzuwenden. Die Gravimeter haben gegenüber der Drehwaage den Vorteil bequemerer Handhabung, wesentlich kürzerer Meßzeit und bedeutend kleineren Auswertungsaufwandes.

Drehwaagemessungen (heute zum größten Teil durch Gravimetermessungen ersetzt) wurden mit Erfolg angewendet zum Nachweis von lokalen Aufwölbungen des kristallinen Untergrundes, bei der Aufspürung von Salzhorsten (Dichtedifferenz Salzstock gegenüber umliegendem Gestein), bei der Auffindung und Verfolgung von Verwerfungen (wenn hier Gesteinsarten von verschiedener Dichte aneinanderstoßen), bei Bestimmungen der tektonischen Verhältnisse (allgemein Synklinalen, Antiklinalen). Die Kenntnis der Struktur des Untergrundes ist sehr wichtig für Erdöl- und Salzgeologie, in denen die Drehwaage ihr Hauptanwendungsgebiet fand. Doch sind auch über Kohlenlagerstätten (Aufspüren von Verwerfungen usw.) gute Erfolge erzielt worden. Sehr selten findet die Methode in Erzlagerstättenprospektion Anwendung (meist zu kleine Ausdehnung der Lagerstätten).

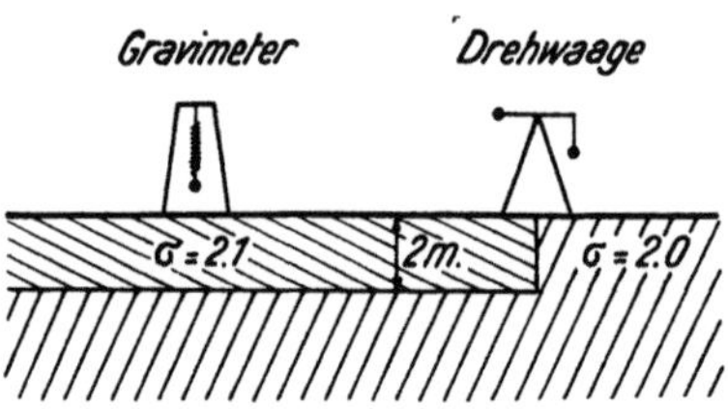

Fig. 326

Messungen mit Gravimeter und Drehwaage bei gegebener Struktur des Untergrundes.
(Weiteres siehe Text.)

Bei der Interpretation der gemessenen Schwereanomalien spielt nach diesen Hinweisen die Dichte der Gesteine (siehe Seite 417 ff.) eine große Rolle. Dabei ist für die Wirkung auf die Schwere das natürliche Raumgewicht (natürliche Dichte) maßgebend. Zu beachten bleibt, daß Sedimente im allgemeinen bei größerer Tiefe höhere Dichte aufweisen, so daß dann nicht mit den an der Erdoberfläche bestimmten Werten gerechnet werden darf.

Als Beispiel einer Drehwaagemessung sei nach ZIJLSTRA folgendes aus dem Kohlengebiet Südhollands (Limburg) erwähnt (Figur 327). Das Karbon (Sandsteine, Kalke, Schiefer, mit Kohlenflözen) ist gegenüber den hangenden Tertiärschichten (diagenetisch noch wenig verfestigte, feinklastische Sedimente) durch seine wesentlich höhere Dichte ausgezeichnet. Über der Verwerfung (die durch Bohrungen festgestellt und in ihrer Lage bekannt ist) zeigt der Gradient der Schwerkraft ein Maximum, da hier die Änderung der Schwerkraft an der Erdoberfläche am stärksten ist. Die Schwerebeschleunigung selbst würde von rechts nach links langsam größer werden. Die eingezeichnete Kurve ist nach der bekannten Untergrundstruktur berechnet und stimmt mit der gemessenen recht gut überein.

Um den Einfluß einer Schicht von bestimmter Dichte auf die Schwerebeschleunigung abzuschätzen, sei folgendes erwähnt: Es lautet die allgemeine

Formel für die Wirkung einer unendlich ausgedehnten horizontalen Platte der Dichte ϱ und der Mächtigkeit d auf die Schwerebeschleunigung g_z in vertikaler Richtung

$$g_z = 2 f \varrho d \pi$$

wobei f die Gravitationskonstante ist. g_z wird in Gal berechnet, sofern alle anderen Größen im CGS-System ausgedrückt werden. In der angewandten Geophysik interessieren nur relative Schwerestörungen infolge von Dichte-

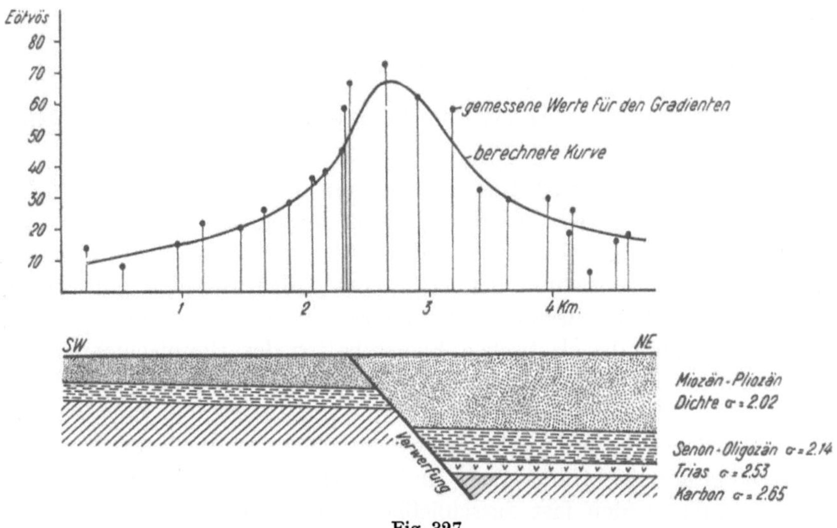

Fig. 327

Beispiel der Messung eines Schweregradienten mit Hilfe der Drehwaage über einer Verwerfung im Kohlengebiet Südhollands (nach Zijlstra).

unterschieden im Material des Untergrundes. Auch dafür ist die Formel brauchbar; ϱ bedeutet dann den Dichteunterschied. Ist beispielsweise $d = 50000$ cm und die Dichte der Gesteinsplatte um 0,5 größer als die Dichte des übrigen Materials, so wird die Schwerebeschleunigung um 10 Milligal verändert gegenüber dem Fall, daß die Platte die gleiche Dichte wie das übrige Material hätte. Das Resultat ist *unabhängig* von der *Tiefe* der Platte unter der Erdoberfläche.

c) *Seismische Methoden*

α. **Literatur und Grundlagen** (siehe auch allgemeine Literatur zur angewandten Geophysik):

Allgemeines:

E. A. Ansel, Das Impulsfeld der praktischen Seismik in graphischer Behandlung. Gerl. Beitr. ang. Geophys. Erg.-H. 1 (1930).

L. Mintrop, Zur Geschichte des Verfahrens zur Erforschung von Gebirgsschichten und nutzbaren Lagerstätten. II. Mitt. der Seismos GmbH, Hannover 1930.

H. Mothes, Dickenmessungen von Gletschereis mit seismischen Methoden. Geol. Rundschau XVII (1926), Heft 6.

Refraktionsmethoden:

J. H. Jones, The refraction method of seismic prospecting. Science of Petroleum, Vol. 1, S. 282 bis 286, New York 1938.

L. D. Leet, Practical seismology and seismic prospecting. New York and London 1938.

L. W. Gardner, An areal plan of mapping subsurface structure by refraction shooting. Geophysics *4*, 247–259 (1939).

Über die neueste Entwicklung der Refraktionsmethoden siehe verschiedene Arbeiten in Geophysics *11*, Heft 1 (1946).

Reflexionsmethoden:

C. Heiland, Über die seismische Reflexionsmethode. Gerl. Beitr. Geophys., Erg.-H. 3 (1933).

S. J. Pirson, Practical graphical and approximation methods for dipshooting calculations. Oil Weekly *85* (1937).

B. McCollum, Reflexion method of exploring subsurface geology. Science of Petroleum, Vol. 1, S. 387–397. New York 1938.

F. Haarstick, Die Korrelationsverfahren in der Reflexionsseismik. Öl und Kohle *40*, Heft 13/14 (1944).

Die Gesteine und Lagerstätten der äußeren Lithosphäre haben (siehe Seite 435) recht verschiedene elastische Eigenschaften. Die seismischen Methoden der angewandten Geophysik haben sich aus der «großen Seismik», das heißt aus der Untersuchung der natürlichen Erdbebenwellen, entwickelt. Schon diese letztere hat zu wichtigen Aufschlüssen über das Erdinnere geführt. Es gelang nicht nur, die elastischen Eigenschaften der Hauptschichten der äußeren Erdkruste im großen festzulegen, man konnte sogar gewisse elastische Eigenschaften des Erdkerns bestimmen.

Bei den Erdbebenwellen werden im wesentlichen drei Wellenarten unterschieden: longitudinale, transversale und Oberflächenwellen. In der angewandten Seismik werden fast ausschließlich die longitudinalen Wellen betrachtet, denn diese pflanzen sich am raschesten fort und zeigen sich in den Seismogrammen als erste Einsätze. Von der großen Seismik unterscheidet sich die angewandte Seismik vor allem darin, daß die Erdbeben, das heißt die Bodenerschütterungen, *künstlich* (fast immer mittels Sprengungen) erzeugt werden. Die Geschwindigkeit, mit der die elastischen Wellen, die von diesen Sprengungen ausgehen, den Untergrund durcheilen, ist nun von der Gesteinsbeschaffenheit und der Struktur des Untergrundes abhängig, denn die elastischen Eigenschaften der Gesteine können recht verschieden sein (Seite 442). Die Vorgänge allerdings, welche sich im Detail im Erdboden bei einer Erschütterung abspielen, sind sehr komplizierter Natur. Das Studium dieser Erscheinungen ist Aufgabe der sogenannten *experimentellen Seismik*.

Die Registrierung der Erschütterungswellen erfolgt mit Hilfe von *Seismographen* (Erschütterungsmessern), welche, außer dem Zeitmoment der Sprengung, die Bodenbewegung in ihrem zeitlichen Ablauf registrieren. Die *mechanisch-optischen Seismographen* bestehen wie die großen Erdbebenseismographen aus einer horizontal oder vertikal an elastischen Federn aufgehängten trägen Masse, deren Relativbewegungen zum Erdboden bei dessen Erschütterungen mechanisch (durch Hebel) vergrößert und optisch registriert werden. Heute werden in der angewandten Seismik fast ausschließlich *elektrische* (elektrodynamische oder elektromagnetische) Seismographen verwendet; im Prinzip sind auch diese wie die großen Seismographen aufgebaut. Die Relativbewegung zwischen Masse und Erdboden wird aber (zum Beispiel in einer mit der Masse verbundenen, sich im Felde eines permanenten Magneten bewegenden Spule) in elektrische Spannungsschwankungen umgewandelt, welche durch Elektronenröhren soweit verstärkt werden, daß Registrierinstrumente damit ausgesteuert werden können. Da in diesen Seismographen keine mechanischen Reibungen auftreten, können die Massen klein gewählt werden, weshalb sich diese Apparaturen sehr handlich konstruieren lassen. Man nennt Seismographen dieser Art auch einfach *Bodenmikrophone*.

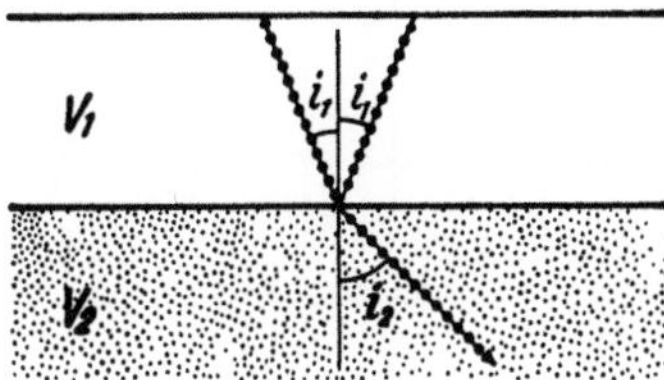

Fig. 328

In einer Gesteinsplatte sei die Geschwindigkeit der Wellen V_1, in einer darunterliegenden V_2 (mit $V_2 > V_1$). Darstellung der Reflexion an der Grenzfläche und der Brechung beim Übergang von dem einen Medium in das andere.

Für die seismischen Vorgänge haben die in der Optik geltenden Gesetzmäßigkeiten für Reflexion und Refraktion Gültigkeit (Figur 328). Die zeichnerische Darstellung des von den Wellen im Untergrund durchlaufenen Weges erfolgt durch Wiedergabe der Wellennormalen oder durch die von ANSEL (Literatur siehe Seite 475) entwickelte Methode der Wellenfronten. Bei inhomogener Untergrundstruktur werden sowohl longitudinale wie transversale Wellen an den Unstetigkeitsflächen gebrochen und einfach oder mehrfach reflektiert. Für die an der Erdoberfläche auftauchenden Wellen ist daher eine Überlagerung zu erwarten, und die Seismogramme werden ein recht kompliziertes Bild zeigen.

Man hat sich bislang im allgemeinen in der angewandten Seismik auf zwei Methoden beschränkt: die *Refraktionsmethode* und die *Reflexionsmethode*. In neuester Zeit hat sich noch eine dritte Methode entwickelt, umfassend die sogenannten *dynamischen Baugrunduntersuchungen*. Letztere setzen sich aber nicht in erster Linie das Auffinden von Strukturen usw. zum Ziele, sondern die Bestimmung gewisser Eigenschaften der obersten Bodenschicht, wie Bettungsziffer, Belastbarkeit usw.

β. **Das Refraktionsverfahren.** Dieses beruht auf der Ermittlung der Laufzeit direkter und gebrochener Erschütterungswellen, das heißt, es werden die Zeiten bestimmt, welche zwischen dem Moment der Erzeugung der Bodenerschütterung bis zum Eintreffen der ersten Erschütterungswellen (erste Einsätze im Seismogramm) an den einzelnen Beobachtungsorten verstreichen. Nicht nur die auf direktem Wege laufenden longitudinalen Wellen, sondern auch eine zweifach oder mehrfach gebrochene longitudinale Welle, die den Untergrund durchlaufen hat, kann an einem bestimmten Beobachtungsort (bei größerer Distanz) als erste Welle erscheinen; letzteres dann, wenn im Untergrund Schichten mit höherer Geschwindigkeit für die elastischen Wellen auftreten. Damit ist aber die Möglichkeit vorhanden, auf Grund des Refraktionsverfahrens Aussagen über den Untergrund zu machen.

Die Figur 329 gibt ein sehr einfaches Seismogramm wieder. *a* ist der erste Einsatz, und zwar in diesem Falle von einer gebrochenen Welle; *b* ist der Einsatz der direktlaufenden Welle und *c* schließlich deutet die Ankunft der Luftschall-

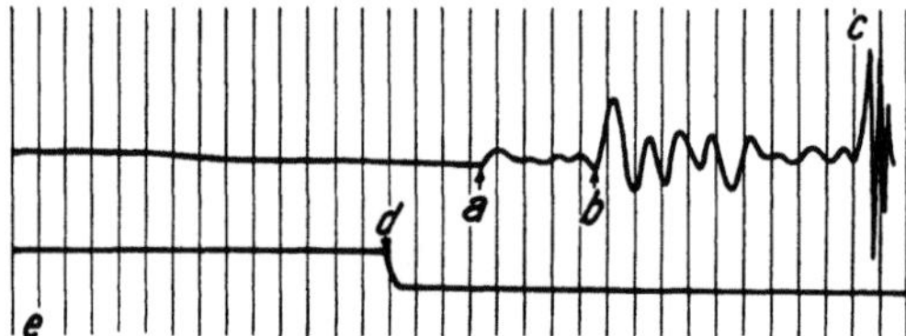

Fig. 329

Seismogrammverlauf in einer seismischen Messung. Die obere Kurve gibt die Erschütterung des Bodens an (*a* = Ankunft der Refraktionswelle, *b* = der direkten Welle, *c* = der Schallwelle); die untere Kurve gibt die Zeit der Sprengung an (elektrisch übertragen) und die Vertikalen *e* ergeben die Zeiteinteilung in Hundertstelsekunden.

welle an; die Vertikalen *e* entsprechen der Zeiteinteilung, und auf der unteren Kurve entspricht der Punkt *d* der Zeit, in welcher die Sprengung ausgeführt wurde. (Neben diesen drei Einsätzen können solche von reflektierten und von longitudinalen Wellen in einem Seismogramm auftreten.) Die *ältere* Refraktionsseismik braucht nun von den drei Einsätzen *a*, *b*, *c* nur den ersten. Durch Messungen der Laufzeit für verschiedene Entfernungen werden Laufzeitkurven erhalten. Dabei wird mit Vorteil so vorgegangen, daß mit *einer* Sprengung Registrierungen in verschiedenen Entfernungen verbunden werden. In der *neueren* Refraktionsseismik werden neben den ersten Einsätzen auch diejenigen verwendet, die von *später* eintreffenden gebrochenen Wellen herrühren.

Ein theoretisches Beispiel aus der Refraktionsseismik sei in den folgenden zwei Figuren 330 und 331 behandelt. Der Untergrund besteht hier aus zwei Schichten mit horizontaler Grenzfläche und mit verschiedenen Geschwindigkeiten für die Longitudinalwellen ($V_1 = 1700$ m sec^{-1}, $V_2 = 2540$ m sec^{-1}). B sei der Ort der Sprengung. Von B der Figur 330 aus pflanzen sich mit der Geschwindigkeit V_1 (isotropes Verhalten vorausgesetzt) Kugelwellen in der ersten Schicht fort. Im Schnitt sind die Wellenfronten durch Kreisbögen um B gegeben, die Wellennormalen (punktiert) stehen in jedem Punkt darauf senkrecht. An der Grenze EFD tritt Brechung auf, die Wellennormale wird von BF weggebrochen, und es läßt sich für jede Einfallsrichtung aus dem Brechungsgesetz die neue, durch die zweite Schicht gehende Wellennormalenrichtung konstruieren. Wellennormalen, die mit dem Winkel φ ($= 90^0 - i$) auffallen, werden total reflektiert; Wellen pflanzen sich aber auch längs FDG mit der Geschwindigkeit V_2 fort (Brechungswinkel $= 90^0$) und senden Wellen zweiter Ordnung mit der Geschwindigkeit V_1 durch die erste Schicht nach oben zurück. Deren Wellennormalenwinkel mit FDG

bleibt der Reflexionswinkel $\varphi\,(= 90^0 - i)$; die zugehörigen Wellenfronten stehen darauf senkrecht. Da nun $V_2 > V_1$ ist, kann eine Welle, die BD mit der Geschwindigkeit V_1 und zum Beispiel DG mit der Geschwindigkeit V_2 und GA wieder mit der Geschwindigkeit V_1 durchläuft, gleichzeitig oder früher ankommen als eine Welle, die BA in Schicht 1 mit der Geschwindigkeit V_1 durchlaufen hat. Das heißt: von einer gewissen Entfernung von B an wird die ersteinsetzende Welle nicht die einfache, sondern die refraktierte sein. Offenbar gibt es eine Entfernung $AB = a$, in der beide Wellen gleichzeitig ankommen. Sie ist gegeben durch die Geschwindigkeiten V_1 und V_2 und die Tiefe $BE = h$ der brechenden Grenzschicht.

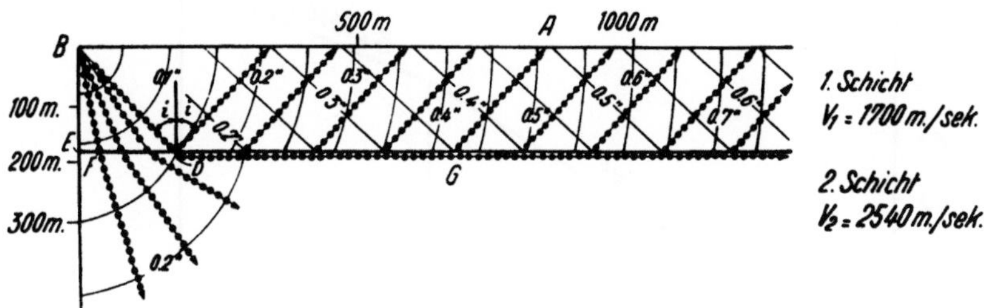

Fig. 330

Verlauf der Kugelwellen und deren Wellennormalen von dem Auslösungspunkt B aus. In der unteren Schicht besitzt die Welle höhere Geschwindigkeit. An der Grenzfläche wird ein Teil der Welle total reflektiert, wobei sie eine Zeitlang der Grenzfläche entlanglaufen kann. (Weiteres siehe im Text.)

Im Punkte A ist die Laufzeit T_1 der direkten Welle gegeben durch $T_1 = \dfrac{a}{V_1}$ und die Laufzeit T_2 der indirekten Welle $\left(\text{da } BD = GA = \dfrac{2h}{\cos i}\right.$ und $DG = a - 2h\,\mathrm{tg}\,i$ und $\sin i = \left.\dfrac{V_1}{V_2}\right)$ durch $T_2 = \dfrac{a}{V_2} + \dfrac{2h}{V_1}\cos i$. Beide Zeiten sollen am Punkte A gleich groß sein. Das ergibt: $h = a\,\dfrac{1}{2}\sqrt{\dfrac{V_2 - V_1}{V_2 + V_1}}$.

Die Figur 331 gibt nun in ihrem unteren Teil (Profil) den Verlauf der Wellenfronten zu verschiedenen Zeiten (jede $^1/_{20}$-Sekunde) wieder, und zwar jeweils *nur* die an jedem Punkt als *erste* ankommende Wellenfront. Man erkennt, daß bis A die direktlaufende Welle (mit kugelförmiger Ausbreitung) als erste an einem Punkt der Erdoberfläche eintrifft. Bei A überholt nun aber die auf der punktierten Linie gelaufene, gebrochene Wellennormale die direkt gelaufene Welle, denn sie ist zu einem großen Teil in der Schicht (genauer an deren Grenzfläche, Winkel der Totalreflexion!) mit der *größeren* Geschwindigkeit V_2 gelaufen. Von da an wird der erste Einsatzpunkt durch die indirekte Welle erzeugt. Über dem Profil sind die Laufzeitkurven der erstankommenden Welle graphisch aufgetragen. Bei A besitzt diese Laufzeitkurve daher einen Knick. Weitere Schichten im Untergrund würden sich durch weitere Knicke in der Laufzeitkurve bemerkbar machen.

Sind die Grenzflächen schief, so muß auch in C gesprengt und auf der Strecke CB beobachtet werden. Der Vergleich der Kurven: in A gesprengt und in B gesprengt, läßt Rückschlüsse auf die Neigung der Schicht zu. Es ist also möglich, mit der Refraktionsmethode *Tiefe* und *Neigung* von Schichtgrenzflächen festzustellen, deren Schichten verschiedene elastische Eigenschaften besitzen.

Die Refraktionsseismik ist mit Erfolg bis auf Tiefen von 1–2 km anwendbar, neuerdings bei Benutzung auch späterer Refraktionseinsätze bis über 3 km. Da seismische Refraktionsmessungen Aufschluß über die elastischen Eigenschaften und Mächtigkeiten verschiedener Schichten im Untergrund geben, können mit ihrer Hilfe zum Beispiel Aufragungen von Gesteinen mit abweichenden Elastizitätskonstanten (Salzhorste, Batholithe usw.) gefunden

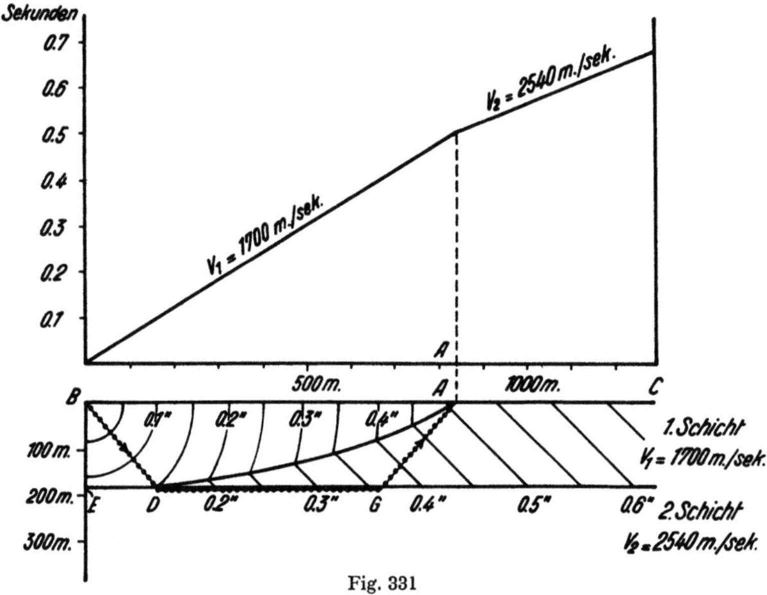

Fig. 331

Zeitdiagramm (Laufzeitkurve) für die erstankommende Welle in Funktion der Entfernung vom Sprengpunkt. Von *B* bis *A* kommt die direkte und von *A* bis *C* die indirekte an der Erdoberfläche zuerst an. In *A* weist somit das Diagramm einen Knickpunkt auf.

werden. Gute Erfolge werden auch im Bestimmen von Schottertiefen und Mächtigkeiten von Schuttbedeckungen im allgemeinen erzielt. Ferner kann die Refraktionsseismik Aufschluß über die tektonische Struktur eines Gebietes erteilen, da sie, wie erwähnt, auch Neigungen von Schichtflächen bestimmen läßt. Ihre Hauptanwendung hat sie, wie die Gravimetrik, in der *Erdöl*- und *Salzgeologie* gefunden, doch sind auch für Kohlenlagerstätten wichtige Aufschlüsse erhalten worden. Ferner wird sie mit Erfolg in der Bau-, Kraftwerk- und Wasserversorgungsgeologie eingesetzt.

γ. **Die Reflexionsseismik.** Die Reflexionsseismik benutzt von vornherein auch andere als die Einsätze refraktierter Wellen in den Seismogrammen, nämlich diejenigen Einsätze, die von Wellen herrühren, die an einer Unstetigkeitsfläche im Untergrund *reflektiert* (nicht gebrochen) worden sind. Diese Wellen kommen natürlich später als die direkt gelaufenen longitudinalen Wellen an. Das Prinzip der Reflexionsseismik ist schon lange in der Echolotung (Meerestiefenbestimmung, Höhe eines Flugzeuges über Erdboden) benutzt worden. Später fand die Methode Anwendung zur Bestimmung der Mächtigkeit des Eises von Gletschern (Messungen in Österreich und in der Schweiz, Grönlandexpedition von WEGENER 1929/30). In allen diesen Fällen ist die Aufgabe recht leicht: ein mehr oder weniger homogenes Medium stößt mit sehr scharfer Grenzfläche an ein Medium mit ganz anderen elastischen Eigenschaften. Für geologische Aufgaben liegen die Verhältnisse nicht so günstig.

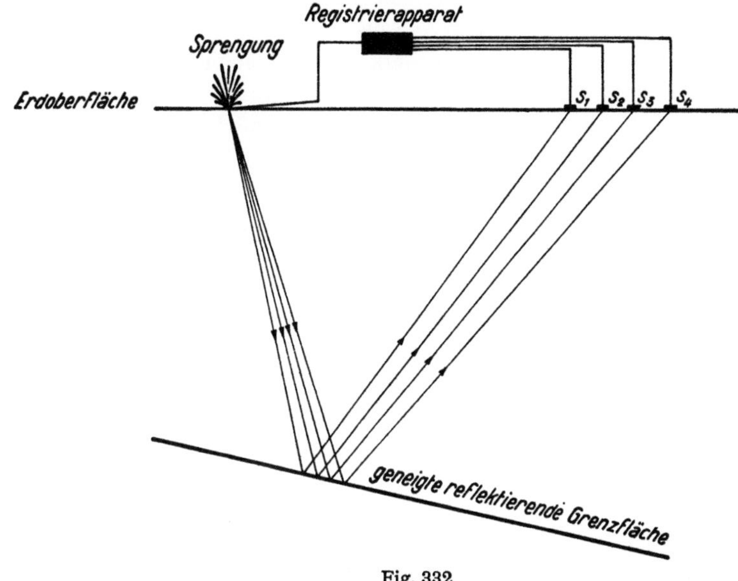

Fig. 332

Schematische Darstellung des Verlaufes einer seismischen Messung unter Berücksichtigung der reflektierten Wellen (= Reflexionsseismik). S_1, S_2, S_3 und S_4 sind die Aufnahmeapparaturen der erstangekommenen reflektierten Wellen.

Es treten oft so viele Einsätze im Seismogramm auf, daß letzteres recht schwer deutbar wird. Doch lassen sich durch geeignetes Vorgehen (günstige Anordnung der Stationen, «Filtrierung» der ankommenden Wellen usw.) viele Schwierigkeiten einigermaßen beheben, so daß heute der Reflexionsseismik große Bedeutung zukommt.

Figur 332 gibt das Schema einer Reflexionsmessung wieder. S_1, S_2, S_3 und S_4 sind Seismographen, die in geringen Abständen voneinander aufgestellt sind. Aus der Zeit, welche die reflektierte Welle bis zu den Aufstellungsorten der vier Seismographen gebraucht hat, läßt sich, bei Kenntnis der Geschwindigkeiten im Untergrund, die Tiefe und Neigung der reflektierenden Schicht berechnen. Oft können mit derselben Sprengung in den Seismogrammen mehrere, in verschiedener Tiefe befindliche reflektierende Flächen bestimmt werden. Stark störend wirkt manchmal eine oberflächliche Schicht (zum Beispiel Verwitterungszone) mit sehr geringer Geschwindigkeit für die Longitudinalwellen («weathering zone» der Amerikaner). In diesem Falle müssen die Sprengungen durch Vergraben wenn möglich unter dieser Zone ausgelöst werden.

Die Reflexionsmethode hat gegenüber der Refraktionsmethode den Nachteil, daß wir keine Auskunft über die elastischen Eigenschaften des Untergrundes erhalten. Dafür gibt die Bestimmung von Neigung und Tiefe von reflektierenden Flächen einen ausgezeichneten Einblick in die tektonische Struktur eines Gebietes. Dabei werden beträchtliche Tiefen seismisch aufgeschlossen. Es sind reflektierende Flächen bis 10000 m Tiefe bestimmt worden. Die Genauigkeit, mit welcher die Tiefe der reflektierenden Flächen angegeben werden kann, beträgt in günstigen Fällen ± 2 bis 8 m, in geologisch schlecht bekannten Gebieten dagegen ± 5 bis 20 m.

Hauptanwendung der Reflektionsseismik: Erdölgeologie (Bestimmung der Struktur des Untergrundes). Es ist indessen anzunehmen, daß auch allgemeine geologische Probleme (zum Beispiel Molassemächtigkeit im schweizerischen Mittelland) damit gelöst werden können.

δ. **Dynamische Baugrunduntersuchungen**[1]. Da es sich bei Baugrunduntersuchungen um relativ geringe Tiefen handelt, kommt man mit verhältnismäßig schwachen Energiequellen aus. An Stelle von Sprengungen wird meist mit einer Schwingungsmaschine gearbeitet, die periodische mechanische Wechselkräfte auf den Boden ausübt. Die stationären elastischen Wellen, die sich von der Maschine aus im Boden ausbreiten, besitzen die Ausbreitungsgeschwindigkeiten von Transversalwellen. Diese Schwingungen des Bodens werden an verschiedenen Punkten durch Seismographen aufgezeichnet. Die Messung der Laufzeitkurve (in dieser Methode = Laufzeiten einer bestimmten Phase einer stationären Schwingung) erfolgt meist mehrmals bei *verschiedenen* Frequenzen der Schwingungsmaschine. Aus Laufzeitkurve und Dispersionskurve lassen sich auch hier Schichtmächtigkeiten bestimmen.

Die bautechnisch wichtige Festigkeit des Bodens hängt innerhalb der Grenzen, in denen sich der Boden wie ein elastischer Körper verhält, von dessen elastischen Konstanten ab. Elastische Eigenschaften des Bodens können 1. durch Messung der Ausbreitungsgeschwindigkeiten der elastischen Wellen, 2. durch Messungen der Eigenschwingungen des Systems: Schwingungsmaschine–Boden, und 3. durch Bestimmung der Absorptionen der elastischen Wellen im Boden ermittelt werden.

d) *Die elektrischen und elektromagnetischen Methoden*

α. **Grundlagen und Literatur.**

M. Mason, Geophysical exploration for ores. Am. Inst. Min. Metallurg. Eng., Techn. Publ. Nr. 45. New York 1927.

C. Schlumberger, Etude sur la prospection électrique du sous-sol. Paris 1930.

K. Sundberg, Principles of the Svedish geo-electrical methods. Erg. angew. Geophys. (Gerl. Beitr. Geophys.) *1*, 298–362 (1931).

C. und M. Schlumberger und E. G. Leonardon, Electrical coring; a method of determining bottom-hole data by electrical measurements. Transactions Aimme (Am. Inst. Min. Metallurg. Eng., Techn. Publ.) *110*, 237–272 (1934).

---

[1] A. Ramspeck, Baugrunduntersuchungen mit Hilfe elastischer Wellen und Schwingungen, in: H. Reich, R. von Zwerger, Taschenbuch der angewandten Geophysik, S. 274. Leipzig 1943.

W. Heine, Hochfrequenzmutung (allg. Übersicht). Funktechn. Mh. 1938, S. 134–138 und 305–309.
E. Poldini, La prospection électrique du sous-sol. Lausanne 1941.
J. N. Hummel, Die elektrische Transient-Methode. Öl und Kohle *37*, 91–94 (1941).
V. Fritsch, Meßverfahren der Funkmutung. München und Berlin 1943.

Die Gesteine und Lagerstätten der äußeren Lithosphäre haben sehr verschiedene spezifische elektrische Widerstände (siehe Seite 459), das heißt, sie leiten den elektrischen Strom verschieden gut; ferner unterscheiden sich auch die Dielektrizitätskonstanten für die einzelnen Gesteinsarten voneinander. Eine besondere elektrische Methode beruht auf der Existenz von *natürlichen* Erdströmen. Es gibt außerordentlich viele verschiedene elektrische Methoden, es kann Gleich- oder Wechselstrom, direkter oder induktiver Strom usw. verwendet werden. Wir können die Methoden gliedern in:

Gleichstrommethoden
- Verfahren mit natürlichen Erdströmen (= Eigenpotentialmethode)
- Verfahren mit Fremdströmen,

Wechselstrommethoden,
Induktionsmethoden,
Hochfrequenzverfahren,
besondere Bohrlochmessungen.

Der Vorteil der elektrischen Methoden besteht in den hiefür benötigten relativ einfachen Apparaturen; die Theorie der Auswertung der Messungen dagegen ist jedoch recht undurchsichtig und mathematisch kompliziert.

β. **Gleichstrommethoden.** *Eigenpotentialmethode.* Dieses (schon 1830 von Fox bekanntgegebene) Verfahren beruht auf Messungen natürlich vorkommender Ströme, welche im Erdboden an bestimmten Lagerstätten infolge elektrochemischer Prozesse entstehen. Durch Oxydation bilden sich an leicht

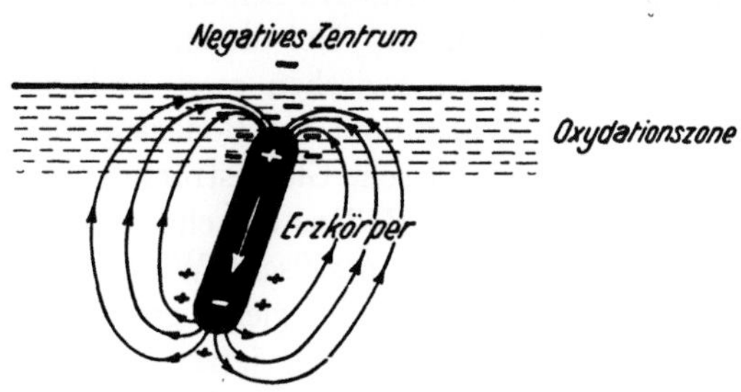

Fig. 333

Natürlicher Stromverlauf in der Nähe eines Erzkörpers, durch Potentialdifferenzen in der Oxydationszone entstanden.

oxydierbaren Erzkörpern in den oberen Teilen Kontaktpotentiale, die elektrische Erdströme verursachen. Sie fließen, wie Beobachtungen zeigen, im Erzkörper von oben nach unten und schließen sich im umliegenden Gestein zu einem Stromkreis. Dadurch entsteht oberflächlich über dem Erzkörper eine

Zone negativen Potentials, das heißt, der Strom an der Erdoberfläche fließt in dieses negative Zentrum hinein (siehe Figur 333). Die auftretenden Potentialdifferenzen sind von der Größenordnung einiger Zehntel Volt. Die Äquipotentiallinien bilden geschlossene Kurven, welche die ungefähren Umrisse des Erzkörpers abbilden. Die Messung erfolgt mit zwei unpolarisierbaren Elektroden, die über ein empfindliches Galvanometer verbunden sind.

Die Methode ist zur Auffindung von sulfidischen Erzlagerstätten (Pyrit, Magnetkies, Arsenkies, Bleiglanz usw.), ferner von Manganoxyden sowie Graphit, Anthrazit und Steinkohle angewandt worden. Bedingung ist, daß die Lagerstätte in die Oxydationszone (Grundwasser) hineinreicht, was natürlich die Tiefenwirkung der Methode beeinträchtigt.

Neben diesen relativ starken Erdströmen, die ihre Entstehung elektrochemischen Prozessen verdanken, gibt es noch andere natürliche Erdströme, deren Ursache in kosmischen oder atmosphärischen Störungen zu suchen ist. Der Verlauf dieser zeitlich stark veränderlichen Ströme ist zum Teil von der Untergrundstruktur abhängig (Verwerfungen, Gesteinsgrenzen) und ist zu deren Bestimmung schon vermessen worden.

γ. **Fremdstrommethoden.** Die einfachste Methode geoelektrischer Prospektion besteht darin, dem Boden Gleichstrom zuzuführen und das Potentialfeld an der Erdoberfläche auszumessen. Zeigt das Äquipotentiallinienbild Abweichungen von dem in einem homogenen Medium zu erwartenden Verlauf, so kann auf das Vorkommen von Einlagerungen in der Tiefe mit abweichender Leitfähigkeit geschlossen werden (Erzkörper usw.). Diese Gleichstrommethode ist vor allem von SCHLUMBERGER entwickelt worden, der damit zum Beispiel über Salzstöcken Messungen durchführte. Die Tiefenwirkung der Methode ist gering, das zu suchende Objekt darf im allgemeinen nicht mehr als 200 m tief gelegen sein.

Wichtiger als dieses Potentiallinienverfahren sind die sogenannten *Widerstandsmethoden*. Sie lassen quantitative Schlüsse zu und haben größere Tiefenwirkung (mehrere hundert Meter). Bei diesen Methoden wird mittels in die Erde gesandten Gleichstroms zwischen zwei Elektroden von bestimmtem Abstand der elektrische Widerstand des Bodens gemessen. Daraus läßt sich nach den Formeln für die elektrische Gleichströmung im homogenen Halbraum der spezifische Widerstand des Bodens berechnen. Ist der Untergrund homogen, so muß der so berechnete spezifische Widerstand bei Anwendung verschiedener Elektrodenabstände immer gleich groß werden. Ist der Boden geschichtet, so werden die so berechneten, jetzt nur noch «scheinbaren» spezifischen Widerstände von den Abständen der Elektroden abhängig. Bei kleinen Elektrodenabständen werden nämlich nur die obersten Schichten des Bodens an der Stromleitung maßgebend beteiligt sein; wir erhalten den spezifischen Widerstand der obersten Schicht. Werden nun aber die Elektroden abstände größer, so geht ein großer Teil des Stroms durch die tieferen Schichten, der spezifische Widerstand nähert sich dem Wert dieser tieferen Schichten. *Das Verfahren eignet sich daher zur Ermittlung von horizontalen Strukturen, die Schichten mit verschiedener Leitfähigkeit besitzen.* Bei horizontaler Schichtung läßt sich, allerdings in sehr komplizierter Weise, jedoch theoretisch eindeutig, aus der Kurve des scheinbaren spezifischen Widerstandes auf Widerstand und Mächtigkeit der Schichten des Untergrundes schließen. Werden die Elektrodenabstände konstant gelassen, wird aber an verschiedenen Stellen gemessen, so kann auch das Auftauchen eines Körpers mit anderer Leitfähigkeit ermittelt werden (Antiklinale, Salzstock).

Das Verfahren dient zur Bestimmung der Mächtigkeit von Schotter- und Schuttüberdeckungen, zur Bestimmung der Grundwasserverhältnisse (grundwassererfüllter Schotter hat höhere Leitfähigkeit als trockener) und in der Braunkohlenprospektion. In der Erdölgeologie ist die Bedeutung der elektrischen Methoden geringer als die der drei übrigen Hauptmethoden, doch wurden derartige Verfahren zum Beispiel in Rußland und Rumänien (zur Ermittlung von erdölgeologisch wichtigen Strukturen) benützt.

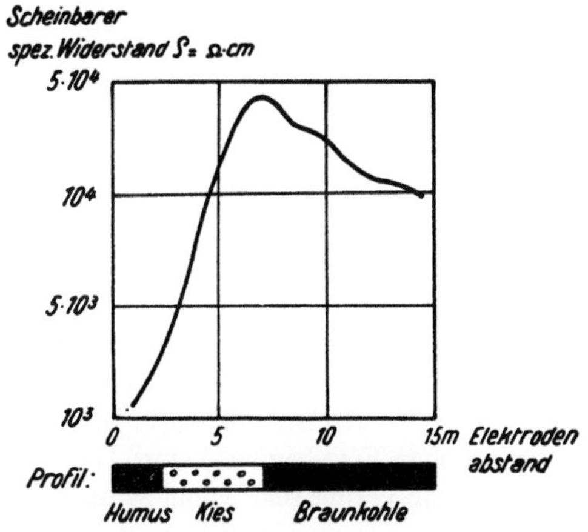

Fig. 334

Diagramm des spezifischen Widerstandes in Funktion des Elektrodenabstandes. Messungsergebnis für einen Untergrund, dessen Profil, in die Waagrechte umgeklappt, unten angegeben ist. Braunkohlengebiet Westdeutschlands (nach STERN).

Als Beispiel einer elektrischen Messung nach STERN (Methode des scheinbaren spezifischen Widerstandes) zeigt Figur 334 den typischen Widerstandsverlauf im Braunkohlengebiet Westdeutschlands. Oben, in der Figur, ist die Abhängigkeit des scheinbaren spezifischen Widerstandes vom Elektrodenabstand (ϱ in logarithmischem Maßstab) eingezeichnet. Unten ist (horizontal gestellt) das Resultat *einer Kontrollbohrung* an diesem Ort dargestellt (senkrechte Linie bei 0 m: Erdoberfläche). Bei geringem Elektrodenabstand ist ϱ klein (gutleitende Humusschicht $\varrho = \sim 1000\ \Omega$ cm), bei mittleren Elektrodenabständen (~ 5 m) wird die Wirkung des schlechtleitenden Schotters ($\varrho = \sim 50\,000\ \Omega$ cm) deutlich, während bei großen Elektrodenabständen das wieder besser leitende, tiefer gelegene Braunkohlenflöz eine Senkung des scheinbaren spezifischen Widerstandes zur Folge hat. Die Auswertung der Widerstandskurve gestattet, die Tiefe der beiden Schichtgrenzen (unter Annahme horizontaler Lagerung) zu berechnen.

δ. **Wechselstrommethoden.** Bei diesen Verfahren wird Wechselstrom mittels Elektroden in den Boden geführt und das elektrische oder das damit verbundene magnetische Wechselfeld an der Erdoberfläche vermessen. Wird das *elektrische Feld* benutzt, so können ähnlich wie bei Gleichstromverfahren die (hier jedoch nur quasistationären) Äquipotentiallinien gesucht werden. Dabei müssen durch geeignete Frequenzwahl (höchstens 50 Hz) komplizierende Induktionswirkungen im Boden vermieden werden.

Häufiger wird die Rahmenmethode gebraucht, wobei mit Hilfe einer flachen Induktionsdrahtspule das *magnetische Wechselfeld*, das mit dem elektrischen Wechselfeld verbunden ist, zur Vermessung gelangt (Größe und Richtung des totalen magnetischen Vektors). Der Umstand, daß das Magnetfeld ein Wechselfeld ist, macht eine Trennung des künstlichen Magnetfeldes vom starken natürlichen Erdfelde möglich. Auch hier werden sich gutleitende Einlagerungen an der Erdoberfläche in Unregelmäßigkeiten der Größe und Richtung des magnetischen Feldes bemerkbar machen. Die Wirkungstiefe ist recht gering (bis etwa 200 m), die Methode wird vor allem zur Auffindung von gutleitenden Erzlagerstätten oder von Verwerfungen benutzt. Werden die Elektrodenabstände verändert, so ist nach HAALCK auch Sondieren über geschichteten Untergrund möglich.

ε. **Induktionsmethoden.** Aus der induktiven Wirkung von Wechselströmen ergibt sich die Möglichkeit, die Stromenergie ohne direkte Stromzufuhr induktiv auf den Erdboden mit Hilfe einer Leiterschleife zu übertragen, das heißt, es wird durch eine auf oder über dem Erdboden befindliche, isolierte, geschlossene Leitung ein Wechselstrom gesandt. Der Leitungsstrom ist dabei von einem magnetischen Wechselfeld begleitet, das im Untergrund in gutleitenden Einlagerungen elektrische Wirbelströme erzeugt, die ihrerseits wieder von einem sekundären magnetischen Feld begleitet sind. Das magnetische Wechselfeld wird an der Erdoberfläche vermessen, wobei es meist gelingt, das primäre und sekundäre Feld zu trennen. Diese induktiven Methoden werden vor allem dann benutzt, wenn im schlechtleitenden Nebengestein Einlagerungen mit sehr hoher Leitfähigkeit vorhanden sind. Von großem Vorteil sind sie, wenn sehr schlecht leitender oder sehr harter Boden (Eis, Schnee, Wüstensand, Fels) die direkte Stromzuführung mit Elektroden verunmöglichen würde. Die Induktionsmethode hat in Nordschweden und in Kanada bei der Suche nach Erzlinsen (SUNDBERG, NORDSTROM, LUNDBERG u. a.) beachtliche Erfolge erzielt. Es wurden zum Beispiel Magnetitlinsen, Molybdänglanzvorkommen usw. abgegrenzt.

ζ. **Hochfrequenzverfahren.** Die Bedeutung dieser Methoden ist heute nicht sehr groß. Elektromagnetische Wellen, die mittels Antennen erzeugt und im Untergrund je nach Gesteinsart verschieden absorbiert und an Unstetigkeitsflächen der Leitfähigkeit und der Dielektrizitätskonstante reflektiert und gebrochen werden, sind Hilfsmittel. Die elektromagnetischen Wellen werden indessen in den gewöhnlichen Gesteinsarten sehr stark absorbiert bzw. in Wirbelströme umgesetzt, was für die Anwendung der Methoden hinderlich ist. Das wichtigste Verfahren ist die Absorptionsmethode, bei welcher das

Untersuchungsobjekt zwischen Sender und Empfänger liegt. Aus der Stärke der Absorption wird auf die Natur des Körpers geschlossen (Anwendung in Höhlen oder Bergwerken).

η. **Bohrlochmessungen.** Eine Reihe einfacher elektrischer Untersuchungsmethoden (von C. und M. SCHLUMBERGER entwickelt) hat sich bei Messungen in Bohrlöchern bewährt und findet heute bei vielen Bohrungen Anwendung. Die wichtigsten sind die *Widerstandsmessung* und die *Potentialmessung*. Bei der Widerstandsmessung wird an vielen Stellen im Bohrloch der spezifische Widerstand (womöglich der wahre) der betreffenden Gesteinsschicht bestimmt. Dadurch erhält man ein Widerstandsprofil (natürlich nur bei unverrohrten Bohrlöchern möglich). Bei den Potentialmessungen werden die natürlichen Spannungsdifferenzen längs eines Bohrloches untersucht. Diese natürlichen Potentialdifferenzen entstehen durch Infiltration des Bohrlochspülungswassers in die porösen Gesteine und durch elektroosmotische Effekte. Natürliche Potentialdifferenzen sind vor allem bei porösen Schichten zu finden und geben daher Aufschluß über die Porositätsverhältnisse der Schichten im Bohrprofil. Widerstand und Potentialmessung charakterisieren eine Schicht recht gut.

Die Messungen dienen in erster Linie zur Bestimmung der Lithologie der Schichten in Bohrlöchern und dienen der geologischen Korrelation verschiedener Bohrungen. In Ölfeldern ist das von großer Bedeutung. Der Vorteil der Messungen liegt darin, daß sie teilweise die Entnahme von Proben aus dem Bohrloch ersetzen können.

e) *Die magnetischen Methoden*

α. **Literatur und Grundlagen.** Besondere Literatur für die magnetischen Methoden:

H. HAALCK, Die magnetischen Verfahren der angewandten Geophysik. Berlin 1927.
A. NIPPOLDT, Verwertung magnetischer Messungen zur Mutung. Berlin 1930.

Die Gesteine und Lagerstätten der äußeren Lithosphäre zeigen zum Teil sehr große Unterschiede in ihren magnetischen Eigenschaften; sowohl die Suszeptibilität wie auch Eigenmagnetismus variieren in weiten Bereichen.

Das *erdmagnetische Feld* kann in erster Annäherung als dasjenige eines im Erdmittelpunkt sitzenden magnetischen Dipols betrachtet werden. Diesem einfachen Feld sind nun Störungen von kontinentalem, regionalem und lokalem Ausmaß überlagert. Die regionalen und lokalen Störungen lassen sich in den meisten Fällen mit dem geologischen Aufbau der Lithosphäre in Beziehung bringen. Erstens übt nämlich das «primäre» Erdfeld eine induzierende Wirkung auf die verschieden magnetisierbaren Gesteine aus, was zu einem überlagernden, sekundären, örtlich variablen Magnetfeld an der Erdoberfläche führt; zweitens besitzen viele Gesteine und Lagerstätten einen allerdings der Stärke nach sehr variabeln polaren Eigenmagnetismus, der ebenfalls ein magnetisches Zusatzfeld an der Erdoberfläche erzeugt. Die Frage nach der Ursache des «primären» Hauptfeldes gehört heute noch zu den ungelösten Problemen.

Die genannten lokalen und regionalen Störungen indessen gestatten uns, auf die geologisch-magnetischen Verhältnisse im Untergrund Schlüsse zu ziehen.

Neben den örtlichen Anomalien des erdmagnetischen Feldes treten auch zeitliche Variationen auf. Man unterscheidet 1. regelmäßig periodische (zum Beispiel täglich wechselnde), 2. säkulare und 3. unregelmäßige, während kurzer Zeit große Störungswerte zeigende Schwankungen. Die täglichen sowie die unregelmäßigen Schwankungen haben ihre Ursache außerhalb der festen Erde, sie werden durch elektrische Induktionsströme (Elektronen) erklärt. Für die säkularen Schwankungen ist die Ursache noch nicht gefunden.

Es wird nun oft das gesamte Erdfeld zerlegt in ein permanentes, beharrliches Erdfeld, das nur säkulare Schwankungen besitzt, und in ein äußeres, kosmisches Feld, das sehr starken zeitlichen Veränderungen unterworfen ist, indessen gewöhnlich nur einen kleinen Bruchteil des permanenten Feldes ausmacht ($\sim 1\%$). In der angewandten Geophysik interessieren im allgemeinen allein die regionalen und lokalen Störungen, die zeitlichen Variationen sind unerwünschte Begleiterscheinungen, die eine entsprechende Reduktion der Meßresultate verlangen.

Das erdmagnetische Feld an einem bestimmten Ort, zu einer bestimmten Zeit, wird bei absoluten Messungen meist durch folgende drei Größen nach Stärke und Richtung vollständig bestimmt:
Z = Vertikalintensität, H = Horizontalintensität und D = Deklination (Abweichung der Richtung von H von der astronomischen Nordrichtung in Grad). Z und H sind die Komponenten der Totalintensität des Erdfeldes in der Horizontalebene und in der Vertikalrichtung. Die magnetische Feldstärke wird in Gauß (1 Γ, Dimension: $g^{1/2}\,cm^{-1/2}\,sec^{-1}$) oder in Gamma (1 $\gamma = 10^{-5}\,\Gamma$) angegeben. Die Totalintensität des normalen Erdfeldes variiert je nach Breiten- und Längenlage des Ortes, von 27 000 bis 71 000 γ. Die periodischen täglichen Schwankungen betragen bis 50 γ, die unregelmäßigen zeitlichen Störungen können das Feld für kurze Zeit um über 1000 γ verändern.

β. **Die Messungen.** In der angewandten Geophysik begnügt man sich meist damit, Relativwerte zu bestimmen, und zwar wird oft nur ΔZ und ΔH, manchmal nur ΔZ gemessen. Die Messungen sind relativ einfach und erfolgen mit *magnetischen Lokalvariometern*. Manche der gebräuchlichen Instrumente für Z und H bestehen im wesentlichen aus einem Magnetstab, welcher waagebalkenartig auf einer Achatschneide ruht (Instrumente nach SCHMIDT), bei andern wieder ist der Magnetstab an einem Metalldraht aufgehängt. Die Genauigkeit der besten heutigen Instrumente beträgt etwa $\pm 1\,\gamma$. Die Genauigkeit noch weiter hinaufzutreiben, hat angesichts der oft nur mühsam reduzierbaren zeitlichen Schwankungen keinen großen Sinn. Neuerdings werden mit besonders konstruierten Apparaten auch Messungen im Flugzeug ausgeführt. Damit können allerdings nur regionale Großstörungen erfaßt werden.

γ. **Auswertung und Anwendungen.** Die Auswertung erfolgt meist durch Zeichnen der magnetischen Isanomalen, aus welchen qualitativ und quantitativ auf die magnetisch-geologischen Verhältnisse im Untergrund geschlossen wird. Die quantitativen Schlüsse (Tiefe und Größe von stärker magnetischen Ein-

lagerungen) erfolgen durch Annahme von bestimmten Dipol- oder Einzelpolanordnungen im Untergrund, Ausrechnung ihrer Feldwirkung an der Erdoberfläche und Vergleich mit den gemessenen Feldern. Für die Abschätzung
der Größe ist eine Kenntnis der magnetischen Eigenschaften der in Frage kommenden Gesteine usw. unentbehrlich. Zur Veranschaulichung der Wirkung
von magnetisierbaren Körpern unter Einfluß des Erdfeldes sei mitgeteilt, daß
in Mitteleuropa eine Magnetitkugel von der Suszeptibilität $\varkappa = 0{,}78$, mit einem
Durchmesser von 20 m, in 100 m Mittelpunktstiefe eine maximale Störung
der Vertikalintensität von 60 γ hervorruft, falls nur induktive Magnetisierung
wirksam ist.

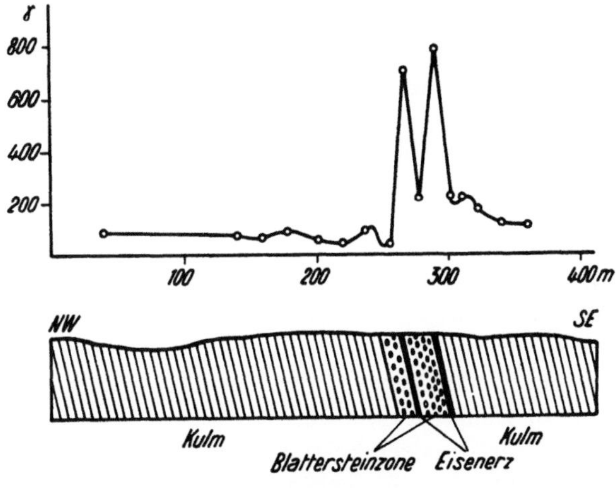

Fig. 335
Diagramm der Vertikalintensität des Magnetismus über Eisenerzlagern (im Oberharz).

Die magnetische Methode gehört zu den ältesten der angewandten Geophysik;
sie wurde in Schweden schon im 17. Jahrhundert (DANIEL TILAS) über Magnetiterzen verwendet. Auch heute noch ist die Auffindung stark magnetischer Erze
(in erster Linie Magnetit und Magnetkies, seltener Hämatit und Manganerze)
eines ihrer Hauptziele. Leicht lokalisierbar sind mit magnetischen Methoden
ferner in vielen Fällen Eruptivstöcke und -lager von basischen Gesteinen (Gabbro,
Basalt, Serpentin). In den letzten 20 Jahren ist, mit fortschreitender Genauigkeitssteigerung der Instrumente, die magnetische Methode auch in der Erdölgeologie
als Mittel zur Bestimmung der Tektonik des Untergrundes angewendet worden.
Es können zum Beispiel in Sedimentgebieten Aufwölbungen des kristallinen
Untergrundes (manchmal stärker magnetisch als die Sedimente) gefunden werden.

Die größte Anomalie auf der Erdoberfläche befindet sich bei Kursk in Rußland (maximale Störungswerte für $Z : 2\,\Gamma =$ viermal das normale Erdfeld).
Durchgeführte Bohrungen ergaben, daß hier in etwa 160 m Tiefe, im von
jüngeren Sedimenten überlagerten Präkambrium, eine steil einfallende, mehr
als 200 m mächtige Schicht von magnetitreichem Quarzit, übergehend in
eigentliche Magnetiterze, auftritt.

Es sei hier noch erwähnt, daß in Karten gleicher jährlicher säkularer Variation Zusammenhänge mit tektonisch-magmatischen Vorgängen gesucht worden sind.

Als Beispiel einer magnetischen Messung sei folgendes erwähnt:

In einer schwach kontaktmetamorphen (Nähe Brockenmassiv) Grauwacken-Tonschiefer-Serie des Kulms (Suszeptibilitäten $\varkappa = 50$ bis $120 \cdot 10^{-6}$) befindet sich eine ebenfalls schwach magnetisierbare Schalsteinzone ($\varkappa = 130 \cdot 10^{-6}$), die zwei parallele Hämatiterzlager führt. Das kontaktmetamorphe Hämatiterz ist zu einem Teil in Magnetit umgewandelt, der dem Erz eine beträchtliche Suszeptibilität verleiht ($\varkappa = 32\,000$ bis $80\,000 \cdot 10^{-6}$). Das Doppellager kommt im magnetischen Profil gut zum Ausdruck (Figur 335).

f) *Radioaktive Methoden*

α. Besondere Literatur und Grundlagen.

H. Israel, Radioaktivität. Leipzig 1940.

F. Müller, Radioaktivitätsmessungen als geophysikalische Aufschlußmethode. Z. Geophys. *3*, 330–336 (1927).

R. von Zwerger, Erdölgeologische und technische Anwendungsmöglichkeiten von radioaktiven Bohrlochuntersuchungen. Öl und Kohle *39*, Heft 11 und 43/44 (1943).

Die Gesteine und Lagerstätten der äußern Lithosphäre enthalten spurenmäßig Beimengungen von stark radioaktiven Substanzen (Ra, Th, U). Kalium, ein allerdings sehr schwach radioaktives Element (Halbwertszeit etwa 10^9 Jahre) ist sogar in sehr großer Menge vorhanden. Der Gehalt an stark radioaktiven Substanzen ist ziemlich variabel.

Beim radioaktiven Zerfall (siehe Seite 410) dieser Elemente (Aussendung von α-, β-, γ-Strahlen) entstehen nun neben festen auch gasförmige, wiederum radioaktive Elemente (Ra-Em, Th-Em). Diese gasförmigen Emanationen reichern sich in Klüften und Verwerfungen an und werden durch juvenile oder sonstige Gasbewegungen und durch zirkulierende Kluftwässer (in denen sie löslich sind) transportiert. Dazu kommt, daß auch durch Lösungserscheinungen radioaktive Stoffe in Grund- und Kluftwässer gelangen können. Spätere Wiederabsetzungen und Anreicherungen an Kluftflächen sind dabei möglich; Kluftflächen besitzen daher häufig höhere Aktivität als das Gestein selbst. Sekundär erhöhter Gehalt an radioaktiven, zum Teil gasförmigen Stoffen ist somit vor allem in und über Verwerfungen, Spalten, Klüften und Gesteinsgrenzen zu erwarten, ferner sind Felskluftquellen in Eruptivgesteinen oft durch relativ hohe Radioaktivität ausgezeichnet.

Neben diesen geophysikalisch zwar wichtigen, doch zumeist sehr schwachen sekundären Anreicherungen außerhalb der Gesteine kennt man auch lokale primäre Anreicherungen in Gesteinsform (zum Beispiel in Pegmatiten; bei eigentlichen Uranerzlagerstätten, Monazitlagerstätten usw.). Ferner ist in Erdöllagerstätten oft eine Anreicherung von radioaktiven Substanzen festzustellen.

β. **Messungen.** In der angewandten Geophysik sind zwei Meßmethoden gebräuchlich. Bei der einen wird in der Bodenluft elektrometrisch (durch Ionisationsmessungen der Luft) der Gehalt an Ra-Em + Th-Em bestimmt.

Dieser ist über tektonischen Störungslinien aller Art erhöht. Die Tiefenwirkung der Methode ist indessen nicht sehr groß, ferner dürfen keine luftundurchlässige Schichten den Austritt der radioaktiven Gase an die Erdoberfläche verunmöglichen. In der zweiten Meßmethode wird mittels Zählrohrgeräten die γ-Strahlung des Erdbodens oder der Wände von Bohrlöchern gemessen. Die γ-Strahlung des Bodens rührt von den Elementen der U-Reihe, der Th-Reihe und von einem Kaliumisotop her. Sie wird nun aber in den Gesteinen recht rasch absorbiert; die Boden-γ-Strahlung entstammt wesentlich nur den obersten Metern der Bodenschicht, so daß die Tiefenwirkung der Methode äußerst gering ist.

Anwendungsmöglichkeiten sind: Erschließung radioaktiver Erzgänge nahe der Erdoberfläche oder innerhalb von Bergwerken, und Sondierung von Tiefbohrungen in solchen Bergwerken. Auch im Kalibergbau sind Zählrohre schon verwendet worden, um in Bohrlöchern aus der γ-Strahlung den K_2O-Gehalt einer bestimmten Stelle zu ermitteln (v. ZWERGER). Da Erdöl Emanationen relativ leicht löst, beginnt die Methode der Emanationsbestimmungen auch für die Erdölgeologie eine gewisse Bedeutung zu erlangen.

g) *Geothermische Methoden*

Besondere Literatur.

J. KOENIGSBERGER, Geothermische Messungen in Bergwerken und Übersicht über die Ergebnisse der Geothermik. Beitr. angew. Geophys. *7*, 68 (1937).

C. E. v. ORSTRAND, Some possible applications of geothermics to geology. Bull. Am. Ass. Petrol. Geol. *18*, Nr. 1 (1934).

Die geothermische Tiefenstufe hängt zum Teil vom tektonischen Bau (Antiklinalen, Verwerfungen usw.) des Untergrundes ab. Messungen der geothermischen Tiefenstufe in *Bohrlöchern* können daher unter Umständen für geologische Zwecke nützlich sein. Ferner geben gewisse Schichten im Bohrlochprofil lokale Abweichungen vom stetigen Temperaturverlauf (Gas- und Ölsande ergeben negative, Wassersande positive thermische Anomalien).

h) *Geochemische Methoden*

Besondere Literatur siehe in

C. HEILAND, Geophysical exploration. New York 1946.

Es werden hierbei Bodenproben aus geringer Tiefe auf Spuren von Kohlenwasserstoffen geprüft, und zwar besonders auf die Anwesenheit der schwereren, wie Aethan und Propan. Diese Kohlenwasserstoffe sind oft über Erdölfeldern an der Erdoberfläche angereichert. Ihr Nachweis hat schon zur Auffindung von produktiven Erdölfeldern geführt. Auch Methoden, die sich auf Isotopentrennung stützen (mit Massenspektrographen), sind in Entwicklung begriffen.

Mikrochemisch oder *spektroskopisch* lassen sich in Flüssen, Grundwässern und Bodenlösungen oft Spuren gelösten Materials der Erze (zum Beispiel Gold, Zinnstein, Sulfate von Fe, Cu, Ni usw.) nachweisen, mit denen das Wasser in Berührung kam (VOGT, LUNDBERG).

Seltenere Elemente des Untergrundes können sich ferner in *Pflanzen anreichern*, die auf autochthonen Böden wachsen, und lassen sich dann in der Pflanzenasche oder im Humus nachweisen (zum Beispiel Ag, Au, Be, Zn, Cd, Sc, Tl, Ge, Sn, W, Pb, As, Mn, Co, Ni, Cr; nach V. M. Goldschmidt, Lundegardh, Palmquist, Brundin, Lundberg, Rankama).

Altbekannt ist, daß das Auftreten gewisser Pflanzen für bestimmte Stoffe typisch ist, die sich in den zugehörigen Böden vorfinden, zum Beispiel *Viola calaminaria et zinci* für Zn, *Polycarpaea spirostylis* für Cu und nach T. H. Vogt zum mindesten in einzelnen norwegischen Gebieten *Viscaria alpina* und andere Pflanzen gleichfalls für Cu (geobotanische Methoden).

V

GRUNDLAGEN DER KLASSIFIKATION UND SYSTEMATIK DER GESTEINE UND MINERALLAGERSTÄTTEN

A. Allgemeines

Eine Klassifikation der Gesteine und Minerallagerstätten soll Verwandtes vereinigen und wichtige natürliche Zusammenhänge nicht zerstören. Sie hat sowohl rein wissenschaftlichen, didaktischen wie praktischen Zwecken zu dienen. Jede gute Klassifikation, die große Erfahrungs- und Wissenskomplexe zusammenfaßt, ist für den Fortschritt einer Wissenschaft günstig und zugleich ungünstig. Fördernd wirkt sie, indem sie zwingt, gewissen in der Systematik ihren Ausdruck findenden Zusammenhängen intensiver nachzugehen. Sie kann einer Entwicklung jedoch auch hinderlich sein, weil sie immer schematisieren und nicht benötigte Zusammenhänge anderer Art vernachlässigen muß. Handelt es sich um so komplexe Gebilde wie Gesteine und Minerallagerstätten, mit teils nur auf statistische Werte rückführbaren Eigenschaften, so wird es von vornherein verschiedene Möglichkeiten guter Zusammenfassungen geben. So lernten wir bereits Seite 26 eine Gliederung kennen, die lediglich auf die chemischen Verhältnisse abstellt und die daher, wie der Abschnitt über die physikalisch-chemischen Beziehungen dartut, besonders günstig ist, wenn es sich darum handelt, die Abhängigkeit des Mineralbestandes von Temperatur und Druck bei gleichem Bauschalchemismus oder die Veränderung des Mineralbestandes bei Änderung der chemischen Zusammensetzung darzustellen.

Nun dürfen jedoch Gesteine und Minerallagerstätten nicht einfach als beliebige physikalisch-chemische Systeme behandelt werden. *Geophysik* und *Klimatologie* geben über die heute herrschenden physikalischen Bedingungen Auskunft, und die *Geologie* im weitesten Sinne des Wortes sucht als historische Wissenschaft auch über das Verhalten der Erdhüllen in der für die Bildung der Gesteine und Minerallagerstätten hauptsächlich verantwortlichen Vergangenheit etwas auszusagen.

Eine natürliche, die geologischen Forschungen selber wieder befruchtende Klassifikation hat dies zu berücksichtigen. Sie muß gewissermaßen versuchen, im Großen die Vorgänge der Erdgeschichte zu gliedern und die Gesteins- und Minerallagerstättenbildung als Produkt und Abbild dieser Vorgänge zu verstehen. Dabei ist es ihre Aufgabe, bei den Zusammenfassungen allgemeine Gesichtspunkte in den Vordergrund zu stellen, das heißt, nicht wie die historische Geologie nach Erdepochen zu gliedern. Mit anderen Worten: es ist selbst dann, wenn sich der Ablauf der geologischen Erscheinungen deutlich als einseitig gerichtet erweist, ein Hauptgewicht auf das zu verschiedenen Zeiten Gleichartige zu legen. Bereits rein historische Wissenschaften werden übrigens dieses Bestreben haben. Sie versuchen auf Analogien in verschiedenen Zeiten hinzuweisen, zeitlos gültige Gesetzmäßigkeiten zu finden. Ob und inwieweit derartige Bemühungen von Erfolg begleitet sind, ist von Fall zu Fall abzuklären. In Geologie und Gesteinskunde ist das Postulat, das behauptet, es sei dies weitgehend möglich, als sogenanntes *Aktualitätsprinzip* bekannt, das in seiner allgemeinsten Fassung nur aussagt, es seien keine Anzeichen dafür vorhanden, daß in früheren Zeiten ganz andere Kräfte wirksam waren als diejenigen, welche auch heute noch beobachtet oder abgeleitet werden können. Es sei also möglich, aus dem heutigen Geschehen auf dasjenige in der Vergangenheit rückzuschließen, ohne Gefahr zu laufen, etwas zu vergessen, was selbst unter Berücksichtigung des einsinnigen Ablaufes des Weltgeschehens aus der Gegenwart nicht erschließbar ist.

Betrachten wir von diesem Standpunkte aus die Mineralbildungsprozesse, so lassen sie sich zunächst sinngemäß gliedern in:

1. Prozesse, die sich in den Grenzregionen Lithosphäre, Atmosphäre und Hydrosphäre abspielen und deren Verlauf durch die Wechselwirkung dieser drei Bestandsmassen bestimmt wird;

2. Prozesse, die sich in der Lithosphäre selbst vollziehen oder doch durch Faktoren bestimmt werden, die auf Innenverhältnisse der Lithosphäre rückgeführt werden müssen und keine spezielle Folge der exogenen Einwirkung von Atmosphäre oder Hydrosphäre auf die Gesteinsschale darstellen.

Die Geologie spricht im ersten Falle von *exogenen*, im zweiten Falle von *endogenen* Erscheinungen.

Es scheint durchaus zweckmäßig, diese Einteilung für die Produkte der Vorgänge beizubehalten, wobei indessen zur Klarstellung des Geltungsbereiches mehr oder weniger konventionelle, schärfere Abgrenzungen notwendig sind.

a) Das Material selbst, das zu *exogenen* Gesteinen oder Minerallagerstätten führt, soll der Grenzregion entstammen. Es kommt somit nicht nur auf den allerletzten Bildungsort der Lagerstätte an. Ergeben unmittelbar aus dem Erdinnern stammende Schmelzlösungen oder wässerige Lösungen erst beim Ausfließen an die Erdoberfläche oder in den äußersten Lagen der Lithosphäre Kristallisationsprodukte, so ist das Material endogener Herkunft, es handelt sich in unserem Sinne immer noch um endogene Bildungen. Allein es wirken jetzt unter Umständen bereits während der Lagerstättenbildung Atmosphäre und Hydrosphäre oder beide mit, und es können schließlich deren Einflüsse so stark werden, daß sie den Charakter des Produktes wesentlich mitbestimmen. Dann wird man sowohl bei der Besprechung der endogenen wie der exogenen Lagerstätten auf die entsprechenden Mineralbildungen aufmerksam zu machen haben. Vermischen sich aus dem Innern stammende Lösungen, Dämpfe oder Gase mit Teilen der Hydrosphäre oder Atmosphäre und erfolgen erst später daraus Mineralisationen, so wird es sich um Sonderfälle exogener Lagerstättenbildung mit endogener Stoffzufuhr handeln. Und gleiches gilt, wenn Festbestandteile explosionsartig in Atmosphäre oder Hydrosphäre hinausgeschleudert werden und aus ihr, wie andere darin enthaltene exogene Festkörper, abgesetzt werden. Daraus ergibt sich, daß die Trennung keine völlig scharfe sein kann, daß natürliche Übergangsbildungen mit in Betracht gezogen werden müssen.

b) Endogene Lagerstätten können als Folge von Gebirgsbildung und Erosion zu Oberflächengesteinen der Lithosphäre werden und nun mit Atmosphäre und Hydrosphäre reagieren, das heißt verwittern. Ob solche in Verwitterung begriffene Mineralaggregate noch nach ihrer ursprünglichen Bildungsweise klassifiziert werden müssen oder nach ihrer spätern exogenen Umformung, hängt von der Stärke dieser Beeinflussung und dem besonderen Standpunkte der Forschung ab. Im allgemeinen wird die Zuordnung nach der Primärentstehung erfolgen, sofern sich diese in Mineralbestand, Struktur und Textur noch deutlich rekonstruieren läßt.

c) Umgekehrt können exogene Bildungen überdeckt und endogen verändert, später jedoch wieder unserer direkten Beobachtung zugänglich werden. Wir werden sie immer noch als exogen bezeichnen, wenn die endogen erlittenen Veränderungen nicht imstande waren, Mineralbestand, Struktur und Textur wesentlich zu verändern, wenn somit immer noch der Charakter der exogenen Entstehung das Gesteinsbild beherrscht, zum Beispiel im wesentlichen nur eine Verfestigung entstanden ist.

d) Allerdings gibt es hier einige Bildungen, die man selbst nach starker Veränderung (rein konventionell) immer noch zu den exogenen rechnet. Das sind die organogenen Kohlen- und Kohlenwasserstoffgesteine. Ihr Material entstammt der Biosphäre, also der typischen Grenzregion der Erdhülle, erleidet jedoch starke Veränderungen bei ersten schwachen oder gar bei kräftigen Überdeckungen, derart, daß sich schließlich reiner Kohlenstoff oder flüssige bis gasförmige Kohlenwasserstoffe bilden. Da jedoch die Umgestaltungsvorgänge schon mit der exogenen Ablagerung einsetzen, hält es schwer, später von statten gehende Prozesse von den Anfangsstadien zu trennen, so daß es zweckmäßiger ist, die Umwandlungsprodukte als Ganzes bei der Gruppe der exogenen Gesteinsbildung zu belassen.

B. Die exogenen Gesteine und Minerallagerstätten

a) *Allgemeines und übliche Gliederung*

Gesteine und akzessorische Minerallagerstätten, die aus irgendwelchen Gründen zu Oberflächengesteinen der Lithosphäre werden, sind dem Einflusse der Atmosphäre oder Teilen der Hydrosphäre ausgesetzt und sehr häufig auch Aktionen, die von Lebewesen ausgehen. Sie stehen unter Bedingungen, die von Ort zu Ort und nach Art der Exposition innerhalb dessen, was man die *Klimafaktoren* nennt, etwas wechseln. Dadurch, daß die Außenfläche der Lithosphäre ein kompliziertes Relief aufweist, erhöht sich die Mannigfaltigkeit. Bewegungsvorgänge in Hydrosphäre und Atmosphäre und, nach einer Auflockerung, im Festbestande selbst kommen hinzu. Sie haben zur Folge, daß sich die Umformungs- und Anpassungsreaktionen nicht nur autochthon (an Ort und Stelle) abspielen. Verfrachtungen und Wanderungen entblößen einerseits immer neue Gesteinslagen und führen anderseits in einer gewissen Entfernung vom Herkunftsorte zu Neubildungen von Mineralaggregaten, nämlich da, wo aus irgendwelchen Gründen der Weitertransport sein Ende findet. Auch diese Neubildungen stehen unter dem Einfluß der Oberflächenbedingungen, sind somit exogene Minerallagerstätten.

Am Anfang dieser gesteins- und lagerstättenbildenden Vorgänge steht somit das, was im weitesten Sinne des Wortes *Verwitterung* genannt wird, mit eingeschlossen Prozesse, die als *Verwesung, Vermoderung* usw. bezeichnet werden. Die nach dem Hauptakt entstehenden Produkte und Neubildungen werden daher häufig wie folgt gegliedert:

1. autochthone Verwitterungslagerstätten und Gesteine;
2. mechanische Sedimentneubildungen;
3. chemische Sedimentneubildungen und Ausscheidungslagerstätten aus der Atmosphäre oder Hydrosphäre oder aus in der Lithosphäre zirkulierenden Verwitterungslösungen;
4. chemisch-biogene Absätze;
5. rein organogene Bildungen.

Das Ineinandergreifen (besonders von 2, 3, 4, 5) zwingt jedoch zu einer etwas andern Zusammenfassung, die unserm systematischen Teil zugrunde gelegt werden wird.

b) *Neue Gliederung der exogenen Gesteine und Minerallagerstätten*

Grundsätzlich werden die nicht gesteinsmäßigen Minerallagerstätten immer den Gesteinen analogen Ursprungs beigeordnet, so daß im allgemeinen im folgenden nicht im einzelnen darauf Bezug genommen wird. Zunächst trennen wir die *autochthonen Verwitterungslagerstätten* möglichst scharf von denjenigen Gesteinen, die mit Recht den Namen *Sedimente* tragen. Sedimentieren umfaßt weder den Prozeß der Bildung eines Verwitterungsrückstandes noch den der vertikalen Wanderung von Gelöstem unter teilweisem Wiederabsatz im durch Verwitterung gelockerten Gestein. Allerdings werden mannigfaltige Übergänge zu Sedimenten auftreten, da lokale Verschwemmung und Zuschwemmung zum Verwitterten selten ganz fehlt.

α. **Die autochthonen Verwitterungslagerstätten und Gesteine.** Sie werden sich gliedern in die

a) *Gesteinsböden,* und in

b) *Sonderfälle von Verwitterungsrückständen und Neubildungen in der Oxydations- und Zementationszone.* Zu letzteren gehören die Erzlagerstättenböden und exogen umgelagerten Erzvorkommnisse.

β. **Die Sedimente.** Auf mannigfache Weise können die Produkte der Verwitterung transportiert und wieder abgelagert oder sedimentiert werden. Feste Partikel werden mechanisch durch bewegtes Wasser, bewegte Luft, durch bewegtes Eis oder auch nur durch Einwirkung eines Gefälles und die Schwerkraft verfrachtet. Gelöstes nimmt an den Fließ- und Strömungsbewegungen der Hydrosphäre teil. Durch Bedingungsänderungen erfolgt Absatz, Ablagerung oder Auskristallisation und damit neue Gesteinsbildung, *Sedimentation*. Der Charakter dieser *Sedimente* wird indessen nicht nur durch die Gesetze der Sedimentation bedingt. Die Medien, aus denen die Ablagerungen entstehen, können im weiteren Verlauf des Geschehens bereits Abgesetztes wieder umlagern, ausschwemmen oder ausblasen und weiter fortführen, Ausgeschiedenes teilweise wieder auflösen oder an Umsetzungsreaktionen verschiedener Fällungen mitwirken. Auch ist selbstverständlich, daß mechanischer Absatz fester Partikelchen von chemischen Ausfällungen begleitet sein kann. Lebewesen scheiden anorganische Stoffe aus oder verbrauchen sie, wirken somit an den Gleichgewichtsverschiebungen mit. Ihr Anteil an der Sedimentbildung ist oft ein wesentlicher. Da sich zu den Verwitterungsprozessen der anorganischen Stoffe die Vermoderungs- und Verwesungsprozesse organischer Materie gesellen, muß auch an die Ablagerung, den Transport und die Umsetzung dieser Bestandteile gedacht werden.

Die Mannigfaltigkeit der bei einer Sedimentbildung wirksamen Faktoren ist daher eine sehr große und da die variabeln Verhältnisse an der Erdoberfläche zu den verschiedenartigsten Kombinationen Veranlassung geben, bieten sich für eine genetische Oberklassifikation der Sedimente große Schwierigkeiten dar. Die Vermischung der verschiedenen Prozesse ist eine derartige, daß jeder Einteilungsversuch mit weitverbreiteten Übergangsbildungen zu rechnen hat. Unterscheidet man, wie das Seite 496 versucht wurde, mechanischen Absatz von rein chemischer oder chemisch-biogener Ausfällung, so lassen sich wohl Gesteine finden, die vorzugsweise die eine oder andere Sedimentation erkennen lassen; sehr viele Gesteine sind indessen, darauf bezogen, Mischgesteine.

Fälschlicherweise hat man den Begriff *klastische Sedimente* oder *Trümmersedimente* dem Begriffe *mechanische Sedimente* gleichgesetzt. Wo indessen feinstes, in Suspension gehaltenes Material sedimentiert, handelt es sich zu einem großen Teil nicht um Trümmer und bloße Relikte der Gesteinsverwitterung, sondern um neugebildete Verwitterungsmineralien. Das, was man etwa allgemein *Schlammablagerungen* nennt, darf daher kaum kurzweg als Trümmersediment oder klastisches Sediment beschrieben werden. Die Vermischung mit kolloidchemischen Ausfällungen und chemisch-biogenen Bildungen im Ablagerungsgebiet ist zudem in manchen Fällen groß. Es erscheint daher zweckmäßiger, wie folgt einzuteilen:

a) Trümmersedimente, klastisch-sedimentäre Gesteine:
 α. Psephite.
 β. Psammite.

b) Pelite, Gelite, Humite und verwandte Gesteine:
 α. Tonige und tonig-karbonatige Pelite.
 β. Sapropelite, Humite und zugeordnete Kaustobiolithe.
 γ. Sulfo- bis Sulfosapro-Pelite.
 δ. Eisen-Mangan-Hydrogelite und oxydische Gesteine.
 ε. Siliziumhydrogelite.

c) Karbonatgesteine:
 α. Kalkgesteine.
 β. Dolomitgesteine.

d) Sulfat- und Chloridgesteine sowie verwandte Salzgesteine.

e) Schnee und Eis.

Aus Erwägungen, die in der Fassungskraft des menschlichen Geistes ihren Grund haben, trennt auch diese Einteilung noch manches, was zusammengehört und durch Übergänge verbunden erscheint.

Allgemein wird man weiterhin beim Studium der Sedimente versuchen, nach *Verfrachtungsart* und *Ablagerungsraum* zu gliedern. Die *terrestrische Verfrachtung* durch Abrutschen, Abkriechen, Abstürzen und die Residualanhäufung infolge Wegtransportes anderer ursprünglich damit vergesellschafteter Materialien steht im Gegensatz zur Verfrachtung durch Wasser (aquatisch), Verfrachtung durch Eis (glazial), Verfrachtung durch Luft (äolisch). Aufbereitung und Ablagerung oder Ausfällung erfolgen in fließenden Gewässern (*fluviatil*), in Seen (*limnisch*), im Brakwasser (*brakisch*), an der Küste (*litoral*), im Meer (*marin*), auf Gletschern und an Gletscherenden (*glazial* und *fluvioglazial* oder *limno-* bzw. *maringlazial*), aus der Luft (*äolisch*). Bei marinen Bildungen wird man darnach trachten, zwischen Küstensedimenten, Schelfablagerungen (beide *litoral* bis *landnahe*), *hemipelagischen* Ablagerungen und eigentlichen Tiefseesedimenten (*eupelagischen* Ablagerungen) zu unterscheiden. Oft werden in ähnlicher Begriffsbildung Flach-, Mittel- und Tiefseesedimente oder *neritische, bathyale* und *abyssale* Ablagerungen einander gegenübergestellt. Das im Meer Abgelagerte ist terrestrischen (*terrigenen*) Ursprungs (vom Land herstammend und eingeschwemmt) oder besitzt *thalattogenen* Charakter (ist erst im Meer gebildet worden). Bezüglich dieser Begriffsbestimmungen und ihrer Anwendung sei auf Band II verwiesen.

Als Ganzes stellt man auch die intrakontinentale, an sich festländische Sedimentation der *litoral-ozeanischen* oder *epikontinentalen* und der *ozeanischen* gegenüber. Die Übergänge aus einem engen Ablagerungs- oder Transportraum in einen stark erweiterten Ablagerungsraum geben zu den *Deltabildungen* Veranlassung.

Es ist bei der Betrachtung der Sedimentation immer auch die in andern oder wechselweise in den gleichen Räumen erfolgende Verwitterung und Denudation (Abtragung) zu berücksichtigen. Abtrag und Zerstörung stellen den Gegensatz von Sedimentation dar und sind gelegentlich als *Ablutionen* bezeichnet worden. ARN. HEIM hat besonders auf subaquatische Vorgänge dieser Art, auf subaquatische Verwitterung oder Exesion und auf subaquatische Denudation aufmerksam gemacht. Letztere teilt er ein in Dissolution (Denudation durch Auflösung), Dereption (Denudation durch mechanische Wirkung der Wasserbewegung), Solifluktion (Denudation durch Rutschung).

All das setzt naturgemäß Vertrautheit mit diesen geologischen Begriffen voraus, die ihrerseits Farbe und Inhalt nur durch das exakte Studium der Produkte erhalten, auf das sich jede erdgeschichtliche Betrachtung stützen muß.

C. Die endogenen Gesteine und Minerallagerstätten

a) *Allgemeines und übliche Gliederung*

Alle von der Verwitterung unabhängigen Mineralbildungen in der Erdrinde und aus in der Lithosphäre vorhandenen Lösungen sind nach unserer Definition (siehe Seite 494) endogener Natur. Beobachtungen in der Natur und experimentelle Erfahrungen lassen erkennen, daß tatsächlich derartige Mineralneubildungen in jeder Zeitepoche stattgefunden haben und heute noch stattfinden. Die vulkanischen Erscheinungen geben uns über das Vorhandensein heißer Schmelzlösungen im Erdinnern sichere Kunde. Durch Abkühlung entstehen aus ihnen Gesteine und Minerallagerstätten.

Wenn wir versuchen, die Gesamtheit der unserer Untersuchung zugänglichen Mineralaggregate in exogene, vom Typus der Verwitterungslagerstätten und Sedimente, und in völlig andersgeartete endogene einzuteilen, gehen wir allerdings von einer zunächst unbewiesenen Voraussetzung aus. Wir nehmen an, daß die uns zugänglichen Gesteine und Minerallagerstätten erst entstanden seien, nachdem bereits die Gliederung in Lithosphäre, Atmosphäre und Hydrosphäre vollzogen war. Denn denken wir an die verschiedenen Hypothesen über die Erdbildung als Ganzes, so können wir uns Prozesse der Mineralbildung vorstellen, durch die zum Beispiel aus schmelzflüssiger Masse eine feste Erdkruste *erstmals* geformt wurde. In der Tat, bis vor wenigen Dezennien hat man geglaubt, manche Gesteine als erste Erstarrungskruste der Erde ansehen zu dürfen. Man hat von *Urgebirgen* und *Urgesteinen* gesprochen. Eine nähere Untersuchung ließ jedoch feststellen, daß sich bereits in den ältesten aufgeschlossenen Gesteinen Bildungen vorfinden, die zum Beispiel ursprünglich Konglomerate waren oder «ripple marks» bzw. Schichtungen aufwiesen. Es mußten somit schon zu jenen Zeiten an der Erdoberfläche Bedingungen geherrscht haben, die von den heutigen nicht grundsätzlich verschieden waren. Eine feste Erdkruste hat schon damals mit Hydrosphäre und Atmosphäre reagiert. Das zeigt, wie – geologisch gesprochen – wenig weit rückwärts die Erdgeschichte auf Grund der uns zugänglichen Produkte verfolgt werden kann. Wie die Erde als Ganzes in ihrer heute charakteristischen Schalengliederung entstanden ist, können wir am Material nicht nachprüfen. Trotz Faltung, Relief und Erosion ist unser Einblick in die Erdtiefen ein so beschränkter, daß wir nur Zeugen der letzten, allerdings weit über tausend Millionen Jahre umfassenden Geschichte antreffen, nachdem die Erde bereits eine feste, von Wasser und Luft bedeckte Rinde besaß. Das, was im Laufe der geologischen Epochen in dieser festen Erdrinde geschehen ist, hat erst die Gesteine und Minerallagerstätten in der nun aufgeschlossenen Art und Weise gestaltet. Dabei ist deutlich erkennbar, daß höheres Alter eine größere Mannigfaltigkeit, aber auch eine gleichartigere Überprägung geschaffen hat. So ist es oft möglich, die jüngeren Bildungen, zum Beispiel in vielen Gebieten Europas etwa vom Permokarbon an, ihrem ganzen Auftreten nach von älteren abzutrennen, ein Deckgebirge einem Grundgebirge gegenüberzustellen. Aber bereits im Gebiet der jungen Alpenfaltung, die auch noch postkarbonische Gesteine erfaßt hat, ist dies vielerorts nicht mehr durchführbar, und dann zeigt es sich, daß nicht das Alter an sich, sondern der mehr oder weniger komplizierte Verlauf der geologischen Geschichte eines Erdrindenteiles für die Gesteinsbeschaffenheit verantwortlich ist. Außerdem geht aus solchen vergleichenden Untersuchungen hervor, daß sich trotz des deutlichen einsinnigen Ablaufes der Erdgeschichte in ältesten und jüngsten Zeiten Vorgänge analoger Art in der Lithosphäre abgespielt haben.

Die übliche Einteilung der endogenen Gesteine und Minerallagerstätten geht von folgenden Beobachtungen aus. Die Bildung von Gesteinen und Minerallagerstätten beim Abkühlen und beim Entweichen von leichtflüchtigen Bestandteilen aus den dem Erdinnern entstammenden Schmelzlösungen, die man *Magmen* nennt, kann in Vulkangebieten unmittelbar beobachtet werden. Die Magmen fließen als Laven unter Gasentwicklung aus und erstarren. Gleichzeitig erkennen wir, daß diese glutflüssigen Massen in der Lithosphäre dem Festbestand gegenüber differentiell wandern, diesen Festbestand oft durchbrechen. Eine Gesteins- und Minerallagerstättenbildung aus magmatischen Lösungen ist gewissermaßen ein *primärer* Akt, da eine vorübergehend oder seit alters noch nicht feste Masse zu einem Teil der festen Erdkruste wird. Es entstehen *Eruptivgesteine* oder *magmatische Gesteine* und *mit der Magmenentwicklung in Zusammenhang stehende Minerallagerstätten.* Dieser sichere Ausgangspunkt für das Studium der endogenen Mineralisation stützt sich allerdings auf Beobachtungen an der Erdoberfläche, beim vollständigen Durchbruch und beim Ausfließen der Magmen. Allein ältere, unzweifelhafte Vulkanbildungen sind heute schon vielerorts so tief erodiert, daß in direktem Übergang Gesteine und Lagerstätten studiert werden können, die unter einer gewissen Bedeckung (das heißt in der Erdkruste) entstanden sind. Sie weisen einen Mineralbestand und ein Gefüge auf, wie wir sie in Erdrindenteilen, die infolge noch tiefer greifender Erosion freigelegt wurden, häufig vorfinden, zum Teil zugleich in Lagerungsverhältnissen und Gesteinsformen, die keinen Zweifel aufkommen lassen, daß die zugeordneten Gesteine Produkte der magmatischen Erstarrung *innerhalb* der Lithosphäre darstellen. Es gibt also mit Sicherheit magmatische Gesteine und Lagerstätten. Ein Teil dieser ist in der Lithosphäre, ein kleinerer Teil an der Grenze der Lithosphäre mit den Außenhüllen gebildet worden. Die ersteren werden *plutonisch*, die letzteren *vulkanisch* genannt (siehe auch Seite 338 ff.).

Wir dürfen aber auch einen zweiten Fall der endogenen Mineralbildung als Beobachtungstatsache ansprechen, da zur Beurteilung der Vorgänge nur zwingende Schlußfolgerungen verwendet werden. In wenig erodierten Vulkanbauten lassen sich oft in einem Kontakthof um das magmatische Gestein Neubildungen erkennen, die kontinuierlich nach außen in unveränderte Sedimente übergehen. Sie beweisen, daß sich bei Wärmezufuhr viele Prozesse innerhalb der Festkörper abspielen, ohne daß diese in irgendeinem Zeitmoment halb oder ganz verflüssigt wurden oder (Analysenvergleich) ihren Bauschalchemismus wesentlich änderten. Ebenso erkennen wir in Faltengebirgen in Abhängigkeit von den tektonischen Erscheinungen Umwandlungen und Gesteinsneubildungen, die durch Übergänge mit normalen Sedimenten oder Eruptivgesteinen verbunden sind, wobei Gefügerelikte und chemische Zusammensetzung den sicheren Zusammenhang feststellen lassen.

Derartige endogene Neubildungen, wobei feste Teile der Lithosphäre infolge von Bedingungsänderungen umgewandelt wurden, rechnet man einer *Metamorphose* zu. Es ist daher die übliche Einteilung der endogenen Gesteine und Minerallagerstätten diejenige in *magmatische* und *metamorphe*, wobei die metamorphen Bildungen die Produkte aller Erscheinungen umfassen, die sich ohne sehr weitgehende Verflüssigung innerhalb fester Teile der Lithosphäre abgespielt haben. Da im wesentlichen Bestandteile der bereits festen Erdkruste umgeformt wurden, können metamorphe Gesteine und Lagerstätten als *sekundäre endogene* Produkte angesprochen werden. Aus dem Kapitel über die physikalisch-chemischen Grundlagen geht hervor, daß der resultierende Mineralbestand bei gegebenem Chemismus in erster Linie eine Funktion der Temperatur, in zweiter Linie des Druckes sein wird.

b) *Neue Systematik der endogenen Gesteine und Minerallagerstätten*

So selbstverständlich es ist, die magmatischen und metamorphen Prozesse auseinanderzuhalten, so fraglich wird bei einem näheren Studium der Erscheinungen, ob die Einteilung in magmatische und metamorphe Gesteine als Obereinteilung zweckmäßig ist. Zunächst ist es, worauf schon im letzten Kapitel hingewiesen wurde, möglich, daß Gesteine im spätern Verlaufe der geologischen Geschichte lokal wieder verflüssigt werden, also Magmen ergeben, die erneut nach außen wandern und erstarren. Der Erstarrungsprozeß liefert dann naturgemäß wieder magmatische Gesteine, aber in einem gewissen Sinne handelt es sich nicht um eine primärmagmatische, sondern um eine sekundärmagmatische Mineralisation. Gesteine haben gewissermaßen eine *Ultrametamorphose* bis zum Magma erlitten und dann eine Wiedergeburt (*Palingenese*). Für sich allein würde allerdings dieser Umstand für die Systematik keine Komplikation bedeuten, da bei der Klassifikation nach magmatischen und metamorphen Gesteinen vom Ursprung der Magmen nicht die Rede ist. Allein es wird verständlich, daß Zwischenprodukte einer solchen *Aufschmelzung* oder *Anatexis*, das heißt infolge Bedingungsänderungen fixierte Teilstadien derartiger Prozesse, nicht nur schwer zu klassifizieren, sondern oft auch von typisch magmatischen und metamorphen Gesteinen schwierig unterscheidbar sein werden. Dazu kommt nun folgendes.

Zu der Metamorphose unter Wahrung des Bauschalchemismus kommt die Metamorphose mit stärkerem *Stoffaustausch* hinzu. Gerade in der Tiefe vorhandene magmatische Schmelzlösungen sind befähigt, Stoffe abzugeben, die lokal oder regional die Gesteine der Lithosphäre durchdringen können. Die Bedeutung und Wirkungsweise dieser «leichtflüchtigen Bestandteile im Magma» ist vor rund 30 Jahren in einer besonderen Monographie behandelt worden, deren erster Teil 1937 in zweiter Auflage (unter dem Titel: NIGGLI, Das Magma und seine Produkte, I) erschienen ist. Es entstehen eigentliche Mischgesteine

(*Chorismite*) mit Strukturbereichen magmatischer Entstehung und Bereichen einer normalen Umkristallisation, oder Gesteine, die infolge Imbibition und Stoffwanderung als Ganzes *metasomatisch* (siehe Seite 395) metamorphosiert wurden. Übrigens ist auch die normale Gesteinsumkristallisation nie frei von Lösungsumsatz, so daß keinenfalls magmatisch und metamorph gleichgesetzt werden dürfen: Kristallisation aus Lösungen und Kristallisation im Festbestand allein. In der Lehre von der Gesteinsmetamorphose ist dies seit einem halben Jahrhundert sehr eingehend berücksichtigt worden unter Ausscheidung charakteristischer Sonderfälle. Es ist darauf hingewiesen worden, wie Konvergenzerscheinungen auftreten, die im gegebenen Fall die Zuordnung zu magmatisch oder metamorph schwierig gestalten, wobei es notwendig sein wird, genau festzulegen, was nun ein bestimmter Gesteinsname, wie zum Beispiel «Granit», bedeuten soll. Trotzdem hat sich infolge ganz verschiedenartiger Anwendung neuartiger Begriffe, ungenügender Kenntnisse der physikalisch-chemischen Grundgesetze und Ersatz der nüchternen Beobachtung durch phantasievolle Konstruktionen in den letzten Jahrzehnten ein Zustand der Unsicherheit in der Beurteilung endogener Gesteine herausgebildet, der weit über das hinausgeht, was die natürliche Vieldeutigkeit stets zur Folge haben wird. Der Grund liegt im wesentlichen darin, daß innerhalb relativ großer Temperaturbereiche der Mineralbestand bei gegebenem Chemismus wenig veränderlich ist, wobei analoger Chemismus und ähnliche Gefügebilder auf verschiedene Weise zustande kommen können. Es ist daher immer notwendig, ein Mineralaggregat von allen Gesichtspunkten aus zu studieren und es nie isoliert, sondern nur im geologischen Verband zu betrachten. Dann allerdings wird es möglich sein, die Entstehungsweise mit größter Wahrscheinlichkeit soweit festzulegen, als dies in einer historischen Wissenschaft überhaupt möglich ist.

Bei dieser Sachlage erscheint es zweckmäßig, in einer Obereinteilung der endogenen Gesteine und Minerallagerstätten das vereinigt zu lassen, was besonders schwierig voneinander zu trennen ist. Keineswegs soll dadurch die grundsätzliche Diskussion vermieden werden, aber sie rückt gewissermaßen an zweite Stelle, wodurch ermöglicht wird, gewisse Begriffe mit zusätzlicher schärferer Definition verschiedenartig zu verwenden.

Da nach dem vorhergehenden Kapitel in der äußeren Erdkruste ein Temperaturgefälle von innen nach außen vorhanden ist, unterscheiden sich im allgemeinen die endogenen Mineralbildungsprozesse von den exogenen durch höhere Temperatur. Die obere Grenze dieser Temperaturen ist durch die Magmenbildung gegeben, die untere durch die Temperaturen an der Erdoberfläche. Es erscheint daher nicht abwegig, zu versuchen, die endogenen Mineralbildungsprozesse nach der bei der Bildung wirksam gewesenen Temperatur zu gliedern, um so mehr als ja auch die experimentellen Erfahrungen zeigen, wie sehr Temperaturänderungen den Charakter der Mineralparagenesen beeinflussen (siehe darüber Seite 308).

Nun ist allerdings folgendes zu bemerken. Bei dem heterogenen Bestand, der übersichtlich und möglichst einfach klassifiziert werden soll, ist es, selbst wenn wir im Besitz genauer Experimentaluntersuchungen wären, unmöglich, eine *einheitliche Temperaturskala* anzuwenden. Wir können Paragenesen angeben, die, sei es bei gewöhnlichem oder erhöhtem Druck, unmittelbar unterhalb der Schmelztemperatur haltbar sind oder sich beim Erstarren der Schmelzen bilden. Andere Paragenesen schließen an diejenigen der gewöhnlichen oder säkularen Verwitterung an. Aber in Abhängigkeit von der Ausgangszusammensetzung des Systems reicht eine Paragenese hoher Temperatur bis zu ganz verschiedenen niederen Temperaturen hin. Auch ist es möglich, daß sich verschiedene Zwischengleichgewichte einstellen. Mit anderen Worten: bei Temperaturen, bei denen in dem einen System noch die Paragenese höherer Temperatur beständig ist, tritt in einem anderen System bereits etwas Neues auf. Wir können daher nicht nach Temperaturgebieten an sich einteilen, sondern nach *systemsgegebenen* und dadurch *individuellen Temperaturskalen*, wobei zudem zu berücksichtigen ist, daß Druck, Wassergehalt usw. von Einfluß sein werden. Obgleich auf diese Selbstverständlichkeit vielfach hingewiesen worden ist, findet man heute noch Kontroversen, die von einem falsch verstandenen «Zonen»begriff ausgehen. Es sind daher zur Vorbeugung von Mißverständnissen und von im rein Formalen steckenbleibenden Diskussionen hier die Bezeichnung «Zonen» oder die noch weit schematischere der «Fronten» möglichst vermieden worden.

Wir nennen, im vollen Bewußtsein, daß dadurch der unteren und oberen Temperaturgrenze nach sehr Verschiedenartiges zusammengefaßt wird, Paragenesen hoher Temperatur von der Schmelzerstarrung an abwärts *hochthermale* oder *katathermale* Paragenesen, und solche niedriger Temperatur von der Temperatur der Erdoberfläche an aufwärts *niederthermale* oder *epithermale* Paragenesen. Zwischen beiden Gebieten schaltet sich das *mittel-* oder *mesothermale* Gebiet ein, das teils besondere Mineralkombinationen liefern kann, teils den Kata- oder Epimineralbestand besitzt. Außerdem gibt es noch viele Varianten oder besondere Mineralfazies, die unter kata-, meso- oder epithermal subsummiert werden können. Die Ausführungen in den speziellen Teilen werden zeigen, daß es ohne große Schwierigkeiten möglich ist, die endogenen Gesteins- und Minerallagerstättenbildungen einzuteilen in

I. *Kata-(bis meso-)thermale Gesteine und Minerallagerstätten* und in
II. *Epi- bis mesothermale Gesteine und Minerallagerstätten.*

Dadurch wird die einheitliche physikalisch-chemische Betrachtung gewährleistet. Aber innerhalb der zwei Gruppen wird es nun zur Notwendigkeit, zu fragen, ob es sich um *magmatische* Bildungen handelt, die als mehr oder weniger einheitliche Kristallisationsprodukte aus molekulardispersen Lösungen anzusprechen sind, oder um *metamorphe* Bildungen eines Festbestandes, der während der letzten maßgebenden Vorgänge nie als Ganzes flüssig war. Dabei sind die obengenannten Zwischenbildungen sinngemäß mit zu berücksichtigen.

α. **Kata-**(bis meso-)**thermale Gesteine und Minerallagerstätten.** Hieher gehört die Hauptmasse der Eruptivgesteine oder magmatischen Gesteine (Magmatite), da die eigentlichen normalen Gesteinsmagmen Silikatschmelzlösungen sind, die bereits bei hoher Temperatur (um und unter 1000° C) kristallisieren oder glasig erstarren. Beobachtungen und physikalisch-chemische Erwägungen zeigen, daß (neben dem Chemismus der Magmen) Abkühlungsgeschwindigkeit und Entweichungsmöglichkeit leichtflüchtiger Bestandteile das Verhalten der Produkte weitgehend bestimmen, so daß eine Einteilung in *Vulkanite* und *Plutonite* (siehe Seite 500) notwendig wird. Plutonite sind in der Lithosphäre gebildete katamagmatische Gesteine, die oft weiterhin in *Tiefen-* und *Ganggesteine* eingeteilt werden, Vulkanite sind an der Erdoberfläche oder nahe der Erdoberfläche (zum Beispiel subvulkanisch) entstandene katamagmatische Bildungen (oft *Ergußgesteine* genannt).

Die Vulkanitgesteine zerfallen in die Familien der Ankaratrite, Basalte und Andesite, Trachybasalte und Trachyandesite, Tephrite und Basanite (mit Alkalibasalten), Trachyte und Alkalitrachyte, Foidtrachyte und Plagifoidtrachyte, Foiditergüsse, Bandaite und Dacite, Rhyolithe, Rhyodacite und Alkalirhyolithe.

Die Plutonitgesteine zerfallen in die Familien der Mafitite, Gabbro, Diorite, Syenogabbro und Syenodiorite, Foidgabbro und Foiddiorite, Plagisyenite, Alkalisyenite, Plagifoyaite, Foyaite, Foidite, Quarzgabbro- und Quarzdiorite, Granite und Alkaligranite und Silexite. Die Variation im Chemismus der Magmen, die in den verschiedenen Familien der Magmatite ihren Niederschlag findet, wird auf Differentiationsvorgänge (siehe zum Beispiel Seite 373), Assimilationen, verbunden mit Differentiationen, oder gar auf Wiederaufschmelzung ganzer Krustenteile, verbunden mit Stoffwanderungen, zurückgeführt.

Die pegmatitischen, pneumatolytischen und magmatisch-katathermalen Minerallagerstätten müssen im Anschluß an die Gesteinsmagmatite behandelt werden; zum Teil leiten sie in das mesothermale Bildungsgebiet über mit Temperaturen beispielsweise unter 570° C.

Eine Metamorphose bei hoher Temperatur ohne wesentliche Stoffzufuhr oder Stoffwegfuhr (abgesehen von H_2O und CO_2), die so verläuft, daß trotz Lösungsumsatz in jedem Zeitmoment das Gestein, physikalisch gesprochen, stets als fest bezeichnet werden muß, nennen wir eine *gewöhnliche Katametamorphose*. Gesteinsgrenzen bleiben im großen erhalten, und aus dem Chemismus des Produktes läßt sich unmittelbar auf den Chemismus des Ausgangsmateriales rückschließen. Metamorphe Gesteine, die aus Eruptivgesteinen hervorgegangen sind, heißen *Orthogesteine*, diejenigen, die aus Sedimenten und Böden entstanden sind, *Paragesteine*. Es ist auch, wie bei vielen sogenannten «Basiten», zum Beispiel Dioriten bis Amphiboliten und Eklogiten, möglich, daß der magmatische Erstarrungsprozeß fast kontinuierlich in einen Umwandlungsprozeß übergeht, so daß die Zuordnung der entsprechenden Gesteine zu katamagmatischen oder katametamorphen mit einer gewissen Willkür verbunden ist.

Neben dieser unzweifelhaft vorhandenen gewöhnlichen Katametamorphose finden wir, wie bereits erwähnt, eine Metamorphose mit stärkerer stofflicher Beeinflussung. Gase, Dämpfe, Lösungen können Hüllgesteine imbibieren oder durchdringen, Stoffe auflösen oder austreiben und als Folge von Reaktionen zum vorher vorhandenen Bestand neue Stoffe hinzufügen. Diffusionsartige Wanderungen können erhebliche Beträge erlangen. Dabei lassen wiederum in vielen Fällen Gefüge, Gesteinsgrenzen, Relikte usw. erkennen, daß trotz des gesteigerten Umsatzes und der Stoffverschiebungen in jedem Zeitmoment die Masse als Ganzes fest blieb. Derartig gebildete Gesteine können katametasomatisch-metamorph genannt werden. Sie gehen nicht selten in chorismatische Gesteine über, wenn das Zugeführte zusammenblieb und einen Sondermineralbestand erzeugte. Magmatische Lösungen werden zum Beispiel die Nebengesteine aufblättern, durchadern und so makroskopisch erkennbare Mischgesteine erzeugen.

In Gebieten, die innerhalb der Lithosphäre längere Zeit zur Grenzregion flüssig–fest werden, ist eine noch innigere Durchmischung von Festbestand und flüssigem Anteil möglich, sei letzterer autochthon (durch Verflüssigung entstanden) oder von einem flüssigen Herd zugeführt worden (allochthoner Herkunft). Es ist denkbar, daß ein Erdrindenteil vorübergehend zu nahezu gleichen Teilen aus kristallinem, in Umwandlung begriffenem Altbestand und flüssiger Phase besteht oder daß sogar der flüssige Anteil zeitweise überwiegt. Neuerdings hat man einen derartigen Zustand ein *Migma* (REINHARD) genannt und die Endprodukte *Migmatite* (SEDERHOLM). Man kann auch von einer *Ultrametamorphose* sprechen, die durch bloße teilweise Anatexis oder durch sehr starken, lange fortdauernden Stoffumtausch zustande gekommen ist. Oft wird nicht leicht zu entscheiden sein, ob das Produkt einem Migma entstammt oder ob in jedem Zeitmoment der Menge nach nur geringe Stoffumtauschprozesse über Flüssig und Gasförmig stattgefunden haben. Denn in beiden Fällen kann unter Katabedingungen eine Konvergenz in Richtung nach katamagmatischen Bildungen hin bemerkbar sein.

DUNN hat allgemein Gesteine, die ihren neuen Mineralbestand infolge starker Durchtränkung mit emporsteigenden Lösungen und Dämpfen (einem sogenannten *Ichor*) erhalten haben, *Diabrochite* genannt und von einer *Diabrochomorphose* gesprochen. Der Chemismus der beobachtbaren Produkte einer Diabrochomorphose ist (sofern wir geringfügige Katametasomatose nicht dazu rechnen) nicht mehr derjenige des ursprünglichen Erdrindenteiles, des sogenannten *Substrates*, und die Feststellung, was dieses Substrat gewesen ist, ist oft kaum mehr möglich. Anhänger einer starken Ausgleichsdiffusion im Festen (für die keine Beweise erbracht sind, siehe Seite 395) müßten auch auf diese Weise im Chemismus stark veränderte Gesteine hieher rechnen. Die Einteilung in Para- und Orthogesteine versagt bei Diabrochiten ebenso wie bei vielen migmatischen Bildungen im engeren Sinne.

Katadiabrochite sind daher wie Migmatite im engeren Sinne *ultrakata-(metasomatisch-)metamorphe Gesteine.*

Vom Standpunkte der Genesis aus wird man gemäß diesen Erörterungen versuchen, die Kata-(bis meso-)thermalen Gesteine und Minerallagerstätten einzuteilen in:

I. *Katamagmatische Bildungen,* umfassend die normalen Eruptivgesteine und die pneumatolytisch-pegmatitischen bis katathermalen Minerallagerstätten. Die Gesteine werden *Katamagmatite,* oder, weil dies die Hauptform der Eruptivgesteine ist, kurzweg *Magmatite* genannt.

II. *Katametamorphe Bildungen,* umfassend die Produkte einer Metamorphose von Festbeständen (unter teilweisem Lösungsumsatz) ohne starke Stoffverschiebungen. Immerhin werden schwache Metasomatosen als gewöhnlich katametasomatisch-metamorphe Bildungen hinzugerechnet. Es ist übrigens sehr schwer, kleine Stoffverschiebungen nachzuweisen. Die Produkte sind *Katametamorphite.*

III. *Ultrakatametamorphe Bildungen.* Hier handelt es sich um Produkte von in der Lithosphäre sich abspielenden Vorgängen unter sehr starker chemischer Veränderung des ursprünglich vorhandenen Festbestandes, ohne daß ein einheitliches Magma entstanden ist, das ja seinerseits zu neuen magmatischen Gesteinen Veranlassung gäbe. Die *Katamigmatite* und *Katadiabrochite* gehören hieher und leiten ihrem Aussehen nach oft zur Gesteinsgruppe I über.

Erhält ein Gestein nur nach Mineralbestand und allgemeinen Gefügeeigenschaften seinen Namen, so kann unter Umständen der gleiche Hauptbegriff bei verschiedener Entstehungsweise benutzt werden. Ein relativ helles, holokristallines, körniges Gestein beispielsweise, das bei massiger Textur vorwiegend aus Alkalifeldspat, Quarz, Plagioklas und Biotit besteht, ist in sehr vielen, vielleicht sogar in den meisten Fällen ein Magmatit und führt als solcher den Namen *Granit.* Sehr granitähnliche Gesteine können jedoch auch durch Ultrametamorphose oder unter Umständen durch gewöhnliche Katametamorphose (zum Beispiel einer Arkose) entstehen. Sind die Unterschiede (zum Beispiel in der Textur, wie das bei den Gneisen der Fall wäre) kaum bemerkbar oder rechtfertigen sie eine Namensänderung nicht, so kann von *Metagraniten* (durch gewöhnliche Metamorphose entstandene granitähnliche Gesteine) oder von *Ultrametagraniten* (im speziellen Migmagraniten oder Diabrochograniten) gesprochen werden. Zur näheren Kennzeichnung und zur Vermeidung von Verwechslungen mag es bei Vorhandensein verschiedener Bildungen in der gleichen Region sogar erwünscht sein, das magmatische Gestein nicht kurzweg als Granit, sondern genauer als *Magmagranit* zu benennen.

Im übrigen wird die Einteilung der katametamorphen und ultrakatametamorphen Gesteine am besten nach dem Bauschalchemismus erfolgen, da dieser unter ähnlichen Bildungsbedingungen den angestrebten Mineralbestand bedingt. Es werden die bereits Seite 26 erwähnten Gruppen, soweit sie sich in solchen Katagesteinen vorfinden, ausgeschieden, und es lassen sich dann zum Vergleich auch die unzweifelhaft magmatischen Gesteine diesen Gruppen zuordnen.

β. Epi- bis mesothermale Gesteine und Minerallagerstätten endogenen Ursprungs. Im großen werden für diese Bildungen ähnliche klassifikatorische Prinzipien gelten wie für die katathermalen. Allein es macht sich nun eine wesentliche Verschiebung bemerkbar. Als Lösungen, aus denen Epimineralbestände auskristallisieren, kommen zur Hauptsache nur sehr wasserreiche Lösungen in Frage, die (dauernd oder längere Zeit) im Festbestand der Erdrinde wegen ihrer Fluidität und ihrem geringen spezifischen Gewicht keine großen Räume erfüllen können. Ein normales Gesteinsmagma ist unter diesen Temperaturbedingungen nicht mehr bestandfähig. Die Mehrzahl der epi- bis mesothermalen Gesteine ist daher durch *Metamorphose* entstanden, ja selbst die Ultrametamorphose tritt gegenüber der gewöhnlichen oder schwach metasomatischen zurück. Indessen zeigt ein näheres Studium der meso- bis epithermalen endogenen Bildungen recht deutlich, wie wertvoll die hier angewendete Gliederung der katathermalen Gesteine und Minerallagerstätten ist, indem die Übertragung auf Formationen niedriger Temperatur manche Erscheinungen verständlich macht, die oft als fremdartig empfunden wurden. So gibt es gewisse Eruptivgesteine mit ausgesprochenem *Epi-* bis *Mesomineralbestand*. Sie sind, wie zum Beispiel die Spilite, zum Teil aus sehr wasserreichen Magmen entstanden (hydromagmatische Gesteine) oder bereits während der ersten Bildung unter dem Einfluß wässeriger Restlösungen des Magmas umgewandelt worden (*Autohydrometamorphose*). Neben den relativ seltenen *hydromagmatischen Gesteinen* treten ferner viele *hydrothermale Minerallagerstätten* auf, die sich in Klüften und Spalten aus emporsteigenden (aszendierenden) hydrothermalen Lösungen ausgeschieden haben. Das ergibt eine erste Gruppe *hydromagmatischer* bis *hydrothermal-magmatischer Gesteine und Lagerstätten. Epi-* bis *Mesometamorphite* sind in äußeren Kontakthöfen und in Faltengebirgen als sogenannte dislokations- bis tektometamorphe Gesteine häufig anzutreffen. Sie zeigen oft Übergänge zu den noch wenig veränderten Ursprungsgesteinen und lassen dann die Reaktionsabläufe gut studieren. Ihrerseits können sie begleitet sein von *Ader-* und *Kluftbildungen,* die dartun, daß sich Lösungen gebildet haben, die in offene Räume abwanderten und dort bei Bedingungsänderungen kristallisierten. Gerade dadurch wird offensichtlich, wie groß bereits bei der gewöhnlichen Metamorphose der Lösungsumsatz sein kann. So entstandene chorismatische Produkte erinnern, wenn wir vom veränderten Mineralbestand absehen, stark an gewisse migmatische Bildungen der Katazone und lassen auch deren Bildung leichter verstehen. Im Bereich aufsteigender Hydromagmen oder hydrothermaler Lösungen kann der Stoffaustausch, der teils mehr den Charakter der Auslaugung, teils der Imprägnation und der Metasomatose zeigt, recht ansehnliche Beträge erreichen, so daß es durchaus am Platze ist, von (meist hydrothermal veränderten) *Meso-* bis *Epidiabrochiten* zu sprechen, das heißt von *meso-* bis *epiultrametamorphen Gesteinen,* die oft den Charakter des Ursprungsgesteins völlig verloren haben. So werden wir auch bei den epi- bis mesothermalen Gesteinen und Minerallagerstätten auseinanderhalten:

I. *Epi- bis mesomagmatische Bildungen,* umfassend die hydromagmatischen Gesteine und meso- bis epithermalen magmatischen Erzlagerstätten.

II. *Epi- bis mesometamorphe Bildungen,* umfassend die *Meso-* und *Epimetamorphite* und die ihnen zugeordneten lokalen Ader- und Kluftbildungen.

III. *Ultraepi- bis mesometamorphe Bildungen* mit starkem Stoffaustausch, zur Hauptsache als *Diabrochite* entwickelt, jedoch bei starker Ader- und Kluftbildung auch aus II hervorgehend als *Epi-* bis *Mesomigmatite.* Ferner können, wie bei einzelnen Schalsteinbildungen, starke Vermischungen von hydromagmatischen Phasen mit sedimentärem Material erfolgen und so gleichfalls zu einer Art Migmatitbildung führen.

Geht man bei Betrachtung der Katagesteine zweckmäßig von der Bildung der Eruptivgesteine aus, so wird man bei dem Studium der Epigesteine von der sogenannten *säkularen* (das heißt nicht unmittelbar an die äußere Lithosphärengrenze gebundenen) *Verwitterung* und Gesteinsumwandlung ausgehen. Im ersteren Falle kommt man über die Kontaktmetamorphose im Bereich der Magmaherde, über die Anatexis und Assimilation, zur Katametamorphose im allgemeinen, im zweiten Falle über die Metamorphose in nur dislokations- und tektometamorphen Gebieten (ohne Magmenintrusion) zur Epi- und Mesometamorphose im ganzen. Andererseits zeigt das Studium der Magmenentwicklung bis zu den Thermalquellenbildungen die Zusammenhänge zwischen liquidmagmatischen und hydrothermalen Phasen, zwischen kata- und epithermalen Prozessen. Die an sich notwendige Abgrenzung von Gesteins- und Lagerstättentypen, Gesteinsfamilien und Lagerstättenformationen voneinander darf ja nie zur Folge haben, daß in der Systematik nicht unmittelbar zum Ausdruck kommende natürliche Zusammenhänge verlorengehen. Die regionalen Beziehungen der Mineralisationen untereinander müssen eingehend erforscht werden. Zunächst führt dies zu den Begriffen der *natürlichen Gesteinsprovinzen* und *natürlichen Minerallagerstättenvergesellschaftungen* (*Lagerstättenprovinzen*). Wie sich geologische Vorgänge zur gleichen Zeit an verschiedenen Stellen (*lateral*) eines noch als Einheit anzusprechenden Erdrindenteiles ausgewirkt haben oder wie sie in ihrem natürlichen zeitlichen Ablauf (*temporal*) verschiedene Produkte erzeugten, wird zur Fragestellung, deren Beantwortung tiefe Einsichten vermitteln kann. Verschiedene genetisch zusammengehörige Gesteine und Lagerstätten stellen dann oft nur verschiedene Ausbildungsweisen (*Fazies*) dar, die ursächlich miteinander verknüpft sind. Es lassen sich *homöophysikalische* (unter ähnlichen physikalischen Bedingungen bei verschiedenem Chemismus entstanden) und *homöochemische* (ähnlicher Chemismus, jedoch verschiedenen physikalischen Bedingungen unterworfen) *Gesteinsserien* verfolgen. Man sucht sedimentäre, magmatische, metamorphe «Provinzen» durch die Gesamtheit der genetisch zusammengehörigen Gesteine zu charakterisieren und mit anderen analogen Provinzen zu vergleichen. Ebenso bilden die akzessorischen Minerallagerstätten charakteristische Lagerstättenprovinzen (geochemische Provinzen). Aber auch hier darf man nicht bei Zusammenfassungen stehenbleiben, welche nur auf die Hauptsystematik Rücksicht nehmen. Mit gewissen Prozessen der Sedimentbildung sind oft ganz bestimmte Perioden magmatischer Aktivität verknüpft, die Bildung der magmatischen Gesteine hat Erzlagerstättenbildung und Gesteinsmetamorphose zur Folge, spezielle tektonische Vorgänge sind gekoppelt mit bestimmten Neubildungen von Mineralassoziationen.

Das ist ja gerade das Reizvolle unserer Wissenschaft, daß sie, ausgehend vom gutuntersuchten Einzelfall und der genauen Materialkenntnis, versuchen muß, das Ineinanderspielen der verschiedensten Faktoren im natürlichen Geschehen zu verstehen. Minutiöse Beobachtung, Experiment, systematische Gliederung und Theorie sind Hilfsmittel, um das Sein und Werden unserer Erdkruste zu deuten.

Will man, der Verantwortung bewußt gegenüber der sorgfältigen Beobachtungs- und Denkarbeit, die unsere Vorgänger geleistet haben, tiefer in einen Wissenszweig eindringen, so ist, da in unserer Zeit die Gefahr der Zersplitterung und fachlichen Isolierung groß ist, zu überlegen, welcher Art die Grundkenntnisse sein müssen, die eine Weiterentwicklung ermöglichen.

Für den Petrologen und Lagerstättenforscher stehen im Vordergrunde *Chemie*, insbesondere anorganische und physikalische Chemie, und *Mineralogie*, inklusive *Kristallchemie*. Ohne vollständige Kenntnis der chemischen Zusammensetzungen aller Gesteins- und Mineralarten, die unserer Beobachtung zugänglich sind, läßt sich nichts einigermaßen Gültiges über deren Entstehung aussagen. *Geochemie* im weitesten Sinne des Begriffes wird zu einem wesentlichen Teil der Gesteins- und Minerallagerstättenkunde. Die Zeiten sind endgültig vorbei, wo man aus Mangel an chemischen Kenntnissen annehmen durfte (zum Beispiel VOLGER), es sei möglich, daß in der Erdkruste Kalksteine, Dolomite, normale Tone bzw. Sandsteine durch einfache Umwandlung Granite ergeben, oder daß Wasser durch Gefrieren Bergkristalle zu bilden vermöge. So interessant vom historischen Standpunkte aus derartige Vorstellungen sind, da sie von der für jeden Fortschritt notwendigen Einbildungskraft und Phantasie des menschlichen Geistes Zeugnis ablegen, so wertlos sind sie für eine wissenschaftliche Synthese geworden, die niemals die Grenzen des Möglichen und Wahrscheinlichen durchbrechen darf.

Doch bei *gegebenen chemischen Verhältnissen* hängt der Mineralbestand innerhalb berechenbaren Grenzen von den *physikalischen Faktoren* ab, die sich in der Lithosphäre einstellen können. Über deren Amplitude und über die daraus resultierenden Zustandsformen und Eigenschaften versucht die *Geophysik* Antwort zu geben. Kenntnisse auf diesem Gebiet vermitteln auch eine erste Grundlage zur Beurteilung der Stoffumtauschprozesse und Stoffwanderungen.

Geologie ist für Gesteins- und Minerallagerstättenkunde keine Hilfs-, sondern eine Schwesterwissenschaft. Jeder Petrologe und Lagerstättenforscher muß als Geologe im Feld beobachten. Wenn immer möglich, sollte er im Überblick wie im Detail geologisch-petrographisch kartiert haben, denn gerade diese Aufgabe zwingt, das Augenmerk auf alle möglichen Zusammenhänge zu richten.

Aus dem Studium der Prozesse, die sich in unserer natürlichen Umwelt abspielen, haben sich Chemie, Physik und Ingenieurwissenschaften entwickelt. Die Ergebnisse dieser generellen Forschungen mitbenutzend, ist es unsere Aufgabe, das, was im Laboratorium der Erde selbst geschaffen wurde, in einem der wissenschaftlichen Kritik standhaltenden Gleichnis und Bild neu zu gestalten.

EINIGE LITERATURANGABEN

Diesem allgemeinen Teil, der nach neuartigen Grundsätzen aufgebaut wurde, kann aus raumtechnischen Gründen kein umfangreicheres Literaturverzeichnis beigefügt werden. Es gibt übrigens heute so viele referierende Zusammenstellungen, daß sich ständige Wiederholungen erübrigen. Dem Verfasser scheinen jedoch zweierlei Bedürfnisse vorzuliegen, die er befriedigen möchte. Der Nicht-fachmann mag sich für einige in erster Linie neuere, zusammenfassende, im Buchhandel erhältliche Einzeldarstellungen interessieren, die ihm über gewisse Großgebiete der in Betracht fallenden Forschung eingehender, oft auch in einer hier nicht befolgten Betrachtungsweise, Auskunft geben, und die ihrerseits weitere Literaturangaben enthalten. Diesem Zwecke dient die nachfolgende, in ihrer Auswahl jedoch recht willkürliche Zusammenstellung, wobei viele im speziellen Teil zu erwähnende Bücher noch nicht enthalten sind. Das Bedürfnis des Fachmannes ist es, festzustellen, in welchen Arbeiten ihm weniger bekannte Einzelerscheinungen eingehender behandelt werden oder angeführte Beispiele nachzuschlagen sind. Deshalb sind an vielen Textstellen Autornamen erwähnt worden. Mit Hilfe dieser Namen wird man in jeder Fachbibliothek die (meistens in Periodica erschienenen) Arbeiten an Hand der Kataloge und Referierorgane mühelos finden. Nur ein Gebiet, das dem Naturhistoriker etwas ferner liegt, das der angewandten Geophysik, wurde bei Beginn der einzelnen Abschnitte mit einer kleinen Zahl spezieller Literaturangaben versehen.

F. Angel und R. Scharizer, Grundriß der Mineralparagenese. Wien 1932.

R. Balk, Structural behaviour of igneous rocks. Geol. Soc. Am., Mem. 5, 1937.

R. M. Barrer, Diffusions in and through solids. New York and Cambridge 1941.

T. F. W. Barth, C. W. Correns, P. Eskola, Die Entstehung der Gesteine. Berlin 1939.

A. M. Bateman, Economic mineral deposits. New York and London 1942.

F. Becke, Über Mineralbestand und Struktur der krystallinischen Schiefer. Denkschr. K. K. Akad. Wiss. Wien, 75, 1903.

H. Becker, Gebirgsbildung und Vulkanismus. Berlin 1939.

G. Berg, Vorkommen und Geochemie der mineralischen Rohstoffe. Leipzig 1929.

Fr. Birch, J. F. Schairer, H. C. Spicer, Handbook of physical constants. Geol. Soc. Am., Special Papers No. 36. Washington 1942.

H. E. Boeke und W. Eitel, Grundlagen der physikalisch-chemischen Petrographie. 2. Aufl. Berlin 1923.

S. T. Bowden, The phase rule and phase reactions. London 1945.

N. L. Bowen, The evolution of the igneous rocks. Princeton 1928.

W. H. Bragg und W. L. Bragg, The crystalline state. I. London 1933.

W. L. Bragg, Atomic structure of minerals. London 1937.

E. Brandenberger, Grundlagen der Werkstoffchemie. Zürich 1947.

W. H. Bucher, The deformation of the earth's crust. Princeton 1933.

C. Burri und P. Niggli, Die jungen Eruptivgesteine des mediterranen Orogens, I. Zürich 1945.

W. G. Burgers, Rekristallisation, Verformter Zustand und Erholung. Leipzig 1941.

H. Buttgenbach, Les minéraux et les roches. 7ᵉ éd. Paris et Liége 1943.

L. Cayeux, Causes anciennes et causes actuelles en géologie. Paris 1941.

F. W. Clarke, The data of geochemistry. 5th ed. U. S. geol. Survey, Bull. No. 770. Washington 1924.

F. W. Clarke and H. S. Washington, The composition of the earth's crust. U. S. geol. Survey, Prof. Paper No. 127, 1924.

H. Cloos, Einführung in die tektonische Behandlung magmatischer Erscheinungen. Berlin 1925.

– Einführung in die Geologie. Berlin 1936.

F. Corin, Le métamorphisme. Paris 1931.

Th. Crook, Economic Mineralogy. London 1921.

R. Daly, Our mobile earth. New York and London 1926.

– Igneous rocks and the depths of the earth. New York and London 1933.

– Architecture of the earth. New York and London 1938.

– Strenght and structure of the earth. New York 1940.

E. S. Dana, A textbook of mineralogy. 4th ed. by W. E. Ford. New York and London 1932.

W. Eitel, Physikalische Chemie der Silikate. 2. Aufl. Leipzig 1941.

O. H. Erdmannsdörffer, Grundlagen der Petrographie. Stuttgart 1924.

P. Eskola, Kristalle und Gesteine. Wien 1946.

R. C. Evans, An introduction to crystal chemistry. 2nd ed. Cambridge 1946.

H. W. Fairbairn, Structural petrology. Cambridge (Mass.) 1942.

K. Fajans, Radioelements and isotopes, chemical forces and optical properties of substances. New York 1931.

O. Fisher, Physics of the earth's crust. 2nd ed. London 1889.

R. A. Fisher, Statistical methods for research workers. 8th ed. Edinburgh and London 1941.

A. Fersmann, Geochemische Migration der Elemente. Halle 1929.

P. Fourmarier, Eléments de géologie. 4ᵉ éd. Paris 1944.

H. Fritzsche, Lehrbuch der Bergbaukunde (begründet von F. Heise und F. Herbst). 8. Aufl., I. Bd. Berlin 1942.

J. Geikie, Structural and field geology. 5th ed., revised by R. Campbell and R. M. Craig. Edinburgh and London 1940.

V. M. Goldschmidt, Geochemische Verteilungsgesetze der Elemente. I–IX. Oslo 1923–1938.

F. F. Grout, Petrography and petrology. New York and London 1932.

A. W. Groves, Silicate analysis. London 1937.

U. Grubenmann und P. Niggli, Die Gesteinsmetamorphose. I. Berlin 1924.

B. Gutenberg, Der Aufbau der Erde. Berlin 1925.

F. Haalk, Der Gesteinsmagnetismus. Leipzig 1942.

Handbuch der Experimentalphysik. Herausgegeben von G. Augenheister, Bd. XXV, Teil 1: Atmosphäre und Magnetismus, Leipzig 1928; Teil 2: Erdkörper und Ozeane, Leipzig 1931.

Handbuch der Geophysik. Herausgegeben von B. Gutenberg. Berlin 1929–1940.

A. Harker, Metamorphism. 2nd ed. London 1939.

J. A. Hedvall, Reaktionsfähigkeit fester Stoffe. Leipzig 1938.

C. A. Heiland, Geophysical Exploration. New York 1946.

J. Hirschwald, Handbuch der bautechnischen Gesteinsprüfung. Berlin 1912.

J. H. van't Hoff, Zur Bildung der oceanischen Salzablagerungen, I, II. Braunschweig 1905, 1909.

A. Holmes, Petrographic methods and calculations. London 1921.

– Principles of physical geology. 3rd ed. London 1945.

R. Houwink, Elastizität, Plastizität und Struktur der Materie. Dresden 1938.
J. P. Iddings, Igneous rocks. I, II. New York 1909, 1913.
J. Jakob, Anleitung zur chemischen Gesteinsanalyse. Berlin 1928.
H. Jeffreys, Theory of the earth. Cambridge 1924.
A. Johannsen, Manual of petrographic methods. 2nd ed. New York 1918.
J. Joly, The surface-history of the earth. 2nd ed. Oxford 1930.
W. Jost, Diffusion und chemische Reaktion in festen Stoffen. Dresden 1937.
J. F. Kemp, A handbook of rocks. 6th ed., revised and edited by F. F. Grout. New York 1946.
G. Kirsch, Geologie und Radioaktivität. Wien und Berlin 1928.
– Geomechanik. Leipzig 1938.
F. Klezl-Norberg, Allgemeine Methodenlehre der Statistik. 8. Aufl. Wien 1946.
E. B. Knopf und E. Ingerson, Structural petrology. Geol. Soc. Am., Mem. 6, 1938.
A. Kochendörfer, Plastische Eigenschaften von Kristallen und metallischen Werkstoffen. Berlin 1941.
E. H. Kraus, W. F. Hunt, L. St. Ramsdell, Mineralogy. 3rd ed. London 1936.
W. C. Krumbein, F. J. Pettijohn, Manual of sedimentary petrography. New York and London 1938.
L. de Launay, Traité de métallogénie, gîtes minéraux et métallifères. Paris et Liége 1913.
A. Linder, Statistische Methoden. Basel 1945.
W. Lindgren, Mineral deposits. 4th ed. New York and London 1933.
F. H. MacDougall, Thermodynamics and chemistry. 3rd ed. New York 1939.
F. Machatschki, Grundlagen der allgemeinen Mineralogie und Kristallchemie. Wien 1946.
H. B. Milner, Sedimentary petrography. 3rd ed. London 1940.
A. Nâdai, Plasticity. New York 1931.
P. Niggli, Die leichtflüchtigen Bestandteile im Magma. Leipzig 1920.
– Mit J. Beger, Gesteins- und Mineralprovinzen. I. Berlin 1923.
– Das Magma und seine Produkte unter besonderer Berücksichtigung des Einflusses der leichtflüchtigen Bestandteile. Leipzig 1937.
– La loi des phases en minéralogie et pétrographie. I, II. Paris 1938.
– Mit J. Koenigsberger und R. L. Parker, Die Mineralien der Schweizer Alpen. 2 Bde. Basel 1940.
– Lehrbuch der Mineralogie und Kristallchemie, 3. Aufl. Teil 1 und 2. Berlin-Zehlendorf 1941, 1942; Teil 3 1944 fertig gedruckt, jedoch zerstört und noch nicht wieder erschienen.
– Von der Symmetrie und von den Baugesetzen der Kristalle. Leipzig 1941.
– La notion d'espèce en minéralogie. Annales Guébhard-Séverine. Neuchâtel 1942–1943.
– Grundlagen der Stereochemie. Basel 1945.
– Tabellen zur Petrographie und zum Gesteinsbestimmen. Letzte Aufl. Zürich 1946.
Physics of the earth:

Bd. II	The figure of the earth	Bulletin of the National Research Council, Washington, D. C.	No. 78
Bd. IV	The age of the earth		No. 80
Bd. V	Oceanography		No. 85
Bd. VI	Seismology		No. 90

Bd. VII Internal constitution of the earth. New York and London 1939.
Bd. VIII Terrestrial magnetism and electricity. New York and London 1939.
L. Pauling, The nature of the chemical bond and the structure of molecules and crystals. 2nd ed. Ithaca (N. Y.) 1940.
F. de Quervain und M. Gschwind, Die nutzbaren Gesteine der Schweiz. Bern 1934.

F. DE QUERVAIN und A. VON MOOS, Technische Gesteinskunde. Basel 1948.

E. RAGUIN, Géologie de gîtes minéraux. Paris 1940.

P. RAMDOHR, Klockmanns Lehrbuch der Mineralogie. 12. Aufl. Stuttgart 1942.

F. RINNE, Gesteinskunde. 9. Aufl. Leipzig 1923.

A. RITTMANN, Vulkane und ihre Tätigkeit. Stuttgart 1936. 2. Aufl. Vulcani, attività e genesi. Napoli 1944.

H. W. B. ROOZEBOOM, E. H. BÜCHNER und F. A. H. SCHREINEMAKERS, Die heterogenen Gleichgewichte vom Standpunkte der Phasenlehre. I–III. Braunschweig 1901–1918.

H. ROSENBUSCH, Elemente der Gesteinslehre. 4. Aufl. von A. Osann. Stuttgart 1923.

– Mikroskopische Physiographie der petrographisch wichtigen Mineralien. Bd. I, zweite Hälfte. Spezieller Teil. 5. Aufl. von O. Mügge. Stuttgart 1927.

M. P. RUDZKI, Physik der Erde. Leipzig 1911.

B. SANDER, Gefügekunde der Gesteine. Wien 1930.

E. SCHMID und W. BOAS, Kristallplastizität. Mit besonderer Berücksichtigung der Metalle. Berlin 1935.

W. SCHMIDT, Tektonik und Verformungslehre. Berlin 1932.

H. SCHNEIDERHÖHN und P. RAMDOHR, Lehrbuch der Erzmikroskopie. I, II. Berlin 1931, 1934.

H. SCHNEIDERHÖHN, Lehrbuch der Erzlagerstättenkunde. I. Jena 1941.

– Erzlagerstätten. Kurzvorlesungen zur Einführung und zur Wiederholung. Jena 1944.

R. SCHWINNER, Lehrbuch der physikalischen Geologie. I. Berlin 1936.

W. SEITH, Diffusion in Metallen (Platzwechselreaktionen). Berlin 1939.

R. STAUB, Der Bewegungsmechanismus der Erde. Berlin 1928.

H. STILLE, Grundfragen der vergleichenden Tektonik. Berlin 1924.

Ch. W. STILLWELL, Crystal chemistry. New York and London 1938.

E. TAMS, Grundzüge der physikalischen Verhältnisse der festen Erde. 2 Teile. Berlin 1932 und 1937.

H. J. TAPSELL, Creep of metals. Oxford and London 1931.

W. H. TWENHOFEL, Treatise on sedimentation. 2nd ed. London 1932.

W. H. TWENHOFEL and S. A. TYLER, Methods of study of sediments. New York and London 1941.

G. TSCHERMAK, Lehrbuch der Mineralogie. 5. Aufl. Wien 1897.

G. W. TYRRELL, The principles of petrology. London 1926.

J. H. F. UMBGROVE, The pulse of the earth. 2nd ed. The Hague 1947.

W. J. VERNADSKY, La géochimie. Paris 1924.

– Geochemie in ausgewählten Kapiteln. Leipzig 1930.

H. VOLMER, Kinetik der Phasenbildung. Dresden 1939.

H. S. WASHINGTON, Chemical analyses of igneous rocks. U. S. geol. Survey, Prof. Paper No. 99. Washington 1917.

A. F. WELLS, Structural inorganic chemistry. Oxford 1945.

A. N. WINCHELL, Elements of optical mineralogy. 3 Bde. New York and London 1928–1931.

W. A. WOOSTER, A textbook on crystal physics. Cambridge 1938.

F. E. ZEUNER, Dating the past. London 1946.

SACHREGISTER

A

A 90, 99
Ab 73, 74, 99
Abbildungstextur 248
Abblättern 270
Abkriechen 498
Abkühlung der Erde 416
Abkühlung von Schmelzen 347
Abkühlungstheorie der Erde 423
Ablagerungsraum 498
Ablutionen 498
Abnutzbarkeit 271
Abrutschen 498
Absanden 270
Absatztextur 244
Abschalen 270
Abseigerung 352
Absetzen 107
absolut haltbarer Zustand 284
absolut stabiler Zustand 284
absolute Porosität 255
Absonderung 104
Absorptionsfolge 366
Absorptionskoeffizient 266
Abstossen 107
Abstürzen 498
Abtragung 498
Abweichung, durchschnittliche 113
Abweichung, mittlere 113
abyssal 498
Ac 85, 99
Achtkomponentensystem, vereinfacht 320
Adelsvorschübe 220
Ader 108
aderartige Inhomogenität 194
Adertextur 251, 252
Adsorption, zwischenlamellare 78

Adsorptionshüllen 376
Adsorptionsverbindungen 78
Adular 74
Ägirin 85
Ägirinaugit 85
Äquivalentzahlen 21
Ak 77, 99
Åkermanit 77
Akmit 85
Akmithedenbergit 85
Akt 83
Aktinolith 83
Aktivierungsenergie 379
Aktivitätskoeffizienten 370
Aktivitätssteigerung 374
Aktualitätsprinzip 13, 494
Akyrosom 144
Alabaster 90
Albit 60, 73
Albitisierung 73
Aleurit 161
alk' 23
Alkali-Alumosilikatgesteine 26
Alkaliamphibole 83
Alkaliaugite 85
Alkalifeldspäte 73
Alkalihornblenden 83
Alkali-Kalk-Alumosilikatgesteine 26
Alkf 73, 99
allothigen 184
allotriomorph 181
Alm 86, 99
Almandin 86
Alter der Erdkruste 424
Altersbestimmung von Gesteinen 416
Alterung von Kolloiden 377
alumo- und Fe-Mn-alumooxydische bis hydroxydische Gesteine 27

Alumosilikate 72
Alumosilikatgesteine 26
Alumosilikatgesteine, Kalk- 26
Amblygonit 90
Amesit 81
amöbenartig 179
amorph 142
amorphe Festkörper 15
«amorphe» Plastizität 431
Amphibole 82
An 73, 74, 99
Analcim 75, 76
Anatas 92
Anatasstruktur 93
Anatexis 501
Anc 75, 99
anchimonomineralisch 128
anchisometrisch 175
Andalusit 88
Andesin 73
Andr 86, 99
Andradit 86
Anglesit 90
Ångströmeinheiten (Å) 47
anhedral 181
Anhydrit 90
Anhydrit-Gips 301, 337
Anionenradikale 43
Anionenradikale, vielkernige 44
anisotropes Innengefüge 210
Anisotropie 67
Ankerit 91
Anlagerungstextur 243
Anlassen 66
Annabergit 90
Anordnungsschema 52
Anorthit 60, 73
Anorthoklase 74
Anpassungsreaktionen 62
Anschliffffläche 127
Ant 81, 99
Anth 83, 99
Anthophyllit 83
Antigorit 81
Antikatalysatoren 378
Antimon 99
Antimonit 98
antipathisches Verhalten 133
äolisch 498

Apatite 89
Apatitstruktur 57
Aphanide 143
aphanitisch 142
Apophyllit 82
Apophysen 108
Aragonit 91
Aragonitstruktur 92
Aräometermethode 151
Arfvedsonit 83
arithmetisches Mittel 112, 169
Arsen 99
Arsenkies 96
Artbegriff 56
Artgruppe 64
At 81, 99
Atakamit 93
Atmosphäre 17, 18
atmophil 40
atmophile Elemente 39
Atomhäufigkeiten 36
Atomprozente der Elemente 31
Atterberg-Einheit 163
Atterberg-Einteilung 161
Atterberggrad 162, 164
Aufbau der äußeren Erdhülle 447
Aufbereitung 153, 167
Aufbereitungsindizes 168
Aufschmelzung 453, 501
Aufspeicherung von Stress 435
Aufwachstextur 243
Aufwachsungstextur 213
Aug 85, 99
Bs-Aug 85, 99
Bs-Ti-*Aug* 85
augenartig 109
Augite 83, 84, 85
Augitstruktur 84
Ausflockung 377
Ausgleichsfläche 452
Auskeilen 107
auslaugen 275
Ausscheidungsfolge 208, 213, 347
Ausscheidungsfolge, einsinnige 353
Ausspitzen 107
Austausch 62
Austauschreaktionen 62
Auszählmethode 147
autallotriomorph 182

Deckgebirge 499
Deformationen, elastische 65
Deformationen, plastische 65
Deformationsgeschwindigkeit 426,
   428
Deformationstextur 245
Dehnungszahl 435
Deltabildungen 498
dendritisch 179
dendritische Formen 179
Denudation 498
Dereption 498
Desmin 77
Destillation, fraktionierte 365
Destillation, isobare 365
Destillation, isotherme 365
Destillation, retrograde 366
Destillationsbahnen 366
Destillationsprozeß 366
dezimillimeterkörnig 150
d_g 159
Di 84, 85, 100
diablastisch 201
Diabrochite 505
Diabrochogranit 506
Diabrochomorphose 505
diadoch 42
Diallag 85
dialytisch 201
diamagnetisch 461
Diamant 50, 98
diaphtoritische Gesteine 250
Diaspor 94
dicht 142, 150
dichteste Kugelpackung 262, 263
dichtester Wert 112
Dichte von Gesteinen 418
Dichte von Mineralien 417
Dichtigkeitsgrad 255
Dickit 81
Dielektrizitätskonstanten 459
Differentiation 279
Differentiationsvorgänge 504
Diffusion 268
Diffusionserscheinungen 385
Diffusionsfähigkeit 265
Diffusionsmechanismus 392
Diffusionsringe 217
Dinokristall 147

Diopsid 84
Dioptas 86
Diskordanz 108
Dispergens 376
Dispersion, normale 117
Dispersion, übernormale 117
Dispersion, unternormale 117
Dispersionsgefüge 192
Dispersionsindex 113
Dispersionsmittel 143
Dispersität 143
Dispersitätsgrad 173
Dispersum 376
Dissolution 498
Dissoziationsgleichgewicht, thermi-
   sches 300
Disthen 88
divariabler Chemismus 294
divariantes System 287
divergentstrahlige Aggregate 214
Divergenzkoeffizient 117
d_k 159
d_m 159
d_{max} 159
d_{min} 159
dohyalin 143
dokristallin 143
Dolomit 91
Dolomitgesteine 417
Doppelschicht 78
Drehwaage 472
Dreiecksdarstellung für Korn-
   gemische 161
Dreikreuzgürtelbild 238
Dreiphasenkombinationen 305
Dreiphasenkurven 303
dreiseitig 175
Druckfestigkeit 269
Druckverteilung in der Erdrinde,
   hydrostatisches Gleichgewicht 417
Druckzunahme mit der Erdtiefe 420
Druckzwillingsbildung 66
Drusenregel 213
drusig 266
Dünnschliff 127
Dünnschliffvermessungen 129
Durchgasung 385
Durchlässigkeit 254, 265, 267
Durchlässigkeitskoeffizient 268

H

L

W

W 100
van-der-Waalssche Kräfte 48
Wabengefüge 265
Wachstumsbehinderung 182
Wachstumsgestalt 182
Wachstumskonglomerat 181
Wachstumsprozeß der Kristalle 47
Wad 94
Wadell-Kurven 176
wahre Dichte 418
Wahrscheinlichkeit 111
Wahrscheinlichkeitsrechnung 112
wahrscheinliche Grenzen
  der Abweichung 116
Wak 167
Wanderungsgeschwindigkeit 265
Warmbearbeitung 66, 247
Wärmeerzeugung, radioaktive 415
Wärmefluß 401
Wärmegefälle 405
Wärmegefälle in der Erdkruste 401
Wärmehaushalt in der Erdrinde 410
Wärmekapazität 409
Wärmeleitfähigkeit einiger Gesteine
  408
Wärmeleitfähigkeit von Mineralien
  407
Wärmeleitfähigkeit und Druck 409
Wärmeleitvermögen 273
Wärmequellen 401
Wärmetönung 290
Warmfestigkeit 424
Warmverformung 432
Wasserabgabe 265
Wasseraufnahme 265
Wasseraufnahmefähigkeit 265
Wasserdampfabspaltung 301
Wasserführung 267, 268
wasserhaltige Verwitterungssalze 275
Wasserhaltung 269
Wasserstoffionenkonzentration 369
Wasserverteilungskoeffizient 267
Wavellit 90
wechselkörnig 147
Wechsellagerung 245
Wechselstrommethoden 486
Wegsamkeit 248, 395
Weichgesteine 272

Wentworth-Einteilung 162
Wentworthgrad 163
Wetterbeständigkeit 270, 274
Widerstandsmessung 487
Widerstandsmethoden 484
Willemit 77
Windsichtung 150
Wirbel 241
Wirkungssphäre 56
Wirtkristall 192
Wismut 99
Wismutglanz 98
Wo 85, 100
Wöhlerit 86
Wolframate 89
Wolframit 90
Wollastonit 85
Wollastonitbildung 306
Würfelzeolithe 76
Wurtzit 97
Wurtzitstruktur 97

X

xenomorph 181
Xenotim 90

Y

Youngscher Modul 427, 435

Z

Z 87, 100
zackig 179
Zähigkeit 271
zentimeterkörnig 150
zentimillimeterkörnig 150
Zentralwert 112
Zeolithe 76
zerbröckeln 270
Zerfall einer Kristallart 65
Zermalmungsfestigkeit 271
zerstreut auftretende Mineralien
  135
Zerrungshohlräume 241, 242
Zerteilungsgrad 173
zertrümern 107
Zinggsches Diagramm 175
Zinkblende 97
Zinkblendestruktur 97
Zinkblendetypus 56

If you have any concerns about our products,
you can contact us on
ProductSafety@springernature.com

In case Publisher is established outside the EU,
the EU authorized representative is:
**Springer Nature Customer Service Center GmbH
Europaplatz 3, 69115 Heidelberg, Germany**

Printed by Libri Plureos GmbH
in Hamburg, Germany